畜産総合事典

小宮山鐵朗
鈴木愼二郎
菱沼　毅
森地敏樹
［編集］

朝倉書店

編 集 者

小宮山鐵朗　(財)日本農業研究所参与
　　　　　　前農林水産省畜産試験場長

鈴木愼二郎　(財)神津牧場長
　　　　　　前農林水産省草地試験場長

菱沼　毅　　農林水産省九州農政局長

森地敏樹　　日本大学生物資源科学部教授

(五十音順)

推薦のことば

　今日，世界の人口は急激に増加しつつあり，2050年には100億人を越えると予測されています．このような状況下で人類が健康で文化的な生活を営んでいくためには，まず，世界的規模で食糧を維持していくのが最重要課題と考えられます．食糧生産は植物と動物による生物生産にもとづいていますが，中でも家畜は人類に乳・肉・卵といった高品質の動物性蛋白質を提供し，植物性食品だけでは不足しがちな栄養素の供給源として重要な役割を担っています．

　しかしながら，近年，畜産の振興にともない家畜生産の効率化をめざすあまり，様々な問題が生じていることも事実です．すなわち，家畜糞尿による環境汚染，家畜飼料の増産による農用地の疲弊，草地造成のための森林の伐採，過放牧による荒廃地の増加などが叫ばれ，これらへの地球規模での対策が緊急の課題となっています．昨年秋にわが国で開催された第8回アジア大洋州畜産学会議のメイン・テーマは「人類福祉のための持続的家畜生産をめざして」でしたが，21世紀にむけて，われわれはまさに，このことを実現するよう一致協力して努力しなければなりません．

　このような時期に，朝倉書店からこの『畜産総合事典』が上梓されることを知り，私としても大変喜んでいます．編者はいずれもわが国の畜産行政または試験研究機関の中枢にあって活躍されてきた方々で，執筆者の多くは畜産試験場，草地試験場など，国の研究所に所属する人達です．それだけに，総論の「畜産の現状と将来」に始まる簡潔で要を得た内容は，わが国の畜産を将来像を含めて体系的に把握する上で大いに役立つものと信じています．

　遺伝子工学の応用をはじめ，進展著しい畜産技術や畜産加工技術，草地畜産などを大学生ばかりでなく，大学・農業高校・農業大学校の教官，自治体・試験場の技術者，改良普及員等にわかりやすく解説した良書として，是非とも座右に備えて頂きたく，ここに推薦致します．

　1997年8月

社団法人日本畜産学会長
東京大学大学院農学生命科学研究科教授
菅　野　　茂

序

　人類は，50万年以前の旧石器時代から，その生存を動物に依存してきた．野生動物の狩猟から，さらには野生動物群への寄生生活をへて，約1万年前から，犬，山羊，羊の家畜化が行われた．農耕が始まった新石器時代以降，牛，豚，ロバ，ラクダ，鶏，馬などが次々と家畜化され，人間と家畜との関係はいっそう深いものとなった．

　わが国においても，牛，馬，豚，鶏などのかかわりはかなり古いものであったが，仏教伝来以降の家畜の使われ方は日本固有の形をとった．明治時代の文明開化に伴って欧米畜産技術が導入され，それは第二次世界大戦後の変革をへて発展し，今やわが国の畜産は畜産粗生産額の約1/3を占める産業にまで成長した．

　今後も，動物性食品の需要は高まるものと予測され，将来においてこれまで以上に畜産の重要性は増し，その時代の要望に対応しつつ発展するものと期待される．

　現代の畜産は，比較的短期の視点に立つ経済効果を追求してきた結果，生産効率の向上は目覚ましいものがあるが，それと同時に耕種との乖離，飼料自給率の低下，家畜糞尿による環境問題など，自然の物質循環系に納まりきれない多くの問題を生じ，一方では輸入畜産物と競争するために，よりいっそうの高品質化，安全性の確保，生産費の低減が要求されている．

　これらの問題を解決し，今後もわが国の畜産を持続的に発展させるために，的確な現状認識と新しい技術の開発・導入を基礎とする将来展望が必要である．このような折りに，基礎から実際面までを体系的にまとめた本書を刊行することは，誠に時宜を得たものと考える．

　収載事項が多岐にわたるところから，多くの方々に執筆を願ったため，意思統一をはかったものの，執筆者に委ねられるところも多かった．また，学問・技術の急速な進展に鑑み，内容についても今後改訂を要することもあろうかと予想される．本書について読者が望まれるところがあれば率直にご教示下さるよう，お願いする次第である．

　本書が，畜産を志す研究者，技術者，学生，畜産農家，関連企業の担当者にとって，何らかのお役に立つことができるならば，編者にとってこれに過ぎる喜びはない．

終わりに，本書の刊行にご協力下さった執筆者および朝倉書店編集部に心から謝意を表する次第である．

　1997 年 8 月

編者一同

執筆者

廣濱清秀	農林水産省畜産局	阿部　亮	農林水産省畜産試験場
正田陽一	東京大学名誉教授	小此木成夫	昭和女子大学大学院
三上仁志*	農林水産省畜産試験場	矢野幸男	日本食肉技術研究会
安江　博	農林水産省畜産試験場	今井忠平	キユーピー（株）
和田康彦	農林水産省畜産試験場	上原孝吉	東京農工大学農学部
小畑太郎	農林水産省畜産試験場	近藤敬治	北海道大学農学部
内藤　充	農林水産省畜産試験場	森地敏樹	日本大学生物資源科学部
小松正憲	農林水産省中国農業試験場	細野明義	信州大学農学部
渡邊伸也	農林水産省畜産試験場	及川棟雄*	農林水産省草地試験場
橋爪一善	農林水産省畜産試験場	福山正隆	農林水産省草地試験場
桝田博司	岩手大学農学部	寺田康道*	農林水産省草地試験場
花田　章*	信州大学繊維学部	清水矩宏	農林水産省農業環境技術研究所
岡野　彰	農林水産省畜産試験場	羽賀清典	農林水産省畜産試験場
百目鬼郁男	東京農業大学農学部	黒田和孝	農林水産省畜産試験場
上家　哲	前農林水産省畜産試験場	田中康男	農林水産省畜産試験場
甫立孝一	農林水産省東北農業試験場	長田　隆	農林水産省畜産試験場
板橋久雄*	東京農工大学農学部	杉山　恵	農林水産省畜産試験場
森　裕司	東京大学大学院	元井葭子	農林水産省家畜衛生試験場
小原嘉昭	農林水産省畜産試験場	柏崎　守*	農林水産省家畜衛生試験場
萬田正治	鹿児島大学農学部	宮﨑　茂	農林水産省家畜衛生試験場
山岸規昭	農林水産省畜産試験場	小林信一	日本大学生物資源科学部
野附　巖*	全国酪農業協同組合連合会	栗原幸一*	麻布大学獣医学部
古川良平	農林水産省草地試験場	新井　肇	東京農業大学農学部
佐原傳三	筑波大学農林工学系	杉山道雄	岐阜大学農学部
尾台昌治	農林水産省畜産試験場	成　耆政	岐阜大学大学院
市川忠雄	前北里大学獣医畜産学部	渡辺裕一郎	農林水産省経済局
久米新一	農林水産省北海道農業試験場	假屋堯由	農林水産省畜産試験場

執筆者

松本光人	農林水産省畜産試験場	山上善久	埼玉県養鶏試験場
佐藤　博	酪農学園大学獣医学部	胡　定寰	中国農業科学院
萬田富治	農林水産省中国農業試験場	河野　薫	大洋ミンク(株)
塩谷　繁	農林水産省九州農業試験場	奥村隆史	農林水産省草地試験場
寺田文典	農林水産省畜産試験場	経徳禮文	(社)ジャパンケンネルクラブ
竹下　潔	農林水産省畜産試験場	西田　朗	東北大学農学部
福原利一*	宮崎大学農学部	辻井弘忠	信州大学農学部
高橋政義	農林水産省畜産試験場	梶並芳弘*	農林水産省畜産局
中林　見	農林水産省家畜改良センター岩手牧場	杉浦　均	愛知県東三河家畜保健衛生所
山﨑敏雄	農林水産省草地試験場	出雲章久	大阪府立農林技術センター
田中彰治*	前農林水産省畜産試験場	駒井　亨	京都産業大学経営学部
鈴木　修	農林水産省草地試験場	関川寛己	農林水産省畜産局
小澤　忍	山口大学農学部	泉　徳和	石川県農業短期大学
中村恵一	農民教育協会鯉渕学園	杉田紳一	農林水産省草地試験場
大石孝雄	農林水産省農業生物資源研究所	松岡秀道	農林水産省九州農業試験場
古川　力	農林水産省畜産試験場	門馬榮秀	農林水産省草地試験場
古谷　修	農林水産省畜産試験場	松浦正宏	農林水産省九州農業試験場
吉本　正	麻布大学獣医学部	畠中哲哉	農林水産省草地試験場
千国幸一	農林水産省畜産試験場	植松　勉	農林水産省農業環境技術研究所
山本孝史	農林水産省家畜衛生試験場	神田健一	農林水産省草地試験場
村田富夫	日本獣医畜産大学獣医畜産学部	糸川信弘	農林水産省草地試験場
國政二郎*	(社)日本緬羊協会	大桃定洋	農林水産省畜産試験場
河野博英	農林水産省家畜改良センター十勝牧場	佐々木泰弘	農林水産省九州農業試験場
成田行廣	農林水産省家畜改良センター長野牧場	須山哲男	農林水産省草地試験場
澤﨑　坦	(社)日本馬事協会	原島徳一	農林水産省草地試験場
山田眞裕	農林水産省畜産試験場	山本克巳	農林水産省草地試験場
山崎昌良*	(財)大日本蚕糸会蚕糸科学研究所	大槻和夫	農林水産省草地試験場
小坂清巳	農林水産省国際農林水産業研究センター	圓通茂喜	農林水産省中国農業試験場
武田隆夫	農林水産省畜産試験場	田中孝一	農林水産省草地試験場
古田賢治	琉球大学農学部	岡本恭二	生物系特定産業技術研究推進機構

(執筆順，＊は編集協力者)

目　　次

第 I 編　総　　論

1. 畜産の現状と将来 …………………………………………………………3
   1.1 畜産の一般的動向 ………………………………………………………3
      a. 国民食生活と畜産物消費の動向 ………………………………………3
      b. 農業生産に占める畜産の地位 …………………………………………4
   1.2 畜産物の需給および価格の動向 ………………………………………4
      a. 需　給 ……………………………………………………………………4
      b. 畜産物価格の推移 ………………………………………………………7
   1.3 畜産経営の動向 …………………………………………………………8
      a. 酪　農 ……………………………………………………………………9
      b. 肉用牛 ……………………………………………………………………9
      c. 養　豚 ……………………………………………………………………9
      d. ブロイラー ………………………………………………………………10
      e. 採卵鶏 ……………………………………………………………………10
   1.4 畜産をめぐる環境問題の現状と対応 …………………………………11
   1.5 飼料の需給および飼料作物生産 ………………………………………11
      a. 飼料需給の動向 …………………………………………………………11
      b. 飼料穀物の輸入状況 ……………………………………………………12
      c. 配合飼料価格の動向 ……………………………………………………12
      d. 飼料作物の生産 …………………………………………………………13
   1.6 家畜の改良増殖および畜産新技術の開発普及 ………………………14
      a. 家畜の改良増殖 …………………………………………………………14
      b. 畜産新技術の開発普及 …………………………………………………14
   1.7 畜産物の加工，流通 ……………………………………………………15
   1.8 新政策の推進 ……………………………………………………………15
      a. 畜産の経営展望の概要 …………………………………………………16
      b. 今後の政策展開の方向 …………………………………………………17
      c. 農業経営基盤強化促進法の施行 ………………………………………18
   1.9 ウルグアイラウンド（UR）農業合意の概要と対応 …………………18
      a. 畜産物の自由化の推移 …………………………………………………18
      b. UR農業合意の概要 ……………………………………………………18
      c. 新しい国境措置を踏まえた対策 ………………………………………19

2. 家畜の品種 ……………………………………………………………………21
2.1 品種の定義 ……………………………………………………………21
2.2 品種のグルーピング …………………………………………………21
  a. 利用目的による類別 ………………………………………………22
  b. 改良程度による種別 ………………………………………………22
  c. 来歴による類別 ……………………………………………………22
  d. 外貌による類別 ……………………………………………………22
  e. 原産地による類別 …………………………………………………23
2.3 品種分化の要因 ………………………………………………………23
  a. 野生祖先種の差異 …………………………………………………23
  b. 育種の過程での新遺伝子の導入，交雑 …………………………24
  c. 小集団が分離する場合の遺伝子の機会的浮動 …………………24
  d. 改良目標の差異 ……………………………………………………24
  e. 自然環境条件の差による分化 ……………………………………25

3. 家畜の育種 ……………………………………………………………………27
3.1 家畜育種の歴史 …………………………………………………………27
  a. 家畜化と経験に基づく育種 ………………………………………27
  b. 近代的育種の出発 …………………………………………………27
  c. 血統登録 ……………………………………………………………28
  d. 遺伝学の進歩と家畜育種への応用 ………………………………28
3.2 遺伝とゲノム ……………………………………………………………28
  a. はじめに ……………………………………………………………28
  b. 家畜ゲノム解析 ……………………………………………………29
3.3 育種理論 …………………………………………………………………30
  a. 量的形質の遺伝 ……………………………………………………30
  b. 相加的遺伝効果 ……………………………………………………31
  c. 遺伝率と遺伝相関 …………………………………………………31
  d. 選抜と選抜指数 ……………………………………………………32
  e. 近交係数と血縁係数 ………………………………………………32
  f. 育種価推定とBLUP法 ……………………………………………32
  g. 分散成分推定とREML法 …………………………………………33
3.4 育種法 ……………………………………………………………………34
  a. 育種目標 ……………………………………………………………34
  b. 選抜の方法 …………………………………………………………34
  c. 育種環境の重要性 …………………………………………………36
  d. 交配法 ………………………………………………………………37
  e. 育種集団のサイズ …………………………………………………37
  f. 新しい測定手法の利用 ……………………………………………37

  g. 胚移植を利用した育種法 ································38
  h. DNAを利用した育種法 ································38
 3.5 育 種 工 学 ································39
  a. 動物個体への外来遺伝子の導入法 ································39
  b. トランスジェニック家畜・家禽の利用 ································41
 3.6 遺 伝 病 ································42
  a. はじめに ································42
  b. 牛の遺伝病 ································43
  c. 豚の遺伝病 ································45
  d. 馬の遺伝病 ································45
  e. おわりに ································46

4. 家畜の繁殖 ································47
 4.1 性 の 分 化 ································47
  a. 有性生殖と個体の性分化 ································47
  b. 遺伝的な性決定 ································47
  c. 個体発生に伴う性の分化 ································47
 4.2 性現象の内分泌支配 ································48
  a. 性成熟 ································48
  b. 発情周期と発情行動 ································49
  c. 妊 娠 ································51
  d. 分 娩 ································52
  e. 泌乳の開始 ································53
  f. 分娩後の生殖機能の回復 ································53
 4.3 精子と精液 ································54
  a. 精子の形成と成熟 ································54
  b. 精子の形態と構造 ································54
  c. 精 液 ································55
  d. 精子の生理 ································57
  e. 体外精子の機能に影響する要因 ································58
 4.4 受精と初期胚発生 ································59
  a. 受 精 ································59
  b. 初期胚発生 ································60
  c. 受精と初期胚発生に基づく技術 ································61
 4.5 妊娠中の胚および胎子の損耗 ································62
  a. 初期胚の損耗 ································62
  b. 体外受精および移植胚と早期胚死滅 ································62
  c. 母体による妊娠認識 ································63
  d. 妊娠中後期での胎子の損耗 ································63

  4.6 繁殖障害 …………………………………………………………64
   a．繁殖障害の種類 ……………………………………………64
   b．繁殖障害の原因 ……………………………………………65
   c．繁殖障害の診断 ……………………………………………66
   d．繁殖障害の治療 ……………………………………………67

5．**家畜の生理と生態** …………………………………………………68
  5.1 家畜の形態と体構造 ……………………………………………68
   a．家畜の外貌と体の区分 ……………………………………68
   b．家畜の体の構成 ……………………………………………68
  5.2 呼吸・循環器系 …………………………………………………70
   a．呼　吸 ………………………………………………………71
   b．循　環 ………………………………………………………72
  5.3 消化と吸収 ………………………………………………………74
   a．単胃動物における消化と吸収 ……………………………74
   b．家禽における消化と吸収 …………………………………76
   c．反芻動物における消化と吸収 ……………………………76
  5.4 脳・神経系 ………………………………………………………79
   a．中枢神経系 …………………………………………………79
   b．末梢神経系 …………………………………………………82
   c．脳と行動 ……………………………………………………84
  5.5 内分泌による調節 ………………………………………………85
   a．ソマットロピン軸による調節 ……………………………85
   b．甲状腺ホルモンによる調節 ………………………………86
   c．副腎皮質ホルモンによる調節 ……………………………87
   d．アドレナリンとノルアドレナリンによる調節 …………88
   e．膵内分泌による調節 ………………………………………88
  5.6 家畜の行動 ………………………………………………………89
   a．家畜管理と行動 ……………………………………………89
   b．行動の基本概念 ……………………………………………89
   c．家畜の行動型 ………………………………………………90
   d．行動の利用と制御 …………………………………………90
  5.7 環境への適応 ……………………………………………………92

6．**家　畜　の　管　理** …………………………………………………95
  6.1 家畜管理技術の変遷 ……………………………………………95
   a．乳　牛 ………………………………………………………95
   b．豚 ……………………………………………………………96
   c．採卵鶏 ………………………………………………………96

6.2 家畜の飼育環境とその制御 ································97
　a．家畜に影響を及ぼす主な畜舎環境 ················97
　b．畜舎環境の制御 ···································100
6.3 家畜の生態と制御································105
　a．生態と行動 ·······································105
　b．個体維持と種族維持 ···························105
　c．生得的行動と習得的行動 ····················108
　d．生態および行動の制御 ························109
6.4 家畜の管理作業································110
　a．家畜管理作業の種類と特徴 ················110
　b．家畜管理の作業能率とその変動要因 ······111
　c．家畜管理作業の測定と分析 ················112
　d．管理作業測定結果の利用 ····················116
6.5 家畜管理の方法································116
　a．家畜の収容法の種類と特徴 ················116
　b．飼料の種類と給餌・給水法 ················117
　c．生産物（乳，肉，卵）の採取法 ···········119
　d．排泄物の物性とその搬出 ····················120
　e．家畜の衛生管理の方法 ························121
　f．その他の特殊管理 ·······························122
6.6 家畜の飼育施設・機器························122
　a．畜舎に要求される基本条件 ················122
　b．畜舎の建築計画の進め方 ····················123
　c．畜舎の建築学的基礎知識 ····················124
　d．畜舎の種類と特徴 ·······························126
　e．付属施設の種類と特徴 ························128
　f．家畜管理用機器の種類と特徴 ···············129

7. 家畜の栄養 ···133
7.1 炭水化物とその消化，吸収，代謝················133
　a．炭水化物の種類と消化 ························133
　b．繊維の性質と消化 ·······························134
　c．炭水化物の吸収と利用 ························135
　d．炭水化物の代謝 ···································135
7.2 タンパク質とその消化，吸収，代謝 ············136
　a．タンパク質の分類 ·······························136
　b．アミノ酸 ···137
　c．タンパク質の消化，吸収，代謝 ············137
　d．タンパク質の栄養価 ····························138

7.3 脂質とその消化, 吸収, 代謝 139
- a. 脂質の分類 139
- b. 脂質の消化と吸収 140
- c. 脂質の代謝 141

7.4 ビタミンの作用と機能 142
- a. ビタミンの種類 142
- b. 脂溶性ビタミンの作用と機能 142
- c. 水溶性ビタミンの作用と機能 143

7.5 ミネラルの作用と機能 145
- a. ミネラルの種類 145
- b. ミネラルの代謝 145
- c. 必須主要ミネラルの作用と機能 146
- d. 必須微量ミネラルの作用と機能 147

7.6 家畜栄養と飼料給与 148
- a. 家畜の養分要求量 148
- b. 飼育標準 149

8. 家畜の飼料 151

8.1 飼料の組成と栄養価 151
- a. 飼料組成の表現方法 151
- b. 飼料栄養価（エネルギー）の表現方法 152

8.2 飼料の特性 153
- a. 穀類 153
- b. ダイズおよびダイズ加工品 154
- c. 油粕類 155
- d. 穀類副産物 157
- e. 発酵工業副産物 158
- f. 製糖産業副産物 159
- g. その他の食品製造粕類 159
- h. 動物質飼料 160
- i. 油実・油脂類 161
- j. ホールクロップサイレージ 161
- k. 北方系イネ科牧草 162
- l. 暖地型牧草 162
- m. マネ科牧草 163
- n. 農場副産物 163
- o. 飼料添加物 163
- p. 配合飼料 164

8.3 飼料の貯蔵と加工 164

a． サイレージ ………………………………………………164
　　　b． わら類のカセイソーダおよびアンモニア処理 ………165
　　　c． 穀類，マメ類の加工処理 ………………………………166
　　　d． 木材の蒸煮・爆砕処理 …………………………………166

9. 畜産物の利用と加工 ……………………………………………168
9.1 乳製品 ……………………………………………………168
　　　a． 牛乳・乳製品の分類 ……………………………………168
　　　b． 飲用乳 ……………………………………………………170
　　　c． クリーム …………………………………………………172
　　　d． バター ……………………………………………………173
　　　e． バターオイル ……………………………………………175
　　　f． 発酵乳，乳酸菌飲料 ……………………………………175
　　　g． チーズ ……………………………………………………178
　　　h． アイスクリーム …………………………………………180
　　　i． 練乳 ………………………………………………………181
　　　j． 粉乳 ………………………………………………………183
9.2 肉と肉製品 ………………………………………………185
　　　a． 屠畜と食鳥処理 …………………………………………185
　　　b． 食肉の科学 ………………………………………………186
　　　c． 食肉衛生と保蔵 …………………………………………189
　　　d． 食肉製品とその加工 ……………………………………190
　　　e． 包装と品質管理 …………………………………………193
　　　f． 副生物の生産と利用 ……………………………………195
9.3 卵製品 ……………………………………………………197
　　　a． はじめに …………………………………………………197
　　　b． 卵製品の製造 ……………………………………………198
　　　c． 卵製品の機能特性 ………………………………………202
　　　d． 卵製品の最終加工（利用）………………………………203
　　　e． 卵製品の衛生，とくにサルモネラ対策 ………………203
　　　f． 卵製品の製造およびその使用に対する厚生省の衛生指導要領 ………207
　　　g． おわりに …………………………………………………208
9.4 皮毛製品 …………………………………………………209
　　　a． 羊毛 ………………………………………………………209
　　　b． 皮革 ………………………………………………………211
　　　c． 毛皮 ………………………………………………………214
9.5 その他の畜産物 …………………………………………218
　　　a． 牛乳以外の乳の利用 ……………………………………218
　　　b． 牛肉，豚肉，鶏肉以外の食肉の利用 …………………219

c．鶏卵以外の鳥卵の利用 ·································221
　　　d．蜂　蜜 ···221
　9.6 畜産物の機能特性 ···222
　　　a．食品機能の概念 ···222
　　　b．牛乳，乳製品の栄養特性 ································224
　　　c．食肉，肉製品の栄養特性 ································227
　　　d．食卵，卵製品の栄養特性 ································230
　　　e．畜産食品成分（乳酸菌も含む）の生理機能特性 ·····232

10．草地と飼料作物 ···238
　10.1 草　　地 ··238
　　　a．草地農業の現状 ···238
　　　b．草地の機能 ··243
　10.2 飼料作物 ··248
　　　a．飼料作物の種類と特徴 ····································248
　　　b．飼料作物の生理生態 ·······································253

11．家畜糞尿の処理と利用 ······································259
　11.1 家畜糞尿による環境汚染問題の現状 ···················259
　　　a．環境汚染問題の発生状況 ································259
　　　b．悪臭問題の特徴 ···260
　　　c．水質汚濁問題の特徴 ·······································261
　11.2 家畜糞尿の特性 ···263
　　　a．家畜糞尿の排出量 ··263
　　　b．家畜糞尿の汚濁成分 ·······································264
　　　c．家畜糞尿の臭気成分 ·······································265
　　　d．家畜糞尿の肥料成分 ·······································266
　11.3 家畜糞尿の処理利用技術 ···································267
　　　a．家畜糞尿の処理利用技術の現状 ·······················267
　　　b．家畜糞尿の処理技術 ·······································268
　　　c．家畜糞尿および処理物の利用 ··························278

12．家　畜　衛　生 ··283
　12.1 生　産　病 ··283
　　　a．生産病とは ··283
　　　b．生産病発生の背景 ··283
　　　c．牛の生産病の発生状況 ····································284
　　　d．乳牛の生産病 ··284
　　　e．肉用牛の生産病 ···286

  f. 生産病の早期診断と予防 ……………………………………………289
 12.2 SPF 豚 ……………………………………………………………………291
  a. SPF 豚の畜産利用 ………………………………………………………291
  b. SPF 豚の定義 ……………………………………………………………291
  c. SPF 豚生産ピラミッド …………………………………………………292
  d. SPF 豚農場への変換法 …………………………………………………292
  e. SPF 豚農場の認定 ………………………………………………………293
 12.3 飼料衛生 …………………………………………………………………294
  a. 中　毒 ……………………………………………………………………294
  b. 飼料汚染微生物 …………………………………………………………300

13. 畜 産 経 営 ……………………………………………………………301
 13.1 酪 農 経 営 ………………………………………………………………301
  a. 展開過程 …………………………………………………………………301
  b. 経営構造 …………………………………………………………………302
  c. 課題と方向 ………………………………………………………………306
 13.2 肉用牛経営 ………………………………………………………………306
  a. 展開過程 …………………………………………………………………306
  b. 経営構造 …………………………………………………………………308
  c. 課題と方向 ………………………………………………………………312
 13.3 養 豚 経 営 ………………………………………………………………314
  a. 展開過程 …………………………………………………………………314
  b. 経営構造 …………………………………………………………………315
  c. 課題と方向 ………………………………………………………………318
 13.4 養 鶏 経 営 ………………………………………………………………321
  a. 養鶏経営の展開過程 ……………………………………………………321
  b. 経営構造 …………………………………………………………………324
  c. 養鶏経営の課題と方向 …………………………………………………325

14. 畜 産 法 規 ……………………………………………………………327
 14.1 畜産関係法規の体系 ……………………………………………………327
 14.2 畜産の生産振興に関する法律 …………………………………………327
  a. 酪農及び肉用牛生産の振興に関する法律 ……………………………327
  b. 家畜改良増殖法 …………………………………………………………329
 14.3 畜産物の価格安定に関する法律 ………………………………………331
  a. 畜産物の価格安定等に関する法律 ……………………………………331
  b. 農畜産業振興事業団法 …………………………………………………332
  c. 加工原料乳生産者補給金等暫定措置法 ………………………………333
  d. 肉用子牛生産安定等特別措置法 ………………………………………335

14.4 家畜及び畜産物の流通に関する法律 ……………………………… 336
　　a． 家畜取引法 ………………………………………………………… 336
　　b． 家畜商法 ………………………………………………………… 337
14.5 飼料に関する法律 ……………………………………………………… 338
　　a． 飼料需給安定法 ………………………………………………… 338
　　b． 飼料の安全性の確保及び品質の改善に関する法律 ………… 339
14.6 家畜衛生に関する法律 ……………………………………………… 340
　　a． 家畜伝染病予防法 ……………………………………………… 340
　　b． 獣医師法 ………………………………………………………… 341
　　c． 獣医療法 ………………………………………………………… 342
　　d． 薬事法 …………………………………………………………… 343

第II編　各　　論

1．乳　　牛 ……………………………………………………………………… 349
1.1 乳牛の改良 …………………………………………………………… 349
　　a． 乳牛改良の歴史 ………………………………………………… 349
　　b． わが国での乳牛改良の沿革 …………………………………… 350
　　c． 後代検定 ………………………………………………………… 351
　　d． 牛群検定 ………………………………………………………… 352
　　e． 育種価評価 ……………………………………………………… 353
　　f． これからの乳牛改良 …………………………………………… 354
1.2 乳牛の繁殖 …………………………………………………………… 354
　　a． 繁殖機能の発現 ………………………………………………… 354
　　b． 乳牛の性成熟 …………………………………………………… 355
　　c． 授精開始月齢 …………………………………………………… 355
　　d． 乳牛の発情 ……………………………………………………… 356
　　e． 発情周期に伴う副生殖器の変化 ……………………………… 357
　　f． 発情発見と適期授精 …………………………………………… 357
　　g． 分娩後の繁殖機能 ……………………………………………… 358
　　h． 乳牛におけるバイオテクノロジー研究 ……………………… 360
1.3 乳牛の育成 …………………………………………………………… 361
　　a． 哺乳期 …………………………………………………………… 361
　　b． 育成前期（離乳から6カ月齢まで） ………………………… 363
　　c． 産乳性と育成中期の増体 ……………………………………… 364
　　d． 種付とその後の育成 …………………………………………… 364
1.4 乳牛の生理，疾病 …………………………………………………… 366
　　a． 第一胃内発酵と消化 …………………………………………… 366
　　b． 乳成分の変動 …………………………………………………… 368

  c．糖，脂質およびアミノ酸の代謝 ……………………………………370
  d．泌乳に伴う代謝変化と繁殖性 ………………………………………372
 1.5　乳牛の飼料給与……………………………………………………………374
  a．乾乳期の飼養管理 ……………………………………………………374
  b．分娩前後の飼養管理 …………………………………………………375
  c．各乳期における飼料給与の留意点 …………………………………378
  d．高泌乳時の乾物摂取量 ………………………………………………380
  e．混合飼料の給与 ………………………………………………………381
 1.6　乳牛の生態，管理…………………………………………………………381
  a．乳牛の生態，行動 ……………………………………………………381
  b．管　　理 ………………………………………………………………383
 1.7　乳牛の牛舎システム………………………………………………………386
  a．牛舎管理システムについて …………………………………………386
  b．フリーストール牛舎 …………………………………………………386
  c．ミルキングパーラー …………………………………………………386
  d．搾乳ロボット（全自動搾乳機）……………………………………388
  e．給餌用施設・機械（濃厚飼料自動給餌機）………………………389
  f．牛群の個体識別（データキャリア）………………………………389
  g．生体情報のモニタリング ……………………………………………390
  h．生産管理の精密化，高度化への支援 ………………………………390
 1.8　原　料　乳…………………………………………………………………391
  a．わが国の牛乳の一般組成 ……………………………………………392
  b．牛乳成分の変動 ………………………………………………………393
 1.9　酪　農　経　営……………………………………………………………396
  a．経営組織と酪農 ………………………………………………………396
  b．飼料調達源による酪農の分類 ………………………………………396
  c．経営類型による経営の性格の相違 …………………………………397
  d．二つの経営事例 ………………………………………………………398

2．肉　　　　　牛 …………………………………………………………………402
 2.1　肉牛の育種，改良…………………………………………………………402
  a．わが国の肉牛改良の特色 ……………………………………………402
  b．遺伝的改良の方向 ……………………………………………………403
  c．より優れた後代を生産するための計画交配 ………………………405
  d．改良速度を上げるための努力 ………………………………………407
 2.2　繁殖牛の飼養………………………………………………………………408
  a．育成期雌牛の飼養 ……………………………………………………408
  b．成雌牛の飼養 …………………………………………………………409
  c．管理方式と繁殖性 ……………………………………………………411

	d.	飼養管理技術としての繁殖技術	412
	e.	先端的繁殖技術導入の留意点	414
2.3		子牛の哺育，育成	415
	a.	哺育，育成の目標	415
	b.	哺育，育成	415
	c.	育成期の発育	418
	d.	これからの哺育，育成	419
2.4		肉牛の飼養	419
	a.	肉牛肥育の基本型	419
	b.	日本の肉牛肥育様式	422
2.5		肉牛の管理施設と技術	426
	a.	肉牛の飼養施設	426
	b.	肉牛舎の様式と利用	426
	c.	管理作業と施設	427
	d.	牛舎様式と排泄物処理	429
	e.	牛舎環境の改善	429
2.6		肉牛の放牧利用	430
	a.	放牧利用の変遷と現状	430
	b.	放牧利用方式	431
	c.	放牧地での繁殖管理技術	431
	d.	放牧哺乳子牛の発育改善技術	433
2.7		肉牛の疾病と衛生	434
	a.	疾病の発生	434
	b.	疾病の種類	434
	c.	疾病の防除	438
2.8		牛肉の品質特性と評価法	441
	a.	品質評価の意義	441
	b.	牛肉の品質特性解明のための基本	441
	c.	牛肉の品質特性	443
2.9		肉牛の経営	445
	a.	肉牛経営の多様性，複雑性と社会的意義	445
	b.	肉牛経営の事例	446
3.	**豚**		**452**
3.1		豚の育種資源	452
	a.	ヨーロッパの豚品種	452
	b.	アジアの豚品種	453
	c.	ハイブリッド豚	453
	d.	アジアの豚品種	453

e． その他の豚と野生種 …………………………………454
　　f． わが国の飼養豚品種 …………………………………454
3.2　豚 の 育 種 ……………………………………………455
　　a． これまでの豚の育種 …………………………………455
　　b． 質的形質の遺伝 ………………………………………455
　　c． 量的形質の遺伝 ………………………………………456
　　d． 豚の育種方法 …………………………………………458
　　e． 豚育種の展望 …………………………………………460
3.3　豚 の 繁 殖 ……………………………………………460
　　a． 雌豚の性成熟 …………………………………………460
　　b． 雄豚の性成熟 …………………………………………461
　　c． 発情および排卵 ………………………………………461
　　d． 発情周期 ………………………………………………462
　　e． 性周期の同期化 ………………………………………462
　　f． 交　　配 ………………………………………………463
　　g． 妊　　娠 ………………………………………………465
　　h． 分娩誘起 ………………………………………………466
　　i． 胚移植 …………………………………………………466
　　j． 体外受精 ………………………………………………467
3.4　豚の栄養，飼料 …………………………………………467
　　a． 豚の栄養 ………………………………………………467
　　b． 飼養標準の活用 ………………………………………470
　　c． 飼　　料 ………………………………………………472
3.5　豚 の 管 理 ……………………………………………478
　　a． 豚の習性と管理形態 …………………………………478
　　b． 環境管理 ………………………………………………479
　　c． 給餌・給水管理 ………………………………………479
　　d． 繁殖候補豚の管理 ……………………………………480
　　e． 種雄豚の管理 …………………………………………480
　　f． 種雌豚の管理 …………………………………………481
　　g． 分娩期における母豚の管理 …………………………481
　　h． 哺育期の管理 …………………………………………482
　　i． 子豚期の管理 …………………………………………482
　　j． 肥育期の管理 …………………………………………483
　　k． コンピューターによる養豚管理 ……………………484
3.6　豚肉の利用と加工 ………………………………………484
　　a． 豚肉の利用方法 ………………………………………484
　　b． 豚肉加工製品の種類と日本農林規格 ………………485
3.7　豚 の 衛 生 ……………………………………………488

		a．	防疫の基本 ·································	488
		b．	自主防疫 ·································	488
		c．	伝染病不在豚群への変換 ·············	490
	3.8	養豚経営 ·····································		492
		a．	養豚経営の類型化 ······················	492
		b．	21世紀型養豚経営のコスト低減目標 ···	493
		c．	優良養豚一貫経営事例の豚飼養状況 ···	495
		d．	優良養豚一貫経営の技術水準 ········	495
		e．	優良養豚一貫経営の経済性 ············	496
		f．	優良養豚一貫経営のコスト低減戦略 ···	496

4. めん羊，山羊 ································· 498

	4.1	めん羊 ·····································		498
		a．	めん羊の特性 ···························	498
		b．	めん羊の品種の分類と特徴 ············	499
		c．	飼養管理 ·································	500
		d．	衛生管理 ·································	506
		e．	生産物とその利用 ······················	507
	4.2	山　羊 ·····································		509
		a．	山羊の品種とその特徴 ·················	509
		b．	飼養管理 ·································	510
		c．	山羊の疾病 ······························	513
		d．	その他 ····································	515
		e．	生産物とその利用 ······················	515

5. 馬 ·· 516

	5.1	馬の進化と家畜化の歴史 ······················		516
		a．	馬の進化 ·································	516
		b．	家畜化 ····································	516
	5.2	在来馬（未改良馬） ·····························		516
	5.3	改良と品種の成立 ······························		519
		a．	サラブレッド種 ·························	519
		b．	アラブ種 ·································	520
		c．	アングロ・アラブ種 ····················	520
		d．	その他の品種 ···························	522
	5.4	馬の生物学的特性 ······························		522
	5.5	馬飼養の現状 ·····································		522
	5.6	馬の社会的役割 ··································		525
		a．	乗馬人口の急増 ·························	525

b．馬肉の食習慣 …………………………… 526
　　　c．その他の活用 …………………………… 526
6．鶏 ………………………………………………… 528
　6.1　鶏の品種 …………………………………… 528
　　　a．品種の分類 ……………………………… 528
　6.2　鶏の育種 …………………………………… 530
　　　a．質的形質および量的形質 ……………… 531
　　　b．卵用鶏の育種 …………………………… 531
　　　c．肉用鶏の育種 …………………………… 534
　6.3　鶏の繁殖 …………………………………… 535
　　　a．雌の生殖器 ……………………………… 535
　　　b．雌の内分泌 ……………………………… 536
　　　c．雄の生殖器 ……………………………… 536
　　　d．精子と精液 ……………………………… 536
　　　e．卵管内における精子の移動と貯留 …… 537
　　　f．卵管内における精子の長期生存機構 … 537
　　　g．精子の受精機構 ………………………… 537
　　　h．人工授精 ………………………………… 538
　6.4　鶏の生理，生態 …………………………… 539
　　　a．鶏の生理，生態と環境 ………………… 539
　　　b．鶏生産と温熱環境 ……………………… 540
　　　c．鶏生産と光環境 ………………………… 543
　　　d．鶏生産とその他の環境 ………………… 545
　6.5　鶏の栄養 …………………………………… 546
　　　a．栄　養 …………………………………… 546
　　　b．栄養素の種類とその役割 ……………… 546
　　　c．栄養素の消化，吸収 …………………… 547
　　　d．栄養素の代謝と利用 …………………… 549
　　　e．養分要求量 ……………………………… 550
　6.6　鶏の飼料 …………………………………… 553
　　　a．養鶏用配合飼料 ………………………… 553
　　　b．栄養素と飼料 …………………………… 553
　　　c．主要な養鶏飼料 ………………………… 555
　6.7　鶏の管理 …………………………………… 557
　　　a．卵用鶏 …………………………………… 557
　　　b．肉用鶏（ブロイラー）………………… 560
　　　c．種　鶏 …………………………………… 560
　6.8　鶏の衛生 …………………………………… 561

	a.	養鶏産業における衛生対策の特徴 …………………………561
	b.	養鶏産業における疾病発生の特徴 …………………………562
	c.	養鶏産業における疾病の予防対策 …………………………566
6.9		鶏の施設および機器 …………………………………………571
	a.	概　説 ………………………………………………………571
	b.	鶏　舎 ………………………………………………………573
6.10		鶏の生産物 …………………………………………………575
	a.	鶏　肉 ………………………………………………………575
	b.	鶏　卵 ………………………………………………………577
6.11		鶏 の 経 営 …………………………………………………580
	a.	養鶏経営の現状と課題 …………………………………580
	b.	生産性と収益性 …………………………………………581
	c.	今後の方向 ………………………………………………583

7. その他の家畜など ……………………………………………584

7.1 毛皮動物（ミンク）……………………………………584
 a. 養殖ミンクの歴史 ………………………………………584
 b. ミンクの品種 ……………………………………………585
 c. ミンクの育種 ……………………………………………586
 d. ミンクの繁殖 ……………………………………………586
 e. ミンクの生理と生態 ……………………………………586
 f. ミンクの栄養と飼料 ……………………………………587
 g. ミンクの飼養管理 ………………………………………588
 h. ミンクの疾病 ……………………………………………589
 i. ミンク飼養設備 …………………………………………590
 j. ミンクの生産物 …………………………………………590

7.2 ミ ツ バ チ ………………………………………………590
 a. ミツバチの種類および品種 ……………………………590
 b. ミツバチの育種，繁殖 …………………………………590
 c. ミツバチの生理 …………………………………………591
 d. ミツバチの生態 …………………………………………591
 e. ミツバチの行動 …………………………………………591
 f. ミツバチの餌料 …………………………………………592
 g. ミツバチの病気と外敵 …………………………………592
 h. 施設および機器 …………………………………………592
 i. ミツバチの利用 …………………………………………593
 j. 養蜂経営 …………………………………………………593

7.3 コンパニオンアニマル …………………………………593
 7.3.1 犬 ………………………………………………………594

a．犬　　学 …………………………………………594
　　　b．犬の生理 …………………………………………597
　　　c．犬の登録 …………………………………………597
　　　d．犬の展覧会 ………………………………………599
　　　e．犬の訓練 …………………………………………601
　7.3.2　その他のコンパニオンアニマル ………………602
7.4　実 験 動 物 ……………………………………………602
　　　a．実験動物の種類 …………………………………603
　　　b．実験動物の育種 …………………………………603
　　　c．実験動物繁殖学 …………………………………604
　　　d．実験動物の栄養と飼料 …………………………605
　　　e．実験動物の衛生と疾病 …………………………606
　　　f．実験動物の飼育環境と管理 ……………………607
　　　g．実験手技 …………………………………………608
　　　h．動物実験データの処理 …………………………608
　　　i．動物実験の結果の外挿 …………………………609
　　　j．動物実験の倫理的立場 …………………………609
7.5　鹿 …………………………………………………………610
　　　a．養鹿産業の現状と将来 …………………………610
　　　b．鹿の品種 …………………………………………610
　　　c．鹿の育種 …………………………………………610
　　　d．鹿の繁殖 …………………………………………610
　　　e．鹿の生理と生態 …………………………………612
　　　f．鹿の飼養 …………………………………………612
　　　g．鹿の飼料 …………………………………………613
　　　h．草地と放牧 ………………………………………613
　　　i．鹿の衛生 …………………………………………613
　　　j．鹿の設備 …………………………………………613
　　　k．生産物利用と加工 ………………………………614
　　　l．鹿の排泄物の処理と加工 ………………………614
　　　m．養鹿経営 …………………………………………614
　　　n．鹿に関する法律 …………………………………614
7.6　その他の特用家畜 ……………………………………615
　　　a．ウズラ ……………………………………………616
　　　b．アヒル ……………………………………………618
　　　c．七面鳥 ……………………………………………619
　　　d．ホロホロ鳥 ………………………………………621
　　　e．猪　豚 ……………………………………………622
　　　f．ガチョウ …………………………………………623

8. 飼料作物 ······ 626
8.1 寒地型牧草 ······ 626
- a．イネ科牧草 ······ 626
- b．マメ科牧草 ······ 631

8.2 暖地型牧草 ······ 633
- a．イネ科牧草 ······ 633
- b．マメ科牧草 ······ 636

8.3 青刈飼料作物 ······ 638
- a．トウモロコシ ······ 638
- b．ソルガム ······ 639
- c．スーダングラス ······ 640
- d．テオシント ······ 640
- e．パールミレット ······ 640
- f．ヒエ ······ 641
- g．シコクビエ ······ 641
- h．エンバク ······ 641
- i．ライムギ ······ 642
- j．青刈オオムギ ······ 642
- k．青刈コムギ ······ 643
- l．飼料カブ ······ 643
- m．ルタバガ ······ 643
- n．飼料用ビート ······ 644
- o．カンショ ······ 644
- p．その他の青刈飼料作物 ······ 644

8.4 遺伝資源と育種 ······ 644
- a．遺伝資源の収集，評価，保存 ······ 645
- b．遺伝資源の活用 ······ 649
- c．ジーンバンク事業の展望 ······ 651

8.5 作付体系と栽培法 ······ 652
- a．作付体系 ······ 652
- b．栽培の基本 ······ 656
- c．主要草種の栽培法 ······ 657

8.6 施肥管理 ······ 659
- a．飼料作物の養分吸収特性と施肥管理の必要性 ······ 659
- b．飼料畑土壌での養分の動態と飼料作物の施肥法 ······ 660
- c．土壌および作物診断の必要性と診断に基づく施肥改善の勧め ······ 663

8.7 牧草，飼料作物の病虫害 ······ 665
- a．病害 ······ 665
- b．虫害 ······ 672

8.8 栽培管理・収穫用の機械 ……679
- a． 耕転作業機 ……679
- b． 砕土・整地用作業機 ……680
- c． 施肥・播種作業機 ……680
- d． 管理作業機 ……681
- e． 刈取作業機 ……681
- f． 転草・集草作業機 ……682
- g． 梱包・密封作業機 ……682
- h． 細切・吹上げ作業機 ……684
- i． 運搬・ハンドリング作業機 ……686

8.9 調製，貯蔵と品質 ……686
- a． サイレージ ……686
- b． 乾　草 ……693

8.10 調製，貯蔵，給与の施設，機械 ……694
- a． 飼料調製用機械 ……694
- b． 粗飼料調製貯蔵施設，機械 ……696
- c． 給餌施設，機械 ……698

9. 草　地 ……702

9.1 草地の開発，造成 ……702
- a． わが国の草地開発の経過と現状 ……702
- b． 草地開発の功罪 ……703
- c． 草地開発構想 ……704
- d． 草地の立地配置と地形 ……704
- e． 牧野林 ……705
- f． 草地の地帯区分と草種の選択 ……706
- g． 草地造成法 ……706
- h． シバ草地の造成法 ……710

9.2 草地の管理，利用 ……710
- a． 草地の生産性および植生の管理 ……710
- b． 草地の管理と利用 ……714
- c． 草生の回復，更新 ……715
- d． 草地の保護管理 ……716

9.3 草地土壌と施肥管理 ……719
- a． 草地土壌の種類と特性 ……719
- b． 草地の土壌特性と経年変化 ……720
- c． 土壌診断と対策 ……720
- d． 標準施肥 ……723

9.4 草地の放牧利用 ……723

a.	放牧利用の特徴 ……………………………	723
b.	放牧方式の種類と特徴 …………………	724
c.	放牧家畜の栄養 ……………………………	725
d.	放牧計画とその実施 ……………………	726
e.	放牧家畜の管理 ……………………………	727

9.5 放牧家畜の行動と管理 ……………………………729
  a．はじめに ………………………………………729
  b．食草行動と管理 ………………………………730
  c．休息行動と管理 ………………………………731
  d．社会行動と管理 ………………………………732
  e．学習行動と管理 ………………………………732

9.6 草地の管理機械と施設 ……………………………734
  a．草地更新用機械 ………………………………734
  b．草地の維持管理機械 …………………………735
  c．採草用機械 ……………………………………736
  d．放牧施設 ………………………………………738

9.7 野草地，林地の利用 ………………………………739
  a．野草地の利用 …………………………………739
  b．林地の利用 ……………………………………742

索　　　引 …………………………………………………745

第Ⅰ編　総　　論

1. 畜産の現状と将来

1.1 畜産の一般的動向

a. 国民食生活と畜産物消費の動向
1) 1人当たり供給純食料

戦後のわが国経済社会の発展に伴う国民食生活の高度化，多様化等を背景として，畜産物の消費もこれまで高い伸びで推移し，1人・1年当たり畜産物の消費でみると，1965（昭和40）年度と比べ1995（平成7）年度では，鶏肉5.8倍，牛肉5.5倍，豚肉3.8倍，牛乳・乳製品2.4倍，卵1.6倍に増加している．なお，米は1965年度に比べ1995年度は約6割に低下し，野菜はほぼ横ばい，魚介類はこれまで微増傾向であったが，平成に入って横ばい傾向にある．

しかしながら，昭和60（1985）年代に入って牛肉を除く畜産物の消費の伸びは鈍化傾向となっており，一方，牛肉は円高や1991年度からの牛肉輸入の自由化に伴う，比較的安価な牛肉の出回り等を背景として，近年においても昭和40～50年代並みの高い伸びを維持している．

表1.1 国民1人・1年当たり供給純食料の推移（農水省，食料需給表）

(単位：kg)

	1965年度	75	85	93	94	95（速報）
牛乳・乳製品	37.5	53.6	70.6	83.7	90.0	91.3
牛　　　肉	1.5	2.5	4.4	7.4	8.0	8.3
豚　　　肉	3.0	7.3	10.3	11.4	11.5	11.4
鶏　　　肉	1.9	5.3	9.1	10.3	10.6	11.0
鶏　　　卵	11.3	13.7	14.9	17.9	17.7	17.6
米	111.7	88.0	74.6	69.2	66.3	67.8

2) 1人当たり供給熱量，タンパク質量

国民1人・1日当たり供給熱量は，1985年（昭和60）頃までは増加傾向で推移したが，その後は2,620～2,630kcal程度でほぼ横ばいで推移している．なお，この水準は欧米諸国に比べると低い水準であるが，体格の違い等によるもので，最近の傾向からしてほぼ飽和水準に達しているものと考えられる．

国民1人・1日当たり供給タンパク質量は，食生活の向上等を反映してこれまで増加してきたが，最近は横ばいないし微増傾向で推移し，1995年度は90.0kg（1965年度75kg）となっている．また，動物性タンパク質の供給割合が高まり，1965年度は35％であ

ったが，1987年度に植物性タンパク質を上回り，その後も着実に伸びている．さらに，動物性タンパク質に占める畜産物の割合は，1965年度に約4割であったものが1976年度には水産物を上回り，近年では約6割までその割合が高まっている．

b. 農業生産に占める畜産の地位

畜産の産出額は，飼養頭羽数の増加や販売価格の上昇等から1985年頃まで増加してきたが，以降は畜産物価格の低下等からやや減少傾向にあり，一方，農業産出額全体に占める畜産部門の割合はこれまで増加傾向であったが，最近は横ばいないしやや低下傾向となっている．なお，大家畜（酪農および肉用牛）部門は11〜13%で推移しており，稲作と並ぶ土地利用型農業の重要な部門となっている．

表1.2 農業産出額の推移（農水省，生産農業所得統計） （単位：百億円，%）

区　分	1965年	75	85	92	93	94（概算）
農業総産出額	318(100)	905(100)	1,163(100)	1,124(100)	1,045(100)	1,133(100)
畜　　産	66(20.9)	234(25.9)	317(27.2)	284(25.2)	265(25.4)	254(22.5)
うち酪　農	15(4.6)	57(6.3)	89(7.6)	86(7.7)	84(8.0)	79(7.0)
肉用牛	8(2.4)	25(2.7)	47(4.1)	55(4.9)	49(4.7)	47(4.1)
豚	14(4.4)	73(8.1)	79(6.8)	63(5.6)	57(5.4)	54(4.7)
鶏	28(8.7)	75(8.3)	93(8.0)	72(6.4)	69(6.6)	69(6.1)
米	137(43.1)	347(38.3)	383(32.9)	339(30.1)	284(27.1)	388(34.2)

注　（　）は構成比．

1.2 畜産物の需給および価格の動向

a. 需　　給

1) 牛乳・乳製品

牛乳・乳製品の需要は戦後経済の高度成長，消費者の健康志向等を背景として順調に拡大してきたが，栄養水準がほぼ飽和水準に達したこと等から近年は拡大のテンポは純化している．国内生産については，規模の拡大や1頭当たり乳量の増加等により，潜在的な生産量が需要量を上回る状況となったことから，1979（昭和54）年度以降生産者団体による生乳の自主的な計画生産が行われている．

生産地域については，かつての主産地である東京，大阪をはじめとする大都市近郊の生産比率が減少し，北海道の生産比率が増加している．

飲用向け生産の1965年以降の推移をみると，牛乳は大幅に増加した一方，当初牛乳を上回る生産があった加工乳が大幅に減少した．また，発酵乳が昭和50（1975）年代以降急速に伸びている．

乳製品の生産については脱脂粉乳，バターおよびチーズが大幅に伸びた一方，全粉乳は横ばい，調製粉乳，練乳は減少している．

最近は乳飲料向け需要の伸びに支えられた脱脂粉乳および食生活の洋風化に伴うチーズ需要が堅調な反面，健康志向で敬遠されがちなバター需要が伸び悩み，全乳から同時

に生産される脱脂粉乳とバターとの生産上の跛行問題が顕在化している．このため，1995（平成7）年度から従来の乳脂肪率に基づく生乳取引から無脂固形分を加味した取引に移行しつつある．

　乳製品の輸入は国内総需要（飲用乳を含む）のおおむね2割程度で安定的に推移している．このうち約3分の2をチーズが占め，オーストラリア，ニュージーランド等から輸入している．

2) 牛　　　肉

　近年他の畜産物の需要が総じて需要が鈍化ないし停滞傾向にあるなかで，需要規模は引き続き拡大傾向で推移している．とりわけ1991（平成3）年度の輸入自由化と円高の進展とを背景とした低価格の輸入牛肉供給の増加により，これまで比較的需要が低かった東日本地域の家計消費および業務用需要が大幅に伸展しており，これまで高級食肉としてのイメージが高かったものが，大衆食肉として急速に変貌しつつある．

　国内生産については，全体としては安定的に増加しているが，1965年当初には国内生産の4分の1程度しかなかった乳用種牛肉が，それ以降生産増の主役を担いつつシェアを伸ばし，昭和50（1975）年代後半には約7割を占めるに至ったが，生乳需給の緩和から乳用雌牛頭数が横ばいないしやや減少していること，輸入牛肉との差別化をはかるため和牛生産志向が強まっていること等を背景として，最近では肉専用種比率が再び高まる兆しをみせている．

　輸入については，需要の増加に国内生産が追いつかない部分を補うかたちでふえ続けている．この結果，1965年から1985年にかけて10年ごとに概ね10％ずつ自給率が低下し，1985年には7割の水準になり，さらに輸入自由化後の1992（平成4）年度にはついに5割を割り込んだ．輸入国はオーストラリア，米国で9割以上を占め，両国のシェアもほぼ一定で推移している．また，従来冷凍品が大宗を占めていたが，輸送技術の進歩等により冷蔵品が急速に増加し，近年は冷蔵品の割合が冷凍品を上回っている．

3) 豚　　　肉

　戦後の高度成長と軌を一にして急速に需要が拡大し，大衆肉として食肉供給第1位の地位を保っているが，近年食料摂取がほぼ飽和水準に達し，食の高級化，健康志向が強まるなかで，食肉間での競合が顕在化しつつあり，高級食肉としての牛肉と健康志向にマッチした鶏肉との狭間で需要が停滞している．このため，平成に入って以降ほぼ横ばいで推移している．また，ハム，ソーセージ等の加工需要が他の食肉に比して約3割と高いのが特徴で，昭和40（1965）から60（1985）年代にかけて堅調に伸びてきたが最近は鈍化傾向にある．

　国内生産については，需要の伸びが1985年を過ぎた頃から鈍化ないし横ばいになったこと，輸入量が国内シェアを奪うかたちで徐々に増加したこと，さらに国内需給をにらみつつ生産者団体等による計画的な生産がはかられていること等から，1985年頃から伸びが鈍化ないし横ばい傾向となり，また1990年以降は減少傾向にある．

　輸入については，昭和40年代以降着実に増加し，台湾，デンマーク等からの輸入品が最近では国内需要の約3割を占めている．従来は加工仕向けがほとんどであったが，冷蔵品輸入の増加とともにテーブルミート用の輸入も増加しつつある．

4) 鶏　　肉

　昭和40 (1965) 年代はじめからブロイラー産業が商社を中心としたインテグレーションにより企業的に展開されるとともに，従来の廃鶏主体の鶏肉生産から大規模企業養鶏へと大きく構造的な転換を遂げ，需要についても業務・外食用を中心に大幅に伸びてきたが，ここ数年は鈍化ないし停滞傾向となっている．

　国内生産については，関東以西主体から関東，東海，近畿が減少し，これに代わって九州，東北，北海道へと主産地が遠隔化しつつ増加してきた．

　輸入は1985年後半から徐々にふえ始め，この間主要輸入国が米国からタイ，さらに最近では中国へとシフトしながら増加している．

5) 鶏　　卵

　1965年 (昭和40) 中頃まで急激に需要が伸びたが，それ以降は家計需要が世界的にみても高水準に達したことから伸び悩んでいる反面，堅調に伸びている業務・加工用需要に支えられ，全体としてゆるやかな伸びで推移している．国内生産は経営の大規模化が進展し，企業的経営による生産のウェイトが高まっているが，大規模化によるコスト低減をねらいとした増羽意欲が依然として強いことから，ともすれば供給過剰となりやすい構造となっている．このため1972年 (昭和47) から生産者団体による需要に見合った生産調整努力がなされている．

　輸入は，米国等から液卵として加工用に行われているが，需要量の3%程度で推移している．

表1.3　畜産物需給の推移（農水省，食料需給表）　　　（単位：千トン，%）

		1965年度	75	85	93	94	95 (速報)
牛乳・乳製品 (生乳ベース)	需要量	3,815	6,160	8,785	10,753	11,591	11,809
	生産量	3,271	5,008	7,436	8,550	8,388	8,469
	輸入量	506	1,016	1,579	2,434	2,841	3,293
	自給率	86	81	85	80	72	72
牛　肉 (枝肉ベース)	需要量	207	415	774	1,354	1,454	1,527
	生産量	196	335	556	595	605	591
	輸入量	11	91	225	810	834	941
	自給率	95	81	72	44	42	39
豚　肉 (枝肉ベース)	需要量	431	1,190	1,813	2,082	2,103	2,095
	生産量	431	1,023	1,559	1,438	1,377	1,299
	輸入量	0	208	272	650	724	772
	自給率	100	86	86	69	65	62
鶏　肉 (骨付肉ベース)	需要量	246	784	1,466	1,707	1,759	1,826
	生産量	238	759	1,354	1,318	1,256	1,258
	輸入量	8	28	115	390	516	581
	自給率	97	97	92	77	71	69
鶏　卵	需要量	1,332	1,862	2,199	2,700	2,667	2,660
	生産量	1,330	1,807	2,160	2,601	2,563	2,550
	輸入量	2	55	39	99	104	110
	自給率	100	97	98	96	96	96

b. 畜産物価格の推移

1965年（昭和40）以降畜産物価格は，短期的な変動は当然あるものの長期的な傾向をみると，1975年前半までは総じて上昇傾向であったが，それ以降は牛肉価格を例外として低下傾向となっている．これは，食料摂取の量的水準がほぼ飽和状態に到達するなかで，飼養規模の拡大に伴うコスト低減の進展や，輸入品に加え他の水産物等との競合の激化等によるものと考えられる．一方，牛肉については，強い需要を背景として消費者物価全体の水準を上回る上昇を続けていたが，1991年（平成3）からの牛肉の輸入自由化を契機に急激に価格が低落している．

1) 牛乳・乳製品

生乳の農家販売価格は1975年はじめまでは急激に上昇したが，1978年をピークにゆるやかな低下傾向となった後，1985年から1987年にかけて急落，以降再びゆるやかな低落傾向をたどっており，1995年度は85円/kgとなっている．

バター，脱脂粉乳および全脂加糖練乳の卸売価格は，1965年から1970年にかけて低下した後上昇に転じ，1976年にピークに達した後1979年まで低下，以降1983年まで上昇したがその後，バターは年による変動はあるものの大きく低下しており，1995年度で950円/kgとなっている．一方，脱脂粉乳および全脂加糖練乳についてはその後ほぼ横ばいないしやや低下傾向で推移している．

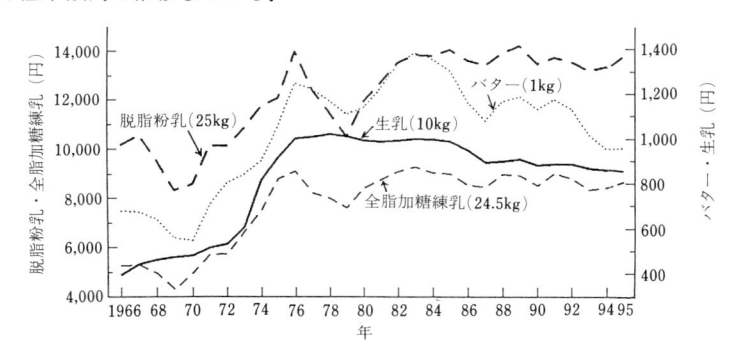

図1.1 生乳および乳製品価格の推移（農水省，農村物価賃金統計牛乳乳製品課調べ）

注1) 生乳は農家販売価格．
2) 乳製品は大口需要者向け販売価格．

2) 牛　　肉

農家販売価格は，1979年から1980年にかけてピークに達した後，1984年まで低下傾向で推移した．その後再び上昇傾向となったが，輸入自由化を契機に乳用雄牛は1990年以降，また和牛は若干遅れて1992年頃から低下傾向となっている．

また，牛肉価格をみると，自由化以降，高位規格の和牛肉は価格の低下がゆるやかであったが，それ以外の和牛肉，乳用種牛肉の低下が大きく価格の二極分化傾向がみられた．しかしながら最近は，国産牛肉への需要の回帰傾向等から，乳用種牛肉等についても価格は比較的堅調に推移している．

3) 豚　肉

豚肉の農家販売価格は，季節的・年次的周期変動を繰り返しつつも上昇してきたが，1975年をピークに一転して長期低落傾向が続いており，とりわけ1991年以降牛肉輸入自由化の影響もあり，低水準の状態となっている．

4) 鶏肉，鶏卵

鶏肉価格は変動幅が小さく，価格水準は低いものの豚肉とほぼパラレルに推移しており，1976年をピークにゆるやかな低下傾向をたどっている．ただ，豚肉のように牛肉輸入の影響は少なく，ここ数年もほぼ横ばい傾向で推移している．

鶏卵については，年による変動は大きいものの基本的には鶏肉とほぼ同様の動きで推移しているが，1992年以降やや低水準となっている．

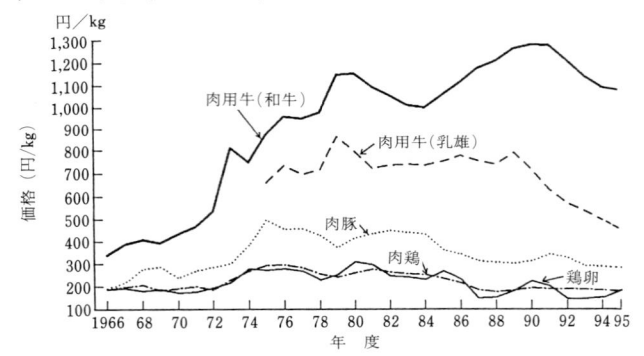

図1.2 畜産物価格の推移（農水省，農村物価賃金統計）
注　肉用牛，肉豚，肉鶏は生体1kg当たり価格．

1.3　畜産経営の動向

戦後の経済発展のなかで，農村の労働力の非農業部門への流出等により，畜産経営についても他の農業部門と同様，経営体数は減少の一途をたどってきており，また，経営を担う者の高齢化，一方で後継者の不足といった傾向がみられる．

畜産経営の規模は，これまで着実に拡大してきたところであるが，併行して，大規模経営を中心に飼養管理，飼料生産の面での省力化（飼料給与の自動化，パーラーシステムによる搾乳作業の機械化，粗飼料生産の機械化・集団化等）がはかられてきた．

また，畜産経営は家族経営が中心となっているが，一方で，畜産部門への企業の進出もみられ，畜種別にみると，農地を必要としないため参入が容易であること，資本集約的な経営が可能であること等から，大家畜部門に比べ養鶏や養豚部門において企業的経営による生産が増加傾向にある．また，農家がある特定の企業と飼養頭数，生産資材の購入，販売価格条件等について契約を結び畜産物の生産，販売を行う方式（インテグレーション）もブロイラー養鶏を中心に進展してきた．

畜産経営は，耕種農業に比べ，施設，機械等に多額の投資を必要とし，また，飼料費

等の経費も常時必要であること等の特徴を有していることから，経営の健全性を確保するためには，経営管理の徹底，生産性の向上等を通じ投資した資本を効率よく収益に結び付けていくことが必要となっている．

畜種別の経営の動向は次のとおりである．

a. 酪　　農

乳用牛飼養戸数は，1963年（昭和38）までは増加したが，以降小規模層を中心に減少しており，1994年（平成6）には5万戸を下回る（1966年36万戸）状況となっている．地域別戸数の動向をみると，戸数の減少割合は北海道がもっとも低く，このため，地域別戸数シェアは，関東などで低下している一方，飼料基盤にも恵まれた北海道が大幅に拡大し，都府県では九州で高まる傾向にある．

飼養頭数は，昭和50（1975）年代半ばまで着実に増加してきたが，その後生乳需給の緩和や1頭当たり乳量の増加等によりおおむね横ばい傾向にあるが，1戸当たり飼養規模は着実に拡大し，1996年は46.3頭（1966年3.6頭）となっており，また，地域別にみると，1996年で北海道77.9頭，都府県34.4頭で，都府県に比べ北海道は2倍強の規模となっている．なお，わが国の飼養規模は，最近ではEUの平均を超える水準となっている．

また，酪農経営は，朝夕の搾乳作業を伴うことなどから，他の畜産部門や耕種部門と比べて専業経営の割合が高く，この傾向はとくに北海道で顕著である．

b. 肉　用　牛

飼養戸数は，1956年（昭和31）まで増加したが，以降減少しており，1993年には20万戸を下回る状況となっている．地域別戸数の動向をみると，各地域とも戸数は減少しているが，飼料基盤に恵まれた九州，東北，北海道では他の地域に比べ戸数の減少割合が低く，こうした地域で戸数シェアが高まっている．

また，飼養頭数は，1956年にピーク（役畜用主体）に達した後減少し，1967年にもっとも少なく（155万頭）なったが，その後肉用としての飼養頭数が増加し，1996年には290万頭となっているが，最近は横ばい傾向にある．

1戸当たり飼養規模は，着実に拡大しているものの，経営部門別にみると，購入飼料依存型経営が主体となっている肥育（去勢和牛，乳用種）経営では規模拡大が著しく，一方，繁殖経営では，稲作等との複合経営が主体であること等もあって規模拡大のテンポはゆるやかである．

c. 養　　豚

飼養戸数は1962年（昭和37）までは増加していたが，以降減少しており，1982年に10万戸を下回り，1996年には1.6万戸となっている．また，近年における戸数の減少率は他の畜産部門に比べて高い水準（年率10％以上）で推移している．地域別戸数の動向をみると，九州で戸数シェアが高まっており，都市化の進展等を背景として関東などで低下する傾向にある．

飼養頭数は1979年から計画生産となったものの，1989年まで増加してきたが，以降減少傾向にあり，1996年では990万頭となっており，また，1戸当たり飼養規模は着実に拡大し，1996年では600頭を超える規模となっている．

なお，経営タイプ別の動向をみると，従来，繁殖・肥育部門ごとの経営が主流であったが，一貫経営（子豚の生産から肥育までを経営内で行うもの）の割合が増加してきており，こうした経営の割合が1992年で半数（頭数で8割強）を超えるまでになっている．

d．ブロイラー

飼養戸数は，1966年（昭和41）は1.9万戸であったが，その後減少し，1979年には1万戸を下回り，1996年では3.6千戸となった．地域別戸数の動向をみると，九州や東北で戸数のシェアは増加し，一方，関東，東海などでは，戸数の減少率が大きいことからそのシェアは低下する傾向にある．

一方，飼養羽数は，1973年から計画生産となったが，その後も需要に即したかたちで1986年までは増加傾向で推移したが，1987年以降やや減少傾向にあり，また，1戸当たり飼養規模は着実に拡大しており，1993年では3万羽を超える規模となり，採卵鶏に比べても飼養羽数規模はかなり大きい．

e．採卵鶏

飼養戸数は，1955年（昭和30）までは増加したが，以降減少し，1973年には100万戸を下回り，1989年には10万戸を下回るなど小規模層を中心に大幅に減少している．地域別戸数の動向をみると，昭和40（1965）年代初頭には，関東および九州のシェアが大きく，その後九州，東北でのシェアが拡大してきたが，最近の小規模農家を除く300羽以上飼養の戸数シェアでみると，関東および九州の2地域で5割弱を占めている．

飼養羽数は1966年には1.1億羽であったが，その後需要の動向に即して増加している．また，1戸当たり飼養規模は，戸数が大きく減少していることなどを反映して大幅に

表1.4 畜産農家戸数および飼養規模の推移（農水省，畜産統計他）
（単位：千戸，頭/戸，百羽/戸）

区 分		1966年	71	76	81	86	91	96
乳用牛	戸数	360.7	279.3	147.1	106.0	78.5	59.8	41.6
	規模	3.6	6.6	12.3	19.8	26.8	34.6	46.3
肉用牛	戸数	1,163.0	797.3	449.6	352.8	287.1	221.1	154.9
	規模	1.4	2.2	4.3	6.5	9.2	12.7	18.7
豚	戸数	714.3	398.3	195.6	126.7	74.2	36.0	16.0
	規模	7.2	17.3	38.1	77.5	149.1	314.9	618.8
ブロイラー	戸数	19.2	17.7	10.7	8.3	6.7	5.1	3.6
	規模	11.4	35.6	86.5	158.0	231.0	281.0	328.0
採卵鶏	戸数	2,753.0	1,368.0	384.1	186.5	116.1	10.1	6.8
	規模	0.3	0.9	3.1	6.7	11.2	137.9	214.0

注1) 採卵鶏については種鶏のみの飼養者，また，1991年以降は成鶏雌羽数300羽未満の飼養者を除く．
 2) 採卵鶏の飼養規模は1戸当たり成鶏雌羽数．

拡大し，1996年では，2万羽を超える規模（300羽未満の飼養者を除く数値）となっている．

1.4 畜産をめぐる環境問題の現状と対応

畜産経営に起因する水質汚濁や悪臭等苦情の発生件数は減少傾向にあるものの，畜産経営の減少を考慮すれば戸数に対する発生率はむしろ増加傾向にある．これは，飼養規模の拡大に加え混住化の進展や住民の環境に対する意識の向上等によるものである．また，畜種別では養豚経営における苦情の発生件数がもっとも多く，発生件数のうち半分が水質汚濁によるものである．一方，飼養規模別の苦情発生件数をみると，飼養規模が大きいほど苦情を受ける農家の割合が高い傾向にある．

なお，畜産環境問題に関する法律としては①水質汚濁防止法，②悪臭防止法，③湖沼水質保全特別措置法，④廃棄物の処理及び清掃に関する法律などがあり，最近の環境問題に対する関心の高まり等のもとで，法規制も強化（悪臭防止法における数回にわたる規制対象となる特定悪臭物質の追加指定等）されてきている．

今後の畜産の健全かつ安定的な発展のためには，畜産環境問題の主因となる家畜糞尿を適切に処理することが必要となっており，この場合，家畜糞尿は多くの有機物を含んでいることから，環境保全のみならず資源の有効利用の観点からも土壌に還元することを基本としたリサイクル利用を進めていくことが重要となっている．このため，効率的かつ低コストの糞尿処理技術の開発，普及とともに，堆きゅう肥は地域間および年間の需給にアンバランスが存在することから耕種農家との密接な連携等によって良質な堆きゅう肥を適切に農地に還元していくことが必要となっている．

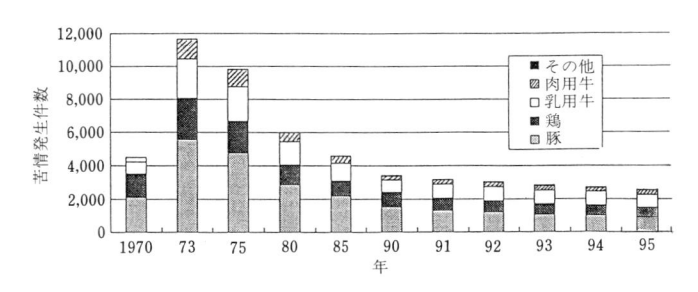

図1.3 畜産経営に起因する苦情発生件数（農水省畜産局調べ）

1.5 飼料の需給および飼料作物生産

a．飼料需給の動向

飼料需要は家畜飼養頭数の増加を背景として急速に伸びてきたが，平成に入って以降横ばいないし漸減傾向となっている．純国内産飼料自給率は輸入飼料の増加に伴い低下

の一途をたどり，1965 年（昭和 40）に 5 割を超えていたものが昭和 40 年代半ば以降穀物を多給する肥育牛経営が増加してきたこともあって，ここ数年は 2 割台半ばにまで低下している．一方，輸入は 1965 年半ばに国内供給を上回り，1980 年頃からは乾草，ヘイキューブ，稲わらなどの粗飼料輸入が加わり，その後輸入量が増加してきていることもあって，さらに占有率を高めている．

表 1.5　飼料の総合需給の推移（TDN ベース）（畜産局流通飼料課作成）
（単位：千トン，%）

	1965 年度	75	85	93	94	95
需　要　量	13,359	19,867	27,596	28,241	27,550	27,098
国内供給量	8,427	9,492	11,042	10,051	10,492	10,530
うち粗飼料	4,519	4,793	5,278	4,527	4,705	4,733
輸　入　量	4,932	10,375	16,554	18,190	17,058	16,568
うち粗飼料	—	—	430	1,240	1,134	1,179
純国内産飼料自給率	54.6	34.5	27.5	23.6	25.0	25.7

注　純国内産飼料自給率は需要量に対する国内供給量から輸入原料によるものを除いた数量の割合．

b．飼料穀物の輸入状況

輸入相手国はいぜん米国が中心となっているが，そのシェアは低下傾向にある．たとえばトウモロコシは 1980（昭和 55）年度に 100% であったものが，1994 年度には 8 割強に低下し同じくコウリャンは 9 割以上であったが 6 割強に，飼料穀物全体では 8 割強から 7 割を下回る水準に低下している．これに代わって，中国（トウモロコシ），アルゼンチン（コウリャン）等が一定のシェアを占めるようになっている．

品目別輸入量では，トウモロコシとコウリャンで全体の 8 割強を占めている．

c．配合飼料価格の動向

畜産物の生産コストの構成費目の中で購入飼料費の占める割合が比較的高い（とくに養豚，養鶏）ことから，配合飼料価格は生産コストに大きな影響を及ぼしている．

配合飼料価格の動向をみると，昭和 40（1965）年代半ばにやや低下したが，昭和 40 年代末から上昇傾向となり，昭和 50 年代は比較的高水準で推移した．しかしながら，昭和 60 年代に入ると，円高等を背景として低下傾向となり，平成に入っても，飼料穀物価格の低下，円高の進展等から低水準で推移している．なお，1995〜96（平成 7〜8）年度にかけ飼料穀物の需給のひっ迫や円安等の情勢を受け価格はやや上昇した．

なお，配合飼料工場は，従来，京葉・京浜，阪神，中京等の主要港を中心に発展してきたが，近年，畜産の立地移動が進むなか，九州や東北，北海道での工場数および配合飼料の生産量のシェアが拡大してきている．また，複数の企業の出資による大型の受託製造専門工場の建設，メーカー間による生産の受委託の進展，バラ流通の促進等製造・流通の合理化が進んでいる．

d. 飼料作物の生産
1) 飼料作物の生産

飼料作物の作付面積は，1965年（昭和40）には51万haであったが，大家畜頭数の増加等から拡大し，昭和60(1985)年代はじめには105万haとなった．この間，耕地への全作物の作付面積に対する飼料作物の割合も拡大し，昭和40年代はじめには1割弱であったが，昭和60年代では2割程度を占めている．なお，その後，転作等目標面積の緩和等による水田での作付面積の減少や土地利用の集積の遅れ，円高のもとでの購入飼料への依存傾向の強まり等から作付面積はやや減少傾向にある．

作付面積の動向を地域別にみると，北海道でのシェアが高まっており，昭和40年代では全体の5割程度であったが，その後6割程度までシェアが拡大している．

飼料作物の種類別作付動向をみると，昭和40年代は，牧草，レンゲ，青刈トウモロコシ，ムギ類，飼料用カブが中心であったが，その後レンゲやムギ類，飼料用カブの作付面積が大きく減少し，牧草，青刈トウモロコシ，ソルガムが主体となり，給与形態も生草主体から乾牧草やサイレージ主体へ移行してきている．

飼料作物の単収（ha当たりの収穫量）は，昭和40年代は順調に増加したが，昭和50年代に入ると微増傾向となり，さらに，昭和60年代になると，天候の影響等により年による変動はあるものの横ばい傾向となっている．

表1.6 飼料作物生産の推移（農水省，作物統計，耕地及び作付面積統計）

(単位：千ha，トン，千トン)

区　分	1965年	75	85	93	94	95
作付面積	509.0	839.5	1,019.0	1,015.0	990.2	980.2
田	97.2	90.2	148.6	135.7	118.1	116.2
畑	411.8	749.3	870.3	879.4	872.1	863.8
転作飼料作物	—	55	121	102	88	90
ha当たり収量	28.6	38.4	41.3	38.0	41.1	41.8
生　産　量	14,575	32,217	42,035	38,559	40,689	40,964

2) 飼料自給率

大家畜経営の飼料自給率は，土地条件の制約等から飼養規模の拡大に必ずしも飼料生産基盤の拡大が伴っていないことや近年の円高による購入飼料の割安感等から，これまで低下傾向で推移してきた．

畜種別にみると，酪農経営では，昭和40年代当初は6割程度の自給率であったが，その後低下し，1994年（平成6）では3割台半ばまで低下している．なお，地域別にみると，土地条件の制約が大きい都府県の飼料作物作付規模は北海道に比べかなり小さく，飼料自給率にも大きな差がみられる．肉用牛繁殖経営では，昭和40年代当初は9割を自給し，その後低下してきたが，昭和60年代に入って6割程度で下げ止まり傾向がみられる．なお，肉用牛肥育経営の飼料自給率は，近年は1割以下の低水準となっている．

1.6 家畜の改良増殖および畜産新技術の開発普及

a. 家畜の改良増殖

家畜の遺伝的能力は，計画交配や能力検定等による優良種畜の選抜，有効利用等により着実に向上し，併せて，遺伝的能力を最大限に発揮させる新しい飼養管理技術の普及・定着化もはかられている．畜種別にみると，①乳用牛については乳量の着実な増加，乳脂率の向上，②肉用牛や豚のDG（1日当たり増体量）の増加，飼料要求率の向上，③採卵鶏の産卵率の向上や卵重の増加，ブロイラーでは出荷体重の増加，飼料要求率の向上

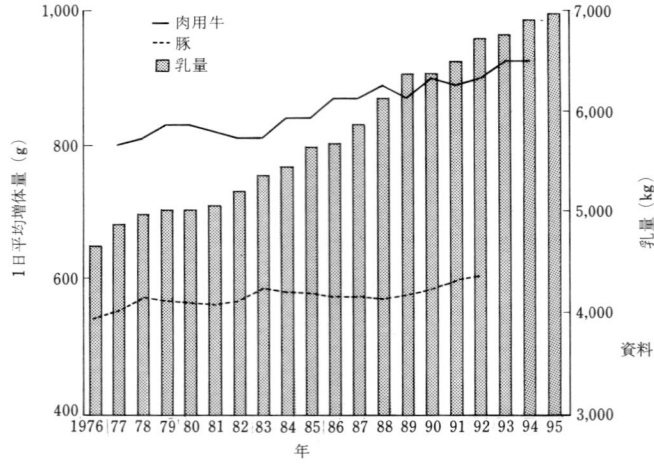

図1.4 家畜の能力の推移
資料：乳量は農水省，畜産統計，畜産物生産費調査等から推計．豚は同，畜産物生産費調査．肉用牛は産肉能力間接検定成績（去勢和牛）．

b. 畜産新技術の開発普及

昭和40（1965）年代以降新しい技術開発がとくに牛関連の技術を中心に急速に進んだ．雄側の改良体制を一変させた凍結精液製造技術の開発普及に加え，雌側からの改良を可能とする技術として受精卵移植関連技術が大きく進展した．体内受精卵移植技術がすでに普及段階に到達したのをはじめ，屠場卵巣の利活用を可能とした体外受精卵移植，さらにクローン家畜生産技術，雌雄産み分け等の受精卵・胚を対象とした関連技術の開発

表1.7 家畜受精卵移植による産子数等の推移（農水省畜産局調べ）　（単位：頭）

区　分	1975年度	80	85	93	94	95
供卵牛頭数	32	317	2,724	11,618	11,922	11,079
受卵牛頭数他	10	498	5,034	36,876	37,744	40,742
産　子　数	1	73	887	10,230	11,010	11,322
うち双子生産	—	—	(47組) 94	(432組) 864	(597組) 1,194	(398組) 796

が急速に進展しつつある．

　また，最近では，遺伝子解析技術，データキャリアシステム，搾乳ロボット開発等DNA（デオキシリボ核酸）レベルあるいは電子工学を採り入れた従来にない新分野の技術開発が進んでいる．

1.7　畜産物の加工，流通

　畜産の生産地域は，大消費地の大都市近郊から北海道や東北，九州などへの産地移動傾向がみられ，また，経営規模の拡大等もあり，畜産物の流通の広域化，取扱い量の増加等のもとで，加工・流通面での合理化が進展してきている．

　生乳の集送乳面では，ミルクタンクローリーの大型化に伴う集送乳路線の整備，クーラーステーション1カ所当たりの集乳量の増加や広域流通の進展に伴う指定生乳生産者団体から全国連に再委託されて販売される生乳数量の増加傾向などがみられる．また，乳業については，わが国では，欧米に比べ零細な工場が多いが，工場数の減少，効率的な施設の導入等により，1工場当たりの生乳処理量の増加，稼働率の向上等が進展しつつある．

　牛肉，豚肉については，昭和30（1955）年代半ばから零細屠畜場を統廃合しつつ産地における食肉処理施設の整備が進められてきており，また，最近では流通コストの削減等の観点から，その規模も大規模化しており，従来の枝肉主体の流通から部分肉での流通割合の拡大傾向がみられる．一方，近年国内での流通量が増加している輸入牛肉は，需要者のニーズに応じて小割で整形度の高い部分肉での流通が中心となっていることから，国産牛肉についても，大手量販店等の多様なニーズに即した部分肉（小割り，パック流通等）での流通が進展しつつある．なお，消費者の適切な選択に資するため，牛肉の小売段階での表示（国産，輸入の区分等）がかなり普及してきている．

　養鶏部門では，ブロイラーの流通および処理加工の合理化をはかるため，食鶏処理場の大規模化，産地段階での生体から正肉までの処理等が進められており，一方，鶏卵については，農協等における共同のGPセンター（選別包装センター）が整備される一方，最近では大規模経営の増加に伴う農場併設型のGP施設の普及等がみられる．

1.8　新政策の推進

　わが国の畜産物の価格は，国土条件の制約や最近における円高の進展等もあり，国際水準に比べ割高とならざるをえない面が存在する．

　国際化の進展のもとで，わが国畜産の振興，畜産物の安定供給をはかるためには，畜産を担う者が高齢化しているもとで，担い手の確保をはかりつつ可能な限りの生産性の向上をはかるとともに，生産部門だけでなく，処理，加工，流通および販売の各部門においても，合理化，品質の向上等を推進することが必要となっている．

　農林水産省では1992年（平成4）6月，新たな社会経済情勢に対応した「新しい食料・農業・農村政策の方向」（いわゆる新政策）をとりまとめ，食料政策，農業政策，農村振

興政策について21世紀に向けての国民的視点に立った政策展開の基本的方向を示した．この新政策においては，経営感覚に優れた意欲的な経営体の育成を通じ，力強い農業構造の実現をめざすこととされている．1992年に稲作を中心とした主たる従事者が他産業並みの年間労働時間で他産業並みの生涯所得を確保することを目標とした望ましい経営の展望が示されたが，畜産についても，1993年9月に望ましい経営の展望と政策展開の基本方向がとりまとめられた．その概要は次のとおりである．

a. 畜産の経営展望の概要

酪農および肉用牛経営についての21世紀初頭に目標を置いた望ましい経営体の姿（経

表1.8 経営展望の概要

		酪農		乳用種肥育	肉専用種肥育	肉用牛繁殖
		北海道	都府県			
経営規模（頭）		経産牛80 （総飼養頭数） 114 飼料作物 作付実面積 72.5 ha	経産牛40 （総飼養頭数） 61 飼料作物 作付実面積 10.6 ha	肥育牛200	肥育牛100	繁殖成雌牛20 （総飼養頭数） 40 水稲 6.0 ha 飼料作物 作付実面積 4.8 ha
生産性	単位当たり生産量等	8,000 kg/頭	7,200 kg/頭	肥育終了月齢 18ヵ月	肥育終了月齢 24ヵ月	分娩間隔 12.5ヵ月
	労働時間 （時間/頭）	63.0 (57)	87.2 (61)	14.6 (49)	33.4 (44)	41.1 (33)
	費用合計	50 円/生乳1kg (74)	70 円/生乳1kg (79)	29千円 /生体100kg (82)	35千円 /生体100kg (69)	235 千円/頭 (59)
労働時間（時間）		6,100	4,700	3,600	3,100	3,400
	主たる従事者	2,000	2,000	2,000	2,000	2,000
	補助的従事者	1,700×2人	1,100×2人	800×2人	600×2人	700×2人
	雇用	800	600	—	—	—

注1) （ ）内は，1991年生産費調査の平均を100とした数値である．
2) 乳用種肥育，肉専用種肥育の費用合計は，もと牛費を除外した数値である．
3) 労働時間は，ラウンドの関係で計と内訳が一致しない場合がある．

〈試算の前提となる技術，装備等〉
　21世紀初頭を目途に開発・普及・実用化が見込まれる技術・装備の中で，生産諸要素を効率的に機能させるために活用可能で望ましい技術と装備を想定．
・酪農経営では，労働の周年拘束性の緩和をはかるため，ヘルパー等雇用労働の活用や地域内の協力等により，週1日の定期的な休日を確保するとともに，現行の搾乳システムのもとでは労働時間が過大となる大規模な経営については，搾乳労働時間を大幅に削減しうるフリーストール，ミルキングパーラー方式等省力化のための新しい飼養管理方式を導入．
・肉用牛肥育経営では，スキャニングスコープの利用等により肥育段階で肉質を測定することによる適期出荷を前提とした肥育期間の短縮をはかるとともに，自動給餌機等省力的飼養管理方式の導入により1頭当たりの労働時間を短縮．
・肉用牛繁殖経営では，稲わら等の資源を有効活用した水稲との複合経営による効率的な経営を想定．
・飼養頭数規模に応じた糞尿処理施設を整備し，堆きゅう肥として土壌に還元．

営展望）は次のとおりである．なお，地域における農業の実態は多種多様であり，将来の望ましい経営体の姿も多様な形態が想定されるが，国の段階で一般的に提示するものとしては，主な経営形態・類型に絞って示してある．都道府県，市町村においては，国が提示する経営展望を参酌しつつ，地域の実態を踏まえた諸形態・類型について経営体の姿が示されている．

b．今後の政策展開の方向
1）経営体の体質強化
a）合理的な経営管理の推進と経営規模の拡大　経営感覚に優れた効率的，安定的な経営体となるためには，合理的な経営管理が行われることが基本である．また，投資が過大とならないよう留意しつつ飼養頭数の拡大を進めるとともに，これに対応した飼料生産の拡大と効率化をはかるため，農地利用の集積，林野等の利用，飼料生産部門の組織化・外部化等を推進することが必要である．

b）地域の実情に応じた経営の複合化，高度化　経営の安定や地域資源の有効活用等の観点から，地域の実態に応じ耕種部門等との複合化を進めることも重要である．

c）地域における経営体の支援体制の整備　地域の実情に応じて，経営・技術指導，営農指導のほか，農業技術等に関する情報の収集，提供や労働力の調整活動等の支援活動を効果的に行う体制を整備する必要がある．

2）就業条件の改善等ゆとりある経営の実現
a）機械化・省力化技術の開発普及　受精卵移植等新しい技術の普及・実用化をはかるとともに，労働時間の短縮をはかるため，大規模経営を中心にフリーストール，ミルキングパーラー方式等の新しい飼養管理方式の普及をはかる必要がある．

b）労働力調整システム等の構築　労働の周年拘束性に適切に対処する仕組みを構築することが，ゆとりのある経営を実現するうえで不可欠である．酪農については，酪農ヘルパー制度の充実をはかるとともに，生産者による共同作業や分業の推進等多様な取組みを助長する必要がある．

c）作業の外部化の促進　経営規模の拡大等に伴って生ずる労働力面での制約を解消するため，農業生産過程の一部を経営の外部でまとめて効率的に処理する体制を整備する必要性が増大している．このようなニーズに対応するため，飼料生産における作業受託体制の整備や後継牛育成作業等の外部化のための公共育成牧場の整備を推進する必要がある．

3）環境問題への適切な対応
環境への負荷を軽減する低コストの家畜糞尿処理技術の開発を促進するとともに，耕種部門との連携による広域的な堆きゅう肥の流通を促進する体制を整備することが必要であり，また，家畜経営の移転の円滑化等を推進することも必要である．

4）産地体制の整備，加工，流通の改善等
牛乳・乳製品については，集送乳路線の再編整備，中小乳業等の統廃合，余乳処理の適正化の推進，食肉については，産地食肉センターの大規模化，省力化をはじめとした産地処理体制の整備をはかる必要がある．また，畜産物の安全性の確保をはかるため，

動物用医薬品等の製造管理，適正使用の徹底とモニタリング体制の整備，さらに産業動物獣医師の確保等地域獣医療提供体制の整備も必要である．

c. 農業経営基盤強化促進法の施行

経営感覚に優れた効率的，安定的な経営体の育成を推進するため制定された本法律は，1993 年 (平成 5) 8 月から施行されているが，この法律では，新政策の理念を踏まえ農業経営を改善しようとする農業者が，経営改善のための計画書を作成し，市町村の認定を受ける「農業経営改善計画の認定制度」が設けられている．

この制度に基づき認定された農業者に対しては，計画が達成されるよう，①税制上の特例，②農林漁業金融公庫等からの融資面での配慮 (低利資金の融通等)，③農業委員会等による農用地の利用の集積の支援，④経営管理等に関する研修の実施等の措置が講じられているところである．

1.9 ウルグアイラウンド (UR) 農業合意の概要と対応

a. 畜産物の自由化の推移

主要畜産物のこれまでの自由化の進展状況をみると，1962 年 (昭和 37) 4 月に鶏肉 (生鮮品)，10 月に鶏卵の輸入が自由化され，続いて 1971 年 10 月に豚肉，1991 年 (平成 3) 4 月から牛肉の輸入が自由化された．

そして，1993 年 12 月に，長年にわたる交渉を経て，ウルグアイラウンド農業交渉が決着し，米を除く輸入制限品目についてはすべて関税化されることとなったため，乳製品についても関税化されることとなり，1995 年 4 月から実施されている．

b. UR 農業合意の概要

UR 農業合意では，農業分野における貿易の改革の過程を開始するため，食料安全保障および環境保護の必要性を含む非貿易的関心事項等に留意しつつ，各国が国内支持，市場アクセス，輸出競争の 3 分野における具体的かつ拘束力のある約束をし，6 年間の実施期間にこれを実施することとなった．

1) 国内支持

国内支持を削減対象 (「黄」) と削減対象外 (「緑」) の政策に分類し，「緑」の政策には①研究，普及，教育等の一般サービス，②農業・農村基盤等の整備，③生産と直接結び付かない所得支持，④所得の大幅減少に対する補償，⑤環境対策等が該当する．この削減対象から除外される「緑」の政策を除くすべての政策について基準期間 (1986～88 年) における農業全体のトータルの AMS (内外価格差，直接支払いおよび削減対象補助金を加えて計算される保護，支持等の助成合計量) を計算し，この数値を実施期間 (1995 年から 6 年間) において 20% 削減する．具体的には，わが国については基準期間におけるトータル AMS 約 5 兆円を 2000 年に約 4 兆円にまで削減する．

2) 国境措置

a) 乳製品　輸入割当て品目および国家貿易品目については，基準期間における国

内価格と国際価格との差を関税相当量として設定し，これを実施期間中に15%削減する．輸入割当て品目については，1986〜88年度の割当て枠を維持するが，日米合意に基づくものは一部枠を拡大する．国家貿易品目（バター，脱脂粉乳等）については，畜産振興事業団が1986〜88年度の生乳換算の平均輸入量（約14万トン）を毎年輸入する．輸入割当て品目の割当て枠および畜産振興事業団輸入分については，現行の関税率を適用し，畜産振興事業団輸入分については，基準期間の差益分を加えた水準を上限として入札により国内へ販売する．なお，この差益分については，実施期間において15%削減する．これら以外の輸入については，関税相当量を適用する．

関税化する品目以外の乳製品の関税の引下げについては，原則として最低削減率（15%）を適用するが，一部の品目については，別途対応することとなっている．

b） 牛　肉　関税率を今後6年間で50%から38.5%に引き下げるが，輸入急増時に50%に戻すことのできるセーフガード（緊急調整措置）を設定する．また，日本から米国への牛肉輸出枠200トンを設ける．

c） 豚　肉　現行の差額関税制度を維持するが，差額部分については国内価格と国際価格との差を関税相当量として設定する．関税相当量は定率部分（5%等）とともに，実施期間において15%削減する．また，現行の差額関税の基準輸入価格を実施期間において現行水準から15%削減する．なお，関税については，一般的な数量の特別セーフガードを適用するとともに，分岐点価格についても別途のセーフガードを設定する．

d） その他の畜産物　最終合意文書の基準に従った関税削減を行うものとし，国内への影響の大きい品目（肥育用素牛，競走馬，鶏肉等）については，原則として15%削減する．

c．新しい国境措置を踏まえた対策

1993年12月のUR農業合意の受入れを踏まえ，1994年2月以降，内閣総理大臣の諮問機関である農政審議会が開催され，1993年12月17日の閣議了解「ガット・ウルグアイ・ラウンド農業合意の実施に伴う農業施策に関する基本方針」に基づき，わが国農業が21世紀に向けて自立を遂げ，持続的に発展していくことを期して，「新たな国際環境に対応した農政の展開方向」が1994年8月にとりまとめられ公表された．この農政審議会の報告は，①食料供給に関する考え方，②新たな国際的枠組みのもとにおける価格政策の展開，③活力に満ちた農業構造・農業経営の実現，④総合的視点に立った農山村地域の活性化，⑤農業基本法の見直し等を内容とするものである．

また，その報告を受け同年10月25日に，内閣に設けられた緊急農業農村対策本部において「ウルグアイ・ラウンド農業合意関連対策大綱」が決定された．このUR大綱では，農業合意の実施という新たな局面を迎えて，新政策の方向に即し，力強い農業構造・農業経営の実現のため，①農地の流動化の促進，②農家負担の軽減，③生産基盤の整備，④農業内外からの新規就農の確保，⑤生産現場に直結した技術の開発等の施策を講じることとされている．

畜産については，新政策で示された方向に即し，生産技術等に応じた適正規模への拡大・集約，経営管理能力の向上をはかるとともに，自給飼料基盤の整備，省力化技術の

導入，耕種部門と一体となったリサイクル型畜産の確立等を推進し，経営の安定をはかりつつ，生産性のより高い畜産経営を実現することが必要であり，このため，
(1) 畜産振興事業団が輸入することとなる乳製品のカレントアクセス相当分の適切な管理，また，計画生産のもとで，生乳生産の大宗を育成すべき酪農経営に早急に集中し，生産構造を改善する仕組みの創設，
(2) 効率的生産に必要な飼養管理関連機械のリース方式による整備，
(3) 養豚経営の安定をはかるため，都道府県単位で実施される価格差補塡制度の安定的運営を支援する仕組みの創設
等の施策を講じていくこととされたところである．

なお，新しい国境措置のもとでは，乳製品が関税化されることから，加工原料乳生産者補給金等暫定措置法について，①畜産振興事業団による指定乳製品等の一元輸入規定の見直し，②事業団による民間輸入にかかわる指定乳製品等の買入れおよび売渡し措置の導入，③事業団による現行アクセス分の指定乳製品等の輸入に関する規定の整備，④指定乳製品等の売渡しに関する規定の整備等を内容とする改正が行われた．

また，農政審議会の報告等を踏まえ，1995年（平成7）12月には2005（平成17）年度を目標とする「農産物の需要と生産の長期見通し」および「酪農及び肉用牛生産の近代化を図るための基本方針」が策定された．

このうち，「酪農及び肉用牛生産の近代化を図るための基本方針」では，①牛乳・乳製品及び牛肉の安定供給，国土の保全，地域振興等の役割を果しているわが国の酪農および肉用牛生産について，急速な国際化の進展等の状況下で21世紀に向けて，その安定的発展を図っていく必要があり，②このため，生産から加工，流通面における合理化，コストの削減に努めるとともに，経営感覚に優れた効率的・安定的な経営体によって生産の大宗が担われる生産構造の実現を目指し，併せて，国産品の持つ有利性を活かした生産等を推進することとし，③こうした基本的な方向を実現していくための，今後目指すべき酪農および肉用牛経営の基本的指標や，各般の施策の展開方向等が示されている．

［廣濱清秀］

2. 家畜の品種

2.1 品種の定義

　動物の分類学上の基本単位は種（species）である．しかし，野生の状態のもとでも，地理的な条件によって集団が隔離されると，同一種内に亜種（subspecies）が成立する．
　人間に飼育され繁殖が管理されている家畜種（馴養種）においては，育種の目標へ向けて同一家畜種の中に別々の繁殖集団が形成され，それぞれの間には人為的な生殖的隔離機構が設けられる場合がある．その結果，外貌，性質，能力に特有の遺伝的特徴を備えるようになった集団が生まれる．これが品種（breed）である．
　人為的な生殖隔離機構の典型的な例としては血統登録（pedigree registration）がある．したがって厳密にいえば，品種という呼称は登録協会のような組織が設けられているものについてのみ用いられるべきであるが，実際には地理的にあるいは社会的に孤立しているにすぎない集団についても適用されており，在来種（indigenous breed, native breed）とか未改良種（uninproved breed）とよばれるものにその例は多い．
　また品種の中に，さらに繁殖集団が分かれて異なる特徴をもつ集団が分化したものを内種（variety）とよび，品種や内種の中で近親交配が重ねて行われると系統（strain）が形成される．
　鶏の一品種・レグホン種の羽色や鶏冠の形で単冠白色レグホン種（Single-combe White Leghorn）という内種が成立し，さらにその中で近親交配が行われてハイライン，アーバーエーカーなどの近交系がつくられているのはこの例である．
　近年，実用畜におけるヘテローシス利用が盛んになり（とくに鶏，豚），品種にとらわれず強い近親交配を行って近交系（inbred=strain）を複数つくり，その間で一代雑種や三元交雑種を作成することも多くなってきたが，このことで品種の重要性が低くなるものではない．

2.2 品種のグルーピング

　家畜においては，羊には約1,000種，牛には約800種，豚には約400種，馬には約300種，山羊には約200種の品種がある（I. L. Mason）．これらの多数の品種は，次のように類別される．

a. 利用目的による類別

① 乳用種（dairy breed）： 乳生産のために改良され飼育される品種で牛，水牛，羊，山羊に専用種がつくられている．

② 肉用種： 食肉生産のための品種で牛（beef breed），羊（mutton breed），山羊・ウサギ（meat breed），家禽類につくられている．豚はほとんど全品種が肉用なので，屠体形質によって加工用型（bacon-type），精肉用型（pork-type），脂肪用型（lard-type）に分けることもあるが，最近はあまり使われない．

③ 卵用種（laying breed）： 採卵用の家禽の品種．

④ 毛用種： 羊，山羊に専用の品種があり，羊では毛質によって細毛種（fine-wool breed），中毛種（medium-wool breed），粗毛種（coarse-wool breed）に，また毛長によって長毛種（long-wool breed），短毛種（short-wool breed）に分類する．

⑤ 毛皮用種（fur breed）： 羊，ウサギなどの毛皮用の品種である．

⑥ 役用種（draft breed）： 上にあげた畜産物を生産する用畜に対して，労働力として利用される役畜の品種である．馬ではさらに乗用馬（riding horse），輓馬（draught-horse），駄馬（pack horse）に，また歩様によって駆歩馬（galloping horse），速歩馬（trotting or pacing horse）に分類する．

⑦ 兼用種（dual or tripple purpose breed）： 上記の単一の目的ではなく二つ以上の目的を兼ねた品種を乳肉兼用種，役肉兼用種，卵肉兼用種とか乳肉役兼用種という．羊のコリデール種は毛肉兼用種であるが，これは周囲の状況によって肉用種として飼うこともでき，毛用種として飼うこともできる品種という意味であって，生産物として毛と肉の双方が得られるという意味ではない．（毛と肉の両者を利用するのは肉用種のサウスダウン種も同じである．）ヨーロッパ大陸で飼われる乳牛・ホルスタイン種は肉の利用も考慮に入れて飼育されているが，これも兼用種ではなく乳用専用種であって，"single purpose but double results" というわけである．

b. 改良程度による類別

① 未改良種（unimproved breed）： 遺伝的改良程度の低い品種．

② 改良種（improved breed）： 遺伝的改良の進んだ品種．

c. 来歴による類別

① 在来種（native breed）： その土地に土着の品種．わが国の牛や馬は起源をたどれば外国から導入されたものであるが，一般には明治維新以前から飼われているものは在来種として取り扱っている．

② 外来種（exotic breed）： 外国から導入された新品種．

d. 外貌による類別

毛色，体格，角の有無，尾の長短など外貌上の特徴によってもグルーピングされる．たとえば馬の重種（heavy horse），軽種（light horse），有角家畜の無角種（polled breed），有角種（horned breed），羊の長尾種（long-tailed breed），短尾種（short-tailed breed）

などがこの例である．

e． 原産地による類別

品種の原産地の国名によって英国種（English breed），米国種（American breed）などと類別したり，土地条件によって高地種（highland breed），低地種（lowland breed）とか山岳種（mountain breed），島しょ種（island breed）に類別することもある．

2.3　品種分化の要因

経済動物である農用家畜が誕生してわずか1万年余りの短時日の間にこれだけ多数の品種が同一種の中に生まれたのは，次のような要因が単数または複数で働いたためである．

a． 野生祖先種の差異

分化の要因とはいえないが，家畜化される以前の祖先種が多元的で複数あれば異なった品種が成立するのは当然である．

牛の祖先種はヨーロッパ原牛（*Bos primigenius*）とアジア原牛（*Bos namadicus*）で，前者からヨーロッパ系の品種（ホルスタイン種，ジャージー種，ショートホーン種，シャロレー種，ブラウンスイス種など）が，後者からはゼブウ（zebu）系の品種（カンクレージ種，シンド種，サヒワール種など）がつくられた．

ゼブウ系の牛はインド牛ともよばれ，肩に肩峰という大きな瘤があり，垂皮という皮膚の弛みをもっていてヨーロッパ系牛と一見して区別がつく．

馬の祖先種は多元説によればモウコノウマ（*Equus przewalskii*），タルパン（*Equus gmelini*），森林タルパン（*Equus abeli*）とされる．モウコノウマからは蒙古馬，伊犂馬などのアジアの馬が，タルパンからはアラブ種，サラブレッド種などの軽快な乗用馬が，そして森林タルパンからはベルジャン種，シャイア種などの大型の輓曳馬がつくられた．

羊はムフロン（*Ovis musimon*），ウリアル（*Ovis vignei*），アルガリ（*Ovis ammon*）の3種の野生羊から家畜化された．ヒツジ属の分類には諸説があり，これらを亜種とみるものもあるが，いずれにしても多元的であってムフロンからは北欧系短尾羊（テクセル種，ソーイ種など）が，ウリアルからはヨーロッパ系改良種の大部分（メリノー種，シュロップシャー種など）が，アルガリからはアジア系脂臀羊・脂尾羊（大尾寒羊種，ソマリ種など）が生まれている．

山羊の祖先種もベゾアール（*Capra aegagrus*），マーコール（*Capra falconeli*）の2種があり，ベゾアールからザーネン種，トッケンブルグ種などが，マーコールからアンゴラ種，カシミア種などが成立した．

豚の祖先種はイノシシ（*Sus scrofa*）であるが，ヨーロッパイノシシ（*Sus s. scrofa*）のアジアイノシシ（*Sua s. vittatus*）の2亜種に分かれており，前者からはヨーロッパ系改良種（タムワース種，ドイツ改良種など），後者からは中国豚を中心とするアジアの品種（梅山豚，海南島豚など）が生まれている．

家禽ではガチョウの祖先種がハイイロガン（*Anser anser rubrirostris*）とサカツラガン（*Anser cignoides*）の2種と多元的で，前者からヨーロッパ系品種（ツールーズ種，エムデン種）が，後者からシナガチョウとよばれる中国系品種（獅鵝，浙東白鵝など）がつくられている．

b. 育種の過程での新遺伝子の導入，交雑

家畜として成立した後，新しい品種を作出する目的で多種を交配する場合もしばしばある．近年アメリカで育種された肉用牛のビーファロー種は，ヨーロッパ系の肉用種にアメリカバイソン（*Bison bison*）を交配して耐寒性と粗飼料の利用性を高めた品種である．東南アジアの家畜牛には臀部の白斑やヘモグロビン型などの特徴からバンテン（*Bos javanicus*）の遺伝子が流入していることが確認されている．これはバンテンを馴化したバリ牛とこの地域のゼブウの交配がしばしば行われたためと考えられる．また，アフリカ大陸の牛はヨーロッパ系の牛とゼブウ系の牛が混在しており，両者の交雑の血液歩合によって肩峰のあるもの（アルシ種，スモールイーストアフリカン種）から中間のもの（アンコール種など），ないもの（クリ種，ンダマ種など）までさまざまである．最近ではアメリカでも，ヨーロッパ系改良種の高い生産性とゼブウ牛の高い耐暑性を併せもった新品種を作出するために，両者の交雑が行われている（ブランガス種，サンタガートルディス種，ビーフマスター種など）．

系統の異なる品種間交雑を基礎集団として新品種を作出することは馬，羊，山羊，豚などすべての家畜種において広く行われている．

c. 小集団が分離する場合の遺伝子の機会的浮動

家畜品種が分布を広げていく際に，原産地の大きな集団から小集団が切り離され，これが新しい土地に移動して増殖される．このとき，分離された集団の遺伝子頻度の構成は機会的浮動によってもとの大集団とは異なるものとなる．ニュージーランド原産の羊の兼用種・コリデール種とそれを導入したわが国の日本コリデール種との間の差には，この要因が大きく働いていると思われる．

d. 改良目標の差異

家畜は人間が利用するために野生動物から遺伝的に改良したものである．したがって，改良目標の差異は品種分化の最大の要因となる．利用目的が異なると，能力の差が生まれるとともに体型にも差異が生じてくる．

図2.1は乳用，肉用，役用の牛の体型の比較である．乳用品種は全体に角張った体つきで，前軀に比べ後軀の発達がよくくさび形を呈し，前軀：中軀：後軀の長さの比率は3：5：4になっている．これに対して肉用品種では，体軀は丸みを帯びた直方体で，背線と腹下線は平行で四肢は短く，前：中：後軀の比率は4：4：4になっている．役用種は牽引力を増すために前勝ちの体型となり軀幹の比率は4：5：3となる．

羊の毛用種と肉用種では，生産物としてはともに毛と肉を利用しており，両者の体型上の差はそれほど顕著ではない．しかし皮膚の組織標本で毛嚢を調べると，毛用種のメ

2.3 品種分化の要因

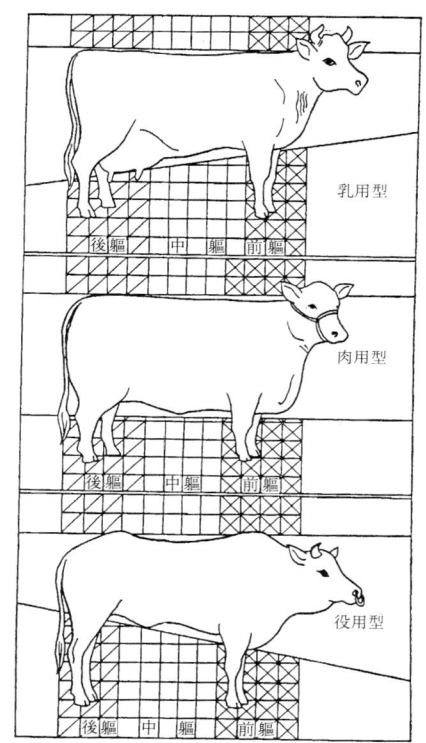

図2.1 用途による体型の特殊化

リノー種では第一次毛嚢に対する第二次毛嚢の比率が1:20であるのに対し，肉用種のリンカーン種では1:5にすぎない．兼用種のコリデール種ではこの比が1:10〜15と中間の値を示す．また，毛嚢の密度も毛用種では1cm²当たり8,000〜10,000と多く，肉用種の800〜1,000と比べてだんぜん高い．

馬の利用目的の差による乗馬，輓馬の別は，体型上の軽種，重種に対応しており，豚の加工用型，精肉用型，脂肪用型の差も体型上の差と結び付いている．

e．自然環境条件の差による分化

家畜は飼育下で保護されているとはいえ，やはり自然条件の影響を受けている．気温，湿度などの気象条件，地形，土質，海抜などの地理的条件，植生，寄生虫，風土病などの生物的条件など，各種の要因が家畜の生産能力の発現に影響しており，選抜淘汰もこれらの環境下で発現する表現型について行われるのであるから，環境条件は品種分化の大きな要因となる．

同一の祖先種をもち，同一の目的に飼育される乳牛品種でも，寒さの厳しいスコットランドで育種されたエアシャー種と温暖な気候の海峡諸島原産のジャージー種では耐寒性，耐暑性に差があり，それは前者がフィンランドやニュージーランドなどの高緯度の

地域に飼育されること，後者がジャマイカホープ種のような熱帯地方の乳牛の改良に用いられていることにも示されている．

原産地の環境は種を越えて，共通な特徴を品種に付与する．スコットランド原産の肉牛ハイランド種，肉めん羊ロンク種は，ともに厳しい冬の寒さから身を護る長い粗毛を身につけているし，南アフリカ連邦のインド牛や脂尾羊は体の一部に脂肪を蓄え，耳が長く垂れていて熱帯の気候風土への適応を示している．

アルプスの高地で成立した山岳種のブラウンスイス種は酸素分圧の低い高地環境への適応性が低地種のホルスタイン種より高く，アンデス地方への導入でも好成績を残している．羊でも高地種はヘモグロビンの性質が低地種と異なることが知られている．

豚や鶏のような集約的に飼われる家畜は，草食性で放牧中心に飼われる牛，羊ほど環境の影響を受けない．しかし，わが国の最近の実験では，ランドレース種について同腹，同性の2頭を両群に分ける方式で2群の基礎群をつくり，片方を岩手県（寒地），もう一方を宮崎県（暖地）で，一日平均増体量，背脂肪厚，ロース断面積，ハム比率の4形質を対象に，同一指数式を用いた選抜指数による選抜を第7世代まで実施したところ，血液型遺伝子の遺伝子頻度による両系統間の遺伝的距離は，基礎世代で0.063と差がなかったものが第7世代では0.314と高くなり，ほとんど品種間の差に近い距離が生まれていたという．

この結果は，豚でも自然環境条件が品種分化の大きな要因の一つであることを示している．

以上，品種分化の主な要因について説明したが，実際の家畜育種の場においては，これらの各要因が複雑に絡み合って作用する．その結果，現在みられるような多種多様な遺伝的特徴をもつ品種が，同一家畜種の中に分化，成立したのである． ［正田陽一］

3. 家畜の育種

3.1 家畜育種の歴史

a. 家畜化と経験に基づく育種

　家畜のもつ質的，量的な生産機能を遺伝的に向上させる技術が育種であり，その出発点が野生動物の家畜化である．家畜化の歴史は，牛，豚，羊で紀元前6000〜7000年，馬や鶏で紀元前3000年頃までさかのぼることができる．

　野生動物の飼育下での繁殖に成功した人類は，引き続きより生産性の高い家畜を作出する努力を重ねてきた．自然淘汰による飼育環境への適応性の向上やきわめて低い確率で見い出される突然変異個体の利用などにより，有史以前には現在の家畜の原型がすでに形成されたと考えられる．

　自然淘汰や人為的選抜などの経験の積重ねにより，人類はしだいに家畜改良に必要な知識を集積してきた．子の毛色や体型が親に似ること，きょうだいどうしは他の個体より似ている一方，きょうだいの中でも優劣があることなど，多くの貴重な知識に基づき，遺伝的に優れた家畜を選び種畜として利用することが定着した．しかし，獲得形質の遺伝や最初に交配した種雄畜の影響を後の産次でも受けるなどの誤った概念も同時に信じられてきた．

b. 近代的育種の出発

　18世紀の半ばから始まった産業革命により英国の都市の人口が急激に増加し，都市の食料需要の増大により畜産物の商品化が進んだ．そのため，経済的に生産性の高い畜産業が求められ，家畜の迅速な改良が求められた．

　家畜育種の偉大なパイオニアとして知られるRobert Bakewell (1725-1795) は，レスター州の農場で牛のロングホーン種，馬のシャイヤー種，羊のライセスター種を育種した．これらの品種の能力は，当時としては画期的に優れており，広く普及した．彼は，育種を始めるにあたって多くの異なる地域から種畜を購入し，目標にもっとも近い個体を選抜し交配した．さらに，近親交配を数世代続け，望ましい形質を固定した．Bakewellは，多くの弟子を養成したが，その中でもColling兄弟は，いくつかの異なる品種を交雑して，現代でも広く飼養されているショートホーン種を作出した．その手法は，Bakewellと同じく強い近親交配によるものであった．19世紀には，このように多くの品種が作出されたが，その中には近親交配により不妊などの障害が増加したものも少なくなかった．

c. 血統登録

多くの品種が成立するに伴い，血統の純粋性を維持するために登録制度が設けられ，登録簿が発行されるようになった．最初の登録簿は 1791 年の馬のサラブレッド種で，牛では 1822 年にショートホーン種で発行され，その後多くの品種でも実施されるようになった．

当初の登録簿は，血統登録のみであったが，19 世紀後半には体型や能力についても記載するようになった．1895 年には乳牛の泌乳能力検定がオランダで，1907 年には豚の産肉能力検定がデンマークで開始された．

d. 遺伝学の進歩と家畜育種への応用

19 世紀後半の家畜育種は，このようにかなり具体的な成果をあげたが，基礎となる遺伝法則はほとんど明らかにされておらず，試行錯誤に基づく成果であった．当時の遺伝学は Lamarck の用・不用説に代表されるように，獲得形質の遺伝が進化の要因であるとする説が有力であった．しかし，Darwin は 1859 年に，微小効果をもつ連続変異の累積が進化に重要であるという自然淘汰説を発表し，現代の集団遺伝学の出発点となる概念が提示された．

1900 年の Mendel の法則の再発見後ただちに，鶏冠の形状のような質的形質については家畜においてもメンデルの法則が確かめられた．しかし，乳量や産卵数のような微小な変異の積重ねによる形質の遺伝を明らかにすることはできず，メンデル学派と生物統計学派との間の論争が起こった．この論争の間に，de Vries の突然変異説(1903)，Johannsen の純系説 (1909) および Nilsson-Ehle の同義遺伝子説 (1909) が発表された．それらの基盤の上に，集団遺伝学の理論的基礎は，Fisher, Haldan および Wright によって 1930 年代につくり上げられた．

集団遺伝学の家畜への応用は Lush により始められ，量的形質の解析法や育種価の推定法等が 1930 年代から 1940 年代に構築された．その後，選抜指数式による選抜法，BLUP（best linear unbiased prediction, 最適線型不偏推定法）法による育種価の推定法など，高度な理論とコンピューターの発達により家畜育種学は急速に進歩し，乳量，産卵数や発育等は着実に改良されてきた．

一方，遺伝率の低い繁殖性，抗病性等の改良は期待どおりには進んでいない．また，消費者の嗜好の多様化あるいは新畜産物の開発などのために，育種目標も多様化し，より効率的な育種が求められている．これらの要望に対応するため，胚操作や遺伝子操作等を利用した育種法の研究が進められており，家畜育種は新たな時代を迎えている．

［三上仁志］

3.2 遺伝とゲノム

a. はじめに

1970 年代後半から 1990 年にかけて，DNA（デオキシリボ核酸）の分子クローニングの技術，DNA 塩基配列解析法（ノーベル賞を受賞），試験管内で短時間に目的の遺伝子

だけを得る技術，すなわち，PCR (polymerase chain reaction, ノーベル賞を受賞) 法等の新しい技術が次々に開発された．遺伝学は，こうした技術を取り込むかたちで，分子遺伝学という新しい学問体系へと移行していった．

医学の分野では，分子遺伝学を遺伝病の解析にいち早く取り入れて，病因遺伝子の解析が行われてきた．さらに遺伝病発症予測および遺伝子治療へと発展してきている．こうした個々の研究を集積したものがゲノム研究である．集積された知見は，さらに新たな生物学の仮説や概念を生み出し，新次元の遺伝学的研究へと発展しつつある．

農業の分野では，家畜は食糧としての動物タンパク質を安定して確保するうえできわめて重要である．近年は脂肪の少ない肉がもてはやされる一方，根強い霜降り肉嗜好が認められるなど，消費者のニーズが多様化している．医学分野においても，臓器移植，遺伝子治療等の新たな医療技術の開発とともに，実験用動物として家畜を利用しようとするニーズが高まっている．従来，マウスは実験動物の中心であったが，動物が小さいために，臓器移植およびその後の経過調査には適しているとはいえなかった．それに代わるものとして，ヒトと似た臓器形態をもつミニ豚が注目を集めている．医学分野での，遺伝病という"マイナス"の遺伝形質を支配する遺伝子解析に用いられている戦術は，家畜において経済価値を高める"プラス"の遺伝形質を特定することに利用することが可能である．家畜ゲノム解析は，ヒトでのゲノム解析の成果を確かめるかたちでヒトゲノム解析から約5年遅れて開始され，現在，日本，ヨーロッパ連合，米国で精力的に実施されている．

b．家畜ゲノム解析
1) 家畜のゲノムの大きさ

ゲノムとは，生物の個体がその生命を維持し，また，個体の特性を子孫に伝えていくために必要な遺伝情報である．化学的には遺伝情報が記載されたDNAのことをいう．高等生物では，母方と父方からそれぞれ1セットのゲノムを受け継ぎ，この2セットのゲノムが機能することにより，その個体の生命活動が営まれる．DNAは，糖と塩基とよばれる環状化合物の結合した基本単位が，リン酸結合を介して鎖状に結合したものである．通常，2本のDNA鎖が向かい合い，螺旋状の構造をとっている．この螺旋構造のものが折り重なって染色体を形成している．

ゲノムの大きさは，一般的に，下等な生物ほど小さく，高等生物ほど大きい傾向にある．たとえば，大腸菌に感染するラムダファージ（ウイルスの一種）ゲノムは5×10^4塩基対（塩基は情報の素子）からなり，大腸菌は4×10^6塩基対，ウニは4×10^8塩基対からなっている．牛，豚のゲノムの大きさはヒトのそれとほぼ等しく，3×10^9塩基対で1セットである．牛，豚等の高等動物のDNAでは，ゲノムの約10〜20%が遺伝子情報を担っており，残りの領域は機能していないと考えられている．高等動物のゲノムの中には，遺伝子が5〜10万個あると推定される．

2) 家畜ゲノム解析とその利用に関する戦略

遺伝病を含めた多くの表現形質は概念的あるいは記載的事柄であり，これらをDNAという化学物質に帰結するためには，膨大な量の実験とその結果の解析に複雑な計算を

必要とする．家系内の家畜間に存在するDNAの変異領域を遺伝連鎖マーカーとして，そのマーカーの変異と形質の変異，あるいは，遺伝病とが相関しているかといった対応づけを重ねていく必要があり，それには多大な時間と労力を要する．

この遺伝連鎖マーカーは，図3.1に染色体上の旗として模式的に示した．遺伝連鎖マーカーになりうるDNA領域は個体間で多型があり，ゲノム上の一領域（座位，locus）に特異的なものであり，ゲノム上の1カ所にしかみられない必要がある．多型の候補となるものとして，DNA切断断片長多型（restriction fragment length polymorphism, RFLP），マイクロサテライト配列中の配列単位の反復数の差異（配列の長さの多型として検出），SINEs（短い散在性反復配列）の塩基配列の変異（一本鎖立体多型（SSCP）として検出），構造遺伝子の3′末端の非翻訳領域の変異（SSCPとして検出）等があげられる．

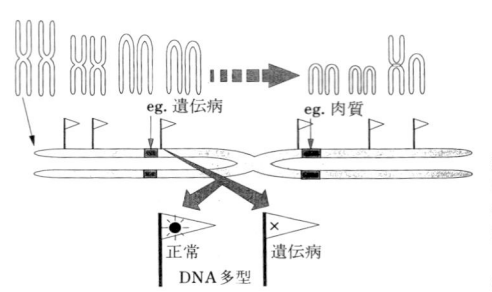

図3.1 DNA多型マーカー
染色体（ゲノム）上に遺伝連鎖マーカー（旗印）を配置し，これらのマーカーと経済形質の連鎖を解析する．ここでは，マーカーの多型（旗の模様）に遺伝病が連鎖している場合を想定した．旗の模様をみて，遺伝病をもった個体かどうかの判定ができる．

遺伝連鎖マーカーは，当初RFLPが中心であったが，他の方法に比べて多量のDNAを必要とすることなどから，現在はマイクロサテライトが中心となっており，SSCPマーカーも徐々にふえてきている．利用可能なマーカーの数は，牛と豚で約1,000に達しているが，精度の高い解析を行うためにはさらに多くのマーカーが必要となる．

表現形質を支配している遺伝子を明らかにするための具体的な解析は，以下の手順で進める．①数多くの遺伝連鎖マーカーを探索し，それらのゲノム上の位置関係を明らかにする．②ゲノム上に等間隔に分布するように，マーカーを取捨選択する．③家系内の形質や遺伝病の遺伝様式を調べ，マーカーとの連鎖関係をロッドスコア分析により解析する．④形質（遺伝病）と強く連鎖するマーカーが検出されれば，そのマーカーを利用して，対応する形質（遺伝病）の導入あるいは排除を行う．　　　　　　［安江　博］

3.3　育種理論

a．量的形質の遺伝

家畜の育種改良においては，毛色などの質的形質（qualitative character）よりも乳量や1日当たり増体量のような量的形質（quantitative character）が重視されることが多い．これらの量的形質は多数の遺伝子座によって支配されていると考えられている．このような量的形質を支配している遺伝子群をポリジーン（polygenes）とよぶ．

二，三の遺伝子座に支配されているような質的形質については，交配実験によって表現型から遺伝子型を推定することが比較的容易にできる．一方，ポリジーンに支配されている量的形質では，支配している遺伝子座の数も不明であり，表現型から直接，遺伝子型を推定することができない．

そこで，量的形質の場合は多数のデータを統計処理することによって，集団全体の遺伝的な特徴を把握したり，各個体の遺伝的な能力を推定することが重要になってくる．量的形質の遺伝について検討する場合，乳量などの表現型の値を表現型値（phenotypic value），遺伝子型の値を遺伝子型値（genotypic value）とよぶ．さらに，表現型値と遺伝子型値の差を非遺伝的効果または環境効果とよぶ．

b. 相加的遺伝効果

遺伝子型値は，さらに相加的遺伝子型値（additive genotypic value），優性偏差（dominance deviation），上位性偏差（epistasis deviation）に分けられる．両親からそれぞれに受け継いだ二つの遺伝子の，個々の効果の和を相加的遺伝子型値とよぶ．この効果は，交配による影響を受けないことから，種畜の遺伝的能力を示す指標として使われることが多く，育種価（breeding value）ともよばれる．

両親から受け継いだ二つの遺伝子の組合わせによって生じた効果のことを優性偏差とよぶ．また，その形質に関与している遺伝子座が複数存在するとき，異なる遺伝子座にある遺伝子間に生じる相互作用を上位性偏差とよぶ．優性偏差と上位性効果は両親からの遺伝子の組合わせによって生じる効果なので，後代に直接伝わることはないが，系統間交配においては重要な意味をもってくる．

c. 遺伝率と遺伝相関

量的形質の育種においてもっとも重要な指標が遺伝率（heritability）と遺伝相関（genetic correlation）である．遺伝率とは形質値の全分散，すなわち表現型値の分散のうちで遺伝による分散が占める比率のことであるが，選抜育種においては，全分散に占める相加的遺伝分散の割合で示す狭義の遺伝率を用いることが多く，通常はこの狭義の遺伝率を単に遺伝率とよぶ．遺伝率が高ければ高いほど，表現型値からより正確な相加的遺伝子型値を推定することが可能となり，選抜による改良効果が大きくなる．したがって，遺伝率は選抜育種による改良効果を予測するために必要な指標である．

二つの形質の表現型値の間の相関を表型相関とよぶ．同様に2形質の遺伝子型値の間の相関を遺伝相関，環境効果の間の相関を環境相関とよぶ．遺伝率の場合と同じく相加的遺伝子型値の間の相関を単に遺伝相関とよぶことも多い．したがって，遺伝相関は複数の形質を同時に改良したい場合に必要な指標である．以上を式で示すと

$$h^2 = \frac{V_G}{V_P} \quad \text{あるいは} \quad h^2 = \frac{V_A}{V_P}$$

$$R_{G12} = \frac{Cov(G_1, G_2)}{\sqrt{V_{G1} V_{G2}}}, \quad R_{E12} = \frac{Cov(E_1, E_2)}{\sqrt{V_{E1} V_{E2}}}, \quad R_{P12} = \frac{Cov(P_1, P_2)}{\sqrt{V_{P1} V_{P2}}}$$

となる．ここで，h^2 は遺伝率，V_G, V_P, V_A, V_E はそれぞれ遺伝分散，表型分散，相加的

遺伝分散,環境分散を示す.また,R_{G12}, R_{E12}, R_{P12} はそれぞれ形質1と形質2の間の遺伝相関,環境相関,表型相関を,$Cov(G_1, G_2)$, $Cov(E_1, E_2)$, $Cov(P_1, P_2)$ は形質1と形質2の間の遺伝共分散,環境共分散,表型共分散を示す.

上式からも明らかなように,遺伝率や遺伝相関を求めるには分散共分散成分を算出しなければならない.以前は,親子回帰や通常の分散共分散分析法によって分散共分散成分を推定していたが,現在では後述する REML 法を利用することが一般的である.

d. 選抜と選抜指数

集団から不良個体を淘汰し優良個体を選抜するのが家畜育種の基本である.選抜する場合の基準を選抜基準 (selection criterion) とよぶ.量的形質の場合は選抜指数 (selection index) や推定育種価を選抜基準とする.また,自分自身のデータを用いて選抜基準を算出して選抜することを直接検定,きょうだいのデータを用いる場合をきょうだい検定,子供のデータを用いる場合を後代検定とよぶ.種雄牛の選抜においては後代検定が一般的である.

選抜の正確度は遺伝率や遺伝相関,直接検定か後代検定かなどによって異なってくるが,一般に遺伝率や遺伝相関が高いほど正確度は高くなり,十分な数の子供について検定できる場合には直接検定やきょうだい検定よりも後代検定のほうが正確度は高い.しかし,後代検定は世代間隔が長くなり検定費用も大きくなるという欠点がある.

e. 近交係数と血縁係数

集団が小さい場合には選抜を続けていくと近交が進み,近交退化の悪影響が出ることがある.その場合には個体の近交の程度の指標である近交係数をチェックする必要がある.また,2個体間の血縁関係の指標である血縁係数を算出して,血縁係数の高い個体間の交配を避けるようにする.

近交係数と血縁係数は下式で定義される.

$$F_X = \sum_i \left(\frac{1}{2}\right)^{m_i+n_i+1}(1+F_{Ai})$$

$$r_{SD} = \sum_i \frac{\left[\left(\frac{1}{2}\right)^{m_i+n_i}(1+F_{Ai})\right]}{\sqrt{(1+F_S)(1+F_D)}}$$

ここで,F_X は近交係数,r_{SD} はSとDの間の血縁係数,m_i+n_i は共通祖先の両親から数えた世代数の和,F_{Ai} はその共通祖先の近交係数,F_S, F_D はそれぞれSとDの近交係数である.また,$\sum_i$ は共通祖先の数だけ和をとることを示している.

f. 育種価推定と BLUP 法

中小家畜においては選抜指数を用いた系統造成と交雑利用が主体である.一方,大家畜では人工授精の普及により雄の経済価値が高く,集団の育種改良への寄与も高いため,大半の先進国では雄の育種価をフィールドデータから統計的に推定し,推定された育種価に基づいて雄を選抜している.

育種価の推定法としては Henderson の BLUP 法を用いることが一般的である．BLUP 法は最小二乗分散分析法を発展させたもので，遺伝的な効果を変量効果，環境の効果を母数効果として扱って，変量効果の最小線型不偏予測量（best linear unbiased predictor；b. l. u. p.）を算出する手法である．

　モデルとしては変量効果の設定方法によって，サイアモデル，MGS モデル，アニマルモデルに大別される．

　サイアモデルは種雄牛の効果を変量効果とするモデルで，種雄牛効果の予測量が種雄牛の育種価の 1/2 になる．通常，種雄牛間の血縁関係の情報を分子血縁係数行列のかたちでモデルに取り込んで分析する．

　MGS モデルは種雄牛の効果と母方祖父牛の効果の 1/2 を変量効果とするモデルで，変量効果の b. l. u. p. が種雄牛の育種価の 1/2 になる．MGS モデルでは母方祖父牛の効果を取り込んでいるので，サイアモデルに比べて交配された雌側の遺伝能力の差をある程度，補正することが可能である．

　アニマルモデルは乳牛を例にとると，データをもっている泌乳牛とその父牛や母牛など祖先の牛まで全部の牛を一つの変量効果として取り上げる．そして，それらの牛の間の分子血縁係数行列によってすべての個体を連結して評価する．したがって，アニマルモデルでは交配の偏りに影響されることなく育種価を推定できる．また，すべての個体を一括して評価するため，種雄牛のみならず種雌牛の育種価も同時に推定できる利点がある．

　しかし，アニマルモデルはデータのもつ情報量に比べてモデルの自由度が小さくなるので，数値計算上，計算困難になりやすい．また，サイアモデルや MGS モデルとは桁違いに多くの計算時間とメモリー使用量がかかるという欠点もある．

　BLUP 法のモデルを一般式で書くと
$$y = X\beta + Zu + e$$
となる．ここで y はデータベクトル，β は母数効果ベクトル，u は変量効果ベクトル，e は残差ベクトル，X は母数効果に対応した計画行列，Z は変量効果に対応した計画行列である．そして，$u \sim N(0, G)$ と $e \sim N(0, I\sigma_e^2)$ を仮定する．

　このモデルにおいて u の b. l. u. p. を求めるには，次に示す混合モデル方程式を u について解けばよい．
$$\begin{bmatrix} X'X & X'Z \\ Z'X & Z'Z + G^{-1} \end{bmatrix} \begin{bmatrix} \beta \\ u \end{bmatrix} = \begin{bmatrix} X'y \\ Z'y \end{bmatrix}$$

　なお，この方程式では u の最良線型不偏予測量とともに，β の最良線型不偏推定量（best linear unbiased estimator；b. l. u. e.）を同時に求めることができる．

g．分散成分推定と REML 法

　遺伝率や遺伝相関を求めるために，遺伝および環境の分散成分を推定する必要があることはすでに述べた．また，最近では BLUP 法の普及によって恒久環境効果の分散成分なども必要とされることが多い．分散成分の推定法としては以前には最小二乗分散分析法を応用した Henderson の方法 3 が用いられることが多かったが，データ数が少なかっ

たり，データの構造に偏りがある場合には遺伝率や遺伝相関の値が1を超える場合がみられた．

そこで，最近ではBLUP法で用いられた混合モデルを分散成分の推定に応用したREML法（restricted maximum likelihood method）がよく用いられる．REML法は尤度を母数効果部分と変量効果部分に分割し，それぞれを別々に最大化して分散成分の推定値を求める手法である．通常は，与えられた分散成分の値からBLUP法で母数効果のb. l. u. e.と変量効果のb. l. u. p.を求める部分と，それらの値から分散成分を推定する部分を交互に収束するまで繰り返すアルゴリズムを用いることが多い． ［和田康彦］

3.4 育　種　法

a．育種目標

家畜の改良を行うには，現状の能力水準をもとに将来のあるべき姿を想定して到達可能な目標を立てる必要がある．育種の過程で何度も目標を変更していると，予定した期間内に満足できる結果が得られなくなるおそれがある．肉用牛を例にとれば，枝肉価格に関係する要因の中では肉質（とくにロース芯の脂肪交雑）の影響がきわめて大きいため，これらの需要に合った牛肉を生産する種畜を作出する育種目標が考えられる．しかし家畜の育種目標を設定するには，時代の要求に左右されなく家畜の生産能力の根幹にかかわる形質にも配慮する必要がある．家畜において重要な形質を示すと表3.1のようである．

表3.1　家畜の重要改良形質

繁殖形質	受胎率，連産性，哺育能力，分娩の難易
発育形質	1日当たり増体量，離乳時体重，飼料要求率
強健性	環境適応性，疾病抵抗性，長命性
生産形質	肉質，正肉歩留り，脂肪厚，乳量，乳脂率

b．選抜の方法

1）　選抜の正確度

家畜のある形質を改良しようとする場合，体重やロース断面積などについて遺伝的に優れた種畜を交配に用い，優秀な形質が子供に遺伝されてはじめて遺伝的な改良が進んだことになる．この場合，われわれが実際に把握できる情報は体重やロース断面積などの測定データ（表現型値）である．表現型値は，親から受け継いだ遺伝的能力（育種価）に環境効果が加わった結果であると考えられ，測定データ（表現型値）＝遺伝的能力（育種価）＋環境効果　と表される．すなわち育種価は直接測定できないため，表型上の優秀性から遺伝的な能力を推定し選抜の判断材料にしている．表現型値から育種価をいかに正確に推定するかは，家畜育種の大きな課題である．

選抜には種々の方法がある．いずれの方法も家畜のもつ特性や飼育条件を考慮して，いかに選抜の正確度を高めるかがポイントになる．個体自身の成績によって個体を選抜する方法（個体選抜）と，個体と血縁関係にある近縁個体の成績により選抜する方法（家

3.4 育 種 法

表 3.2 検定方法と選抜の正確度

検定方法	頭数	遺伝率								
		0.1	0.2	0.3	0.4	0.5	0.6	0.7	0.8	0.9
個体選抜	1	0.32	0.45	0.53	0.63	0.71	0.77	0.84	0.89	0.95
後代検定	2	0.22	0.31	0.37	0.43	0.47	0.51	0.55	0.58	0.61
	4	0.30	0.42	0.49	0.55	0.60	0.64	0.68	0.71	0.73
	6	0.37	0.49	0.57	0.63	0.68	0.72	0.75	0.77	0.80
	8	0.41	0.54	0.63	0.69	0.73	0.77	0.79	0.82	0.84
	10	0.45	0.59	0.67	0.73	0.77	0.80	0.82	0.85	0.86
	15	0.53	0.66	0.74	0.79	0.83	0.85	0.87	0.89	0.90
全きょうだい検定	1	0.16	0.22	0.27	0.32	0.35	0.39	0.42	0.45	0.47
	2	0.22	0.30	0.36	0.41	0.45	0.48	0.51	0.53	0.56
	3	0.26	0.35	0.42	0.46	0.50	0.53	0.56	0.58	0.60
	4	0.29	0.39	0.45	0.50	0.53	0.56	0.58	0.60	0.62
	5	0.32	0.42	0.48	0.53	0.56	0.58	0.60	0.62	0.63
クローン検定	1	0.32	0.45	0.55	0.63	0.71	0.77	0.84	0.89	0.95
	2	0.43	0.58	0.68	0.76	0.82	0.87	0.91	0.94	0.97
	3	0.50	0.65	0.75	0.82	0.87	0.90	0.94	0.96	0.98
	4	0.55	0.71	0.79	0.85	0.89	0.93	0.95	0.97	0.99
	5	0.60	0.75	0.83	0.88	0.91	0.94	0.96	0.98	0.99

個体選抜 $R=\sqrt{h^2}$, 後代検定 $R=\sqrt{mh^2/(4+(m-1)h^2)}$, 全きょうだい検定 $R=\sqrt{nh^2/(4+2(n-1)h^2)}$
クローン検定 $R=\sqrt{kh^2/(1+(k-1)h^2)}$
ただし, R は選抜の正確度, h^2 は遺伝率, m は種雄牛当たりの後代数, n は種雄牛当たりの屠体形質の得られた全きょうだい数, k は種雄牛当たりのクローン個体数.

系選抜)がある. 泌乳能力や産卵能力のように雌のみにしか発現しない形質については, 雄の選抜はきょうだいや後代の雌の成績を用いて実施することになる. またロース断面積や脂肪交雑など屠殺しないと調査できない形質については, 豚では同腹のきょうだいを肥育して調査し(きょうだい検定), 牛ではその子供を肥育して調査する(後代検定). 個体選抜, 全きょうだい検定, 後代検定による選抜の正確度は表3.2に示した.

2) 遺伝的改良量

家畜の集団を表現型価に基づいて選抜する場合, 年当たりの遺伝的改良量は次式で示される.

$$遺伝的改良量 = \frac{(標準選抜差) \times (遺伝標準偏差) \times (選抜の正確度)}{(世代間隔)}$$

ここで標準選抜差とは, 表現型値で示される成績によって集団の上位を切断的に選抜したときに, 選抜した部分が全体のどのくらいの割合を占めるかの指標になる値である.

表 3.3 選抜強度と標準選抜差

選抜強度	標準選抜差 (N: 集団の大きさ)				
	$N=$ 10	20	50	100	200
5%		1.867	1.982	2.018	2.040
10%	1.539	1.638	1.705	1.730	1.742
20%	1.270	1.332	1.372	1.386	1.545
30%	1.065	1.110	1.139	1.149	1.154
40%	0.893	0.928	0.951	0.958	0.962

雄200頭から10頭を,雌200頭から60頭を次世代の交配用に残す計画であれば,選抜率はそれぞれ5%と30%であり,このときの標準選抜差はそれぞれ2.040および1.154になる(表3.3).遺伝標準偏差とは,集団の遺伝的な分散(遺伝分散)の平方根である.育種を始める集団の遺伝的変異はなるべく大きいほうが望ましい.選抜の正確度とは表現型値と育種価との相関で,どのような方法で育種価を推定したかによって大きく異なる.世代間隔とは子供を産んだ両親の平均年齢である.年当たりの遺伝的改良量を大きくするには,分母の(世代間隔)が小さく,分子の(標準選抜差),(遺伝標準偏差),(選抜の正確度)が大きければよい.

3) 複数形質の選抜

総合的な経済価値の高い家畜を選抜するには,増体量,ロース芯面積,脂肪交雑などの複数の形質を同時に改良する必要がある.これらの形質間には遺伝的関係があるため,ある形質に対する選抜が,他の形質にはマイナスに働くことがある.したがって,複数の形質を選抜する場合には,形質間の遺伝関係を考慮する必要がある.複数の形質を効果的に選抜する方法として選抜指数法がある.各個体の選抜指数値(I)は次のような式で計算される.

$$I = b_1 X_1 + b_2 X_2 + \cdots + b_n X_n$$

ここでnは形質の数,$b_1 \sim b_n$は各形質の測定値に対する重みづけ係数,$X_1 \sim X_n$はある個体に関する各形質の測定値である.個体の選抜指数値は,その個体の各形質の測定値に重みづけ係数を掛けて合計した値である.重みづけの係数は総合的な経済価値(H)をもっとも効果的に高めるように,各形質の遺伝率と経済的重要度,形質間の遺伝相関を用いて統計遺伝学的手法で算出する.総合的な経済価値(H)は次のような式で定義される.

$$H = a_1 G_1 + a_2 G_2 + \cdots + a_m G_m$$

ここでmは改良したい形質の数,$a_1 \sim a_m$は各形質の相対的な経済的重要度,$G_1 \sim G_m$は各形質の育種価である.環境がそろった条件で育種データが得られる場合には,選抜指数法は有用な手法である.もし検定時期や飼育環境などが異なる場合には,選抜指数法ではこれらの環境をあらかじめ補正しておく必要がある.

家畜の飼育環境条件が異なるフィールドのデータを育種的に用いたり,血縁の情報を活用する場合には,多形質のBLUP法が有効である.BLUP法とは,能力成績に影響を及ぼしている農家,年次,季節などの要因を数学的に取り除き,血縁情報を利用してあらゆる血縁個体の記録を取り込んで,種畜の遺伝的能力を正確かつ偏りのないように評価できる手法である.この手法は,近年のコンピューターのめざましい発達により,実際の家畜集団に適用できるようになった.

c. 育種環境の重要性

家畜の能力評価は,ステーションで行う能力検定に代わって,フィールドのデータによって実施される傾向がある.その場合の前提条件は,正確なデータが収集され,能力を評価する後代やきょうだいが適正に配置され,すべての家畜が平均的な飼養管理条件を受けていることである.もし能力を測定する群内の家畜に対する飼養管理が平等では

なく，何らかの理由で特定のグループが良好な扱いを受ける状況下では，得られる評価値には偏りがある．その意味では，家畜育種の現場で実施される指定交配や調整交配の重要性が，ますます大きくなったといえる．

d. 交配法

家畜の育種は遺伝的に優秀な親を選抜して交配することが基本であり，選抜の効果は交配によって実現する．優秀な遺伝子を固定し維持するために，全遺伝子座の遺伝子をホモ化する場合には，きょうだい交配，親子交配などの近親交配を行う．近親交配を続けると，家畜の適応力や活力が低下する近交退化が現れることがあるため，近交係数が急激に上昇しないような交配を行う必要がある．特定の遺伝子座の遺伝子だけのホモ化をねらう場合には，表現型の似たものどうしの交配を行う相似交配が行われる．ある系統の特徴を維持しながら，これに別の特徴をもつ遺伝子を導入する方法としては累進交配がある．これはAとBの交雑種にBを交配し，さらにその子供にBを繰り返し交配して改良を進める方法である．ヘテローシス効果を利用した交配法としては，遺伝的に異なる品種や系統を交配して一代雑種（F_1）をつくる場合と，F_1に第3の品種や系統を交配する三元交雑がある．肉豚生産では，繁殖性が高いランドレースと大ヨークシャーのF_1を母豚にして，これに産肉性が高いデュロックを交配したLWDが肥育素豚として利用されている．そのほかに，四元交雑や戻し交配がある．

e. 育種集団のサイズ

家畜の育種を進める場合，外部から種畜をまったく導入しない閉鎖群育種と，自由に種畜を集団に導入する開放型育種がある．閉鎖群育種では，集団の近交係数の上昇程度，遺伝的改良速度，近交退化などを考慮して集団のサイズを決める．集団の近交係数(%)の上昇は，$\Delta F = (1/(2N_e)) \times 100$，ただし$N_e = 4N_m \times N_f/(N_m + N_f)$，で与えられる．たとえば雄5頭（$N_m$）と雌40頭（$N_f$）の牛群における世代当たりの近交係数の上昇は2.8%になる．育種集団の近交係数が上昇すれば，特徴のある形質が固定される確率が高まる反面，近交退化や遺伝的不良形質が発現するおそれも生じてくる．集団の有効な大きさ（N_e）が大きいほど選抜により到達できる能力の限界は高くなり，選抜による反応のばらつきが小さくなる．飼育できる頭数が決まっており育種集団を大きくできない場合にN_eを大きくするには，雄と雌の頭数が等しくなるようにすればよい．近交退化は遺伝率の低い形質（繁殖性，強健性など）に発現しやすく，遺伝率が比較的高い増体量や乳量などの形質では現れにくい．

f. 新しい測定手法の利用

エレクトロニクスなど種々の技術と機器の発達によって，生体から枝肉の内容を把握する方法が開発されている．家畜の産肉形質を屠殺しないで生体から評価できるようになれば，これまで後代やきょうだいの肥育成績から間接的に推定していた雄の産肉能力を直接測定することができ，早期に種畜の選抜ができる．また，枝肉についても可食肉の割合などを測定することも可能になる．これまでに開発された機器の多くは，主に医

学関係で利用されてきたもので，超音波法，X線CT (computerized tomography, 断層撮影法），NMR-CT (nuclear magnetic resonance, 核磁気共鳴CT），CTを組み合わせたMRI (magnetic resonance imaging, 核磁気共鳴映像法）などがある．家畜でもっともよく利用されているのは超音波を用いるもので，カラースキャニングスコープなどの専用の機器が開発されている．肉用牛や豚の背脂肪の厚さやロース芯の面積を超音波で推定し，選抜の際の判断材料として利用されている．将来的には，食肉処理場で自動的に測定したデータに基づいた，家畜の育種改良システムが開発される可能性がある．

g. 胚移植を利用した育種法

繁殖技術の発展に伴い，胚移植を利用した育種試験 (multiple ovulation and embryo transfer, MOET) が実施されている．この育種計画の特徴は，本来単胎である牛に対して胚移植により全きょうだいを生産し，多胎である豚のようにきょうだいを利用した能力検定を行うものである．直接検定（個体選抜）で選抜された候補種雄牛の後代を用いて間接検定（後代検定）を行う現行の肉用牛育種計画では，選抜した種雄牛の産子が生まれるまでには約60カ月（5年）の期間を要する．これに胚移植技術を応用すると，直接検定と並行してきょうだい検定を行うことが可能になり後代検定に要する期間を短縮できるため，期間は約半分の36カ月（3年）になる．ただし選抜の正確度が低下し（表3.2），胚移植で生産できる頭数にも限度があるため，現行の育種法に比べて遺伝的改良量が単純に2倍になるわけではない．計画した頭数をそろえるには，胚移植による生産率の向上と，ドナー当たりの産子数のばらつきを小さくする必要があり，今後の技術の伸展に期待するところが多い．このほかに核移植で生産したクローン牛を用いた検定や，生体から採取した卵子を体外受精に用いるなど，新しい技術を取り入れた検定法の検討が行われている．

h. DNAを利用した育種法

家畜のゲノムの解析技術の進展は著しく，いくつかの形質は少数の遺伝子座によって支配されていることが明らかになっている．たとえば無角と有角の牛を交雑してつくった家系について，マイクロサテライトマーカーと角の有無との関係を調べた結果，無角の遺伝子と連鎖するマーカー遺伝子が発見されている．牛の角は無角が優性であり，表型上は無角でも有角の遺伝子をもつものがいるが，これらのマーカーを利用すれば，無角の遺伝子をもつ個体は容易に検出できる．また乳牛のブラウンスイス種においては，Weaver病（進行性脳脊髄炎）の発現と連鎖したマイクロサテライトマーカーが発見されている．この結果，Weaver病は遺伝子マーカーによって牛群から取り除くことができるようになった．もし経済形質に関与する遺伝子座 (quantitative trait loci, QTL) と密接に連鎖したマーカー遺伝子が発見されれば，マーカー遺伝子を選抜形質にする新しい育種法が可能になる．このような育種法は，マーカーアシスト選抜法，ターゲット遺伝子選抜あるいは遺伝子型育種法とよばれている．植物では自殖により遺伝的に均一な集団を得ることができるため，マーカーアシスト選抜の実用化がトマトなどではかられて

いる．ゲノム解析などのバイオテクノロジーが育種改良において利用されるには，従来の育種法で得られる以上に有利な効果なり情報が付与されることが前提になる．現段階においてこれらの技術は現行の育種法を補完する位置づけにあり，実際の育種に適用するまでにはさらに多くの研究が必要である．　　　　　　　　　　　　　　　［小畑太郎］

3.5 育種工学

交配によらないで動物個体へ遺伝子を導入したり，特定の遺伝子を人為的に改変することができれば，家畜，家禽の育種にとってきわめて有用な手法となる．

a. 動物個体への外来遺伝子の導入法

動物個体への外来遺伝子の導入法としては種々の方法が考えられているが，主要な方法としては以下の試みがなされている．

1) 受精卵の前核への外来遺伝子のマイクロインジェクション

動物個体への外来遺伝子の導入法としてもっとも一般的に行われている方法は，受精卵の前核に直接DNAを微量注入する方法である．採取した受精卵の雄性前核に，ガラス針を用いてDNAを注入する．注入処理された受精卵は仮親に移植し，発生を続けさせる．マウスの場合，注入処理された受精卵が個体となるのは通常10〜30％であり，さらに生まれたマウスのうち注入したDNAが染色体に組み込まれる割合は数〜40％とされている．家畜の場合にはマウスに比べDNAの導入効率が約10分の1となっている．表3.4に牛，山羊，めん羊，豚におけるマイクロインジェクション法による遺伝子の導入効率を示したが，注入処理をした受精卵に対するトランスジェニック家畜の作出効率は，いずれの畜種においても1％弱となっている．

表3.4 トランスジェニック家畜の作出効率(Pursel and Rexroad, 1993)

動物種	実験数	DNA注入後移植した受精卵数	移植した受精卵数に対する割合(％)		
			産子	トランスジェニック	発現
牛	9	1,397	16.2	0.79	—
山羊	1	203	14.3	0.99	100.0
めん羊	10	5,242	10.6	0.88	46.3
豚	20	19,397	9.9	0.91	52.3

鳥類においては哺乳類と比べ発生の形態が大きく異なるため，未分割の受精卵へのDNAのマイクロインジェクションは困難と考えられてきた．しかし，最近1細胞期から孵化までの受精卵を体外で培養できる方法が開発されたことにより，鳥類においても未分割の受精卵へのDNAのマイクロインジェクションが可能となった．ただし，鳥類の胚盤の細胞は不透明なため，DNAは細胞質に注入することになる．注入されたDNAは個体の体細胞や生殖細胞に導入されることが明らかとなったが，遺伝子導入個体の作出効率は1％弱である．

受精卵へのマイクロインジェクションにおける導入されたDNAの染色体への組込みの機構は不明であるが，一般的に組込みはランダムに起こり，任意の位置に通常は多数

のコピーがつながった状態で取り込まれるという特色がある．したがって，導入されたDNAはその周辺の遺伝子の発現に影響を及ぼすとともに，導入遺伝子の発現に関してはその周辺の遺伝子の影響を受けることになる．

2) **レトロウイルスをベクターとする方法**

レトロウイルスというのは，RNA（リボ核酸）を遺伝子とし，逆転写酵素（RNA依存DNA合成酵素）をもつウイルスの総称である．逆転写酵素をもつため，レトロウイルスのRNAはDNAに転写され，宿主の染色体に組み込まれる性質をもっている．この性質を利用して，あらかじめ外来遺伝子を組み込んだレトロウイルスを受精卵や胚に感染させることにより，家畜，家禽への外来遺伝子の導入が試みられてきた．その結果，いくつかの畜種で遺伝子導入が成功している．とくに，鳥類では哺乳動物で一般に行われている1細胞期の受精卵へのDNAのマイクロインジェクションが最近まで不可能であったため，レトロウイルスをベクターとして遺伝子導入が試みられ，抗病性等に関係した遺伝子の導入にすでに成功している．

レトロウイルスを遺伝子導入のベクターとして用いる方法の利点は，①DNAの再構成なしに染色体に1コピー組み込まれる，②レトロウイルスの感染を高濃度で行うことにより高い遺伝子導入率が得られる，等である．一方，不利な点としては，①レトロウイルスの遺伝子操作を行う必要がある，②レトロウイルスに組み込める遺伝子の大きさに制限がある，③導入遺伝子の分布が個体内でモザイク状になる，④導入遺伝子の発現に問題が残されている，等である．しかし，レトロウイルスを用いる方法の最大の問題点は，安全性の面を完全に克服できない点にあり，将来的な家畜，家禽の育種に応用される見込みはほとんどないと考えられる．

3) **生殖系列キメラを介した遺伝子導入法**

a) 胚性幹細胞（ES細胞）の利用　　ES細胞（embryonic stem cell）は，哺乳動物では胚盤胞の内部に存在する内部細胞塊より取り出した細胞を，試験管の中で分化全能性あるいは分化多能性を保持した状態で増殖を続けるよう樹立された細胞である．この細胞は適切な培養条件下に置かれれば，未分化状態を保ったままで継代維持することができ，正常な初期胚に注入することにより，体の種々な組織，器官の形成に関与し，キメラ動物をつくる能力がある．とくに，生殖系列キメラとなり，精子や卵子に分化できれば，次世代にES細胞由来の個体を得ることができるようになる．したがって，試験管の中で維持されたES細胞に遺伝子を導入し，遺伝子が導入されたES細胞のみを選択して胚盤胞等に注入し生殖系列キメラをつくることにより，その後代のうち注入したES細胞由来の個体は外来遺伝子をもつトランスジェニック動物となる．この方法の大きな特徴は，遺伝子導入処理後に細胞レベルで遺伝子が導入された細胞を選択できることである．

マウスではすでにES細胞が樹立され，遺伝子の機能解明等に利用されている．家畜においてもES細胞の樹立が試みられているが，残念ながらキメラ形成能によって明らかにES細胞と証明された細胞株はまだ得られていない．しかし，いくつかの動物種でES細胞様の形態を示す細胞が得られており，もし生殖系列への分化能が高いES細胞が得られれば，試験管の中で培養されているES細胞1個が牛や豚の1頭に相当することに

b) 始原生殖細胞の利用 動物個体への遺伝子導入を行う場合，導入遺伝子が生殖系列に取り込まれるか否かは重要な問題である．最近になって，生殖系列細胞を直接扱う技術が開発されてきている．発生に伴い生殖細胞に分化する始原生殖細胞は，通常，生殖巣とは離れた位置に発生し，その後発生に伴い生殖巣に向かって移動するという動きをする．マウスでは，原条期に尿嚢基部に出現した始原生殖細胞はその後移動運動を行い，11日齢頃までに生殖巣原基に移住する．その後は生殖巣の中で卵子あるいは精子へと分化する．したがって，始原生殖細胞を扱うことにより，遺伝子導入等の処理の効果を確実に生殖系列に導入することができ，後代に伝達することが可能となる．始原生殖細胞への遺伝子導入の操作を加えるためには，ある期間体外培養する必要があるが，マウスの始原生殖細胞は体外培養が可能となっている．体外に取り出した始原生殖細胞を個体にするために，いくつかの方法が考えられている．それは，始原生殖細胞を体外で培養して分化させた後に体外受精により受精卵とし個体にする方法，始原生殖細胞の核を取り出し卵子などに移植し胚発生を行わせる方法，さらには始原生殖細胞を生殖巣へ直接移植し個体にする方法である．最近，マウスで始原生殖細胞を培養して EG 細胞（embryonic germ cell）を作出し，これを胚盤胞に注入することにより，始原生殖細胞由来の個体を得ることに成功している．

鳥類の始原生殖細胞は哺乳動物とはかなり異なった移動経路をとる．鳥類では始原生殖細胞が生殖巣原基に移住する前に一時的に血流中を循環する性質があるため，哺乳動物に比べ移植の操作を行いやすいという利点を備えている．鶏では始原生殖細胞の移植による生殖系列キメラの効率的な作製法が開発されており，始原生殖細胞への効率的な遺伝子導入法と組み合わせることにより，トランスジェニック鶏の効率的な作製が期待できる．

4) 精子をベクターとする方法

精子は受精の過程で卵子に侵入した後，雄性前核を形成し，雌性前核と融合して受精卵の核を形成するため，遺伝子導入のためのベクターとしてはきわめて適していると考えられる．精子と DNA とを混合，あるいはリポフェクションやエレクトロポレーションなどにより DNA を取り込んだ精子を体外受精あるいは人工授精した結果，遺伝子はいったんは胚に取り込まれるが，染色体に組み込まれることなく発生過程で消失してしまうようである．しかし，この方法で遺伝子の導入に成功したとの報告もあり，詳細は明らかではない．

b．トランスジェニック家畜・家禽の利用

トランスジェニック家畜・家禽は経済形質改良のための育種素材として利用されると考えられるが，そのほかにもバイオリアクターとしての利用や医用動物としての利用等が考えられている．

1) 経済形質の改良

家畜，家禽の成長，泌乳，産卵，飼料効率等の経済形質はポリジーン形質であり，これらの形質を支配している遺伝子座については現在ほとんど明らかにされていない．今

後，詳細な遺伝子地図が作成されれば，経済形質の改良に必要な遺伝子を交配によらないで直接個体に導入することにより，大幅な育種年限の短縮が可能になると期待される．

成長ホルモン等の遺伝子導入実験では，体脂肪の減少などが報告されたが，一般的には導入遺伝子の発現制御が困難なため動物個体に異状が生じることが多く，経済形質の改良には至っていない．

2) 有用物質の生産，医学への応用

家畜，家禽は生産物として乳，卵などがあり，遺伝子操作により医薬品等の有用物質を乳や卵の中に分泌するように動物を改変し，バイオリアクターとして家畜，家禽を利用することが試みられている．また，最近の人間の臓器移植に関し，人間と比較的近く入手が容易な豚が一時的に臓器を提供する動物として注目されている．臓器移植では拒絶反応がつねに問題となるが，遺伝子操作により，人間に臓器移植しても拒絶反応を起こさない豚の開発が試みられている．さらに，特定の疾病を発症するように動物個体を改変し，疾患モデル動物としてトランスジェニック動物を利用することも行われている．

[内藤　充]

文　献

1) Pursel, V. G. and Rexroad, C. E. Jr.: *J. Anim. Sci.*, **71** (Suppl. 3), 10-19 (1993)

3.6　遺　伝　病

a. はじめに

遺伝病の原因は，一般に，遺伝子であるDNAに起きる点突然変異や欠損など"ある長さのDNAに起こる突然変異"である．このうち点突然変異によるものが大部分を占める（約95％）．これらの突然変異には次のようなものがある．

(1) 転写にかかわる遺伝子部位の突然変異：①プロモーター領域，②RNAスプライス部位，③ポリアデニル化にかかわる部位，④Cap部位，⑤エンハンサーや遺伝子活性化部位の欠損；

(2) 翻訳にかかわる突然変異で遺伝子のコーディング領域に起きるもの：①翻訳開始コドンとその近傍，②フレームシフト突然変異（塩基の欠損や挿入），③ミスセンス突然変異（塩基置換が他のアミノ酸の置換となるもので，遺伝子産物は正常のそれより不安定であったり機能が低下する），④ナンセンス突然変異（停止コドンとなり中途半端なmRNAおよび遺伝子産物ができる），⑤終止コドンの突然変異で通常より大きな遺伝子産物ができる；

(3) 異常な遺伝子発現を引き起こす突然変異：①位置効果（ある遺伝子のプロモーターが他の遺伝子の近くに転座したり再構成することによって引き起こされる遺伝子の異常活性化や抑制），②たがいに異なる2遺伝子の融合；

(4) 遺伝子に含まれる直列3塩基反復数の大幅増加．

これ以外に，先天性異常の原因ともなる体細胞突然変異によるものもある．

ヒトでは1994年までに常染色体性，X染色体性，Y染色体性およびミトコンドリア性

の遺伝病は 6,678 種類が知られており，このうち疾患遺伝子として染色体上の位置が明らかになっているものは 933 種にのぼっている．さらに，遺伝子が分離，同定されたものは約 300 種類となっている[1]．一方，牛や豚など家畜，家禽の遺伝病については，文献的にはそれぞれ約 100 種類程度の整理しかなされておらず，その多くは，矮性など外見的に判別できるものがほとんどである．これら遺伝病の詳細な内容については文献 2)等を参照されたい．

近年の急速な分子生物学の進展とともに，牛，豚等でいくつかの遺伝病遺伝子が明らかになり始めてきており，DNA 診断も確立してきた．今後，畜産学・獣医学・医学分野の遺伝子関連研究の進展とともに，家畜，家禽の遺伝病が遺伝子レベルで急速に明らかになるものと予想される．本節では，近年，家畜における遺伝病として臨床遺伝子学的に明らかになったものについて述べる．

b．牛の遺伝病

1) **白血球粘着不全症**：BLAD（bovine leukocyte adhesion deficiency）

遺　伝：　常染色体性劣性遺伝．

症　状：　①子牛；発熱，下痢，肺炎，けが等の治癒不全，歯肉の退縮・潰瘍，発育不全(生時体重は正常の半分程度)．②ふつう生後 1～3 カ月で死亡；半致死性．③ leukocyte adhesion glycoproteins（CD 11/CD 18：α/β_2 = leukocyte integrin）のうち，CD 18 タンパク質（integrin β_2 鎖）の細胞表面発現量は正常の 2% 以下．④白血球機能（遊走，粘着，貪食，消化）の欠損，白血球数著増（5 万～25 万/ml，ふつう数千/ml）．

遺伝子異常部位：　CD 18 の cDNA は正常個体と BLAD 個体間では 2 カ所の塩基置換がある．うち 1 カ所はサイレントの置換であるが，もう 1 カ所は CD 18 のアミノ酸残基 128 番目が，正常；アスパラギン酸(GAC)→ BLAD；グリシン(GGC)に置換しているミスセンス突然変異．

DNA 診断：　①ゲノム DNA；20～100 ng．②プライマー；forward（19 *mer*）：5′-TCCGGAGGGCCAAGGGCTA-3′, reverse（30　*mer*）：5′-GAGTAGGAGAGGTC-CATCAGGTAGTACAGG-3′．③反応；94°C 15 秒, 69°C 20 秒（35 サイクル）．④診断；㋐ Taq I 消化；正常：33 bp, 25 bp, キャリア：58 bp, 33 bp, 25 bp, BLAD：58 bp, ㋑ Hae III 消化；正常：49 bp, キャリア：49 bp, 30 bp, 19 bp, 9 bp, BLAD：30 bp, 19 bp, 9 bp.

キャリア頻度：　①米国；ホルスタイン種雄牛の 14.1%，ホルスタイン種雌牛の 5.8%．②日本；ホルスタイン種雄牛の 11.2%（オズボンヌアイバンホーベル（BLAD キャリア）の子孫に出る）．日本では，種雄牛について BLAD の DNA 診断をし，保因畜でないと診断できたものしか後代検定にかけられない．

2) **ウリジン-5′-モノホスフェートシンテース欠損症**：DUMPS（deficiency of uridine monophosphate synthase）（別名，オロット酸尿症）

遺　伝：　常染色体性劣性遺伝．

症　状：　ホルスタイン種で報告．ホモ型は妊娠 40 日齢前後の胎子期に死亡する．ホルスタイン種における死産の原因の一つ．ヘテロ型個体では，①赤血球中や各種組織中

の本酵素活性は正常個体の半分以下，②尿中および乳汁中のオロット酸濃度は正常個体の3倍，③乳牛としてとくに異常はない．むしろ，2産次以上では，正常個体より乳量が多いものがある．

遺伝子異常部位： 本酵素遺伝子のアミノ酸残基404の位置でアルギニン(CGA)→停止コドン(TGA)となるナンセンス突然変異．

DNA診断： ①ゲノムDNA；約100 ng．②プライマー；forward：5′-GCAAATG-GCTGAAGAACATTCTG-3′，reverse：5′-GCTTCTAACTGAACTCCTCGAGT-3′（AvaIサイトあり）．③反応；94℃5分(1サイクル)，94℃1分，60℃1分，72℃30秒(35サイクル)，72℃5分(1サイクル)．④診断；Ava I 消化；正常：53 bp，36 bp，19 bp，キャリア：89 bp，53 bp，36 bp，19 bp，DAMPS：89 bp，19 bp．

キャリア頻度（日本）： ホルスタイン種雄牛300頭の検査でキャリア1頭を検出．

3) **シトルリン血症**（アルギニノコハク酸合成酵素欠損症）

遺　伝： 常染色体性劣性遺伝．

症　状： ①肝臓のアルギニノコハク酸合成酵素活性は正常の5%．②高アンモニア血症．③血中および尿中のシトルリン値の上昇（血中シトルリン値：正常値の40～200倍）．④特有の神経異常；横臥，発作，震え，盲目等．⑤生後1～4日目で死亡（生時は正常）．遺伝子異常；正常個体とシトルリン血症個体のアルギニノコハク酸合成酵素遺伝子(cDNA)に2カ所の塩基置換がある．うち1カ所はサイレントの変異であるが，他の1カ所はアミノ酸残基86の位置で，正常：アルギニン(CGA)→シトルリン血症：停止コドン(TGA)となるナンセンス突然変異．

DNA診断： ①ゲノムDNA；約100～500 ng．②プライマー；forward：5′-GT-GTTCATTGAGGACATC-3′，reverse：5′-CCGTGAGACACATACTTG-3′．③反応；95℃2分(1サイクル)，95℃30秒，55℃40秒，72℃1分(30サイクル)，72℃5分(1サイクル)．④診断；Ava II 消化；正常：96 bp，80 bp，キャリア；176 bp，96 bp，80 bp，シトルリン血症ホモ個体：176 bp．

4) **Weaver病**

Weaver病はブラウンスイス種で報告された常染色体性劣性遺伝形質．症状は，生後6～8カ月目から左右にヨロヨロした歩行をする進行性退行性脳脊髄炎．その原因遺伝子は，染色体#4上のあるDNAマーカー(TGLA 116)と連鎖していることが明らかにされた．しかし，遺伝子の実体は不明であり，確実なDNA診断法はまだできていない．キャリア個体は，乳量，乳脂率ともに正常個体よりも高い傾向があり，本遺伝子と乳量に関するQTLとの連鎖不平衡が考えられている．このことが，Weaver病遺伝子がブラウンスイス種に3～8%の頻度で維持されている原因の一つと推定されている．

5) **muscular hypertrophy**（筋肥大症）(別名 double muscle disease)

筋肉が異常に発達する常染色体性劣性遺伝病．本症個体の血清および血球中クレアチニンは正常個体より増加し，反対にクレアチンは低下している．ゲノムDNAを Hae III で消化し，ヒトVNTRマーカーの一つであるEFD 134.7をプローブにDNAフィンガープリントを行うと，本遺伝子はあるバンド(EBA_3)と粗に連鎖することが明らかになっている．しかし，遺伝子の実体は不明であり，DNA診断法も確立していない．

c. 豚の遺伝病

1) ストレス症候群：PSS (porcine stress syndrome)，あるいは**悪性高熱症**：MH (malignant hyperthermia syndrome)

遺 伝： 常染色体性劣性遺伝（不完全浸透）．

症 状： ストレス下（急激な運動，興奮，高温，輸送等）あるいはハロセン麻酔で，①筋肉と尾の震え（軽度ストレス），②呼吸困難，③筋硬直，高体温，アシドーシス，重症時死亡，④むれ肉（PSE）となる．

遺伝子異常： 筋小胞体のCa^{2+}遊離チャンネルの一つである骨格筋リアノジンレセプター遺伝子（RYR 1：染色体#6）の変異．RYR 1 の cDNA の 1,843 番目の塩基が置換し，アミノ酸は正常：アルギニン（CGC）→ PSS：システイン（TGC）に置換するミスセンス突然変異．これによりCa^{2+}遊離チャンネルの機能が異常になる．

DNA 診断： ①ゲノム DNA；約 20 ng．②プライマー（塩基置換部分を含む 659 bp を増幅）；forward：5′-TCCAGTTTGCCACAGGTCCTACCA-3′, reverse：5′-ATTCAGGCCAGTGGAGTCTCTGAG-3′．③反応；94℃1分，64℃1分，72℃1分（35サイクル）．④診断；PCR で増幅した 659 bp を㋐制限酵素 Hgia I（＝BsiHKA I）消化．正常：524 bp, 135 bp, キャリア：524 bp, 358 bp, 166 bp, 135 bp, PSS ホモ：358 bp, 166 bp, 135 bp. ㋑制限酵素 Hha I 消化．正常：493 bp, 166 bp, キャリア：659 bp, 493 bp, 166 bp, PSS ホモ：659 bp. ⑤本 DNA 診断は PSS のハロセンテストの結果とよく一致する．PSE 発生率：PSS ホモ型集団＞キャリア集団＞正常ホモ型集団．

d. 馬の遺伝病

1) 高カリウム周期性麻痺：HYPP (hyperkalaemic periodic, paralysisi)

遺 伝： 米国クオーターホース種（1/4 マイル走用競走馬：スペイン馬×サラブレッド種）．常染色体性劣性遺伝．

症 状： ヘテロ型；走行中に血清中カリウム濃度が上昇し，骨格筋麻痺を起こす．ホモ型；生時正常でよく発達した筋肉組織をもつ．また，咽頭筋と喉頭筋麻痺による間欠性上部気道閉鎖症を起こしたり，自然発生的に HYPP を起こすが致死ではない．

頻 度： クオーターホース種で 51 頭の HYPP 馬が見い出されている．

原 因： 骨格筋 Na イオンチャンネルのαサブユニットの$IV S_3$ドメイン（トランスメンブレン部位）部分の高度保存部位の中の1個のアミノ酸が，正常：フェニルアラニン（CTT）→ HYPP：ロイシン（GTT）となるミスセンス突然変異．これにより筋細胞内の Na チャンネル不活化スイッチが入らなくなると推定されている．

DNA 診断： ゲノム DNA の PCR 増幅．プライマー；forward：5′-GGGGAGTGTGTGCTCAAGATG-3′, reverse：5′-AATGGACAGGATGACAACCAC-3′. Taq I 消化；正常：64 bp, 28 bp, ヘテロ型 HYPP：92 bp, 64 bp, 28 bp, ホモ型 HYPP：92 bp.

e. おわりに

家畜における遺伝病遺伝子キャリア個体およびホモ個体の同定は，家畜集団全体としての能力向上の点で重要である．家畜の場合，ヒトと異なり遺伝病個体を把握すること

が難しい側面はあるが，反面，交配実験はきわめて容易であり，今後，家畜でもさまざまな遺伝病遺伝子の解明とDNA診断法が確立するものと予想される．外見的に正常個体と容易に区別できる遺伝病で原因遺伝子の実体が不明の場合にも，交配実験で遺伝病遺伝子をDNAマーカーの連鎖地図にのせ，遺伝病遺伝子と密接に連鎖したDNAマーカーを見つけ出すことが可能となる．したがって，近い将来，望ましくない遺伝病遺伝子の相当数を効率的に集団から除去することができるようになろう． ［**小松正憲**］

文　献

1) McKusick, V. A. et al.: Mendelian Inheritance, Man. J. H. U. Press (1994)
2) 農林水産技術会議事務局・畜産試験場編：動物遺伝資源特性調査マニュアル（未定稿）(1998)

4. 家畜の繁殖

4.1 性 の 分 化

a. 有性生殖と個体の性分化

動物の繁殖の形態には無性生殖と有性生殖とがある．無性生殖は，微生物や無脊椎動物に認められ，繁殖のために性を必要としない．一方，有性生殖は精子と卵子の合体により子孫を残す繁殖形態のため，雄と雌，すなわち，性が必要になってくる．家畜は有性生殖の繁殖形態をとっている．

有性生殖を行う動物でも，下等なものでは雌雄同体であるが，高等になるに従って雌雄異体となる．ここに雄と雌という個体の性分化が生ずる．雌雄の外観上の差異の程度は動物種によって異なるが，家畜では顕著な性差が認められる．

b. 遺伝的な性決定

家畜の遺伝的な性は性染色体の構成により決定される．たとえば，牛や豚などの哺乳類では雌がXX，雄がXYであるが，鶏などの鳥類では雌がZW，雄がZZである．性染色体異常の個体では正常と異なる性染色体構成により性が決定される．哺乳類ではY染色体をもつ個体が雄になるが，そうでない個体は雌になるという原則が症例研究により知られている．性染色体異常の個体では生殖器の異常を伴うことが多い．

近年，哺乳類のY染色体の遺伝子解析が進み，ついに個体を雄に誘導するY染色体上の遺伝子が明らかにされた．この遺伝子はSRY(Yの性決定部位)と名づけられている．一方，鳥類の性決定遺伝子については哺乳類ほど解析が進んでいない．

c. 個体発生に伴う性の分化
1) 生殖器の性分化

胚子の主要な未分化生殖器系は未分化生殖腺，ウォルフ管(中腎管)，ミューラー管(中腎傍管)，子宮腟管，生殖結節および尿生殖洞である．これらの構成に雌雄の差異はない．これらの分化，発達あるいは退化により，生殖器の性分化が行われる．

雄胎子では，未分化生殖腺が精巣，ウォルフ管が精巣上体，精管および精嚢腺，尿生殖洞が前立腺および尿道球腺へと分化するが，ミューラー管は退化する．一方，雌胎子では，未分化生殖腺が卵巣，ミューラー管が卵管，子宮および腟へと分化するが，ウォルフ管は退化する．生殖結節は，雄ではペニス，雌では陰核に分化する．牛では，妊娠前期の生殖結節の位置を超音波診断で調べ,胎子の性を判定する技術が確立されている．

家畜の生殖器の性分化では，性染色体がヘテロ型の性（哺乳類では雄，鳥類では雌）の性腺形成により始まる．たとえば，哺乳類では，SRY により精巣が形成され，そこから分泌されるテストステロンおよびミューラー管抑制ホルモンが他の未分化生殖器系に強力に作用し，その結果，雄性生殖器が形成される．雌性生殖器はこれらの精巣由来の物質が存在しない条件下で形成される．一方，鳥類における雌性生殖器への誘導にはエストロジェンが関与していると考えられている．

2) 脳の性分化

脳の性分化はごく限られた時期（臨界期）に行われると考えられている．たとえば，ウサギでは胎齢22～23日，羊では胎齢60日以前が臨界期といわれている．この時期に，雌雄それぞれの性腺より分泌される性ステロイドホルモンが視床下部に作用し，性中枢が性分化する．この分化した中枢が性現象の内分泌支配を司る．その結果，雄では恒常的な下垂体-性腺機能による精子形成および雄型の性行動，雌では周期的な下垂体-性腺機能による排卵および雌型の性行動が性成熟とともに確立される．

3) 性分化の異常

家畜における産子の性分化の異常には間性およびフリーマーチンがある．性分化が異常な家畜の生殖器は形態的，機能的に不完全であり，多くの場合，このような家畜は繁殖能力をもたない．

間性は豚や山羊での発生が有名である．間性の家畜は性染色体異常により産まれることが多い．山羊の間性では無角遺伝子に連関している劣性遺伝子の関与が知られている．

フリーマーチンは異性双子の雌牛に多い．これは，胎子の絨毛膜どうしの吻合により雌胎子に侵入した雄胎子由来の物質が雌胎子の生殖器，とくに性腺を雄性化するために発生すると考えられている．フリーマーチンの診断には性染色体や血液型のキメラ状態の検査が一般的であった．近年では，PCR 法を用いて迅速にフリーマーチンが診断できるようになった．牛の複数胚移植では，フリーマーチンの産まれる確率が高くなる．

［渡邊伸也］

4.2 性現象の内分泌支配

誕生後の生殖活動は，春機発動，すなわち雄では精子形成，雌では卵巣での卵胞発育，排卵に始まる．その後，雌動物は発情，排卵，黄体の形成，妊娠，分娩，泌乳と続く生殖周期を繰り返し子動物を生産する．これら全般にわたる生殖に関する内分泌的現象は，ラジオイムノアッセイの開発により飛躍的に理解が進展した．本節では，家畜におけるホルモンの生殖活動に伴う動態について述べる．

a. 性成熟

春機発動の到来は栄養条件，環境，気象条件により左右されるが，ラットでは生後30～40日，牛では8～12カ月を要する．その発来機序は，中枢神経系，視床下部におけるGnRH 分泌機構の成熟により誘導され，下垂体，生殖腺機能が完成する[1]．

雌牛では，卵巣に大きな腔をもつ卵胞が生後4～6カ月頃から現れる．それ以後この大

きな卵胞は成熟した牛よりも 3〜4 日短い 10 日間前後の卵胞発育周期を初回排卵まで繰り返す．これらの性成熟前の卵胞の発育には FSH（卵胞刺激ホルモン）が主導的であり，LH（黄体形成ホルモン）は関与しない．また，この時期の FSH の変動，制御に卵巣由来のインヒビンが関与している．初回排卵が近づくに従い，LH 放出パルスの頻度が高まり，排卵直前特有の LH の一過性の上昇の後，排卵が起きる．

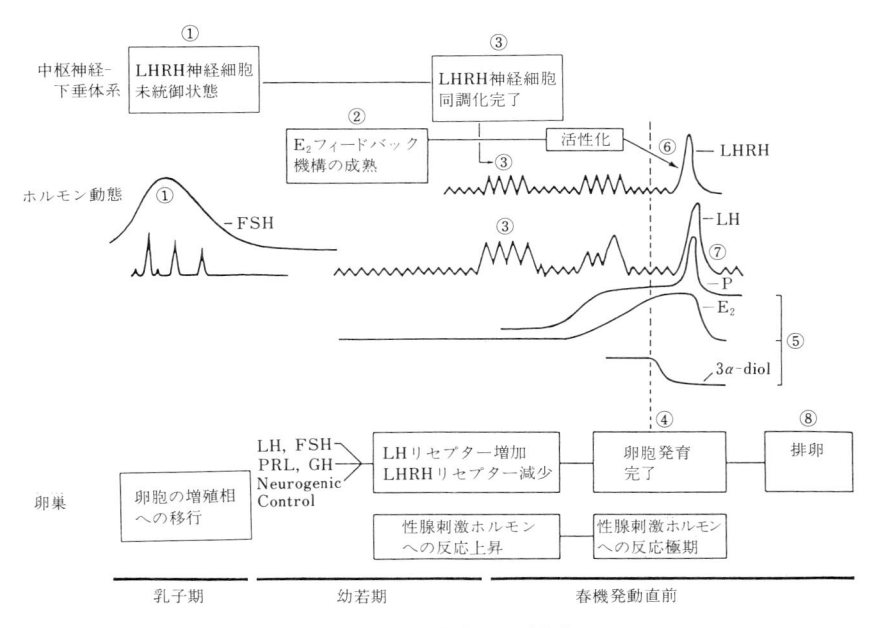

図 4.1 ラットにおける春機発動発来機序
(Ojeda & Urbanski, 1994 を一部改変)

雄牛の性成熟は，生後 2 カ月頃には早くも LH のパルス状の分泌が始まり，春機発動期まで徐々に高まる．生後 6 カ月頃には精巣からテストステロンが分泌されるようになる．FSH は精巣由来のインヒビンと関連して月齢に関係なく変化する．性成熟は最終的に生後 12〜13 カ月頃に完了する．

b．発情周期と発情行動

発情周期は雌特有の性活動であり，雄には認められない．卵巣では卵胞の発育，排卵，黄体形成，退行を周期的に繰り返す．周期は視床下部，下垂体前葉および卵巣からの各種ホルモンの相互作用により維持される．発情周期前半では FSH 主導による卵胞の発育に伴いエストロジェンが上昇し，卵胞の成熟をさらに促進する．この FSH による卵胞発育の制御には卵巣性インヒビンがかかわっている．性腺刺激ホルモンの一過性の放出と前後して発情，排卵が生じ，交配により妊娠が成立する．次いで黄体が形成されプロ

ジェステロンが主導的になる．妊娠が成立しない動物では，黄体退行に伴い卵胞の発育とエストロジェンの上昇が始まる．

牛，馬，豚，めん羊は卵巣周期が約20日間で繰り返す完全発情周期を示す動物である．牛では性腺刺激ホルモンの放出後，約24～30時間で排卵が起きる．その後黄体の発育に伴いプロジェステロンが上昇を始め，排卵後17～18日頃まで維持される．エストロジェンは黄体の退行と逆に排卵3～4日前より上昇を始め，排卵直前に最高値となる[2,3]．黄体の退行には子宮由来のプロスタグランジン$F_{2\alpha}$（$PGF_{2\alpha}$）が主導的であり，卵巣由来のオキシトシンは$PGF_{2\alpha}$の放出に関与し，両者の共同作用が急激な黄体退行をもたらす．

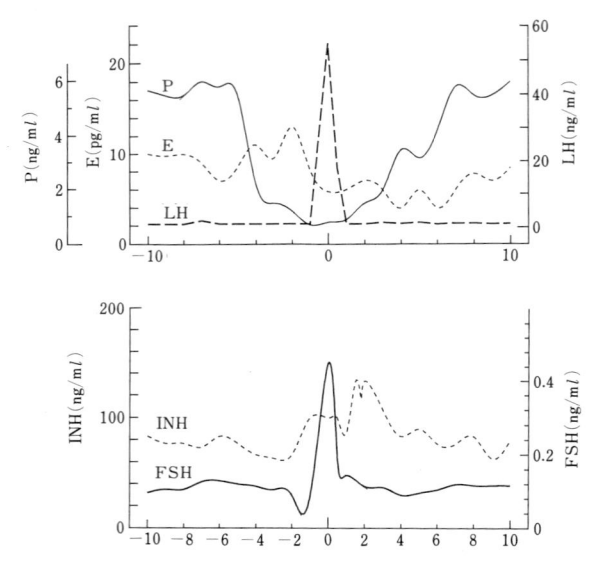

図4.2 牛の性周期中における血中 LH，FSH，インヒビン（INH），プロジェステロン（P），エストロジェン（E）の動態（LHサージの日を0日）（Hasegawa, 1988, 百目鬼, 1980 より作成）

発情行動は，下垂体からの性腺刺激ホルモン放出のためのシグナル GnRH の主導により起きる．牛では LH 放出の少し前から約10～30時間発情が持続する．発情行動の誘発にはフェロモンが深くかかわっており，豚，羊，鹿などでは誘引物質が同定されている．その本体はテストステロンの誘導体で，豚では製品化されている．

外因性のホルモン処置により効率的な発情，排卵の誘起，制御が可能である．牛の黄体期に，まず PG 製剤を投与し，その後の卵胞の発育に合わせ hCG を併用すると排卵が起きる．また，下垂体からの FSH 分泌の調節に深いかかわりをもつインヒビンの能動免疫あるいは抗血清の適用は，多数の卵胞発育を誘発することが知られている．

c. 妊　　娠

　妊娠成立，維持に黄体からのプロジェステロンが大きな役割を担っている．それゆえ，プロジェステロンの体内動態をモニターすることにより妊娠の判定が可能であり，妊娠診断に用いられる．エストロジェンは，ラット等の齧歯類では妊娠初期の着床に重要で，着床直前にサージ状の上昇が認められる．牛では着床時のエストロジェンの役割は不明であるが，胎盤の発育に伴い末梢血中エストロジェン値は上昇する．ステロイドホルモン動態と胎子数との関連を牛で比較すると，末梢血中プロジェステロン値は胎子の数に関係なくほぼ同様の値で妊娠中推移する．他方，エストロジェンは複数子をもつ母体においてつねに高値であり，分娩まで妊娠の進行に伴い上昇する[4～6]．エストロジェンは胎盤で産生され，胎盤機能を反映する．胎子性胎盤で産生されるエストロゲン物質の主なものは，エストロンおよび17α-エストラジオールである．これらは，生成後すぐにサルフェート結合物質となる．そのため胎子血中のエストロゲン物質の主体は17α-エストラジオールサルフェートである．一方，母体血中の主体はエストロンサルフェートであり，胎盤におけるステロイドホルモン代謝機能の把握に重要である．

　また，胎盤は数多くのホルモン，成長因子，サイトカインや妊娠特有の生理活性物質を産生している．その代表例として，ヒト絨毛性性腺刺激ホルモン，妊馬血清性性腺刺激ホルモン，胎盤性ラクトジェン（PL）や妊娠特異タンパク質等が知られている．PLは

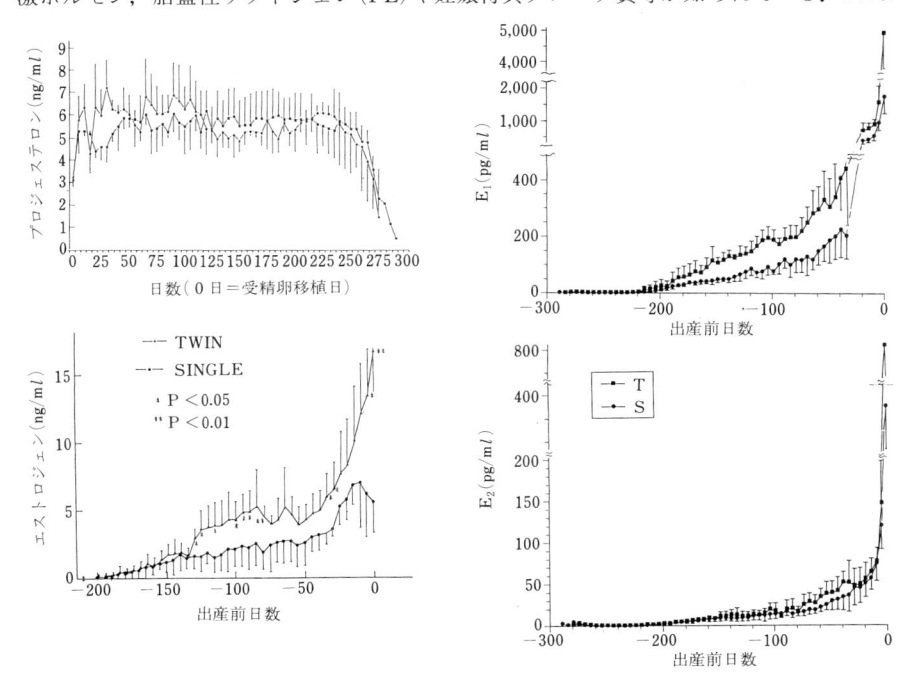

図4.3　単一胎子および複数胎子妊娠牛の妊娠中におけるステロイドホルモンの動態（Patel, 1955 (1, 2)，高橋透，未発表データより作成）

ラット，マウスでは，妊娠前半のPL I，後半でのPL IIが胎盤栄養膜巨細胞で産生され，母体血中に現れる．その分子構造は下垂体性プロラクチンと類似性が高い．反芻動物のPLは胎子絨毛叢の多核の細胞 (binucleate cell) で産生される．これらPLあるいはその関連物質は妊娠初期（牛では2週間目）から発現し，乳腺の発育や胎盤の形成および機能維持にかかわっている．

妊娠のごく初期に早期妊娠因子とよばれる妊娠特異物質が妊娠母体血中に認められる．この物質はマウスおよび牛では妊娠血清によるロゼット形成抑制反応により確認される．その生化学的特性はまだ確定していないが，胚の生存性および受精診断の指標としての応用が期待される．

牛および羊では妊娠初期の黄体の退行を阻止し，妊娠の維持にかかわる栄養膜性インターフェロン τ が初期胚から分泌される[7]．その生理機能は，子宮からの黄体退行因子の放出を抑制し，黄体機能の維持にかかわると考えられる．牛では妊娠2週過ぎから胚の単核栄養膜細胞 (uninucleate cell) に発現が始まり，胚と母体の着床機構および妊娠認識機構に深くかかわっている．

d．分　娩

分娩始まりのシグナルは胎子からもたらされる．分娩に伴う一連の胎子および母体での内分泌変化は，以下のように進行すると考えられるが，確定した証明は十分でない．妊娠が進むにつれ胎子が成長，成熟そして急激な成長期に達し，胎盤の物質代謝が急激に上昇すると，胎子性栄養膜細胞での PGE_2 産生が上昇する．PGE_2 は胎子の視床下部に働き，胎子の下垂体-副腎系を活性化し，副腎皮質ホルモンの上昇が始まる．胎子の副腎皮質ホルモンは，胎盤でのステロイドホルモンの産生を変化させる．すなわち，プロジェステロンの産生を減退させエストロジェンの産生を増加させる．このステロイドホル

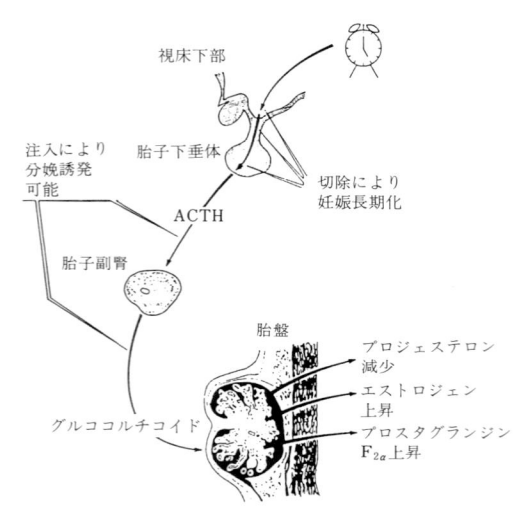

図4.4　羊における Liggins の分娩発来モデル (Thorburn, 1991)

モンの比率の変化は，子宮胎盤でのルテオリシンともよばれる $PGF_{2\alpha}$ の産生，分泌を促す． $PGF_{2\alpha}$ の上昇は，黄体のプロジェステロンの産生，分泌の減少を導き，分娩が始まる[8]．

分娩の進行にかかわるホルモンとしては，その他，オキシトシンおよびリラキシンがあげられる．オキシトシンは下垂体後葉から分泌され，子宮筋や乳腺筋上皮の収縮を促す作用をもっている．また，胎盤での PG 産生を高め，黄体機能の制御に深くかかわっている．リラキシンは黄体あるいは胎盤で産生されるポリペプチドで，子宮頸管の膨潤，拡張および骨盤靱帯を弛緩させる作用をもち，分娩の進行に関与している．とくに，分娩直前のリラキシンサージとよばれる一過性の上昇が，子宮頸管の膨潤，軟化を促進する．

e．泌乳の開始

分娩が始まる内分泌変化は泌乳の開始と密接に関連している[9]．つまり乳汁の合成と分泌は分娩の数日前に始まり泌乳最盛期へと続く．この開始機構には少なくとも，プロラクチン，グルココルチコイドおよびエストロジェンの上昇とプロジェステロンの減少が必要である．乳汁の合成，分泌はプロジェステロンにより抑制されている．妊娠後半には乳腺および乳腺細胞はすでに発育しており，乳汁合成，分泌能力は完成しているが，妊娠黄体の退行および胎盤の娩出によるプロジェステロンの減少が起きないと泌乳は始まらない． $PGF_{2\alpha}$ は局所的に乳汁分泌の抑制作用をもっている．それゆえ，乳腺細胞からの $PGF_{2\alpha}$ の排除は泌乳の始まりに重要である．分娩に伴うプロジェステロンの減少はエストロジェンおよびグルココルチコイドの増加をもたらし，これらのホルモンは乳汁分泌開始を促進する．

f．分娩後の生殖機能の回復

分娩後の性機能の回復時期は動物種，飼養条件および栄養条件により異なる．ラットでは分娩後 12～36 時間の間に発情，排卵（後分娩発情排卵）が起き，このときの交配により妊娠が成立する．馬では分娩後 1～2 週目に発情排卵が発現し，その直後の交配により妊娠が成立する．しかし，子宮の収復が十分でないと受胎率は高くない．また，豚では分娩直後に発情は認められるが排卵は伴わず，このときの交配では受胎しない．このように多くの動物種において卵巣機能は分娩後比較的早期に回復し，次回の生殖に適応する．

しかしながら，牛では次回妊娠まで少なくとも分娩後 2～5 カ月間が必要である．多くの牛では分娩後 2 週間までは卵巣からのプロジェステロンおよびエストロジェンの分泌は低い．血中および下垂体中の FSH は分娩後まもなく正常な基底値に回復する．LH はパルス状分泌が徐々に増加していき，分娩後 30～50 日以降上昇が認められる．卵巣の活動は分娩後 2 週目以降にようやく再開する．その後卵巣に卵胞の発育が始まり，分娩後 3～4 週に無発情排卵が起きる個体が現れ，さらにその後 2～3 週間に発情を伴う排卵が認められるようになる．牛における生涯繁殖率の向上には，分娩後の発情排卵の早期回帰が鍵である．

［橋爪一善］

文　献

1) Ojeda, S. R. and Urbanski, H. F.: Puberty in the Rat (in The Physiology of Reproduction (2 nd ed.) 2) (Knobil, E. and Neill, J. D. eds), 363-409, Raven Press (1994)
2) Hasegawa, Y.: Conrad International Workshop. Nonsteroidal Gnonadal Factors: 7 Changes in the serum concentration of inhibin in mammals, The Jones Institute for Reproductive Medicine, 91-109 (1988)
3) 百目鬼郁男：排卵をめぐる諸問題に関するシンポジウム 3, ウシにおける排卵をめぐる性ステロイドの動態, 家畜繁殖学雑誌, **26** (5), 29-35 (1980)
4) Patel, O. et al.: *Journal of Reproduction and Development*, **41**, 63-70 (1995)
5) Patel, O. et al.: *Journal of Veterinary Medical Science*, **57**, 659-663 (1995)
6) 高橋　透：未発表データ
7) Roberts, R. M. and Anthony, R. V.: Molecular biology of trophectoderm and placental hormones (in Molecular Biology of the Female Reproductive System) (Findlay, J. K. ed.), 395-440, Academic Press (1994)
8) Thorburn, G. O.: The Placenta, Prostaglandins and Parturition: a Review Reproduction Fertility and Development 3, 277-294 (1991)
9) McNeilly, A. S. Forsyth, I. A. and McNeilly, J. R.: Regulation of post-partum fertility in lactationg mammals (in Marshall's Physiology of Reproduction (4th ed.)) (Lamming, G. E. ed.), 1037-1101, Chapman & Hall (1994)

4.3　精子と精液

a．精子の形成と成熟

　精子の形成過程は，精祖細胞の分裂によって生じた精母細胞がさらに減数分裂をして精娘細胞から精子細胞を生ずるまでの精子発生過程と，精子細胞がセルトリ細胞に接しながら長い尾部をもった精子に変態するまでの精子完成過程とに分けられる．精子細胞の形成に要する日数は牛で 32～45 日であり，精子完成までは約 60 日を要する．精子完成過程においては，半数体の精子細胞核は伸長，凝縮して特異的な形をした精子核となる．ゴルジ装置により先体帽が形成され，中心体を構成する微小管群は鞭毛を形成する．ミトコンドリアは鞭毛の基部付近に集合して最終的に鞭毛を螺旋状に取り囲み，中片部が形成される．変態を完了した精子はやがて精細管腔に遊離して，直細精管，精巣網，精巣上体頭を経て精巣上体尾に至る過程で，質的・機能的変化をして成熟する．精巣上体頭から尾に移行する過程で，前進運動機能および受精機能が付与される．

b．精子の形態と構造

　家畜の精子の形態は動物種により多少異なるが，その構造は頭部，頸部，尾部に区分される（図 4.5）．

1) 頭　部

　家畜では偏平な卵円形であるが，ラット，マウスでは鎌形，鶏では紐状である．細胞の核に相当し，主としてプロタミンと結合した DNA（デオキシリボ核酸）からなる．前半部は先体帽，後半部は後核帽という膜で覆われている．先体帽内には卵子への進入に

4.3 精子と精液

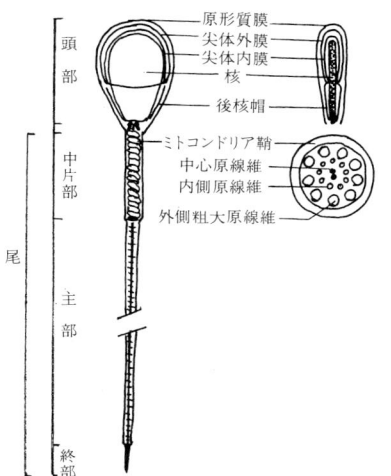

図 4.5 家畜精子の構造

必要なヒアルロニターゼ，アクロシンなどの酵素が含まれている．

2) 頸　　部

中心体が存在し，ここから尾部末端まで軸糸が伸びている．もっとも切断されやすい部位である．

3) 尾　　部

この部分はさらに中片部，主部，終部に区別される．2+9本の中心束を9本の粗大線維束がとりまいている．中片部は軸線維束を螺旋状にとりまくミトコンドリアの鞘と細胞膜とに覆われ，その末端は終輪に終わる．中片部にはリン脂質や種々の酸化酵素が含まれており，精子のエネルギー供給の中枢部である．主部は粗大線維束が原形質の尾鞘に包まれて長く伸びているが，しだいに細くなる．終部では尾鞘と粗大線維は消失し，中心束の11本の線維が露出している．

c. 精　　液

精液は精子と精漿からなり，精漿は精巣上体，精管，精囊腺，前立腺および尿道球腺からの分泌液で構成される．豚および馬の精液には膠様物が含まれている．

1) **精液の一般性状と化学成分**（表 4.1）

精液の pH はほぼ中性で，浸透圧は 280〜300 mOs/kg で血液とほぼ同じである．精漿中には果糖を主とする還元糖をはじめ，ソルビット，イノシットなどのポリオール，アスコルビン酸，乳酸などの有機酸，レシチンなどの脂質，グルタミン酸などのアミノ酸，グリセロリン酸コリン，エルゴチオネインなどの窒素含有塩基などのほか，プロスタグランジン，無機物および各種酵素が含まれている．果糖およびクエン酸は精囊腺に由来し，アンドロジェンの支配下にあり，性機能の判定の指標となる．

4. 家畜の繁殖

表 4.1 精液の化学的組成

	牛	めん羊	山羊*	馬	豚	犬	ウサギ	鶏*
水分 (g/100 ml)	90(87~95)	85	—	98	95(94~98)	96	—	95
CO_2 (ml/100 ml)	16	16	—	24	50	—	—	—
Na	260	110	104(60~183)	70	660(290~850)	89(56~124)	—	321(182~527)
K	170	74	158(76~255)	60	260(90~410)	8.2(8.0~8.3)	—	43(39~49)
Ca	34(24~46)	10	11(5~15)	20	(2~6)	0.7(0.4~0.9)	—	9.4(3.5~14.7)
Mg	12	2	3(1~4)	3	11(5~15)	0.5(0.3~0.7)	—	3.6(0.7~8.7)
Cl	180	86	125(82~215)	270(90~450)	330(150~430)	151.4	—	216(119~321)
総 P	82	355	268	19	66	13(12.7~13.2)	—	13.6(8.7~17.2)
酸 溶 性 P	33	170	215	—	24	10.9	—	8.3(5~12)
無 機 P	9	12	—	17	2	1.0	—	5.4(2.8~9.4)
脂 質 P	9	29	27	—	6	—	—	3.2(1.4~5.4)
全 N	755	875	872	165	615(335~765)	361(299~456)	—	300(237~346)
非タンパク性 N	48	57	299	55	22	32(26~29)	—	65(32~124)
プラズマロジェン P*	2.7	—	1.8	0.5	1.1	—	0.9	—
エルゴチオネイン	(0~微量)	(0~微量)	—	0	(6~23)	—	—	—
スペルミン	0	—	—	0	0	—	0	—
リン酸コリン	微量	0	—	0	0	—	0	—
グリセロリン酸コリン	350(100~500)	1,650(1,100~2,100)	—	(40~120)	(110~240)	—	280(215~370)	—
果 糖	500(100~1,000)	500	708	2(0~10)	12(2~25)	0.6(0.5~0.6)	(40~400)	0.7(0~1.0)
クエン酸	720(200~1,700)	140(110~260)	384	50(30~110)	140(30~330)	—	(50~600)	34.7(10~99)
乳 酸	30(15~40)	40	39	15	30	17.5(11~30)	—	—
イノシット	60(40~90)	40	—	40(20~40)	(600~750)	—	—	—
ソルビット	—	—	—	—	—	—	—	—
アスコルビン酸	6(3~9)	5(2~8)	—	—	—	—	—	—

注 1) 数値はとくに断ったものを除き mg/100 ml.
 2) *精液中の含量. * μg/10⁹精子.
 3) 牛, めん羊, 馬, 豚: White, 1958; 山羊: 入谷, 1964; 犬: Bartlet, 1962; ウサギ: Mann, 1969; 鶏: 吉田, 1961.

2) 精液の性状に影響する要因

a) 年　齢　一般に壮齢の雄畜の精液量，精子数は若齢に比べて多く，安定している．牛では 3～6 歳が安定しているが，それ以上では個体によって精子の生存率の低下，奇形率の増加，耐凍能の低下などが起こる．

b) 栄　養　低エネルギーは内分泌機能の低下による性成熟の遅延，成畜では性欲減退，造精機能低下をまねく．高エネルギーは性成熟を早めるが，過肥による性欲減退をまねく．高タンパク質の給与は精液量や精子数の増加に効果がある．ビタミン A あるいはカロチンの欠乏は造精機能を悪化させる．

c) 季　節　季節繁殖性の動物は非繁殖季節には精液量，精子数，精子活力などが低下する．季節繁殖性でない動物も夏から秋口に精液性状が悪化する場合がある．この現象は夏季不妊症と称されている．

以上のほか，日光浴と適度な運動は新陳代謝を活発にし，精液性状を改善する．また，射精頻度も精液性状に影響する．

d. 精子の生理

1) 精子の運動性

精巣上体頭の精子は旋回運動であるが，尾に下降する成熟過程において前進運動能を得る．これは，精巣上体由来の前進運動化タンパク（分子量 37,500，糖タンパク）が精子細胞膜内に取り入れられることによる．正常な射出精子は，頭を回転させながら尾を波状に動かして前進する．時間の経過につれて動きは緩慢となり，前進運動から旋回運動，振子運動へと移行し，ついには完全に停止する．精子の前進速度は動物種，温度，媒液などにより異なるが，38℃ で 50～120 μm/s である．

精子は流れに逆らって進む向流性，気泡や異物の表面に集まる向触性，頸管粘液や卵胞液などのある種の化学成分からなる液に進入しやすい向化性などの性質をもっている．

2) 精子の生存性と受精能力

精子の受精能力は精巣上体頭から尾に下降する成熟過程で備えられ，その能力は尾内では 30 日間ぐらいは保持される．体外に射出された精子の運動力と受精能力を長く維持するためには，低温下で運動と代謝を抑制して，消耗を防ぐことである．一般に受精能力は運動能力より先に失われる．とくに，鶏の精子は射出後そのまま 1 時間も放置すると，活発に運動していても受精能力は低下し始める．

雌の生殖器道内に射出された精子は代謝が著しく促進され，生存時間，受精能力保持時間も雄の生殖器道内に比べて著しく短い．牛精子ではそれぞれ 30～40 時間，28～50 時間という報告がある．雌の生殖器道内に射出された精子はただちに卵子と受精する能力はなく，生殖器道内で数時間を要してその能力を獲得する．これは受精能獲得と称される．受精能獲得の過程では精子細胞膜の生化学的性状の変化(流動性増加)，被覆糖タンパク（受精能破壊因子）の除去などが起こり，受精能獲得後の精子の運動はきわめて活発なむち打ち様となる．

3) 精子の代謝機能

精子の行う主な代謝は解糖と呼吸である．

a) 解糖 家畜の精子は果糖，ブドウ糖，マンノースをよく利用するが，嫌気条件下では果糖よりもブドウ糖，マンノースを優先的に利用する．いずれもエムデン-マイヤーホフ回路に入り乳酸まで分解されるが，好気条件下では乳酸はさらにトリカルボン酸回路（TCAサイクル）に入り，利用される．果糖分解指数（精子10億が37℃，1時間に分解する果糖のmg数）は精液の質の評価に利用される．牛，めん羊で1.4～2.0である．

b) 呼 吸 精子は，好気条件下では主として呼吸系からエネルギーを獲得する．精子は，呼吸の基質をTCAサイクルと電子伝達系によって酸化し，電子伝達系に共役する酸化的リン酸化反応によってATP（アデノシン三リン酸）を生成する．呼吸量は，精子1億が37℃，1時間に消費する酸素量 (μl) を Z_{O_2} で表す．哺乳類精子で10～20である．

e. 体外精子の機能に影響する要因

精子の運動および代謝は種々の要因に影響される．

1) 温　　度

家畜の精子は38～40℃で活発な前進運動をするが，54～56℃以上ではほとんど瞬間的に死滅する．温度を下げるとしだいに運動力は緩慢となり，豚精子では15℃，牛や山羊の精子では5℃付近で運動が可逆的に停止する．射出精子を氷点近くまで急冷すると，低温衝撃によって代謝や運動が不可逆的に阻害される．

2) 浸透圧とpH

高張液中では運動が緩慢となり，低張液中では尾部湾曲精子が増加する．一般に酸性が強くなると運動は抑制され，アルカリ側では活発になる．精子が一時的でも運動できる範囲はpH 5～10である．

3) 各種イオン

高濃度のKは精子の代謝，運動を抑制するが，Naはこれを抑える働きがある．重炭酸イオンは精子の好気的代謝と運動を促進するが，リン酸と共存するときには呼吸や運動を抑制する．重金属イオンは精子の運動や生存に悪影響を及ぼすものが多い．

4) 光線，放射線

光線は精子の呼吸を一時的に促進するが，光酸化により生存が短縮される．放射線は精子の運動性に影響しない線量でもDNAに影響を及ぼし，胚の発生異常をまねく．

5) O_2 分圧と CO_2 分圧

精子の呼吸，運動は O_2 分圧が0.6（4～5mmHg）以上であれば一定に保たれ，1mmHg以下になると呼吸を停止する．高分圧の CO_2 は精子の代謝および運動を可逆的に抑制する．

6) 化学物質，その他

アセチルコリン，アドレナリン，ストリキニンなどは低濃度で精子の運動を増強する．

〔桝田博司〕

4.4 受精と初期胚発生

a．受　　精

　受精は減数分裂によって半数体となった精子と卵子が細胞融合する現象で，これによって二倍体となり新しい個体発生に向けての過程が始まる．体内受精を行う哺乳類では，受精のための精子と卵子の準備は生体内の一連の精密な変化によって整えられている．とくに発情と排卵を支配する内分泌変化によって精密に調整されている（4.2 節参照）．したがって，受精に至るまでには精子と卵子が必要な成熟性変化を起こし，タイミングよく会合することが重要である．

1) 精子の成熟性変化

　哺乳類精子は卵子に進入する前に受精能獲得（機能的変化）とそれに続く先体反応（形態的変化）を経る必要がある．精子の受精能獲得（キャパシテーション）は発情期雌生殖器道内で一定時間精子が滞在している間に起こる変化である．交配後，精液は腟，子宮頸管あるいは子宮に放出され（動物種により放出部位は異なる），卵管に向けて精子は輸送される．発情期の生殖器道の収縮により短時間で卵管上部に運ばれる精子は，排卵前に腹腔に出てしまい受精には関与しないと考えられる．緩慢かつ持続的に数時間かけて上走し，卵管峡部の下部に集積される精子が受精能獲得を起こし，排卵時に受精部位（卵管膨大部〜峡部接合部）に上走する．

　受精能獲得の機構は十分には解明されていないが，精子の代謝と運動性の増加が認められている．この変化に要する時間は動物種により異なり（牛精子の場合 4〜6 時間），雌生殖器道内のみでなく適切な体外培養条件下で誘起できることが知られている．牛精子では環状 AMP（アデノシン一リン酸）の上昇と Ca イオンの取込み増加，細胞内 pH の上昇などがまとまって精子頭前半の膜の変化を促すものと考えられている．

　先体反応は，精子が卵子の透明帯（糖タンパクからなる）と結合した後，精子頭の形質膜と先体外膜が部分的に融合して胞状化し，先体内容が放出されるエクソサイトーシス変化である．先体内容に含まれている種々の加水分解酵素は活性化され，精子の透明帯通過を支援する．とくにアクロシンは透明帯のタンパクを分解して穴をあけ，高度に活発となった鞭毛運動によって精子は卵子の囲卵腔に入る．先体反応には Ca イオンの精子への取込みが不可欠である．また，先体反応の際，精子頭の赤道帯に近い形質膜は先体膜の末端と融合するが，この変化が卵子の形質膜（卵黄膜）と精子の融合に必要である．この融合によって卵子に取り込まれた後，精子の核は卵細胞質内で膨潤し，やがて雄性前核を形成する．

2) 卵子の形成と成熟性変化

　雌の卵巣では，出生前の胎子期に，卵原細胞が有糸分裂を繰り返した後，減数分裂の第 1 分裂前期の複糸期（核は卵核胞を形成）に停止した状態（一次卵母細胞）となっている．一次卵母細胞は約 2 週間の成長期を経て減数分裂再開能力をもち，その後の成熟期に卵核胞崩壊と第 1 極体放出によって第 2 分裂中期の二次卵母細胞（成熟卵子）となり排卵される．性成熟後に毎日少数の一次卵母細胞が成長期に入り，RNA（リボ核酸）

やタンパクの合成によって,容積の急増や透明帯の形成が行われる.この成長期に卵母細胞は成熟,受精,胚発生に必要な能力を獲得する.

卵母細胞の成長期に続いて卵胞が発育し,卵母細胞は卵胞腔内で卵丘細胞に包まれた状態となっている.卵丘・卵母細胞複合体は狭隙結合によってつらなっており,成長期に合成されるタンパクの一部,成熟期のヌクレオシド,糖,リン脂質前駆体,アミノ酸などの取込みはこの狭隙結合を通して行われる.卵胞内では環状AMP,アデノシン,ヒポキサンチンなど卵母細胞成熟抑制因子によって減数分裂の再開が抑えられている.発情時の性腺刺激ホルモン分泌増(LHサージ)に反応する卵胞では,卵母細胞と顆粒膜細胞の狭隙結合が分離し,その結果減数分裂が再開される.卵胞から卵丘・卵母細胞複合体を分離し,体外培養によって成熟卵子を得ることもできるが,卵母細胞の成長期の体外培養はマウスで成功したばかりで今後の重要な研究課題である.

なお,卵子形成における染色体数とDNA量は,一次卵母細胞では2n,4c,二次卵母細胞では1n,2cとなっており,受精によって第2極体を放出する結果,1n,1c+精子の1n,1cとなる.

3) 精子と卵子の合体

受精は次のような一連のプロセスをたどる.

精子の透明帯への付着と結合(種特異的)→精子の先体反応→精子の透明帯通過→囲卵腔内での精子頭赤道帯膜と卵黄膜微絨毛の接触,融合→卵子の活性化(細胞内Caイオン濃度の上昇,第2減数分裂再開)→表層粒反応(表層粒内容の囲卵腔への放出)→透明帯硬化(牛,豚,羊)または卵黄遮断(ウサギ)などの多精拒否反応→精子頭膨潤→精子と卵子のクロマチンの脱濃縮→雌雄両前核の形成(第1卵割のためのDNAの複製)→両前核の卵中心部への移動,接近(前核形成の12〜18時間後)→両前核の融合(前核膜はくずれ,クロマチンは濃縮して混じり合い,染色体が凝集して第1卵割前期に移行;受精の完了).

以上は正常受精のプロセスであるが,ときに異常受精も起こりうる.その代表が多精子受精で,2個以上の雄性前核と1個の雌性前核の融合となる.三倍体胚は胎子に発育しうるが,妊娠中期までに死滅する.多精子受精は多精拒否反応が数分を要するという比較的緩慢な反応のため,受精部位に過剰な数の受精能獲得後の精子が存在すると起こりやすい.とくに体外受精の際に起こりやすいので,その制御に留意する必要がある.

b. 初期胚発生

受精後,卵は透明帯の内部で卵割を開始し,2細胞期以降は胚とよばれる.卵割が進むと桑の実状の細胞塊の時期(桑実胚)を経て,胞胚腔を形成し胚盤胞となる.胚盤胞の細胞は球形の殻となって胞胚腔を取り囲んでおり(栄養膜,栄養外胚葉ともいう),一方の極の内側に細胞が集まって分厚くなっている(内部細胞塊).胚本体はすべて内部細胞塊から形成され,栄養外胚葉は胎盤形成の前駆体となる.胞胚腔に蓄積される液によって胚盤胞は拡張し,やがて胚は透明帯から脱出する.栄養外胚葉は急速に増殖して表面積を広げ,子宮粘膜に密着して胚は着床する.以下,若干の補足説明を記述する.

1) 初期の卵割期

有糸分裂による卵割であるが，その細胞周期の特徴として，G_1 と G_2 がきわめて短く S 期から M 期への移行が早いことがあげられる．この間，卵母細胞の成長期に蓄えられた母性情報によって発生はコントロールされている．胚性ゲノムによる発生のコントロールへの移行後は，G_1 と G_2 期が延長されて長い細胞周期となる．その移行時期は動物種によって異なり，マウス 2 細胞期，豚 8 細胞期，牛 8～16 細胞期，羊 16 細胞期である．この時期に DNA からの転写と翻訳活動が開始される．この時期の胚は体外培養環境に敏感で発生がブロックされやすい．そのため卵丘細胞単層，卵管上皮細胞などとの共培養のように生体内環境に類似した培養法が用いられている．

2) 桑実胚～脱出胚盤胞の時期

8～16 細胞期に胚細胞は緊密化（コンパクション）を起こして桑実胚を形成する．これによって割球の境界がみえにくくなる．割球間に狭隙結合が形成され，細胞間でのイオンや小分子の交換を可能にする．この緊密化による細胞間の癒着は Ca イオン濃度に依存している．

緊密化桑実胚の外側の細胞は密着結合を形成する．この密着結合は胚の内部と外部の間の液体の自由な交換を防止し，胚の内部に特殊な性質をもつ液体を蓄積させる．これが胞胚腔形成の始まりである（初期胚盤胞）．液体は割球の細胞質小胞に由来し，次いで浸透圧作用により水分が蓄積され，胚は拡張してくる（拡張胚盤胞）．胚は栄養膜細胞と内部細胞塊（ICM）の二つの細胞集団に分化する．栄養膜細胞は液体を吸収したり，着床の際に子宮内膜に特別の変化を起こさせる．なお，雌となる胚の 2 個の X 染色体は，初期の卵割期に活性があるが，栄養膜形成とともに 1 個の X 染色体は不活性化される．

胚の透明帯からの脱出は，胞胚腔の拡張の物理的圧力と胚の産生するプラスミンによる透明帯の部分的軟化によるものと考えられている．

3) 胚の雌生殖器道内下降と移動

受精卵は卵割を進めながら卵管を下降し，子宮に入るが，その時間と胚の発育ステージは動物種によって異なる．牛では発情後 4～5 日の 8～16 細胞期，豚では排卵後 48～56 時間の 4 細胞期である．胚の透明帯からの脱出は性周期の第 9 日（牛），第 6 日（豚）である．脱出後の胚盤胞は急成長し始め，ICM は球の外側に突出して胚盤とよばれる．脱出胚盤胞が子宮に付着するまでの期間は家畜の場合比較的長く，その間浮遊状態となっている．牛では原則として排卵側の子宮角に着床する．しかし，豚では胚の子宮内移動が起こり，左右の子宮角にほぼ同数の胚が等間隔で着床する．

c. 受精と初期胚発生に基づく技術

胚移植（embryo transfer, ET）は牛で実用化されているが，これは子宮内に下降し，いまだ透明帯内で発育中の初期胚を子宮洗浄によって非手術的に体外に回収し，受胚雌の子宮に非手術的に移植するものである．また，牛の体外受精（*in vitro* fertilization, IVF）は，成長期を終えた一次卵母細胞を体外培養で成熟させ，IVF 後に体外培養によって桑実胚や胚盤胞まで発育させ，非手術的に受胚雌の子宮に移植する技術である．

ET，IVF ともに実用化されているが，胚の細胞操作（クローン家畜の生産，胚の性判

別) や遺伝子操作 (遺伝子導入家畜の生産) などはいまだ研究段階にある. 動物生産におけるバイオテクノロジーの代表が ET とその関連技術であるとみなされている. その理由は胚が個体発生する生命体であり, 計り知れない技術開発の可能性を秘めていることにある. しかし, トピックス的成功例から実用化までの道のりは必ずしも短いとは限らない. それを決めるのは技術適用による収益性である. ［花田　章］

4.5　妊娠中の胚および胎子の損耗

a.　初期胚の損耗

　家畜において繁殖能力を損なう要因として, 妊娠の初期での早期胚死滅が重要な問題である. 家畜において, 卵管や子宮内での胚発生の初期段階で, 発生異常とその結果としての, 胚の早期死滅の生じる危険がある. 雌性生殖器に異常がない場合でも, 胚自身が染色体異常等の遺伝子的な欠陥をもっていると, 胚の淘汰という生物学的意義から胚死滅が生じることもある. 受精後の胚発生のどの時期にその死滅が生じるかの推定は容易ではない. 発情周期が 21 日である牛や豚では, 周期の 10 日目以降に胚死滅が生じた場合には, 発情回帰が遅延することより, 胚死滅を推定することが可能である. 牛では受精後 6〜8 日目は胚が桑実期から胚盤胞期に発育する時期にあたり, 胚は子宮内環境の影響に敏感であり, この時期での胚死滅の生じる危険性が高い. 雌子宮内での早期胚死滅がどのような原因で起こるのかを特定するのは困難である. この時期における胚死滅の要因として考えられるのは, ①下垂体や卵巣からのホルモン分泌による, 内分泌的要因がある. 卵巣にある黄体の機能が不完全であったり, 黄体形成後も発育した卵胞が卵巣に残存している場合, プロジェステロンとエストロジェンの血中濃度の均衡が保たれていない場合, ②内分泌的に不均衡の結果, 母体子宮が胚の要求する栄養素を産生できない場合, ③卵子あるいは精子が適正な時期に受精にあずからず, どちらかが老化した状態で受精したため, 染色体等の遺伝子的な異常が生じた場合, ④夏季の極度な暑熱等に雌個体が置かれた場合の環境的ストレスによって, 胚の存在する子宮が機能を果たせなかった場合, また⑤生殖器の感染症により子宮内が汚染された場合が考えられる.

　胚の早期死滅は今後も完全に解明されるのは容易ではなかろう. 牛における原因不明の受胎障害であるリピートブリーダーを容易に克服しえないことからも, その原因究明が困難であることが理解されよう.

b.　体外受精および移植胚と早期胚死滅

　胚の損耗を別の視点で考える場合, 以下のような点も考慮するべきである.
　(1)　雌生殖器内の胚が, 自己の卵巣由来の卵子からの受精胚であるのか, あるいは供胚雌や体外受精による移植胚であるのかは重要な点である. 移植胚の場合, たとえ受胚雌の子宮環境が良好であっても, 移植胚の発育段階と受胚雌の発情周期が一致していないと, 胚死滅につながる. また, 移植する胚の質によっても, 移植後の胚の死滅あるいは生存とが微妙に変わってくる. 胚が移植されるまでの条件は種々であって, 移植後の胚の生存性を予測するのは容易でない. 受精胚が移植まで体外で培養される場合, 母

体生殖器内に比べて劣る条件下であるので，胚の各ステージでの遺伝子発現に差異が生じる可能性もある．また，培養条件下では，胚が酸化ストレスを受けやすく，DNA損傷の危険性もある．それらの障害の程度が移植後の胚の損耗に大きく影響する．また，体外培養されている初期胚はアミノ酸の一つであるシステインを取り込む能力が欠如しており，グルタチオンを合成できないため，生存性が低下する．胚のシステインの取込みを助けるため，タンパク質に対する抗酸化剤（還元剤）の一つである β-メルカプトエタノールを培養液に添加する試みが行われ，胚の生存性向上に効果のあることが最近明らかにされた．一方，家畜種によっても，胚の体外培養条件に耐性のある牛，また耐性が相対的に低い豚を同列に考えることは不可能である．受精胚の胚盤胞期以後において，内部細胞塊と栄養膜の双方が必要であり，内部細胞塊が正常に発育するためには，栄養膜細胞が増殖して胎盤形成へと向かい，胚発育を支える必要がある．これらの両要素が協力し合って，胚の損耗が回避されうる．

（2） 検討する対象家畜が，牛のような単胎動物であるのか豚や多くの実験動物のような多胎動物であるのかも，考慮するべきである．多胎動物の場合，子宮内の複数胚のうち質の劣るものは淘汰される可能性があるが，胎子数の減少があっても妊娠する可能性がある．しかし，一定数以上の胚が子宮内に生存しないと，母体による妊娠認識のメカニズムが作動せず，妊娠が成立しない，all or non の一面もある．これは，一定数以上の胚が産生する母体へのしきい値以上の胚生存の信号物質が不可欠であるためと理解しうる．自然状態の多胎動物では，これらの点からも，種固有の一定の産子となる．

c. 母体による妊娠認識

胚の損耗において，発情周期が21日である牛や豚の周期の14～16日目は，卵巣の黄体退行あるいは維持にとって重要な時期である．近年，この時期に，牛をはじめとする反芻家畜では，胚の遺伝子発現によって，種々のサイトカイン等のタンパク質合成を行って母体への黄体退行阻止に作用し，妊娠認識が生じることが明らかにされつつある．一方，豚では，胚の栄養膜細胞が産生するエストロジェンが母体への信号として作用するとされている．それらの妊娠認識に作用する物質の影響を受けて，子宮内膜での（イノシトールトリフォスフェート，IP3）や（ダイアシルグリセロール，DG）等のセカンドメッセンジャーシステムが作動し，それによってプロスタグランジン $F_{2\alpha}$ の産生動態が制御されることによって，黄体退行阻止による維持と妊娠成立へと向かうことが示唆されている．しかし，その他の多くの要因もかかわっており，メカニズムの詳細には未解明の部分が多い．

d. 妊娠中後期での胎子の損耗

妊娠成立後も，胎盤が完全に形成されるまでは，種々の要因によって胚が損耗する可能性が高い．また，妊娠成立後における早流産も無視できない．妊娠初期では，生理的に不利な条件，また妊娠雌の転倒や群内での争い等の物理的な力が腹部にかかることによっても，胎盤組織が損傷しやすく流産が生じる可能性がある．また妊娠初期は，子宮内の胎子の存在による黄体機能の維持と母体の内分泌的条件の影響を受けて，子宮内環

境等が複雑に変化するので,妊娠成立とその継続にとって重要な時期である.

現在のわが国の家畜の飼養環境では,極度に低栄養な条件に置かれることはまれである.しかし妊娠期間を通じて,日本飼養標準に基づいて,低栄養に陥らないように適切な飼養管理に配慮して早流産が起こらないようにするべきである.

飼養形態が多岐にわたる牛では,妊娠牛が放牧されている場合,低栄養に陥りやすく,早流産につながらないように,その管理に注意が必要である.妊娠後期から分娩にかけて,胎子発育に十分な栄養要求を満たせないような低栄養に陥った場合,母牛は自己の養分蓄積を胎子のために投入する.牛では,双角子宮であることを利用して,複数の受精卵を移植することによって,多胎妊娠をはかろうとする技術開発が行われている.この場合,妊娠初期に一部の胚が死滅して結果的に単胎となることや,双胎妊娠が成立しても,妊娠後期に至って子宮内の胎子への血流量が不十分で栄養素の供給が確保されず早産となる可能性もある.分娩前1~2カ月の妊娠牛は,胎子を発育させるため多量の栄養分を必要とするので,早産等の防止のうえからも,重点的に栄養の補給を行うのが効果的である.

〔岡野　彰〕

4.6 繁殖障害

雌雄動物が,それぞれの生殖機能を一時的または持続的に停止し,あるいは障害されている状態を繁殖障害という.性成熟に達した雌畜の生殖活動は,卵巣における卵胞の発育に始まり,発情,排卵,受精,着床,妊娠の維持,分娩,さらに新生子の育成にわたる.また雄畜では,精巣における精子細胞の形成,性欲の発現,射精などである.これら雌雄両性の一連の繁殖活動は,視床下部-下垂体-性腺を軸とした内分泌系によって制御され,さらに視床下部は中枢神経系および末梢神経系を介する外界刺激の影響を受けている.家畜における内分泌諸器官および生殖器系の機能は栄養,気象,あるいは飼養管理などの環境要因の影響を受け,さらには諸種の病原微生物感染の機会にさらされている.通常,家畜は環境要因の諸変化に巧みに対応し,繁殖機能を営んでいるが,それらに応じきれず,恒常性維持に破綻が生じた場合に繁殖障害が発症する.

a. 繁殖障害の種類
1) 雌畜の繁殖障害
a) 繁殖供用月齢に達しても,また分娩後の生理的空胎期間(乳牛で40日,豚で離乳後2週間)を経過しても卵巣の活動がないか,機能が異常で無発情または異常発情となり交配あるいは授精できないもの——卵胞発育障害,鈍性発情,永久黄体,卵巣囊腫など.

b) 発情が発現して交配あるいは授精しても卵巣,卵管,子宮,頸管などに障害があって妊娠しないもの——排卵障害,卵管炎,子宮内膜炎,子宮蓄膿症,頸管炎,尿膣など.

c) 初期胚あるいは胎子が早期に死滅するもの——胚の着床障害,低受胎,あるいはリピートブリーダー.

d) 胎子が何らかの原因で死亡するか,あるいは母体に異常があるため流産するもの,また死亡した胎子が子宮内で浸漬あるいはミイラ変性するもの——流産,浸漬胎子,

4.6 繁殖障害

ミイラ変性胎子など．
 e）分娩直前から分娩経過中にかけて胎子が死亡するもの，または難産するもの——死産，難産．
 f）分娩後，胎盤が子宮内に停滞して母体に異常を引き起こすもの——胎盤停滞または後産停滞．

2）雄畜の繁殖障害
 a）精細管において精子を生産する機能に障害を生じた場合——潜伏精巣，精巣発育不全，精巣機能減退，精巣炎．
 b）精巣上体において，精子の形成，成熟過程が阻害される場合——精巣上体炎，機能異常．
 c）陰嚢および精索の異常——陰嚢皮膚炎，陰嚢水腫，精索炎．
 d）副生殖腺の疾患——精嚢腺炎，前立腺炎など．
 e）陰茎障害——包皮および陰茎の疾患，交尾欲減退および欠如，交尾不能症．

b．繁殖障害の原因

雌雄ともに繁殖障害の原因としては，生殖器の先天的な解剖学的異常・欠陥および遺伝的要因，ホルモン支配の異常，栄養障害および管理の失宜，病原微生物の感染，人工授精技術・繁殖障害診療技術の失宜など人為的な要因などをあげることができる．

1）雄畜の繁殖障害の原因
 ① 先天的異常および遺伝的要因：鼠径輪の狭小などにより精巣の陰嚢内下降が不完全な潜在精巣または陰睾の発生は遺伝的要因によるものと考えられ，また，牛，豚などでは遺伝的要因による精巣形成不全が知られ，あるものでは常染色体劣性遺伝子によるといわれている．

 ② ホルモン支配の異常：精巣での精子形成やアンドロジェン分泌はゴナドトロピンの支配を受けて行われているが，下垂体前葉のゴナドトロピン分泌能の低下は，造精機能の障害やアンドロジェン分泌の低下をきたし，精巣および副生殖器の発育不全，精液性状の不良，交尾欲の減退などの障害となって現れる．また雄牛の性機能障害のもので体液中のエストロジェンが異常に高値を示すことなどが知られている．

 ③ 栄養および管理条件：栄養の良否は家畜の繁殖能力に大きな影響を与えることが知られている．一般に飼料の量的質的不足が続くと，体力の低下に伴い，性機能も低下してくる．これは，栄養不足が下垂体機能の低下に関連していることを示すものと考えられる．また，ビタミンAの不足が，子牛の造精機能に影響を及ぼし，成牛では交尾欲減退あるいは交尾不能症をまねくといわれている．各種家畜において暑熱による高温感作が雄畜の造精機能を障害することが知られ，その機序の一つとして精巣の酵素系が障害あるいは抑制されることなどが考えられている．牛，豚などにみられる夏季不妊症は外気温が30℃を越す日が続くと発生する．

2）雌畜の繁殖障害の原因
 ① 先天的異常および遺伝的要因：山羊や豚にみられる間性，雌牛の異性双子におけるフリーマーチンは先天的異常として知られている．また，牛における卵巣や子宮の

形成不全，胚の早期死滅などにも遺伝的要因に起因するものがあることが示されている．
　② ホルモン支配の異常：　卵巣における周期的な諸変化，つまり卵巣周期は，直接には下垂体から分泌されるゴナドトロピンの支配により営まれ，さらに受精，着床，妊娠，分娩に至る生殖周期は終始，内分泌的にきわめて精緻な制御下にある．また副生殖器は一般に卵巣ホルモンの支配下にあるので，この部位の機能疾患はホルモンの分泌異常によるところが大きい．
　③ 栄養および管理条件：　繁殖の機能障害はホルモンの分泌異常によるところが大きく，その素因として栄養，環境などの管理条件は障害の発症要因としてばかりではなく病状の進行にも複雑に関与している．従来，栄養と繁殖機能発現との関係ではエネルギーとタンパク摂取を中心に追究されてきたが，最近はミネラル，ビタミンとくに β-カロチンの牛の繁殖への必要性などが認められ，それらの不足が障害誘発の要因として注目されてきた．
　④ 病原微生物の感染：　病原微生物の感染による繁殖障害は生殖器の異常あるいは疾患，不受胎(受精障害，胚の早期死滅)，流産，死産，さらに産子の体型異常，虚弱子などとしても現れてくる．障害に関与する微生物には，原虫，細菌，真菌，マイコプラズマ，クラミジア，ウイルスなどがある．

c．繁殖障害の診断
1）問　　診
　繁殖障害の防除，治療の効果を上げるためには，疾病の状況について的確な診断を下さなければならない．このためには，まず，家畜管理者から家畜の個体，群について飼養管理の状態，繁殖経歴，病歴などを詳細に聴取する．このことは障害発症の原因，種類，経過などを知るうえで，また治療方針を決定するために役立つ．

2）外　景　検　査
　雄畜では，精巣の発育や下降および陰茎の状態を観察する．また雌畜では外陰部の状態をはじめ，栄養の摂取状態，被毛光沢，尾根部の隆起，雄相などの観察，最近ではボディコンディションスコア（BCS）と繁殖性とを検討した報告が多い．

3）臨床的器官検査
　雄畜では交尾欲，射精能判定のための乗駕試験，射精試験，陰茎の触診，精巣の容積検査，副生殖腺の触診としての直腸検査，陰嚢温度の測定，精液の肉眼的・顕微鏡的検査，精巣バイオプシーなどがある．
　雌畜では，通常腟検査，直腸検査，診断的子宮洗浄，子宮頸管粘液の精子受容性や結晶形成現象の検査，さらには頸管粘液の粘稠度，pHおよび電気伝導度あるいは抵抗値の測定，子宮洗浄液の細菌検査，子宮内膜のバイオプシー，卵管通気検査などが行われる．
　また最近では，超音波画像診断装置による画像診断，さらには各種ホルモンのEIAキットによる内分泌学的検査が導入され，精度の高い繁殖障害の診断が可能になった．

4）総　合　診　断
　繁殖障害の診断法，検査法は上記のように種々の方法があり，これによって生殖器の状態異常および疾患の有無と程度を知ることができる．1回の検査で診断が困難な場合

には7日あるいは10日前後の間隔をおいて検査を重ね，各検査時の所見を対比検討し，また疾患に応じて多様な検査を組み合わせるなどして総合的な診断を下すべきである．なお繁殖機能が完全に発揮されるためには家畜の栄養や健康状態，飼養管理の状況も重要な関係をもつことから，必要に応じて一般臨床検査，血液・尿・糞便検査なども併せて実施し，それらの結果に基づいて適切な診断を行わなければならない．

d．繁殖障害の治療

　繁殖障害の治療処置には，ホルモン剤，抗生物質，合成化学療法剤など各種薬剤の投与，外科的処置など種々の方法があるが，実施にあたっては，治療処置は漫然と行われるべきでなく，効果が認められない場合には，ある段階で予後の判定をしなければならない．また治療処置と併行して，畜主に対しては適度の運動，日光浴を行い，皮膚・四肢の手入れ，畜舎の精潔を保たせ，適切な飼料給与など飼養管理の改善が重要であることを認識させることが必要である．また，治療処置の実施にあたっては，一定の計画のもとで実施し，治療効果が明らかにならないうちに別の処置を行ったり，同じ処置を漫然と反復したり，多種な薬物の乱用は慎しまなければならない．近年数多くのホルモンの類縁物質（アナログ）や拮抗物質（アンタゴニスト）が開発され繁殖領域に応用されつつある．技術者は，これらホルモン剤のそれぞれの作用特性を十分に理解し適切に選択することが大切である．

　繁殖障害治療処置の最終目標は交配，授精によって家畜を受胎させ，健康な子畜を分娩させることである．しかし，処置後の予後判定により受胎の見込みのないものに対しては，経済的な観点も考慮し，いたずらに治療を重ねることなく，用途変更あるいは淘汰を奨めなければならない．

［百目鬼郁男］

5. 家畜の生理と生態

5.1 家畜の形態と体構造

a. 家畜の外貌と体の区分

　家畜の乳，肉，卵等を生産する能力は生理機能に基づくもので，生体の構造と密接に関連している．家畜の体は外見的に頭，頸，体幹，四肢に大別されるが，各部位にはそれぞれ名称がある[1,2]．代表例として，牛体の各部位の名称を図5.1に示す．家畜の体内には体腔があり，種々の器官を入れて保護している．

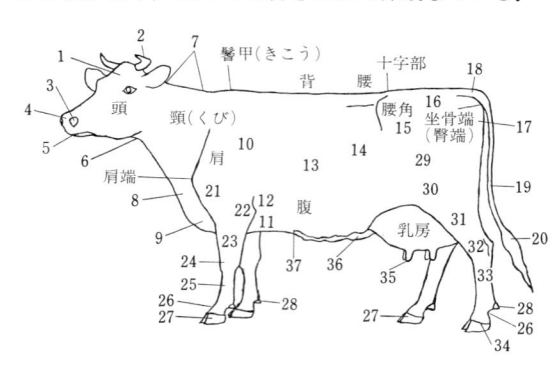

図5.1 牛（雌）の外貌の名称
　　　　（文献1）を改変）
1：額（ひたい），2：角（つの），3：鼻孔，4：鼻鏡，5：口，6：咽喉，7：項（うなじ），8：前胸，9：胸垂，10：肩後，11：胸底，12：腋，13：肋，14：膁（ひばら），15：寛，16：尻，17：臀，18：尾根，19：尾，20：尾毛（毛房），21：上腕，22：肘，23：前腕，24：前膝（ぜんしつ），25：前管，26：繋（つなぎ），27：蹄，28：副蹄，29：股，30：後膝（こうしつ），31：脛，32：飛節，33：後管，34：蹄冠，35：乳頭，36：乳静脈，37：乳窩（にゅうか）

b. 家畜の体の構成

　家畜の体はさまざまな機能をもつ多数の細胞で構成されている．同じ形と機能をもつ細胞が集団を形成して組織をつくる．また，何種類かの組織が集まり器官がつくられる．さらに，いくつかの器官が連携，協同して一定の機能を果たす器官系を構成する[1~4]．各器官系は協調して働き，個体としての機能を整然と発現する．したがって，家畜の体は基本的に細胞 → 組織 → 器官 → 器官系という一連の仕組みで系統立って構成されている．

1）細　　胞

　細胞は家畜の体の構成と機能の最小単位である．多細胞生物である家畜の細胞は形態的，機能的にさまざまに分化している[1~4]．大部分の細胞は運動性がなく，組織や器官を構成している．細胞の形や大きさは組織により異なるが図5.2のような基本的構造をもち，細胞膜に包まれ，内部は核と細胞質に区分される[2~4]．動物や植物の細胞は核膜をも

ち真核細胞とよばれるが，細菌では核膜を欠き核質の区分が明瞭でないため原核細胞とよばれる．また，動物細胞と異なり植物細胞は，細胞膜の外側に厚い細胞壁や，細胞質に葉緑体をもつ．細胞質にはミトコンドリア，小胞体，ゴルジ体，リソソーム等の細胞内小器官や分泌顆粒，液胞等が混在している[3,4]．また，微小管やミクロフィラメントは細胞全体の形態を保持する役割をもつ．

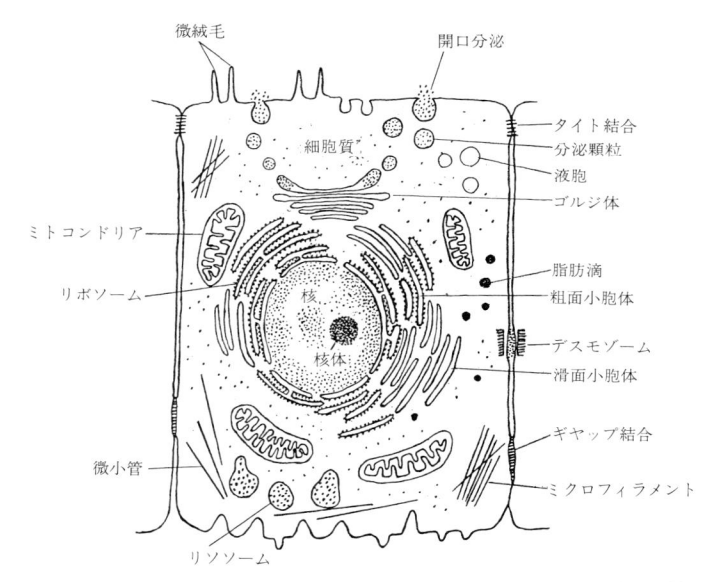

図 5.2 家畜の細胞（代表的な細胞を電子顕微鏡でみた模式図）（文献 3），4）を改変）

a) 細胞膜 細胞の表面を覆う細胞膜は原形質膜または形質膜ともよばれる．細胞膜はリン脂質の二層構造に各種のタンパク質がはさまった構造をもち，細胞および細胞内小器官を区分するだけでなく，栄養分の摂取，分泌，老廃物の排出や神経，ホルモン，免疫等の情報の受容を行う．これは，膜のタンパク質が物質の運搬体やイオンチャンネル，酵素，受容体，抗原等の働きをすることによる．細胞膜のデスモゾームとタイト結合（ジャンクション）は細胞と細胞を接着し，ギャップ結合は細胞間の連絡路となる．

b) 核 細胞には原則として 1 個の核がある．核には DNA（デオキシリボ核酸）とヒストン等のタンパク質の複合体である染色質（クロマチン）と核小体（仁）がある．DNA は遺伝子の本体であり，DNA の構造の中に遺伝情報が含まれている．細胞分裂期に染色質は染色体を形成する．核小体はリボソーム RNA（リボ核酸）の合成とリボソームの組立てを行う．核膜は，内外の 2 層からなる二重構造膜で多数の小孔があり，伝令 RNA 等の通路となる．外膜にはリボソームが付着し，小胞体との連絡がある．核の機能は遺伝情報の貯蔵，発現とその複製である．

c) 細胞内小器官 ミトコンドリアは糸粒体ともよばれ，通常，細胞 1 個当たり 100 から 2,000 個ある．二重膜構造で酸化的リン酸化により高エネルギー物質である ATP

（アデノシン三リン酸）を産生し，細胞の発電所の役割をもち，固有のDNAやリボソームがある．小胞体は複雑な管状あるいは偏平袋状の膜構造が網目状に広がったもので核の外膜とも接続する．表面に粒状のリボソームが付着している粗面小胞体と，付着していない滑面小胞体がある．リボソームはタンパク質合成の場として働く．滑面小胞体は脂肪酸の長鎖化，脂質合成，グルクロン酸抱合等を行う．このように小胞体は細胞の物質合成工場の役割をもつ．ゴルジ体はゴルジ装置ともよばれ，偏平な円板状の袋が5～10層に配列した構造をもつ．ムコ多糖類の合成，タンパク質の糖鎖の付加，分泌顆粒の形成等を行い，合成された物質の梱包と配送の役割をもつ．小胞体やゴルジ体は物質の合成，分泌の活発な細胞で発達している．リソソームは1枚の膜に包まれた小胞で種々の加水分解酵素を含み，細菌等の異物や細胞内の不要物質を分解して，細胞内の消化系すなわち廃棄物処理場として働く．

細胞内小器官以外の細胞質には微小管やミクロフィラメント（微小繊維）が立体的に配列して細胞質の構造を支え，細胞骨格として働くとともに，物質輸送，細胞の運動にも関与する．その他，産生された分泌顆粒，脂肪滴，液胞等も含まれる．細胞質基質には，解糖系の酵素，アミノ酸活性化酵素，転移RNA等が存在する．

2） 組　　　　織

同じ構造と機能をもつ細胞とその間をつなぐ細胞間質で形成されたものが組織である．通常，形態と機能に基づき，上皮組織，支持組織，筋組織，神経組織の4種類に大別されるが，さらに上皮組織，腺組織，結合組織，脂肪組織，軟骨組織，骨組織，筋組織，神経組織等に分類されることがある．

3） **器官および器官系**

体内で一定の位置にあり，いくつかの組織で形成された独立した機能をもつ構造体を器官という．また，機能的に共通性をもち，協同して働く器官が集合して系統をつくるものが器官系とよばれる．たとえば，口腔，食道，胃，小腸，大腸，肝臓，膵臓等の器官は消化器官系を形成して飼料中の栄養素を消化，吸収する．器官系として神経系，感覚系，骨格系，筋系，呼吸器系，消化器系，内分泌系，泌尿・生殖器系等がある．便宜上，神経系，感覚系，運動系に属する器官を動物性器官，栄養，排泄，生殖に関する器官を植物性器官として区別することがある．　　　　　　　　　　　　［上家　哲］

文　　　　献

1)　星野忠彦：畜産のための形態学，1-28，川島書店（1990）
2)　藤岡俊健：畜産大事典（内藤元男監修），34-50，養賢堂（1987）
3)　浅尾哲朗：現代生物学，18-27，開成出版（1990）
4)　Ganong, W. F.：医科生理学展望，11-43，丸善（1992）

5.2　呼吸・循環器系

動物は炭水化物，タンパク質，脂肪を主として二酸化炭素（CO_2）と水（H_2O）にまで酸化分解し生命の維持に必要なエネルギーを得ている．これらの物質の酸化に必要な酸

素（O_2）を外界から体内に取り入れ，酸化分解により生じた CO_2 を外界に排出することを呼吸という．また，動物には体内に取り込んだ O_2 や消化管で吸収された物質を組織に運び，組織からは CO_2 や代謝産物（老廃物）を運ぶ運搬系が供えられており，これを循環系とよんでいる．

a. 呼　　吸

呼吸は二つの過程からなる．すなわち，外呼吸または肺呼吸（生体と外界との間で O_2 と CO_2 を交換する過程）と内呼吸または組織呼吸（組織に O_2 を供給し，酸化の結果生じた CO_2 を体液中に取り入れる過程）であるが，生理学で一般に呼吸という場合は外呼吸を指す．

1) 呼　吸　器　系

肺というガス交換器官とガス交換を行うための関連する諸器官を総称して呼吸器系という．肺と気道，および胸郭，胸膜，呼吸筋，横隔膜よりなる．気道は鼻腔，咽頭，喉頭，気管，左右気管支からなり，気管支はさらに分かれて肺胞管を経て肺胞に達する．肺胞は肺毛細血管に囲まれている（図5.3）．呼吸は呼吸に関与する随意筋の運動によって行われるが，これらの筋は随意的，自律的に調節されている．随意的調節系は大脳皮質に，自律的調節系は延髄および橋にある．延髄の中で呼吸に関与する部位は呼吸中枢とよばれ，背側呼吸中枢群と腹側呼吸中枢群からなっている．橋の背側部には呼吸調節中枢がある．これらの中枢が協同して作動し，自発的に周期的に興奮して呼吸リズムをつくり出している．

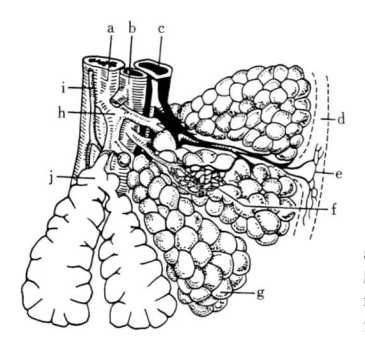

図5.3　肺小葉[1]
a：終末細気管支，b：肺動脈の枝，c：肺静脈の枝，d：胸膜，e：胸膜下毛細血管網，f：呼吸毛細血管網，g：肺胞嚢，h：呼吸細気管支，i：気管支動脈，j：肺胞管

2) 呼吸によるガスの交換と運搬

肺胞内には肺毛細血管の血液との間でガス交換を行う肺胞気が存在する．呼吸運動によって肺胞に達した吸気は肺胞気と混合し肺胞気から血中に吸収された O_2 を補い，血中から肺胞気に出た CO_2 を薄める．この混合によってできた肺胞気の一部は呼気となって排出される．血液中の O_2 や CO_2 などのガスは物理的および化学的に溶解され，肺と組織の間を運搬されるが，物理的に溶解している O_2 や CO_2 はきわめて少量で，大部分は化学的に結合した状態で運搬される．血中の O_2 のほとんどはヘモグロビンと結合し，酸素ヘモグロビンとして存在する．血漿への O_2 溶解度は低い．CO_2 の大部分は重炭酸塩およ

びヘモグロビンのアミノ基と反応してカルバミノ化合物として存在し，63%は血漿中に，37%は血球中に含まれている．

b． 循　環

脊椎動物には心臓，動脈，毛細血管，静脈からなる血液循環系が供えられており，この系の中を血液が心臓の作用によって循環する．心臓の左心室から送り出された血液は動脈を経て毛細血管に至り，そこで組織と物質交換を行った後，静脈に集まり右心室に戻る．これが大循環または体循環である．右心室に戻った血液は肺動脈，肺毛細血管，肺静脈を経て左心室に入る．これが小循環または肺循環である．間質液の一部は血管系とは別なリンパ管系に入り，この中を流れるリンパは胸管あるいは右リンパ本管を経て体循環の静脈系に流入する．これがリンパ循環である．

1）血液循環系

a）血　液　血液は肺や組織における呼吸，栄養物やホルモンなどの運搬，老廃物の排泄，体水分の維持，抗体による生体防衛作用，体温保持など多様な機能を有する．血液の細胞成分（赤血球，白血球，血小板）は骨髄でつくられ，血漿中に浮遊している．全血液量は体重の7～8%で，その約55%が血漿である．血漿に含まれる総固形分は8～9%で，そのうちタンパク質が7%を占める．血液の比重は1.040～1.060の間にあり，pHはほぼ7.4付近に保たれている．赤血球中の乾物の大部分を占めるヘモグロビンは，鉄を含む色素のヘムとタンパク質のグロビンからなる赤色の色素タンパクで，O_2を運搬する機能をもつ．白血球は細胞質内に顆粒を含む顆粒細胞（好中球，好酸球，好塩基球）と顆粒を含まない無顆粒細胞（大・小リンパ球，単球）に分けられ，その種類によって特有の機能（食作用，酵素産生，免疫反応）を示す．血小板は栓球ともいわれ，血液の凝固や止血に必要な因子を含んでいる．

b）心　臓　心臓は血液循環系のポンプの働きをする重要な臓器で，左右の心房と左右の心室よりなる．心房と心室の間には房室弁が，心室と動脈幹の間には半月弁があるが，心房と静脈の間に弁はない（図5.4）．横紋筋の一種である心筋は刺激によって興奮するが，興奮の伝播は特殊な興奮伝導系によって行われている．まず洞房結節が自動

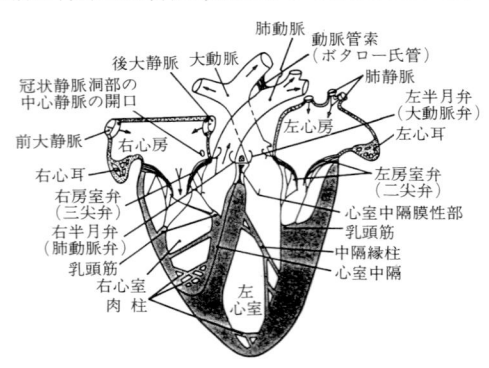

図5.4　心臓の構造[1]

的に興奮して歩調取り電位を発生し，これが心房筋，房室結節，房室束，その左右両脚，プルキンエ繊維の順に伝わり，各部位において特有の電位発生を行いつつ，最後に心室筋に興奮を伝える．

　c）　血　管　　血管は心臓に始まり，全身を灌流してまた心臓に戻る閉鎖管状系で，血液が血管外に出ることはない．動脈の血管壁は内膜，中膜，外膜の3層よりなり，中膜には平滑筋と弾性繊維がある．動脈はしだいに分岐して細動脈となり，さらに分かれて毛細血管となるか，メタ細動脈を経て毛細血管床につながる．毛細血管壁はきわめて薄い内皮細胞よりなる．毛細血管より細静脈に至り，これが集合して静脈となる．静脈壁も3層からなるが，結合組織が多く，平滑筋細胞は少ない．

　2）　特殊部位の循環
　a）　脳の循環　　脳への血液は主に頸動脈と椎骨動脈から供給される．血液と脳との間には血液・脳関門と称する特殊な構造が存在し，ある種の物質の脳への通過を抑制している．この透過性は，一般に物質の分子の大きさに反比例し，脂溶性に比例する．
　b）　冠状循環　　全身に血液を供給している心臓は大量のO_2と栄養物質を必要とするが，心臓には左右の冠状動脈が分布し，全心筋に血液を供給している．右冠状動脈は主に右心室，右心房を流れ，前心静脈を経て右心房に還る．左冠状動脈は主に左心室，左心房を流れ，冠状動脈洞を経て右心房に還る．
　c）　肝循環　　肝臓への血液は肝動脈と門脈によって供給され，肝小葉に毛細血管網をつくり，再び集まって肝静脈となり後大静脈に注ぐ．門脈には腹部内臓の大部分の静脈血が集まる．肝動脈は肝細胞にO_2や胆汁の原料および栄養素を与える．
　d）　胎児の循環　　胎盤における母体側血液は血洞を形成し，その中に胎児側の毛細血管が浸っている．臍動脈から送られてきた胎児の血液は，いわば胎児の肺である胎盤でガス，老廃物，栄養物の交換を行い，臍静脈として胎児へ戻る．臍静脈血の一部は静脈管を経て，残りは門脈血とともに後大静脈に注ぎ，右心房に入り，ただちに卵円孔を通って左心房から左心室を経て大動脈に入る．前大静脈血は右心房から右心室を経て肺動脈に入るが，胎児の肺は機能していないため，肺動脈血は動脈管を通って大動脈に入る．大動脈血は体の各部に行くが，一部は臍動脈を経て胎盤に戻る．

　3）　リンパ循環
　一般に，細胞は毛細血管と直接接することなく間質液を介して血液よりO_2や栄養物質を受け取り，老廃物を血中に戻すが，この間質液の一部はリンパ系に入ってリンパとなり，静脈系に還る．リンパ管はリンパ毛細管に始まり，集まってリンパ管となりリンパ節に入る．リンパ節より出たリンパ管はさらに集まって胸管と右リンパ本管とになり，静脈に入る．リンパは血漿に由来するものであるから，成分的には血漿と大差はないが，毛細血管壁をほとんど透過できないタンパク質濃度は血漿よりも低い．リンパは血管から濾出された血漿タンパク質を再び血液に戻す働きを有する．腸から吸収された脂肪は水に溶けないため，腸のリンパ管に入り，胸管を経て静脈血中に入る．このリンパは白濁しており，乳びとよばれる．

［甫立孝一］

文　献

1) 津田恒之：改訂・増補 家畜生理学，養賢堂（1994）
2) 市岡正道ら共訳：医科生理学展望（原書16版），丸善（1994）

5.3 消化と吸収

　飼料中に含まれる各種の高分子物質が，消化管内で拡散，透過しやすい低分子物質に分解される過程を消化という．高分子物質には，タンパク質，多糖類や脂質などがあり，これらはアミノ酸，単糖および脂肪酸などに分解される．消化によって生じた低分子物質が，消化管壁から血液やリンパ液に移行する過程を吸収という．吸収後，各栄養素は家畜の体成分の構成素材となったり，エネルギー源として利用される．

　消化管は口から始まり，肛門で終わる長い管であるが，家畜の種類によってその構造と容積は異なり，消化，吸収の方式にも違いがみられる．しかし，いずれの家畜でも消化は飼料のそしゃくや消化管運動などによる機械的作用と消化酵素による化学的作用によって行われる．また，家畜によって生息の部位は違っているが，消化管内には微生物が常在し消化に関係している（図5.5）．さらに，消化，吸収の過程は，ホルモンや神経系などの高次機能によって統御されている．

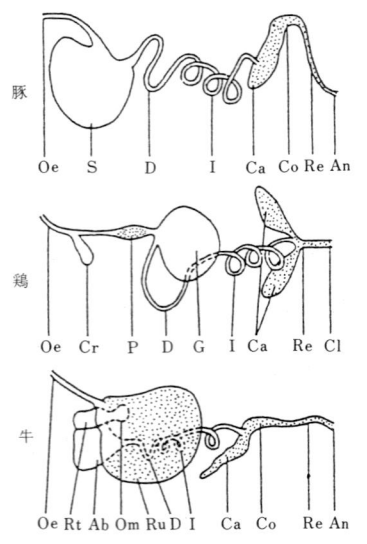

図5.5　家畜の消化管構造（McDonaldら，1973を改変）（ハッチ部分は微生物の生息部位）
An：肛門，Ab：第四胃，Ca：盲腸，Cl：総排泄腔，Co：結腸，Cr：嗉囊，D：十二指腸，G：筋胃，I：回腸，Oe：食道，Om：第三胃，P：腺胃，Re：直腸，Rt：第二胃，Ru：第一胃，S：胃

a．単胃動物における消化と吸収

　豚，馬などの単胃動物は，口腔，食道，胃，小腸，大腸と続く消化管をもっている．小腸は十二指腸，空腸，回腸の三つに分かれ，十二指腸には膵臓からの膵管と肝臓から

の胆管が開口している．大腸は盲腸，結腸および直腸からなる．

1) 口腔内消化

口腔内に入った飼料はそしゃくされ，唾液と混合し，食塊となってのみ込まれる．唾液は唾液腺から分泌され，ムチン，α-アミラーゼ，リゾチームなどを含んでいる．α-アミラーゼはデンプンなどを分解するが，飼料が口腔にとどまる時間は短いので，消化の程度はわずかである．歯は飼料を噛み砕き，磨砕するのに適している．

2) 胃内消化

食道から食塊が胃に入ると，その刺激により胃腺から胃液が分泌される．胃液中のペプシンはタンパク質をポリペプチド混合物に分解し，また，塩酸はペプシンの作用を活性化する．塩酸の分泌は消化管ホルモンの一種であるガストリンによって促進される（図5.6）．胃内ではタンパク質以外の消化はほとんど起こらず，また消化産物の吸収もほとんどない．

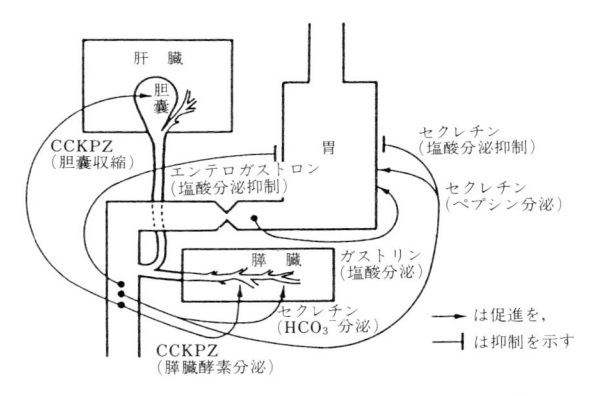

図5.6 胃腸ホルモンの主要な作用の模型図（小林，1985）

胃では蠕動により内容物が混和され，消化が進む．消化産物や酸は十二指腸粘膜を刺激してセクレチンの分泌を高めるが，これは塩酸分泌を抑え，ペプシンなどの分泌を促進する．

3) 小腸内消化と吸収

十二指腸に送られた酸性のかゆ状液は十二指腸腺と腸腺から分泌される腸液，膵臓から分泌される膵液と混和して中性になり，多種類の膵液酵素により消化される．膵液の分泌は神経系および液性の調節を受けている．液性調節では，セクレチン（炭酸水素塩分泌）やコレシストキニン（膵臓酵素分泌）などの消化管ホルモンが関与している（図5.6）．

デンプンなどの多糖類は膵液のα-アミラーゼにより低分子の糖類になった後，グルコースなどの単糖類にまで分解される．

胃で部分消化されたタンパク質はトリプシンや各種のペプチダーゼにより，オリゴペプチドやアミノ酸に分解される．核酸はヌクレアーゼにより加水分解され，その後さらに核酸塩基，リン酸，糖にまで分解される．

脂質（トリアシルグリセロール）は肝臓でつくられた胆汁と混和して乳化され，膵リパーゼによりモノアシルグリセロールと脂肪酸に分解される．

消化で生じた各種の低分子化合物の吸収はほとんど小腸で行われる．小腸の内面には腸絨毛とよばれる小突起が密生し，腸管の表面積を大きくして吸収能を高めている．吸収の方式には大きく二つあり，一つは膜内外の栄養素の濃度差による拡散（受動輸送）で，マンノース，キシロース，脂質，多くの水溶性ビタミン，塩素，カリウムなどはこれにより吸収される．もう一つは，栄養素の濃度差に逆らって吸収が起こるものでエネルギーを必要とする（能動輸送）．グルコース，ガラクトース，ほとんどのアミノ酸，ビタミンAおよびカリウム，ナトリウム，カルシウムはこの方式により吸収される．

単糖類は吸収された後，毛細血管から門脈を経て肝臓に送られる．タンパク質はアミノ酸やジペプチドとなり吸収され，同様に輸送される．脂肪の分解産物のうち脂肪酸は，短鎖のものはそのままのかたちで門脈を経て肝臓に入る．炭素数が10〜12以上の長鎖脂肪酸は小腸粘膜でトリアシルグリセロールに再合成され，少量のタンパク質（アポリポタンパク質）とともにキロミクロン（脂肪滴）となり，リンパ管経由で循環血に入る．リン脂質，コレステロールエステルなども同様に再合成され，キロミクロンを形成する．

4) 大腸内消化

大腸では消化液は分泌されず，水と電解質の吸収が主な機能である．セルロースや小腸で消化されなかった炭水化物やタンパク質は微生物による発酵を受け，一部は揮発性脂肪酸となり吸収利用される．微生物によりビタミンB群が合成されるが，その量は少ない．大腸での内容物の滞留時間は長く，この間に発酵産物，水や電解質の吸収が進み糞が形成される．

b. 家禽における消化と吸収

家禽類には歯がなく，食道の中間に嗉嚢があり，胃は腺胃と筋胃とからなる．腸管の長さは比較的短い．排泄腔では糞，尿の排泄と産卵も行われるので，総排泄腔（クロアカ）とよばれる．

摂取された飼料は嗉嚢に入り，一時的に貯蔵され唾液と混ざり，微生物による発酵で酢酸，乳酸などが少量つくられる．腺胃では塩酸とペプシンが分泌されるが，飼料の滞留時間が短いので消化作用はほとんどない．筋胃は砂嚢ともいい，そこには砂粒（グリット）が含まれ，胃の収縮運動により飼料は磨砕され，腺胃で分泌された胃液によりタンパク質の消化が進む．

本格的な消化と吸収は小腸で行われるが，それらは単胃動物の場合と本質的な差はない．

c. 反芻動物における消化と吸収

草食性である牛，めん羊，山羊などの反芻動物は，消化器官の構成が他の動物とは著しく異なっている．胃は第一胃，第二胃，第三胃および第四胃の四つからなり，それぞれ特徴のある構造をしている．第一胃（ルーメン）はもっとも大きく，胃全体の約80%を占め，その容積は成牛では100 l にもなる．第一胃と第二胃の内容物は交互に移動し合

い，反芻作用と密接な関係にあるので両者をまとめて反芻胃という．生時での反芻胃は小さく，形態的にも機能的にも未発達であるが，固形飼料を摂取するようになるとしだいに発達する．第四胃以外では胃液は分泌されない．

摂取された飼料はあまりそしゃくされずに第一胃に入る．第一胃の内容物は反芻作用により少量ずつ口腔内に戻され，そしゃくされ再び嚥下される．第一胃内にはつねに内容物が存在し，消化されたものが少しずつ第三胃以降に移動する．粗剛な飼料成分は第一胃内に約1週間も滞留する．

哺育期に乳や水を飲んだときには，第一・第二前庭部にある食道溝が反射により閉じて管状になるので，これらは第一胃に入らずに直接第三胃に送られる．しかし，離乳後にはこの反射はみられなくなる．

1) ルーメン発酵

ルーメン内には細菌，原生動物（プロトゾア，繊毛虫）および真菌などの微生物が多数生息し，飼料を発酵してさまざまな生産物をつくり，これらは宿主動物に利用される．ルーメン内は，温度38℃前後，pH 6〜7，Eh(酸化還元電位)−150〜−350 mV，浸透圧250〜350 mOsm/kg のように物理化学的環境条件がつねにほぼ一定の範囲内にある恒常性が維持されている．微生物はこの嫌気的環境によく適応し，相互の関係を保ちながら生息し，ほぼ一定の密度を保ち，発酵を安定的に維持している．しかし，粗飼料と濃厚飼料の給与比率など飼料条件が大きく変わると，それぞれの微生物の構成が変わり，発酵のパターンも変化する（図5.7）．極端な濃厚飼料多給ではpHが低下し，アシドーシスなどの疾病に陥ることがある．

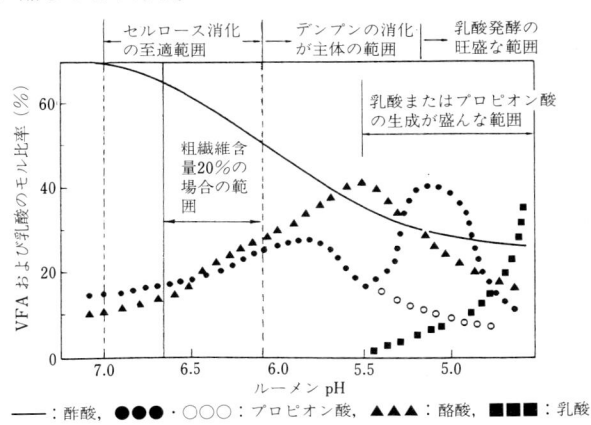

図5.7 ルーメンにおける VFA および乳酸のモル比率と pH の関係
(Kaufmann ら，1989，日野により一部改変)

a) 炭水化物の消化

飼料中のセルロース，デンプン，単糖類などの炭水化物は，微生物によりピルビン酸に分解された後，揮発性脂肪酸(VFA)，メタン，二酸化炭素にまで分解される．通常，ルーメン内で生成されるVFAの割合(モル%)は，酢酸60〜70％，プロピオン酸15〜20％，酪酸10〜15％，その他の酸5％前後である．これらのVFA

はルーメン粘膜から吸収され，動物のエネルギー源になるとともに，脂肪，タンパク質の合成にも利用される．

VFA のうちギ酸も生成されるが，これはすみやかに代謝され水素や二酸化炭素になり，さらにこれらよりメタンが生成される．メタンは飼料エネルギーの 6～12% になり，これは口から排泄されるのでエネルギーの損失になる．メタンは地球温暖化の一つの原因物質なので，その制御が課題になっている．

b) タンパク質の消化　飼料中のタンパク質および尿素，アミドなどの非タンパク態窒素化合物は，微生物によってペプチドやアミノ酸さらにアンモニアにまで分解される．細菌はアンモニアやアミノ酸からタンパク質を合成し，増殖する．プロトゾアは窒素源として主に細菌を摂取し，増殖する．微生物タンパク質が合成される際には主に易発酵性炭水化物から供給されるエネルギーが必要である．こうして，飼料タンパク質の 60～70% は微生物に変換され，第四胃以下に移行し，消化吸収される．飼料タンパク質に比べ，微生物タンパク質は必須アミノ酸を多く含み，質が高い．このため，反芻動物では単胃動物における必須アミノ酸の給与は一般的には必要でない．

しかし，微生物のタンパク質合成量には限界があるので，高泌乳牛のようにタンパク質要求量が多い場合には不足分を非分解性タンパク質（バイパスタンパク質）により供給する必要がある．

一方，分解されやすいタンパク質を多給するとアンモニアが多く生成され，これは急激に胃壁から吸収され肝臓での尿素合成がおいつかないためにアンモニア中毒となることがある．

c) 脂質の消化　飼料に含まれる脂質は微生物によりグリセロールと脂肪酸に加水分解される．グリセロールは主に VFA となり，C 18 の不飽和脂肪酸は水素添加される．このため，反芻動物の体脂肪は単胃動物のそれに比べると硬いという特徴がある．

2) 第三胃以降の消化と吸収

第三胃では消化はわずかしか行われないが，VFA，水，炭酸水素塩などの無機イオンが吸収される．また，乳頭を密生させた葉状粘膜によって粗い飼料片を選別し，第四胃への移動を防ぐ作用がある．また，第二・第三胃口は，ルーメンおよび第二胃の運動に関連して，第二胃からの内容物の流入を調節している．

第四胃は粘液，塩酸，ペプシノーゲンなどを分泌する腺胃で，単胃動物の胃に相当する．第四胃以降では微生物細胞や未消化の飼料タンパク質が単胃動物の場合とほぼ同様に消化，吸収される．

［板橋久雄］

文　献

1) 神立　誠ら監修：ルーメンの世界，農文協 (1985)
2) 神立　誠監修：家畜栄養学（原著 3 版），国立出版 (1987)
3) 小野寺良次ら：家畜栄養学，川島書店 (1989)
4) 亀高正夫ら：基礎家畜飼養学（改訂版），養賢堂 (1994)

5.4 脳・神経系

　動物の行動を司るのは脳である．そして行動という外的環境への働きかけを通じて脳機能が修飾されホメオスタシスが維持されるのである．神経系は中枢神経系（central nervous system）と末梢神経系（peripheral nervous system）から構成されている．中枢神経系は脳と脊髄よりなり，末梢神経系は運動や感覚などを司る体性神経系と呼吸や循環などを司る自律神経系からなる．末梢神経系には求心性線維と遠心性線維があり，前者は感覚受容器に起こった興奮を中枢神経系に伝達し，後者は中枢からの興奮を末梢の効果器に伝える働きがある．

a. 中枢神経系

　中枢神経系は脳と脊髄からなる．脳は延髄，橋，中脳，間脳（視床，視床下部），終脳（大脳皮質，大脳基底核）および小脳の部位から構成される（図5.8）．延髄から橋，中脳，間脳までをまとめて脳幹（brain stem）とよぶ．以下に各部位の概要を示す．

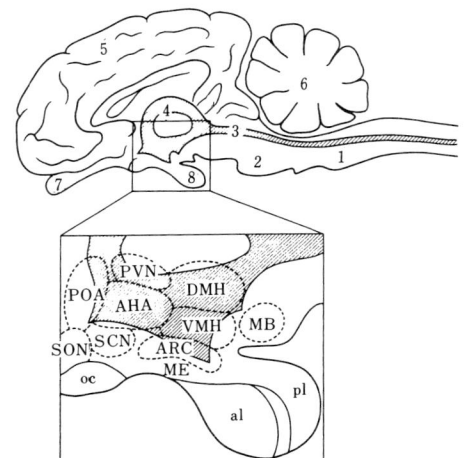

図5.8 中枢神経系の解剖学的区分と視床下部を構成する神経核群
（脳の正中矢状断面図）
1：延髄，2：橋，3：中脳，4：間脳，5：終脳，6：小脳，7：嗅脳，8：下垂体
AHA：前視床下野，ARC：弓状核，DMH：背内側視床下核，MB：乳頭体，ME：正中隆起，oc：視交叉，al：下垂体前葉，pl：下垂体後葉，POA：視索前野，PVN：室傍核，SCN：視交叉上核，SON：視索上核，VMH：視床下部腹内側核，▨：脳室

a) 延髄（medulla oblongata）　循環系や呼吸など生命維持に不可欠な機能の中枢であり生命中枢ともよばれる．延髄には内臓受容器（頸動脈洞や頸動脈小体など）からの求心性線維が分布し，さらに延髄自体にも各種の受容器が存在する．延髄は大脳，小脳および脊髄の中間に位置しており，これらを連絡する部位でもある．

b) 橋（pons）　錐体路が底部を通過し両側は中小脳脚となって小脳と連絡する．橋の背部には神経細胞群や上行・下行伝導路がある．

c) 中脳（mesencephalon）　中脳蓋（前丘および後丘），被蓋および大脳脚からなる．中心部にある中脳水道は第四脳室を経て脊髄中心管へと連絡する．延髄から中脳にかけての中央腹側部の広い範囲に存在する細胞群は網様体とよばれ，視床下部と連絡し

て自律機能の調節にあずかるとともに上行性感覚の調節や大脳皮質の活動水準の維持，調節に関与する．

d）間脳（diencephalon） 間脳は視床と視床下部より構成され，終脳に背側を覆われ後下方は中脳に続く．間脳の左右両半球にはさまれるように狭い第三脳室が存在し，第三脳室は上方で側脳室に，後方では中脳水道に連絡する．視床は楕円形の神経核群であり，末梢と大脳皮質を結ぶ求心性神経路の最終中継部位である．視床下部は視床の腹側である間脳基底部に位置する小さな部位であるが，多数の神経核から構成されており（図5.8），自律機能の中枢として以下に記するように体温調節，水電解質代謝，摂食調節，内分泌調節，情動行動の調節といった生命の維持と種の存続に必須である多くの重要な生理機能を統御する役割を担っている．

体温調節については，体表の血管拡張や発汗，呼吸の促進などにより体熱の放散を促進する放熱中枢と，これとは逆に皮膚の血管を収縮させ立毛によって熱放散を抑えまた震えや化学的熱産生を促す熱産生・保持中枢の存在が知られている．

水電解質代謝については，視床下部に浸透圧受容器があり，血液の浸透圧上昇に反応して抗利尿ホルモンが下垂体後葉から分泌される．バゾプレッシンやオキシトシンといった水電解質代謝にかかわるホルモンを産生する神経細胞が室傍核や視索上核に存在している．

摂食調節については，視床下部の腹内側核は満腹中枢とよばれ，また外側核の摂食中枢とよばれており，これらの部分を刺激あるいは破壊すると多食が起こって肥満したりあるいは逆に無食症となるなど摂食行動に変化の起こることが知られている．

内分泌調節については，下垂体ホルモンの分泌を刺激あるいは抑制する多くのホルモンが視床下部で産生されており，内分泌機能の中枢として重要な役割を果たしている．視床下部ホルモンの多くは正中隆起部から下垂体門脈血中に放出されて下垂体前葉に運ばれ前葉ホルモンの分泌を制御し（図5.9），一部は下垂体後葉に直接線維を送り神経終末から後葉ホルモンを分泌している．

情動の調節については，間脳から上位の脳をすべて除去した動物においても体性神経系と自律神経系の反応を伴う怒りの行動（見かけの怒り（sham rage）とよばれる）が

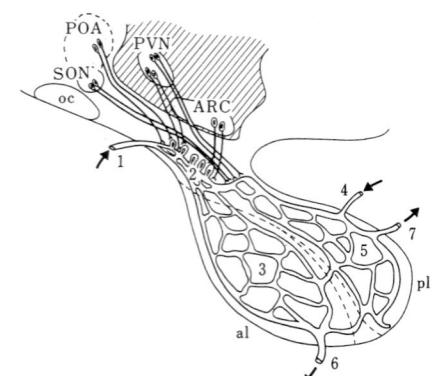

図5.9 視床下部・下垂体門脈系の構造
1：上下垂体動脈，2：第一次毛細血管叢（漏斗部），3：第二次毛細血管叢（下垂体前葉），4：下下垂体動脈，5：第一次毛細血管叢（下垂体後葉），6：下垂体静脈，7：後下垂体静脈
ARC：弓状核，oc：視交叉，POA：視索前野，PVN：室傍核，SON：視索上核，al：下垂体前葉，pl：下垂体後葉，▨：第三脳室

起こることなどから視床下部に情動行動の中枢が存在すると考えられているが，快・不快，怒り，恐れなどを表す情動行動が具現するには後述する大脳辺縁系の役割が重要である．

e) 終脳(telencephalon)　系統発生的に旧皮質，古皮質，新皮質に分類される．機能的には旧皮質と古皮質を合わせて大脳辺縁系（limbic system）とよぶ（図 5.10）．辺縁系は大脳半球の内側面に位置し，脳幹の吻側端と脳梁の断面を取り囲む皮質組織，扁桃核，海馬，中隔核などより構成され，かつては嗅脳とよばれていた．しかし，現在では辺縁系の機能は嗅覚にとどまらず，視床下部とともに自律機能，摂食行動，性行動，情動行動などに深く関与することが明らかにされている．

一方，大脳新皮質の発達の程度に関しては種差が非常に大きく，動物が高等になるほど新皮質の発達は著しくなり神経細胞の数も多くなる．皮質は6層からなり（図5.11），皮質の表面に近い第1層から第3層は統合的役割を演じ，第4層は求心性線維の終止部として感覚受容を司り，第5層と第6層は遠心性線維の起始部として運動に関与すると

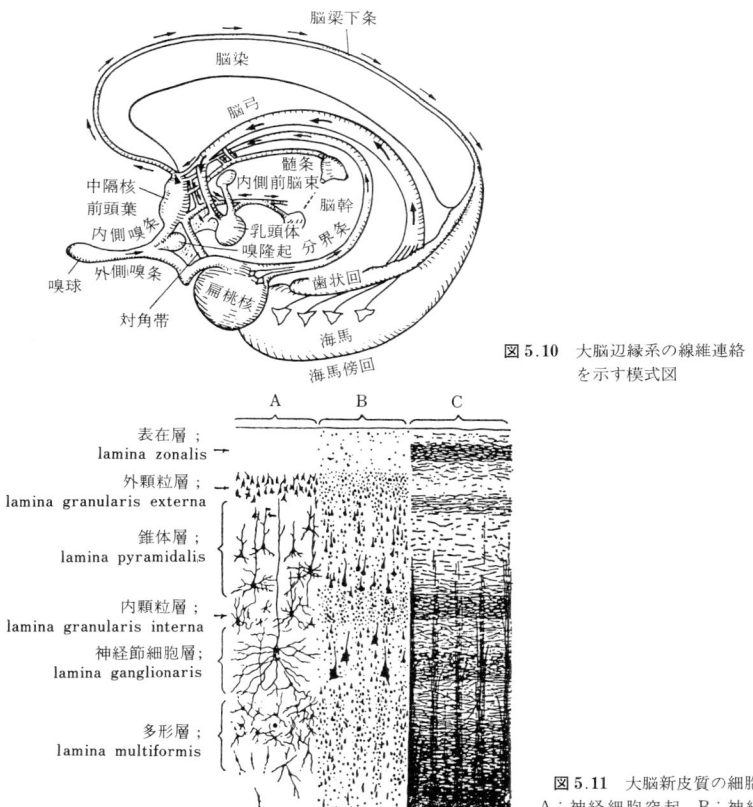

図 5.10　大脳辺縁系の線維連絡を示す模式図

図 5.11　大脳新皮質の細胞構築
A：神経細胞突起，B：神経細胞，C：神経線維網

される．大脳皮質には，機能的には運動野（錐体路系および錐体外路系を介して身体の各部に興奮が伝えられ身体の運動を支配する），体性感覚野（温覚，冷覚，痛覚，触覚，圧覚，深部感覚などの体性感覚が処理される），聴覚野，味覚野，視覚野，嗅覚野，連合野（学習，記憶，判断など高次の中枢機能を司る部位）等がある．

f) 小脳(cerebellum)　橋と延髄の背側に位置し運動の協調や姿勢の制御にあずかる．小脳に障害を受けた動物は姿勢の調節がうまくできず，また随意運動が不調となりスムーズな動きができなくなる．

g) 脊髄(spinal cord)　脊椎管の中にあり脊柱の各部位に対応して頸髄，胸髄，腰髄と仙髄に分けられる．脊髄は脊髄軟膜によって包まれており，その断面をみると，外側は白質，中軸部は灰白質よりなり，中央を脊髄中心管が通る．灰白質の中央は交連とよばれ，両側に背根と腹根があって，背根には知覚神経が入り腹根からは運動神経と自律神経線維が出ている．脊髄の主たる機能は反射と興奮の伝導である．脊髄反射には皮膚反射，膝蓋腱反射などがあるが，知覚神経から伝えられた興奮が脊髄内において一つあるいはいくつかのシナプスを介して運動神経などに伝えられる．このような反射回路はさらに上位の中枢からの支配を受けており，神経線維の伝導路である脊髄白質には，興奮を上位に伝える求心路（上行路）と下位に伝える遠心路（下行路）が多数存在する．

b．末梢神経系

脳と脊髄から入出力する神経線維群を総称して末梢神経系という．末梢神経は解剖学的観点からは脳神経と脊髄神経に分けられ，また機能的観点からは体性神経系と自律神経系に大別される（図5.12）．

脳神経には以下の12種があり，脳幹から発して末梢の器官を司る．

Ⅰ 嗅神経（嗅覚を司る），Ⅱ 視神経（視覚を司る），Ⅲ 動眼神経（眼筋運動を司る），Ⅳ 滑車神経（上斜筋の運動を支配し，眼を外下方に動かす），Ⅴ 三叉神経（咬筋を支配し，顔面と頭部の感覚を司る），Ⅵ 外転神経（眼の外転運動を司る），Ⅶ 顔面神経（顔面筋の運動を支配し涙腺や舌下腺や下顎腺にも分布する），Ⅷ 内耳神経（体の平行と聴覚に関与する），Ⅸ 舌咽神経（舌と咽頭の味覚，知覚，運動に関与する），Ⅹ 迷走神経（内臓に広く分布し自律機能に関与する），Ⅺ 副神経（肩部の運動に関与する），Ⅻ 舌下神経（舌の運動に関与する）

脊髄神経には運動神経，知覚神経に加えて自律神経が含まれる．

内臓器官を支配する自律神経系(autonomic nervous system)には交感神経系(sympathetic nervous system) と副交感神経系（parasympathetic nervous system）があり，視床下部を最高中枢として脳幹と脊髄で調節機序が営まれている．自律神経系は身体の各部に分布し，呼吸，循環，消化，排泄，体温維持，生殖，内分泌など動物が生存し繁殖するために不可欠な諸機能（植物的機能ともいう）を統御する．交感・副交感神経系は解剖学的にも機能的にも大きく異なるが，一般的に自律神経系による器官の制御は交感・副交感神経系による二重支配であり，多くの場合，両者は拮抗的に作用して，一方がある器官の機能を高めようとすると他方は抑える方向に作用する．交感神経系の機能が高まると瞳孔の散大，心拍数の増大，血圧上昇，血糖値や遊離脂肪酸値の上昇など，

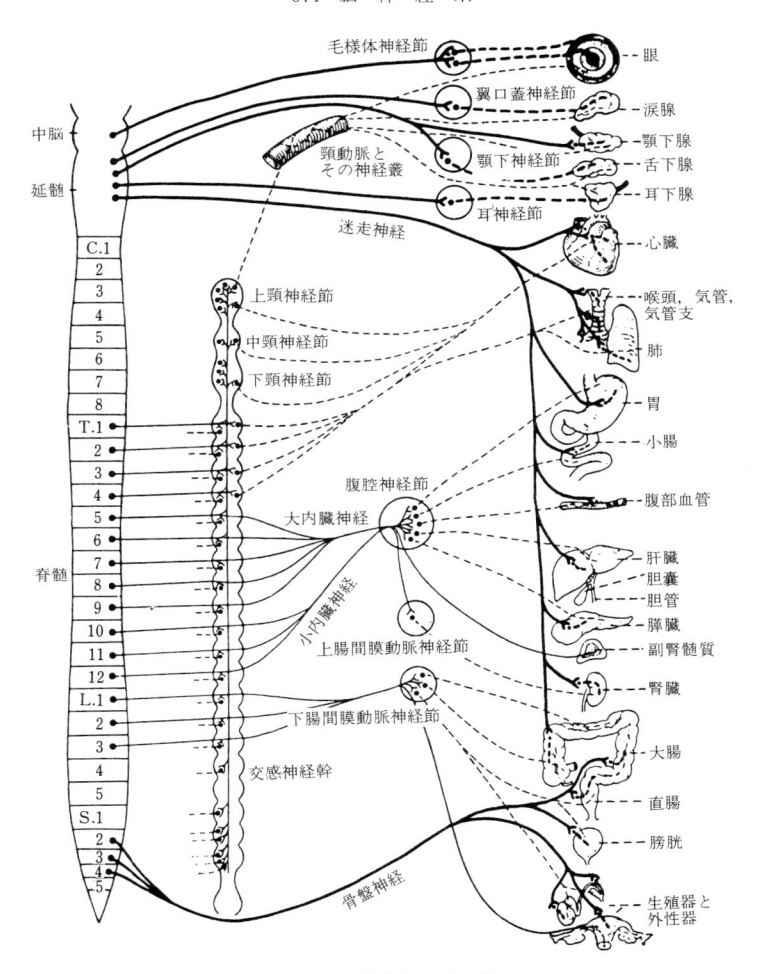

図 5.12 自律神経系の遠心路
実線は節前ニューロンを，破線は節後ニューロンを示す．交感神経系は細い線で，また副交感神経系は太い線で示されている．

動物の覚醒状態を高めまた異化的作用を促進して緊急事態に対処し生体防御を行うのに役立つような生体反応が引き起こされる．一方，副交感神経系は動物が落ち着いた状態のときに機能が高まり，消化運動の促進や消化液の分泌など同化的作用が促進されて生命維持に必要な植物的機能が活性化される．

中枢神経系を出てから神経節でシナプスをつくるまでの自律神経線維を節前線維とよび，そのあと効果器に至るまでを節後線維とよぶが，一般に交感神経では節前線維が短く節後線維が長いのに対して，副交感神経ではその逆である．また両者の走行をみると，

交感神経は胸髄と腰髄の腹根から出て脊髄の両側を縦走する交感神経管に入り，この中の脊髄神経節で大半はニューロンを代えて頭部，頸部，胸部の臓器あるいは皮膚の立毛筋や血管，汗腺など支配部位へと向かうのに対して，副交感神経の起始部は中脳，延髄，仙髄に限られており，それぞれ支配臓器の近くでニューロンを代えて目的部位に分布する（図5.12）．自律神経系における興奮の化学的伝達にはアセチルコリンとノルアドレナリンが重要である．交感神経節後線維の末端からはノルアドレナリンが分泌され，これに対して副交感神経節後線維の末端からはアセチルコリンが分泌される．またアセチルコリンは両神経系の節前・節後線維間や一部の交感神経の末端からも分泌される．

c. 脳と行動

上述した中枢神経系の各構造は，それぞれ異なる役割分担をもちながら相互に複雑に関連し合って動物の示すさまざまな行動の発現を制御している．たとえば脳幹・脊髄系は生命を維持するために必要な反射活動や調節作用を司る「生きている」ための中枢であり，これに対して本能行動や情動行動を司る視床下部・大脳辺縁系はいわば「たくましく生きていく」ための中枢である．また新皮質系の発達は洗練された適応的行動を可能とし，これによって動物は「うまく生きていく」ことができる．さらに人など高等な霊長類では，前頭前野の発達によって創造的行為も可能になったと考えられている．

感覚系で受け取られた刺激は統合されてある意味をもった情報として認識され，次に過去の記憶や体の内的状態と照らし合わせた価値判断に基づいて刺激源に接近すべきか回避すべきかの意思決定が行われ，その情報が運動系に伝達されさまざまな筋肉の協調的運動が起こることで行動が発現するのである．また一つの目的をもった行動が円滑に完遂されるためには，感覚系や運動系の賦活ばかりでなく，循環系や代謝系など自律神経系の支配下にある体の諸機能の変化も同時に協調して制御される必要がある．

ある特定の行動が起こるためには何らかの動機づけが必要であるが，この行動の動機づけには情動系が深く関与しており，視床下部や辺縁系の働きがとくに重要となる．そのことを間接的に示す一つの例として実験心理学者のOldsらによって見い出された脳内自己刺激行動がある．すなわち，刺激電極のペダルスイッチを押して脳のある部位を電気刺激する方法を学習させたラットは，電極が報酬領域とよばれる部位に当たってい

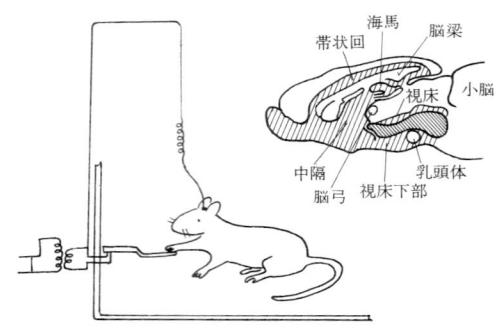

図5.13 脳内自己刺激行動と，脳内における報酬領域と罰領域の局在

る場合には飽くことなくスイッチを押し続け，一方，電極が罰領域とよばれる部位にある場合には二度とスイッチに近づこうとしない．これらの報酬領域や罰領域とよばれる部位は，視床下部や辺縁系と関連の深い脳領域であることが知られている（図5.13）．

[森　裕司]

5.5　内分泌による調節

　家畜における栄養素の組織への供給は，成長においては骨格や筋肉へ，また泌乳においては乳腺へ優先的に行われる．この現象が家畜の生産性を上げるうえでの重要な生理機能となっている．このような現象を従来から用いられてきている内部環境の恒常性を表すホメオスタシスという概念で説明することは困難である．そこで，最近では，優先する生理現象を維持するための体内のさまざまな組織における代謝と協調を意味するホメオレセスという概念が用いられるようになった．このホメオレセスを調節しているのが，内分泌系と神経系の二つのシステムであり，相互に密接に連携して調節されている．

　家畜の生産機構の仕組みを理解するためには，成長や泌乳におけるホメオレセスを調節する情報システムを知ることが重要である．本節では，家畜の代謝を調節する内分泌制御の中で重要と思われる，ソマトトロピン軸，甲状腺，副腎皮質，副腎髄質・交感神経系，膵内分泌系に焦点を当てて代謝の内分泌調節について述べる．

a．ソマトトロピン軸による調節

　ソマトトロピン軸に関係するホルモンとしては，成長ホルモン（GH），成長ホルモン放出因子（GRF），成長ホルモン抑制因子（GIF），インシュリン様成長因子（IGF）があげられる．GHはタンパク質ホルモンであり，牛，豚，ヒトのGHは191個のアミノ酸からなり分子量は約22,000である．S-S結合は2カ所である．GRFはアミノ酸44個のペプチドホルモンである．ヒトGRFと比較してラットGRFは14カ所，牛GRFは5カ所，豚GRFは3カ所のアミノ酸残基が異なる．GIFは，アミノ酸14個のペプチドホルモン（SS-14）であり，N末端にアミノ酸残基が14個ついたSS-28も広く存在する．GIFのS-S結合による環状構造は，生理活性の発現に重要である．IGFはIGF-IとIGF-IIに分類され，アミノ酸残基は70と67，分子量は約7,500であり，その構造はたがいにきわめて類似している．

　生体の栄養状態やストレスは，視床下部を刺激して，GRFやGIFを視床下部の神経細胞につくらせ，下垂体門脈系を介して下垂体前葉においてGHの合成と分泌を調節する．すなわち，GRFはアクセルの働きをし，GIFはブレーキの役割を果たし，GHはフィードバック機構により調節されている．GHの体内での代謝の調節作用には，直接作用と間接作用がある．GHの直接作用としては，血液グルコースレベルの上昇と脂肪分解の促進があげられる．動物にGHを投与すると血液中の遊離脂肪酸が増加し，肝臓での脂肪酸酸化が盛んになり，末梢組織のグルコースの利用が少なくなり，肝臓での糖新生が増大し血糖が上昇する．間接作用としては，GHが肝臓に作用してIGF-Iを分泌させ，IGF-Iが成長およびタンパク質代謝に影響を及ぼす．IGFにはIとIIがあり，細胞の増

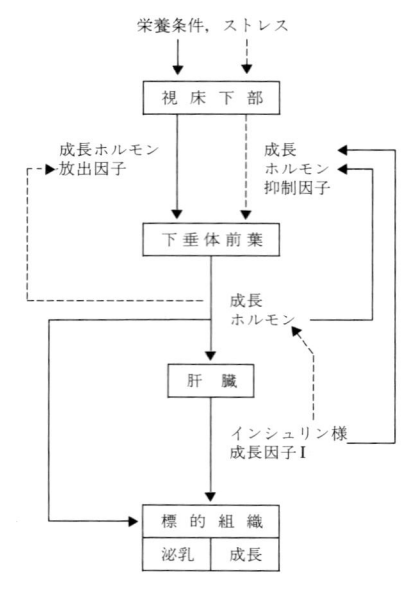

図5.14 成長ホルモンの分泌調節

殖と肥大を制御して、筋肉および脂肪組織でインシュリン作用を示す。IIは胎児の成長と関連があり、Iは出生後の成長と関連が深いホルモンではないかと考えられている。また，GHの標的器官は非常に多く，GHと特異的に結合するレセプターは，肝臓，脂肪細胞，リンパ球などさまざまな組織で見い出されている。視床下部-下垂体前葉-肝臓-標的組織間のGHの分泌調節系は，ソマトトロピン軸とよばれている（図5.14）。

ソマトトロピン軸による調節でもっとも興味ある事実は，乳牛の泌乳に対する増乳効果である。遺伝子工学によって大腸菌にGHをつくらせ，これを乳牛に投与して乳量を平均23.3から41.2％も増加させた例が報告されている。この効果は，GHの投与によって泌乳中期と後期の乳量の低下を抑制した結果として現れる。米国においては，すでに商業ベースにのっており，かなりの酪農家で使用されている。GHの増乳効果は，インシュリン抵抗性を増加させて，グルコースや脂肪の効果的利用とGHやIGF-Iの乳腺の直接作用が考えられるが，その機構の解明については，今後の研究に期待したい。

b. 甲状腺ホルモンによる調節

甲状腺刺激ホルモン（TSH）は糖タンパク質で，ペプチド部分の分子量は牛やヒトで28,000，めん羊で35,000である。サイロキシン（T_4）やトリヨードサイロニン（T_3）は，甲状腺の濾胞内のコロイド中でサイログロブリンと結合して存在している。サイログロブリンは分子量約66万の糖タンパク質である。

甲状腺ホルモンは，環境ストレスなどの刺激により，視床下部から分泌される甲状腺

5.5 内分泌による調節

```
         栄養条件
          ストレス
            ↓
      ┌─────────┐
   ┌─→│ 視 床 下 部 │←─┐
   │  └─────────┘  │
   │       │ 甲状腺刺激  │
   │       │ ホルモン放出 │
   │       │ ホルモン   │
   │       ↓        │
   │  ┌─────────┐  │
   ├─→│ 下 垂 体 前 葉 │←─┤
   │  └─────────┘  │
   │       │ 甲状腺刺激  │
   │       │ ホルモン   │
   │       ↓        │
   │  ┌─────────┐  │
   │  │  甲 状 腺  │  │
   │  └─────────┘  │
   │    │     │    │
   │ サイロキシン トリヨード │
   └────┤     │サイロニン─┘
        ↓     ↓
      ┌─────────┐
      │ 標 的 組 織 │
      └─────────┘
```

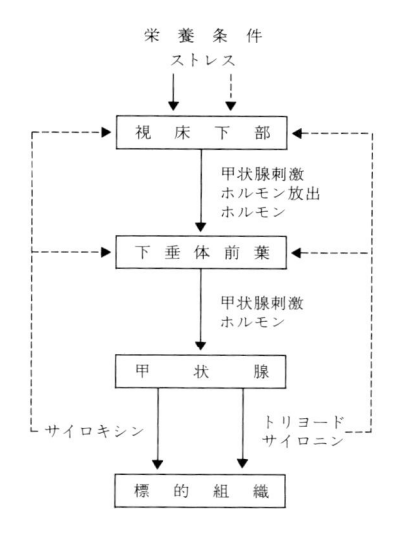

→ 促進　---▶ 抑制

図 5.15 甲状腺ホルモンの分泌調節

刺激ホルモン放出ホルモン（TRH）を介して下垂体前葉から分泌される TSH の作用により甲状腺から分泌される（図 5.15）．甲状腺ホルモンとして分泌されるホルモンには T_4 と T_3 の 2 種類がある．血中の甲状腺ホルモンの大部分は T_4 で，血漿 T_3 濃度はその 4% にすぎない．しかし，T_3 の生理活性は T_4 の 5 から 7 倍と高く，T_4 の大部分は標的器官で T_3 に変換されて，生理作用を発揮すると考えられている．

甲状腺ホルモンは組織の酸素消費量を増加させる作用が強く，その結果，動物全体の酸素消費量が増加する．さらに，甲状腺ホルモンは，糖質・脂質・タンパク質代謝の回転速度を促進して代謝を活発にする作用がある．このホルモンは，GH の分泌を増加させるばかりでなく組織に対する GH の効果も増加させる．

c. 副腎皮質ホルモンによる調節

副腎皮質刺激ホルモン（ACTH）は 39 個のアミノ酸よりなり，分子量は約 4,500 である．25〜33 番目のアミノ酸構成は，動物種によって異なるが，その他のアミノ酸配列はすべての動物種で同一である．副腎皮質ホルモンはすべてコレステロールの誘導体でシクロペンタノペルヒドロフェナントレン核をもちステロイドとよばれる．

副腎皮質ホルモンにはグルココルチコイドとミネラルコルチコイドの 2 種類がある．これらのホルモンの分泌は，視床下部から副腎皮質ホルモン放出因子（CRF）を介して，下垂体からの ACTH により調節されている（図 5.16）．寒冷，外傷，感染，精神的ストレスによって，視床下部-下垂体-副腎皮質系が賦活化されグルココルチコイドやミネラルコルチコイドの分泌が増加する．グルココルチコイドはコルチゾールとコルチコステロンからなる．グルココルチコイドは炭水化物代謝に影響し，肝臓におけるグリコーゲ

```
        ストレス
          ↓
    ┌──────────┐
--→│ 視 床 下 部 │
│  └──────────┘
│       │ コルチコトロピン放出ホルモン
│       ↓
│  ┌──────────┐   ┌──────┐
--→│ 下垂体前葉 │   │ 腎臓 │
│  └──────────┘   └──────┘
│コ    │副腎皮質   │血圧
│ル    │刺激      │上昇  レニン・アンジオテンシン系
│チ    │ホルモン
│ゾ    ↓
│ー ┌─────┬─────┐
│ル │グルコ│ミネラル│←────────
   │コルチ│コルチ │
   │コイド│コイド │
   ├─────┴─────┤
   │  副 腎 皮 質  │
   └───────────┘
   
   ──→ 促進  ---→ 抑制
```

図 5.16 副腎皮質ホルモンの分泌調節

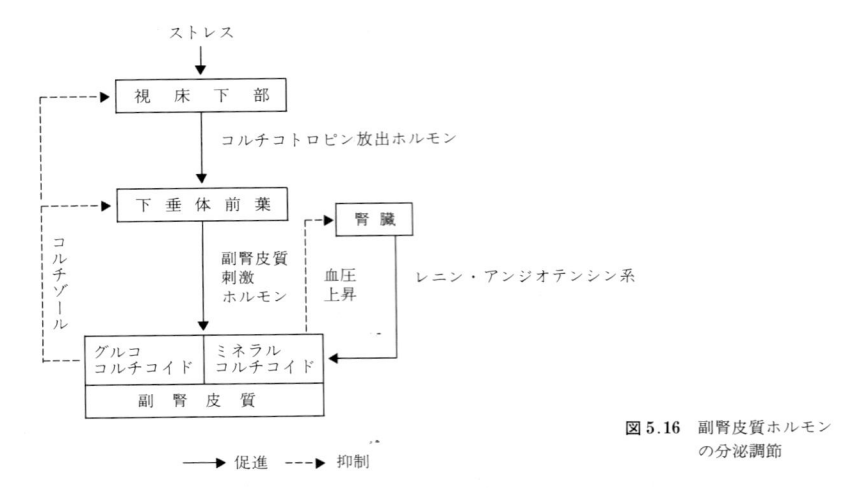

ンの合成,糖新生を増加させる.またタンパク質の分解を促進し,肝臓でのアミノ酸の取込みを増加させる.さらに脂肪組織に作用して遊離脂肪酸を動員して,肝臓でトリグリセリドやケトン体を生成する.大量のグルココルチコイドは炎症を抑制する効果がある.ミネラルコルチコイドの主なるものはアルドステロンである.尿細管,汗腺,唾液腺,消化管からの Na の再吸収を促進する.また,レンニン,アンジオテンシンとの相互作用により血圧を維持している.反芻家畜においては唾液中の Na と K の比率がアルドステロン分泌の指標となることが報告されている.

d. アドレナリンとノルアドレナリンによる調節

アドレナリンやノルアドレナリンは,アミノ酸であるフェニールアラニンとチロシンから生合成されるアミノ酸誘導体である.

アドレナリンは主として副腎髄質から分泌され,ノルアドレナリンは交感神経終末から分泌される.両者とも,寒冷などのストレスや運動時に反応して分泌が増加し,体内のエネルギー基質を動員して,それらを酸化させて熱生産を増加させる.これらのホルモンの代謝に及ぼす主な作用は,筋肉や肝臓のグリコーゲンを分解して糖濃度を上昇させたり,脂肪組織中のホルモン感受性リパーゼを活性化し,血中の遊離脂肪酸の濃度を増加させることである.これらのホルモンは,交感神経作用を仲介し,α 作用(血管収縮など),と β 作用(気管支拡張)をもち,おのおのの α レセプター,β レセプターと対応している.多くの動物種で,血糖上昇作用は β-アドレナリン作用性機構によって起こるが,反芻家畜では α 作用性機構によって起こる.

e. 膵内分泌による調節

1) インシュリンによる調節

インシュリンは,分子量約 6,000 のポリペプチドで A 鎖(アミノ酸 21 個)と B 鎖(ア

ミノ酸30個)が2カ所のS-S結合で結合している．動物の種類によってそのアミノ酸構成はわずかに異なるが，生物活性に影響するほどではない．

インシュリンは，タンパク質，脂肪，炭水化物の三大栄養素に対して強い同化作用をもつ唯一のホルモンであり，他のホルモンの異化作用に拮抗する．インシュリンは肝臓においてグリコーゲンおよびタンパク質の合成を促進し，糖新生を抑制する．筋肉では，グルコースやアミノ酸の取込み，グリコーゲン，タンパク質の合成を促進する．脂肪細胞では，グルコースの取込みと利用，そして脂肪合成を促進する．泌乳牛の栄養素の分配においてインシュリンとGHは拮抗的に働く．インシュリン分泌を調節する主なる要因は血液グルコースレベルである．採食後血液グルコースが上昇し，それが刺激になってインシュリン分泌が増加しグルコースレベルを回復させる．このホルモンは，同化作用により吸収した栄養素を体内に蓄える作用がある．反芻家畜では，第一胃内で産生される低級脂肪酸（VFA）がインシュリン分泌を刺激するが，この反応は非反芻動物ではみられない．それゆえ，反芻家畜のインシュリン分泌亢進にはVFAが関与していると思われる．反芻家畜では，泌乳が活発な時期にインシュリン濃度が低いが，インシュリンの濃度が低いと乳腺以外の組織での栄養素の利用が低下し，その分，乳腺での利用量が増加するといわれている．

2) グルカゴンによる調節

グルカゴンは，29個のアミノ酸からなる分子量3,500のポリペプチドである．人と家畜のグルカゴンは同じ構造である．

代謝を調節するグルカゴンの主な作用は，グリコーゲンの分解，肝臓における糖新生促進によって血液グルコースを上昇させることである．反芻家畜の糖新生を促進するグルカゴンの作用は，反芻家畜のもつ栄養摂取過程の特異性（反芻家畜では消化管からのグルコースの吸収はほとんどなく，体内へのグルコースの供給を糖新生に依存する）のゆえに重要である．グルカゴンは，アラニン，セリン，スレオニン，乳酸などの糖新生基質の肝臓への取込みを促進して糖新生を増加させ，糖新生の律速酵素である肝臓のピルビン酸カルボキシラーゼ活性を高める．

［小原嘉昭］

5.6 家畜の行動

a. 家畜管理と行動

家畜にはその種特有の行動がある．人間は家畜を飼い馴らすなかでそれを経験的に学び取り，日常の飼養管理の中にうまく取り入れている．さらに近年の動物行動学の急速な進展に相伴って，それらの知見を家畜管理技術の中に積極的に取り入れ，より合理的な管理技術を体系化しようとする試みが始められている．また，家畜の多頭飼育と集約化が進んだ現在では，従来の個体管理とは異なる群管理技術の確立が急がれており，そのためには家畜社会の仕組みと群行動の特性を明らかにする必要に迫られている．

b. 行動の基本概念

行動とは，動物個体が外界の環境に対して，全体として働きかけるふるまい，動きを

いう．この動物の行動は，生得的行動（innate behavior）と習得的行動（learned behavior）に大別できるが，両者は判然と区別されるものではない．

1）生得的行動

生まれながらにもっている行動で，経験や学習を必要としない行動をいう．動物の種にはそれぞれ固有の，遺伝的に組み込まれた生得的行動パターンが備わっている．

2）習得的行動

予期しない環境の変化に対して，生きていくために動物自らが改変し，経験，学習によって得られる行動をいう．この高度に特殊化したものとして，鳥類によくみられる刷込み（imprinting）という現象がある．

3）行動の解発機構

外界の刺激（解発因）に反応して行動が起こるが，行動の発現には動機づけ（motivation）が前提となる．たとえば餌（解発因）を与えられても，飢えていない牛（動機づけされていない）に餌を食べさすことはできない．これらが生得的に組み込まれたものを生得的解発機構（IRM），習得的に組み込まれたものを習得的解発機構（ARM）という．

c．家畜の行動型

家畜の行動は大別すると，個体維持行動と個体間行動（社会行動）に分けられる（表5.1）．

表5.1 家畜の行動型

行動型	行動単位
1）個体維持行動	
i）摂取行動	採食・食草・反芻・飲水・吸乳
ii）排泄行動	排糞・排尿
iii）休息行動	佇立・横臥・睡眠
iv）移動行動	
v）護身行動	防暑・防寒・防虫・水浴・泥浴
iv）身繕い行動	掻く・舐める・擦る・身震い・羽繕い
2）社会行動	
i）集合行動	接近・先導・追従
ii）生殖行動	乗駕・交尾
iii）敵対行動	闘争・攻撃・逃避・威嚇・回避・追跡
iv）親和行動	グルーミング
v）遊戯行動	模擬闘争・はねまわる

d．行動の利用と制御

家畜管理の作業能率を高めるためには，家畜の生得的行動を最大限に活用するとともに，管理上好ましくない生得的行動については，管理方式の工夫によって学習させ，習得的行動への改変が必要である．

1）哺乳行動の制御

自然哺乳の肉用牛において，親子分離哺乳を行うために，柵越しや薩摩ゲート（段差式出入口）などの施設が工夫されている．

2) 採食・飲水行動の制御

家畜の採食量増大のために，群飼で社会的促進を利用する．また，牛の群飼による採食競合を回避させるために，連動スタンチョンが工夫されている．給水作業の省力化と衛生管理のために，カップ内に取り付けられた給水弁を鼻先で押すことにより，飲水できる装置（ウォーターカップ）が普及している．

3) 排泄行動の制御

牛では排泄時に背を曲げる習性があるため，繋留ストールでは糞尿が床上に落ち，牛体を汚す原因となっている．そのためストール上方に電線や鉄板を張って電気を流すと，排泄のたびに背中が触れるために嫌がり，牛はストール後方の尿溝まで後退し排泄することを学習する．この装置をカウトレーナー（cow trainer）という．

4) 行動の制限と束縛

毎日の日常管理では誘導や体測，また疾病の治療のために，家畜を保定する必要がある．そのため，鼻環，頭絡，カウキーパーなどの器具が考案されている．

5) 社会的順位による競合制御

a) 群編成の時期　社会的順位がまだ確立していない育成段階で群を編成すると個体間の競合が緩和される．牛では3〜6カ月齢，鶏では10週齢以前がよい．

b) 群の個体編成法　新しく群を編成する場合は性，年齢，体格などをできるだけそろえる．また先住効果を消去するため，1群の編成は同時に行い，編成後の個体の出入れや再編成を行わない．2群を合体して1群に編成する場合は，たがいの先住効果を避けるため，両群のいずれも収容されていなかった第3の囲いに収容するほうが望ましい．

c) 除 角　牛の角を除去すると，個体間の闘争行動が緩和されるとともに，1施設面積当たりの飼育密度も増加できる．

d) 断嘴・断尾　鶏の尻つつきや羽食いを防ぐために，くちばしの先端を切断する．また豚では尾食い防止のために尻尾を切断する．乳用牛では搾乳作業の煩わしさか

表5.2 行動の制限と収容方式の関係（森田）

制限の状況		収容施設・器具		
強度	方法	牛	豚	鶏
無	放し飼い	放牧場・運動場 解放式牛舎（休憩場の形式に普通型とフリーストール型とがある）	放飼場・運動場	放飼場
小	閉込め飼い	牛房式牛舎 { 単飼房 群飼房	豚房式豚舎 { 単飼房 群飼房	平飼い鶏舎 / 運動場付きとないものの2形式がある
中		—	ストール豚舎：ストール ケージ豚舎：単飼ケージ	ケージ鶏舎 { 単飼ケージ 群飼ケージ
大	つなぎ飼い	繋留式牛舎 { ません棒ストール 安楽ストール タイストール スタンチョンストール	—	—

注　同一欄の内でも下のほうが制限が大となる．

ら尻尾を切断する場合がある．

e．管理方式と行動

家畜管理の作業能率を高めるためには，家畜の行動をできるだけ制御したほうが有利である．このための多様な家畜管理方式が考案されているが，それを行動の制限との関連でまとめると，表5.2のようになる．

制限強度が増すほど家畜に対する心理的・生理的ストレスも大きくなるため，飼育密度や群の大きさも考慮しながら，適切な管理方式を採用する必要がある．　［萬田正治］

5.7　環境への適応

家畜にとっての環境は大別して内部環境と外部環境に分けることができる．外部環境は家畜をとりまくすべてのものであり，内部環境は外部環境の影響あるいはその他の要因により，家畜体内で生じる変化である．たとえば，外気温の上昇による家畜の体温の上昇とか，妊娠による胎児の発生，成長は，その個体にとっての内部環境の変化といえる．したがって，家畜を中心として内部環境と外部環境に分けることはできるが，3者はそれぞれ独立するものではなく，つねに相互に影響し合う関係にある．家畜の生活，生産に関与するさまざまな外部環境の性質から，外部環境は，①気候的要因，②地域的要因，③物理的要因，④化学的要因，⑤生物的要因，⑥社会的要因に分けて考えるのが一般的である．

家畜を含めた哺乳動物は，これら多くの外部環境要因の変化に対応して生命を維持するために，生体恒常性（ホメオスタシス）維持機能を有している．これは外部環境の変化に弾力的に対処し，内部環境を変えることにより，生体の重要な機能をほぼ一定のレベルに維持する機能である．すなわち外部環境に変化が生じた場合，生体の各所に存在する受容器や感覚器がこれらの情報をとらえ，生体内に入力される．入力情報は情報伝達経路を介して中枢に送られ，中枢で判断して必要な情報が効果器に送られる．効果器

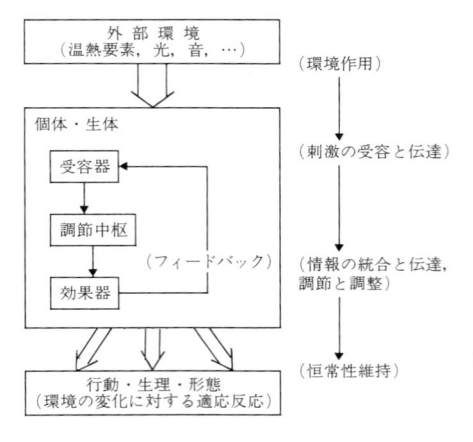

図5.17　外部環境に対する生体の反応機構(山本，1993を一部改変)

は情報に応じた反応を行うが，反応の結果として一部は生体外へ出力され，一部は内部環境を変え，新たな情報として受容器にとらえられ，再び中枢-効果器の経路に入力される．これらの情報伝達経路は一種のフィードバック回路であり，この回路が恒常性維持機能の基本原理となる（図5.17）．

たとえば，外気温度が上昇した場合，家畜の体表面，呼吸気道に存在する温度受容器から視床下部の体温調節中枢に情報が伝えられ，これらの情報に基づいて，末梢血管の拡張が起こって体熱放散機能が促進される．しかし外気温度の上昇が大きく，深部体温が上昇するような場合は，体温上昇が新たな情報として中枢に伝達され，発汗，熱性多呼吸数のような，より積極的な熱放散機能が発現する．このように，恒常性維持回路における受容器と効果器の関係は必ずしも1対1に対応するのではなく，一つの入力情報に対して複数の受容器と効果器が関与したり，効果器の反応が新たな情報となって加わる等，複雑に絡み合って反応する．また受容器が感知する情報は，環境の変化を感知するだけでなく，環境が一定に保たれている場合もその旨入力され，動物の生命が維持される限りこの回路は作動し続ける．

このように家畜は，特定単一の環境要因，あるいは複数の環境要因に対して，それに対応する生理反応を引き起こす．この生理反応は生体の恒常性を維持するための環境に対する防衛反応であるが，一般には特定の環境要因だけでなく，すべての環境要因に対してそれを拒絶するか，適応するかの全身的反応が認められる．そのため生体に及ぼす影響の度合から，環境の変化を五つの領域に分けることができる．①無関領域は環境の影響が小さく，生体反応が観察されない範囲，②代償領域は生体反応が現れるが，生体に備わっている代償機能の亢進によりその影響を消すことができる範囲，③障害領域は代償機能の限界を越えて，生体に何らかの障害が生じる範囲，④危険領域は何らかの意味で，生命維持に危険が生じる範囲，⑤致死領域は確実に死に至る範囲である．①，②の領域において家畜は，支障なく生体の恒常性を維持することができるが，③以上の領域では，生体の機能や形態面で異常が認められたり，生命が危険にさらされるか死に至る．

以上のように外部環境の変化が小さい場合や，短時間の曝露の場合は，防衛のための生体反応は現れないか，現れてもまもなく消失し生体機能はもとのレベルに戻る．しかし変化が長時間続く場合や，著しく異なる環境条件に移された場合は，生体の機能はもとのレベルに戻らず，新しいレベルへと指数関数的に変化していく．いずれの場合でも生体は，環境の変化に対応して生体反応を発現し，生体機能が最終的にもとのレベルに戻るか，新たなレベルに達することにより，環境から受ける影響をより少なくし，しかもその環境に耐えて生きていく状態となる．このような生体の現象を環境への適応とよぶ．

環境に対する生体の適応の仕方は，時間的に比較的早く現れる現象と，比較的遅く現れる現象，さらにはかなり長い期間をかけ年あるいは世代単位で現れる現象に分けることができる．短時間での適応反応としては①生理的（機能的）適応，②行動的適応，比較的長い時間をかけての適応反応としては③形態的適応，長期間かけて現れる反応としては④生物的（遺伝的）適応現象をあげることができる．

①生理的（機能的）適応は，主として自律神経系，内分泌系の働きにより，生体機能を変化させて新たな恒常性を設定する現象である．そのため中枢神経系を中心とした恒常性維持のためのフィードバック系が反応し，新たな状態の恒常性に移行する．たとえば前述した高温環境下での熱放散機能の亢進や，寒冷環境下での末梢血管収縮や立毛による顕熱放散の抑制や，震えによる体熱産生の増大現象である．生理的適応反応は，繰り返すことにより，反応発現のためのしきい値が低下したり，発現時間が短くなり，反応自体が効率的になってくる．

②行動的適応は個体レベルでも群レベルでも重要であり，単純な反射性行動，本能的行動のほか，反復訓練により獲得する学習的行動等があげられる．たとえば暑熱時における体を伸展する放熱姿勢，木陰を求める行動，また寒冷時における体を縮める保温姿勢，風雨の少ない場所を探し求める行動，群飼養時における寄り集まる行動等である．これらの体温調節にかかわる行動的変化は，体表面の温熱感覚により支配されるので，生体内で発現する生理的な適応反応と相補的関係にある．

③形態的適応は，家畜の体の形状が環境の変化に対応して変化していく現象である．たとえば，子豚を高温および低温環境条件で飼育した場合，耳の大きさ，四肢の長さ，胴の形，末梢血管の分布密度，被毛の長さと密度等が明らかに異なってくることが実験的に認められている．

④生物的（遺伝的）適応は，種特異性の遺伝形質として先天的に有している適応能力である．たとえば一般的に，熱帯に住む動物は体が小さいわりに四肢が長く，体熱放散が容易にできる体型になっているのに対し，寒帯の動物は体が大きいわりに四肢が短く，体熱放散ができにくい体型になっている．これらは自然淘汰により多くの世代を経て獲得した適応能力であるが，家畜においては，品種改良として人為的淘汰により獲得された遺伝形質もこの範疇に入る．

外部環境への適応にあたって，生体内の種々の機能はたがいに関連を保ちながら生命維持のために働いているが，すべての機能が同じ方向に変化するとは限らない．あるものは亢進し，あるものは抑制するというように，環境の変化に対して質的に異なる反応を示す場合もある．また，外部環境の変化と生体が受ける影響との較差は，一般に体表面に近いほど大きく，深部になるほど小さくなる．したがって生体の環境への適応機序を解明するためには，環境側では要因の多種性や変化条件の多様性を考える必要があり，生体側では生体を構成する細胞，器官，組織といったレベルに分けてとらえると同時に，これらの機能を調節支配している脳・神経系の働きを明らかにすることが重要である．

［山岸規昭］

6. 家畜の管理

6.1 家畜管理技術の変遷

　古代における家畜の管理法については，その詳細が明らかにされていないが，野生動物が家畜化されて人間との接触が始まった当初から，家畜の管理法は徐々に変化したと推測される．最初はおそらく草原で野草を自由に食べさせたり，棚囲いをして餌を与えるだけの飼い方で，これがかなり長く続いたと思われる．その後中世にかけて，家畜を小屋に収容する舎飼い技術の発展によって，変革がもたらされたとみられている．すなわち，舎飼いへの移行は豊富な圃場生産と飼料の貯蔵技術を必要とし，これらの進展と相まって，家畜を飼育するために必要な一連の作業が定着して，体系づけられ，今日の家畜管理技術の基礎ができたものと思われる．

　その後の近世における畜産は，20世紀初期までは規模も小さく管理技術も低い水準にあった．しかしながら，世界的にみて第二次大戦以降に，今日のような集約畜産に移行し始め管理技術が急速に進歩した．わが国においては，戦後の混乱期を過ぎた1960年頃から表6.1のように規模拡大が進展し，それに伴って管理技術が変化した．変化の大きい家畜の管理技術の変遷は以下のようである．

表6.1　1戸当たりの平均飼育頭羽数の推移（農水省畜産経営課，畜産経営の動向より抜粋作成）

年	乳牛 (頭/戸)	肉牛 (頭/戸)	豚 (頭/戸)	採卵鶏 (羽/戸)	ブロイラー (羽/戸)
1960 (昭和 35)	2.0	1.2	2.4	12	—
1965 (〃 40)	3.4	1.3	5.7	27	892
1970 (〃 45)	5.9	2.0	14.3	70	3,048
1975 (〃 50)	11.2	3.9	34.4	221	7,596
1980 (〃 55)	18.2	5.7	70.9	653[*1]	15,796[*1]
1985 (〃 60)	25.6	8.7	129.0	957	21,383
1990 (平成 2)	32.5	11.6	272.3	1,575	27,200
1995 (〃 7)	44.0	17.5	545.2	20,100[*3]	30,800[*2]

　注　[*1] 1979年，[*2] 1994年の数値，[*3] 300羽未満の飼育者を除く数値．

a．乳　　牛

　戦後，乳牛の1戸当たりの飼育頭数が増加するまでは，一部の乳搾り専門の搾乳経営を除けば耕種との複合経営が主で，1～2頭の乳牛はいわゆる牛小屋につながれて，農作業の片手間の仕事として飼われていた．その後，1963年頃を境にして飼育農家戸数の減

少が始まり，規模拡大の方向に転化した．そのため畜舎施設と管理機械はもっぱら省力化の方向に進化し，また，家畜個体の生産性を高めるための管理法の改善が行われた．まず，牛を収容する牛舎についてみると，牛小屋から作業性のよいつなぎ飼い式牛舎に移行した．そして最近はさらに能率よく管理できるフリーストール式の放し飼い牛舎が普及しつつある．

次に舎内で行う管理作業についてみると，いずれも作業の機械化が急速に進展した．搾乳は手搾りからバケットミルカー搾りに，その後牛舎内のパイプラインミルカー搾りになり，放し飼い式乳牛舎では高能率のミルキングパーラーが用いられるようになった．給餌については，以前は田の畦草などの野草を手給餌で与えていたが，飼料作物の栽培技術の進歩と相まって，牛舎でこれらの粗飼料や濃厚飼料を配餌車などを使って給与するようになり，その後高能力牛の飼料給与法として，粗飼料と濃厚飼料を混合給与するTMR（total mixed ration）法や，濃厚飼料を個々の牛の養分要求量どおりに過不足なく給与できるフィードステーション方式などが普及し，個体の能力に合う省力的な管理法が用いられるようになった．また，舎内からの糞尿の搬出も，以前は手作業であったものが最近ではバーンクリーナーやバーンスクレーパーが用いられるようになった．このようにして管理作業が著しく省力化され，また，牛の泌乳能力もこの三十数年間に約2倍に向上した．

b．豚

わが国で豚が飼われるようになったのは明治以降である．養豚の規模拡大も戦後の混乱期を過ぎた1965年頃からであるが，それまではいわゆる豚小屋で1～2頭の母豚が飼われ，分娩後も子豚と同居飼いの飼育が行われていた．しかしながら，規模拡大が始まってからは，省力的な施設機械の普及と豚の個体能力を高める飼育管理が行われるようになった．豚舎は繁殖豚舎，分娩豚舎，育成豚舎および肥育豚舎などのように収容豚別に区別されるようになり，飼育管理は以前の自給飼料や残飯を利用した農家養豚から，配合飼料を主体とする集約飼育になり，作業性および豚の健康や生産性の向上がはかられるようになった．この過程の中で豚舎構造に二つの大きな変化がみられている．一つは主に糞尿の搬出処理の合理化要求に対応するための畜舎構造の変化である．すなわち，多頭化の初期においてはデンマーク式豚舎が，続いて側方排糞所式が検討され，今日ではすのこ式の豚舎が一般化している．もう一つの変化は，飼育豚の環境管理の合理化と併せて，周囲への公害防止のためのものである．すなわち，舎内の温湿度の調節を容易にし，豚の鳴き声や悪臭などの周囲への飛散を防止するために窓なしのウインドウレス豚舎が普及した．とくに最近のウインドウレス化は公害対策の色彩が強い．以上のような変遷により，管理作業の省力化と生産性の向上がはかられ，しかも公害のより少ない管理技術が確立されつつある．

c．採卵鶏

鶏はわが国においても古くから飼育されていたが，多くは自給用で，数羽程度の少数飼育，母鶏孵化，放し飼いの庭先養鶏であった．採卵鶏の飼育管理における初期の変化

は，孵卵業の分化や雌雄鑑別技術の一般化によって起こり，これと並行して庭先の放し飼いや軒下，床下での小屋囲い飼育は，鶏舎飼育へ移行した．その後，鶏の収容方式は平飼いの平面飼育からバタリーやケージの立体飼育へ，またケージ飼育も単位面積当たりの飼育密度が増加し，光線管理や舎内の環境調節に適したウインドウレス鶏舎の普及をみた．一方，管理機器も自動化が進み，高能率の給餌機，給水機，除糞機，集卵機，選卵機，および環境調節用の機器などの開発普及が行われた．今日，先端的な経営においては，コンピューターを用いた全自動の管理システムが稼働している．このような作業能率の向上と相まって管理技術の進歩により，鶏の生産力が著しく増大したため，鶏卵は物価の優等生といわれるように，戦後の消費者卵価はほとんど変化していない．

［野附　巖］

6.2　家畜の飼育環境とその制御

　家畜の飼育は，放牧などのように自然環境下で行う場合と，舎飼いなどのように人為環境下で行う場合とがある．自然環境下における放牧などの場合は，庇陰林や庇陰施設および防風林や防風壁などにより，夏季の日射や高温，および冬季の強風や寒冷を防ぐ程度の対応は行っている．しかしながら，自然環境を積極的に制御することはほとんど不可能に近いので，もっぱら家畜自体の不良環境に対する耐性や適応性の獲得によって対応をはかっている．

　これに対し舎飼いの場合は，環境の制御が可能であり，かつ必要である．しかしながら経済動物の家畜の飼育においては，経済的に許される範囲内において制御を行わなければならない．すなわち，劣悪な自然環境から家畜を守るため，および家畜を舎内に閉じ込めることによって起こる環境の悪化を防止するためには制御が必要であるが，経済性を考慮した場合にはどの程度の制御が適切かの検討も必要になってくる．ここではそれらを含めて，舎飼い家畜の飼育環境とその制御について述べる．

a．家畜に影響を及ぼす主な畜舎環境

　家畜の飼育環境を構成する環境要因には気温，気湿，気流（風），放射熱，音および光などの物理的環境，空気組成，臭気，有害化学物質，栄養素および飼料などの化学的環境，および微生物，寄生虫，衛生動物，仲間および人などの生物的環境がある．これらの要因が単独にまたはいくつかの要因が組み合わさった環境複合のかたちで，ある場合には各要因が相乗的に，また，ある場合には相殺的に作用して，家畜の生理機能や生産性に影響を及ぼしている．このうちとくに畜舎内で問題となる複合環境は，夏季の暑熱，冬季の寒冷および舎内の有害物の蓄積が重要である．これらの悪化により健康状態の変化，生産性の低下および疾病の発生が起こっている．

1）夏季の暑熱

　一般に，家畜は寒さには比較的強いが暑さには弱い．生産が著しく阻害されない環境温度の範囲を生産環境限界というが，その上限は泌乳牛 27℃，肥育牛 30℃，成豚 27℃，育成豚 27～30℃，産卵鶏 30～32℃，ブロイラー 28℃ 程度とされている．このように各家

畜とも比較的低い温度で生産が低下し始めるが，暑さは気温のみならず湿度，日射および風の影響も大きい．

気温は暑さ寒さの程度を示す代表的指標である．気温が高くなると，家畜体から周囲の空気中へ熱が逃げにくくなるため，体内に熱が蓄積しやすくなって暑さが増強する．

高温時における湿度は，家畜体からの放熱速度に関係する．すなわち，湿度が高いときは空気中の水分が多いため，蒸発が阻害されるので放熱が悪くなる．したがって，高湿は暑さの程度を増強し，気温の生産環境限界の上限は下降し，低い気温でも影響が出るようになる．湿度の関与の仕方は家畜種によって異なるが，乾球温度と湿球温度にそれぞれ異なる重みづけをし，人の場合の不快指数に相当する家畜別の温湿度指数によって，暑さの程度を示す場合がある．

高温時における日射は，放射熱のかたちで家畜体に熱を伝達する．すなわち，太陽の直射による放射熱，屋根や壁および地面が日射により暖められ，そこから出る放射熱が家畜体内に移行するため，暑さの程度が増強する．

これらに反し，高温時の風は暑さの程度を緩和する．すなわち，風は家畜体表面の熱を運び去るため，風速が大きいほどおよび風温が低いほど，多くの体熱を取り去るので，暑さの程度が弱まり，気温の生産環境限界の上限は上昇して，高い温度でも影響が出にくくなる．

以上のような各種の気象要素が複合して暑熱環境が構成されているが，これらの要素の作用により，家畜は泌乳量，増体量，産卵量などの生産量の低下，乳質，肉質，卵質などの質の悪化，繁殖障害などの機能障害および熱射病などの疾病の発生などの問題が起こっている．したがって，気温の上昇，湿度の増加および放射熱の進入を防止し，風を有効に利用するそれぞれの地域に即した防暑法を検討して，対策を立てる必要がある．

2) 冬季の寒冷

寒さの程度に影響する気象要素も気温，気流(風)，日射および湿度などであるが，暑熱時と同様，気温の関与がもっとも大きい．気温の生産環境限界の下限は泌乳牛$-15°C$，成豚$-10°C$，産卵鶏$1°C$程度と考えられており，子豚および雛などの幼畜を除けばいずれも寒さには強い．

低温時における風は体熱の放散を促進するので寒さを増強する．その程度は明らかではないが，風速の平方根に比例するともいわれている．これに対し日射は寒さの程度を緩和する．とくに，寒冷時の直射光は紫外線の効果とともに，放射熱の熱源としての効果が大きい．寒冷時の湿度については家畜自体への直接の影響はよくわからない点もあるが，高湿による舎内の結露および低湿による塵埃発生が間接的に家畜に影響を及ぼしている．

家畜に及ぼす冬季の寒冷の影響は，寒さが直接家畜に作用する場合と，上記の湿度の問題を含めた間接的な影響とがある．直接的な影響としては，次の点が重要である．それは冬季に寒さが厳しくなると，家畜体から周囲の空気中へ熱が逃げやすくなるため，体温が維持しにくくなる．そのため熱源となる飼料を通常時より多く摂取しなければならなくなる．すなわち，直接生産に結び付かない飼料の摂取量がふえ，飼料の損失が多くなり，飼料効率が低下する．なお，生産環境限界の気温よりさらに寒さが厳しいとき

は，もはや飼料を摂取しきれなくなり，乳牛では乳量が減少する．このように寒冷時の影響は飼料効率の悪化がもっとも重要であり，産業的にはその損失と対策に要する経費との収支を検討しなければならない．なお，わが国の冬季の気候条件の範囲では，雛と子豚以外は寒さだけが原因で病気になったり死亡することはほとんどないといえる．

次に，間接的な影響としては，冬季に舎内気温の低下防止を望むあまり，しばしば換気不良に陥り，その結果舎内空気が不潔になるために起こる問題がある．これについては次の有害物の蓄積の項で詳述するが，寒冷時における疾病の発生増加は，寒冷の直接作用ではなく，有害物の蓄積による舎内空気の汚染の影響が大きく関与する．とくに子牛の育成時において多発する下痢や肺炎などの疾病予防には，暖かさよりも空気の清浄さがより重要であるという意見が強い．

3) 空気中の有害物の蓄積

畜舎内で問題となる空気中の有害物はアンモニアなどの有害ガス，塵埃などの汚物および細菌などの微生物である．これらの有害物は少ないほどよい．増加するにつれて影響が現れるが，許容限界については明らかでないものが多い．なお，空気中に含まれる水分量は，前述のように夏季の高湿度は暑さの程度を増強し，冬季においては多すぎても少なすぎても有害である．

有害ガス中でもっとも発生量が多く影響の大きいガスはアンモニアである．これは主として家畜の糞尿から発生し，換気不良時に舎内に蓄積する．豚や鶏ではアンモニア曝露により飼料摂取量，増体量および産卵量などの低下ならびに角膜炎，呼吸器病などの発生が観察されており，牛でも子牛への影響は大きいとみられている．このほか舎内で発生する有害ガスには，二硫化炭素，硫化水素，メタンなどがある．なお，二酸化炭素はそれ自体はかなり高濃度でも障害は少ないが，換気の指標として許容範囲を決めることがある．

舎内における塵埃は，飼料，敷料および糞尿などが発生源となり，乾燥時および換気不良時に著しく増加する．塵埃は物理的には粒子の大きさにより，化学的には含まれる化学物質により，また，生物的には含まれる微生物の種類とその毒性によって影響が異なる．$0.1～1\mu m$ の微細粒子，皮膚や粘膜を刺激するような化学物質および呼吸器病や消化器病などの原因となる細菌またはウイルスなどが付着する塵埃の多い畜舎は，非常に不衛生的であり危険な状態にある．

畜舎内の空気中に存在する微生物は，上述のように塵埃に付着して浮遊する場合が多いが，塵埃が少なくても舎内に病畜がいるかまたは他からの進入があるときは，舎内空気が汚染され感染の危険にさらされる．とくに舎内の清掃，消毒の悪い畜舎では，病気の発生が多い．

舎内空気の水分量，すなわち湿度については，前にも触れたが，寒冷時の高湿の影響についてはとくに舎内の結露の問題が重要である．すなわち断熱のよくない畜舎では，空気中の水蒸気の含有量が多いときは壁面，天井面および屋根裏に結露が生じる．これは建物の腐食を早めるばかりでなく，水滴により家畜が濡れ体温が奪われるので好ましくない．一方，低湿は塵埃を多くするためよくない．冬季の舎内の湿度は $60～70\%$ が望ましいといわれている．

b．畜舎環境の制御

　家畜を健康に飼育し，生産性の高い畜産経営を行うためには，暑熱および寒冷の悪影響ならびに空気中の有害物蓄積による障害を防止することがとくに重要である．このほか光，音などの環境も重要であるが，これらの制御は比較的容易であるため，ここでは暑熱・寒冷環境の改善および空気の清浄化のための対策について述べる．

1）畜舎の環境制御の要点

　畜舎の環境制御の要点は表6.2のとおりである．すなわち，対応の仕方としては，三つの側面からの検討が必要である．第1は畜舎の建設時に十分考慮すべき事項で，畜舎の配置，材料，構造などの建築・施設的な面からの検討である．第2は建築時またはその後に考慮すべき事項で，環境改善のために用いる制御機器面の検討である．第3は建設後の日常の家畜飼育における防暑管理面からの検討である．

表6.2　畜舎における環境制御の要点

	夏季の暑熱対策	冬季の寒冷対策	空気の清浄化対策
施設面	日射熱の進入防止 ◎配置（方位） ◎庇陰 ◎断熱 舎内の蓄積熱の排除 ◎通風	日射熱の進入促進 ◎配置（方位） 舎内からの放熱抑制 ◎断熱 ◎換気 ◎遮風	舎内の汚染空気の排除 ◎換気
機器面	舎内の蓄積熱の排除 ◎換気扇 畜体への送風 ◎畜体送風 ◎冷風送風	舎内空気の加温 ◎暖房	舎内の塵埃・微生物の排除 ◎除塵 ◎消毒
管理面	日常の管理 ◎通風促進 ◎畜体の手入れ ◎飼料給与法の改善	日常の管理 ◎汚染空気の排除 ◎飼料の増給 ◎管理機器の凍結防止	日常の管理 ◎汚染空気の排除 ◎清掃，消毒

注　施設面は主として畜舎の建設時に留意する事項，機器面は建設時またはその後に機器の導入によって対応する事項，管理面は日常の飼育管理における対策で対応する事項．

2）夏季の暑熱対策

　夏季において，最適の舎内環境とするためには，冷凍機を用いた空調畜舎とすればよいことはわかっているが，畜産経営においては採算上問題がある．したがって空調なしで考えることになる．この場合，施設面からは舎外からの熱の進入防止と，進入した熱および舎内で家畜などから発生した熱や水分を，すみやかに舎外に排出することである．そのために畜舎は日射熱の進入防止と舎内の蓄積熱の排除に重点を置いて計画する．機器面からも舎内の蓄積熱の排除をはかるが，直接畜体から熱を除去する畜体への送風が有効である．また，管理面からは日常の管理に防暑的配慮をすることが大切である．

a）日射熱の進入防止

　①　配置（方位）と構造：　夏季，舎内に直射日光がなるべく差し込まないようにするためには，太陽の軌跡を調べて方位を検討し，また軒を長くするなど，畜舎の配置や構造で対応する．

畜舎は原則として東西棟とするほうが直射光の差込みは少ない．その理由は，夏季の太陽は緯度によって差はあるものの，わが国では北寄りの東から昇り，真上に近い高い位置を通って北寄りの西に沈む．そのため，妻面が閉ざされた畜舎の場合，棟方向を東西にとると，窓から舎内に直射日光が差し込むのは，早朝と夕方だけとなり，太陽が南に回った日中は，南側の軒を長めにしておくだけで舎内直射は避けられる．

② 庇陰：　畜舎の配置は，現実問題としては建設予定地の地形による制約が大きい．したがって理想的な方位とすることができない場合が多い．もし南北棟の場合は，午前11時頃までは東側の窓から，午後2時頃以降は西側の窓から舎内に日射が差し込む．したがって，これらを遮るために庇陰施設を設置する必要がある．庇陰には棚を作りその上に寒冷紗などの化学繊維製の布またはすだれなどを張るか，庇陰樹などの植樹を行うとよい．なお，直接舎内に直射光が差し込まなくても，畜舎周囲の地面が熱くなり，その照返しが有害であるため，これらの場所にも庇陰施設の設置や庇陰樹の植樹をするほうがよい．

③ 断熱：　夏季の断熱は屋根や壁を通して進入する熱を防止するために必要である．これらの部位の熱の通しやすさは，その部位を構成する材料や構造によって異なる．熱を通しにくい材料を断熱材というが，経済性などを考慮して，どの程度の断熱材を使用するか，および空気層などをつくって構造的に断熱性を高めるかなどを検討する．なお，屋根面の温度上昇を抑えるために，表面の反射率の高い材質や色を選ぶことも重要である．なお，断熱の悪い場合には屋根面散水も有効である．

b)　舎内の蓄積熱の排除

① 通風の促進：　通風は夏季の舎内の熱およびその他の不要物を舎外へ運び去るために行う．通風の促進をはかるためには，舎外の自然風の通過促進を基本とし，夏季の主風向と畜舎の方位，他建物との配置関係，開口部の構造などを検討する．なお，自然風だけでは不足の場合は換気扇などを使用する．

畜舎の方位は梁間方向が夏季の主風向と平行か，ずれても30度以内が望ましい．わが国の夏季の主風向は一般には南または南西の風が多いので，畜舎は東西棟がよいことになり，日射の面からよいとした方位と一致する．

② 換気扇：　自然風が弱いか畜舎の方位が不適で自然風を利用できない場合は，換気扇で舎内に蓄積した熱などの排除をはかる．この場合，上に抜く方法と横に抜く方法がある．上の場合は屋根の中央部に数カ所ファン付きの換気筒を設けることが多い．しかしながら，この方法は夏季の換気促進法としては多くを期待できない．むしろ棟全部をスリット状に開放する棟開口（オープンリッジ）式のほうが効果的である．

横の場合は畜舎の梁間方向に送風するか，桁行き方向にするかであるが，梁間方向のほうがファンの数は多くいるが効果が大きい．桁行き方向の場合はふつう中央通路などに大型ファンを設置するが，空気の移動距離が長くなるので，よほど大型のファンを取り付けないとよい効果が得られない．

c)　畜体への送風
夏季の畜体送風は家畜の体から直接，熱を奪い去るために行う．体温以下であれば気温と同じ温度の風でも効果はあるが，できるだけ低い温度の風のほうが効果が大きい．

① 畜体送風： これには扇風機を用いる方法，ダクトに風を送り込み，ダクトの小孔から畜体に向け送風するダクト送風，および畜舎の片側に大型のファンを取りつけて排気し，他側からの給気によって，舎内に一定方向の気流を生ぜしめる舎内通気式送風がある．

扇風機は壁，柱および天井などに取り付けて家畜に送風するが，設置にあたっては，ファンの大きさと能力，取付け位置および台数などをよく検討する．

ダクト送風はファンにポリエチレンや塩化ビニールなどのダクトをつけて送風するが，ファンの能力，ダクトの設置位置，ダクトの吹出し口の形状，吹出し風速などをよく検討する．

舎内通気式送風は，畜体からの熱の放散促進効果が大きいばかりでなく，先に述べた畜舎内の蓄積熱の排除効果も大きい．設置にあたっては，送風方向はなるべく夏季の主風向に沿う方向とし，ファンは大風量のものを使用する．ファン設置側の対側の給気口は広くとり，給気口以外は閉鎖して空気の短絡を防ぐなどに留意する．

② 冷風送風： 上記の畜体送風は常温の空気の送風であるが，冷風送風は空気をできるだけ冷却して送風するため体熱放散効果が大きい．空気の冷却にはコストの安い冷却法を利用するもので，送風方法は前と同じである．冷却法には次の方法が用いられている．

冷水冷却；中古のバルククーラーやユニットクーラーなどと，スクラップ自動車のラジエーターを組み合わせ，クーラーで冷やした水を，ダクト送風装置のファンの後につけたラジエーターに通して，ダクト送風の風を冷やしてから畜体に送風する事例がよい効果を得ている．このクーラーのかわりに古井戸を使用する場合もある．

気化冷却；水が蒸発する際に気化熱を奪う原理を利用し，散水と送風を組み合わせて冷風を得ようとするものであるが，わが国は夏季高温多湿であり，蒸発しうる水分が少ないため，大きな効果は得られていない．

地下冷却；地中の温度は一年中ほぼ同じ十数度であるため，地下に横穴を掘って空気を冷却する試みがなされているが，発掘労力などの面で実用化には至っていない．

d) 日常の管理 夏季は日常の管理において次の点に留意する必要がある．まず，舎内の風通しをよくするために，戸はできるだけ開放し，障害物の除去に努める．牛や種豚は夜間は可能な限り外に出す．畜体からの放熱を阻害しないよう，畜体の清潔に努め，ブラッシかけや水洗を励行する．飼料の給与法については，粗飼料を必要とする牛の場合はとくに注意する．すなわち，夏季高温時に食欲が低下すると，牛は最初に粗飼料の採食性が低下するため，栄養のバランスが崩れやすい．したがって暑熱時にはとくに良質の粗飼料を給与し，採食量の低下を防ぐ必要がある．また，乾草は体内で消化吸収される過程で発生する熱量が多いので，気温の高い日中は避け，夜間に給与するなどの配慮が必要である．

3) 冬季の寒冷対策

冬季において，温暖環境を必要とする子畜以外は，寒さだけが原因で病気にかかったり死亡することはほとんどなく，それよりも，飼料効率の低下のための餌の損失が問題であることは前述のとおりである．したがって，寒冷対策は雛と子豚については加温を

含む十分な対策をとるが，その他の家畜では，飼料の損失額と寒冷対策にかかる経費との損益計算に基づいて対応しなければならない．なお，このほかに，作業者の労働環境ならびに使用する管理機器の低温稼働限界なども考慮する必要がある．

以上を考慮して，施設面からは，とくに家畜自体から発生した熱を，なるべく舎外に逃がさないよう，熱の移行を抑制し，かつ，舎内空気の汚染をできるだけ少なくするために，断熱と換気に重点を置いた計画を行う．また，同時にできるだけ舎内に日射熱が進入するような方位を検討する．機器面からは育雛施設，豚の分娩舎および子豚舎などでは，暖房機器などの採用を検討する．日常の飼育管理においてはつねに舎内空気の清浄化に努め，また，必要量の飼料の加給を考慮する．

a）日射熱の進入促進

① 配置（方位）と構造： 冬季は，できるだけ舎内に日射が進入するような方位を検討する．冬季の太陽は南寄りの東から昇り，低い位置を通って南寄りの西に沈む．したがって，東西棟の場合，南側の窓から一日中舎内に陽光が差し込む．とくに軒高が高く，高い位置に窓がある構造の畜舎の場合は日射の進入が多い．なお，この方位は夏季の防暑面で考慮した方位と一致する．

b）舎内からの放熱抑制

① 断熱： 夏季の暑熱対策で述べた断熱と同様であるが，冬季に断熱を必要とする場合は，夏季よりも舎内外の温度差が大きいことが多い．したがって，舎外気温が何度のときに舎内を何度に保つかを明らかにし，その温度差を維持するために必要な断熱材や断熱構造を選定する．

② 換気： 換気は舎内の家畜および糞尿などから排泄および発生したアンモニア，メタン，水蒸気および微生物などの有害物を，舎外に排出して畜舎内に新鮮空気を供給するために行う．

一般に，冬季の換気は，有害物排除のための舎内空気の排出に伴って，舎内の熱も排出されてしまい，また取り込む外気温が低いので，舎内の気温が低下することが多い．したがって，熱損失を少なくし，かつ，有害物をできるだけ多く排出することが，冬季の換気の要点である．

換気の方法には，自然換気と機械換気がある．自然換気は動力源により風力換気と温度差換気に分けられる．いずれも経費は安く経済的であるが，換気量を調節しにくい欠点がある．

機械換気には，第1種機械換気（給気，排気ともに換気扇を用いる），第2種機械換気（給気扇のみ）および第3種機械換気（排気扇のみ）があり，また，給気口および排気口の位置を，棟部，側壁部および床部とする種々の形態がある．機械換気は機械力を利用するため経費はかかるが，換気量や換気輪道の調節がしやすい利点がある．

畜舎の換気計画に際して，換気量の計算をするが，その方法には，①舎内の有害ガス濃度を一定以下に保つ式（（1）式），②舎内の湿度を一定以下に保つ式（（2）式），および③舎内の気温を一定以上に保つ式（（3）式）の3種の計算式がある．

$$Q = \frac{k}{P_i - P_o} \tag{1}$$

$$Q = \frac{W}{(x_i - x_o)/S_v} \qquad (2)$$

$$Q = \frac{S_v}{C_p}\left(\frac{H_s}{t_i - t_o} - A \cdot \bar{K}\right) \qquad (3)$$

ただし，Q は換気量 (m³/s)，k は有害ガス発生量 (m³/s)，P_i は舎内の有害ガス許容量 (l/l)，P_o は外気中の有害ガス濃度 (l/l)，W は舎内の水分発生量 (kg/s)，S_v は空気の比容積 (m³/kg′)，x_i は舎内の許容絶対湿度 (kg/kg′)，x_o は外気の絶対湿度 (kg/kg′)，C_p は空気の定圧比熱 (1,005 J/(kg′·℃))，H_s は舎内の発生顕熱量 (W)，t_o は外気温度 (℃)，t_i は保持する舎内気温 (℃)，A は畜舎の外表面積 (m²)，$\bar{K}$ は畜舎の平均熱貫流率 (W/(m²·℃))．

実際には，まず (1) 式で舎内の有害ガス濃度を一定（ふつうは有害ガスの指標に二酸化炭素を用い，その許容濃度を 0.2% に設定することが多い）以下に保つため，または (2) 式で舎内湿度を一定（たとえば 90%）以下に保つための換気量を求め，次にその Q の値を (3) 式に代入して，逆に $\bar{K}$ の値を求め，断熱材の種類や厚さを決めるとよい．

③遮風： 寒冷時に，閉鎖型の畜舎では畜舎外表面の温度低下を防ぐため，開放型の畜舎では畜体に直接風が当たらないようにするために遮風を行う．その方法には，冬の主風向を考慮して防風林，防風垣および防風壁を設置する，畜舎をビニール幕などによって覆う，または巻上げカーテンを下ろすなどがある．

c) 畜舎の暖房 家畜の飼育場所の暖房の方法には，畜舎に温風を送り込んで舎内全体の気温を上昇させる温風暖房，床をヒーターや温水配管の湯で暖める床暖房，および幼畜のいる場所だけの保温をはかる局所暖房がある．温風暖房は換気も兼ねることができ，温度の調節も行いやすく急激な外気温の変化に対応しやすいが，換気量が多いときは熱損失が大きく，コスト高になりやすい．床暖房は家畜に熱が放射，伝導のかたちで与えられるので暖房効果が高く，換気量も多くできる利点がある．局所暖房には赤外線ランプやヒーターおよび各種燃料を用いた保温箱および育雛器などがあり，簡易でコストも安く，もっとも一般的な方法である．

d) 日常の管理 日常の管理でとくに注意する点は，寒冷時には寒さを気にするあまり換気が不足しがちになり有害物が蓄積しやすいので，極力換気をはかり舎内の汚れた空気の排除に努めることが大切である．このほか，寒さによるエネルギー損失に相当する飼料の増し飼いおよび給水器や管理機器等の凍結防止などに留意する必要がある．

4) 空気の清浄化対策

舎内の空気は，窓や戸を締め切ることが多い冬季に汚染されやすい．冬季の換気の重要性や換気の方法は前述のとおりであり，十分な換気こそが舎内空気の清浄化対策の第 1 の要点である．このほかに除塵機や消毒機の使用も重要である．

a) 舎内の汚染空気の排除 換気の促進が重要であり，前述の項（②換気）を参照されたい

b) 舎内の塵埃，微生物の排除

① 除塵： 家畜の排泄物，羽毛，敷料および飼料などに起因する塵埃を舎内から減らすために行う．除塵の方法には換気による移動，集塵機による集塵，噴霧水による洗

浄および自然降下による落下の方法がある．移動は舎内の塵埃を減らす効果が大きいが，これだけでは十分でない場合がある．集塵は有効であり，電気集塵機，サイクロン，エアフィルターなどが使用されている．洗浄は鶏舎で問題になる"ふけ"が疎水性のためあまり有効でない．落下も，衛生上問題となる 10 μm 以下の粒子はほとんど落下しないので実用的でない．したがって，換気を主に，これに集塵機を併用使用するのがもっとも有効である．

② 消毒：病畜から移行する微生物を除去するために消毒を行う．畜舎の消毒法には消毒剤散布と紫外線殺菌灯による方法がある．畜舎の消毒剤には，病原微生物に対する殺菌力，効果の持続性および人体に対する影響などの点から陽イオン界面活性剤などの薬品を用い，動力噴霧器や定置配管した噴霧装置によって定期的に散布する．

紫外線殺菌灯は鶏舎などで使用されている．設置にあたっては，人体への影響を考え，人の身長より高い位置に上向きに設置する．殺菌効果は湿度や塵埃の影響を受けやすく，また，長期使用により出力低下があるので注意する． ［野附　巖］

6.3　家畜の生態と制御

a．生態と行動
1）生態と行動

一見，自由に行動している放牧家畜も，観察を続けていくと個体や集団の動きに一定の法則性があることに気づく．そのような一定の法則性をもった個体の行動や生活形態，あるいは集団の生存様式を一般に生態といっている．これに対して行動とは，動物がそのときどきの内的欲求や外界の変化に対応して行う反応動作のことであり，行動のすべてが生態に結び付くわけではない．このように生態は行動よりも広い概念であるが，ここでは家畜にみられる特徴的な一連の行動様式を対象として述べる．

2）管理と生態

畜舎で飼育されている家畜の場合には，管理者の影響が行動形態や生活様式にも強く現れ，野生種のそれとは一見異なる場合もあるが，基本的にはそれぞれの種による特異性は保持されており，放牧地のように比較的監視や束縛がゆるい場合には，野生種と同じような行動様式を見い出すことができる．逆に，畜舎における家畜は人が管理することによって，生活の規則性が強調され，その生態がより明確になる場合もある．

このように，われわれが家畜の生態や行動に注目するのは，家畜本来の行動様式に基づいて管理することで，家畜の制御が容易になるだけでなく，個体行動の極端な変化から異常を察知し，損耗を未然に防ぐことが可能となるからである．

b．個体維持と種族維持
1）個体行動と群行動

家畜の行動は大きく個体行動と群行動に分けることができる．個体行動の主要な部分は個体の生命維持であり，採食によるエネルギー確保や休息などがこれにあたり，毎日周期的に繰り返されている．これに対して，群行動の基本的な役割は種の維持と発展で

あり，外敵からの群の防衛と繁殖にあると考えられる．すなわち，何頭かの家畜を一緒にしておくと一塊の群となり，採食や移動，休息など各個体が同一の行動をとる一方，採食や休息の際の有利な場所の確保や発情雌牛への接近から交尾に至る繁殖行動，あるいは親子間の授乳等，個体間の力の優劣や種の維持に結び付く社会的行動が認められる．

2) 採食および飲水行動

家畜が生存のために栄養源を摂取する行動を採食行動といい，その中でも水を摂取する行動を飲水行動として区別している．採食や飲水の発現は視床下部にある中枢によって制御されているが，家畜の採食行動にはふつう朝夕2回のピークが認められる．

飼料や水を口の中に取り込む動作は，動物種による差異が明確でありよく観察されているが，給餌される飼料によっても変化する．馬は唇周囲の筋肉がよく発達しており，草を唇で集めて上下の切歯にくわえ込み，引きちぎるので，短い草でも利用することができる．めん羊や山羊も唇を細かく動かし，餌を選び分けるほか，牧草を採食するときは上顎の歯床板と下顎の切歯でくわえて，頭を前上方へ持ち上げるようにして刈り取ることで，馬と同様に短い草でも利用できる．これに対して，牛の上唇には鼻鏡があり，口唇の動きは不活発で，草は舌で巻き込み，上顎歯床板と下顎切歯で刈り取って口腔内に入れるため，採食後の草高は高く，牧草の利用性が悪い反面，再生には有利である．

濃厚飼料のような粉末や粒状の飼料は，いずれの家畜も舌で舐め取るようにして口腔内に入れてそしゃくし，嚥下する．すなわち，雑食動物の豚では飼料の多くが粉状や粒状であるため，下顎ですくい上げてそしゃくし，嚥下する．しかし，鶏の場合は餌をついばんだ後，頭を上げ，舌を動かして嚥下する．

飲水行動は馬，牛，めん羊，山羊，豚のように口腔内を陰圧にして吸い込むタイプと，犬，猫のように舌で水を口腔内に掻き込むタイプ，鶏のようにくちばしで水をすくい，頭を高くして喉に流し込むタイプに分けられる．

3) 休息と睡眠

家畜の一日の生活サイクルは，動きのある時間帯と動きのない時間帯から成り立っている．この動きのない状態はさらに休息と睡眠に分けられる．休息は運動を極端に減じることで，エネルギーの消費を少なくし，疲労からの回復をはかる過程と考えられる．家畜は横臥位や犬座姿勢などそれぞれの種に特異的な姿勢で休息するが，成熟した馬は立ったままで休息するのが一般的である．

睡眠の基本的な作用はエネルギー消費の低減と疲労回復と考えられ，外見的な姿勢も休息時と大きく異なるところはないが，目を閉じ，外界からの刺激に対する反応しきい値が高くなり，行動が極端に抑制される点に特徴がある．また，脳の活動状態と密接に関係した日周性があり，脳波でみると覚醒状態での休息とは明確に区別される．

すなわち，休息形態を脳波のパターンから判定すると覚醒状態と睡眠状態に分けられるほか，睡眠状態はさらに徐波睡眠とREM睡眠に分けることができる．覚醒時の脳波は周波数 $14\sim60\,Hz$ の振幅の小さい波で，四肢等の筋電図や眼球運動にも活発な活動電位が認められる．これに対して，徐波睡眠は振幅の大きなゆっくりした脳波の出現パターンから名づけられたもので，入眠期に多く認められる．周波数は $0.3\sim3.5\,Hz$，振幅は $10\sim300\,\mu V$ で筋肉の活動と眼球運動は不活発であるが，体は適度な緊張姿勢を保ってお

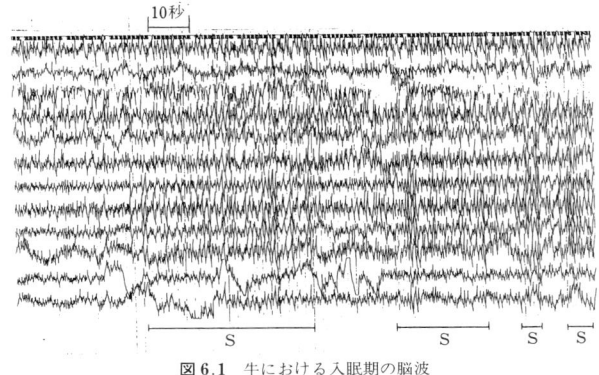

図 6.1 牛における入眠期の脳波
時間経過は左から右.図中,Sは徐波睡眠の脳波.

り,強い外界刺激によってすみやかに覚醒状態に戻り,退避行動に移れる(図6.1).もう一つの睡眠形態であるREM睡眠は閉じられた眼瞼下で眼球が急速な運動(rapid eye movement)を繰り返すことから名づけられたもので,筋肉の脱力による姿勢の崩れに加え,外界からの刺激に対する反応も極端に低下するなど,深い眠りの状態にあることが外からもみてとれる.REM睡眠は覚醒時と類似した脳波のパターンを示すため逆説睡眠ともよばれ,このときヒトでは夢をみていることが多いとされている.

脳波を観察すると,舎飼いの乳牛の場合,日中でもしばしば徐波睡眠に陥り,1日合計で約4〜5時間に達するが,REM睡眠は長くても数十分にすぎない.これをヒトと比較すると,ヒトでは徐波睡眠期,REM睡眠期ともに1日4時間程度あるのに対し,乳牛のREM睡眠が極端に短いことがわかる.また,睡眠時間は環境温度の影響を受け,高温期には減少する(表6.3).

表6.3 日中6時間の睡眠,採食および反芻行動の気温別平均発現時間(分±SD,$N=7$)

	15°C	30°C	35°C
睡 眠	88.7±22.9	83.0±22.2	26.4±37.3
採 食	59.7±34.0	55.4±25.1	0.0± 0.0
反 芻	95.0±29.3	65.1±21.9	3.3± 5.3

また,反芻家畜における反芻行動は,栄養摂取の面からみて一般に採食行動に含められているが,姿勢をみると典型的な休息姿勢で行われる場合が多く,かつ,脳波記録からも反芻状態からしばしば徐波睡眠に移行するなど,休息の一種とも考えることができる(図6.2).

4) 繁 殖 行 動

繁殖は性的探索行動から交尾,分娩に至る一連の行動で,雌が視覚的形態やにおいなどで雄を引きつけることから始まる(半覚醒期).その後,雌は落着きがなくなり,移動が頻繁になる.外陰部が腫脹し,排尿回数がふえ,独特な鳴き声をあげて雄への呼びかけを行う個体もある.この時期に雌だけの群では乗駕行動が観察される(前受容期).さ

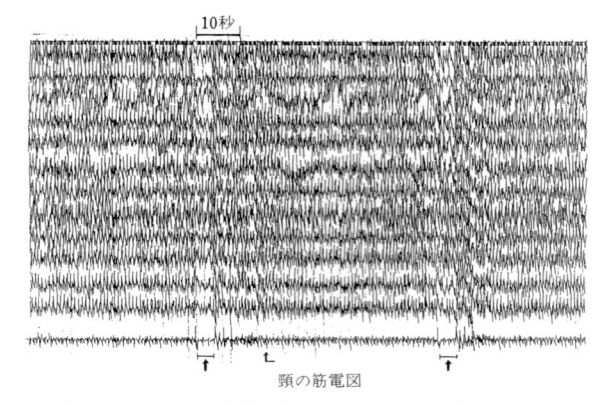

図 6.2 牛の反芻しつつの入眠脳波
徐波睡眠の脳波に反芻による顎の筋電図が重複している．図中，首の筋電図に示した矢印部分は食塊の嚥下と第二胃からの吐出のため顎が停止しており，徐波睡眠の状態であることがわかる．

らに発情適期には雌は尾を持ち上げ，四肢を若干堅くして雄の乗駕を許す（交尾期）．季節繁殖性の家畜では日長時間に同調した性ホルモンの分泌活性の変化に伴う概年リズムがあり，その中でさらに 2～3 週間をサイクルとする発情周期がある．馬は長日性で春に，めん羊，山羊は短日性で秋に繁殖期がくる．

5) 親子関係

哺乳類の母畜は分娩すると子畜の胎膜や羊水を舐め取り，皮毛の乾燥を促進させる．また，この間に母畜は自分の子を認識し，その後も授乳する．したがって，分娩直後から一定時間子畜を離しておくと，母畜は自分の子と認識しなくなる．この親子の絆の強さは畜種によって異なり，ホルスタインでは比較的ゆるやかであるが，馬や和牛では緊密で親子を離すと双方が不安に駆られる．また，親子の距離も子畜の成長に伴って変化し，親子の距離はしだいに離れていく．母畜と子畜を一緒にしておくと親畜は子畜を舐めまわしたり，特別な声で鳴きかけたりする．

6) 優劣順位

群で飼育すると個体間で優劣の順位ができる．順位が確立していない場合には片方または双方が攻撃し合い，弱い側が回避あるいは逃走行動を示す．牛の場合，一般に徐角された牛よりは有角の牛のほうが順位が高くなり，優位の個体が餌場を独占したり，快適な休息場を確保する．

c. 生得的行動と習得的行動

生得的行動とは生まれながらにもっている行動形式で，単純な反射や哺乳，採食といった行動がこれにあたる．一定の刺激に対してつねに同じ反応で対応する適応行動で，生命維持に不可欠なものといえる．これに対して，習得的行動は，これまで予測しなかった周囲の変化を体験することで，動物が自らの反応に変更を加えて適応する行動様式である．大脳の発達した高等動物では，経験したことを記憶にとどめ，状況の変化に合わせて行動を変更し，自らの生存を有利に導いている．

学習は習得的行動の中の一種の適応反応で，以前には無関係だった特定刺激と行動（反応）に関連づけが成立することをいう．すなわち，管理者側からの積極的な働きかけに

よって，家畜が鐘の音等の特定刺激に対応した行動を誘発され，報酬または罰を得ることで成立する．これに対して，報酬や罰を与えることなしで成立する刺激と行動の関係を慣れという．

d． 生態および行動の制御
家畜は餌と繁殖が人の管理下にあり，管理者は労働負担を軽減しつつ生産性を上げるためその行動に何らかの制限を加えている．したがって，行動制御には給餌関係と繁殖関係に重点があり，放牧地では群の誘導も行われる．

1） 採食および飲水とその制御
採食量は環境温度の影響を受け，高温では減少し，低温では増加する傾向がある．そのため，高温では給餌回数を多くして食欲を誘発し，採食量を確保する方法がとられる．また，選び食いを回避するため，餌素材の混合や給餌量の調整のほか，本来の餌でないものを餌として活用するなど，経済性のための餌素材の変更も一定の範囲で可能である．しかし，食欲の規制は不可能で，家畜自体で採食回数や量を制御させることはできない．

飲水行動も環境温度の影響を受けるが，採食量とは逆に高温で増加し，低温では減少する．飲水の制限は行わないのが一般的であるが，糞の水分を調節する目的で飲水の回数や量を制限する場合もある．ただ，乳牛で飲水量を制限すると乳量にも影響が出る．放牧地では水飲み場を動かすことで行動様式が変わり，草地の利用形態を変えることができる．

2） 繁殖とその制御
畜舎で飼われている牛では管理者が発情した雌を発見し，人工授精を行うのが一般的であるが，放牧地では雄牛（まき牛）による自然交配も行われている．馬やめん羊，山羊では自然交配がふつうで，特別な雄と掛け合わせるときは，雌馬の近くに雄馬（あて馬）を近づけ，発情の探りを入れる．発情した雌馬は雄馬を拒否せず，近寄ってくる．また，雄馬は上唇をあげ，上歯をみせる特異な表情をつくる．これをフレーメンという．同様にめん羊，山羊では雄に腹当てをして雌の群に追い込むと，発情した雌だけが雄の後についてくるのでそれらを選別して交配を行う．

3） 哺乳およびその制御
乳牛の場合は分娩後数時間で子牛を分離し，人工哺乳するのがふつうであるが，その他の家畜では母畜による哺乳が一般的である．しかし，母畜に事故が生じたり，豚やめん羊，山羊のように産子数が多く，泌乳量が足りない場合には乳首付きバケツや哺乳瓶で人工哺乳を行う．人工哺乳の方法には乳首哺乳およびバケツ哺乳等がある．後者の場合，子畜は最初はバケツ等から直接液体を摂取することを知らないため，指をしゃぶらせながら液体に誘導して飲み方を教え込ませるとバケツから直接飲ませることもできるようになる．自然哺乳では1日に何回も哺乳するが，人工哺乳では朝夕2回程度が一般的である．

〔古川良平〕

6.4 家畜の管理作業

家畜管理において合理的な飼育を行うためには，自然環境から家畜を守るとともに，家畜の管理者の労働生産性を重視し，家畜管理作業について十分検討する必要がある．とくに，今日のように規模拡大が進展し多頭羽飼育になると，労働生産性の高い管理技術が要求され，合理的な家畜管理作業体系の確立が必要である．

a. 家畜管理作業の種類と特徴
1) 種類

家畜の管理作業は，生産物のエネルギー源である飼料や水の調理や給与に関する作業，乳や卵などの生産物の採取，出荷に関連する作業，家畜の排泄物の搬出処理作業および家畜の健康管理などの作業の四つに大別できる．

飼料の調理・給与関連作業は，畜種による差が大きい．豚や鶏は比較的単純であるが，粗飼料を多く給与する牛は複雑であり，青刈飼料，サイレージ，生粕，配合飼料などの取出し，飼料の配合，混合，配餌，給水および飼槽や給水器の清掃作業などが含まれる．

生産物の採取処理関連の作業には，乳関連では搾乳，牛乳処理および牛乳運搬など，卵関連では集卵，選卵，洗卵および箱詰め作業などがある．家畜の排泄物の搬出処理関連の作業には，糞集め，糞・尿の搬出および処理作業などが含まれる．また，その他の作業には日常の健康の観察のほか，畜体の手入れ，種付，削蹄，治療などの不定期作業が含まれる．

乳牛の規模別・管理作業別の作業時間を表6.4に示す．

表6.4 規模別作業の種類別乳牛管理作業時間(搾乳牛換算，分/頭・日)
(農水省，1994年牛乳生産費より算出)

頭数規模階層 (頭)	搾乳・牛乳処理・牛乳運搬作業 (分)		飼料調理・給与・給水作業 (分)	敷料搬入・きゅう肥搬出作業 (分)	その他健康管理など (分)	合計 (分)
		(%)				
1〜9	16.7	47.6	8.6	5.9	4.0	35.1
10〜14	14.1	47.0	8.2	4.7	3.0	30.0
15〜19	13.0	49.4	6.9	3.8	2.6	26.3
20〜29	11.1	49.6	5.6	3.0	2.6	22.4
30〜49	9.2	48.4	5.0	2.3	2.5	19.0
50以上	7.6	52.4	3.5	1.6	1.8	14.5
うち80以上	6.9	55.2	2.4	1.6	1.6	12.5
全平均 (%)	9.6 (49.5)		4.9 (25.3)	2.5 (12.8)	2.4 (12.4)	19.4 (100.0)

2) 特徴

家畜の管理作業が耕種農業や鉱工業作業と大きく相違する点は，作業の対象が生きものの高等動物であることである．したがって，家畜の飼育管理にあたっては，つねに家畜の生理的要求や行動特性をよく理解し，これらに適した作業を行う必要がある．特徴を列記すれば次のようである．

（1）家畜管理作業は，一般の作物のように季節や天候に左右されることは少ないが，年間1日も休むことができず，しかも毎回ほぼ一定の時刻に同じように行う必要のある作業が多い．
（2）一定時間内に，異種の，しかも短時間の作業が入り組んで行われ，そのうえ多くの作業はほとんど反復性がなく，かつ場所を移動して行う作業が多い．しかも同一作業者が多種の作業に関与する．これは，一般工場で行われる，同一場所で，同一作業者が単純作業を繰り返し行う作業とは大きく違う．
（3）畜産における生産量は作業以外の，たとえば，家畜の能力や飼料の品質などの影響が大きいため，ほぼ同じ作業時間であっても，生産量が同じであるとは限らず，また，作業量を変えても生産量を調節することは難しい．
（4）作業の対象が動物であるため，種付，分娩，治療などのように早急な対応の必要な作業があり，しかもこれらは不定期にしばしば発生する．しかし，工場での作業と違って，作業者の体力や身体の状態に応じて，自由に休息したり作業順序を変更することが容易にできる．

b．家畜管理の作業能率とその変動要因

家畜の管理作業能率は，ある種の仕事を行うに要した時間，また一定時間内に行われた作業量などによって評価されることが多い．しかし，この作業能率には，種々の要因が関連している．

まず家畜の管理作業の能率は，表6.4にも示したように，多頭羽飼育になるほど向上する傾向がある．その理由は，飼育規模が大きくなると性能のよい省力機器の導入や作業能率のよい大型畜舎で管理でき，さらに家畜を群飼育するなど管理方式が簡易化され，作業が円滑に流れるためである．このように作業能率と飼育規模とは密接な関係にあるが，これは大規模な飼育にあっては，作業能率を向上させる条件が整えやすいためである．

作業能率に関係する要因は図6.3に示す4点である．

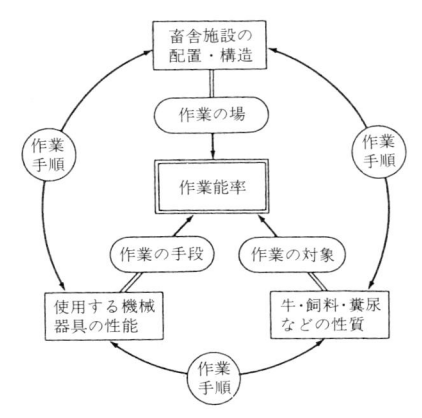

図6.3 作業能率に関係する要因（野附，1978）

(1) 作業の場としての畜舎や付属施設の配置,構造
(2) 作業手段としての機械器具類の性能
(3) 作業対象物である家畜や飼料および糞尿などの性質
(4) 作業者の作業手順

　作業の場である畜舎や付属施設についてみると,たとえば,搾乳場所と牛乳処理室,飼槽と飼料庫などの配置が,また,牛床,豚房および飼槽などの構造と寸法などのような畜舎構造の適否が,搾乳,給餌および除糞作業の能率に大きな影響を及ぼしている.

　また,作業の手段としての機械器具類は,たとえば,搾乳作業において,バケットミルカーよりパイプラインミルカーのほうが能率がよく,飼料の運搬では,リヤカーより動力車のほうが能率がよく,使用する機械器具の性能の影響が大きい.

　さらに,作業の対象物としての家畜,飼料および糞尿などの状態は,たとえば乳房の汚れがひどい牛,乳の出の遅い牛は搾乳作業の能率が悪く,飼料の形状が持ちにくかったり種類が多い場合には給餌作業能率が,また,夏季における鶏の軟便は糞尿処理作業能率が低下する.

　このようにそれぞれの要因は個々の作業の能率に影響を及ぼすが,また,これら相互の関係が深い.たとえば,乳房の汚れが搾乳作業の能率を低下させるのは,作業対象物の状態が悪いためであるが,乳房が汚れる最大の原因は,牛床の構造や寸法が不適なためでもある.

　一方,作業者の手順は,畜舎,機械および作業対象物を介してつねに作業能率に大きな影響を及ぼしている.たとえば,乳房の洗浄,給餌等の順序および通路の通り方,あるいは搾乳機,給餌機の取扱い方法など,すべてにわたって作業者の手順の関与が大きい.

c. 家畜管理作業の測定と分析

　家畜の管理作業の測定と分析は,工業分野で用いている作業研究手法を応用して,作業の改善や適正化が行われている.

1) 家畜管理作業の研究法

　一般の作業研究の目的は,作業者の作業時間,作業動線,作業動作などから無駄な努力や疲労を排除し,経済的で短時間に大量の生産ができる標準作業体系を確立し,作業者を訓練することである.このためには,まず,作業をいくつかに区分し,それぞれの作業について,生産量すなわち作業の出来高とその作業の時間,動線,作業強度または消費エネルギーなどを測定し,これら相互間の関係を調べる.そして,その結果に基づき,前述した図6.3に示してある作業の場,作業手段,作業対象物および作業手順で改善すべき箇所を見つけ,より適切な作業体系を確立することである.

　しかし,前述したように家畜の管理作業は,鉱工業分野の作業と大きく異なる点が二つある.まず第1に生産量である.工業では投入原材料によってほぼ一定の生産量が得られるが,畜産業では一定となることが少ない.その理由は,たとえ同じ作業者が同じ畜舎で同じ機械を用い同じ家畜を管理したとしても,家畜の健康状態,天候および時期的に変動する給与飼料の成分組成などが,乳や卵などの生産量に大きな影響を及ぼすか

らである．したがって，作業量を乳生産量や卵生産量として示すよりは，乳牛の処理頭数や鶏の処理羽数とするほうが適切である．

次に，作業の質である．家畜の管理作業は，多種多様の短い作業が複雑に入り組んでおり，しかも反復作業が少なく，移動作業が多い作業であるうえに，工業と大きく違って作業の分業化が行えず，作業者はこれら全作業に関与することになる．このために，家畜管理作業の効率は，一般に工業分野で行われている動素作業解析でなく，表6.5に示す要素作業を測定し，要素作業や単位作業の段階で比較，検討せざるをえない．したがって，工業分野の作業研究方法を一部畜産用に改変し，主として各要素作業に要する時間と移動距離の測定，作業動作の分析および疲労の検討に重点を置いた方法が用いられている．

表6.5 作業の構成

	作業体系 (process)	作業の種類 (job)	単位作業 (operation)	要素作業 (element)	動素作業 (therblig)
定義	1種類以上の作業からなり，1生産過程に直接関与する一連の作業	一つ以上の単位作業からなるまとまっている作業	一つ以上の要素作業からなる1種類の作業の一部分の作業	一つ以上の動素作業からなる一連の動作	作業の基本単位
例	酪農作業，養豚作業，養鶏作業など	搾乳・出荷作業，給餌・給水作業，集卵・処理作業など	乳房清拭作業，ミルカー搾り作業，配餌作業，集卵作業など	乳房を洗う，ミルカーをはずす，飼料を混ぜる，卵を運ぶなど	選ぶ，探す，つかむ，運ぶ，調べる，放すなど18種の動作

2) 作業時間と作業動線

作業時間は，表6.5に示した作業の構成に基づき，いくつかの要素に区分した作業の終了時までの時間を，ストップウォッチなどで測定記録して，それぞれの所要時間を求める．一方，作業動線は，作業者の移動を記録し，各作業の移動距離を求める．これらの測定法には，経時的に作業者の作業内容や軌跡を記入する記入法とビデオやテープレコーダーなどを用いる記録法がある．また，作業時間のみの場合には，数秒間隔に作業者が実施中の作業名を記録し，一定時間内の各作業名の出現頻度から，それぞれの作業の実施時間を推算するスナップリーディング法がある．ここではテープレコーダー法について述べる．

a) 測定方法　測定者はあらかじめ予備調査を行って，調査対象場所に，たとえば，乳牛舎であれば牛床に，豚舎であれば豚房に番号を，作業者の作業が行われた場所を明らかにするために記号をつける．また，作業動線記入図および動線基準図も作成する．測定は，1人の作業者につき測定者1名が，全作業終了時まで追跡し，ストップウォッチを用いて，各作業の終了時刻とともにその行動と軌跡を詳細にテープレコーダーに記録する．

b) 作業区分　次に，集計に先立って，表6.5に基づいて，作業区分を明確にしておく必要がある．たとえば，要素作業は，どの単位作業に属するか，また，これらの単位作業はどの作業の種類なのかを分類しておく．これが，乳牛舎別の作業の相互比較や作業改善のための共通のメジャーとなる．

c) 集　計　テープレコーダーに測定終了後，作業時間は時間記入用紙に，作業動線は動線記入図に復元し，各要素作業の所要時間および移動距離を求めてこれを整理表に記入する．次に前述した作業区分に基づき，同一作業の数値をまとめ，一日中の同一要素作業，単位作業，作業の種類ごとに要した作業時間および移動距離を集計し表を作成する．なお，動線の求め方には，動線記入図上をキルビノメーターで計測する方法と，前述の動線基準図によって軌跡を求める方法がある．

3）疲　　労

作業能率を重んじるあまり，作業時間や作業動線などの量的作業量が短縮されすぎると体がだるい，ぼんやりするなどの生理的負担が増加する．したがって，作業が簡単に，合理的に，しかも次の日も楽しく行えるようにするために，疲労の検討が必要である．

a) 疲労とエネルギー代謝率　作業研究において，疲労の本質は，現在のところ完全には解明されてはいないが，肉体的あるいは精神的な労働によって，作業能率の低下する現象であるといわれている．しかしながら，その程度は，疲労因子の関係が複雑なため，客観的に測定や表示することは難しい．そこで，作業強度が強いものは疲労が大きいという関係を利用して，疲労の程度を表している．

作業強度は，主に動的筋作業についてはエネルギー代謝率（relative metabolic rate, RMR）で，精神的な作業をかなり含む場合にはフリッカー値で示す．家畜の管理作業は前者が適合する．

エネルギー代謝率は，次式で示される．

$$\text{エネルギー代謝率} = \frac{(\text{作業時の代謝量}) - (\text{安静時の代謝量})}{\text{基礎代謝量}}$$

$$= 労働代謝量/基礎代謝量$$

このエネルギー代謝率の値は，個人差，性別および季節などによる影響が少なく，ほぼ同じ値が得られるために，広く用いられている．エネルギー代謝率は安静時および作業時の代謝を測定して算出するが，これらの測定には間接熱量測定法または心拍数法が用いられている．

b) 消費エネルギー量と作業許容範囲　農作業の中でも，作業対象が生きものであり，1日たりとも休めない作業が家畜管理作業である．したがって，毎日連続しても次の日に疲労が蓄積しない作業量であることが必要である．その目安として，ある作業を行うときの作業者の消費エネルギー量（作業中の作業者の全代謝量）が用いられる．

この消費エネルギー量は，次式によりエネルギー代謝率から求める．

$$消費エネルギー量(\text{kcal/min}) = 基礎代謝量 \times (\text{エネルギー代謝率} + 1.2)$$

一般に8時間の作業で，消費エネルギー量は，成人男子の場合で1,800〜2,000 kcal，成人女子の場合で1,600〜1,700 kcalがほぼ限界といわれている．

乳牛管理作業時の作業強度と消費エネルギーの測定例を表6.6に示す．

4）作業動作と作業の流れ

作業者の作業の流れに沿って，作業の姿勢や動作を追跡して，無理な姿勢や無駄な動作を取り除き，合理的な作業手順を得るために，動作の分析と作業の流れの分析を行う．これは，作業時間の短縮や疲労を軽減するために重要である．

6.4 家畜の管理作業

表 6.6 搾乳舎における作業とエネルギー消費量(佐原ら, 1979)

作　業　名	作業時間		RMR	各作業時間中のエネルギー消費量
	分	秒		kcal
乳房清拭	24	00	3.70	89.23
ミルカー装着	12	16	3.31	42.09
マシンストリッピング	37	18	2.02	91.14
ミルカーはずし	1	38	1.84	3.69
手の後搾り	0	50	1.64	1.72
ミルカー洗い	3	24	2.31	9.06
糞集め	1	35	2.31	4.26
糞運び	2	15	5.02	10.86
パーラー水洗	16	15	2.65	47.62
乳量計	3	57	2.42	10.99
手まち	12	40	1.44	25.44
牛の出入り	0	13	3.16	0.66
ウォッシングストール調整	0	45	3.52	2.87
ウォッシングストール洗い	0	25	2.70	1.18
その他	0	43	1.82	1.60
総　　計	118	14	(平均値)(2.62)	342.41

a) 動作の分析　簡単な動作の分析は観察することでできるが，複雑で繰返しの少ない家畜管理作業ではカメラ，ビデオなどによる記録が効果的である．これらの観察記録に基づき，たとえば，図 6.4 に示すような直立姿勢から蹲居姿勢などの頻度および持続時間を調べ，とくにきつい作業姿勢である前傾および蹲居姿勢の軽減をしなければならない．

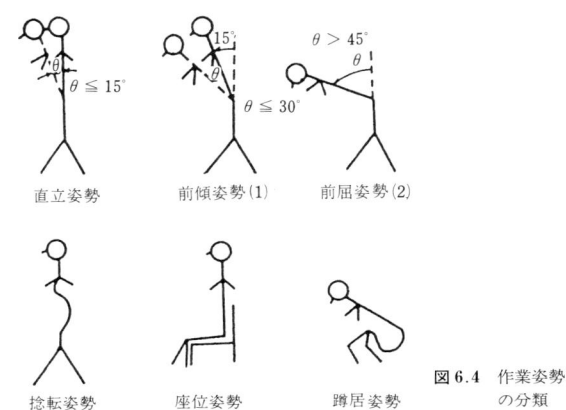

図 6.4 作業姿勢の分類

b) 作業の流れ　作業の流れについては作業時間測定結果を用いて作業の分析を行う．すなわち，作業が行われた順序に沿って時間軸上に作業内容を記入し，作業者の行動の流れを追ってその過程を分析する．まず，各乳牛舎ごとの概要を把握したうえで，詳細については，それぞれの乳牛舎別の作業時間記入用紙を用いて，無駄な作業や動作を検討し，作業能率のよい方法を見い出すことになる．

d. 管理作業測定結果の利用

畜舎に求められる要件の一つに労働生産性があるが，前述した作業時間，作業動線，作業強度および作業動作などの測定結果は，既存畜舎の作業改善と新設畜舎の設計資料として有効に利用できる．

まず，既存畜舎の作業改善のためには，畜舎における管理作業を測定調査して，作業上の問題点を抽出し，次に改善方法を検討する．また，いくつかの調査事例を比較することも有意義である．たとえば，搾乳時の乳房清拭時間の割合が多く，それが糞尿溝構造に起因することが判明した場合には，畜舎の改善をはかり，また，測定結果から作業上の問題点を抽出し，機械の導入が有利なときは作業機械体系の改善を，作業対象や作業手順に問題があれば，これらを改良するために利用できる．

次に，新築畜舎の立案にあたって，集約した測定結果はある飼養規模の家畜を限られた労力で管理しうる畜舎の形式や構造の選択のための基礎資料となる．たとえば，乳牛50頭を夫婦2人で飼育するためには，どのような畜舎形式にどのような機械を導入し，また，施設の配置，構造および作業方法をどのようにするかを決めるときに，飼育方式別，畜舎の形式別，使用施設機械別作業体系および作業能率が明らかであれば，計画立案がスムーズに行える．

以上のように，作業の現場調査結果は，家畜管理作業の省力化と合理的畜舎建設に有効である．したがって，今後さらに数多くの調査研究が行われ，よりよい畜舎のための基礎資料の蓄積が望まれる．

［佐原傳三］

6.5 家畜管理の方法

この節で取り扱う家畜は，農用動物とか産業動物などとよばれている牛，馬，めん羊，山羊，豚，鶏およびウズラなどの狭義の家畜を指し，犬，猫，小鳥および実験動物などの広義の家畜は含まない．これら狭義の家畜が畜産農場においてどのような方法で飼われているかについて，牛，豚および鶏に重点を置いて概要を述べる．

a. 家畜の収容法の種類と特徴

家畜を収容する方法には家畜の行動範囲の大小からみて，放して飼う，閉じ込めて飼う，およびつないで飼う方法が，また，飼育環境の制御の程度からみて，開放型畜舎飼育，閉鎖型畜舎飼育などがある．

1) 家畜を広い場所に放して飼う

これには①放牧飼育，②放し飼い飼育，③平飼い飼育および④その他の飼育がある．①の放牧飼育は乳牛，肉牛，馬，めん羊，山羊などで行われ，広い放牧地を有する経営においては省力的で低コスト飼育ができる．②は主に牛の飼育に用いる方法で，牛の休む場所の休息場にフリーストールという区画を設けたものをフリーストール式の放し飼いといっている．これは省力性が高く大規模経営に向くといわれている．③の平飼い飼育は運動場付きと畜舎だけのものがある．前者はもっぱら種鶏の飼育に用いられており，後者は主としてブロイラーの飼育に用いられている．④のその他には，古代または今日

2) 家畜を狭い空間に閉じ込めて飼う

これには①単飼房飼育，②群飼房飼育，③ケージ飼育，④ストール飼育および⑤その他の飼育がある．①の単飼房飼育の房とは柵などで囲った家畜の収容空間のことで，これをペンともいう．1頭ずつ収容するものが単飼房で，これは雄畜，分娩畜，哺乳畜および病畜などの収容に用い，個体管理に適する．②の群飼房は数頭ないし十数頭を収容し追込み房ともいう．育成畜，肥育畜の収容に用いられている．

3) 家畜を繋留具でつないで飼う

これは主に牛で，まれには豚で行われる．牛の繋留方法には，①スタンチョン繋留式と②タイ繋留式があり，前者には連動型と自由型とが，後者にはチェーンタイ，安楽（カムホート）タイおよび馬栓棒タイなどの種類がある．これらの利害得失は表6.7のとおりである．なお，豚の繋留は繁殖豚に限られ，多くは豚に首輪または胴輪をつけ，これをチェーンなどで床などにつなぐことが多い．

表6.7 つなぎ飼い式乳牛舎の繋留方式の比較（野附）

	スタンチョンストール		タイストール		
	運動スタンチョン	自由型スタンチョン	チェーンタイストール	安楽タイストール	馬栓棒タイストール
牛の行動	もっとも制限する	かなり制限する	やや制限する	比較的自由	もっとも自由
牛体の汚染	少ない	比較的少ない	やや多い	多い	もっとも多い
繋留の難易	もっとも簡単	簡単	手間がかかる	手間がかかる	もっとも手間がかかる
費用	比較的安い	比較的安い	安い	高い	もっとも安い

4) 環境をある程度制御して飼う

これには①開放型畜舎飼育，②閉鎖型畜舎飼育および③無窓（ウインドウレス）畜舎飼育がある．①の開放型畜舎飼育は柱と屋根のみで壁を設けないか，あっても開口部が大きい畜舎で飼う夏季の通風換気に主眼を置いた暖地向きの飼育方式で，牛，豚および鶏などの飼育に用いる．②の閉鎖型畜舎飼育は，屋根と開口部の少ない側壁（壁や窓など）で内部を外部と遮断した畜舎で飼う保温に重点を置いた寒冷地向きの飼育方式で，とくに寒冷地の子豚や雛などの幼畜の飼育や分娩豚などの飼育に用いる．③の無窓畜舎飼育は，窓のない畜舎で飼う飼育方式で，ふつう屋根や外壁は断熱構造とし換気は機械換気とする．鶏では光線管理を主とした環境制御のため，豚では温湿度制御を行うために窓なしにする場合が多く，最近は畜舎の悪臭や鳴き声などの公害防止のために窓なしとすることもある．

b. 飼料の種類と給餌・給水法

1) 飼料の種類

飼料の栄養価に重点を置き，これに性状などを加味して分類すると①濃厚飼料，②粗飼料および③特殊飼料となる．①濃厚飼料は容積が小さく，可消化養分含量が多く，粗繊維含量の少ない飼料で，穀実類，ぬか類，製造粕類，油粕類，動物性飼料などがある．濃厚飼料の場合，一般に栄養素がバランスよく含まれているものは少なく，偏りがある

ため単体で家畜に給与することはまれである．したがって通常は，家畜の種類，成育時期および飼養目的などに応じて必要な栄養素を含有するように数種類の濃厚飼料を組み合わせて混合した配合飼料として給与する．②粗飼料は濃厚飼料に比較して容積が大きく，粗繊維含量が多く，可消化養分含量の少ない飼料である．牧草類，青刈作物，根菜類，わら類，乾草，サイレージなどがある．③特殊飼料はミネラル，アミノ酸，ビタミンなどの補給を目的とする飼料である．

2) 不断給餌

飼料の給与法には不断給餌と制限給餌がある．不断給餌は家畜に与える飼料を制限せずに食べたいときに自由に採食できるようにした給餌法で，①濃厚飼料の不断給餌および②粗飼料の不断給餌がある．①濃厚飼料（配合飼料）の不断給餌は，主として肥育を目的とした肥育牛，肥育豚およびブロイラーの給餌法として用いる．子牛，子豚および雛の育成時および採卵鶏の給餌にも用いることがある．②粗飼料の不断給餌は，牛の育成期においては乾草，サイレージなどを不断給餌にするが，粗飼料の手持ちが十分な場合には泌乳牛，乾乳牛においてもこの形態を採用する．また，最近は粗飼料と濃厚飼料を適切な割合に混合して必要な養分を十分供給できるように調整し，同時に選び食いをできにくくした TMR (total mixd ration, コンプリートフィードともいう) 方式の不断給飼法も多くなっている．

3) 制限給餌

制限給餌とは，家畜に毎日給与する飼料の種類や量を決めて与える給餌法で，①給与量による調節給与と②飼料の質による調節給与法とがある．①給与量による調節給与は従来から多く行われている方法であり，基本的には飼養標準によって各家畜の養分要求量を算出し，その養分量を充足する飼料を選んで給与量を決定し，その1日量を何回かに分けて与える方法である．鶏では採卵鶏の育成期に初産日齢を調節するためや産卵期に，豚では妊娠豚や繁殖育成豚の飼育に用いる．乳牛については，全牛に粗飼料をほぼ一定量給飼し，濃厚飼料を1頭ごとに乳量に応じて給与量を決めて給餌する．最近はコンピューター制御で牛ごとに給餌量を設定し，機械が牛番号を読み取って飼料を給与するフィードステーション方式とかトランスポンダー方式などとよばれる方法も用いられている．②飼料の質による調節給与は意識的に家畜が消化・利用困難な籾殻や養分含量の少ない粗飼料などを飼料に混ぜ，家畜がほぼ満腹になったとき養分要求量が満たされるように質で調節する給与法である．なお，TMRも質で調節する給与法の一種である．

4) 給　　水

家畜への給水には①給水槽の使用および②給水具の使用による方法がある．①給水槽は牛および採卵鶏の給水に使用する．牛の場合には放牧地やパドックの一画に水槽を設置する．これは，牛が水を飲むと水槽内のフロートが下がり，水道の弁が開いて水を補充するので，牛は自由にいつでも水を飲むことができる．鶏の場合は樋型の給水槽をケージの前等に置いて給水する．②給水器具として牛の場合は，ストールの前縁や分娩房の隅などにウォーターカップを設置して給水する．豚の場合は，豚房内にウォーターカップおよびプッシャーなどを設置する．鶏の場合は，ウォーターピック，ウォーターカップなどを設置して給水する．

c. 生産物（乳，肉，卵）の採取法
1) 搾　　乳

　搾乳の方法には①手搾乳，②バケットミルカー搾乳，③パイプラインミルカー搾乳および④パーラー搾乳がある．①手搾乳はもっとも古くから行われてきた方法で，人間の手で乳房から乳を搾り出してバケツに貯留する．バケツの牛乳は集乳缶に集め，冷却槽で冷却する．②バケットミルカー搾乳は畜舎内に搾乳用の真空配管を設置し，これにバケットミルカーを接続して搾乳する．搾乳した乳はバケット内に貯留し，人力で集乳缶か小型のバルククーラーに移し変えて，冷却する．牛乳の運搬に労力を要するので20～30頭程度までの搾乳において用いられている．③パイプラインミルカー搾乳は牛舎内に真空パイプと牛乳を送乳するためのミルクパイプを設置し，この両パイプを用いて搾乳をする．搾乳した牛乳は送乳パイプを経てバルククーラーに流入し，冷却，貯蔵する．牛乳を運搬する労力が不要のため搾乳能率が高く，頭数が30頭程度以上のつなぎ飼い式の飼育形態に導入されている．④パーラー搾乳は専用搾乳室（ミルキングパーラー）を設け，ここに上記と同じパイプラインミルカーを設置して搾乳を行う．一般には放し飼い式の飼育形態を対象としており，搾乳能率はつなぎ飼い式のパイプラインミルカーより高く，ティートカップの自動離脱装置などを設置することが多く大規模経営向きである．このほか，最近ではロボット搾乳機の研究，開発，実用化が進みつつある．

2) 肉畜の出荷

　肥育牛，肥育豚およびブロイラー等の出荷は，まず①家畜の捕獲を行って②トラック等で輸送する．①家畜の捕獲は家畜の飼育方式によって異なる．牛の場合，追込み式による群飼育では，1頭ずつ狭い通路（柵）に追い込み，途中で体重計で秤量し，頭絡をつけて積込み台からトラックに積載する．単房やつなぎ式の飼育では，頭絡をつけ，人間が誘導して秤量，積載する．肥育豚も牛と同様に群飼の場合1頭ずつ狭い通路に追い込み，途中で体重計で秤量し，積込み台から積載する．ブロイラーでは，平飼い群飼育の場合，群を可動式の金網で分割して集め，人力で運搬籠に詰め込む．ケージ飼育ではケージごと直接運搬籠に詰め込む．②家畜の運搬は一般にトラックを利用する．牛では頭絡をつけてトラックのあおりにつないで積載する．豚では一般に荷台に追い込んで積載し，ブロイラーでは，運搬籠を数段に積み重ねて運搬する．豚やブロイラーの出荷は，朝の涼しい時間に運搬するのが一般的である．

3) 集卵～パック詰め

　鶏舎内の鶏卵を集めて出荷するまでには①集卵，②検卵，洗卵，③選卵および④パック詰めの工程がある．①集卵の方法には人力集卵と機械集卵がある．前者の人力集卵は籠や箱に卵を入れて卵処理場に運ぶ．後者の合理化した大規模養鶏では自動集卵装置を設置し，ベルトコンベアでケージ列ごとに自動で集卵し，このあと横方向のベルトコンベアを用いて自動的に卵処理場またはGPセンター（選別包装センターの略）に移送する．②検卵は検卵機で卵に光を当て，卵を透視して破卵，血斑，肉斑卵を除去する．洗卵は新鮮な水か温湯で卵の外部に付着した汚物を除去する．規模の大きい処理場では自動洗卵機で行い，洗浄後は卵を温風で乾燥する．③選卵は卵の大きさを統一するために行い，選卵機で卵の重量によって極大，大，中，小，極小の5段階に分類する．④パ

ック詰めは小売店頭で消費者に販売するのに便利なように卵を塩化ビニール製のパックに6または10卵ずつ入れ，パックの蓋を折りたたんで，ステッチか熱でシールする．一般に大型養鶏場ではGPセンターを併設し，鶏舎からコンベアで直接GPセンターまで自動搬入した卵を洗卵，選別から梱包までを自動化し，連続した流れ作業で行っている場合が多い．

d. 排泄物の物性とその搬出
1) 家畜糞尿の物性

家畜糞尿の①形状と物性および②排泄量は各家畜の発育段階，給与飼料の種類，飼料給与量，飲水量など各種の条件によって異なり，画一的な標準を示すことは難しい．①形状と物性は，牛の糞は緑灰色で水分85%程度，粘性があって排糞されると中心がくぼむように積み重なる．豚の糞は鶯茶色で水分が75%程度，粘性は低めでころころした形状である．鶏の糞は黄褐色で水分が77%程度で粘性が高く排糞後積み重なる．②各家畜の排泄量は，わが国では平均的な数値として表11.4(p.263)のような値を使用している．

表6.8 家畜糞尿排泄量（生重量，単位はすべてkg）

畜種	体重	排糞量	排尿量	合計
搾乳牛	550	40.0	20.0	60.0
成牛	500	27.5	13.5	41.0
繁殖豚	230	2.4	5.5	7.9
肉豚	60	2.3	3.5	5.8
産卵鶏	1.6	0.15		0.15
ブロイラー	1.4	0.13		0.13

注）この表は中央畜産会資料の一部抜粋である．糞尿の排泄量は体重のみならず飼料の種類，摂取量，飲水量，乳，肉，卵の生産量等による変動が大きいため，上記の数値は概略の目安である．

2) 搬 出 法

畜舎から糞尿を搬出する方法には①かき出し搬出，②流出し搬出，③その他の搬出方法がある．①かき出し搬出法には各家畜とも小規模の場合には人力で糞を集めて運搬車で搬出する．牛の場合，つなぎ飼い式牛舎では糞尿溝の中のバーンスクレーパーで糞尿と敷料を舎外に搬出する．フリーストール牛舎では通路上に排泄された糞尿をバーンスクレーパーまたはショベルローダーなどで集めながら舎外へ搬出する．豚の場合は，糞尿溝の上部にすのこを設け落下した糞尿をバーンスクレーパーで搬出する．鶏の場合，ケージ飼育ではケージの下の糞溝の糞をスクレーパーで搬出する．また，ケージの下にビニールシートを敷き，この上に落ちた糞をシートを巻き取りながら畜舎外でシートからかき落とす糞巻取り式もある．②流出し法には牛の場合，つなぎ飼い牛舎ではストールの後方に幅80cm程度の糞尿溝を設け，その上部に鉄製のすのこを敷き，糞尿溝に落下した糞尿を長期間堆積し，徐々に腐熟，液化して自重で糞尿溝の最下流に流し，せき板を越えて舎外の糞尿槽に流出する自然流下式がある．豚の場合は，豚房と舎外の運動場との間に排糞溝を設置し，人力や水で糞尿を流して糞尿槽へ流入させる方法が多い．

③その他の方法として，肥育牛の追込み式牛舎ではおがくずなどの敷料を次々に追加補給して1~2週間分の糞尿と敷料をまとめてショベルローダーなどで搬出する．肥育豚の群飼およびブロイラーの平飼いでは，敷料を徐々に追加しながら糞尿を踏み込ませ，肥育豚，ブロイラーの出荷後にショベルローダーなどで舎外に搬出する．また，無窓式のブロイラー飼育では高床式にすることがある．これは床にすのこを敷き排糞した糞がすのこを通って床下に堆積するようにし，ブロイラー出荷後にこれをショベルローダーなどで搬出する．

e. 家畜の衛生管理の方法
1) 日常の監視

家畜の一般的健康状態を日常よく観察し，異常を早期に発見して疾病および事故による損失を未然に防ぐ必要がある．観察の要点は，①元気，食欲，②糞尿の性状および③毛つや，痩肥などである．①元気，食欲はもっとも重要である．健康を害した家畜は食欲が衰え，給与した飼料を残したり，仲間の家畜が食べるときもぼんやりと立っていることが多い．また，仲間に比べて不活発なものや群の中で孤立しているものについては注意する．雛では鳴き声などから健康や周囲温度の状態を判断する．②糞尿の性状については，硬さ，色，におい，粘液・血液の混入などを観察する．下痢などをしやすい子畜，雛については排糞の形状と肛門の周囲の汚れなどにとくに注意する．③毛つや，痩肥．毛の光沢を失い，毛が立って冬毛がいつまでも抜け変わらないなどの家畜や痩せて極端に肋骨が出ている家畜などについては病気か栄養失調を疑う必要がある．

2) 健康検査

定期的および不定期的な①体温測定，②血液検査および③糞便検査が必要である．①体温測定は日常の家畜の観察の中で，健康に疑いがあるときに行う．②血液検査には病気予防を目的とする定期検査と家畜に病気の徴候が発生したときに病因や病名を特定する検査とがある．定期的な検査は家畜によって特定の病気を選定し，その予防対策として血液を採取し，検査を行う．血液の凝集反応などの検査結果によって患畜の摘発と淘汰を行う．牛の結核病とブルセラ病，種鶏の雛白痢等は全国的に定期的な検査を行っている．病気の徴候が発見したときの血液検査は，血液中の理化学的性状を分析して病気の特定や栄養障害などを判定するために行う．獣医師など専門家が行うのが一般的である．③糞便検査には糞の硬さ，色，におい，粘液・血液の混入など外形検査と糞便の理化学的および生物学的検査とがある．後者ではとくに寄生虫のオーシスト虫卵，幼虫，成虫などの検出が重要である．

3) 衛生対策

衛生対策には①環境改善，②畜体の手入れ，③予防注射および④ワクチネーションなどがある．①家畜の環境改善として夏の暑熱対策と冬の寒冷対策および空気の清浄化対策が重要である．この項については6.2節を参照されたい．②畜体の手入れとして牛，豚などの家畜は体表のふけやほこりを除いて血行をよくし，夏季には体熱の放散を促進するために，できるだけ頻繁に体表のブラシかけを励行する．また，乳牛では乳房および腹部の長毛が搾乳衛生上好ましくないので，毛刈りまたは毛焼きを行う．豚は水浴を

好むのでとくに暑い時期にはシャワーなどの水浴をさせるとよい．牛ではパドックから牛舎に入るときに足洗い場を通過させ，肢蹄の清潔に努める．放牧場には薬浴槽などを設置し，牛体の衛生に留意する．③予防注射は通常豚コレラ，ニューカッスル病，豚オーエスキー病など，伝染力の強い急性伝染病に対して感染防止のために行うのが一般的であるが，これらの病気が周辺地域で発生した場合および発生地から動物の移動があった場合には緊急の予防注射を実施する．予防注射としてワクチンを接種する方法が一般的である．④ワクチネーションには生ワクチンと不活化ワクチンの2種類がある．不活化ワクチンには筋肉内または皮下に接種する方法と，経口，経鼻，点眼，皮膚穿刺する方法がある．通常，不活化ワクチンは1回の接種では十分な効果がなく，有効な免疫を得るためにはある期間をおいて2～3回接種する必要がある．また，免疫の持続期間が短いものもあり，数カ月～1年ごとに繰り返し接種を行う必要があるので，使用するワクチンの指定に従ってワクチン接種プログラムを作成し，計画に沿ったワクチン接種の実施が重要である．

f．その他の特殊管理

牛では分娩後できるだけ早い時期に焼きごてか電気ごてを用いて除角を行う．去勢は生後まもなくから5カ月程度の間に行う．削蹄は育成の初期に行い，その後6カ月に1回ぐらいの間隔で続けることが必要であるが，放牧あるいは追込み牛舎での飼育では蹄が自然に摩耗するので整形程度でよい．豚では去勢を保定が容易で傷口が小さくてすむ離乳前に行う．鶏では尾の付近をつつく悪癖があるため，悪癖防止と餌の食いこぼしを減少させるために2週齢頃に上嘴2/3，下嘴1/2を断嘴器で切り落とす断嘴（デビーキング）を行う． 　　　　　　　　　　　　　　　　　　　　　　　　　　　　　　　　　　　［尾台昌治］

6.6　家畜の飼育施設・機器

a．畜舎に要求される基本条件

野生動物が家畜化されて，人間が飼育するようになった当時は，家畜を飼いやすく，また自然環境の悪影響を除くために，簡単な柵囲いや庇陰をした程度の畜舎に収容して飼育していたと推測されるが，今日においては，家畜飼育が多頭化，集約化したため，畜舎に要求される条件も多様化した．近代畜舎に要求される基本条件は次の五つが重要である．

1）居　住　性

畜舎は，家畜を収容して畜産物の生産を行う場であるため，家畜の生産性を高める必要があり，生産に適した居住性が求められている．居住性には暑さ，寒さや空気組成などの飼育環境と，ストールやケージなどの建造物の構造の適否が関係する．前者については，劣悪な自然環境から家畜を守るとともに，畜舎に家畜を閉じ込めるために起こる環境の悪化を防がなければならない．後者については生産を阻害しない範囲の収容密度や構造としなければならない．そのために，実用的な環境計画や適切な畜舎構造の検討が行われている．

2) 作 業 性

畜舎は管理作業を行う場でもあるため，作業者の労働生産性を高める必要があり，良好な作業性が求められている．とくに，規模拡大が進んだ今日の多頭羽飼育の畜舎においては，限られた労働力で一定の時間内に決められた仕事を終える必要から，畜舎の作業性が強く追求されている．そのため，それぞれの作業について能率向上がはかられ，種々の機械設備を取り入れた合理的な畜舎が検討されている．

3) 安 全 性

畜舎には収容家畜の生命ならびに畜舎内で作業する人の生命，財産を守るための安全性が求められている．すなわち地震，台風，大雪などの自然災害時においても，予測される状況下では破損したり崩壊しないよう，建築基準法に基づいて想定した地震力，風圧力および積雪荷重などに適合する材料や構造を選定して畜舎を建設しなければならない．また，舎内における滑走や転倒事故および雷による被害などに対しても，適切な対策を講ずる必要がある．そのために種々の材料，構造，工法などが検討されている．

4) 社 会 性

畜舎には地域社会に迷惑をかけてはならない社会性が求められている．とくに，畜産の経営規模が拡大した今日においてはいっそうその重要性が増加した．すなわち，畜舎内で発生する家畜の鳴き声，家畜臭，糞尿臭，汚水などの量の増加に伴い，公害問題が起こりやすくなった．そのため，騒音，悪臭，水質汚濁などの公害に対する各種の防音・遮音法，脱臭法，浄化処理法などが検討されている．

5) 経 済 性

畜産経営において畜舎の建築費が高価に過ぎ，償却費が大きくなって利益が上がらないようでは，畜産経営を行う意味がなくなってしまうため，畜舎には高い経済性が要求されている．しかしながら，一般に畜舎の建築費は，これまで述べた条件を重視すればするほど，すなわち，居住性や作業性をよくするほど，安全性を高めるほどおよび社会性を重んじるほど高価になる傾向がある．今日，畜産経営の安定化をはかるために，畜産サイドと建築サイドの両面から，畜舎の低コスト化の検討が行われている．

b. 畜舎の建築計画の進め方

1) 基本計画の策定

畜舎建築にあたっては，まず基本計画を策定しなければならない．これは立地条件，経営条件および技術条件などの前提条件によって，建物の形式や構造および大きさなどが大きく異なってくるからである．したがって，まず以下に示す前提条件を整理する．

a) **立地条件** これには自然環境条件および社会経済的条件が含まれる．前者については，年間の気象条件，たとえば最高・最低気温，降雨・降雪量，季ごとの主風向，風速などの情報を把握する．後者については，山村地帯か都市近郊かなどの地帯区分および飼料や生産物などの入荷，出荷の難易などを調べておく．

b) **経営条件** どのような経営をしようとしているかを知るために，①専業か複合かなどの経営区分，②使用できる畜舎用地，飼料作物畑などの土地面積，③家族労力，雇用労力などの労働力，④家畜の飼育規模と将来の拡大計画，⑤資金計画および所得目

標などを明らかにしておく．

c) 技術条件　技術面からは，次の点を明らかにしておく．①常時飼育する家畜の種類別，発育ステージ別などの頭羽数，②分娩間隔，家畜の耐用年数，生産物の生産量などで判断される経営者の管理技術水準，③飼料の生産・給与技術体系，生産物の採取・出荷技術体系，糞尿の搬出・処理技術体系などの管理技術体系．

2) 計画の具体化

a) 基本設計　上述の前提条件の検討結果に基づき，これらにもっともよく適合する畜舎や付属施設各部の形式および構造を決定する．すなわち，舎内で移動する物の流れと，人の動線を検討してもっとも合理的な家畜の収容施設，飼料の供給・給与施設，生産物の採取・出荷施設，糞尿の搬出・処理施設および家畜の健康管理施設などの形式および構造を決める．また，敷地内にこれらをどのように配置するかを決め，平面計画の概略を決定する．次に，環境制御法，建築主材料および屋根型などを検討して立面の計画を決める．以上により，配置図，平面図，立面図などを作成して基本設計が完了する．なお上記の段階においても，建築の専門知識を必要とする部分が多いので，専門家の協力を得るほうがよい．

b) 実施設計，積算，施工　以上の基本的な計画までは畜産サイドで行えるが，実際に建物を建てる際には1級または2級建築士(建物の大きさにより必要資格が異なる)が実施設計，積算などを行って，建築確認を受けて施工しなければならない．したがって畜舎を建てようとする施主は，信頼のおけるよい設計・施工業者を選択し，建築を依頼することになる．

c. 畜舎の建築学的基礎知識
1) 建物の基本構造

建物は基本的には屋根（小屋部），壁（軸部），床および基礎の4部からなる．各部の機能は次のようである（図6.5参照）．

a) 屋　根　屋根は太陽光線を遮断し，雨風雪の侵入を防ぐ重要な働きがある．中でも，雨雪を遮断することを"雨仕舞い"とよび，昔から雨漏りするような建物を造ることは大工のもっとも恥とされてきた．

温暖地においては舎内の熱環境の悪化を防ぐ目的で，屋根表面は日射熱の吸収率の小さいものを使い，野地には断熱材を入れ，天井を張って空気層を設けるなどして日射熱の舎内への侵入を防止する．

b) 壁　壁は機能的には屋根と同じで，日光の遮断と風雨雪の侵入防止の働きをもつが，そのほか舎内と舎外とを遮断する役目の壁と，連絡と遮断の両方の役割をもつ窓，戸などの開口部がある．寒冷地では，舎内の暖かい空気を逃がさないように断熱構造とする．温暖地では，壁部分をはめ戸として夏季にはこれを取り払って通風をよくする場合もある．なお，壁の上部と下部の構造を異にする場合の下部の壁を腰壁とよぶ．畜舎の場合，腰壁は糞尿が付着することが多いので耐酸性のコンクリート張りとすることが多い．

c) 床　家畜，人，機械，飼料などを直接支持するとともにその力を基礎に伝える．

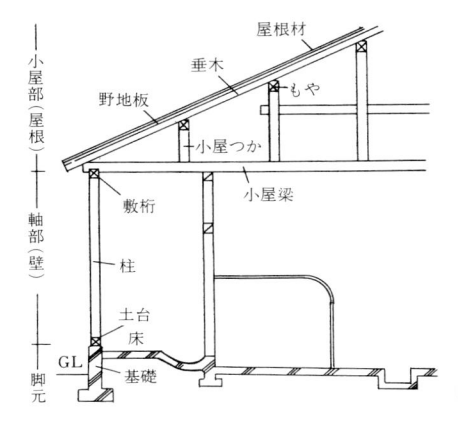

図6.5 建物の基本構造

さらに、冬季には舎内の熱が地下に伝わって逃げるのを防止する役目も果たしている。一般に畜舎の床はコンクリート張りとすることが多いが、平面だけの単純な造りのものは少なく、飼槽、水槽、糞尿溝などの凸凹が多いので建築費が割高となりやすい。重量機械の設置場所や使用する運搬車両の種類を決めておけば、コンクリートの厚さを一様にすることなく必要部分だけを厚くするなどの配慮で経費の節減がはかれる。

　d）基　礎　　基礎は地盤に支持され、畜舎全体の荷重を支える重要な役割をしている。したがって、畜舎建設にあたっては地盤の堅固なところを選ぶとともに、基礎を丈夫にしなければならない。なお、基礎に及ぶ畜舎全体の荷重とは、建物全体の重さはもちろん、内部に収容されている家畜や機械などの重量、さらには風力、地震力、積雪荷重などが加わったものである。

　2）設計図についての知識

　畜舎建設にあたっては、建築施工者側（業者）に発注者側（施主農家）がその意図を的確に伝えなければならない。このための手段として設計図が用いられる。しかしながら、一般の人が考える"設計図"と業者が使う"設計図"とは異なっていることが多い。前者は厳密には"注文図"あるいは"説明図"とよばれるものである。発注者側も建築サイドで用いる図面について、ある程度の基礎知識をもっておくことが大切である。

　建築関係の図面は基本図、工作図および設備図に大別される。

　　a）基本図　　次のようなものがある。

　①　配置図：　一定の敷地内に畜舎や付属施設をどのように配置するかを示すもっとも基本的な図面である。採光、通風、作業動線を考えて、もっとも適正な配置を描いてみる。公道との関係や方位なども考慮すべき重要な事柄である。

　②　平面図：　一般の人がもっとも親しみやすい図面であり、建築の根幹をなすものでもある。柱の高さのほぼ中間で建物を水平に切って上からみたものである。何をどこに配置するか、どのような大きさあるいは数にするかなどの基本的なことが示されるもので、内容的には発注者が決めることである。

　③　立面図、断面図、屋根図：　立面図は建物の外観を示した図で姿図ともよばれる。

断面図は建物を垂直に切断して，その断面をみせた図である．また，屋根図は屋根の形状，仕上げなどを示したものである．これらの図面はいずれも，専門家が書くことになる．

b) 工作図　実際に施工する段階で使う図面で，製作図あるいは組立図とか構成材図ともよばれる．基礎伏せ図，床伏せ図，構造伏せ図，軸組み図，展開図などがあるが，いずれも専門家が書く図面である．

c) 設備図　配線図と配管図とがある．これらも専門家が書くことが多い．しかし，配管や配線が建物のどこを通るかはともかく，スイッチ，コンセント，蛇口，ガス栓の位置などについては発注者がはっきり希望を示しておかなければならない．これらの位置によって畜舎内の作業能率が大きく影響される．平面図で器具機械の設置場所や作業動線などを総合的に検討して，的確に指示することが大切である．

d. 畜舎の種類と特徴

畜舎の種類には分類の方法により次のものがある．

1) 畜種・成育段階別および機能的な分類

畜種別には，乳牛舎，肉牛舎，豚舎，採卵鶏舎，ブロイラー舎などがあり，成育段階別では成畜舎，育成舎，幼畜舎あるいは哺育舎などがある．さらに，機能的にみれば，搾乳牛舎，分娩舎，肥育舎，繁殖畜舎，種雄畜舎，隔離畜舎などの呼び方がある．

2) 収容方式による分類

家畜を収容する方法には家畜の行動範囲の大小からみて，放して飼う，閉じ込めて飼う，およびつないで飼う方法がある．つなぎ飼いは，スタンチョン，くさり，ロープなどに繋留して飼う方式で，搾乳牛や繁殖雌豚などがこの形態で飼われている．閉込め飼いは比較的狭い場所に囲って飼うペン方式やケージ飼いで，放し飼いはかなり広い面積に家畜が自由に行動できるようにして飼うルースハウジング方式がある．ペン方式には，1頭ずつ囲う単房（単飼ペン）と数頭を一緒に収容する追込み房（群飼ペン）とがある．ルースハウジング方式には，建物の中と外とを牛が自由に出入りできるようなかたちにしたルースハウジングバーンや個別の休息場所に自由に出入りできるストールを設けたフリーストールバーンなどがある．

3) 構造的ならびに環境による分類

構造的には閉鎖型，開放型に大別できる．前者は寒冷地向きの畜舎で，窓や扉などの開口部を少なくし，家畜からの発熱を有効に利用するように断熱構造として保温性を高める．後者は暖地向きのもので，開口部を広くして風通しをよくしたものである．両者の中間的な折衷型もある．

環境的に分類すると，ウォームバーンおよびコールドバーンとよばれる畜舎がある．前者は，舎内温度を0℃以下に下げないように断熱と換気を行って保温をはかっている畜舎である．後者は，新鮮な外気を自然換気によって十分に取り入れて舎内の清浄化をはかり，気温の低下はあまり問題としない畜舎である．コールドバーンで採用している自然換気法は，軒下に設けた給気口から入った冷たい空気が舎内で暖められて浮力で上昇し，幅広く長く開口した棟から自然に排気する方式である．このような換気方式を採

図 6.6　自然換気式畜舎の棟開口部
　　　　（オープンリッジ）

用した畜舎を自然換気式畜舎とよぶ（図 6.6）．

　なお，窓がまったくない完全密閉型の畜舎（ウインドウレス畜舎）が養鶏や一部の養豚経営で採用されている．この畜舎は，①温熱環境を人工的に制御できるので飼料効率がよい，②外部からの感染源の侵入を防ぎやすいので衛生対策上有利，③舎外への臭気や騒音の影響を低減できる，④光線管理が容易なので養鶏にはとくに有利などの長所をもっているが，設備投資や運転経費がかさむ難点がある．

4)　建築主材料その他による分類

　柱，梁などの構造材の種類によって鉄骨造，鉄骨コンクリート造，軽量鉄骨造，コンクリートブロック造，れんが造，木造などがある．

　その他，外観上もっとも目立つ屋根の形状から片流れ屋根，かまぼこ屋根，切妻屋根，越し屋根（モニター），腰折れ屋根（マンサード）の名をつけて畜舎をよぶ場合もある（図 6.7）．

　また最近は，糞尿処理が大きな問題となっているので，これと関連した床構造から分類して，平床畜舎（フラットフロアバーン），すのこ床畜舎（スラッテッドフロアバーン）などとよばれることもある．水を使って糞尿を流す水洗式牛舎や豚舎もあり省力的であるが，多量に出る汚水の処理の問題がある．

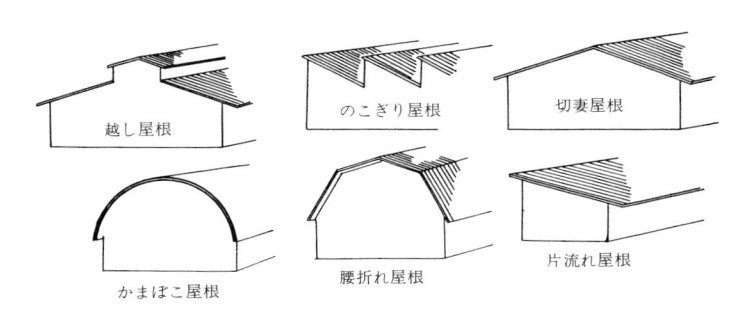

図 6.7　畜舎に用いられる屋根

e. 付属施設の種類と特徴

畜舎に必要な付属施設には飼料貯蔵施設および糞尿処理施設などがある．

1) 飼料貯蔵施設

主として濃厚飼料の貯蔵には飼料用のホッパーあるいはビンとよばれるプラスチック製の大型容器が多く用いられている．ここに貯えておいた濃厚飼料を必要に応じて取り出して，飼槽まで人手で運んだりコンベアで搬送する．反芻家畜に欠かせない粗飼料は，畜舎の2階や別棟に貯蔵することが多いが，キューブ状となった乾草などは上記のホッパーを利用できる．その他，サイレージや生粕類を貯蔵するためのサイロが必要となる．

2) 糞尿処理施設

糞尿を分離して堆肥化して用いるか液状のまま利用するかなどの終末処理方式によって施設も基本的に異なってくる．図6.8は，現在主として採用されている糞尿処理方式と施設，設備との関係を示したものである．糞の処理は，乾燥処理か堆肥化処理が大部分で，燃料としての利用は一部で行われているにすぎない．すのこ床を採用した畜舎では糞尿混合となるので，液状コンポスト処理が中心となる．これは散布できる広い面積が必要で，利用可能な地域が限定される．

3) その他の必要施設

a) 酪農 放し飼い方式の場合には，通常牛舎のほかに専用搾乳室（ミルキングパーラー）が必要になる．ミルキングパーラーは牛舎にT字形あるいはL字形となるように接続させたものや，牛舎内の一部として取り込んだかたちのもの，あるいは別棟として独立した建物となっているものなどがある．いずれにも，乳を冷蔵保存するための

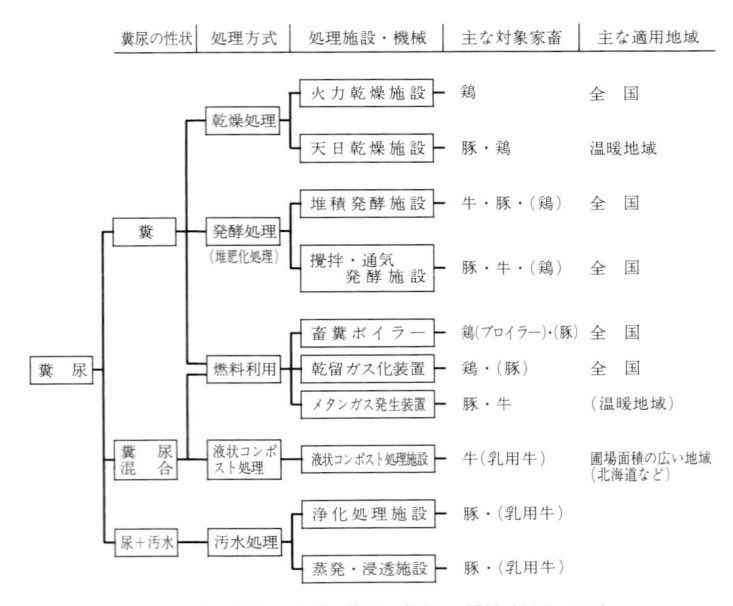

糞尿の性状	処理方式	処理施設・機械	主な対象家畜	主な適用地域
糞尿 → 糞	乾燥処理	火力乾燥施設	鶏	全国
		天日乾燥施設	豚・鶏	温暖地域
	発酵処理（堆肥化処理）	堆積発酵施設	牛・豚・(鶏)	全国
		撹拌・通気発酵施設	豚・牛・(鶏)	全国
	燃料利用	畜糞ボイラー	鶏(ブロイラー)・(豚)	全国
		乾留ガス化装置	鶏・(豚)	全国
		メタンガス発生装置	豚・牛	(温暖地域)
糞尿混合	液状コンポスト処理	液状コンポスト処理施設	牛(乳用牛)	圃場面積の広い地域(北海道など)
尿+汚水	汚水処理	浄化処理施設	豚・(乳用牛)	
		蒸発・浸透施設	豚・(乳用牛)	

図6.8 主な糞尿処理方式と施設，機械との関係（上野，1991）

バルククーラーや搾乳装置の一部を設置するための牛乳処理室（ミルクルーム）が付設される．また，ミルキングパーラーに入る搾乳牛を一時集結させるための待機場（ホールディングエリア）や，治療，種付などのために牛を捕獲したり保定するための枠場やシュートを設置する．

b) **養　豚**　出入りする車による病原菌の侵入を防ぐための車両消毒施設，管理作業をする人が着替えや消毒を行うための管理舎などが必要となる．また，豚をトラックに乗せるための出荷施設や計量装置（体重秤）も必要となる．

c) **養　鶏**　採卵鶏の場合は検卵や包装をする施設，規模の大きいところでは卵を選別してパック詰めするGPセンター（選別包装センターの略），死んだ鶏を焼却あるいは埋没処理する死鶏処理施設，さらに暖房用のボイラーおよび燃料保管のための建物が必要である．

f．家畜管理用機器の種類と特徴
1) 給水装置

つなぎ飼い式牛舎では，押しべら式またはフロート式のウォーターカップが用いられ，放し飼い式牛舎やパドック内では，コンクリート製水槽を設置することが多い．押しべら式のウォーターカップは，新鮮な水がいつでも好きなだけ飲める長所があるが，設備費が高くなる．フロート式は，フロートで水位をつねに一定にした貯水槽から配管してウォーターカップに接続したもの，給水槽に直接フロートを取り付けたものがある．牛舎建設時の土間コンクリート打ちと一緒に施工すれば割安にできる利点がある．この方式の欠点は，いつも溜り水を飲むことになるので，夏は水温が高いし，飼料やごみなどの除去をしないと腐敗しやすい．また，冬は冷たい水を飲ませることになる．寒冷地では，凍結防止と水の汚染を防ぐ大型の不凍型給水器が普及している（図6.9）．

豚でも押しべら式やフロート式のウォーターカップが使われているが，豚は飲水するだけでなく舌を使って水遊びをしたり，脚を突っ込んでべらを押して水を出し放しにしたりする．水が無駄になるばかりでなく，糞尿処理の点からも問題となる．こぼれ水を少しでも少なくするように，豚が口にくわえて飲水するバイト式または咬圧式の各種の飲水器（図6.10）が出回っている．

図6.9　不凍型給水器

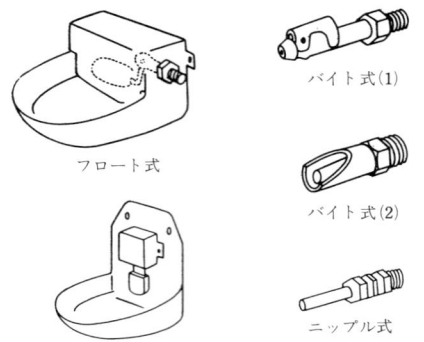

図6.10 豚用の各種の飲水器（フロート式／バイト式(1)／バイト式(2)／ニップル式／押しべら式）

鶏では古くから樋を使った給水法が行われているが，注意しないと水がかれたり汚れやすい欠点があった．この対策として常時少量の水を流しておく方法もあるが，樋に傾斜をつけなければならないので延長が長くなる大型の鶏舎には向かないし，水の無駄や汚水処理の問題が生ずる．ウォーターカップ式もあるが，水が汚れやすい欠点がある．そこで，鶏が突き出た棒の先をくわえると水が滴下してくるニップル式の給水器が使われるようになった．しかし，この方式で水を飲むことを鶏に覚えさせるのには若干の時間がかかる場合がある．

2) 保温装置

牛は寒冷時でも保温の必要はほとんどないが，豚は育成期前半まで，鶏では3～4週齢までは保温が必要である．豚は哺乳期では30～25℃，離乳期でも25～20℃の室温に保つことが望ましいので，夏季を除いては赤外線ランプまたはヒーターあるいは床下給湯，床下電熱線埋設などによって給温する．鶏では，熱源としてプロパンガスを使い，天井から吊り下げたブルーダーで給温する場合が多い．また，ボイラーからの温水を使った温水床下配管も使われている．

3) 除糞装置

畜舎内から糞尿を搬出する方式には，チェーンに40～50cm間隔で取り付けた糞かき板で糞尿溝内の汚物を一定方向に運搬するバーンクリーナー，平らな床面を長いブレードを使って全面的に除糞するバーンスクレーパー，すのこ床の下にベルトコンベアを回して回収するベルト式除糞機などがある．その先は，これらの糞を堆肥舎などの集積場所に運ぶためのクロスコンベアや運搬車に乗せるためのエレベーターに接続されている場合が多い．

そのほか平床の除糞方法としては，トラクターにフロントローダーやリアブレードを装着したもの，ショベルローダー，フォークリフトが使われている．また，自走式の専用除糞機もある．

4) 給餌装置

乳牛でも肉牛でも，飼槽は造付けのコンクリート飼槽が多い．しかし，最近普及して

図 6.11 平飼槽

いる放し飼い式の場合には，平らなコンクリート床が給餌通路と飼槽を兼ねており，このタイプの平飼槽が多くなった（図 6.11）．

豚と鶏は不断給餌方式を採用している場合が多く，豚では飼料をこぼしたり群飼している仲間との競合をできるだけ防ぐ工夫をしたさまざまな給餌器が出回っている（図 6.12）．鶏では，断面が V または U 字形をした塩化ビニール製の樋を，鶏の首の高さに設置する．この餌樋にチェーンなどの搬送装置でホッパーから配餌する方式とホッパー自体が移動して配餌していく方式がある．

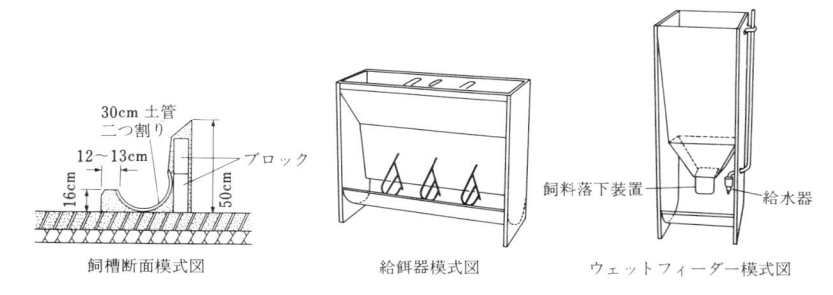

図 6.12 豚用の各種飼槽

5) 濃厚飼料個体別給与装置

異なる周波数を出す発信器あるいは異なる周波数で応答する受信器を動物に装着することで，個体識別が可能となった．この装置を首輪でぶら下げたり皮下に埋め込むなどして，各個体に装着する．これを使って，放し飼いの牛あるいは豚に計算した飼料量を省力的かつ的確に給与できるようになった（図 6.13）．

6) 安全・警報装置

最近は畜舎が住居から遠く離れていて，管理者が通勤する例も多くみられる．この場合，夜間など管理者不在時に起こった異常事態を知らせるシステムがぜひ必要である．とくに，無窓式の豚舎や鶏舎では，停電で換気扇が停止すれば決定的な被害をまねくので，警報装置の設置とすぐに対応できる体制が求められる．

火災に関しては，建築基準法と消防法の規定によって，$1,000 m^2$ 以上の建築物では自

図 6.13 個体別濃厚飼料
自動給餌装置

動火災報知機の設置が，また木造では 1,000 m² 以上，鉄骨造では 2,000 m² 以上，鉄筋コンクリート造では 3,000 m² 以上の建物は屋内消火栓の設置が義務づけられている．さらに，木造建築物は，300 m² 以上では 12 m 間隔で小屋裏に防火壁を設けること，1,000 m² 以上になると 1,000 m² 以内ごとに防火壁で完全に区画しなければならない，と定められている．

なお，最近，法の改正により，畜舎などの場合には，自動火災報知機，屋内消火栓および防火壁の設置には，条件が満たされた場合には適用除外の規定が適用できるようになった．　　　　　　　　　　　　　　　　　　　　　　　　　　　[**市川忠雄**]

7. 家畜の栄養

　家畜が乳，肉，卵などの畜産物を生産するためには，体外から炭水化物，タンパク質，脂質，ビタミン，ミネラルなどの栄養素を摂取しなければならない．家畜はそれらの栄養素を利用して，乳，肉，卵などの生産とともに，健康や繁殖などを正常に維持しているが，最近ではとくに栄養素の生体調節機能が注目されている．また，反芻家畜は第一胃（ルーメン）内に生息する微生物の働きにより，不消化物の代表的な成分である繊維の消化吸収を可能にするなど，家禽や豚とは異なった特性がある．

　家畜の生産性を高めるためには，合理的な飼養管理方法がまず第1に求められる．わが国では，鶏，豚，乳牛および肉牛の飼養標準と飼料成分表が策定され，家畜の養分要求量の算定とともに，家畜に対する合理的な飼料設計が示されている．

7.1 炭水化物とその消化，吸収，代謝

　炭水化物は家畜のエネルギー代謝に重要であり，炭水化物の代謝によりアデノシン三リン酸（ATP）が生成され，家畜体内でエネルギー源として利用される．

a．炭水化物の種類と消化

　炭水化物は，化学構造によって単糖類，二糖類，多糖類などに分類されるが，最近ではオリゴ糖などによる生体調節機能が注目されている．炭水化物は，消化管でマルターゼなどの炭水化物分解酵素の働きにより，単糖類にまで分解される．

1）単糖類

　単糖類は主に多糖類の加水分解によって生成され，三炭糖，四炭糖なども生じるが，家畜栄養で重要なのは五炭糖（ペントース）と六炭糖（ヘキソース）である．

　五炭糖のうち，キシロースとアラビノースはヘミセルロースの主要な成分であり，多くはこれらが重合したペントサンとして存在している．リボースとデオキシリボースは，リボ核酸（RNA）とデオキシリボ核酸（DNA）の構成単位として，とくに重要である．

　六炭糖にはグルコース，フルクトース，ガラクトースなどがあり，中でもグルコースはエネルギー源として家畜体内で主要な役割を果たしている．

2）二糖類

　2個の単糖類が結合して水1分子が除かれたもので，ショ糖，麦芽糖，乳糖が栄養的に重要である．

　ショ糖は代表的な二糖類で，砂糖をはじめとして多くのものに含まれ，加水分解されるとグルコースとフルクトースになる．

麦芽糖は麦芽に多く存在し，加水分解されるとグルコース2分子になり，乳に含まれる乳糖は加水分解されるとガラクトースとグルコースになる．

3) オリゴ糖

2～10個の単糖類が結合したもので，フラクトオリゴ糖，ガラクトオリゴ糖などがある．オリゴ糖は小腸で消化吸収されずに大腸に達し，ビフィズス菌などの有用菌を増殖させ，下痢の防止など，家畜の健康維持に役立っている．

4) 多糖類

多糖類は自然界に広く存在する炭水化物で，大部分がグルコースの高分子化合物として構成されている．植物性の多糖類としてはデンプン，セルロース，ヘミセルロースが，また動物性の多糖類としてはグリコーゲンが代表的なものとしてあげられる．

デンプンは植物の種実，茎，根などの貯蔵養分として存在し，もっとも重要な栄養素の一つである．デンプンは加水分解されるとデキストリン，麦芽糖になって，最後はグルコースになる．セルロースとヘミセルロースは繊維の主要な成分であり，またグリコーゲンは体内のエネルギー源として利用される．

b. 繊維の性質と消化

代表的な繊維であるセルロースとヘミセルロースは主に植物の茎葉に存在し，難溶性のため家禽や豚ではほとんど利用されないが，反芻家畜ではルーメン微生物により分解され，エネルギー源として利用される．単胃動物の中でも，馬，ウサギなど盲腸の発達している草食家畜では，盲腸における発酵作用でセルロースなどが分解される．

1) 植物体の炭水化物

植物茎葉の細胞壁成分にはセルロース，ヘミセルロース，リグニンなど多種の繊維性物質が含まれ，主要な栄養素が含まれている細胞内容物と区別されている．細胞壁成分は消化酵素によって分解されないため，家禽や豚では不消化物の代表的な物質の一つである．

植物の細胞壁を構成している炭水化物を構造性炭水化物と称し，細胞内に存在する非構造性炭水化物と区別している．非構造性炭水化物はデンプンなどを含み，構造性炭水化物はセルロース，ヘミセルロースおよびペクチンからなっている．細胞壁は構造性炭水化物以外にリグニンを含み，リグニンは植物の成育に伴って増加する．

2) 繊維の性質

セルロースは植物の骨格となって，細胞膜などを形成している．セルロースが集合した原繊維は，ヘミセルロースとリグニンによって化学的に結合され，またペクチンがリグニンと結合している．リグニンは細胞の木質化とともに増加するが，きわめて消化されにくいため，リグニンが多いと飼料の栄養価が低くなる．

繊維成分は粗繊維を基準にして表示されてきたが，最近では総繊維としての中性デタージェント繊維(NDF)や，NDFからヘミセルロースを除いた酸性デタージェント繊維(ADF)などが繊維成分の表示法の中心になっている．

3) 反芻家畜における繊維の消化

反芻家畜では第一胃に生息する微生物がセルラーゼなどの繊維分解酵素を産生し，繊

維性物質を消化するとともに，細胞壁を破壊して細胞内容物の消化を容易にしている．
　セルロースはセルラーゼなどに分解されて，セロビオースを経てグルコースになる．ヘミセルロースとペクチンはヘミセルラーゼとペクチナーゼで加水分解され，キシロースになる．ルーメン微生物は可溶性糖類を細胞内に取り込んで，発酵を行う．各種単糖類は発酵の過程でピルビン酸を経て，酢酸，プロピオン酸，酪酸などの揮発性脂肪酸（VFA）になる．

c．炭水化物の吸収と利用
　炭水化物は単糖にまで消化分解された後に，小腸で吸収利用されるが，反芻家畜では第一胃から揮発性脂肪酸が吸収される．
1）単糖類の吸収と利用
　単糖の吸収には受動的な拡散による吸収もあるが，多くは能動的な活性吸収により，小腸上部と中部で大部分の糖が吸収される．糖の活性吸収では，糖が消化管の細胞膜の担体と結合し，ナトリウムポンプなどを利用して，濃度勾配に抗して糖を細胞内に取り入れる．
　消化管から吸収された糖は，門脈を経て肝臓に移行する．糖は肝臓においてグリコーゲンに転換されるとともに，各組織へ分配されてエネルギー源として利用される．
2）揮発性脂肪酸の吸収と利用
　反芻家畜では，第一胃で酢酸，プロピオン酸などの揮発性脂肪酸が多量産生され，その大部分が第一胃粘膜から吸収される．第一胃粘膜からの脂肪酸吸収は第一胃乳頭の発達に伴って増加するが，乳頭の発達は固形飼料の摂取とともに促進する．
　吸収された揮発性脂肪酸は各組織でエネルギー源として利用されるとともに，酢酸と酪酸は脂肪組織や乳腺で脂肪酸合成のために，またプロピオン酸は肝臓で糖新生のために利用される．乳腺における脂肪合成の前駆物質としては，酢酸と β-ヒドロキシ酪酸が使われる．

d．炭水化物の代謝
　グルコースの分解により生成されたATPが家畜のエネルギー源として利用されるが，グルコースの分解では解糖系（エムデン-マイヤーホフ回路）とヘキソースモノリン酸側路（HMP側路）が知られている．反芻家畜では，主に糖新生でグルコースが生成された後にATPに代謝される．
1）グルコースの生成
　家畜体内で利用されるグルコースは，主に消化管から吸収されたものと，肝臓や筋肉中のグリコーゲンがホスホリラーゼによる加リン酸分解で生成したものに分けられる．ただし，絶食時や運動の激しいときには糖新生によりタンパク質，脂肪，乳酸などからグルコースが生成される．
2）反芻家畜の糖新生
　糖新生は，糖以外の栄養素によってグルコースを生成することである．反芻家畜では糖類の多くが第一胃で消化されるため，消化管から吸収されるグルコースの量が少ない．

そこで，肝臓や腎臓でプロピオン酸やアミノ酸などを利用して糖新生を行い，必要量のグルコースを体内に供給している．

反芻家畜の糖新生は，インスリンとグルカゴンの血中濃度に影響されるとともに，ピルビン酸カルボキシラーゼなどの調節酵素によっても制御されている．

3) 解糖系におけるグルコースの分解

グルコースは，解糖系の好気的条件下ではピルビン酸からアセチルCoAに転換してクエン酸回路（TCA回路）へ入り，グルコース1モルから38個のATPが生成される．しかし，反芻家畜の第一胃内などの嫌気的条件下ではピルビン酸から乳酸に移行し，ATPの生成はグルコース1モルから2個となり，ATPの生成効率は極度に低下する．

4) HMP側路における糖の分解

HMP側路における糖の分解では，エネルギー生産効率は低いものの，脂肪酸合成などに必要な還元型ニコチンアミドアデニンジヌクレオチドリン酸（NADPH）や，核酸の合成などに必要なリボース五リン酸を生成している．

7.2 タンパク質とその消化，吸収，代謝

タンパク質は筋肉，組織，血液などの主要な成分として，また酵素などの触媒として家畜体内で重要な役割を果たすとともに，乳，肉，卵などの畜産物にも豊富に含まれている．家畜は，ルーメン微生物がタンパク質を合成可能なことを除けば，家畜体内でタンパク質を合成できないため，飼料から必要量のタンパク質を摂取しなければならない．

わが国では，窒素は環境汚染物質の一つとして家畜からの窒素排泄量の低減が求められているため，窒素の効率的な利用方法の開発が進んでいる．

a．タンパク質の分類

タンパク質は，炭素，酸素，水素以外に，窒素を平均16%含有する分子量の大きい複雑な化合物であり，ペプチド結合により連結したポリペプチド鎖で構成されている．一部のタンパク質は，硫黄，リン，鉄などのミネラルも含み，含硫アミノ酸，金属酵素などを形成している．

1) 構成による分類

タンパク質は，アミノ酸だけで構成されている単純タンパク質と，他の非タンパク態化合物に結合している複合タンパク質に分類される．複合タンパク質は結合している化合物によって，糖タンパク質，核タンパク質，リポタンパク質，ヘムタンパク質，リンタンパク質，金属タンパク質などがある．

分子の構造からは，コラーゲン，ケラチンなどの繊維状タンパク質と，アルブミン，グロブリンなどの球状タンパク質に分類される．

2) 機能による分類

タンパク質は体成分を構成している以外に，体内代謝を円滑に進めるためにさまざまな機能を果たしている．それらには，生体触媒作用としての酵素・補酵素としての機能，免疫に関係する抗体としての機能，代謝制御に関係するホルモンとしての機能などであ

る．
　最近では，カゼインホスホペプチドによるカルシウム吸収促進作用やラクトフェリンによる抗菌作用など，家畜の生体防御や代謝調節に有効に働くタンパク質やペプチドの機能が注目されている．

b．アミノ酸
　アミノ酸はカルボキシル基とアミノ基を有する化合物であり，タンパク質の加水分解によって生成する．
　1）　**アミノ酸の分類**
　アミノ酸は化学構造によって数群に分類することができる．
　　a)　**脂肪族アミノ酸**　　1分子内にアミノ基とカルボキシル基が1個存在するアミノ酸で，グリシン，アラニン，バリン，ロイシン，イソロイシンが属する．
　　b)　**酸性アミノ酸**　　1分子内にアミノ基1個とカルボキシル基2個が存在するアミノ酸で，アスパラギン酸とグルタミン酸が属する．
　　c)　**塩基性アミノ酸**　　1分子内にアミノ基2個とカルボキシル基1個が存在するアミノ酸で，リジン，アルギニン，ヒスチジンが属する．
　　d)　**ヒドロキシアミノ酸**　　1分子内に水酸基が存在するアミノ酸で，セリンとトレオニンが属する．
　　e)　**含硫アミノ酸**　　硫黄を含むアミノ酸で，シスチン，システイン，メチオニンが属する．
　　f)　**芳香族アミノ酸**　　1分子内にベンゼン核が存在するアミノ酸で，フェニルアラニン，チロシン，トリプトファンが属する．
　　g)　**イミノ酸**　　ピロール核をもつアミノ酸で，プロリン，オキシプロリンが属する．
　2）　**必須アミノ酸**
　必須アミノ酸は，家畜体内で合成できないか，または合成速度が非常に遅いもので，体外から摂取しなければならないアミノ酸である．それに対して，体内で合成可能なアミノ酸を非必須アミノ酸とよんでいる．
　一般に，家畜に必須なアミノ酸はロイシン，イソロイシン，リジン，メチオニン，フェニルアラニン，トレオニン，トリプトファン，バリンの8種類が含まれ，鶏ではさらにアルギニンとヒスチジンが加わる．反芻家畜では，ルーメン微生物の働きにより必須アミノ酸が第一胃内で合成される．
　3）　**非タンパク態窒素化合物**
　飼料中に存在するアミド，アンモニア，尿素，遊離アミノ酸など，窒素化合物であっても，タンパク質でないものを非タンパク態窒素化合物と称している．ルーメン微生物は非タンパク態窒素化合物を利用して，菌体タンパク質を合成することができる．

c．タンパク質の消化，吸収，代謝
　タンパク質は消化管でペプシンなどのタンパク質分解酵素の働きによりアミノ酸に分解され，アミノ酸が小腸から吸収される．反芻家畜では，ルーメン微生物が第一胃内で

菌体タンパク質を合成する特異性を有している．

1) ルーメン微生物によるタンパク質の分解と再利用

反芻家畜のタンパク質の消化吸収では，第一胃内で微生物に分解されたタンパク質を菌体タンパク質として合成後に利用する過程と，第一胃で分解を免れたタンパク質をそのまま利用する過程に区別される．子牛や泌乳牛ではルーメン微生物が合成するタンパク質だけでは必要量が満たされないため，第一胃内で非分解性のタンパク質を補給する必要がある．

タンパク質は第一胃内でペプチドを経てアミノ酸やアンモニアにまで分解されるが，飼料中の非タンパク態窒素はほとんどがアンモニアにまで分解される．ルーメン微生物はアミノ酸とアンモニアを利用して体タンパク質を合成するが，産生したアンモニアをすべては利用できないので一部のアンモニアは胃壁から吸収される．吸収されたアンモニアは肝臓で尿素に合成され，尿素の一部は唾液を経て第一胃に流入し，ルーメン微生物に再利用される．

2) タンパク質の消化

飼料中のタンパク質，あるいはメーメン微生物による菌体タンパク質は，小腸でアミノ酸にまで分解される．その消化過程は，トリプシンとキモトリプシンがポリペプチドにまで分解し，さらにポリペプチドがカルボキシルペプチダーゼによりジペプチドに分解され，最後にジペプチダーゼによりアミノ酸2個が生成される．核酸はヌクレアーゼなどにより，塩基，糖，リンなどに分解される．

3) アミノ酸の吸収

分解されたアミノ酸は小腸壁から体内に吸収され，同時にペプチド，ヌクレオチドなどの窒素化合物も吸収される．アミノ酸の吸収は拡散と活性吸収で行われ，その吸収経路には中性アミノ酸輸送系，塩基性アミノ酸輸送系，酸性アミノ酸輸送系の3種が考えられている．吸収されたアミノ酸は門脈を経て肝臓に入り，タンパク質合成などに利用される．

4) タンパク質の代謝

家畜体内ではタンパク質の合成と分解がたえず行われ，体内におけるタンパク質代謝を正常に維持するとともに，タンパク質は乳，肉，卵などの主要な構成成分としても利用される．体内におけるタンパク質の代謝回転は，臓器や家畜の成熟過程などで異なる．

体内に吸収されたアミノ酸はタンパク質合成に利用された後にアミノ酸に再分解され，最終産物の尿素や尿酸として尿中に排泄される．

d. タンパク質の栄養価

タンパク質の栄養価は飼料中の粗タンパク質含量や消化率などで変動するが，タンパク質の栄養価を把握することは家畜に必要量のタンパク質を給与するための基本である．家畜のタンパク質要求量は，現状では家禽や豚はアミノ酸要求量が，反芻家畜は粗タンパク質が主体になっている．

1) 飼料の粗タンパク質含量と可消化粗タンパク質

飼料の粗タンパク質 (CP) 含量は飼料中の窒素量に変換係数6.25を乗じたものであ

り，タンパク質の栄養価の基礎である．粗タンパク質にはタンパク質以外の非タンパク態窒素化合物も含まれているが，反芻家畜では尿素などの非タンパク態窒素化合物も窒素源として利用できるのに対して，家禽や豚では非タンパク態窒素化合物の利用性は低い．

粗タンパク質含量に粗タンパク質の消化率を乗じたものが，可消化粗タンパク質（DCP）である．反芻家畜では給与飼料の相違などにより可消化粗タンパク質の変動が大きいため，タンパク質要求量は粗タンパク質で示すことが多くなっている．

2） 分解性タンパク質と非分解性タンパク質

反芻家畜では，飼料中のタンパク質を第一胃ですみやかに分解される分解性タンパク質と，徐々に分解あるいはほとんど分解されない非分解性タンパク質に大別しているが，これらの比率は飼料の種類，加工，調製法などで異なる．高泌乳牛など，タンパク質要求量の高い反芻家畜には非分解性タンパク質の補給が必要であるが，メチオニン，リジンなどの不足しやすいアミノ酸を主体に給与すると乳生産などに及ぼす効果は高まる．

3） アミノ酸バランスとアミノ酸の有効性

タンパク質の栄養価は，タンパク質を構成している約20種類のアミノ酸のうち，必須アミノ酸と非必須アミノ酸の総量のバランスに依存している．家畜の正常な成長や繁殖などのためには適正なアミノ酸バランスが必要であり，家禽や豚ではアミノ酸バランスを配慮したアミノ酸要求量が実用化されているが，反芻家畜ではアミノ酸要求量はまだ明らかではない．

アミノ酸の有効性は一般的にはアミノ酸の消化吸収率で判定され，家禽や豚では有効リジン，有効トレオニンなど，飼料中の主要なアミノ酸の有効率が明らかにされている．いくつかのアミノ酸間には相互作用がみられ，また第一制限アミノ酸以外のアミノ酸を添加することにより家畜の発育等の劣る現象をアミノ酸インバランスという．

7.3 脂質とその消化，吸収，代謝

脂質は水に溶けないで，エーテル，クロロホルムなどの有機溶媒に溶ける動植物中の成分を総称したものであり，脂肪は中性脂肪である油脂を一般には指している．脂質は体内のエネルギー源，生体膜の構成成分，体脂肪や乳脂肪の成分などに利用されるが，リノール酸などの必須脂肪酸は家畜体内で合成されないため体外から摂取しなければならない．

a．脂質の分類

脂質には，脂肪酸とグリセリンなどのアルコールのエステル類で構成される単純脂質，単純脂質がリン酸や糖などと結合している複合脂質，ステロイド核を有するステロイドなどがある．家畜体内では単純脂質の一つである中性脂肪がもっとも多く，また中性脂肪の構成成分の脂肪酸は家畜体内で重要な役割を果たしている．

1） 中性脂肪（油脂）

単純脂質の中で，脂肪酸とグリセリンのエステルを中性脂肪，油脂あるいはグリセリ

ドとよんでいる．中性脂肪は1分子のグリセリンに3分子の脂肪酸が結合したもので，異なる脂肪酸が結合することにより多種の中性脂肪が生成される．一般に，常温で液状のものが油で，固体のものが脂である．

飼料用油脂は酸素，熱，水分などの影響を受けて変敗しやすいため，飼料として給与する場合には抗酸化剤の添加が必要である．

2) 脂肪酸

脂肪酸は一般にカルボキシル基を有し，種類は非常に多いが，二重結合のない飽和脂肪酸と二重結合あるいはそれ以上の不飽和結合のある不飽和脂肪酸に区別される．

飽和脂肪酸は，ラウリン酸（$C_{12}H_{24}O_2$），ミリスチン酸（$C_{14}H_{28}O_2$），パルミチン酸（$C_{16}H_{32}O_2$），ステアリン酸（$C_{18}H_{32}O_2$）などが代表的で，これらは融点が高く，固体状で存在する．酢酸，プロピオン酸，酪酸などのC10以下の低級脂肪酸は揮発性脂肪酸（VFA）とよばれている．

不飽和脂肪酸は，オレイン酸（$C_{18}H_{34}O_2$），リノール酸（$C_{18}H_{32}O_2$），リノレン酸（$C_{18}H_{30}O_2$），アラキドン酸（$C_{20}H_{32}O_2$）などが代表的で，これらは融点が低く，液状で存在する．このうち，リノール酸，リノレン酸およびアラキドン酸は家畜体内で炭水化物や油脂から生成することができないため，必須脂肪酸とよばれている．必須脂肪酸は家畜の成長，繁殖などに必須なため体外から摂取しなければならないが，多くの家畜ではリノール酸がもっとも有効な必須脂肪酸である．最近では，γ-リノレン酸や中鎖脂肪酸による家禽や豚の体脂肪抑制効果が注目されている．

3) リン脂質

リン脂質は細胞の種々の生体膜を構成する主要な成分であり，親油性と親水性を備え，タンパク質とミセル構造を形成している．リン脂質は，生体内で活性酸素による損傷をもっとも受けやすい成分である．ホスファチジルコリン（レシチン），ホスファチジルエタノールアミン，スフィンゴミエリンなどが代表的なリン脂質である．

4) ステロール

ステロールはステロイドの主要な成分であり，生体内で多様な機能を有している．コレステロール，エルゴステロール，フィトステロールなどが代表的なステロールである．

b. 脂質の消化と吸収

脂質は胃と膵臓から分泌された脂肪分解酵素により脂肪酸とグリセリンに分解され，小腸から吸収される．反芻家畜では，第一胃内でルーメン微生物による脂質の分解と不飽和脂肪酸への水素添加が行われる．

1) ルーメン微生物による脂質の分解と水素添加

反芻家畜では，中性脂肪と複合脂質は第一胃内でルーメン微生物により分解され，中性脂肪とリン脂質からは脂肪酸とグリセリンが生成する．グリセリンはさらにプロピオン酸を主体にした揮発性脂肪酸に分解される．

脂肪酸は分解されないが，不飽和脂肪酸は水素添加されて飽和脂肪酸に変わるため，反芻家畜の体脂肪や乳脂肪にはステアリン酸などの飽和脂肪酸が多い．高泌乳牛ではエネルギーの補給と乳脂肪率の改善のために，第一胃で分解されにくい保護油脂として脂

肪酸カルシウムなどが利用されている．
2) 脂肪の消化
　家禽や豚では脂肪の消化は主に小腸で行われ，膵臓から分泌されたステアプシン（膵リパーゼ）の作用を受けて，脂肪酸とグリセリンに分解される．反芻家畜では，第一胃で大部分の脂肪が分解され，第一胃で分解を免れた脂肪が小腸で消化される．
3) 脂肪の吸収
　生成した脂肪酸は胆汁酸塩と水溶性ミセルを形成し，小腸粘膜から吸収される．吸収された脂肪酸やモノグリセリドは小腸上皮細胞で脂肪に再合成され，タンパク質と結合してリポタンパク質のカイロミクロンを形成し，リンパ管から胸管を経て，血中に輸送される．グリセリンは門脈に移行し，コレステロールは拡散により小腸粘膜から吸収される．
　肝臓から分泌された胆汁酸塩は小腸下部（回腸）で再吸収され，門脈を経て肝臓へ移行し再利用される．これを，胆汁酸の腸肝循環という．

c. 脂質の代謝
　家畜体内の脂肪分解で生成する熱量は，炭水化物やタンパク質の分解で生成する熱量と比べて約2倍も多い．そのため，脂質はもっとも効率のよいエネルギー源として家畜に利用されるとともに，体脂肪に変換されて体内のエネルギー貯蔵源となる．体内に吸収された脂質は，生体膜の維持，乳脂肪の合成などにも利用される．
1) 脂肪酸の酸化と合成
　家畜は肝臓や各組織で脂肪酸の酸化と合成を行い，必要なエネルギーを体内に供給している．脂肪酸はβ酸化により炭素が2個ずつ切り離されて，アセチルCoAに分解されるが，その段階で多くのATPが生成する．不飽和脂肪酸が飽和化されると，1飽和当たり1モルのNADPHが生成する．
　パルミチン酸などの飽和脂肪酸は，脂肪酸合成酵素を触媒にしてアセチルCoAから合成される．さらに脂肪酸の伸長により長鎖の脂肪酸が生成し，またNADPHの電子伝達による酵素の還元により不飽和脂肪酸が生成する．
2) 脂質の運搬
　吸収された脂質は，リポタンパク質のカイロミクロンと超低密度リポタンパク質（VLDL）に合成され，リンパ液と血液を介して体内に運搬される．血中やリンパ液中のリポタンパク質の主な脂質組成は，トリグリセリド，コレステロールエステル，リン脂質，コレステロール，遊離脂肪酸である．
3) 体脂肪の蓄積と乳脂肪の合成
　家畜体内の脂肪組織ではトリグリセリドの生成が主に行われ，皮下，腹腔内などの脂肪組織では貯蔵脂肪として利用され，乳腺の脂肪組織では乳脂肪に合成される．トリグリセリドの生成には主にグルコースが利用されるが，反芻家畜の脂肪組織では酢酸が前駆物質として使われる．
　貯蔵脂肪は必要に応じて体内に動員されるが，貯蔵脂肪の動員はインシュリンやグルカゴンなどのホルモンの働きで制御される．反芻家畜の乳脂肪合成では，酢酸やβ-ヒド

ロキシ酪酸が主に C 14 までの脂肪酸を合成し，C 16 以上の高級脂肪酸は貯蔵脂肪や飼料由来の脂質がそのまま乳腺から乳脂肪に移行する．

4) コレステロールの代謝

コレステロールは胆汁，性腺ホルモン，副腎皮質ホルモン，ビタミン D などの前駆体となる脂質で，家畜体内ではコレステロールあるいはコレステロールエステルとして存在している．コレステロールの代謝は主に肝臓で行われ，コレステロールが肝臓で酸化されたものが胆汁酸である．

7.4 ビタミンの作用と機能

肥育，産乳，産卵などの生産活動に加えて，健康維持，疾病予防，繁殖改善などに不可欠な有機態の微量栄養素を，ビタミンと総称している．ビタミンは体内の代謝調節に重要な役割を果たすとともに，免疫機構を高める効果なども認められているため，家畜の生産性向上に伴ってビタミンの要求量は高まりつつある．ビタミンは飼料中にも含まれているが，家畜のビタミン要求量を満たすためには化学的に合成されたビタミンを添加物として利用することが多い．

a. ビタミンの種類

一般に，ビタミンは脂溶性ビタミンと水溶性ビタミンに分類されるが，家禽や豚では体内でビタミンをほとんど合成できないため，体外からつねに摂取しなければならない．第一胃の発達した反芻家畜では，ビタミン B 群とビタミン K は第一胃内で合成され，ビタミン C は組織内で合成されるので，ビタミン A，ビタミン D とビタミン E の供給が問題になる．

1) 脂溶性ビタミン

脂溶性ビタミンには，ビタミン A，ビタミン D，ビタミン E とビタミン K が含まれる．一般に，脂溶性ビタミンは動物体内に貯蔵されやすく，ビタミン A とビタミン D を過剰給与すると中毒症状が発生するが，体外から供給しないと欠乏症状が発生しやすいビタミンでもある．最近では，活性酸素による酸化ストレスから生体膜などを保護する脂溶性ビタミンの抗酸化作用が注目されている．

2) 水溶性ビタミン

水溶性ビタミンには，ビタミン B 群のチアミン，リボフラビン，パントテン酸，ニコチン酸，ピリドキシン，ビオチン，コリン，葉酸，ビタミン B_{12} などとビタミン C が含まれる．反芻家畜は水溶性ビタミンを体内で合成できるためほとんど問題にならないが，家禽や豚では水溶性ビタミンの不足することがある．

b. 脂溶性ビタミンの作用と機能

脂溶性ビタミンは，生体膜などを構成している脂質との関係が強く，脂質酸化を防止する抗酸化作用などの働きをしている．脂溶性ビタミンは，飼料中の含量あるいは国際単位（IU）で表示される．

1) ビタミンA（レチノール）

ビタミンAは動物の成長，正常な視覚に必須の物質で，上皮組織を正常に保ち，健全な免疫機構を維持する．ビタミンAが不足すると，食欲低下，被毛粗剛，下痢，発情不良などが発生し，重症になると夜盲症になる．

ビタミンAは動物起源のビタミンで，植物性飼料には生体内でビタミンAに変換するプロビタミンA（カロチン類）が存在している．カロチン類の中ではβ-カロチンにもっとも強い生理活性があり，$2.5\,\mu g$のβ-カロチンと$0.30\,\mu g$のレチノールが1IUに相当する．

β-カロチンには強い抗酸化作用があり，家畜の繁殖成績の改善や疾病予防に効果が高い．

2) ビタミンD

ビタミンDには，日光浴によって動物の皮膚でつくられるD_3（コレカルシフェロール）と，植物体内で光化学反応によってつくられるD_2（エルゴカルシフェロール）がある．ビタミンD_3の$0.025\,\mu g$が1IUである．

ビタミンDは肝臓と腎臓で水酸化され活性型ビタミンDになり，血漿中カルシウム濃度をほぼ一定に維持している．日光浴をすると家畜体内でビタミンDが合成されるが，舎内飼育の場合にはビタミンDの補給が必要である．ビタミンDが不足するとカルシウムとリンの吸収が阻害され，骨の発育不全を起こし，重症になるとくる病や骨軟症が発生する．

3) ビタミンE

ビタミンEは，生体組織における抗酸化剤として機能し，またセレンとともに生体膜の脂質酸化の防止に重要な役割を果たしている．植物中にはα-，β-，γ-，δ-トコフェロールとトコトリエノールの8種類が存在しているが，α-トコフェロールの生理活性がもっとも強い．ビタミンE1IUは，dl-α-トコフェロール酢酸塩1mgに相当する．

穀類や草にはビタミンEが多く含まれているものの，ビタミンEは長期貯蔵や加工処理などで破壊されやすいため，ビタミンEは不足しやすいビタミンの一つである．ビタミンEが欠乏すると，白筋症や胎盤停滞が発生し，繁殖成績が低下する．

4) ビタミンK

ビタミンKは，血液の凝固に必要なプロトロンビンの合成に不可欠で，不足すると血液凝固の遅延と内出血が発生する．ビタミンKはアルファルファや魚粕中に多く含まれている．

c．水溶性ビタミンの作用と機能

ビタミンB群は主に家畜体内で補酵素として，ビタミンCは抗壊血病因子として機能し，豚や鶏では水溶性ビタミンを飼料あるいは添加物として給与することが必要である．反芻家畜は体内でビタミンB群とビタミンCを合成できるが，成畜ではニコチン酸などが不足することもあり，またルーメンの発達していない子畜ではビタミンB群の補給が必要である．

1) **チアミン（ビタミン B_1）**
　チアミンは生体内でリン酸と結合して脱炭酸酵素の補酵素となり，炭水化物代謝に作用する．チアミンは酵母，米ぬか，ふすまなどに多く，チアミンが不足すると食欲減退，成長阻害，神経障害などが発生する．

2) **リボフラビン（ビタミン B_2）**
　リボフラビンは黄色酵素や補酵素フラビンアデニンジヌクレオチドなどの成分として酸化反応に作用し，不足すると脚弱症，成長阻害，繁殖障害，皮膚炎などが発生する．リボフラビンは脱脂乳，魚粉，酵母などに多いが，豚や家禽では不足しやすいビタミンの一つである．

3) **パントテン酸**
　パントテン酸は補酵素アセチルコエンザイムの構成成分として，炭水化物，脂質，アミノ酸等の代謝に関係している．パントテン酸は多くの飼料に含まれているので不足することは少ないが，不足すると成長低下，神経系の異常等が発生する．

4) **ニコチン酸（ナイアシン）**
　ニコチン酸は補酵素ニコチンアミドアデニンジヌクレオチドの成分であり，解糖系などに関係している．ニコチン酸は魚粉，酵母などに含まれているが，体内でトリプトファンからも合成される．ニコチン酸が不足すると，食欲減退，発育低下，下痢などが発生する．反芻家畜では，高泌乳牛でニコチン酸の不足することがある．

5) **ピリドキシン（ビタミン B_6）**
　ピリドキシンは，生体内ではアミノ酸代謝に関係する補酵素になる．ピリドキシンは穀類などに含まれ，不足すると食欲減退，成長低下などが発生する．

6) **ビオチン（ビタミン H）**
　ビオチンは脂肪酸合成に必要な補酵素であり，不足すると皮膚炎，成長低下などが発生する．

7) **コ　リ　ン**
　コリンはリン脂質のレシチンの構成成分として，脂質代謝に関係している．家禽や豚ではコリン欠乏が発生することもあり，コリンが不足すると脂肪肝，成長低下などが発生する．

8) **葉　　酸**
　葉酸は生体内で補酵素として核酸代謝に関係しており，葉酸が不足すると血中のヘモグロビンが減少し，貧血が発生する．

9) **ビタミン B_{12}（コバラミン）**
　ビタミン B_{12} はコバルトを含み，生体内では補酵素としてアミノ酸代謝や核酸代謝に関係している．ビタミン B_{12} が不足すると，貧血，発育低下などが発生する．

10) **ビタミン C（アスコルビン酸）**
　家畜は必要量のビタミン C を体内で合成できるため，ビタミン C を補給する必要性は少ないが，暑熱環境下などではビタミン C が不足することもある．

7.5 ミネラルの作用と機能

ミネラル（無機物）は，炭素（C），水素（H），酸素（O），窒素（N）以外の元素を総称したものである．動物に必須なミネラルは科学の進展に伴って増加しているが，家畜栄養上給与が必須なミネラルは約15種類と考えられている．

ミネラルは家畜の骨や歯の主要構成成分であるとともに，体内に広く分布し，乳，肉，卵などの生産物にも含まれる．ミネラルは，タンパク質や脂質の形成，酵素や補酵素の活性化，体内の浸透圧や酸塩基平衡の維持，神経系の情報伝達などに重要な役割を果たしている．

a．ミネラルの種類

一般に，ミネラルは飼料や家畜体内の含量の相違によって，主要ミネラルと微量ミネラルに区別される．家畜にはミネラル欠乏症や中毒症が発生しやすいため，家畜に必須なミネラルは必要量を満たすように給与することが重要である．ミネラルの中には，フッ素や鉛などのように中毒症だけが問題になるミネラルもある．

1) **必須主要ミネラル**

家畜に必須な主要ミネラルは，カルシウム，リン，マグネシウム，カリウム，ナトリウム，塩素，硫黄の7元素である．主要ミネラルは飼料中に比較的多く含まれ，家畜の主要ミネラル要求量は主に飼料乾物当たりの％で表示される．

2) **必須微量ミネラル**

家畜に必須な微量ミネラルは，鉄，亜鉛，銅，マンガン，ヨウ素，モリブデン，セレン，コバルトの8元素である．微量ミネラルは飼料中の含有量が少なく，家畜の微量ミネラル要求量は飼料乾物当たりのppmで表示される．それ以外に，クロム，ケイ素なども家畜に対する必要性が高まっているが，要求量は明らかではない．

b．ミネラルの代謝

家畜体内や飼料中のミネラルは主に有機態で存在しているが，飼料添加物としては無機態のミネラルがよく利用される．家畜は消化管で可溶性になったミネラルを主に小腸から吸収し，体内で利用した後に糞尿中へ排泄する．リン，銅，亜鉛などを多量給与すると糞尿中への排泄量が増加するため，最近ではミネラルの過剰排泄が環境汚染の一つとして問題になっている．

1) **主要ミネラルの代謝**

家畜のカルシウムとリン代謝は副甲状腺ホルモン，活性型ビタミンD，カルシトニンなどで調節され，血漿中のカルシウムとリン濃度を一定に保つとともに，小腸からのカルシウムとリンの吸収を制御している．反芻家畜ではリンは唾液を経て第一胃に多量流入し，ルーメン微生物に再利用される．

ナトリウム，カリウムと塩素の主要な排泄経路は尿中であり，アルドステロン（副腎皮質ホルモン）の働きにより腎臓からの排泄と体内の保持が調節されている．家畜のマ

グネシウム代謝はカルシウムとリン代謝と，また硫黄代謝は含硫アミノ酸代謝との関係が強い．

2) 微量ミネラルの代謝

家畜の微量ミネラル代謝を制御するホルモンは，まだ明らかにはされていない．一般に，家畜の微量ミネラル吸収率は低く，また微量ミネラルの主要な排泄経路は糞中である．

c. 必須主要ミネラルの作用と機能

主要ミネラルは家畜の主要な体成分であるとともに，体内の代謝調節に重要な役割を果たしている．

1) カルシウム (Ca) とリン (P)

カルシウムとリンは家畜体内に存在するミネラルの約70%を占め，その大部分は骨格と歯を形成している．家畜体内でカルシウムとリンは，筋肉収縮，神経伝達，エネルギー代謝などさまざまな機能を調節しているが，卵殻形成や乳中の主要なミネラル成分としても重要である．

飼料中にはカルシウムとリンが比較的多く含まれているが，穀類中のフィチンリンは家禽や豚では利用性が著しく低い．家畜にカルシウムとリンが不足すると，食欲減退，発育低下，受胎率低下などが起こり，極度に不足するとくる病や骨軟症が発生する．乳牛で発生する乳熱は，カルシウム代謝障害の一つである．

2) マグネシウム (Mg)

家畜体内に含まれているマグネシウムの約60%は骨格に存在し，カルシウムやリン代謝との関係が深い．マグネシウムの生体内における主な機能は，神経伝達や酵素の活性化などである．家畜のマグネシウムの利用性は比較的低く，反芻家畜のグラステタニーなど，マグネシウムの典型的な欠乏症状はテタニーの発生である．

3) カリウム (K)，ナトリウム (Na) と塩素 (Cl)

家畜体内でカリウムは細胞内液に，またナトリウムと塩素は細胞外液に多量含有され，酸塩基平衡，浸透圧，神経伝達などの維持に重要な役割を果たしている．一般に，飼料中にはカリウムが必要量含まれているのに対して，ナトリウムと塩素は非常に少ないことから，家畜の飼料給与ではナトリウムと塩素を食塩としてつねに補給する必要がある．

カリウムが不足すると食欲減退，発育低下などが発生するが，反芻家畜ではカリウムを過剰摂取するとマグネシウムの利用性が低下し，グラステタニー発生の一因となる．ナトリウムと塩素が不足すると，食欲減退，体重減少，乳量低下などが発生する．

4) 硫　黄 (S)

家畜体内における硫黄の大部分は，シスチンやメチオニンなど含硫アミノ酸の形態で存在しているため，窒素と密接な関係がある．反芻家畜では，ルーメン微生物が無機態硫黄から含硫アミノ酸を合成できる．硫黄が不足すると，食欲減退，成長低下などが発生する．

d．必須微量ミネラルの作用と機能

微量ミネラルは体成分を構成するとともに，家畜体内では金属酵素の成分として体内代謝を調節する機能がある．わが国では，牛に銅欠乏症，コバルト欠乏症，セレン欠乏症，モリブデン中毒症などが発生している．最近では，スーパーオキシドジスムターゼ（亜鉛，銅，マンガン含有酵素）やグルタチオンペルオキシダーゼ（セレン含有酵素）などの金属酵素による抗酸化機能が注目されている．

1) 鉄 (Fe)

体内における鉄の大部分はヘモグロビンに存在し，鉄は酸素と二酸化炭素の運搬に重要な役割を果たしている．飼料中には鉄は十分含まれているため家畜に不足することは少ないが，分娩直後の子豚や子牛では鉄不足になりやすい．鉄欠乏症の典型的な症状は貧血であり，赤血球の造成不足とともに，貧血状態の家畜は免疫機能が低下しやすくなる．

2) 亜鉛 (Zn)

亜鉛は100以上の酵素の構成成分であり，炭水化物代謝，タンパク質代謝など，家畜体内におけるさまざまな物質代謝に密接な関係がある．亜鉛は家畜体内に一様に分布し，乳中の亜鉛含量も微量ミネラルの中ではもっとも高い．亜鉛が不足すると，皮膚の不全角化症，食欲不振，成長低下，繁殖障害などが発生する．

3) 銅 (Cu)

銅はセルロプラスミンなどの酵素の構成成分として，鉄とともにヘモグロビンの造成に関係している．銅は家畜の肝臓に特異的に蓄積するが，銅欠乏になると肝臓中の銅含量が極度に減少する．銅が不足すると被毛退色，成長低下，骨形成異常，貧血，下痢などが発生する．

4) マンガン (Mn)

マンガンは多くの酵素の構成成分として体内代謝を調節しているが，家畜の成長や繁殖機能との関係が深い．マンガンが不足すると成長低下，繁殖障害，骨の変形などが発生する．

5) モリブデン (Mo)

モリブデンはキサンチンオキシダーゼなどの酵素の成分であるが，欠乏症よりも中毒症が問題になる．家畜にモリブデンが過剰になると，銅の利用性が低下し，銅欠乏症と類似した症状が生じる．

6) セレン (Se)

セレンはグルタチオンペルオキシダーゼなどの酵素の構成成分として，家畜体内で抗酸化作用により生体膜を保護している．セレンが不足すると食欲不振，白筋症，繁殖障害などが発生するが，中毒症も発生しやすいミネラルである．

7) コバルト (Co)

コバルトは，ビタミンB_{12}の構成成分である．反芻家畜では第一胃内でビタミンB_{12}を合成するときにコバルトが必要なため，コバルト欠乏症が発生しやすい．コバルトが欠乏すると極度の食欲不振，貧血，成長低下などが発生する．

8) ヨウ素（I）

ヨウ素の主要な生理的役割は，甲状腺ホルモンの合成である．ヨウ素欠乏症になると体内の甲状腺ホルモンが不足し，家畜の甲状腺腫の発生や，成長，繁殖に対する悪影響が生じる．

7.6 家畜栄養と飼料給与

家畜の生産性を向上させるためには，家畜に対する適正な栄養素の要求量を把握するとともに，各栄養素を過不足なく給与する合理的な飼料給与技術を確立することが重要である．一般に，家畜の養分（栄養素）要求量はエネルギー，タンパク質，ビタミン，ミネラルの要求量を基準にし，諸外国では養分要求量を策定した飼養標準が作成され，家畜飼養の基礎として広く利用されている．

わが国の家畜の飼養標準は，さまざまな研究成果に基づいて家禽，豚，乳牛，肉牛の適正な養分要求量を示すとともに，飼料の経済的利用，家畜の生産能力の向上などに見合うように作成されている．それ以外に，飼料中に含有する標準的な栄養素の量を示した飼料成分表も作成され，家畜の養分要求量に見合った合理的な飼料の配合，給与などの基礎として利用されている．

a. 家畜の養分要求量

家畜の養分要求量は，維持，成長，肥育，産乳，産卵，健康，繁殖などを基準にして，最適な飼養成績を得るために必要な養分の最少量を要求量とみなしている．一般に，家畜の養分要求量は維持，成長，肥育，産乳，産卵，妊娠に要する正味の要求量を求め，それらを利用効率で除した要因法と実際の飼養試験の成績を照合させて求めている．

1) 家畜のエネルギー要求量

エネルギー源となる栄養素としては，炭水化物，脂肪とタンパク質があるが，脂肪のエネルギー含量は他に比べて著しく高い．家畜のエネルギー要求量の表示単位としては，いままで可消化養分総量（TDN）が広く用いられていたが，最近ではエネルギー要求量の評価単位としていっそう優れている代謝エネルギー（ME）あるいは正味エネルギー（NE）に変わりつつある．

可消化養分総量は，飼料中の可消化の粗タンパク質，粗繊維，可溶無窒素物はエネルギー価が同等であり，可消化粗脂肪は 2.25 倍のエネルギー価があるとみなして算出した値である．一般に，可消化養分総量1gは 4.41kcal の可消化エネルギー（DE）に相当する．

可消化エネルギーは，飼料中の総エネルギー（GE）から糞中に排泄されたエネルギーを差し引いたものである．可消化エネルギーから尿やメタンとして排泄されたエネルギーを差し引いたものが代謝エネルギーであるが，反芻家畜では尿よりもメタンとして失われるエネルギーが多い．

正味エネルギーは代謝エネルギーから熱増加を差し引いたもので，生産に使われるエネルギーにもっとも近い値である．家畜の正味エネルギー要求量は生産目的によってエ

ネルギー価が異なるため，維持（NE_m）や増体（NE_g）などに分けて示されている．家畜の代謝エネルギー要求量も，維持，増体，妊娠などのそれぞれの生産目的に対する利用効率を考慮して算出されている．

濃厚飼料主体で飼養している鶏や豚では，可消化養分総量と代謝エネルギーを用いてエネルギー価を評価すると，両者とも生産価値に比較的よく適合する．しかし，反芻家畜では可消化養分総量を用いてエネルギー価を評価すると，粗飼料ではやや高く，また濃厚飼料ではやや低く評価されるため，代謝エネルギーによる評価が生産に使用されるエネルギーにより近い単位といえる．

2) 家畜のタンパク質要求量

飼料中のタンパク質はエネルギー源として利用される以外に，体成分や畜産物などの主要な構成要素として家畜体内で欠くことができないため，タンパク質要求量が独自に定められている．飼料中のタンパク質の価値はタンパク質を構成している必須アミノ酸の種類と量で左右されるため，鶏や豚のタンパク質要求量では粗タンパク質要求量や消化率を加味した可消化タンパク質要求量とともに，アミノ酸要求量が表示されている．

反芻家畜では可消化タンパク質は代謝性糞中窒素の影響を受けて変動しやすいので，粗タンパク質要求量が重要視され，また高泌乳牛などタンパク質要求量の高い家畜には第一胃で非分解性のタンパク質の供給が必要になる．非分解性タンパク質はアミノ酸組成が重要であるが，分解性タンパク質は微生物タンパク質に変換されるのでアミノ酸組成はあまり重要ではない．

3) 家畜のミネラルとビタミン要求量

ミネラルとビタミンは家畜に欠くことができないため，家畜のミネラルとビタミン要求量は各家畜ごとに表示されている．家畜のカルシウムとリン要求量は主に要因法で求められているが，それ以外のミネラルやビタミンは家畜の欠乏症の発生や飼養試験の成績などを主体にして求められている場合が多い．最近では，繁殖，免疫，健康などに対するミネラルとビタミンの役割を評価して，それらの要求量に反映していることが多い．

b．飼養標準

一般に，飼養標準には家畜，家禽の養分（栄養素）要求量が表示され，家畜飼養の基礎として位置づけられている．欧米では各国の飼養標準が策定されているが，中でもアメリカのNRC飼養標準とイギリスのARC飼養標準が名高い．

1) 日本の飼養標準

わが国では農林水産省農林水産技術会議事務局を中心にして，1957年から家禽，豚，乳牛と肉牛の日本飼養標準の策定が開始され，家畜の能力向上や飼養形態の変化に伴って数回の改訂が行われている．日本飼養標準には，わが国で飼養されている標準的な家畜の養分要求量と合理的な飼養方法が表示され，家畜の生産性向上に大きな貢献を果たしている．

2) 家禽と豚の日本飼養標準

わが国の家禽の飼養標準は1969年に初版が設定された後に，3次の改訂を経て最新版は1992年に，また豚の飼養標準は1970年に初版が設定された後に，3次の改訂を経て最

新版は1993年に刊行されている．

家禽と豚の日本飼養標準では，エネルギー要求量を家禽では代謝エネルギーで，また豚では可消化エネルギーで示すとともに，リジン，メチオニンなどのアミノ酸有効率の設定と非フィチンリンによるリン要求量の表示などが最近の特徴としてあげられる．

3) 乳牛と肉牛の日本飼養標準

わが国の乳牛の飼養標準は1963年に初版が設定された後に，3次の改訂を経て最新版は1994年に，また肉牛の飼養標準は1970年に初版が設定された後に，3次の改訂を経て最新版は1995年に刊行されている．

乳牛と肉牛の飼養標準では，エネルギー要求量を代謝エネルギーで示すとともに，中性デタージェント繊維による繊維成分の表示や第一胃分解性によるタンパク質要求量の記述などが最近の特徴としてあげられる．

c. 飼料価値と飼料成分表

家畜の養分要求量に合致した飼料給与を行うためには，飼料の栄養価を知ることが不可欠である．飼料の栄養価は含有されている栄養素の種類と量で決まるが，わが国では飼料中の標準的な栄養素の種類と量を示した日本標準飼料成分表が策定されている．飼料中の各栄養素の価値は養分要求量と照合して評価されるが，飼料価値を総合的に判断するためには，飼料の摂取量と畜産物の生産量の関係を示した飼料効率と飼料要求率が利用される．

1) 日本標準飼料成分表

日本標準飼料成分表は，日本飼養標準と同様に農林水産技術会議事務局を中心にして策定され，3回の改訂後，最新版は1995年に刊行されている．飼料成分表には，飼料中に含有する標準的な栄養素の量を示すとともに，飼養標準に示された家畜の養分要求量に見合った飼料の配合と給与設計を行い，家畜の合理的な飼養方法の基礎として広く利用されている．

2) 飼料効率

一般に，わが国では飼料効率（feed efficiency）は家畜の成長，肥育，産卵などに対する飼料の栄養価を評価するために利用され，飼料摂取量に対する家畜の増体量や産卵量の比率で示される．飼料効率が大きいほど飼料価値は高く評価されるが，飼料効率は以下の式あるいは％として示される．

$$飼料効率 = \frac{増体量(kg)}{飼料摂取量(kg)}$$

3) 飼料要求率

飼料要求率（feed conversion）は飼料効率の逆数で，家畜の増体量や産卵量に対する飼料摂取量の比率で示される．飼料要求率は増体などに要する飼料の量を示すもので，肉畜生産などによく利用される．　　　　　　　　　　　　　　　　　　　　　　［久米新一］

8. 家畜の飼料

8.1 飼料の組成と栄養価

a. 飼料組成の表現方法

飼料の特性を評価する際にもっとも一般的に用いられる指標は飼料の化学組成である．飼料の化学組成としては炭水化物，タンパク質，脂肪，ビタミン，ミネラルの含量が，また利用性としては成分消化率が評価の対象となる．ここでは，それぞれの成分についての表現法を述べる．

1) 炭水化物

飼料の炭水化物は糖類，デンプンおよび繊維が主成分であり，繊維はセルロースとヘミセルロースとからなる．また，サイレージの場合には炭水化物の発酵産物である有機酸も便宜上，炭水化物の中に含めて考えられることが多い．非常に長い間，飼料の炭水化物は一般成分分析法に基づいて可溶無窒素物と粗繊維の二つの画分で表現されてきたが，現在では糖，デンプン，有機酸の区分と総繊維の区分で表現されるのがふつうになってきている．前者は非繊維質炭水化物（NFC）あるいは糖，デンプン，有機酸類（NCWFE），後者は中性デタージェント繊維（NDF）あるいは総繊維（OCW）の名称で日常的な利用がなされている．NFCまたはNCWFEは反芻家畜においてはほぼ100%の消化率を，単胃家畜においても80～100%の高い消化率を示す区分である．しかし，NDF，OCWの消化率はそのように高くはなく，また飼料の種類による変動も大きい．

繊維の消化性は反芻家畜で重要視されるが，飼料の酵素分析法ではOCWは高消化性繊維と低消化性繊維とに分画され，たとえば，イネ科牧草では高消化性繊維の消化率は100%に近い値を，低消化性繊維の消化率は40%前後の値をもつことが飼料情報として提供されている．これについては後に詳しく述べる．

2) タンパク質

タンパク質の評価は，鶏では粗タンパク質で，豚と牛では粗タンパク質と可消化粗タンパク質で行われるのが一般的であるが，近年では豚，鶏ではアミノ酸有効率が併せて用いられるようになってきており，日常用いられる飼料についてはその値が標準飼料成分表に掲載されている．また，反芻家畜においては粗タンパク質の含量とともに，第一胃内でのタンパク質の分解性が重要視されるようになり，第一胃内での分解性タンパク質（RDPまたはDIP）と非分解性タンパク質（UDPまたはUIP）が飼養標準等に掲載され利用されている．

3) 脂　　肪

一般分析法に基づく粗脂肪含量の多少で飼料の評価をするのがふつうである．最近，高度不飽和脂肪酸の家畜生体内における種々の機能が取り上げられたり，飼料中の脂肪酸の組成と牛乳中の脂肪酸組成の関係が注目されているが，飼料の評価の場面では，当分の間，粗脂肪含量のレベルでよい．

4) ビタミン

現在，日本標準飼料成分表には全カロチン，ビタミン A, D, E, K, チアミン，リボフラビン，パントテン酸，ナイアシン，ピリドキシン，ビオチン，葉酸，コリン，ビタミン B_{12} の値が主要な飼料について表示されている．

5) ミネラル

ミネラル類はビタミンと同様に飼料中の含量の多少で評価されるが，一方，結合形態でもその利用性が異なる．それに関して，もっとも顕著なのはリンで，単胃家畜の場合，無機リンとフィチン態のリンではその利用率の差が大きく，フィチン態リンの利用率は極端に低い．そこで，日本標準飼料成分表では代表的な飼料について全リンの含量とともにフィチン態リンの含量を示している．

b．飼料栄養価（エネルギー）の表現方法

飼料中のエネルギー含量を示す方法としては，化学成分の消化率に基本を置くレベルのものと，生体内での利用，配分に基本を置くレベルのものの二つがある．前者の系列には乾物消化率（DMD），可消化乾物（DDM），可消化有機物（DOM），可消化エネルギー（DE），そして可消化養分総量（TDN）がある．一方，後者の系列のものとしては代謝エネルギー（ME）と正味エネルギー（NE）がある．ここで，いっておかなければならないのは，TDN はその計算過程で尿中排泄のエネルギー価を考慮しているので，一部 ME の性質をもっているということである．

DE から尿中およびメタンへのエネルギー排泄分を差し引いたものが ME であり，ME から熱発生量を差し引いたのが NE である．

飼料中の総エネルギー（GE）の ME と NE への転換率は飼料によって異なる．たとえば，濃厚飼料の代表例，牧草の代表例，低質粗飼料の代表例としてそれぞれ粉砕トウモロコシ，チモシー乾草，小麦わらをあげ，GE の ME, NE への転換率をみると，粉砕トウモロコシが 75% と 46%，チモシー乾草が 41% と 23%，そして小麦わらが 31% と 5% である．また，ME から NE の過程における熱発生量の割合を ME に対する比率でみると，小麦わらが 83% と粉砕トウモロコシの 38%，チモシー乾草の 42% に比してはるかに多い．このように，家畜の生産に正味として寄与するエネルギー価の表示としては，TDN や DE のような消化率レベルのものよりも ME, NE での評価が飼料の特性をより明確に峻別できるという利点がある．

しかし，目的によっては消化率レベルの評価で十分な場合もある．

現在，日本では鶏においては ME が，豚においては TDN と DE が，反芻家畜においては TDN がごく一般的に用いられているが，1994 年版の日本飼養標準・乳牛および 1995 年版の日本飼養標準・肉用牛では ME が採用されている．

また，牧草，飼料作物の飼料価値評価の場面では DMD，DDM，DOM，TDN がよく用いられる．

8.2 飼料の特性

a. 穀類

わが国で用いられる飼料用穀類のほとんどすべては輸入品であり，その量は1991 (平成3)年度の場合，トウモロコシが1,200万トン，マイロが340万トン，オオムギ・ハダカムギが152万トン，コムギが115万トン，ライムギが30万トンである．トウモロコシはその82%がアメリカからの輸入であり，次いで中国が15%となっている．また，マイロではアメリカが49%，アルゼンチンが36%，中国が10%であり，オオムギではカナダが63%，オーストラリアが30%であり，コムギではアメリカが53%，そしてオーストラリアが44%となっている (1991年度)．

このように，現在のわが国では毎年約1,800万トンの穀類を飼料として用いているが，その利用途の大部分が配合・混合飼料の生産である．そこで，1992年度における穀類の畜種別配合飼料の割合をみると，それは以下のようになる．まず，採卵鶏用ではトウモロコシが52.7%，マイロが9.4%，ブロイラー用ではトウモロコシが48.5%，マイロが16.3%，養豚用ではトウモロコシが45.2%，マイロが19.3%，オオムギ・ハダカムギが0.4%，乳牛用ではトウモロコシが30.7%，マイロが4.8%，オオムギ・ハダカムギが1.7%，そして肉牛用ではトウモロコシが40.7%，マイロが8.3%，オオムギ・ハダカムギが8.3%である．

穀類の化学組成上の特徴は何といってもデンプンの含量が多いことである．乾物中のデンプンの含量はトウモロコシが66%，マイロが69%，オオムギが56%，コムギが65%，エンバクが47%である．デンプンは牛，豚，鶏のいずれにおいても，その潜在的な消化率は100%かあるいは100%に近いものであり，その含量もこのように高いところから，穀類の栄養価は飼料中でもっとも高いグループに位置づけられる．

しかし，牛の場合，とくにトウモロコシで，その加工形態によってデンプンの消化率は大きく異なる．トウモロコシを粉砕，荒砕き，無処理 (マル) の三つの加工形態とし，めん羊を用いた消化試験に供すると，デンプンの消化率はほぼ一律に100%で処理間の差はない．しかし，乳牛での消化試験では粉砕，荒砕き，無処理のデンプン消化率はそれぞれ97%，76%，51%と変化し，そのためにトウモロコシ乾物中のTDN含量は粉砕が86%，荒砕きが68%，そして無処理の丸トウモロコシは49%とその栄養価が低下する．

一方，デンプンの性質における穀類間の差についても議論される場合がある．

牛においてはトウモロコシとオオムギの第一胃における消化速度の違いに関心がもたれている．オオムギデンプンはトウモロコシデンプンよりも消化速度が速く，その違いを飼料給与に反映する試験も多く行われている．

次にタンパク質の含量とその性質についてみる．まず乾物中の粗タンパク質含量ではトウモロコシとマイロは10%程度，オオムギが12%，コムギが14%である．アミノ酸

含量の比較をリジン，メチオニン，トリプトファンについてみると，メチオニン，トリプトファンでは穀類間の差はみられないが，リジン含量ではムギ類，とくにオオムギでその含量が他の穀類よりも高い．穀類のアミノ酸組成の改善をめざして高リジン含量のオパーク2がアメリカで育成されたが，収量の少なさから実用品種とはなっていない．

先に述べたように反芻家畜の場合，タンパク質の第一胃内での分解率がタンパク質栄養上での重要な指標になるが，穀類タンパク質の分解率を比較するとオオムギ，コムギがもっとも高く（71～90%），次いでトウモロコシ（51～70%）であり，マイロ（31～50%）がもっとも低い値を示す．

この項の最初で述べたように，鶏，豚の配合飼料中では穀類の割合が非常に高い．また，鶏，豚の場合には配合飼料のみからの養分摂取であるところから，穀類の摂取割合もまた非常に高いといえる．

次にリンの含量と性質についてみる．

穀類中のリンの含量は原物中0.27～0.34%であるが，その70%近くはフィチン態のリンであり，その利用率は低い．河川の富栄養化につながる家畜，家禽からのリン排泄量を少しでも低減するためには，穀類をはじめとした飼料中フィチンリンの有効利用と，その結果としてのリン給与量の減少，排泄の抑制がこれからの重要な課題である．

オオムギ，コムギ，ライムギなどでは，それ自体がフィチンを分解するフィターゼをもっており，その利用によって，フィチンリンの利用率を改善できるとされている．国内の試験では，鶏の飼料においてトウモロコシの約75%をオオムギで代替することによって，飼料中のリン水準を下げることができ，それによってリンの排泄量を約20%低減できたという報告がある．

b. ダイズおよびダイズ加工品

ダイズの種々の加工品，それは主に食品製造工業の副産物であるが，その種類は実に多様である．日本標準飼料成分表に記載されているダイズ・ダイズ加工品にはダイズ（生，加熱），濃縮ダイズタンパク，分離ダイズタンパク，ダイズ粕（普通，脱皮，エキストルーダー処理，膨化脱皮），豆腐粕，豆乳粕，ダイズホエー，ダイズ皮等がある．ここでは，ダイズ，ダイズ粕および豆腐粕について述べる．

1) ダイズ

一般には加熱処理をして，フレーク加工または粉砕して飼料に供せられる．ダイズの主要成分は，タンパク質が40%，脂肪が20%，糖類が20%，そして総繊維が17%である．タンパク質中のアミノ酸組成では，トウモロコシタンパク質と比してリジンの割合が約2倍の値を示すが，メチオニン，シスチン，フェニルアラニン，トレオニン，トリプトファン等では差がない．また，約20%含まれる脂肪の脂肪酸組成をみると，パルミチン酸（C 16：10.4%），オレイン酸（C 18：23.3%），リノール酸（C 18：53.9%）が主要成分である．ダイズにはデンプンはほとんど含まれないが，種々の多糖類が含まれており，これは反芻家畜では100%利用される．

2) ダイズ粕

1991年度におけるダイズ粕の供給量は輸入が84万トン，国内生産が266万トン，合わ

せて350万トンである．この中の70%以上は飼料用として利用されているものと判断される．各種配合飼料中のダイズ粕の配合割合をみると(1992年度)，採卵鶏用が10.8%，ブロイラー用が18.6%，養豚用が14.0%，乳牛用が10.8%，そして肉用牛用が4.4%である．わが国におけるタンパク質飼料の代表格的な役割を果たしている．

ダイズ粕の主成分は，粗タンパク質が約51%，単・少糖類が12%，そして総繊維が22%である．この多量に含まれるタンパク質が古くから飼料利用の拠り所とされてきたが，その主要なアミノ酸組成はアルギニンが3.4%，ロイシンが3.4%，リジンが2.9%，メチオニンが0.5%，トレオニンが1.7%，トリプトファンが0.6%であり，メチオニンとトリプトファンの含量が少ない．また，反芻家畜の第一胃内におけるタンパク質の分解率は71〜90%の範囲であり，分解率の高いタンパク質といえる．

ダイズ粕のもう一つの特徴は約20%含有される総繊維（OCW）の反芻家畜における消化率が非常に高いということである．めん羊での消化試験では80%の値を示す．同じ油粕について比較すると，綿実粕が32%，アマニ粕が40%であるから，特別に高い値である．また，第一胃微生物を用いた *in vitro* の消化試験ではオーチャードグラスの早刈り乾草（出穂前）が75%の総繊維消化率であったのに対して，ダイズ粕総繊維は88%の消化率を示したという報告もある．

3）豆 腐 粕

ダイズを水に浸漬した後，磨砕し，水を加えて90℃で攪拌しながら加熱する．それを布で濾過し得られた液分が豆乳であり，布上の固形分がおから（豆腐粕）である．

豆腐粕の主成分は粗タンパク質と粗脂肪および総繊維であるが，製品による成分変動が非常に大きい．長野県，山梨県，東京都の203点の豆腐粕を分析した結果を水分，乾物中粗タンパク質，乾物中粗脂肪，乾物中総繊維（OCW）についてみると，それは以下のようである．水分では平均値が79.3%，最大値が85.5%，最小値が71.6%，乾物中粗タンパク質では平均値が26.1%，最大値が34.8%，最小値が13.6%，乾物中粗脂肪では平均値が11.2%，最大値が20.2%，最小値が3.2%，乾物中総繊維では平均値が48.5%，最大値が70.7%，最小値が30.3%である．

豆腐粕は一般的には乳牛用の飼料として利用されることが多いが，そのときには，ダイズ粕でみたと同じように総繊維の消化率は非常に高いと考えてよい．また，ダイズの総繊維は消化（発酵）速度も速いところから，その多給与の場合には穀類の給与を低減するなどの処置が必要であり，それを怠ると第一胃発酵の変調をきたし，乳脂率の低下等，乳質に悪影響を及ぼす．

また，エネルギー価の高い粗脂肪の含量の変動は直接TDN含量に影響する．

このように成分含量の変動が大きいのは製造法，原料の相違によるものであるが，豆腐粕を利用するに際しては，使用する工場の製品について成分含量を把握しておくことが重要である．

c．油 粕 類

油実類から圧搾法または抽出法で採油した残渣の一般名である．飼料の統計表（飼料月報）によると，1993年度には配合・混合飼料向けにダイズ粕が312万トン，ナタネ粕

が84万トン，その他の植物油粕類が17万トン使用されている．わが国で飼料用として用いられている油粕類にはダイズ粕，ヤシ粕，綿実粕，ナタネ粕，サフラワー粕をはじめとして，アマニ粕，ゴマ粕，ヒマワリ粕，カポック粕等があるが，ここでは代表的な油粕としてナタネ粕，ヤシ粕，綿実粕およびサフラワー粕について述べる．

1) ナタネ粕

ナタネ粕の主成分は乾物中，約40％含有される粗タンパク質をはじめとして糖・デンプン・有機酸類が19％，そして総繊維が37％である．

粗タンパク質含量が高く，古くから飼料原料として注目されていたが，甲状腺肥大因子であるグルコシノレートが含まれるため，給与量を制限せざるをえなかった．しかし，近年では給与限界値がしだいに上昇し，ナタネ粕の飼料利用量は著しく伸びており，先にみたように，わが国でもダイズ粕に次いで使用量が多い．

これは低またはゼロのグルコシノレートナタネの育成の成果による．ナタネ油には非栄養性因子のエルカ酸が含まれるが，このエルカ酸とグルコシノレートの両方の含量を低減したタワー種，アーグル種といったナタネのほかに，繊維の含量をも低減したキャンドルという品種も育成され飼料として利用されている．カナダでは低グルコシノレートのナタネから調製したナタネ粕をカノーラミールとよんでいる．

ナタネ粕のアミノ酸組成はダイズ粕のそれに匹敵するものであるが，ダイズ粕に少ないメチオニンがナタネ粕には多い．16種類のアミノ酸の雛による利用率の平均ではナタネ粕では92％，ダイズ粕では97％，綿実粕では93％という報告がある．

ナタネ粕総繊維中の高消化性繊維と低消化性繊維の比率は3：7であり，後者の割合が高い．また，乾物中のリグニン含量が11％と高く，低消化性繊維の利用率はかなり低いものである．

2) ヤ シ 粕

ココヤシから調製したコプラより採油した残渣である．主要成分を乾物中含量でみると，粗タンパク質が約26％，単・少糖類が16％，そして総繊維(OCW)が48％である．粗タンパク質含量は油粕類の中ではもっとも少なく，逆に単・少糖類が油粕類の中ではもっとも高い値を示す．ヤシ粕は主に乳牛・肉用牛向けとして用いられている．

ヤシ粕総繊維の *in vitro* 消化率はダイズ総繊維に近い非常に高い値を示し，それは早刈り牧草やぬか・ふすま類および他の油粕類よりも勝っている．

単・少糖類の含量と併せて考えると，ヤシ粕は他の油粕とは異なり，タンパク質飼料というよりはむしろエネルギー飼料といったほうが妥当であろう．

3) 綿 実 粕

綿実からリンターをとり，採油した残渣である．主要成分は乾物中40％と46％含まれる粗タンパク質と総繊維（OCW）である．主に乳牛，肉用牛に用いられている．

粗タンパク質の第一胃内分解率は51～70％の範囲でダイズ粕やナタネ粕のタンパク質よりも低く，ヤシ粕と同水準である．

乾物中50％近く含まれる総繊維の消化率はめん羊での測定値が32％と非常に低い．これは乾物中，約12％含まれるリグニンのためである．

綿実中にはゴシポールが0.04～1.04％の範囲で含有される．これは毒性をもち，豚に

対する半数致死量は体重1kg当たり550mgとされている．長期給与による中毒症状は呼吸困難，発育低下，食欲減退等である．また，雌畜では発情周期，妊娠の維持，胚の発育にも悪影響を及ぼすとされている．

しかし，反芻家畜に対する毒性は単胃動物よりも低い．これは第一胃において分解あるいはタンパク質と結合するためと考えられている．

4） サフラワー粕

わが国ではベニバナとよばれる．主要成分は乾物中含量が約33%と56%の粗タンパク質と総繊維（OCW）である．ほとんどが乳牛・肉用牛向けに用いられる．タンパク質の第一胃内分解率は76%とダイズ粕と同程度である．

総繊維の消化率は乾物中のリグニン含量が15%と高いためにかなり低い．いま，ダイズ粕総繊維の消化率を100としたとき，その他の油粕類総繊維の消化率を指数で示すと，ヤシ粕が95，サフラワー粕が29，綿実粕が40，カポック粕が14，ラッカセイ粕が48，そしてアマニ粕が50である．

d． 穀類副産物

穀類の処理，加工の工程で産出される副産物は古くから飼料として用いられてきたが，それには精白，製粉の際に生ずるぬか・ふすま類，デンプン製造の工程で産出される副産物，さらには穀類の選別の過程で生ずるスクリーニング等がある．これらの中でもっとも量的に多いのがぬか・ふすま類であり，1993年度に配合・混合飼料の生産に用いられたふすま，米ぬか，脱脂米ぬかの量はそれぞれ79万トン，14万トンおよび20万トンである．穀類副産物の組成の代表的なものとして米，コムギおよびトウモロコシについて述べる．

1） 米ぬか

米ぬかの特徴は粗脂肪の含量が乾物中約21%と高いことである．そのため，乾物中のTDN含量も牛の場合90%を超えるが，脂肪の変質には注意しなければならない．脱脂米ぬかの主成分を乾物中含量でみると，粗タンパク質が約21%，糖・デンプン・有機酸類が33%，そして総繊維（OCW）が29%である．デンプンの含量は精白歩留りによって異なるが，乾物中16.5%という分析例もある．また，総繊維の反芻家畜第一胃における消化能は遅刈りのイネ科乾草（開花期）の総繊維とほぼ同じである．

2） ふ す ま

コムギの果皮，種皮，胚乳，糊粉層が含まれる．これらの割合によって成分，栄養価は異なる．現在，日本標準飼料成分表では"ふすま"と"特殊ふすま"の2種類の成分表記がなされている．特殊ふすまは専管ふすま，増産ふすまを意味するが，これらはふすまの需要を十分に満たすために，粉の歩留りを低くしたものであり，当然にふすま中のデンプン含量が高く，総繊維含量が低く，TDN含量の高いものとなる．

1987年版の日本標準飼料成分表では特殊ふすまの製粉歩留りは47.5～52.5%と表記されているが，1995年（平成7）2月以降，専増産ふすまの歩留りは「40%以上」と指定されている．専管ふすまは政府指定の飼料用コムギ専門工場で生産されたものであり，増産ふすまは政府指定の一般製粉工場において生産されたものである．糖，デンプンの

含量は普通ふすまが 31% 前後,特殊ふすまが 52～63% であり,また普通ふすまには 40% 強の,特殊ふすまには 15～25% の総繊維が含まれる.総繊維部分の反芻家畜第一胃における消化能は米ぬか総繊維のそれよりは少し高いが大きな違いはない.

3) スクリーニング

コムギ粉製造の前に,使用するコムギの選別が行われるが,その際に排出されるものを一般的にスクリーニングといっている.スクリーニングの中には小粒のコムギ,破砕コムギ,未熟コムギ,野生のエンバク,雑草の種子などが含まれている.

4) トウモロコシデンプン(コーンスターチ)製造副産物

トウモロコシデンプンの製造はまずトウモロコシを亜硫酸酸性の温水に浸漬する.次いで,軟化したものを砕き,水を加えると胚芽が上層に分離するのでそれを除く.この,胚芽から脂肪を抽出した残渣がコーンジャームミールである.胚芽を除去した部分をさらに粉砕して繊維部分(皮およびぬか)と細かな粒子の部分をふるい分ける.この繊維部分がコーングルテンフィードである.また,細かな粒子の部分には主としてデンプンとタンパク質が含まれるが,遠心分離によってデンプンとタンパク質とに分ける.タンパク質部分(一部,粒子の小さな繊維をも含む)をコーングルテンミールとよぶ.

コーングルテンフィードの主成分を乾物中の含量でみると,粗タンパク質が約 24%,糖・デンプン・有機酸類が 30%,そして総繊維(OCW)が 39% である.コーングルテンフィードのめん羊における総繊維消化率は 64% と比較的高い値を示す.コーングルテンミールには乾物中粗タンパク質含量が 44% 程度のものと,70% 以上のものの2種類がある.

e. 発酵工業副産物

酒類,しょう油等の製造時に産出する副産物の種類とそれらの量は非常に多く,主に乳牛,肉用牛の飼料として用いられる.ここでは日常的に飼料として多く用いられているビール粕とウイスキー粕について述べる.

1) ビール粕

ビールの製造工程は乾燥粉砕麦芽にデンプン源を加え,加水,保温して糖化を行い,糖液を分離し,次に酵母を加えてアルコール発酵を行わせて製品をつくる.この際の糖液を分離した残渣をビール粕としている.ビール粕には高水分(水分が 70～80%)のものと乾燥ビール粕があるが,高水分のものは工場周辺の利用に限られる.ビール粕の主要成分を乾物中含量でみると,粗タンパク質が約 27%,総繊維(NDF)が 66% である.乾燥ビール粕では,粗タンパク質の第一胃での分解率は 47% とダイズ粕に比べて非常に低いところから,小腸に供給される総アミノ酸の量は他の飼料よりも多いと考えられている.

高水分と乾燥製品の比較を去勢牛で行った試験では,繊維消化率,第一胃の揮発性脂肪酸濃度には変わりがなかったという報告がある.

2) ウイスキー粕

アルコール蒸留後の残液は固形分と液体部分に分離され,さらに液状部分は濃縮,乾燥される.この場合,固形部分をジスチラーズグレイン,そして濃縮液状部分をジスチ

ラーズソリュブルとよぶ．乾燥したものか否かについては，たとえばジスチラーズウエットグレイン，あるいはジスチラーズドライドグレインとよんで区別する．また，発酵原料名は頭の部分につけて特定する．たとえば，オオムギジスチラーズソリュブルのようである．また，両区分を混合して乾燥したものはジスチラーズドライドグレインウイズソリュブルとよぶ．

アルコール蒸留副産物の反芻家畜に対する給与の場合，とくに強調されるのは，タンパク質の第一胃における分解率が低い（ジスチラーズソリュブルが53％，ジスチラーズグレインが46％）ところから，バイパスタンパク質としての価値である．

f．製糖産業副産物

砂糖の製造はテンサイあるいはサトウキビを原料として行われ，飼料利用される副産物として種々のものが産出されるが，ここでは糖蜜，ビートパルプ，バガスおよびケーントップについて述べる．

1）糖　蜜

サトウキビおよびテンサイの圧搾・搾汁濃縮液から砂糖の結晶を分離した残液である．わが国では他の飼料と混合して調製する糖蜜吸着飼料の原料として，あるいは牛，とくに乳牛への直接給与（飼料への添加で嗜好性を増す）飼料として用いられている．粘性のある液状（水分が20〜30％）で炭水化物が多くTDN含量も80％以上と高い．また，テンサイ糖蜜はサトウキビ糖蜜よりもタンパク質含量が高い．

2）ビートパルプ

テンサイの糖液搾汁残渣である．北海道産のものはブロック状に圧縮，梱包してあるが，輸入品はペレット状である．わが国は毎年平均して70万トンのビートパルプをアメリカ，チリ，中国，カナダ等から輸入しており，その大部分は乳牛用飼料として用いられている．今日の酪農経営では，搾乳牛に対して2〜4kg/日の範囲で給与される基幹的な飼料となっている．ビートパルプの主成分は，乾物中約70％含まれる総繊維（OCW）であり，その他粗タンパク質が11％，糖類が9％程度含有されている．

総繊維の消化率は88％と非常に高く，多くの飼料中でも最高位の部類に属する．総繊維の消化率が高いところからTDN含量も乾物中76％と高い．易利用性繊維の供給源として飼料給与構造の重要な地位を占める乳牛用の飼料である．

3）バ ガ ス

サトウキビの糖液搾汁残渣である．乾物中91％が総繊維であり，総繊維中には高消化性繊維が13％程度含まれるが，総繊維全体の消化率は低い．

4）ケーントップ

サトウキビの梢頭部で，牛用の飼料として輸入量が近年増加している．主要成分は，乾物中71％と17％含まれる総繊維と糖・デンプン・有機酸類である．TDN含量は乾物中57％と開花期のイネ科乾草とほぼ同等の価値を有する．

g．その他の食品製造粕類

以上述べた製造粕類以外に飼料として用いられている食品製造副産物としては，デン

プン粕，ミカンジュース粕，リンゴジュース粕がある．これらは乳肉用牛の飼料として生あるいはサイレージとして給与される．果実ジュース粕は糖質含量が高く，そのために乾物中の TDN 含量は 82% 前後のかなり高い値を示す．

h．動物質飼料

この分類に属する飼料としては魚類加工産物，牛乳製品および肉加工製品が主要なものであるが，ここでは魚粉，フィッシュソリュブル，脱脂粉乳，乾燥ホエー，ミートボーンミール，フェザーミールについて述べる．

1) 魚　　粉

1993 年度にわが国で配合・混合飼料原料として使用した魚粉は約 41 万トンであり，採卵鶏・ブロイラー仕向け量が多い．魚粉は原料を蒸煮，圧搾して液分を分離して乾燥し，粉末としたものである．その品質は原料，製造方法等によってかなり異なる．日本標準飼料成分表では原料をホワイトフィッシュミールと他のものにまず分け，他のもの（アンチョビー等）については原物中の粗タンパク質含量（%）で 65, 60, 55, 50 の 5 区分で表示している．魚粉の栄養学的な特徴は，粗タンパク質含量，粗脂肪含量が高いことと同時に，リジン，メチオニン含量が高く，各種のビタミンに富んでいることである．また，魚粉には未知成長因子があることが知られていたが，近年ではそれにセレンが関与していることが明らかにされている．

最近では魚粉の高泌乳牛への給与も盛んになってきている．それは魚粉タンパク質の第一胃内分解率が低いためにタンパク質のバイパス率が高く，しかもバイパスタンパク質のアミノ酸組成が優れており，その給与によって良質のアミノ酸の供給ひいては乳タンパク質含量の向上を企図したものである．

2) フィッシュソリュブル

魚類の加工（採油，魚粕・粉製造等）の際に排出する液分を濃縮したものがフィッシュソリュブルであり，水分は 50% 前後である．わが国ではこれをふすま等に吸着させたフィッシュソリュブル吸着飼料の製造に利用している．

3) 脱 脂 粉 乳

1993 年度において配合・混合飼料用原料として脱脂粉乳は約 5.4 万トン使用されている．タンパク質（カゼイン）と乳糖が主要成分であり，ビタミン B 群およびミネラル類の含量が高い．主な用途は子牛，子豚の代用乳，人工乳の素材としてである．

4) 乾燥ホエー

牛乳からチーズをつくる際にカゼインと脂肪はチーズの画分に移行するが，タンパク質の一部（アルブミン），乳糖，ミネラル類は乳清（ホエー）中に残る．それを乾燥したものであり，乾物中の粗タンパク質含量は 13% 程度である．

5) ミートボーンミール

屠場，肉製品工場等から排出される肉類残渣を煮沸，圧搾，乾燥したもので，骨部分の多く混じっているものを肉骨粉（ミートボーンミール）といい，1993 年には配合・混合飼料原料として約 46 万トンが使用されている．

主要成分は粗タンパク質（乾物中 53%），粗脂肪（乾物中 11%），そして粗灰分（乾物

中33%）である．

6) フェザーミール

家禽の羽毛を高圧処理して得られる．乾物中粗タンパク質含量が91%であり，アミノ酸としてはシスチンが原物中3.1%とダイズ粕の0.7%，魚粉の0.6%と比較して特異的に高い．日本の公定規格ではタンパク質のペプシン消化率を75%以上と規定している．

i．油実・油脂類

飼料のエネルギー含量を高める目的で脂肪含量の高い飼料が利用されているが，ここでは綿実と脂肪酸カルシウムについて述べる．

1) 綿　　実

綿実の主要成分を乾物中の成分含量からみると，粗タンパク質が23%，粗脂肪が21%，そして総繊維（OCW）が53%である．近年では高泌乳牛の給与飼料のエネルギー含量の増加と乳脂率の向上を企図して1〜2 kg/日給与されるケースがふえてきている．脂肪酸の組成を主要なものについてみると，パルミチン酸（C 16：0）が21%，オレイン酸（C 18：1）が17%，そしてリノール酸（C 18：2）が59%である．

2) 脂肪酸カルシウム

高泌乳牛へのエネルギー供給を目的としてパーム油，牛脂，その他の植物油等から脂肪酸のCa塩が調製され利用されている．

j．ホールクロップサイレージ

穀実を生産する作物でかつ穀実がある程度充実した生育期に刈り取り，全植物体をサイレージ調製してできた飼料を通称ホールクロップサイレージとよんでいる．わが国ではこの目的に使用されている植物は主要なものとしてトウモロコシ，ソルガムがあり，オオムギ，エンバク，ライムギ，イネが地域的に利用されている．また，素材としてはこのほか，ヒエ，ハトムギ，アワ，ヒマワリ，オオクサキビ等がある．

ホールクロップサイレージの特色はサイレージ中に穀実デンプンを含むことである．わが国でもっとも一般的に調製，利用されているトウモロコシサイレージについて乾物中のデンプン含量をみると，乳熟初期では3%程度であるが，乳熟の中期では10%近くに，糊熟期では15%，糊熟の後期から黄熟の初期にかけては20%を超し，黄熟期には25%前後に達する．その間，植物体の糖含量はしだいに低下するためにサイレージ中の乳酸の含量も減少し，結果として熟期が進むとサイレージのpHは増大傾向をたどる．一方，生育の進展に伴う穀実部分の充実は相対的に茎葉部分の減少をもたらし，そのために飼料成分では水分の低下と総繊維の減少が顕著にみられる．水分含量では乳熟初期が80%程度であるが，黄熟期では70%を切る場合もある．乾物中の総繊維含量では乳熟期が57%程度であるが，黄熟期ではそれが43%程度に減少する．総繊維の内容は熟期の進展に伴って高消化性繊維が減少し，総繊維全体の消化率も低下の傾向をたどる．しかし，TDN含量はデンプン含量の増加に支えられて熟期の移動による変化は比較的少ないか，あるいはない．

多くのホールクロップサイレージはトウモロコシと同じような変化を生育ステージごとにとる．トウモロコシでは黄熟期が，その他の植物では糊熟期が刈取調製の適期とされているが，乾物中の TDN 含量を同一の熟期（糊熟期）で比較するとトウモロコシが 64％，ソルガムが 58％，エンバクが 54％，オオムギが 57％，そしてイネが 55％ である．

k．北方系イネ科牧草

この分類に属し，わが国で一般的に用いられている牧草を利用頻度の高い順にあげると，イタリアンライグラス，チモシー，オーチャードグラスを筆頭に，以下ペレニアルライグラス，トールフェスク等がある．イタリアンライグラスは主に本州において秋播き，春（4～5 月）刈取りの単年草として，チモシー，オーチャードグラスは主に北海道において永年草として単播または混播利用されている．利用の形態としてはサイレージ調製がもっとも多く，次いで乾草そして放牧である．

これらの牧草は生育ステージの変化に伴う飼料組成，消化率，栄養価の変動が大きいことにその特徴がある．たとえばオーチャードグラスの場合，総繊維の含量は穂ばらみ期で 58％，出穂期で 66％，開花期で 70％，結実期で 78％ と変化する．生育の進展に伴う総繊維含量の増加は相対的に粗タンパク質，糖類等の細胞内容物質の低下をまねく．一方，総繊維の中では高消化性繊維の占める割合がしだいに減少し，低消化性繊維の割合が増加する．総繊維中に占める高消化性繊維と低消化性繊維の比率は穂ばらみ期が 49/51％，出穂期が 32/68％，開花期が 26/74％，そして結実期では 14/86％ と変化する．高消化性繊維区分は，繊維の消化を阻害するリグニンに被覆されず，また繊維（セルロース，ヘミセルロース）自体の結晶化度も低い繊維領域でその消化率は 100％ かあるいはそれに近い値を示す区分である．しかし，低消化性繊維はリグニンに被覆され，繊維自体の結晶化度も高い区分である．北方系イネ科牧草の低消化性繊維中のリグニン含量は 12％ 前後の値で，これは生育の時期にあまり支配されない．そして，その消化率は 40％ 前後の値を示す．一定のリグニン化率をもった区分が生育に伴って増加し，そのために総繊維全体の消化率が低下傾向をたどると考えられている．

l．暖地型牧草

暖地型として位置づけられている牧草にはバミューダグラス，バヒアグラス，ダリスグラス，ローズグラス，カラードギニアグラス，ギニアグラス，オオクサキビ，ネピアグラス，シコクビエ，パールミレット等がある．この中でわが国で栽培利用されているもの，あるいは注目されているものはバヒアグラス，ローズグラス，ネピアグラス，シコクビエ，オオクサキビ，およびギニアグラスである．バヒアグラスは暖地における放牧用草種として利用され，生草の TDN 含量は乾物中 66～70％ である．また，ネピアグラスは沖縄で栽培利用されており，年間 4～6 回の刈取りができ，乾物収量は高いが乾物中の TDN 含量は 55％ 前後と低い．オオクサキビは耐湿性に優れた牧草であるところから，水田転換畑での利用が期待されている．

m. マメ科牧草

マメ科牧草にはアルファルファ,アカクローバ,アルサイククローバ,クリムソンクローバ,シロクローバ,コモンベッチ,ヘアリーベッチ,レンゲ,ダイズ等があるが,わが国で栽培,利用されている主要なものはアルファルファ,アカクローバ,シロクローバである.アルファルファは単播利用もあるが,他のものはイネ科牧草との混播利用である.また,アルファルファは乾草製品として 90 万トン前後が輸入利用されている.

アルファルファの飼料としての特徴は,一つは粗タンパク質含量が高いことであり,一般的に刈取適期とされる開花初期～開花期では乾物中 18% 前後の値を示す.また,Ca をはじめとしてミネラル含量が高く,またカロチンの含量が高いという性質も評価されている.

しかし,乾物中の TDN 含量は 55% 前後でイネ科牧草より低いが,これは総繊維の消化率が低いことによる.アルファルファの場合,低消化性繊維のリグニンによる被覆率が 24% 前後と北方系イネ科牧草の 2 倍であり,そのためにこの区分の消化率は 23% 前後と極端に低い.これが,アルファルファ総繊維全体の消化率を低め,ひいては TDN 含量を低める原因となっている.

また,アルファルファのミネラル,アミノ酸,ビタミン類に注目してこれを乾燥粉末にし,あるいはペレット状に加工して配合飼料原料とする場合があり,その製品をアルファルファミール,アルファルファリーフミールとよんでいる.

n. 農場副産物

稲わら,大麦わら,小麦わら,マメ類の稈が飼料として用いられる.対象は乳牛,肉用牛である.いずれも総繊維含量が高く,イネを除くわら,稈は乾物中 80% 以上の総繊維を含み,その消化率は低い.また,稲わらはケイ酸の含量が 10～15% と非常に高く,これが総繊維の消化率を低下せしめる要因とされている.総じて乾物中の TDN 含量は 40～45% である.

o. 飼料添加物

「飼料の安全性の確保及び品質の改善に関する法律」によって,飼料添加物は国によってその使用範囲と一部の使用方法が規定されている.この法律ではその用途を①飼料の品質の低下の防止,②飼料の栄養成分その他の有効成分の補給,③飼料が含有している栄養成分の有効な利用の促進,としている.より具体的にいえば,かびの発生等を防ぐ目的,家畜の成長促進あるいは飼料効率の改善の目的,あるいは病源寄生生物による幼齢家畜・家禽の成長阻害防止の目的等で使用されるものが飼料添加物である.

1993 年において認可されている飼料添加物は,防かび剤がプロピオン酸をはじめとして 3 種類,調製剤が 1 種類(ギ酸),抗酸化剤がエトキシキンをはじめとして 3 種類,粘結剤がプロピレングリコール,アルギン酸ナトリウムをはじめとして 5 種類,乳化剤がグリセリン脂肪酸エステルをはじめとして 5 種類,ビタミンが β-カロチン,ビタミン E 粉末をはじめとして 31 種類,無機物がリン酸一水素カリウム,塩化カリウムほか 34 種類,アミノ酸が塩酸 L-リジン,DL-メチオニンほか 9 種類,酵素がアミラーゼ,セルラ

ーゼほか9種類，抗菌性物質がナイカルバシン，クロルテトラサイクリンをはじめとして33種，およびその他が1種類（フマル酸）である．

これらの添加物は製品の規格が定められていると同時に，抗菌性物質の場合には飼料に含まれるべき量と動物種，その給与時期がそれぞれに制限されている．また，新しい飼料添加物については農業資材審議会飼料部会において効果，残留，安全性の面からの検討が行われる．

p．配合飼料

1991年度におけるわが国の配合飼料生産量は2,600万トンであり，その内訳は養鶏用が44%，養豚用が26%，乳牛用が12%，そして肉用牛用が13%である．

「飼料の安全性の確保及び品質の改善に関する法律」では飼料の品質改善をはかる目的で飼料の公定規格を定めている．公定規格が設定されている配合飼料は以下の18種類である．まず，鶏では「幼すう育成用配合飼料」，「中すう育成用配合飼料」，「大すう育成用配合飼料」，「成鶏飼育用配合飼料」，「種鶏飼育用配合飼料」，「ブロイラー肥育前期用配合飼料」，「ブロイラー肥育後期用配合飼料」の7種類があり，豚では「ほ乳期子豚育成用配合飼料」，「子豚育成用配合飼料」，「肉豚肥育用配合飼料」，「種豚育成用配合飼料」，「種豚飼育用配合飼料」の5種類があり，牛では「ほ乳期子牛育成用代用乳用配合飼料」，「ほ乳期子牛育成用配合飼料」，「若齢牛育成用配合飼料」，「乳用牛飼育用配合飼料」，「幼齢肉用牛育成用配合飼料」，「肉用牛肥育用配合飼料」の6種類がある．飼料の公定規格においては粗タンパク質，粗脂肪，カルシウム，リン，可消化粗タンパク質，TDN，代謝エネルギーについては含まれるべき成分，養分の最小量が，粗繊維と粗灰分については最大量が配合飼料の種類ごとに規定されている．しかし，公定規格は任意な規格適合表示の基準となるものであり，この規格に適合しないものは製造，販売が禁止されるという性質のものではない．また，配合飼料には成分の表示とは別に配合原料の割合が区分ごとに明記される．これは関税定率法に基づくものであり，区分は穀類，そうこう類，植物性油粕類，動物性飼料，その他の五つである．表示に際しては区分の配合割合（%）とそれぞれの区分において配合割合の多い順に材料名を表記しなければならない．たとえば，穀類—64%—トウモロコシ，オオムギ，マイロ，加熱ダイズ，そうこう類—15%—コーングルテンフィード，ふすま，乾燥ビール粕，植物性油粕類—13%—ダイズ粕，コーングルテンミール，ナタネ粕，動物性飼料—2%—魚粉，その他—6%—糖蜜，ビートパルプペレット，炭酸カルシウム，アルファルファミール，リン酸カルシウム，食塩，ゼオライト，のようである．

8.3 飼料の貯蔵と加工

a．サイレージ

牧草の利用は放牧，刈取給与（青草），乾草調製およびサイレージ調製がある．1975年（昭和50）前後に乳牛ではサイレージの通年給与方式が確立し，イタリアンライグラス，チモシー，オーチャードグラス，トウモロコシ，ソルガムを中心としたサイレージ調製

と給与が現在の酪農経営における飼料調製の主流となっている．ここでは，サイレージと生草，乾草の比較，サイレージの摂取量に及ぼす要因等について述べる．

1) 生草，サイレージ，乾草の比較

サイレージの性質は調製時の水分水準によって大きく異なる．チモシーを材料として予乾をまったくしないダイレクトカットサイレージ（水分81％）と軽度の予乾をした予乾サイレージ（水分72％），および強度の予乾をしたヘイレージ（水分54％）を調製し，サイレージのpH，総酸含量およびアンモニア態窒素含量を比較すると，ダイレクト，予乾，ヘイレージで，pHでは4.6，4.9，5.1であり，総酸含量では18％，13％，11％であり，またアンモニア態窒素含量では15％，12％，6％との結果が報告されている．水分水準が高いほど糖質の酸への変化，タンパク質の分解の促進が大きいということがわかる．また，サイレージ貯蔵中に呼吸，発酵あるいはサイロ表面のかび等の物理的な乾物損失および牧草の質的な変化が起きるが，チモシーを用いた試験では呼吸，発酵による乾物損失は6〜11％，表面の変質による乾物損失は5〜8％，全体では15〜16％の程度という報告がある．また，原料草とサイレージの可消化有機物含量では牧草の場合4〜5％程度，原料草が高い値を示す．

一方，乾草とサイレージにおけるTDN含量の比較では，一般的にいってサイレージが高い値を示す．

2) サイレージの摂取量

牧草サイレージの摂取量はその刈取時期，水分水準，調製時の切断長によって支配される．まず，刈取時期についてはそれが早ければ早いほど摂取量は高まる．反芻家畜における飼料の摂取量は摂取飼料の消化管内通過速度に強く支配され，それは飼料，とくに飼料総繊維の第一胃内消化速度と関係する．早刈りの牧草総繊維は遅刈りの牧草総繊維よりも消化率，消化速度が高く，それが摂取量に影響すると考えてよい．また，サイレージの水分含量とサイレージ乾物摂取量の関係については，種々の水分水準のサイレージを調製し，牛による自由採食試験を行ったデータが多くあるが，低水分サイレージの摂取量が高水分サイレージの摂取量よりも高いという試験結果のほうが多い．その原因の一つとして，高水分サイレージ中には乳酸の含量が多く，これが採食量を規制しているという考え方がある．

次に，サイレージの摂取量に及ぼす牧草の切断長の影響では短いものがより多く採食されるという傾向にある．ペレニアルライグラスの試験において，同一刈取時期の牧草を72mm，17mm，9mmの三つの切断処理とし，高水分サイレージを調製して牛による自由採食試験を行ったところ，1日当たりの乾物摂取量が72mm区では7.0kg，17mm区が8.3kg，そして9mm区が9.2kgであり，採食・反芻時間を同時に測定したところ，切断長が長いほどその値は長くなったという報告がある．

摂取量の高い牧草サイレージ調製のポイントは早刈り，予乾そして短い切断長である．

b. わら類のカセイソーダおよびアンモニア処理

前述したようにわら類の飼料価値は低い．そこで，その価値を高めるために，昔から石灰処理，カセイソーダ処理，あるいはアンモニア処理がなされてきている．わら類は

主成分が総繊維であり，そのリグニンあるいはケイ酸の被覆の程度も高いところから，第一胃微生物の進入，分解の速度が遅く，不消化のまま排泄される割合が高いという性質の飼料素材である．

わら類に1〜3％のアンモニアを添加して一定期間密封貯蔵することにより，無処理のものに比して乾物の消化率は10〜15％，TDN含量は5〜8％上昇する．また，カセイソーダを稲わら1kgに対して30g，60g，90g添加したサイレージを調製し，その繊維成分の消化率をめん羊を用いて測定したところ，無処理が36％であったのに対して30g添加区が62％，60g添加区が76％，90g添加区が80％の値を示したという報告がある．

わら類をカセイソーダあるいはアンモニアで処理することによって，その栄養価が向上する機序については次の三つのことが考えられる．一つは，セルロース，ヘミセルロースを被覆しているリグニンおよびケイ酸がアルカリ処理によって一部溶解するために，第一胃微生物と直接界面を有するセルロース，ヘミセルロースの面積が増加する．次に，ヘミセルロースはアルカリ可溶性であるところから処理によってこの区分が繊維区分から可溶性区分に移行する．そして第3番目は，アンモニアあるいはカセイソーダとの浸漬によってセルロースの膨潤が起き，セルロースの結晶構造が弛緩するために，第一胃微生物のセルロース，ヘミセルロースへの進入が促進される．

現在ではアンモニアの処理が各地でなされているが，その方法はアンモニアガスをボンベからわらの堆積中に注入するというのが一般的な方式である．また，わらに直接アンモニアを添加するのではなく，尿素を添加し，わらの表面に付着している微生物のウレアーゼによって尿素を分解し，そこで発生するアンモニアを利用するという温和な処理方式についても研究がなされている．

c. 穀類，マメ類の加工処理

穀類，マメ類を加熱処理することによってデンプンの性質改善，タンパク質の消化率向上をはかる方法が種々検討され，実用化されている．加熱処理の方法としてはロースト法，マイクロナイズ法，エキストルーダー処理法が代表的なものである．ロースト法は乾式でいわゆる，炒る方法であり，キナ粉はこれに属する．またマイクロナイズ法は赤外線の処理を施す乾式法である．最近はエキストルーダー処理がよく研究されているが，これは湿式処理で，押出成形機で圧力を加えて押し出すときの熱を利用した加工法である．加熱処理によって増体成績の向上，消化率の向上，飼料効率の向上が報告されている．

d. 木材の蒸煮・爆砕処理

木材を高温・高圧下で蒸煮，爆砕することによりその飼料価値が増大することが近年の研究で明らかにされている．

もっとも処理効果の著しいものはシラカンバである．シラカンバをチップ状に破砕し，山羊によって消化試験を実施した場合，粗繊維と可溶無窒素物およびADF（酸性デタージェント繊維）の消化率はそれぞれ2，13および8％であり，乾物中のTDN含量は8％にすぎない．飼料としては無価値といってもよい．しかし，シラカンバのチップを180℃，

$10\,\text{kg/cm}^2$ の水蒸気により 15 分間蒸煮処理したのち解繊した製品を，同じく山羊の消化試験に付すと，粗繊維，可溶無窒素物，ADF の消化率はそれぞれ 62, 66, 59% と飛躍的に上昇し，乾物中の TDN 含量も 66% と良質の乾草に匹敵する飼料に転換される．

しかし，樹種，蒸煮条件によって飼料価値が著しく異なる．ナラ類は $15\,\text{kg/cm}^2$，10 分の処理条件で TDN 含量が 50% 前後であり，ブナ類はそれよりやや低い 45% の TDN 含量となる．このように木材の蒸煮・爆砕処理は飼料としては無価値同然の木材を通常の粗飼料と同等の価値にまで高める技術であるが，製造コストが高く，一般的な飼料利用は現在のところなされていない．　　　　　　　　　　　　　　　　　　　　　　　［阿部　亮］

9. 畜産物の利用と加工

9.1 乳製品

a. 牛乳・乳製品の分類

牛乳・乳製品は，牛乳そのものまたは牛乳を主要原料として必要な他原料を加えて加工したり，あるいは牛乳成分である脂質，タンパク質，乳糖などを分離して加工することにより種々の製品がつくられる．各種の牛乳，乳製品の分類および標準成分を表9.1に示す．なお，牛乳，乳製品はそれぞれの定義，成分規格，製造および保存方法の基準等が「乳及び乳製品の成分規格に関する省令」(略して，乳等省令という)によって定められている．

表 9.1 牛乳・乳製品の分類および標準成分(抜粋)(四訂日本食品成分表より)

可食部 100 g 当たり

食品名	水分 (g)	タンパク質 (g)	脂質 (g)	炭水化物 糖質 (g)	炭水化物 繊維 (g)	灰分 (g)	備考	
[液状乳]								
普通牛乳	88.7	2.9	3.2	4.5	0	0.7		乳
加工乳								
—濃厚	87.1	3.2	4.0	4.9	0	0.8		乳
—低脂肪	88.4	3.6	1.5	5.6	0	0.9	乳脂肪1.5%	乳
脱脂乳	91.5	3.0	0.1	4.7	0	0.7	未殺菌のもの	乳
乳飲料								
—コーヒー	86.8	1.8	0.7	*10.3	0	0.4	*しょ糖7.5g*[1]	乳
[クリーム類]								
クリーム								
—高脂肪	49.5	2.0	45.0	3.1	0	0.4	乳脂肪分45.0%	乳
—普通脂肪	73.3	2.4	20.0	3.7	0	0.6	乳脂肪分20.0%	乳
脂肪置換クリーム								
—高脂肪	50.0	1.7	45.0	2.7	0	0.6	ホイッピング用*[2]	
—普通脂肪	70.0	5.9	20.0	3.5	0	0.6	コーヒー用*[3]	
[発酵乳・乳酸菌飲料]								
ヨーグルト								
—全脂無糖	88.0	3.2	3.0	5.0	0	0.8	別名：無糖ヨーグルト	乳
—含脂加糖	78.9	4.0	0.9	*15.3	0	0.9	*しょ糖9.0g*[4]	乳
—脱脂加糖	80.0	3.5	0.1	*15.5	0	0.9	別名：普通ヨーグルト *しょ糖10.0g	
乳酸菌飲料								
—乳製品	82.1	1.1	0.1	*16.4	0	0.3	*乳糖以外の糖14.5g	乳
—殺菌乳製品	45.5	1.5	0.1	*52.6	0	0.3	希釈後飲用 *乳糖以外の糖50.0g	乳

9.1 乳製品

可食部 100 g 当たり

食品名	水分 (g)	タンパク質 (g)	脂質 (g)	炭水化物 糖質 (g)	炭水化物 繊維 (g)	灰分 (g)	備考	
[アイスクリーム類]							対象：バニラアイスクリーム	
アイスクリーム								
—高脂肪	61.3	3.5	12.0	*22.4	0	0.8	* 乳糖以外の糖 16.5 g*[5]	乳
—普通脂肪	63.9	3.9	8.0	*23.2	0	1.0	* 乳糖以外の糖 16.7 g*[5]	乳
アイスミルク	65.6	3.4	6.4	*23.9	0	0.7	* 乳糖以外の糖 18.0 g*[6]	乳
ラクトアイス								
—普通脂肪	64.9	3.1	6.0	*25.4	0	0.6	* 乳糖以外の糖 20.0 g*[7]	乳
ソフトクリーム	69.6	3.8	5.6	*20.1	0	0.9	* 乳糖以外の糖 13.7 g*[8]	乳
アイスミックスパウダー	2.0	4.1	22.7	*69.4	0	1.8	* 乳糖以外の糖 62.5 g*[9]	乳
[粉乳]								
全粉乳	3.0	25.5	26.2	39.3	0	6.0		乳
脱脂粉乳								
—国産	3.8	34.0	1.0	53.3	0	7.9		乳
調製粉乳	2.2	13.5	26.8	55.2	0	2.3	育児用栄養強化品*[10]	乳
[練乳]								
無糖練乳	72.5	6.8	7.9	11.2	0	1.6	別名：エバミルク	乳
加糖練乳	25.7	7.8	8.3	*56.3	0	1.9	別名：コンデンスミルク　*しょ糖 44 g	乳
[チーズ類]								
ナチュラルチーズ								
—エメンタール	33.5	27.3	33.6	1.6	0	4.0		乳
—カテージ	79.0	13.3	4.5	1.9	0	1.3	クリーム入りのもの	乳
—カマンベール	51.8	19.1	24.7	0.9	0	3.5		乳
—クリーム	55.5	8.2	33.0	2.3	0	1.0		乳
—ゴーダ	40.0	25.8	29.0	1.4	0	3.8		乳
—チェダー	35.3	25.7	33.8	1.4	0	3.8		乳
—パルメザン	15.4	44.0	30.8	1.9	0	7.9	粉末状のもの	乳
プロセスチーズ	45.0	22.7	26.0	1.3	0	5.0		乳
チーズスプレッド	53.8	15.9	25.7	0.6	0	4.0		乳
[バター]								
バター	16.3	0.6	81.0	0.2	0	1.9	対象：家庭用有塩バター	乳

注　乳印　乳等省令に基づく乳及び乳製品の成分規格に適合する食品.
　*[1] 乳飲料（コーヒー）　牛乳分 20%，脱脂乳分 40%
　*[2] 脂肪置換クリーム（高脂肪）　乳脂肪分 22.5%，植物性脂肪分 22.5%
　*[3] 脂肪置換クリーム（普通脂肪）　乳脂肪分 10.0%，植物性脂肪分 10.0%
　*[4] ヨーグルト（含加糖）　** 果汁・果肉添加の場合若干含む
　*[5] アイスクリーム（高脂肪，普通脂肪）　乳脂肪分 12.0%…高脂肪，8.0%…普通脂肪
　*[6] アイスミルク　乳脂肪分 3.0%，植物性脂肪分 3.4%
　*[7] ラクトアイス（普通脂肪）　植物性脂肪分 6.0%…普通脂肪
　*[8] ソフトクリーム　コーンカップを除いたもの　乳脂肪分 1.7%，植物性脂肪分 3.9%
　*[9] アイスミックスパウダー　乳脂肪分 6.9%，植物性脂肪分 15.8%
　　着色用として ** 300〜1,200 μg　*** 3〜5 mg 添加品あり
　*[10] 調製粉乳　乳脂肪分 5.3%，植物性脂肪分 21.5%
資料：松本文子監修：食品成分表，II-乳類，柴田書店（1992）

b. 飲 用 乳
1) 定義, 規格, 種類
　乳等省令で市販の飲用乳は乳と乳製品に大別され，牛乳・脱脂乳・加工乳等は乳，乳飲料は乳製品に区分されている．それぞれの定義，成分規格を表9.2に示す．
2) 製　　造
　製品の加工は乳等省令の基準を満たす方法で行われなければならない．牛乳，脱脂乳，加工乳，乳飲料の製法は同一操作により行われる部分が多いので，一括して飲用乳の製造工程として図9.1に示す．

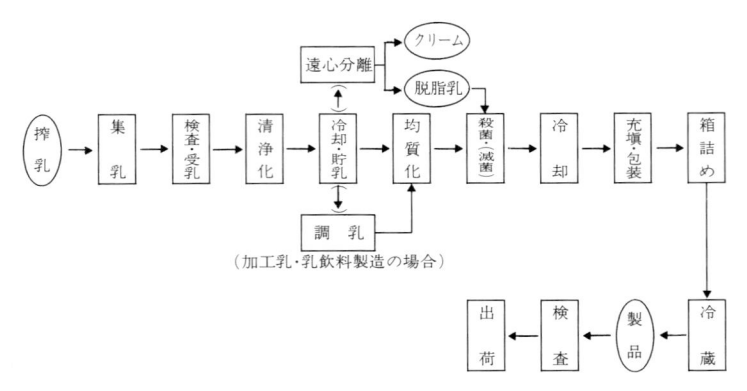

図9.1　飲用乳の製造工程

a) 集乳，検査，受乳，清浄化，冷却，貯乳　　牧場や酪農家で搾られた生乳は冷却後タンクローリーで工場に運ばれ，外観，風味，脂肪率，細菌数，農薬の残留，異物等の検査が行われ，合格品のみが受乳される．次いで清浄化機（クラリファイアー，5,000～7,000回転/分）の強力な遠心力で生乳中の微細な塵埃，体細胞などが分離除去される．清浄化された生乳は貯乳タンク（攪拌冷却装置付き）に送られ，2～5℃に冷却される．

b) 調乳，均質化　　牛乳の場合はただちに均質化工程に入るが，加工乳，乳飲料等の場合は調乳工程を経て均質化へ進む．調乳は生乳およびバター，粉乳などの乳製品その他の原料を配合して目的とする脂肪，乳固形分等の成分組成に合致するよう調製する工程である．乳飲料では乳製品のほか，コーヒー，果汁，香料，甘味料，ミネラル(Ca, Feなど)，ビタミン類などを添加し，コーヒー乳飲料，Ca牛乳，乳糖分解乳〔牛乳を乳糖分解酵素（ラクターゼ）で加水分解する〕などの特徴ある製品をつくる．
　均質化は生乳中の脂肪球浮上によるクリーム層形成の防止を目的とした脂肪球の機械的細粒化である．一般に飲用乳では約60℃に加熱した牛乳を高圧ポンプにより140～175 kg/cm^{2}の圧力で均質バルブの狭い間隙に押し出し，脂肪球を細分化する（平均3 μm → 1 μm以下）．均質化の装置は均質機（ホモジナイザー）とよばれ，通常均質化後の脂肪粒径を均一にするため，均質バルブを2個直列に配列した二段式が多く使用され

9.1 乳製品

表 9.2 乳および乳製品(乳飲料)の定義と成分規格(抜粋)(乳等省令より)

区分		生乳	牛乳	特別牛乳	乳 部分脱脂乳	脱脂乳	加工乳	乳製品 乳飲料
定義		搾取したままの牛の乳	直接飲用に供する目的で販売(不特定又は多数の者に対する授与を含む.以下「授与」と略す)する牛の乳	牛乳であって特別牛乳として販売するもの	生乳,牛乳又は特別牛乳から乳脂肪分をいくぶんか除去したものであって,脱脂乳以外のもの	生乳,牛乳又は特別牛乳からほとんどすべての乳脂肪分を除去したもの	生乳,牛乳若しくは特別牛乳又はこれらを原料として製造した食品を加工したものであって,直接飲用に供する目的で販売(授与)するもの(部分脱脂乳,脱脂乳,はっ酵乳及び乳酸菌飲料を除く)	生乳,牛乳若しくは特別牛乳又はこれらを原料として製造した食品を主原料とした飲料であって左記までに掲げるもの以外のもの
成分規格	無脂乳固形分		8.0% 以上	8.5% 以上	8.0% 以上	8.0% 以上	8.0% 以上	
	乳脂肪分		3.0% 以上	3.3% 以上	0.5% 以上 3.0% 未満	0.5% 未満		
	比重 (15℃)	1.028〜1.034	1.028〜1.034	1.028〜1.034	1.030〜1.036	1.032〜1.038		
	酸度 (乳酸%) ジャージー種 その他	0.20% 以下 0.18% 以下	0.20% 以下 0.18% 以下	0.19% 以下 0.17% 以下	0.18% 以下	0.18% 以下	0.18% 以下	
	細菌数 直接個体鏡検法=A 標準平板培養法=S	400 以下 (A 1ml 当たり)	5 万以下 (S 1ml 当たり)	3 万以下 (S 1ml 当たり)	5 万以下 (S 1ml 当たり)	5 万以下 (S 1ml 当たり)	5 万以下 (S 1ml 当たり)	3 万以下 (S 1ml 当たり)
	大腸菌群		陰性	陰性	陰性	陰性	陰性	陰性

注 1) 乳等省令で規定する項目以外に,公正競争規約では乳飲料に「乳固形分 3% 以上を含むもの」という規定が加わっている.
2) 資料:日本乳業年鑑,323, 325, 333.

る．均質化により牛乳中の脂肪は脂肪球の増加（表面積において6倍以上），新たにつくられた乳脂肪球表面へのカゼイン，カゼインミセルの吸着，泡立ち性の増加，カードテンションの減少，粘性の増加など，いくつかの変化を受ける[1]．

c) 殺菌，冷却，充塡，包装，冷蔵，検査，出荷 殺菌は加熱処理により人に有害な細菌を死滅させ，牛乳を食品衛生上安全な食品に加工することと保存性を増して商品価値を付加することが目的である．さらに牛乳中のすべての微生物を死滅させ，無菌にする処理が滅菌であるが，滅菌は安全な長期保存商品（ロングライフミルク，LL 牛乳）の製造を目的とする．わが国の現在の飲用乳の殺菌条件は乳等省令で62〜65℃，30分間加熱殺菌するかまたはこれと同等以上の殺菌効果を有する方法で加熱殺菌することと定められ（特別牛乳は，乳等省令で定められた特別搾乳業の許可を受けた施設で牛乳から一貫して製造する場合は，加熱殺菌しなくてよい），表9.3に示す方法が代表的な殺菌方法となっている．近年，牛乳の熱変性を少なくすることとエネルギーコストの面からプレート式熱交換機が使用され，わが国では UHT 法がもっとも多く使用されている．また，無菌包装技術の進歩により1985年に乳等省令の一部が改正され，LL 牛乳（常温保存可能製品）が市販された．

表9.3 代表的な飲用乳の殺菌方法[2]

種　類	温　度	時　間
低温長時間（LTLT）殺菌	62〜65℃	30分
高温短時間（HTST）殺菌	72〜85℃	15秒以上
超高温短時間（UHT）殺菌	120〜130℃	2〜3秒
超高温短時間（UHT）滅菌	140〜145℃	3〜5秒*

注 ＊常温保存可能品．

殺菌された飲用乳は通常，ただちに10℃以下に冷却（乳等省令で規定している，LL 牛乳は25℃以下）される．一般に冷却工程はプレート式熱交換機に組み込まれている．次に牛乳はガラス瓶，紙容器，プラスチック容器等に充塡，包装される．牛乳用の紙容器は通常，ポリエチレン，クラフト紙，ポリエチレンの三層ラミネートを使用し，LL 牛乳のような無菌充塡方式の場合は過酸化水素で滅菌処理したロール紙を用いる．これはポリエチレン，クラフト紙，ポリエチレン，アルミ箔，ポリエチレンと5層になった特殊な包装紙で，外気と光の透過および細菌の混入を防ぎ，長期保存を可能にしている．過酸化水素で殺菌したロール紙は必ず加熱によって過酸化水素を分解蒸発させ，滅菌筒の中でパックの形をつくり，滅菌牛乳を充塡し密封する[2]．充塡後の個々の容器に品質保証期限を印字し，箱詰め後通常の飲用乳は2〜5℃，LL 牛乳は常温以下で保存される．検査（風味，組成，内容量，細菌数，大腸菌群数など）合格品が製品として出荷される．

c．クリーム
1）定義，規格，種類

乳等省令で，クリームは生乳，牛乳または特別牛乳から乳脂肪分以外の成分を除去したものと定義され，また，成分規格は乳脂肪分18.0％以上，酸度（乳酸として）0.20％以下，細菌数10万以下/ml（標準平板培養法），大腸菌群陰性である．わが国の市販のク

リームにはコーヒー用とホイップ用がある．コーヒー用クリームは通常，脂肪率20〜30％で添加によりコーヒーの風味をマイルドにする．ホイップ用クリームは一般に脂肪率30〜50％で手攪拌または電動ホイッパーによりホイップされる．微細な気泡をクリーム中に均一に分散させることにより良好なホイップ性と保型性を得ることができる．家庭用のほか洋菓子原料や西洋料理に使われる．なお，動植物性油脂で乳脂肪の全部または一部を置換し，乳化剤で乳化の安定性を保持している合成クリームあるいはCP(コンパウンド)クリーム等の市販製品があるが，これらは乳等省令では乳等を主要原料とする食品として取り扱われる．

2) 製　　造

クリームの製造工程を図9.2に示す．牛乳を静置しておくと脂肪が分離浮上し，クリーム層が形成される．昔はこれをすくい取ってクリームとして使用したが，現在は遠心力を利用したクリーム分離機（セパレーター）で牛乳からクリームをつくる．まず分離効果を高めるために貯乳タンク中の生乳を加温（30〜40℃）し，セパレーター（約6,000回転/分）で比重差を利用してクリームと脱脂乳に分離する．その際，脂肪率に合わせ分離条件を設定する．次にクリームを均質化した後（均質化の前に小型のバキュームチャンバーを通過させ，脱気，脱臭の工程を組み込むこともある），プレート式熱交換機でHTST加熱殺菌を行い(均質化を殺菌後に組み入れ，実施することもある)，冷却後低温で数時間以上エージングを行う．エージングはクリーム中の脂肪の結晶状態を一定にし安定化する工程である．すなわち，殺菌により液状化したクリームの脂肪球中の脂肪は冷却により結晶化が始まる．エージングの経過とともに結晶化が進み，結晶形，結晶の大きさ，液状脂肪と結晶性脂肪の比率などが一定の状態になってクリームの物性が安定する[3]．エージング終了後クリームを容器に充填し，飲用乳の工程に準じて印字，箱詰め後冷蔵し，検査合格品が出荷される．

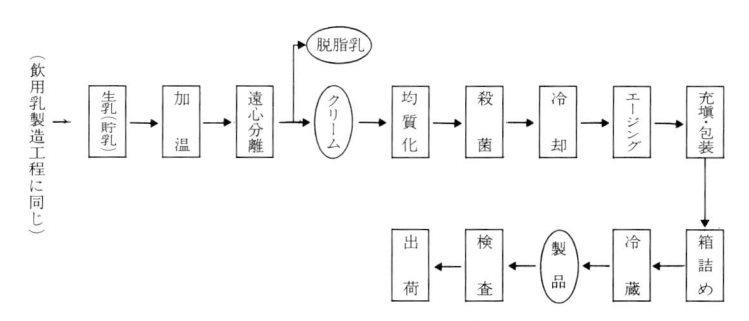

図9.2　クリームの製造工程

d.　バ タ ー

1) 定義，規格，種類

乳等省令でバターは生乳，牛乳または特別牛乳から得られた脂肪粒を練圧したものと定義され，また，成分規格は乳脂肪分80.0％以上，水分17.0％以下，大腸菌群陰性で

ある．バターには食塩を加えた加塩バター，無添加の無塩バター，クリームを発酵してつくる発酵バター等の種類がある．わが国の市販の家庭用バターはほとんどが加塩バターであり，無塩バターは製菓用・料理用原料として使用されているが，発酵バターはまだ少ない．発酵バターは *Streptococcus lactis*(1984年以後 *Lactococcus lactis* subsp. *lactis* と呼ばれるようになったが，乳酸菌については以後，使い慣れた旧名を用いる)，*S. cremoris*, *S. diacetilactis*, *Leuconostoc citrovorum* 等の乳酸菌を組み合わせてクリームを発酵した後，通常のバター製造の工程に従ってつくられる．

2) 製　造

バターの製造工程を図9.3に示す．

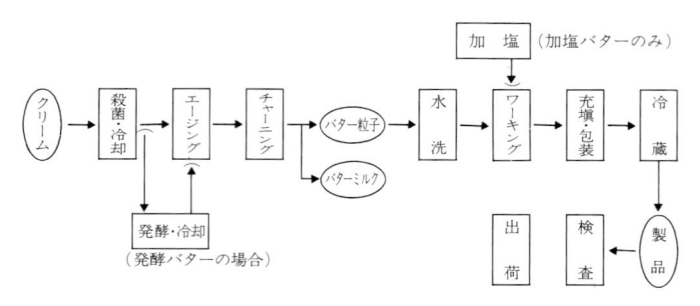

図9.3　バターの製造工程

a) 殺菌，冷却，エージング　　脂肪率30〜40%のクリームを通常，HTST加熱殺菌した後，5℃前後に冷却する．次いでエージングを行って脂肪の結晶状態を安定させ，次のチャーニング工程における製造時間の一定化，バターミルクへの脂肪流失の減少，バターの硬さと組織の安定化等に役立たせる．エージングは5〜10℃で行うが，乳脂肪の脂肪酸組成により条件を変える必要がある．不飽和脂肪酸の多い夏季クリームはやや温度を低く，飽和脂肪酸の多い冬季クリームは若干温度を高く設定する．

b) チャーニング，水洗，加塩，ワーキング　　機械的撹拌によってクリーム中の脂肪球相互の融合を妨げているリポタンパク質からなる皮膜を破壊し，脂肪どうしを凝集してバター粒を形成させる操作をチャーニングといい，油/水(O/W)型エマルジョンの乳化食品であるクリームが水/油(W/O)型エマルジョンのバターに相転換する工程である．チャーニングを行う装置をチャーンという．チャーンは古くは木製であったが，現在はほとんどメタル製であり，小規模製造の場合はワーキング操作兼用のステンレスチャーン（コンバインドチャーンという，形状は円筒，円錐，さいころ形など）が使われる．実際のバター製造においては，エージング終了後のクリームをチャーンに入れて回転し，バター粒子がダイズ大の大きさになった時点でチャーニングを終了し，バターミルクを排出後，粒子を水洗する．次に加塩バターでは，1.5〜2.5%の食塩を乾燥食塩散布による乾式法または食塩溶液を用いる溶液法で添加する．チャーニングの温度(8〜12℃)はエージングと同様に夏はやや低く，冬は若干高く調整する．次いで食塩と残留水分を均一に分散させて均質な組織をつくることと過不足の水分調整のため，バター粒を練

圧し混和する．この工程をワーキングという．ここでは温度が練圧効果に影響を及ぼすので，チャーニング温度と同様に夏はやや低め，冬は若干高めに温度を設定する．

c）充塡，包装，冷蔵，検査，出荷　ワーキングを終了したバターは小包装（200 gなど）あるいは大包装（30 kgなど）され，検査終了，出荷まで冷蔵庫（通常，短期は$-5°C$以下，長期は$-15°C$以下）に貯蔵される．包装紙には通常，硫酸紙，アルミ箔等が使用され，小包装ではその外側をワックスコーティングしたカートンで包み，大包装ではロウ紙で包む．

d）連続式バター製造法　近年クリームから連続的に短時間でバターをつくる方法が研究され，従来のチャーニング，水洗，加塩，ワーキングの工程を一つの機械装置にまとめたフローテーション法が世界でもっとも普及している．これは脂肪率約40％のクリームを高速回転のダッシャーで攪拌し，数秒間でバター粒を形成させた後，連続的に加塩，ワーキングなどを行う方法で，フリッツ（独），ウエストファリア（独），コンティマブ（仏）などの装置があり，わが国でも大規模のバター製造工場で多く使用されている．ほかに，濃縮法（ふつうのクリームを特殊分離機で約80％の高脂肪に再分離した後，特殊相転機でバターにする方法，アルファラバル（米）など），エマルジョン法（チェリバレル（米）など）等が開発されている．

e．バターオイル

乳等省令でバターオイルはバターまたはクリームからほとんどすべての乳脂肪以外の成分を除去したものと定義され，また，成分規格は乳脂肪分99.3％以上，水分0.5％以下，大腸菌群陰性である．バターから製造する場合はバターを加熱融解し，遠心分離して脂肪以外の成分を除去した後，殺菌，再度遠心分離して水分を除去する．また，クリームからの場合は遠心分離して脂肪率約80％の高脂肪クリームをつくり，相転換してバターとなし，以後上記と同様の方法でバターオイルを得る．バターオイルは保存中の劣化は少ないが冷蔵か冷凍保存が望ましい．

f．発酵乳，乳酸菌飲料

1）定義，規格，種類

発酵乳，乳酸菌飲料の乳等省令の定義，成分規格を表9.4に示す．

2）発酵乳

発酵乳に該当する代表的製品はヨーグルトであり，その製法（ヨーグルトの製造工程を図9.4に示す）から大別して静置型（セットタイプ）と攪拌型（スティアードタイプ）に分けられる．静置型はヨーグルトミックスを容器に充塡後，菌の培養を発酵室内で行うが，攪拌型は培養を攪拌機付きのタンク内で行った後に容器に充塡する方式のものであって，それぞれプレーンヨーグルト（添加物なしのもの）と果肉，糖類，安定剤等を含むフルーツヨーグルトなどがある．ほかに，タンク発酵で生成したカードを攪拌・粉砕後均質化，冷却した液状のドリンクヨーグルト，あるいはタンク発酵したヨーグルトに砂糖，果汁，安定剤等を加え，アイスクリームフリーザーで凍結したフローズンヨーグルト等がある．近年わが国では健康上の見地から添加物なしのプレーンヨーグルトの

9. 畜産物の利用と加工

表9.4 発酵乳および乳酸菌飲料の定義と成分規格(抜粋)(乳等省令より)

区分		乳製品		乳又は乳製品を主要原料とする食品
		はっ酵乳	乳酸菌飲料	
			無脂乳固形分3%以上	無脂乳固形分3%未満
定義		乳又はこれと同等以上の無脂乳固形分を含む乳等を乳酸菌又は酵母ではっ酵させ,糊状又は液状にしたもの又はこれらを凍結したもの	乳等を乳酸菌又は酵母ではっ酵させたものを加工し,又は主要原料とした飲料(はっ酵乳を除く)	
成分規格	無脂乳固形分	8.0%以上		
	細菌数	乳酸菌数又は酵母数1,000万以上(1ml当り)	乳酸菌数又は酵母数(1ml当り)1,000万以上。ただし,はっ酵させた後において,75℃以上で15分間加熱するか,又はこれと同等以上の殺菌効果を有する方法で加熱殺菌したものは,この限りでない。	乳酸菌数又は酵母数100万以上(1ml当り)
	大腸菌群	陰性	陰性	陰性

資料:日本乳業年鑑,333.

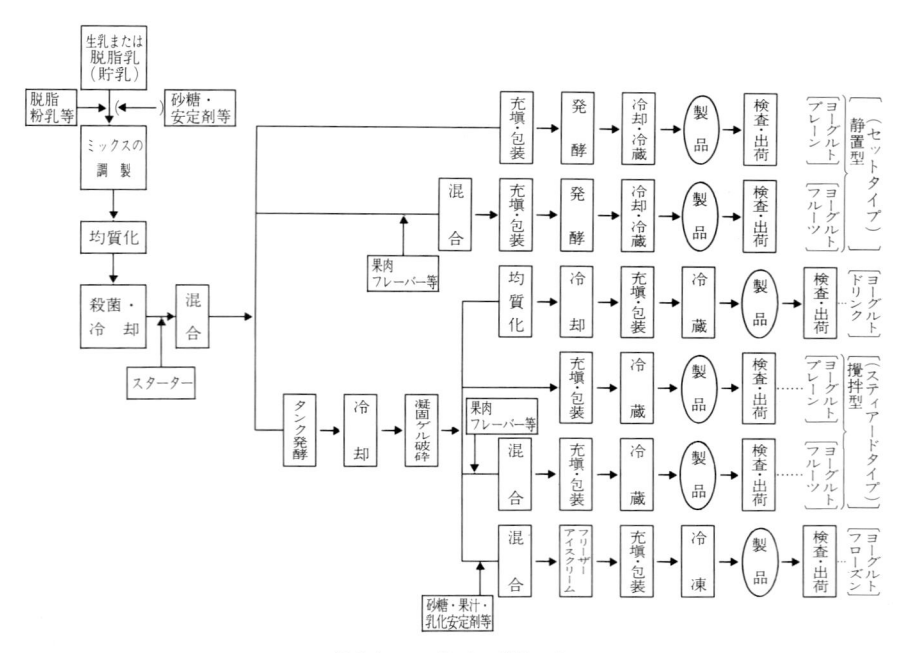

図9.4 ヨーグルトの製造工程

需要が増加している.

a) 製造

① ミックスの調整，均質化，殺菌，冷却： 生乳，脱脂乳，脱脂粉乳等により所定の成分組成（乳脂肪 0.1～3.0%，無脂乳固形分 8～12% など）に調整する．この際必要に応じて寒天，ゼラチン等の安定剤，糖類(5～10%)を添加する．また，近年逆浸透(RO)，限外濾過(UF)等の膜が牛乳濃縮に使用され，その濃縮物がヨーグルト原料として利用されている.

ミックスを混合した後加温して均質化，HTST 加熱殺菌を行う．殺菌は乳酸菌の良好な発育，ホエータンパク質の適度な変性などを考慮して通常，乳等省令で定めている牛乳の殺菌条件よりやや多めに行う．殺菌後スターターの培養温度(36～45℃)まで冷却する.

② スターター： ヨーグルトの製造に標準的に用いられる乳酸菌はブルガリア菌（$L.\ bulgaricus$，桿菌）とサーモフィルス菌（$S.\ thermophilus$，球菌）の混合スターターであり，両菌を混合培養すると単菌種で培養したときよりも酸ならびに香気成分の生成量が増加し，両菌種間にはいわゆる共生作用が存在する．すなわち，培養中のある段階でブルガリア菌がバリン，ヒスチジンなどの遊離アミノ酸を生成してサーモフィルス菌の発育を刺激するとサーモフィルス菌が急速に発育し，ブルガリア菌の発育を促進するギ酸をつくり出す[4]．そして，この間にヨーグルトの特徴的芳香成分であるアセトアルデヒド等が生成される．このようにしてヨーグルト製造では共生作用の強い両菌の使用が有効である．また，近年より健康を求めて上述の両菌とビフィズス菌（$Bifidobacterium\ longum$ など）を併用した発酵乳（ビフィズス菌入りヨーグルト）が製造されている．ビフィズス菌は嫌気性で培養が難しいので製法に種々工夫がこらされている．このほかにアシドフィルス菌（$L.\ acidophilus$），ラクチス菌（$S.\ lactis$）等がヨーグルト菌として単用または併用されている．スターターはスターターカルチャー，マザースターター，メイン（バルク）スターターに大別され，培地には 10% 還元脱脂乳が多用される.

③ 発酵，充填・包装，冷蔵，検査，出荷： 40℃ 前後のミックスにメインスターターを 1～3% 接種しよく混合する．静置型は容器に充填後通常，40～42℃ で発酵する．必要な場合は果肉等を充填直前に加える．酸度が 0.7～0.8%(pH は 4.5～4.6 を目安とする) に達したならば発酵を終了し冷蔵する．牛乳の主要タンパク質であるカゼインは通常の牛乳（pH 6.6 前後）中でカゼイン-カルシウム-リン酸三カルシウム($Ca_3(PO_4)_2$) 複合体を形成しているが，乳酸菌の増殖により pH が低下し，pH 5.2 以下になると $Ca_3(PO_4)_2$ が分離してカゼインミセルが不安定になりカゼインが凝析し始める．さらに pH 4.6 の等電点になるとカゼイン-カルシウムから Ca^{2+} が分離してカゼインは完全に凝析し，カードをつくる．発酵乳はこの原理を応用してつくられる．撹拌型ではスターター添加後タンク内で発酵し，生じたカードを破砕して小容器に充填，包装して冷蔵する．必要があれば果肉等を充填直前に添加する.

3) 乳酸菌飲料

乳酸菌飲料は通常，脱脂乳を殺菌後乳酸菌を加えて発酵した液状の発酵乳を主原料とし，別に糖類，香料，色素，安定剤等の副原料に加水して均質化，殺菌した液状物を主

原料の発酵乳に加えるか，または副原料を発酵乳に加えて混合，均質化，殺菌して製造する．乳等省令により無脂乳固形分3%以上の製品は乳製品乳酸菌飲料である．また，無脂乳固形分3%以上で保存のため殺菌（75℃以上，15分またはこれと同等以上）した濃縮型の後者のタイプの製品も乳製品乳酸菌飲料（殺菌）と表示できる．

g. チーズ
1) 定義，規格，種類

チーズの乳等省令の定義を表9.5に示す．成分規格はプロセスチーズのみ乳固形分40.0%以上，大腸菌群陰性と乳等省令で規定されていてナチュラルチーズの規定はない．ナチュラルチーズは原料乳の種類，成分，製法の相違などにより多くの種類がある．硬さ，水分含量などから分類すると表9.6のごとくである．わが国のチーズ生産はプロセスチーズが主で，ナチュラルチーズは大部分が輸入品である．しかし，近年国産品（カマンベール，ゴーダ，カテージなど）も徐々に増加している．

表9.5 チーズの定義(抜粋)(乳等省令より)

区　分	乳　製　品	
	チ　　ー　　ズ	
	ナチュラルチーズ	プロセスチーズ
定　義	一　乳，バターミルク（バターを製造する際に生じた脂肪粒以外の部分をいう．以下同じ．）若しくはクリームを乳酸菌で発酵させ，又は乳，バターミルク若しくはクリームに酵素を加えてできた凝乳から乳清を除去し，固形状にしたもの又はこれらを熟成したもの 二　前号に掲げるもののほか，乳，バターミルク又はクリームを原料として，凝固作用を含む製造技術を用いて製造したものであって，同号に掲げるものと同様の化学的，物理的及び官能的特性を有するもの	ナチュラルチーズを粉砕し，加熱溶融し，乳化したもの

資料：日本乳業年鑑，325.

表9.6 ナチュラルチーズの分類

軟質チーズ （水分45%以上）	非熟成（フレッシュ）		カテージ*，クリーム(米)，モツァレラ(伊)，クワルク(独)
	白かびによる熟成		カマンベール(仏)，ブリー(仏)，ヌシャテル(仏)
半硬質チーズ （水分45～50%）	細菌による熟成		ブリック(米)，チルジット(独)，サムソー(デンマーク)
	細菌および表面のかびによる熟成		リンブルガー(ベルギー)，トラピスト(ユーゴスラビア)
	青かびによる熟成		ロックフォール(仏)，ゴルゴンゾラ(伊)，ブルー(仏)，スティルトン(英)
硬質チーズ （水分35～45%）	細菌による熟成	眼有り	エメンタール(スイス)，グリュイエール(仏)
		眼無し	チェダー(英)，ゴーダ(オランダ)，エダム(オランダ)
超硬質チーズ （水分25%以下）	細菌による熟成		パルメザン(伊)，ロマノ(伊)，サブサゴ(スイス)

注1)　各チーズの水分含量は大まかな目安であって，厳密なものではない．
 2)　（　）内は原産国名．
 3)　*本来は中央ヨーロッパ原産であるが，アメリカの生産量が多い．

2) 製　　造

ナチュラルチーズの種類は多いがつくり方の原理はほとんど変わらない．代表例としてゴーダチーズの製法，引き続いてプロセスチーズの製法につき述べる．それぞれの製造工程を図9.5，図9.6に示す．

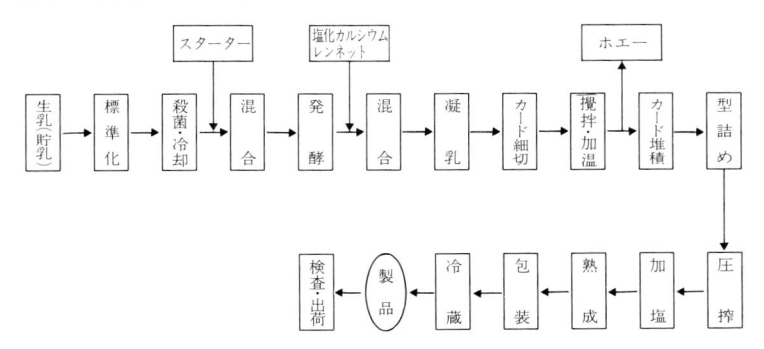

生乳(貯乳) → 標準化 → 殺菌・冷却 → 混合 ← スターター → 発酵 → 混合 ← 塩化カルシウム・レンネット → 凝乳 → カード細切 → 撹拌・加温 → カード堆積 → ホエー / 型詰め → 圧搾 → 加塩 → 熟成 → 包装 → 冷蔵 → 製品 → 検査・出荷

図 9.5　ゴーダチーズの製造工程

ゴーダチーズは生乳を標準化し，HTST 加熱殺菌，冷却後 *S. lactis*, *S. cremoris* などのスターターを添加し，30°C で酸度 0.18〜0.20% まで発酵させる．次に塩化カルシウムとレンネット（主成分は子牛の第四胃から得られるタンパク質分解酵素キモシン）を加えて撹拌後静置してカードを生成させる（レンネットは κ-カゼインの構成アミノ酸のフェニルアラニンとメチオニンとの間を特異的に切断するので，α_s-，β-カゼインに対する κ-カゼインの保護作用が失われ，生乳が凝固する）．カードを約1cm角のさいの目に細切し，35〜38°C でゆっくり撹拌するとカードが収縮して硬くなりホエーを排出する．カードを集めて型に充填し圧搾する．圧搾したカードを取り出し乾塩を表面に塗布するか，濃度20% 前後の食塩水に 2〜3 日浸漬する．加塩後 10〜15°C，湿度 80〜90% の熟成室で熟成させる．1〜2 週間後，かび発生防止のためワックス等でコーティングする．4〜6 カ月熟成させ製品とする．近年欧米で限外濾過（UF）膜を利用して脱脂乳から濃厚タンパク乳をつくり，これにクリーム，乳酸菌，レンネット等を加え従来法に準じてカードをつくり，ホエーの排出工程を省略したチーズ製造技術が開発され，カッテージチーズ，クリームチーズ，カマンベールチーズなどのチーズ製造に応用されている．

プロセスチーズは原料のナチュラルチーズを選択して配合割合を決め，適当な大きさ

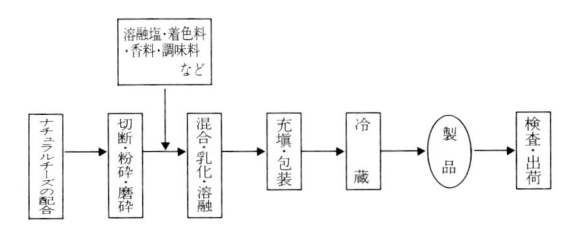

ナチュラルチーズの配合 → 切断・粉砕・磨砕 → 混合乳化溶融 ← 溶融塩・着色料・香料・調味料など → 充填・包装 → 冷蔵 → 製品 → 検査・出荷

図 9.6　プロセスチーズの製造工程

に切断し磨砕後溶融釜に入れて溶融塩(クエン酸塩,リン酸塩),着色料,香辛料,調味料等を加え加熱(80～120℃)溶融する.チーズの流動性のあるうちにアルミ箔,合成樹脂等で包装し,5～10℃に貯蔵する.プロセスチーズは風味が均一で保存性がよい.

h. アイスクリーム

1) 定義,規格,種類

乳等省令ではアイスクリーム類をアイスクリーム,アイスミルク,ラクトアイスの3種類に分類している.それぞれの定義,成分規格を表9.7に示す.アイスクリーム類は乳等省令で乳固形分を3%以上含むものであるが,3%未満のものについては公正競争規約により氷菓と定義され,成分規格は食品衛生法の食品,添加物等の規格基準により,その融解水1ml中の細菌数(発酵乳または乳酸菌飲料を原料としたものでは乳酸菌または酵母以外の細菌数)が1万以下(標準寒天培養法),大腸菌群陰性と規定されている.したがってシャーベット,アイスキャンデー等は氷菓であり,乳製品のアイスクリーム類とは区別されている.

表9.7 アイスクリーム類の定義および成分組成(抜粋)(乳等省令より)

区分			乳製品		
			アイスクリーム類		
			アイスクリーム	アイスミルク	ラクトアイス
定義			生乳,牛乳又は特別牛乳又はこれらを原料として製造した食品を加工し,又は主要原料としたものを凍結させたものであって,乳固形分3.0%以上を含むもの(はっ酵乳を除く)		
			アイスクリーム類であってアイスクリームとして販売するもの	アイスクリーム類であってアイスミルクとして販売するもの	アイスクリーム類であってラクトアイスとして販売するもの
成分規格	乳固形分 ( )内うち乳脂肪分		15.0%以上 (8.0%以上)	10.0%以上 (3.0%以上)	3.0%以上
	細菌数 標準平板培養法=S		10万以下 (S 1g当り)	5万以下 (S 1g当り)	5万以下 (S 1g当り)
	大腸菌群		陰性	陰性	陰性

資料:日本乳業年鑑,327.

2) 製造

アイスクリームの製造工程を図9.7に示す.生乳,乳製品,乳化剤(モノグリセリド,レシチン等),安定剤(ゼラチン,グアルガム等),糖類などを混合,溶解,濾過,加温後均質化する.アイスクリームの原料の殺菌は乳等省令で68℃,30分またはこれと同等以上と一般の低温殺菌より厳しい条件を定めている.通常HTST加熱殺菌して冷却,よい製品組織を得るために2～5℃で4～12時間エージングする(現在は安定剤,機械の進歩により必ずしも必要でない).香料を加え,フリーザーで攪拌凍結する(ミックスの凍結温度−5℃前後).この操作で脂肪球や微細な氷の結晶の間に空気の細かい気泡が混入して泡立ちを生じアイスクリームとなる.空気の混入によりアイスクリームの容積が増大するがこの増大量をオーバーラン[OR(%)={(アイスクリームの容積−ミックスの容

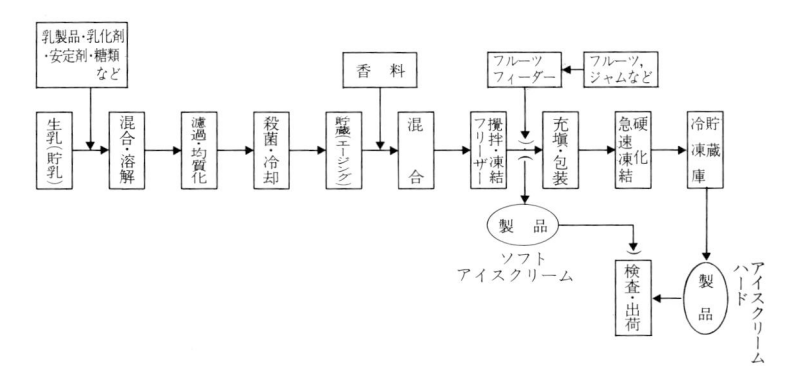

図 9.7 アイスクリームの製造工程

積)/ミックスの容積}×100]といい,通常のアイスクリームでは80〜110%である.また,フリーザーで凍結直後のアイスクリームをソフトアイスクリームという.次いで必要があればフルーツフィーダーで果実やジャムをアイスクリームに注入し,容器に充填後,硬化トンネル(−35℃以下)を通過させ急速凍結させて冷凍庫(−25℃以下)に貯蔵する.これがハードアイスクリームである.

なお工程における乳化剤,安定剤の役割は重要である.本来牛乳脂肪の表面は天然の乳化剤で覆われているが均質化により脂肪球が細分化して表面積が増大し,表面を覆っている乳化剤が不足し,乳化剤に覆われない脂肪が生じて安定性が壊れる[5].この状態でフリーザーにかけると攪拌によりチャーニング現象が起きてバター粒を生じる.この不足分の乳化剤の補塡が乳化剤添加の主目的である.また,アイスクリームは貯蔵中の温度変化により微細な氷の結晶が融けたり,再結晶によって粗大結晶を生じたりする.安定剤は水溶性高分子物質であるので,氷結晶融解によって生じる遊離水を吸着し氷晶の成長を妨げ,組織の安定化をはかる.この効果を主目的として安定剤が使用される[5].

i. 練　乳
1) 定義,規格,種類

練乳の乳等省令の定義および成分規格を表9.8に示す.練乳は無糖練乳,無糖脱脂練乳,加糖練乳,加糖脱脂練乳の4種類に分類される.無糖練乳は一般にエバミルクとよばれ,コーヒー,紅茶のミルク用として,加糖練乳は全脂タイプが主に家庭用としてイチゴ等にかけて使用され,また脱脂タイプは製菓・冷菓用原料として使用される.

2) 製　造

練乳は牛乳または脱脂乳を濃縮したものである.加糖練乳,無糖練乳の製造工程を図9.8,図9.9に示す.

a) 加糖練乳

① 標準化,ショ糖の添加,荒煮(殺菌): 製品中の脂肪および無脂乳固形分の比率を調整するために標準化を行い,必要によりクリームまたは脱脂乳を生乳に添加する.

表9.8 練乳の定義と成分規格(抜粋)(乳等省令より)

区分		乳製品			
		無糖練乳	無糖脱脂練乳	加糖練乳	加糖脱脂練乳
定義		濃縮乳であって直接飲用に供する目的で販売(授与)するもの	脱脂濃縮乳であって直接飲用に供する目的で販売(授与)するもの	生乳,牛乳又は特別牛乳にショ糖を加えて濃縮したもの	生乳,牛乳又は特別牛乳の乳脂肪分を除去したものにショ糖を加えて濃縮したもの
成分規格	無脂乳固形分		18.5% 以上		
	乳固形分 ( )内うち乳脂肪分	25.0% 以上 (7.5% 以上)		28.0% 以上 (8.0% 以上)	25.0% 以上
	水分			27.0% 以下	29.0% 以下
	糖分			58.0% 以下 (乳糖を含む)	58.0% 以下 (乳糖を含む)
	細菌数 標準平板培養法=S	0 (S1g当たり)	0 (S1g当たり)	5万以下 (S1g当たり)	5万以下 (S1g当たり)
	大腸菌群			陰性	陰性

資料:日本乳業年鑑,329.

図9.8 加糖練乳の製造工程

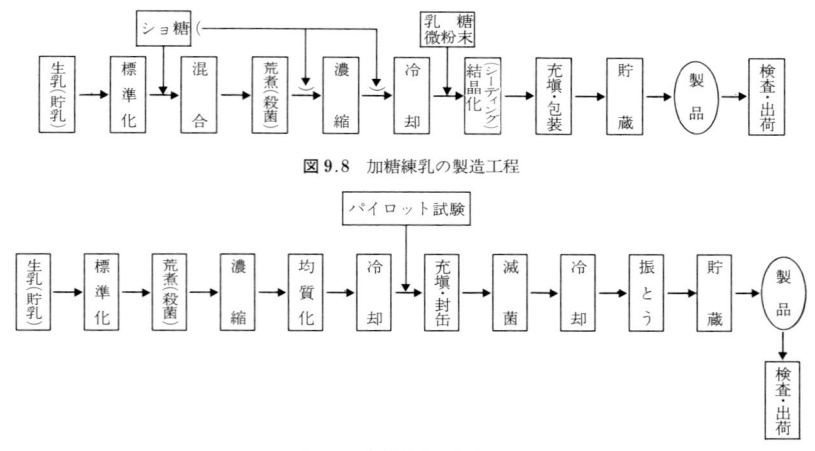

図9.9 無糖練乳の製造工程

次に,ショ糖の高い浸透圧により細菌の繁殖を抑え,製品の保存性を保つため,ショ糖を生乳に 15〜17% 加え,製品中のショ糖比 [=ショ糖(%)/{100−全乳固形分(%)}] が 62.5〜64% になるようにする(加糖は生乳に添加する方法,殺菌したショ糖濃厚液を荒煮後または濃縮末期に添加する方法のいずれかにより行われる).荒煮(殺菌工程)は通常,80℃ の保持加熱または UHT 加熱による.

② 濃縮,冷却,結晶化,充填・包装,貯蔵,検査,出荷: 減圧濃縮機で濃縮する.通常 50℃ で比重 1.2850 程度を濃縮終了の目安とする.褐色化を防ぐため濃縮後すみやかに冷却する.その際,乳糖の微粉末(200 メッシュ以下)を添加して過飽和の乳糖を微

細な結晶として析出させる．この工程を結晶化（シーディング）という．約20°Cに冷却し，8〜10時間静置して気泡が逸散した後容器に充填，包装し，倉庫に貯蔵する．

b) 無糖練乳

① 標準化，荒煮，濃縮，均質化，冷却，パイロット試験：　生乳の熱安定性を高めるために標準化の際にリン酸塩，クエン酸塩を添加することがある．濃縮は50°Cで比重1.06程度を目安とする．均質化は脂肪分離防止のために行う．パイロット試験は滅菌時のトラブルを避けるために行われる．そのために滅菌時と同条件下で熱安定性のテストを行い，必要により適当な安定剤を均質化後の濃縮乳に添加する．

② 充填，封缶，滅菌，冷却，振とう，貯蔵，検査，出荷：　封缶後の滅菌時の缶の膨張を避けるため，充填はいっぱいに詰めないで上部に適当な空隙を残す．滅菌は115°C以上で15分以上（乳等省令）行う．滅菌後ただちに冷却し製品組織をなめらかにするため振とう機で振とうする．長期保存製品のため37°C，1〜2週間貯蔵し品質確認後出荷する．

j. 粉　　乳

1) 定義，規格，種類

粉乳の乳等省令の定義および成分規格を表9.9に示す．粉乳は全粉乳，脱脂粉乳，クリームパウダー，ホエーパウダー，バターミルクパウダー，加糖粉乳，調製粉乳の7種類に分類される．粉乳は水分が5％以下であるため保存性がよく，輸送しやすい利用度の高い乳製品であり，乳飲料，冷菓，菓子などの原料として使用される．

2) 製　　造

全粉乳の製造工程を図9.10に示す．粉乳は通常，生乳をHTSTまたはUHT殺菌後，固形分45〜50％に濃縮し噴霧乾燥する．噴霧乾燥は濃縮乳を圧力ノズルまたは回転円盤の噴霧装置で150〜180°Cの熱風室内に霧状に噴霧し，瞬時に乾燥粉末を得る方法である．次に，粉乳を冷風で30°C以下に急速冷却し，ふるい分け後缶または大袋に充填，包装し貯蔵する．なお脂肪の酸化を防ぐため全粉乳，調製粉乳の缶詰製品では窒素ガス充填が行われている．

生乳（貯乳） → 標準化 → 殺菌 → 濃縮 → 乾燥 → 冷却 → ふるい分け → 充填・包装 → 貯蔵 → 製品 → 検査・出荷

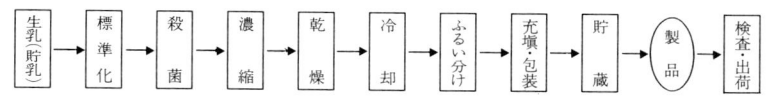

図9.10　全粉乳の製造工程

インスタント脱脂粉乳は脱脂粉乳を加湿し，粒子を団粒化した後再乾燥させ，冷却，整粒，ふるい分けした製品で，この作業により粉乳が多孔質となって溶解時に水が粒子内に容易に入り込み，溶けやすくなる．

調製粉乳は育児用として成分を母乳に近づけているため，ホエー添加によるタンパク質の改善，リノール酸等の多価不飽和脂肪酸に富む油脂と乳脂肪との一部置換，ビフィズス菌増殖因子であるラクチュロース，キシロオリゴ糖などの添加，無機成分の調整，タウリン，ラクトフェリン，各種ビタミンの強化などが行われている．　　［小此木成夫］

表9.9 粉末乳製品の定義および成分規格(抜粋)(乳等省令より)

区分	全粉乳	脱脂粉乳	クリームパウダー	乳製品 ホエイパウダー	バターミルクパウダー	加糖粉乳	調製粉乳
定義	生乳, 牛乳又は特別牛乳からほとんどすべての水分を除去し, 粉末状にしたもの	生乳, 牛乳又は特別牛乳の乳脂肪分を除去したものからほとんどすべての水分を除去し, 粉末状にしたもの	生乳, 牛乳又は特別牛乳の乳脂肪分以外の成分をほとんどすべて除去したものからほとんどすべての水分を除去し, 粉末状にしたもの	乳を乳酸菌で発酵させ, 又は酸若しくは酵素を加えてできた乳清からほとんどすべての水分を除去し, 粉末状にしたもの	バターミルクからほとんどすべての水分を除去し, 粉末状にしたもの	生乳, 牛乳又は特別牛乳にショ糖を加えてほとんどすべての水分を除去し, 粉末状にしたもの又は全粉乳にショ糖を加えたもの	生乳, 牛乳もしくは特別牛乳又はこれらを原料として製造した食品を加工し, 又は主要原料とし, これに乳幼児に必要な栄養素を加え粉末状にしたもの
成分 乳固形分 (( )内うち乳脂肪分)	95.0%以上 (25.0%以上)	95.0%以上	95.0%以上 (50.0%以上)	95.0%以上	95.0%以上	70.0%以上 (18.0%以上)	50.0%以上
水分	5.0%以下	5.0%以下	5.0%以下	5.0%以下	5.0%以下	5.0%以下	5.0%以下
糖分						25.0%以下 (乳糖を除く)	
規格 細菌数 標準平板培養法=S	5万以下 (S1g当たり)	5万以下 (S1g当たり)	5万以下 (S1g当たり)	5万以下 (S1g当たり)	5万以下 (S1g当たり)	5万以下 (S1g当たり)	5万以下 (S1g当たり)
大腸菌群	陰性	陰性	陰性	陰性	陰性	陰性	陰性

資料:日本乳業年鑑, 329, 331.

文　献

1) Morr, C. V. and Richter, R. L.: Fundamentals of Dairy Chemistry, 743, Van Nostrand Reihold Co. (1988)
2) 牛乳の知識（生活の科学シリーズ㉗），53，科学技術教育協会発行（1992）
3) 山内邦男，横山健吉編：ミルク総合事典，170，188，朝倉書店（1992）
4) Tamine and Deeth: *Journal of Food Protection*, **43**, 955-956 (1980)
5) 足立　達，伊藤敞敏：乳とその加工（第2版），p.364-365，建帛社（1992）
6) 日本乳製品協会編：日本乳業年鑑（1991年版），日本乳製品協会

9.2　肉と肉製品

a．屠畜と食鳥処理

食用に供するために牛，豚のような食用家畜を処理することを屠畜という．
肉の利用はこの屠畜から始まる．屠畜の工程はおよそ図9.11に示すとおりである．すなわち，繋留場に集められた肉用畜は誘導路を経て，屠室に送られる．屠室は動物の種

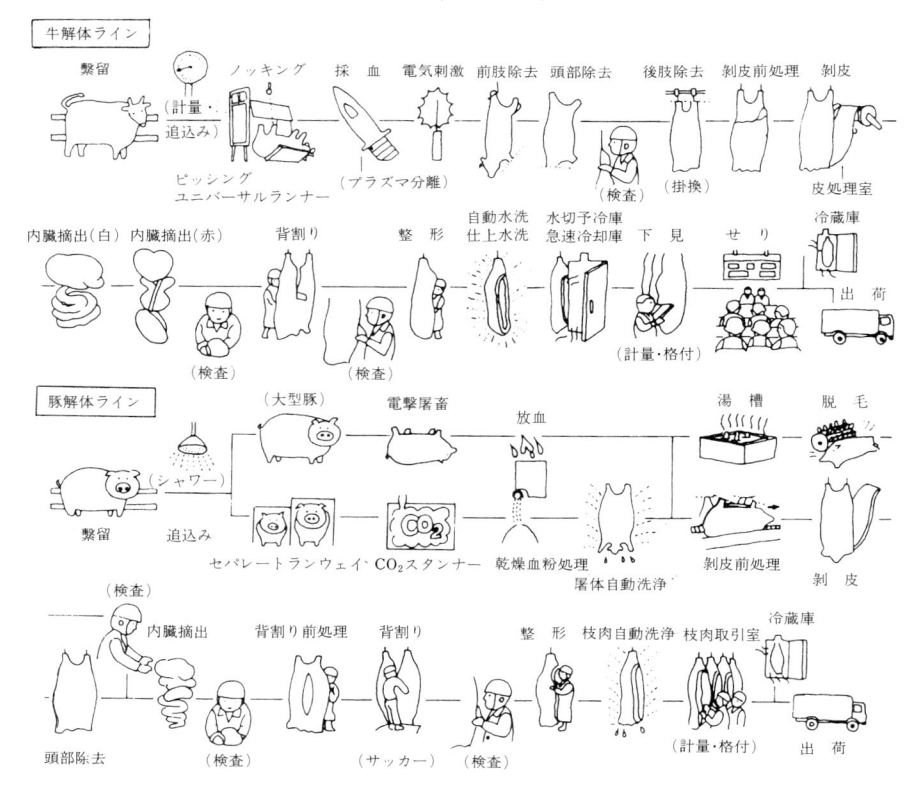

図9.11　屠畜処理工程フローシート例

類,屠畜の方法によって異なるけれども,おおむね成牛,成馬のような大動物においては生体1頭1頭が収容され処理されるような屠畜ペンが用いられ,豚などの中動物においては単なるコンクリート壁の仕切りが用いられる.屠室に送られた家畜は打額,電殺,ガス麻酔等によって失神させられ,次いで頸動脈を切断され,体内の血液を放出させられる(放血).この際,動物体は生体復元が不可能になり,生体構成筋肉は食肉に転換させられる.放血は足に鎖を掛け,オーバーヘッドコンベアに吊るして行うが,床上に転がしたまま行うこともある.後者は放血が不十分,切断部より汚染が入りやすい等の欠点があるので注意を要する.また,この放血は失神後ただちに行わないと筋肉内に血斑を生じたり,ふけ肉(PSE)を起こすなどの肉質劣化の原因となる.ただし,これらの肉質劣化は,屠畜前の家畜の遺伝素質を含めた健康状態や,出荷から屠室までの誘導の間において与えられるストレスにも原因のあることが知られている.

放血後,屠体は頭および肢端を切断除去後,スプレーダーに移し替えられ,剥皮,内臓摘出を経て枝肉にされる.枝肉はその後背割り,水洗を経て冷蔵室に収納される.

豚では,放血後 60°C 前後の湯中に数分間漬け,脱毛機で表皮とともに毛を取り除き,以後毛焼き,肢端除去,内臓摘出の工程を経て枝肉にすることもある.この方法は湯剥ぎ法とよばれ,欧米ではむしろ常法であるが,湯漬け中にタンク内が汚染されているときは刺殺口から肉の汚染が広まるし,死後の加温により"むれ肉"を生じやすいなどの問題も包蔵しているといわれ,日本ではほとんど用いられなくなっている.

鶏の処理は食鳥処理とよばれる.その処理はふつう集鳥,屠鳥,湯漬け,抜羽,解体,冷却の工程を経る.このうち屠鳥は頸動脈の切断による放血によって行われる.頸動脈の切断は口腔内で切断する方法もあるが,能率が悪いため量産の場合はほとんどが外部切断による.抜羽のための湯漬けには 79〜89°C 5〜10 秒,60°C 前後 50〜60 秒,50〜55°C 30 秒の3通りの方法がとられているが,温度を高くすると皮膚の仕上がりが好ましくなく,温度が低いと羽の抜けが悪くなるという問題を残している.湯漬けした鶏体はただちに抜羽機にかけ羽毛を取り除く.その後バーナーで残った羽毛を焼き(毛焼き),内臓を除き,冷却する.こうして得られた屠体を中ぬきという.

枝肉,中ぬきはさらに分割され,除骨されて食卓にのせられるようになる.

以上の工程を経て,はじめて牛,豚,鶏等の動物は食材としての価値が与えられる.

b. 食肉の科学

食品科学的にみて,家畜の生体から取り出された骨格筋がただちに食肉とはいえず,死後筋肉に起こる一連の生化学的変化,すなわち死後硬直,解硬,熟成を経て好ましい風味のある素材に変換してはじめて食肉となる.

1) 構造と収縮弛緩機構

骨格筋は細長い線維状の筋肉細胞(筋線維)の集まりで,それを包む膜は筋内膜(筋鞘)という.細胞は1本1本が筋小胞体で包まれる筋原線維と,核,ミトコンドリア・筋漿からなる.筋原線維はさらに,C-タンパク質,M-タンパク質を伴ったミオシンタンパクの重合体からなる太いフィラメント(図 9.12(a))と,トロポミオシン,トロポニンを伴ったアクチンの重合体(F-アクチン)を主体とするZ線につながる細いフィラメント

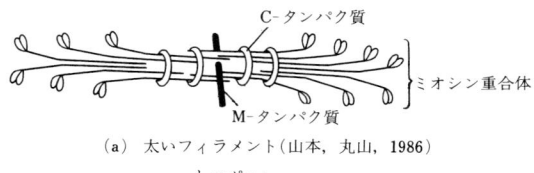

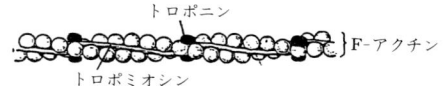

図9.12 2種の超筋原線維

(図9.12(b))という2種の超筋原線維の交互配列よりなる．両者が重なる部分は他の部分と光の透過性が異なり，明暗の縞模様が生じるので，この点からこれらから形成される筋肉は横紋筋ともいわれる．筋線維は数多く束ねられ筋周膜に包まれて第一次筋束となり，さらにそれらは数十本束ねられて第二次筋束を形成する．これらはさらに束ねられて筋外膜で包まれて筋肉をなしている．それぞれの膜はコラーゲン，エラスチン，レチクリン等の硬タンパク質を主体とする結合組織よりなる．

2) 筋肉の死後変化

家畜の筋肉を食品素材として利用するためには，健康な家畜を処理してその筋肉を取り出さなければならない．

屠畜は家畜をまず失神させてから放血致死させる．放血した屠体は循環系が停止するため筋肉組織内のミトコンドリアにおける好気的代謝が停止し，生体のエネルギー源であるATP（アデノシン三リン酸）の生成が停止する．しかし酵素系はただちには失活しないので嫌気的条件下での死後代謝が進行し，筋肉蓄積グリコーゲンの分解の結果生じる乳酸が生成されるので，筋肉のpHは低下するが，やがてpH 5.5付近（酸性極限pH）に到達すると，すべての酵素系が失活するのでpHの低下も止む．

a) 死後硬直 動物の死後は筋小胞体終末槽のCa^{2+}貯留能力は急速に低下するので，貯留されていたCa^{2+}は筋漿中に放出されるため，その濃度は最大2×10^{-4} Mまで上昇し，その結果太いフィラメントと細いフィラメント間に架橋結合が形成され，太いフィラメントの間に細いフィラメントが引き込まれることによって張力が発生し，筋肉は自動的に強い収縮を起こす（図9.13）．これは神経支配とは無関係の，戻り機構のない永久的収縮であり，筋肉は伸展性を失い硬くしまる．これが死後硬直である．

b) 解硬 硬直筋は時間の経過とともに軟化してくる．この原因は増大したCa^{2+}濃度がZ線構造を脆弱化させ切れやすくする，パラトロポミオシンが移動するために太いフィラメントと細いフィラメント間の架橋結合を切断する，筋原線維の骨格構成タンパク質コネクチンの分子開裂を起こすほか，筋肉細胞質の一つであるリソソームに含まれていたカテプシンD, B, L等のエンドペプチダーゼが死後活動を開始し，Z線ほかの筋原線維構成タンパク質を加水分解し，脆弱化させ，筋原線維を小片化させるためであるとされている．

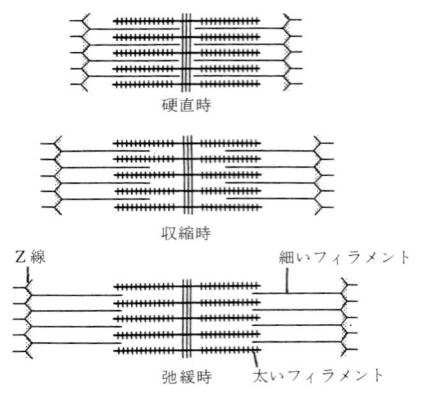

図9.13 骨格筋収縮・硬直時の太いフィラメント間への細いフィラメントの滑込み

c) 熟 成 筋肉は死後硬直,解硬を経てはじめて風味のある食肉となるが,この間に後述の食肉の加熱風味形成の前駆物質となる肉エキス構成成分であるイノシン酸や遊離アミノ酸,ジペプチドが各種の酵素の作用によって生成してくる.

d) 食肉の風味 食肉の風味の構成要素は①色調,②味,③香り,④組織である.

① 色調: 食肉の色調は美しいピンク色から濃紅色を呈しているが,これは筋漿中に含まれている赤色色素タンパク質ミオグロビンの多寡による.ミオグロビンは鉄を含む赤色のヘム色素とグロビンの結合体で,この鉄には酸素が結合しうる.死後の筋肉中は強い還元状態にあるので,その切り口のミオグロビンも還元状態にあるため暗紫色を呈するが,空気に触れると酸素化されて鮮紅色のオキシミオグロビンに変わる.これがふつうの肉色である.なお酸素に触れた状態で長時間経過すると茶褐色に変色するが,これはヘム色素が強く酸化されてメトミオグロビンに変化するためである.

② 味: 生の食肉にはほとんど味はない.食肉の味は肉中に存在する各種の呈味前駆物質(遊離アミノ酸,ペプチド,ヌクレオチド,糖,有機酸,ミネラル,非タンパク態窒素化合物)が加熱時に相互作用して二次的に生成してくる不揮発性の水溶性物質に起因している.以上のうちもっとも重要な遊離アミノ酸は食肉の熟成中に増加してくるが,これは主としてアミノペプチダーゼの作用による.アミノ酸中でもとくにグルタミン酸の増加はうま味を増すし,さらに死後ATPから生じるイノシン酸はそのうま味を増強する効果がある.

③ 香り: 食肉それ自体のにおいは生臭く,獣臭を呈するが,加熱によって味と同様,肉らしく好ましいにおいを生じる.これは呈味前駆物質が加熱されるときに生じる各種化合物中の揮発性物質である.これはアミノ酸自身のストレッカー分解や糖とアミノ酸とのアミノカルボニル反応の結果生じる各種カルボニル化合物,揮発性含硫化合物,脂質由来の揮発性含窒素化合物よりなっている.

④ 組織: 食肉の組織は供食時の口中でのそしゃくに関連する官能的感覚であって,肉の軟らかさまたは硬さや,多汁性,凝集性,粘着性,弾力性,付着性等の性質が関与している.

c．食肉衛生と保蔵
1）食肉の衛生

　動物の肉や内臓は優れたタンパク質の給源ではあるが，しかし，この肉食で人類は数多くの被害に遭っている．すなわち，食肉はトキソプラズマ症，トリヒナ症などの人畜共通疾病やサルモネラ症などの細菌性食中毒の疫源になったり，ときとして畜産経営上重要な口蹄疫などの家畜伝染病の伝播に一役かったりする．

　こうした事故を未然に防ぐのが食肉衛生である．この食肉衛生は，食肉流通が小規模で一国内あるいは一地域でとどまっていた過去においては，それぞれの立場での対応で十分であったが，20世紀も末に入って食肉，食肉製品を含めた食品の国際流通が盛んになってくると世界各国が共通の立場からその対策を講じなければならなくなり，1976年にはFAO（国連食料農業機関）/WHO（国連世界保健機関）がその対応策として「消費者の健康保護と公正な貿易促進」を目的とし，食肉および食肉製品の生産にかかわる衛生取締規範を公表するに至った．

　食肉による危害発生のおそれは，各利用場面に存在する．まず，食肉としての利用においては生産源である家畜，家禽が健康な状態にあることが大事である．そのためにはそれらをつねに健康な状態に保たせるばかりでなく，それらの間に人畜共通疾病が存在しない状態に保つための対策を講じなければならない．これは畜産経営のうえからも必要なことで，日本では家畜伝染病予防法によりその対策が講じられている．さらに，家畜を食品として利用する際の直接的予防対策としては，「と畜場法」があり，それに基づく「と畜検査」によって衛生上の安全が確保されている．これらの対策はいずれも個人衛生の範囲では対処できない公衆衛生上の問題で，国または地方自治体の責任において対策が講じられている．食品として流通市販される食肉および食肉製品による衛生上の危害の予防対策としては，食品衛生法ならびにこの法律に基づく「食品，添加物の規格基準」により，その成分規格，製造基準，保存基準などが設けられ，さらに食肉処理業，食肉製品製造業，食肉販売業などについては食品衛生法施行細則によって営業に必要最小限の施設，設備などの確保が義務づけられている．また，家禽肉については，日本には以前は公的な検査制度はなかったが，1980年代に入ってブロイラーをはじめとする食鳥肉の生産，利用の度が高まり，それが推定原因食品とされる食中毒が増加の傾向をみせてきたこと，および輸入の増大に伴う国外産食鳥肉の安全性と衛生管理体制の確保をはかる必要が感じられるに至ったことなどから，1990年以後家畜並みの検査制度の導入がはかられるに至った．

　食肉，食肉製品に起因する食品衛生上の問題としては，人畜共通疾患のほかに細菌性食中毒，化学物質による汚染があげられるが，農薬の残留については農薬取締法による有機塩素系農薬の製造・使用禁止により，また抗菌剤については飼料安全法の施行により，それぞれ一応の終息をみ，また食品衛生法の中で「食肉，食鳥肉，魚介類は，抗生物質のほか，化学的合成品たる抗菌性物質を含有してはならない」とされ，PCB（ポリ塩化ビフェニル）についても魚介類，牛乳・乳製品などとともに暫定的規制値が設けられ，肉類は全量中 0.5 ppb とされている．

2) 食肉の保蔵

動物の筋肉は死後，硬直，自己消化を経て食用に最適となるが，これをそのまま室温に放置しておくと，しだいに外観的にも内容的にもまた官能的にも本来の性質を失い，ついには食用に不適な状態になっていく．こうした現象を変質といい，とくに食用に不適な状態にまで至った場合を変敗とよぶ．この変質の中には水分の蒸発による乾燥，光線や空気による酸化，あるいは食肉自体がもっている酵素の作用によって生じる香味，色調，栄養成分の変化といった物理・化学的変化もあるし，他方，食肉に付着した微生物によって起こる変化がある．こうした変化をできるだけ抑えて食用に好適な状態を長期に維持させる，これが食肉の保蔵である．

食肉の保蔵の方法は大きく二つに分かれる．一つは生鮮の状態をできるだけそのままに維持しようとする方法であり，いま一つは強制的に状態変化を起こさせて食用適性を維持させようという方法である．冷蔵，凍結のほかにガンマ線照射，紫外線照射，オゾン殺菌，保存料の添加などの方法が前者であり，加熱，塩蔵，燻煙，乾燥，缶詰などの方法が後者である．ただし，後者については成分組成に変化が与えられるため加工保蔵として区別されることもある．前者の方法はさらに温度もしくは電磁波を用いる物理学的方法と添加物を使用する化学的方法の2者に分けて考えることができるといえる．

以上の中でもっとも通常な方法は低温を利用する方法である．食肉は屠畜後冷却されなかったら内部から腐敗が起きる．深部変敗をもたらす嫌気性菌は筋肉内で発育でき，肉質を軟弱にし，海綿状にし，肉色を灰色にする．屠畜後の冷却が遅いと変敗は深部および表面の両方から起きる．内部では"ボーンテイント"を生じたり，酸敗臭を生じ，大腿骨頭部に褐変を生じたりする．この変化は微生物的な変質と同時に，組織の自己分解が原因となって起こる．表面ではシュードモナスなど好気性菌の急激な増殖により，ねとを生じ，ついには吐き気をもよおす悪臭を放つようになる．これらの食用に対する阻害を阻止するため，品温を急速に10℃以下に下げ，それを0℃付近の温度で保存することが食肉の冷蔵である．ただし，多くの低温菌を含めて表面に付着した好気性菌の発育は，冷却によって遅くはなるが停止には至らない．したがって，冷蔵には限界があり，表9.10に示すような値が明らかにされている．

食肉をさらに低温に保管するとその貯蔵性はいっそう増す．しかし－1.7℃以下になると食肉中の水分は氷結し始め，異なった物性を示すようになる．この段階の貯蔵が凍結である．ただし，凍結およびそれをもとの状態に戻す解凍において，食肉は物理的な障害を受ける．この障害を最小限にとどめるため食肉の凍結保存には－5℃までの温度域を急速に通過させる急速凍結が用いられる．凍結貯蔵域でも温度によっては微生物は発育し，酵素活性は残存する．したがって，貯蔵温度は－20℃以下に設定することが望ましい．

d．食肉製品とその加工
1) 食肉製品の種類

日本で生産される食肉製品は1990年代に入って消費者の嗜好の多様化と国際流通の自由化の進展に伴って著しく変わってきた．食肉の加工は，古来から知られている保存

9.2 肉と肉製品

表 9.10 食肉の冷蔵期間

肉　種	温度 (℃)	包　装	貯蔵期間
牛肉			
枝　肉	4	無包装	10～14 日
枝　肉	−1.5～0	無包装	3～5 週間
部分肉	−1.5～0	真空包装	12 週間
小売肉	4	透過性プラスチック	1～4 日間
挽き肉	4	透過性プラスチック	24 時間
豚肉			
枝　肉	4	無包装	8 日間
枝　肉	−1.5～0	無包装	3 週間
部分肉	−1.5～0	真空包装	3 週間
小売肉	4	透過性プラスチック	3 日間
挽き肉	4	透過性プラスチック	24 時間
鶏肉			
中ぬき	4	透過性プラスチック	7 日間
中ぬき	−1.0～0	透過性プラスチック	2 週間

注 1) 相対湿度 85～95％(真空包装を除く).
2) 貯蔵期間は品質保持期間を意味する.

方法である塩蔵，乾燥，燻煙，加熱殺菌等を利用して食肉を保存することから始まったが，一つの方法だけで保存性を付与しようとすると食品の嗜好性が失われるし，他方では微生物を制御するのに有効な要因である添加物，高温，低温，酸化還元電位，pH，水分活性等の作用が解明されるにつれて，その製造方法はしだいに嗜好性を重視しながらこれらの微生物の増殖を抑制する方法，要因を巧みに組み合わせた方法に変化してきた．したがって，現代の方法は塩蔵に用いる食塩は嗜好性を失わない濃度に低減されたり，燻煙も香りや色を付与できる程度に軽減される等に変化している．

そこで，現在の食肉製品は，本来の安全性や品質特性に，種々な保存性を付与する方法の組合わせを加味することによって分類されるようになってきており，厚生省ではこれを加熱食肉製品，特定加熱食肉製品，非加熱食肉製品および乾燥食肉製品の 4 群に区分し，それぞれに食品衛生法上に規格基準を定めている．

① 加熱食肉製品： 63℃，30 分間以上の条件で加熱したもので 10℃ 以下の保存となっている．加熱した骨付ハム，ボンレスハム，ロースハム，ベーコン，プレスハム，ウインナソーセージ，フランクフルトソーセージ，ボロニアソーセージ，レバーソーセージ，チルドハンバーグステーキ等がある．大腸菌群，*Escherichia coli*，クロストリジウム属菌，黄色ブドウ球菌，サルモネラ属菌が規制対象菌となっている．

② 特定加熱食肉製品： 55℃，97 分～63℃，瞬時を最低加熱条件としたもので，微生物の増殖を抑制する因子である水分活性の高低により 10℃ 以下か 4℃ 以下の保存となっている．ローストビーフ等がある．*E. coli*，クロストリジウム属菌，黄色ブドウ球菌，サルモネラ属菌が規制対象菌となっている．

③ 非加熱食肉製品： 加熱せず製造される．食塩添加量，亜硝酸ナトリウムが規定されている．水分活性によって 10℃ 以下か 4℃ 以下の保存となっている．カントリーハム，パルマハム等の骨付ハム，ラックスハム，セミドライソーセージ等がある．*E. coli*，黄色ブドウ球菌，サルモネラ属菌が規制対象菌となっている．

④ 乾燥食肉製品: 乾燥させて製造される.水分活性を 0.87 未満とすることで常温保存ができる.ジャーキー,サラミソーセージ等がある.*E. coli* が規制対象菌となっている.

農林水産省は,これらのうちベーコン類 5 品目,ハム類 6 品目,プレスハム 1 品目,ソーセージ類 10 品目,混合プレスハム 1 品目,混合ソーセージ 2 品目,チルドハンバーグステーキ 1 品目,チルドミートボール 1 品目に品質表示基準ならびに日本農林規格を定めている.

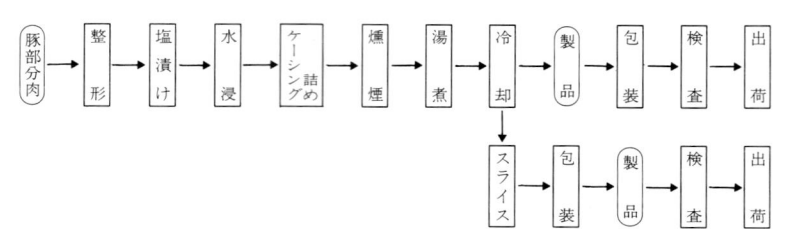

豚部分肉 → 整形 → 塩漬け → 水浸 → ケーシング詰め → 燻煙 → 湯煮 → 冷却 → 製品 → 包装 → 検査 → 出荷

冷却 → スライス → 包装 → 製品 → 検査 → 出荷

ハ ム の 製 造 工 程

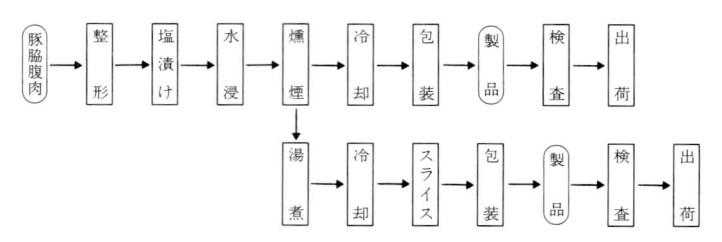

豚脇腹肉 → 整形 → 塩漬け → 水浸 → 燻煙 → 冷却 → 包装 → 製品 → 検査 → 出荷

燻煙 → 湯煮 → 冷却 → スライス → 包装 → 製品 → 検査 → 出荷

ベ ー コ ン の 製 造 工 程

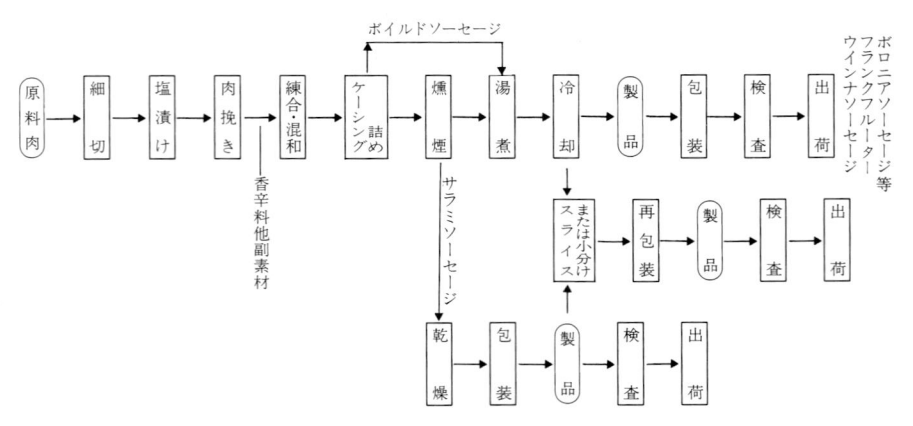

原料肉 → 細切 → 塩漬け → 肉挽き → 練合・混和 → ケーシング詰め → 燻煙 → 湯煮 → 冷却 → 製品 → 包装 → 検査 → 出荷 → ボロニアソーセージ フランクフルターウインナーソーセージ等

(香辛料他副素材)

ボイルドソーセージ

サラミソーセージ → 乾燥 → 包装 → 製品 → 検査 → 出荷

冷却 → スライスまたは小分け → 再包装 → 製品 → 検査 → 出荷

ソ ー セ ー ジ の 製 造 工 程

図 9.14 ハム,ベーコン,ソーセージの基本的製造工程

なお，食肉を主原料として生産される製品には，以上のほかに畜肉，家禽肉あるいは上記諸製品を主材料とした畜肉缶詰類，さらには一般に惣菜に分類されることが多い豚カツ，焼豚，焼鳥，豚角煮，肉そぼろ等がある．これらも広義には食肉製品に含まれる．ただし，缶詰類，冷凍食品類においては食品衛生法上も日本農林規格上も扱いが別になっている．なお，食肉加工品という名称は食肉製品とほぼ同義語である．

2) 基本的製造法

食肉製品中の代表的製品であるハム，ベーコンは，ともに豚肉を塊のまま利用してつくる製品であり，ソーセージは豚肉のほか各種の食肉を挽いて混ぜ合わせてつくり上げる製品である．このうちハムは，本来は腿肉 (ham) を原料としたものを称していたが，今日の日本では，塩漬けした肉塊を円筒状に包装材に詰め，湯煮してつくるインスタント食品の総称として用いられるようになってきており，代表的なものとしてはロースハムがあげられるようになっている．ベーコンはまだ脇腹肉を塩漬けし，燻煙する製品が主流であるが，それでも近年は燻した後湯煮し，インスタント化したものや，他材料を原料とする製品が多くみられるようになっている．

ソーセージについては非常に多種類のものが知られているが，その中で日本で現在普遍的なものは塩漬けした豚の挽き肉に各種素材，香辛料，調味料等を加え，練り合わせた後ケーシングに詰め，煙で燻し，湯で煮るウインナ，フランクフルト，ボロニア等のソーセージとサラミソーセージで知られる乾燥製品である．

これら製品について，基本的製造工程の概要を図9.14に示す．

e. 包装と品質管理

1) 包　　装

消費の拡大，需要の高度化に伴い，近来食品においては鮮度保持，品質保全のため，包装の重要性がますます増してきている．そのなかで，食肉，肉製品の包装には通常のラップ包装，真空包装，ガス置換包装，レトルト殺菌包装，冷凍包装などのほかに無菌化包装が導入されるようになってきた．無菌化包装には無菌缶，含気包装，不活性ガス封入包装，スキンパック包装，深絞り真空包装，インライン方式密着包装，オフライン方式密着包装，真空収縮包装などがある．

このうちガス置換包装には窒素ガス置換と炭酸ガス置換があるが，炭酸ガス置換はそれ自体の抗菌性をも利用する方法である．なお，酸素透過性のフィルムに封入した鉄粉を同封して包装容器内の酸素を吸着させ保存性の延長をはかるエージレス包装は，このうちの窒素ガス置換法の変形といえる．

無菌化包装とはスライス製品のような二次処理製品の二次処理間における再汚染を極力抑えることを主目的とした包装である．このうちスキンパック包装は，包装材料を赤外線，熱板，熱風で温め，製品の外形に合わせて真空包装をする包装であり，深絞り真空包装は包装後再加熱せず，低温で販売する．インライン密着包装はライン内で包装材を製造すると同時に製品を無菌的な状態で真空包装するもので，オフライン密着包装は包材メーカーで無菌的にした包装材を用いて無菌的に製品を生産する方式である．また真空収縮包装は，真空包装後熱湯で包材を収縮，製品に密着させる方式の包装である．

なお，レトルト殺菌包装は包装後，120℃，4分もしくはそれと同等以上の条件に再加熱殺菌する包装で，冷凍包装は－30℃の低温貯蔵とマイクロ波加熱に適性な包装をいう．

2) 品質管理

でき上がった製品の品質が当初の設計どおりの品質になるよう管理することが品質管理であるが，必ずしも100％まったく同じものをつくり上げることは食品のようなものにあってはたいへん難しい．これは予測されることであり，許されない項目は別として，製品の品質設計値には通常ある範囲が許されるものである．たとえば，目方1kgのハムの内容量は計量の際には1,000gから1,050gくらいの幅で作業を行う．もし100％1,000gにしようとすれば，作業能率は甚だしくダウンし，入れ目の分を差し引いたとしても，コストアップとなってはね返る．そこで両者の兼合いを考えて計量値にある幅を設けざるをえない．この場合，幅は狭ければ狭いほどよく，能率アップとコストダウンの同時解決に向けて工夫改善が行われる．

a) 原材料の品質管理 原料肉については鮮度，衛生，品温，保水力，pHなどについて検査する．また副原材料についてもあらかじめ決められた項目について検査を行い，品質管理表に記入して統計処理をし，それぞれについて見極めをすることが肝要である．必要ならば仕入先にも連絡して，一体となって品質管理を行う．原料，副原材料はいつもすべて最高級品でなければならないというわけではなく，でき上がる製品の品質を満たすものであれば価格に見合ったものを仕入れることも必要であり，その場合のポイントは安全性の確保である．

b) 製品の品質管理 食肉製品の品質は，国の法規で定めた規格基準や，都道府県の衛生指導基準などをクリアしていなければならない．それにはこうした規制値を上回るほどの品質基準が社内に定められ，これを達成するための作業基準がなければならない．これででき上がる製品の品質は製造物責任法（PL法）にも通用することになる．これからの品質管理は，でき上がった製品の規格基準や衛生基準の検査にとどまるのではなく，原材料の段階から始まり，製造工程中の品質検査，環境検査も行い，記録にとどめるいわゆるHACCP（危害分析・重要管理点監視）[4]方式に対応したものになっていくであろう．

c) 品質管理の手法 製品に品質をつくり込むのは主として工程の現場である．まずこの部門の作業基準を明確に定め，前後の工程の基準づくりへと進める．作業基準は許される許容範囲の幅をもったものにする．作業者個人の裁量幅をなくするようにしていく．品質は数値データで表されるが，ヒストグラム，パレート図，特性要因図，標準偏差，管理図等それぞれに適した統計手法を備えるのがよい．検査部門ではサンプリングの際，ロットの大きさをあらかじめ考慮し，採取の偏りを防ぐようにする．休日をはさみ検査結果が出る前に出荷という場合もあり得るので，サンプリングした母集団の流通先がわかるようにしておけば，万一範囲外のものが出たときに最小限のロスですますことができる．

f. 副生物の生産と利用
1) 副生物の生産

　食肉を生産する目的で肉畜を屠畜解体して得られる生産物のうち食肉となる骨格筋および原皮を除いたものを，通常，畜産副生物と総称している．一方，屠畜場生産物のうち，主要生産物である食肉以外のもの（副産物）で，利用価値のあるものすべてを屠畜副生物とよぶこともある．

　肉畜を屠畜して得られる最初の生産物は血液（牛および豚体の場合約3％量）である．次に剥皮によって皮（牛体で約9％，豚で約8％）および四肢端（牛，豚体で約1.5％）が得られ，内臓摘出によって枝肉が生産される．このとき各種の臓器類（牛体で約20％，豚体で約10％）が得られる．さらに枝肉から正肉（牛で約45％，豚で約50％）を分離することで骨（牛体で約10％，豚体で約8％）および体脂（牛体で約3％，豚体で約12％）が得られる．

　屠畜体から枝肉および原皮を除いた副生物の生産量は，家畜の種類，性別，年齢，飼養状態および屠畜解体法などによって異なるが，屠畜1頭当たり，牛（平均枝肉量350 kg）でおよそ126 kg，豚（平均枝肉量70 kg）でおよそ18 kg生産される．このうち，食用性の高い副生物類は，組織，形状，成分特性，食用性あるいは食習慣に照らして"可食性副生物"として類別される．

　食用として利用度の高い副生物類（肝臓，舌，心臓，横隔膜，胃，食道，大小腸，頭肉など）は，1頭当たり牛で約40 kg，豚で約8 kgで，全副生物中に占める割合はそれぞれ約32％および44％程度である．食用とならない副生物類の利用法は多種多様であるが，廃棄されるものも少なくないので，将来的にはより広範な分野での有効利用が期待される．

2) 副生物の利用

　畜産副生物類の利用法は大別すると食品的な利用と非食品的な利用に分類される．

　牛，豚などの家畜屠体から得られる副生物類の利用概要を表9.11に示した．

　副生物類のうち可食性の臓器類は，一般に"臓器肉"（バラエティーミート）あるいは"もつ類"とよばれ，家庭もしくは外食産業用の調理素材およびソーセージ，燻煙製品などの加工原料として利用されている．また，大小腸類はソーセージケーシングなどにも利用される．新鮮なままで直接食用となりにくい臓器，血液，骨，脂肪などは高タンパク質粉末，調味料素材，油脂食品素材などの原料となる．

　一方，食用とならない副生物は，石けんや工業用ゼラチンなどの原料として用いられるほか，飼料や肥料としても活用されている．さらに，一部ではあるが医療用品，化粧品などの原料としても利用されている．

　副生物類の種類，組織，形態などは畜種によって異なり，化学成分組成にもそれぞれ特徴がある．しかし，骨を除けば，一般に高タンパク質でミネラルやビタミンに富んだ成分組成を有している．また，副生物類はもともと生体の一部であって，生理・生化学的な役割を担っていたものであるから各種ペプチドやホルモンなどの有用成分も数多く含まれている．それゆえ，従来の利用法に加えて，新規の医薬・医療品，化粧品などの開発原料として，また，食品として利用可能な有用成分を分離，抽出，濃縮した粉末状

表9.11 畜産副生物利用の概況

副生物	食品的な利用	非食品的な利用
臓器類	・調理素材(焼肉,串焼,ホルモン焼) ・レトルトパウチ食品 ・加工食品(レバーソーセージ,ペースト,ヘッドチーズ,乳幼児食品) ・燻煙製品(舌,肝臓,心臓) ・食品加工素材(ソーセージケーシング,高タンパク質粉末,タンパク質加水分解物)	・医療用品[タンパク分解酵素(膵臓,胃,腸),ホルモン剤(腎臓,膵臓,肝臓,脳下垂体),強心剤(心臓),血液凝固促進剤(肺,脾臓)など] ・飼料(肉粉末,飼料添加油脂,ミートミール) ・肥料
血液	・脱繊維血液(ブラッドソーセージ,プッディング類) ・血漿粉末(ハム,ソーセージ,製菓原料,ビール清澄剤などの食品素材) ・血球粉末(着色剤,鉄分強化剤)	・医療用品[止血剤(血液繊維),マイクロカプセル剤(血液繊維),血清アルブミン(血漿粉末),ヘモグロビン錠剤(血球粉末)] ・工業用品[接着剤,化粧品クリーム素材(血漿),脱色剤(血炭)] ・飼料[ブラッドミール(乾燥血粉)] ・肥料
骨	・骨エキス(ソース,たれ,スープなどの天然調味料素材) ・骨ペースト(ハンバーグ,ミートボールなどのレトルト食品素材) ・ゼラチン(菓子・冷凍素材,調理素材) ・骨油(マーガリン,シーズニングオイル) ・骨粉(カルシウム強化剤)	・医療用品[内服用カプセル(ゼラチン)] ・工業用品[写真用フィルム(ゼラチン),接着剤(にかわ),石けん・潤滑油(骨油),吸着剤(骨炭),細菌用培地] ・飼料(ミートボーンミール) ・肥料(骨粉) ・美術工芸品(乾燥骨)
蹄角		・工業用潤滑油(精密機械油) ・肥料(乾燥粉) ・美術工芸品
脂肪	・牛脂:タロー(マーガリン,ショートニングオイル,製菓素材) ・豚脂:ラード(タローと同様)	・工業用油脂(石けん,グリセリン,潤滑油,オレイン・ステアリンなどの脂肪酸,グリース) ・飼料(油脂添加剤,ミートミール) ・肥料(油脂類抽出残渣)

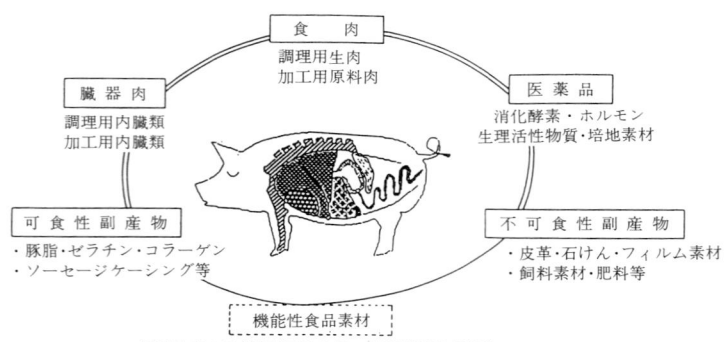

図9.15 家畜屠体の利用性

食肉
　調理用生肉
　加工用原料肉

臓器肉
　調理用内臓類
　加工用内臓類

医薬品
　消化酵素・ホルモン
　生理活性物質・培地素材

可食性副産物
・豚脂・ゼラチン・コラーゲン
・ソーセージケーシング等

不可食性副産物
・皮革・石けん・フィルム素材
・飼料素材・肥料等

機能性食品素材
・新規健康食品(特別用途食品,体調調節食品等)
・栄養強化・補給素材(高ビタミン・高ミネラル食品素材等)
・新規食品加工素材(乳化,ゲル化剤,増量,結着剤等)

の新規食品素材(保水・結着剤, 乳化剤, ゲル化剤, 増量剤, 高ミネラル添加剤), 体調調節食品などの機能性食品の開発原料としても利用しうる潜在性に富んだ産物である.

[矢野幸男]

文　献

1) 天野慶之ら編：食肉加工ハンドブック, 光琳 (1980)
2) 杉田浩一ら編：新編日本食品事典, p.255, 医歯薬出版 (1994)
3) 春田三佐夫ら監訳：食肉微生物学, 建帛社 (1987)
4) 河端俊治, 春田三佐夫編：HACCP これからの食品工場の自主衛生管理, 中央法規出版 (1992)

9.3 卵　製　品

a. はじめに

卵製品について述べる前に, はじめに殻付卵の構造について簡単に説明する. 図9.16に示すように外側から卵殻, 卵白, 卵黄の三つに大別される. クチクラは卵殻の外側を薄い膜状に覆っている. 主にオボムチンとよばれる糖タンパク質よりなり, 卵殻に無数に存在する気孔をふさぐ役目をしている. 微生物の通過は妨げるが, ガスや水蒸気などの通過は許す. その内側にある卵殻は主に炭酸カルシウムよりなり, 卵内容物を保護している. 厚さは0.2から0.35mmであるが, 鶏の品種, 月齢, 季節, 飼料などによって異なる. 卵には殻の色が白いふつうの卵と, 褐色の茶玉, 赤玉といわれるものがあるが, 後者の殻にはオーロダイン, プロトポルフィリンといった色素が含まれており, 鶏の品種によって異なる.

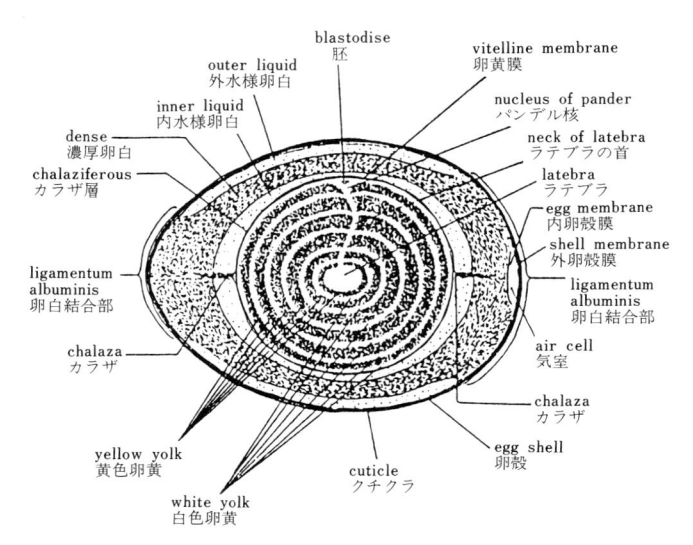

図9.16　鶏卵の構造[1]

卵殻の内側には内外2層の卵殻膜があり，2枚合計で0.05〜0.09mmであり，ケラチンの芯と糖タンパク質の覆いでできた繊維よりなる．この膜も微生物の卵内部への侵入をある程度防いでいる．卵の鈍端部には気室があるが，これは産卵後卵が冷えると卵内容物が収縮して卵殻と卵殻膜の間にできるものである．産卵後日数を経ると気室は徐々に大きくなってくる．卵白は卵殻膜の内側にあり，均一なものではなく4層になっており，外水様卵白，濃厚卵白，内水様卵白，カラザ層などからなるが，濃厚卵白が約57%を占める．カラザは卵黄が卵の中心部にくるよう支える役目をしている．

卵黄は外側を卵黄膜で包まれ，中心部にはラテブラが存在し，これは加熱しても完全には凝固しない．卵黄も均一なものではなく，黄色の濃い黄色卵黄と色の薄い白色卵黄が交互に層をなし，通常は6層になっている．卵の構造についてはRomanoffら[2]，Stadelman[3]あるいは佐藤ら[4]が詳述しているので参考にされたい．

卵製品という語は肉製品，乳製品などに比し聞き慣れない語である．卵製品は加工卵ともいわれ，殻付卵の中身，すなわち卵黄と卵白を取り出して，それを凍結，チルド，あるいは乾燥などのかたちにして，食品製造の原料として業務用に販売されているものをいう．わが国の鶏卵生産量約250万トンのうち，約20%すなわち約50万トンがこのようなかたちに一次加工されてから最終製品へと加工されている．近年このような卵製品は伸びつつあるが，その理由は①割卵，分離などの手間を省き本来の業務に専念できる，②卵殻など廃棄物の問題がない，③相場の変動に対応できる，④保管，使用の方法が簡便，⑤目的に応じて卵白のみ，卵黄のみといった購入が可能，⑥自工場で割卵を行うよりも衛生的，⑦割卵の人件費によるコストアップを防ぐ，といったことがあげられる．

わが国では現在，乾燥卵は価格の関係上わずかしか製造されず，もっぱら輸入に頼っており，チルドのかたちの液卵あるいは凍結した凍結卵が大半である．製造は，マヨネーズなどの最終製品をつくっているメーカーがその設備や技術を使って生産する場合と，養鶏場あるいはGPセンター(殻付卵の洗浄，検査，重量仕分け，包装などを行う工場)の一部で行う場合，あるいは近年最終製品をつくらない割卵専門の工場などによっても行われる．

卵製品はそのままでは人の口に入らない粗原料的なものであり，一方殻付卵を使って卵焼きや卵豆腐などの最終製品をつくっている工場もある．ここではこのような最終製品は卵製品として扱わず，卵または卵製品を利用した最終製品として扱う．

b．卵製品の製造

卵製品の製造工程の概略の一例を図9.17に示す．これは割卵，分離を行い，チルド，および凍結品などをつくっている工場の例である．

1) 原 料 卵

割卵専門工場では通常，契約した養鶏場から無洗の重量選別してない殻付卵を購入して原料にする．重度汚卵や破卵などははねられている．養鶏場やGPセンターでは，一般市場へ出せないが，食用として差し支えのない卵，すなわち軽度の破卵，汚卵なども使う例が多い．1993年(平成5)8月厚生省から出された衛生指導要領によれば，液卵に使

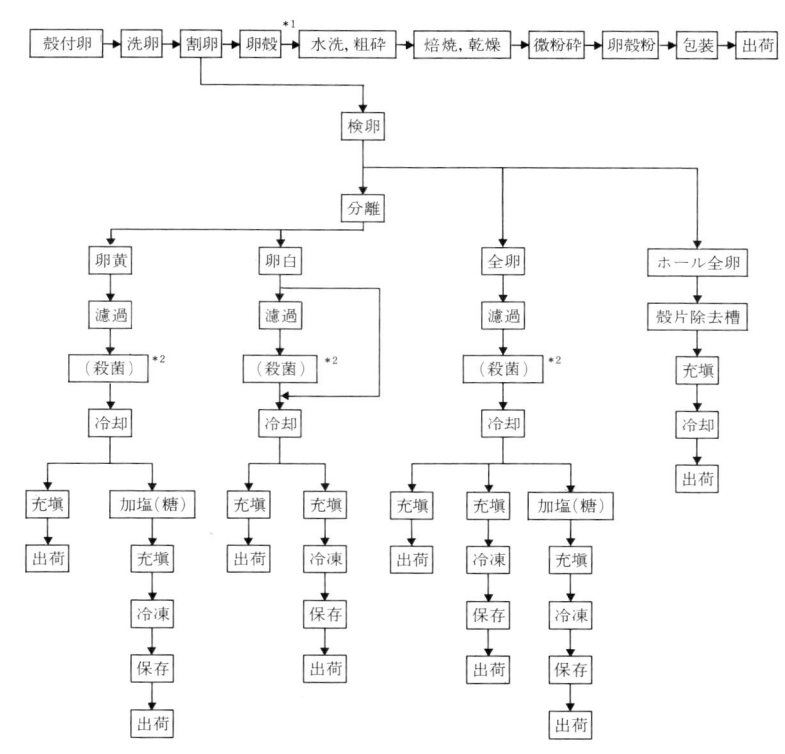

図9.17 液卵・凍結卵製造工程フローシート

注 *1 小さな工場では卵殻は地方自治体の廃棄物処理に委託.
　　*2 殺菌品と無殺菌品がある.
資料:今井忠平,栗原健志:畜産新時代,**25**,11-18(1993)

用できない食用不適卵は,各種腐敗卵,かび卵,重度血玉,内容物の漏出した破卵,孵化中死卵,異物(寄生虫など)混入卵などである.

　無殺菌の液卵に使用できるのは新鮮な正常卵だけであり,軽度の欠陥卵は殺菌物にしなければならない.また正常卵でも鮮度の落ちたものは殺菌物に向けなければならない.生まれた直後の卵の中身はほぼ無菌的であるが,卵殻表面の菌が殻の気孔や亀裂を通って卵内に侵入し,卵内で増殖する結果,古くなった卵にはときとして膨大な菌数を有するものが出る.とくにこれは卵を洗浄する過程において起こりやすい.したがって正常卵といえども,長く室温に置くことはできない.とくに洗卵したものではなるべく早く割卵する必要がある.表9.12に無洗の卵と洗浄済みの卵を室温に置いた場合の有菌卵や腐敗卵の発生率を示すが,無洗のほうが細菌的によいことが知られる.

　割卵工場に入荷した原料卵は区切られた貯卵室に置くが,長時間置く場合は8℃以下の冷蔵室に置かねばならない.またひび卵,軽度破卵,汚卵は当日処理するもの以外は8℃以下に置き,72時間以内に割る必要がある.

表9.12 卵の中身の細菌数に及ぼす洗卵の影響[*1]

保存日数	洗 卵 済 み		無 洗 卵	
	有菌卵率	細菌数/gの範囲	有菌卵率	細菌数/gの範囲
0	0(0)[*2]/100		0(0)/100	
7	0(0)/100		0(0)/100	
14	0(0)/100		0(0)/100	
21	1(0)/100	4.5×10^7	0(0)/100	
28	6(6)/100	$3.0 \times 10^8 \sim 5.0 \times 10^9$	3(1)/100	$4.5 \times 10^3 \sim 4.7 \times 10^9$
42	13(6)/100	$6.5 \times 10^2 \sim 6.5 \times 10^9$	3(0)/100	$2.0 \times 10^2 \sim 1.0 \times 10^3$

注 [*1] 8月11日より保存開始.
 [*2] 分母は供試検体数,分子は有菌卵の数,( )内の数値は腐敗卵の数を示す.
資料:鈴木 昭ら:食衛誌, **20**, 247-256 (1979)

2) 割卵,濾過

　液卵,凍結卵の製造はまず洗卵から始まる.きれいな卵の場合には必ずしも洗卵する必要はないが,汚卵は必ず洗うことになっている.洗卵する場合には,洗浄水とともにブラッシングし,その後150ppm以上の次亜塩素酸ナトリウムを噴霧する.洗浄水の温度は卵の品温よりも5℃以上高くして,卵内への侵入を防ぐ.

　割卵機には種々のタイプのものがあるが,近年は毎分600個とか750個といった高速のものも出てきている.図9.18および図9.19に近年の割卵機の例を示す.割卵機のオペレーターは,もし食用不適卵が割られたような場合,ただちに機械を止めて除去し,

図9.18　わが国の高速自動割卵機

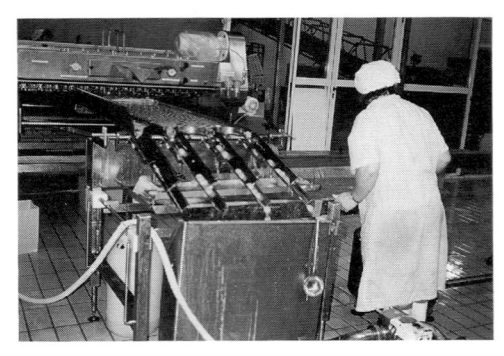

図9.19　ヨーロッパの高速自動割卵機

その卵が触れたナイフやカップを洗浄消毒する．卵黄と卵白に分ける場合には，割卵機に付属している分離カップあるいは分離溝によって行う．割卵機から出た全卵，卵黄，卵白などは，ただちにストレーナー（ふるいの一種）によって濾過され，卵殻小片，カラザ，卵黄膜などを除去するとともに，均一化しやすくする．

割卵後の液卵中では細菌の繁殖が速いため，できるだけ早く8℃以下に冷却する．これはプレートタイプの熱交換機によって迅速に行うことができる．冷却された液卵はチリングタンク中で殺菌あるいは充填まで置かれる．

3) 殺　　菌

液卵の殺菌とは卵タンパクが熱変性しないような温度と時間の組合わせの範囲で液卵を加熱するものである．殺菌効果のいくつかの例を表9.13に示す．このように殺菌といっても条件は比較的ゆるく，サルモネラや大腸菌群を殺す程度のものであって，耐熱性の菌は生き残る．したがって殺菌済み液卵といっても常温流通は無理で，冷蔵や凍結で流通させなければならない．殺菌後ただちに液卵は付属するプレートクーラーによって，8℃以下（一般には5℃以下）に冷やされる．

表9.13 液全卵の殺菌効果の例[*5)]

微生物名	微生物数/ml	
	殺菌前	殺菌後
Streptococcus faecalis	2.8×10^6	3.1×10^5
Streptococcus faecium	3.2×10^6	4.2×10^3
Escherichia coli	2.7×10^6	<10
Pseudomonas fluorescens	5.2×10^5	<10
Salmonella thompson	4.1×10^2	<0.1
Lactobacillus brevis	6.2×10^5	<10
Hansenula anomala	5.0×10^4	<10
Bacillus subtilis	5.5×10^5	4.0×10^5

注　＊殺菌条件はいずれも60℃，3.5分．

殺菌機にはプレートヒーターとホールディングチューブよりなる連続式のものと，二重ジャケットとゆるい撹拌機のついたタンク型のバッチ式のものがある．いずれも自動温度調節装置がついている．図9.20および図9.21は殺菌機の例を示す．

4) 加塩，加糖

液卵に食塩（通常12％以下）や砂糖（通常50％以下）を加えることはよく行われている．卵黄や全卵ではそのまま凍結すると，凍結によりタンパクが不可逆性の凍結変性を起こし，使いものにならなくなる．加塩や加糖によりこの凍結変性が防げる．加塩や加糖は殺菌の前に行う場合と殺菌の後に行う場合がある．殺菌後に行う場合には殺菌条件は変える必要はないが，その後の二次汚染に気をつける必要がある．殺菌前に行う場合には二次汚染の心配はないが，殺菌条件を若干上げる必要がある．これは加塩や加糖によって，菌の耐熱性が若干上がるからである．しかし加塩や加糖によって卵タンパクの熱変性する温度も若干上がるので，高い温度をかけても差し支えない．

5) 充　　填

殺菌し冷却されてチリングタンクに入れられた液卵は容器に充填される．無殺菌品では殺菌工程が省略されている．液卵の充填はチリングタンクからポンプで充填機へ送り

図 9.20　連続式液卵殺菌機　　　　　　図 9.21　バッチ式液卵殺菌機

容器に充塡される．容器には 1～2 kg 容の紙パック，10 kg 容のプラスチック製の通い角型容器，16 kg のブリキ缶などから 1 トン容ステンレスコンテナ，あるいは 10 トン容のタンクローリーまである．紙パック，ブリキ缶などは通常凍結品に用いられる．ヨーロッパでは機械的な解凍機がある関係上，15 kg 容程度の凍結品にも段ボールが使われている．ヨーロッパではタンクローリーの場合，容量が大きい関係上輸送途中の温度上昇は小さく，また車のスピードも速く交通渋滞もなく，高速料金もいらないため，1,500 km くらいの距離でもチルドで行われており，その輸送時間は 10 時間程度であるという．わが国では交通事情からチルドではあまり長い距離は配送できないであろう．

6) 出　　荷

凍結品では充塡後 −30℃ 程度の急速凍結室に入れて，24 時間ほど冷やす．これにより中心温度は −30℃ まで下がることはないが，一応凍って細菌が増殖しない温度にまでなる．その後通常の −18℃ 程度の冷凍室に移して出荷まで置かれる．チルド品では 8℃ 以下の冷蔵室に置いて出荷を待つ．チルド品の使用期限は無殺菌品と殺菌品では若干の差があり，後者のほうが少し長い．それは，殺菌によって全般的な細菌数が減るとともに，とくに低温性のグラム陰性細菌が殺菌によって死んでいるからである．

c．卵製品の機能特性

卵は他の食品と同じように，栄養価が高い，好ましい風味や色調を有する，価格が安いといった意味で使用される部分もあるが，卵だけにある特別な性質によってさらにその利用範囲が広まっている．それは①起泡性，②乳化性，③熱凝固性の三つである．

1) 起　泡　性

これは卵白に強く全卵にもいくらかはある．この性質は主に製菓，製パンなどに使われている．卵白中に卵黄の混入があると起泡性は弱まるので，新鮮な原料卵を使って卵黄混入量を下げる必要がある．また殺菌によっても下がりやすいので，殺菌前の初菌数が少なくなるよう，できるだけ新鮮な原料卵を使い，殺菌条件をゆるくする必要がある．

全卵では60℃，3.5分程度の殺菌では起泡性はそう大きく影響されず，むしろ凍結によって低下しやすい．

2) 乳化性

これは，水と油のような元来混じり合わない二つの液体を混じり合うようにする性質である．この性質は主として卵黄がもっており，マヨネーズ，ドレッシングなどに利用されている．全卵にもこの性質はかなりあるが，卵白は皆無ではないにしろ，非常に少ない．卵黄の殺菌によってこの性質は低下しないが，凍結によって大きく低下する．したがって，卵黄を凍結する場合には，加塩や加糖を行って乳化性の低下を抑える必要がある．

3) 熱凝固性

卵は常温では液状で，加熱すると固まるという性質がある．これは他の動物性食品にはみられない性質であって，この性質が卵の用途を多彩にしている．卵は生での利用法もわが国では多いが，ゆで卵，卵焼，茶碗蒸，卵豆腐，目玉焼，スクランブルエッグ，プリンなど，卵の熱凝固性を利用した料理法は多い．卵を主原料にしたこのような料理のほかに，卵白を添加物的に少量入れることによって，その製品のこしを強くする，保水性を上げるといった利用法もある．蒲鉾などの水産練製品，ハム，ソーセージなどの畜産製品，麺類などにこの性質は利用されている．

d. 卵製品の最終加工（利用）

卵製品の最終利用例を表9.14に示す．その利用の理由は前項に述べたとおりである．その用途は殻付卵の場合とほぼ同じであるが，液卵ではできないものもある．たとえばゆで卵，目玉焼，生卵のような個々の卵が要求されるようなものには使えない．

したがって街の食堂などでの用途は少なく，どうしても大量の卵を使って工業的に製品をつくるところで使われることになる．

表9.14 鶏卵一次加工品の用途[5]

		食品用	工業用	医薬化粧品	その他
全卵 卵黄		ビスケット，クッキー，ドーナツ，カスタード，ヌードル，卵飲料，卵酒，アイスクリーム，マカロニ，ケーキミックス，スパゲッティ，プディング，パイ，卵焼，茶碗蒸，卵豆腐，マヨネーズ，サラダドレッシング，オムレツ	皮革光沢剤	レシチン 洗剤 シャンプー	
卵白		ビスケット，クッキー，ケーキ，キャンディー，卵飲料，アイスクリーム，ケーキミックス，プディング，卵焼，茶碗蒸，水産練製品，ハム，ソーセージ，マシュマロ，淡雪，清澄剤，畜肉製品	捺染，写真転画紙，皮革光沢剤	リゾチーム 洗剤 シャンプー パック	
卵殻		強化剤，品質改良剤			飼料，肥料

e. 卵製品の衛生，とくにサルモネラ対策

卵製品の衛生では，化学的なものは抗生物質，合成抗菌剤などがあげられる．これらは飼料安全法によって規制され，比較的問題は少ない．残留農薬などの問題も比較的小さい．もっとも問題になるのは細菌的な問題である．卵は鶏の排泄腔を通って出てくる

関係上，殻表面には糞便由来の細菌が付着している．それが殻の気孔や亀裂を通って卵内に侵入し，中で増殖することがしばしばある．通常の細菌であれば大きな菌数にまで増殖しなければ，とくに大きな問題はないが，サルモネラ，大腸菌群などは小さな数であっても問題にされる．とくに近年わが国においても，卵のサルモネラの問題が大きくクローズアップされてきた．

1) 卵のサルモネラ問題の現況

サルモネラによる食中毒はいまに始まったことでなく，従来からあったことである．年間70〜100件，患者数にして3,000〜4,000人というのがこれまでの例であり，腸炎ビブリオ，黄色ブドウ球菌に次いで3位というのが常であった．それが1989年に至って突如異変を生じてきた．

1989年には黄色ブドウ球菌を抜いて2位に上がり，その後も衰えることなくふえ続け，1992年にはついに件数，患者数とも腸炎ビブリオをも抜いて第1位に躍り出た．この現象はわが国に限ったことではなく，欧米ではわが国より数年早く起こっており，いまや世界的な趨勢になっている．

わが国の旧前のサルモネラ中毒は肉類によるものが多かったのであるが，それが近年では卵を含む食品によるものが急増している．また食中毒を起こすサルモネラも旧前は *Salmonella typhimurium* によるものが多かったが，それが近年では *S. enteritidis* (SE) によるものが激増している．この原因についてはまだ未知な部分が多く，外国から輸入された雛によるともいわれているが，必ずしもそればかりとはいえない部分もある．図9.22は近年のわが国の主要3食中毒菌による患者数を示す．1993年における低減は，同年の異常な冷夏に影響されたと思われる．

従来の鶏卵へのサルモネラ汚染が，殻表面に鶏糞などとともについたサルモネラが，気孔や亀裂を通って卵内に侵入し，そこで増殖するというかたち（on egg型汚染）であ

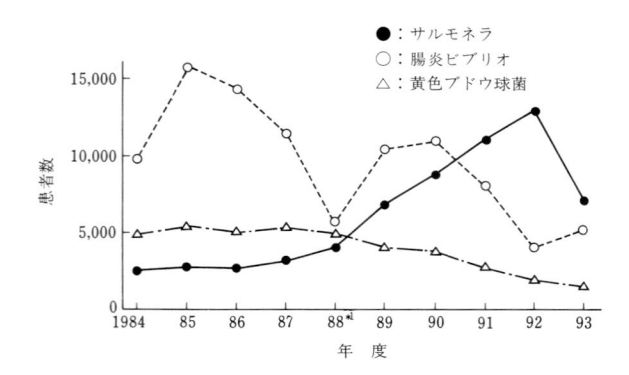

図9.22 わが国における主要3食中毒菌による年度別患者数

注 ＊1件で約1万人の患者の出た中毒事件があったので，グラフではその分を引いた数で示した．

資料：今井忠平ら：ニューフードインダストリー，**35** (1)，81-89 (1993) に追補．

ったのに対し，近年の SE は鶏の胎内で卵の形成時にすでに卵内容物を汚染する(in egg 型汚染)ものがあるという．生まれながらに SE に汚染されているといっても，そのような卵の比率はきわめて低く，数千個に1個程度と報告されている．また汚染を受けているといっても，卵が新鮮なうちは菌数的に非常に低く，生で食べても問題になるような数ではない．

しかし汚染卵を常温に長く置いてから生で食べたような場合，あるいは汚染卵を使ってあまりよく加熱しない食品（料理）をつくって，常温に置いてから食べたような場合には，食中毒を起こす可能性が十分にある．とくに後者の場合，集団中毒のかたちになりやすい．

2) 卵製品とサルモネラ

卵製品とくに無殺菌の液卵のサルモネラ陽性率を調べた結果が近年よく報告されている．時期，場所，製品の種類などによる若干の差異はあるが，平均十数 % とされている．一方，殻付卵の中身のサルモネラ陽性率はわが国では調査例が少ないが，数千個に1個程度と報告されている．これは殻付卵の場合，卵1個を1検体として % を計算するのに対し，卵の中身数万個を混ぜた液卵では，均一化されたものを1検体としていることによる．液卵で数 % ないし十数 % の陽性率のとき，殻付卵では 0.03% であったという報告もある．

このような状況から，とかく液卵が悪者扱いされるケースが多いが，液卵を原因とするサルモネラ中毒は，皆無とはいえないまでも比較的少なく，大方は殻付卵を原因とするものである．すなわち，液卵を使う食品メーカーでは，多くの場合最終製品に対して衛生面の注意を払っているために問題が少なく，サルモネラ食中毒を起こしている原因施設の多くは，飲食店，旅館，仕出し屋，給食施設など殻付卵を多量に使用しているところである．

3) サルモネラ中毒防止対策

近年の SE による食中毒を防ぐ根本的対策は，生きている鶏から本菌を駆逐することにあるのはいうまでもない．しかし欧米の政府機関，大学，民間をあげての長年の取組みにもかかわらず，いまだに鶏からの本菌駆除はできていないようである．鶏の腸内の菌叢を SE を排除するようなものにする菌製剤，あるいはその菌叢を助長するような糖類の使用，感染鶏の屠殺，鶏舎の洗浄消毒，ネズミ，昆虫などの駆除，サルモネラ陰性の餌の使用などが叫ばれているが，それぞれ効果があったとの報告は聞くものの，完全にサルモネラを駆除できたということは聞いていない．

したがって現状では，鶏卵にはサルモネラがいる可能性があるという前提のもとに，それでも食中毒を起こさないようにする注意が必要になる．具体的には次項の厚生省の指導指針で述べるが，食品の調理加工，保存などに関連するサルモネラの性質を知るということは大切なことである．以下，卵を使った料理や加工品に関係あるサルモネラの性質のいくつかを述べる．

まず殻付卵の内部における増殖速度であるが，21°C 以下においては比較的遅いが，それ以上になると増殖速度は速まる．10°C 以下では非常に遅く，5°C 以下では増殖しない．表 9.15 に示すように液全卵，液卵黄中では 25°C では非常に速く増殖し，10°C では遅い

表9.15 各種液卵中における SE の消長*

液卵の種類	保存温度(℃)	保存時間					
		0	6	24	48	72	144
全卵	25	3.8×10^4	2.5×10^5	1.7×10^9	9.6×10^9		
	10			2.9×10^4	2.5×10^4	1.9×10^5	2.1×10^5
	5				1.4×10^4	2.1×10^4	1.9×10^3
卵黄	25	3.4×10^4	5.0×10^5	2.3×10^9	1.4×10^{10}		
	10			5.3×10^4	3.2×10^4	1.8×10^5	1.4×10^6
	5				7.0×10^3	7.0×10^3	2.2×10^3
卵白	25	3.9×10^4	8.3×10^4	1.5×10^5	2.9×10^6	1.0×10^7	1.1×10^7
	10			3.7×10^4	2.2×10^4	1.2×10^4	1.0×10^3
	5				7.0×10^3	6.8×10^3	6.0×10^2

注 *数値は液卵 1 ml 当たりの SE 数.
資料:今井忠平,中丸悦子:油脂,**43** (3), 63-71 (1990)

が増殖し,5℃ ではまったく増殖しない.液卵白中では,pH,すなわち卵の鮮度によって若干の差はあるが,全卵,卵黄に比して増殖しにくい.増殖可能 pH 域は 10 以下 4.75 以上であるが,これは酸やアルカリの種類,緩衝物質の有無などによって異なるので,注意を要する.増殖可能な水分活性域は 0.95 以上であり,これは液体培地に食塩で 8%,砂糖で 40% 加えたものに相当する.

死滅温度と時間は,表9.16 に種々のファージ型の SE の液卵中における D 値(ある温度で菌数を 1/10 に減らすに要する時間.分または秒で示す)を示すが,液全卵中で 60℃,3.5分の殺菌を行えば,事実上死ぬと考えられる.卵黄でもほぼこれと同じでよく,卵白では 55.5℃,3.5 分の加熱でよいとされている.これら液卵に砂糖や食塩が入った場合には,サルモネラの耐熱性が増すので,若干殺菌温度を上げる必要がある.しかし砂糖や食塩が入ると卵タンパクの凝固温度も上がるので,高い温度での殺菌も可能となる.乾いた食品中などではかなり温度を上げるか,時間を延ばさないと死なない.個々の料理や食品ごとにサルモネラの死滅条件は試験したほうがよい.厚生省は 68℃,3.5分以上の熱が中心部にかかることを推奨している.

マヨネーズのような酸性食品中ではサルモネラは死滅の方向に向かうが,配合や保管温度により死滅速度は異なり,またいったんサラダなどにされると急速に増殖するので注意が肝要である.

表9.16 各液卵中におけるファージ型の異なる SE の D 値*(分)

液卵の種類	温度	ファージ型					
		1	3	4	5	8	34
全卵	D_{60}	0.43	0.44	0.55	0.43	0.44	0.43
	D_{58}	1.08	1.11	1.08	1.24	1.28	1.26
卵白	$D_{55.5}$	0.80	0.87	0.73	0.57	0.86	0.70
	D_{54}	1.74	1.78	1.24	1.49	1.50	1.78
卵黄	D_{60}	0.78	0.80	0.60	0.56	0.60	0.55
	D_{58}	1.13	1.27	1.27	1.52	1.60	1.15

注 *計算は達温時の菌数の対数と,もっとも短い殺菌時間のものの菌数の対数から行った.
資料:今井忠平ら:ニューフードインダストリー:**35** (3), 33-43(1993)

f. 卵製品の製造およびその使用に対する厚生省の衛生指導要領

わが国における近年のSE食中毒の多発から,厚生省では1991年秋,学識経験者からなる対策委員会を設け,その調査,研究の結果に基づき,1993年8月に液卵製造工場や液卵を使用する業者に対する衛生指導要領[6]を各自治体宛に通知した.厚生省では同時に,殻付卵を処理するGPセンターに対する指導要領も検討したが,実際には検討の段階で終わり,自治体への通知には至っていない.

厚生省の通知の全文を掲載することは長くなりすぎるので,表9.17にその概略を示す.

なお,液卵の製造工場に加え,液卵を使う側にも衛生上の注意が与えられている.

（1） 購入時衛生上の観点から,品質,鮮度,表示を検収,殺菌・無殺菌の別,納入業者,製造者,搬入日時,搬入量を記録する.
（2） 8°C以下（凍結品は－18°C以下）で保管する.
（3） 凍結卵の解凍は,飲料適の流水中,または10°C以下の低温室内で行う（加塩・加糖品は例外）.
（4） 最終食品（料理）の調理,加工の段階で,十分な加熱（例：68°C,3.5分）を行う.もし十分な加熱を行わない場合は,加熱殺菌済みの液卵を用いる.
（5） 卵焼など加熱した卵加工品は,細菌数$<10^5$/g, *E. coli* 陰性,サルモネラ陰性であること.

表9.17 厚生省通知による卵液製造上の注意(主要部分)[6]

(1)	原料卵は食用不適卵を含まない新鮮なものであること.
(2)	原料卵は正常卵,破卵,汚卵,軟卵に分けられていること.
(3)	原料卵運搬用容器の清浄化.
(4)	原料卵の保存は清潔な冷暗所でネズミ,昆虫の入らないところで,かつ他の設備と区別されたところで行う.
(5)	破卵,汚卵,軟卵は搬入後24時間以内に割卵するか,8°C以下で保存し,72時間以内に割卵して加熱殺菌する.
(6)	正常卵を長時間保存する場合は,8°C以下で保存し,できるだけ早く割卵する.
(7)	汚卵は必ず洗卵してから割る.
(8)	洗浄水の温度は30°C以下で,かつ卵の品温より5°C以上高いこと.
(9)	汚卵は専用の洗卵機で洗うか,手洗浄で洗う.洗浄後は150 ppm以上の次亜塩素酸ソーダに浸すか,スプレーして乾燥後割卵する.
(10)	洗卵後のすすぎを行う場合は150 ppm以上の次亜塩素酸ソーダで行う.すすぎを行った後乾燥させて割卵する.
(11)	誤って食用不適卵を割った場合は,ただちに当該卵を除去するとともに,接触した部分を洗浄,消毒,乾燥する.
(12)	割卵専用の機械を用い,洗濯機様または圧潰式は用いない.
(13)	液卵はすみやかに8°C以下に冷却する.
(14)	殺菌前の液卵を2時間以上置く場合は,表9.18の基準に従う.
(15)	液卵は原則として殺菌し,殺菌条件は表9.19を参考にする.
(16)	殺菌後はただちに8°C以下に冷却する.
(17)	殺菌冷却後二次汚染を避けて充塡する.
(18)	無殺菌品はやむをえない場合に限る.その場合,原料卵は新鮮な正常卵に限る.破卵,汚卵,軟卵は使用不可.
(19)	無殺菌品はあらかじめ登録された特定ユーザーの注文量に限り生産すること.表示や使用期限も殺菌品とは異なる.

表 9.18 液卵の守るべき貯蔵温度条件[6]

製品	割卵後 2 時間以内に下げるべき液卵の温度			殺菌後 2 時間以内に下げるべき温度
	8 時間以内貯蔵される液卵(加塩物以外)	8 時間をこえて貯蔵される液卵(加塩物以外)	加塩液卵	
卵白(脱糖されないもの)	12.8℃ 以下	7.2℃ 以下		7.2℃ 以下
卵白(脱糖されるもの)	21.0℃ 以下	12.8℃ 以下		12.8℃ 以下
他の液卵(10%以上の加塩物を除く)	7.2℃ 以下	4.4℃ 以下		8 時間以下なら 7.2℃ 以下, 8 時間以上なら 4.4℃ 以下
10% 以上の加塩液卵			30 時間以下なら 18.3℃ 以下, 30 時間以上なら 7.2℃ 以下	

注 脱糖とは乾燥卵をつくる前に行う前処理の一種. 液卵や凍結卵では無関係.

表 9.19 厚生省による液卵の殺菌条件例[6]

液卵の種類		連続式	バッチ式
プレーン液卵	全 卵	60.0℃, 3.5 分	58.0℃, 10 分
	卵 黄	60.0℃, 3.5 分	58.0℃, 10 分
	卵 白	55.0〜56.0℃, 3.5 分	54.0℃, 10 分
加塩または加糖液卵	10% 加塩卵黄	63.5℃, 3.5 分	
	10% 加糖卵黄	63.0℃, 3.5 分	
	20% 加糖卵黄	65.0℃, 3.5 分	
	30% 加糖卵黄	68.0℃, 3.5 分	
	20% 加糖全卵	64.0℃, 3.5 分	

（6） 最終製品はロットごとに 1 検体を 10℃ 以下に保管.
（7） 二次汚染に気をつけること.

わが国の現状ではこれらの基準を満たしている工場は少ないものと思われ，とくに貯卵室 (8℃ 以下) の設置，洗卵機の改造，殺菌機の増設，冷却装置の導入など設備投資を要するものも多い．また原料殻付卵の購入システム，ユーザーに対する殺菌品への切替えの交渉など，いますぐの対応は難しい部分も多い．

しかし，せっかくここまで伸びてきた液卵の信用を維持し，今後の発展を望むならば，数年かかってもこのレベルにまでもっていく必要がある．欧米では以前から卵製品は殺菌が義務づけられており，SE 騒ぎが起きても，殻付卵では影響が出ているが，卵製品はまったく影響を受けず，かえって安全な製品であるということで，この数年むしろ大きく伸びてきている．

g. おわりに

わが国における卵製品の歴史は比較的浅く，技術的にも欧米に比して劣っている部分が多い．その最大の点はいまだに無殺菌品が流通していることであろう．これまではそれでもさほど大きな問題はなかったが，近年の SE 問題から，無殺菌品では安全を維持することが難しくなってきている．確かに最終製品（料理）をつくる過程で十分な熱をか

ければ，サルモネラは死ぬであろうが，二次汚染の問題，さらにはサルモネラ陽性の製品が業務用のルートのみかもしれないが流通していること，および国際的なバランスなどからみれば，近い将来殺菌を義務づけるべきであろう． ［今井忠平］

文　献

1) 今井忠平，南羽悦悟編著：タマゴの知識, 31-36, 幸書房 (1989)
2) Romanoff, A. L., Romanoff, A. J.: The Avian Egg, 112-173, John Willy & Sons, Inc. (1949)
3) Stadelman, W. J.: Egg Science and Technology (Sadelman, W. J., Cotterill, O. J. eds.), 29-40, AVI Publ. Co. Inc. (1977)
4) 佐藤　泰ら：卵の調理と健康と科学, p. 82-86, 弘学出版 (1989)
5) 今井忠平編著：鶏卵の知識, 食品化学新聞社 (1983)
6) 厚生省：液卵製造施設等の衛生指導要領, 厚生省生活衛生局, 衛食第 116 号, 衛乳第 160 号(1993)

9.4　皮　毛　製　品

a．羊　　毛
1)　原料毛の性状

羊毛は重要な動物性繊維原料であり，原料毛の品質，性状が羊毛製品に与える影響は大きい．品種別，産地別，用途別など種々の方法で分類されるが，羊毛の品質決定上の重要な特性，繊維の太さ（繊度）および長さ（繊維長）に主眼をおいて，メリノー羊毛，英国羊毛，雑種羊毛，カーペット羊毛に大別される．数多い羊の品種を短毛種，中毛種，長毛種に分けることがあるが，繊維長は長いほどよいというものではなく，製品用途，紡績工程に応じる長さがよい．

羊から刈り取った原毛は 1 頭分をまとめるが，これをフリース (fleece) という．フリースの中でも部位により品質が異なるから，品質の劣った部分を取り除き，繊維の太さ，長さをできるだけそろえ，フリース単位に格付してグループに仕分ける．フリースのグループ化の基準は品種，性別，肉眼観察による羊毛の状態，繊維の太さ・長さなどで，この品質標準を羊毛のタイプという．

羊毛の構造と成分の理解は利用上重要である．羊は羊毛 (wool), 粗毛 (hair), ケンプ (kemp) の三つのタイプの毛を産生する．ケンプは直径 100 μm 以上，格子状の大きな髄質を有し，羊毛は直径 15～40 μm で，細い毛では髄質を欠き，粗毛は中間の直径で断続的な髄質を有す．羊毛採取を目的とした品種は均一な細い羊毛が得られるように改良されている．毛の構造は毛小皮，毛皮質，毛髄質の三つに分けられる．毛小皮は毛の最外層を形成し，うろこ状の細胞が竹の子の皮のように重なり合っている．毛小皮の細胞の大きさ，形状，重なりの枚数などは動物の種類で異なり，種の特徴を示す．メリノー羊毛では毛小皮は重量比で全体の約 10% を占め，1 枚の毛小皮の大きさは約 20×20 μm, たがいに 10～20% 程度重なり合っている．毛小皮の主成分は硫黄含量の多いケラチンである．毛皮質は繊維軸方向に細長く伸びた紡錘状の細胞からなり，細胞の内部はケラチン質の多数のマクロフィブリル，非ケラチン質のマクロフィブリル間物質，核を含めた細胞質の遺物で埋められている．毛皮質は染料に対する反応性からオルソコルテ

ックス，パラコルテックスの2種類に分けられる．オルソとパラでバイラテラル構造をとると，羊毛は軸方向によじれながら波状を呈する自然の縮れ（crimp，クリンプ）を生じる．クリンプは波の頂上から次の頂上までを1個と数え，1インチ当たりの数値をクリンプ数といい，細い羊毛ほど大きい．クリンプは製品の触感や保温性に関係し，クリンプ数は羊の品種で異なる．メリノー羊毛で28～30，コリデールで14～16，リンカンで1～2のクリンプ数を示す．リンカン羊毛はバイラテラル構造をとらず，円筒状で非対称の構造を示し，クリンプ数が小さく，直毛となる．皮質細胞内にみられるマクロフィブリルは，低硫黄タンパク質を成分とするミクロフィブリルと，高硫黄タンパク質と高グリシン・チロシンタンパク質を成分とするマトリックスの集合体である．非晶性のマトリックスの中にミクロフィブリルが軸方向に埋め込まれている構造である．ミクロフィブリル自体の構造は確定されていないが，上皮細胞の中間径フィラメント，サイトケラチンの構造に似たペプチド鎖2本が2個集合して基本単位となり，これが集合してミクロフィブリルができると考えられている．マクロフィブリルの各成分は，羊毛を還元剤で処理し，ジスルフィド結合を開裂して得られる可溶化ケラチンを分画して得られる．皮質細胞間の境界に存在し，細胞どうしを接着しているのが細胞膜複合体である．これは毛小皮の細胞間，毛小皮と皮質細胞の間にも存在し，メリノー羊毛では重量比で全体の約3%を占める．この複合体は，脂質が約25%，シスチンが少なく，有機酸で抽出されるタンパク質が約30%，化学抵抗性の高いタンパク質が約45%とみられている．

2) 羊毛の紡績と加工

羊から刈り取った原毛は羊毛脂や汚物が付着している（脂付き羊毛）ので，界面活性剤などで洗浄し，水分量16～17%程度までに乾燥する（洗浄羊毛）．紡績糸を得るためには多数の工程が必要で，また原毛の繊度，繊維長に応じた機械が必要である．毛紡績は梳毛紡績と紡毛紡績に大別され，得られた製品を梳毛糸，紡毛糸という．梳毛糸は比較的長い繊維を原料とし，繊維を平行直線状に配列させ，細い糸を紡績して服地，メリヤスなどに使用される．紡毛糸は相当短い繊維まで使用し，方向をそろえずに紡績して毛羽が多く，オーバー地や毛布などの厚物地に使用される．梳毛糸の紡績工程は，洗浄，乾燥，オイリングを行った羊毛をときほぐし（carding，カージング），繊維を伸ばして平行にそろえ（gilling，ギリング），くしけずって短い繊維や挟雑物を除去し（combing，コーミング），ぐるぐる巻いてしの状に束ねて中間製品（top，トップ）をつくる．数本のトップを重ね，しのむらを少なくしながら細くし，精紡機で所定の太さとし，必要な撚りをかけると梳毛糸ができる．

羊毛の利用にあたって防縮加工，漂白処理，防虫加工などの特殊な処理を実施することがある．毛小皮は羊毛の根元から先端に向かう方向性を示すので，摩擦係数が繊維の方向により大きく異なる．これはフェルト化や防縮加工に関係する．毛糸や毛織物は洗濯などにより縮む性質を示すが，これは羊毛繊維集団中での繊維相互の絡み合いに起因する不可逆的な収縮による．毛小皮の方向性のほかに，繊維が水中では伸びやすいこと，弾性を回復していることなどにより収縮が起きる．毛小皮を改質したり，被覆して，毛小皮の方向性を低下させ，収縮を抑制する．薬品を用いる羊毛の漂白もしばしば行われる．

b. 皮　　革
1) 原料皮の性状

　原料皮として野生動物の皮が利用されることもある（ワシントン条約に注意）が，主として家畜の皮が利用される．日本では牛皮がもっとも利用され，次いで豚皮，羊皮，山羊皮である．豚皮を除き，国内需要を満たす量が生産されず，原料皮は輸入に頼っている．成牛皮，馬皮のように 25 ポンド以上ある厚く大きい，重い皮をハイド，小牛皮，羊皮のように薄く小さい，軽い皮をスキンとよぶ．牛皮は重量，性別などで，ステア，ブル，カウ，キップ，カーフなどに分類され，さらに焼印の有無も分類に採用される．羊皮，山羊皮では，シープとラム，ゴートとキッドに区別される．品種，飼養法は原料皮の構造，成分に関連するので，産地名も分類に役立つ．

　原料皮の構造と成分の理解が皮革製造には必要である．製革工程により生皮の線維構造は少し変化を受けるが，本質的な構造は保持され，皮革はその自然の線維構造を利用している．革の機械的性質や感触なども構造に関係することが多い．線維構造は動物の種の特徴を示すが，詳細には品種，年齢，性などでも異なる．また 1 枚の原料皮内でも部位による構造の差異がある．牛皮の断面模式図を図 9.23 に示す．発生学的に起源を異にする表皮と真皮は構造的にも化学成分的にも異なっている．表皮はケラチンおよびその前駆体を内部にもつ細胞の層状の集まりであり，真皮は細胞外に形成されている膠原線維（コラーゲンが主成分）の三次元の網状構造である．皮革製造ではフレッシング（fleshing）工程で皮下組織と皮筋を除去し，脱毛工程で表皮と毛を化学的，機械的に除去する．脱毛工程を経た皮は，各種の細胞が分解消失し，コラーゲン線維の交絡構造を示し，乳頭層ではエラスチン線維が残存している．表皮が剝離した乳頭層の表面を銀面（grain）と称し，銀面は細いコラーゲンフィブリルが線維を構成せずに，フィブリルどう

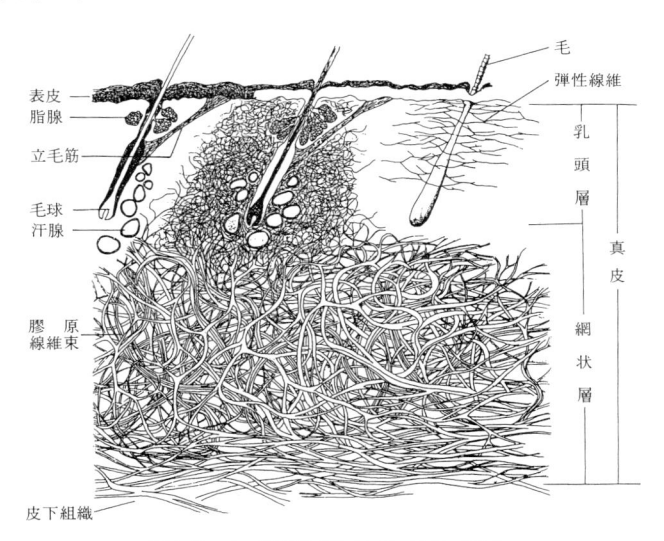

図 9.23　皮の断面模式図（上原，渋谷，1984）

しで交絡している．原料皮の損傷，あるいは製革工程の失宜などにより，このフィブリルが失われると，銀付き革としての品質は低下する．銀面の紋様は動物の種の特徴を示すが，型押しで異種動物の紋様に似せることがあるので鑑別の際は注意を要する．乳頭層はフィブリルが集束した線維の交絡構造で，網状層は弾性線維（エラスチンが主成分）を欠き，太いコラーゲンフィブリルが集束して線維を，線維が集束して線維束を構成し，線維束の交絡構造である．真皮の膠原線維の太さ，走行状況，乳頭層の厚さと網状層の厚さとの比などが動物の種類，年齢，部位で異なる．

　豚皮は毛の数が少なく，その毛は太くて長く，剛毛とよび，3本で組をなしている．剛毛が皮の全層を貫通しているので，豚革では毛孔がみられる．毛包も真皮全層に及び，毛包周囲を取り囲む弾性線維も全層に分布する．しかし，毛の数が少ないため毛包と毛包は相当離れて位置するので，毛包間には弾性線維は少ない．牛皮，羊皮，山羊皮では毛の数が多く，毛包と毛包は近接して位置し，毛包周囲の弾性線維はたがいに交絡して網状構造をとり，乳頭層の構造安定に寄与している．豚皮の線維構造は部位差が大きく，革では部位差の少ない均一性を要求されるから，製革工程に工夫が必要である．馬皮も部位差が大きく，線維構造のとくに充実しているバット部を利用した革はコードバンとして珍重される．山羊皮の構造は基本的には牛皮と同じであるが，乳頭層の弾性線維の発達がよいことを特色とする．この弾性線維の密度と走行が山羊皮の乳頭層の構造保持に大きく寄与している．羊は品種の数が多く，ヘアタイプとウールタイプに羊皮を大別する．ウールタイプの羊皮は被毛の数が多いので，乳頭層中の毛包数が多いことになる．また毛包は細く，長い．したがって，乳頭層の膠原線維の発達が悪い．脂腺は形も大きくよく発達し，弾性線維は長い毛包の上側に集中している．乳頭層と網状層のつながりが疎で，この部分に脂肪が多く沈着するので加工上注意が必要となる．

　家畜から剥いだばかりの皮は60～70％の水分を含み，残りは主にタンパク質と脂質である．糖類と無機物質の含有量は少ない．タンパク質としては，コラーゲン，エラスチン，ケラチンとよばれる水およびふつうの塩溶液に不溶で線維状の硬タンパク質，それに体液由来のアルブミン，グロブリンなどである．コラーゲンは膠原線維を構成する原料皮の主要成分で，なめし剤が結合して革となる成分である．真皮は主としてI型コラーゲンで，III型を少量含む．基底膜にはIV型が存在している．I型コラーゲンの分子は，分子量約10万の螺旋構造を有するペプチド鎖（α鎖）が3本束ねられ，さらに螺旋構造（トリプルヘリックス）をとっている．分子内には多くの水素結合が形成されて構造を安定化しており，この分子が規則的に集合し，分子内，分子間に架橋結合が形成されて不溶性が増していく．コラーゲンを熱変性すると，ヘリックス構造がこわれ，ランダムコイル状のゼラチンになり，分子量10万（α鎖），20万（β鎖），30万（γ鎖），それ以上のものが生成している．α鎖のアミノ酸組成は，グリシンが1/3を占め，プロリン，アラニン，ヒドロキシプロリンが多く，トリプトファン，シスチンを欠いている．ヒドロキシリジンが少量あり，架橋形成，糖の結合に関与する．一次構造に特徴があり，グリシンが3個目ごとにあり，その領域は$(Gly\text{-}X\text{-}Y)_n$と表せる．プロリンはX位置に，ヒドロキシプロリンはY位置にみられることが多く，両イミノ酸で全アミノ酸残基の20～25％を占める．イミノ酸の構造が螺旋構造を促進し，ヒドロキシプロリンは水素結合の形

成に関与し，その含量は熱変性温度に影響する．コラーゲンは翻訳後の修飾の多い特異なタンパク質である．エラスチンは熱水，希酸，希アルカリに安定で，高度に不溶性を示す弾性線維の主成分である．グリシンが1/3を占め，アラニン，バリン，プロリン，ロイシンが多く，デスモシン，イソデスモシンを含む．デスモシン類は4本のペプチド鎖をつなぐ架橋の役割を有する．ケラチンは表皮，毛，爪，角などを構成している不均一なタンパク質の総称で，数多いジスルフィド結合により構造を安定化させているため，高度に不溶性を示す．細胞骨格の中間径フィラメントが密に集束し，硫黄含量の多い成分が取り込まれて不溶性のケラチンになる．

　原料皮に含まれる脂質の量は家畜の栄養状態に支配されるが，一般的には豚皮で量が多く，羊皮，牛皮，山羊皮の順で少なくなる．脂腺から分泌される脂質と網状層および皮下組織に分布する中性脂肪とに区別できる．多量に中性脂肪がある原料皮は脱脂処理を必要とする．原料皮に含まれる糖質の量は少なく，皮革製造上は重要でないが，基底膜の成分であるため酵素脱毛，ベーチング工程を考えるときは重要となる．またヒアルロン酸は乳頭層に多く，デルマタン硫酸は全層に比較的均一に分布している．

　家畜から剝いだままの生皮は腐敗しやすいため防腐処理（仕立て）を施し，保存，輸送に適した状態にする．安価な方法は乾燥である（乾皮）が，水戻りが悪い．塩蔵法が一般的で，皮を広げて肉面側（皮下組織側）に固形塩を散布し積み上げていく方法と，飽和塩溶液に浸漬し塩を浸透させる方法とがある．よく仕立てられた塩蔵皮は長期の保存に耐え，水戻りがよい．しかし工場排水の塩濃度が高くなる欠点を有する．羊皮では脱毛後，酸と塩の混合液に浸漬処理することも多い（ピックル皮）．最近は，生皮の生産地でなめし処理まで実施した革も原料として扱われるようになった．脱毛後，クロムなめしを施した湿潤状態の未仕上げ革（青色を示す）をウエットブルーとよび，牛皮に多い．原料皮生産国としては塩蔵処理の省略，付加価値の増加があり，輸入国としては汚濁度の高い脱毛排水の処理を省略でき，また排水中のクロム量も削減できる．しかし製品革の多様化，工程管理などから問題もある．クロムのかわりにアルミニウムで処理する方法もある（ウエットホワイト）．

　原料皮は種々の原因で品質低下をまねく．かき傷，烙印，うじやダニの寄生，剝皮時のナイフによる傷，放血不十分（血斑），仕立ての不良（腐敗），塩に不純物の混入（塩斑）などである．

2) 製革工程

　動物皮は生皮に近い状態で用いられることもあるが，一般的にはなめし剤で処理され，革にしてから靴，手袋，カバン，ベルト，スポーツ用品などの材料として広く利用されている．製革工程は準備工程，なめし工程，仕上げ工程の三つに大別される．準備工程は原料皮から革として不要な部分，成分を除去し，線維をほぐす工程である．まず原料皮に付着，吸収されている汚物，塩などを洗浄，除去し，吸水軟化させて生皮に近い状態に戻し（水漬け），皮下結合組織を機械的に除去する（フレッシング）．水酸化カルシウム，硫化ナトリウムなどの混合液に皮を浸漬し，表皮，毛を一部分解した後，脱毛機で毛を除去する．この脱毛石灰漬け工程は，アルカリと還元剤の作用でケラチンを軟化，膨潤，分解，溶解させる工程で，還元剤を必要とする．アルカリ単独であると，ケラチ

ンのジスルフィド結合はランチオニン結合に変化し,ランチオニンは還元剤に強いため,最初にアルカリで処理した皮は脱毛しにくくなる(免疫現象).石灰漬けにより皮は膨潤し,繊維間のプロテオグリカンや脂質などが溶出,除去され,繊維がほぐれる.またコラーゲンの等電点は酸側に移行する.厚い皮は機械で2層に分割する.アンモニウム塩,有機酸などで皮からカルシウムを除去し,pHを中性付近に戻すと,皮の膨潤度が低下してもとの状態に戻る.この脱灰と同時にパンクレアチンなどの酵素剤で処理する(bating,ベーチング).なめし工程は,コラーゲンをなめし剤で処理してコラーゲンの構造を安定化する工程である.なめし剤はクロム,アルミニウムなどの鉱物性なめし剤,植物タンニン剤,合成なめし剤,アルデヒド類などで,単独あるいは複合で用いられる.なめしの主要な反応は,コラーゲンの極性基やペプチド結合の部分になめし剤が結合し,分子間に架橋結合が導入されることである.これらの反応はなめし剤の種類で異なり,耐熱性,耐水性,柔軟性などへの効果も異なる.クロムなめしでは3価の塩基性クロム塩が用いられる.この塩は単一物質ではなく,錯塩の複雑な混合物であり,その組成,安定性,膠質化の程度などがなめし作用に影響する.クロムなめしの主反応はコラーゲンのカルボキシル基へのクロムの配位結合による架橋と考えられている.植物タンニンなめしでは,タンニン分の多い植物の樹皮,芯材などから抽出,濃縮されたエキスあるいは粉末化したものが用いられる.植物タンニンは加水分解型と縮合型に分類されるが,多成分系であるためコラーゲンとの反応は複雑である.コラーゲンのペプチド結合部,側鎖へのフェノール性水酸基の水素結合,コラーゲンの塩基性基へのフェノール性水酸基あるいはカルボキシル基の静電結合などが主反応と考えられ,またタンニンの不溶化による繊維間隙への物理的沈着もある.クロムなめし革は保存性,耐熱性,柔軟性に優れ,靴の甲革,袋物・衣料用革に,植物タンニンなめし革は伸びが少なく,可塑性,耐摩耗性,吸水性に優れ,靴の底革,ベルト・カバン用革に用いられる.最近は単独なめしより複合なめしが多い.仕上げ工程は革の目的により施される作業の種類と順序が異なり,多種類の作業よりなっている.クロム銀付き革では,中和,染色,加脂,セッティング(setting out),乾燥,味入れ,ステーキング(staking),ネット張り,塗装,グレージング(glazing)などの作業が仕上げ工程に含まれる. [上原孝吉]

文　　献

1) 繊維学会編:繊維便覧,丸善(1968)
2) 日本皮革技術協会編:革および革製品用語辞典,光生館(1987)
3) 日本皮革技術協会:皮革科学(1992)

c. 毛　　皮
1) 毛皮の種類

毛皮として利用されている動物はすべて哺乳類である.その内訳は食肉類(Carnivora)がもっとも多く,次いで齧歯類(Rodentia)で,この二つのグループで毛皮全体の75%を占めている.このほかに,ウサギ類(Lagomorpha),有袋類(Maruspialia),偶蹄類(Artiodactyla)などがある.

これらのうち，現在毛皮としてよく用いられている代表的なものについて，以下に述べてみよう．

a) 食肉類 このグループは裂脚亜目 (Fissipedia), と鰭脚亜目 (Pinnipedia) の二つのグループに分けられる．裂脚亜目は陸生の食肉類でイヌ，クマ，パンダ，アライクマ，イタチ，ネコ類がこれにあたる．鰭脚亜目は海生の食肉類で，これにあたるものはアザラシ，アシカ，セイウチ類がある．裂脚亜目のうちでもイヌ科およびイタチ科に属する動物がもっとも多くの毛皮を提供している．イヌ科の毛皮動物にはアカキツネ(レッドフォックス，シルバーフォックス等)，ホッキョクキツネ(ホワイトフォックス，ブルーフォックス等)とラクーンドッグがある．イタチ科は多彩な毛皮を提供してくれる．毛皮のうちでもっとも高価なものとされるセーブル（クロテン）を含むテンの仲間や，アーミン，エゾイタチ，ジャパニーズミンクとよばれたこともある日本産イタチ，フェレット，フィシャーなど多彩である．また毛皮の王様ともいうべきミンクもこの仲間である．ミンクには野生ミンクと養殖ミンクであるミューテーションミンクがあるが，今日われわれがミンクとよんでいるものはすべてミューテーションミンクといってよい．ミューテーションミンクは毛色によってさらに80種類以上に分けられ，赤と緑を除くすべての毛色のものがあるといわれている．このほか，ラッコやカワウソもこの仲間である．鰭脚亜目のうちで毛皮に供される動物はアシカに属するオットセイとアザラシ科に属するアザラシに2大別できる．オットセイとアザラシは衣料用を含め現在も広く用いられている毛皮である．

b) 齧歯類 齧歯類に属し，毛皮を提供する動物はリス型亜目 (Sciuromorpha)，テンジクネズミ型亜目 (Caviomorpha)，ビーバー型亜目 (Castorimorpha) に3大別できる．リス型亜目にはリス，ムササビ，マーモットが属する．テンジクネズミ型亜目には高級毛皮として珍重されているチンチラがこの仲間である．ビーバー型亜目には北アメリカ齧歯類の王様といわれるビーバーがこれに属する．このほかヌートリアの毛皮も広く用いられている．その他，ネズミ科に属するマスクラットも重要な毛皮獣の一つである．

c) ウサギ類 ウサギにはカイウサギとノウサギがある．とくにカイウサギは量的にも多く，安価な大衆的毛皮として，毛皮産業界の底辺を支えている．

d) 有袋類 南北アメリカおよびオーストラリアに生存する特殊な動物で，種類は多いが，毛皮用として用いられるものは少ない．現在毛皮として市販され，目につくものはオポッサムくらいである．

e) 偶蹄類 この仲間に属する子ウシ，レイヨウ，子ヤギなども毛皮を提供しているが，何といってもヒツジが毛皮を供給する最大のものである．ヒツジは1,000種類以上のものが全世界に広く分布している．用途により，毛用種，肉用種，毛肉兼用種，毛皮用種，乳用種に分類される．毛皮用種であるカラクールラムは生産地によってその名称が異なり，旧ソ連産のものにブハラカラクール，アフガニスタン産のものはアフガンカラクールとよばれ，南西アフリカ産のものはその頭文字をとってスワカラ (South West African karakul lamb) とよばれている．

毛皮用種に限らずすべてのヒツジが毛皮の供給源となってウサギとともに毛皮業界を

支えている．

以上，現在利用されている毛皮の種類について紹介した．それらの中で毛皮動物として飼育されているものはキツネ，ラクーンドッグ，ミンク，セーブル，フェレット，ヌートリア，チンチラ，カラクールラムである．

2) 原料毛皮の性状と毛周期

哺乳類の多くは毛周期に従って換毛するため，原料毛皮の性状は剝皮時期の影響を受ける．毛周期には波型，季節型，モザイク型の三つのタイプが知られている．モザイク型では毛が不規則に抜け換わり，個々の毛はその隣接した毛とは無関係な固有の周期をもったものをいう．季節型は換毛が1年に1回ないし2回，季節的に動物の体を一定方向に横切りながら進行するもので，毛皮を提供してくれる動物の多くがこのタイプである．波型では換毛の仕方そのものは季節型と同様であるが，季節の影響を受けないもので，ラットやマウスにみられ，毛皮動物ではチンチラがこのタイプである．

動物の皮膚組織は毛周期によって大きく変化する．毛を活発に成長させている活性期(anagen)には真皮が肥厚している．しかし毛包は皮膚の肥厚以上に伸張しており，その下端は真皮を貫通し皮下組織に至る．退行期(catagen)には真皮が薄くなるとともに毛包は真皮より急激に萎縮していく．その結果，休止期(telogen)の毛包は真皮内に納まる．この時期の動物皮は真皮が薄く，色素合成も行われていないので，皮はクリーミーホワイトを呈しており，剝皮適期である．春と秋の年2回換毛する動物では，夏のコートより毛の密度が高く，真皮も薄い冬のコートの完成された休止期の毛皮をプライムとよび，もっともよいとされている．休止期と退行期における皮膚組織の相違の一端を示すために毛包群の走査電子顕微鏡写真を掲げた(図9.24)．休止期にある毛包群では毛根部の毛のすべてが円形を呈し，毛髄質を欠いている．退行期のものでは毛の一部に多角形を呈するものや毛髄質の存在を観察できる．

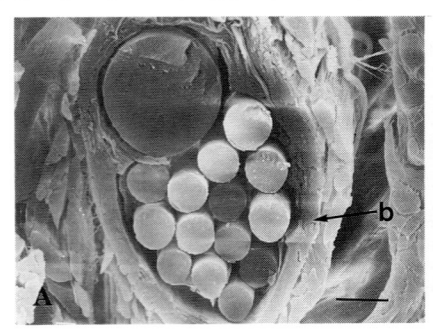

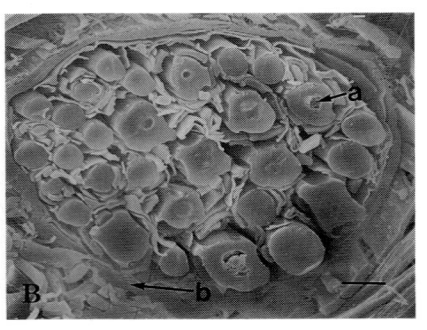

図9.24 休止期（左）および退行期（右）の毛包群
矢印aは毛髄質，矢印bは毛包群を取り囲んでいる結合組織の帯．スケールバーは10μmを示す．

3) 毛皮の製造

革製造がコラーゲンだけを対象としているのに対して，毛皮製造はコラーゲンとケラチンを対象としている．ケラチンはアルカリによって変性されやすいので，革製造の重要な工程である石灰漬けを行えないなど革と毛皮製造とにはかなりの違いがある．欧米

では革製造に対して tanning, 毛皮製造には dressing と用語が使い分けられている. 本稿では処理全体に対してはドレッシングを, コラーゲンとなめし剤との反応工程に対してはなめしを用語として用い, 以下, 毛皮ドレッシング工程の概略を述べる.

a) 水漬け　この工程では乾燥した皮繊維を, その動物皮が生体時に保有していた水分含量にまで戻し, その後の化学的・機械的処理を均一かつ容易にする点にある. 同時にグロブリンやアルブミンのような可溶性タンパク質を溶出, 除去する. 通常, 塩化ナトリウム溶液に界面活性剤を加えた溶液を用い, 室温で一晩処理する. 水漬け工程の間にフレッシングマシンにより, 肉面に付着している肉塊を機械的に除去する. また, せん刀を用いた裏打ちにより, 皮繊維を解きほぐして皮に柔軟性を与える. 水漬けが不十分だと硬化した毛皮に仕上がり, その改善は不可能である. この点からも, 水漬けは大切な作業で, 完全な水漬けはドレッシングの半ばを達成したに等しいといわれている.

b) 脱脂　毛や皮に付着している脂質分を洗剤によって除去する. 脱脂が不十分だと, ドレス毛皮に地油(動物本来の脂質)が残り, 最終製品の悪臭の原因になる.

c) 浸酸　毛皮のドレッシングでは石灰漬やベーチングを行わないので, 浸酸は単に pH の調整にととどまらず皮繊維解繹の目的も合わせもっている. pH を 3.5 に調整した有機酸と塩化ナトリウムの混溶液に室温で 1～2 日間浸漬する. また, タンパク質分解酵素を加えることもある.

d) なめし　毛皮のなめしにはクロムやアルミ化合物およびアルデヒド類が用いられている. アルミ化合物によるなめしでは白色, 柔軟で可塑性に富んだ毛皮が得られ, 被服用素材として最適なものであるが, 耐水熱性が低い. クロムなめしでは耐水熱性の高い毛皮を得られるが, 青色に着色することや可塑性が失われるという欠点がある. グルタルアルデヒドは耐汗性, 耐洗濯性に優れており, ベッドシート用の毛皮のなめしに利用されている. クロムやアルデヒドは単独で毛皮のなめしに用いられることは少なく, アルミニウムなめしを施した毛皮を補強する目的で使用されている.

e) 加脂工程　脱脂作業によって毛皮が本来もっていた脂質が失われているので, 皮繊維の膠着を防ぎ, 柔軟さと伸びを与えるために行う工程である. 加脂作業にははけ引き法とキッカーを用いる方法とがある. はけ引き法は開き剝ぎした毛皮に対して行われるもので, 乳化油のエマルジョンを湿潤状態の毛皮肉面にはけで塗布し, 肉面相互を重ね合わせて放置後乾燥する. キッカー法は袋剝ぎした毛皮に対して加脂と柔軟さを与えるために行うものである.

f) 仕上げ

① 乾燥:　毛皮は加脂後, 乾燥されるが, この工程はドレス毛皮の良否に大きく影響する. ポイントは高温, 低湿による急速乾燥を避け, 徐々に乾燥させることにある. 最近では乾燥したおがくずを用いて乾燥させることが多い.

② 革部の柔軟化:　乾燥したなめし毛皮をバッケルマシン, ローピングマシンなどの機械を用いて縦横に伸ばし, 柔軟で伸張性に富んだ毛皮に仕上げる.

③ おがかけ:　樹脂分の少ないおがくずの入ったドラムに毛皮を入れ, おがくずの摩擦作用によって毛皮に付着している塩, なめし剤, 油脂などを除去し, 毛さばきや毛つやを改善し, 併せて毛皮をいっそう柔軟で膨らみのあるものにする. おがかけは仕上

げ作業としてだけでなく，ドレッシングの各工程で水分調整を必要とする際適宜利用されるなど，毛皮のドレッシングにとって欠くことのできない大切な作業である．

④ その他の仕上げ作業： 被毛を一定の長さに刈り込んだり，刺毛だけを抜いたりしてテキスタイル感覚の素材に仕上げた後，染色を施しファッション性を高めて用いることもあり，毛皮製品は多彩さを増してきている．　　　　　　　　　　　［近藤敬治］

文　献

1) サイエンティファー編・近藤敬治監訳：ミンクプロダクション，河北出版 (1987)
2) サイエンティファー編・近藤敬治監訳：美しい毛皮動物，河北出版 (1990)
3) Kaplan, H.: Furskin Processing, Permagan Press (1971)

9.5　その他の畜産物

ここで，本章の 9.1 節から 9.4 節で触れなかった畜産物のうち，いくつかの重要なものについて補足する．

a.　牛乳以外の乳の利用

わが国においてはもっぱら牛乳から乳製品がつくられているが，世界的にみると，牛のほか，水牛，ヤク，山羊，めん羊，馬，ロバ，ラクダ，トナカイなどの乳も利用されている．

世界の水牛乳生産量は年間約 3,300 万トンで，牛乳生産量のほぼ 7% にあたる．水牛乳は脂肪 7.4%，タンパク質 3.8% を含み，牛乳よりも濃厚である．飲用のほか，ギー（インド）やレーベン（エジプト）がつくられる．イタリア原産のモッツァレラやリコッタも本来は水牛乳から製造されるチーズである[1]．

山羊乳とめん羊乳の年間生産量は，それぞれ約 780 万トン，860 万トンである．山羊乳とめん羊乳の組成を牛乳と対比して表 9.20 に示した．この表から明らかなとおり，山羊乳の組成は牛乳とほぼ類似し，めん羊乳は牛乳と比べて脂肪とタンパク質の含量が高いことが特徴である．もちろん乳成分組成は，品種や飼養条件などによってかなり大幅に変動する．しかし品種別の代表的数値を比べても，牛乳（5 品種）の脂肪とタンパク質はそれぞれ 3.41~5.05%，3.32~3.90%，めん羊乳（8 品種）の脂肪とタンパク質はそれぞれ 5.70~9.05%，5.26~6.60% の範囲にあり，いずれの成分含量もめん羊乳のほうが高いことは明らかである[2]．

表 9.20　牛乳，山羊乳，めん羊乳の組成(%)の比較

	牛　乳	山羊乳	めん羊乳
脂　　　肪	3.86 (3.42~4.79)	4.35 (2.99~6.94)	7.09 (5.10~8.10)
タンパク質	3.22 (2.87~3.54)	3.41 (2.20~5.02)	5.72 (4.90~6.80)
乳　　　糖	4.73 (4.45~5.25)	4.62 (3.71~6.30)	4.61 (4.22~4.93)
灰　　　分	0.72 (0.65~0.76)	0.85 (0.63~1.10)	0.93 (0.85~1.01)

注　国際酪農連盟加盟 14~15 カ国における代表的数値の平均値，(　) 内は数値の範囲[2]．

山羊乳のカゼインミセルは，牛乳と比較して，小さいミセルの割合が高い．そのカゼインの構成割合をみると，$α_s$-カゼインが少ない（全カゼインの25%前後）．とくに$α_{s1}$-カゼインの含量がきわめて低く，そのかわりに$β$-カゼインが全カゼインの60%を占める．キモシンによるカードは一般に軟弱である[1]．めん羊乳の$α_{s1}$-，$β$-，$κ$-カゼインの構成比は，牛乳の場合とほぼ類似している．

山羊乳の脂肪では，C10〜12の短鎖・中鎖脂肪酸が全脂肪酸の約20%を占め，牛乳に比較して約2倍高い数値を示す．とくにC10の含量が著しく高い．脂肪球は牛乳の場合より小さいものの割合が高く，カロチンは含まれていない[1]．めん羊乳の脂肪もほぼ同様な特徴をもち，短鎖，中鎖の脂肪酸含量が高い[2]．

ヨーグルトはもともとは山羊やめん羊の乳からつくられていた．現在では世界中で工業的に製造されるヨーグルトはすべて牛乳を原料としているが，いまでも中近東諸国などでは山羊乳やめん羊乳の自家製ヨーグルトが飲用されている．

山羊乳やめん羊乳の特徴を生かした乳製品はチーズである．山羊乳チーズには多くの種類があるが，サントモールやヴァランセ（ピラミッド）はとくに有名である．山羊乳はカロチンを含まないため，そのチーズは純白色で，酸味と鋭い特有のフレーバーを有する．黒い木灰を表面にかけて，保存性を高める場合も多い．通常2〜3週間ないし2〜3カ月熟成するが，未熟成のシェーブルフレや香辛料と一緒にオリーブ油に漬けたものもある．

2,000年に及ぶ歴史をもつロックフォールチーズは南フランスの山岳地帯原産で，脂肪とタンパク質に富んだめん羊乳から製造される．5〜10カ月熟成させて，*Penicillium roqueforti* の菌糸がチーズ内部に入り込み，大理石模様を形成し，強い特有の刺激臭を有する．またイタリア原産の超硬質タイプのペコリーノロマノやギリシャ産のフェタもめん羊乳からつくられる．

b．牛肉，豚肉，鶏肉以外の食肉の利用

畜肉（牛肉，豚肉，馬肉，めん羊肉，山羊肉），家兎肉，家禽肉を総称して食肉という．わが国では，消費される食肉の約97%を牛肉，豚肉，鶏肉が占める．しかし世界的にみると，めん羊も重要な肉用家畜である．また地域によっては，馬肉，山羊肉，鹿肉，イノシシ肉なども利用されている．家禽としては，鶏のほか，アヒル，ガチョウ，七面鳥，ホロホロ鳥，ウズラ，鳩などが食用に供される．日本でも消費量はそれほど多くはないが，めん羊肉（マトン，ラム），馬肉，家兎肉，また一部の地域では山羊肉も利用される．そのほかに，日本人が伝統的に食べていた鹿肉，イノシシ肉や鴨，キジ，ウズラにも根強い需要があって，海外からも輸入されている．これらの食肉の成分組成を表9.21に示した．

次に各食肉の若干の特徴を述べる[3]．

1）めん羊肉

成長しためん羊の肉をマトンとよぶ．肉色は濃く，豚肉より硬く，少し臭みがある．脂肪は白色で，融点は牛脂よりやや高い．一方，12カ月未満（通常は4〜6カ月齢）の子羊の肉をラムとよぶ．ラムは風味が優れ，肉質は軟らかく，臭みもないので，世界各国

表9.21　牛肉，豚肉，鶏肉以外の食肉の成分組成(%)

	水分	タンパク質	脂質	糖質	灰分
めん羊肉（ラム）	65.0	18.0	16.0	0.1	0.9
〃　（マトン）	64.2	17.9	17.0	0.1	0.8
山羊肉	69.0	19.5	10.3	0.2	1.0
馬肉	76.1	20.1	2.5	0.3	1.0
イノシシ肉	74.1	16.8	8.3	0	0.8
鹿肉	70.8	24.7	3.3	0	1.4
家兎肉	72.2	20.5	6.3	0	1.0
鴨肉	72.4	23.7	2.7	0	1.2
七面鳥肉	72.9	19.6	6.5	0.1	0.9
ホロホロ鳥肉	71.1	20.9	7.0	0	1.0
キジ肉	70.4	25.3	2.7	0	1.6
ウズラ肉	72.1	18.9	8.0	0.1	0.9

注　四訂日本食品標準成分表(1982)による．ただし鹿肉の組成はBrown, R.D.: The Biology of Deer, p.230, Springer-Verlag (1992) より引用した．

で好まれ，わが国でも普及しつつある．

2) 山　羊　肉

欧米では多数の山羊を飼養しているが，ほとんどはチーズをつくるための乳用種である．わが国では，沖縄で肉用に改良された品種が飼われている．山羊肉は特異なにおいをもつが，これは低級脂肪酸による．肉色は若齢のものほど淡く，加齢とともに濃くなる．

3) 馬　　　肉

馬肉は，牛肉や豚肉に比べて水分が多く，脂肪が少ないため，味は淡白である．肉のきめはやや粗く，比較的硬い．肉色は暗赤色で，筋肉中に多量のグリコーゲンを含むため，やや甘味を有する．脂肪はもともと黄色味を帯びるが，肥育して白色となったものが高く評価される．

4) イノシシ肉

日本では野生のイノシシは，一定期間狩猟が許可され，また養殖も行われている．イノシシ肉は脂肪に富んで美味なため，昔から好んで食べられてきた．イノブタは，イノシシと豚を交配したものであるが[4]，肉色は鮮紅で，脂肪交雑も入り，臭みが少ない．

5) 鹿　　　肉

日本でも古代から食用とされてきた．ホンシュウシカやエゾシカは狩猟期間を定めて捕獲が認められている．一部で養殖も行われ，また海外からも輸入されている．鹿肉は馬肉に似て，脂肪が少なく，さっぱりした赤身肉であるが，特有の野性的な風味をもつ．なお，トナカイも鹿の仲間で，北欧では食用に供される．

6) 家　兎　肉

薄赤色を呈し，肉質は緻密で，味は鶏肉に似て淡白である．結着性が強く，くせがないので，食肉加工原料として用いられることが多い．

7) 鴨　　　肉

日本では，キジ肉と並んで昔から賞味されてきた．野生の真鴨は肉色が濃赤色に近く，

脂身が厚く，味にこくがある．近年は養殖もされている．真鴨を家禽化したのがアヒル（家鴨）で，世界中に多数の品種がある．わが国では主として大型のペキン種が飼育されている．肉色は真鴨に似て濃く，味がよい．また，真鴨とアヒルの交雑種を合鴨とよぶが，最近の生産量はそれほど多くない．

8）七面鳥肉

七面鳥はアメリカ大陸原産で，欧米ではクリスマスなどの料理に欠かせないが，日本ではそれほど普及していない．七面鳥肉はくせがなく，鶏肉と似ている．

9）ホロホロ鳥肉

ホロホロ鳥はアフリカ西岸ギニア地方の原産で，家禽化の歴史は非常に古い．ホロホロ鳥肉は鶏肉と同様に食味が優れ，フランスやイタリアではかなり大量に消費されているが，わが国ではまだ普及していない．

10）キジ肉

日本では古来より食用にされたが，現在では野生のキジは減って，捕獲期間が制限されている．国内でも養殖され，また海外からも輸入されている．キジ肉はタンパク質含量が高く，脂肪が少なく，味は淡白である．

11）ウズラ肉

ニホンウズラはわが国で家禽化された．現在飼養されているものはほとんど卵用であるが，近年肉用の改良品種も作出されている．ウズラ肉は多少くせがあるが，味はあっさりしている．

なお，ヨーロッパでは16～17世紀に七面鳥が導入されるまでは，ガチョウ（ガンを家禽化したもの）が祝祭日行事用の最高の家禽であった．ガチョウに脂肪の多い飼料を大量に給与して肥大させた肝臓がフォアグラである．最近は，鴨のフォアグラの生産量も増大しているが，大きさが違うだけで，味の評価は変わらない[3]．

c．鶏卵以外の鳥卵の利用

わが国では，鶏卵のほか，比較的少量ではあるが，アヒルとウズラの卵が食用に供される．鶏卵，アヒル卵，ウズラ卵の成分組成（％）を全卵（生）で比較すると，水分はそれぞれ74.6，70.8，74.4，タンパク質は12.1，12.8，13.1，脂質は11.2，13.8，11.9で[5]，糖質（0.9％）と灰分（0.9～1.0％）は差がない．

アヒル卵の卵白は透明で，それが淡黄色を帯びる鶏卵とは異なる．またアヒル卵はカラザ層が少なく，加熱硫黄臭が弱いが，卵白の凝固温度は低く，泡立ち性も劣る．アヒル卵はピータン（皮蛋）の製造に用いられるが，これは卵白凝固に要するアルカリ量が鶏卵の場合より少量ですむという特徴をもち，風味のよいものが得られるためである[5]．

ウズラ卵は比較的卵殻膜が厚く，鶏卵より保存性が優れている．鶏卵に比べてタンパク質含量がやや高く，ビタミンB_2も鶏卵の約2倍である．ウズラ卵は主としてゆで卵のかたちで利用される[5]．

d．蜂　　蜜[6]

市販の蜂蜜はセイヨウミツバチが花から集めた蜜である．ミツバチの分泌するインベ

ルターゼによって花蜜のショ糖がグルコースとフルクトースに転化され,巣房内で濃縮されたものである.わが国ではレンゲ,アカシア,ナタネ,ミカン,クローバなどに由来する,色が薄く,淡白な蜂蜜が好まれる.平均的な成分組成(%)は,水分17.7,フルクトース40.5,グルコース34.0,ショ糖1.9,タンパク質0.2,灰分0.1である.蜂蜜はグルコン酸などの各種有機酸を含み,pHは約3.7であるが,甘味が強いので酸味はほとんど感じられない.蜂蜜には自然食品としての健康的イメージがあり,わが国でも消費が増大しつつある.転化糖は摂取後の吸収が速いため,疲労や病後の回復のエネルギー源としてきわめて効果的であるが,医薬品的効果については今後の研究に待たなければならない.なお,蜂蜜は加熱殺菌されていないので,まれに乳児のボツリヌス中毒の原因となることが報告されている.そのため抵抗力の弱い1歳未満の乳児にだけは与えることを避けるべきである[6].

[森地敏樹]

文　献

1) 山内邦男,横山健吉編:ミルク総合事典, p.11-12, p.67-68, 朝倉書店(1992)
2) International Dairy Federation: IDF Bulletin, No.202, pp.221 (1986)
3) 荻田　守編:材料・料理大事典(肉,卵,穀物,豆,果実,種実・ナッツ編), p.22-105, 学習研究社 (1987)
4) 山本喜彦:畜産の研究, **50**, 1088-1096 (1996)
5) 佐藤　泰編:食卵の科学と利用, p.369-374, 地球社 (1980)
6) 松香光夫:食の科学, No.156, p.25-28 (1991)

9.6　畜産物の機能特性

a. 食品機能の概念

　人間にとって食物は生命を維持するうえで欠かすことのできないものであり,その本質的な価値は食物が保持する栄養素にある.栄養素にはタンパク質,脂質,糖質,ミネラル,それにビタミンがある.食品の栄養的価値は各栄養素の多寡と質によって決定され,おおむね畜産物は豊かに栄養素を含む食品として認識され,かつ栄養素のバランスがよい食品の代表として位置づけられている.しかし,生体の生命維持に欠かすことのできない食物の機能について,上記の栄養素の面のみならず,食品のもつおいしさ,硬さ,軟らかさなど人間の食欲を満足させる機能や生体調節機能の面からも論じられる.中国に伝わる本草書に記されている"医食同源"はとくに食品が生体調節機能をもっていることを的確に言い表した言葉である.

　今日わが国においては,食品のもつ機能の価値評価は表9.22に示すように三つに分けて論じられている.すなわち,栄養面から評価する一次機能(primary function),嗜好面から評価する二次機能(secondary function),それに生体調節機能の面から評価する三次機能(tertiary function)である.つまり,一次機能(栄養機能)は食品の栄養素が生体に寄与する作用であり,生命の維持に重要な役割を果たす機能である.食品自体が本来人体に対しての栄養素の供給源であることを考えると,一次機能はもっとも本質的なことであり,食料不足で悩む国や地域においては最優先的に重要視されなければなら

9.6 畜産物の機能特性

表9.22 食品の機能

食品の特性	一次機能	栄養	生命の維持に必要な栄養素を補給 　タンパク質 　脂　　質 　糖　　質 　ビタミン 　ミネラル
	二次機能	感覚	食べたときにおいしさを付与 　味 　香り 　色 　食　覚
	三次機能	体調調節	高次の生命活動に対する食品の機能 生体防御 　免疫賦活食品 　リンパ系刺激食品 　アレルギー低減化食品 体調リズム調節 　神経系調節食品 　消化機能調節食品 疾病の防止と回復 　高血圧防止食品 　抗腫瘍食品 　先天性代謝異常障害予防食品 老化抑制 　過酸化脂質生成抑制食品

資料：厚生省食品保健課：ジャパンフードサイエンス(1988)

ない食品機能の価値評価である．わが国においても第二次世界大戦以前から食品の栄養特性に関する研究は盛んに行われてきており，タンパク質，ビタミン，カロリーなどの確保に大いに貢献した．一次機能はまさに生命維持に絶対的に必要なものといえる．

　二次機能（感覚機能）は食品の組成，成分が生体の感覚に訴える機能である．つまり，人間のもつ味覚，嗅覚，視覚，触覚といった感覚に対する食品の嗜好的特性であり，食品をおいしく食べ，心性の安定と食生活に潤いと満足感を与えるうえできわめて重要な機能である．食品の三つの機能のうちではもっとも理解しやすい機能である．

　三次機能（生体調節機能）は食品による免疫系，内分泌系，神経系，循環器系などの調節に関与する機能である．つまり，食品の三次機能とは人の生命活動に対する調節機能をいい，その具体的なものとして，①生体防御（アレルギー低減化や免疫賦活化など），②疾病の防止と回復（高血圧予防，糖尿病防止，先天性代謝異常予防など），③体調リズムの調節（神経系調節，消化機能調節など），④老化制御などがあげられる．つまり，三次機能はその生命の維持に必要な諸生理機能を正常に働かせる機能をいうものであり，この機能をもつ食品の開発は今日では食品工業の中でも重要な位置を占めるようになっている．食品に潜在している機能を引き出し，機能性の高い食品を開発する場合，構成成分を分子レベルで変換する必要がある．これが食品素材に対する品質変換作用であり，通常物理的・化学的手法が用いられる．具体的には加熱処理，酵素処理，微生物発酵と

いった方法がとられるが，食品である以上，安全性の検証と，劣化抑制の検討が同時的に求められる．食品の品質変換操作で頻繁に起こりやすいアミノカルボニル反応，ニトロ化合物と第二級アミンとの反応による発癌物質の生成や，脂質酸化は食品の安全性の点から重要な注意点になっている．

b. 牛乳，乳製品の栄養特性
1) 牛乳，乳製品の栄養組成

牛乳ならびに牛乳成分を原料にしてつくられる乳製品は種類が多く，主なものに加工乳，チーズ，発酵乳，バター，クリーム，アイスクリーム，練乳，粉乳などがある．牛乳とこれら乳製品の水分，タンパク質，脂肪，炭水化物，灰分，ミネラル，ビタミン含量を表9.23に示した．牛乳にはあらゆる栄養素がバランスよく含まれており，良質のタンパク質，多様のビタミン，高いカルシウム含量，それに乳糖を含んでいることが牛乳が完全食品といわれるゆえんである．乳製品もまた，牛乳および牛乳成分を原料にしている点から，質的にみた栄養は優れている．

2) 各栄養素の特徴

a) タンパク質 ホルスタイン乳には1kg当たり平均32gのタンパク質が含まれ，そのうち26gがカゼイン (casein) として，また6gがホエータンパク質として存在している．カゼイン26g中には$α_{s1}$-カゼインが12g，$β$-カゼインが8g，$κ$-カゼインが4g，$γ$-カゼインが1g含まれている．ホエータンパク質6g中には$β$-ラクトグロブリン($β$-lactoglobulin)が3g，$α$-ラクトアルブミン($α$-lactoalubumin)が1.2g含まれている．牛乳タンパク質には栄養上不可欠な必須アミノ酸が高含量で存在しており，牛乳タンパク質があらゆるタンパク質食品のうちでもきわめて良質なタンパク質であることの根拠になっている．WHO(世界保健機構)が提唱したヒトの必須アミノ酸の必要量(総必須アミノ酸の窒素1g当たりの各必須アミノ酸窒素の重量(mg))はイソロイシン，ロイシン，リジン，含硫アミノ酸，フェニールアラニン，スレオニン，トリプトファン，バリンでそれぞれ25, 44, 34, 22, 38, 25, 6, 31の値になっている．それらの値をいずれも100として，牛乳に含まれる上記アミノ酸の比率(%)を求めると，含硫アミノ酸を除き，暫定的アミノ酸パターンを上回っていることが認められる．

b) 脂質 乳脂肪は牛乳1kg当たり約35g含まれている．その98〜99%がトリグリセリドであり，ほかにリン脂質とコレステロールが含まれている．乳脂肪の1%以上を占める脂肪酸は15種類ほどが存在するが，短鎖脂肪酸(炭素数4〜8)の含量比が他の生物起源の油脂に比べて高いのが特徴である．飽和脂肪酸ではパルミチン酸がもっとも多く含まれ，不飽和脂肪酸では炭素数10以上の脂肪酸によって占められ，中でもオレイン酸は牛乳脂肪の代表的不飽和脂肪酸である．リン脂質は牛乳中に0.034%ほど含まれ，グリセリン，脂肪酸，含窒素原子団からなる複合脂質である．牛乳に含まれる主なリン脂質はホスファチジルエタノールアミン(またはセファリン)，ホスファチジルコリン(またはレシチン)，スフィンゴミエリンであり，それぞれ牛乳全脂質中の含量は31.8, 34.5, 25.2%である．乳脂肪は牛乳を構成する栄養素の中で主要なエネルギー源であり，牛乳をコップ1杯(約200ml)飲用すると，約120kcalのエネルギーが得られ，このう

9.6 畜産物の機能特性

表9.23 牛乳・乳製品の栄養成分の組成

食品名	エネルギー (kcal)	水分 (g)	タンパク質 (g)	脂肪 (g)	炭水化物 糖質 (g)	炭水化物 繊維 (g)	灰分 (g)	可食部 100g 当たり 無機質 カルシウム (mg)	リン (mg)	鉄 (mg)	ナトリウム (mg)	カリウム (mg)	ビタミン レチノール (μg)	A カロチン (μg)	A効力 (IU)	B_1 (mg)	B_2 (mg)	ナイアシン (mg)	C (mg)
牛乳 生乳	60	88.6	2.9	3.3	4.5	0	0.7	100	90	0.1	50	150	30	12	120	0.04	0.15	0.1	2
市乳	59	88.7	2.9	3.2	4.5	0	0.7	100	90	0.1	50	150	27	11	110	0.03	0.15	0.1	∅*2
発酵乳 全脂無糖ヨーグルト	60	88.0	3.2	3.0	5.0	0	0.8	110	100	0.1	50	140	25	11	100	0.04	0.20	0.1	∅
ナチュラルチーズ ゴーダ	380	40.0	25.8	29.0	1.4	0	3.8	680	490	0.3	800	75	260	170	1,200	0.03	0.33	0.1	0
チェダー	423	35.3	25.7	33.8	1.4	0	3.8	740	500	0.3	800	85	310	210	1,400	0.04	0.45	0.1	0
プロセスチーズ	339	45.0	22.7	26.0	1.3	0	5.0	630	730	0.3	1,100	60	240	230	1,200	0.03	0.38	0.1	0
粉乳 全脂粉乳	500	3.0	25.5	26.2	39.3	0	6.0	890	730	0.4	430	1,800	170	70	680	0.25	1.10	0.8	5
脱脂粉乳	359	3.8	34.0	1.0	53.3	0	7.9	1,100	1,000	0.5	570	1,800	6	0	20	0.30	1.60	1.1	5
練乳 無糖練乳	144	72.5	6.8	7.9	11.2	0	1.6	270	210	0.2	140	330	48	18	190	0.06	0.35	0.2	∅
加糖練乳	327	25.7	7.8	8.5	56.3*1	0	1.9	300	240	0.2	150	400	55	24	220	0.08	0.40	0.2	2
バター	745	16.3	0.6	81.0	0.2	0	1.9	15	15	0.1	750	28	500	140	1,900	0.01	0.3	0	0
クリーム 20%	208	73.3	2.4	20.0	3.7	0	0.6	85	80	0.1	43	130	170	70	680	0.02	0.12	∅	∅
アイスクリーム 8%脂肪	180	63.9	3.9	8.0	23.2*1	0	1.0	140	120	0.1	110	190	55	30	230	0.06	0.20	0.1	∅

注1) *1 ショ糖44g, *2 微量.
2) 四訂日本食品標準成分表による.

ち約半分が乳脂肪から得られたことになる．また，乳脂肪中 0.8～1.0% 含まれるリン脂質は，両媒性を有していることから，牛乳飲用後の吸収性に大きな役割を果たしている．牛乳に豊富に含まれる不飽和脂肪酸は血中コレステロールのレベルを低下させる効果がある．

c） 糖　質　　牛乳に含まれる主要な糖質は乳糖，グルコース，ガラクトースであり，中でも乳糖は牛乳 1 kg 当たり 46 g 含まれており，牛乳の糖質を代表する糖である．乳糖には α-乳糖と β-乳糖があり，両者は平衡して牛乳中で存在している．カルシウムの消化管での吸収に乳糖は関与し，また発酵乳製品の製造において乳酸菌を中心とする多様な微生物の増殖にとって重要な炭素源となる．

牛乳に含まれる糖には上記 3 種のほかに N-アセチルグルコサミンや結合型の糖としてグルコース，ガラクトース，フラクトース，マントースとそのリン酸エステルや，乳糖の D-グルコース残基がフラクトースに異性化したラクチュロース（lactulose）も微量ながら存在する．

d） 無機質　　牛乳中には多様のミネラルが存在し，主要なミネラルとしてカリウム，カルシウム，塩素，リン，ナトリウム，マグネシウム，それに硫黄がある．ミネラルの栄養的意義は当然骨や歯の形成と維持であり，とくにカルシウムの役割は重要である．牛乳中にはカルシウムが多く含まれ，その含量は牛乳 100 ml 中約 125 mg である．牛乳中におけるカルシウムはその約 20% がカゼインミセルとして，約 50% が懸濁状無機カルシウムとして，また約 30% がカルシウムイオンとして存在している．牛乳中のカルシウムの特徴は腸管にきわめて吸収されやすいことである．その理由は牛乳中に含まれる乳糖，ビタミン D，クエン酸，それにタンパク質がカルシウムの吸収に対して促進性を有していることである．

リンは牛乳 100 ml 当たり約 96 mg 含まれ，その約 20% がカゼインミセルとして存在するほか，約 40% が懸濁状無機リン，そして約 30% がイオン性リン，10% が脂質と結合した状態として存在している，骨や歯の形成と維持において理想とされるカルシウムとリンとの比率は 1：1～1：2 であることから，牛乳中の両者の比率，1.3：1.0 はいわば理想的な構成比といえる．マグネシウムもまた骨と歯の形成や維持のうえできわめて重要なミネラルである．

上記ミネラルのほかに牛乳中にはごく微量ながら，鉄，銅，モリブデン，亜鉛，アルミニウム，マンガン，ホウ素，セレン，スズ，フッ素，クロム，ニッケル，ケイ素，バナジウム，ヒ素などが存在する．

e） ビタミン　　牛乳はビタミンの供給源としても優れた食品である．牛乳に含まれる水溶性ビタミンとしてビタミン B_1，B_2，B_6，B_{12}，ニコチン酸，パントテン酸，ビオチン，葉酸などがあげられる．また脂溶性ビタミンとして，ビタミン A と，その前駆体およびビタミン D，E，K が含まれている．ビタミン C はもともと牛乳中での含量が低いことから，加熱処理をした場合でも牛乳のビタミンの損失は少ない．

牛乳中のビタミンの含量は，乳牛の品種，季節，個体と飼育の条件によって変動するが，とくに水溶性ビタミンでは飼料の影響をほとんど受けにくい．なお，牛乳 1 l を摂取した場合，ビタミン B_2 と B_{12} では完全に必要量を満たし，またビタミン A，B_1，B_6，D

およびパントテン酸においては日本人の推奨摂取量の充足に対し，かなり貢献しうる含量で存在している．

牛乳と並んで発酵乳も優れたビタミンの供給源である．主な水溶性ビタミンとしてB_1, B_2, B_6, B_{12}, ニコチン酸，パントテン酸，ビオチン，葉酸などが，また脂溶性ビタミンとしてA, D, E, Kなどが存在する．通常，乳酸球菌の生育にはナイアシンやパントテン酸，ビオチン，ビタミンB_6を必要とすることから，発酵乳におけるこれらビタミンの含量は，牛乳のビタミン含量とは当然一致しない．さらに，発酵乳中のビタミン含量は原料乳の組成，加熱処理条件，貯蔵条件，それに使用した乳酸菌の違いにより異なるため，ビタミン含量を普遍化して述べることはできない．しかしながら，一般的には牛乳の発酵により，ビタミンB_{12}と葉酸が顕著に増加し，ニコチン酸とビタミンB_6がわずかに増加する．

c. 食肉，肉製品の栄養特性
1) 食肉，肉製品の栄養組成

食肉の対象となる家畜，家禽は牛，豚，馬，羊，ウサギ，鶏，七面鳥であり，それら家畜，家禽の骨格筋が食肉となる．骨格筋のほか，内臓も広く食されており，それらは"もつ"，"みの"，"はつ"などとよばれているが，"食肉"として位置づけられていない．

食肉の栄養価は良質のタンパク質と多種多様のビタミンにある．脂肪含量の高い部位では当然単位重量当たりの熱量が高くなることから，この部位での栄養価は論じられない．食肉タンパク質の良質さはいうまでもなく，それを構成するアミノ酸パターンのよさに帰着される．たとえば，豚肉の場合，FAO(国連食料農業機関)/WHOのエネルギー・タンパク質必要専門委員会が暫定的試案として提唱するヒトの必須アミノ酸の必要量(総必須アミノ酸の窒素1g当たりの各必須アミノ酸窒素の重量(mg))は図9.25に示すように，それぞれ100としたとき，すべての場合で暫定的アミノ酸パターンを上回っており，必須アミノ酸が豊富に含まれていることが理解される．各種家畜，家禽の食肉と主な食肉製品の栄養素を表9.24に示した．

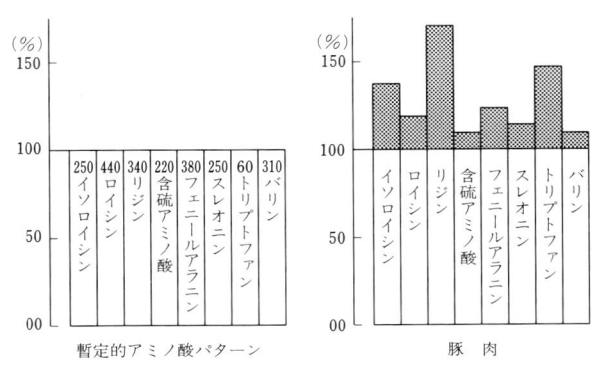

図9.25 豚肉のアミノ酸価

9. 畜産物の利用と加工

表 9.24 食肉, 肉製品の栄養成分の組成

食品名	エネルギー (kcal)	水分 (g)	タンパク質 (g)	脂肪 (g)	炭水化物 糖質 (g)	炭水化物 繊維 (g)	灰分 (g)	可食部 100 g 当たり 無機質 カルシウム (mg)	リン (mg)	鉄 (mg)	ナトリウム (mg)	カリウム (mg)	ビタミン レチノール (μg)	ビタミン A カロチン (μg)	ビタミン A 効力 (IU)	B_1 (mg)	B_2 (mg)	ナイアシン (mg)	C (mg)
牛 肉 (肩ロース, 脂身つき) 和牛	328	55.2	16.2	27.5	0.3	0	0.8	5	130	2.1	40	240	16	∅*¹	55	0.06	0.18	3.5	2
乳用肥育雄	238	63.5	18.5	16.9	0.2	0	0.9	5	150	2.3	55	290	13	∅	43	0.08	0.20	3.6	2
牛 肉 (肩ロース, 脂身なし) 和牛	270	60.3	18.1	20.4	0.3	0	0.9	5	140	2.3	45	270	10	∅	33	0.07	0.20	3.8	2
乳用肥育雄	173	69.1	20.6	9.1	0.2	0	1.0	5	170	2.5	60	320	7	∅	23	0.09	0.22	3.9	2
豚 肉 肩ロース, 脂身つき	283	60.0	16.4	22.6	0.2	0	0.8	6	130	1.2	40	260	8	∅	27	0.77	0.24	4.8	2
肩ロース, 脂身なし	233	64.4	17.9	16.6	0.2	0	0.9	7	140	1.3	45	280	5	∅	17	0.85	0.26	5.2	2
めん羊 肉 (肩) マトン	241	64.2	16.9	18.0	0.1	0	0.8	5	130	2.2	50	230	10	0	33	0.06	0.26	3.3	1
ラム	233	64.8	17.1	17.1	0.1	0	0.9	4	120	2.2	70	310	8	0	27	0.13	0.26	4.2	1
鶏 肉 (手羽) 成鶏	254	62.1	18.7	18.6	∅	0	0.6	16	100	1.2	44	120	60	∅	200	0.04	0.11	3.3	1
鶏 肉 (腿, 皮つき) 成鶏	182	69.0	19.5	10.6	0.1	0	0.8	10	140	2.1	50	200	35	∅	120	0.09	0.28	3.6	1
コンビーフ	271	56.4	20.3	18.9	1.7	0	2.7	15	120	3.5	800	110	∅	∅	∅	0.02	0.14	7.6	0
ベーコン	423	45.0	12.9	39.1	0.2	0	2.8	5	180	0.9	860	200	6	∅	20	0.47	0.14	3.0	35*²
ドライソーセージ	501	25.9	25.2	40.7	2.9	0	5.3	15	260	3.6	1,600	520	5	0	17	0.19	0.31	4.7	10*²
ローストハム	204	65.0	16.4	13.8	1.2	0	3.6	5	250	0.9	1,100	210	∅	0	∅	0.60	0.12	6.6	50*²

注1) *¹ 微量, *² 酸化防止用として.
2) 四訂日本食品標準成分表による.

2) 各栄養素の特徴

a) タンパク質　骨格筋におけるタンパク質の含量は約 20% であり，筋漿タンパク質（sarcoplasmic protein），筋原線維タンパク質（myofibrillar protein）および肉基質タンパク質（stroma protein）の三つに大別され，それぞれ全タンパク質の 30%，50% および 20% とされている．これらのうち，食肉となる中心的部位は筋原線維タンパク質であり，主としてミオシン，アクチン，トロポミオシン，トロポニンからなり，全筋原線維タンパク質において 55%，20%，5%，3% 含まれている．

b) 脂質　食肉に含まれる脂質は動物の種類によって，また部位，季節と飼料条件によっても大きく変動する．食肉に含まれる脂質は植物脂質に比べて飽和脂肪酸が多く，とりわけオレイン酸とパルミチン酸が多く，全脂肪酸の 25〜30% を占めているのが特徴である．その他の脂肪酸はステアリン酸，多価不飽和脂肪酸で占められており，とくに反芻動物の食肉ではステアリン酸の含量が高いのが特徴になっている（表 9.25）．食肉に含まれる脂質を主として構成する多価脂肪酸は，コレステロールに起因するアテローム性高血圧症との関係の深さから摂取が敬遠されるが，脂質はカロリー源として，また脂溶性のビタミン A，D，E および K を含んでおり，また，リン脂質を含有しているので栄養価値は有している．

表 9.25　食肉の中性脂質の脂肪酸組成(%)（大武由之）

脂肪酸	牛肉	豚肉	めん羊肉	馬肉	ウサギ肉
12:0		0.1			
14:0	2.3	2.2	2.3	4.2	5.4
14:1	0.9		0.1	0.3	0.2
15:0	0.3		0.2	0.1	0.3
15:1	0.1	0.1	0.1		
16:0	24.7	29.4	24.7	37.4	32.3
16:1	4.4	5.0	2.1	3.5	6.5
17:0(iso)	0.9		0.8		
17:0	0.9	0.2	1.0	0.2	0.4
17:1	0.8	0.3	0.5	0.3	0.3
18:0	13.4	10.8	18.2	9.8	8.4
18:1	47.1	45.6	47.2	33.3	24.1
18:2	3.4	5.5	1.8	6.3	16.0
18:3	0.5	0.4	1.0	4.3	1.2
20:1	0.2	0.5			
飽和酸	42.6	42.7	47.3	51.8	51.7
不飽和酸	57.4	57.3	52.7	48.2	48.3

c) 糖質　筋肉中の糖質の大部分を構成する糖はグリコーゲンである．グリコーゲンは家畜，家禽に限らず動物の貯蔵多糖であり，筋肉中には平均して 0.5〜1% 含まれている．グリコーゲンは D-グルコースの重合体であり，その重合度は約 $31×10^3$ である．食肉中には微量糖質として，コンドロイチン硫酸，ヒアルロン酸，ヘパリンが存在している．また，糖脂質には六炭糖などが存在している．

d) 無機質　食肉の赤身の部分にはミオグロビン（myoglobin）やヘモグロビン（hemoglobin）が含まれていることから，鉄含量が多い．また，食肉部分に比べて臓器部においてミオグロビンが多いことから，臓器部分での鉄分含量は食肉部分に比べて高い

傾向にある．さらに，赤身の強い馬肉や牛肉においては赤身の少ない鶏肉やウサギ肉に比べて鉄分含量が高い．リン含量も鉄と並んで食肉中での含量は高い．それは骨格筋や心筋に存在するアデノシン三リン酸（ATP）やクレアチン酸が他の部位よりも多いことによるものである．

e) **ビタミン**　食肉の脂肪部位には脂溶性のビタミン A，D，E，K が存在するが，供給源となりうるビタミンは B_1 と B_2 である．ビタミン B_1 は豚肉においてとくに多く，牛肉の約 8~10 倍多く含まれている．また，ビタミン B_2 では鶏肉において多く含まれており，その含量は牛肉や豚肉よりも多い．

肝臓，心臓，舌などの食肉以外の部位にはビタミン A，C，B_2，B_6，B_{12}，ニコチン酸，パントテン酸，ビオチンなどのビタミンが多く含まれている．

d．食卵，卵製品の栄養特性
1) 食卵，卵製品の栄養組成

食卵として供される卵を産む家禽は鶏，七面鳥，ウズラである．表 9.26 にはそれら食卵の栄養素の組成をゆで卵，ピータンの栄養素の組成と併せて示した．いずれの食卵ともタンパク質と脂肪含量が，また脂溶性ビタミンや鉄の含量も多く，栄養学的にみて優れており，牛乳と並んで完全食品の一つである．これらの栄養組成は飼料，飼育環境，品種，月齢，季節によって左右される．

2) 各栄養素の特徴

a) **タンパク質**　食卵に含まれるタンパク質としてオボアルブミン（ovalbumin），オボコンアルブミン（ovoconalbumin），オボグロブリン（ovoglobulin），オボリベチン（ovolivetin），オボムシン（ovomucin），オボムコイド（ovomucoid）それにオボビデリン（ovovidellin）などがあげられる．卵黄には全タンパク質の約 44% が，また卵白には約 50% が含まれる．

鶏卵の可食部はすべての必須アミノ酸を豊富に含んでいる．FAO/WHO のエネルギー・タンパク質必須専門委員会の提唱する鶏卵の暫定的なアミノ酸パターンからみた場合でも，ヒトに対するすべての必須アミノ酸の必要量を鶏卵は凌駕している．また，牛乳や牛肉に比べてメチオニンやシスチンなどの含硫アミノ酸の単位当たりの含有量も鶏卵において高いことも特徴である．

b) **脂質**　鶏卵に含まれる約 6g の脂質のうち，99.9% が卵黄中に存在している．鶏卵に限らず，ウズラ卵，七面鳥卵における卵黄脂質はトリグリセリドとリン脂質が主成分であり，その他コレステロールやセレブロシドも含まれている．グリセリドを構成する脂肪酸はオレイン酸，パルミチン酸，リノール酸，ステアリン酸の 4 種がほとんどで，それぞれの含有比は 50，27，11，6% となっている．リン脂質としてはホスファチジルコリンとホスファチジルエタノールアミンが多く，卵黄リン脂質中それぞれ 75% および 15% を占めている．これらのリン脂質は食卵の示す乳化性に大きく関与しており，構成脂肪としてオレイン酸，アラキドン酸，リノール酸などの多価不飽和脂肪酸が主なものとなっている．食卵に存在するほとんどがコレステロールであり，鶏卵では 1 個（60g）当たり約 250mg のコレステロールを含んでいる．

9.6 畜産物の機能特性

表 9.26 食卵，卵製品の栄養成分の組成 (可食部 100 g 当たり)

食品名	エネルギー (kcal)	水分 (g)	タンパク質 (g)	脂肪 (g)	炭水化物 糖質 (g)	炭水化物 繊維 (g)	灰分 (g)	カルシウム (mg)	リン (mg)	鉄 (mg)	ナトリウム (mg)	カリウム (mg)	ビタミン A レチノール (μg)	カロチン (μg)	A効力 (IU)	B$_1$ (mg)	B$_2$ (mg)	ナイアシン (mg)	C (mg)
鶏卵	162	74.7	12.3	11.2	0.9	0	0.9	55	200	1.8	130	120	190	15	640	0.08	0.48	0.1	0
アヒル卵	199	70.7	12.2	15.2	0.9	0	1.0	65	230	2.6	120	130	220	19	740	0.21	0.45	0.1	0
ウズラ卵	173	73.5	12.1	12.5	0.9	0	1.0	60	220	3.0	130	150	450	7	1,500	0.14	0.72	0.1	0
ゆで卵	151	76.0	12.0	10.2	0.8	0	1.0	50	180	1.6	130	130	170	14	580	0.07	0.43	0.1	0
ピータン	214	66.7	13.7	16.5	0*	0	3.1	90	230	3.1	850	65	220	22	750	0	0.27	0.1	0

注 1) *微量．
2) 四訂日本食品標準成分表による．

上述の脂質はカロリー源としての栄養的価値も同時に有しているが，そのほかにもビタミン A, D, E, K などの脂溶性ビタミンを介在させている点からも重要な役割を果たしている．

c） **糖質** 食卵に存在する糖は含量的にはわずかである．鶏卵では約 0.5% であり，大半が卵黄に存在する．遊離型として存在する糖はグルコースであり，結合型として存在する糖はマンノース，グルコサミン，スクロース，ガラクトースなどで，それらはタンパク質や脂質と結合して存在している．

d） **無機質** 鶏卵に存在する無機質はカルシウム，塩素，銅，ヨウ素，鉄，マグネシウム，マンガン，リン，カリウム，ナトリウム，硫黄，亜鉛などである．卵黄に比べて卵白ではカルシウム，鉄，リン，カリウム，ナトリウム，それに硫黄が多く，また卵黄にはリン，カリウム，それにカルシウムの含量が多い．

e） **ビタミン** 鶏卵中のビタミンはビタミン A, D, E, B_1, B_2, B_6, B_{12}, パントテン酸，ビオチン，葉酸，コリンが検出され，そのほとんどが卵黄中に存在している．総体的には脂溶性ビタミンと水溶性ビタミンとがバランスよく存在し，ビタミン源としても優れていることを物語っている．

e． 畜産食品成分（乳酸菌も含む）の生理機能特性

乳酸菌を含む畜産食品成分の生理機能について多くの研究が現在なされており，それらは先述した三つの食品機能のうち，とくに三次機能（体調調節機能）の特性を保持し食品の創製の基本にもなっている．ここでは数多く知られている畜産食品成分の生理機能のごく一部ではあるが，関心が深くもたれているものについて解説する．

1） カルシウムの抗骨粗鬆効果

カルシウムは牛乳，食卵，食肉のいずれにも含まれているが，とりわけ牛乳中における含有量は高く，また牛乳に含まれる乳糖やビタミン D の作用を受けて，きわめて吸収されやすい形態になっている．

ところで，骨粗鬆症（osteroprosis）は骨へのカルシウムの沈着を促す性ホルモンであるエストロゲンが急速に減少することにより起こるものであり，50 歳以上の人に発生するが，とりわけ閉経後の女性に多発する．骨の典型的な老化現象として説明されているが，最近の研究報告によると遺伝的要因が大きいとされている．骨へのカルシウムの沈着よりもカルシウムが骨から抜け出すことのほうが頻繁となり，結果的に骨は粗になり，骨折しやすくなる．したがって，骨粗鬆症の予防にはカルシウムの摂取が絶対必要であり，日常的には 600～1,000 mg のカルシウムの摂取が推奨されている．これまでの知見から，カルシウムの良好な吸収にはビタミン D, 乳糖，リジン，アルギニンなどが促進効果を有していることが知られている．牛乳飲用と同時にビタミン D を摂取し，かつ適切量の運動を行うことは骨粗鬆症の手近な予防法である．高齢になってからの骨折は他の疾患を誘発させる大きな原因となり，余命を著しく短縮させる事例が多く報告されている．

2） ラクトフェリンの抗菌作用

ラクトフェリン（lactoferrin）は分子量 8 万の糖タンパク質で，非ヘム性で鉄結合性を

有し，ホエータンパク質の一つとして分離されている．2個の鉄イオン（Fe^{3+}）を結合しているため赤色を有しているが，pH 2で鉄を遊離させるため無色となる．唾液，尿，精液などの体液中に広く見い出されるが，乳汁中での存在が顕著である．種々の哺乳動物の乳汁中でのラクトフェリンの含有量を表9.27に示したが，ヒト乳中での含有量がきわめて高い．とくに，初乳中のラクトフェリンの含有量が高く，およそ5 mg/mlとなっている．

表9.27 各種哺乳動物の乳汁のラクトフェリン含量（Masson & Heremans, 1971）

2 mg/ml 以上	0.2～2 mg/ml	0.02～0.2 mg/ml	0.05 mg/ml 以下
ヒ ト	モルモット マウス 馬	牛 山 羊 豚 羊	ラット ウサギ 犬

ラクトフェリンの生理作用として，いくつかの優れた点が知られている．主なものとして，鉄吸収作用，抗菌作用，免疫賦活化作用，抗炎症作用，細胞増殖促進作用，抗酸化作用などがあげられる．これらの作用のうち，抗菌作用についてのみ若干説明してみたい．ラクトフェリンの抗菌スペクトルは広く，グラム陽性，グラム陰性の両者の細菌のみならず，酵母，かびに対しても抗菌活性を有している．抗菌メカニズムは，ラクトフェリンの鉄に対する強い結合力によって，微生物の増殖に必要な鉄が奪われることによるものである．サルモネラ，リステリア，緑膿菌などの病原菌に対し強い抗菌性を示すのに対し，腸管内のビフィズス菌に対しては抗菌性を示さないことが，ラクトフェリンの優れた特徴である．

3）活性ペプチド

a）オピオイドペプチド オピオイドペプチド（opioid peptide）はモルヒネ様鎮静作用を示す一群のペプチドの総称で，内因性オピオイドペプチドとして，エンドルフィン関連ペプチド，ダイノルフィン関連ペプチド，エンケファリン関連ペプチドとして数多くのオピオイドペプチドが明らかにされている．牛乳からはβ-カゼインの分解物中に外因性オピオイドペプチドとして世界ではじめてBrantlら（1979）によって見い出された．これを契機に牛乳α-カゼインからもオピオイドペプチドが見い出されている．

一方，オピオイドペプチド受容体への結合を拮抗的に阻害するアンタゴニスト（antagonist）もミルク中に存在することが明らかにされている．具体的にはヒト乳β-カゼイン，牛乳α-ラクトアルブミン，β-ラクトグロブリン，ヒト乳κ-カゼイン，ヒト乳ラクトフェリンにアンタゴニスト活性のあることが知られている．

b）アンギオテンシン変換酵素阻害作用 アンギオテンシン変換酵素（angiotensin converting enzyme, ACE）は昇圧（血圧上昇）系のレニン-アンギオテンシン系と降圧（血圧降下）系（図9.26）のカリクレイン-キニン系を直接結び付ける重要な酵素であり，ACE阻害作用とは文字どおり降圧作用を意味している．

畜産物中のACE阻害物質はカゼイン中に見い出されており，β-カゼイン由来ペプチドであるβ-CN（f 177～183）と，α_{s1}-カゼイン由来ペプチドであるα-CN（f 23～24）が知られている．

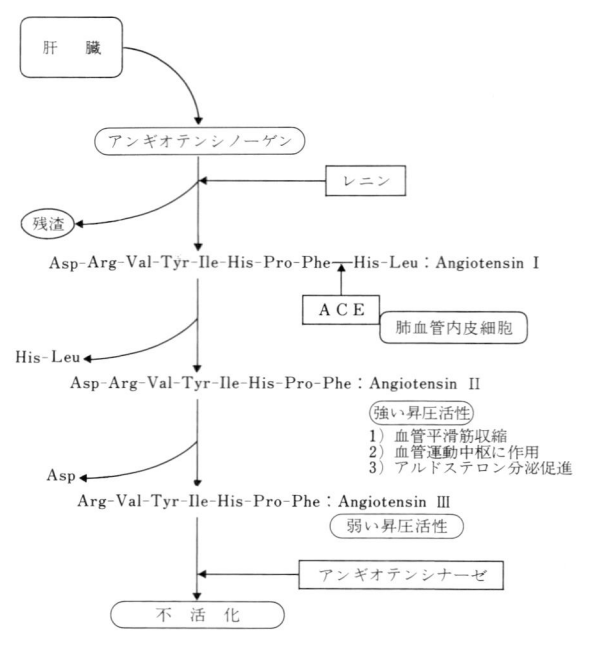

```
                    ┌──────┐
                    │ 肝 臓 │
                    └──┬───┘
                       ↓
               ┌──────────────┐
               │アンギオテンシノーゲン│
               └──────┬───────┘
                      ↑───────┐┌──────┐
   ┌────┐             │       ││ レニン│
   │残渣│←────────────┤       └──────┘
   └────┘
   Asp-Arg-Val-Tyr-Ile-His-Pro-Phe—His-Leu：Angiotensin I
                               ↑
                          ┌─────┐    ┌──────────────┐
                          │ ACE │←───│肺血管内皮細胞│
                          └─────┘    └──────────────┘
   His-Leu←─────────┘
   Asp-Arg-Val-Tyr-Ile-His-Pro-Phe：Angiotensin II
                               ┌──────────┐
                               │強い昇圧活性│
                               └──────────┘
                               1) 血管平滑筋収縮
                               2) 血管運動中枢に作用
                               3) アルドステロン分泌促進
   Asp←─────────┘
   Arg-Val-Tyr-Ile-His-Pro-Phe：Angiotensin III
                               ┌──────────┐
                               │弱い昇圧活性│
                               └──────────┘
                      ↑
              ┌────────────────┐
              │アンギオテンシナーゼ│
              └────────────────┘
                      ↓
                ┌──────────┐
                │ 不 活 化 │
                └──────────┘
```

図 9.26 レニン-アンギオテンシン系（長畦，1994）

c) **免疫賦活ペプチド** 免疫賦活ペプチドとして，カゼイン由来のものがよく研究されている．①食食作用促進，②インターフェロン-β 産生増進，③ヒトハイブリドーマ増殖および抗体産生促進が知られている．いずれも今日もっとも研究がなされている分野であり，カゼインの乳汁中での存在意義を論じるうえからも，また，食品素材や医薬品素材としての価値を論じるうえからも上記機能は新しい分野のサイエンスとして注目されている．

d) **細胞増殖性ペプチド** β-カゼイントリプシン分解物や β-カゼインペプチド，β-CN (f 177～183) がマウス線維芽様細胞株 BALB/c_3 T 3-3 K の DNA（デオキシリボ核酸）合成を開始させる作用をもっていることが近年，上野川らの研究グループにより明らかにされた．この研究は細胞の増殖と停止のメカニズムを探るうえで重要な意味をもち，癌細胞の出現メカニズムを解明するうえでも興味深い知見と思われる．

4) **オリゴ糖**

a) **ラクチュロース** ラクトースに対してアルカリ異性化反応を起こさせると還元性の二糖であるラクチュロースが生成する．ラクチュロース（Gal$_p\beta$-4 T$_{ruf}$）は天然には存在せず，ビフィズス菌に対して増殖促進作用を有している．肝性脳症や慢性下痢の予防や治療に広く用いられている．

b) **ガラクトオリゴ糖** ガラクトオリゴ糖は乳糖の非還元末端にガラクトースが1残基導入されたガラクトース転移オリゴ糖である．ビフィズス菌に対する増殖促進性を

有しており，*Bifidobacterium bifidum*, *B. breve*, *B. infantis*, *B. infantis* subsp. *lactensis*, *B. infantis* subsp. *liberorum*, *B. longum* および *B. adolescentis* などのビフィズス菌に対して顕著な増殖促進作用を有している．

5) 発酵乳の生理効果

発酵乳は乳製品の中でもとくに古い歴史をもっており，人間が動物の乳汁を飲用することを始めた紀元前 4000～5000 年の時期とほぼ一致している．発酵乳は創製された場所によって構成菌叢を異にし，その種類は多い．今日世界中でもっとも名前の知れた発酵乳はヨーグルトであり，わが国においても消費量の多い発酵乳である．発酵乳は古くからその優れた栄養機能と生理機能が知られ，今世紀のはじめ E. Metchnikoff が唱えたヨーグルトの不老長寿説は有名である．今日活発に研究されている発酵乳の生理機能は表 9.28 に示すとおりであり，いずれも発酵乳が多様で優れた機能を有していることの一面をのぞかせている．発酵乳のもつ多様で優れた機能は牛乳由来の成分の寄与も大きいが，やはり発酵乳の構成菌叢の主貴をなしている乳酸菌の役割がきわめて大きい．発酵乳について知られている生理機能のうち，今日関心がもたれているものを一，二あげ，乳酸菌のそれらへの関与を含めて述べることにする．

表 9.28 乳酸菌の人体に対する生理作用（細野，1993）

腸内細菌叢の改善
抗変異効果
抗腫瘍効果
発育促進作用
血中コレステロールの減少作用
血中アンモニアの低下作用
感染症に対する抵抗性の増大

a) 発酵乳の整腸作用　　人間の腸管にはおよそ 100 種類の細菌が生息し，その総菌数は 100 兆個に及ぶといわれている．これらの細菌は相互に影響を及ぼし合い，腸管内において巨大な細菌による生態系を形成し，維持している．しかし，その生態系を形成する細菌群が宿主の人間が健康を保つうえでつねに安定な働きをしているとは限らず，年齢，食習慣，ストレス，疾患の有無によって変動し，健康維持のうえで好ましからざる働きをする菌数の勢いが増し，さまざまな疾患を惹起させる結果をまねくことは珍しくない．このため，乳酸菌やビフィズス菌といった人間の健康維持に欠かすことのできない菌群の摂取が必要になってくる．発酵乳摂取の意義も当然そこにある．乳幼児や若年者の腸内菌叢はビフィズス菌を中心とした有益性の高い菌種がかなり高い菌叢で生息しているが，先述の要因で有益性の高い菌種はその数を減らし，感染症をはじめ種々の成人病を引き起こしている．ビフィズス菌や乳酸菌を利用した発酵乳や乳酸飲料を摂取することにより，腸管内での有害細菌の菌数が減少し，感染症に対する抗菌性の増大，便秘の改善，抗癌作用の増大，肝臓機能の増強などの効用が現れることが知られている．図 9.27 は幼児 11 名，成人 5 人に対して 1 日に 100 億個の菌数の *B. bifidum* を 5 週間にわたり牛乳とともに与えたときの *Clostridium* の総菌数のレベルを示したものである．結果から明らかなように，ビフィズス菌の投与によって *Clostridium* の菌数が有意に減少していることが認められる．

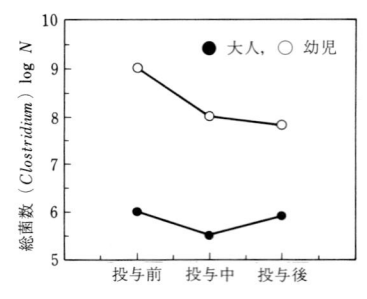

図9.27 Bifidobacterium breve 4006を投与したときのヒト腸管内でのClostridiumの菌数の変化
(田中ら，1981より作図)

b) 発酵乳の抗変異・抗腫瘍効果 戦後わが国のめざましい経済力の発展によって日本人の衣食住の形態が大きく変わり，食生活においては和食から西洋食への移行，そして飽食へとバランスを欠いた食構造へと変化した．そのため，従来の高血圧症や結核などの疾病の高い罹患率は低下し，癌が猛威をふるい，今日では4人に1人が癌で死亡するに至っている．このことから，癌予防に対する関心も高まり，乳酸菌の癌予防効果について多くの研究がなされるに至っている．それは食物摂取が癌発生にもっとも深いかかわりを有している皮肉な事実が背景にあるからであり，食生活の改善の中に癌予防をはかることの適切性を意味している．

ところで，癌予防の観点から種々の変異原物質に対して，その変異原性を減少させる性質をもつ食品（または成分）が広く探索されており，発酵乳も抗変異原性（antimutagenicity）をもつ食品として認識されている．図9.28は *Lactobacillus derbrueckii* subsp. *bulgaricus*，および *Streptococcus faecalis* を用いて製造した発酵乳の犬糞抽出液の抗変異原性を *Escherichia coli* B/r WP 2 trp$^-$hcr$^-$ を指標菌に用いて調べた結果を示したものである．この図から *L. delbrueckii* subsp. *bulgaricus* と *S. faecalis* を用いて製造した発酵乳に犬糞抽出液に対する抗変異原性が認められ，とりわけ *S. faecalis* を用いて製造した発酵乳において顕著な抗変異原性が認められる．発酵乳の抗変異原性はいまのところ食成分由来のごく一部の変異原性物質についてのみ検討されているにすぎないが，強弱の差はあるものの，確実に抗変異原性のあることが明らかにされつつある．

一方，癌細胞の増殖に対して発酵乳が阻止効果を有していることも，これまでに実験

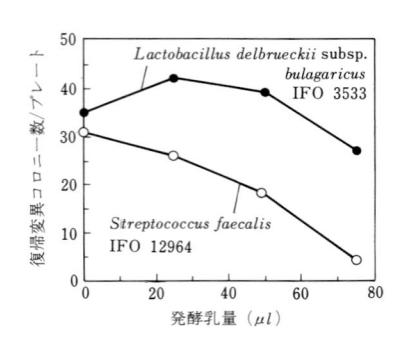

図9.28 乳酸菌を用いて製造した発酵乳による犬糞抽出液の変異原性の低下
(細野ら，1986)

的に明らかにされてきている．発酵乳が抗腫瘍効果を発揮する機構は，抗変異原性効果の機構とは大きく異なり，乳酸菌の経口摂取による免疫賦活化作用に基づいている．その免疫賦活化には2通りの作用があることが知られている．その一つは非特異的免疫賦活化作用であり，マクロファージおよびナチュラルキラー細胞による癌細胞損傷活性であり，もう一つはマクロファージのインターロイキン産生に始まる一連のTリンパ球の活性化と癌細胞損傷性Tリンパ球の出現である．

表9.29 高粘性酸乳(オランダ産)およびラングフィル(スウェーデン産)のSarcoma-180に対する抗腫瘍性(北澤, 1990)

グループ	投与量	肺での転移箇所	阻止率(%)
コントロール	0	89.4	0
ラングフィル	50	49.5	44.6*
高粘性酸乳	50	63.7	28.8

注1) C57BL/6(B6)マウス(♂)を使用，投与21日目の知見．
2) *$p<0.05$.

発酵乳の抗腫瘍性について調べた具体的な実験例の一つとして，Sarcoma-180を移植したマウス(C57BL/6(B6)，♂)における腫瘍の転移阻止があげられる．表9.29はスカンジナビア半島に伝わるラングフィルと高粘質性酸乳を投与した場合の腫瘍の転移阻止率を示したものである．表から明らかなように，それら発酵乳がかなりの高率で腫瘍細胞の転移を阻止しているのが認められる．

[細野明義]

文　献

1) 細野明義，鈴木敦士：畜産加工，朝倉書店 (1989)
2) Nakazawa, Y. and Hosono A. ed.: Functions of Fermented Milk, Elsevier Applied Science (1992)
3) 上野川修一，菅野長右ェ門，細野明義編：ミルクのサイエンス，全国農協乳業プラント協会 (1994)

10. 草地と飼料作物

10.1 草　　　地

a. 草地農業の現状
1) はじめに

　草地農業は，草本植物が優占する草原（grassland）における生産活動で，古くから世界に広く分布している農業形態であり，人類に動物性タンパク質を供給する安全で持続的な産業として世界中で確立している．草原における人間が直接的には利用できない"草本類"を家畜を用いて収集し，肉や乳などを生産する放牧形態が世界的には主流であるが，草地農業には耕地で草類を生産し，それを用いて行う畜産も含まれる．

　世界の多くの乾燥地，半乾燥地，または極寒地のツンドラ地帯には自然状態では草原以外の植生は成立せず，草地農業は，これらの地域での重要な産業になっている．FAO（国連食料農業機関）によれば，永年草地（5年以上耕起されない）は地球の陸地面積の約25.7%を占めている．さらに，これ以外に飼料としての草類が栽培されている耕地を含めると草地農業として利用されている面積はたいへん広い．

　わが国では，陸地面積のわずか1.7%の65.7万haが永年草地として利用されているにすぎないが，飼料作物が生産されている耕地面積を含めると約104万haになり，土地利用としては水田に次ぐ面積を占めている．

　近年，先進国を中心に，わが国も含めて生産の効率化を求める点から，草地での家畜飼養を離れた，穀類に大きく依存した草地農業がかなりの比重を占めてきている．

2) 近年における草地農業の発達概要

　古くは中世における三圃式農業にみられるように，草地は農耕地としてはもっとも価値の低い場所に存在した．草地は畜産的利用を進めることによる肥沃度の向上をねらい，耕地として取り込まれる土地であった．しかし，近年の牧草種子の育種や肥料産業の進展，収穫などの作業機械の発達は，耕地における飼料としての草の生産とその貯蔵・給与，家畜を畜舎へ収容する草地農業を成立させてきた．この形態の草地農業の発達は，家畜がlive stockとして草地の季節的・気候的生産量に左右されていた生産量（家畜の収容頭数）を周年的に平均化するとともに，飛躍的な生産性の向上を可能にした．ここでの草地農業の基盤は，自然草地ではなく人為的につくられた牧草地であり，播種，施肥，刈取りなどの草地造成・管理や収穫・調製技術が重要な要件となっている．

　わが国にも古くから自然草地を用いた草地農業が存在した．わが国の植生は気象的な立地条件から，森林が極相（climax）であるが，古くからシバ草地，ススキ草地，ササ

草地等の野草地(半自然草地ともよばれる)が存在し，これらを用いた草地農業が戦前までの主流であった．これらの野草地は放牧，刈取り，火入れ等の人為的な利用のもとに存在し，全国に広く分布し，地域ごとにこれらの草地を利用した草地農業が確立していた．現在，壮大な草地景観を多くの来訪者に提供している阿蘇山周辺や三瓶山，美ケ原等の草地に代表される野草地も人為的な利用や管理のもとで存続してきた草地である．これらの野草地のうちで，シバ草地は畜産的な利用が主であったが，他の草地は茅葺き屋根や壁などの家屋材料としての利用にも供されていた．

現在の農業形態をもった酪農，肉用牛生産等の草地農業がわが国に定着したのは，第二次世界大戦後になってからである．戦後の国民の体位向上と健康増進のため，動物性タンパク質，とくに乳製品の摂取が奨励され，昭和30 (1955) 年代に全国各地に畜産振興のため，わが国独自のシステムとして公共牧場が設置された．それまで，わが国では草地は畜産生産のための農用地とは考えられていなかった．しかし，公共牧場の建設では，それまでの野草地の耕起，植生改良や森林の伐採により人工的に草地が造成された．同時に，採草地や放牧地の維持管理・利用技術が導入され，草地の農業的な役割が明確にされた．この公共牧場は当時の零細な畜産農家の規模拡大に貢献するとともに，わが国の草地農業の基盤となり，その後もわが国の草地農業の中で重要な位置を占めながら現在に至り，大規模な草地農業の基礎となった．

畜産先進国では，肉食文化が発達し，肉類が主食であったこともあり，草地農業がもつ景観や土地の保全機能等の多面的機能を大切にしてきた．それは，水田を原風景として感じ，水田のダム機能に共感する日本人の考え方と同様といえる．最近，わが国においても草地景観，草地における家畜とのふれあい機能などの草地農業がもつ多面的機能に関心が高まり，現在，公共牧場を中心に多くの都市住民に対してこれらの草地農業がもつ多面的機能が解放されている．

また，草地農業はこれらのアメニティーとよばれる機能とともに，多くの保全的機能をもっているが，二酸化炭素やメタンなどの吸収源としての地球環境問題での機能や，畜産公害として問題になっている家畜排泄物の循環系としての機能にも注目が集まっている．

3) 草地農業の基盤

a) 草地農業の形態　　家畜生産における草地農業の基盤は地域や畜種によって大きく異なっている．牛，馬，羊，山羊，ラクダなどの草食動物で，自然草地に依存した草地農業は土地に大きく依存している．したがって，世界的にみれば草地農業の基盤は，土地の自然条件が基本的ないしは支配的因子として働き，生産立地条件に対応した独特の草地農業が各地で行われている．代表的な形態としては，①乾燥・半乾燥地帯または低温などのため草地以外の土地利用が困難な地帯で，水と家畜の飼料となる草類(苔，灌木を含む)を求めて広大な土地で家畜群を移動させて飼養する遊牧方式で，アジアの内陸部や中近東での羊，山羊，牛などの飼養，北アメリカの一部，シベリア，スカンジナビア半島でのトナカイ飼養がある．また，②気候が乾燥，高温あるいは低温のため，土地の生産力が低い地域で，大面積の土地に草食家畜を放牧して飼養する放牧生産方式で，オーストラリア，ニュージーランド，アメリカ合衆国の西部，アルゼンチンからブ

ラジルにかけての高原地帯などでの羊，肉牛などの飼養がある．③土地条件，気象条件とも耕種による作物生産が可能な立地では，草地農業の基盤は耕種との組合わせで多様であり，アメリカ合衆国のトウモロコシ地帯での肉牛の飼養が代表的である．また，経営内では草地農業の基盤をもたず，④家畜の飼料をほとんど生産しないで，飼料の大部分を購入飼料に依存する家畜飼養方式もある．土地に依存しないため自然立地条件の制約を受ける度合は少なく，近年の効率的家畜生産の多くの部分を占めているが，畜産公害の回避などに多くの問題を抱えている．

わが国における草地農業の多くは，土地の自然立地条件からみれば大部分は③の複合型に属するが，都市近郊や特定の地域の酪農，肉牛肥育経営などは④に属する加工型の畜産も多い．

b) 公共牧場とその利用　　わが国の公共牧場は，それまでの馬の保護育成を目的とした牧野法に代わり，1950年（昭和25）に制定された牛を主とした新牧野法や1954年（昭和29）の酪農振興法の制定に伴う高度集約牧野造成事業，大規模草地改良事業等により全国各地に建設された．昭和30年から40(1965)年代に年に1〜3万haの規模で草地造成が行われ，1975年（昭和50）にはほぼ現在の姿になっていた．現在（1993年），公共牧場は全国で1,127カ所あり，約12万haの牧草地（全国の草地面積約65万haのうちの約18%）と約6万haの野草地を公共牧場が占めている．大規模な草地のほとんどは公共牧場（平均草地面積約104ha）にあり，1993年度には乳用牛が約12.6万頭，肉用牛が約8.3万頭の合計約21万頭が利用している．これらの牧場の半数は市町村営で，地域的には北海道に約29%，東北に約35%が存在している．

最近，経済的なゆとりから生まれた，国民の豊かさに対する価値観の変化や都市の過密化に伴う自然への回帰などの社会条件を背景として，公共牧場がもつ家畜とのふれあい機能，草地のもつ景観などの草地農業の多面的機能に関心が集まっている．公共牧場では経営的な視点や地域活性化の一つの方策としての産業的な背景から，これらの生産機能以外の多面的な機能の活用方策として，多くの市民へふれあい牧場として牧場の一部を解放し始めている．詳しくは第II編9章9.1，9.2節を参照．

c) 野草地，混牧林の利用　　世界的には草地農業が行われている草地は，そのほとんどが野草地（自然草地）である．野草地の畜産的利用は，生態系に沿った持続的生産を維持する適切な利用のもとでは，家畜の生産を永続的に保証している．すなわち，肥料成分の天然供給量とそれを利用した草類の光合成による物質生産量を家畜生産量として取り出す生産システムであれば，持続的な動物タンパク質供給の唯一の生産系ともいえる．しかし現在，世界的には気象条件の変動や人口の爆発的な増大に伴った草原での過放牧状態が，アフリカを中心に世界の各地で砂漠化を引き起こし大きな地球環境問題となっている．

一方，わが国での野草地の畜産的利用は非常に限られた状況にある．家畜生産の低コスト化の観点からは，粗飼料の安価な供給源として活用される必要があるが，最近の草地畜産では肉牛生産の素牛供給のための繁殖牛放牧以外にはほとんど利用されていない．かつて，1960年（昭和35）には約100万ha近く利用されていた野草地（林野等を含む）が，その後急激に減少し現在では約1/6の面積，17万ha程度になっている．この

10.1 草　　　地

減少の多くは，畜産農家での野草地放牧（裏山）利用がなくなったことによる．

一方，林野の下草を放牧利用する林内放牧も，林業と畜産業の複合経営として，合理的な土地利用が注目されながら，土地所有の問題（林地の所有者と下草の利用者が異なる）や利用期間が10年程度と短い点からあまり進んでいない．

今後さらに増大する牛肉需要に応え，さらにガットウルグアイラウンド農業合意による畜産物の国際化に対応するためには，畜産生産におけるいっそうの低コスト化が必要とされている．低コストで安定的な粗飼料自給率の確保のために，飼料基盤の外延的拡大と野草地や林野の下草利用を今後さらに進める必要があり，そのための技術開発などが早急に解決を求められている．詳しくは第II編9章9.7節を参照．

4) 飼料自給率と草地開発可能地の現状

草地畜産の基本は草地に立脚した，および草地からの生産飼料に立脚した畜産である．かつてわが国における家畜の飼料はふすまや稲わらのような農場副産物による自給飼料であった．しかし，現在では飼料作物を栽培している農家が多いが，面積的にも自給率からも十分ではない．

1994年（平成6）の家畜飼養戸数と頭数は，乳用牛が約4.8万戸で約202万頭，肉用牛が約18万戸で約297万頭であるが，このうち乳用牛では94.4%，肉用牛では経営形態にもよるが平均で86.9%の農家が飼料作物を作付している．しかし，1頭当たりの作付面積では酪農で27a，肉用牛ではわずか9.4aにすぎない．さらに，これを地域別にみると，北海道とそれ以外の都府県では大きく異なり，北海道では酪農で1頭当たり47a，肉用牛で37aと飼料資源に立脚した草地農業が行われているが，都府県ではそれぞれ10aと6aにすぎず，とくに肉用牛経営では草地に依存しない畜産となっている．

わが国の草地等から供給される粗飼料自給率をTDN（可消化養分総量）ベースでみると34%（1993年度）にすぎない．とくに，肉用牛の肥育経営の粗飼料自給率は，ここ数年5%未満になっている．これらの低い自給率は，購入飼料に対する安易な依存や，畜産農家が自己の飼料基盤の弱さにもかかわらず経営的に規模拡大を余儀なくされていること，新規の草地基盤拡大が進みにくい地価高騰などの社会情勢とともに，単位面積当たりの収量が微増傾向で伸び悩んでいることなどが要因になっている．

自給率向上に不可欠な草地の今後の開発可能地は，農林水産省構造改善局の調査（1986）では導入適作物が牧草および飼料作物とされた面積が約89万ha，畜産局の草地基盤総合整備調査（1988）では約202万haあり，そのうち実際に開発可能な農振農用地区域に存在する面積は約41万haとされている．しかし，開発可能地の奥地化と地形条件の悪化，地価の上昇，建設資材の上昇などによる草地開発のコストの上昇から，昭和60（1985）年代以降の草地造成面積の伸びは少ない．一方，米の消費減少による生産調整から，水田転換畑での飼料生産（約11万ha，1992）が進んでいるが，全転作面積の22%ほどにとどまっている．

5) 草地農業における技術と研究の現状

a) 草地の開発・造成・管理・利用技術

わが国の草地造成は開発可能地が減少し，研究開発の比重は草地整備に移ってきた．

近年の情報処理技術の進歩を受けて，草地の造成，整備の環境影響評価では，GIS（地

理情報システム）を用いた草地開発地の事前評価，ニューラルネットワークを利用した草地開発適地の生産量予測，草地景観やふれあい機能に配慮した草地や施設の配置に関する事前評価システムが研究開発されている．個別の技術では，草地造成ではペーパーポットを利用したシバ草地の造成法が開発され，また保全的造成工法としてココナツ椰子の繊維をマット状にしたブランケット工法の効果が検討されている．草地整備では，既存の植生を改善するためのシードペレットや作溝型の簡易更新機が実用化されている．世界的な流れとして，近年，生物種の多様性を保全する草地の造成整備，管理利用が求められ，生物回廊などの研究が進められている．詳しくは，第II編9章9.1, 9.2節参照．

b） 家畜管理・放牧技術　放牧による家畜管理は草地農業での重要な技術である．放牧草地の土地生産性，家畜生産性は，採草地より劣る場合が多いが，放牧技術の有効な利用による省力性は高い．現在，生産性の高い放牧方式として，草地の季節生産性を最大限に利用できる集約的な放牧法が研究されている．また，放牧での問題点である採食草量の正確な推定法としてワックスアルカン法の研究や放牧牛の栄養要求量を満たすための別飼い飼料給与法，クリープ草地，親子分離放牧による柵越し哺乳等が研究され実用化されつつある．また，放牧牛の習性や学習能力を利用した音響利用による行動制御等が研究され，一部は実用化している．詳しくは，第II編9章9.4, 9.5節参照．

c） 草地管理機械・施設　草地作業の省力化のための草地造成用の耕起機械，草地の植生更新による生産性向上のための草地更新用機械，乾草やサイレージ調製用の機械等，各種の作業機械が研究され実用化されている．とくに，ロールベーラーを用いた乾草調製機械，ロールベーラーのラッピングによるサイレージ調製機械は近年急速に普及している．放牧地の施設では，放牧牛がその上を歩行することにより体重を計測できる歩行型体重計や，採食習性に合わせた牧区移動を行うために照度を利用して開閉をコントロールする門扉やタイマー利用の開閉扉，電気牧柵等の放牧草地用の施設機械類の研究と実用技術が開発されている．詳しくは，第II編9章9.5, 9.6節参照．

6） 草地農業における環境問題と多面的機能の利用の現状

温暖化，砂漠化，熱帯林の破壊等の地球環境問題は，自然環境に大きく依存し気候の影響をつねに受けている草地農業にとって重要な問題である．日本で草地農業が行われている土壌は，家畜排泄物による汚染が問題になってはいるが，それ以外の大きな問題は現在は起こっていない．しかし，世界的にみれば，全農用地面積の約14％は過放牧により土壌劣化が起こっている．また，草地および畜産から放出される二酸化炭素やメタン，亜酸化窒素等の地球温暖化ガス，さらには家畜排泄物や施肥による地下水汚染が問題となっている．

これらの地球環境問題や草地農業にかかわる環境問題の深刻化は，草地農業がもっている多面的機能を損ねている．欧米では環境保全型農業を助成する経済的措置や肥料，農薬等の使用制限のように，環境へ負荷を与える投入についての規制的措置がとられている．オランダ等では，土地利用型畜産であっても糞尿の地下水汚染の問題から法律による規制が行われているように，環境問題や生産の持続性と草地農業における生産の関係では，効率のみを追求し土地の循環系（土〜草〜家畜〜土）に依存しない畜産は反省

の時期を迎え，草地畜産の重要性が再認識されている．詳しくは次項および第II編9章を参照．

[及川棟雄]

文献

1) FAO Production yearbook, Vol. 46 (1992)
2) 嶋田　暁ら：草地の生態学 (1973)
3) 農水省畜産局自給飼料課：自給飼料課関係資料 (1993.3)
4) 農水省畜産局自給飼料課：草地開発可能地の概況 (1988)
5) 農政調査委員会：畜産資源の創造 (1993)

b．草地の機能
1) 草地の機能

草地の果たす機能は，第1に家畜の飼料を生産し，健全な肉や牛乳等の動物性タンパク質を国民に供給する食料生産機能にあり，人類が多食性の生物として生存していくためには将来的にもこの機能が果たす役割は不変である．

しかし，近年の高度成熟社会を迎えるにあたり，農林業の果たす役割が再評価されつつあり，その中でも草地の保持している多様な機能は注目すべきであり，実際に先進国といわれる国々では大きな関心が払われ，その保全に大きい社会的負担を支払う政策が採用されている[2,9,13,31]．日本においても，近年の地球・自然・地域環境に対する認識の高まりや，スポーツ・レクリエーション活動の高まり，さらに都市住民の農村に潤いを求めるルーラルアメニティーに対する要求は強くなりつつある[14]．都市周辺の地域では，住民，来訪者を意識したふれあい機能を高める牧場も多くなっている[21]．このような社会的・産業的現状を背景にして，草地の機能として，生産機能以外の機能が重要となってきている．これを分類すると，図10.1のようである[28]．

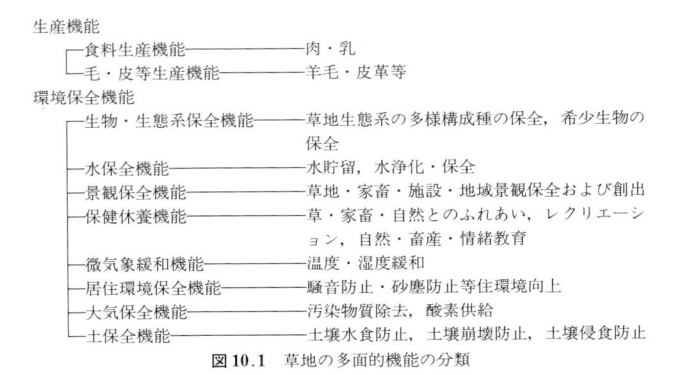

```
生産機能
 ├─食料生産機能──────────肉・乳
 └─毛・皮等生産機能────────羊毛・皮革等
環境保全機能
 ├─生物・生態系保全機能──────草地生態系の多様構成種の保全，希少生物の保全
 ├─水保全機能───────────水貯留，水浄化・保全
 ├─景観保全機能──────────草地・家畜・施設・地域景観保全および創出
 ├─保健休養機能──────────草・家畜・自然とのふれあい，レクリエーション，自然・畜産・情緒教育
 ├─微気象緩和機能─────────温度・湿度緩和
 ├─居住環境保全機能────────騒音防止・砂塵防止等住環境向上
 ├─大気保全機能──────────汚染物質除去，酸素供給
 └─土保全機能───────────土壌水食防止，土壌崩壊防止，土壌侵食防止
```

図10.1　草地の多面的機能の分類

2) 生産機能

a) 食料生産機能　牧草は，太陽エネルギーを利用して，二酸化炭素と水から炭水化物を生産し，家畜はそれを利用して肉，乳およびこれらの加工品であるチーズ，バター等を生産し，人類の食料生産を支えている．世界的には，全陸上面積の24%を占める

約32億haの広大な永年草地があり，牛，水牛，ラクダ約10億頭，馬，ラバ，ロバ約1億頭，羊，山羊約11億頭が飼われている[1]．全世界の1人当たり摂取エネルギーの15.6%，全タンパク質の34.3%，脂肪の48.7%が草地，畜産から摂取されている[27]．日本においては，永年草地としては陸上面積の1.7%，約64万haであるが，公共牧場を中心とした育成牛の生産や繁殖子取り生産など地域の家畜生産の基盤を支えている．

b) 毛・皮等生産機能 世界的には，皮革約4,400万トン，羊毛約500万トンの生産が見積もられ，人類の被服類等に利用されている[27]．近年，被服類は化学産業の発達により，一部は人工繊維にとって代わられているが，家畜の毛，皮類は，太陽エネルギーを活用した持続可能な生産産物であり，環境に優しい生産である．

3) 生産機能以外の機能

a) 生物・生態系保全機能 森林を切り開いて不耕起造成した場合には，造成当初に土中に埋没していた多種の草本類の種子がいっせいに発芽し多様な種構成を示すが，施肥，利用を繰り返すにつれ年次とともに指数関数的に急激な減少を示す[3]．この傾向は，施肥管理密度が強いほど明瞭となる．集約度の高い人工草地の場合には，施肥反応が強く，被食抵抗性の強いイネ科植物や家畜に好まれない不食種が残る．一般に，耕起造成した場合には10〜20種，不耕起造成した場合には30〜80種が出現し安定する場合が多い[23]．一方，シバやススキ等の野草地の場合には，多くの植物種が出現する．全国14地区の調査では，1地区で30〜100種が出現し，全体では72科343種が観察されている[22]．出現種の多い科はイネ科，キク科，マメ科，バラ科，カヤツリグサ科で，これらの5科で全出現数の約半数を占めている．以上のように，保全される種は粗放的管理では多くなり，草花類も増加し，多種のチョウ類も飛来し，さらには鳥類，小動物の繁殖も可能となるが，日本での植生の極相は森林であるので，適切な管理を怠ることはできない．たとえば放牧の衰退により，（ナミ）スミレの消失によりオオウラギンヒョウモンが，タムラソウ，アザミ類の消失によりヒョウモンモドキが，牛馬が食べ残すメギ科のヒロハヘビノボラズ，ノギの消失によりミヤマシロチョウが，クララの消失によりオオルリシジミが，絶滅の危機の瀕している[10,15]．したがって，これらの生態系保全の観点からも野草地や粗放的管理の人工草地の保全と維持が重要である．

b) 水保全機能 水保全機能は，水量の保全と水質の保全に2大別される．

① 水量保全機能： これは洪水緩和と水源涵養機能に分けられる．洪水緩和機能は雨滴を草冠で受け取め，雨水を一時的に貯留し，水の急激な流出を防止する機能であり，水源涵養機能は土壌への浸透により地下水脈へ水を供給し，渇水を緩和する機能である．この機能は，地形，気象，土壌，植生で大きく異なるが[20]，草地の水浸入能は，一般的に，林地には劣るものの畑地より勝っている．しかし，ササ草地の場合には林地に匹敵する能力がある．

② 水質保全機能： 問題になるのは窒素，リンが主であるが，リン酸は土壌での吸着が強く，表面流去水によるわずかな量が検出される場合もあるが，量的には問題視されない[12]．窒素は，水道の水質基準が10ppmであり，地下浸透を考慮した畑地での窒素施肥量限界は25〜30kg/10aと推定されている[12]．草地の場合，植物の窒素吸収量が高く，通常の施肥レベルでは問題ではない．しかし，表面流去水による汚染は，雨量，雨

量強度と植生の繁茂状態で大きく異なるし，実際に牧区内の河川の NO_3-N 濃度が基準値に近い場合も多いので[11]，河川等の境界域には 20 m 以上の緩衝地帯を設ける必要がある[18]．草地は林地等より高い水質浄化機能を保有しており，この機能を利用して草地へ糞尿等を還元している場合も多いが，還元量，時期，方法を含め，地域内の窒素循環について評価を行う必要がある．

c) 景観保全機能 景観は生物，色彩，地形的・気象的要因等を複合した視覚的評価であるが，これらをとらえる人の心理的要因でかなり左右される．これまでの調査では，草地は広々とした明るいイメージがあり，森林より高く評価されている[20]．牧場内では，畜舎，サイロの屋根の色や牧柵の種類等が注目されている．草地としては，各地域のススキ草原，シバ草原，ケンタッキーブルーグラス等の短草型草地の景観的評価は高いが，共通的には明るく，開けた"みどり"の広がりが視覚的に評価されている．みどりに対する人の感性は，色そのもののもつ感性とそれから連想される自然に対する感性を併せもっている．ここから安らぎ，安心感，若々しさ，ういういしさ等の快適性を表現する色となっている[24]．同じ緑にも，四季が明瞭で自然が豊かな日本においては，多様な表現形をもっている．明るい黄緑系のもえぎ，若草色，若菜色，若緑などで若々しい気分を表し，もっと明度の落ちたくすんだ色の草色，木賊色，苔色，海松色や常緑樹の緑を表す千歳緑，常盤緑，松葉色等で長寿，祝い色を表す．これらはすべて植物から出て，生命や成長と結び付いている．以上の緑色について，色彩学的には色相，明度，彩度の要素により，さらに客観的な心理的表現により評価できるが，草地の景観評価でも定量的な評価に努める必要があり，芝草では利用管理と色彩の変化が調べられている[5]．

d) 保健休養機能 物の豊かさから心の豊かさを求める国民の価値観の変化に伴い，農村に緑地や景観など美しい自然環境を維持すること，心のふるさとや安らぎを提供すること，レクリエーションの場を提供することが求められるようになり，今日では多くの牧場がその中心的役割を果たすようになっている．調査によると，公共牧場だけでも年間800万人以上の来訪者があり，来訪者が草地の散策や放牧家畜を見学するだけでなく，草地フィールドでの家族の団らん，牧場祭，牛肉試食会，バーベキュー，芋煮会，コスモス祭等の催しや，その広大な面積を生かした冬季のスキー場やハンググライダー，モトクロス等スポーツ競技の場としての利用もされている[20]．これらの中には牧場の生産機能にとり障害になるものもあるが，これらに利用される空間としての草地のあり方も検討される必要がある．草種としては従来の長草型の牧草より短草型の芝草が適すると考えられ，このために芝草地の簡易造成，管理法および景観維持法が必要となる．また景観を高め，潤いのある草地として，ワイルドフラワー等の草花を導入した草花草原の創出も必要となる．さらにこれらの技術と人の評価とに関し客観性をもたせるために，画像処理による景観シミュレーション技法の導入や感性工学的解析が必要となる．

e) 微気象緩和機能 太陽からの放射光は植物の葉面でその波長に特有の吸収，反射，透過を起こす．吸収されたエネルギーはほんの一部を光合成に利用するのみで，大部分を熱エネルギーに変換している．その熱エネルギーのうち長波長のものはかなりの部分を再放射するが，その他は熱の対流，蒸散により消費し，葉温の上昇を防いでいる．植物が行うこの蒸散作用により，土中の水分が大気中へ水蒸気となり放出される．その

量は乾物生産量の300～1,000倍に達するので，牧草の乾物収量を1,000g/m²/年とすると，0.3～1トン/m²の水蒸気を発生していることになる．熱に関しても，牧草の要水量を500g/乾物1g，気化熱を583cal/水1g（25℃）とすると約$3×10^8$cal/m²/年の熱量が必要であり，結果として放射太陽エネルギーによる大気の気温上昇を防止し，快適な環境を提供している．とくに，牧草，芝草はつねに旺盛な活動をしており，その熱収奪効果は他の畑作物より大きい[20,30]．

f）居住環境保全機能　林地より劣るものの，草地，芝地にもかなりの騒音低減機能があることが知られている[20]．居住環境における草地，芝地の役割は，景観，微気象緩和，砂塵防止，いこいの場の提供等と複合して機能している．

g）大気保全機能　近年，地球環境変化に対する関心が高まってきており，二酸化炭素（CO_2）だけでなく，亜酸化窒素およびメタンの収支も重要になっている．

① 二酸化炭素，酸素：　牧草は，光合成によりCO_2を吸収し，酸素を吐き出し，大気の浄化機能を果たしている．近年，このCO_2が温室効果ガスとして，地球の気温を上昇させる汚染物質とされ，国際的問題となっている[16]．これは化石エネルギーの大量消費や熱帯林の安易な伐採に起因しており，その削減が必要とされている．しかし，エネルギーの消費は世界の人々の生活水準の向上とともに増大しており，今後ともCO_2濃度の上昇は続くものと危惧されている．これに対応するため，牧草，草地の影響調査と地球レベルでの炭素循環の検討が行われている．影響調査では，C_3植物のオーチャードグラスではCO_2上昇時には乾物生産は上がり，適応温度も上昇し，量的生産は雨量さえ変化しなければ有利に働くようになる[6]．しかし，窒素，カリウム，マグネシウム等の体内成分が不足し，飼料価値は低下することが予測されている[7]．また，C_4植物のトウモロコシでは，子実の成熟が劣ることが懸念されている[4]．炭素循環の研究では，草地は陸上植生の炭素蓄積量473GtC（$G=10^8$の，C＝炭素）のうち約19％の89GtCを占め[8]，また草地（熱帯サバンナ，温帯・冷温帯ステップ）土壌中には，全炭素蓄積量約1,500GtC[33]の約19％にあたる279GtCが存在し[29]，これらの合計量（368GtC）は化石エネルギーから大気へ放出される年間約5GtCの約74倍にあたる．地球環境問題としては，草地は炭素の蓄積源（シンク）か放出源（ソース）か検討すると，通常の管理状態では増減はほとんどないことになる．しかし，現在全地球上で進行中の砂漠化は草地面積を縮小することになり，ソースとしての働きをすることになる．草地の適正な管理により，砂漠化の進行を食い止めることが，大気保全機能，温暖化防止にとって重要なことである．

② メタン（CH_4），亜酸化窒素（N_2O）：　これらは，CO_2に次いで温室効果ガスとして近年注目されてきたガスである[16,19]．その重要な発生源として，メタンでは反芻家畜および家畜排泄物が，オゾン層の破壊物質でもあるN_2Oでは施肥肥料および家畜排泄物があげられている．CH_4は地球レベルでの年間全発生量が515Tg（$T=10^{12}$）で，反芻家畜の体内発酵に起因するものが80Tg，家畜排泄物からが25Tg，合計105Tgで，全排出量の19％を占めている[19]．しかし，ここでの家畜排出量の値は全家畜の合計である．草地からのCH_4発生は湿地状態の草地でない限りほとんどなく，逆に吸収を行うことが明らかになってきた．糞尿を散布すると一時的にCH_4が放出されるが，生牛糞32トン/ha/年，スラリー100トン/ha/年までは草地がCH_4のソースとなることはないと推定されて

いる．N_2O は年間発生量が十数 Tg N で，その大部分は成層圏の光分解で消失するが，その残りは大気圏で $3\sim4.5$ Tg N/年の増加をもたらしている[19]．そのうち半分以上は土壌からの発生で，とくに施肥した N 肥料からの放出が大きい．無施肥のイネ科草地から年間 47.4 mg N/m^2 が放出され[17]，これに施肥を行うとその N 含有量の $0.2\sim1.0\%$ が放出される．また，生糞では施用 N 含有量の 0.16%，液状きゅう肥では 0.12%，堆きゅう肥では 0.06% の N が放出されると報告されている[17]．これらの低減技術の開発が必要となっている．

h) 土保全機能　　草地は植生密度が高く，土壌表層をよく覆い，また根系の発達も著しいので，土壌を保持する能力が高い．その能力は林地より劣っているが，畑地より優れている．土保全機能をさらに分類すると，土壌水食防止機能，土壌風食防止機能に分類される[20]．土壌水食の因子としては，気象，地形，植生，土壌，草地管理法があげられる．地形的には，傾斜度，斜面長の長さと方向が，植生では植物の種類，生育状態，被覆度があげられる．たとえば，オーチャードグラス等の放牧地では，傾斜角度が 13 度以上になると牛道が形成され，土壌流出が生じやすくなる[26,27]．風食は強風で土壌が崩壊することであるが，裸地に比べて飛散土を $1\sim4\%$ にまで低下でき，その効果が大きいことが明らかにされている[20]．

[福山正隆]

文　献

1) FAO: Production, In yearbook (1989)
2) Frame, J.: Improved grassland Management, p. 272-280 (1992)
3) 福山正隆ら：草地試研報，**36**，66-79 (1987)
4) 福山正隆ら：日草誌，**37** (別)，47-48 (1991)
5) 福山正隆ら：芝草研究，**21**，178-182 (1993)
6) 福山正隆：地球温暖化とわが国の畜産，III-3，畜産技術協会 (1994)
7) 福山正隆ら：日草誌 (別) (発表予定) (1995)
8) 後藤尚弘：変容する地球環境と土壌資源の将来，p. 11-26，資料 No. 11，農環研 (1994)
9) Green, B., 小倉武一ら訳：カントリーサイドを保全する，食料・農政研究センター国際部会 (1994)
10) 浜　栄一ら編：日本産蝶類の衰亡と保護，第 1 集，p. 145，日本鱗翅学会 (1989)
11) Holmes, W.: Grass——Its production and utilization, 240-257, The Bri. Grassl. Soc. by Blackwell Sci. Publi. (1989)
12) 岩間秀矩：システム農学，**10**，139-148 (1994)
13) 和泉真理：英国の農業環境政策，富民協会 (1989)
14) 科学技術庁資源調査会編：みどりとの共存を考える (1988)
15) 環境庁編：日本の絶滅のおそれのある野生動物 (無脊椎動物編)，p. 251，日本野生生物研究センター (1991)
16) 霞が関地球温暖化問題研究会編・訳：IPCC 地球温暖化レポート——気候変動に関する政府間パネル報告書サマリー (1991)
17) 木村　武：地球温暖化とわが国の畜産，p. 33-45，畜産技術協会 (1994)
18) 久保祐雄：農林漁業における環境保全技術に関する総合研究，試験成績 (第 3 集)，187-190 (1979)
19) 陽　捷行：土壌圏と大気，1-27，朝倉書店 (1994)
20) 日本草地協会：地域資源の高度利用による草地開発手法の検討に関する調査，委託事業実績報告書 (1992)
21) 日本草地協会編：ふれあい牧場 (1992)
22) 農林水産省草地試験場：草地の動態に関する研究 (第 2 次中間報告 II．野草地編)，草地試験場，

No. 57-10 資料, 13-24 (1983)
23) 農林水産省草地試験場：草地の動態に関する研究(第2次中間報告 II. 牧草地編), 草地試験場, No. 59-9 資料, 1-206 (1985)
24) 末永蒼生：事典色彩自由自在, 40-50, 晶文社 (1994)
25) 及川棟雄ら：草地試研報, **20**, 190-215 (1981)
26) 及川棟雄ら：草地試研報, **21**, 67-78 (1982)
27) 及川棟雄：日本農学大会シンポジウム, p. 11-20, 日本農学会 (1991)
28) 横張 真：農林地の環境保全機能に関する研究, 緑地学研究, No. 13, p. 73 (1994)
29) Post, W. M. *et al*.: *Nature*, **298**, 156-159 (1982)
30) Robinette, G. O., 三沢 彰訳：図説 生活空間と緑(米国内務省国立公園局/米国造園家協会編), ソフトサイエンス社 (1990)
31) Rorison, I. H. and Hunt, R.: Amenity grassland——An ecological perspective, John Wiley & Sons (1980)
32) 西条好迪：環境保全と山村農業(杉山道雄編), 137-158 (1993)
33) Siegenthaler, U. and Sarmient, J. L.: Atmospheric carbon dioxide and the ocean, *Nature*, **365**, 119-125 (1993)
34) 山本克巳：地球温暖化とわが国の畜産, p. 11-18, 畜産技術協会 (1994)

10.2　飼　料　作　物

a. 飼料作物の種類と特徴
1) 飼料作物の位置づけ

　家畜の飼料は大きく分けると粗飼料と濃厚飼料に分類できる(図 10.2). 粗飼料は, 植物体の地上部全体, すなわち茎葉を主体に飼料用として利用するものであり, 濃厚飼料は主に植物体の一部, 主として子実などの栄養価の高い部分を利用する. 濃厚飼料の主体は穀類であり, トウモロコシ, ソルガムの子実などが輸入されて飼料として利用されており, その他にぬか類や, 砂糖やビールなどの製造過程で生産される粕類や魚粉等が含まれる.

　粗飼料には飼料作物, 野草, 樹葉, 農場副産物が含まれる. 飼料作物は家畜の飼料生産を目的として栽培されるもので, 広義の飼料作物には, 牧草, 青刈飼料作物(狭義には飼料作物として用いられている), 根菜類, 果菜類が含まれており, ギンネムなどの飼

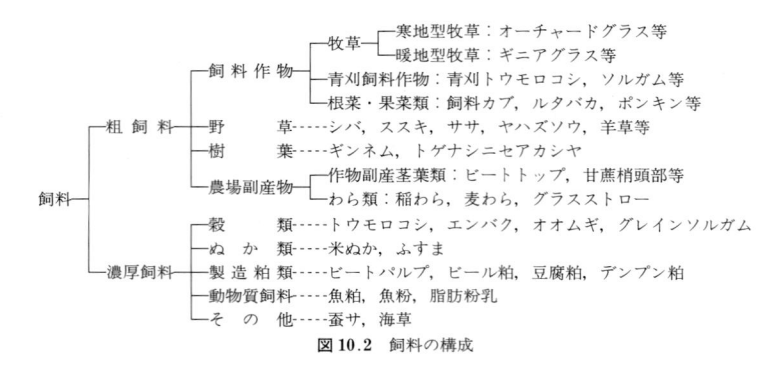

```
                  ┌ 牧　　草 ┬ 寒地型牧草：オーチャードグラス等
                  │          └ 暖地型牧草：ギニアグラス等
         ┌ 飼料作物 ┼ 青刈飼料作物：青刈トウモロコシ, ソルガム等
         │        └ 根菜・果菜類：飼料カブ, ルタバカ, ポンキン等
  ┌ 粗飼料 ┼ 野　　草 ---- シバ, ススキ, ササ, ヤハズソウ, 羊草等
  │      ┼ 樹　　葉 ---- ギンネム, トゲナシニセアカシヤ
飼料│      └ 農場副産物 ┬ 作物副産茎葉類：ビートトップ, 甘蔗梢頭部等
  │                    └ わら類：稲わら, 麦わら, グラスストロー
  │      ┌ 穀　　類 ---- トウモロコシ, エンバク, オオムギ, グレインソルガム
  │      ┼ ぬ か 類 ---- 米ぬか, ふすま
  └ 濃厚飼料 ┼ 製 造 粕 類 ---- ビートパルプ, ビール粕, 豆腐粕, デンプン粕
          ┼ 動物質飼料 ---- 魚粕, 魚粉, 脂肪粉乳
          └ そ の 他 ---- 蚕サ, 海草
```
図 10.2　飼料の構成

料木も含めることがある．

　野草は本来自然の植生であるが，シバ，ススキ，ササ，ヤハズソウなどの草種は家畜の嗜好性が高い，収量が多い，刈取り・放牧耐性が高いなどの特性から古くから家畜の放牧用，採草用に利用されてきた．とくに，シバは野草地での放牧年数が経過すると再生力が強いためシバ型草地を形成する主要な草種となっている．最近では，中国の内モンゴルのステップの野草である羊草（ヤンソウ）も乾草として輸入されている．なお，羊草は正確にはステップ草原を構成するイネ科草種群落の一種であり，ヤンソウとして輸入されている乾草には共存している他の野草も多く含まれている．

　農場副産物は農場で栽培される作物において副次的に生産される部分を飼料として利用するものであり，古来多くの副産物が飼料として利用されてきた．畑作物の副産物としては，テンサイの地上部（ビートトップ）が北海道で，サトウキビの稈を除いた部分（甘蔗梢頭部）が南西諸島の飼料として利用されている．稲わらは全国的に利用される重要な飼料資源であり，需要が多いため現在では外国からも輸入されている．さらにオレゴン州などアメリカ西海岸の牧草採種地帯から採種した残りの茎葉が，ライグラスストローなどの名で輸入されている．

2）飼料作物の植物分類上の区分

　飼料作物は，栽培上は牧草，青刈用飼料作物，根菜類，果菜類に分類されるが，植物分類上では数種の科（family）から構成されており，イネ科，マメ科，アブラナ科，アカザ科，ヒルガオ科，ウリ科，キク科などの植物に分類される（表10.1）．"科"の下位の分類として族（tribe），属（genus）・種（species）があるが，一般に"種"のレベルの分類に牧草の草種名や作物名がつけられている．しかし，"属"に相当する区分も栽培上では用いられることがあり，ライグラス類（*Lolium* 属に相当し，イタリアンライグラス，ペレニアルライグラスなどの総称），フェスク類（*Festuca* 属のトールフェスク，メドウフェスクなど），パニカム類（*Panicum* 属のギニアグラス，カラードギニアグラスなど），クローバ類（*Trifolium* 属のシロクローバ，アカクローバなど）がある．

　イネ科飼料作物を特性や利用上から分類すると，寒地型牧草，暖地型牧草，青刈飼料作物に区分される．寒地型イネ科牧草は温帯起源の生育適温が低い C_3 植物で，北海道か

表10.1　飼料作物の植物分類上とタイプによる区分

1) イネ科（寒地型牧草）	イタリアンライグラス，ペレニアルライグラス，ハイブリッドライグラス，オーチャードグラス，チモシー，トールフェスク，メドウフェスク，スムーズブロームグラス，リードカナリーグラス，ケンタッキーブルーグラス
2) イネ科（暖地型牧草）	バヒアグラス，ギニアグラス，カラードギニアグラス，ローズグラス，パンゴラグラス，ジャイアントスターグラス，シバ
3) イネ科（青刈飼料作物）	トウモロコシ，ソルガム，テオシント，エンバク，ライムギ，ライコムギ
4) マメ科（寒地型牧草）	アカクローバ，シロクローバ，アルファルファ，アルサイククローバ，レンゲ
5) マメ科（暖地型牧草）	グリーンデスモニューム，スタイロ，ギンネム，グライシン
6) マメ科（青刈飼料作物）	ダイズ，カウピー，ベッチ類
7) アブラナ科	飼料カブ（家畜カブ），ルタバカ（スウェーデンカブ），レープ
8) アカザ科	飼料ビート（家畜ビート）
9) ヒルガオ科	サツマイモ
10) ウリ科	家畜カボチャ（ポンキン）
11) キク科	ヒマワリ

ら九州中標高地の草地を形成している基幹草種であり，数多くの草種が含まれる．永年草地の代表的な草種としては，チモシー，オーチャードグラス，トールフェスク，メドウフェスク，ペレニアルライグラス，ケンタッキーブルーグラスがある．寒地型牧草のイタリアンライグラスは秋播き一年生で栽培期間が短いため，水稲裏作の水田や耕地圃場にトウモロコシなどとの輪作に用いられることが多い．

暖地型イネ科牧草は亜熱帯・熱帯起源の生育適温が高い C_4 植物で，東海以西の低標高地から沖縄などの南西諸島で栽培される．バヒアグラス，ギニアグラス，カラードギニアグラス，ローズグラス，パンゴラグラスなどの草種がこれに含まれる．なお，シバは在来野草で耐寒性が強いが，暖地型牧草と同じ C_4 植物である．

青刈飼料作物は本来食用作物として子実を目的に改良，栽培されてきた歴史があるが，現在は子実を含め地上部全体をホールクロップ用として利用するように品種改良され，耕地用一年生作物として栽培されている．トウモロコシは北海道から九州までもっとも広く栽培されており，サイレージとして利用されている．ソルガムはソルゴー型からスーダン型，兼用型など多くの品種が分化し，東北以南で栽培されている．ムギ類も春播き性の高い早生品種が育成されて秋播きで栽培されている．

マメ科飼料作物も寒地型牧草，暖地型牧草，青刈用に分かれるが，もっとも広く栽培されているのはシロクローバ，アカクローバ，アルファルファの3草種で，イネ科牧草との混播で草地に栽培されている．ギンネムはマメ科の飼料木で家畜の嗜好性が高く，南西諸島で栽培されている．アブラナ科やアカザ科など他の科の飼料作物は基幹作物の補完として栽培されることが多い．

3） 飼料作物の種類と特性

日本列島は南北に長く，対象となる地目も永年草地，短年草地，耕地の畑，水田と多岐にわたることから，表10.2に示したように，飼料作物の特性に応じた草種が栽培されている．

草種の適地を規制するもっとも大きな特性は耐寒性と耐暑性であり，北海道などの寒地では耐寒性，暖地の夏季の高温が厳しい地域では耐暑性に優れた草種や品種が栽培されている．もっとも耐寒性が強い草種はチモシー，メドウフェスクで北海道や東北の高標高地帯で栽培され，オーチャードグラスやアルファルファは全国的に栽培されるが，品種によって耐寒性や耐暑性が異なるため適品種を用いる必要がある．トールフェスクは耐寒・耐暑性とも優れているので適地の幅が広く，ペレニアルライグラスは放牧適性がとくに優れているため集約放牧に利用されている．イタリアンライグラスは耐暑性，永続性が低いため1年利用が主体であるが，近年越夏性品種も育成されている．

暖地型牧草では，バヒアグラスがもっとも耐寒性が強いため，暖地，温暖地の低標高地帯では越冬可能で放牧用草地を形成することができる．ローズグラス，ギニアグラスなどは耐寒性が劣ることから冬季枯死するため，春播きの夏型一年生として採草用に栽培される．しかし，これらの暖地型牧草は植物的には永年性草種であるため，無霜地帯の南西諸島では永年草地として活用されている．

青刈飼料作物は全国的に一年生として圃場に栽培され，夏型のトウモロコシ，ソルガムは春播き種，冬型のムギ類等は秋播き種で栽培される．

10.2 飼料作物

表10.2 牧草, 飼料作物の種類と特性

種　類	耐寒性	耐暑性	永続性	放　牧	採　草	適　地
チモシー	◎	×	◎	△	◎	北海道, 東北高冷地
オーチャードグラスA	◎	×	◎	◎	◎	北海道, 東北高冷地
オーチャードグラスB	◎	△	◎	◎	◎	本州以南, 暖地高標高地
トールフェスク	◎	○	◎	○	○	九州以北
メドウフェスク	◎	×	◎	○	△	北海道, 東北高冷地
ペレニアルライグラス	○	△	◎	◎	○	北海道西海岸以南
イタリアンライグラス	○	×	×	△	◎	東北以南, 冬型一年生
アカクローバ	◎	△	○	△	◎	全国
シロクローバ	◎	○	◎	◎	○	全国
アルファルファA	◎	×	○	×	◎	北海道, 東北高冷地
アルファルファB	○	○	○	×	◎	東北以南
ローズグラス	×	◎	×	○	◎	暖地, 夏型一年生
ギニアグラス	×	◎	×	○	◎	暖地, 夏型一年生
カラードギニアグラス	×	◎	×	○	◎	暖地, 夏型一年生
バヒアグラス	△	◎	◎	◎	○	暖地, 多年生
トウモロコシ	×	◎	×	×	◎	全国, 夏型一年生
ソルガム	×	◎	×	×	◎	全国, 夏型一年生
エンバク	○	×	×	×	◎	東北以南, 冬型一年生

注1) ◎:優れている, ○:やや優れている, △:中程度, ×:劣る.
2) オーチャードグラスA, アルファルファAは北海道向き品種, Bは本州向き品種.
3) ローズグラス, ギニアグラス, カラードギニアグラスは南西諸島では多年生.

4) 栽培利用期間と利用法による分類

飼料作物には永年草地用の牧草から圃場用飼料作物まで含まれており, 表10.3に示したように利用法も, 放牧用, 採草用, 放牧・採草兼用, ホールクロップサイレージ用に分かれる. 放牧用草種は地下茎, 地上茎の発達が旺盛で再生力が優れているのが特徴で,

表10.3 栽培利用期間と利用法による分類

利用期間	地域等	主な利用法	草　種
永年利用A	全国	放　牧	ペレニアルライグラス, メドウフェスク, ケンタッキーブルーグラス, レッドトップ, シバ, バヒアグラス, シロクローバ
		採　草	チモシー, オーチャードグラス, トールフェスク, アルファルファ
		放牧・採草	オーチャードグラス, トールフェスク, アルファルファ
永年利用B	南西諸島	放　牧	ジャイアントスターグラス, ギニアグラス, バヒアグラス, ギンネム
		採草・放牧	ローズグラス, パンゴラグラス, ギニアグラス
短年利用	全国	採　草	ショートローテーションライグラス, 越夏性イタリアンライグラス, アカクローバ, アルサイククローバ
1年利用	夏栽培	ホールクロップ	トウモロコシ, ソルガム, パールミレット
		採　草	ローズグラス, ギニアグラス, カラードギニアグラス, ネピアグラス, ヒエ類
1年利用	冬栽培	ホールクロップ	エンバク, ライムギ, オオムギ
		採　草	イタリアンライグラス, レンゲ, 家畜カブ

注　主な利用法の放牧・採草, 採草・放牧はそれぞれ前者を主体とする兼用利用. 採草利用には乾草, 青刈, およびグラスサイレージ (ホールクロップ以外) を含む.

ペレニアルライグラス，メドウフェスク，ケンタッキーブルーグラス，シバ，バヒアグラス，ジャイアントスターグラスなどがある．

採草用は乾草やサイレージ生産，青刈給与に利用されるもので，一般に立型で耐倒伏性が強く多収性の草種であり，チモシー，オーチャードグラス，イタリアンライグラス，ローズグラス，カラードギニアグラスなど数多くの草種がこの区分に分類される．しかし，一番草は採草し二・三番草を放牧に利用するなどの兼用利用や草地によって放牧と採草を仕分けするなど，放牧用と採草用は厳密に区分できない場合も多い．このような利用に適した草種として，オーチャードグラス，トールフェスク，ギニアグラス，パンゴラグラスなどがあげられる．なお，アルファルファは国内でも栽培されるが，ペレット，キューブの形態で多くの量が外国から輸入されている．

一年生利用の圃場栽培では，結実時期に子実を含めて収穫してホールクロップサイレージ用として利用する場合が多く，トウモロコシ，ソルガム，エンバク等のムギ類があげられる．

5) 飼料作物の生殖様式による分類

飼料作物の生殖様式は，表10.4に示したように種子繁殖では他殖性，自殖性，アポミクシスに分けられ，繁殖様式では種子繁殖と栄養繁殖に分けられる．

表10.4 飼料作物の生殖様式による分類

1)	他殖性風媒花	ほとんどの寒地型イネ科牧草，トウモロコシ，ソルガム，ローズグラス，バヒアグラス（ペンサコラ型）
2)	他殖性虫媒花	シロクローバ，アカクローバ，アルファルファ，家畜カボチャ
3)	自殖性作物	エンバク，ライムギ
4)	アポミクシス	ギニアグラス，ダリスグラス，バヒアグラス，ケンタッキーブルーグラス
5)	主として栄養繁殖	パンゴラグラス，バミューダグラス，ネピアグラス，サツマイモ

他殖性生殖は他家受粉と他家受精を行うもので，遺伝子型の異なる花粉によって受粉，受精を行い，同個体や自殖系統など同じ遺伝子型の花粉では不和合性が高いため種子は形成しない．しかし，強制的に自家受粉を行えば種子を結実することがあるが，その場合も子孫植物の生育や生殖能力は極端に低下する．他家受粉には風によって花粉が運ばれる風媒花と昆虫によって媒介される虫媒花があり，ほとんどのイネ科牧草やトウモロコシ，ソルガム等は他殖性風媒花植物に属する．クローバ類やアルファルファは他殖性虫媒植物であり，ミツバチやハキリバチ等によって花粉が媒介される．

自殖性生殖はイネ・ムギ類などの主要な食用作物に一般的な生殖様式である．

アポミクシス（apomixis）は，一般に受精が行われずに種子を形成するためその後代植物は種子親と同じ遺伝子型をもっている．絶対的（obligate）アポミクシス植物にはギニアグラス，ダリスグラス，バヒアグラス等の暖地型牧草，条件的（faculative）アポミクシス植物にはケンタッキーブルーグラスがある．

栄養繁殖を主とする飼料作物には，①種子は形成するが稔性がきわめて劣るもの（シバ，バミューダグラス），②三倍体（パンゴラグラス）や種間雑種（雑種ペネセタム）のため種子が不稔のもの，③日長，温度が不足のため出穂，結実が困難なもの（ネピアグラス）などに原因が分かれる．

6) 生殖様式と育種法

　飼料作物には数多くの品種が市販されており，公的研究機関や種苗会社で新品種育成が行われている．農水省では，全国各地の環境条件や栽培利用に適した品種開発のため，育種研究室を配置している．これらの新品種開発のためには，表10.5のようにそれぞれの作物の生殖様式に応じた育種法を活用している．

表10.5　飼料作物の生殖様式と主な育種法

1) 他殖性生殖	集団選抜法，母系選抜法，循環選抜法，合成品種法，F_1品種育種法
2) 自殖性生殖	交雑育種法
3) アポミクシス生殖	個体選抜，雄性生殖個体との交雑，放射線育種
4) 栄養繁殖	栄養系選抜，実生個体の選抜
5) その他	種属間交雑育種法，放射線育種法，遺伝子組換え，細胞選抜，等

　他殖性作物の牧草育種には，集団選抜法，母系選抜法，合成品種法があるが，現在では循環選抜法を含め複数の育種法が併用されることも多い．これらの育種法の特徴は，育種目標に応じた遺伝子を集積して相加的遺伝子効果をねらうとともに，品種内にヘテロ性を維持してヘテローシス効果を高めることにある．とくに合成品種法は栄養系の増殖が容易な多年生牧草に有効な育種法で，栄養系の組合わせ能力を検定して合成栄養系を選抜し，それらの多交配によって品種を育成している．トウモロコシ，ソルガムは自殖系統を養成して単交配による組合わせ能力を検定して，F_1品種を育成する．とくにソルガムでは雄性不稔を利用したF_1品種が育成されている．

　エンバクなどの自殖性作物は，イネ，ムギと同じ交雑育種法が用いられる．アポミクシス生殖は種子親と同じ遺伝子型の後代を生じるため，自然突然変異に由来する生態型からの個体選抜やごくまれに存在する有性生殖個体を探索，検出してこれとの交配によって品種を育成する方法があり，ギニアグラスのナツカゼはこの方法で育成された．栄養繁殖では，育種過程では種間交雑などによって種子繁殖を行い，後代個体よりエリートクローンを選抜して品種とし，その後は栄養繁殖を行って増殖を行う．

　そのほかに種属間交雑育種法，放射線育種法などがあり，さらに遺伝子組換え，細胞融合，細胞選抜などのバイオテクノロジーを活用した育種研究も行われている．

〔寺田康道〕

b．飼料作物の生理生態

1）　種子の休眠，発芽，初期生育

a）　休眠と休眠打破　　沖縄を除く本邦での飼料作物は大半が一年生あるいは越年生であり，種子繁殖をする．牧草，飼料作物の中には，多くの暖地型牧草のようにまだ十分作物化されていないものがあり，それらは休眠性を有している．休眠性はそれぞれの種の生存戦略の要となるもので，優れた環境適応性の具現したものであり，種固有の多様なメカニズムを有している．休眠のあるものについては休眠打破処理が必要であるが，その生活史の中から要因を抽出することができる．一般的には乾燥種子は30〜40℃の高温が，湿潤種子は5℃前後の低温が休眠打破に有効に作用する．この低温予措（pre-chilling）は牧草種子にも有効で，オーチャードグラス，イタリアンライグラスのような

寒地型牧草でも、またオオクサキビのような暖地型牧草でも広く認められている。また、寒地型牧草や野生ヒエ、オオクサキビでは変温が発芽促進に有効な場合があるが、これも環境適応的な反応と考えられる。また、種子の休眠打破には植物ホルモンが有効な場合がある。ギニアグラスの一種であるグリーンパニックにはジベレリンが有効で、市販種子の発芽促進のために実際に利用されている。

なお、種子の寿命は、遺伝性、貯蔵条件で異なるが、休眠の程度によっても左右される。一般に低温、低湿、無酸素状態で発芽力が保持されるが、休眠が覚醒したものを発芽可能温度下に放置するとすみやかに発芽力が失われる。

b) 発 芽 発芽には、温度、水、酸素が必要であり、草種によっては光要求性がある。これらの中で播種期を決定するもっとも大きな要因は温度であるが、寒地型、暖地型による違いはもちろん、同じ草種でも品種によって異なる場合がある。最適発芽温度は、発芽率と発芽速度から判定されるが、発芽率からみたそのレンジはかなり広いのに対して、発芽速度は温度によって大きく影響され、最速のレンジは比較的狭い。主要草種の発芽温度の文献的な値をまとめると表10.6に示すようである。

表10.6 牧草,飼料作物の発芽温度(℃)

草　種	最低	最適	最高
寒地型牧草	0～ 5	25～30	30～40
ムギ類	0～ 2	24～26	38～42
暖地型牧草	10～15	32～35	40～44
トウモロコシ	6～ 8	34～38	44～46
ソルガム（スーダン）	12～13		
ソルガム（ソルゴー）	15～16		
アルファルファ	0～ 5	31～37	37～44

発芽に対する光の作用は、フィトクローム系という色素によって制御されている。このフィトクローム系は、赤色光が促進的に、近赤外光が阻害的に作用する。オオクサキビの場合、暗黒・高温・湿潤処理によって休眠打破された種子の発芽は、短時間の600～700 nmの波長域(赤色域)のみで明瞭に認められ、フィトクローム系が関与している。

2) 栄養生長

a) 初期生育 出芽後の従属栄養期から一定の独立栄養期にかけての初期生育の大きさは、原則的には種子の大きさ、すなわち胚乳の大きさに左右されるが、遺伝的にも差がみられる。種子の大きさは表10.7に示すように種によって千差万別であり、また品種によってもかなりの変動がある。大粒のトウモロコシなどは胚および胚乳が大きく、初期生育が旺盛で定着力も高いが、牧草種子は一般に小粒種子が多く、初期生育の速度、程度が小さく、発芽、定着に困難をきたす場合がある。

b) 光合成——C_3型とC_4型 物質生産の基礎になる光合成反応は、クロロフィルやカロチノイドといった色素によって光エネルギーを吸収し化学エネルギーに変換する明反応系と、そのエネルギーを利用して炭酸ガスを固定、還元する暗反応系に大別される。この暗反応系には、炭酸ガスを取り込み、まず炭素三つのホスホグリセリン酸（PGA）をつくるC_3型と、炭素四つのリンゴ酸やアスパラギン酸などをつくるC_4型が知られて

10.2 飼料作物

表10.7 市販品種の種子重量

草種名	測定品種数	千粒重 (g) 平均	SD	最大	最小	粒/kg
トウモロコシ	42	319.6	44.3	417.6	228.1	3,129
ソルガム	12	31.44	2.52	34.96	26.70	31,807
パールミレット	4	6.953	0.797	8.108	6.172	143,823
テオシント	4	69.13	3.26	72.73	64.79	14,465
栽培ヒエ	9	3.688	0.743	4.472	2.010	271,150
ギニアグラス	3	1.006	0.039	1.031	0.952	994,036
イタリアンライグラス						
二倍体	10	2.746	0.278	3.162	2.216	364,166
四倍体	10	4.359	0.705	5.658	3.286	229,410
エンバク	14	35.22	8.90	48.32	19.75	28,393
ライムギ	4	22.30	2.60	25.05	18.26	44,843
ライコムギ	4	36.28	4.54	39.62	28.49	27,563
リードカナリーグラス	5	0.990	0.048	1.042	0.918	1,010,101

いる．C_3型光合成には，一方で固定された炭酸ガスを放出する光呼吸という現象が存在するのに対し，C_4型光合成では葉の組織構造的特徴から，見かけ上この光呼吸がみられず光合成の効率が相対的に高い．見かけの光合成能力は種によって大きな変動があるが，C_4型のほうが高い場合が多い．光量が増加すると光合成量は増加するが，C_3型では全日射光の30～50％で飽和するのに対し，C_4型では全日射光でも飽和しない．光合成の適温にも差があり，C_3型は13～30℃であるのに対し，C_4型は30～47℃と高く，生育適温も高いとされる．

牧草，飼料作物の光合成反応は，種によって上記のC_3，C_4の2型に分かれる．寒地型牧草類（オーチャード，ライグラス類，フェスク類，チモシー，ケンタッキーブルーグラス，リードカナリーグラスなど）およびムギ類はC_3型，トウモロコシ，ソルガム類，暖地型牧草類（ヒエ，ギニアグラス，ローズグラス，バミューダグラスなど）はC_4型に属する．すなわち，牧草，飼料作物の物質生産における適応性は，上記の光合成機能の差異に起因している．

3) 生殖生長——感温・感光性

a) トウモロコシ　播種から出芽までに要する期間および絹糸抽出から黄熟までの登熟期間は主に気温によって決定され，品種によって差異がある．一方，出芽から絹糸抽出に至る生育期間は気温とともに日長も影響して決定されている．そして，最近は発育速度の概念が導入され，気温と発育速度との関係および日長と発育速度との関係を用いて各生育期間を予測することが行われている．なお，気温の発育に及ぼす影響は寒地で大きく，暖地で小さいとされている．

府県における品種の発芽から成熟（黄熟期）までの日数は，品種のもつ相対熟度をほぼ10倍した値をとる有効積算気温（10℃以上）を目安に割り出すことができる．しかし，実際には，上記のように日長反応が加わったり，相対熟度の基準が種苗会社によって異なるため，実際の早晩性は各地域の奨励品種選定試験の結果などを参考にするほうがよい．

b) ソルガム　ソルガムの播種適温はトウモロコシよりやや高く，スーダン型がだ

いたい平均気温13℃，ソルゴー型が15℃以上になると播種適期になるが，8月中旬まで播種できる．しかし，図10.3に示すように，ソルガムの出穂は日長と温度に対する反応が複雑で品種によって播種期移動に対する出穂反応が異なる．図に示したタイプ1は基本的な出穂反応で，播種期が変わっても有効積算気温（13℃以上）は一定（550～600℃）になる品種群である．タイプ2は，播種期が7月まではほぼ一定の日数で出穂するが，それ以降の播種では大幅に日数が延びる品種群である．タイプ3は，いずれの播種期でも明らかに出穂日数が長くなり，晩播では出穂しない品種群で，ソルゴー型の長稈・晩生タイプはすべてこのタイプに属する．タイプ2とタイプ3は温度と日長が複雑に絡み合った反応である．

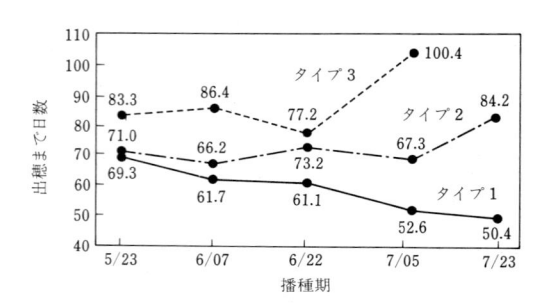

図10.3 ソルガム品種の播種期移動に対する出穂反応の差異

c) ムギ類 ムギ類には，秋に播き翌春利用する標準栽培のほかに，夏に播き年内に収穫する秋作栽培，春播きの春作栽培といった大きく分けて三つの作型があり，播種期が異なる．いずれの作型に適するかはムギ類のもっている播性によって決まる．ムギ類のような冬作物にあっては，出穂するために一定期間の低温，短日が必要になる（春化）が，長期の低温期間を要するものを秋播き性程度が高いといい（グレードを I ～ VII に区分している），反対にあまり必要としないものを秋播き性が低いとか春播き型とかよんでいる．秋播き性の高い V ～ VI 型の品種は，標準栽培には向くが，春作栽培や秋作栽培に用いると低温期間の不足で栄養生長のみが続き，収量も上がらず，とくにホールクロップのような利用ができない．一方，春播き性の品種は，いずれの作型でも栽培することができるが，とくに，生育期間が比較的高温で経過する春作栽培や秋作栽培ではこのグレードの品種を用いることが必須条件になる．

4) 再　　生

牧草，飼料作物の特徴の一つに再生利用がある．再生には再生芽と再生に要する貯蔵養分が関係する．再生時の芽が大きく，また数が多いほど再生はよく，新しく発生する分げつに依存する場合は遅くなる．貯蔵養分としては非構造性炭水化物があり，寒地型牧草ではフラクトサン，暖地型牧草ではデンプン，マメ科ではデンプンとグルコサンである．

5) 窒素固定

マメ科牧草は根に共生する根粒菌の働きにより，空気中の窒素を固定して利用するた

め, 地力の維持, 増進に効果がある. 根粒菌にもいろいろ種類があって, 草種に合う根粒菌を接種することが重要である. クローバ類のように全国至るところに生育している草種では, 改めて根粒菌を接種しなくても問題はないが, アルファルファのように, 野生化した植物がみられない草種の栽培では, 根粒菌の接種が必要である. 根粒菌による窒素固定量は平均して 10a 当たり 10～20 kg 程度とされている. 固定に悪影響を与えるものとしては, 低 pH, 低リン酸・カリ, 過度の刈取り・放牧, 農薬の使用である.

6) 障害抵抗性の生理

a) 越冬性——耐寒・耐凍・耐雪性　寒さに対する抵抗性は対低温, 対乾燥, ときには対凍上のそれぞれの要因または複合要因に対するものであり, 草種, 地域, 時期等によって原因や症状は異なる. 植物の耐寒性は厳冬期の寒さに対する絶対的な能力だけでなく, 萌芽期以降の戻り寒に対する抵抗力が重要である.

越冬性と越冬前の非構造性炭水化物との関係はかなり明らかにされている. 非構造性炭水化物は, 耐寒性における浸透圧を高める効果や, 耐雪性に対して積雪下での養分や春先の再生時の基質として利用されるなど, 越冬性に密接に関与している. とくにムギ類では, フルクタン (フルクトース重合体) が他のグルコース, フルクトース, シュークロースに比較して含有率が高く, 品種の含有率の高さと越冬性の間には高い正の相関が認められ, 越冬性を規定する要因であることが明らかにされている.

耐雪性は積雪地帯における重要な特性である. 積雪下では気温が高いため, 植物は呼吸が旺盛でエネルギーの消耗が大きい. また, 光が届かず多湿なため病害菌の繁殖もひどい. 北海道, 東北では紅色雪腐病, 菌核病が, 北陸では褐色雪腐病が多い.

b) 耐暑性　この特性は高温および水分利用に対する反応であり, 主として寒地型牧草で問題となる. 気温が 30℃ 近くになると, 寒地型牧草は体温調節等の機能が弱まって, 呼吸が亢進し, 蒸散や光合成が低下するとともに, 病気にかかりやすくなる. この特性は草種間の差が大きく, 寒地型牧草の中ではトールフェスクが強い. 夏作のトウモロコシやソルガム, ときにはイネでさえも高温のときには水分吸収が蒸散に追いつかないため生育が停滞する. なお, 夏枯れ耐性あるいは越夏性は, 高温ストレスのほか, 病害, 干害, 雑草害などの総合化されたものである.

c) 耐湿性　飼料作物の栽培の場として転換畑が大きな比重を占めつつあるが, そこでは耐湿性が重要な要因となる. とくに, 転換の初期には湿潤な条件になることが多く, このような場合には飼料作物に耐湿性が要求される. 飼料作物の耐湿性の草種間差は図 10.4 に示すように明瞭に認められるが, 個々の草種内の品種間差異はあまり明瞭ではない.

湿害の原因は, 土壌間隙中の空気が水分の増加で減少し, 通気性不良となり酸素供給が不足することによって, 根の呼吸阻害が起こることと, 還元状態で嫌気性の土壌微生物が有機酸類, 亜酸化鉄, 硫化物などを還元生成し根に障害を与えることによるとされている. 転換畑では, 有効土層の下部で有効水分が不足するだけでなく, 緻密な下層土が毛管による水の上下動を妨げるため湿害が発生する.

耐湿性の強弱は, 主として地上部から根への酸素を供給する通気組織系の発達程度によって決定される. 牧草の中では耐湿性が強いといわれるトールフェスク, ローズグラ

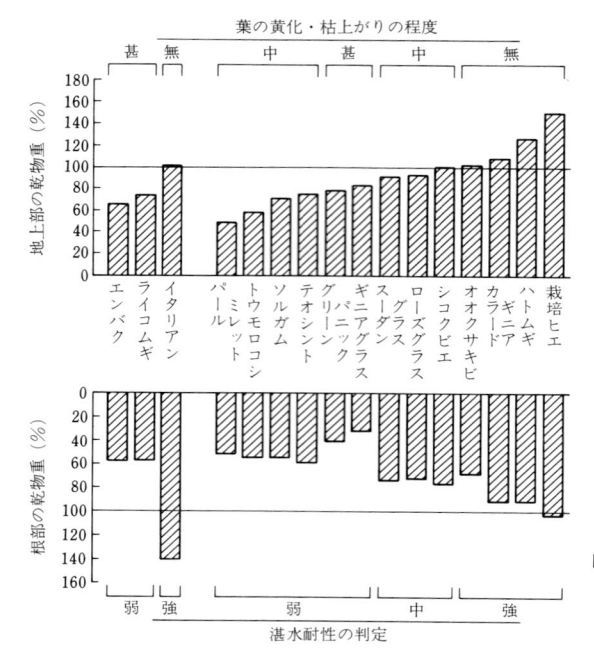

図10.4 湛水処理区における地上部および根部の乾物重（対照区に対する比率）

　ス，イタリアンライグラスなどは比較的通気組織系の発達がよい．一方，耐湿性が弱いとされるトウモロコシ，ソルガム，スーダングラスは通気組織系の発達が明らかに不良である．
　暖地型牧草でも，耐湿性の強いといわれるオオクサキビ，カブラブラグラス，カラードギニアグラス，シコクビエはローズグラスと同様通気組織系がみられるのに対し，ギニアグラス，グリーンパニックには認められない．この通気組織系の発達程度は，通気圧によって表すことができる．

　d）耐乾性　水分不足に耐えて生産量を低下させない性質をいう．根系の発達により水分を確保する能力が重要となる．アルファルファは深く根を伸長し吸水能力が高い．ソルガムも深根性で，吸水力はトウモロコシの2倍とされる．地域としては，南西諸島では年間降水量の偏在がしばしば起こり旱魃に襲われるため，耐乾性の強弱はかなり大きなウエートを占める．広く栽培されているローズグラスは旱魃により地上部が枯死することがあるが，ギニアグラスの新品種ナツユタカなどは同じ条件下でも旺盛な生育を続け耐乾性に優れている．また，マメ科牧草も草種間差があり，サイラトロ，スタイロ，ギンネムは，旱魃条件下で気孔を閉鎖し始める前に根の伸長が起こるという，優れた旱魃適応機作をもっている．

［清水矩宏］

11. 家畜糞尿の処理と利用

11.1 家畜糞尿による環境汚染問題の現状

a. 環境汚染問題の発生状況

畜産に起因する環境汚染問題の発生件数は，農林水産省畜産局の調査によれば，1973年度の11,676件/年をピークとし，その後数年は急激に減少した(図11.1(a))．しかし，1980年を過ぎると減少率がやや鈍り，1993年度では2,861件とピーク時の約25%になっている．その内訳を表11.1にみると，水質汚濁関連が約40%，悪臭関連が約60%である．畜種別では，養豚経営に起因するものがもっとも多く約40%を占め，次に乳用牛が30%弱，鶏が20%強，肉用牛が約10%の順になっている．これら内訳の構成はここ十数年ほぼ同じ傾向にある．

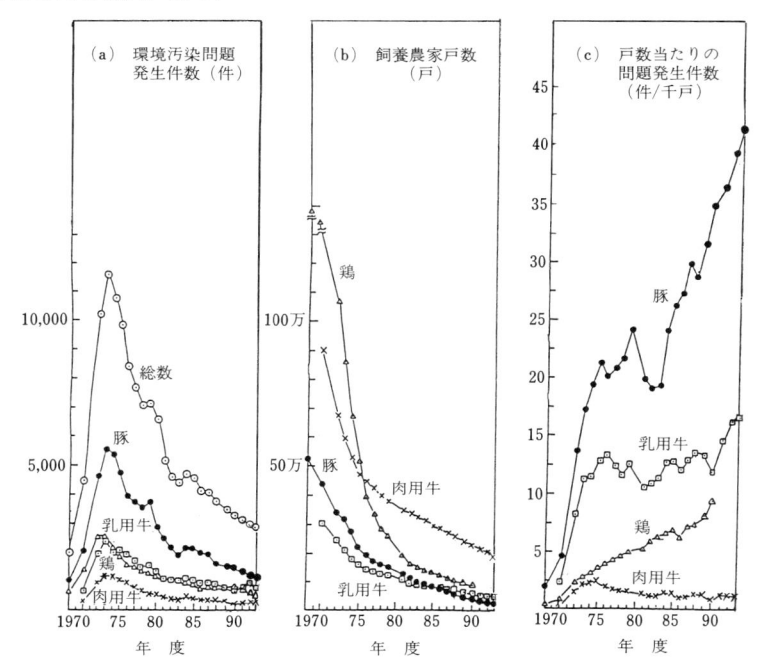

図11.1 畜産に起因する環境汚染問題発生件数の年次変化

表11.1 畜産経営に起因する環境汚染問題発生件数(畜産局, 1993)　　(単位:件, %)

区　分	水質汚濁関連	悪臭関連	害虫発生	その他	計
豚	550(47.0)	725(40.8)	30(40.4)	23(20.0)	1,055(36.9)
鶏	103(8.8)	361(20.3)	187(64.9)	24(20.9)	631(22.1)
乳用牛	374(32.0)	508(28.6)	38(13.2)	43(37.4)	836(29.2)
肉用牛	124(10.6)	147(8.3)	21(7.3)	12(10.4)	264(9.2)
その他	19(1.6)	36(2.0)	12(4.2)	13(11.3)	75(2.6)
計	1,170(100.0)	1,777(100.0)	288(100.0)	115(100.0)	2,861(100.0)
構成比	40.9	62.1	10.1	4.0	—

　図11.1(a)にみるように，畜産に起因する環境汚染問題件数は年々減少しているが，それ以上に激しく減少しているのが，図11.1(b)に示す家畜飼養農家戸数である．農家戸数の減少が汚染問題の減少に関与していることが推察される．そこで，図11.1(c)のように農家1,000戸当たりの汚染問題件数を畜種別に算出すると，農家戸数当たりの発生件数はむしろ増加ないしは停滞傾向にある．言い換えれば，汚染問題総数の減少とは裏腹に，農家1戸1戸にとってみれば，環境問題は年々深刻になっているのが現状である．

　飼養規模別では，大規模経営における問題の発生率が増加している．すなわち，豚の場合1,000頭以上，乳用牛の場合100頭以上，採卵鶏では30,000羽以上の大規模経営で，戸数当たりの発生率が高い傾向がみられる．　　　　　　　　　　　　　　　　［羽賀清典］

b．悪臭問題の特徴

　悪臭は畜産由来の公害の中でもっとも容易に感知されるものであり，全苦情発生件数の6割以上の比率をつねに占めている．悪臭の発生に伴う問題としては，酸性雨や大気汚染等の広域にわたる環境汚染の遠因としての面や，家畜や人間の健康への悪影響，ハエ等の衛生害虫の誘因などがあるが，とくに日本においては，近隣の居住環境への迷惑や畜産に対する不潔な印象といった心理的問題の要素が強い．このことは畜産農家と周辺住民との不和や農家子弟の畜産離れ等の要因となっており，畜産経営の存続に深刻な影響を与えている．

　畜産由来の悪臭の主な発生源は家畜排泄物であり，このほか飼料や畜体の臭気もある程度関与している．また発生箇所は畜舎，堆肥置場，乾燥施設，野積みの糞，尿溜め，還元用農地等，経営内のほぼ全域にわたる．とくに未熟な堆肥が農地還元された場合や野積みで放置されている糞に起因する苦情の件数は多く，排泄物処理が不適切または不十分の場合が多いことを示している．

　悪臭の発生は天候，気温等の気象条件に大きく影響される．一日の中では夜明け前や正午近く，夕方など，空気が比較的安定している時間帯に強い臭気が感じられる．また一年の中では，高温多湿の梅雨期から夏期に臭気の発生が多い．さらに，断続的にでも高頻度で不快度の高い臭気を発したり，発生時間帯が食事時にかかるような場合も同様に悪い印象を与える．近年，都市近郊地域においては混住化が進み，畜産農家に住宅地が近接する場合がふえたことから，悪臭に関する苦情を生じやすい状況にある．

表 11.2 悪臭防止法における規制物質と規制濃度範囲　　　　　（単位：ppm）

物質名＼臭気強度	1	2	2.5	3	3.5	4	5
アンモニア	0.1	0.6	1	2	5	1×10	4×10
メチルメルカプタン	0.0001	0.0007	0.002	0.004	0.01	0.03	0.2
硫化水素	0.0005	0.006	0.02	0.06	0.2	0.7	8
硫化メチル	0.0001	0.002	0.01	0.05	0.2	0.8	2
二硫化メチル	0.0003	0.003	0.009	0.03	0.1	0.3	3
トリメチルアミン	0.0001	0.001	0.005	0.02	0.07	0.2	3
アセトアルデヒド	0.002	0.01	0.05	0.1	0.5	1	1×10
プロピオンアルデヒド	0.002	0.02	0.05	0.1	0.5	1	1×10
ノルマルブチルアルデヒド	0.0003	0.003	0.009	0.03	0.08	0.3	2
イソブチルアルデヒド	0.0009	0.008	0.02	0.07	0.2	0.6	5
ノルマルバレルアルデヒド	0.0007	0.004	0.009	0.02	0.05	0.1	0.6
イソバレルアルデヒド	0.0002	0.001	0.003	0.006	0.01	0.03	0.2
イソブタノール	0.01	0.2	0.9	4	2×10	7×10	1×10^3
酢酸エチル	0.3	1	3	7	2×10	4×10	2×10^2
メチルイソブチルケトン	0.2	0.7	1	3	6	1×10	5×10
トルエン	0.9	5	1×10	3×10	6×10	1×10^2	7×10^2
スチレン	0.03	0.2	0.4	0.8	2	4	2×10
キシレン	0.1	0.5	1	2	5	1×10	5×10
プロピオン酸	0.002	0.01	0.03	0.07	0.2	0.4	2
ノルマル酪酸	0.00007	0.0004	0.001	0.002	0.006	0.02	0.09
ノルマル吉草酸	0.0001	0.0005	0.0009	0.002	0.004	0.008	0.04
イソ吉草酸	0.00005	0.0004	0.001	0.004	0.01	0.03	0.3

注　太線内は規制基準値の範囲（臭気強度 2.5～3.5 相当）．

　悪臭の規制は悪臭防止法（1971 年制定，1991，1993 年改正）に基づき，苦情の解消を主な目的として行われている．同法では現在 22 種類の悪臭物質を敷地境界線における気中濃度で規制しているが（表 11.2），屋外臭気は気象条件の影響が大きく，また時間的変動もあり，規制にかかる濃度が確認されることは少ない．むしろ畜産では，低濃度でも不快感の強い糞尿臭を常時発生することが問題であり，たとえ規制にはかからなくても，周辺住民の潜在的嫌悪感を解消することは容易ではない． ［黒田和孝］

c．水質汚濁問題の特徴

　畜舎から排出される汚水は，水中の酸素欠乏の原因となる易分解性有機成分（BOD（生物化学的酸素要求量）濃度として表される）や，富栄養化による水質汚濁の原因となる窒素，リンを高濃度に含む．したがって，排水量が少ない場合でも処理が不完全であると，河川や湖沼の水質への影響は無視できない場合がある．水域への悪影響を防ぐには処理を確実に行うことが重要である．

　水質汚濁防止法で定められた特定事業場に該当し，日平均排水量が 50 m³ 以上の場合は，水質汚濁防止法に定められた水質基準（表 11.3）を遵守しなければならない（濃度規制）．さらに，環境庁長官によって定められた湖沼や海域に排出する事業場の場合には窒素，リンの濃度も規制される（表 11.3）．また，指定地域内事業場で日平均排水量が 50 m³ 以上のものについては化学的酸素要求量（COD）の総排出量が規制される（総量規制）．このほか，自治体によっては地域の実情に応じて，より厳しい規制が条例によって

表 11.3　水質汚濁防止法による排水基準値(生活項目)

項　目	許　容　限　度
水素イオン濃度（水素指数）(pH)	海域以外の公共用水域に排出されるもの5.8以上8.6以下，海域に排出されるもの5.0以上9.0以下
生物化学的酸素要求量（BOD） （単位：1 l につき mg）	160（日間平均120）
化学的酸素要求量（COD） （単位：1 l につき mg）	160（日間平均120）
浮遊物質量（SS） （単位：1 l につき mg）	200（日間平均150）
ノルマルヘキサン抽出物質含有量 （鉱油類含有量） （単位：1 l につき mg）	5
ノルマルヘキサン抽出物質含有量 （動植物油脂類含有量） （単位：1 l につき mg）	30
フェノール類含有量 （単位：1 l につき mg）	5
銅含有量 （単位：1 l につき mg）	3
亜鉛含有量 （単位：1 l につき mg）	5
溶解性鉄含有量 （単位：1 l につき mg）	10
溶解性マンガン含有量 （単位：1 l につき mg）	10
クロム含有量 （単位：1 l につき mg）	2
フッ素含有量 （単位：1 l につき mg）	15
大腸菌群数 （単位：1 cm³ につき個）	日間平均3,000
窒素含有量 （単位：1 l につき mg）	120（日間平均60）（畜産農業の暫定基準は140，日間平均70）
リン含有量 （単位：1 l につき mg）	16（日間平均8）（畜産農業の暫定基準は34，日間平均17）

注 1)　"日間平均"による許容限度は，1日の排出水の平均的な汚染状態について定めたものである．
　 2)　この表に掲げる排水基準は，1日当たりの平均的な排出水の量が50 m³ 以上である工場または事業場にかかわる排出水について適用する．
　 3)　生物化学的酸素要求量についての排水基準は，海域および湖沼以外の公共用水域に排出される排出水に限って適用し，化学的酸素要求量についての排水基準は，海域および湖沼に排出される排出水に限って適用する．
　 4)　窒素含有量についての排水基準は，窒素が湖沼植物プランクトンの著しい増殖をもたらすおそれがある湖沼として環境庁長官が定める湖沼，海洋植物プランクトンの著しい増殖をもたらすおそれがある海域(湖沼であって水の塩素イオン含有量が1 l につき9,000 mg を超えるものを含む．以下同じ)として環境庁長官が定める海域およびこれらに流入する公共用水域に排出される排出水に限って適用する．
　 5)　リン含有量についての排水基準は，リンが湖沼植物プランクトンの著しい増殖をもたらすおそれがある湖沼として環境庁長官が定める湖沼，海洋植物プランクトンの著しい増殖をもたらすおそれがある海域として環境庁長官が定める海域およびこれらに流入する公共用水域に排出される排出水に限って適用する．

定められている（上乗せ基準）．

　公共水域の汚濁の問題に加えて，最近では水道の水源水域にトリハロメタン先駆物質が流入することも水質上の問題となっている．トリハロメタンとは浄水場で塩素処理を行う際，有機物と塩素が反応して発生する有毒物質である．畜舎排水は一般的にトリハロメタン先駆物質の濃度が高いうえに，水源地域に立地している場合も多いことから，

畜産分野にも関係の深い問題といえる．1994年（平成6）5月に施行された「特定水道利水障害の防止のための水道水源水域の水質の保全に関する特別措置法」では，指定された地域内の一定規模以上の事業場からの排出水中のトリハロメタン先駆物質濃度（トリハロメタン生成能とよばれる）が規制される．また，小規模の畜舎については構造基準が適用される．トリハロメタン生成能を低減させるためには，通常の生物処理を確実に実施することが最低限求められる．

以上のように，水質に関する規制は多様で，しかも年々強化される方向にあり，畜産分野でも新たな対応を求められる面が増加するものと予想される．

排水以外にも，分離した生糞や堆肥を野積みすると雨天時に河川等に流出し汚濁を引き起こしたり，硝酸塩による地下水汚染の一因となる．現在各地で地下水の硝酸塩汚染が問題となっており，化学肥料とともに家畜排泄物も一因として推測されている地域もある．飲料水中の硝酸態窒素濃度は10 mg/l 以下という基準値が定められていることから，地下水を飲料水源としている地域では硝酸塩汚染は深刻な問題である．排泄物の取扱いには十分な注意が必要である．

[田中康男]

11.2 家畜糞尿の特性

a．家畜糞尿の排出量

家畜糞尿の排出量の算定は貯留設備，汚水処理施設，さらには堆肥化施設等の設計の基礎となるもので重要な意味を有する．同一の畜種でも成長段階，飼料の種類，季節等により発生量は異なるが，おおよその範囲としては表11.4の値がある[1]．また，糞尿処理・利用施設の規模算定には表11.5が用いられている[2]．ただし，これらの値はあくまで平均的なものであるので，実際の設計にあたっては給与飼料の種類，給餌システムの種類等によって発生量を勘案しなければならない．

表11.4 家畜糞尿排出量（生重量）

区 分	体 重 (kg)	1日1頭羽当たり			1年間1頭羽当たり		
		糞量 (kg)	尿量 (kg)	糞尿合計 (kg)	糞量 (t)	尿量 (t)	糞尿合計 (t)
搾 乳 牛	500～600 (550)	30～50 (40.0)	15～25 (20.0)	45～75 (60.0)	14.6	7.3	21.9
成 牛	400～600 (500)	20～35 (27.5)	10～17 (13.5)	30～52 (41.0)	10.6	4.9	15.5
育 成 牛	200～300 (250)	10～20 (15.0)	5～10 (7.5)	15～30 (22.5)	5.5	2.7	8.2
子 牛	100～200 (150)	3～7 (5.0)	2～5 (3.5)	5～12 (8.5)	1.8	1.3	3.1
肉 豚 (大)	90	2.3～3.2 (2.7)	3.0～7.0 (5.0)	5.3～10.2 (7.7)	1.0	1.8	2.8
〃 (中)	60	1.9～2.7 (2.3)	2.0～5.0 (3.5)	3.9～7.7 (5.8)	0.8	1.3	2.1
〃 (小)	30	1.1～1.6 (1.3)	1.0～3.0 (2.0)	2.1～4.6 (3.3)	0.5	0.7	1.2
繁殖豚 (雌)	160～300 (230)	2.1～2.8 (2.4)	4.0～7.0 (5.5)	6.1～ 9.8 (7.9)	0.9	2.0	2.9
〃 (授乳期)	—	2.5～4.2 (3.3)	4.0～7.0 (5.5)	6.5～11.2 (8.8)	1.2	2.0	3.2
〃 (雄)	200～300 (250)	2.0～3.0 (2.5)	4.0～7.0 (5.5)	6.0～10.0 (8.0)	0.9	2.0	2.9
産 卵 鶏	1.4～1.8 (1.6)	0.14～0.16 (0.15)		0.14～0.16 (0.15)	55 kg		55 kg
ブロイラー	0.04→2.8 (1.4)	(0.13)		(0.13)	10週齢まで9.0 kg		

注 （ ）内は平均的な数値を示す．

表 11.5 規模算定に用いる糞尿排出量(生糞量)

畜　種		体重 (kg)	糞 (/日・頭羽)			尿 (/日・頭羽) (kg)	備　考
			排出量 (kg)	平均水分 (%)	乾物量 (kg)		
乳用牛	経産牛	550～650	30	80	6.0	20	
	育成牛	40～550	10	(80)	2.0	7.5	
肉用牛	繁殖牛	400～550	20	(78)	4.4	13.5	
	育成牛	30～400	7	(78)	1.5	5.5	
	肥育牛	200～700	15	78	3.3	10.5	
豚	繁殖豚(雌)	160～300	3.0	(75)	0.75	5.5	肉豚と同じでもよい
	〃 (雄)	200～300	2.0	(75)	0.50	5.5	
	子豚	3～30	0.8	(75)	0.20	1.0	
	肉豚	30～110	1.9	75	0.48	3.5	
産卵鶏	成鶏	1.4～0.8	0.14	78	0.031	—	
	雛	0.04～1.4	0.06	(78)	0.013	—	産卵開始時まで
ブロイラー		0.04～2.8	0.13	78	0.029		9週齢まで8 kg

注 1) 繁殖豚(雌)の糞は，年間の分娩回数を2.3回とし，妊娠，授乳，休養期間の飼料総給与量443 kg/158日より平均3.0 kg/日・頭とした．
　 2) 子豚の糞量については，餌つけより30 kgまでの飼料給与量4.7 kg/62日より平均0.8 kg/日・頭とした．
　 3) 産卵鶏(雛)の糞量は育雛期間中(150日)に9 kgの糞を排出するとして平均0.06 kg/日・羽とした．

　一般的に，豚においては糞排泄量は，給与飼料の高品質化に伴って減少の傾向が認められている[3]．また，豚の排尿の調査では，夏季は冬季に比べ増加する傾向が認められている[4]．また，ウエットフィーディングやリキッドフィーディングの採用によって尿量はかなり減少すると指摘されている[3]．

［田中康男］

文　献

1) 農林水産省畜産局監修：家畜排泄物の処理利用の手引き，中央畜産会 (1978)
2) 中央畜産会：堆肥化施設設計マニュアル，中央畜産会 (1987)
3) 中央畜産会：家畜尿汚水の処理利用技術と事例，中央畜産会 (1989)
4) 瑞穂当他：農林漁業における環境保全技術に関する総合研究，試験成績書(第6集)，p.4，農林水産技術会議事務局 (1979)

b. 家畜糞尿の汚濁成分

　家畜糞尿に起因する水質環境の劣化防止のため，公共水域へ排出する処理水に対する規制項目には下記のようなものがある．

　　pH（水素イオン濃度，単位なし）
　　BOD（生物化学的酸素要求量，mg O_2/l）
　　COD（化学的酸素要求量，mg O_2/l）
　　SS（浮遊物質または懸濁物質，mg/l）
　　大腸菌群数（個/cm^3）
　　全窒素（mg/l）
　　全リン（mg/l）

　すなわち，水質汚濁防止のために規制対象となっている物質は，懸濁物質，有機物，

表11.6 家畜別糞尿汚濁負荷量(成畜1頭当たり)

家畜(区分)		排出量(kg/日)	BOD 濃度(mg/l)	BOD 負荷量(g/日)	SS 濃度(mg/l)	SS 負荷量(g/日)	N 濃度(mg/l)	N 負荷量(g/日)	P 濃度(mg/l)	P 負荷量(g/日)
豚	糞	1.9	60,000	114	220,000	418	10,000	19	7,000	13.3
	尿	3.5	5,000	18	4,500	16	5,000	18	400	1.4
	混合	5.4	(24,000)	(130)	(80,000)	(430)	(6,800)	(37)	(2,700)	(14.7)
牛	糞	30	24,000	720	120,000	3,600	4,300	129	1,700	51
	尿	20	4,000	80	5,000	100	8,000	160	150	3
	混合	50	(16,000)	(800)	(74,000)	(3,700)	(5,800)	(290)	(1,100)	(54)

注 汚濁負荷量(g/日)＝排出量(kg/日)×汚濁物質濃度(mg/l).
資料：中央畜産会：家畜尿汚水の処理利用技術と事例, p.63(1989).

窒素とリンである．表11.6に，ここにあげた項目の家畜糞尿中の濃度と量を示す．とくに汚濁成分の多くが糞に由来することがわかる．ここから発生する家畜尿汚水の特徴は，①易分解性の有機物（BOD）に富み，②懸濁物質（SS）が多く，③窒素濃度が有機物に比べてきわめて高い，処理困難な性状である． [長田 隆]

c. 家畜糞尿の臭気成分

家畜糞尿の臭気は，多様な揮発性化学物質が混合した複合臭である．主要な成分としては低級脂肪酸類，フェノール類，アルコール類，アルデヒド類，インドール類，アンモニアおよびアミン類，硫黄化合物類等があり，これらは各家畜に共通してみられる．また悪臭防止法による規制物質（22種）に照合すれば，アンモニア，低級脂肪酸類（プロピオン酸，n-酪酸，i-吉草酸，n-吉草酸)，硫黄化合物類(硫化水素，メチルメルカプタン，硫化メチル，二硫化メチル)，トリメチルアミンの10種はとくに発生量が多く，規制値に抵触する危険性が高い．

畜種別にみると，豚糞では低級脂肪酸類の含有量がきわめて多く，とくに酢酸，プロピオン酸，n-酪酸が多い．フェノール類ではp-クレゾールが主体であり，アルコール，アルデヒドおよびインドール類も確認される．また豚尿では安息香酸，フェニル酢酸，フェニルプロピオン酸等の芳香族カルボン酸類が確認される．鶏糞は尿が尿酸のかたちで糞と同時に排泄されることから，尿酸の分解によるアンモニアが多く，アミン類も若干認められる．フェノール類ではp-クレゾールのほか，フェノール，p-エチルフェノールも多い．また，不飽和アルコール，アセトイン，インドールが特徴的である．低級脂肪酸類は豚糞に比較してはるかに少ない．牛糞では低級脂肪酸類のほか，メチルエチルケトン，フェノール類，インドール類も確認される．また牛尿では芳香族カルボン酸類，インドール類等が検出される[1]．

総じて各畜種に固有の成分はほとんどなく，主要成分の量的な差から臭気の質の相違が生ずるものと考えられている[1]．

糞尿の臭気は排泄後の糞尿の管理状態，処理方法によって排泄時の状態から急速に変化する．とくに畜産の現場においては排泄後の臭気の変化は重要である．

牛舎，豚舎においてはアンモニア，低級脂肪酸類が臭気の主体であるが，糞尿混合物

が舎内に長期堆積すると硫黄化合物類等の濃度も高くなる．また，鶏舎ではアンモニア，硫黄化合物類濃度が牛舎，豚舎に比べて高く，低級脂肪酸類は低い．

堆肥化処理あるいはスラリー曝気処理においてはアンモニアの発生が著しく，硫黄化合物類も排泄時よりもはるかに高濃度となるが，低級脂肪酸類は処理の初期を除けば通常低い．しかし，堆積物や貯留物内部が嫌気的条件で長期放置された場合は，有機物の嫌気的分解に伴い低級脂肪酸類，アミン類等の不快度の高い臭気成分を発生する．

乾燥処理では，天日乾燥の場合はアンモニアが主体であるが，火力乾燥などの高温加熱処理の場合は，アンモニアのほかアルデヒド類，硫化水素，メルカプタン，ピラジン類等焦げ臭の主体となる成分も生成する．　　　　　　　　　　　　　　　［黒田和孝］

文　献

1) 代永道裕：畜産環境保全（平成5年度中央畜産技術研修会），p.63，農林水産省畜産局（1993）

d. 家畜糞尿の肥料成分

家畜排泄物の成分組成は飼料の種類などの要因によって排泄量とともにその変動は大きい．とくに家畜の種類による違いが大きいため，畜種別の平均的な数値を表11.7に示した．糞には多くの肥料成分が含まれているが，これらの含有率がもっとも高いのは鶏糞であり，次いで豚糞，牛糞の順である．また，C/N比がもっとも低く有機物が分解されやすいのも鶏糞であり，豚糞，牛糞の順にC/N比が高く分解されにくくなる．すなわち，肥料としての効果がもっとも期待されるのは鶏糞であり，土壌改良，地力増進の効果が期待できるのは牛糞である．豚糞はそれらの中間と考えてよい．

尿には，窒素のほかにカリウムやナトリウムの塩化物および硫酸塩が多く含まれてい

表11.7 家畜排泄物および処理物の成分組成[1]　　　　　　　　　　　　（乾物%）

		乾物率	N	P_2O_5	K_2O	CaO	MgO	Na_2O	T-C
採卵鶏	生糞	36.3	6.18	5.19	3.10	10.98	1.44	—	34.7
	乾燥糞	81.0	3.65	6.41	3.01	11.29	1.42	—	26.8
	おがくず入り堆肥	45.9	1.94	3.74	2.44	7.13	0.85	—	32.6
ブロイラー	生糞	59.6	4.00	4.45	2.97	1.60	0.77	—	—
	乾燥糞	85.0	3.54	5.49	3.41	4.96	1.38	—	37.7
	おがくず入り堆肥	56.4	4.00	4.77	2.79	5.47	2.53	—	34.0
豚	生糞	30.6	3.61	5.54	1.49	4.11	1.56	0.33	41.3
	乾燥糞	75.7	3.43	6.03	1.99	4.36	1.59	0.59	35.8
	おがくず入り堆肥	42.8	2.22	3.25	1.53	3.00	0.97	0.14	39.9
	籾殻入り堆肥	60.5	2.27	3.67	1.21	4.00	1.16	—	38.8
	液肥	4.05	10.18	5.32	4.86	2.86	1.39	2.17	46.6
	生尿	2.0	32.5	—	—	—	—	—	—
牛	生糞	19.9	2.19	1.78	1.76	1.70	0.83	0.27	34.6
	乾燥糞	72.0	2.29	2.56	2.41	2.24	1.06	1.03	36.1
	おがくず入り堆肥	34.5	1.71	1.79	1.96	2.96	0.70	0.52	39.9
	籾殻入り堆肥	27.4	1.35	5.59	1.92	0.95	0.74	—	38.0
	液肥	8.10	4.57	2.35	5.23	2.84	1.16	1.12	44.9
	生尿	0.7	27.1	tr	88.6	1.43	1.43	—	—

るが，カルシウム，マグネシウム，リン等の含有率は低い．これらの成分は大部分が無機態であり，あるいは有機態でも比較的分解されやすい形態のものであり，窒素とカリウムを中心とする速効性の液肥として利用できる． ［杉山 恵］

文　献

1) 農水省草地試験場：家畜ふん尿処理利用研究会会議資料，No.58-2, 草地試 (1983)

11.3　家畜糞尿の処理利用技術

a．家畜糞尿の処理利用技術の現状

排出される家畜糞尿の性状は，畜種，飼養管理方法，畜舎構造などによって異なり，固形物，スラリー，液状の3種類に分類される．この性状の違いによって，図11.2に示すように処理利用方法が異なる．

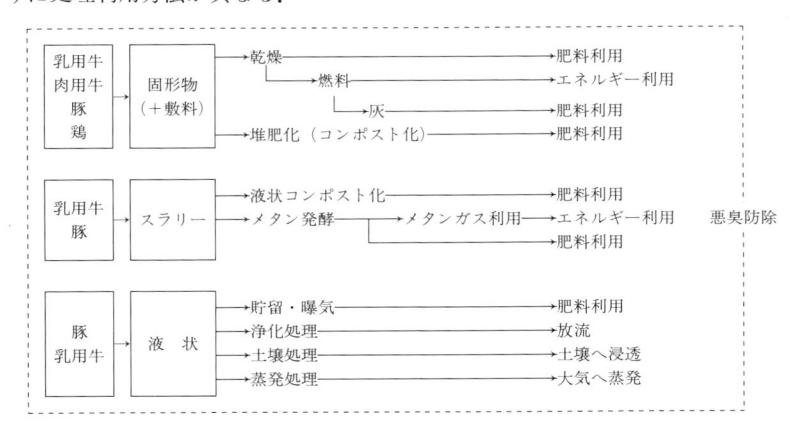

図11.2　家畜糞尿の処理利用方法

固形物で排出する畜種は，乳用牛，肉用牛，豚，鶏である．とくに肉用牛と鶏は固形物だけで排出されるのが一般的である．乳用牛と豚の場合は，畜舎で分離された糞，または糞と敷料が混合した固形物，固液分離機で分離された固形物がある．固形物の処理は乾燥と堆肥化が主要な処理方法である．処理された糞は肥料利用されるが，一部エネルギー利用されるものもある．

スラリーとは糞と尿が混合してドロドロしたものをいう．乳用牛や豚の糞尿混合物はこの状態で排出される．スラリー処理は，肥料利用を目的とし，貯留するだけの場合から強力な曝気によって液状コンポスト化する場合までいろいろある．また，メタン発酵法もスラリー処理の一つである．

液状物は，畜舎で分離された乳用牛や豚の尿汚水である．肥料利用されることはあまり多くなく，浄化処理して放流したり，土壌で浸透蒸散処理したり，蒸発濃縮後の汚泥を肥料利用する方法などがある． ［羽賀清典］

b. 家畜糞尿の処理技術
1) 堆肥化処理

家畜糞尿には腐敗性有機物が多く含まれ，それが悪臭や水質汚濁などの環境汚染の原因になる．このような家畜糞を固形物の状態で，微生物の作用によって好気的に分解し，有機質肥料に変換する処理方法が堆肥化である．

a) 堆肥化の条件 堆肥化を進行させるためには，微生物が活動しやすいように，次に示す六つの条件を整えることが必要である．第1の条件として，微生物の栄養分が必要だが，家畜糞尿の中には栄養分となる腐敗性（易分解性）有機物が大量に含まれており，微生物にとって好適な条件となっている．

2番目の条件は空気（酸素）である．堆肥化の主役となる微生物は好気性微生物であるから，堆肥化過程では微生物に酸素を十分に供給する必要がある．排泄された家畜糞はベトベトして通気性が悪いので，副資材を混合して通気性を改善し，さらに送風機等を使って空気を送ることによって，堆肥化を順調に進行させることができる．必要な通気量は水分や規模によって異なるが，$50 \sim 300 \, l/m^3 \cdot$ 分の範囲にある．

3番目の条件は水分である．微生物の活動に水分は必須だが，あまり水分が多すぎると通気性が悪くなる．したがって，先の通気性との関連で適正な水分が決まる．排泄された家畜糞の水分は80％以上あるので，副資材を混合したり，予備乾燥したりして水分を下げ，通気性をよくする．一般的には60％前後の水分が堆肥化の適正水分である．4番目の条件は微生物の数である．この点では，家畜糞の中には1億～10億/gくらいの多くの微生物が生きているので，一般的には外部から添加する必要はない．

5番目の条件に堆肥の温度の上昇がある．これまで述べた四つの条件が整い，家畜糞の中の腐敗性有機物が微生物によって盛んに分解され，その結果，堆肥の温度が上昇する．温度が上昇することは，堆肥化が順調に進行している証拠であると同時に，温度の上昇によって有機物の分解速度が促進され，さらに病原菌や寄生虫の卵や雑草の種子が死滅し，安全な堆肥を製造することができる．そのための目安は，60℃以上の温度が数日間続くことである．

6番目の条件は，堆肥化に要する時間である．腐敗性有機物が十分に分解し，悪臭や汚物感がなく，取扱い性が改善され，作物等に障害を与えない堆肥をつくるために，十分な処理時間をかけることが必要である．家畜糞のみ堆肥化の場合は2カ月，籾殻や稲わらなど作物残渣との混合物では3カ月，おがくずやバークなど木質物との混合物では6カ月程度が一般的な目安である．

b) 堆肥化装置 堆肥化装置はその発酵槽の形式から，図11.3のように分類することができる．大きく分けて，堆積方式と撹拌混合方式がある．堆積方式は堆肥舎や堆肥盤に堆積するものや，箱型の発酵槽に充填するものなどがある．ショベルローダーによって随時切返しを行い，堆肥全体を撹拌，混合する．箱型発酵槽では下部から通気できるものがある．また，少量ずつ通気性のよいバッグに詰めて堆積する方式もある．

撹拌混合方式には，密閉タイプと開放タイプの発酵槽がある．密閉タイプは槽内の滞留時間が数日間と短いので，後熟のために堆積する必要がある．開放型の発酵槽はハウス内に設置し，2週間から20日間くらいの滞留時間がとれる容積がある．撹拌装置には

方　式		施設名および略図	特　徴
堆積方式		堆肥舎（盤） 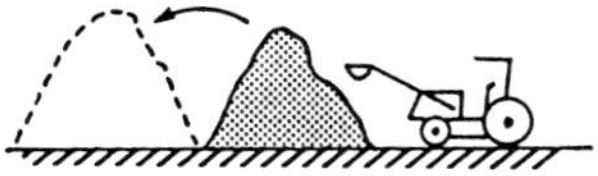	ショベルローダー等によって，切返しだけを行う．もっとも簡単な堆肥化方式．
		箱型発酵槽 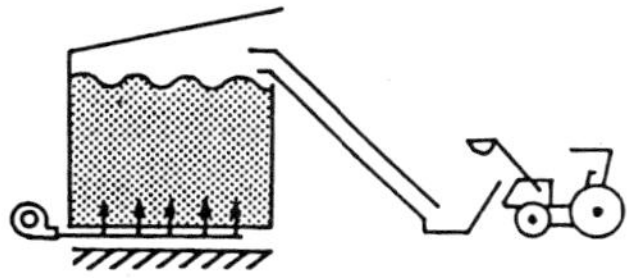	ショベルローダー等によって切返しを行い，下部から強制通気をする施設も多い．
攪拌混合方式	密閉タイプ	横型回転式発酵槽（ロータリーキルン） 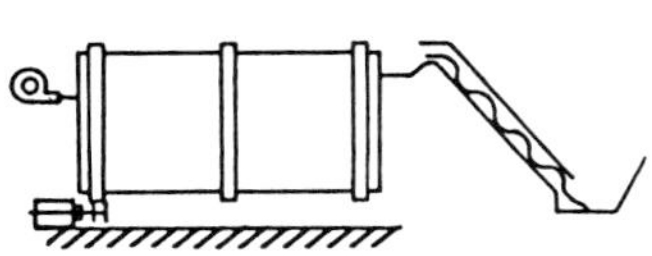	横置きの円筒型発酵槽が低速で回転しながら，原料の攪拌，混合，移動を行う．内部に強制的に通気し，乾燥を目的に加温空気を送り込むことも多い．
		密閉竪型発酵槽 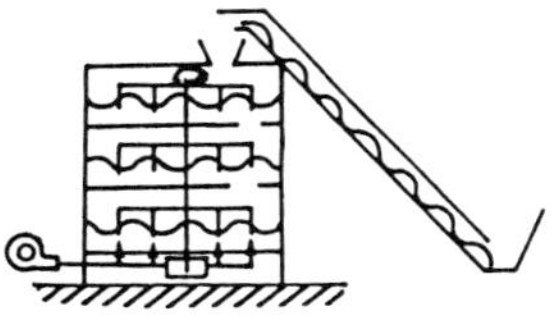	単段から複数段まであり，中心部を通る主軸に取り付けた攪拌羽根で攪拌し，強制通気を行う．上部投入，下部取出し．
	開放タイプ	開放横型スクープ式発酵槽 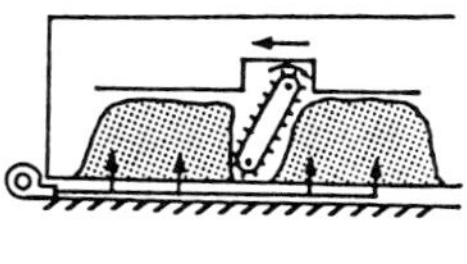	開放横型の発酵槽に取り付けた，幅広のチェーンコンベアを移動させながら切り返す．底部から強制通気を行う．
		開放横型ロータリー式発酵槽 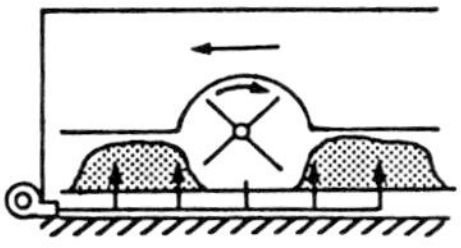	開放横型発酵槽に取り付けた，耕耘機のロータリー部と同様の機構の切返し装置で攪拌する．強制通気を行わない施設が多い．
		その他 　開放横型スクリュー式発酵槽 　開放横型パドル式発酵槽	切返し装置の機構の違いによってさまざまなタイプのものがある．

図 11.3　家畜糞堆肥化装置の各種発酵槽（西村，1990）

スクープ式，ロータリー式，スクリュー式，パドル式などいろいろな形式がある．どのタイプも通気装置が装備されている．

畜種別にみると，牛糞は堆積方式が多く，豚糞は堆積方式や開放横型槽が多く，竪型密閉槽も使われる．鶏糞はアンモニアの発生が多いこともあり，密閉型が多く用いられる．

c) 堆肥の腐熟　　腐熟の第1の目的は，腐敗性の有機物を分解し，汚物感や水分を減らし，発酵熱によって病原菌，寄生虫卵，雑草種子を死滅させることである．第2の目的は有機物を安定化し，作物に障害を与えない，品質のよい有機質肥料に仕上げることである．

図11.4は牛糞の堆肥化過程における温度と他のいくつかの成分の変化を示したものである．腐敗性有機物の代表であるBODの減少は全炭素やC/Nの減少よりも急激である．堆肥の温度は2日目に75℃前後まで上昇し，約2週間で低下するが，そのときにBODも低下して一定になる．全炭素やC/Nはそれよりも遅れて40日くらいで一定となり，この時期になると堆肥を切り返しても発熱しなくなる．

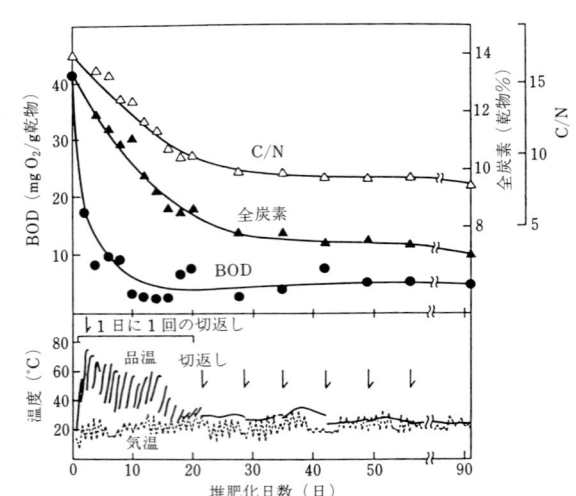

図11.4　牛糞堆肥化過程における温度，BOD，全炭素，C/Nの変化（羽賀，原田，1984）

このように，切り返しても発熱しなくなれば，堆肥は十分に腐熟したものと考えられる．ほかに堆肥の腐熟度を判定する方法には，コマツナの発芽試験，硝酸態窒素の検出など多くの方法が試みられているが，簡易で確実な方法の開発はこれからの課題である．

［羽賀清典］

文　　献

1) 西村　洋：家畜ふん尿の堆肥化施設と運用の実際，畜産の研究，**44** (1)，177，養賢堂（1990）
2) 羽賀清典，原田靖生：家畜ふん堆肥の腐熟とBOD，畜産試験場年報，**24**，86（1984）

2) 乾燥処理

a) 乾燥処理を促進する条件　生糞は水分が多く，ベトベトして汚物感があり取り扱いにくい．したがって，水分を少なくして取扱いをよくするもっとも簡易な方法として乾燥処理がある．乾燥を促進するためには，風を送る，温度を高くする，蒸発面積を広くするの三つの条件をなるべく満たすように，いろいろなエネルギーを利用する．たとえば，火力乾燥機は重油などの燃料で高温にし，ファンで送風し，攪拌しながら乾燥するため，石油と電気エネルギーとを利用している．プラスチックハウス乾燥施設の場合には，糞を15～20 cmの厚さに広げて攪拌機で攪拌して蒸発面積を広くし，太陽熱エネルギーによって加温し，自然の風通しをよくすることで乾燥を早めている．

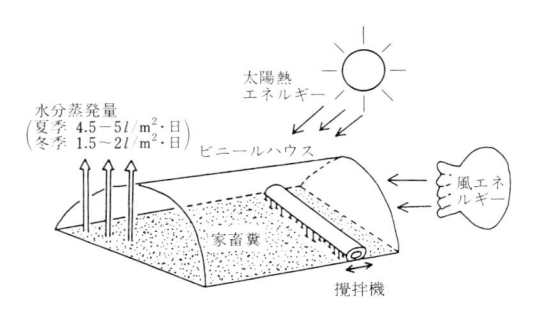

図11.5　ビニールハウスを用いた家畜糞の簡易乾燥施設
(羽賀, 1993)

水分蒸発量
(夏季 4.5～5 l/m^2・日
冬季 1.5～2 l/m^2・日)

太陽熱エネルギー
ビニールハウス
風エネルギー
家畜糞
攪拌機

b) 乾燥施設　乾燥施設としては，火力乾燥機とプラスチックハウス乾燥施設がある．安価で簡易なものが要求されるため，プラスチックハウスが広く利用されている(図11.5)．とくに，石油ショック以後，火力乾燥施設が減少し，ハウス乾燥施設が主流となっている．ハウス乾燥施設の水分蒸発能力は，夏季で4.5～5 l/m^2・日，冬季で1.5～2 l/m^2・日の範囲である．必要面積を算出するには，その水分蒸発能力，生糞の水分，目標乾燥水分の三つの数値が基本となる．

[羽賀清典]

文　献

1) 羽賀清典：家畜ふん尿の農耕地利用，用水と廃水，**35** (10)，925，産業用水調査会 (1993)

3) スラリー処理

スラリーを貯留槽やスラリーストアに一定期間貯留したあと，圃場へ散布利用する方法は，乳牛などの糞尿処理のもっとも一般的な方法である．スラリー処理においては，固液分離処理と曝気処理を行うことが多い．

a) 固液分離処理　畜舎から排出されたスラリーには粗大固形物が多く含まれている．その粗大固形物が原因になって，貯留時にスラリーの表面に厚いスカム層が形成されたり，搬送・散布用機械などのトラブルが起きる．したがって，スラリー中の粗大固形物を固液分離機によって除去することが必要である．使用される固液分離機の種類

は，ベルトスクリーン式，ローラープレス式，スクリュープレス式などがあり，スラリーの濃度，処理量，除去された固形物の目標水分などによって使い分けられている．除去された固形物は堆肥化される．

b) 曝気処理　スラリーを嫌気的状態で長期間貯留すると，臭気の発生量が多くなり，圃場への散布時に悪臭問題が起きたりする．それを防ぐためには，スラリーを貯留槽やスラリーストアで曝気処理することが有効である．曝気によって好気的になると，固形物の堆肥化と同じく好気性微生物の作用によって有機物が盛んに分解され，スラリーの温度が上昇する．このような処理を，とくに液状コンポスト化とよび，悪臭の低減とともに，腐熟が促進され，温度上昇によって病原菌や雑草の種子を死滅させることもできる．

曝気装置には，浮上式曝気装置(フロート式)，エゼクター式水中曝気装置などが使われる．スラリーは粘性が大きいので，曝気によって大量の泡が発生し，槽からあふれることがある．したがって，曝気装置と一緒に回転羽根式の消泡装置などが用いられる．

c) 散布装置　スラリーをバキュームカーやポンプタンカーで圃場の表面に散布する方法が一般的である．大規模な圃場ではパイプ配管やレインガンなどによる散布もある．臭気が問題のときは，スラリーインジェクターによる土中施用による方法もある．

［羽賀清典］

4) 汚水処理

汚水浄化処理は，固液分離後の尿汚水が液状コンポスト化や蒸発・濃縮処理等で肥料として土壌還元できない場合に選択される．すなわち，①これらの液状物すべてを肥料として有効利用できる十分な草地，飼料畑がない，あるいは②悪臭や散布時期の問題で土壌還元できないような畜産経営で行われている．この処理は，上記のような家畜尿汚水中に懸濁および溶解している物質（肥料成分を含む）を汚濁物質として尿汚水中から除去し，その水域の放流基準に合った処理水に浄化する技術である．

a) 尿汚水浄化に用いられる処理方法　尿汚水の浄化に用いられる個々の処理方法は単独で汚濁対象物質すべてを浄化できるわけではない．これらは一連の浄化処理システムの単位操作として導入される．単位工程の操作として，除去すべき汚濁物質や前工程からの流入汚水の性状に応じて，採用される処理方法は異なる．処理方法は基本的に物理化学処理および生物処理に分類される（図11.6）．

物理化学処理には沈殿，吸着，凝集などがあり，主に汚水中の浮遊・懸濁物質（粗大

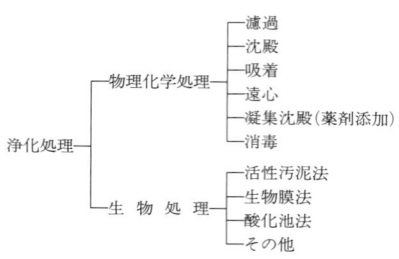

```
                      ┬ 濾過
                      ├ 沈殿
          ┬ 物理化学処理 ┼ 吸着
          │           ├ 遠心
浄化処理 ──┤           ├ 凝集沈殿(薬剤添加)
          │           └ 消毒
          │           ┬ 活性汚泥法
          └ 生物処理 ──┼ 生物膜法
                      ├ 酸化池法
                      └ その他
```

図11.6　汚水浄化に用いられる処理

固形物や砂状物質）や，無機物を除去するのに用いられている．

これに対して生物処理は，溶解性の有機物の栄養塩類（窒素，リン）の処理に用いられており，薬剤などの投入をほとんど必要としないので，一般的に物理化学処理に比べて経済的である．このため生物処理は，有機物と栄養塩類が重要な処理項目となる家畜尿汚水処理システムの中心的な工程と位置づけられる．

b） 尿汚水の浄化処理システム　　尿汚水浄化システムの一例を図11.7に示す．このシステムで処理の中心となる生物処理法は活性汚泥法である．生物処理には，このほかに生物膜法や酸化池法などがあるが，ここではもっとも一般的に用いられる本法を中心に汚水浄化システムを解説する．図11.7に示すようにこのシステムは大きく五つの工程からなる．この工程を経て，粗大固形物，SS（浮遊・懸濁物質），BOD（生物化学的酸素要求量），窒素，リンや大腸菌等が尿汚水中から除去される．

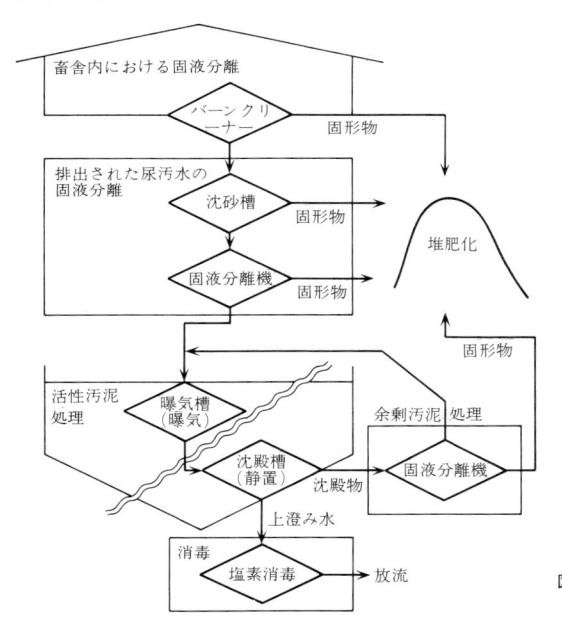

図11.7 尿汚水浄化システムの一例（活性汚泥法）

① 畜舎内における固液分離：　　畜舎においてはバーンクリーナー方式に副尿溝を設けるような方法，あるいは床構造（すのこ等）で，畜舎で排泄された尿汚水はできるだけ糞と混合しないようにすみやかに搬出される．これはBODやSS等の汚濁物質が糞の中にきわめて多いため，畜舎から搬出する尿汚水からは糞をあらかじめ除去しておかないと尿汚水の汚濁物質の濃度が高くなり，その後の処理が困難となるからである．たとえば搾乳牛が1日に排泄する尿 $20\,l$ 中には $5,000\,mg/l$ 程度の BOD が含まれているが，糞の30％が混ざり込んだ場合は $10,000\,mg/l$ となり，糞の混入のない場合の2倍の負荷がかかる．これは処理施設の規模や運転経費をいたずらにふやすこととなる．また，ここで稲わら等の粗大固形物を除いておくことは，処理システムのポンプやエアレータ

一などの施設機械のトラブルを防ぐことにもなる．

② 排出された尿汚水の固液分離：　畜舎から搬出された尿汚水は沈砂槽で滞留させて土砂を沈降させる．汚水中の土砂は施設配管の詰まりの原因となったり，貯留槽や曝気槽の有効容積を低減させたりする．土砂を除去した尿汚水は，さらに固液分離機にかけられて浮遊・懸濁物質が除去される．ここでは濾過や遠心分離などによって尿汚水中の BOD の約 20%，SS の約 40% の除去が期待できる．また固形分を十分除いておくことは，固形物に多く由来するリンの除去にもなり，BOD や SS の除去と合わせて後段の活性汚泥法への負荷の軽減につながる．

③ 活性汚泥処理：　活性汚泥法は汚水中に含まれる各種有機物と栄養塩類を，好気性および一部嫌気性の条件下で汚泥（複数の微生物の混合体）と懸濁して連続培養し，汚濁物質を酸化分解，揮散，吸着あるいは余剰汚泥として除去する生物処理である．この処理方法は浄化効率が高く経済的であるが，流入汚水の汚濁負荷などに敏感で維持管理に高度の技術を要する．これは生物処理が微生物によって汚水を処理しているということが，裏を返せば，汚水中の汚濁物質をえさにして汚泥微生物を培養し繁殖させていることだからである．ここでは，①適当な汚濁負荷の汚水が処理槽（曝気槽）に投入されること，②活性汚泥微生物に必要な空気（酸素）が供給され，微生物と汚濁物質がよく混合されること，③曝気槽の汚泥管理を行い，曝気槽の微生物濃度を一定に保つこと，などが重要な管理項目である．

活性汚泥処理過程を追っていくと，一般的には沈砂槽や固液分離機で十分に BOD や SS を除去した尿汚水を，さらに適宜希釈（BOD 約 $1,000 \sim 1,500 \, mg/l$）してから処理槽（曝気槽）へ投入する．活性汚泥法では，その前処理として SS などを 80〜90% 以上（希釈を含む）除去する必要がある．また，尿汚水の供給を定量的に行うために投入槽や容積の大きい貯留槽を設ける．このようにして適当な汚濁負荷の汚水が処理槽（曝気槽）に投入される．投入された尿汚水は曝気装置によって活性汚泥微生物とともに懸濁，混合され，同時に必要な酸素が供給される．曝気装置には散気方式（ブロアーからの圧縮空気を曝気槽底部・中間に設置された散気管や散気板より気泡として噴出させる）と機械曝気方式（曝気槽中央に設置された回転翼の激しい攪拌によって空気を曝気槽内に導入し，上下または水平方向に水を循環させて空気と水の接触面を更新する）がある．曝気装置は曝気槽の形状によって，完全な混合がなされるものを選択する必要がある．また，投入される汚水の性状によって性能に余裕のあるものを設置し，活性汚泥微生物の活動に十分な酸素が供給されるようにする．こうして，主に好気的な条件下で BOD や SS が分解され，また窒素，リンの一部とともに汚泥として溶液中から除去され，大腸菌が抑制される．曝気槽の混合液は沈殿槽，あるいは曝気装置を停止した曝気槽において静置されることにより，上澄み水（処理水）と沈殿物（活性汚泥）に分離される．沈降した汚泥の一部は，曝気槽内の活性汚泥濃度を一定に保つため，余剰汚泥として引き抜かれる．

④ 消毒：　活性汚泥処理後の上澄み水は公共用水域に放流する前に塩素処理が行われる．これは処理水中にまだ生存しているおそれのある病原性細菌を殺し，処理水の衛生的な安全性を向上させるために行うものである．

⑤ 余剰汚泥処理： 活性汚泥法を中心とした汚水処理は，そこで発生する余剰汚泥を完全に処理して終了する．曝気槽から排出された余剰汚泥は汚泥濃縮槽および凝集反応槽で濃縮，減量の後に汚泥脱水機にかけられる．この脱水汚泥は堆肥化処理し，土壌還元することが効率的であるため，ここで用いる凝集剤は作物に影響のないものを選び，使用量についても十分注意する必要がある．

c) **今後の汚水浄化処理対策** 尿汚水浄化は，現在，養豚経営において導入される事例が多い．活性汚泥法は技術的には現行のBOD，SS等の排水基準を十分に満足させられる．畜産においては適当な前処理（固液分離）がなされる限りにおいて安定した処理効果が期待できる．しかし残念ながら，十分な浄化処理が行われていない経営も少なからずみられ，その対策が急がれる．これは処理施設の管理の不適切によることが少なくない．現在の排水基準のもとでは，施設導入後の維持管理を適切に指導していく体制づくりがもっとも現実的で効果的な対策と考えられる．さらに今後，法改正による排水基準の強化や，窒素，リン等の規制汚濁物質の追加が予想され，その対策技術も求められている．脱窒過程（嫌気工程）を設けることで窒素の除去を活性汚泥で行う処理が開発されつつある．BOD等の有機物や窒素の除去効果の高い活性汚泥法が確認されているが，同時に安定してリンの除去をすることはできず，現状では脱リンのために凝集剤等の添加が不可欠になっている．冒頭でも述べたように浄化処理は，家畜糞汚水中に懸濁および溶解している物質（肥料成分を含む）を汚濁物質として尿汚水中から除去するために多大なエネルギーを使用し，放流水をつくり出す技術である．肥料として価値のある尿汚水も，適正な利用がはかられなければ環境汚染をまねくため，一部の畜産経営にとっては不可欠な技術であろう．しかし，資源リサイクルや省エネルギーの観点からは，畜産経営において決して合理的な技術ではない．尿汚水についても，まずは利用できる経営・体制づくりに心がけ，やむをえない一部について浄化処理は行われるべきであろう．

［長田　隆］

5) **悪 臭 処 理**

畜産由来の悪臭の主要な発生源は家畜糞尿であり，悪臭の質や発生の程度は，経営内の各場面での糞尿の状態に依存している．このことから，各場面で適切な糞尿管理を施すことが悪臭対策の基本となる．

家畜排泄物は，嫌気的状態で長時間放置された場合，低級脂肪酸類，硫黄化合物類，アミン類等を多量に発生するが，とくに糞尿混合の状態でこの傾向が顕著である．これらの物質は全体として不快度の高い腐敗臭を形成することから，周辺居住環境からの苦情を誘発しやすい．したがって，糞と尿をできるだけ分離し，それぞれを好気的条件を維持しつつ処理することが管理上の原則である．

a) **畜舎における悪臭対策** 畜舎から発生する臭気の濃度は一般的には低いが，構造的に敷地面積が広く開放状態のものが多いことから，臭気の捕集は困難である．したがって，舎内での臭気の発生をできるだけ抑えることが必要である．

畜舎構造は臭気発生に関与する重要な要素であり，排水がよく，糞尿分離の可能なものとすることが望まれる．人為的管理としては清掃を頻繁に行って糞尿をすみやかに舎外へ搬出すること，十分な換気を行うことが有効である．とくにウインドウレス畜舎の

場合は換気が不十分かつ不均一になりやすく，注意を要する．また粉塵は臭気の媒体となることから，この面での対策も必要である．

豚舎ではすのこ式など糞尿分離のよい床構造とし，飲水器もこぼれや遊び飲みの少ないものを用いる．またおがくずを敷料として更新を定期的に行うか，厚く敷いて堆肥発酵を起こさせれば臭気が抑えられる．この場合は蒸発しきれない尿汚水の地下浸透を防ぐ処置が必要である[1]．

牛舎では糞尿が地下貯留槽にスラリー状態で貯留されることが多いことから，常時曝気して腐熟を促すか，完全密閉のメタン発酵処理を行うとよい．また，糞尿以外に不良サイレージからも低級脂肪酸類が多量に発生するので，調製条件や開封後の管理に注意しなければならない[1]．

鶏舎ではケージ下に糞を長期堆積させることが多いが，この場合舎内でのすみやかな乾燥が必要であり，ケージファンやすのこ板の設置が効果的である．ケージ下に攪拌機を設置して直接攪拌発酵乾燥する方式も行われている．また，ニップル式給水器による制限給水は糞自体の水分低下に効果がある[1]．

b) 糞尿処理過程での悪臭対策　舎外へ搬出された糞尿については適切な処理を行うとともに，その過程で発生する臭気への対策を講ずる必要がある[1]．

堆肥化処理においては，好気的条件が保持されている場合はアンモニアと硫黄化合物類が臭気の主体で，濃度は高いが比較的単純な刺激臭である．しかし，堆積物の含水率が高かったり通気性が悪い場合，切返しが怠られている場合は腐敗臭を発生し，堆肥化の進行が緩慢となり臭気の発生も長引く．これを避けるためには水分調整，混合物への通気性付与が必要であり，おがくず等の副資材の適量混合や糞の予備乾燥が有効である．また，完熟した堆肥を添加して堆肥化を行えば，初期の生糞臭発生抑制に有効である．堆肥化期間中は適量の通気および定期的な切返しが基本であり，とくに品温が高い時期は通気量を増すか，脱臭施設に排気を導く等の対策が必要である．切返し時の対策としては切返し部分のみの局所排気を行って脱臭装置に導くか，堆肥層中へ排気を戻す方法

表11.8　各種堆肥化装置と臭気対策(環境庁)

対　策	堆肥盤	堆肥舎	簡易発酵	バッグコンテナ	箱型通気発酵装置	開放・無通気型発酵装置	開放・通気型発酵装置	密閉・通気型発酵装置	備　考 (留意事項など)
おがくずなどを混合してC/N比を高める	◎	◎	◎	◎	◎	◎	◎	○	おがくず価格の経営負担
通気・攪拌を行い，好気性発酵を促す	▲	▲	▲	▲	◎	◎	◎	◎	発酵初期の臭気発生
建屋を密閉し，臭気の漏洩を防止する	▲	▲	▲	▲	○	○	○	◎	脱臭装置との接続が不可欠
施設周辺の糞の散乱を防止する	◎	◎	◎	◎	▲	▲	▲	▲	日常の管理作業
表面をビニールシートなどで被覆する	◎	◎	◎	◎	▲	▲	▲	▲	被覆除去時の臭気発生

注　◎：臭気の発生を防止するために望ましい対策，○：可能であれば実施することが望まれる対策，▲：多くの場合，実施が不可能であると思われる対策を示す．

（スポット脱臭）が有効である．表11.8に各種堆肥化装置とその周辺での臭気対策を示した[2]．

尿汚水の浄化処理においては，正常な運転管理のもとでは曝気槽以降の過程で高い臭気を発生することはないが，貯留槽の予備曝気の際には生糞臭の発散がある．したがっ

表11.9　畜産で用いられる脱臭・防臭法の原理，特徴と問題点（福森，1993）

	方　法		原　理	特　徴	問　題　点
①	水　洗　法		臭気ガスを水に溶解させる．なお，一定量の水に溶ける臭気成分量には限界がある．	水に溶けやすい臭気ガスに適する．	水とガスとの接触を良好にするとともに，大量の水が必要である．処理後の排水対策も必要である．
②	燃焼法	高温燃焼法	臭気ガスを700～800℃の温度に0.3～0.5秒間維持して酸化分解する．	高い効果が期待できる．臭気ガス濃度が高い場合に有利．	化石燃料の消費量が大きい．
		低温燃焼法	臭気ガスの触媒（白金，パラジウム等）利用での250～350℃維持により酸化分解する．	臭気ガス濃度が高い場合に有利，低温のため装置が簡単で必要燃料が節減できる．	触媒が高価である．
③	吸　着　法		活性炭，シリカゲル，活性白土，おがくず，腐植物質などで臭気成分を吸着して除去する．	比較的低濃度の臭気ガスに適する．	臭気成分の一定量吸着後に効果が消失する．再生利用はコスト高または困難である．
④	薬液処理法		酸液（希硫酸，木酢酸），アルカリ液（カセイソーダ）と臭気ガスを接触させ化学反応で除去する．	脂肪酸，アミン類などの水に溶解しやすい臭気成分に適する．	化学反応処理後の廃液処理対策が必要である．薬品代にコストがかかる．
⑤	生物学的脱臭法	堆肥脱臭法	発酵材料中に臭気ガスを通し，微生物の働きで臭気成分を無臭化する．	運転コストが他方式に比べて安価．高濃度の臭気ガスに適する．	発酵材料水分が高く通気性不良の場合は不適．微生物の働きは土壌，ロックウールの場合よりも低い．
		土壌脱臭法 ロックウール脱臭法	火山灰土壌，ロックウール脱臭材料等に臭気ガスを通し，微生物の働きで無臭化する．	他方式に比べて運転コストが安価．装置の適正規模確保により高性能の脱臭が可能．	高温ガスには不適．装置面積規模は大きいが，ロックウール脱臭の場合は土壌の場合の1/5程度．
		活性汚泥脱臭法	活性汚泥と臭気ガスを接触させ，汚泥中の微生物の働きで無臭化する．	低～高濃度の臭気ガスに適用可能．汚泥特有の臭気は残る．	曝気槽利用では高濃度ガスは不適．活性汚泥浄化施設が必要．処理後の汚泥の処理対策も必要．
⑥	空気希釈法		臭気ガスを大量の無臭空気で希釈して人間の嗅覚では感知できないようにする．	比較的低濃度の臭気ガスに適する．	大量の無臭空気が必要であり，現実には無理である．
⑦	マスキング法		芳香成分を臭気ガスに混ぜ，人間の嗅覚では芳香を感じさせるようにする．	比較的低濃度の臭気ガスに適する．	畜産では大量の芳香成分が必要となり，運転コスト高．
⑧	オゾン酸化法		オゾンでの臭気ガスの酸化分解による無臭化．	オゾンのにおいによるマスキング効果もある．硫黄系臭気成分に効果がある．	オゾン濃度によっては呼吸器疾患のおそれのある危険なもの．

注　○内の数字は図11.8の数字と対応．

て，一次貯留槽から曝気槽までの過程を密閉系とし，排気を曝気槽に吹き込むなどの配慮が必要である[1]．

c) 各種の臭気抑制・脱臭法　畜舎外での糞尿処理・利用においては強い臭気が発生するため，脱臭処理が必要となる．また畜舎においても，ウインドウレス型畜舎の排気や糞尿ピットの臭気には脱臭処理が有効である[1]．

表 11.9 には畜産分野で用いられる脱臭法の特徴および問題点を，図 11.8 にはそれらが用いられる畜産の場面を示した[3]．

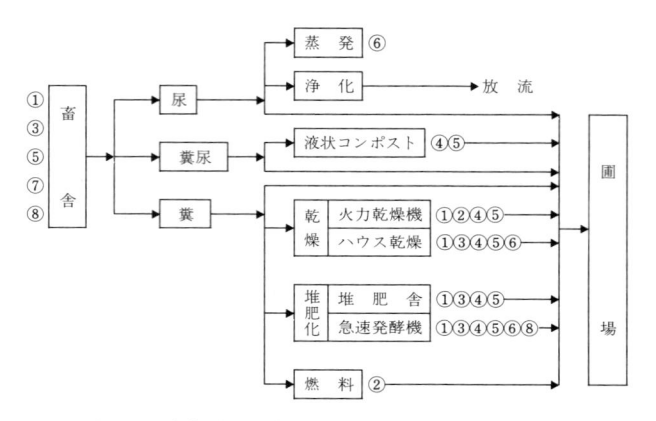

図 11.8　家畜糞尿処理法とその脱臭・防臭法（福森，1993）

このほか，メタン発酵は完全密閉系で行われるために処理過程での臭気発生が抑えられ，最終的に臭気の少ない脱離液が得られることから，悪臭処理の一つとして考えうる．また，微生物や鉱物質等を原料とした脱臭資材が数多く市販されているが，製造者側が安全性の確認や厳密な効果確認試験を行っていない場合もあり，利用には注意を要する．

［黒田和孝］

文　献

1) 代永道裕：畜産環境保全（平成 5 年度中央畜産技術研修会），p. 63，農林水産省畜産局（1993）
2) 環境庁大気保全局特殊公害課編：悪臭防止技術の手引き（IV）（養牛・養鶏業編），p. 46，臭気対策研究協会（1991）
3) 複森　功：平成 5 年度家畜ふん尿処理利用研究会資料，p. 48, 49，農林水産省草地試験場・畜産試験場（1993）

c. 家畜糞尿および処理物の利用

1) 農耕地利用

家畜糞尿および処理物の農耕地への施用はもっとも現実的な利用法である．また，有機物とともに比較的豊富な肥料成分を含むので，適量施用すれば，作物に養分を供給するとともに土壌の化学性，物理性，生物性を改善し，地力を高めることによって作物の安定増収を望むことができる．

11.3 家畜糞尿の処理利用技術

表 11.10 糞尿・形状別の取扱いの考え方整理[1]

畜種・処理・状態	*	形状(水分)		使用機械(作業強度)	対象作物(多いもの)	利用側の期待	利用上の問題点
牛 糞尿混合 泥状／固状／乾燥・副資材添加・切返し・発酵／固液分離／液状・尿／豚 糞尿汚水混合 泥状／固状／鶏		サラサラ (50%)	袋詰め	ブロードキャスター, ライムソワー	野菜, 園芸庭木, 街路樹	化成肥料以上のもの，品質向上	畜種, 添加吸水材, 腐熟度成分等の品質明示
			ばら	マニュアスプレッダー, トレーラー, トラック (軽作業)			
		パサパサ (60〜70)		マニュアスプレッダー, トレーラー, トラック, ホーク (中作業)	畑作物, 野菜, 水田, 果樹, 桑, 茶	化成肥料だけでは不足，地力維持向上	
		シットリベットリ (70〜80)		マニュアスプレッダー, トレーラー, トラック (重作業)	畑作物, 水田, 果樹, 桑, 茶, 飼料作物	化成肥料の代替, 地力維持	成分, 腐熟度, 施用量の基準
		ベトベト (80〜90)		チェン型マニュアスプレッダー (特殊作業)	畑作物, 飼料作物	化成肥料の代替	
		ドロドロ (90〜95)		スラリーインジェクター, ポンプタンカー, パイプノズル	飼料作物	化成肥料の代替	成分, 施用量
		液 (95以上)		バキュームカー, 尿散布機	飼料作用	処分	処理, 利用法

注1) 利用条件：①土壌条件を悪化させない．②取り扱いやすい(資材の効果明示を含む)．③においがない．④安価である．
2) *以下の処理について品質判定を要する．

なお，施用作業にかかわる機械については，糞尿および処理物の物理的性状に適合したものを選ぶ必要がある．とくに，糞尿の水分や姿などの状態によって使用機械や対象作物が異なる（表11.10）．

a) 草地, 飼料畑 牧草, 飼料作物は，概して多肥に対する抵抗性が高いものが多く，また施肥量が収量に反映されやすいので，家畜糞尿を多量に施用する傾向がある．しかし，家畜糞尿を過剰に施用した場合には土壌中の窒素濃度が高くなり，作物体中の硝酸態窒素濃度が高まる．このような牧草や飼料作物を給与した場合，家畜が硝酸中毒を起こすことが知られている．さらに，家畜糞尿中に含まれる無機質の中でとくにカリウムの含有率が高いため，多量に施用すると牧草，飼料作物がカリウムを多く吸収し，拮抗作用によってカルシウムやマグネシウムの吸収が抑制される．これらを家畜に給与した場合，グラステタニー（低マグネシウム血症）発生の原因となることが知られている．

家畜糞尿を利用すると土壌中のアンモニア態窒素が多くなるが，これは土壌微生物による硝化作用を受けて硝酸態窒素に変化する．アンモニア態窒素は土壌によって比較的保持されやすいが，硝酸態窒素は土壌に保持されにくく，雨水によって流亡しやすい．したがって，家畜糞尿を過剰に施用すれば，多量の硝酸態窒素が溶脱されて地下水や河川などに流入し，汚染の原因になることがあるので注意しなければならない．また，とくに液状糞尿を多量に施用したうえで大型機械を運行させると土壌の圧密化が促進され，かえって通気や排水が不良になることが考えられる．

このように，草地, 飼料畑に家畜糞尿を過剰施用すれば，作物の品質が低下するだけ

でなく，環境汚染の影響も考えられるので，施用量については注意すべきである．また，単独施用では投入肥料成分にアンバランスを生じるため，化学肥料との併用を基本とした施用基準を表11.11に示す．すなわち，牛糞尿ではとくにカリウムの含有率が高いため，作物が必要とするカリウムの全量を糞尿でまかない，不足する窒素とリンを化学肥料で補給する．また，鶏糞と豚糞についてはリンの含有率が高いので，必要とするリンの全量を糞尿で施し，不足する窒素とカリウムを化学肥料で補給する．

表 11.11 草地，飼料畑における家畜糞尿処理物の施用基準[2]（トン/10 a）

草種	項目	予想収量	牛		豚	鶏
			堆肥	液状糞尿	堆肥	乾燥糞
牧草	イネ科草地	5〜6	3〜4	5〜6	2〜3	0.5
	混播草地	5〜6	3〜4	5〜6	2〜3	0.5
トウモロコシ		5〜6	3〜4	5〜6	2〜3	0.5
イタリアンライグラス		4〜5	3	4〜5	2	0.4

b) 水田，普通畑 生糞や乾燥糞等の易分解性有機物を多く含むものを多量に施用すれば，土壌中で微生物が急激に増殖し，土壌中の酸素を消費して土壌が極度の還元状態になることがある．このような状態になると根に障害が起こり，また生育阻害物質などが生産されるので注意が必要である．とくに水田においては，土壌が還元状態になりやすいため，十分腐熟した堆肥を施用したほうが安全である．

表 11.12 水田，普通畑における家畜糞尿処理物の施用基準[2]（トン/10 a）

作物	牛 糞			豚 糞			乾燥鶏糞
	生糞	乾燥糞	堆肥	生糞	乾燥糞	堆肥	
水稲	冬季 2〜2.5	冬季 1	1〜2または冬季 2	冬季 1.5	冬季 0.7	0.5〜1.5または冬季 1.5	0.2
麦〜水稲	麦作前 2	麦作前 0.8	麦作前 1.5	麦作前 1	麦作前 0.5	麦作前 1	—
一般畑作物	2〜3	0.5〜1.5	1.5〜3	1〜2	0.5〜1	1〜2	0.2〜0.4

水田，普通畑における家畜糞処理物の施用基準を表11.12に示す．水田では，過剰に施用すれば窒素過剰により収量が低下するため，窒素含有率をいちばんに考慮して基準は設定されている．また，連年施用する場合，分解が遅い有機物を連用すると，土壌中

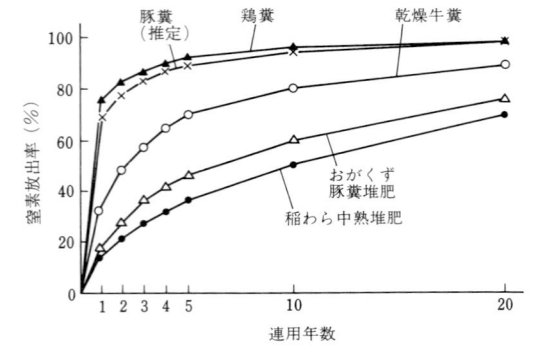

図 11.9 有機物施用に伴う窒素放出率の増加（毎年施用する有機物中の窒素を100とした場合）[2]

に蓄積されて窒素放出率が年々増加する．図11.9に有機物連用による窒素の累積効果を示した．分解されやすい豚や鶏の糞に対し，牛糞は分解が遅いために土壌中に蓄積され，窒素放出率は年々増加してくる．堆肥では分解がより遅いので，この傾向はさらに顕著になる．したがって，毎年同じ量の堆肥を施用していても，土壌中で放出される窒素の量はしだいに増加するので，併用する化学肥料の量を減らす必要がある．

表11.13 野菜畑における家畜糞尿処理物の施用基準[2]（トン/10 a）

野菜	牛			豚			鶏	
	牛糞	乾燥牛糞	おがくず牛糞堆肥	豚糞	乾燥豚糞	おがくず豚糞堆肥	乾燥鶏糞	おがくず鶏糞堆肥
少肥型	2.0～4.0	0.4～0.8	1.0～2.0	1.0～2.0	0.3～0.4	1.0～2.0	0.2～0.3	0.4～1.0
中肥型	3.0～5.0	0.6～1.2	1.3～2.5	1.3～2.5	0.4～0.6	1.2～2.5	0.3～0.4	0.6～1.5
多肥型	4.0～6.0	0.8～1.5	2.0～4.0	2.0～4.0	0.5～0.8	1.7～3.5	0.4～0.5	1.0～2.0

注 少肥型：ダイコン，サトイモ，ジャガイモ，ホウレンソウ等（N，K_2O 基準量 20 kg/10 a 以下の場合）．
　 中肥型：ショウガ，キャベツ，レタス，トマト，スイカ等（N，K_2O 基準量 25 kg/10 a 前後の場合）．
　 多肥型：ナス，ピーマン，キュウリ等（N，K_2O 基準量 30～35 kg/10 a の場合）．

c) 野菜畑 野菜栽培においては，土壌環境を良好に保つこと，すなわち家畜糞堆肥などの適正な施用によって土壌の化学性，物理性，生物性を改善することがきわめて重要である．しかし，野菜畑においても，家畜糞処理物を過剰施用すると，上で述べたように無機成分含量の変化によって拮抗的欠乏症が発生したり，土壌の通気性や透水性がかえって不良になることもあるので，過剰施用は避けるべきである．野菜畑における家畜糞尿処理物の施用基準を表11.13に示す．野菜は種類が多く施用基準を一律に定めることはできないので，ここでは野菜の種類によって少肥型，中肥型，多肥型の三つに区分して基準値を設定している．

［杉山　恵］

文　　献

1) 農林水産省草地試験場：家畜ふん尿処理利用研究会会議概要，No. 58-4，草地試（1984）
2) 農林水産省草地試験場：家畜ふん尿処理利用研究会会議資料，No. 58-2，草地試（1983）

2）エネルギー利用

日常使用している燃料の都市ガス，プロパンガス，灯油などは有機物である．有機物が燃えるときに発生する熱や力を，われわれはエネルギーとして利用している．家畜糞尿は餌が家畜の体内で消化吸収された後に残ったかすだが，固形物当たりにして70～80％の有機物を含んでいるから，燃料としてエネルギー利用できる．

直接燃焼法で実用化されている典型的な例として鶏糞ボイラーがある．ブロイラーの糞は鶏舎から出るときには，水分が30％程度に乾燥している．したがって，発熱量（低位発熱量）が 2,000～3,000 kcal/kg あり，鶏糞ボイラーの燃料に利用して鶏舎の床面給湯暖房を行う．燃焼後の灰はもとの糞の10％程度に減少するので，糞処理の点でも貢献している．また，灰には窒素はないが，リン酸，カリウム，カルシウムなどの肥料成分が多く，清潔な肥料になる．鶏糞ボイラーの普及率は，ブロイラー30万羽以上の大規模経営では30％以上に達している．この方法は，他の畜種の乾燥糞にも適用できる．

熱分解法は乾燥糞を蒸焼きにし，燃焼性のガスを生産する方法である．いままでの研究では，水分が4〜20%の乾燥糞を用いて，1kg当たり300〜800 l のガスが得られ，発熱量は1,000〜3,000 kcal/m³ である．ガスの燃焼性の主成分は一酸化炭素であり，ほかに二酸化炭素，窒素，水素，炭化水素などを含む．

石油化法は水分60〜80%程度の糞を，高温・高圧条件下で油状物質に変換する方法である．アメリカの研究者の実験結果では，水分60%の牛糞を380℃，408気圧，20分の反応時間で，油の回収率は47%であった．まだ試験研究段階であり，実用例はない．

堆肥発酵熱法は，70℃以上にも達する堆肥の発酵熱を温水や温風にして回収し利用する方法である．たとえば，堆肥の熱で温水，温風をつくり，豚房の床面暖房や子豚の哺育箱の加温，温室の加温などがある．

メタン発酵法は微生物の作用によって燃焼性のメタンガスを生産する方法である．家畜1頭から生産されるメタンガスは，1日当たり牛では700〜1,300 l，豚では150〜200 l，鶏では7〜14 l ほどである．メタンガスは純粋なメタンを約60%含み，残りの40%は二酸化炭素であり，微量の硫化水素を含む．発熱量は約5,500 kcal/m³ と高く，都市ガスの規格では5Aに相当する．自家製の装置でも割合と手軽にエネルギーが得られる利点がある．発酵後のスラリー状の糞尿は，臭気も少なく，肥料成分に富んでいる．

［羽賀清典］

3） その他の利用

家畜糞尿は，餌が消化された後のかすであるが，もう一度飼料として再利用する研究が多くある．生糞は，不衛生であり，嗜好性が悪いから加工処理が必要である．乾燥処理，サイレージ化（乳酸発酵），化学処理などが行われる．しかし，安全性のチェックが完全とはいえない現状や，潔癖な日本人の国民性などを考えると，糞尿の飼料利用は時期尚早であろう．

畜舎汚水からクロレラや光合成細菌など微生物菌体を生産し，菌体タンパク質（SCP）として飼料利用する試みが行われたが，菌体の回収方法や家畜の消化率などに問題点が残っている．活性汚泥の菌体の利用も同様の壁に突き当たっている．また，豚舎のすのこ下に汚水処理施設（酸化溝）を設け，その活性汚泥混合液を豚に給与する循環利用方式（ODML）も試みられたが，普及には至っていない．アルコール発酵によってエチルアルコールをつくったり，抗生物質やビタミン B_{12} の生産など微生物を利用した有効物質（ファインケミカル）の生産の研究例もあるが，現状では研究の域を出ていない．ハエや糞虫を糞で飼育して，昆虫タンパク質を生産する研究も行われている．堆肥はマッシュルームなどキノコの培地にも利用され，使用後の培地は肥料に利用されている．

［羽賀清典］

12. 家畜衛生

12.1 生産病

a．生産病とは

 生産病は飼養年数の長い牛に多く認められ，家畜が経済動物としてより多くの乳や肉の生産を求められるため，飼養管理法も濃厚飼料多給型の集約的管理となり，家畜の代謝機能が限界を越えたため生ずる代謝異常が原因で発生する代謝障害である[11]．その主なものを表12.1に示した．

表12.1 牛の主な生産病の死廃用事故頭数(1995年度)(農水省，家畜共済統計)

病　名	乳　牛	病　名	肉用牛
ケトーシス	439(0.4)	急性鼓脹症	9,021(11.9)
乳　熱	1,405(1.2)	ルーメンアシドーシス	494(0.7)
産後起立不能症	9,276(8.2)	第四胃変位	1,165(1.5)
急性鼓脹症	3,956(3.5)	急性実質性肝炎	2,140(2.8)
ルーメンアシドーシス	225(0.2)	腸間膜脂肪壊死	1,930(2.6)
第四胃変位	7,667(6.7)	尿石症	1,627(2.2)
急性実質性肝炎	2,259(2.0)	蹄葉炎	424(0.6)
合　計	25,227(22.2)		15,336(20.3)

注　(　)内は死廃用総頭数に対する百分率．

 高生産牛では，通常の飼料による生産の維持が不可能になったり，飼料の栄養素の不足や不均衡により"出"のほうが"入"のほうよりも大きくなりがちである．この不均衡が継続すると生産病の徴候を示すようになる．

b．生産病発生の背景

 生産病が牛で多い主な理由として，飼養期間の長さばかりでなく，反芻動物に特有な消化機能を有していることがあげられ，この反芻生理機能の破綻に直接的，間接的に関係している．生産病の種類や病態の程度は用途別，能力，年齢や飼養環境要因などによって差がみられるが，不適切な飼養管理がもっとも大きな障害発生の要因となる．
 牛の代謝機能の恒常性は，第一胃内の微生物による発酵と唾液分泌，胃運動など第一胃をめぐる各生理機能の調和が第一胃恒常性を保つことにより維持されている．第一胃では揮発性低級脂肪酸(VFA)の生産，窒素化合物の分解と再合成，不飽和脂肪酸の飽和化など反芻動物独特の代謝が営まれ，生体の維持はもちろん，泌乳，産肉の源となっている．

牛に発生している生産病の基本的な発生要因は高位生産をめざす飼養管理にある．発現する病態は妊娠，分娩や泌乳，運動不足などさまざまな付加的要因によって異なるが，病態発現の基本的な経緯は濃厚飼料多給 → 第一胃環境・機能の変化 → 肝機能を主体とする臓器機能の変化 → 代謝障害の発現をたどる．

c．牛の生産病の発生状況

農林水産省家畜共済統計によると，1995（平成 7）年度の乳用牛共済加入頭数約 174 万頭のうち死廃用総数は 11 万 4 千頭である．このうち約 9.4％ が乳熱，産後起立不能症やケトーシスなど分娩後に発生する代謝障害で，約 10％ が急性鼓脹症，第四胃変位などの消化器病である．

一方，肉用牛の加入頭数は 263 万頭で，このうち死廃用総数は約 7 万 6 千頭である．発生内訳は鼓脹症が 11.9％ でもっとも多く，次いで脂肪壊死症，尿石症などとなっている（表 12.1）．また首都圏の食肉衛生検査所による調査では，食肉不適として処分された個体のうち約 70％ が消化器系に病変を認め，第一胃不全角化症，第一胃炎および肝膿瘍が主体をなしている．一方，濃厚飼料多給による肥満が繁殖牛の受胎率の低下や繁殖障害などの発生要因として問題視されているが，その発生数は明確でない．

d．乳牛の生産病

わが国の乳牛は年間 8,000 kg 以上の乳量生産をあげるいわゆる"高能力牛"が多く，乳量の増加や高乳量の維持のため，長期間の濃厚飼料過剰給与が行われている．泌乳後期から乾乳期にかけての濃厚飼料の給与は肥満に伴うさまざまな代謝障害や繁殖障害を引き起こす．そのため，ほとんどの生産病の発生は分娩前後に集中する．原因は泌乳前後における栄養エネルギーと乳汁生産の不均衡にある．

1）肥満症候群[5]

乳牛の代謝病の発生は分娩前後に集中するので，周産期疾病ともいわれる．とくに泌乳後期から乾乳期にかけて濃厚飼料の過剰摂取により肥満となった妊娠牛にケトーシス，脂肪肝症，産後起立不能症，第四胃変位や胎盤停滞などのさまざまな代謝障害が発生する．これらは肥満症候群といわれ，乳牛の生産病の基本となる疾病である．これらの疾病は高泌乳牛に多発する傾向があり，ほとんど分娩後 10 日以内に発生し，予後不良になる場合が多い．また，泌乳初期に乾物量（DM），可消化粗タンパク質（DCP）および可消化養分総量（TDN）が不足しているか，泌乳後期から乾乳期に過剰な DCP と TDN を給与されている乳牛に発生しやすい．泌乳牛では分娩後，生理的に脂肪が肝に蓄積するが，通常は乳期が進むにつれて，その蓄積は解消する．しかし，肥満牛では長期にわたる顕著な脂肪蓄積のため脂肪肝となる．

2）脂肪肝症[8]

脂肪肝は肝細胞内に大小さまざまな脂肪滴が多く沈着した状態を指すが，発生要因は大きく二つに分けられる（図 12.1）．

第 1 の要因は，肝臓への遊離脂肪酸の過剰動員によるものである．とくに肥満の高泌乳牛では大量のエネルギーを必要とするので，体脂肪を分解し，エネルギーに充てる必

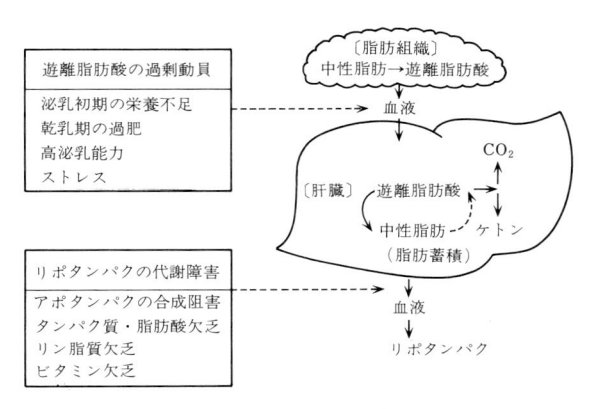

図12.1 脂肪肝の発生要因

要がある．このため，大量の遊離脂肪酸が肝臓に流入することになるが，肝臓での処理能力を超えると，中性脂肪が蓄積して脂肪肝となる．肥満牛では動員できる体脂肪が多く，食欲不振やストレスが加わる疾病が併発すると，さらに過剰の遊離脂肪酸が動員される．また脂肪肝は肝機能減退を起こしているため，体脂肪が動員されてもそれを利用処理することができず，大量のケトン体が生成されて乳量の著しい低下や痙攣，麻痺などの神経症状を呈するケトーシスの原因となる．

第2の要因はリポタンパク産生の代謝障害である．肝臓に貯留した中性脂肪は，リン脂質，コレステロールおよびアポタンパクと結合して超低密度リポタンパク（VLDL）となって血液中に運び出される．しかし，このリポタンパクの合成や分泌が阻害されると肝臓に脂肪が沈着する．リポタンパクの合成を阻害する要因として，アポタンパクの合成阻害，タンパク質，必須脂肪酸の欠乏，リン脂質欠乏，ビタミン欠乏（コリン，ビタミンE，パントテン酸など）などがあげられる．脂肪肝の治療には塩化コリン，パントテン酸カルシウム，メチオニンが用いられる．

3）乳　　熱[10]

乳熱は経産牛，とくに3～6産の肥満牛や高泌乳牛に多発し，分娩後48時間以内に発症する．原因は分娩後急激に泌乳が開始されることにより，血中カルシウムが乳汁とともに大量に排出されて，著しい低カルシウム血症になるために起こる．症状は筋肉の痙攣，興奮，運動失調，起立不能，意識障害などとともに，特異的な伏臥姿勢を示す．起立不能に陥る前の初期症状時にカルシウム剤を投与すると効果がある．また，血清中のカルシウム量は上皮小体ホルモン（PTH）やビタミンDによって調節されているので，分娩の1週間前からカルシウム給与量を少なくし，PTHの分泌細胞をたえず刺激しておくと予防効果がある．その理由は，分娩前の長期間に十分なカルシウムが給与されていると，PTH分泌機能が低下あるいは停止し，泌乳開始時の急激なカルシウム低下に対応できなくなるからである．このため分娩前はむしろ低カルシウム飼料で飼育したほうがよい．

4) ダウナー牛症候群[10]

本症は乳熱に継発する場合が多い．原因は乳熱などで起立や歩行に必要な四肢の筋肉や神経の損傷を受けるため，分娩後に起立不能を起こす．したがって，乳熱のようにカルシウム剤注射の治療効果はなく，伏臥状態による虚血性筋壊死のため長期間起立不能の状態に陥る．また，製造粕類を多給する酪農地帯で多発することがあるが，この場合は分娩ストレスと第一胃の異常発酵産物の吸収とが同時に作用して起こる一種の自家中毒症と考えられ，死亡率は高い．

予防はできるだけ日光浴と運動をさせるとともに，肥満にならないように濃厚飼料を過給しないこと，分娩前にカルシウム含量の低い飼料を与えることなどである．

5) ケトーシス[4]

種々の原因により炭水化物や脂質の代謝障害が起こり，生体内にケトン体が異常に増量した結果，消化器障害や神経症状を示す疾病である．臨床症状が認められず，血中ケトン体のみが増量したものをケトン血症，尿中ケトン体の増量したものをケトン尿症と称する．

ケトーシスは高泌乳牛や分娩時に肥満した3～5産目の乳牛に多発し，分娩後6週以内，とくに2～4週目の泌乳最盛期に発病する．詳細な発病機序は複雑で十分に解明されていないが，炭水化物源の不足とそれに伴う脂肪の不完全酸化がケトン体を増加させることから，高泌乳や肥満の乳牛で起こりやすい．とくに高泌乳牛では，泌乳量のピークと採食量のピークにずれがあるため，エネルギー，タンパク質ともに泌乳初期に摂取不足になりやすく，この状態がケトーシスの発生と密接に関係している．このため，適切な飼料の給与によって，分娩後の養分要求量を充足させることは，予防効果がある．

6) 第四胃変位[12]

第四胃が正常な位置から左方，右方あるいは前方に変位し，慢性の消化障害および栄養障害を起こす疾病である．乳牛のみでなく肉牛にも多く発生する．コーンサイレージの多給や濃厚飼料多給による繊維不足によって第四胃アトニーが先行し，その結果起こる第四胃の拡張とガスの蓄積が原因で発生するといわれる．第四胃アトニーにおける運動抑制機序は，濃厚飼料多給時に第一胃内で多量のVFAが産生され，そのときの酪酸やプロピオン酸により消化管運動が抑制されることが原因であると考えられる．また最近，濃厚飼料多給時に生産される第一胃内エンドトキシンが第四胃運動を抑制するという報告もある．本症の治療法としては，可及的すみやかに外科的治療法を実施することが原則であるが，軽症例や妊娠末期の症例に対しては経口電解質液の投与や輸液など薬物療法が勧められている．

e. 肉用牛の生産病

肉用牛ではその生産目的から，育成時や肥育時に濃厚飼料の過給が行われやすい．これに加えて粗飼料給与不足，密飼い，運動不足などの飼養管理失宜の結果として第一胃機能障害が発生し，さらに肝・膵機能障害などが引き起こされる．乳牛の生産病が高泌乳牛に頻発するのと同様に，肉用牛でも育成・肥育時に肥満となる高能力牛においてルーメンアシドーシス，第一胃不全角化症・第一胃炎・肝膿瘍症候群，慢性鼓脹症などの

消化器病や肥肪壊死症，尿石症や蹄葉炎などの生産病が発生する．

1) ルーメンアシドーシス[1]

易発酵性の炭水化物の大量給与は，第一胃内に乳酸を産生し急性のルーメンアシドーシスを起こす．高炭水化物飼料を過食すると第一胃内の乳酸桿菌（*Lactobacillus*）やストレプトコッカスボビス（*Streptococcus bovis*）などの乳酸産生菌が増殖して胃内容中の乳酸が増加するためにpHが5以下に低下し，ルーメン発酵に重要な繊維分解菌や原虫類は死滅し消失するようになる．産生された乳酸のうち，L-乳酸は肝臓で代謝されるが，D-乳酸は代謝されないため，体内に吸収されて血液pHの低下によるアシドーシスの原因となる．アシドーシスの動物の第一胃には，ヒスタミンが高濃度に検出でき，ヒスタミンが第一胃運動の停止作用をもつことから，これを原因物質とする考えもある．しかし，第一胃運動停止とヒスタミンの生成が上昇するまでにはかなりの時間的ずれがあることなどから，ヒスタミン原因説は疑問視されている．一方，アシドーシスでは第一胃のグラム陰性菌がpHの低下とともに崩壊するが，これらの菌の死骸からエンドトキシン（内毒素）が放出される．これはさまざまな生物活性を有することから，内因性エンドトキシンも乳酸アシドーシスの原因物質の一つと考えられる．一方，第一胃内の乳酸増加は化学的第一胃炎の発症の原因となり，細菌やエンドトキシンなどの第一胃粘膜内侵入を容易にして血管へ侵入し，肝臓へ移送されて肝膿瘍の原因となる．一般に乳牛は泌乳時の穀類の大量摂取に慣れているが，肉専用種あるいはフィードロット肥育牛は順応性が乏しいため，とくに炭水化物に富む濃厚飼料への転換時には注意を要し，その転換は徐々に行う．たとえばフィードロット肥育牛に対しては，最初は粗飼料50～60％の割合より出発し，3～4日間隔で10％ずつ濃厚飼料の割合を増量して，最終的に粗飼料を10～15％に減少させるとよい．

2) 第一胃不全角化症・第一胃炎・肝膿瘍症候群[3]

第一胃不全角化症は乳用雄子牛の若齢肥育に際し多発し，その原因は飼料給与のうちでも炭水化物含量の高い濃厚飼料の過給と粗飼料の給与不足に関連がある．濃厚飼料の過給は前述のような第一胃内環境の変化と連動して，第一胃粘膜上皮細胞の代謝に悪影響を与え不全角化を発生する．本症では第一胃粘膜の抵抗力が低下しているため，飼料や飼料中の異物などの刺激により粘膜は損傷し，潰瘍形成なども含めた第一胃炎へ発展する．とくに飼料に付着して摂取される消化管常在菌のうち，フソバクテリウムネクロフォールム（*Fusobacterium necrophorum*）は損傷した粘膜表面より血管内に入り，門脈を経て肝に到達し，多発性膿瘍形成の主因菌となる．なお，肝膿瘍は生前診断が困難であるとされていたが，急性期の血液中に出現するある種の糖タンパク（α_1-酸性糖タンパクなど）やその構成糖（シアル酸）を検出することにより比較的早期に診断することが可能となった[7]．

肝膿瘍の予防対策では，まず第一胃内の内部環境を保ち，第一胃での損傷を予防することが重要であり，濃厚飼料の多給を避け，良好な粗飼料を適当量給与することが基本となる．第一胃液のpHの低下はアシドーシスや第一胃不全角化症の原因になるので，少なくともpH 6.5以上に保つ必要がある．そのため，炭酸水素ナトリウムを飼料に添加し，pHを修正すると，第一胃病変の発生防止に有効とされる．また，テトラサイクリン

やタイロシンなどの抗生物質の投与による肝膿瘍の予防が試みられているが，予防効果は一定していない．さらに，本病に対する有効なワクチン開発も期待されている．その他，畜舎環境や衛生管理改善などや長距離輸送後の飼料の急変などのストレスを避けることも重要である．

3) フィードロット鼓脹症[2]

鼓脹症は第一胃と第二胃が内容物の発酵ガスの蓄積で異常に膨満する疾患である．本症は摂取する飼料の種類によりマメ科牧草性鼓脹症（放牧鼓脹症）と穀類性鼓脹症（フィードロット鼓脹症）に大別される．可消化炭水化物に富む穀類や粕類が多給されるフィードロット牛では反復性の慢性鼓脹症が起こるが，その発生は肥育牛の1%にも及び，損害は莫大なものがある．穀類などの高炭水化物飼料は第一胃内微生物のうちストレプトコッカスボビスのような粘液産生菌の増殖をまねくため，菌が産生した粘着物質が発酵ガスの泡沫化を助長する．同時に濃厚飼料の多給は飼料中のデンプンや細菌を食べ，結果として鼓脹症発生を抑制する原虫類の総数を減少させる．また，唾液は泡沫形成を妨げ，形成された泡沫を消す作用をもっているが，濃厚飼料多給は採食中の唾液分泌やあい気反射を減少させるので，鼓脹症の発生を促進する．現在，フィードロット鼓脹症に対する有効な治療法はない．発症予防には，粗飼料給与や泡沫形成阻止剤である合成界面活性剤の投与が有効である．さらに，ポリエーテル系抗生物質のモネンシンは第一胃の粘度を低下させるので，鼓脹症の発生を抑制する．

4) 脂肪壊死症[6]

脂肪壊死症は肥育牛や繁殖牛に多く発生する．腹腔内脂肪組織のうち，とくに結腸・直腸・腎臓周囲の脂肪の変性壊死により硬い腫瘤を形成する．このため，腫瘤が腸管や妊娠子宮を圧迫，狭窄し，二次的に消化器症状や流産を引き起こす疾病である．原因や発病機序については不明であるが，血統的に良好な牛で過肥，栄養佳良なもの，飼料効率のよい牛，若齢時に濃厚飼料の過給と粗飼料の給与不足であったものに多発する傾向があり，飼養管理や牛の資質が重要な発病要因としてあげられている．また，壊死組織では不飽和：飽和脂肪酸比の減少など脂肪代謝異常に起因すると思われる変化のほか，膵内分泌機能に異常も認められる．これらの変化はその発生背景から考えて，若齢時における濃厚飼料の過度の摂取や肥満時にその下地がつくられる．本症の治療としてはハトムギや植物ステロールが効果があるが，治癒までには長期間を必要とする．

5) 尿石症[9]

濃厚飼料とくに穀物飼料多給の肥育牛は尿中のリン，マグネシウム，アンモニアなどが多い特徴を反映して，尿石の主成分はリン酸マグネシウム塩であることがわが国で発生する尿石症の特徴である．これに対し，放牧牛や大量にイネ科乾草を給与された牛に発生する尿石はケイ酸塩やシュウ酸塩，炭酸塩が主成分となっており，オーストラリアなどでの発生が多い．尿中のリン排泄の増加は飼料からのリン吸収の増加，腎臓での再吸収の減少によるものや，アシドーシスによりリンの体内蓄積量が減少し，尿中のリン含量が高まることに原因する．結石の形成には，その核となる物質の発現因子，核周囲の沈殿，結晶化を促進する因子，発現中の結石形成を促進する因子が必要である．

本病の予防は，飼料の高リン含有を避け，均衡のとれたカルシウムとリンを含有して

いることが大切であり，その飼料中の比率は1.2：1が適当とされる．治療には尿のpHの低下と利尿効果促進のため塩化アンモニウム投与が有効である．

6) 蹄葉炎

濃厚飼料の多給，飼料の急変あるいは盗食などの際，第一胃の異常発酵で多量の乳酸やヒスタミンが形成される．これが血流を介して蹄部組織に密に分布している毛細血管に作用して，うっ血と炎症を起こすため，局所の神経を刺激して激しい疼痛を生ずる．急性型の場合，重症例では起立と運動が困難で横臥姿勢をとることが多く，軽症例では運動を嫌い，特有のロボット様の強拘歩様や，背湾姿勢や開張姿勢を示す．若齢肥育では，肥育用飼料の多給以外に，急激な増体による荷重の増加により本症が起こることがある．蹄葉炎の発生により増体量は低下し，四肢部の変形が起こる．

本症予防は，濃厚飼料の多給と飼料の急変を避け，肥育牛については粗繊維含量9％以上の粗飼料を給与するとよい．徴候がみえたときは不断給餌をやめ，1日2回の制限給餌をする．

f. 生産病の早期診断と予防

1) 妊娠末期の飼養管理

乳牛では，妊娠末期60～70日の乾乳期間を設け，乾乳時には濃厚飼料や多汁質飼料の給与をやめ，すみやかに乾乳させる．長期間の空胎で乾乳期間が長くなる牛では，分娩時に肥満の傾向となるので，泌乳後期から濃厚飼料の給与を制限し，ボディコンディションスコアの調整をはかる．分娩前，肥満の牛では分娩後乾物摂取量の回復が遅れ，受胎までの日数も増加する．しかし，乾乳期に体重を減少させるような低栄養は，逆に分娩後乳牛に脂肪肝を発生させ，生産病の発生や分娩後の発情回帰が遅れる．また，妊娠末期にカルシウムや粗タンパク質を多給すると，分娩後血液中カルシウム濃度が低下し，乳熱が発生しやすくなる．このため，マメ科飼料の給与を控えイネ科主体の乾草，あるいは牧草サイレージを給与し，また放牧期では2時間程度の制限放牧とする．

2) ボディコンディションスコア

ボディコンディションスコアは牛の肥満の程度を評価するための方法である．生産病発生の要因である肥満や脂肪肝を防ぐためには，ボディコンディションスコア（図12.2）による継続的な評価を行うことが大切である．この評価法に従って，乾乳期にはスコアが3～3.5を維持させるようにすべきである．スコアが4～5を示す牛は明らかに肥満であり，分娩前からすでに肝に脂肪化が認められ，分娩後には肥満症候群に陥る．スコアが3～4の範囲は正常であり，分娩時が3.5，初回交配時が2.5～3が適当とされている[13]．

3) 代謝プロファイルテスト

エネルギー出納バランスの不均衡によって発生する牛の肥満や肝の脂肪化などの異常な代謝状態を早期に把握することにより，飼養法の早期改善などが可能となり，分娩前後あるいは肥育時に発生する生産病が防除できる．また，代謝状態の把握は乳量の維持，増加，乳質や肉質の高品質化や繁殖能力の向上の指標としても利用できる．これらを早期に診断する方法として代謝プロファイルテスト（MPT）があり，各乳期あるいは各肥

スコア	部　位	状　態	
1	棘突起・背部 腰　部 腰角・座骨 腰角と座骨の間 尾根下部 陰門部	先端肉付き不十分で突出，触感はとがっている． 顕著な突出，外観は棚状を呈す． 十分な肉がなくとがっている． 顕著なくぼみ． 顕著なくぼみ． 突出．	 1（やせた状態）
2	棘突起・背部 腰　部 背　線 椎　骨 腰角・座骨端 尾根の周囲 陰門部	先端外観上みられる（スコア1ほど突出せず）． 明確な棚状あるいは突出を形成せず． ある程度肉付き． 外観上みられないが，触感で容易に区別． 腰角は突出，両者の間はくぼみを形成． ある程度のくぼみ． 突出した外観を呈しない．	 2（適度）
3	棘突起・背部 腰　部 椎　骨 尾　根 腰角・座骨 尾根部・座骨間	先端はなめらかな外観を呈し，指圧で触感． 横突起はなだらかで棚状にみえず． 背線，腰部，臀部の移行が連続している． まるい外観． なめらかでまるみ． 皮下脂肪沈着の徴候なくなめらか．	 3（良好）
4	棘突起・背部 腰　部 背　線 尾根部 腰角間 尾根部・座骨周辺	強い指圧のみ区別できる． 横突起はまるく平滑で棚状部位は消失． 腰部，臀部で平ら． 背線の延長としてなめらかでまるみ． 平ら． 皮下脂肪沈着．	 4（肥満）
5	背　線 腰角・座骨端 尾根部	厚い脂肪層に覆われている． 不明瞭． 脂肪が巻いている．	 5（きわめて肥満）

図12.2　ボディコンディションの評価法（Wildmanら，1982より改変）

育時に群分けされた牛群のいくつかの血液成分を検査し，その結果から牛群全体の栄養状態や代謝の状態を判定し，飼養管理上の問題点を摘発しようと工夫されている．このテストでは，遊離脂肪酸，血糖やβ-ヒドロオキシ酪酸が炭水化物摂取の指標として用いられている．また，タンパク質摂取の指標としては尿素窒素，アルブミン，血清総タンパク質，ヘマトクリット，ヘモグロビンが，ミネラル摂取の指標としてはカルシウム，無機リンやマグネシウム，銅などが指標とされている．　　　　　　　［元井葭子］

文　献

1) Danlop, R. H. and Hammond, P. B.: *Ann. N. Acad. Sci.*, **119**, 1109-1132 (1965)
2) 星野貞夫：畜産の研究, **36**, 19-24, 263-268, 379-384 (1982)
3) Jensen, R. M.: *Am. J. Vet. Res.*, **15**, 201-216 (1973)
4) 川村清一：牛の代謝性疾患（本好茂一監修），1-50, 学窓社 (1989)
5) Morrow, D. A.: *J. Dairy Sci.*, **59**, 1625-1629 (1976)
6) 元井葭子：牛の代謝性疾患（本好茂一監修），99-127, 学窓社 (1989)
7) Motoi, Y., Itho, H., Tamura, K. *et al.*: *Am. J. Vet. Res.*, **53**, 574-579 (1992)

8) 本好茂一：牛の代謝性疾患（本好茂一監修），73-98，学窓社（1989）
9) 元井葭子：牛病学（第2版）（清水高正ら編），494-497，近代出版（1988）
10) 内藤善久：牛の代謝性疾患（本好茂一監修），129-165，学窓社（1989）
11) Payne, J. M.: Metabolic and Nutritional Disease of Cattle, Blackwell Scientific Publications Ltd. (1989) ［元井葭子，小原嘉昭共訳：牛の栄養障害と代謝病，チクサン出版社（1991）］
12) Svendsen, P. E.: Proc. IV International Sym. on Ruminant Physiol., 563-575 (1975)
13) Wright, I. A. and Russel, A. F. J.: *Animal Prod.*, **38**, 23-27 (1984)

12.2　S　P　F　豚

a．SPF豚の畜産利用

　SPF豚の畜産利用は疾病清浄化対策として有効であり，生産性の向上がはかれるほか，豚肉の高品質化や安全性確保などの面からも期待されている．このため，わが国ではSPF豚生産が事業化されており，飼養頭数は急速に増加している．

　SPF豚の畜産利用をはかるには，まず特定の疾病に汚染されていないSPF豚を作出して増殖し，一定の方針に基づいて従来から飼育されているコンベンショナル豚をSPF豚へ全面的に入れ替えていくものであり，これをSPF豚集団変換計画とよぶ．この計画を展開していくためには，閉鎖系の生産ピラミッドを構築する事業（SPF豚の増殖と配布，コマーシャル農場建設など）と，SPF豚農場における感染防止のための厳重な衛生管理規制および疾病検定が不可欠である．

　SPF豚集団変換計画に取り組んでいる国は少なくないが，その展開方式はそれぞれ異なっており，各国の養豚事情に見合った独自なものとなっている．たとえば，デンマークにおけるSPF豚集団変換計画は農業団体(DS)が統括して実施しており，生産ピラミッドは単一である．しかし，わが国では民間や農業法人が独自のノウハウに基づいて生産ピラミッドを構築しており，現在までに大小を合わせると数単位のピラミッドが構築されている．

b．SPF豚の定義

　SPFという用語はspecific pathogen freeの略語で，特定の病原微生物や寄生虫が不在であることを意味する．畜産利用におけるSPF豚とは，生産の障害となる特定の疾病（オーエスキー病，マイコプラズマ肺炎など）に汚染されていない状態をいうので，定期的に疾病汚染の有無を検定する必要がある．これに対し，微生物学的制御が行われていない状態の豚はコンベンショナル(conventional)として区別し，疾病に汚染されている可能性が高い．

　第1次SPF豚とは自然分娩を避けて妊娠末期の母豚から外科手術によって胎子を無菌的に摘出し，微生物制御された清浄環境（バリア施設）の中で人工保育して作出されたもので，コンベンショナル豚とは厳重に隔離した専用農場で種豚として育成される．第1次SPF豚から自然分娩により生産されたもの，およびその子孫は第2次SPF豚とよび，生産集団を形成する．

c. SPF 豚生産ピラミッド

図 12.3 に示すように，生産ピラミッドは原則として核（GGP）農場，増殖（GP）農場およびコマーシャル農場を単位として構成される．豚の移動は同一の生産ピラミッド内の核農場から増殖農場へ，さらに増殖農場からコマーシャル農場への垂直移動を原則とし，生産ピラミッド間の移動は行わない．各農場は以下の役割を担っている．

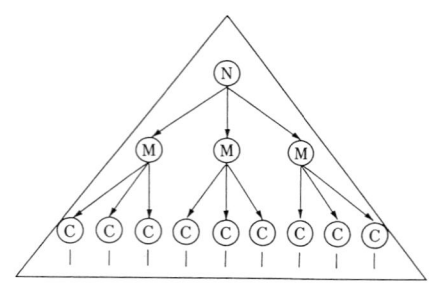

N：GGP 農場，GP：増殖農場，C：コマーシャル農場

図 12.3 SPF 豚生産ピラミッド

1) GGP 農場

新設の農場であることを原則とし，厳重な衛生管理体制のもとに運営される．農場の開設は第 1 次 SPF 豚の導入によって始まるので，当初は第 1 次 SPF 豚で占められるが，やがて第 2 次 SPF 豚が生産されて多数を占めるようになる．GGP 農場の役目は第 1 次 SPF 豚の育成とともに，GP 農場におけるコマーシャル繁殖豚生産のための原種豚の育成を行うことにある．なお，GGP 農場における遺伝資源の導入はすべて第 1 次 SPF 豚に限られるが，最近では受精卵移植による導入が可能となっている．

2) GP 農場

新設農場を原則とする．ここでは GGP 農場から第 2 次 SPF 豚を導入し，一定の増殖プログラムによりコマーシャル繁殖種豚を生産，供給する役目を担っている．このため，農場数や飼育頭数は GGP 農場のそれよりも一般に多い．

3) コマーシャル農場

繁殖と肥育を行う一貫経営（肉豚生産）の農場である．SPF 豚集団変換計画に基づいて従来から飼育しているコンベンショナル豚の飼養を中止し，GP 農場から繁殖豚を導入してコマーシャル農場へ集団変換する．

d. SPF 豚農場への変換法

従来のコンベンショナル豚を飼養する農場から SPF 豚コマーシャル農場へ集団変換する場合は，一般に以下の手順で行う．

(1) 従来のコンベンショナル豚をすべて搬出して一定期間豚舎を空にし，その間に豚舎や飼養器具の清掃と水洗を行う．
(2) コマーシャル豚農場としての要件を満たすため，豚舎の改造や周辺の整備（農場周囲のフェンス，消毒槽，更衣室，出荷台など）を行う．
(3) 豚舎内外の消毒を厳重に行い，必要があれば豚舎周辺の土を入れ替える．

12.2 SPF 豚

コンベンショナル豚の飼養を中止してから SPF 豚を導入するまでの期間は，通常5～6週間以上を要する．SPF 豚へ変換後は厳重な衛生管理や外部者の立入り制限を実施し，コンベンショナル豚との直接的または間接的な接触を避けて疾病の汚染防止に努める．さらに，飼料は病原微生物の汚染防止を配慮して製造した専用飼料（ペレット）を使用する．

e．SPF 豚農場の認定
1) 疾病検定と検査要領

SPF 豚集団変換計画の目的は疾病による生産阻害を最小限に抑えて生産性の向上をはかるとともに，豚肉の高品質化と安全性を確保することにある．このため，排除すべき疾病を明確にして検定を行う必要があるが，排除すべき疾病の種類は国や地域の衛生事情によって異なる．たとえば，デンマークでは単一の SPF 豚生産ピラミッドによる集団変換計画が実行されており，マイコプラズマ肺炎，萎縮性鼻炎，胸膜肺炎，赤痢，オーエスキー病，疥癬症およびシラミ症が検定の対象となっている．

わが国では商社等が独自に生産ピラミッドを構築しており，疾病検定は各生産ピラミッドの検定基準により行っていた．1994 年，日本 SPF 豚協会は疾病検定に伴う混乱を避けるため，検定すべき疾病の種類と検査要領を定めた．すなわち，GGP 農場および GP 農場ではオーエスキー病，豚赤痢，トキソプラズマ病，萎縮性鼻炎およびマイコプラズマ肺炎についての検定を表 12.2 に示す要領で年 2 回以上実施し，その結果がすべて陰性であることを基準としている．また，コマーシャル農場で飼育する SPF 豚についても定

表 12.2 GGP 農場および GP 農場に対する疾病検査要領（日本 SPF 豚協会，1994）

	方　　法	判定基準	検査頭数	備　　考
オーエスキー病	LATEX または ELISA テストによる抗体検査．疑わしい検体は中和テストを実施．	陰性であること．	30 頭以上/回，年 2 回以上実施．	
豚赤痢	臨床観察と菌分離．	臨床症状のないこと．Serpulina hyodysenteriae が分離されないこと．	場内飼育豚全頭が臨床観察の対象となる．	類症鑑別 1．大腸バランチジウム症 2．鞭虫症 3．下痢症一般
トキソプラズマ病	臨床観察．LATEX 抗体検査．	臨床症状のないこと．	LATEX 抗体検査はオーエスキー病検査と同時に実施する．	抗体検査結果は農場の防疫管理に活用するが，最終診断には用いない．
萎縮性鼻炎	剖検（鼻甲介測定）．組織学的検査と菌分離．	鼻甲介間隙測定の結果，指数が 2 未満であること．	14 頭以上/回，年 2 回以上実施．	Bordetella. bronchiseptica あるいは Pasteurella multocida が分離されたときは DNT 試験を実施する．
マイコプラズマ肺炎	剖検（病変測定）．組織学的検査と菌分離．	典型的な肉眼病変および組織学的病変がないこと．Mycoplasma hyopneumoniae が分離されないこと．	14 頭以上/回，年 2 回以上実施．	抗体検査はモニタリングに利用する．抗体陽性の場合，月齢別に血清検査を行い，陽転時期を確認し，菌分離を試みる．

期疾病検査が行われるが，検査要領はより簡便なものとなっており，むしろ生産成績の評価に重点を置いている．たとえば，母豚1頭当たり年間離乳数は21頭以上，母豚更新率は30%以下，農場飼料要求率は3.3以下などのほか，薬品の使用制限を定めている．

2) SPF豚農場認定制度

SPF豚農場で疾病が発生すると，疾病の種類によっては種豚の移動に伴ってコマーシャル農場へ波及し重大な影響が出る．このため，GGP農場およびGP農場に対しては疾病の有無や侵淫状況を定期的にモニタリングし，特定の疾病について不在であることを明らかにしておく必要がある．また，コマーシャル農場では生産性の向上が目的であることから，生産成績は一定の基準を越えていなければならない．

SPF豚集団変換計画を円滑に推進するため，1994年，日本SPF豚協会は農場認定制度を発足させた．すなわち，GGP農場，GP農場およびコマーシャル農場に対して衛生管理，疾病検査成績，生産成績などに関する評価基準を定め，基準に合致していればSPF豚農場として認定するものである．この認定制度は消費者にとっても有意義であり，豚肉の高品質化や安全性確保に貢献するものである． 〔柏崎 守〕

12.3 飼料衛生

飼料は，家畜の成長，維持および畜産物の生産のための栄養を供給するものであり，家畜に対して有害作用をもってはならない．また，飼料の使用が原因となって有害畜産物が生産されてはならない．飼料の安全性を確保するために，「飼料の安全性の確保及び品質の改善に関する法律」（飼料安全法）およびこれに付随する省令等が定められ，飼料の製造，保存，使用等は，これに従って行うように義務づけられている．また，飼料の品質低下の防止や栄養素の補給の目的で用いられる飼料添加物については，農林水産大臣の指定を受けなければならない．一方，飼料には治療目的で薬物が添加されることがあるが（飼料添加剤），これについては薬事法による規制がある．これらの法律の詳細については14章で述べられているので参照されたい．

本節では，飼料が原因となって家畜に中毒を起こしたり，畜産物に移行，残留してこれを汚染したりする事例について，その原因別に概説する．

a. 中　毒

中毒とは，「毒物，薬物などの作用により，生体の生理機能が障害を受け，そのため生体が異常な反応を示して生命の危険を招くような症状を呈すること」と定義されている．家畜の中毒の原因としては，有毒植物，農薬，肥料，重金属，かび毒，変質飼料等があげられるが，中毒事故の調査統計資料は「家畜共済統計」以外になく，発生状況の詳細をつかむのは難しい．

「家畜共済統計」では，中毒をワラビ中毒，硝酸塩中毒，有毒植物中毒，尿素中毒，食塩中毒，飼料中毒，農薬および昆虫駆除薬中毒，薬物中毒，肥料中毒，その他の10種類に分類している．表12.3にここ10年間の中毒による牛の死廃頭数をまとめて示した．中毒による死廃頭数は漸減傾向にあるが，発生原因は"飼料中毒"に分類されるものが

表 12.3　牛の中毒による死廃頭数（家畜共済統計）

年度	86	87	88	89	90	91	92	93	94	95
ワラビ中毒	23	7	9	7	9	10	18	5	8	1
硝酸塩中毒	152	87	98	93	69	86	94	96	120	65
有毒植物中毒	38	42	32	26	22	26	23	26	14	5
尿素中毒	3	5	4	8	2	4	3	1	5	0
食塩中毒	1	0	0	1	0	1	0	0	0	0
飼料中毒	600	561	558	496	360	343	186	175	150	79
農薬中毒	12	18	27	17	14	7	4	9	7	11
薬物中毒	22	17	14	18	12	19	4	8	4	3
肥料中毒	4	2	3	1	0	1	3	1	0	0
その他	5	8	15	10	11	1	6	8	2	3
中毒合計	860	747	760	677	499	498	341	329	310	167

もっとも多い．"飼料中毒"には，変質飼料による中毒や飼料を汚染したかび毒による中毒が含まれる．飼料中毒に次いで発生件数が多いのは硝酸塩中毒であり，中毒事故の実数はかなりの数にのぼるものと思われる．また，ワラビ中毒を含めた有毒植物中毒もいぜんとして多く発生している．

1）硝酸塩中毒

　植物中の硝酸塩は，多量に摂取すると胃腸炎を起こすといわれるが，それ自身はほとんど毒性がない．しかし，摂取された硝酸塩は第一胃内の細菌により，亜硝酸，ヒドロキシルアミンを経てアンモニアまで還元される．この還元反応の中間産物である亜硝酸およびヒドロキシルアミンが血中に入ると，ヘモグロビンの鉄を酸化してメトヘモグロビンを生成する．メトヘモグロビンは酸素結合能がないため，増加すると組織は酸素欠乏状態となり，中毒症状を呈する．

　臨床症状は，まず食欲廃絶，流涎，下痢，呼吸促迫，喘ぎのほか，乳頭，唇，膣粘膜等のチアノーゼがあげられる．さらに筋肉の振戦，歩行のふらつき，起立不能等を呈し，ついには痙攣して死亡する．経過が急性で，明確な臨床症状を示さずに死亡することも多い．血液がチョコレート色になるのも特徴的な所見である．健康牛のメトヘモグロビン量は 0.7～10% 程度であるが，30～40% に上昇すると臨床症状が現れるといわれる．血中硝酸態窒素が $10\,\mu g/ml$ 以上の場合，かなりの硝酸塩を摂取したと判断できる．

　一定量の硝酸塩を継続して摂取していると，急性中毒に至らずに，流産，受胎不良，跛行等の慢性症状を示すといわれる．慢性中毒の発症には，硝酸塩による甲状腺機能障害や，第一胃内亜硝酸によるビタミン A の破壊の関与が指摘されているが，不明な点が多い．

　植物の土壌中硝酸塩吸収を促進する要因としては，まず糞尿等の多量施肥による土壌中の窒素過多があげられる．また，旱魃後に降雨があると，土壌中の硝酸塩が植物にすみやかに吸収される．植物が吸収した硝酸塩は植物中でアミノ酸の合成に利用されるが，この反応には日照およびモリブデン，鉄，銅，マンガン等のミネラルを必要とするため，これらが不足すると植物中に硝酸塩が蓄積する．植物の種類によっても硝酸塩の蓄積の程度が異なる．イタリアンライグラス，トウモロコシ，ライムギ，エンバク等のイネ科の植物，カブ，ダイコン，アオビユ等に多く含まれている．最近は粗飼料の輸入が増加

しているが，輸入スーダン乾草からしばしば高濃度の硝酸塩が検出されている．米国のガイドラインでは，乾物中の硝酸態窒素が 1,500 ppm 以下であれば安全とされている．多量の硝酸塩を含む牧草は他の牧草と混合するなどして硝酸態窒素濃度を低下させる必要がある．また，サイレージにすると硝酸塩が還元されて減少するが，その程度は一定でなく，大幅に硝酸塩濃度が低下するようなサイレージは，製品の品質も低下しているといわれる．

2) 有毒植物中毒

アルカロイド，配糖体，苦味質，サポニン，青酸およびシュウ酸などの，家畜に有害作用を示す成分を含有する植物はきわめて多く，わが国にはおよそ 400 種類が存在するといわれる．

有毒植物による中毒事故は，放牧牛が牧野に自生する有毒植物を採食したとき，あるいは有毒植物が混入した飼料を牛に与えたときに発生する．しかし，牛は通常有毒植物を積極的に採食せず，また近年牧野の整備が進んだことから，放牧中の事故の報告はまれである．最近の植物中毒事例は，畜舎周辺の植栽に用いられる有毒植物を誤って給与したものなどが多い．

a) アルカロイド中毒　アルカロイドとは，植物に含まれる含窒素塩基の総称で，一次代謝産物であるアミノ酸のすべてあるいは一部が取り込まれて化学変化を受けて生成したものである．ニコチン，モルヒネ，アトロピン，カフェイン等は少量で顕著な生理活性を示す．

イチイは山地に自生し，庭木としても栽培されている常緑樹で，葉にアルカロイドのタキシンを含んでいる．剪定した庭木の枝葉を誤って牛に給与した事故がしばしば報告されている．中毒症状は，興奮，嘔吐，呼吸緩徐，全身性痙攣等で，牛の致死量は生葉 10 g/kg 体重といわれている．

ユズリハも庭木に用いられる常緑樹で，葉にアルカロイドのダフニマクリンを含む．剪定した枝葉給与や，注連飾りのわらと一緒に給与した事例が報告されている．症状は，反芻停止，四肢強直，起立不能等を示す．エゾユズリハはユズリハの亜種で，樹高 40～60 cm の常緑灌木であり，ユズリハと同様ダフニマクリンを含む．牧野での中毒事故が報告されている．

チョウセンアサガオはアトロピン，スコポラミン等のアルカロイドを含む．中毒症状は，呼吸・脈拍の増加，瞳孔散大，下痢，興奮等を呈し，麻痺を起こして死亡する．

イヌスギナは河川敷でよくみられるが，スギナとは異なる．アルカロイドのエキセチンを含む．河川地での牧草栽培で，イヌスギナが混生したものを給与した中毒例が報告されている．中毒症状としては，興奮，歩様不安，後軀麻痺等があげられる．

b) 配糖体中毒　配糖体（グリコシド）は，糖と糖以外のもの（アグリコン）からなり，広く生物界に存在する．

キョウチクトウは庭木や街路樹によく用いられる常緑の灌木で，葉や樹皮にジギタリスのジギトキシンに似た強心配糖体のオレアンドリンを含む．剪定後の葉を誤って家畜に給与したための中毒が報告されている．牛での致死量は，生葉 10～20 g/kg 体重といわれている．中毒症状は，流涎，嘔吐，下痢，心の異常（心拍動の強勢，のち不整脈），腎

炎症状，呼吸困難等であり，最後は痙攣を起こして死亡する．

アセビ，レンゲツツジ，シャクナゲ，ネジキ，ハナヒリノキ等は迷走神経刺激作用のある配糖体のアンドロメドトキシンを含む．この毒物は全株に含まれるが，とくに葉に多く含まれる．生薬 5 g/kg 体重以上を摂取すると中毒死するといわれている．中毒症状は，流涎，四肢麻痺，疝痛，起立不能等である．

c) その他の植物中毒　草地に混生するワラビによる中毒はかつて多く発生した．牛のワラビ中毒は汎骨髄癆ともいわれ，骨髄の造血機能が障害を受け，全身性の出血や貧血をきたす．毒性物質はプタキロサイドといわれている．馬のワラビ中毒は腰ふら病等ともよばれ，これはワラビ中のアノイリナーゼによるビタミン B_1 欠乏症である．

ムギナデシコ等に多く含まれるサポニンは，粘膜刺激作用や溶血作用があるが，これによる中毒の報告はあまりない．

イタドリ，スイバ，カタバミ等に多く含まれるシュウ酸の中毒は，海外では比較的多数の発生報告があるが，わが国での最近の報告はほとんどない．

3) マイコトキシン中毒

マイコトキシン（かび毒）とは，真菌の産生する二次代謝産物のうち，動物に有毒作用を示すものである．マイコトキシンの摂取による中毒症（マイコトキシン症）と真菌感染症は区別されるが，真菌感染症の場合，感染真菌が産生する代謝産物が宿主に障害作用を示すこともある．

マイコトキシンは化学構造的にきわめて多様で，その毒性についても，肝障害，腎障害，神経障害，免疫機能障害，発癌などきわめて多様である．

マイコトキシンによる中毒を予防するためには，その原因となる真菌の増殖を防ぐことが基本となる．わが国の気候は高温多湿であり，真菌の発育に適しているので，飼料原料の収穫，保存には十分な注意が必要である．また，輸入飼料の汚染についても十分注意する必要がある．

表 12.4 に飼料衛生上重要なマイコトキシンとそれぞれの中毒症状をまとめて示した．

a) アフラトキシン　こうじかびに類縁のアスペルギルスフラバス（*Aspergilus flavus*）およびアスペルギルスパラシティカス（*Aspergilus parasiticus*）が産生するマイコトキシンで，自然界で最強の発癌性物質といわれている．アフラトキシンの急性毒性は強い肝障害作用で，これに対する感受性は鳥類がもっとも高い．吸収されたアフラトキシンは肝臓の薬物代謝酵素で代謝されて DNA（デオキシリボ核酸）と結合しやすいかたちに変化する．DNA がアフラトキシンによって修飾されると発癌に至ると考えられている．また，生体内代謝産物の一つであるアフラトキシン M_1 は牛乳中に移行するため，乳幼児が摂取する可能性が高く注意が必要である．このため，アフラトキシン汚染の可能性が高い地域で生産されたラッカセイ油粕については，飼料安全法で検定が義務づけられており，その許容基準は 1 ppm とされている．また，「飼料の有害物質の指導基準」（畜産局長通達）では，配合飼料中のアフラトキシンは 20 ppb 以下（乳用牛用等は 10 ppb 以下）とされている．

b) ステリグマトシスチン　ステリグマトシスチンは，アスペルギルスベルジカラー（*Aspergillus versicor*）やケトミウム（*Cheatomium*）属の真菌が産生するマイコトキ

表 12.4 家畜に中毒を起こすマイコトキシン

マイコトキシン	産生する真菌	汚染される飼料	中毒症状
アフラトキシン	Aspergillus flavus Aspergillus parasiticus	トウモロコシ, エンバク, ラッカセイ	肝障害, 黄疸, 腸管・腎の出血, 肝臓癌
ステリグマトシスチン	Aspergillus versicolor Chetomium 属真菌	穀類	肝障害, 黄疸, 光過敏症, 肝臓癌
オクラトキシン	Aspergillus ochraceus Penicillium viridicatum	オオムギ, エンバク, トウモロコシ	腎障害, 腎炎, 肝障害, 腸炎, 腎臓癌
マルトリジン	Aspergillus oryzae	麦芽根	食欲廃絶, 泌乳量低下, 脚弱
トリコテセン系 T-2 トキシン ニバレノール デオキシニバレノール フザレノン-X	Fusarium garaminearum Fusarium sporotrichioides などの Fusarium 属真菌	トウモロコシ, ムギ, 配合飼料, わら	下痢等の消化管障害, 心・腸管・肺・膀胱等の出血, 皮膚炎, 免疫機能低下
ゼアラレノン	Fusarium garaminearum Fusarium roseum	トウモロコシ, オオムギ, 配合飼料, 牧草	外陰部の腫脹・出血, 流産, 乳腺の肥大
シトリニン	Penicillium citrinum ほか	ムギ, トウモロコシ, 米	腎障害, ネフローゼ
パツリン	Penicillium patulum ほか	麦わら, 麦芽根	浮腫, 運動神経の麻痺, 痙攣
ペニシリン酸	Penicillium puberulum ほか	マメ類, 穀類	肝障害, 腎障害, 心に対するジギタリス様作用
ルテオスカイリン	Penicillium islandicum	穀類	肝障害, 脂肪肝
ルブラトキシン	Penicillium rubrum ほか	トウモロコシ, 貯蔵飼料	下痢, 黄疸, 胃腸炎
スラフラミン	Rhigoctonia leguminicola	牧草	流涎, 下痢, 鼓脹
スポリデスミン	Sporidesmium bakeri	牧草	黄疸, 光過敏症

シンで, 化学構造がアフラトキシンと類似しており, アフラトキシンより弱いがほぼ同様の毒性を示す.

c) トリコテセン系マイコトキシン トリコテセン系マイコトキシンは, フザリウム (*Fusarium*) 属等の赤かびが産生するマイコトキシンで, およそ 150 の化合物が知られている. アフラトキシンはその強い発癌性で注目されているが, 飼料の汚染でいちばん問題になるのはフザリウム属のかびである. 主なトキシンとしては, T-2 トキシン, ニバレノール, デオキシニバレノール, フザレノン-X 等があげられる. トリコテセン系マイコトキシンは細胞でのタンパク質および DNA の合成を阻害するため, 腸管, 上皮, 骨髄, 精巣, 卵巣等の細胞増殖の盛んな臓器に障害を引き起こしやすい. 中毒症状としては, 下痢等の消化管障害, 出血, 皮膚炎, 白血球および血小板の減少, 免疫機能の低下等が観察される.

d) ゼアラレノン ゼアラレノンは, フザリウムグラミネアルム (*Fusarium graminearum*) などによって産生されるマイコトキシンで, エストロジェン活性を示す. このため, 外陰部出血, 子宮肥大, 精巣萎縮, 流産等の中毒症状が現れる. また, 催奇形性も有する.

e) オクラトキシン オクラトキシンは, アスペルギルス属やペニシリウム

(*Penisillium*)属の真菌が産生するマイコトキシンで，強い腎毒性を示す．中毒症状としては，腎炎のほか，多量に摂取した場合には腸炎，脂肪肝，卵殻の質の低下などが観察される．また，腎発癌性も有する．

4) 農薬中毒

毒性の低い農薬が開発されたこと，農薬の取扱いに十分な注意が払われるようになったことなどにより，農薬による家畜の中毒は減少してきている．しかし，使用の不注意による家畜の中毒はいぜんとして散発している．農薬による中毒は，飼料の農薬汚染によるもののほかに，畜舎の消毒に用いた農薬によるものなど飼料を介さない中毒もあるが，ここではそれらを区別せずに述べる．

a) 有機リンおよびカーバメート系農薬　有機リン剤およびこれより毒性の低いカーバメート剤は，コリンエステラーゼ活性を阻害することにより殺虫効果を示す農薬である．家畜の中毒もコリンエステラーゼの阻害によるもので，呼吸促迫，瞳孔縮小，流涎，下痢，運動失調等を起こす．重篤の場合には強直性の痙攣を起こして死亡する．

b) 有機塩素剤　BHC，DDT，ドリン剤（アルドリン，ディルドリン）等の有機塩素系農薬は毒性が強く，現在では使われていない．ペンタクロルフェノール（PCP）は，殺菌剤，除草剤，白アリ駆除剤等として使用されている．その中毒症状は，発汗亢進，嘔吐，頻脈，肝障害などである．

c) 有機フッ素剤　モノフルオロ酢酸ナトリウム，モノフルオロ酢酸アミド等の有機フッ素剤は，殺鼠剤やカイガラムシの駆除剤として用いられているが，その毒性は強く取扱いには十分な注意が必要である．中毒症状は，嘔吐，全身性の痙攣，昏睡，血圧降下などである．

d) その他の農薬　パラコート，ジクワット等のアルキルジピリジリウム系農薬は除草剤として広く用いられている．生体内で生じるフリーラジカルによる毒性が主に肺に現れるが，中毒の臨床症状として顕著なものはなく急死する．

除虫菊の有効成分であるピレトリンなどのピレスロイド剤は殺虫剤としてよく用いられているが，大量に摂取すると，嘔吐，下痢，痙攣等の中毒症状を示す．

5) 尿素中毒

尿素等の非タンパク態窒素は第一胃内でアンモニアとなり，第一胃細菌のアミノ酸合成に利用され，いずれは牛のタンパク源となる．このため，尿素やジウレイドイソブタン（DUIB，ダイブ）が飼料として用いられるが，過剰に給与すると第一胃内でアンモニアが大量に産生され，アンモニア中毒を起こす．このため，飼料安全法に基づく省令により，牛用飼料への尿素あるいはジウレイドイソブタンの配合割合は，それぞれ 2% あるいは 1.5% 以下と定められている．中毒を起こすと牛は強直性痙攣や鼓脹症を呈し，重度の場合は死亡する．

6) 魚粉中毒

1970 年代後半に，ブロイラーに筋胃のびらんや潰瘍を主徴とする中毒が多発した．その後の研究により，原因は魚粉であること，魚粉乾燥工程での過熱により毒性物質が生成されること，毒性物質は胃酸の分泌を亢進させこれによってびらんや潰瘍が誘発されることなどが明らかになった．現在では魚粉を過熱するような旧式の乾燥機はほとんど

使われておらず，本中毒もほとんどみられていない．なお，哺乳動物では魚粉によるびらん，潰瘍はみられない．

7) 食塩中毒

食塩を多量に含んだ残飯やしょう油粕等の給与により中毒が起こる．豚がもっとも感受性が高い．中毒症状は，神経障害，痙攣，呼吸障害等である．

b. 飼料汚染微生物

家畜，家禽の感染症のうち，飼料を介した感染経路が想定できるのは，炭疽，クロストリジウム感染症，サルモネラ症および真菌感染症などである．とりわけサルモネラ菌については，畜産物を汚染してヒトの食中毒の原因ともなるので注意が必要である．真菌に関しては真菌感染症のみでなく，飼料を汚染した真菌が産生するマイコトキシンによる中毒や畜産物の汚染も重要であるが，これについては別項を参照されたい．

サルモネラ症は，飼料や食物を介したサルモネラ菌の経口感染によって起こる人畜共通伝染病である．原因菌であるサルモネラ菌は，その病原性から2群に大別できる．第1群は，ヒトや家畜にチフス症を引き起こすサルモネラ菌で，伝播力も強く，腸出血などの激しい症状を起こす．第2群のサルモネラ菌は，ヒトに急性胃腸炎を引き起こす菌群で，伝播力は弱い．成獣では保菌動物として感染していることが多い．幼獣に感染すると，下痢等を起こし死亡することもある．

サルモネラ菌で汚染された飼料は，家畜，家禽への重要な感染源と考えられるため，農林水産省肥飼料検査所によって飼料原料の調査が実施されている．これによると，チキンミールや魚粉などの動物性飼料の汚染率が高い．飼料のサルモネラ汚染の防除対策では，レンダリング工場および配合飼料工場における衛生管理指導の強化，飼料の加熱処理等によるサルモネラ菌の排除等が考えられる．

サルモネラ保菌動物によって食肉や鶏卵が汚染されると，これがヒトの感染源となる．食肉，とくに鶏肉のサルモネラ汚染率はかなり高いといわれている．また最近，鶏卵を汚染した腸炎菌（*Salmonella* Enteritidis）による食中毒が多く発生しており，注意が必要である．

〔宮崎　茂〕

13. 畜産経営

13.1 酪農経営

a. 展開過程
1) 戦前の酪農

日本における酪農の淵源は，天皇の牧での酪，蘇，醍醐などの乳製品を滋養薬として生産した6～7世紀にまでさかのぼることができる．しかし，その後は長く牛乳生産を目的とした農業は行われなかった．明治期に入り，搾乳業者が都市近郊に立地し，都市部に飲用乳の供給を行うようになった．当時，搾乳業の後背地として房総地方などで更新牛の生産，供給を行っていたが，こうした農家がその後自ら生乳生産を開始し，搾乳業者の生産乳（市乳）と区別して農乳とよばれるようになった．これが農家による生乳生産の始まりで，1935年（昭和10）には農家が飼養する乳牛頭数（5万566頭）が搾乳業者のそれ（4万9,353頭）を上回るまでになった．しかし，本格的な農業経営としての展開は戦後以降に待たなければならない．

2) 戦後の展開

a) 普及期（戦後～1960年代前半）　戦後になり，農村過剰労働力の活用，きゅう肥による耕種生産力の増大，畜産物販売による農家経済の改善などを目的に，1～2頭の乳牛を飼養する農家がふえていった．政府も有畜農家創設特別措置法や酪農振興法によって，乳牛貸付や融資による乳牛導入を政策的に促進した．この結果，乳牛は乳代による定期的な現金収入が得られることや，機械化によって役牛が不用になってきたことも作用し，1950年代はじめには乳牛頭数は戦前水準を上回り，1960年には飼養農家戸数は40万戸，飼養頭数も80万頭を超えた．

1961年に制定された農業基本法は，農家と非農家の所得格差の解消などをねらいとして"選択的拡大政策"を掲げ，当時消費が伸び続けると予想されていた畜産や果樹，施設野菜などの新しい部門に，耕種主体の生産を誘導しようとした．しかし，乳牛飼養農家戸数自体は1963年の417,640戸を，また総農家戸数に占める乳牛飼養農家戸数割合である普及率も同年の7.2%をピークに減少に転じた．これは，高度経済成長の到来とともに起こった兼業化の進展のなかで，多数の無畜稲作兼業農家と少数の畜産農家などの専業的専門経営への分化の始まりであった．

b) 規模拡大期（1960年代後半～70年代）　基本法農政が掲げた非農家並みの農家所得の実現は，大部分の農家では兼業所得の増大によって達成される結果となったが，選択的拡大部門への転換，進出によって農業所得の増大をねらった農家は，少数化しな

がらも規模拡大によって非農家並み所得を追求していった．

つまり，乳牛飼養農家数は1979年には12万3千戸にまでに減少したが，1戸当たり飼養頭数は増加し続け，1963年の2.7頭から79年には16.8頭と対前年比12％以上の伸びをみせ，63年の約6倍になった．また同時に酪農単一経営割合は，1965年の28.7％から75年には47.1％にまで増加し，専門化が進行した．

こうした規模拡大は，輸入濃厚飼料に依存し土地の制約から離脱することによって可能となった．1970年代に入ると流通粗飼料も登場し，飼料生産の外部化がさらに進んだ．この結果，土地と乳牛頭数とのアンバランスが，いわゆる糞尿公害問題を引き起こすことにもなった．

c) 生産調整期(1980年代～現在)　規模拡大による飼養頭数増加によって，生乳生産量は1970年代には600万トンを超えたが，70年代末からは"過剰生産"に逢着した．これは，生乳・乳製品需要の停滞と調製粉乳などのいわゆる偽装乳製品の大量輸入が要因と考えられる．このため，1979年には生産者団体による"自主的"生産調整が開始され，現在まで継続されている．生産調整の内容自体は，そのときどきの需給状況を反映して行われ，実質的に行われなかった年度もあったが，厳しいときには生産割当て量を上回る生乳の廃棄処分も行われた．

こうした生産抑制政策によって，1戸当たり乳牛飼養頭数の伸び率は規模拡大期のほぼ半分（1979～93年平均6.7％）にとどまったが，それでも93年には40.6頭，とくに北海道では69.7頭とEC諸国でも上位の水準に到達した．これは飼養戸数の減少が進むなかで（1993年で50,900戸，普及率1.4％），生産調整が地域ごとにはかなり弾力的に運用されたことも規模拡大が進んだ背景にあると考えられる．しかし，乳製品の輸入自由化が進行するなかで，今後生産調整はより厳格化されるとみられる．

b．経営構造

1) 経営組織

a) 進む単一経営化　酪農経営は専門化が進んでおり，農業販売額の80％以上を酪農収益が占める経営である単一経営割合は70.2％（1992）に達している．とくに北海道では単一化傾向が強く，稲作との複合経営がいぜんとして多い都府県と対照をなしている．これは都府県酪農経営の多くが，稲作農家の副業部門として水田酪農の形態で開始された歴史を背景としているのに対し，北海道では道南や十勝地方において畑作との複合経営が展開されている地域もあるが，気候条件などから有力な複合部門をもたず，当初から酪農専業として発展したことによる．

こうした経営組織の相違は，両地域における財務の安全性にも影響を与える結果となっている．つまり，都府県は相対的に小規模，高コストではあるが，水稲作での自己資本蓄積の結果，一挙に大規模化を借入金で行ってきた北海道酪農よりは，財務の安全性が高いという傾向がみられる．

b) 乳肉複合経営と和子牛生産　酪農部門と肉牛肥育部門が結合した複合経営を，とくに乳肉複合経営とよぶ．肉用牛を飼養している酪農家割合は26.4％（平成4年度酪農全国基礎調査，中央酪農会議等）であった．酪農家による肉牛肥育は，以前から都市

近郊において一腹絞り-乳廃肥育としてみられたが，乳価の低下に対応して売上高を増加する経営戦略の一環として，全国的に広がった．しかし，牛肉の輸入自由化による国産牛肉価格の下落という状況のなかで，単なる乳雄牛の肥育ではなく，和牛とのF₁や受精卵移植（ET）による和子牛生産に乗り出す経営も増加している．ただし，こうした経営の場合は肥育まで行うケースはまれで，大部分が哺育・育成段階までである．それでも小規模で高齢化が進む和牛繁殖経営の減少を，ある程度補完するものとしての期待も寄せられている．

c) 酪農部門内結合と合理化　酪農経営の内部に目を向けると，酪農部門は経産牛飼養を主とする搾乳部門，後継牛の育成を担当する哺育・育成部門，さらに自給飼料の生産を行う飼料作部門に分けることができる．これらの3部門をすべて経営内で行っている酪農家が大部分であるが（ただし，前述したように濃厚飼料生産は日本ではまったく行われていないといってよい状況にある），都市近郊地帯を中心に粗飼料を完全に外部依存する経営もみられる．ただし，1970年代以降はヘイキューブや牧乾草などの粗飼料を購入する経営はごくふつうになってきている．

さらに，後継牛の生産は外部，とくに北海道に依存する経営も都市近郊地域を中心にみることができる．都府県においても，後継牛は自家育成を主体とする経営が一般的であるが，一部の後継牛を北海道からの導入に依存しているケースも多い．そのため北海道と都府県における育成牛率（育成牛頭数/経産牛頭数）はそれぞれ85％（1992）と46％と前者が40％近く多くなっている．

こうした経営部門の取捨選択は，最終的な収益部門である搾乳部門の規模を拡大することによって収益の最大化をはかる目的で行われるが，経営の置かれている立地条件によって部門選択は異なってくる．たとえば北海道の一部では，恵まれた飼料作基盤に依拠して，粗飼料の販売を行っている農家もみられる．

また，近年においては北海道を中心に自給飼料作を委託生産に出す経営もみられる．搾乳作業の委託であるヘルパーとともに，こうした経営の外部化は収益部門の拡大による収益の増大を目的にするだけでなく，労働ピークの切崩しや労働時間そのものの短縮等，労働環境の改善を意図しており，制度の整備，普及が望まれている．

2) 経営の収益構造

a) 収益構造とその変化　経営の純利益（家族経営にあっては所得）を構成する要素は，単位当たり粗収益（売上げ），生産費（所得を算出する場合は，家族労働費を除いた生産費）および規模に分解できる．これを酪農経営の場合に当てはめると，以下の式になる．

　　　酪農純利益（所得）＝（1頭当たり粗収益－1頭当たり生産費）×経産牛頭数

つまり，1頭当たり粗収益から生産費を引いて，1頭当たり純利益（所得）を求め，それに頭数規模を乗じることで経営全体の純利益（所得）を計算できるわけである．逆にいえば，純利益を増加させるには，1頭当たり粗収益，頭数の両方あるいはどちらかをふやすか，1頭当たり生産費を引き下げるかする必要があるということになる．ちなみに，1頭当たり粗収益，生産費は1kg当たり粗収益，生産費に置き換えてもよいが，その場合には規模は頭数ではなく生産乳量となる．

酪農収益の変化について，この収益構造を踏まえ粗収益，生産費および飼養頭数からみると，1960年に比較して酪農所得は70，80，90年ではそれぞれ8.7，60.3，123.0倍に増加している（表13.1）．この要因について1頭当たり所得と頭数の変化をみると，1960年と90年とでは前者が10.7倍，後者の頭数の伸びが11.5倍となり，後者が若干高いものの，ほぼ同程度に総所得増加に寄与しているといえる．

表13.1 収益構造の変化(畜産物生産費調査報告)

年次	酪農所得 (円)	頭数 (頭)	所得/頭 (円)	粗収益 /頭 (円)	生産費 /頭 (円)	飼料費 /頭 (円)	乳価 (円/ 100 kg)	乳量/頭 (kg)	従事 者数 (人)	頭数/人 (頭)	作業 時間 (時間)
1960	58,322	2.0	29,161	137,827	108,666	78,942	2,609	3,955.5	3.3	0.6	633.2
1970	510,120	5.2	98,100	260,668	162,568	115,505	4,643	4,603.3	2.9	1.8	294.6
1980	3,514,541	14.6	240,722	613,747	373,025	267,351	9,279	5,264.1	2.7	5.4	173.0
1990	7,176,253	23.0	312,011	730,404	418,393	298,171	8,486	7,145.4	2.7	8.5	134.2
1960	100.0	100.0	100.0	100.0	100.0	100.0	100.0	100.0	100.0	100.0	100.0
1970	874.7	260.0	336.4	189.1	149.6	146.3	178.0	116.4	87.9	300.0	46.5
1980	6,026.1	730.0	825.5	445.3	343.3	338.7	355.7	133.1	81.8	900.0	27.3
1990	12,304.5	1,150.0	1,070.0	529.9	385.0	377.7	325.3	180.6	81.8	1,416.7	21.2
60/70	874.7	260.0	336.4	189.1	149.6	146.3	178.0	116.4	87.9	300.0	46.5
70/80	689.0	280.8	245.4	235.5	229.5	231.5	199.8	114.4	93.1	300.0	58.7
80/90	204.2	157.5	129.6	119.0	112.2	111.5	91.5	135.7	100.0	157.4	77.6

注1) 生産費は，費用合計−家族労働費．
 2) 乳量は乳脂率3.5%換算．

所得を構成する要素を樹枝状図（枝分かれ図）に表したものが図13.1であるが，1頭当たり所得は，1頭当たり粗収益と生産費によって構成されていると考えられる．この2要素の増加率を同様に1960年と90年で比較してみると，粗収益は5.3倍，生産費は3.9倍になっており，1頭当たり粗収益の増加と同時に生産費増加の抑制が酪農所得を増大させた要因になっていることが理解できる．

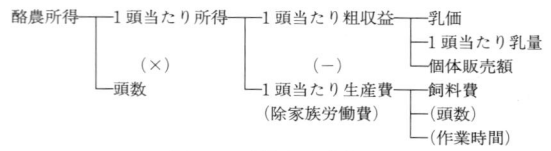

```
酪農所得─┬─1頭当たり所得─┬─1頭当たり粗収益─┬─乳価
         │    (×)         │                    ├─1頭当たり乳量
         └─頭数            │                    └─個体販売額
                           └─1頭当たり生産費─┬─飼料費
                              (除家族労働費)  ├─(頭数)
                                              └─(作業時間)
```

図13.1 所得要因の樹枝状図

以上の点について1960年から90年までの30年間を10年ごとにみていくと，まず酪農所得の伸びが近年になるに従って低くなっていることがわかる．これは，頭数および1頭当たり所得の双方の増加率が低下したことによるが，とくに後者の低下が著しく，1970年以降は所得向上には頭数増加がより大きく寄与してきたといえる．

 b) 1頭当たり粗収益　酪農の場合の粗収益は，"生乳売上げ"と乳雄子牛などの"個体販売"からなる．このうち，生乳売上げの割合は約90％を占めるが，肉牛価格が高騰した1980年代末から90年にかけては子牛販売割合だけで13％前後に達した．しかし，その後の価格低落の影響で現在は5％以下になっており，その分生乳売上げの占める割合が高まっている．

生乳売上げを構成する要素は乳価と1頭当たり乳量であるが，農家にとって価格は与件としての性格が強い．つまり，乳価のうち加工原料乳価格は政策価格として年間一定であり，飲用乳価格は一応市場価格ではあるが，県ごとに加工原料乳価と飲用乳価とのプール乳価制をとっているため，同一県内の生産者乳価は基本的に同じである．確かに，脂肪率や細菌数，体細胞数，最近では無脂乳固形分などの含有率や，あるいは季節別乳価によって農家手取り乳価に格差はあるものの，全体からみればマイナーな違いにすぎない．

このように，酪農家にとっては乳価は決められたものとして，個別経営ではいかんともしがたい要素であるのに対して，1頭当たり乳量は経営の技術格差などで大きく異なる．1頭当たり粗収益の増加率は1970年代がもっとも大きく（石油ショックによるインフレ要因が大きいが），1980年代には10年で19%と小さくなるが，この要因は乳価の低下（10年で約9%減）要素が大きく，これを乳量の増加で補おうとした農家の経営対応がみてとれる．つまり，1頭当たり乳量は1960年の3,956 kg（脂肪率3.5%換算）から1990年には7,145 kgへと81%増加しているが，とくに1980年代での増加率の大きさがそれを表している．

c) 1頭当たり生産費 1頭当たり生産費の増加率は1960年代に小さく，70年代に入って粗収益と同様に大きくなり，80年代に再び低下する傾向をみせている．これは生産費（家族労働費を除いた）のうちほぼ70%ともっとも大きな割合を占める飼料費の動向，とくに濃厚飼料価格の変化が大きな影響を与えていると考えられる．

搾乳牛1頭当たりに要する作業時間は，1960年からの30年間に約1/5にまで短縮された．このことは労働費の削減として生産費低減に寄与するが，家族労働が主体である酪農経営の場合は家族労働費の減少を意味し，直接1頭当たり所得の向上にはつながらない．しかし，1頭に要する作業時間の短縮は，1人当たりに飼養できる頭数の増大を通して，総所得の増加をもたらす．

規模の拡大による生産費の低下を意味する"規模の経済"は，家族経営では上述のように家族労働費の低下が主体となり必ずしも収益の増加につながらない面がある．図13.2にみるように，1970年では飼養頭数規模が大きくなると，家族労働費を除いた生産費はむしろ上昇傾向にあった．しかし，1990年では明らかな低下傾向がみてとれ，規模の経済が酪農経営にあっても当てはまるようになってきているといえよう．とくに1頭

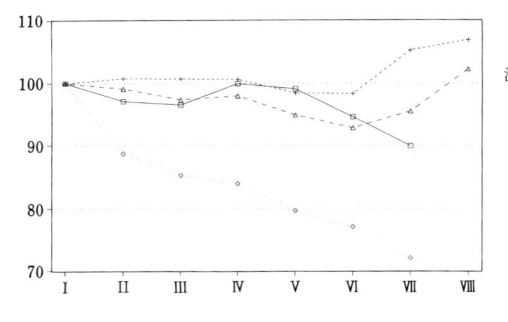

図 13.2 頭数規模別生産費（指数）
（畜産物生産費調査報告）

注1) □：1頭当たり (1990)，＋：1頭当たり (1970)，◇：100 kg当たり (1990)，△：100 kg当たり (1970). いずれも家族労働費を除く．

2) 頭数規模階層は，1970年：I 1〜2頭，II 3〜4頭，III 5〜6頭，IV 7〜9頭，V 10〜14頭，VI 15〜19頭，VII 20〜29頭，VIII 30頭〜．1990年：I 1〜4頭，II 5〜9頭，III 10〜14頭，IV 15〜19頭，V 20〜29頭，VI 30〜49頭，VII 50頭〜．

当たり乳量の多寡に影響を受ける100 kg当たり生産費ではその傾向がより顕著に現れており，50頭以上層の生産費水準は1〜4頭層の70%にまで低下している．これは，大規模層で1頭当たり乳量が多いこと，また1頭当たり生産費のうち飼料費の低下が寄与している．

このような規模の経済の原則の貫徹は，規模による収益性格差をもたらすことになるが，大規模層は乳価の低い北海道に多いこと，また借入金依存の傾向にあるため財務状況が悪い経営もあることから，大規模経営が必ずしも収益性が高いとは限らない．

c．課題と方向

1993年末に決着したガットウルグアイラウンドによって，乳製品についてもミニマムアクセスが義務づけられ，年間約14万トンが輸入されることになった．こうしたなかで，乳価の低落や牛肉輸入自由化の影響による肉牛価格の暴落によって，酪農経営の収益性は悪化傾向にある．従来の酪農所得拡大方策であった頭数規模の拡大は，生産構造の強化を理由とした生産枠の売買も検討されているものの，生産調整によって農家の一存では自由にならない環境にある．また，飼料基盤とのバランスを欠いた頭数増加がいわゆる糞尿公害をもたらしており，この面での根本的な対策が酪農の発展にとって重要な課題となっている．さらに，北海道の大規模層を中心に経営主の年間労働時間が3,500時間をオーバーしており，搾乳作業による無休日労働とともに，労働過重が現在の就業者の問題のみならず，後継者確保の隘路となっている面もある．

こうした多くの問題の解決には，個別経営の努力のみでは限界があることは明らかである．たとえば乳製品の製造や販売によって，高付加価値化に努める経営も徐々にふえてきているが，農家全体の経営戦略とはなりにくい．一定の国境保護に基づく政策価格の安定化が必要であることは多言を要さないだろう．また，糞尿問題や労働過重問題への対応には，未利用・低利用農地の賃借などの農地利用調整やヘルパー制度などの経営支援組織の充実など，関係団体や行政によるサポートが必要とされる．さらに，担い手確保や地域活性化に向けた新規参入の促進など，個別経営の発展のためには地域全体としての取組みが緊要な課題となっている． 〔小林信一〕

13.2 肉用牛経営

a．展開過程
1）成立の経緯

わが国の肉用牛飼養は，かつて畜力利用あるいは採肥利用を目的として飼養されていた和牛の役畜から用畜への転換を通じて現れた．現在，肉用種の主体をなしている和牛は，昭和30（1955）年代から昭和40（1965）年代にかけて，農業機械化の進展と食肉需要の増大を背景として肉用目的に転換し，その後，もっぱら収益追求を目的とする商品生産部門としての展開が始まった．

役畜飼養から用畜飼養に転換し，肉用牛経営が成立するに至る過程を，展開の特徴によって時期を区分し，その内容を整理すると，次のようになる．

（1） 役畜的飼養の普及拡大期（1956年まで）：戦前から継続する畜力化に伴う和牛飼養の増大過程．飼養頭数，飼養農家数，普及率（飼養農家数/総農家数）とも1956年最高．畜力化の最終段階．
（2） 役畜から用畜への移行期（1956～67年）：機械化への段階的移行に伴う役畜飼養の減少，用畜的飼養の漸増過程．1961年から62年にかけて機械利用農家数が畜力利用農家数を上回り，機械耕耘面積が総耕耘面積の過半に及ぶ．和牛を含む役肉用牛飼養頭数1967年最低．和牛飼養の再編段階．
（3） 用畜的飼養の成立・展開期（1967年以降）：①第1段階（1967～73年）；肉用牛肥育経営の確立過程．去勢牛若齢肥育の一般化，乳用雄子牛肥育の成立・拡大．乳用種を含む肉用牛飼養頭数増加．肉用牛生産確立の先行段階．②第2段階（1973年以降）；肉用牛繁殖経営の確立過程．和子牛価格水準上昇．乳用雄子牛肥育一般化，肉用種肥育上質肉生産化．和牛飼養頭数増加．肉用牛生産確立の完了段階．

和牛は明治初期（統計としてとらえられる最初の1877年（明治10））にすでに100万頭を超えていたが，その後畜力利用の普及に伴って増加，1950年（昭和25）に戦前，戦中の最高水準を突破し1956年（昭和31）272万頭を記録してピークに達した．その後，歩行型動力耕耘機から乗用型トラクターに連続する農業機械化の進展に伴って減少し，1967年（昭和42）を最低に再び増加に転じて現在に至る．

1956年から67年にかけての減少は，機械化に対応した畜力利用の減退に伴う役畜飼養の減少によるものであり，67年以降の増加は用畜的飼養の成立に伴う商品生産的肉用牛生産の進展によるものであった．

役利用の減退し始めた昭和30（1955）年代に入って食肉の需要が増大し始め，それに対応して役利用後の成牛を素牛とする去勢牛の"壮齢肥育"や雌牛の"普通肥育"が広まった．それと同時に子牛を直接肥育する"若齢肥育"が現れ，昭和40年代の初期には肥育牛全体の30%を上回り，その後漸増過程をたどって和牛による肉用牛肥育の主流をなすに至った．

それに伴って肥育素牛としての子牛需要が形成され，用畜としての新たな需給関係に基づく子牛価格水準の上昇が現れた．子牛価格は昭和40年代に入ってそれまでの3万円水準から10万円水準に，さらに昭和40年代後半に20万円水準に上昇．その結果，もっぱら収益追求を目的とする商品生産としての繁殖経営が成立し，和牛用畜化の完了段階を迎え，肉用牛経営が成立するに至った．

2） その後の展開

用畜化に伴って現れた価格水準の上昇は，いうまでもなく子牛価格にとどまらず，肉牛価格を含めた用畜化に伴う肉用牛の新しい価格体系への再編として現れた．肉牛価格の上昇は，それまで肥育しても採算のとれなかった乳用種の雄子牛肥育を可能にし，昭和40年代に入ってからの二度にわたる牛価水準の上昇のもとで急速に一般化した．1973年（昭和48）には肉用種による牛肉生産量を上回り，その後さらに増加して乳用種による牛肉生産が国内生産の主流を占めるに至った．

役畜としての牛飼養と用畜としての牛飼養はいうまでもなく本質的に異なっており，したがって昭和40年代後半以降さまざまの面で変化が現れた．その一つは，すでに触れ

た乳用種による牛肉生産に典型的にみられる品種の多様化である．割合としては少ないものの外国種等の導入を含めて牛肉生産の担い手としての品種が，和牛主体から乳用種その他を含む多様な品種に分化した．

二つ目は，飼養立地の変化である．繁殖牛の東北，北海道と南九州への集中，関東・東山その他中間地帯への肥育牛の分布である．役畜としての全域的な立地から商品生産としての適地への立地に変化した．三つ目は，飼養頭数規模の拡大である．酪農，養豚，養鶏等の他の畜産部門が昭和30年代の半ば頃から拡大の過程をたどったのに対して，肉用牛部門はその時期に役畜から用畜への移行を開始し，その分遅れて拡大の動きを示してきた．用畜化の過程に対応して，昭和40年代に入ってまず肥育経営での拡大が始まり，昭和40年代末から昭和50年代に入って繁殖経営における規模拡大が顕著になってきた．最近では肥育では数千頭規模，繁殖でも100頭を上回る経営が例外的ではない存在になってきた．

WTO協定（ガットウルグアイラウンドの合意内容）発足後の国際化の進展のもとで，今後は飼養戸数の減少が著しくなり，それに伴って飼養頭数規模の拡大がいっそう進むものと予想される．

b．経営構造
1）経営類型と飼養方式

肉用牛飼養は大きく分けると肉用種と乳用種の飼養に分けられ，飼養目的で区分すると子牛生産（繁殖）と肉牛生産（肥育）に分けられる．乳用種の飼養は，子牛が酪農における牛乳生産に付随して生産されるために肉牛生産に限られるが，それを含めて飼養牛の種類別に経営類型を整理すると，次のようになる．

　　肉用種：繁殖経営，肥育経営，繁殖・肥育一貫経営
　　乳用種：哺育・育成経営，肥育経営，哺育・育成・肥育一貫経営

いわゆる一貫経営は比較的少なくて，肉用種では繁殖と肥育，乳用種では哺育・育成と肥育が別個の経営で行われている場合が多い．肉用牛経営の経営類型別経営体数およびその割合を示すと，表13.2のとおりである．

表13.2 肉用牛飼養の経営類型（1994.2.1現在）
（農水省，畜産統計）

	経営類型	経営体数（戸）	構成比（％）
肉用種	繁殖経営	149,400	81.2
	肥育経営	20,730	11.3
	一貫経営	3,570	1.9
	その他の経営	530	0.3
	計	174,230	94.7
乳用種	育成経営	1,620	0.9
	肥育経営	7,000	3.8
	一貫経営	1,080	0.6
	計	9,700	5.3
合　計		183,930	100.0

まず肉用牛飼養全体でみると，肉用種の繁殖経営が80%強，肥育が10%を上回り，乳用種の肥育経営が4%弱でそれに次いでいる．肉用種の中では繁殖と肥育で98%近くを占めていて，一貫経営その他は例外的な存在となっている．乳用種では肥育が70%を上回り，哺育・育成が17%近くを占めて両者を合わせると90%に近い．それでも肉用種に比べると哺育・育成・肥育を組み合わせた一貫経営が10%強を占めていて，一つの類型としての位置を占めている．

肉用牛飼養の全体に占める肉用種の繁殖経営，肥育経営，乳用種の各類型の比率の相違は，飼養頭数規模の相違を反映している．繁殖経営の比率の高さは他の類型に比較して飼養頭数規模が小さいことと対応している．

肉用牛飼養は経営類型が多様であるだけでなく，肉用牛それ自体の飼養方式もまた多岐にわたる．肉用牛の飼養方式は，大別すると舎飼い方式，放牧方式，舎飼いと放牧を組み合わせる方式の三つに分けられる．年間を通じて放牧するいわゆる周年放牧方式は，わが国では主として気象条件，土地条件等の制約からそれが可能な地域は沖縄県その他の南西地域か北海道の一部，あるいは一部の島しょ部に限られる．したがって，一般的には舎飼い方式か舎飼いと放牧の組合わせ，いわゆる夏山冬里方式になる．

どのような方式をとるかは繁殖，肥育などの経営類型によって，さらに立地条件，経営条件，利用する土地の種類・地形，その他の土地利用条件などによって規定される．肥育経営においては肉用種，乳用種とも，現状においては流通飼料依存度が高く，しかも市場条件の影響もあって集約的な飼い方が一般的である．したがって，舎飼い方式がほとんどである．

2) 経営組織と経営規模

肉用牛経営は，近年，規模拡大に伴って繁殖，肥育とも単一化の傾向を強めている．とくにその傾向は，乳用種を飼養する経営により強く現れている．しかし，現状においては，肉用種，乳用種ともなお他部門と組み合わせた複合経営が圧倒的に多い．肉用牛経営の経営類型別に，単一経営の割合と複合経営における肉用牛以外の主な部門の組合わせ別割合を示すと，表13.3のとおりである．

表13.3 肉用牛飼養の経営組織(1991)(農水省，肉用牛生産構造調査報告書)

(単位：%)

経営組織		肉用種経営				乳用種経営
		繁殖	肥育	一貫	その他	
単一経営		9.2	18.6	17.5	33.3	24.0
複合経営	稲作	63.4	57.9	60.0	27.3	47.0
	雑穀・イモ・マメ類	7.0	1.8	0.9	—	2.3
	工芸作物	6.8	4.5	3.1	—	1.8
	野菜	8.5	9.8	6.6	24.2	8.7
	果樹	1.5	4.3	4.4	—	2.7
	酪農	0.7	1.8	3.4	6.1	11.1
	養豚	0.6	0.2	1.3	—	0.3
	その他	2.3	1.0	2.8	9.1	2.1
合計		100.0	100.0	100.0	100.0	100.0

注　肉用牛のみ販売する経営を単一経営，その他を複合経営として区分．

数字だけからみると,単一経営は肉用種経営のその他類型での割合がもっとも高いが,前項で明らかにしたように肉用牛飼養の経営類型としてはその他は例外的な存在であり,それを除くと乳用種経営での割合が高い.それでも単一経営は乳用種経営の4分の1にとどまっており,4分の3の経営は他の何らかの部門と組み合わされている.肉用種経営では繁殖で単一経営がもっとも少なく,他の部門と組み合わされた複合経営が90%以上を占めている.

複合の相手部門は,肉用種,乳用種の各類型とも稲作がもっとも多いが,稲作との複合が肉用種では過半を占めているのに対して乳用種では50%を下回っている.乳用種では酪農との組合わせが10%強を占めていて,肉用種に対する違いを示している.

経営規模の指標として飼養頭数規模をとり,各類型別に飼養頭数規模別構成比を示すと表13.4のとおりである.

表13.4 飼養頭数規模別経営体の構成(1994)
(農水省,畜産統計) (単位:%)

飼養頭数規模	肉 用 種 経 営			乳用種経営
	繁 殖	肥 育	一 貫	
4頭以下	73.8	43.1	30.0	17.2
5～9	18.1	12.9	23.7	8.8
10～19	6.3	11.8	23.2	9.4
20～29	1.2	6.7	8.8	7.6
30～49	0.4	7.5	9.0	9.4
50～99		9.9		16.2
100～199	0.2	5.0	5.3	16.1
200頭以上		3.1		15.4
計	100.0	100.0	100.0	100.0

注 肉用種経営の繁殖および一貫は子取り雌牛頭数規模,肉用種経営の肥育および乳用種経営は肉用種の肥育牛と乳用種飼養牛の合計頭数規模で区分.繁殖および一貫は50頭以上規模をくくって表示.

肉用種経営は各類型とも,飼養頭数規模の増大に応じて構成比が低下する傾向を示しているが,乳用種経営では20～29頭層を境にして二極分化の傾向がうかがわれる.肉用種経営,乳用種経営を合わせた全体でみると,繁殖経営の零細性が際立った違いとして現れている.

以上の各類型別の比較を容易にするために,肉用種の繁殖経営と肥育経営,乳用種経営の三つのタイプを取り上げて,上位頭数規模の飼養戸数および飼養頭数のシェアをみ

表13.5 上位規模階層の飼養戸数と飼養頭数比率(農水省,畜産統計) (単位:戸,頭,%)

区 分	飼 養 戸 数			飼 養 頭 数		
	総数(a)	上位規模(b)	(b)/(a)	総数(a)	上位規模(b)	(b)/(a)
肉用種繁殖経営	149,400	12,218	8.2	966,600	346,200	35.8
肉用種肥育経営	20,600	1,680	8.2	709,900	394,200	55.5
乳用種経営	9,580	3,020	31.5	1,039,000	860,500	82.8

注 肉用種繁殖経営は繁殖雌牛頭数10頭以上,肉用種肥育経営および乳用種経営は肉用種肥育牛と乳用種肥育牛の合計頭数100頭以上を上位規模階層として区分.

ると表13.5のとおりである．上位頭数規模としては，繁殖経営の場合は繁殖雌牛10頭以上，肉用種および乳用種経営の場合は肉用種，乳用種を合わせた常時頭数100頭以上を基準としている．

この表でみると，飼養戸数でのシェアは肉用種経営では繁殖，肥育とも8％程度にとどまるのに対して，乳用種経営では30％を上回っている．さらに，飼養頭数でのシェアは肉用種の繁殖が3分の1強，肥育が2分の1強に対して乳用種では80％を上回っている．乳用種経営における際立った拡大と，経営類型の相違による拡大の進度の違いが明らかである．

3) 飼料構造と地域性

肉用牛経営の飼料構造は，繁殖経営と肥育経営とで根本的に違っている．両者の相違は濃厚飼料と粗飼料の比率（濃粗比率）の相違に特徴的に現れている．その相違は飼料自給率にも反映している．

農林水産省の畜産物生産費調査（平成6年度）によって，肉用種の繁殖経営と肥育経営，乳用種の肥育経営における給与飼料の構成を整理したのが表13.6である．

まず繁殖経営をみると，子牛1頭を生産するに要する飼料量1,618.0kg（TDN（可消化養分総量）換算）のうち47.3％が粗飼料で，濃厚飼料を含めて42.2％が自給されている．購入飼料のほとんどは濃厚飼料であり，粗飼料だけの自給率はほぼ90％に及んでいる．

肥育経営をみると，給与飼料中の濃厚飼料の割合が肉用種の去勢若齢肥育で90.1％，乳用種の去勢若齢肥育では95％を超えている．自給率は前者で4.5％，後者で1.4％で圧倒的に購入依存となっている．

以上の，飼料構造の相違が先にみたような繁殖と肥育の立地の違いをもたらす要因の一つになっている．ただし，近年における為替レートに現れた円高傾向のもとで輸入飼

表13.6 給与飼料の構成（農水省，畜産物生産費調査報告（平成6年度））

(a) 繁殖経営 （単位：kg，％）

	種 類	TDN量	割 合
購入	濃厚飼料	850.0	52.5
	粗飼料	85.7	5.3
	計	935.7	57.8
自給	栽培飼料 濃厚飼料	3.0	0.2
	栽培飼料 青刈作物	214.5	13.3
	栽培飼料 牧草	151.4	9.4
	栽培飼料 根菜その他	—	—
	栽培飼料 小計	365.9	22.6
	副産物その他 野草	120.9	7.5
	副産物その他 稲わら	192.5	11.9
	副産物その他 その他	—	—
	副産物その他 小計	313.4	19.4
	計	682.3	42.2
合 計		1,618.0	100.0

注 生産子牛1頭当たり．TDN換算は中央畜産会「日本飼養標準飼料成分表」による．

(b) 肥育経営 (単位：kg，％)

種類			肉用種去勢若齢肥育		乳用種去勢若齢肥育	
			TDN量	割合	TDN量	割合
購入	濃厚飼料		2,946.2	90.1	2,991.4	95.8
	粗飼料		177.5	5.4	87.6	2.8
	計		3,123.7	95.5	3,079.0	98.6
自給	栽培飼料	濃厚飼料	—	—	—	—
		青刈作物	25.6	0.8	17.4	0.6
		牧草	32.6	1.0	2.7	0.1
		根菜その他	—	—	—	—
		小計	58.2	1.8	20.1	0.7
	副産物その他	野草	9.5	0.3	0.6	—
		稲わら	80.1	2.4	21.8	0.7
		その他	—	—	—	—
		小計	89.6	2.7	22.4	0.7
	計		147.8	4.5	42.5	1.4
合計			3,271.5	100.0	3,121.5	100.0

注　出荷牛1頭当たり．TDN換算は表(a)に同じ．

料価格が相対的に低下しており，アメリカからの牧乾草やヘイキューブに加えて，台湾や韓国から稲わらなども輸入されてきており，これに依存した流通飼料依存型の繁殖経営も一部に現れてきている．それに伴って，繁殖＝遠隔地域，肥育＝中間・近郊地域といった飼養立地に何がしかの変化の兆しが現れてきている．

c．課題と方向
1) 国際化への対応

わが国の肉用牛経営は，1991年（平成3）の牛肉輸入自由化の実施，1995年（平成7）のガットウルグアイラウンドの合意内容（WTO協定）の実施を経て，それまでとはまったく異なった状況のもとに置かれた．いわゆる"国際化"である．いよいよ国際競争の渦中で，生き残りの方向が問われる時代に踏み込んだのである．

WTO協定では，ひとまず2000年（平成12）に向けて輸入関税率の引下げが約束され，その後については改めて国際間の協議に委ねるものとされている．そこでもまた，関税障壁のいっそうの緩和，自由貿易のいっそうの推進が課題になることは明らかである．国際間における牛肉の需給関係に今後特別の変化がないものとすれば，関税率の引下げに伴ってさらに輸入価格が低下することはいうまでもない．

そういった状況のもとで経営に求められるのは，コストの低減による国際競争力のいっそうの強化であろう．それを実現するにはどうするべきか．そのための具体的な手立ては何か．国際化への有効な対応が現時点におけるわが国肉用牛経営の基本的な課題となっている．

2) コスト低減のための具体策

一つは，肥育経営における増体率の向上による収益性の追求である．輸入自由化を契機として，輸入牛肉に対抗する手段として品質の向上をはかり，商品差別化を強める動きが現れてきた．品質向上による差別性の強化は私経済的な経営の立場からは有効な方

策の一つであることには違いない．しかし，それは高価格化を招来する方向であり，むしろ輸入牛肉との競争を回避し，ひいては国内生産の縮小をもたらしかねない危険すら内包している．

輸入牛肉に対する競争力を強化するには，一定水準以上の品質を保持することは必要としても，増体率を向上させコストの低減をはかることによって収益性を向上させることが求められる．もっぱら品質の向上によって輸入牛肉との競合を回避する場合も，それに加えて増体率を向上させることが収益性の向上をもたらすことになる．増体率の向上を中心に据えた経営の展開が，国際化に対応する肥育経営の基本的な方向といえるであろう．

二つには，繁殖経営における労働生産性の向上による収益性の追求である．子牛生産におけるもっとも大きな高コスト要因は，労働生産性の低さにある．飼料生産労働を含めると，労働費が生産費用合計の40％以上を占めることからも明らかである．このことが素牛価格を高水準にし，牛肉生産コストを高める有力な要因の一つになっている．さらに基本的な問題は，労働生産性の低さが労働報酬水準を低め，繁殖経営を不安定なものにしていることである．

省力化を進め労働生産性を高めることが，経営を安定的なものにするためにも，またコストの低減をはかるためにも，さらには規模拡大を可能にするためにも必須の要件になる．素畜費が牛肉生産コストの50％以上を占めることからみて，繁殖経営における労働生産性の向上が繁殖経営の収益性の向上にとどまらず，わが国肉牛生産の国際競争力を高めるうえからも基本的な方向になるといえるであろう．

三つには，受精卵移植等の新技術の導入による新たな経営方式の確立である．受精卵移植技術の採卵・受胎成績の向上に伴って，すでに経営の実際の場への適用，導入が広がってきている．繁殖経営が酪農経営と連携し，借り腹による子牛生産を行うことによって実質的な規模拡大が可能になる．同時に酪農経営にとっては，輸入自由化による初生子牛価格の低落への対応策として意味をもつ．乳用種による肉用子牛生産は，後継牛確保のための純粋種生産が必要なことから限界があるものの，肉用牛経営と酪農経営の効果的な連携は高品質牛肉生産拡大の手段として有効である．

さらに，この技術が地域の立地条件に適応した，たとえば日本短角種のような地方特定品種による市場の要求する異品種生産に活用されるならば，地域資源を基盤にした肉用牛生産を可能にし，品質向上とコストダウンを同時に可能にする方策として，国際競争力の強化に寄与するであろう．

最後に，地域・経営条件を生かした肉用牛生産の多様な展開を追求すること．国際競争力を高め牛肉生産の自給力を向上させるには，肉用種の子牛生産を増大させることが必須の課題になる．そのためには，地域の条件，それぞれの経営条件を生かした多様な肉用牛生産の展開を可能にする必要がある．

肉用牛生産，中でも繁殖は，①耕地から山地に及ぶ土地利用適性の広さ，②壮齢から老齢，男女を問わない労働力利用適性の広さ，③小規模から大規模に及ぶ経営規模適性の広さを特徴としており，経営の多様な展開を可能にする性格をもっている．これらの特性を生かした，平場地域における耕地あるいは流通飼料依存の繁殖から中山間地の荒

廃地あるいは山林原野を利用した繁殖，場合によってはそれに肥育を加えた多様な経営の展開を追求することが，自給力強化のうえから要請されよう．　　　　　　　　　［栗原幸一］

13.3　養　豚　経　営

a．展 開 過 程
1)　戦　　前
　豚の飼育頭数が農林統計上，はじめて現れたのは1887年（明治20）で，41,904頭にすぎなかった．他の家畜がそうであったように，明治以前のわが国農業は基本的に無畜農業であり，豚も他の畜種とともに明治政府の種畜輸入策によって徐々に普及されたものである．

　戦前の豚飼養の性格は，耕種農業に従属した零細な副業飼育であった．飼料源は農場残滓ないし副産物が主で，後にカンショ，バレイショといったイモ類と結び付くようになったが，飼料専用圃による強力な飼料基盤をもつに至らなかった．掘っ立て造りないし軒下豚舎による1〜2頭の小規模飼育が大半で，繁殖と肥育が分業化しており，技術指導や流通は豚商とよばれる農村小商人の掌中にあった．

　戦前の飼育頭数の最高水準は1938年(昭和13)の114万頭で，1戸当たりはわずか1.9頭，ただし広く浅く普及して，飼育農家率は10.9％に達していた．

2)　戦　　後
　豚飼養の本格的展開は，戦後の農地改革を待たなければならなかった．農地解放により自作農となった農家は自由に作物を選択できるようになり，各種の商品生産が拡大した．畜産は機械化の影響で役畜飼養が消滅し，用畜化され，養豚もその一つとして急速に増加した．

　戦後養豚の発展画期は，おおむね15年ごとに区切られた四つの画期に分けられる．
　　第1期（1945〜1959年）：復興・普及期
　　第2期（1960〜1974年）：高度成長，多頭化期
　　第3期（1975〜1989年）：低成長，過剰化期
　　第4期（1990年〜）　　　：輸入自由化，減退期

　戦後の養豚経営は1950年代に戦前水準を回復，戸数は年々増加して，副業養豚が広範に普及した．しかし当時の経営形態は基本的に戦前と同じ零細，副業の域を脱していなかった．

　1960年代に入り，経済の高度成長を背景に選択的拡大策に誘導され，果樹，野菜作，畜産が伸張し，養豚では多頭化，専門化，団地化が進行し，産業的確立をみた．技術面ではデンマーク式豚舎(排便所分離)，配合飼料の開発があり，耕地面積に制約されない多頭養豚への道を開いた．副業から複合へと，経営内での地位が高まり，養豚主業ないし専門とする経営も現れ，土地利用と切り離された専業養豚が主流を占めるようになった．農協が主導した養豚団地が各地に誕生し，大量生産，大量流通の基盤が構築された．子豚に対する需要が急増し，繁殖と肥育の規模格差が問題となり，肥育農家が子豚を自給する気運が生まれ，分業から一貫経営へ大きく転換した．作物との結合が弱くなった

ため，糞尿処理に困る農家が続出し，養豚が畜産公害の筆頭にあげられるに至った．
　1970年代の初頭にオイルショックがあり，飼料価格の高騰によって生産費が急騰する事態があった．米をはじめとする農産物の需要の停滞，過剰化が起こり，養豚でも生産抑制策がとられるようになった．
　1980年代は，養豚にとって冬の時代となった．対前年成長率は5％を下回るようになり，完全な低成長時代に入った．高度成長期の過剰投資，過大負債のつけから負債固定化農家が続出し，その改善対策が問題となった．
　1990年代になると牛肉，オレンジの市場が開放され，豚肉市場への圧迫が強くなり，加えて豚肉輸入の急増によって豚価は長期的に低迷して収益性の悪化が顕著となった．1990年以降はとくに戸数減少のテンポが速まった．この結果，飼養頭数も減少するようになり，養豚は縮小産業の様相を呈するようになった．
　戦後養豚の以上の過程を統計的に検証すると，次のようになる．
（1）　飼養戸数：1962年の102万5千戸をピークに一貫して減少傾向にあるが，1981年以降は年率2桁減となり，1991年以降はマイナス15％を超える減少率を示すようになった．1994年は22,100戸で，1975年の10分の1以下となっている．
（2）　飼養頭数：増減を繰り返しながらも年率2桁成長を遂げてきたが，1980年以降は年率2〜3％台となり，とくに1990年以降は5年連続してマイナス成長となった（表13.7）．頭数減の結果，生産量も減退するに至ったが，過去5年間をみると生産が連続して減少しているのは各畜種の中で養豚だけとなっている．

表13.7　豚飼養戸数，頭数の推移（農水省，畜産統計）

区　分	1970	75	80	85	90	91	92	93	94
飼養戸数（千戸）	445	223	141	83	43	36	29	25	22
対前年比（％）	△8.7	△12.9	△8.8	△10.1	△13.5	△17.1	△16.9	△15.4	△14.2
飼養頭数（千頭）	6,335	7,684	9,998	10,718	11,816	11,335	10,966	10,783	10,621
対前年比（％）	9.8	3.9	5.4	1.4	△0.4	△4.1	△3.7	△1.7	△1.5
1戸当たり飼養頭数（頭）	14.3	34.4	70.8	129.6	272.3	314.9	366.8	426.2	480.6

注　1985年以前の対前年比は5年間の平均年率を示す．

b．経営構造

1）地域性

　肉豚の産地はかつて飼料源と消費市場への距離に規制され，このためカンショの産地であり，東京市場へ近い関東の比重が高かった．1970年には関東に全国頭数の30.8％が集中し，茨城県が全国1位，上位10位のうち4県を関東勢が占めていた．1982年，全国首位の地位が茨城から鹿児島に移り，九州とくに南九州の比重が大きくなった．その背景には，交通手段の発達や，産地屠殺が行われるようになったこと，糞尿を処理できる環境，安い地価・労賃といった新しい立地条件が求められるようになったことがある．このような立地条件の変化に適合した九州や東北の有利性が高まり，養豚立地は列島中心部から北と西へ移動した（表13.8）．

表13.8 豚飼育戸数の地域分布の変化(%)
(農水省,畜産統計)

農区別	1970	94	増減
全　国	100.0	100.0	
北海道	4.3	4.9	0.6
東　北	14.2	23.5	9.3
北　陸	5.2	2.9	△2.3
関東・東山	35.0	26.9	△8.1
東　海	12.8	6.5	△6.3
近　畿	4.3	1.2	△3.1
中　国	4.7	2.5	△2.2
四　国	4.8	3.8	△1.0
九　州	14.8	24.7	9.9
沖　縄	—	3.3	—

表13.9 飼育規模別養豚部門の地位
(1990年農業センサス)

肥育豚飼育頭数	養豚部門が1位	養豚のみ	養豚部門が2位
49以下	43.8%	12.9%	31.7%
50～99	62.5	14.3	27.3
100～299	86.9	20.9	10.1
300～499	96.8	30.9	2.4
500以上	98.8	49.5	0.5
計	75.8	21.2	15.2

注　各階層別飼養戸数に対する割合(%).

2) 経営組織

わが国の畜産経営は飼育規模が小さい割に専門化しており,大規模でも複合経営の多い欧米と異なる.養豚も例外ではなく,規模拡大とともに他作物を排除して専門性を強めてきた.養豚一貫経営の75.8%は養豚が首位作目で,さらに"養豚のみ"の経営は21.2%を占めている.肥育豚300頭以上規模になるとほとんどが養豚が首位作目で,かつ50%弱が養豚専門経営となっている(表13.9).

養豚と結合している代表的作物は稲作であり,養豚単一経営を除けば"養豚プラス稲作"または"稲作プラス養豚"が主要な経営組織となっている.たとえば,養豚が首位で単一経営でない農家のうち39.1%が稲作を第2位とし,養豚を第2位とする養豚農家の63.0%が稲作を首位作目としている(1990年農業センサスによる).

養豚と水田(稲作)は糞尿処理,労力配分,機械の共用といった面で結合効果が低く,わずかに稲作収入の安定性が魅力になっているにすぎない.こうして養豚経営は合理的な経営組織を見い出せないまま専門化したため,土地との結合が薄れ,糞尿の有効利用ができず,圃場が糞の捨て場と化したり,畜産公害の発生源となるなど,多くの矛盾を露呈している.土地の集団的利用や糞尿の地域間流通といった,個別経営を越えた対応が必要になっている.

3) 飼育形態

戦前から養豚は繁殖,肥育が地域的にも経営間においても分化し,分業生産が主流であった.これは,規模が小さく投下資本が不足しているなかで必然的な形態であった.高度成長期のなかで,肥育経営がまず多頭化し,零細繁殖農家群を周辺にもつ子豚市場からの購買が活発となったが,子豚の質と量の安定的確保を求めて肥育農家が子豚を自給するようになり,一貫生産がしだいに主流を占めるようになった.一貫生産は飼育戸数の53.8%を占め,頭数の83.7%を占有するようになった(表13.10).大規模な肥育専門経営は残飯養豚等を除けばほとんどなくなり,子豚市場にかつての活況はみられなくなった.子豚を自給することにより,子豚を安く調達できるようになっただけでなく,資質に対する要求を満たせるようになり,種付から枝肉に至るすべての生産過程を掌握できるようになった.

13.3 養豚経営

表13.10 飼育形態別戸数, 頭数割合(%)
(農水省, 畜産統計)

	飼育形態	1984	89	94
戸数	子取り経営	48.7	41.4	34.5
	肥育経営	14.7	13.3	11.7
	一貫経営	36.5	45.3	53.8
	計	100.0	100.0	100.0
頭数	子取り経営	12.4	9.0	7.4
	肥育経営	12.3	9.8	8.9
	一貫経営	75.3	81.2	83.7
	計	100.0	100.0	100.0

4) 階層性

1戸当たり飼養頭数は年々増加し, 1994年には480頭となったが, 飼養頭数減少下での"多頭化"である点がこれまでと違っている. 階層分化の分岐点は母豚100頭層で, これ以下の戸数は減少し, 以上の戸数だけが増加している. 100頭以上層は全国でわずか2,300戸(1994)で, 戸数では10.4%を占めるにすぎないが, 総頭数の58.7%(50頭以上層では81.1%)を占有している. 養豚経営の主流はこうした家族経営の上層と農外資本の直営農場に移りつつあるといえよう.

1戸平均でみる限りわが国の養豚経営もそれほど規模は小さくない. 日本はイギリス, オランダ, デンマークよりは小さいが, ドイツ, フランス, 台湾より大きい(表13.11). 年次はやや異なるが, 意外なことにアメリカの215頭より100頭も大きい. しかし頭数規模は経営規模の一要素にすぎず, 諸外国では広大な土地をもち, それを飼料生産や糞尿処理に利用し, 養豚場の環境保全に役立っていることを考えると, 頭数だけで単純な比較はできない.

表13.11 飼養規模の国際比較[1]

	西ドイツ (1991)	フランス (1989)	オランダ (1989)	英国 (1991)	デンマーク (1991)	台湾 (1991)	米国 (1987)	日本 (1991)
飼養戸数 (千戸)	288	164	30	17	28	40	243	36
飼養頭数 (千頭)	21,989	12,275	13,729	7,383	9,783	10,089	55,469	11,335
平均規模 (頭/戸)	76	75	452	453	345	252	215	315

資料: EUROSTAT "The Agricultural Situation in the Community 1992", 台湾省政府農林庁「養豚頭数調査」, 日本農林水産省「畜産統計」, 米国 USDA "1987 Census of Agriculture" による.

5) 企業性

養豚の規模拡大が進むにつれて経営主体に変化が起こり, 企業養豚の比重が年々高まっている. 1983年と1994年の約10年間を比較すると, 耕作農家の戸数割合は93.5%から82.0%へ減少し, その頭数割合は69.6%から44.7%へ低下している(表13.12). すなわち全国頭数の55.3%は"農家"とはいえない何らかの事業体によって所有されており, その中にかなりの農外企業が含まれている. しかも1戸当たり飼育規模はかなり大きく, "会社"は"耕作農家"の15倍となっている. "会社"の中には農家が法人化したものも含まれているが, 食肉加工, 飼料メーカーのほかに畜産とは無関係な企業の養豚

表13.12 豚飼養者の経営形態別構成比の変化(農水省,畜産統計)

区分		計	農家		農家以外		
			耕作	非耕作	協業	会社	その他
戸数	1983	100.0	93.5	5.4	0.2	0.6	0.3
	1994	100.0	82.0	13.0	0.5	4.2	0.6
頭数	1983	100.0	69.6	11.1	2.9	14.1	2.3
	1994	100.0	44.7	15.9	2.5	34.5	2.4
1戸当たり頭数	1983	102	76	28	1,248	2,607	853
	1994	487	265	592	2,670	4,008	1,931

進出が含まれており,かつその規模が大きいことが注目される.

6) 収益性

養豚経営の収益性は豚価に大きく左右される.豚価はかつて3年周期で循環変動するといわれたが,しだいに長期化するとともに規則性がなくなってしまったように思われる.近年の豚価は1983年(昭和58)をピークに1989年までの6年間に711円(枝肉1kg,東京市場,上物)から467円へと一気に244円(34.3%)も下落した.その後若干の反発はあったものの最近は400円台で推移し,卵価と同様に万年豚価安の様相を呈している.

収益性は豚価の推移にほぼ同調して推移してきた.所得率は1970年代までは20%前後であったが,80年代には10%以下となり,その水準は農産物中最低である.かつては1頭当たり10,000円前後の高所得の時代があったが,いまは薄利多売となり,一定の規模がなければ必要な所得を確保できなくなっている.

1頭当たり家族労働報酬は規模が大きくなると低くなる傾向があり,最上層は完全な薄利多売である(表13.13).ただし,1日(8時間)当たり労働報酬はもっとも高く,大規模経営の優位性を示している.

表13.13 飼育規模別収益性(農水省,肥育豚生産費調査,平成5年速報)

肥育豚飼育規模別(頭)	労働報酬(円)	
	1頭当たり	1日当たり
1~29	6,366	4,268
30~49	5,934	4,387
50~99	7,944	8,496
100~299	5,984	8,240
300~499	4,599	7,524
500以上	4,357	13,055
計	4,673	10,531

注 1日=8時間換算.

c. 課題と方向
1) コストダウン

わが国の養豚が直面する最大の課題は,国際競争に打ち勝って,21世紀にその展望を

切り拓くことである．

　ガットウルグアイラウンドの農業合意によって西暦2000年をめどに豚肉の輸入基準価格が410円（枝肉1 kg当たり）に引き下げられることから，国際競争の条件は一段と厳しくなる．豚価は410円ないしそれ以下になると予想されるが，そうなると，屠畜料，検査料等を見込んだ農家庭先価格はその50円引けの360円程度で生産しなくてはならない．現在の飼料価格を前提とする限り，このような低コストを技術的な改善だけで達成することは容易ではない．

　わが国の枝肉コスト水準は一般農場で450円前後，優良経営で420円程度とみられる（表13.14）．これに対する養豚先進国は，アメリカが日本の44%，欧州が65〜68%，台湾が66%とかなり安い（表13.15）．格差は年々拡大してきたが，一因は円高であるが，日本の配合飼料価格が世界的にみてもかなり高いことも大きな要因となっている．

　コスト高の要因として，わが国の経営規模が小さいこと，生産性が低いことを指摘するむきがある．確かにわが国では飼育規模が小さいため多くの1頭当たり利益（所得）を期待する傾向がある．また規模が小さいことは，労働生産性等の面で確かにコスト高

表13.14　一貫経営のコストと収益性

		中央畜産会 (1991/92)		農水省 (1992/93)	
		全体(132戸) 肉630, 繁80	先進経営(107戸) 肉554, 繁73	肉 300〜499頭 肉 385, (繁48)	肉 500頭以上 肉 963, (繁120)
肉豚1頭当たりコスト　（円）		31,389	29,793	32,298	29,561
肉豚1頭当たり生体重（kg）		108.0	108.0	108.3	107.9
枝肉歩留り率(推定)　（%）		65	65	65	65
肉豚1頭当たり枝肉重（kg）		70.2	70.2	70.4	70.1
枝肉1 kg当たりコスト（円）		447	424	489	422
枝肉1 kg当たり （円）	販売単価	480	480	—	—
	販売費	41	37	—	—
	手取り	439	443	137	435
所　得　率　（%）		16.0	20.3	14.6	14.1

注 1)　中畜は「先進事例の実績指標」1994年3月による．
　2)　農水省は「肥育豚生産費調査」1992年度版による．

表13.15　肉豚生産費の国際比較(1992)[1]

	米国	デンマーク	オランダ	台湾	日本
も と 畜 費	3,518	10,191	8,165	5,060	13,621
飼　料　費	6,004	6,656	7,254	12,056	10,094
労　働　費	1,964	1,464	1,606	1,764	3,385
獣医医薬品費	398	112	178	314	444
光熱水動力費	971	128		137	397
農機具費		533	1,772	35	287
そ の 他	100	880			803
費 用 合 計	12,954	19,963	18,976		29,031
日本=100	44.6	68.8	65.4	66.7	100.0

注　生体100 kg当たり，円換算値．
　　レートは1 USドル＝127.67円，1デンマーククローネ＝21.35円，1オランダギルダー＝66.93円，1台湾元＝5.07円(1992，東銀調べ)とした．

の原因となる．しかし，技術的，物的な生産性とくに繁殖成績に関する限りわが国の水準は高く，低生産性が高コストの原因となっているとの説は必ずしも当たらない．

わが国農産物の高コストの背景として，規模や生産性といった経営の内部条件もさることながら，外部条件の改善も重要である．屠畜料や電力料等の公共料金，ガソリンや農機具等の諸物価，建築基準法や消防法といった諸規制がコスト高の要因として強く作用している．一般の物価高，労賃高が生産コストを押し上げ，それが物価を高くするという，高物価が高物価をよぶ悪循環の中に養豚も置かれている．経営内部の合理化とともに，経済環境の改善を進めない限り，養豚経営の前途は開かれない．

2) 生産性追求

養豚技術の進歩はめざましく，とくに繁殖成績（1母豚当たり年間子豚離乳頭数）は年々改善されて20頭水準に達しつつある（表13.16）．中畜の成績は19.8頭（1992）となっているが，全国養豚協会の成績は22.5頭（1994）と報告されている（同協会，肉豚生産性向上対策事業報告書）．世界でもっとも繁殖成績が高いといわれているイギリスでは上位10%の優秀農場が25.2頭に達している（1993，イギリスMLC調べ）ことと比較すると改善の余地はあるものの，他のヨーロッパ諸国より高い水準にある．

表13.16 養豚技術水準の推移（一貫経営）（中央畜産会，養豚経営診断全国集計値）

成績		年	1984	86	88	90	92
繁殖	集　計　戸　数	(戸)	278	257	226	210	132
	分　娩　回　数	(回/年)	2.0	2.1	2.1	2.2	2.2
	産　子　数	(頭/腹)	10.8	10.6	10.6	10.7	10.7
	正　常　産　子　数	(頭/年)	19.5	20.9	20.8	21.3	22.4
	育　成　率	(%)	87.2	88.1	88.2	88.8	88.8
	離　乳　頭　数	(頭/年)	17.1	18.5	18.6	19.1	19.8
肥育	集　計　戸　数	(戸)	277	257	226	210	132
	1日当たり増体重(DG)	(g)	633	621	617	617	604
	飼　料　要　求　率		3.33	3.30	3.20	3.26	3.16
	事　故　率（対常時頭数）	(%)	7.9	9.4	9.6	9.6	12.2
	肥　育　日　数	(日)	134	139	143	142	151
	出　荷　生　体　重	(kg)	106	107	107	108	108
	上　物　率	(%)	44.4	38.7	42.3	46.4	50.4

問題は肥育成績で，肥育日数，1日当たり増体量，事故率等においてそれほどの進歩がみられず，かえって悪化している指標もある．肥育成績の飛躍的改善のためには，種豚の改良，衛生管理システム等，根本的改善を要する点が少なくない．

生産性追求のための養豚技術の改善は個々の農場の課題であるだけでなく，種豚の改良と供給体制，人工授精の普及，衛生診断・防疫システムといった公共的な機能の役割が大きい．欧米に比べてわが国はこの点でもシステム化が遅れている．

3) 販売・流通対策

生産対策と並んで重要なのが販売戦略である．わが国の畜産物は卸売価格（農家手取り）が安い割に小売価格が高く，中間の経費，マージンが高いといわれている．これまでは，生産者は生産活動に専念し，販売は農協や商社といった流通担当者に任せるとい

った分業が行われてきたが，こうした役割分担は少しずつ崩れつつある．肉豚のブランド化，商品差別化によって商品価値を高めたり，直売（小売り）や産直によって消費者ニーズに直結した生産をめざすといった対応もふえている．手づくりハムといった加工への進出もその一つである．

生産コスト節減の余地が乏しいなかで，農産物価格が徐々に押し下げられてきたため，生産者の関心が販売や加工へ向かうのは必然であり，農産物全体に共通する現象である．しかし，商品開発，市場開拓は農家単独でやるより農家グループや農協といった集団的対応が必要であり，ときには地域おこしと結合して進める必要があり，有利である．

[新井 肇]

文　献

1) 木下良智：ガット・ウルグアイラウンドと日本の養豚，*All about Swine*, No.5 (1994)

13.4 養鶏経営

a. 養鶏経営の展開過程

養鶏経営は採卵鶏経営と採肉鶏（ブロイラー）経営に分かれている．これらはそれまでの卵肉兼用種の飼養経営から昭和30 (1955) 年代に採卵鶏経営とブロイラー経営へと分化したもので，わが国では1961年から統計が別々に出されている（アジア諸国では未分化の国が多い）．ここでは両経営を別々に述べよう．

1) 採卵鶏経営

採卵鶏飼養戸数は1966年（昭和41）の275.3万戸から81年（昭和56）に18.7万戸に急減し，93年（平成5）には8,450戸となっている．ただし，1991年（平成3）から300羽未満の飼養者は統計から除外されたためそのことによる減少も含まれている．養鶏農家普及率は同期間に49.4％から4％，さらに0.2％と減少した．

羽数は1966年（昭和41）から71年（昭和46）までに1億910万羽から1億6,270万

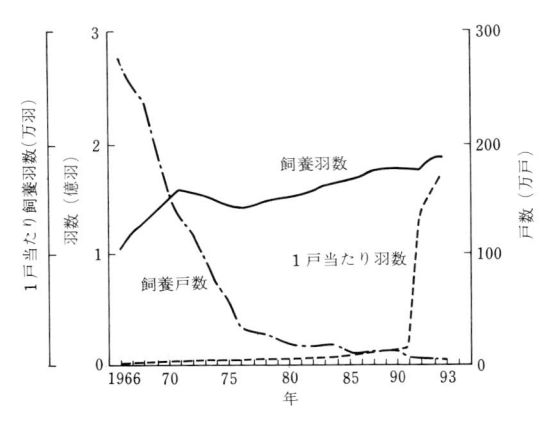

図13.3 採卵鶏経営の展開

羽へと拡大し，その後，やや減少したが微増して，1993年に1億8870万羽となった．その間，1経営当たり飼養羽数は昭和40年代に100羽，50年代に300〜950羽，60年代に1,000羽となり，1993年には17,523羽と拡大した．

したがって，1966〜76年を戸数急減期，1977〜90年を生産調整期，91年以降を規模拡大期としてみよう．1966年（昭和41）から1971年（昭和46）までの羽数拡大期には，採卵鶏雌羽数も8,124万羽から1億2,390万羽へと拡大し，1970年（昭和45）にはほぼ人口と同じ羽数になったといえる．その後は，人口以上に増羽すると卵価暴落になるとして，生産調整期に入る．生産調整期には，政令による羽数凍結や計画生産を行うことで各県羽数が固定された．その間，戸数は減少し，それらの農家の飼養羽数は減少するがその減少分を他のやる気のある養鶏家に配分し，羽数枠は各県，各地域に固定されていた．

しかし，1993年，生産者団体による生産調整や計画生産は自由な競争を妨げるとする独禁法違反の疑いがあるとして，事実上計画生産は中止となる．

そのことは経営体にインライン化，羽数拡大投資をまねき，1991年から羽数の微増期となる．そして経営体はますます少なく，羽数はますます多くなり，卵価は低落という傾向を示すようになる．

2) ブロイラー羽数の増大

わが国のブロイラー飼養戸数は1966年の19,160戸から93年には4,451戸へと減少し，全農家に占めるブロイラー農家普及率は0.1%にすぎない．

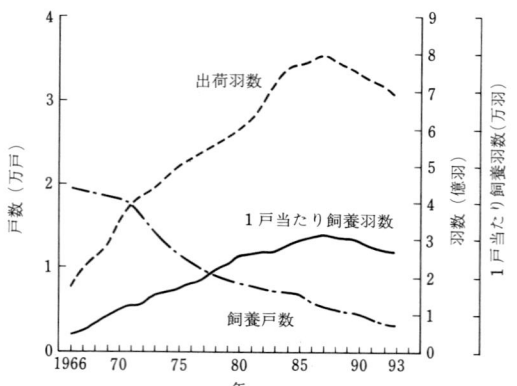

図13.4 ブロイラー経営の展開

ブロイラー飼養羽数は同期間に2,192万羽から1990年に1億5,000万羽へと最大となったが，93年に1億3,522万羽へと減少した．ブロイラーは通常4〜5回餌づけされるのでその出荷羽数をみると，6億8,404万羽から1990年に7億5,201万羽と最大を示したが，その後減少し，93年には6億8,404万羽と大幅に落ち込んでいる．

ブロイラー羽数や戸数の展開には大きく，価格や，輸入の増大と関係している．1980年の7.8万トンから92年には39万トンと輸入が増加し，わが国は世界最大のブロイラー輸入国の一つとなっている．

1966〜76年は戸数減少・飼養羽数拡大期，1976〜87年は規模拡大と羽数最大到達期(1987)，88年以降は国内羽数減少・輸入鶏肉拡大期と区分されよう．

3) 採卵鶏羽数の地域分化

採卵鶏は昭和40(1965)年代前半では太平洋沿岸，とくに関東，東海，近畿，中国などの東海道ベルト地帯に立地していたが，東北，南九州，南関東へと立地移動した．こうした立地移動を地域分化(decentralization)という．その原因は1974年(昭和49)以降の南九州の谷山や志布志飼料コンビナートの建設によって，九州での飼養羽数が拡大することとなり，昭和50(1975)年代の青森県八戸や茨城県鹿島地域における飼料コンビナートの建設によって，東北，関東の羽数が増大している．また，この分化は東北や南九州の地価や労賃の安さに起因するところもある．

それに対して，東海，近畿，中国，四国の飼養羽数が減少している．

表13.17 採卵鶏戸数・羽数の地域分化 (単位：%)

	戸　　数					飼　養　羽　数				
	1971	81	86	91	93	1971	81	86	91	93
北海道	3.7	3.2	2.9	2.9	3.2	4.4	4.6	4.5	4.5	4.5
東　北	16.8	20.8	22.5	6.8	7.6	8.2	10.8	11.6	2.7	12.8
北　陸	5.0	5.1	3.9	4.7	4.4	4.7	5.8	6.4	5.8	5.5
関東・東山	26.1	22.7	18.1	20.6	21.9	20.5	20.2	20.4	20.7	21.3
東　海	8.9	5.0	5.3	17.6	18.0	19.1	16.8	16.0	14.8	15.1
近　畿	5.9	5.0	5.2	10.0	8.8	10.5	7.8	7.5	6.8	6.7
中　国	9.6	8.8	7.3	8.6	8.4	10.0	9.4	9.7	10.0	9.8
四　国	5.9	6.5	8.2	7.3	7.5	8.2	6.7	6.2	6.1	5.7
九　州	18.2	22.5	26.3	19.3	18.3	14.5	17.0	16.9	17.6	17.6
沖　縄	—	0.3	0.4	1.8	2.0	—	0.9	0.9	0.9	0.8

4) ブロイラー羽数の地域分化

採卵鶏での立地移動と同様に，ブロイラー羽数も著しく南北分化を遂げている．

表13.18 ブロイラー戸数・年間出荷羽数の地域分化 (単位：%)

	戸　　数					飼　養　羽　数				
	1971	81	86	91	93	1971	81	86	91	93
北海道	0.4	0.2	0.2	0.2	0.2	0.9	0.4	0.9	2.7	2.8
東　北	7.5	10.3	12.1	13.7	14.2	7.3	13.9	17.2	19.8	20.1
北　陸	2.0	1.3	1.0	0.9	0.9	2.2	1.9	1.5	1.1	1.0
関東・東山	24.0	14.1	11.1	8.8	8.6	19.4	11.7	9.1	6.8	6.7
東　海	14.1	10.9	10.0	8.0	7.8	14.4	9.2	6.7	5.3	5.0
近　畿	12.3	10.8	9.6	9.9	9.8	13.0	8.2	6.6	5.5	5.5
中　国	9.7	6.5	5.6	5.1	5.1	9.2	8.5	7.5	6.5	6.2
四　国	9.7	13.9	14.4	15.6	15.7	10.3	7.9	7.7	7.2	7.0
九　州	23.3	31.2	35.3	37.3	37.3	23.3	37.9	42.2	44.2	45.1
沖　縄	—	0.7	0.7	0.5	0.4	—	0.5	0.6	0.7	0.6

すなわち，昭和40(1965)年代においては関東，東海，近畿地域で羽数の46.8%，戸数の50.4%を占めていたが，1992年(平成4)には羽数17.2%，戸数26.2%と減少した．それに対して，この間九州では羽数が23.3%から45.1%，戸数で23.3%から37.3%へと全国シェアを拡大した．他方，東北でも，羽数で7.3%から20.1%へ，戸数で7.5

％から14.2％へと拡大し，九州と東北で羽数65.2％，戸数で51.5％を占め，2000年には75％を占めると予測され，南北両地域がブロイラーの生産基地となった．

b. 経営構造

採卵鶏経営の羽数別構造をみると，昭和40（1965）年代には1,000羽以下の飼養戸数が98％を占めたが，飼養羽数は1,000羽以上経営で72％を占めた．飼養羽数は昭和60（1985）年代に1万羽以上で77.5％を占め，1993年には10万羽以上で55.8％を占め，1万羽以上経営で88.8％の羽数を占めている．したがって，昭和40年代の1,000羽経営から，60年代に1万羽経営，1993年には5万羽経営へと規模拡大が進んでいる．

表13.19 採卵鶏羽数別戸数・羽数比較　　　　　　　　　（単位：％）

	年度	羽数計	300未満	300~1千未満	1千~5千未満	5千~1万未満	1万~5万未満	5万~10万未満	10万以上
戸数	1971	100.0	96.0	2.2	1.6	0.2		0.1	
	87	100.0	87.0	1.8	5.0	2.3	2.8	0.5	
	93	100.0	—	12.0	31.4	18.6	19.5	4.8	3.6
羽数	1971	100.0	14.6	13.4	36.1	13.2		22.7	
	87	100.0	0.9	0.7	9.1	11.8	39.1	38.4	
	93	100.0		0.4	4.1	6.8	33.0	18.3	37.5

表13.20 採卵鶏経営体の事業体別経営数および羽数

経営体	農家	農家以外			計
		協業経営	会社	その他	
羽数　　計	6,650(％)	82(％)	1,070(％)	57(％)	7,859
3百~1千未満	930(14.0)	—	10(0.9)	10(17.5)	940
1千~5千未満	2,390(35.9)	4(4.9)	67(6.3)	7(12.3)	2,470
5千~1万未満	1,410(21.2)	7(8.5)	43(4.0)	3(5.3)	1,460
1万~5万未満	1,810(27.2)	39(47.6)	440(41.1)	28(49.1)	2,320
5万~10万未満	92(1.4)	15(18.3)	270(25.2)	3(5.3)	380
10万以上	18(0.3)	17(20.7)	240(22.4)	6(10.5)	280
羽数　計	59,076(％)	4,869(％)	80,833(％)	2,190(％)	146,968
3百~1千未満	539(0.9)		3(—)	7(0.3)	549
1千~5千未満	5,838(9.8)	13(0.3)	169(0.2)	15(0.7)	6,035
5千~1万未満	9,544(16.2)	67(1.4)	305(0.4)	16(0.7)	9,932
1万~5万未満	34,764(58.9)	1,045(21.5)	12,061(14.9)	619(28.3)	48,489
5万~10万未満	6,012(10.2)	1,261(25.9)	19,353(23.9)	197(9.0)	26,823
10万以上	2,379(4.0)	2,483(50.9)	48,942(60.5)	1,336(61.0)	55,140

ブロイラー経営の出荷羽数規模をみると，昭和40年代には圧倒的に84.6％が3万羽以下であり，出荷羽数も45.4％を占めていた．しかし1988年には，出荷羽数5万羽以上で90.9％を占め，10万羽以上で81.6％を占めている．経営体そのものが3万羽出荷

13.4 養鶏経営

表 13.21 ブロイラー出荷羽数別戸数・羽数の年次別比較　　　　（単位：％）

	年度	羽数計	5千未満	5千～1万未満	1万～3万未満	3万～5万未満	5万～10万未満	10万～30万未満	30万以上	10万羽以上出荷経営割合
戸数	1971	100.0	27.9	21.5	35.2	9.6	4.1	1.8		8.7
	87	100.0	3.7	4.9	20.0	13.7	21.1	32.4	4.3	36.7
	93	100.0	6.8		15.7	11.9	21.1	38.5	6.1	44.6
羽数	1971	100.0	4.0	8.7	32.7	19.6	15.2	19.8		19.8
	87	100.0	0.1	0.3	3.7	5.0	14.8	48.2	27.9	76.9
	93	100.0	—	0.3	2.4	3.6	12.1	49.1	32.5	81.6

経営から5万羽出荷, 10万羽以上出荷経営へと拡大している.

c. 養鶏経営の課題と方向

（1）関税率の引下げと養鶏経営：ウルグアイラウンド合意後, 1995年（平成7）度から, 鶏卵, 鶏肉の関税率が引き下げられた（表13.22）. したがって鶏卵, ブロイラー生産費をより低下させることが必要となった.

表 13.22　ウルグアイラウンド関税率の改定

	現行	削減率	改訂
殻付卵	25%	15%	21.3%
液卵（全卵）	25%または60円/kg	15%	21.3%または51円/kg
卵黄粉	25%	25%	18.8%
卵黄液	25%または60円/kg	20%	20%または48円/kg
卵白	10%	20%	8%
鶏肉			
骨付腿	10%	15%	8.5%
その他（丸）	14%	15%	11.9%

（2）生産費の引下げ努力：鶏卵生産費は1992年（平成4）でみると日本は1kg当たり177円で, 米国, タイ, 中国に比して高い. 飼料生産国である米国, タイ, 中国より高いのは避けられないとしても飼料を輸入している他の国のコストより高くなっている. これについては, 各論6章参照.

（3）鶏卵生産が選洗卵包装施設（GPセンター）とを結合させたインラインシステムの導入が進んだことにより, 価格形成における農家販売価格は無選・無規格卵が減少し, 規格選別卵の割合がふえるだろう.

（4）加工・業務割合の増大：ブロイラーでは70％, 鶏卵も43％に達しており, 今後さらに増大が見込まれている. それに対して, 個別経営や関連産業がどう対応するかが課題である.

個別経営の対応として法人化があげられるが, これはすでに述べたように, インラインシステム導入, サテライト方式, コンプレックスタイプなど物的組織化と対応させな

がら進める必要があろう．

（5） 消費者対応：遠隔産地での大規模化，海外産地とともに都市近郊産地でも消費者への直売化が進んでいる．これは，単に自動販売機の設置にとどまらず安全性，新鮮性に配慮することが大切となろう．

（6） 卵価の安定：卵価は1986年（昭和61）の1kg当たり260円から93年（平成5）の162円まで傾向的に低下し，生産過剰をきたしている．卵価上昇は輸入増大をもたらすが，下落は赤字経営を多くし，自給率を低下させる．適正卵価も一つの課題である．

（7） 公害を出さない糞尿処理体系も大切な課題である． ［杉山道雄，成　耆政］

14. 畜産法規

14.1 畜産関係法規の体系

畜産業およびその関連産業にかかわる法律について，その主たるものを目的ごとに体系立てると，次のとおりとなる．

（1） 畜産の生産振興に関する法律：酪農及び肉用牛生産の振興に関する法律，家畜改良増殖法，養鶏振興法，養ほう振興法，農業経営基盤強化促進法
（2） 家畜および畜産物の価格安定に関する法律：畜産物の価格安定等に関する法律，農畜産業振興事業団法，加工原料乳生産者補給金等暫定措置法，肉用子牛生産安定等特別措置法
（3） 家畜および畜産物の流通に関する法律：家畜取引法，家畜商法，卸売市場法，と畜場法，食品衛生法
（4） 飼料に関する法律：飼料需給安定法，飼料の安全性の確保及び品質の改善に関する法律，牧野法
（5） 家畜衛生に関する法律：家畜伝染病予防法，獣医師法，獣医療法，薬事法，家畜保健衛生所法
（6） 畜産環境保全に関する法律：水質汚濁防止法，悪臭防止法，廃棄物の処理及び清掃に関する法律
（7） 競馬に関する法律：競馬法，日本中央競馬会法

なお，本章では，上記法律のうちとくに関連の深いものについて，その目的および内容を記述する．

14.2 畜産の生産振興に関する法律

a．酪農及び肉用牛生産の振興に関する法律（昭和29年（1954）法律第182号，最終改正　平成6年（1994）法律第97号）

1）目　的

本法は，酪農および肉用牛生産の健全な発達ならびに農業経営の安定をはかり，併せて牛乳・乳製品および牛肉の安定的な供給に資することを目的とし，このために，①酪農および肉用牛生産の近代化を総合的かつ計画的に推進するための措置，②酪農適地に牛乳の濃密生産団地を形成するための集約酪農地域の制度と，これらに関連して③生乳等の取引の公正，④牛乳および乳製品の消費の増進，⑤肉用子牛の価格の安定および牛

肉の流通の合理化をはかるための措置を定めている.

2) 酪農および肉用牛生産の近代化を計画的に推進するための措置

a) 国の基本方針 農林水産大臣は，①酪農，肉用牛生産の近代化に関する基本的な指針，②生乳，牛肉の需要の長期見通しに即した生乳の地域別の需要の長期見通し，生乳の地域別の生産数量の目標，牛肉の生産数量の目標ならびに乳牛，肉用牛の地域別の飼養頭数の目標，③近代的な酪農経営，肉用牛経営の基本的な指標，④集乳，乳業の合理化ならびに肉用牛，牛肉の流通の合理化に関する基本的な事項，⑤その他酪農，肉用牛生産の近代化に関する重要事項を内容とする酪農および肉用牛生産の近代化をはかるための基本方針を定めなければならないこととされている.

なお，生乳または牛肉の需給事情等の経営事情の変動により必要がある場合には，基本方針を変更することとされており，基本方針を策定または変更するにあたっては，畜産振興審議会の意見を聴かなければならないこととされている.

b) 都道府県計画 都道府県知事は，国の基本方針と調和するよう当該都道府県における酪農および肉用牛生産の近代化をはかるための計画を作成し，農林水産大臣の認定を受けることができるものとされている.

c) 市町村計画 市町村長は，その区域内における乳牛，肉用牛の飼養頭数や飼養密度，農用地等の利用に関する条件などが一定の基準に適合する場合には，都道府県計画と調和するよう当該市町村における酪農および肉用牛生産の近代化をはかるための計画を作成し，都道府県知事の認定を受けることができるものとされている.

d) 経営改善計画 c)の市町村計画の認定を受けた市町村長は，その区域内の酪農経営および肉用牛経営を営む者が作成した経営改善計画について，市町村計画に照らし適切であるなどの基準に適合するものであると認めるときは，その認定をするものとされている.

この認定を受けた者に対しては，農林漁業金融公庫等から経営改善計画の実施に必要な長期，低利の資金の融通がなされることとなっている.

e) 施策の実施 農林水産大臣および地方公共団体の長は，酪農および肉用牛生産の振興に関する施策を実施するにあたっては，国の基本方針，都道府県計画および市町村計画に即して行うものとされている.

3) 集約酪農地域

農林水産大臣は，酪農の振興が相当で，生乳の濃密生産団地として形成することが必要と認められる一定の区域を，都道府県知事の申請に基づき，集約酪農地域として指定することができるものとされている.

また，国および都道府県は，集約酪農地域の区域内にある草地について，造成，改良等のため必要な事業の推進をはかるものとされ，一方，当該草地について開墾，造林などの形質変更をしようとする者は，都道府県知事に届け出なければならないこととされている.

さらに，集約酪農地域の区域内において，集乳施設または乳業施設（酪農事業施設）を新たに設置しようとする者は，都道府県知事の承認を受けなければならず，また，集約酪農地域の周辺地域で農林水産大臣の指定する区域（指定地域）内において，酪農事

業施設を設置しようとする者は，都道府県知事に届け出なければならないなどとされている．

4) 生乳等の取引

生乳，脱脂乳またはクリームを継続して供給することを目的とする販売契約（生乳等取引契約）については，当事者は，書面によりその存続期間，生乳等の売買価格，数量，生乳等およびその代金の受渡しの方法等を明らかにし，都道府県知事にその写しを提出しなければならないなどとされている．

また，農林水産大臣または都道府県知事は，乳業者に対し農協等が当事者となる生乳等取引契約等の締結または変更の交渉に応ずべき旨の勧告ができるほか，生乳等取引契約にかかわる紛争につき，都道府県知事は，当事者からの申請により，斡旋，調停を行うなどとされている．

5) 牛乳および乳製品の消費の増進に関する措置

国は，国内産の牛乳および乳製品の消費の増進をはかることにより酪農の健全な発展に資するため，学校給食への供給の促進，集団飲用の奨励，流通合理化の促進のための援助などの措置を講ずることとされている．

6) 肉用子牛の価格の安定および牛肉の流通の合理化に関する措置

国および都道府県は，肉用子牛価格の低落時に生産者補給金の交付事業を行う都道府県肉用子牛価格安定基金協会（都道府県協会）に対し，国は，都道府県協会に対し生産者補給金の交付に充てる資金の貸付事業を行う全国肉用子牛価格安定基金協会に対し，それぞれの事業の円滑な実施のために必要な助言，指導その他の援助を行うように努めるものとされている（生産者補給金等については，肉用子牛生産安定等特別措置法を参照）．

また，国は，肉用牛生産の健全な発展に資するため，牛肉の産地処理の推進，牛肉の取引価格および品質表示の普及などの牛肉の流通の合理化のために必要な措置を講ずるよう努めることとされている．

b．家畜改良増殖法 （昭和25年（1950）法律第209号，最終改正 平成6年（1994）法律第97号）

1) 目　的

本法は，①家畜の改良増殖を計画的に行うための措置，②必要な種畜の確保，③家畜人工授精および家畜受精卵移植に関する規制，④家畜の登録に関する制度等について定め，家畜の改良増殖を促進し，畜産の振興および農業経営の改善に資することを目的としている．

2) 家畜改良増殖目標等

農林水産大臣は，牛，馬，めん羊，山羊および豚について，家畜改良増殖目標（家畜の能力，体型，頭数等についての向上の目標）をおおむね5年ごとにその後の10年間における家畜の飼養管理や畜産物の需要動向などに即して定めることとされている．

また，都道府県知事は，家畜改良増殖目標に即して当該都道府県における家畜改良増殖計画を定めることができるものとされている．

3) 種畜等

牛，馬および家畜人工授精用の豚の雄は，学術研究のために行う場合等特定の場合を除き，農林水産大臣が毎年定期的に行う種畜検査（伝染性・遺伝性疾患および繁殖機能障害を有しないかどうかについての衛生検査と血統，能力および体型による等級を判定）を受け，種畜証明書の交付を受けているものでなければ，種付または家畜人工授精用精液の採取の用に供してはならないこととされている．

また，牛その他政令で定める家畜の雌は，伝染性・遺伝性疾患を有していないことについての獣医師の診断書の交付を受けたものでなければ，家畜体内受精卵または家畜卵巣の採取の用に供してはならないこととされている．

4) 家畜人工授精および家畜受精卵移植

家畜人工授精（牛，馬，めん羊，山羊または豚の雄から精液を採取，処理し，これを雌に注入すること），家畜体内受精卵移植（牛その他政令で定める家畜の雌から受精卵を採取，処理し，雌に移植すること）および家畜体外受精卵移植（牛その他政令で定める家畜の雌またはその屠体から採取した卵巣から未受精卵を採取，処理し，体外授精を行い，これにより生じた受精卵を処理し，雌に移植すること）については，学術研究のためにする場合等特定の場合を除き，これらを行える者についての制限が加えられており，整理すると表14.1のとおりとなる．

表14.1 家畜人工授精および家畜受精卵移植を行える者

区　　分	獣医師	家畜人工授精師	その他
家畜人工授精用精液の採取，処理または雌の家畜への注入	○	○	×
家畜体内受精卵の採取，処理	○	×*	×
家畜卵巣の採取　家畜から	○	×	×
家畜卵巣の採取　家畜屠体から	○	○	×
家畜未受精卵の採取，処理	○	○	×
家畜体外授精	○	○	×
家畜体外受精卵の処理	○	○	×
家畜受精卵の雌の家畜への移植	○	○	×

注　＊家畜体内受精卵を採取した獣医師の指示のもとでの処理は可．

また，①家畜人工授精用精液の採取，処理，②家畜体内・体外受精卵の処理，③家畜未受精卵の採取，処理または④家畜体外授精は，学術研究のためにする場合等の特定の場合を除き，家畜人工授精所，家畜保健衛生所等の場所で行わなければならないこととされている．

さらに，獣医師または家畜人工授精師は，採取した家畜人工授精用精液や家畜体内受精卵，または家畜体外受精卵（家畜卵巣から採取，処理した家畜未受精卵に家畜体外授精を行って生じたもの）について，検査した後，容器に収めて封をし，それぞれについての証明書を添付しなければならないこととされている．

5) 家畜人工授精師

家畜人工授精師になろうとする者は，都道府県知事の免許を受けなければならず，こ

のためには，農林水産大臣の指定する者または都道府県知事が実施する講習会を終了してその修業試験に合格することとされている．

また，家畜人工授精所を開設しようとする者は，都道府県知事の許可を受けなければならないこととされている．

6) 家畜登録事業

家畜の血統，能力または体型を審査して一定の基準に適合するものを登録する事業（家畜登録事業）を行おうとする者は，①登録する家畜の種類，②登録の種類および方法，③審査の基準，④登録手数料，⑤家畜登録簿に関する事項を規定した登録規程を定め，農林水産大臣の承認を受けなければならないこととされている．

14.3 畜産物の価格安定に関する法律

a．畜産物の価格安定等に関する法律（昭和36年（1961）法律第183号，最終改正 平成8年（1996）法律第53号）

1) 目 的

本法は，主要な畜産物の価格安定をはかるとともに乳業者等の経営に必要な資金の調達を円滑にすることにより，畜産およびその関連産業の健全な発達を促進し，併せて国民の食生活の改善に資することを目的としている．

2) 畜産物の定義

本法で価格安定措置の対象となっている畜産物は，①乳製品については，原料乳（指定乳製品の原料である生乳で省令で定める規格に適合するもの）と指定乳製品（バター，脱脂粉乳，全脂加糖練乳，脱脂加糖練乳で省令で定める規格に適合するもの），②食肉については，指定食肉（豚肉，牛肉で省令で定める規格に適合するもの）となっている．

3) 価格の安定に関する措置

a) 価格安定の決定 農林水産大臣は，毎会計年度の開始前（3月31日）までに，畜産振興審議会の意見を聴いて，原料乳の安定基準価格，指定乳製品の安定上位価格と安定下位価格および指定食肉の安定上位価格と安定基準価格を定めるものとされている．

（1） 指定食肉の安定価格は，生産条件および需給事情その他の経済事情を考慮し，その再生産を確保することを旨とし，政令で定める主要な消費地域（東京都区部，大阪市）に所在する中央卸売市場の売買価格について定めることとされている．

安定基準価格は，その額を下回って指定食肉の価格が低落することを防止することを目的として，また，安定上位価格は，その額を超えて指定食肉の価格が騰貴することを防止することを目的としてそれぞれ定めることとされている．

（2） なお，原料乳および指定乳製品については，現在，加工原料乳生産者補給金等暫定措置法（以下「暫定措置法」という）（第20条第1項）の規定により，本法は適用されていない．

b) 指定乳製品の生産等に関する計画

（1） 生乳生産者団体は，原料乳の価格が著しく低落しまたは低落するおそれがある

と認められる場合に，その価格の回復または維持を目的として，その構成員の生産する原料乳を原料とする指定乳製品の生産に関する計画を定め，農林水産大臣の認定を受けることができることとされている．（なお，現在，暫定措置法（第20条第2項）の規定により，原料乳を加工原料乳（または生乳）と読み替えて適用されている．）

(2) 指定乳製品については乳業者等，指定食肉については当該食肉に係る家畜の生産者が構成員となっている農協または農協連，鶏卵等についてはその生産者が構成員となっている農協または農協連が，それぞれの畜産物の価格が著しく低下しまたは低落するおそれがあると認められる場合は，その価格の回復または維持を目的として，自らまたはその構成員の生産する畜産物の保管または販売に関する計画を定め，農林水産大臣の認定を受けることができることとされている．

c. 価格安定措置

(1) 指定食肉の買入れ：農畜産業振興事業団（以下「事業団」という）は，中央卸売市場においては安定基準価格で，上記b）(2)の認定を受けた計画に基づいて保管または販売する指定食肉については農協または農協連の申込みにより中央卸売市場以外の事業団の指定する場所において安定基準価格を基準として政令で定める価格により，指定食肉を買い入れることができることとされている．

この場合，農協または農協連の申込みによる買入れが優先的に行われる．

(2) 指定食肉の売渡し：事業団は，指定食肉の価格が安定上位価格を超えて騰貴しまたは騰貴するおそれがあると認められる場合は，その保管する指定食肉を中央卸売市場で売り渡すこととされている．中央卸売市場での売渡しが著しく不適当である場合には農林水産大臣の承認を得て随意契約その他の方法で売り渡すことができることとされている．

(3) なお，指定乳製品については，現在，暫定措置法（第20条第1項）の規定により，本法は適用されず，暫定措置法第13条から第19条までの規定が適用されている．

4) 債務の保証

事業団は，乳業者等である出資者が銀行その他の金融機関から資金の貸付等を受ける場合の債務について保証を行うことができることとされている．

b. 農畜産業振興事業団法（平成8年（1996）法律第53号）

1) 目 的

農畜産業振興事業団（以下「事業団」という）は，主要な畜産物，繭および生糸ならびに砂糖について，その生産条件，需給事情等からみて適正な水準における価格の安定に必要な業務を行うとともに，併せて乳業者等の経営に要する資金の調達の円滑化，畜産の振興に資するための事業に対する助成等に必要な業務を行い，もって農畜産業およびその関連産業の健全な発展ならびに国民生活の安定に寄与することを目的としている．

2）業　　務

事業団は，上記の目的の達成のため次の業務を行うこととされている．（なお，指定乳製品等の買入れ，売渡し等および加工原料乳生産者補給交付金の交付業務ならびに肉用子牛生産者補給交付金等の交付業務については，次項以降を参照のこと．）

（1） 畜産物の価格安定等に関する法律の規定による価格安定措置の実施に必要な次の業務．
　ア　指定乳製品および指定食肉の買入れ，交換および売渡しならびに保管．
　イ　指定乳製品，指定食肉または鶏卵等の保管に要する経費の助成．

（2） 畜産物の価格安定等に関する法律の規定による事業団への出資者である乳業者等および生乳生産者団体が銀行等から資金を借り入れる場合等における債務の保証の業務．

（3） 国内産の牛乳を学校給食の用に供する事業に対する経費の助成，ならびに指定助成対象事業に対する経費の助成等の業務．

（4） 繭糸価格安定法による価格安定措置の実施に必要な生糸の買入れ，売戻しおよび売渡し等の業務．

（5） 砂糖の価格安定等に関する法律の規定による輸入に係る指定糖の買入れおよび売戻し等の業務．

（6） 主要な畜産物，繭，生糸ならびに砂糖類およびその原料作物の生産および流通に関する情報の収集，整理および提供業務．

（7） 蚕糸業の振興事業および砂糖類関係の振興事業に対する助成．

（8） 飲用牛乳，乳製品，食肉および鶏卵の需要の増進に関する業務．

（9） 生糸の短期保管業務．

3）交　付　金

政府は，予算の範囲内で事業団に対し，2）の（3）の業務に必要な経費の財源および（5）の業務のうち国内産糖等の価格支持の一部に充てるため交付金を交付することができることとされている．

〔注〕　本法律に基づき，平成8年（1996）10月1日に畜産振興事業団が蚕糸砂糖類価格安定事業団と統合され，農畜産業振興事業団が設立された．

c．加工原料乳生産者補給金等暫定措置法（昭和40年（1965）法律第112号，最終改正　平成8年（1996）法律第53号）

1）目　　的

本法は，牛乳および乳製品の需要の動向と生産事情の変化に対処して，当分の間，畜産振興事業団（平成8年10月1日からは「農畜産業振興事業団」．以下，本項において「事業団」という）に①生乳生産者団体を通じた加工原料乳に係る生産者補給金の交付，②輸入乳製品の調整，③これらの業務と関連した乳製品の買入れ，売渡し等の業務を行わせることにより，生乳の価格形成の合理化と牛乳・乳製品の価格の安定をはかり，もって酪農およびその関連産業の健全な発達を促進し，併せて国民の食生活の改善に資することを目的としている．

2) 加工原料乳についての生産者補給金等の交付

a) 事業団による交付 事業団は，都道府県知事の指定を受けた生乳生産者団体（指定生乳生産者団体）に対し，当該団体が行う生乳受託販売に係る加工原料乳について，その生産者への生産者補給交付金を交付（不足払い）することができることとされている．

b) 生産者補給交付金の金額 生産者補給交付金の金額は，

（保証価格－基準取引価格）×（都道府県知事が認定する生乳受託販売数量
（ただし，その合計数量は限度数量の範囲内））

とされている．

(1) 保証価格（生産者に保証する手取り水準）：生乳の生産条件および需給事情その他の経済事情を考慮し，生産される生乳の相当部分が加工原料乳であると認められる地域（北海道）における生乳の再生産を確保することを旨として農林水産大臣が定める金額．

(2) 基準取引価格（メーカーの支払い可能な乳代の水準）：主要な乳製品の生産者の販売価格（指定乳製品にあっては安定指標価格）から当該乳製品の製造・販売費用を控除した金額を基準として農林水産大臣が定める金額．

(3) 安定指標価格：指定乳製品の生産条件および需給事情その他の経済事情を考慮し，指定乳製品の消費の安定に資することを旨として農林水産大臣が定める金額．

(4) 限度数量：不足払いの対象となる数量の最高限度として農林水産大臣が定める数量．

なお，(1)から(4)については，毎会計年度の開始前（3月31日）までに，畜産振興審議会の意見を聴いて定めなければならないこととされている．

c) 指定生乳生産者団体による交付 指定生乳生産者団体は，事業団から交付を受けた生産者補給交付金に相当する金額を生産者補給金として，当該指定生乳生産者団体に生乳受託販売にかかわる委託をした者に対してその委託数量を基準として交付しなければならないこととされており，当該生産者補給金の交付を受けた者は，生産者に対してこれを交付しなければならないこととされている．

d) 政府による交付 政府は，予算の範囲内で，事業団に対し，不足払いの財源に充てるための交付金を交付するものとされている．

3) 指定乳製品等の輸入

事業団は，指定乳製品等（指定乳製品に加えて，全粉乳，バターミルクパウダーおよびホエーパウダー）について，①国際約束に従って農林水産大臣が定めて通知する数量を輸入するものとされているほか，②指定乳製品の価格が安定指標価格を超えて騰貴し，またはそのおそれがある場合には，農林水産大臣の承認を受けて輸入することができることとされている．

事業団以外の者が指定乳製品等の輸入を行う場合は，これを事業団に売り渡し，事業団は当該売渡しをした者に対し，その指定乳製品等を売り戻さなければならないこと（その際，事業団は関税相当量の一部を徴収すること）とされている．

4) 指定乳製品の買入れ等

事業団は，乳業者，生産者団体等の申込みにより，指定乳製品を安定指標価格の一定割合（90%）の額で買い入れることができる一方，指定乳製品の価格が安定指標価格の104%の額を超えて騰貴しまたはそのおそれがある場合もしくは農林水産大臣の指示する方針による場合には，その保管する指定乳製品等を売り渡すものとされている．

d．肉用子牛生産安定等特別措置法（昭和63年（1988）法律第98号，最終改正 平成8年（1996）法律第53号）

1) 目 的

本法は，牛肉の輸入に係る事情の変化が肉用子牛に及ぼす影響に対処して，当分の間，①畜産振興事業団（平成8年10月1日からは「農畜産業振興事業団」．以下，本項において「事業団」という）に都道府県肉用子牛価格安定基金協会（指定協会）が交付する肉用子牛生産者補給金に充てるための生産者補給交付金等の交付の業務を行わせるとともに，②当該生産者補給交付金等の交付その他食肉に係る畜産の振興に資する施策の実施に要する経費の財源に関する特別の措置等を講ずることにより，肉用子牛生産の安定その他食肉に係る畜産の健全な発展をはかり，農業経営の安定に資することを目的としている．

2) 肉用子牛についての生産者補給金等の交付（不足払い制度）

a) 交 付 事業団は，肉用子牛の平均売買価格（農林水産大臣が指定する家畜市場における四半期ごとの平均額）が保証基準価格を下回る場合には，予算の範囲内で，指定協会に対し，当該協会が生産者補給金交付契約を締結した肉用子牛の生産者に交付する生産者補給金の財源に充てるため，生産者補給交付金を交付することができることとされている．

また，事業団は，指定協会に対し，平均売買価格が合理化目標価格を下回る場合における生産者補給金の一部に充てるための積立金（生産者積立金）の一部に充てるため，生産者積立助成金を交付することができることとされている．

一方，都道府県は，指定協会に対し，生産者積立金の一部に充てるため，生産者積立助成金を交付することができることとされている．

b) 保証基準価格等 保証基準価格は，肉用子牛の生産条件および需給事情その他の経済事情を考慮し，肉用子牛の再生産を確保することを旨として，毎会計年度の開始前（3月31日）に農林水産大臣が定めることとされている．

合理化目標価格は，牛肉の国際価格の動向，肉用牛の肥育に要する合理的な費用の額等からみて，肉用牛生産の健全な発展をはかるため肉用子牛生産の合理化によりその実現をはかることが必要な肉用子牛の生産費を基準として，5年ごとに農林水産大臣が定めることとされている．

なお，いずれの場合も，畜産振興審議会の意見を聴かなければならないこととされている．

c) 生産者補給交付金の金額 事業団が交付する生産者補給交付金の金額は，四半期ごとおよび指定協会ごとに，

(保証基準価格－平均売買価格*)×
　　　　　　　　　（生産者補給金交付契約に係る肉用子牛で一定要件
　　　　　　　　　　を満たすことにつき指定協会が確認をしたものの頭数）
とされている．（平均売買価格＜合理化目標価格となった場合には，*は合理化目標価格となる．）

　また，指定協会は，事業団から受けた生産者補給交付金を，確認した肉用子牛の生産者に対し，肉用子牛の頭数に応じて交付しなければならないこととされている．

d) まとめ　以上のことから，生産者補給金は，平均売買価格が，①保証基準価格と合理化目標価格の間にある場合には，事業団が交付する生産者補給交付金を財源として，②合理化目標価格を下回っている場合には，生産者補給交付金と生産者積立金（生産者および都道府県が負担）を財源として，生産者に対して交付されることとなる．

3) 肉用子牛等対策費

a) 財源　政府は，毎会計年度，当該年度の牛肉および特定の牛肉調製品にかかわる関税の収入見込み額に相当する金額を，予算で定めるところにより，①事業団への食肉等に係る業務のための交付金の交付および②肉用牛生産の合理化，食肉等の流通の合理化その他食肉等に関する畜産の振興に資するための施策の実施に要する経費（肉用子牛等対策費）の財源に充てることとされている．

　なお，当該年度の関税収入見込み額が，肉用子牛等対策費の必要額を下回る場合には，前年度以前の関税収納済み額の合計額から前年度以前の肉用子牛等対策費の決算額の合計額を控除した額の全部または一部を，予算で定めるところにより，当該年度の肉用子牛等対策費の財源に充てることとされている．

b) 事業団交付金　政府は，事業団に対し，a)の交付金を，次の業務に必要な経費の財源に充てるため交付することとされている．

（1）　生産者補給交付金および生産者積立助成金の交付，
（2）　指定食肉（牛肉，豚肉）の価格安定業務，
（3）　食肉等についての指定助成対象事業の実施，
（4）　食肉等の生産，流通に係る情報の収集，整理および提供，
（5）　食肉等の需要の増進に関する業務．

14.4　家畜及び畜産物の流通に関する法律

a．家畜取引法（昭和31年（1956）法律第123号，最終改正　平成5年（1993）法律89号）

1) 目的

　本法は，家畜市場等における公正な家畜取引と適正な価格形成を確保するために必要な規制と地域家畜市場の再編整備を促進するための措置を定め，家畜の流通の円滑化をはかり，もって畜産の振興に寄与することを目的としている．

2) 家畜市場の登録

　家畜市場（家畜の取引のために開設される市場で，つなぎ場および売場を設けて定期

にまたは継続して開場されるもの）は，都道府県知事の行う登録を受けた者でなければ開設，運営をしてはならないこととされている．

この登録を受ける場合は，業務規定を定め，登録申請書に添えて都道府県知事に提出しなければならないこととされている．

3） **家畜市場についての規制**

家畜市場の開設者についての規制は，
（1） 取引の開始前に，家畜の年齢，性別，血統・能力・経歴を証明する書類の有無，疾病，体重を公表すること，
（2） 市場の開場日における毎日の家畜取引の頭数および価格を，その翌日までに市場内の見やすい場所に掲示して公表すること，
（3） 市場の開場日には獣医師を配置し，取引当事者の要求があるときには家畜の検査を行わせること，
（4） 1年間の開場日数に応じた一定の基準に適合する構造の施設を設けること

などとされており，開設者以外にも，
（1） 市場における家畜の売買は，せり売りまたは入札によること，
（2） 市場における家畜取引の代金等の決済は，開設者を経て行うこと，
（3） 市場で家畜の買入れを行おうとする者は，談合をしてはならないこと

などの規制がある．

4） **地域家畜市場の再編整備**

都道府県知事は，家畜が生産される地域で，その区域内に開設されている地域家畜市場（主としてその地域内において生産される家畜についての家畜取引のために開設されるもの）の数が家畜の生産および取引の状況からみて過当であり，地域家畜市場の再編整備を行うことが必要と認められる一定の地域を，その開設者からの申請に基づいて，市場再編整備地域として指定することができることとされており，この指定区域の中では，新たな地域家畜市場の開設や他からの移転につき，一定の制限が加えられる．

また，この場合の開設者は，指定区域内のすべての地域家畜市場の開設者の同意を得て，市場再編整備計画を定め，これを申請書に添えて都道府県知事に提出しなければならないこととされている．

なお，国および都道府県は，市場再編整備計画に係る地域家畜市場の開設者に対して，助言，指導その他必要な援助を行うように努めることとされている．

b．**家畜商法**（昭和24年（1949）法律第208号，最終改正 平成5年（1993）法律第89号）

1） **目 的**

本法は，家畜商について免許，営業保証金の供託等の制度を実施して，その業務の健全な運営をはかり，もって家畜取引の公正を確保することを目的としている．

2） **家畜商の免許**

家畜商になろうとする者は，都道府県知事の免許を受けなければならないこととされており，その免許は，①都道府県知事が行う家畜の取引業務にかかわる講習会の課程を

3) 営業保証金

家畜商は，営業保証金を最寄りの供託所に供託しなければならないこととされており，家畜商と家畜の取引契約を締結した者は，その家畜商が供託した営業保証金について，契約によって生じた債権の弁済を受ける権利を有するとされている．

4) 立入り検査

都道府県知事は，この法律の施行に必要な限度において，その職員に，家畜商の事務所に立ち入り，帳簿書類を検査させることができることとされている．

14.5 飼料に関する法律

a．飼料需給安定法（昭和 27 年（1952）法律第 356 号，最終改正 平成 6 年（1994）法律第 113 号）

1) 目 的

本法は，政府が輸入飼料の買入れ，保管および売渡しを行うことにより，飼料の需給および価格の安定をはかり，もって畜産の振興に寄与することを目的としている．

2) 飼料需給計画

農林水産大臣は，毎年，輸入飼料（輸入に係るムギ類，ふすま，トウモロコシその他農林水産大臣が指定し，飼料の用に供するものと認めたもの）の買入れ，保管および売渡しに関する計画（飼料需給計画）を定めるものとされている．なお，本計画は，輸入飼料のみならず，国内産の粗飼料や濃厚飼料等も含めたわが国全体の飼料需給を勘案し，策定することとされている．

3) 飼料の買入れ，売渡し

政府は，飼料需給計画に基づき，主要食糧の需給および価格の安定に関する法律の規定により輸入オオムギおよび輸入コムギの買入れを行うほか，これら以外の輸入飼料の買入れを行うことができることとされている．さらに，政府は，飼料需給計画に基づき，その保管する輸入飼料の売渡しを行うものとされている．

輸入飼料の売渡しを行う場合の予定価格は，当該飼料の原価にかかわらず，国内の飼料の市価その他の経済事情を参酌し，畜産業の経営安定を旨として定めることとされている．また，政府が輸入飼料の売渡しを行う場合には，輸入飼料の譲渡または使用に関し，地域または時期の指定，価格の制限等の条件を付すことができ，売渡しを行ったときは，価格，品目，数量，条件等を公表しなければならないこととされている．

4) 飼料の需給がひっ迫した場合の特例

政府は，国内の飼料の需給がひっ迫し，その価格が著しく騰貴した場合において，これを安定させるためとくに必要があると認めるときは，畜産振興審議会に諮り，その所有に係るコムギを売り渡す場合において，その相手方に対し，コムギから生産されるふすまの譲渡または使用に関し，地域または時期の指定，価格の制限等の条件を付すことができることとされている．

b. 飼料の安全性の確保及び品質の改善に関する法律 （昭和28年（1953）法律第35号，最終改正 平成5年（1993）法律第89号）

1） 目　的

本法は，飼料および飼料添加物の製造等に関する規制，飼料の公定価格の設定およびこれによる検定等を行うことにより，飼料の安全性の確保および品質の改善をはかり，もって公共の安全の確保と畜産物等の生産の安定に寄与することを目的としている．

2） 定　義

本法において"家畜等"とは，牛，豚，鶏，ウズラ，ミツバチに加え，ブリ，マダイ，コイ，ウナギ，ニジマス，アユ，ギンザケなどの水産動物が含まれる．

また，"飼料"とは，家畜等の栄養に供することを目的として使用される物とされ，"飼料添加物"とは，①飼料の品質の低下の防止，②飼料の栄養成分その他の有効成分の補給，③飼料が含有している栄養成分の有効な利用の促進という用途に供することを目的として，飼料に添加，混和，浸潤その他の方法によって用いられる物で，農林水産大臣が農業資材審議会の意見を聴いて指定するものとされている．

3） 飼料の製造等に関する規制

農林水産大臣は，人の健康を損なうおそれのある有害畜産物が生産されたり，家畜等に被害が生ずることにより畜産物の生産が阻害されることを防止する見地から，農業資材審議会の意見を聴いて，飼料，飼料添加物の製造，使用，保存の方法もしくは表示について基準を定め，またはこれらの成分について規格を定めることができることとされている．

当該基準，規格が定められたときは，これらに適合しない方法による飼料，飼料添加物の製造，保存，使用，販売等をしてはならないこととされている．

また，規格が定められた飼料，飼料添加物のうち，ラッカセイ油粕と抗菌性物質製剤（農林水産大臣が指定するものを除く）については，農林水産省の肥飼料検査所または指定検定機関の検定を受け，これに合格したことを示す表示がないものは販売を禁じている．

さらに，①農林水産大臣は，有害な物質を含む飼料，飼料添加物の販売の禁止，基準，規格に合わない飼料，飼料添加物等の廃棄，回収等の命令ができること，②一定の飼料，飼料添加物の製造業者は，飼料製造管理者を置かなければならないことが規定されている．

4） 飼料の公定規格および表示の基準

農林水産大臣は，飼料の栄養成分に関する品質の改善をはかるため，飼料の種類を指定して，粗タンパク質，粗脂肪などの栄養成分に関し必要な事項についての規格（公定規格）を定めることとされている．

この公定規格が定められている種類の飼料（規格設定飼料）について，農林水産省の機関，指定検定機関または都道府県は，検定を行い，公定規格に適合していることを示す表示（規格適合表示）を付すことができることとされている．

また，農林水産大臣は，飼料の消費者が購入に際し栄養成分に係る品質の識別が著しく困難であるとされるダイズ油粕，魚粉，フェザーミール，肉骨粉等の単体飼料や2種

類以上の飼料を原材料とする飼料につき，栄養成分量や品質等に関する表示の基準を定め，製造業者等はこの表示を行うことが義務づけられている．

14.6 家畜衛生に関する法律

a．家畜伝染病予防法（昭和 26 年（1951）法律第 166 号，最終改正 平成元年（1989）法律第 80 号）

1) 目的
本法は，家畜の伝染性疾病（寄生虫病を含む）の発生を予防し，および蔓延を防止することにより，畜産の振興をはかることを目的としている．

2) 家畜伝染病の定義
本法においては，家畜の種類ごとに 25 種類の"家畜伝染病"を規定しており，一般的には"法定伝染病"と称されている．
また，腐疽病を除き家畜伝染病にかかっている家畜を"患畜"，患畜である疑いがある家畜および牛疫，牛肺疫，口蹄疫，狂犬病，鼻疽またはアフリカ豚コレラの病原体に触れた，または触れた疑いがあるため，患畜となるおそれがある家畜を"疑似患畜"という．

3) 家畜の伝染性疾病の発生の予防
a) 伝染性疾病についての届出義務 家畜が，家畜伝染病以外の伝染性疾病（省令で 15 種類を規定）にかかり，またはかかっている疑いがあることを発見したときは，その家畜を診断しまたはその死体の検案をした獣医師は，遅滞なく市町村長に届け出なければならないとされており，この場合，市町村長は，家畜防疫員への通報と都道府県知事への報告を行わなければならないこととされている．
b) 移動のための証明書の携行 特定の場合を除き，牛（搾乳牛，種雄牛）にあってはブルセラ病と結核に，馬にあっては馬伝染性貧血に，豚にあっては豚コレラにそれぞれかかっていない旨の証明書を携行していなければ，都道府県の区域を越えて移動させてはならないこととされている．
c) 検査，注射，薬浴，投薬等 都道府県知事は，家畜の伝染性疾病の発生を予防するため，家畜の所有者に対し家畜防疫員の検査，注射，薬浴または投薬を受けるべき旨，または消毒方法等を実施すべき旨を命ずることができることとされている．

4) 家畜伝染病の蔓延の防止
a) 患畜等の届出義務 家畜が患畜または疑似患畜となったことを発見したときは，獣医師や所有者は市町村長に届け出なければならないこととされている．また，届出を受けた市町村長は，遅滞なくその旨を公示し，家畜防疫員と隣接市町村に通報するとともに，都道府県知事に報告しなければならないこととされている．
b) 隔離の義務 患畜または疑似患畜の所有者は，家畜防疫員の解除の指示がなければ，それを隔離しなければならないこととされている．
c) 通行の遮断 都道府県知事または市町村長は，患畜または牛疫，牛肺疫，口蹄疫，鼻疽，アフリカ豚コレラの疑似患畜の所在場所とその他の場所とを，48 時間を超え

ない範囲内で通行を遮断することができることとされている．

 d) 屠殺，殺処分　　牛疫，牛肺疫，口蹄疫，鼻疽，アフリカ豚コレラの患畜または牛疫，口蹄疫，アフリカ豚コレラの疑似患畜の所有者は，家畜防疫員の指示に従い，ただちにこれを殺さなければならないこととされている．

 また，都道府県知事は，家畜伝染病の蔓延防止のため必要があるときは，上記疾病以外の特定の家畜伝染病の患畜または疑似患畜の所有者にこれを殺すべき旨を命ずることができることとされている．

 e) 死体の焼却等の義務　　家畜防疫員の指示に基づき，特定の家畜伝染病の患畜または疑似患畜の死体を焼却または埋却しなければならないこととされている．

 また，家畜伝染病の病原体により汚染した物品については，焼却，埋却または消毒が義務づけられている．

5) 輸出入検疫

 a) 輸入禁止　　試験研究への使用等のため農林水産大臣の許可を得た場合を除き，特定の地域から発送または経由して輸入される動物，その死体，骨肉卵皮毛類および食肉加工品，これらの容器包装等ならびに伝染性疾病の病原体については，その地域および物ごとに輸入が禁止されている．

 b) 輸入検査等　　農林水産大臣が指定する動物，死体，骨肉卵皮毛類等（指定検疫物）は，輸出国の検査証明書またはその写しが添付してあるもの以外は輸入が禁止されている．

 また，指定検疫物は，省令で指定する港または飛行場以外の場所での輸入はできないこととされ，その場所で家畜防疫官の検査を受けなければならないこととされている．

 c) 動物の輸入に関する届出等　　指定検疫物である動物で農林水産大臣が指定するものを輸入しようとする者は，当該動物の種類，数量，輸入時期および輸入場所等を動物検疫所に届け出る義務がある．

 d) 輸出検査　　輸入国が輸出国の検査証明を必要としている動物等を輸出しようとする者は，家畜防疫官の検査を受け，輸出検疫証明書の交付を受けなければならないこととされている．

b．獣医師法（昭和24年（1949）法律第186号，最終改正 平成5年（1993）法律第89号）

1) 獣医師の任務

 獣医師は，飼育動物に関する診療，保健衛生の指導その他の獣医事を司ることによって，動物に関する保健衛生の向上および畜産業の発達をはかり，併せて公衆衛生の向上に寄与するものとされている．

2) 飼 育 動 物

 飼育動物とは，一般に人々が飼育する動物をいい，本法では，牛，馬，めん羊，山羊，豚，犬，猫，鶏，ウズラその他獣医師が診療を行う必要があるものとして政令で定めるもの（オウム科，カエデチョウ科，アトリ科全種）とされている．

3) 獣医師の免許

獣医師になろうとする者は，獣医師国家試験に合格し，かつ政令で定める手数料を納めて農林水産大臣の免許を受けなければならないこととされている．また，未成年，禁治産者等には免許を与えないほか，精神病者，麻薬中毒者等には免許を与えないことがあるとされている．

獣医師の免許は，獣医師名簿に登録することによって与えられ，免許が与えられたときは獣医師免許証が交付される．

4) 獣医師国家試験等

獣医師国家試験および獣医師国家試験予備試験は，飼育動物の診療上必要な獣医学ならびに獣医師として具備すべき公衆衛生に関する知識，技能について行われ，獣医事審議会は，農林水産大臣の監督のもとに，毎年少なくとも1回，これらの試験を行わなければならないこととされている．

受験の資格は，①学校教育法に基づく大学（短期大学を除く）において獣医学の正規の課程を修めて卒業した者，②外国の獣医学校を卒業し，または外国で獣医師の免許を得た者であって，獣医事審議会が①の者と同等以上の学力，技能を有すると認定した者，③外国獣医師等で，獣医事審議会の認定を受け，かつ獣医師国家試験予備試験に合格した者に限定されている．

また，診療を業務とする獣医師は，免許取得後も大学の獣医学に関する学部，学科の付属施設である飼育動物の診療施設または農林水産大臣が獣医事審議会の意見を聴いたうえで指定する診療施設において6カ月間以上の臨床研修に努めるものとされている．

5) 獣医師の業務等

獣医師でなければ，飼育動物の診療を業務としてはならないこととされ，また，獣医師には，①自ら診察しないで診断書を交付すること等の禁止，②診療および診断書等各種証明書の交付の義務，③飼育者に対する衛生管理の方法その他飼育動物の保健衛生の向上に必要な事項の指導の義務，④診療簿，検案簿への記載等の義務，⑤2年ごとの農林水産大臣への届出の義務（氏名，住所，職業の内容等）が課せられている．

6) 獣医事審議会

獣医事審議会は，獣医師国家試験に関する事務その他獣医師法および獣医療法によりその権限に属させられた事項を処理するために農林水産省に置かれ，獣医師が組織する団体の代表者や学識経験者の中から農林水産大臣が委嘱する25人以内の委員で組織するとされている．

c．獣医療法（平成4年（1992）法律第46号，最終改正　平成5年（1993）法律第89号）

1) 目　　的

本法は，飼育動物の診療施設の開設，管理に関し必要な事項，獣医療を提供する体制の整備のために必要な事項を定めること等により，適切な獣医療の確保をはかることを目的として，1992年に制定された．

2) 診療施設の開設，管理等

診療施設の開設者は，その開設の日から10日以内に，都道府県知事に届出を行わなければならないこととされ，往診診療者等についても，その住所を診療施設とみなし，これらの規定を準用することとされている．

また，診療施設の構造設備は，その手術室やX線診療室について省令で定める構造設備基準に適合しなければならないこととされており，その開設者は，自ら獣医師でその診療施設を管理する場合のほかは，獣医師にその管理をさせなければならないこととされている．

3) 獣医療の提供体制の整備

農林水産大臣は，獣医療を提供する体制の整備をはかるための基本方針を獣医事審議会の意見を聴いて定めるものとされており，都道府県は，これに即して，地域の実態を踏まえ，都道府県における獣医療を提供する体制の整備をはかるための都道府県計画を作成することができることとされている．

国および都道府県は，基本方針および都道府県計画に即して諸施策を実施することにより，地域における適切な獣医療の提供の確保をはかることとされている．

また，都道府県計画に基づいて診療施設の整備をはかろうとする者が，その診療施設整備計画を作成し，都道府県知事の認定を受けた場合には，農林漁業金融公庫からの長期低利の資金の貸付を受けることができることとされている．

4) 広告の制限

何人も，獣医師（往診診療者等を含む）または診療施設の業務に関しては，「獣医師又は診療施設の専門科名，その技能，療法又は経歴に関する事項（獣医師の学位又は称号を除く）」を広告してはならないこととされている．

しかし，「①家畜体内受精卵の採取を行うこと，②家畜防疫員であること，③都道府県家畜畜産物衛生指導協会の指定獣医師であること，④組合等若しくは農業共済組合連合会の嘱託獣医師又は当該組合等の指定獣医師であること」については広告することができることとされている．

d. 薬事法（昭和35年（1960）法律第145号，最終改正 平成8年（1996）法律第104号）

1) 目的

本法は，医薬品，医薬部外品，化粧品および医療用具に関する事項を規制し，もってこれらの品質，有効性および安全性を確保することを目的としている．

2) 所管

医薬品，医薬部外品または医療用具であって，もっぱら動物のために使用されることが目的とされているものについては，農林水産省が所管するとされている．本項ではかかる動物用医薬品等について記述することとする．

3) 定義

a) 医薬品　①日本薬局方（医薬品の性状および品質の適正をはかるため農林水産大臣が中央薬事審議会の意見を聴いて定めるもの）に収められている物，②動物の疾病

の診断，治療または予防に使用されることが目的とされている物であって，器具器械でないもの（医薬部外品を除く），③動物の身体の構造または機能に影響を及ぼすことが目的とされる物であって，器具器械でないもの（医薬部外品および化粧品を除く）．

b) 医薬部外品 ①吐き気その他の不快感，口臭，体臭の防止，②あせも，ただれ等の防止，③脱毛の防止，育毛，除毛，④動物の保健のためにする，ネズミ，ハエ，蚊，ノミ等の駆除，防止を目的とするもので，人体に対する作用が緩和な物であって器具器械でないものおよびこれらに準ずるもので農林水産大臣の指定するもの．

c) 医療用具 動物の疾病の診断，治療，予防に使用されることまたは動物の身体の構造，機能に影響を及ぼすことが目的とされている器具器械であって政令で定めるもの．

4) 薬局

薬局（薬剤師が販売または授与の目的で調剤の業務を行う場所（病院，診療所，家畜診療施設の調剤所を除く））は，都道府県知事の許可を受けて開設することとされ，薬剤師がこれを管理しなければならないこととされている．

5) 医薬品等の製造業および輸入販売業

医薬品等の製造業は，製造所ごとに農林水産大臣が与える許可を受けた者でなければ，これを行ってはならないこととされ，また，農林水産大臣は，医薬品等を製造しようとする者の申請に基づき，品目ごとにその製造の承認を与えるとされている．

医薬品等の輸入販売業についても，営業所ごとに農林水産大臣が与える許可を受けた者でなければ，これを行ってはならないこととされている．

6) 医薬品の販売業

医薬品の販売業（販売，授与，販売・授与の目的での貯蔵・陳列）は，薬局開設者または医薬品販売業の許可を受けた者でなければ，これを行ってはならないこととされている（医薬品製造業者または輸入販売業者が薬局開設者等に販売，授与等を行う場合は，その許可を受ける必要はない）．

なお，医薬品販売業の許可は，次の4種類であり，いずれも都道府県知事が許可を与えるとされている．

（1） 一般販売業（店舗ごとに許可），
（2） 薬種商販売業（農林水産大臣の指定する医薬品以外を販売することができ，店舗ごとに許可），
（3） 配置販売業（都道府県知事の指定する医薬品のみを配置販売することができ，配置しようとする区域を含む都道府県ごとに，農林水産大臣が定める基準に従い品目を指定して許可），
（4） 特例販売業（都道府県知事の指定する医薬品のみを販売することができ，当該地域における薬局等の普及が十分でない場合等に店舗ごとに品目を指定して許可）．

7) 医療用具の販売業および賃貸業

農林水産大臣の指定する医療用具の販売業または賃貸業は，営業所ごとに都道府県知事に届け出なければならないこととされている．

8) 医薬品等の基準および検定

　農林水産大臣は，①生物学的製剤，抗菌性物質製剤その他保健衛生上特別の注意を要する医薬品につき，中央薬事審議会の意見を聴いて，その製法，性状，品質，貯蔵等に関し必要な基準を設けることができ，②医薬部外品または医療用具については，保健衛生上の危害を防止するために，その性状，品質，性能等に関し必要な基準を設けることができることとされている．

　また，農林水産大臣の指定する医薬品や医療用具は，農林水産大臣が指定する者（動物用医薬品検査所）の検定を受けて合格したものでなければ，販売，授与等を行ってはならないこととされている．

9) 医薬品等の取扱い

a) 毒薬および劇薬　毒性または劇性が強いものとして農林水産大臣の指定する医薬品は，それぞれ毒薬または劇薬として，その直接の容器または被包に"毒"または"劇"の文字を記載しなければならないこととされており，そうでないものの販売等は禁止されている．

b) 要指示医薬品　薬局開設者や医薬品販売業者は，獣医師から処方箋の交付または指示を受けた者以外の者に対して，農林水産大臣の指定する医薬品を販売，授与してはならないこととされている．

［渡辺裕一郎］

第Ⅱ編　各　論

1. 乳　　　牛

1.1　乳牛の改良

a．乳牛改良の歴史

　昔からヨーロッパの人々は良い親牛の子を残し，悪い親牛の子は淘汰するという，現在の選抜淘汰の理論に近いかたちで自分たちの牛群を維持していた．その後，18世紀の中頃から，良い親どうしを交配して積極的に良い子牛を生産したり，娘牛の能力から父牛の能力を類推して交配親を決めることも行われるようになっていった．19世紀の中頃になると，体型や資質の似通った牛群が品種として認識されるようになり，それに伴って品種ごとに登録協会が設立され，種畜についての血統登録と体型審査が実施されるようになってきた．さらに，19世紀の後半には乳量についての能力検定が実施されるようになった．

　1900年にメンデル（Mendel）の法則が再発見されると，牛の育種においても急速に科学的な検討がなされるようになり，毛色などの質的形質に関してメンデルの法則を当てはめて遺伝子型を推定する研究が盛んになった．そして，20世紀前半にはFisherやWrightらによる量的形質に関する遺伝理論の構築を受けて，Lushらによって量的形質の遺伝学をもとにした牛の育種理論が確立された．

　第二次世界大戦後になると，人工授精技術が急速に普及してきた．これにより，繁殖用雄牛の数が激減したことにより，1頭の種雄牛が集団全体に与える遺伝的貢献度が上昇し，優秀な種雄牛の経済的価値も高まった．そこで，娘牛の能力から種雄牛の遺伝的能力を推定する後代検定が注目されるようになってきた．1950年代になるとRobertsonが同期比較法を発表し，この方法が世界各国での標準的な後代検定手法として乳牛育種の中核になっていった．そのなかで，アメリカなどは全国規模の牛群検定を組織し，そこから得られるデータをもとにして種雄牛の育種価評価値を大型計算機で算出し，その結果をサイアサマリとして一般に公表するという体制をとることによって，いままでよりも効率的に乳牛の育種改良を進めていった．

　近年になるとアメリカを中心にコンピューター技術が飛躍的に発展してきた．その結果，それまでは計算量の多さから敬遠されていたHendersonのBLUP法（best linear unbiased prediction，最良線型不偏推定法）が見直されるようになり，各国でBLUP法による種雄牛の育種価評価値が算出されるようになってきている．とくに，その中でも計算量の多くかかるアニマルモデル（animal model）を用いたBLUP法によって，雄雌同時に評価することが乳牛における種畜評価の主流となりつつある．

b. わが国での乳牛改良の沿革

　わが国では古くから役用牛としての和牛が飼育されていたが，乳専用種が飼育されるようになったのは明治維新以後のことである．当時は北海道をはじめいくつかの県にさまざまなヨーロッパ品種が導入されたが，導入品種の選定規準や改良方針があいまいなまま和牛との交雑が進められたため，役用に適さない雑駁な大型牛が増加し，日本の和牛産地は大混乱に陥った．そこで，1900 年（明治 33）に種牛改良調査会が開催され，乳専用種としてエアシャーを奨励することになった．

　しかし，文明開化が進むにつれて生乳や乳製品の消費が大いに伸び，それに刺激されて民間のブリーダーが中心となってより乳量の多いホルスタインをアメリカから導入するようになった．これが，現在のわが国における乳牛の基礎となっている．1911 年（明治 44）には日本ホルスタイン登録協会の前身である日本蘭牛協会が設立されてホルスタインの登録事業が開始され，大正のはじめには乳専用種の大多数はホルスタインが占めるようになった．

　第二次世界大戦後になると，畜産業全般に対する積極的な育成策が始まり，1950 年（昭和 25）には家畜改良増殖法が制定され，翌年には第 1 回全日本ホルスタイン共進会が開催された．また，わが国でも人工授精が普及するにつれて種雄牛の乳牛改良における重要性が高まり，1963 年（昭和 38）から 5 年間，農家レベルで収集した記録をもとに種雄牛の評価を行うことをめざして"乳用種雄牛性能調査事業"が実施されたが，当時は 1 農家当たりの飼養規模が小さく，農家間の技術水準にも大きなばらつきがみられたため，種雄牛評価を事業化するには至らなかった．

　そのため，検定場を用いた種雄牛の能力評価が模索され，1964 年には国の施設を利用した"種畜牧場の乳用種雄牛後代検定事業"が，2 年後には道県施設を利用した"優良乳用種雄牛選抜事業"が発足し，現在の後代検定の基礎が形づくられた．また，1965 年には家畜改良事業団が設立され，県境を越えた精液の広域供給が可能となった．

　1973 年（昭和 48）にはオイルショックを契機とした畜産危機が発生し，乳牛の改良体制も再検討されることになった．そこで，1974 年から再び農家レベルでのデータ収集をめざした"乳用牛群改良推進事業"，いわゆる牛群検定事業が開始され，雌牛の現場後代検定成績が農家へフィードバックされるとともに，乳牛改良のための基礎的な情報としてのフィールドデータの蓄積が進んだ．

　その後，わが国の経済発展に伴う貿易黒字の拡大から，諸外国からの輸入自由化圧力が強まり，ついに 1983 年（昭和 58）には輸入精液の使用が認められることとなった．このような情勢を受けて，翌年から"乳用牛群総合改良推進事業"が開始された．そして，この事業による第 1 期候補種雄牛の後代検定成績が収集される時期に合わせて，フィールドデータに対する BLUP 法を用いた種雄牛評価が企画され，BLUP 法による種雄牛評価の技術的検討会などの議論を踏まえて，1989 年（平成元）5 月には母方祖父モデル BLUP 法による乳用種雄牛評価成績が公表されるに至った．

　さらに，1990 年には国の種畜牧場が家畜改良センターに改組されたのを契機として，アニマルモデル実用化検討会などの議論を経て，アニマルモデル BLUP 法に基づく乳用種雄牛評価成績が公表され，今日に至っている．

c. 後代検定

ここまでで述べたように，わが国での乳用牛の改良においては国や道県などの検定場で行われるステーション検定と，農家現場でデータを収集する牛群検定によって種畜の遺伝的能力の評価が行われてきた．しかし，候補種雄牛の娘牛をすべて収容して検定するため，施設の整備に多額の経費がかかり，国内で必要な頭数の種雄牛を確保することが困難になってきた．一方，後に述べるように牛群検定成績を用いたBLUP法による種雄牛評価が各国で実施されるようになってきた．これらの状況を踏まえて従来の後代検定事業は1990年度から乳用種雄牛後代検定推進事業に改組され，オールジャパンの後代検定システムとして整備されている．

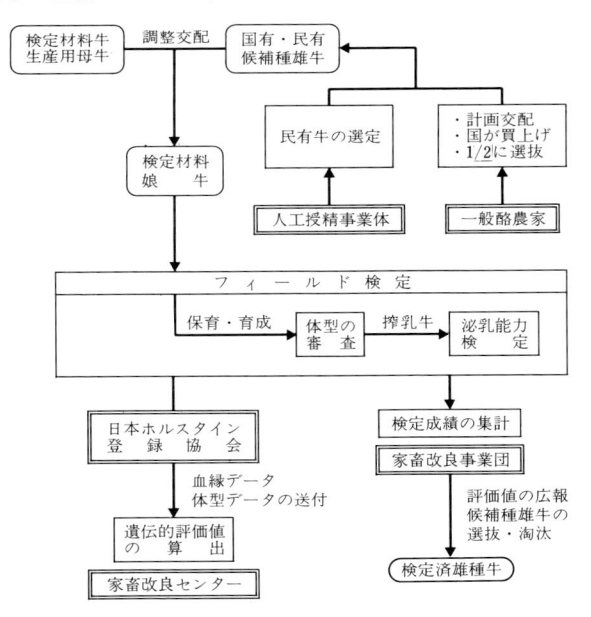

図1.1 後代検定事業の仕組み[1]

この事業の仕組みは図1.1に示したが，概要を述べると次のようになる．初年度に候補雄子牛生産のための計画交配を実施し，2年目にそこから生産された雄子牛と民間から応募された雄子牛の中から候補種雄牛を選定する．3年目には調整交配によって検定材料娘牛を生産し，4年目に生産された検定材料娘牛を育成する．そして，5年目になるとそれらへの交配を実施し，6年目に泌乳能力検定と体型調査を行い，7年目に検定成績の取りまとめと集計分析を行う．そして，算出された育種価評価値に従って種雄牛が選抜され，検定済み種雄牛として一般に供用されることになる．

このように乳用牛の改良には長い年月と多額の経費，多くの労力を必要とする．したがって，乳用牛の改良にかかわる組織が協力して事業を推進し，改良組織を維持，発展させていくことが重要である．

d. 牛群検定

牛群検定では，参加農家の飼養する全乳用牛について，毎月，個体ごとに泌乳量，乳成分率，濃厚飼料給与量，繁殖成績，体重などを測定，記録し，その結果を低能力牛の淘汰や飼養管理の改善などに活用している．また，これらのデータは家畜改良事業団を通じて集計，分析され，その情報をもとに都道府県段階での指導が行われている．さらに家畜改良センターに送付されてアニマルモデル BLUP 法を用いた育種価が推定され，その結果が家畜改良事業団を通じて検定参加農家にフィードバックされる（図1.2）．

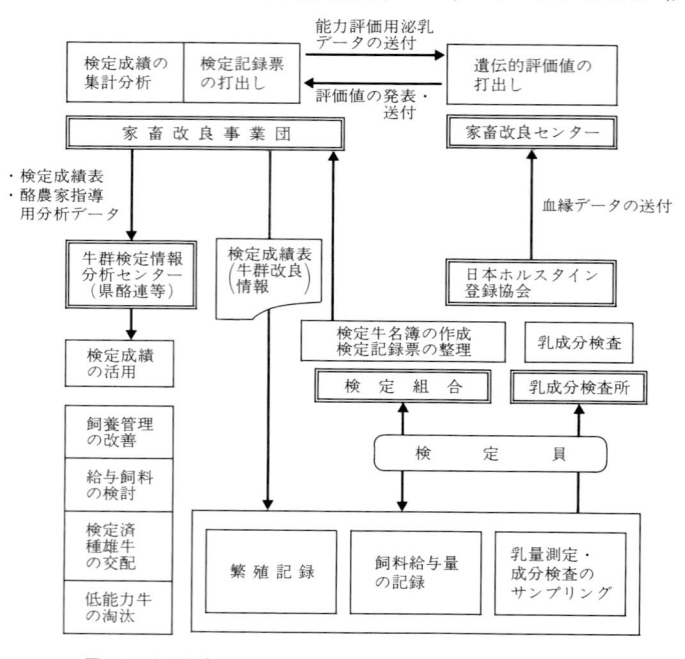

図1.2 牛群検定事業の仕組み（検定牛の遺伝的能力評価を含む）[1]

1993（平成5）年度における牛群検定事業の実施状況は，検定組合数 351 組合，検定農家数 15,248 戸，検定頭数 549,546 頭であった．畜産統計と比較した検定農家比率は 33.4%，検定牛比率は 44.1% となっている．近年，牛肉の輸入自由化のために酪農情勢は大きく悪化しており，それに伴って牛群検定参加農家も若干の減少をみせている．一方，検定事務のオンライン化が進められ，オンライン実施比率は検定牛比率で 66.2% となっている．

牛群検定は雌側からの改良を積極的に進めるために不可欠のものであり，最近では種雄牛評価を通して種雄牛の後代検定にも大きな影響力をもっている．また，飼料成分の測定など育種改良のみならず酪農振興の面からも有益な事業となっている．

e. 育種価評価

遺伝的な能力の優れた牛を選抜し，遺伝的に劣っている牛を淘汰するのが乳牛育種の基本である．これを正しく行うためには種畜の遺伝的な能力，その中でもとくに後代に間違いなく伝えられる相加的な部分を科学的に正確に評価できなければならない．現在，種畜の相加的遺伝的能力（育種価）を評価する手法としてはHendersonが提唱したBLUP法が世界的に広く使用されている．この手法は統計的に環境の効果を取り除くとともに，血縁関係にある個体の記録を有効に使用して最尤法によって育種価評価値を求めるもので，多量の計算を必要としたために，コンピューターの能力が飛躍的に高まるまで事業的に用いられることは少なかった．とくに，すべての血縁個体をモデルに取り込むアニマルモデルBLUP法は莫大なコンピューターメモリーと計算時間を必要としたため，実用化されたのは最近のことである．

先にも述べたように，わが国でも1990年から家畜改良センターにおいてアニマルモデルBLUP法に基づく乳用種雄牛評価成績が公表されている．計算には以下に示すような単一形質アニマルモデルが使用されている．

泌乳形質のためのモデル

$$y_{ijk} = HYP_i + BM_j + u_k + pe_k + e_{ijk}$$

ここで，y_{ijk}：産次・分娩時月齢を前補正した305日泌乳記録，HYP_i：牛群・年次・産次の母数効果，BM_j：地域（北海道，都府県）・分娩月の母数効果，u_k：個体の育種価（変量効果），pe_k：恒久的環境効果（変量効果），e_{ijk}：残差（変量効果）である．

体型形質のためのモデル

$$y_{ijkl} = H_i + A_j + L_k + u_l + e_{ijkl}$$

ここで，y_{ijkl}：各体型形質の記録，H_i：牛群，審査員，審査日によって区分される審査グループの母数効果，A_j：審査時月齢の母数効果，L_k：審査日における泌乳ステージの母数効果，u_l：個体の育種価（変量効果），e_{ijkl}：残差（変量効果）である．

上記のモデルを牛群検定データに適用して得た結果が，遺伝ベースを移動ベースとし，泌乳形質と得点形質について育種価評価値の1/2の値をETA（estimated transmitting ability，推定伝達能力）として公表されている．また，種雄牛については線型形質を含む全形質についてSTA＝(ETA－平均)/標準偏差で計算されるSTA（standardized transmitting ability，標準化伝達能力）も公表されている．

さらに，全形質についてETAの信頼幅が計算されている．ここまでで述べてきたように，ETAは統計学的な手法によって算出されているので，推定誤差を伴っている．たとえば，雌牛や若雄牛などで後代牛数が少ない場合には大きな推定誤差を伴っており，その誤差の大きさをわかりやすく示したのが信頼幅である．信頼幅が大きい場合には，ETA値が高くてもデータが蓄積されるに従ってETA値が低くなる可能性があるので注意が必要である．また，遺伝ベースが移動ベースとなっているので，最新の成績とベースが異なる過去の成績を単純には比較できない．

1994年（平成6）夏の評価では，乳量についてみると約330万件の牛群検定データを処理し，約360万元の方程式を計算している．これらの計算にはスーパーコンピューターをもってしても，膨大な処理時間を必要としている．フィールドデータに基づくアニ

マルモデルBLUP法を用いた種畜評価は決して万能ではないが，小規模の検定しか実施できなかった頃と比較してバックにあるデータ数は飛躍的に増加しており，全般的にみてかなり正確度の高い評価となっている．これらの評価値は信頼幅などに注意しながら，今後も有効に活用されていくことと思われる．

f. これからの乳牛改良

これからもしばらくの間は牛群検定を用いた種畜評価がわが国の乳牛改良の中心となっていくと思われる．したがって，途中経過記録の拡張方法や評価モデルの改良などを進めていく必要がある．また，現在は単一形質モデルによる評価であるが，酪農経営の向上という面から考えると，泌乳形質のみならず生涯生産性などの他の形質をも含めた複数モデルによる総合評価も，単一形質モデルによる評価と並行して進められていくであろう．

一方，バイオテクノロジーの進歩も著しいものがある．とくに過排卵処理と受精卵移植技術は急速に普及しており，遺伝的に優れた両親の子どもを一度に何頭も生産できるようになってきた．以前より家畜改良センターでは受精卵移植技術を用いた育種手法について実証的な検討を行っているが，すでに後代検定候補雄牛の多くは受精卵移植技術を用いて生産されている．さらにバイオテクノロジーが発展していけば，いずれクローン技術によるコピー牛がコマーシャルベースで供給されるようになるであろう．

さらに，分子生物学の展開によって，DNA（デオキシリボ核酸）塩基配列上で遺伝子そのものを見つけ出すことも不可能ではなくなりつつある．欧州連合（EU）ではフランスを中心としてBovMapプロジェクトが進められている．これは牛の染色体上に10センチモルガン程度の間隔でマーカー遺伝子のマッピングを行い，それらのマーカー遺伝子と経済形質との連鎖解析を実施して，経済形質に関与する遺伝子が染色体のどのあたりに存在するかを推定しようというものである．わが国でも畜産技術協会付属動物遺伝研究所を中心として黒毛和種について同様のプロジェクトが始まっており，20世紀末までには牛における分子遺伝学的知見は飛躍的に増大するものと思われる．

21世紀にはこれらの技術を用いた新しい育種法が開発，実用化されていることと思われるが，大家畜の育種改良には多額の経費と長い時間，多くの労力が必要であるという事実は変わることはない．したがって，酪農家を含めて，乳牛改良にかかわるすべての組織と人がたがいに協調，協力し合っていくことが乳牛改良を進めるうえでもっとも大切なことである．

〔和田康彦〕

文　献

1) 家畜改良センター：乳用牛の改良と能力評価Q&A（1994）

1.2　乳牛の繁殖

a. 繁殖機能の発現

乳雌牛における繁殖機能の発現，すなわち性成熟，発情，排卵，受胎，妊娠維持，胎

子発育，分娩，泌乳，発情回帰等の一連の周期的な変化は，季節，気温，光などの環境要因や品種，飼養管理方法，群構成あるいは栄養状態の良否などと密接に関連しているが，それらの相互関係は非常に複雑である．これらは家畜に対するストレス要因となり，中でも乳牛は泌乳最盛期に次回の受胎が要求されるため，高能力化とともにエネルギーバランスの失調（泌乳量と飼料摂取量のアンバランス）のため，体重の減少，採食量不足，疾病の発生が起こり，それによる繁殖性の低下が最大の問題点となっている（表1.1）．

表1.1 乳牛をとりまく環境要因とストレスの各種

栄養要因
 ・成分と品質
 ・給与量，給与回数
泌乳に関する要因
 ・泌乳量，産次，搾乳刺激
 ・ホルモン分泌の不均衡
健康管理に関する要因
 ・疾病の有無と程度
 ・繁殖障害，卵巣疾患
 ・難産，胎盤停滞，子宮疾患
 ・乳房炎，下痢
飼養・畜舎環境要因
 ・暑熱，寒冷，湿度，臭気，光，音
 ・搾乳器具，搾乳機械，搾乳者
品種・牛群構成・畜舎構造

b．乳牛の性成熟

動物は幼若期から成長してある年齢（月齢）に達すると生殖腺の発育が開始され，生殖可能な状態，すなわち雄は雌と交尾して妊娠させることができ，雌は雄と交尾して妊娠する能力をもつ生理的状態となる．これを性成熟という．性成熟は突然に到達する現象ではなく，種固有の期間を必要とする．また，性成熟の到来は栄養状態，品種，系統，飼養管理，気候条件などのさまざまな内部的・外部的要因によって影響され，通常，育成期に良好な栄養条件であれば性成熟は早く到来し，低栄養，寒冷，暑熱，疾病などの感作を受ければ遅延する．

ホルスタイン種における性成熟は6～13カ月齢（平均9.6カ月齢）であるが，日本国内においても温暖地では早めに，北海道のような寒冷地では11カ月齢平均で性成熟に到達するが，個体差や飼養環境の差が大きい．

c．授精開始月齢

家畜では性成熟到来直後では身体の発育が未完成であるため，雌畜をこの時点で妊娠させた場合は分娩時の難産が想定されるため，さらに適当な発育期間をおいたのちに実際の授精等を開始する．ホルスタイン種雌牛の授精開始時期は以前は16カ月齢，体重375kgとされたが，最近では14～15カ月齢，体重350kg前後，体高125cm前後が一つ

の目安とされている。分娩事故防止と産子の経済価値を考慮して，ホルスタイン種の未経産牛に対して，肉専用種の受精卵の移植，あるいは交雑種（F_1）作出技術を利用して，24ヵ月齢で初産分娩させ，早期泌乳開始を兼用した乳肉複合利用についての研究が進行している．

d. 乳牛の発情

乳牛の発情周期の長さは大部分のものが18～24日の範囲にあり，経産牛では平均21.3±3.7日で，未経産の平均20.2±2.3日に比べて約1日長い．一般に栄養状態の良いものは短く，不良のものは長くなる傾向がある．性成熟に到達して発現した最初の性周期は7～15日と短いものが多いが，次の周期から正常の範囲内におさまることが多い．排卵は通常LH（黄体形成ホルモン）サージのピーク値から25時間前後（15～30時間）に起こる．これは発情開始から30時間前後に相当するが，その変動範囲は24～48時間と大きい．また，発情終了から排卵までの時間はおよそ10時間となっているが，これにもかなりの幅が認められる．

雌牛の発情はいくつかの段階を経て発現される．発情前期には小さな物音やわずかな刺激に対しても敏感に反応し，落着きがなくなる．また雄や同居の雌に対して興味を示すが，まだこの時期は乗駕を拒否する．発情期に進入すると独特の高く太い鳴き声で咆哮し，他牛に対する乗駕行動をとり，ある時期から他牛の乗駕を許容するようになる．雌牛に観察される発情期の特徴的な挙動として他の牛に乗駕（マウンティング，mounting）したり，乗駕されたりする行動がある．とくに発情最盛期を迎えると，雄牛や他の雌牛に乗駕されても逃げずに静かに許容する状態（被乗駕）が認められる．これをスタンディング発情（乗駕許容発情，standing estrus, standing heat）という（図1.3）．通常，発情の判定は乗駕許容行動の確認をもって行い，他牛に対する乗駕行動は発情の決め手にはならない．厳密な意味での発情持続時間はスタンディング発情の開始からその終了までの時間とされている．

牛における性誘引物質（フェロモン，pheromone）もしくはフェロモン様物質の産生部位とその分離同定には至っていないが，明らかに発情牛の外陰部や頸管粘液あるいは尿を嗅いでそれに敏感に反応し，いわゆるフレーメン（flehmen）行動を示す．したがっ

図1.3 ホルスタインにおける発情時の乗駕・被乗駕行動

て，牛でもある種の性誘引物質が存在している可能性は否定できない．
　発情持続時間は乳牛では平均20時間（範囲；10～27時間）であるが，個体差も大きい．発情の開始時刻は，午後から開始するのは少なく，夜中から早朝，とくに午前4～10時の間に開始するものがもっとも多い．一般に発情持続時間は年齢の増加につれて長くなる傾向があり，経産牛は未経産牛より長く，また栄養状態の良いものは短く，悪いものは長くなる傾向がある．なお，交配行為，性腺刺激ホルモン〔LH あるいは hCG（絨毛性性腺刺激ホルモン）〕やプロジェステロンの投与は発情の終了を早める．

e．発情周期に伴う副生殖器の変化

　子宮は発情期には子宮筋の運動が活発になり，触診や雄の接近等の刺激に敏感に反応して強直性の収縮を示し，硬く充実したソーセージ様の感触を呈する．この子宮の収縮運動はエストロジェンによって感受性が高められている子宮が，オキシトシンの作用を受けて起こすもので，この運動の良否は精子の上行を助け，受精の成否にも影響を与える．
　黄体期の子宮頸管は細く緊縮し，灰白色半透明の糊状またはゼリー状の頸管粘液によってふさがれているが，発情の1～2日前から頸管は充血腫脹し始め，頸管粘液は液化して流動性を帯びてくる．発情期には頸管の充血と腫脹，子宮外口部の弛緩，開口が著明となり，子宮腺や頸管粘液あるいは腟からの粘液の分泌量が増加するため，腟内には透明な粘液が貯留し，他牛への乗駕行動や座ったときなどに外陰部から漏出して垂れ下がったり，尾に絡まっているのがみられる．発情初期は透明で水ガラス状の粘稠性に富んだ多量の粘液が分泌されるが，発情の終了後は粘液量は減少し，粘稠性は低下し，しだいに白色を帯び濃厚となる．
　また，発情終了後1～2日目に外陰部から出血を示す個体もあり，粘液と一緒に外陰部から鮮血色～暗赤色の少量の血液が流下する．その出現率は未経産牛で高く，経産牛では低い．これは発情時にエストロジェンの作用で子宮内膜が充血拡張し，子宮小丘部の血管壁の透過性が亢進して赤血球が漏出するためで，俗に"牛の月経"ともいわれるが，黄体退行期に起こる婦人の月経とは機構的にまったく異質のものである．

f．発情発見と適期授精

　発情を確実に発見することは，受胎率を向上させるうえでもっとも重要であり，そのためには発情期に認められる諸徴候を掌握するのが基本である．乳牛の場合，分娩後日数と受胎の有無はその後の搾乳期間と分娩間隔とに密接に関係してくるため，とくに重要である．また，発情徴候が微弱あるいは鈍性であるため発情を見逃すことがある．したがって，発情をいかに発見するかが重要である．発情期の特徴としては食欲の減退，乳量の減少，落着きのなさ，咆哮，行動量の増加，外陰部の腫脹・発赤，粘液の漏出・尾根部への付着，乗駕・被乗駕行動，発情終了2日目頃に認められる出血等があげられるが，これらの現象のいくつかでも認められた場合は発情を疑っておくべきで，見逃した場合でも，20日後に再来する次回発情の十分な予測材料となる．
　発情の観察は前記の諸徴候を目安に，1日に朝夕2回，それぞれ30分程度行うことで

90% 以上発情を発見できるとされている．補助的手段として各種の発情発見器具（ヒートマウントディテクター，テイルペイント，頸管粘液電気伝導度計等）を用いる方法もある．

また，必要に応じて直腸検査や超音波画像診断装置による内部生殖器の診断，あるいは性ホルモンの測定を行う．熟練した技術者が直腸検査を行えば排卵後ほぼ何日目かまで推定できる．したがって，次回発情予定の数日前からこれらの検査を行うことにより，外部発情徴候をまったく示さない鈍性発情牛の場合であっても授精は可能である．性ホルモン測定は主として血液（血漿）中あるいは乳汁中のプロジェステロン濃度を測定することで，発情期と黄体期を区別する方法であり，授精後 20 日前後における妊娠の早期診断にも応用される．

授精適期は，発情持続時間や排卵時期が動物種によって異なっているため，卵管内での卵子の受精能保有時間，精子の受精能獲得に要する時間，精子の受精部位への到達時間，精子の受精能保有時間を考慮して決定される．一般には，発情最高潮時の終わり頃が交配適期に相当する．乳牛の授精適期は発情終了前 9 時間〜終了後 6 時間の 15 時間程度であり，この短い時間帯に授精することが要求される．

g．分娩後の繁殖機能

乳牛は分娩後，生理的な卵巣機能の静止期間を経過してから卵胞発育，発情行動，排卵等の繁殖機能を回復する．一般的に泌乳能力と繁殖性は逆相関の関係にあると考えられており，高泌乳牛では発情徴候が不明瞭になったり，繁殖障害等の発生割合が高いといわれる．

搾乳（哺乳）刺激によって脳下垂体からオキシトシンが分泌され，乳量の増加を促すとともにストレス軽減作用を示す β-エンドルフィンが分泌される．β-エンドルフィンは性腺刺激ホルモンの一種である LH の分泌抑制作用を示し，生理的空胎期間を延長させる．したがって，生理的空胎の短縮は環境要因の改善をはかってストレス要因を排除することによって可能と考えられており，環境要因の中でもっとも重要な栄養条件（養分摂取量）の改善すなわち，養分の充足によるストレスを軽減することによって，繁殖機能の早期回復が可能となる（図 1.4）．

良好な栄養摂取条件では，分娩後の初回発情は分娩 15 日頃におおむね鈍性発情で発現

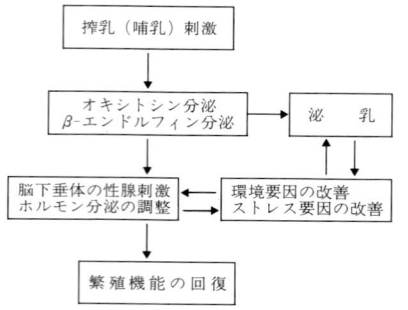

図 1.4 泌乳と繁殖機能の関連図

し，次回からほぼ明瞭な発情徴候を伴った20日前後の性周期が回帰する．通常，妊娠子宮は分娩40～45日目にはすでに十分に次回の受胎が可能な状態にまで回復している．また，発情徴候はこの時期から分娩100日頃まではおおむね明瞭であり，それ以降は不明瞭になる傾向があるため，受胎率は分娩後最初に発来した明瞭な発情時（40～60日）から2回目にかけての授精でかなり高く，それ以降は急激に低下する．したがって，一乳期の乳量にこだわりすぎて授精を遅らせた個体は受胎しにくくなる．そのためには，分娩60日頃までに個体の発情周期（発情予定日）を掌握しておき，次の発情，すなわち80日前後を中心にした授精を実行すべきである．日乳量が40kg前後の乳牛の分娩前後の乳量とプロジェステロン濃度の推移を図1.5に示した．

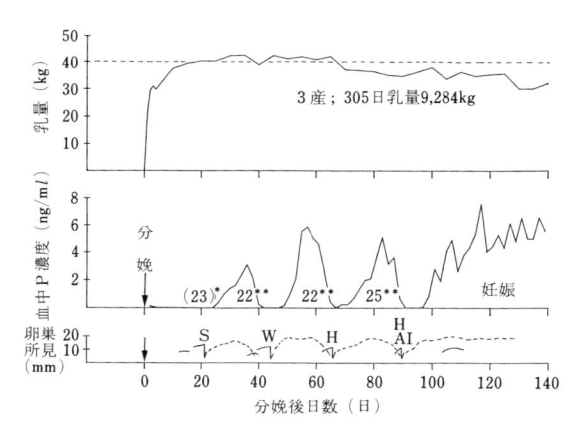

図1.5 ホルスタイン種における乳量と黄体ホルモンの推移（北海道農業試験場）

注1) ＊分娩後初回排卵日数，＊＊性周期日数．
2) S：鈍性発情，W：微弱発情，H：明瞭な発情，AI：人工授精．

　乳牛は理想的には305日搾乳・60日乾乳，分娩間隔365日というサイクルの繰返し，すなわち一年一産によって最高の生涯生産性が得られるといわれる．このことは分娩後85日までに次回受胎を完了させることを意味する．1994（平成6）年度の北海道内の乳牛23万4千頭の調査によると，搾乳日数326日，乾乳日数75日，分娩間隔は401日となっており，分娩後の平均初回授精日数は90日，空胎日数は129日であり，初回受胎率は53％，2回目までが79％，受胎までに平均1.9回の授精を要している．結果的に，一年一産を達成できた牛はわずか36％にすぎない（家畜改良事業団，乳用牛群能力検定成績のまとめ・平成6年度版）．一年一産の重要性はすでに多方面から指摘されているが，この15年間の分娩間隔は391～401日の範囲であり，いぜんとして理想より1カ月程度延長しており，いまだに実現されていない．一年一産を達成するために必要なチェック項目を表1.2に示した．

表 1.2 一年一産のためのチェック項目

① 分娩前
　・ボディコンディション
② 分娩〜分娩 30 日まで
　・乳量と飼料給与量のバランス
　・ボディコンディション
　・疾病の有無（胎盤停滞，繁殖疾患，乳房炎，下痢等）
③ 分娩 30〜45 日まで
　・発情行動の有無と強度
　・外陰部からの出血，粘液の付着
④ 分娩 45 日までに発情不明なときは獣医師等に相談
⑤ 65 日以降の発情から極力授精開始

h. 乳牛におけるバイオテクノロジー研究

　最近の家畜改良手法としては，従来の人工授精に基づく優良雄雌家畜の選抜法に加えて，受精卵移植，体外受精，胚操作，核移植・クローン（複製），遺伝子操作等の新技術が導入されつつある．これらの畜産バイオテクノロジーはとくに乳量 2 万 kg を超すスーパーカウのような高泌乳・高付加価値牛の場合での応用が期待される．

　体外受精は文字どおり体外で卵子と精子を受精させる技術であり，これまで屠畜場で廃棄されていた数十万頭分の雌牛の卵巣を有効に利用できる方法である．卵巣表面の卵胞を注射器等で吸引採取して得られた卵子を体外で成熟培養し，これと受精能獲得処理を行った精子を受精（媒精）させる．受精後 7 日程度培養して，桑実胚以上に発育した胚を借り腹牛の子宮内に移植し，産子を得る方法である．体外受精研究によって未成熟卵子の利用が容易になり，また，受精機構研究が急進展したため，核移植やクローン胚の作成技術が現実的なものとなり，1996 年までに国内で百数十例の産子の報告がある．

　核移植を実施するには，核を提供するドナー胚と，核を受け入れるレシピエント卵子となる未受精卵が必要となる．レシピエント卵の核はあらかじめ除去（除核）しておく．8〜50 細胞期のドナー胚の割球を分離し，その 1 割球を除核したレシピエント卵に注入し，細胞融合によって 1 個の細胞とする．その後，培養器中で 7 日程度培養し，桑実胚から胚盤胞に発育した胚を借り腹牛に移植する．原理的にはこの技術によって，同じ遺伝子を保有するクローン産子をドナー胚の割球数と同頭数得ることが可能である．さらに，8〜50 細胞期胚に発育した胚を再びドナー胚として核移植を繰り返すことも可能である（継代核移植）．

　遺伝子導入技術を用いると，キメラ動物，形質転換動物（トランスジェニック動物）の作出が可能となり，また，あらゆる細胞へ分化しうる性質をもつ全能性細胞，とくに家畜においては胚性幹細胞（ES 細胞）を利用したクローン動物作出による高度に有用形質を付与された家畜の増産がはかれる．

　PCR 法（ポリメラーゼ連鎖増幅法）による胚や胎子の性判別あるいはフリーマーチンの検査等，DNA や遺伝子を診断する技術が開発され，一部では実用化されている．

　　　　　　　　　　　　　　　　　　　　　　　　　　　　　　　　　　［假屋堯由］

1.3 乳牛の育成

　哺育，育成の目的は，まず，反芻胃が未発達で単胃動物型代謝をもつ新生子牛を反芻動物（複胃動物）型代謝へスムーズに移行させ，離乳させること，そして，初産以降の乳生産において遺伝能力を十分に発揮できるように，ルーメン機能を発達させながら妊娠，分娩させることといえる．

　出生から分娩までの育成期間は，その栄養特性や乳腺発達の様相などによりいくつかのステージに分けて考えられる．①哺乳期，②離乳から濃厚飼料の給与が必要なくなる6カ月齢までの育成前期，③乳腺が発達する育成中期，④種付から分娩までの育成後期，などもその一例である．また，初乳給与期間を初生子牛，離乳までを哺育（哺乳）牛，初受胎から分娩までを未経産牛（初妊牛）と分類することも行われる．育成牛は出生から初分娩までを指すが，狭義に離乳から初受胎までをいうこともある．

　各ステージにおける生理，繁殖，管理などの特徴はそれぞれ詳述されており，本節では飼養の実際的側面を中心に記述する．また，子牛はかなり大きな栄養条件の変動があっても発育が可能であり，各国の飼養標準や日本ホルスタイン協会で採用されている発育基準の数値も必ずしも同一ではない．日本飼養標準・乳牛（1994年版）では，①早期離乳方式で哺育，育成し，6カ月齢の体重を160 kgとする，②15カ月齢の体重350 kg，③3〜20カ月齢まではなるべく直線的に発育させる，を発育基準としており，ここでは，これに基づいての哺育，育成を想定して記述する．

a．哺乳期
1）初乳の給与

　子牛が誕生後，まず初乳を十分に与える．4時間以内に1〜2 l 程度，さらに4〜6時間の間に2 l 与える．牛では胎児期に母牛からの免疫抗体の移行がないので，初乳からの免疫抗体の摂取（受動免疫）は不可欠である．小腸での抗体タンパク質の吸収は飲作用（ピノサイトーシス）によるが，これは生後2〜3日間しか認められず，しかも1日を過ぎると急激に消失する．初乳は脂溶性ビタミンや微量ミネラルの含量も高いが，搾乳回数が進むとすみやかに常乳の組成に近づく．この両面から，生後半日以内の初乳給与は，その後の順調な哺育，育成に不可欠である．

　生後2〜3日間母牛とともに分娩房で哺育することは初乳給与の点からは意味がある．しかし，初乳の免疫抗体もロタウイルスなどには効果がないので，病原菌に汚染されている可能性がある畜舎からの隔離は感染症の予防効果が大きい．その点から，子牛の死廃原因の4分の3を占める肺炎などの呼吸器系の疾患と下痢など消化器系の疾患に対して，簡易な隔離施設であるカーフハッチの利用は有効である（図1.6，表1.3）．カーフハッチを使用する場合は，生後，濡れ子の状態で母牛から隔離して哺育することで効果が大きくなる．隔離するときは，濡れた体を乾燥したわらやタオルなどでよく拭いてやる．子牛は褐色脂肪や肝臓グリコーゲンなどを代謝でき比較的寒冷曝露に対して抵抗性をもっているので，冬季の寒冷地においても問題はない．この場合は初乳を搾って与え

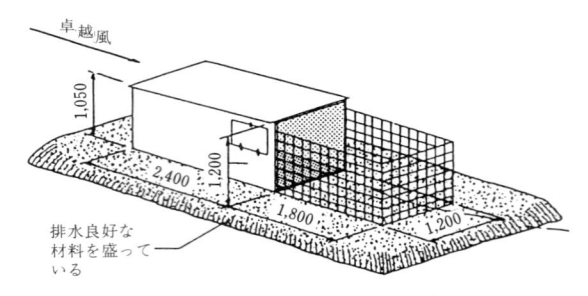

図1.6 カーフハッチ（単位：mm）[1]
排水良好なところに，入口を南に向けて設置する．

表1.3 後継牛の必要空間[1]

(a) 子牛の収容施設

収容施設の種類	大きさ
0～2カ月齢（単飼ペン）	
カーフハッチ（1,200×1,800 mm の運動場付き）	1,200×2,400 mm
踏込み式ペン	1,200×2,400 mm
タイストール	600×1,200 mm
3～5カ月齢（6頭までのグループ）	
スーパーカーフハッチ	2.3～2.8 m²/頭
踏込み式ペン	2.3～2.8 m²/頭

(b) 若雌牛の収容施設

収容施設の種類	月齢			
	5～8カ月	9～12カ月	13～15カ月	16～24カ月
フリーストール（mm）	750×1,500	900×1,650	1,050×1,950	1,050×2,100
糞尿処理用通路の幅（mm）	2,400～3,000	2,400～3,000	2,400～3,000	2,400～3,000
休息場所および				
屋外運動場（舗装）(m²)	2.3	2.6	3.0	3.7
	3.3	3.7	4.2	4.6
通年舎飼い（ストールなし）				
休息場所（敷料あり）＊(m²)	2.3	2.6	3.0	3.7
スラット床（m²）	1.1	1.2	1.6	2.3

注 ＊ 給餌場(通路)への連絡通路を3,000 mm 幅と仮定．

るが，吸飲量を確認できる利点がある．初乳が給与できなかったときには，免疫グロブリンやビタミンAの投与が望ましい．

2） 離乳まで

　初乳給与後は離乳まで液状飼料として代用乳（母乳の代用品，ふつう60～90％の脱脂粉乳を含む）あるいは全乳などを給与する．液状飼料の長期給与は，管理の手間がかかる，反芻胃の発達が遅れる，固形飼料に比べ高価などの理由から好ましくない．哺乳期間は6週間程度で十分である．

　液状飼料の給与は体重を維持できる程度とし，固形飼料の摂取を促進させる．代用乳は500gを6～7倍の温湯で溶解させ，また，全乳は生時体重の10％程度を1日に2回に分けて与える．生後1週間程度はほとんど増体しないが，哺乳は定量給与でよい．また，

乳首哺乳の必要はなく，バケツ哺乳でよい．

　哺乳期に与える固形飼料として種々の人工乳（カーフスターター）が市販されており，1週間に200g程度ずつ増量して給与する．自家配合の哺乳期用飼料も可能である．市販人工乳にはオキシテトラサイクリンなどの抗生物質が含まれるが，自家配合では必ずしも添加の必要はない．1日当たりの固形飼料の採食量が1kgを超えたり，数日連続して600g以上となる時期が離乳の目途になる．

　反芻胃の発達は固形飼料の採食に依存している．ルーメン微絨毛はVFA（揮発性脂肪酸）により発達が促進される．筋肉層の発達には飼料の物理性（いわゆる粗飼料因子）が必要であるが，粗飼料給与は飼料全体のエネルギー濃度を低めるので，離乳までは固形飼料として粗飼料を与えなくともよい．しかし，自家配合ではアルファルファミールペレットなども利用できる．

　飲水量は固形飼料の採食量に影響するので，新鮮な水を自由に飲めるようにする．

b. 育成前期（離乳から6カ月齢まで）
1) 3カ月齢まで

　離乳後は人工乳を1週間に200g程度増給し，3カ月齢までに2kg程度の給与量とする．日本飼養標準に示された早期離乳方式例では人工乳の給与量を2.5kgまで増給しているが，2kgでも十分な増体が得られる．濃厚飼料は嗜好性がよく，自由に摂取させると過食になりやすいので，給与量を制限する．過食による栄養性の下痢は，濃厚飼料の給与量を半分程度に減らせば数日で回復する．

　離乳後は粗飼料を給与する．粗飼料としては良質乾草が奨められるが，サイレージも利用できる．コーンサイレージ，グラスサイレージとも嗜好性はよいが，3カ月齢までは体重の3%程度に抑える．この時期はエネルギー要求量の7割以上を濃厚飼料由来とする．体重に対する反芻胃重の割合は3カ月齢までに成牛とほぼ等しくなるが，エネルギー要求量は代謝体重（メタボリックボディサイズ，MBS，体重の3/4乗）に比例するので，体重1kg当たりで比較すると成牛より要求量が大きく，エネルギー濃度の高い飼料が必要である．

　3カ月齢までに除角を行う．焼きごてを用いると衛生的である．

　3カ月齢の体重は100kg程度を目途とする．

2) 6カ月齢まで

　その後は6カ月齢まで育成用配合飼料（現物中CP（粗タンパク質）18%，TDN（可消化養分総量）72%程度である）を与える．乳牛用サプリメントを使用した例では，離乳前から6カ月齢まで2kg/日を継続して給与し，離乳後に粗飼料（乾草あるいはサイレージ）を自由採食させることで700g/日を超える増体が得られている．前述のように，体重当たりのエネルギー要求量は成長に伴い減少するが，6カ月齢までは2kg程度の濃厚飼料を与える必要がある．この場合，エネルギー要求量の約50%が濃厚飼料に由来する．

　6カ月齢を過ぎれば濃厚飼料の補給の必要はなく，放牧育成が可能となる．放牧前には1カ月程度の馴致を行う．

　カーフハッチを利用する場合は，2カ月齢頃からスーパーカーフハッチを利用する．フ

リーストール牛舎の場合1歳を過ぎたところで，スーパーカーフハッチからフリーストールに移動すればよい．

一般的には，この時期には成牛と同様のルーメン微生物叢が成立しているが，カーフハッチを利用すると成牛と隔離された状態で長く飼養されるので，空気中を通じて伝播する細菌と異なり，直接接触により経口伝播するプロトゾア（繊毛虫類）の定着が遅れる．分娩近くまでほとんどルーメンプロトゾアが確認できない場合も多い．この場合，飼料の消化が低下することがある．成牛（群）との接触により，プロトゾアはすみやかに定着する．

c．産乳性と育成中期の増体
1）乳腺発育時期の望ましい日増体量

遺伝能力に応じた最大限の産乳性を引き出すためには，乳腺が発達する育成中期の栄養管理が重要である．

産乳性にもっとも大きな影響を与える要因は乳腺分泌組織の量であり，3カ月齢頃から乳腺は体全体の成長に比較して相対的に大きく発達し，性成熟まで継続する．この期間に乳腺組織に脂肪が沈着すると乳腺管の発達が阻害され，その後の乳腺発達も阻害される．そのため，この期間にいたずらに高エネルギー飼料を給与して高い増体を得ることは，産乳性に悪影響を与えるので好ましくない．

育成期の日増体量については多くの研究が行われ，体重 100 kg（3カ月齢）から性成熟に達する 300 kg（12～13カ月齢）までを 700 g/日（10 kg/2週）程度とすることが望ましいとされる．しかし，900 g/日程度でも産乳性に影響しないことが最近報告されている．ホルスタイン種の成熟時体重は改良に伴い大きくなる傾向があり，従来報告されている値よりも大きな日増体量でも産乳性に悪影響を与えないことが考えられる．しかし，1 kg/日を超えるような増体は避けるべきである．

2）育成中期の飼養法

6カ月齢以降 700 g/日の増体量を得るためには乾物中 CP 12%，TDN 65% 程度の飼料を体重の 2.7～2.4%（乾物，成長に伴い漸減）採食させる．放牧育成で十分可能な値である．コーンサイレージを利用する場合には，飽食させるとエネルギーとリン（P）は過剰，CPは不足状態になり脂肪の沈着をまねくので，給与量を制限し，乾草（CP，Caを補うアルファルファが望ましい）と組み合わせて給与する．乾草やグラスサイレージではエネルギー摂取量が不足する場合があり，そのときには濃厚飼料を補給する．高水分サイレージでは乾物摂取量が低下するケースも多いので注意を要する．

d．種付とその後の育成
1）性成熟と種付

ホルスタインでは体高 113 cm，体重 250 kg ぐらいから最初の発情がみられる．日増体量を 700 g で育成すると 10カ月齢ほどである．排卵を伴う発情であれば妊娠は可能であるが，分娩時の体重と産子の体重の関係（子牛の体重が母牛の 9% を超えると難産になりやすい），小格の牛は産乳性が低いこと，生涯乳量を高めるためには 2 歳程度の初産が

望ましいことなどから，15カ月齢までに種付，受胎させる．種付時の体重を350kgとすると，700g程度の日増体重を維持する必要がある．

性成熟後は一定の周期（3週間前後）で発情を繰り返すので，種付予定の数カ月前から発情を記録する．乗駕は雌牛どうしでも認められ，発情牛以外は乗駕されるのを嫌がるので乗駕を許す牛は発情していると判断できる．また，外陰部の腫れ，水様性粘液の分泌なども認められる．種付適期は，経験則として午前の発情確認では夕方以降，午後では翌日の午前中といわれている．適期を1回見逃すと次回の種付は3週間後になるので，発情の発見と適期での種付は重要である．

妊娠すると一般に発情は回帰しないが，数％の割合で妊娠の初期に発情がみられることがある．また，発情後数日内に血液が混じった粘液が認められる場合があるが，子宮粘膜からの出血で妊娠の可否とは関係ない．超音波断層診断，授精40日後頃の直腸検査などにより確実な妊娠診断ができる．

2) 種付後の育成

受胎後は，粗飼料を中心として給与する．たとえば出穂期のオーチャード乾草（TDN 60％，CP 13％程度）であれば，この時期のエネルギーとCPの要求量をほぼ満たせる．受胎後も700g程度の日増体量を確保できれば分娩までに200kg増体し，分娩時の体重は550kgを超え，母牛が小格ゆえの難産を避けることができる．また，乳腺が発達する時期（体重100～300kgの間）を過ぎれば，それまでの望ましい日増体量を上回っても産乳性に影響しないとの報告もあり，日増体量を900gとした場合には妊娠期間中（約280日）に250kg程度増体し，分娩時体重は600kgを超える．しかし，1kg/日を超える増体は避けるべきである．

3) 分娩前の飼養と出産

分娩前2カ月間に胎児は急速に発育する．維持に加えるべき養分量として，妊娠末期に胎児の発育に要する養分量が飼養標準に示されている．飼養標準の育成牛の発育基準では20カ月齢以降の増体は漸減しているが，この育成期の要求量に妊娠末期の増給分を加えた値と分娩まで直線的に増体（700g/日）させた場合の要求量とはほぼ一致するので，初妊牛では分娩まで直線的に増体させるとよい．

分娩前2週間ぐらいから，分娩後に給与する飼料に馴致させる．リード飼養法では2日に1kgの割合で濃厚飼料を増給させる．

分娩予定の1週間ないし10日前に産室に移す．出産は夜間のことが少なくないので，照明設備を準備しておくとともに，夜間の看視を行う．分娩前には体温が低下してくるので，毎日体温を測定することで分娩時期をある程度知ることができる．正常出産では，胎児の前足2本がそろって出て，鼻がみえてくる．前足が1本しか出てこない，後足（ひづめが上向き）から出てくる，鼻が先に出てくるなどの場合は異常産であり，処置が必要である．

［松本光人］

文　献

1) 堂腰　純監訳：酪農施設・設備ハンドブック（MWPS-7・第4版），北海道農業施設研究会 (1987)

1.4 乳牛の生理，疾病

a. 第一胃内発酵と消化
1) 繊維の消化

乳牛において粗飼料あるいは繊維とは，栄養素（酢酸など）を供給するとともに，第一胃に物理的刺激を与えてそしゃくを促進させる，という二つの意義をもっている．酢酸を供給する面ではふつうの粗飼料以外にも製造粕類に含まれる易消化性の繊維も有効に利用できるが，そしゃくを刺激する面では長い粗飼料が必要となる．

a) 連続発酵槽としての機能　繊維分解菌の第一胃内における活動にもっとも大きく影響を与えるのはpHと窒素源である．pHが6以下になると繊維分解菌の活動は著しく低下するが，第一胃内のpHは飼料（量，質）だけでなく，給餌法によっても影響され，唾液分泌量の差によるところが大きい．また，繊維分解菌は窒素源として主にアンモニアを利用しており，CP（粗タンパク質）摂取が不足すると繊維消化能が低下してくる．

b) 通過速度と第一胃内消化　第一胃からの内容物流出は給与飼料の種類，量などによっても異なるが，多いときは成牛で約4kg/時間にも達する．長く，軽い繊維は第一胃内の上方（背嚢付近）に位置し，微細になり比重が高まった粒子は第二・第三胃口に近づいて流出しやすくなる．このように第一胃の内容物は層をなしており，第一胃内の上層にネット状に形成された"層"をルーメンマットという．繊維の消化は比較的遅く進むので，このマットにトラップされた濃厚飼料などは滞留時間が長くなる．反対に，このルーメンマットが不十分だと，摂取された濃厚飼料はすぐに第一胃下部に沈み短時間で流出してしまう．

c) 内容物の通過と粒度　摂食量がふえるにつれ内容物の通過が速まるので消化率（とくに繊維）が低下し，それは濃厚飼料の多いときほど著しい．第一胃から流出するのは1～2mm程度の粒子で，4mm以上のものはほとんど流出しないといわれる．比重でみると1.1～1.2のもので流出速度が最大といわれるが，流出には絶対的な比重選別があるわけではない．また，固形物および液状内容物の通過速度はデンプンの流出速度にも大きく影響する．

流出した内容物が第三胃以降でさらに微細になることは少なく，糞への排泄物の粒度分布に近いといわれる．しかし，5～10mmほどの長いものが糞に排泄されることが多々あり，柔軟な粒子は第二・第三胃口から流出しやすい．

d) 繊維の消化　第一胃内での消化に対しては牧草の葉部よりも茎部が強く抵抗し，滞留時間も長い．繊維は消化されやすい部位から酵素によって分解されるので，リグニンとかケイ酸に覆われていない部分や結晶構造の弱い部位が最初に分解され，他の部分の消化はゆっくり進むことになる．また，繊維の分解は第一胃内での滞留時間につれて増進するが，それは曲線的に進行し，初期の急速な消化とその後の緩慢な消化に分けられる．

2) **非構造性炭水化物の消化**

植物のデンプン,糖など細胞内容物は牛にとって重要なエネルギー源になっている.これは厳密には非繊維性炭水化物 (NFC) とは異なるが,第一胃内での発酵は急速である.穀物デンプンの発酵は植物の種類,処理(加工)法や併給する粗飼料によっても変わってくる.ペクチンは植物細胞膜に存在するが,非構造性炭水化物 (NSC) と考えるべきである.これはリグニン部分と共有結合することがなく,第一胃内ではほとんど完全 (90〜100%) に消化される.

デンプンや糖は第一胃内微生物にとって重要なエネルギー源になるが,その摂取量が多すぎると第一胃内発酵が"乳酸"生産にシフトしやすい.デンプン給与が多いととくに繊維分解菌の活動が低下するので,繊維の消化のためには全乾物中のデンプンを高めすぎないことが重要になり,一般にはデンプンは 30% が上限といえる.

3) **タンパク質の消化と微生物タンパク質生産**

牛が摂取したタンパク質は,第一胃内で分解されてペプチド,アミノ酸,アンモニアなどになるもの(分解性タンパク質)と,第一胃内での分解を免れた部分(非分解性タンパク質,バイパスタンパク質)とに分けることができる.

タンパク質が第一胃内で分解される程度は,飼料の種類はもとより植物の生育ステージや収穫調製法,給餌管理法などによって変わってくるが,平均的な値は飼養標準などに掲載されている.飼料タンパク質の分解によって放出されたペプチドや遊離アミノ酸は微生物に利用されたり,あるいはアンモニアにまで分解される.この過程は非常に急速なので,第一胃内での遊離アミノ酸濃度は高くない.

第一胃内の細菌はアンモニアさらにペプチドなどを窒素源にして菌体タンパク質を合成できる.これはやがて小腸に達してバイパスタンパク質とともに消化,吸収されるが,菌体タンパク質にはプロトゾアに捕食された後に小腸に達する部分もある.菌体タンパク質の合成には上述の窒素源のほかにエネルギーやミネラルも必要となり,これらの供給が同期化されたときに菌体タンパク質の合成量が最大になる.エネルギー源として有効に利用できるのは第一胃内での炭水化物発酵による ATP(アデノシン三リン酸)であり,油脂によってエネルギー給与をふやしても効果を期待できない.

タンパク質は最終的にはアミノ酸として吸収されると考えられてきたが,反芻動物においては小分子のペプチドの吸収も多いことが確認され,前胃とくに第三胃での吸収が多い.

4) **脂質の消化**

乳牛が摂取する飼料中の粗脂肪はおおむね 5% 以下であるが,中性脂肪(トリグリセリド)以外にリン脂質なども含まれる.摂取された脂質はただちに第一胃内で微生物リパーゼによって加水分解され遊離脂肪酸が放出されるが,ジグリセリドやモノグリセリドは検出されない.トリグリセリドの分解に比べるとジグリセリドやモノグリセリドの分解が急速なためである.糖脂質やリン脂質も加水分解される.なお,長鎖脂肪酸は第一胃壁からは吸収されない.

第一胃内には強力な水素添加能があるので,加水分解によって不飽和の遊離脂肪酸が放出されても,その寿命は短い.もともと不飽和脂肪酸には微生物への毒作用もあるの

で，水素添加は微生物にとっても合目的なのである．この反応を触媒する酵素は種々の細菌とプロトゾアによって生産される．ただし，水素添加が行われるのは遊離の脂肪酸なので，分解されない油脂（保護油脂など）は影響されない．

微生物自体にも脂肪酸合成能があり，炭素数が16や18の脂肪酸がつくられるが，プロピオン酸やバレリアン酸を原料にして奇数鎖の脂肪酸がつくられたり，イソ型の低級脂肪酸から側鎖脂肪酸もつくられるので，牛乳や牛肉にはこれら多種類の脂肪酸が含まれる．

b．乳成分の変動
1）乳成分の合成
血液から乳腺に取り込まれた種々の原料（前駆物質）から乳脂肪，乳タンパク質，乳糖などが合成される．

a）乳脂肪　乳脂肪のほとんどは中性脂肪（トリグリセリド）であり，構成する脂肪酸の種類は多いが，反芻動物ではヒト乳に比べて短～中鎖の脂肪酸が多く，奇数鎖や側鎖の脂肪酸も含まれる．また，第一胃内で強力な水素添加作用があるため，反芻動物の乳脂肪や体脂肪では飽和脂肪酸の割合が高い．

炭素数が16以下の脂肪酸は低級脂肪酸から合成され，量的には乳脂肪の約半分程度になる．炭素数16以上の脂肪酸は血液の長鎖脂肪酸が移行したもので，小腸から吸収された脂肪酸や体脂肪の動員に由来する．

b）乳タンパク質　血液から供給されるアミノ酸によって乳タンパク質が合成される．これらアミノ酸には，すぐに乳タンパク質になるもの，直接にはタンパク質合成に利用されずに代謝されたりエネルギー源となるものもある．血液から乳腺への取込み率は，いわゆる必須アミノ酸で高く，乳への移行率も高い．

c）乳糖　乳糖合成のためにはグルコースが唯一の原料になる．乳は体外に出るまで血液と同じ浸透圧に保たれる必要があり，この等張維持のためには乳糖が大きな役割をもつので，産乳量にはグルコースの供給量が大きく影響することになる．すなわち，牛乳の分泌量（容量）に対しては乳糖が決定的な規制要因であり，牛個体間，牛群間，品種間あるいは乳期による乳糖率の変動は非常に小さい．

2）乳成分の変動
乳成分は乳期による変動が大きく，泌乳開始時には乳脂率および乳タンパク質率が高いが，泌乳ピークにかけて両成分とも急に低下し，その後は泌乳末期にかけて徐々に上昇する．産次が進むにつれて両成分とも低下し，これには乳量の増加も関係ある．一般に全固形分率も乳量とは逆の関係を示す．暑熱，高湿の気候では乳量とともに乳脂率，乳タンパク質率が低下し，暑熱が厳しいと乳糖率も低下し塩素濃度の上昇がみられる．暑熱条件でのこれら乳成分の変化には飼料（栄養）摂取量の変化も関係ある．

乳成分のうち変動がもっとも大きいのは乳脂率であり，搾乳の経過中（数分間の）にも乳脂率は大きく変化する．また，不等間隔搾乳では，間隔が長く乳量の多い場合に乳脂率が低い．以下，乳成分に及ぼす飼料的要因に触れてみる．

a）乳脂率　飼料要因のうち乳脂率への影響が大きいのは，濃厚飼料と粗飼料の給

与比率であり，粗飼料の比率が40％前後（ADF（酸性デタージェント繊維）含量が乾物当たり20〜25％）以下では乳脂率の低下が加速される．第一胃内での酢酸や酪酸の生産が減少して，プロピオン酸の増加することが，乳脂率低下に大きく関係する．同一飼料でも採食量が増加すると乳脂率が低下し，この影響は濃厚飼料多給の場合ほど著しい．また，穀実の給与が著しくふえると，摂取栄養素は牛乳生産ではなく，体内蓄積とくに体脂肪蓄積のために多く配分されるようになる．

乳脂率の維持には安定した第一胃内発酵，とくにpHが重要となるので，緩衝性無機塩なども利用されている．濃厚飼料などは多回給餌すると乳脂率低下の軽減にもつながる．これは1回当たりの採食量が少なくなり第一胃内の急激な発酵を抑え，安定的な発酵を維持できるからである．飼料穀実の種類および処理，加工も乳脂率に影響する．易発酵性の穀実が多いと酢酸生産が減少し，プロピオン酸が多くなるので乳脂率が低下する．反対に，発酵がゆるやかな穀実では乳脂率低下は軽度である．

b） **乳タンパク質率** 　　無脂固形分率の変動は乳タンパク質率の変化と並行的である．飼料給与の面から乳タンパク質率を確実に制御できる技術は確立されていないが，乳タンパク質率に影響する要因としてはエネルギー摂取量，濃厚飼料の給与比率，摂取したタンパク質あるいは炭水化物の量と質，および油脂給与などがある．

エネルギー栄養の改善によって乳タンパク質率は向上し，これには第一胃内でのプロピオン酸生産の増加を伴うことが多い．エネルギー不足の状態ではデンプン質飼料の給与によって乳タンパク質率は向上する．タンパク質の給与量を高めても乳タンパク質率には効果が小さいとされてきたが，最近では飼料タンパク質の量および質の改善によって乳タンパク質率の向上が認められ，小腸へのアミノ酸供給を増加させるような飼料給与は乳タンパク質率にも有効といえる．

サイレージの多給条件では第一胃内での微生物タンパク質の生産が概して少ないので，高水分牧草サイレージの給与時などには穀実の補給によって微生物タンパク質の生産が増加し，乳タンパク質率の向上にもつながる．また，牧草サイレージではタンパク質の多くの部分がサイレージ発酵の際に非タンパク態窒素（NPN）になるので，第一胃内のアンモニア濃度や血液の尿素濃度が高まり，乳タンパク質率は低下しやすい．トウモロコシサイレージ主体の飼養では牧草サイレージの場合に比べると乳タンパク質率は高い傾向を示すことが多い．

c） **乳糖率** 　　浸透圧の恒常性維持などのため乳糖分泌量は泌乳量と密接な関係にあり，給与飼料などが変化しても乳糖率には大きな変化がない．しかし，低栄養が厳しくなったり乳房炎では乳糖率が低下し，代償的にミネラル濃度の上昇がみられる．

d） **油脂利用と乳成分** 　　油脂を給与すると乳脂率は向上するが，一般には乳脂肪のうちとくに長鎖脂肪酸（炭素数が18以上）がふえ，短〜中鎖の脂肪酸（炭素数が4〜14）の割合が低下する．しかし，油脂の種類によっても乳脂率の反応は異なり，不飽和脂肪酸の摂取が多いと乳脂率が低下しやすい．油脂給与によって乳タンパク質率は低下しやすく，とくにカゼイン率が低下する．

乳牛の小腸での脂肪の消化・吸収能は1.4 kg/日程度であり，飼料中の脂肪は6〜7％程度が限度である．また，代謝エネルギーの16％くらいを油脂で給与する場合に産乳の

効率が最大ともいわれる．泌乳初期には採食量が少なく微生物タンパク質の合成も十分でないので，非分解性タンパク質の給与を高めることが望まれる．

c. 糖，脂質およびアミノ酸の代謝

周産期および泌乳初期の疾病にはグルコース，脂質さらにはタンパク質代謝のホメオスタシスの破綻が関係している．これら栄養素の代謝においては乳腺，脂肪組織，肝臓の役割が大きい（図1.7）．

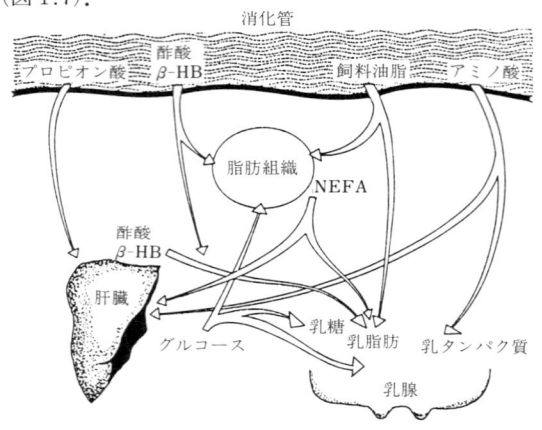

図1.7 乳腺への栄養素供給[1]

1) 脂肪組織

脂肪組織には中性脂肪（トリグリセリド，TG）が存在するが，脂肪組織ではつねにTGの合成と分解（動員）が繰り返されている．乳量約30 kg/日でエネルギー出納が正の乳牛においては，脂肪組織を介したエネルギーの流れは14 Mcal/日程度ともいわれ，これは約10 kgの牛乳生産にも相当する．エネルギー出納が負の状態ではこの割合がさらに高くなる．

ヒトなどではグルコースからの脂肪酸合成が活発だが，反芻動物ではこの経路が作動しないので酢酸，酪酸などの低級脂肪酸およびケトン体を原料として脂肪酸が合成される．脂肪酸はエステル化されてTGになり，反対にTGが分解されると非エステル脂肪酸（NEFA）が放出される（図1.7）．よって，蓄積される脂肪量はエステル化と分解との相対的な割合によって左右され，インシュリンは脂肪の合成，蓄積を促進させる．一方の分解（脂肪動員）はホルモン感受性リパーゼ（HSL）によって触媒され，β-アドレナリン作用によって促進される．胎盤性ラクトーゲン，成長ホルモン（GH）もHSL活性を高めるなど，妊娠末期から泌乳初期にかけては脂肪動員を促すような内分泌動態となり，その結果として血液のNEFA濃度が上昇する．NEFAは心臓や腎臓など多くの組織に取り込まれエネルギー源として利用されうるが，泌乳中にNEFAが実質的に取り込まれるのは肝臓と乳腺である．

乾乳末期（分娩の2～4週間前）から脂肪動員が活発になり，分娩や泌乳に対応すべく

代謝シフトが始まっている．HSL の活性上昇はその後も続き分娩後 2 カ月くらいでピークに達するが，その後の泌乳中も高い活性が維持されている．脂肪組織からの NEFA 放出量（動員と合成の相対差）が最大になるのも分娩の 1～2 カ月後であり，泌乳最盛期に一致する．

ところが，血液の NEFA 濃度が最高になるのは分娩あるいはその後であり（図 1.8），必ずしも脂肪動員のピークとは一致しない．脂肪組織からの NEFA の放出は確かに分娩よりも遅れて最大になるが，その時期には NEFA が乳腺によって活発に処理（利用）されるので血液 NEFA 濃度はそれほど高くはない．反対に，分娩時には NEFA の真の放出量（動員量）はまだ最大ではないが，乳腺による利用が非常に少ないため，血液 NEFA 濃度の上昇をまねき，また肝臓への NEFA 流入も増大することになる．

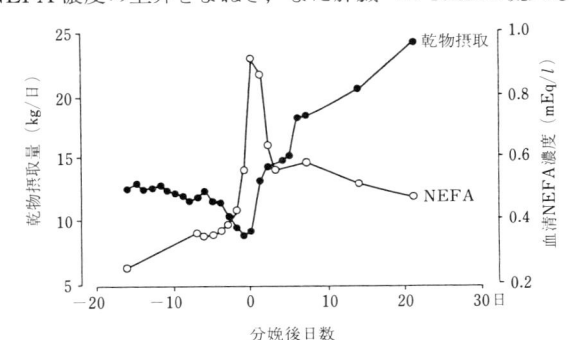

図 1.8 分娩前後の乾物摂取量，血清 NEFA 濃度の変化[1]

2）乳　腺

前述のように乳腺は種々の基質を取り込んで牛乳を合成している．泌乳中にはグルコースが優先的に乳腺に配分されるが，乳腺のグルコース取込みはインシュリンに依存しない．このため，重度の低血糖および低インシュリン条件でも，乳糖合成のためにグルコースが取り込まれる．産乳の規制要因として大きいのが利用可能なグルコース量であり，グルコース供給が不足するときにはグルコース注入によって乳量が一時的に増加することもある．

アミノ酸は乳タンパク質合成の基質であり，さらにアミノ酸はエネルギー源としても使われる．乳腺でのアミノ酸取込み，タンパク質合成にはインシュリンが必要ともいわれる．しかし，油脂給与時の乳タンパク質率低下についてはインシュリン抵抗性のためともいわれたが，これについては否定的である．

脂肪組織から放出された NEFA（主に長鎖脂肪酸）はアルブミンと結合して循環血液中に出現し乳腺に取り込まれるが，その量は血中濃度と乳腺血流量にかかっている．長鎖脂肪酸の原料としては他のリポタンパク質に含まれる TG やコレステロールエステルの脂肪酸もあげられ，これらリポタンパク質の起源は肝臓および腸管である．飼料として摂取した油脂の一部も小腸で吸収されるとリポタンパク質として循環血液に流入し，組織に供給される．血液中のリポタンパク質の脂肪酸が組織に取り込まれる際にはリポタンパク質リパーゼ（LPL）が関与し，この酵素活性はとくに乳腺と脂肪組織で高

い．インシュリンは脂肪組織の LPL を促進させるが，泌乳初期にはインシュリン濃度が低いので，脂肪組織ではなく乳腺に脂肪酸が優先的に取り込まれる．

このように，泌乳中（とくに泌乳初期）には他の末梢組織を犠牲にしてまでも乳腺にグルコースや脂肪酸を優先配分するように代謝シフトしやすい．これは高度に改良された乳牛の結末ではあるが，一方ではケトーシスや脂肪肝など生産病の宿命に直面することにもなる．

3) 肝　臓

反芻動物の肝臓では脂肪酸をほとんど合成しないので，肝臓に存在する脂肪酸のほとんどは循環血液からの取込みに，とくに NEFA に由来する．肝臓への NEFA 取込み量も血液 NEFA 濃度と血液流量に左右され，血液 NEFA の約 10〜40% が肝臓に取り込まれる．肝臓に入った脂肪酸の一部はミトコンドリア内で酸化された後，生じたアセチル CoA（補酵素 A）は TCA（トリカルボン酸）回路あるいはケトン体合成の経路に入る．酸化されなかった NEFA は再エステル化され TG として肝臓に蓄積されることになる．再エステル化された TG がアポタンパク質および他の脂質と一緒にリポタンパク質に合成されれば循環血液に分泌されるが，反芻動物の肝臓ではリポタンパク質としての分泌は非常に少ない．よって，肝臓への脂肪蓄積を防ぐには血液 NEFA 濃度を高めないような飼養が基本といえる．

第一胃内発酵を逃れた非構造性炭水化物が小腸でグルコースとして吸収される量は最大でも 1.5 kg/日程度であるが，飼料条件によってはさらに少ない．不足するグルコースのほとんどは肝臓で合成されるが，その原料はプロピオン酸，ピルビン酸，乳酸などのほかにアミノ酸である．アミノ酸に関連して，デンプン質の給与をふやすと乳タンパク質率が向上することがある．それは，プロピオン酸などからのグルコース合成（糖新生）が増大するために，糖新生に消費されるアミノ酸が少なくなり，多くのアミノ酸を乳タンパク質合成に利用できる（アミノ酸節約効果）ためともいわれる．

d． 泌乳に伴う代謝変化と繁殖性

泌乳の開始によってグルコースの大部分は牛乳合成のために優先的に使われ，生殖器が利用できるグルコースは制限されている．

1) エネルギー栄養と繁殖性

エネルギー栄養が悪いと排卵がないとか，鈍性発情が多いといわれる．負のエネルギー出納，体重減少，ボディコンディション低下などが著しいと卵巣機能の回復が遅れたり，一方では肝臓への脂肪の蓄積，浸潤なども発生する．

卵巣機能の回復には LH（黄体形成ホルモン）のパルス状放出が必要であり，吸乳刺激（肉牛など）とか低栄養ではこのパルス状放出が減退し，プロゲステロン濃度も低い．LH の濃度低下やパルスの低減には中枢神経系でのグルコース不足も関係あり，血糖およびインシュリン濃度が長期にわたって低いときには LH 分泌の回復も遅いといわれる．このような状態では GnRH（性腺刺激ホルモン放出ホルモン）-生殖ホルモン系の機能も低下する．

2) タンパク質栄養と繁殖

　タンパク質不足によって繁殖が障害されるのは明らかであるが，タンパク質過剰の障害もある．採食促進や泌乳促進のためにタンパク質が過剰に給与されることもあるが，飼料のCP水準だけでなくタンパク質の分解性，およびエネルギー摂取と同時に考える必要がある．

　エネルギー供給が十分であれば分解性タンパク質の給与が多くても悪影響は少ないが，エネルギーが不足すると第一胃内でのアンモニアの利用効率が低下し，アンモニアが過剰になったり，微生物タンパク質の合成が低下する．さらに，アンモニアの過剰はエネルギー出納のマイナスをさらに激化させることになる．アンモニアから尿素合成の過程でエネルギーが消耗されるからである．一方，タンパク質摂取が少ないと牛乳生産が最高に達せず，過剰なエネルギーは脂肪として蓄積されることになる．

　アンモニア生成が多いと循環血液中の尿素およびアンモニア濃度も上昇する．これは生殖器内での尿素やアンモニアの濃度上昇にもつながり，生殖細胞や胚の活性，生存にも影響してくる．また，組織のアンモニア濃度が高まると，マクロファージや白血球の免疫機能が低下して，子宮の機能回復が遅れることも示唆されている．一般的には血清尿素-Nが20mg/dlを超えると受胎率が低下してくる（図1.9）．

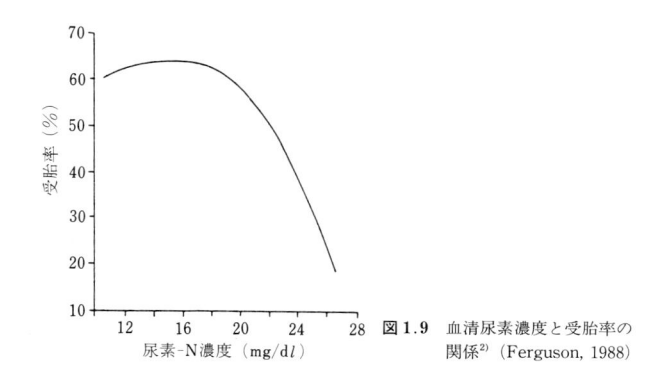

図1.9 血清尿素濃度と受胎率の関係[2]（Ferguson, 1988）

　コレステロールはステロイドホルモン（プロゲステロンなど）の前駆物質として重要であるので，血清のコレステロール濃度は繁殖成績とも関係が深い．一般に血清コレステロールは飼料摂取やエネルギー摂取とは正の相関を示し，タンパク質摂取とは負の関係にある．このため血液コレステロールが低い条件ではプロゲステロン濃度も低く，繁殖成績も優れないことが多い．

［佐藤　博］

文　献

1) 米国におけるプロダクションメディスンの最新情報，共立商事（1994）
2) Ferguson, J. D. et al.: J. Am. Vet. Med. Ass., **192**(5), 659-662(1988)

1.5 乳牛の飼料給与

a. 乾乳期の飼養管理
1) 乾乳の意義

乾乳の意義は，乳腺組織の更新，胎児への栄養供給，消化機能の強化，栄養状態の適正化，免疫機能の回復と強化にある．乳腺組織は泌乳末期になると減少し，乾乳に入ると古い乳腺胞が退縮する．分娩が近づくにつれて新しい乳腺胞が形成され，密度も増加する．これが次期の泌乳活動の基礎となる．

乾乳期間がまったくないか，あるいはごく短期間しかない場合は，乳腺胞の更新，増殖が不十分となり，乳腺の機能の低下によって次期乳量が減少する．無乾乳の悪影響は，初産では小さいが，産次が進むと大きくなる．

乾乳期の長さは，産乳レベル，体調，個々の受胎状況によって変わるが，適正な乾乳期間として 50～70 日間が推奨されている．この日数は乳腺組織を再生させ，次のサイクルで泌乳を高めるための代謝やホルモン活動を再生させるのに十分な長さである．

2) 乾乳期の栄養水準と飼料給与

乾乳期の栄養状態と分娩後の体重や乳量の変化について検討した成績をみると，分娩時に"痩せている牛"は，"肉付きのよい牛"の飼料摂取量と差がないが，増体量が大きく，4% FCM 量（乳脂補正乳量）は少なく，乳脂率も低い関係が認められている．"痩せ"の状態で分娩を迎えた場合には，泌乳後期および乾乳期の飼料給与量が不十分なために，分娩後の飼養条件が良好でも，摂取した栄養素の一部が体重の回復に向けられ，産乳能力が十分に発揮されない．通常の乾乳期間では，ボディコンディションの増減が少ないことから，ボディコンディションは乾乳以前，つまり泌乳後期で調整するほうが，より簡単で効果的である．乾乳期の牛はグループにまとめられ，個体管理が難しい場合が多い．また，受胎が遅れた牛は乾乳期間が長くなりボディコンディションが 4 またはそれ以上に達する．こうした問題を避けるため別飼いが必要になるので，個体管理が容易な泌乳後期に調整する．乾乳に入るときのボディコンディションが，ふつうかやや肉付きがよい状態であれば，乾乳期の日増体量がある程度異なっても，乳量に大きな差異を生じない．各乳期における望ましいボディコンディションのスコアは表 1.4 に示したとおりである．

乾乳期の栄養要求量は泌乳末期とは大きく異なっているので，搾乳牛群と別飼いする

表 1.4 各乳期におけるボディコンディションのガイドライン

乳 期	コンディションスコア
乾 乳 期*	$3^+\sim4^-$
泌 乳 初 期	$3^-\sim3$
泌 乳 中 期	3
泌 乳 後 期	$3\sim3^+$

注 *乾乳の時点で $3^+\sim4^-$ になるように泌乳末期で調整する．

ことがよい．飼育場所は，できればコンクリートよりも土の上で日光を浴びて十分な運動ができる場所が望ましい．

乾乳期用の飼料は，TDN（可消化養分総量）58～63％，CP（粗タンパク質）12～13％，タンパク質のルーメン分解性は中程度（バイパス率30～32％）とする．ADF（酸性デタージェント繊維）33％以上，Ca 0.39％，P 0.32％を基準にし，栄養状態によって適宜調節する．乾乳期の飼料給与の注意点としては，エネルギー，CPの過剰給与を避け，乾物摂取量は体重の2％とし，1％は粗飼料とすべきである．食塩は自由摂取でよいが，CaとPの過給は乳熱の問題につながるので，制限給与したほうがよい．高泌乳牛に対しては分娩予定日の2～3週間前からCaとPの1日当たりの給与量をそれぞれ50g/日以下と30g/日以下に制限する（後述するように，Ca給与を制限することよりも飼料中のイオンバランスを重視すべきである，といった考え方も最近提案されている）．乳熱がみられる牛群にはNaとKを制限し，陽イオンと陰イオンのバランスをとるとよい．このような牛群には分娩前の2週間は食塩の自由摂取は避けたほうがよい．

少量の穀物の給与は，ミネラルとビタミンの供給源ともなるので有効である．繊維質飼料としてはイネ科乾草がもっとも望ましいが，予乾したグラスサイレージでもよい．一方，トウモロコシサイレージの過給は過肥になりやすく，また，第四胃変位の誘因になるとされているので，栄養状態の悪い乾乳牛でも多給は避けたほうがよい．また，最近では稲わらや麦稈に対する安全なアンモニア処理システムも実用化されているので，乾乳牛の粗飼料源としてアンモニア処理わらの給与も有効である．

放牧地帯では，春の放牧草や早刈り生草の栄養価は乾乳牛には高すぎる場合が多い．とくに，管理のよい放牧草や早刈り生草はCP/TDN率が高いので，CPの著しい過剰摂取となる．乾乳期におけるCPの著しい過剰摂取は，分娩性低カルシウム血症を起こしやすく，ダウナー型起立不能症，流産，第四胃変位の発生率が高まる．このような悪影響を回避するためには，分娩予定日の2週間前から放牧を2時間程度に制限し，中程度の品質の乾草や予乾グラスサイレージ，あるいはアンモニア処理わら等を併給する方法が有効である．

乾乳牛の飼養管理の留意点は次のとおりである．
（1） 乾乳期間は50～60日間が最適である．
（2） 乾乳牛のボディコンディションを最適に維持するため，搾乳牛と別飼いとする．
（3） ボディコンディションの調整は泌乳後期に行う．
（4） 良質粗飼料（トウモロコシサイレージ，早刈りグラスサイレージ，マメ科牧草，混播牧草など）の給与は栄養素の補給程度にとどめ，全飼料中の養分濃度を適正に維持し，稲わらや麦稈，刈り遅れの乾草等，硬い繊維質を不断給餌する．
（5） 新鮮な空気と，日光浴，運動をさせるため，十分な広さのパドックを確保する．

b．分娩前後の飼養管理
1） 乾乳期の増し飼い

乾乳期の増し飼いは，分娩後の泌乳に備え，牛に十分な栄養を与え，体力をつけるということで以前から行われている飼養法である．この考え自体は必ずしも誤りではない．

というのは，分娩後の増乳期には多量のエネルギーが必要であるが，牛自身は十分に採食できず，結局，体脂肪等を消耗することによってエネルギー不足を補い，泌乳を続けざるをえないからである（図1.10，図1.11）．その結果，乳牛は体重を減少させるが，これが過度になると体内の代謝が乱れ，ケトーシスや脂肪肝などを引き起こすので，体重減少はある範囲内にとどめなくてはならない．しかし，分娩前に増し飼いを強く行い，過度の養分蓄積を行うと，泌乳初期に肝臓に脂肪が急速に蓄積して肝機能が低下する．このことはいろいろな代謝障害を引き起こすばかりか，感染症に対する抵抗力の低下へとつながる危険性が高くなる．

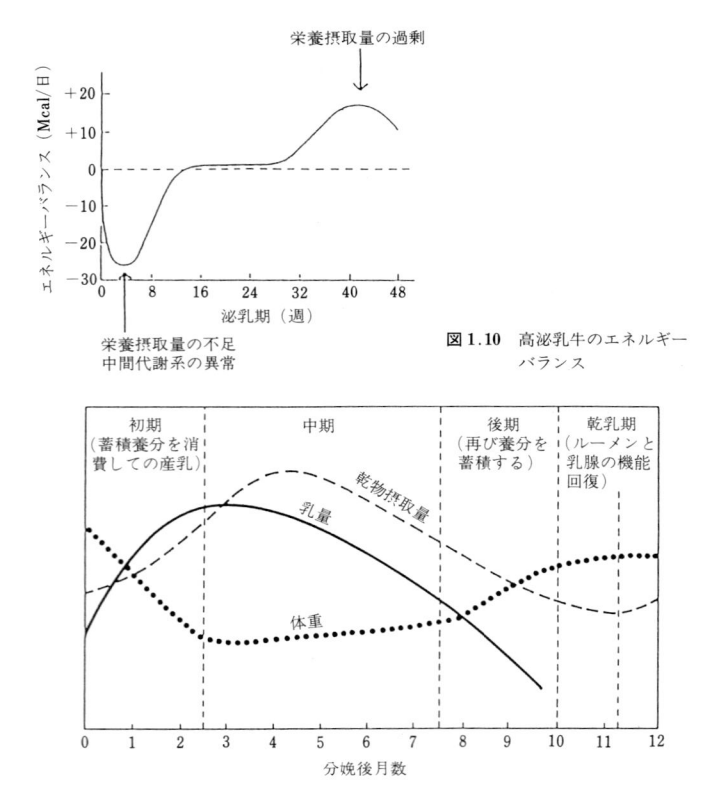

図1.10 高泌乳牛のエネルギーバランス

図1.11 乳牛における分娩後の乾物摂取量，乳量および体重の推移
(Illinois Dairy Report, 1986)

泌乳初期は摂取した栄養分だけでは乳生産のために必要な栄養分を満たすことができないので，牛は体脂肪の動員によって栄養分の不足を補うが，過肥牛は分娩後の飼料の食込みが悪く，この結果，エネルギーが不足し，乳量が伸びない．また，乳生成にとってもっとも重要な栄養素であるグルコースは肝臓でつくられるが，過肥牛はグルコースの生成が不足し，脂肪肝になりやすい．

泌乳中期を過ぎるとエネルギーの摂取量が要求量を上回るので，過剰のエネルギーは体脂肪に蓄積される．インシュリンはグルコースを体脂肪合成に向ける作用があるが，過肥牛は血中のインシュリン濃度が高いことも泌乳後期に乳量が低下する理由の一つとして考えられている．

増し飼いのもう一つのねらいに，胎児の発育に要する養分補給がある．胎児は妊娠末期に急速に体重がふえるので，この時期に栄養素を補給し，母体の消耗を防ごうとするものである．しかし，胎児の発育はこの時期には母体の養分蓄積よりも優先するので，よほどの悪い栄養状態でない限り，出生する子牛の体重はほぼ正常の範囲にとどまる．増し飼いで胎児が大きくなり，かえって分娩時の難産の原因になることも指摘されている．

現在では分娩後の濃厚飼料の増給に備えて，分娩前に濃厚飼料を給与する方法が広く実施されている．分娩前から濃厚飼料に馴致させたほうが，分娩後の食込みが順調に進み，乳生産，母牛の健康や繁殖面でも有利であるとの考えに立っている．

2) 分娩前後の飼料給与水準と牛乳生産

分娩後の養分摂取量と乳量，乳成分との関係では，分娩後すみやかに飼料を増給して養分摂取量を高めると，泌乳量がふえて，泌乳ピークが早まるが，飼料を制限すると乳量は伸びず，体重も減少して，その後に飼料を増給しても乳量の上昇は小さく，逆に体重が増加することが認められている．このように飼料増給に対する泌乳反応は乳期が早いほど高く，乳期が進行すると低下する関係がある．

一般に，分娩後にみられる乳量の上昇は，飼料摂取量の多少にかかわらず，ある程度までは持続するが，給与量が少なすぎる場合は，牛が本来もっている能力の最高乳量に達しないまま減少する傾向がある．このような泌乳初期における低栄養は，乳牛の泌乳能力を十分に発揮させないばかりか繁殖機能の回復を損なう．分娩後すみやかに飼料摂取量を増加させることが，乳量や乳成分を高めるためにきわめて重要である．

3) 分娩前の飼料給与

分娩の2～3週間前からの飼料給与は，分娩後の飼料摂取量を高めて乳牛の能力を最大限に発揮させるとともに，分娩前後に起こりやすい疾病を防止するという見地から，きわめて重要である．

この時期の最大の留意点は，ルーメン内微生物を分娩後の飼料構成に適応させておくことである．このため，粗飼料構成を分娩後の良質粗飼料構成に近づけるとともに，濃厚飼料を2～4kg程度給与する．この馴致は徐々に行う．さらに，タンパク質のうちルーメン非分解性タンパク質も泌乳初期の飼料構成に合わせて給与する．タンパク質分解性を考慮に入れた乾乳期の適正タンパク質水準の設定については今後の課題であるが，非分解性タンパク質を考慮した飼料を分娩前の初産牛に給与することによってボディコンディションが改善され乳タンパク質率が高まることが認められている．

Caは全飼料からの摂取量を不足状態，つまり日量30～40gに制限したほうがよい．粗飼料としてはイネ科主体の乾草，グラスサイレージやトウモロコシサイレージなど，Ca含量の低い飼料の組合わせとし，Ca剤を無給与とすれば，ほぼこの低い水準に達する．しかし，最近の研究ではCa給与を抑えることよりも飼料中の陽イオンと陰イオンのバ

ランスをとることが乳熱などの周産期病の防止のため重要であり，むしろ高いK含量に問題のあることが指摘されている．この新しい研究報告については十分な配慮が必要である．乳房浮腫は初産牛に多くみられ，初産月齢が29カ月齢を越えると増加する．また，経産牛でも乾乳期間を長くすると乳房浮腫が増加する．乳房浮腫の原因についてはほとんど解明されていないが，食塩，エネルギー，あるいはタンパク質の過剰給与も関係があるといわれている．乳房浮腫は呼吸，運動による腹壁のリズミカルな圧力変化によってリンパ液の移動を促進してやるとある程度防止できるので，この時期の十分な運動も有効である．

TMR（オール混合飼料，コンプリートフィードともよばれる）の場合も分娩の3週間前から給与量を徐々にふやすとともに，濃厚飼料割合もふやしておくと，泌乳牛用のTMRへの移行が容易である．

4） 分娩後の飼料給与

分娩前の濃厚飼料の馴致がうまくいけば，分娩後の早い時期，通常は3～5日目から濃厚飼料を増給して養分摂取量を高めると，泌乳量がふえて泌乳ピークが早まり，一乳期乳量が高まる．この時期は，飼料増給に対する泌乳反応がもっとも高いので，飼料給与のポイントは養分濃度の高い飼料を，いかに安全に多量に摂取させるかである．そのためには，栄養素や繊維濃度など適正なバランスのとれた飼料給与が重要であるばかりか，各給与飼料のルーメンでの消化スピードに基づいた給与順番の選定や多回給餌など，いずれもルーメン機能を考慮した給与技術の導入が必要である．正常なルーメン機能の維持を無視した飼料給与を行うと，疾病の多発や繁殖面で問題がふえるばかりか，乳成分に影響する．

5） 養分摂取量のピークを早める

泌乳初期の乳量は，その泌乳期の乳量に大きな影響を及ぼすが，現行の高位生産技術は主に泌乳初期の乳量を高め，これをできるだけ持続させることをねらいとしている．

高泌乳牛飼養農家で一般的に行われているリード飼養法は，分娩前から，ある程度の飼料馴致をする．たとえば，分娩予定日の2週間前から濃厚飼料を1日当たり0.5kg給与し，維持に妊娠増し飼いを加えたTDN要求量の120%まで達したら，そのまま分娩まで給与し続ける．分娩後5日目からも，濃厚飼料の給与量を2～3日ごとに1kgずつ増加させ，1日最大給与量を15kg程度までとし，この量を分娩後9週間まで持続して，以降は給与量を徐々に減らす．また，粗飼料は，分娩前に体重の1.2%，分娩後は1.6%程度給与する．

c．各乳期における飼料給与の留意点
1） 泌乳前期

しかし，実際には期待どおりの成績が得られない例もあるので，この方式を成立させる前提条件について述べる．

第1は牛自体の産乳能力である．牛群の中のすべての牛が同じ産乳の潜在能力をもっているわけではなく，同じレベルまで産乳するわけでもない．乳牛の能力により乳量，飼料摂取量，栄養素のバランスは異なっている．泌乳初期は摂取エネルギーが不足し，

エネルギー収支はマイナスを示すが，低能力牛はこの期間が短く，早い時期に収支は改善され，いくら栄養水準を高めても乳量は増加せず，かえって体重増加に結び付くことになる．一方，高能力牛はエネルギー収支のマイナス期間が長く，栄養水準を高めると並行して乳量も増加するという特性を有している．

　第2は，ルーメン内の環境を健全に保つことである．泌乳初期の濃厚飼料増給に対するルーメン内微生物の馴致がうまくいかないと，種々の代謝障害を引き起こすことになる．

　第3には，良質粗飼料を摂取させることが必要である．高泌乳牛には多量の養分が要求されるが，乾物摂取量を増すには，粗飼料は良質のものが給与されねばならない．粗飼料に求められる主要成分は繊維で，セルロースがルーメン微生物相の安定に大きな役割を果たしている．給与飼料乾物中の必要繊維量は，日本飼養標準では粗繊維17％，NDF（中性デタージェント繊維）35％，ADF 19～20％，粗タンパク質17％，そしゃく時間（分/DM（乾物）kg）35分程度として，そのうえでTDN含量が75％以上になるように飼料設計することが望ましいとされている．

　また，飼料摂取量の増加に伴う消化率等の低下に対応して，泌乳量15kg/日につき，維持と産乳を加えた養分要求量に4％を増給することが必要である．このほか，粗飼料の乾物摂取量を体重比で1.5％以上とすることや，粗飼料の切断長などにも配慮する必要がある．

　粗飼料と濃厚飼料の適正給与割合は，40～60％で，この範囲内における濃厚飼料の給与上限は，10～15kgとなる．

　泌乳前期は，エネルギーを充足させるため飼料中のエネルギー濃度を高め，多回給餌やTMRを自由採食させることにより，摂取量自体を高めるような方法が実施されている．しかし，このような方法でも，高泌乳牛のエネルギー摂取量は不足するので，不足分は体脂肪を動員して補われる．タンパク質も不足分は体タンパク質から補充されるが，体脂肪からのエネルギー補充に比べるとかなり低い．また，体脂肪からエネルギーが供給されたとしても，乳量は摂取タンパク質量に規制される．したがって，タンパク質の不足分は基本的には飼料から供給する必要がある．また，脂肪含量の高い綿実や脂肪酸カルシウム等の給与はエネルギー不足を補い，体重減少の抑制，乳量や乳脂率を高めることが可能である．しかし，多給するとルーメン発酵が阻害され，乳タンパク質率の低下など悪影響があるので，これらの油脂の添加量は1日500g程度または，配合飼料の5％以下に制限する必要がある．

　乳牛はタンパク質の供給をすべてルーメン微生物のタンパク質合成に依存することにより，1乳期4,000kg程度の産乳が可能である．しかし，タンパク質要求量の多い高泌乳時には微生物タンパク質だけでは不足するので，飼料由来の非分解性タンパク質の供給が必要である．非分解性タンパク質の評価方法や実際の利用方式についてはさらに研究の進展が必要とされているが，高泌乳時にはタンパク質給与量の30～40％を非分解性タンパク質とすることが望ましく，しかも構成アミノ酸のバランスのよいことが条件としてあげられている．

2) 泌乳中期の留意点

この時期は，粗飼料割合を高め，泌乳前期で達成した高乳量を標準的な泌乳曲線以下に落とさないように，高い泌乳を持続させることに留意する．

泌乳の持続性と乳量の関係についてみると，最高乳量が同じ場合は，持続性が低いと一乳期の乳量は著しく減少する．このような理由から，一乳期の乳量を最高にするには，泌乳初期の適正な飼養により，最高乳量をできるだけ高め，さらにその後の持続性を維持することが大切である（図1.12）．一般に泌乳の持続性（今月乳量/前月乳量）の目安は90％以上とする．もし，牛群全体の持続性が低下している場合は，飼養的要因によることが多く，牛群のうち特定の乳牛だけが低い場合は，主に遺伝的要因などの個体的要因が関係していることが多い．飼養的要因が原因の場合は，飼料設計を見直し，栄養素が不足している場合は改善に努める．

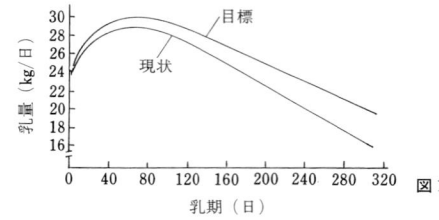

図1.12 泌乳ピークおよび泌乳の持続性の重要性

3) 泌乳後期の留意点

この期間は，泌乳中期と同様に，乳量を標準的な泌乳曲線以下に落とさないことと，乾乳期に備えて栄養状態を適正に調整することに留意する．乳牛のボディコンディションは泌乳前期に低く，乳期の進行に伴い増加し，分娩後240日以上で最高に達する．乾乳期のボディコンディションは240日以上のそれと差がない．乾乳期のボディコンディションと次期乳量の関係については前述のとおりであるが，最高の乳量が期待できる乾乳期のボディコンディションの評点は3^+〜4^-で，乾乳期に過肥あるいは痩せすぎている状態は好ましくない．

飼料エネルギーの利用過程と，乳への利用効率からみると，飼料エネルギーが産乳に利用される場合がもっとも利用効率が高い．飼料エネルギーが体脂肪に転換される効率は，泌乳中では74.7％，乾乳中では58.7％で，泌乳期のほうが乾乳期よりも飼料エネルギーが高い効率で体脂肪に転換される．体脂肪からは82.4％の高い効率で産乳に利用される．したがって，泌乳後期に体脂肪として蓄積し，これを次の乳期の産乳に利用する場合に効率が高く，乾乳期に蓄積した体脂肪の利用効率はかなり低いといえる．このような理由から次の乳期を考えると，ボディコンディションは泌乳末期に調整する必要がある．

d. 高泌乳時の乾物摂取量

飼料の栄養素のバランスが適正であれば，乳量は飼料の乾物摂取量と密接に関連する．乳牛の泌乳能力の向上に伴い，乾物摂取量も増加している．このため，日本飼養標準（1994

年版）では最近における乳牛の泌乳能力向上を反映して，泌乳牛の乾物摂取量の改定値を示している（表1.5）．算出法は前版の飼養標準（1987年版）と同様に体重とFCM量による推定方法を採用している．解析には関東・東海7都県の協定研究や改良センターなどのデータが基本にされている．算定法は以下のとおりである．

$$\text{DMI}(kg/日) = 2.29481 + 0.01008 \times W(kg) + 0.43579 \times \text{FCM}(kg/日)$$
$$\text{FCM}(kg/日) = 15 \times \text{FAT}(\%) \div 100 + 0.4 \times \text{MILK}(kg/日)$$

分娩後1カ月については，算定式で求めた数値から，1週間で28％，2週間目で18％，3週間目で10％，4週目で4％減じることになっている．

表1.5 泌乳牛の乾物摂取量(体重当たり％)
(日本飼養標準，乳牛，1994年版より)

FCM量 (kg)	体　重　(kg)				
	400	500	600	700	800
20	3.76	3.21	2.84	2.58	2.38
30	4.85	4.08	3.57	3.20	2.93
40	5.94	4.95	4.30	3.83	3.47
50	—	5.82	5.02	4.45	4.02
60	—	—	5.75	5.07	4.56

e．混合飼料の給与

最近，TMRが普及している．TMRの給与は省力化，必要な養分の供給，乾物摂取量の向上，嗜好性の劣る飼料の有効利用などから，自由採食を前提として行われる．給与方法には粗飼料と濃厚飼料をすべて混合して給与する方法と，養分含量が低めのTMRを給与し，不足分を個体別に補給する方法がある．通常は乳牛を乳量，乳期，産次あるいは体重等によって群分けし，それぞれの群の平均的な乳牛に必要な養分含量のTMRを調製し，自由採食させる．牛群が均等に採食できるように十分な飼槽スペースを確保し，1割程度のTMRが残る量を目安に，1日数回に分けて給与し，乳牛の摂食を刺激するような配慮が望ましい．

乳牛の群分けができない場合は，群の平均的乳牛が必要とする養分含量よりも低めのTMRを給与し，不足分はコンピューター制御の濃厚飼料自動給餌機の利用により補給する方法がある．　　　　　　　　　　　　　　　　　　　　　　　　　　　　［萬田富治］

1.6　乳牛の生態，管理

a．乳牛の生態，行動
1) 摂食行動

飼養管理の方法によって異なるが，泌乳牛の1日の採食時間はおよそ3～9時間で，10～20回に分けて，乾物で体重の約3％の飼料を摂取する．放牧では，朝と夕方に集中して採食を行う採食期が認められるが，舎飼いでは自由採食でもはっきりとした採食期は認められず，日中でもだらだらと採食が行われる．

採食行動の発現と停止は，脳の視床下部で調節されている．ここでは，消化管や体液

からの情報をもとに，体内において体重の維持や泌乳に必要なエネルギーと実際に摂取したエネルギーの過不足をモニターし，採食量を調節している．しかし，食欲は単に栄養的欲求によるものだけではなく，飼料の味やにおいのような化学的な刺激や飼養者の給餌作業などの心理的な刺激によっても変化する．牛は甘味，酸味，塩味，苦味を識別し，甘味は好むが，苦味は拒絶するといわれる．また，においにも敏感で，乾燥した糞のにおいは拒絶する．このような飼料に対する好み（嗜好性）は，とくに低質な飼料を給与する際には配慮する必要がある．

2) 飲水行動

飲水量は牛の大きさ，泌乳量，季節等によって変わるが，体重の約 10～15% とされている．飲み水の温度は飲水量に影響し，水温 9℃ に対し水温 25℃ では約 20% 飲水量が減少する．したがって推奨される水温は，10～15℃ とされている．また，飲み水としては，清浄な水が好ましいことはいうまでもなく，下水や排泄物の混入は病原微生物の繁殖を助長する．

3) 反芻行動

反芻は飼料摂取後 30 分ないし 1 時間後に始まり，20～50 分間連続して行われる．こうした反芻期は 1 日に 10～15 回出現し，合計の反芻時間は 6～10 時間に及ぶ．反芻行動は，飼料の吐き戻し，再そしゃく（噛み返し）および再嚥下の 3 段階の動作が連続して起こる行動で，吐き戻しと再嚥下に 4～6 秒，再そしゃくに 50～60 秒かかる．反芻は飼料を細切するだけでなく，再そしゃくに伴って多くの唾液を分泌することから，唾液の緩衝作用によりルーメンの恒常性を維持する働きがある．

反芻による再そしゃくの回数は 2 万～3 万回に達し，採食時のそしゃくと合わせると，乳牛は 1 日に 4 万～5 万回そしゃくすることになる．そしゃく時間は粗飼料の物理的な性質によって変化することから，粗飼料の物理性の評価指標（RVI）として用いられる．RVI は採食した飼料乾物 1kg 当たりのそしゃく時間（採食＋反芻時間，分）で表され，飼料の種類，粒度，NDF（中性デタージェント繊維）含量および採食量で変化する．この値が低すぎると乳脂率の低下がみられ，乳脂率を下げないためには，RVI で 35 分/DM（乾物）kg 以上の飼料構成が必要である．

4) 休息・睡眠行動

睡眠は休息行動の中でも個体の生存上もっとも重要な行動型で，牛の睡眠時間は 3～4 時間とされている．一般に，牛の寝場所としては，湿った場所より乾いた場所が，堅い場所より柔らかい場所が好まれる．盛夏期の昼間には，パドックの泥の上で横臥する光景をしばしばみかけるが，夜間の休息でもやはり乾いた柔らかい場所が好まれる．フリ

表 1.6 牛によるストール床材の選択順位

順位	床材（ストールの材質；敷料の量）
1	土　　　　　　　　　　　：おがくずを 13～15 cm 敷く
2	コンクリート＋ゴムマット：おがくずを 5 cm 程度週 1 回敷く
3	コンクリート＋特製マット：おがくずを 5 cm 程度週 1 回敷く
4	コンクリート　　　　　　：おがくずを 5 cm 程度週 1 回敷く

資料：Transactions of ASAE(1985).

ーストールにおける床材についても，表1.6のように，乾いた柔らかい床が理想となる．

5) 社会的順位

牛は社会性をもった動物で，生後3～9カ月齢で社会的順位が確定する．順位があることによって，各個体は無用な闘争によるエネルギーの消耗を避けることができる．しかし，群の中に社会的順位が確立されても，採食時や休息時には，上位の牛が下位の牛を押しのけたり威嚇する行動がみられる．つなぎ飼い方式では，このような個体間の争いによる負傷やストレスはほとんどみられないが，放し飼い方式では給餌場やストールが狭いと競合が起こりやすい．社会的に弱い牛が仲間の牛によって危険にさらされることがないように，十分なスペースを確保するとともに，除角することが望ましい．また，罹病牛など異常のある牛は一時的に順位が最下位となるため，群から離れたり群の最後尾を追従する行動がみられる．

6) その他の行動

排泄行動はフリーストール方式でストールを清潔で，牛が好んで利用できる状態に維持するうえで重要である．一般に，泌乳牛は乾乳牛より頻繁に排糞，排尿し，糞を1日に10～18回，尿を5～12回排泄する．通常，排泄行動は起立姿勢で行われ，横臥の前後に集中して排糞が観察される．

発情時には特徴的な行動がみられる．発情の初期には落着きがなくなり，採食量が減少する．陰部や尿のにおいを嗅いだり，乗駕・被乗駕行動がみられる頃にはますます落着きがなくなり，歩き回る．このような行動は，発情発見の有力な情報であり，被乗駕を知らせるマーカーや，歩行数をカウントして知らせるシステムが開発されている．

b. 管 理

1) 一 般 管 理

a) 泌乳時期と飼料給与　一泌乳期における乳量，採食量および体重の推移を模式的に図1.11に示してある．

分娩後約2カ月で泌乳量は最高となるが，採食量は1～2カ月遅れて最高となる．したがって，泌乳初期では乳生産に必要なエネルギーに対し，摂取できる飼料のエネルギーが不足し，その分を体組織からの脂肪の動員によってまかなうため，この時期に体重の減少がみられる．この傾向は泌乳量が多い牛ほど強い．近年，わが国の乳牛の能力は向上し，日乳量45～50kgに達する牛も多くなっている．このクラスの乳牛の養分要求量を充足するために摂取させるべき飼料の乾物量は，たとえばTDN（可消化養分総量）含量73％の飼料では体重比で4.3～4.6％にも達する．これだけの乾物量を摂取することは資質的に優れた飼料摂取能力をもった牛なら可能であるが，一般的には困難なケースが多いので，高能力牛で泌乳最盛期の養分要求量を充足させるためには，飼料中の養分含量を高める必要がある．詳しい飼料設計については前節を参照されたい．乳牛の栄養状態や食欲をみながら適切な飼料設計を組み，泌乳最盛期を長く保つことが高位乳生産の一つのポイントといえる．

泌乳中～後期の乳量をできるだけ高く維持することも，乳牛管理において重要である．この時期は泌乳にかかわるホルモンの分泌や乳腺の働きが低下しているので，養分供給

の状態が直接産乳量に影響する．泌乳最盛期に消耗した栄養状態の回復をはかる意味から，食欲の回復を待って十分な飼料を給与する．この際，回復程度を知るために，体重やボディコンディションの推移をみる必要がある．この時期に過肥となった牛は，次産次の高泌乳期に採食量が不足しケトーシス等の代謝障害を起こしやすい．また，削痩した牛では次乳期に活力を欠き乳量の伸びが鈍くなる．乾乳が近づいたら泌乳を抑え，50日前後の乾乳期間をおいて次乳期に備える．

b） 搾　乳　1日の搾乳回数は通常2回であるが，3回にすると2回搾乳時の10〜25％，4回にするとさらに5〜15％乳量が増加する．また，搾乳間隔は等間隔が好ましく，昼間の搾乳間隔を短くすると，12時間の等間隔搾乳に比べて乳量が少なからず減少する．

搾乳は一般に，乳房の洗浄，乳質検査，搾乳，乳頭の消毒の手順で行われる．洗浄はきれいなお湯で乳房，乳頭に付着した汚れを洗い落とした後，きれいな布や紙などで余分な水分を拭き取る．最近では乳質改善の観点から，乳頭だけを洗浄する方法が推奨されている．ふだんから乳房が汚れないようにすることも重要で，牛床や運動場など牛が寝る場所はきれいにして，乳房は毛刈りを行う．また，洗浄は搾乳開始の合図として下垂体を刺激し，乳排出を促進するオキシトシンの分泌を促す．洗浄後にはただちに乳頭口が開き乳の排出が始まるので，乳腺槽の中に雑菌が侵入しやすい状態となる．また，オキシトシンの分泌は6〜8分で急速に弱まってしまう．したがって，洗浄後はただちにストリップカップ等で乳に異常がないかを調べ，1分以内にティートカップを装着する．通常1頭当たりの搾乳時間は3〜7分であるが，これ以上時間のかかる牛は全体の搾乳の作業能率を低下させるので，牛群構成において注意する必要がある．搾乳後は，各乳頭にディッピング（薬液浸漬）を行う．

2） 夏季の管理

乳牛，とくにホルスタイン種は暑熱に弱く，高温時に乳量，乳成分率の低下，増体量の減少，受胎率の低下などがみられる．温度の上昇による乳量の減少は気温24〜27℃以上で現れ，夏季の西南暖地では乳量は17〜20％減少する．湿度や日射量の増加は気温の影響を増強するが，風はこれを軽減する．したがって防暑対策では，日射等による外部からの熱を遮断し，換気（温風の排気と冷気の送風）や散水により牛体からの熱放散を促進することが基本となる．望ましい畜舎としては，屋根に断熱性の優れた材料を用い，換気の効率を高めるためにオープンイーブ（軒下開口部）やオープンリッジ（棟開口部）を設置する．壁も夏季には開放できる構造とする．また，畜舎内には送風機や噴霧装置等を設置し，牛体や畜舎からの熱放散を促進させる．

さらに，夏季の管理で重要な点として飼料給与の問題がある．高温時には熱放散のために呼吸数が増加したり，体温上昇による代謝量の増大により，適温時と比較して熱発生量が増加する．そこで，高温期の飼養管理では無駄な熱発生を軽減する努力が必要となる．夏季は食欲が低下し乾物摂取量も減少するので，エネルギー要求量を充足させるためにも飼料中の栄養含量を高める必要がある．そのためには飼養標準で示されている給与飼料中に含ませるべき繊維等の質，量の要件を満たしつつ，濃厚飼料などの高栄養の飼料を最大限に利用することが必要となる．これらの関係について図1.13に示した．

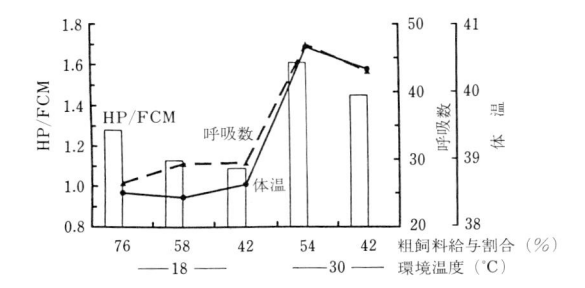

図1.13 FCM 1 kg 生産当たりの熱発生量(HP/FCM, Mcal/kg/day)，体温および呼吸数に及ぼす粗飼料給与割合と環境温度の影響 (Shibata & Mukai, 1979より作図)

環境温度が18°Cの場合に比べ，30°Cでは熱発生量，体温，呼吸数のいずれも増加し，しかも粗飼料の給与割合が高いほどその増加量は大きくなっている．

3) 冬季の管理

牛は寒さに強く，わが国ではとくに保温などの防寒対策の必要は少ないといえる．しかし，寒冷時の雨，雪および風は急速に体温を奪うので，屋外の飼養条件では体を濡らさず，風を防ぐ配慮が必要である．また同様の理由から，牛床はつねに乾いた状態に保つのが基本で，おがくずや切りわらなどの敷料は床と牛体の間に空気の層をつくるので保温効果が高い．飼養面では，$-10°C$以下になると乳生産の低下がみられることから，こうした低温期には熱生産のために増加した養分要求量を充足させるために濃厚飼料の給与割合を高めるとともに，飼料給与量を10〜20%ふやすことが必要である．

4) 飼養管理方式——つなぎ飼いと群飼育

乳牛の飼養管理方式は，つなぎ飼いと群飼育に大別される．つなぎ飼い方式の最大の特徴は，文字どおり牛がスタンチョンやロープによりつながれていることで，各個体の位置が決まっていることから個体管理がしやすく，採食時の競合が少ない等のメリットがある．反面，搾乳や飼料給与時には，管理者がミルカーや餌を牛のもとに運ばなくてはならず労力がかかるのが欠点としてあげられる．一方，群飼育では，牛のほうからミルキングパーラー（搾乳場）や採食場所に移動してくれるなど省力的ではあるが，群単位の管理となるため個体の管理に難点がある．

飼料の調製と給与の方法も二つの飼養管理方式によって大きく異なる．つなぎ飼いでは，各個体の養分要求量，乾物摂取能力，嗜好性，体調などに合わせてメニューや給与量を変えることが可能である．しかし，群飼育では個体別の給与が難しく，養分要求量が似通った牛どうしを集めて搾乳牛全体で二，三の群に分け，群ごとに適度なエネルギー濃度のTMR（オール混合飼料）を調製して給与する．そして，各個体にそれぞれの養分要求量に応じて自由採食してもらうことになる．こうした群飼育における栄養管理の欠点を補う方法としては，個体識別型の自動飼料給与装置が開発されており，最新鋭のフリーストールで利用されている．

5) 健康管理

乳牛のふだんの健康管理として，行動等を観察し必要に応じて体温や呼吸数を測り，疾病や事故の早期発見に努める必要がある．観察すべき主な項目は，食欲，動作(活力，群からの距離)，糞の性状（硬さ，色，におい，粘液の混入，繊維の長さ等），牛乳（乳量の変化，乳質，乳温）などで，異常を発見したらすみやかに獣医師に相談する．

［塩谷　繁，寺田文典］

1.7　乳牛の牛舎システム

a．牛舎管理システムについて

牛舎システムは，広義には乳牛を健康的に管理し，低コストで高品質の生乳を生産する技術体系であるが，ここでは大幅な省力化，パーラー搾乳，増頭等を目的に増加しているフリーストール牛舎，ミルキングパーラーおよび重要なキーテクノロジーである自動制御の乳牛管理用施設・機械およびコンピューターによる牛舎内外のデータの記録，解析による作業支援システム等狭義に考える．

これは，農政審議会報告（1993年（平成5）9月）で述べられている，10年程度後のゆとりある酪農経営で導入が期待されている牛舎システムでもある．今後は，乳牛の能力を十分に引き出しつつ大幅な省力化と省資源化をはかる研究開発が必要であるが，従来の"人と家畜，人と機械"から自動化機械の導入で"機械と家畜"の要素も加わり，より複雑になってきている．自動化機械に対する牛の行動，反応の予測がまだ不十分であり，予期せぬ牛の行動に施設，機械がまだ対応しておらず，今後の課題でもある．

b．フリーストール牛舎

乳牛舎の役割として期待されるのは，乳牛の飼養環境の改善による生産性の向上および管理者の作業労働環境の改善等である．

牛舎の形式は，つなぎ式が大部分を占めているが，酪農をとりまく状況を反映して，ゆとりある酪農，規模拡大等をめざして牛舎を建て替える際等に導入する場合が多くなっている．フリーストール牛舎は，経産牛50〜60頭規模以上で有利になるといわれているが，より小規模の経営でも選択される傾向にある．

畜産試験場の調査（1992年度）によると，全国で800棟程度のフリーストール牛舎が設置されており，さらに増加の傾向にある．フリーストール牛舎の導入理由としては，省力化，パーラー搾乳，増頭が主要な項目となっている（表1.7）．実際に導入して改善された点は，作業が楽，作業効率の向上，発情の発見が上位を占め，期待どおりの効果が得られたと考えている酪農家が半数を超えている．一方，悪化した点としては，肢蹄病増加，個体管理困難，糞尿処理困難等が多い（表1.8）．

c．ミルキングパーラー

搾乳牛1頭1年当たりの労働時間は，1965年（昭和40）には467時間（全国平均）であったが，ミルカー，バーンクリーナーおよび各種運搬機械の導入等により飼養管理時

1.7 乳牛の牛舎システム

表1.7 フリーストール牛舎の導入理由[1]

項　　目	件数(件)	割合(％)
省力化	257	75
パーラー搾乳	195	57
増頭が容易	195	57
牛の健康	147	43
自由採食	122	36
牛舎の老朽化	115	34
乳量乳質の向上	89	26
新技術への取組み	87	25
コスト削減	79	23
牛の耐用年限の長期化	31	9

表1.8 フリーストール牛舎を導入して改善された点と悪くなった点[1]

	項　目	件数(件)	割合(％)
改善	作業が楽になった	231	68
	作業効率向上	210	61
	発情発見が容易	198	58
	牛が健康	134	39
悪化	肢蹄病増加	153	45
	個体管理困難	112	33
	糞尿処理困難	92	27
	爪管理困難	78	23

間が大幅に減少し，1992年（平成4）では129時間となっている（表1.9）．北海道はより省力的であり，都府県に比べ34時間少ない．また，飼養頭数規模の拡大は，施設，機械の導入が進むことから，1頭当たりの労働時間はさらに減少する．50頭以上の規模では79時間/年である．しかし，欧米では25～40時間程度といわれ，まだ大きな開きがあり，さらに努力する必要がある．

乳牛の飼養管理作業をみると，搾乳・牛乳処理の時間がもっとも長く，約半分を占める搾乳時間の削減が望まれる．搾乳はつなぎ式牛舎でもパイプラインミルカーが普及して，労働強度の減少に寄与している．パーラー搾乳はフリーストール牛舎の普及とともに着実に増加してきている．パーラー搾乳は自然な姿勢で搾乳作業が行え，省力化とともに軽労化の効果も大きい．

パーラーの形式としては，ヘリンボーンパーラーおよび後ろ搾りパーラー（パラレルパーラー）の設置が多い（表1.10）．タンデム系パーラーおよびアブレストパーラーは，

表1.9 飼養管理労働時間(全国，搾乳牛通年換算1頭当たり)(農水省，平成4年度統計)

搾乳・牛乳処理・牛乳運搬	62.9 時間	48.8％
飼料の調理・給与・給水	31.9	24.7
敷料の搬入・きゅう肥の搬出	16.6	12.9
飼育管理	15.4	11.9
その他	2.3	1.8
計	129.1	100.0

表1.10 パーラーの形式別割合と付属設備の装備率[1]

形式	ヘリンボーン	63％
	パラレル	25
	自動タンデム	7
	タンデム	3
	アブレスト	3
装備率	自動離脱	62％
	乳量計	37
	個体識別	17

8ストール以下の小規模パーラーへの導入がみられている．

また，パーラーは関連装備の充実も容易であり，省力化に効果の大きい自動離脱装置の装備率は過半数を超えている．また，個体管理情報の収集に必要な乳量計や個体識別装置の導入も進んでいる（表1.10）．最近は，より省力的な搾乳機として搾乳ロボットの開発が進められているが，別項で述べることとする．

精密な飼育管理を行うには，生体の各種データの収集，処理と利用が重要である．一部の乳量計では，オンラインでコンピューターファイルへの乳量等データの蓄積もでき，搾乳量，搾乳作業のモニタリングも可能となっている．搾乳データの詳細な解析から，搾乳作業あるいは乳牛淘汰の重要な要素の一つである搾乳速度の把握も可能である（図1.14）．

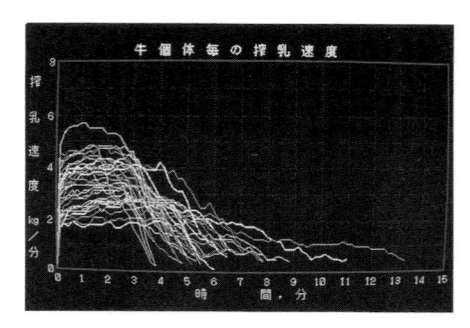

図1.14 牛個体ごとの搾乳速度

d．搾乳ロボット（全自動搾乳機）

搾乳作業の自動化では，追込みゲート，テートカップの自動離脱装置，搾乳器具の自動洗浄装置等が実用化されている．残されているハードはテートカップの装着，乳房の清拭等である．搾乳ロボットの開発では，テートカップの装着がもっとも重要な課題であり，乳頭の3次元的位置の検出と乳頭へのテートカップのすみやかな移動と確実な装着が必要である．

オランダでは，すでに試作機がつくられており，1993年末に国内にも導入され，試用されている．一方，わが国では，1972年度から5年計画で農水省のプロジェクト研究で全自動搾乳機の開発が進められていたが，コンピューターの能力不足等から実用化には至らなかった．1993年から，民間の研究組合が独自に搾乳ロボットの研究開発に着手し，開発が進められている．

搾乳ロボットは，24時間稼働の多回搾乳も可能となり，モデル実験では，搾乳回数が1日4回程度で，2回搾乳より十数％増の搾乳量になると報告されている．このため，搾乳ロボットの実用化は，乳牛の群管理システム自体の大幅な変更も必要となると予想される．また，乳牛の体型の均一化，とくに斉一性のとれた乳房の形，乳頭の付着位置などロボット作業に適するような改良も重要と思われる．

e. 給餌用施設・機械（濃厚飼料自動給餌機）

給餌用施設・機械の利用状況（表1.11）から，フリーストール牛舎では，省力的に給餌作業が行える給餌車等を使って混合飼料を給餌する形式のものが多い．群管理の欠点の一つは，個体間の競合が生じることから個体ごとの栄養管理が十分に行えないことなどがあげられる．このことから，高泌乳牛ではつなぎ飼いによる個体別飼育が有利といわれてきた．

表1.11 飼料給餌用施設機械の利用状況[1]

自走式給餌車	24.9%
牽引式給餌車	33.6
定置式混合機	12.0
汎用トラクター	3.2
専用ローダー	8.2
給餌コンベア	4.7
個体識別装置	3.8
フォークリフト	1.5
軽普通トラック	7.3
手押し一輪車	8.2

しかし，個体識別に基づく濃厚飼料自動給餌機の利用は，搾乳量の多い個体には，個体を選別して別途に飼料を給与できるなど，この欠点の一部を補い，省力化の効果が大きいことから開発が進められ，実用化に至っている．濃厚飼料自動給餌機の稼働状態（図1.15）や生体情報のモニタリング結果のデータと連動した飼料の自動的給与量の設定や給与等の検討も必要と思われる．

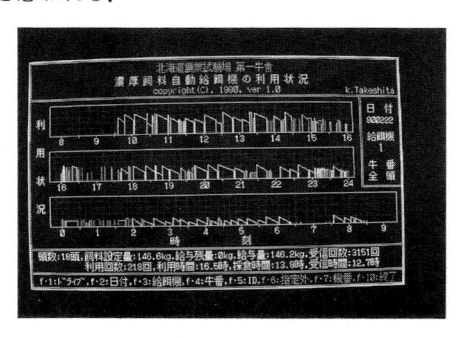

図1.15 濃厚飼料自動給餌機の利用状況

f. 牛群の個体識別（データキャリア）

乳牛飼養の大規模化あるいは群飼育においては，管理者による個体識別に限界があることから，何らかの個体識別法が必要になる．

すでに述べた搾乳ロボットや濃厚飼料自動給餌機では，自動的な牛の個体識別は必須の技術である．管理者は，個体の特徴，ネックタッグや耳標等により個体の識別を行ってきたが，電気的にも読み取れるものとして，従来から頸輪に吊下げ型の個体識別用の

発振器が使われているが，最近，個体固有の識別番号を書き込んだデータキャリアが注目されている．

国際標準化機構（ISO）で動物用電子式識別手段コード体系の国際標準規格の作成作業が進んでおり，識別コードは日本国内でも単一性が確保できるものとされている．これに準拠した体内に埋込み可能なマイクロチップ型（長さ30mm×直径3.5mm）や耳標型（本体5cm×6cm）のデータキャリアおよび対応する読取り機の開発も進められており，乳牛の個体識別や管理用機器の制御など飼養管理への応用への広範囲な活用が期待されている．

g. 生体情報のモニタリング

生体情報のうち生理的状態のモニタリングは，人間用の医療用機器を用いることが多く，つなぎ状態でも継続的なデータの収集は難しいが，群飼状態ではより困難であり，一部の試験を除いては行われていない．

体温，呼吸数，心拍数など健康診断の基本項目のモニタリングから，乳牛に異常が発生していることを管理者に知らせ注意を促すなど疾病の早期発見等に効果のあるシステムの開発が期待される．疾病の早期発見・診断等のモニタリングには，牛体に非接触な画像解析や音声分析技術の応用がより望ましいが，実用化はまだ遠いと思われる．

精密な飼料給与管理には，乳量，体重，採食量（残食量），肥満度や体構成成分等の項目が，繁殖関係では発情，分娩発来等が考えられるが，寄与率の高い項目は必須であり，コンピューターと連動した乳量計や体重計の導入が徐々に試みられている．

h. 生産管理の精密化，高度化への支援

酪農経営の情報（データ）の把握では，継続的に行うのが重要であり，かなりの努力を必要とする．繋養牛の個体台帳，繁殖成績，搾乳量，飼料給与等の記録をもとに，飼料の在庫管理や注意牛リストの摘出等により経営管理の支援に役立っている．また，必要に応じ施設・機械制御の基礎データにも用いられる．コンピューター処理は，各経営（ユーザー）の条件，レベルに合った書式，計算処理，表示のものが望まれ，簡易なプログラミングソフト等の開発も必要になるものと思われる．

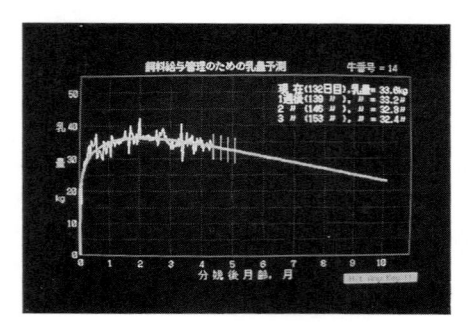

図 1.16 飼料給与管理のための乳量予測

また，牛乳生産に応じた飼料給与（種類，量等）の計算を行うコンピューターソフト等も，管理支援の一つと考えられる．繁殖管理も飼養頭数が多くなると困難になりがちであるが，発情，種付等のデータからカウカレンダー等を作成することにより効率的な作業が行える．

　生産物の量，質の将来予測等による生産管理と効率化も重要であるが，実際に現場で応用されている場合は少ない．酪農では乳量と乳質等の予測により（図1.16），飼料の質，給与量を適正化することができるとともに，乳牛の能力の早期判定や淘汰の情報が得られる．

　しかし，コンピューターによるデータ処理での問題は，プログラムでの処理解析のほかにむしろ日々牛舎内で発生するデータの収集およびデータの信頼性であり，信頼度の高いデータ収集に配慮することが必要である．データ収集の省力化と信頼性の確保のためにオンライン化も重要な要素の一つであり，これに必要な機械器具，センサーの開発が望まれる．

[竹下　潔]

文　　献

1) 畜試・農工研：全国のフリーストール牛舎342戸の調査結果（複数回答）(1993)

1.8　原　　料　　乳

　日本農林規格によれば"原料乳"とは，「市乳およびバター，れん乳，粉乳その他の乳製品製造原料に供する牛乳を言う」となっている．さらに，「乳及び乳製品の成分規格等に関する厚生省令」（乳等省令と略す）において"市乳"とは，「直接飲用に供する目的で販売する牛乳を言う」となっている．また"生乳"とは，「さく取したままの牛乳」と定義されている．

　乳等省令には乳等の成分規格と製造，調理および保存の方法と基準が定められていて，①分べん後5日以内，②乳に影響ある薬剤を服用させ，又は注射した後3日以内，③生物学的製剤を注射し著しく反応を呈している，ような牛から乳をさく取してはならない，と規定している．しかしながらこれはおかしな法律用語であって，現実にはさく取つまり搾乳しないわけにはいかないので，販売するための乳を搾乳してはいけないと解釈すべきであろう．また，この省令では，市乳などの飲用乳を製造する場合ならびに生乳を使用して加工乳や乳製品を製造する場合には，①比重 $1.028～1.034$，②酸度 0.18 以下，③総菌数 400 万$/ml$ 以下，といった要件を備えた生乳を用いなければならないと規定されている．一方，市乳の成分規格については，比重と酸度は生乳の場合と同じだが，それらに加えて①無脂乳固形分（SNF）8.0% 以上，②乳脂肪分 3.0% 以上，③細菌数（生菌数）5 万$/ml$ 以下，④大腸菌群陰性，と規定されている．

　このような乳等省令の数値は，許される最低の基準を示したものと考えるべきであり，現在の実態とは合わない部分が多い．たとえば，生乳の基準を示す総菌数 400 万$/ml$ 以下については，各農家の出荷乳総菌数の年間平均値 30 万$/ml$ 以下のものが 1976 年現在全体の 97% にも達していること，市乳の乳脂率 3% 以上の成分規格についても，現実の取引

基準が3.2%になっていたのが1992年からは3.5%に改められていることなどである.

a． わが国の牛乳の一般組成

牛乳の主要成分は水分，脂質，タンパク質，糖質および無機質で，そのほかにビタミン類，酵素類，色素類，ガス，体細胞，免疫体などが微量に含まれている．

表1.12に示したように，水分を除いた成分を全乳固形分(TS)，これから脂質を除いた成分を無脂乳固形分（SNF）とよんでいる．

表1.12 牛乳成分の区分

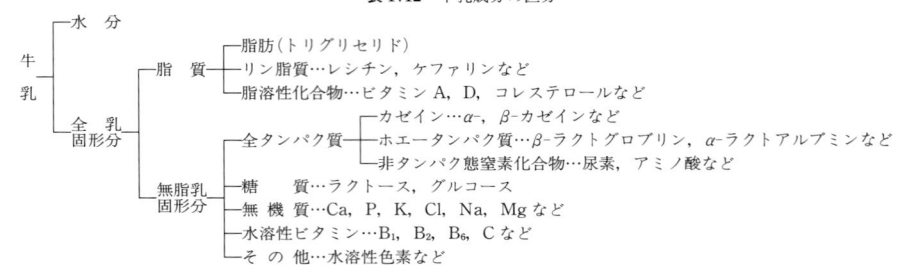

```
牛乳 ┬ 水分
     └ 全乳    ┬ 脂質     ┬ 脂肪(トリグリセリド)
       固形分  │          ├ リン脂質…レシチン，ケファリンなど
               │          └ 脂溶性化合物…ビタミンA, D, コレステロールなど
               └ 無脂乳   ┬ 全タンパク質 ┬ カゼイン…α-, β-カゼインなど
                 固形分   │              ├ ホエータンパク質…β-ラクトグロブリン，α-ラクトアルブミンなど
                         │              └ 非タンパク態窒素化合物…尿素，アミノ酸など
                         ├ 糖質…ラクトース，グルコース
                         ├ 無機質…Ca, P, K, Cl, Na, Mgなど
                         ├ 水溶性ビタミン…$B_1$, $B_2$, $B_6$, Cなど
                         └ その他…水溶性色素など
```

図1.17はわが国の牛乳成分の地域差と季節的変動を示したものである．タンパク質を除いては各成分とも西日本が低く，北海道や東日本が高い傾向がみられる．

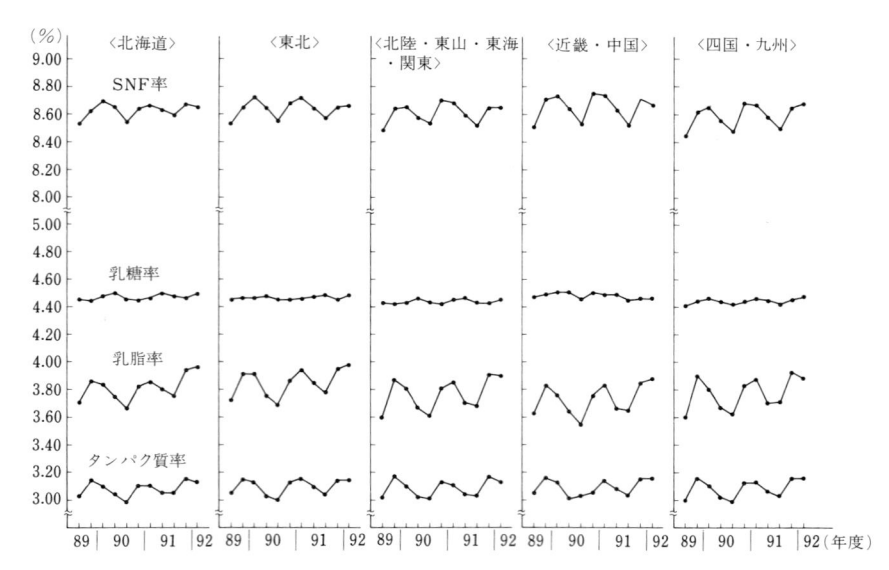

図1.17 ブロック別，季節別のSNF, 乳脂, 乳タンパク質および乳糖の各成分率の関係 (1989.7～1992.3)

b. 牛乳成分の変動

前項に示した乳成分率は地域的あるいは全国的な平均値を示したものであって,個々の牛の乳成分はさまざまな条件によって変動する.このような変動に影響する要因を分類すると,①品種あるいは乳牛個体などの遺伝的要因,②乳期,産次などの生理的要因,③気温,湿度などの環境的要因,④飼料の種類,給与量,給与法などの飼養的要因,⑤搾乳間隔や搾乳時期などの管理的要因,⑥乳房炎などの疾病要因,がある.

1) 品種あるいは個体による差異

わが国で飼われている乳牛のほとんど全部がホルスタイン種である.この品種はもっとも泌乳量が多いが,乳成分率では他の品種に比べて低い.同じホルスタイン種でも系統により,あるいは個体によって乳成分の差異が大きいことはよく知られた事実である.概して,乳量の多い牛は乳糖を除く乳成分率が低くなる傾向がある.

2) 乳期,産次の進行に伴う変化

分娩後5日以内の乳は販売できないが,これはこの期間に生成される乳(初乳)がそれ以後の乳(常乳)とは成分的に著しく異なっているからである.図1.18に分娩後の経過日数によって各乳成分率が変わっていく様子を示した.乳糖を除く各成分率は分娩直後にきわめて高い.とくにタンパク質率が高いのは,母牛の免疫抗体を含むγ-グロブリンが高濃度に含まれているためである.

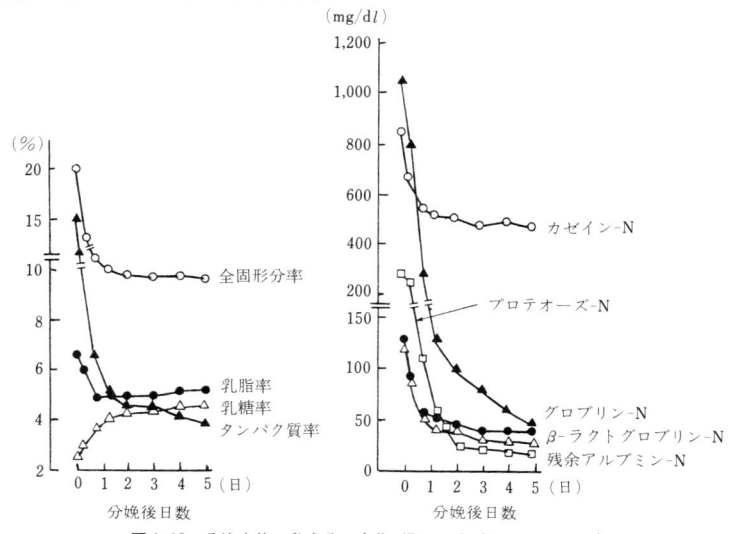

図1.18 分娩直後の乳成分の変化(Pook & Campling, 1965)

その後の乳期内の各成分率は,乳量の変動に伴って変わることが多い.概して,乳糖およびカリウムを除く各成分率は乳量の増減とほぼ反比例した動きを示し,乳量が低下する泌乳末期に向かって漸増する傾向を示す.

産次が進むと,5〜6産までは泌乳量は増加するが乳成分率は減少する傾向がある.乳脂率,乳糖率,SNF率は産次ごとに0.02〜0.05%程度減少する.

3) 季節あるいは気温による影響

各成分率とも夏季に低下し,冬季に上昇する傾向が全国的に認められている.一般に,乳成分率は乳量の増加するときに低下する傾向を示すが,夏季には乳量,乳成分率ともに低下する.とくに西南暖地の夏の暑さの厳しいところでは,この傾向が著しい.

しかし,このような季節的な変動には,気温による直接的な影響ばかりでなく,給与飼料の質や量,高温による乳牛の採食量減退なども重複して関与していると考えられる.そこで,これらの影響を除いた環境温度だけの影響を人工気象室を用いて調べた成績をみると,気温が27℃以上になるとSNF率は減少するが乳脂率には変化がみられないとする報告が多い.

4) 飼養条件による変動

異なる飼養条件によって乳量,乳脂率およびSNF率がどのような影響を受けるかを示したのが表1.13である.

表1.13 飼養的要因と乳量,乳成分の関係(大森,津吉,1979より作成)

飼料条件＼乳生産	乳量	乳脂率	無脂乳固形分率
粗飼料不足(濃厚飼料多給)	—	低下	増加
粗飼料粉砕		低下	増加
エネルギー給与水準不足	低下	—	低下
タンパク質給与水準不足	低下	—	—

ここで注目すべきことは,濃厚飼料多給で粗飼料が少ない条件では,乳脂率は低下するが,SNF率はあまり影響されないかやや増加することである.反対に,濃厚飼料少給で粗飼料主体つまりエネルギーやタンパク質が不足の飼養をすると,SNF率はやや低下するが乳脂率はわずかに増加する場合が多い.このように,SNF率と乳脂率の増減の傾向は逆になっている.

粗飼料を細切したり粉砕して給与すると,粗飼料不足の場合と同様に乳脂率低下をもたらす.さらに,全飼料中の粗繊維含量が13%以下になった場合も同様の結果となる.

5) 搾乳方法による影響

1日の搾乳回数は,朝と夕の2回とする場合がもっとも多い.この場合,12時間の等間隔で搾っても朝搾乳のほうが夕搾乳よりも乳量が若干多く,乳成分率とくに乳脂率は逆に低くなる傾向がある.これは,夜間のほうが昼間よりも牛の活動が少なく新陳代謝も低くなるためにエネルギー消耗が少なく,その分が乳生産にまわるので,夜間の12時

表1.14 不等間隔搾乳をした場合の乳量,乳成分(市川,藤島,1976)

	対照 (11～13時間)			不等間隔搾乳 (7.5～16.5時間)		
	朝乳	夕乳	1日	朝乳	夕乳	1日
乳量(kg)	13.00	11.60	24.80	16.50	7.50	24.20
乳脂率(%)	3.23	3.37	3.29	2.80	4.28	3.27
乳タンパク質率(%)	3.62	3.78	3.69	3.61	3.74	3.65
乳糖率(%)	4.34	4.44	4.38	4.29	4.26	4.28
無脂乳固形分率(%)	8.61	8.91	8.74	8.58	8.69	8.61

間を経過した後の朝搾乳のほうが乳量が多くなるのではないかと考えられている．しかし，乳脂率は少し低くなる．昼間の搾乳間隔を9時間（夜間は15時間）まで短縮すると，この差はさらに顕著となるが，朝乳と夕乳とを合わせた1日分の合乳でみると，12時間の等間隔搾乳をした場合とあまり変わりがなく，一乳期の総乳量でも差異がなかったとする研究報告が多い．

昼間の搾乳間隔をさらに短縮して7.5時間とした実験成績（表1.14）では，ほぼ等間隔搾乳をした対照区と比べて乳量は1日1頭当たり0.6 kg (2.4%)有意に減少し，乳糖率，SNF率も低下することが認められている．

搾乳の開始時と終了時とでは，乳成分率は著しく異なっている．とくに極端な変化を示すのは乳脂率で，搾りはじめは1%程度であったものが後半には5～6%，後搾り乳では10%にも達する例も珍しくない．乳タンパク質率も乳脂率ほどではないが，搾乳の後半に向かってやや上昇する．乳糖率は逆に下降する傾向がある．

搾乳の直前に手搾りで最初の2～3握りを捨てる．これを"前搾り乳"とよび，乳房の健康状態を調査するのに適している．この乳は乳槽付近にたまっていた乳なので，乳房炎分房では病原菌を含んでいる確率が高い．乳中体細胞数も前搾り乳中に多めであるが，その後の搾乳のピーク時には低下する．そして搾乳の後半に向かって漸増し，後搾り乳ではもっとも高い値となる．

6) 疾病による影響

肝機能障害，熱性伝染病など全身性の疾患によって乳汁合成機能が阻害されたり，乳腺に直接炎症が起これば乳腺の透過性に異常が起こり，乳成分は変化する．とりわけ乳房炎の場合はその影響は顕著であるが，程度はさまざまである．これは乳房炎原因菌の種類が多く，その病性も多様であること，したがって炎症の程度も一様でないことが理由と考えられる．乳房炎による炎症の程度を乳中の体細胞数を指標として表し，乳量，乳成分との関係をみたのが図1.19である．体細胞数が多くなるほど乳量は減少し，これにつれて乳糖率が低下している．塩素とナトリウムは逆に増加する様子が示されている．

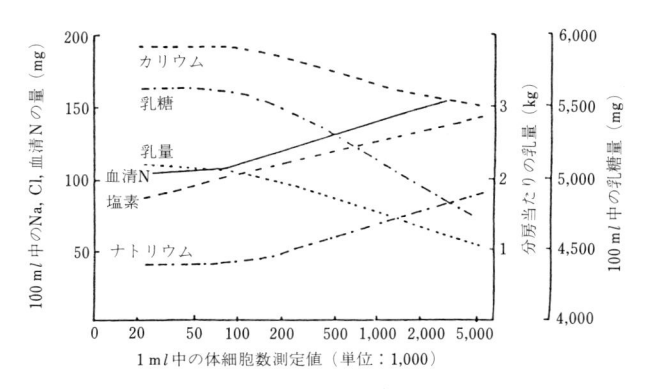

図1.19 個々の分房から得られた牛乳中の体細胞数，乳成分および乳量の関係（Heeschen, 1975）

乳汁の電気伝導度を計測し，その上昇で乳房炎を判定する方法は，このような電解質濃度の増加を検査して間接的に乳腺機能の異常を検出する方法である． ［**市川忠雄**］

1.9 酪農経営

a．経営組織と酪農

かつては酪農経営を，酪農と他の作目との結合によって分類するのが一般的であった．水田酪農，畑酪農，果樹酪農，養蚕酪農等がそれである．それは酪農がどんな作目と結合するかによって性格も異なり，経営上の課題も違っていたからである．たとえば，労働力や土地利用の競合，堆きゅう肥の活用，副産物の利用等において，作目によって次のような特徴があるからである．

(1) 水田酪農：酪農に不可欠な稲わらが活用でき，堆きゅう肥が有機質肥料として水田の地力増進に役立つ．その反面，稲作の農繁期に酪農がしわ寄せを受けやすいというマイナスもある．

(2) 畑酪農：畑作は農場副産物が多く，作物の間をぬって飼料作物を導入しやすい．畑への堆きゅう肥の投入は水田のような季節的制約が少なく，利用しやすい．牧草，飼料作物との輪作によって畑作物の連作障害が防止できる反面，露地野菜，施設園芸との組合わせは労力的に競合しがちである．

b．飼料調達源による酪農の分類

酪農経営はその後，多頭化の道を歩むにつれ，土地，労働力，資本の使い方においてしだいに他の作物と競合するようになり，複合経営から専門経営へ移行するものが多くなった．このため経営組織による分類の意味がなくなり，飼料の調達方法による分類へと変わってきた．草地酪農，粕酪農は極端に性格の異なるその二つの経営類型である．

乳牛の飼料は濃厚飼料と粗飼料からなり，飼料源ということは結局，土地との結び付きをいうことになる．中央畜産会（中畜）はこれを濃厚飼料依存型，耕地依存型，草地依存型の三つの経営類型に分けている．つまり経営診断結果を集計する際に，農家を次の基準によって分類している．

(1) 濃厚飼料依存型：粗飼料利用量（DM）に対する自給粗飼料量（DM）の割合が40％未満の経営．

(2) 耕地依存型：同上の割合が40％以上で，飼料圃場面積のうち草地の割合が50％未満の経営．

(3) 草地依存型：同じく飼料圃場面積のうち草地の割合が50％以上の経営．

酪農は以上の経営類型によって経営の性格が本質的に違ってくる．すなわち，粗飼料生産をどのような方法でどの程度取り入れるかで，労力配分，機械装備，糞尿処理が違ってくるだけでなく，乳量や乳質，繁殖成績にも影響してくる．もっとも近頃は，粗飼料は多給するが購入（輸入）粗飼料に依存している経営が増加したため，必ずしも粗飼料給与量と土地利用度が結び付かない経営も多くなっている．

c. 経営類型による経営の性格の相違

中畜が毎年発表している「先進経営の実績指標」から主要な指標項目を取り出し，北海道と都府県，さらに都府県を経営類型別に分けてそれぞれの成績を比較すると表1.15のようになる．なお，中畜によると先進経営とは，原則として単一経営で，経営内容が健全であり，記録，記帳のある，家族労力を主体とした経営で，酪農の場合，経産牛30頭以上飼育するものとなっている．

都府県の三つの経営類型を比較すると，草地依存型は1戸当たり1頭当たりともに土地面積がもっとも大きいが，借地の割合は耕地依存型が43.5% で最大となっている．なお北海道は経営類型別に区分されていないが，内容的には草地依存型とみてよいだろう．

繁殖成績は草地依存型がもっとも優れ，流通飼料依存型がもっとも悪いが，これは粗

表1.15 酪農の経営類型別にみた経営条件と経営成果（1992）

分析指標		地域別・経営類型別		北海道	都府県	流通飼料依存	耕地依存	草地依存
	集 計 戸 数		（戸）	9	157	93	40	24
労働力	労働力員数		（人）	3.2	2.6	2.5	2.5	2.7
	うち家族員数		（人）	3.0	2.5	2.4	2.5	2.6
乳牛	経産牛飼養頭数		（頭）	66.0	37.4	38.1	36.2	36.6
	未経産牛飼養頭数		（頭）	25.3	8.4	7.6	9.1	10.6
耕・草地延べ面積	個別利用自作地		（a）	5,100	334	185	449	724
	個別利用借地		（a）	360	248	152	433	311
	共同利用地		（a）	—	105	20	275	148
	計		（a）	5,460	689	359	1,160	1,183
	経産牛1頭当たり供用土地面積		（a）	89.9	18.8	9.9	31.0	33.3
	経産牛1頭当たり借入地面積		（a）	6.1	7.0	4.3	12.2	8.6
	借入地依存率		（%）	7.1	34.5	33.1	43.5	24.9
生産性	平均分娩間隔		（月）	12.6	13.6	13.8	13.5	13.3
	受胎に要した種付回数		（回）	1.7	1.9	1.9	1.8	1.7
	経産牛事故率		（%）	7.0	8.2	8.6	7.9	7.4
	経産牛1頭当たり年間労働時間		（時間）	113	159	156	157	171
	経産牛1頭当たり年間飼養管理労働時間		（時間）	98	138	138	134	147
	飼料生産延べ10a当たり労働時間		（時間）	1.8	12.5	15.2	9.2	9.1
産出	経産牛1頭当たり年間産乳量		（kg）	8,329	7,698	7,721	7,755	7,517
	経産牛1頭当たり年間産乳額		（千円）	658	805	818	799	765
	平均乳脂率		（%）	3.90	3.75	3.75	3.69	3.85
	生乳1kg当たり平均価格		（円）	79.5	104.4	106.6	101.6	100.1
コスト	乳飼比（育成牛を含む）		（%）	32.8	44.9	46.8	43.2	40.2
	経産牛1頭当たり機器具車両償却費		（円）	45,280	34,626	32,600	33,455	44,431
	経産牛1頭当たり購入飼料費		（円）	217,013	361,502	381,772	345,733	309,238
	経産牛1頭当たり自給飼料費		（円）	40,698	15,332	9,789	21,010	27,346
	生乳1kg当たりコスト		（円）	65.3	84.5	87.3	85.0	76.2
収益性	家族労働力1人当たり年間経営所得		（千円）	5,165	3,624	3,534	3,917	3,486
	経産牛1頭当たり年間経営所得		（千円）	241	234	219	261	245
	所 得 率		（%）	32.9	27.3	25.5	29.5	30.6
	売上経常利益率		（%）	15.8	11.8	9.8	14.3	15.5

注 中央畜産会「先進的酪農経営の動向——酪農経営」（平成4年調査結果）より作成．

飼料の給与と関係がある．草地依存型は1頭当たり購入飼料費が安く，自給飼料費が最大となっているが，購入と自給を合計した飼料費全体が流通飼料型より1頭当たり5.5万円も低くなっている．

労働生産性をみると，経産牛1頭当たり年間労働時間は粗飼料生産がある分，草地依存型がもっとも多い．しかし，10a当たり飼料作労働では草地依存型が機械装備がそろい，面積も大きいことから能率的であることを示している．

経産牛1頭当たり産乳量は，都府県でも耕地依存型が最高で草地依存型は最低となっているが，草地依存型は乳質（乳脂肪率）では優れている．北海道の分析件数は少ないが，都府県と比べて乳量，乳質ともに優れており，同じ草地依存型でもかなりの格差がある．

経営の最終成果をコストと所得でみると，北海道と都府県では約20円のコスト差があり，都府県の流通飼料依存型と草地依存型では約10円の差がある．草地依存型はこのようにコストが安く，所得率も高いが，収益性ではそれほどの差がない．すなわち1人当たりおよび経産牛1頭当たり所得では類型間に大きな差はなくなっている．その理由の一つは土地利用型の酪農は遠隔地に多く，乳価が安いことである．言い換えると，草地や耕地に依存すればつねに有利になるとは限らず，立地条件や能力に見合った経営類型を選択することが肝要であることを意味している．

d. 二つの経営事例

次に経営類型の両極をなす濃厚飼料依存型と草地依存型の事例を示し，両者の特徴を比較検討してみたい．

1） 濃厚飼料依存型

全面的に購入飼料に依存し，粗飼料生産を放棄してしまった経営は都市近郊に多いが，この事例SK牧場もその一つで，埼玉県の中間平場地帯にある．

SK牧場は家族労働力1.8人，経産牛40頭，経営耕地面積2.8ha（うち水田0.7ha）という近郊酪農の典型的な規模をもっている（表1.16）．畑2.1haのうち1.3haが借地であるが，現在，粗飼料生産は全面的に中止し，耕地は糞尿の捨て場になっている．サイロのほかトラクター，コーンハーベスター等，粗飼料生産の農機具一式を所有しているが，現在はトラクターを稲作に使う以外は利用していない．

濃厚飼料依存型といっても粗飼料給与がないわけではなく，牧乾草，ヘイキューブ，ビートパルプを購入して給与している．このため経産牛1頭当たり購入飼料費は44.2万円，乳飼比は53.9％に達している（ちなみに表1.15の流通飼料依存型は38.1万円，46.8％となっている）．

しかし，全面的に購入飼料に依存していても，乳量7,670kg，乳脂率3.75％，無脂固形分率8.65％で，乳量，乳質においては別に遜色がないことに注目したい．

飼料費がかさむため1頭当たり所得は20.5万円にすぎず，所得率27.3％，生乳1kg当たりコストは87.4円で，乳価97.2円に対して約10円の差しかなく，収益性の面ではゆとりがないことは事実である．しかし，総所得は40頭飼育で821万円に達しており，専業農家としてこの地帯のこの規模の経営としては一応満足すべき水準に達している．

1.9 酪農経営

表 1.16 経営類型の異なる 2 事例の比較(全農酪農コンクール応募経営の事例から)

指標			経営別	濃厚飼料依存 (埼　玉) SK 牧場 (1993)	草地依存 (北海道) ST 牧場 (1992)
労働力	労働力（うち家族）	（人）		1.8 (1.8)	2.8 (2.8)
	経産牛飼養頭数	（頭）		40	48
乳牛	初妊牛飼養頭数	（頭）		7	10
	育成牛　〃	（〃）		24	18
	経産牛の平均年齢	（歳）		3.9	4.7
	〃　平均産次	（産）		1.9	3.3
土地	経営耕地面積 { 畑	（a）		210	400
	草地	（a）		—	5,600
	うち借地面積	（a）		130	—
飼料	粗飼料生産	（a）		—	トウモロコシ　400
				—	牧　草　　5,600
	購入飼料の種類			乾　草 ヘイキューブ ビートパルプ 乳配　他	ビートパルプ ウイスキー粕 乳配　他
生産性	平均分娩間隔	（月）		14.0	13.5
	受胎までの種付回数	（回）		1.8	2.2
	投下労働時間	（時間）		5,184	6,040
	経産牛1頭当たり労働時間	（〃）		129.6	125.8
	経産牛1頭当たり乳量	（kg）		7,670	10,806
	乳脂率	（％）		3.75	3.85
	無脂固形分率	（％）		8.65	8.78
	体細胞数	（千個）		50	110
コスト・収益性	酪農所得	（千円）		8,216	12,612
	経産牛1頭当たり所得	（〃）		205	263
	所得率	（％）		27.3	30.0
	乳価	（円）		97.2	81.4
	経産牛1頭当たり購入飼料費	（千円）		442.2	233.1
	経産牛1頭当たり乳牛償却費	（〃）		82.3	46.7
	牛乳1kg当たりコスト	（円）		87.4	65.0
	乳飼比	（％）		53.9	21.0
目標	経産牛頭数	（頭）		45	60
	経産牛1頭当たり乳量	（kg）		8,800	11,000
	酪農所得	（千円）		9,500	16,750

　この経営の今後 5 年後の目標を頭数，乳量，所得の 3 項目について聞いてみた．頭数は 45 頭，経産牛 1 頭当たり乳量は 8,800 kg，所得は 950 万円で，いずれも現在の 10～20 ％程度の増加を期待している．近郊という立地条件からしてこの程度を限界とみているのであろう．ちなみに次の草地依存型の場合は，すでに上限に達している 1 頭当たり乳量を除いて，頭数，所得の目標は 25～30 ％ とやや大きい．

2) 草地依存型

　ST 牧場は北海道の中央部に位置し，広大な草地をもち，粗飼料多給と優れた牛群によ

って高位生産を達成した，北海道でも完成度の高い草地酪農の典型である．

ST牧場は労働力2.8人，48頭の牛群と56haの草地，4haの畑をもつ酪農専業経営である．購入飼料は乳配のほか，ビートパルプ，ウイスキー粕が主で，購入飼料費は1頭当たり23.3万円で，SK牧場の53%にすぎない．これに自給飼料費5.7万円を加えてもSK牧場の66%ですんでいる．

ST牧場の自給飼料はこのように飼料費を節減しているだけでなく，次の点にその効果が現れている．

(1) 乳牛の平均年齢はSK牧場の3.9歳に対し，4.7歳，平均産次は1.9産に対して3.3産と，寿命が永い．

(2) このため1頭当たり乳牛償却費はSK牧場の8.2万円に対し，4.6万円にすぎない．

(3) 分娩間隔はSK牧場の14.0カ月に対し，13.5カ月と短い．

(4) 1頭当たり乳量水準は，決して良質粗飼料多給の効果ばかりでなく牛群改良の成果に負うところが大きいが，SK牧場の7,670kgに対し実に10,806kgという高水準にあり，乳脂率，無脂固形分率も同様に優れている．

(5) 投下労働時間はSK牧場の5,184時間に対し6,040時間とやや多いが，経産牛1頭当たりに換算すると，広大な草地管理を含んでいるにもかかわらずST牧場が少なく，労働生産性が高い．この要因はST牧場の機械装置がよく整っていること，圃場の区画が大きく，距離が近い等，圃場条件に恵まれていることにある．

(6) 以上の結果，生乳1kg当たりコストはSK牧場の87.4円の対し65.0円と低く，乳飼比も53.9%に対して21.0%と大幅な格差をつけている．

(7) 収益性でもST牧場ははるかに優れており，総所得がSK牧場の1.5倍の1,261万円であるほか，経産牛1頭当たりの所得および所得率でもはっきりと優位に立っている．

なお，この経営には乳量2万kg以上を記録した自家産のスーパーカウが1頭いるが，これもこの経営の牛群改良の歴史と良質粗飼料多給の産物であると評価できる．このほかにも1万kg以上の高能力牛が多数いるが，これらをドナー（供卵牛）としてET（受精卵移植）を行っており，自家育成を中心に牛群の能力が長期に安定的に維持される可能性が十分ある．また，当然ながら糞尿処理に困ることはまったくなく，地力を維持し，環境と調和した経営を行っている．

このように草地依存型，耕地依存型，流通飼料依存型の順で，生産コスト，収益性が高く，経営の安定性や持続性も高いことが，この2事例と中畜の調査結果から結論づけることができる．国民経済的にみて，望ましい経営類型が草地依存型であることは否定できない．

しかし，SK牧場の例のように，飼料作物をまったくつくらなくても821万円もの所得をあげている経営が現にあることも事実である．

これも経営の一つの選択として否定できない．たとえば，飼料圃面積の拡大が借地を含めて困難であったり，労働力不足であったり，栽培用農機具が更新時期にきていると

いった状況にある場合，飼料作物よりも乳牛飼養に資金と労力を追加投入したほうがよいという判断が成り立つ．とくに生産調整が緩和された場合，このように土地から離れるかたちで規模拡大する経営が増加することが考えられる．要は，私経済的な選択の結果として土地利用をはかるよりも，土地から離れて購入（輸入）飼料に走るほうが経済的であるとする経営が増加する背景が問題である．それには望ましい経営類型が有利に展開できるような政策的，経済的な条件をつくり出さなければならない．［**新井　肇**］

2. 肉牛

2.1 肉牛の育種，改良

a. わが国の肉牛改良の特色
1) 肉牛構成と牛肉生産

わが国の肉牛はおおよそ6割の肉専用種と4割の乳用種とから構成され，その牛肉生産（自給率49%）もほぼ同じ比率で肉専用種と乳用種に依存している．肉専用種としては85%を占める黒毛和種が主体であり，ほかに褐毛和種，無角和種，日本短角種などが飼育されている．この4品種は和牛とよばれる．このほかヘレフォード，アンガス，マレーグレーなど外国種の品種も少数飼育されているが，いずれも純粋種であるのが特徴である．

乳用種としては，ホルスタイン種の雄（去勢）牛と乳生産を行わなくなった雌牛（乳廃牛）が肉牛として飼育され，このほか F_1（黒毛和種×ホルスタイン）も一部飼育されている．

2) 肉質重視の改良目標

家畜改良の目標は，当該家畜のもつ経済性を高めることにある．肉専用種である現代和牛の経済性は，産肉能力や種牛能力に優れていることにある．一般的には産肉能力としては，一日増体量，枝肉重量，推定歩留り，ロース芯面積，皮下脂肪厚，ばらの厚さなど肉量に関する形質，および脂肪交雑，肉の締まり・きめ，肉の色沢，脂肪の色沢と質など肉質に関する形質があげられる．また種牛能力としては，発育能力，飼料の利用

表2.1 種雄牛の脂肪交雑評点(BMS)についての育種価予測値と産子の市場価格

種雄牛名	BMSについての育種価予測値	平均市場価格(千円)	
		雌子牛	去勢子牛
A	1.40	316	469
B	1.29	360	426
C	1.21	296	434
D	0.91	284	392
E	0.88	267	373
F	0.73	278	357
G	0.72	244	336
H	0.62	219	361

資料：宮崎県家畜登録協会改良検討会資料，1995より作成．

性，連産性，哺育能力，強健性（長命性），環境適応性，気質など，いわゆる飼いやすさにかかわる形質があげられる．

しかし，牛肉流通の現場である食肉市場では，脂肪交雑で代表される肉質の優れた枝肉やカット肉が高値で評価される現実が厳然として存在する．一方，家畜市場でも，肉質の優れた牛肉を生産する遺伝的能力（育種価）の高い種雄牛の産子が肥育素牛や繁殖素牛として人気があり，高値で評価される（表2.1）．また，繁殖農家が自家保留牛として評価するのは，産子の産肉能力についての市場性とともに飼いやすさも基準となっている．

2) 育種素材と遺伝資源の制約

和牛改良のための育種素材は，種雄牛候補の雄子牛の生産をも含めて，繁殖農家が所有する経営の基礎雌牛が主役である．この点が他の畜種の育種と基本的に異なるところであり，どのような育種・改良事業を展開するにあたっても，和牛生産農家にその意義を説く一方で，現実に農家に犠牲を強いることのないように細心の注意を払いながら実践することが要求される．

一方，現在 FAO（国連食料農業機関）に登録されている牛の品種は 780 種を数えるが，脂肪交雑や調理肉の軟らかさなど肉質に関してもっとも高い評価を得ているのが和牛（WAGYU）である．したがって牛肉生産の国際競争が，日本市場を舞台とするものである限り，和牛改良にあたってその育種素材を海外に積極的に求めることは当面ありえない．

3) AI種雄牛の利用

実際の繁殖法として人工授精（AI）が広く普及していることも和牛改良の特徴の一つである．したがって改良に及ぼすAI種雄牛の影響はきわめて大きい．しかも，最近のような情報化時代においては，肉質についての遺伝能力が明らかになった時点で特定の種雄牛に精液需要が集中する事態が生じる．それは種雄牛の広域利用化，集団の有効な大きさの減少，遺伝的不良形質蔓延の危惧など集団の維持にも重大なかかわりをもつようになる．

b．遺伝的改良の方向

和牛育種は，和牛生産の仕組みの中での経済形質の遺伝的改良である．したがって，それは繁殖，肥育および一貫のどのような形態の和牛経営においても，その生産性および所得の改善に寄与するものでなければならない．

和牛の経済形質を遺伝的に改良する具体的な手法は，優秀個体を選択的に繁殖することである．つまり選抜と交配である．その基本的な原理については第Ⅰ編3.3節の「育種理論」で説明されているので，ここでは国際競争下での和牛改良の方向について解説するにとどめたい．

1) 改良目標

和牛が21世紀に向けて生き残るためには，その品種特性である肉質を好ましいレベルまでに向上，斉一化させることが必要である．しかもそのような牛肉を消費者の納得のいくコストで生産することが求められている．

したがって，当面の和牛の改良目標の第1は，わが国の市場での価格決定の主要因であり，すべての和牛生産者がもっとも高い関心を寄せている脂肪交雑の向上と斉一化となる．これを具体的に実現するためには，脂肪交雑に関する遺伝伝達能力の優れているAI種雄牛の造成に全力を投じなければならない．

2) 育種価予測値による選抜

一般に，改良目標にかなう産肉形質に優れた種雄牛を多くの種雄牛候補の雄牛の中から正しく選抜するには，育種価による序列化が必要である．そのために，当該形質についての能力検定や後代検定を実施して，その成績を分析して育種価を予測しなければならない．

和牛の育種価予測法としては，現時点では他の家畜と同様にアニマルモデルによるBLUP法（最適線型不偏推定法，第Ⅰ編3.3節参照）が生産現場で定着しつつある．その理由としては，①ランダム交配を前提としない，②記録をもたない雄雌の育種価をも同時に評価できる，③現存牛はもちろん過去牛の遺伝的能力をも評価できる，④基準年（遺伝ベース）をもとにした遺伝的趨勢を知ることができる（図2.1），⑤和牛の場合には，分析に必要な産肉能力に関する枝肉情報が子牛生産者サイドでも入手できる状況が整備されつつあり，しかも血縁情報が登録事業によって整備されていて，いつでも活用できる状態にあることなどがあげられる．

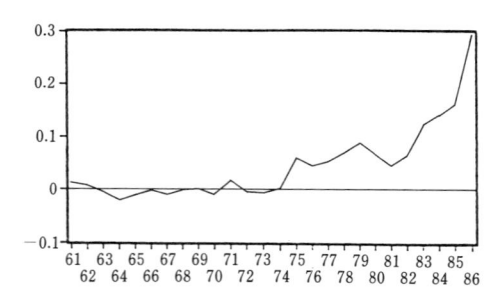

図2.1 黒毛和種雌牛の脂肪交雑評点（BMS）についての遺伝的趨勢（坂本，1991を改変）

3) AI種雄牛の選抜

改良目標にかなった優れたAI種雄牛が継続的に作出できれば改良は一気に進む．和牛種雄牛の選抜は，能力，外貌，血統の三つの選抜手段を組み合わせて行われているが，基本的には能力検定である産肉能力検定直接法と後代検定である同間接法による2段階選抜である．

従来の種雄牛造成プログラムでは，血統，発育，体型によって選ばれた種雄牛候補用の雄子牛は，和牛産肉能力直接検定を受検することになる．直接検定は増体能力や飼料の利用性を調査するものである．直接検定では，このような産肉能力のほか，血統，体型，擬牝台への乗駕欲，精液の性状，気質などが考慮されて合格牛が選抜される．直接検定で選抜された種雄牛候補の雄牛の一部が間接検定を受検することになる．間接検定は，種雄牛候補の産子を肥育し，その枝肉について肉質，肉量を調査するものである．

間接検定の成績の優良な種雄牛は，検定済み種雄牛となるが，実際に広く供用されるようになるのは，その結果生産された産子が家畜市場で高く評価され，かつその産子の

後追い肥育の結果も良好であることが明らかになってからである.

　一方，黒毛和種では毎年約300頭の種雄牛が更新されるが（更新率約20%），このうち肉質に関する後代検定を受検できる種雄牛の数は検定場の収容能力の関係で約90頭にすぎない．したがって，肉質の向上と斉一化という改良目標を効率的に達成するには，供用種雄牛に占める後代検定済み種雄牛の割合を高め，しかも育種価の高いAI種雄牛をそろえることが急務である．

　そこで期待されるのが，食肉市場（枝肉市場）に出荷される一般の肥育牛の枝肉成績を利用して行う現場後代検定である．現場後代検定は，①より多くの雄牛の遺伝伝達能力を，実際の肥育環境のもとでチェックすることができる，②若い種雄牛の遺伝伝達能力を，実績をもつ当該地域の基幹種雄牛の遺伝伝達能力と比較することができる，③アニマルモデルによる育種価推定の道が拓けるなどの利点があり，間接検定の欠点を補うことができる．全国和牛登録協会では，すでに1993年より現場検定の結果を間接検定の結果と同様公認し，登録の対象としている．

　現場後代検定よりさらに一歩踏み込んで，枝肉市場から生産者や生産者組織にフィードバックされる枝肉成績と登録協会の管理する血統情報を連結して，アニマルモデルBLUP法で計算された個体の育種価予測値によるAI種雄牛の選抜が行われつつある．

4） 供卵牛および自家保留牛の選定

　一方ET（胚移植）技術の進歩と普及により，種雄牛造成用の供卵牛の選抜も重要であり，種雄牛の選抜と同じように肉質に関して育種価予測値の高い登録牛が選抜されれば，改良目標の早期達成にはより効果的である．その産子がAI種雄牛候補となることを考慮すれば，産肉能力だけでなく，いわゆる種牛能力に関する条件をも満たすものであることが望ましい．

　同じような配慮は，有利な繁殖経営または一貫経営を展開するための自家保留牛の選定にもいえよう．最近の若い経営者の中には，自家牛群の更新に育種価予測値を積極的に活用している例があり，その経営における実質的な効果が期待される．

c. より優れた後代を生産するための計画交配

　育種価，外貌，血統に基づく選抜により，遺伝伝達能力の高い優秀な種雄牛と繁殖雌牛を選抜することに成功したら，次に求められるのは，その後代を確実に次代に残し伝えていくことが大切である．そのためには計画交配（指定交配）が守られねばならない．和牛の改良を推進するうえでもっとも難しいのはこの点である．なぜなら，そのように遺伝的に優れた個体は商品価値が高く，生産者がそれを経営内に基礎雌牛として保留するには，経営の発展に対する大きな展望と確固たる信念が求められるからである．そのためには子牛生産経営の中での育種，改良の意義と重要性を経営者に十分説明し，遺伝的に優秀な個体を選択的に繁殖する育種が実は経営を支える重要生産技術の一つであることを理解してもらう必要がある．図2.2は，その辺の事情を和牛子牛生産農家に説明するために用意した図の一例である．

1） 予測育種価の活用

　実際により優れた後代を集団に残し，集団の改良実績をあげるためには，まず予測育

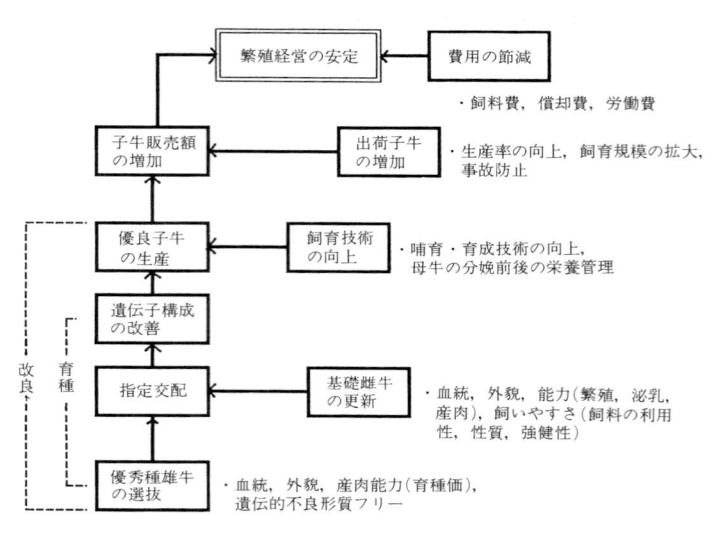

図 2.2 和牛繁殖(子牛生産)経営における育種,改良の意義を示す模式図

種価を利用した計画交配を実施することが望ましい．一般に種雄牛候補の雄子牛は，いわゆる計画交配によって生産される．とくに質量兼備の種雄牛候補の生産のための計画交配では，その立案の過程で，父牛や母牛は肉質に関して育種価予測値の高いものが選ばれ，その交配によって生産される子牛の予測育種価の高いものが選ばれるべきである．

育種価予測値を和牛生産の場でどのように利用するかは，改良事業推進上きわめて重要な問題であり，その利用については，改良関係者で十分話合いが行われ，たがいに合意をもつことが大切である．現時点では，育種価予測を積極的に展開している全国和牛登録協会は，希望地域には生産者の飼育する登録牛の育種価予測値をクラスに分けて公表している．また，種雄牛の造成とその管理をしている公共機関では，種雄牛一覧に育種価予測値を公表している例もある．

2) 近交係数上昇と遺伝的不良形質発現の回避

比較的小さな集団で閉鎖育種を展開すると，肉質についての育種価の高いAI種雄牛の広域利用によって，集団の近交係数の上昇と集団の有効な大きさの減少が起こることが予想されるので，実際の交配にあたってはこの点についての配慮が必要である．

AI種雄牛の中には，全国的に人気があって，その生涯に実に10万頭を超える後代を生産するものもいる．したがって，一度その種雄牛が何らかの遺伝的不良形質に関与する遺伝子を保有することが明らかになれば，繁殖農家はもとより肉牛生産業界に及ぼす影響は計り知れないものがある．実際，産肉能力には抜群の遺伝伝達能力を発揮しながら，遺伝的不良形質にかかわる遺伝子の保有牛(キャリア)であることが判明して処分された例も多い．

一方，種雄牛作出のための母牛の条件としては，何よりも種牛能力に傑出しているも

のがよい．そのうえで脂肪交雑についての育種価予測値の優れている雌牛が選抜できれば最高である．その意味で，種牛能力についての客観的評価基準の策定とそれに基づく育種価予測法の確立が期待される．

3) 相性（特殊組合わせ能力）の存在

雌牛の育種価が予測されるようになってからいまだ日が浅いので，十分な検証がすんでいないが，スーパーサイアとよばれる肉質はもとより増体能力に関しても遺伝伝達能力の高い種雄牛であっても，交配相手の雌牛の血統によっては，予期どおりのよい結果が得られたり，期待倒れの結果が得られたりすることがある．雌牛の育種価予測が進み，いろいろな角度からの分析が進めば，この計画交配における相性の問題も解明されるものと思われる．

d．改良速度を上げるための努力

改良目標の設定にあたっては，遺伝的能力の水準向上だけでなく，その目標達成をいつに設定するかということが大切である．とくに，1993年の牛肉の輸入自由化以降，牛肉生産の国際競争は改良競争の呈をなしてきており，和牛改良でも一つ一つ実績を積み上げていく速度が重大な関心事となってきている．

1) 選抜の正確度の追求

第Ⅰ編3.3節の「育種理論」で触れているように，改良速度は，世代当たりの遺伝的改良量を世代間隔で除したものとして示される．

$$改良速度 = \frac{世代当たりの遺伝的改良量}{世代間隔} \quad (1)$$

(1)式は，その分子を書き直すと次式のようになる．

$$改良速度 = \frac{(選抜の正確度) \times (選抜の強さ) \times (遺伝的変異)}{世代間隔} \quad (2)$$

世代間隔は後代（子ども）が生まれたときの親の平均年齢と定義される．

(2) 式より，改良速度を上げる方策は二つ考えられる．一つは，分子を大きくする努力である．分子は三つの要因からなっているが，地域を限定して閉鎖育種を行えば，集団の遺伝的変異はほぼ一定となるであろう．一方，選抜の強さについても常識的にあまり強くすることはできない（1頭の基礎雌牛が自分の後継娘牛を残すためには，最低2産しなければならない！）．現実には，代表的な和牛生産地における年間の若雌牛の更新率は10～20%である．この程度の更新率では，不妊牛や低受胎牛などのいわゆるリピートブリーダー，高齢牛，疾病牛，事故牛などで占められてしまい，肉質についての遺伝的能力（育種価予測値）の優れたものを選ぶことは，特定の種雄牛造成用の供卵牛（エリートカウ）を選ぶ場合を除いてむしろまれである．つまり雌牛に関しては，選抜の強さを高めることは期待できない．したがって，選抜の強さを高めることが期待できるのは雌牛に交配するAI種雄牛の選抜においてである．

現在の和牛育種において，もっとも期待されるのは三つ目の分子要因である選抜の正確度のアップである．選抜の正確度を高める努力は，正確な観測と記帳に始まり，理論的に優れた数学モデルを使って育種価を予測することに尽きるが，現実には利用できる

データの内容やコンピューターのハードとソフト両面の制約によって，完璧な育種価を予測するところまで至っていない．

2) 世代間隔の短縮

一方，(2)式の分母を小さくする努力も二つの方向でなされてきている．一つはET技術を利用した全きょうだい検定（MOET）の実施である．産肉情報が得られるのが生後5～6年もかかる後代検定に比べて，正確度は低いが生後2～3年で得られるという魅力がある．もう一つの努力は，種雄牛候補の若雄牛のロース芯面積，皮下脂肪厚あるいは脂肪交雑などの産肉形質を超音波によって生体のまま予測しようとする試みである．この技術が確立されれば，世代間隔が大幅に短縮することになろう．

世代間隔は，基幹種雄牛から若種雄牛へ，基幹種雄牛から更新用若雌牛へ，基礎雌牛から若種雄牛へ，基礎雌牛から更新用若雌牛への4本の経路について計算することができる．ある県での試算例では，それぞれ7.7年，6.8年，7.3年，5.7年であり，平均すると7.2年となる．これらの数値は，外国の肉牛についての計算例よりいずれも大きい．これは和牛の場合，脂肪交雑評点についての遺伝伝達能力が大きい種雄牛への交配希望が殺到し，その種雄牛が精液採取不能に至るまで精液を利用するからである．

[福原利一]

文　献

1) 坂本和博：和牛，176：22（1991）

2.2　繁殖牛の飼養

育成期間を経て初産分娩したものを，一般に繁殖牛という．その飼養にあたっては，繁殖牛としての基本能力である，繁殖・哺育能力が最大限に発揮できるような飼養管理が望まれる．

繁殖能力とは，初産月齢と分娩間隔，およびこれらをもとにした連産性と生涯の子牛生産性であり，哺育能力は，泌乳能力（泌乳量）と授乳，哺育を介しての母性効果である．いずれも個体の遺伝的能力と，栄養管理を基本とした飼養管理技術によって支えられている．

繁殖牛の飼養管理では，基本的には個体の繁殖ステージにかなった栄養管理（飼料給与）等の飼養管理技術が投入される．繁殖ステージを生理的条件から大別すると，①分娩後の生理的空胎期（分娩後80日以内），②人為的空胎期（分娩後80日以上の空胎），③妊娠維持期（受胎から分娩前3カ月の妊娠初期および中期），④妊娠後期（分娩前2カ月から分娩），⑤分娩期，⑥授乳期（分娩から離乳まで）となる．

a．育成期雌牛の飼養

1) 育成期雌牛の飼養方針

離乳後の雌子牛は，その後に繁殖に供用する場合，哺育・育成期の飼養管理が個体の繁殖効率に大きく影響する．従来から「当歳でしめて明け2歳でゆるめて」といわれて

きた．育成雌牛の飼養方針は理にかなっている．繁殖牛として耐用年数が長く，生涯生産性の高い牛に仕上げるためには，体重よりも体高発育を重視し，体躯のバランスのとれた発育をさせることが重要である．

これまでの育成方式では，子牛を市場出荷する場合，体重にのみ目が向き，肥満タイプの牛に仕上げられてきた．市場での評価が高かったことにもよるが，このタイプは繁殖機能の異常が発生しやすい．産業的にはマイナス要因となり，生産効率の低下をまねいてきた部分であり，飼養方針を改める必要がある．体躯ができたら繁殖ステージにかなった養分要求量を与えることと，適度な運動量を確保することが重要である．

2) 育成方式と繁殖性

育成雌牛の飼養においては，体躯の発育とともに性成熟を注視することになる．育成期雌牛が最初に発情行動を示すこと（初回発情）を性成熟に達したという．性成熟の開始時点を春機発動という場合もあり，同義語として使われている．

性成熟に達した雌牛では，生殖活動が可能ということになるが，実際の繁殖供用（初回の人工授精）はさらに後になる．これは生理的には受胎可能で妊娠維持，分娩が可能であっても，分娩後に子牛を哺育しつつ繁殖機能を回復し，受胎する繁殖サイクルを持続させるのに十分な条件が備わっていないからである．性成熟時期（月齢）は，哺育期，育成期の栄養条件によって左右され，高栄養条件では早く，低栄養条件では遅いのが一般的である．極端な高栄養・低栄養飼養は別として，肉用種の性成熟時期は 8～12 カ月齢とみなすことができる．

繁殖供用開始の目安は，従来から体のサイズを基準に考えられてきた．具体的には，体重 300 kg，体高 115～116 cm として示される場合が多い．ここで留意しなければならないのは，体重と体高等の体躯の発育バランスであり，長期的連産性を維持できるかということである．月齢で示すと 13～15 カ月齢で受胎，23～25 カ月齢で初産分娩が可能となるような飼養管理が望ましい．

3) 個体の一般管理

個体の栄養管理は，個別飼養か群飼かによってその精度が異なってくる．とくに多頭飼養の場合は，採食競合などにより発生する給与上のアンバランスに留意しなければならない．管理事項として，現在では生後 7～10 日と早い時期に除角するのが一般的になったが，その後の飼養管理上で除角のメリットは大きい．また個体標識することが重要であり，個体標識の条件として，個体に接することなく個体識別できることが望ましい．個体識別の方法には，耳標，毛刈り，焼き印，染毛（着色，脱色）等がある．

b．成雌牛の飼養
1) 分娩前後の飼養

各繁殖ステージのうちで，妊娠末期と分娩後の授乳期は，養分要求量がとくに多い時期である．このため給与飼料の過不足は，繁殖機能回復や泌乳量に大きく影響する．このため日本飼養標準に示すように，維持期の養分要求量に加えて増し飼いすることになる．妊娠末期 2 カ月間の増し飼いは胎子の発育に伴うもので，分娩後の増し飼いは泌乳のためのものである．それぞれに必要な養分量を飼養標準に従って給与することにな

る。

　従来からの慣行では，妊娠末期に増し飼いし高栄養にすることが，子牛のサイズや泌乳量の増大に効果があるとの誤解があったが，妊娠末期に高栄養飼養にしてもその効果はない。むしろ，繁殖性，泌乳性にはマイナス要因となるので飼養標準に準じた給与とする。

　妊娠末期の低栄養飼養の影響は，産歴や低栄養の期間，養分要求量に対する充足率（不足分）の程度によって異なる。初産牛では母牛自体が発育途上であることから経産牛に比べて低栄養の影響を受けやすい。基本的には，低栄養条件下でも胎子の発育に必要な養分量は母体から優先して摂取される。このため胎子の発育には影響しないが，分娩後の母体の生理値に影響し，泌乳量や繁殖機能回復に影響する。

　妊娠末期の高栄養飼養では，過剰に摂取したエネルギーが母体に蓄積することになり，体脂肪の蓄積となる。このため過剰給与の期間および充足率（過剰分）によっては，母体の過肥をまねき，難産や分娩後の繁殖機能回復遅延，受胎性の回復遅延を誘発する。

　分娩後の授乳期は，繁殖ステージのうちで養分要求量のいちばん多い時期であり，分娩後3ヵ月間は多少の過剰摂取でもマイナス要因となる部分はないが，給与飼料の無駄は差し控えるべきである。

2）　分娩期管理

　分娩は，妊娠牛にとって生理現象であり，通常は問題ない。しかし，ときとして胎位の異常や過大などで正常分娩ができない場合がある。このため分娩の予知と助産の心得が必要である。

　分娩予知法の一つに分娩予定日があるが，これを目安にお産の準備をする。妊娠日数で270日を経過すれば，いつでも分娩が可能な状態になるので，その後は個体観察によって分娩の前徴をとらえる必要がある。

　分娩の徴候としては，乳房，尾根部，腹部，外陰部および排糞，排尿を含めた一般生態上の変化が知られているが，決め手になるものはない。これら外観や生態上の変化のほかに体温の変化から予知する方法がある。この方法は，棒状体温計で朝夕の体温を計測し，体温の低下から分娩を予知するもので，現状ではいちばん精度が高く，娩出の30～24時間前に予知できる。

　分娩事故を未然に防止するためには，分娩の経過についての知識を必要とする。分娩は陣痛に始まり，後産（胎子胎盤と胎膜）の娩出で終了するが，経過には次の3段階がある。第1期（開口期）は，陣痛が始まり子宮頸管が拡張して子宮，腟の境目なく開き産道を形成するまで，第2期（産出期）は，子宮外口が全開し産道形成したあと娩出まで，第3期（後産期）は，胎子の娩出から後産の娩出までとなる。陣痛開始から分娩までの所要時間は平均162～229分と報告されているが，飼養管理体系等の要因によって変動し，かつ個体差が大きい。

　分娩経過の中で進行が順調でない場合，適切な判断によって助産をする必要がある。助産の目安として，①破水後の陣痛が弱い，②母牛の疲労状態，③鼻端がみえてから進まない，④足，頭と出たが後駆で止まった，⑤胎位が尾位（逆子）で進行が悪い等がある。助産は経験を積むことで対処できるが，まれに起こる異常分娩は，母子ともに危険

な状態となり死廃事故につながるおそれがあるので，専門家に依頼する必要があり，その判断をすることが必要である．

3) 授乳期の管理

分娩後の授乳期管理では，すでに述べた栄養管理を基本として繁殖機能の回復を注視する．繁殖機能の回復とは，子宮の収復と卵巣機能の回復であり，併せて受胎性の回復である．繁殖牛飼養の基本目標である一年一産を実行するうえで，この時期の飼養管理技術の良否が重要な鍵を握る．

分娩後にいったん静止した卵巣は，分娩後10日目頃から卵胞の発育が始まり活動を開始する．発育卵胞は，退行するものも一部にはあるが，一般的には分娩後30～40日で排卵，発情が再帰する．一般的に分娩後30日未満の初回の排卵（初回排卵）では，発情を伴わない無発情排卵の場合が多いことが知られている．しかし，このことには一定性はみられず，概して低栄養水準では無発情排卵の発生が多く，高栄養水準では正常発情の割合が高くなるなど，個体の栄養管理の良否が現れやすい．

繁殖機能回復に影響する要因として，栄養水準のほかに，管理上で与えられる条件としての運動量がある．自由に運動できることの効果は大きく，受胎性にもかかわってくる．このことはまた発情牛の発見においても効果的である．このため舎飼い条件ではパドックを設けて運動量を確保することが必要である．分娩後に無発情とされる中に，発情の見逃しによるものが意外に多いので，分娩後の生理的特徴を理解することが重要である．

c. 管理方式と繁殖性

1) 子牛の哺育方式と繁殖機能回復

肉用種の哺育は，自然哺乳を前提に基本技術が組み立てられている．このため授乳期の管理では，母牛の繁殖機能回復促進と子牛の発育改善が技術の基本となる．

子牛の初期発育は，母牛の泌乳量と密にかかわっており，乳量の多い母牛では子牛の発育が良好である．肉牛の泌乳と繁殖のかかわりについては必ずしも明確にされていない．肉用種でも比較的泌乳量の多い品種と少ない品種では相違するが，肉用種では自然哺乳を前提としていることに起因して，泌乳量の少ない場合に分娩後の繁殖機能回復遅延となる．

黒毛和種のように泌乳量が少ない品種では，とくに子牛の吸乳刺激が卵胞の発育を遅らせ，結果として繁殖機能回復遅延を引き起こす．このことは，乳腺を仲立ちして子牛の吸乳刺激が脳の視床下部 → 下垂体レベルでGnRH（性腺刺激ホルモン放出ホルモン）およびLH（黄体形成ホルモン）の放出を抑制していると推察されている．このための改善技術として，子牛の別飼いや制限哺乳の技術が開発されており，泌乳量の少ない個体における子牛の発育改善と母体の繁殖機能回復促進技術として活用できる．

2) 飼養管理方式と繁殖性

個々の経営に立ち入ってみると，牛の置かれる飼養環境は一様ではない．基本的な相違は，個別飼養か集団飼養かで，そのなかで個別給与（個体の栄養管理）が可能な給与方式か否かである．個別飼養では個体管理ができるメリットがあり，集団飼養では省力

性がある．低コスト肉牛生産を前提に多頭化，省力化が望まれるが，多頭・省力化により低コスト肉牛生産をなし遂げる過程で，いかにして個体管理を斉一にするかが重要な鍵を握る．また通年の飼養管理体系が舎飼か，夏山冬里方式のような放牧飼養も入るか，また地域の条件によっては，周年放牧や周年屋外飼養（無畜舎飼養）等も選択肢に入ることになる．この選択においては，はじめに器（牛舎，放牧地，規模等）ありきではなしに，飼養管理技術と経営的センスがものをいうことになる．

肉用種繁殖牛の飼養では，連産性，生涯生産性の高い牛群を維持することが経営の成否にかかわってくるので，技術の省力化，集約化の過程においても繁殖効率の向上が大前提となる．ここで留意しなければならないのは，個別飼養では繁殖ステージに合った給与と運動量の確保である．集団飼養では群編成であり，各種の生理段階および繁殖ステージにある個体が同一群として飼養される場合には，給与方式の工夫が必要となる．採食競合により栄養状態にアンバランスを生じるようでは，基本的に繁殖牛飼養としては不適格であり，繁殖経営は成立できない．

d．飼養管理技術としての繁殖技術
1）受胎性向上技術

個体の繁殖効率は，日常的に投入されている給与技術，管理技術に支えられるが，個体観察を中心とした繁殖技術によって大きな差が出てくる部分でもある．雌牛が性成熟して初回受胎，初産分娩し，分娩後の繁殖機能回復を経て受胎，そしてその後の連産性を確保する，一連の繁殖サイクルを淀みなく繰り返すことが，繁殖牛飼養における技術目標である．

このことをなしうるのは，農家周辺の技術者や指導者ではない．日常の飼養管理者である農家自身にしかできない部分である．いうなれば日常の飼養管理におけるある種の視点が繁殖技術の根幹をなしていることになる．

表 2.2 発情生態における主要行動型の発現と排卵との関係（高橋，1981）

管理態		性 行 動		排 卵 時 期	
		行動型	持続時間	行動開始～排卵	行動終了～排卵
群飼	自然交配	♂→♀	30.5±16.5	46.0±15.5	17.0±4.0
		♀→♂	23.0±13.5	39.5±12.0	16.5±3.5
		♂／♀	17.0±10.5	30.5± 7.0	17.0±2.5
		♀／♂	14.0± 5.0	33.0± 9.0	15.0±3.0
		♂×♀	7.0± 3.5	27.5± 4.0	20.5±3.5
	雌牛どうし	♀→♀	28.5±14.5	40.0±13.5	16.5±5.5
		♀→♀	25.5±13.5	38.0±11.5	18.0±5.5
		♀／♀	23.5±14.0	35.5±10.0	15.5±6.0
		♀／♀	21.5±10.5	32.0± 5.5	16.5±5.0
		♀×♀	12.5± 6.0	27.5± 4.0	18.0±4.5
単飼	単房	♀	6.0± 1.5	26.0± 2.0	20.5±1.5
	スタンチョン	♀	8.5± 2.0	27.0± 1.5	19.0±2.5

注1）♂：種雄牛，♀：非発情雌牛，♀：発情雌牛，→：前者が後者へ性的行動，
／：前者が後者へ乗駕行動，×：後者が前者の乗駕許容．
2）平均（時間）±標準偏差．

一般的に，繁殖技術といえば授精技術等をイメージしてしまうが，この人工授精による受胎率に関しても，飼養管理者の繁殖生理に対する理解と知識が大きく関与する．まず発情牛の発見と観察についてみると，これには発情生態（性行動）に関する知識がものをいう．表2.2に発情進行経過と排卵時期との関係を飼養管理方式ごとに示した．性行動の型によって異なる部分はあるが，発情行動の終了から排卵までの時間には一定性がある．群飼においては，乗駕許容を除き排卵前15～17時間に発情が終了し，単飼では，19～20時間前となっている．単飼での発情行動の持続時間が短いのは，相手をする牛がいない単独行動のためである．発情進行経過の把握，発情行動と排卵時期に関する知識は，人工授精において精液の注入時期の決定にも役立つものである．表2.3に，注入時期と受胎率の関係を示した．受胎率を高くしているのは排卵前5～12時間までの間であり，発情行動終了からさらに間があることを示している．このような知識をもって人工授精の適期を把握し，人工授精を依頼すれば，牛群の受胎率の向上につながる．

表2.3 排卵時間と注入時期の関係における受胎率の推移
(高橋，1983)

授精時間[*1]	注入頭数	受胎頭数	受胎率[*2]
排卵前 25～40 時間	17 頭	0 頭	0%
21～24	20	9	45
17～20	19	12	63
13～16	27	19	70
9～12	19	15	79
5～ 8	17	13	76
1～ 4	15	9	60
排卵後 0～ 4	17	8	47

注 [*1] 発情行動の終了時に排卵時間を推定して注入，排卵の確認は直腸検査によった．
[*2] 凍結精液，0.5 ml ストロー（精子数 5,000 万）1 回注入による．

2) 早期妊娠診断

妊娠診断は，獣医師が行う事柄といえるが，繁殖牛飼養では人工授精における授精適期の判定と並んで，受胎したかどうかを早期に確認する簡単な方法が欲しいところである．妊娠診断とは，受精し発生した胚が伸長化することによって起こる母体の変化を，妊娠徴候としてとらえるか，直接胎子を確認することにより妊娠維持を判別することである．

実用的な診断法の条件としては，①手法が簡単，②診断の的中率が高く，③判定が容易で，④診断により母体や胚および胎子に悪影響がない，⑤診断の経費が安いなどの要件を満たすものでなければならない．実用上の診断的中率は85％以上が望まれる．

実際に妊娠診断法として現場技術になりうるものは少なく，中でも日常管理技術として使いこなせるものは限定されるが，次の四つの方法は実用的な方法といえる．

（1） ノーンリターン法：人工授精後に発情が発現しないものを受胎とみなすもので，授精後30～60日のノーンリターンでの的中率は85％，60～90日で95％といわれている．受胎率のかわりにノーンリターン率（人工授精した頭数に対する発情回帰した頭数の百分率）を用いることがあるが，この場合は人工授精後60～90日で確

認している．
（2） 子宮頸管粘液検査法：子宮頸管粘液が生理的条件によって変化することに着目した方法で，妊娠した場合に子宮頸管部にできる粘液栓の粘液サンプルを採取し，2枚のスライドグラスではさみ回転させてできる紋様で判定する．診断可能限界は35～40日であるが的中率は95％といわれる．
（3） 直腸検査法：直腸壁を介して直接胎子，胎膜および卵巣を触診し確認する．授精後40日の診断で的中率100％である．
（4） 腟底部の電気抵抗測定法：電気抵抗測定器（市販品，AIテスター）を用いて，授精後19～21日の間で腟内深部の電気抵抗値を測定し，数値レベルで妊娠の有無を判定する方法で診断の的中率は99％である．

留意しなければならないのは，診断後に胚や胎子の死滅等により流産する個体があることから，最終の診断を授精後100日前後に直腸検査法によって行う．最終診断によって妊娠確定後は，妊娠のステージに合わせた飼養管理とする．

3） 繁殖障害の早期発見

早期妊娠診断とともに繁殖障害による無発情牛等の確認を日常管理の中で行うことが重要である．その発見の指標には次のような事柄がある．
（1） 未経産牛の場合：14カ月齢を経過しても発情が発現しないか発情微弱，
（2） 経産牛の場合：分娩後30日を経過しても悪露または汚れた粘液を排出，
（3） 経産・未経産共通：3回以上人工授精しても受胎しない，授精後5日以上経過してなお外陰部が弛緩していたり粘液を排出する，授精後16日未満または，26日以上の経過日数で発情が回帰し，それが続く．

以上のような指標を目安にして空胎牛を早期にチェックし，獣医師の診断を仰ぐこと．早期発見と早期治療によって空胎牛をなくすことが重要である．それとともに繁殖障害の原因を明確にして，日常の飼養管理技術に役立てていくことである．繁殖障害の発生は，意外に栄養管理の不手際と運動不足に端を発していることが多い．

e. 先端的繁殖技術導入の留意点

肉牛産業の国際競争力強化が求められており，今後もわが国の肉牛生産が持続的に発展していくために，生産基盤をも含めて生産システムを再構築する必要に迫られている．繁殖牛の飼養はその最先端に位置づけられることから，生産の現場では繁殖効率向上をベースに低コスト子牛生産を軸とした効率的な生産技術システムを構築する必要がある．

近年，バイオテクノロジーに関する研究の進展によって，牛の胚移植技術を基軸として，体外受精による胚の供給等もできつつあり，バイテク技術が生産現場で活用される場面が多くなっている．胚移植技術を子牛生産技術として，人工授精技術と同列に扱うには，時期尚早の部分があり，技術的に未解決の部分を残している．現状では技術のコスト負担が高く生産コスト低減には結び付かない．しかし，これら技術の長所をとらえて改良技術として活用する場合には，世代間隔の短縮につながり改良スピードを加速することができる．また，増殖技術としての活用においても活用法によってはメリットを

引き出せる．胚の供給体制づくりの中で，肉牛が一年一産しつつ胚を採取する．そして，その胚を使って乳牛の借腹で肉牛生産をすることも一つの選択である．

先端技術といえども，牛の生体機構をうまく活用する繁殖技術であり，やはりその技術導入の成果は，その多くの部分が日常的に行っている飼養管理技術によって支えられている．胚移植技術の根幹をなす，供胚牛からの胚の採取効率も，受胚牛の受胎率も，いずれも繁殖牛の飼養管理技術の巧拙が結果に現れる． ［高橋政義］

2.3 子牛の哺育，育成

一般に，肉用牛の子牛の哺育・育成管理は，分娩後6カ月齢まで母牛から授乳する自然哺乳の飼養形態が多いが，最近では，子牛の発育の改善のため，母牛との別飼い，人工哺乳などが実施されている．

a．哺育，育成の目標

発育の旺盛な時期である育成期に，骨格を十分に発育させることが必要である．また，品種により発育の差があるので（表2.4），各品種に合った飼養管理も重要である．各品種の登録団体では発育目標と正常発育曲線を設けて，登録審査用や飼養者の指標としている．舎飼いより低コストであることから放牧育成技術を活用することが重要である．

b．哺育，育成
1) 子牛の育成に要する養分量と母牛の泌乳能力
a) 子牛の育成に要する養分量　日本飼養標準に体重25kgから150kgまでの哺乳中の雌子牛の育成に要する1日当たりの養分量が示してある（表2.5）．これは，哺乳中の雄・去勢・雌子牛に適用できる．

b) 母牛の泌乳能力と子牛の発育　哺乳量は個体，品種，年齢（産次）などによる差が大きい．自然哺乳育成の多いことから，母牛の泌乳能力の評価が重要である．母乳は哺乳子牛の重要な栄養源であり，6カ月齢までの発育に必要な栄養源の6割を占める．

生時から離乳時までの発育には，子牛の性別，母牛の産次，季節，別飼いの有無が大きく影響するものの，母牛の哺乳能力は子牛の90日齢補正体重または180日齢補正体重を用いて評価できる．

肉用牛の泌乳量の推定法としては，体重差法，手搾り法などがあるが，体重差法や間接推定法（子牛の体重と増体量から推定する方法）を用いて授乳量を推計している．品種別の哺乳量は，日本短角種が多く，黒毛和種がやや少ない．日本短角種の最高泌乳量は4週齢で約10kg/日であり，黒毛和種のそれは7kg/日であるが，その後徐々に少なくなる．

2) 分娩前後の母牛の管理
分娩前2カ月間の維持養分量に加える1日当たりのDM量の目安は1.5kgである．また，分娩後は，授乳量1kg当たりDM量0.5kg相当として，推定授乳量に乗じ，これを維持養分量に加えて給与量を調整する．

表2.4 日本飼養標準で使われている肉用種雌牛の発育値

(単位：kg)

月齢 \ 品種	黒毛和種	褐毛和種	日本短角種
生 時	28.0	30.0	32.7
1	50.6	53.5	66.0
2	73.2	76.9	97.2
3	95.8	100.4	126.6
4	118.4	123.8	154.2
5	141.0	147.3	180.2
6	163.6	170.8	204.6
7	186.2	194.2	227.5
8	208.8	217.7	249.1
9	231.4	241.2	269.3
10	254.0	264.6	288.4
11	273.5	287.0	306.2
12	291.4	307.7	323.1
13	307.8	326.8	338.9
14	322.7	344.4	353.7
15	336.5	360.6	367.7
16	349.0	375.5	380.8
17	360.5	389.3	393.1
18	371.0	402.0	404.7
20	389.5	424.6	425.8
22	405.0	443.7	444.5
24	417.9	460.0	461.0
26	428.8	473.8	475.5
28	437.9	485.6	488.4
30	445.5	495.6	499.7
32	451.9	504.1	509.8
34	457.3	511.3	518.6
36	461.8	517.5	526.5
42	471.3	530.9	544.9
48	477.0	539.2	557.6
54	480.3	544.2	566.3
60	482.2	547.4	572.4
発育の計算式	注1)	注2)	注3)

注1) $Y_t = 22.6008t + 28.0$ (10カ月齢まで)
$Y_t = 485.0(1 - 1.151922\exp(-0.088304t))$
2) $Y_t = 23.4704t + 30.0$ (10カ月齢まで)
$Y_t = 552.3(1 - 1.173408\exp(-0.081196t))$
3) $Y_t = 585.7(1 - 0.944208\exp(-0.062049t))$
ただし，Y_t は月齢 t における体重の推定値．

分娩予定1カ月前から，十分観察できるよう舎飼い管理が望ましい．

3) 放牧育成

放牧馴致を生後2週間から行い，生後1カ月以降に親子放牧すると事故が少ない．

子牛は，ほぼ3週齢までは母乳からの栄養で正常に発育する．しかし，その後，子牛の正常な発育を維持するには，母乳のみでは栄養分が不足する．第一胃の発達を促すために良質乾草を自由採食させる．

良質乾草が不足する場合や哺乳量が不足する場合には濃厚飼料の別飼い（クリープフ

2.3 子牛の哺育，育成

表 2.5　日本飼養標準に示された雌牛の育成時の飼料中の養分含量

体重 (kg)	1日当たり増体量 DG (kg)	1日当たり乾物量 DM (kg)	粗タンパク質 CP (%)	可消化粗タンパク質 DCP (%)	可消化養分総量 TDN (%)	可消化エネルギー DE (Mcal/kg)	カルシウム Ca (%)	リン P (%)	ビタミンA (1,000 IU/kg)
25	0.6	0.5	30.7	28.1	125	5.5	1.78	1.09	3.3
	0.8	0.6	30.7	28.1	125	5.5	2.11	1.26	3.0
	1.0	0.6	30.7	28.1	125	5.5	2.40	1.41	2.7
50	0.6	0.9	20.7	18.7	120	5.3	1.06	0.70	3.8
	0.8	1.0	23.5	21.4	120	5.3	1.24	0.79	3.4
	1.0	1.1	26.0	23.8	120	5.3	1.41	0.88	3.1
75	0.6	1.4	15.7	13.4	100	4.4	0.68	0.48	3.5
	0.8	1.6	17.4	15.0	100	4.4	0.79	0.53	3.1
	1.0	1.7	19.1	16.5	100	4.4	0.89	0.58	2.9
100	0.6	2.1	12.1	10.1	86	3.8	0.49	0.37	3.2
	0.8	2.3	13.2	11.1	86	3.8	0.56	0.40	2.9
	1.0	2.5	14.3	12.1	86	3.8	0.63	0.43	2.7
	1.2	2.7	15.4	13.1	86	3.8	0.69	0.46	2.5
125	0.6	2.6	11.4	9.1	79	3.5	0.40	0.32	3.2
	0.8	2.9	12.3	9.9	79	3.5	0.45	0.34	2.8
	1.0	3.2	13.2	10.7	79	3.5	0.50	0.36	2.6
	1.2	3.4	14.0	11.5	79	3.5	0.55	0.38	2.4
150	0.6	3.2	10.3	8.1	75	3.3	0.34	0.28	3.1
	0.8	3.5	11.0	8.7	75	3.3	0.38	0.30	2.8
	1.0	3.8	11.6	9.3	75	3.3	0.43	0.31	2.6
	1.2	4.1	12.3	9.9	75	3.3	0.47	0.33	2.4
175	0.6	4.3	11.3	6.8	62	2.7	0.47	0.25	2.7
	0.8	4.5	12.2	7.6	66	2.9	0.54	0.26	2.6
	1.0	4.7	13.1	8.4	69	3.1	0.62	0.29	2.5
	1.2	4.8	14.0	9.3	73	3.0	0.70	0.31	2.4
200	0.6	4.7	10.6	6.2	62	2.7	0.42	0.23	2.8
	0.8	5.0	11.4	6.9	66	2.9	0.48	0.25	2.6
	1.0	5.2	12.1	7.5	69	3.1	0.54	0.26	2.5
	1.2	5.3	12.9	8.3	73	3.2	0.61	0.28	2.5
250	0.4	5.2	9.2	4.9	59	2.6	0.31	0.21	3.2
	0.6	5.6	9.7	5.4	62	2.7	0.36	0.22	3.0
	0.8	5.9	10.2	5.8	66	2.9	0.40	0.23	2.8
300	0.4	5.9	8.6	4.4	59	2.6	0.28	0.21	3.3
	0.6	6.4	9.0	4.8	62	2.7	0.31	0.21	3.1
	0.8	6.8	9.3	5.1	66	2.9	0.34	0.21	2.9

注 1）　CP, DCP 含量が著しく低い場合には，飼料の利用性を考慮し，安定率を見込んで，飼料の給与を行うこととする．
　 2）　本表の適用にあたっては，表 2.4 に示した発育値を参照されたい．

ィーディング）が必要である．別飼いとは，子牛専用の給餌施設を設置して，母牛の授乳量の栄養分のみでは不足する栄養分を補給することである．一般には，TDN 72%，DCP 11% 程度の配合飼料（カーフスターター，人工乳）を給与する．別飼い開始時に嗜好性を増加させるため，これにアルファルファ乾草を加える場合もある．

4) 個体識別

多頭数の飼養管理には個体を識別することが必須であるが，その方法としては，ネックタッグや耳標を装着する方法や，凍結烙印による方法がある．最近では，データキャリアやマイクロチップとよばれる電磁誘導方式の個体識別装置を用いる方法もある．

5) 除角

除角を実施する目的は，作業の安全をはかること，牛群の闘争を防止すること，とくに採食時に均一に給与できることなどである．

除角は生後1カ月以内に実施するのが通例である．除角器は電気式，炭火式，ガス式のものなどがある．角根部の毛を毛刈りはさみで切り，除角器で角芽を中心にして約15秒押し当て焼烙するきわめて簡単な方法である．

6) 去勢

哺育期間中に去勢するのが肥育期間中の増体量や飼料の利用性に優れているので，3カ月齢以内で去勢するのが望ましい．バルザック式去勢器を用いた無血去勢による方法が一般的であるが，月齢の進んだ子牛では観血法による去勢を行う場合もある．

7) 離乳時期と早期離乳

a) 離乳時期 離乳は6カ月齢で行うのが通例である．

b) 早期離乳 乳用子牛で開発された早期離乳が黒毛和種子牛に適用できるかが検討されている．

早期離乳子牛の発育は自然哺育子牛のそれと同等であることが報告されている．

さらに1日2回制限哺乳による母子分離哺育は早期離乳の効果を高め，放牧管理ではとくに有効な手段となることが報告されている．

8) 人工哺乳

60日齢以前の早期の離乳では，代用乳または全乳哺乳の必要がある．また，近年の胚移植技術の進展により，乳用種から肉用種を生産し，これを生後から人工哺乳している．このため，最近では，肉用種専用の代用乳が市販されている．

9) 子牛の疾病予防

新生子牛の疾病には誤嚥性肺炎，新生児仮死，臍帯炎，虚弱児症候群などがある．分娩直後の事故の大半を占める誤嚥性肺炎と新生児仮死の防止に，子牛用人工呼吸器を畜舎に常備しておくことは重要である．

子牛の下痢症と感冒の予防には初乳の給与が重要である．さらに，初乳の早期給与や発酵初乳の有用性が報告されている．

感染症の予防にワクチンの接種も重要である．

c. 育成期の発育

雌牛の育成期は一般に離乳から繁殖供用開始の期間であるが，初産分娩までを含める場合もある．

この期間は，発育がもっとも旺盛な時期で，発育は飼養管理条件によりもっとも影響を受ける．

体重175kg以上の離乳後の育成雌牛の養分要求量は，体重200kgまでの去勢雄で利

用できる．

　育成期の成長速度を速めると，繁殖供用開始を早めることができる．離乳後，良質粗飼料の確保が難しい場合は，補給飼料として濃厚飼料を1kg程度給与する必要があるが，過肥となるような雌牛の飼育方法は好ましくない．

　おおむね体重300kg，体高115～116cmの体格で繁殖に供用するが，体重250kgでの早期種付も可能である．

　生後から受胎までの期間の1日当たりの増体量は平均0.6kg程度あれば十分といえる．

d．これからの哺育，育成

　低コスト生産の面からは放牧育成がもっとも優れているが，草地の状態によって事故や低発育などさまざまな問題があり，健康かつ良質な肉牛生産のためには，子牛用草地利用技術など放牧育成技術の改善が必要とされている．また，泌乳能力の低い品種，系統によっては舎飼い管理による哺育育成が適切な場合もある．

　さらに，母牛の泌乳の遺伝的能力を考慮し，粗飼料の利用性の高い母牛を選抜して，さらに効率的に育成する必要があろう．　　　　　　　　　　　　　　　　　［中林　見］

2.4　肉牛の飼養

a．肉牛肥育の基本型

　肉牛の肥育とは，肉質改善と肉量増加のために牛を飼育することである．牛は栄養の豊かなときと乏しいときを繰り返し淘汰された動物で，多様な飼育に耐える．肥育様式は市場が求める牛肉，利用可能な素牛と飼料，飼育環境により品種が選ばれて決まるので，国，地方，時代で多様に変わる．しかし，牛の飼養前半と後半の相対的な栄養給与量，または発育の型により肥育様式は高栄養型（H-H），低栄養-高栄養型（L-H），低栄養型（L-L），高栄養-低栄養型（H-L）の四つの型に大別できる．

1)　H-H型肥育

　相対的に高栄養の飼料で目的の肉量肉質の牛を早期につくる肥育様式で，良質肉もできる．素牛や施設に多くの資金が必要な場合に資金効率向上の効果が大きい．飼料を自由に食べさせ，増体や内臓にとくに異常のない牛で組織や器官の発育の盛んな発育期を計算すると，図2.3のとおりである．13カ月齢で骨や内臓の発育する育成期と脂肪の発育期である肥育期に分かれる．赤肉の発育期は18カ月齢で終わり，これを赤肉生産の場合の肥育終了月齢，脂肪交雑改善のための肥育終了月齢は24カ月齢とし，この間で品種，系統により適切に肥育終了月齢を決める．育成期にはミネラル，ビタミンおよび消化管の発達のため嗜好性，栄養，繊維のそろった良質粗飼料を十分給与する．9～13カ月齢の間ではオーチャードグラスで計算して必要TDN（可消化養分総量）の35％か，他の粗飼料ではそれに相当する繊維量が必要とされ，9カ月齢以前ではより多くが必要（TDNで50％以上）と考えられる．育成期の粗飼料給与により肥育期の病気や食止まりが予防でき，高増体と牛群の均一な増体が得られる．適切な肥育終了月齢は余分な飼料と労力，

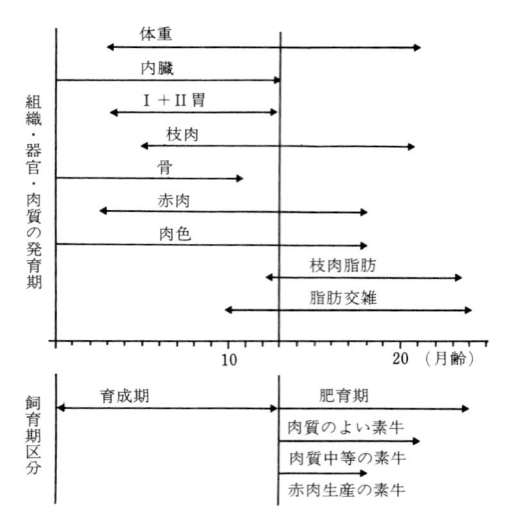

図 2.3 H-H型肥育における組織等の発育期と飼育期の関係

不可食脂肪の増加，資金効率低下を避けるために重要である．以上がもっとも高栄養とした場合の肥育の基本型と考えられる．

2) L-H型肥育

粗飼料多給や放牧により低栄養で安い経費で体をつくり，比較的少ない濃厚飼料で肉質を改善する低コストを目的とした肥育様式で，良質肉もできる．

L-H型のうち，高栄養期の増体がH-H型よりよく，体重が追いついていくような場合を代償成長という．高栄養期の飼料利用性はH-H型よりよく，全飼育期間では低栄養の程度，時期，期間，肥育終了体重によりH-H型よりよい場合と変わらない場合がある．代償成長では体重がH-H型に追いついていくといっても，追い越すことはなく，多少とも全飼育日数は延びるので，飼料費等の経費節約が資金効率低下を上回るとき有効であ

表 2.6 L-H型肥育における低栄養期の増体と高栄養期の増体・全飼育期間の関係（京都大，東海，近畿，北陸協定試験より）

	項　目		H-H	M-H	L-H
肥育終了体重 550 kg	1日当たり増体量 (kg/日)	前期	0.96	0.76	0.55
		後期	0.82	1.03	1.02
		全期	0.92	0.86	0.75
	全飼育日数		295	326	364
肥育終了体重 650 kg	1日当たり増体量 (kg/日)	前期	1.01	0.76	0.61
		後期	0.66	0.72	0.81
		全期	0.85	0.73	0.73
	全飼育日数		428	492	527

注　黒毛和種去勢牛の9～15カ月齢の栄養給与量を高(H)，中(M)，低(L)の3段階とし，15カ月齢以後の増体量，全飼育期間の関係をみた．

る．黒毛和種去勢牛の9～15カ月齢の増体と全飼育期間の関係は表2.6に示した．L-H型肥育の高栄養期には骨等の早期に発育する組織より脂肪等の遅い時期に発育する組織のほうが発育の回復は速いので，同じ体重でもH-H型の牛とは違った体構成や枝肉構成となる．高栄養期のはじめはH-H型より脂肪が少なく，ある体重でH-H型を追い越し，成熟するにつれ差が小さくなる．一般にはやや大きめの体重に仕上げるとよい．

3) **L-L型肥育**

広大な草地や粗飼料資源を食糧に変えるために行われ，肉質はあまり問題にされない．日本で主流になるとは考えられないが，その発育特性は一般の肥育技術でも重要な知見になる．表2.7は低栄養のため体重が高栄養の牛の90，80，70%と小さくなった場合（体重の発育率），各組織は高栄養の牛の何%になるか（組織の発育率）を計算したものである．18カ月齢で体重の発育率70%のときは，骨の発育率はH-Hの81%で栄養の影響が小さく，枝肉脂肪は47.5%で非常に大きいことがわかる．これらの値はL-H型肥育

表2.7 牛体組織の発育率

月　齢	体重発育率(%)	赤　肉(%)	枝肉脂肪(%)	骨(%)	内臓実質(%)
8カ月齢	100.0	100.0	100.0	100.0	100.0
	90.0	87.5	74.4	92.7	93.3
	80.0	74.9	53.4	85.1	86.4
	70.0	63.0	36.8	77.4	83.5
14カ月齢	100.0	100.0	100.0	100.0	100.0
	90.0	82.3	72.8	93.8	92.3
	80.0	73.6	51.0	87.2	84.4
	70.0	63.9	34.1	80.4	76.3
18カ月齢	100.0	100.0	100.0	100.0	100.0
	90.0	89.7	76.5	94.5	—
	80.0	79.8	56.7	88.7	—
	70.0	69.8	40.4	82.6	—

注　組織の発育率は，低栄養のため体重がH-Hの90，80，70%と小さくなったとき，各組織はH-Hの何%になるかで示した．

表2.8 体型測定値の発育率

月　齢	体重発育率(%)	体　高(%)	十字部高(%)	胸　幅(%)
8カ月齢	100.0	100.0	100.0	100.0
	90.0	97.8	98.0	92.6
	80.0	95.4	96.0	97.5
	70.0	92.8	95.9	77.1
14カ月齢	100.0	100.0	100.0	100.0
	90.0	98.8	98.7	94.8
	80.0	97.5	97.3	89.3
	70.0	96.1	95.7	83.5
18カ月齢	100.0	100.0	100.0	100.0
	—	98.6	—	93.9
	—	97.0	—	88.7
	—	95.2	—	81.0

で高栄養に切り替える時点の，牛の発育段階の推測に応用できる．表2.8は体型測定値の発育率である．体高の発育率は大きく牛の遺伝的大きさをよく示し，胸幅では小さく栄養の影響を示すなど，肥育程度の推測や素牛の栄養状態判定に応用できる．体重は体型測定値よりさらに栄養の影響をよく示すので，肥育牛の肥育程度の判定に肥育度指数[(体重/体高)×100]が用いられている．

4) H-L型肥育

育成段階で比較的高栄養で飼育し，骨や内臓のほかに筋肉も発育させ，脂肪の付着が起こる段階から低栄養にして枝肉脂肪を抑える．脂肪の厚い品種で，枝肉脂肪が嫌われるような場合に行われることがあるが，一般的ではない．

b. 日本の肉牛肥育様式

肉牛の肥育様式は，表2.9に示すように役肉用牛が肉用牛に変わった昭和30 (1955)年代以前とそれ以後に大きく分けられる．

1) 役肉用牛の肥育

牛肉消費は明治になるとともに廃用牛の肉から始まり，洋風文化の流入による一般消費の拡大，日清・日露戦争の軍需や第一次大戦中の好況による一般消費拡大を経て本格的な肥育が広まった．太平洋戦争中と戦後の統制経済下で中断したが，1950年（昭和25）頃より再開された．役肉用牛は明治時代に在来和牛と外国種の交配でできた多くの雑種を，日本の農耕と肉利用に適したものに改良してきた．野草，農業残渣を与えて使役，繁殖，堆肥生産に使いながら体をつくり，肉質が低下する前にくず穀物，糟糠類，わらを主体とした飼料で肥育する成牛の肥育であった．

素牛選定では年齢，体型のほか皮膚，被毛，爪，角の形や色，管の太さ等を資質といい，肉質に関連して重視したが，まだ交配した外国種の影響が現れることがあったためと考えられる．飼料の嗜好性を高めるために練飼，どぶ飼，煮飼などの工夫がされた．ダイズや生ぬかが加えられたが，脂肪の多い飼料を多く与えると軟脂肪になるとか，素牛が黄色脂肪であったためカロチンの少ないわらがよい粗飼料であるなどと，飼料と肉質の関係に関心がもたれた．肥育状態はばら，乳房，下けん部等の脂肪付着状態から素牛を7合，これ以上太らない状態を満肉（10合または1升肉）等として判断した．

a) 雌牛普通肥育　　3〜6歳まで使役と繁殖に用いた後，8.5合肉を目標に6カ月程度肥育する，もっとも多い肥育様式であった．

b) 雌牛理想肥育　　高級肉生産のためとくに資質のよい雌子牛を2〜3歳まで育成し，未経産のまま満肉を目標に12カ月間肥育した．兵庫，三重，滋賀，京都などよい素牛の入手できる一部の地域で行われ，素牛選定や飼料給与にそれぞれの伝統的技術ができた．

c) 老廃牛肥育　　繁殖に長く使った牛，繁殖障害等の牛を3カ月程度肥育し7.5〜8合肉程度で出荷した．繁殖障害の牛は肉質改善が望めず，とくに卵巣嚢腫の牛はカモ牛として嫌われた．

d) 去勢牛壮齢肥育　　種牛に残さない雄子牛は哺乳中に去勢して使役に使った後，雌牛普通肥育に準じ肥育した．

2.4 肉牛の飼養   423

表 2.9 肉牛の肥育様式

(a) 役肉用牛(明治～昭和 30 年代中期)

	肥育様式	月齢(歳)	肥育開始体重(kg)	肥育目標肥育期間(月)	体重(kg)	肉質目標
雌	普通肥育	3～6	340～370	5～6	525	上*1
	理想肥育	2～3	370～420	10～12	550～650	特選*1
	老廃肥育	8～11	350～400	3	450～500	並*1
	壮齢肥育	2～3	370～420	12	500～600	上*1

(b) 肉用種(昭和 30 年代中期～)

		月齢(歳)	肥育開始体重(kg)	出荷月齢(月)	体重(kg)	
去勢	若齢肥育	6～7	160～200	18	450	上*1
	理想肥育	6～7	160～200	24	600	特選*1
	去勢牛肥育	9	250～320	29	700	A-4～
	雄牛肥育	6～7	200	18	600	中*1
	外国種肥育*2	8	200～250	18	550	B-3～
	交雑種肥育*3	14	250	18	500～550	中
雌	若齢肥育	6～7	180	18	450	上*1
	未経産肥育	9	250	31	620～650	A-4～
	一産取り肥育	22～24	450	30～34	650	A-4～
	老廃肥育	6 歳～	450		550	C-2～

(c) 乳用種(昭和 40 年代～)

		月齢(歳)	肥育開始体重(kg)	出荷月齢(月)	体重(kg)	
雄・去	早期若齢肥育	6	240	12	450	中*1
	若齢肥育	6	240	16～18	550	中*1
	去勢牛肥育	6～7	250～300	21	730	B-3～
雌	未経産肥育	6	250	21	700	B-3～
	経産牛肥育	3～4 歳	550	3～5 カ月	700	B-2～
F₁	去勢牛肥育	6～7	240	24	700	B-3～
	雌牛肥育	6～7	220	24	650	B-3～
	一産取り肥育	21～24		30	670	B-3～

注 *1 枝肉旧取引規格による格付.
*2 輸入子牛の場合は肥育開始月齢が不明. 平均 14 カ月齢と考えられる.
*3 外国種雄牛と日本の肉用種,乳用種との交雑種の肥育. 現在は F_1 肥育といえばほとんどが乳用種雌と日本の肉用種との交雑種の肥育であるが,現在の F_1 肥育は交雑種肥育の中から出てきたものである.

2) 昭和 30 年代以後の肥育

昭和 30(1955)年代は工業生産の戦前水準回復から経済高度成長への移行期で,食肉消費が拡大し始めた. 農業近代化が進み,役肉用牛の大量放出と急速な減少が起こった. この安い素牛と普及し始めた配合飼料を用いた空前の肥育ブームが起こり,現在の多頭化した肥育経営の始まりとなった. 昭和 30 年代後期には将来の牛肉資源が心配され始め,1962 年(昭和 37)に役肉用牛は肉用種として再出発した. 外国種種牛の導入と利用法や乳用種雄子牛の肥育も検討された. 1953 年(昭和 28)頃より新しい肥育様式として若い発育盛りの牛を用いた去勢牛若齢肥育の研究が始まり普及した. また,肉利用の研究も本格的に開始された. 優良資源保護のため雌牛理想肥育に代わり去勢牛理想肥育が

推奨され、これらが後の肉牛肥育様式の基礎となった。昭和40 (1965) 年代の経済高度成長期に食肉需要は著しく拡大し、新たな牛肉資源として乳用種雄子牛の肥育が本格化し、1974年 (昭和49) には肉用種1/3, 乳用種雄1/3, 乳用種雌1/3のほぼ牛肉輸入自由化前 (1991年 (平成3) 以前) の枝肉生産比率になった。外国種と日本の肉用種や乳用種との交雑牛の肥育試験も盛んに行われた。1972年には外国産無税子牛の輸入も始まった。肥育規模は急速に拡大し、繁殖規模や粗飼料基盤整備との間に大きな不均衡が生じ、国産牛肉生産の大きな問題として残されている。肉用種の肥育は素牛価格の高騰と乳牛肉との競合を避けて出荷体重の大型化と肉質志向が強まり、1970年頃には若齢肥育はほとんどが理想肥育に変わったが、良質粗飼料不足と人手不足のため濃厚飼料とわらの不断給餌となり、尿石症や消化管を中心にした病気が多発した。病気を避けるため制限給餌をしたこと、素牛価格が高騰し肉質改善と出荷体重を大きくして収益を維持しようとしたことにより、増体速度が低下し肥育期間はいっそう延びた。1975年には平均出荷月齢が27カ月齢になり、理想肥育は単に去勢牛肥育といわれるようになった。長期の肥育は肉質改善や出荷体重が大きくなっても資金効率低下によるマイナスのほうが大きく、低コスト化とのバランスにおいて今後再検討されるべきである。昭和40年代前半には合成発情ホルモンを中心にホルモン肥育が盛んに行われたが、残留の危険性のため合成ホルモンの使用は禁止された。

昭和50 (1975) 年代の経済安定成長期にも牛肉消費は伸び、牛乳の生産調整が始まったことから乳用種雌牛の肥育がふえた。乳用種子牛の肉質向上のため肉用種とのF_1の肥育がふえ、F_1雌の繁殖牛としての利用も検討された。昭和50年代後半から牛肉の内外価格差が大きな問題となり低コスト生産が議論された。輸入自由化に対する外圧が高まり1988年 (昭和63) 自由化の決定、1991年 (平成3) に実施され、国産牛肉は低コスト化と高品質化を同時に求めなくてはならなくなっている。

a) 肉用種の肥育

① 去勢牛若齢肥育: 昭和30 (1955) 年代に肉用種の新しい肥育様式として検討され広く普及したが、1970年頃には理想肥育に移行し、若齢肥育は日本短角種や乳用種に引き継がれた。3～6カ月齢で去勢した素牛を、7カ月齢から18カ月齢まで450kgを目標に肥育した。濃厚飼料は体重の1.2%から1.8%にふやしていき、粗飼料は不断給餌とした。牛の改良とともに、後に目標体重は500, 550kgと改められた。

② 去勢牛理想肥育: 昭和30年代後半に資源保護のため雌牛理想肥育に代わり指導された。とくに資質の優れた素牛を24カ月齢600kgを目標に去勢牛若齢肥育に準じ肥育した。目標体重は後に650kg, 700kgと改められた。現在は680kgである。1970年頃には濃厚飼料とわらの不断給餌となり、尿石や消化管の病気が多発し、肥育前半の濃厚飼料を制限給餌にしたため肥育期間が延びた。褐毛和種では現在もこれに近いかたちで行われている。

③ 去勢牛肥育: 去勢牛理想肥育の肥育期間が延び、素牛の資質による区別がなくなり、出荷目標月齢の幅も大きくなり、現在では単に去勢牛肥育といわれるようになった。現在の平均出荷月齢は29カ月齢で体重700kgを目標にしているが、地域差が大きく25～34カ月齢の幅がある。

④ 雄牛肥育： 昭和30年代に一部の地域で増体がよいとして行われた．現在は日本短角種で一部行われている．

⑤ 外国種の肥育： 国産子牛価格の高騰のため1972年から無税子牛の輸入が始まり，昭和50年代に盛んに肥育された．品種はアンガス，ヘレフォード，ショートホーン，マレーグレイ等の雑種が多かった．肥育仕上げ月齢は16～18ヵ月齢であった．

⑥ 雌牛若齢肥育： 昭和30 (1955) 年代に去勢牛若齢肥育に準じて行われた．

⑦ 未経産牛肥育： 雌牛若齢肥育も去勢牛と同様に肥育期間が延長され，現在は単に未経産牛肥育という．体重が小さいので去勢牛よりやや長く肥育される傾向にある．とくに最高級肉生産のために40ヵ月齢前後まで肥育するものも残っており，現在ではこれを理想肥育という場合もある．

⑧ 一産取り肥育： 昭和50 (1975) 年代に子牛価格が高騰し，肥育素牛の一部を自給するために行われ始めた．雌牛は24ヵ月齢以前に分娩させるために12ヵ月齢前後から授精し，繁殖雌牛と同様の育成をし，分娩後3ヵ月から肥育を始め30～34ヵ月齢で出荷する．よい雌牛は繁殖牛として長く用いることもあり，繁殖，肥育の一貫経営への入口にもなっている．

b) 乳用種の肥育 乳用種雄子牛の肥育は人工乳の開発により子牛の哺育が可能となり普及した．後に免疫グロブリンを多く含む初乳給与の徹底やカーフハッチによる個別飼育により子牛死亡率が著しく低下し効率のよいものになった．

① 雄子牛早期若齢肥育： 昭和40 (1965) 年代前半に乳用種雄子牛の肥育様式として普及した．肉質が未熟なため1970年頃には若齢肥育に変わった．

② 雄子牛・去勢牛若齢肥育： 昭和30年代中期に乳用種雄子牛の肉利用が検討され，肉用種の若齢肥育に準じた肥育が検討された．当時は乳牛の肉に対する差別扱いのため一部試験的な肥育にとどまったが，1970年頃より雄子牛早期若齢肥育に代わって急速に普及した．飼料給与は濃厚飼料とわらの不断給餌となった．はじめは雄子牛を肥育したが，肉質向上と管理しやすさから6ヵ月齢で去勢したものを肥育するようになった．

③ 去勢牛肥育： 若齢肥育は肥育期間が延長し現在21ヵ月齢 (18～24ヵ月齢)，700～750kgになり，単に去勢牛肥育，または乳雄肥育といわれている．

④ 未経産牛肥育： 搾乳後継牛にしない雌子牛を去勢牛肥育に準じ肥育する様式．育成中淘汰される牛も含む．

⑤ 経産牛肥育： 都市近郊では廃用前の搾乳牛を導入し一産させ一乳期搾った後肥育することが行われていたが，昭和50 (1975) 年代初期に牛乳の生産調整が始まり一般に広く行われるようになった．乾乳肥育と搾乳肥育があり，前者は乳期の終わりに乾乳してから3ヵ月間肥育する．後者は乳量が15kg前後から濃厚飼料をふやし搾乳しながら肥育を始め，3～6ヵ月間肥育する．乳代で飼料費のかなりの部分が補われるので経済的といわれている．

⑥ F_1去勢牛肥育： 乳牛の初産の事故を避けるためや乳量の少ない乳牛に肉用種を交配しF_1を産ませることが多い．雄子牛は去勢して24ヵ月齢前後まで肥育される．牛肉の輸入自由化で乳用種から生まれる子牛の肉質改善のためF_1子牛の生産がふえている．昭和40年代にヘレフォード，アンガス，シャロレー等の外国種や日本の肉用種雄

と乳用種や日本の肉用種との交雑種肥育試験が行われ，普及したが，これを交雑種肥育またはF$_1$肥育といったことがあった．F$_1$肥育はもともとこれらの中から出てきたものであるが，現在はF$_1$肥育といえばほとんどが乳用種と日本の肉用種の交雑種を指すようになっている．

⑦　F$_1$雌一産取り肥育：　昭和50年代に子牛不足解消のため乳用種とのF$_1$雌牛に一産させ肥育する方式が検討された．10～14カ月齢の早期に受胎させ24カ月齢までには分娩させ28～30カ月齢まで肥育する．　　　　　　　　　　　　〔山崎敏雄〕

2.5　肉牛の管理施設と技術

a．肉牛の飼養施設

　肉牛の飼養施設は牛舎，飼料および敷料の貯蔵施設，堆肥場，機械器具等の置場，排水施設等である．こうした施設の配置には敷地の高低や作業の動線，日照，通風等を考慮するが，作業機械のための空間に配慮が必要である．排水については，屋根や通路に降る雨水はそのまま排水できるが，堆肥場や牛舎から出る汚水は溜池に導くなどして簡単な処理ができるようにすること，および排水経路を分けるなどの配慮が必要である．とくに，牛舎周辺は乾燥が悪いと泥ねい化するので，施設周辺を舗装することが多い．

　飼養施設の配置は将来の経営の変化に対応できることや，人家，農地との距離や風向の影響等の考慮が必要である．一方では生産費低減の方法として施設費への投資を少なくすることが大切であり，施設の管理，補修等に費用のかからない工夫が必要である．

　作業性に関連する柱の位置や側壁の必要性等の検討が重要である．また，たとえば飼槽，首出し部分，間仕切り等の構造は簡単にして工費を節減する．畜舎施設の低コスト化についてはパイプハウス牛舎等のモデルがいくつか出されており，規格化されたものもみられる．畜舎の建築費の相当部分は牛房の仕切り柵，繫留部分，飼槽，給水器のほか，床構造等により占められるので，畜舎建設費の低減のためにはこうした部分の施設費削減をはかることが重要である．

b．肉牛舎の様式と利用

　肉牛舎は肥育牛や繁殖牛等の飼養目的別あるいは牛の自由度と管理方式別にいくつかの類型がある．ここでは管理方式により単房式・つなぎ式・追込み式・ルーズバーン式牛舎に分類して特徴と利用について述べる．

　単房式牛舎は1頭ごとに単房で飼養する牛舎であるが，個体管理がしやすい特徴がある．主として繁殖牛舎に用いられるが，理想肥育で使われる場合がある．古い様式では糞の搬出に欠点があるものがあるが，間伐材を用いた簡易な牛舎で裏山の運動場に併設している例もある．こうした例では間仕切りや飼槽も簡略化されているが，糞の搬出は小型の機械で行われ，繁殖牛の規模拡大に多く用いられる．

　つなぎ式牛舎は1頭当たりの飼養面積が少なく個体管理が容易である．しかし，運動をさせにくい，牛体が汚染しやすい，糞の搬出労力がかかる等の面で難点がある．この方式は肥育牛で多くみられるが繁殖牛でも用いられるようになった．配列は一列式以外

に二列式の対頭式と対尻式がある．対頭式は飼料給与に労力を要する繁殖牛に適し，この場合，後方は糞搬出と子牛の飼養に用いることがある．肥育牛ではバーンクリーナーが使用されることが多い．対尻式は糞の搬出が容易なので肥育牛舎で多くみられる．牛床は尿溝に向けて傾斜させる．飼槽は立上がり式が多いが，繁殖牛では掃込み式が多くみられる．繋留方法は種々のタイプがあるが，繁殖牛では牛の自由度を増すために長いつなぎを用いる例が多い．隔柵はない例もあるが，繁殖牛で運動をさせる場合には位置を記憶させるのに必要である．

追込み式牛舎は一つの牛房に数頭収容し群飼する方式であるが，肥育牛舎で多く，最近では繁殖牛にも用いられる例もみられる．牛房の大きさは，採食競合を防ぐために奥行きより間口を広くする場合と，肥育牛舎では飼料を飽食させるので間口より奥行きを大きくする場合がある．しかし，肥育初期の育成期に良質粗飼料の飽食と濃厚飼料の制限給与を行う場合には，頭数に見合った間口の幅が必要である．追込み式牛舎には側壁を囲った閉鎖式，側壁のない開放式，冬期間だけ側壁で囲む折衷式がある．肥育では1牛房当たりの頭数は2頭から十数頭までさまざまであるが，育成期と肥育で異なる例がある．糞搬出は機械等で行われるため，牛房の配列と回転扉などの間仕切りや床構造を工夫する．

ルーズバーン方式は運動場と休息場を併置した施設で群飼する方式である．繁殖牛の多頭管理施設であるが，運動場から出る汚水処理に難点がある．休息場と給餌場が別になったものと休息場に給餌場がある例があり，ほかに肥育では飼料給与場だけの屋外飼育方式が試みられたが，最近では少ない．屋内休息場に給餌場がある型は積雪地帯で多くみられる．この方式では休息場を清潔に保つことが大切である．飼槽の首出し部分は連動スタンチョンがよく用いられ，発情牛の捕獲や増し飼い等に利用される．

c．管理作業と施設

肉牛の日常的管理作業は飼料給与，糞尿搬出，衛生管理，繁殖管理，舎内環境管理等である．飼料給与関係では飼料の取出しと飼料給与，給水であり，糞尿搬出では敷料の投入と糞の搬出処理，牛舎環境の管理では清潔と消毒，有害昆虫の駆除，繁殖牛の管理では発情観察，種付と妊娠鑑定，分娩看護である．その他の管理として，換気機器の調節，事故牛の管理，飼料や敷料等資材の運搬，格納等の作業がある．管理作業のうち，肥育牛では素牛導入時の消毒と体重記録，個体識別，馴致期の管理等である．繁殖牛の管理では発情発見と交配管理，受胎確認と妊娠牛管理，分娩期の観察，子牛の哺育管理と離乳に伴う管理である．給餌関係では運搬と撹拌混合等の処理である．肥育では濃厚飼料と粗飼料の混合と同時給与のための混合給餌器，自走式給餌器が利用されている．給水施設は水道管や給水タンクに直結したウォーターカップや給水槽が用いられる．

牛舎内の通路幅は，日常の飼料や敷料などの運搬等の管理作業の作業能率を高めるため適正な幅が必要であり，飼槽の形式と給餌方式，牛舎内で使用する機械器具の形状，寸法により決まる．

1) 馴致と群の編成

肥育素牛の導入に際し飼料や環境に順応させるための準備期間が必要である．また，

離乳は子牛にとってストレスのある環境変化である．哺育期に群飼育されていた子牛は集団生活に慣れるのが早いが，個別飼育の子牛は順応が遅い．とくに多頭飼育では育成期の観察が十分できないので馴致に配慮が必要である．導入時は給水や給餌に注意して配糞，排尿の状況を観察し，乾燥して清潔な休息場を確保するとよい．

追込み方式あるいは開放式牛舎等の群飼育では，群の編成と１群当たりの適正頭数が重要である．群の大きさは牛房の面積，素牛の導入事情，飼育者の観察力によって決まる．しかし，特別な場合を除いて１群当たり十数頭前後までが多い．この場合，同時に導入した同じ月齢の牛を一群に編成する．また，導入から出荷まで群の編成を変えないほうがよいが，飼育牛房の大きさや牛の競合関係から再編成することもある．群飼育でも個体観察ができるようにすることが大切である．

2) 飼料給与方式

飼槽の型は，繁殖牛舎では簡易な構造で工夫されたものが多いが，肥育牛舎では給餌作業の省力化と飼料のこぼれを少なくするためコンクリートを用いた立上がり型が多い．しかし，立上がり型飼槽は牛舎の通風を阻害するので，掃込み型を採用している例もみられる．給餌方法は，粗飼料を草架で自由採食させて濃厚飼料は制限する方式から，不断給餌法まで種々の方式がある．群飼育では採食競合の緩和が重要であり，飼槽の大きさと配置，給餌法に対する留意が必要である．飼料給与法を決める要点は，牛に必要な養分を無駄なく効率よく利用できること，給餌作業の労力を軽減できること等である．肥育では採食競合を緩和するために飼槽に十分飼料を入れて常時に自由採食できるようにしておく場合が多いが，このための各種の自動給餌器が使用されている．しかし，不断給餌方式では濃厚飼料の摂取量が多くなるので，細切稲わら等を混合し濃厚飼料の摂取量を制限する．これは，自由採食させながら過剰摂取を抑制するために質的な制限給餌を行うのが目的である．また，一日の給餌時間を制限してその間は自由採食させる方式もある．

3) 競合の緩和

群飼育では競合の緩和が重要である．この現象は外部から牛を導入した場合にみられ，強い牛は肥り，弱い牛は十分に採食できないため発育や栄養状態が悪くなる．繁殖牛の群飼育では競合による角突きに起因する損傷や流産防止対策が重要な管理上の問題である．除角は競合緩和に有効であり，生後早い時期に行うのが簡単である．電気ごて等により角の発生部分を焼烙する方法や，除角器を用いて切断する方法が一般的である．成牛では保定に枠場を利用するが簡易に創意工夫する例が多い．また，一度に多数の除角を行うための器具が考案されている．

自由採食方式は競合緩和に有効な手段であるが，採食時に自由にしておくと強い牛が弱い牛の採食を妨げる場合があるので，この場合は採食時だけ保定する方式をとる．このため連動スタンチョンが使用されるが，この場合は強い牛を早く保定するためにスタンチョンを個別に動くようにするなどの工夫がみられる．この採食時保定方式は妊娠牛や子付き繁殖牛の群管理に有効である．

4) 別飼い施設

子牛の発育は母牛の泌乳量に依存するが，発育に伴って母乳からの養分が不足するの

で，早くから固形飼料を補給する必要があり，このため離乳まで母牛と一緒に飼育しながら子牛だけが自由に出入りできる子牛の別飼い施設が必要である．別飼い施設は適正な広さと乾燥して快適な飼養環境を確保することが大切である．別飼い施設の構造は，子牛が自由に出入りできるクリープ柵と休息のための空間を確保し，飼槽と草架を配置する．クリープ柵の寸法は離乳時の子牛の発育を考慮して決定する．別飼い施設に乾いた敷料を豊富に敷くなどして子牛にとって快適な環境にしておくと，生後間もなくの哺乳子牛も休息場としてよく利用し，固形飼料の採食開始が早い．また，子牛の別飼いは濃厚飼料だけでなく良質の乾草を給与するのがよい．その他，この施設は早期離乳や時間制限哺乳等の技術に応用できるように工夫する．

d. 牛舎様式と排泄物処理

飼養形態や牛舎の糞尿溝，床構造により糞尿の分離・搬出方式が異なる．また，敷料入手の難易，施用する農地，周辺の立地条件等により牛舎構造を考慮する必要がある．つなぎ式牛舎で，糞尿溝を設けないで牛床と尿溝を一体平面とした牛床は繁殖牛舎に多くみられる．これは牛床を牛の通行や子牛の哺育空間として広く利用できる利点がある．牛床と尿溝を区別している牛床ではバーンクリーナーを設置する場合が多いが，自然流下式牛舎もある．牛床の適正な大きさは成牛の大きさ，つなぎ方式，作業法により若干の相違があるが，標準的寸法が定められている．単房式牛舎では特別に尿溝を設けずに敷料を十分利用する踏込み式の牛床が多い．肥育牛の飼育で用いられる追込み式牛舎では平床とすのこ式の牛床がある．平床では敷料におがくずや籾殻等を用い，除糞はローダー等で行うため，牛床全体を直線的に除糞できるように仕切り柵を工夫する．すのこ式は敷料を使用しない牛床であるが，すのこ下部分を貯蔵槽にする場合とスクレパーで除糞する場合がある．すのこ式牛床では密飼いする場合が多いが，乾燥の促進や牛舎内換気に対する配慮が必要である．堆肥化処理は堆肥舎を用いて行う例が多く，良質堆肥を製造するためには切返しを行って発酵を促進し腐熟の進行を速めることが大切である．

e. 牛舎環境の改善

牛舎内環境は畜舎の構造，飼養密度，気象および地形により異なるが，環境を構成する要素は他の家畜と同様である．肉牛の適温域は広く環境適応性が大きい．しかし，哺乳子牛や肥育後期の牛に対しては畜舎内環境への配慮が必要である．牛舎は一般に気象環境を緩和する機能があるが，換気を適度に調節しないと外気温に比べて牛舎内の温湿度環境を悪くして放射熱や結露の問題を生ずる．結露は寒冷時に畜舎内の壁と屋根裏，天井等の表面結露が問題で，牛の健康にも悪い影響を与える．夏季の暑熱環境下では牛舎内の放射熱が問題となり，肥育牛に対して影響が大きい．このため，換気をよくする以外に，すだれ等を用いて日射の侵入を防ぐ等の工夫が大切である．また，温暖地では側壁のない開放構造を基本にして，冬季には必要に応じて巻上げカーテンを利用したり，ビニールシートを張るなどの簡易構造が望ましい．寒冷地でも冬の防風に配慮しながらできるだけ開放構造にするのが，肉牛の健康と建設費の低減の面から望ましい．舎飼い

の牛に影響する要因の一つに粉塵等による舎内空気の汚染がある．これは，飼料や敷料，排泄物等に由来するもので敷料交換や飼料給与作業時に多く，粉塵は多くの場合に微生物を伴うので，哺育牛と成牛が同居している場合にとくに換気に対する注意が必要である．

大型の肥育経営では直下型換気扇が使用されているが，牛床が乾燥することや夏季の牛舎内温度が下がり，飛来昆虫が少なく，牛床が乾燥することによって敷料が長持ちする等の効果が指摘されている．この場合，直下型換気扇の設置高さと角度，設置間隔と風速が重要な要素である．牛舎周辺の泥ねい化は牛体の汚れや肢蹄病の原因ともなる．その対策としてパドックの舗装が行われる例が多いが，コンクリート舗装に代わり建築用資材等を用いて安い費用でぬかるみを防ぐ技術が開発されている．屋外の飼槽，水槽の周辺や牛舎の出入口等の局所的な適用が有効である． ［田中彰治］

2.6 肉牛の放牧利用

a. 放牧利用の変遷と現状

戦後，和牛が役肉用牛から肉専用牛としての性格を強め，子牛の市場価値が発育の良否によって評価されるようになってきたことに伴い，子牛生産地帯の和牛飼養は慣行の奥山共同入会牧野や帝国牧野を利用した粗放的飼養から，より集約管理ができる里山あるいは裏山を利用した放牧飼養へと移行してきた．同時に昭和30(1955)年代後半から，全国各地で大規模草地造成や牧野改良が進められ，規模拡大および省力・低コスト肉牛生産方式としての放牧利用が積極的に推進されてきた（図2.4）．

図2.4 子付き繁殖牛の放牧
(東北農試)

しかし，放牧飼養では生産子牛の発育遅延や発育の不斉一性，さらには人工授精による繁殖管理の困難さなどの理由によって，とくに従来の子牛生産地帯であった中国地方の中山間地帯での放牧利用は後退気味にある．一方，東北地方や北海道における肉牛飼養は急速な伸びを示し，これらの地域では放牧利用を取り入れた規模拡大が進んでいる．放牧技術や放牧施設，草地の維持管理技術の高度化によって，放牧飼養でも舎飼い飼養に劣らない子牛生産をあげることができるようになり，放牧利用を取り入れることによって高い収益性と経営の安定化をはかっている農家も多い．

1991年(平成3)4月の牛肉輸入自由化後，国内の枝肉卸価格と子牛価格の低落に対応

して，規模拡大と省力・低コスト肉牛生産を可能にする飼養法としての放牧利用が再度見直されている．また放牧育成された子牛は繁殖基礎牛あるいは肥育素牛として優れた能力を発揮することが評価され始めてきた．さらに最近では，放牧による繁殖機能向上効果をねらい，舎飼い飼養の発情鈍性牛やリピートブリーダーを預かり放牧飼養して良好な受胎成績をあげているリハビリ牧場も注目されている．

b. 放牧利用方式

放牧利用方式は放牧する季節や時間，集約度，放牧草地の種類などによって分類される．季節による分類では季節放牧と周年放牧，時間による分類では昼夜放牧，日中放牧，時間制限放牧，集約度による分類では固定放牧（連続，定置放牧）と輪換放牧，さらに放牧する場所による分類では牧草地放牧，改良草地放牧，野草地放牧，植林地放牧，林間放牧，河川敷放牧などがある．

肉牛放牧では放牧する牛のステージ（育成期，授乳期，妊娠期）によって栄養要求量や管理密度が異なるため，これに見合った適切な放牧方式を採用するが，上記の放牧方式を組み合わせて利用することも多い．

たとえば子付き授乳牛の場合，栄養要求量が高いため，よく管理された高栄養牧草地での放牧が望ましく，さらに発情牛の発見，捕獲や哺乳子牛の監視（病気の早期発見，治療）がしやすいように比較的狭い面積の牧区を利用した輪換放牧や日中放牧が適切である．育成牛もこれに準じる．これに対して，子牛を離乳した妊娠牛では栄養要求量が授乳牛の約3/5になり日常の看視もとくに必要としないので，広い面積の野草地放牧や芝地放牧，林間放牧が利用できる．妊娠牛の改良草地や牧草地への昼夜放牧では栄養の摂取過多になり，後の繁殖に悪い影響が現れるため，野草地と組み合わせたり時間制限放牧にする必要がある．

c. 放牧地での繁殖管理技術

1) まき牛交配

広い面積の放牧地での繁殖管理は発情牛の発見・捕獲，授精業務が多労であるため，人工授精による繁殖管理を行っている預託牧場は少ない．このため，繁殖管理は主としてまき牛交配が行われている．とくに東北地方と北海道の一部で飼養されている日本短角種は古くからまき牛による季節繁殖が行われており，またヘレフォードやアンガス種による子牛生産もまき牛交配が主体である．黒毛和種でのまき牛交配は一部で行われているが，人工授精で受胎しなかった牛をまき牛によって交配するケースもみられる．

表2.10 まき牛交配における受胎率（岩手畜試，草地試資料）

品　種	年　　　次				平　均
	1969	1970	1971	1974	
日本短角種	35/40(87.5)	42/48(87.5)	51/51(100.0)	53/57(93.0)	181/196(92.3)
黒毛和種	37/43(86.0)	34/43(79.1)	42/44(95.5)	49/55(89.1)	162/185(87.6)
ヘレフォード種	32/35(91.4)	40/43(93.0)	45/51(88.2)	55/59(93.2)	172/188(91.5)

注　受胎頭数/供用頭数(受胎率％)．5月より63～93日間．

まき牛による交配は通常，雌牛20～50頭に1頭の雄牛を混牧して行われているが，その受胎率は90％前後の非常に高い成績をあげている（表2.10）．また，表2.11に示したように，まき牛交配を開始してから最初の1発情周期（21日間）で50％強の雌牛が受胎し，3発情周期で97％に達するため，まき牛期間はほぼ2カ月で十分である．まき牛期間中の雄牛の消耗は非常に激しいため，まき牛終了後は体力の回復に努めることが重要である．

表2.11 まき牛交配における期別受胎頭数と累積受胎率（草地試資料）

場　所 (品　種)	期　別　受　胎　頭　数				
	I	II	III	IV	計
新得畜試 (ヘレフォード種)	44 (50.6)	30 (85.1)	9 (95.4)	4 (100.0)	87 (100.0)
岩手畜試 (日本短角種)	246 (54.9)	133 (84.6)	61 (98.2)	8 (100.0)	448 (100.0)
岩手畜試 (黒毛和種)	147 (54.4)	88 (87.0)	28 (97.4)	7 (100.0)	270 (100.0)
岩手畜試 (ヘレフォード種)	122 (54.2)	83 (91.1)	19 (99.6)	1 (100.0)	225 (100.0)
草地試資料 (黒毛和種)	292 (54.5)	153 (83.0)	61 (94.4)	30 (100.0)	536 (100.0)
計	851 (54.3)	487 (85.4)	178 (96.8)	50 (100.0)	1,566 (100.0)

注　I：まき牛開始より21日まで，II：まき牛開始後22～42日まで，III：まき牛開始後43～63日まで，IV：まき牛開始後64日以降．

まき牛交配における受胎率の変動要因には雄牛の経験の有無，雌牛の牛群構成，さらには草地の地形的特徴があげられる．経験の浅い若い雄牛を使った場合には受胎率の低下が起こるので，まき牛として供用する雄牛は2～3年間，他の雄牛と一緒にして経験を積ませることが必要になる．雌牛の牛群構成では経産牛と一緒に放牧されている明け2歳の若い雌牛の受胎率が低くなる．また広い面積の視界不良の草地でも受胎率の低下がみられる．まき牛として用いる雄牛は能力が高くかつ遺伝性・伝染性疾患を有しないことが不可欠である．

まき牛交配における交配確認法としては，雄牛の顎に着色装置をつけるチンボール法あるいは胸垂部に着色装置をつける方法があり，これらの方法で80～90％の交配確認ができるとされる．

2) 人工授精による繁殖管理

肉牛，とくに黒毛和種の放牧利用が伸び悩んでいる理由の一つは，人工授精による繁殖管理が困難なことである．しかし，最近では肉牛農家の要請に応えて，まき牛交配から優良雄牛精液を用いた人工授精による繁殖管理を行う牧場もみられる．

放牧地での発情牛の発見率を高め，捕獲・授精業務を省力化するために種々の技術が開発されてきている．発情発見率の向上ではヒートマウントディテクターによる方法，着色装置を装着した去勢雄牛の利用，さらにはテレメーターを利用した遠隔からの発情牛識別法などである．多頭牛群の省力繁殖管理には発情同期化が行われている．黄体期

の牛へのプロスタグランジン $F_{2\alpha}$ ($PGF_{2\alpha}$) の1回投与による方法，$PGF_{2\alpha}$ の14日間隔での2回投与による方法が一般的に行われている．この方法では，投与後3〜5日に発情が集中して発現し，同期化発情での受胎率も良好であるため，放牧牛群の省力的な繁殖管理技術として有効である．外国では発情同期化剤の経口投与法あるいは耳下埋没法による発情同期化が行われている．

図2.5 柵越し哺乳を利用した親子分離放牧（草地試）

また，哺乳子牛の発育改善と繁殖管理の省力化をねらった親子分離放牧技術についても検討が加えられている．この方法は親子を分離して放牧し，哺乳を柵越しに行わせるもので（図2.5），哺乳時に発情牛の発見，捕獲，授精が簡単に行えるとともに，子牛の発育改善にも効果が得られている．

d．放牧哺乳子牛の発育改善技術

放牧利用による子牛生産でもっとも重要なのは，哺乳子牛の発育遅延を回避し発育の斉一化を促すことである．哺乳子牛は母牛と一緒に行動することが多く，このため広い面積の条件の悪い放牧地，とくに傾斜地や野草地では相当な歩行距離になり，エネルギー消費量の増大と劣悪な放牧環境によって子牛の発育は抑制される．したがって，子付き授乳牛の放牧にあたってはよく管理された牧草地放牧を行うか，子牛専用の消化率が高い高栄養草地をクリープ草地として利用できるようにする．

もう一つの方法は別飼い施設の設置である．別飼い施設の利用率を高めるために，水飲場など牛群がよく集合する場所や見晴らしのよい場所に別飼い施設を設置する．放牧地によっては数日間，牛群を誘導して別飼い施設の利用を促すことも必要になる．また時間制限哺乳や親子分離放牧による柵越し哺乳を利用すれば，別飼い飼料の採食回数と採食量が増大することが確かめられている．

表2.12 交雑種(F_1)雌牛から生産された肉用子牛の発育（鈴木ら，1993）

区 分	頭数	6カ月間平均授乳量 (kg/日)	生時体重 (kg)	3カ月齢体重 (kg)	3カ月齢DG (kg)	6カ月齢体重 (kg)	6カ月間DG (kg)
多子・舎飼い	9*	15.6	29.7	113.6	0.93	204.3	0.97
単子・舎飼い	4	10.7	37.8	134.1	1.07	221.4	1.02
単子・放牧	6	11.0	34.5	138.3	1.15	235.2	1.12

注 ＊双子3組と三子1組．

哺乳子牛の発育にもっとも強く影響するのは母牛の乳量であることからすると，泌乳能力の高い母牛を利用することも重要である．表2.12は，黒毛和種とホルスタイン種の交雑種（F_1）雌牛に受精卵移植を行って生産した単子および双子の6カ月齢離乳時までの発育であるが，放牧飼養でも別飼い飼料の無給与で1kgを超える一日増体量(DG)が，また双子もDG 1kg弱の良好な発育ができる． 〔鈴木 修〕

2.7 肉牛の疾病と衛生

a. 疾病の発生

疾病の成立には生体の外部から関与する外的因子と生体の内部に起因する内的因子がかかわっている．外的因子はウイルス，細菌，真菌，原虫，寄生虫やダニ，シラミなどの生物学的因子，さらに毒物，栄養素の過不足，アレルゲンなどの化学的因子と外傷，気象条件，騒音，放射線や密飼いなどの物理的因子が考えられる．この外的因子は疾病の成立に不可欠な要因で，多くは家畜に直接作用して異常をもたらす要因である．一方，ある外的因子の影響を受けた牛が一様に同様な反応や症状を示すとは限らず，むしろ個体によってその反応はさまざまである．これは個々の牛の内的な因子，すなわち性別，年齢，遺伝的素質，免疫力，栄養状態，妊娠，分娩など牛自身の因子で感受性が異なるためである．しかし，各因子の影響の度合をどのように評価するかはきわめて難しい問題であり，今後の検討課題となる．これら外的・内的因子を包括してみると，疾病の発生にかかわる要因は，病因，宿主，環境の3要因に大別される．したがって，この3要因の相互作用あるいは平衡作用によって疾病が発生し，変動することになる．たとえばある感染病の発生は，その原因となる微生物が疾病発生の病因として重要であるが，それだけではなく，飼養密度，栄養状態も発生に影響を及ぼすことは明らかである．密飼い畜舎では家畜がストレスを受けるばかりでなく，微生物の伝播が容易となり，感染，発病の機会が増加する．また栄養状態が悪ければ，家畜の抵抗性は減弱し，疾病発生増加の原因となる．このように微生物（病因），栄養状態の悪化（宿主），密飼い（環境）の3要因によって感染病の発生が左右される．以上のように生体を襲ういくつかの発病要因によって牛は病むことになる．

b. 疾病の種類
1) 感染病

感染病は疾病の成立因子のうち病原体が原因で起こる疾病であり，この疾病による被害が大きく，広範囲にわたることがあるので衛生面で重視されている．

感染病には，特定の病原体のみで発病する，病原性がきわめて強い病原体によるものと，その他の病原体によるものがある．前者の伝播性の強い感染病は，感染すれば必ず発病し，伝播力がきわめて強いので伝染病といわれ，法定伝染病などがこれに含まれる．後者は，比較的伝播性の弱い病原体によって起こるもので物理的因子や化学的因子の影響を強く受ける疾病であり，日和見感染症がよく知られている．

牛にみられる主な感染病とその主要症状については表2.13に示した．病原微生物とし

2.7 肉牛の疾病と衛生

表 2.13 牛にみられる主な感染病

病原体	病 名（別名）	主 な 症 状
ウイルス	アカバネ病	胎児の異常
	牛白血病	リンパ組織の腫瘍性変化
	牛流行熱	｝呼吸器病
	イバラキ病	
	牛パラインフルエンザ	
	牛伝染性鼻気管炎	
	RS ウイルス感染症	呼吸器病，消化器病およびその合併
	ライノウイルス感染症	症．各種病原体との混合感染が多い．
	牛ウイルス性下痢・粘膜病	
	牛アデノウイルス病	
	コロナウイルス感染症	
	ロタウイルス感染症	
細菌	炭疽	全身性の敗血症
	気腫疽	全身性の膠様浸潤と気腫
	伝染性角結膜炎	眼疾患，涙，角膜白濁
	子牛の大腸菌症	下痢
	サルモネラ症	下痢
	ヨーネ病	下痢
	パスツレラ感染症	
	アクチノマイセスピオゲネス感染症	｝呼吸器病および消化器病
	ヘモフィルス感染症	
	結核病	
	リステリア症	脳炎症状，旋回運動，平衡感覚失調
	破傷風	歩様不確実，全身筋肉の痙攣と硬直
かび	皮膚糸状菌症（皮膚真菌症）	皮膚病
	放線菌症	下顎骨や上顎骨の骨組織の腫脹，膿瘍
原虫	小型ピロプラズマ症	貧血（とくに放牧牛に多発）
	コクシジウム感染症	下痢
	クリプトスポリジウム感染症	下痢
寄生虫	肝蛭症	削痩，寄生虫性肝炎
	牛肺虫症	激しい咳，肺炎
	乳頭糞線虫	突然死（ポックリ病），蹄冠部の痒覚

てはウイルス，細菌，かび，原虫，寄生虫があり，その種類によって呼吸器系，消化器系，脳・神経系，生殖器系など侵襲する組織や器官がそれぞれ異なることが多い．また，感染後の経過も甚急性，急性，慢性など微生物の種類に応じてさまざまである．

　a）　**ウイルス病**　ウイルス性疾患のうち，主に呼吸器に感染するものは牛流行熱，牛パラインフルエンザ，牛伝染性鼻気管炎，牛 RS ウイルス感染症，牛ライノウイルス感染症などがある．消化器に感染するウイルスとして下痢・粘膜病，牛アデノウイルス病，牛ロタウイルス感染症，牛コロナウイルス感染症などがあるが，これらに関与するウイルスは呼吸器にも消化器にも感染することがあり，また他の病原体と混合感染することが多く，現場での診断は容易でない．特殊な感染・発症形態をとるものとして胎児に奇形を発生するアカバネ病，造血臓器やリンパ系に異常をきたす牛白血病などがあげられる．

　b）　**細菌病**　細菌性疾病の場合にも細菌の種類により好感染部位がほぼ一定して

おり，感染した組織や臓器の病変に応じて種々の症状を示す．主な呼吸器病としてはマイコプラズマ性肺炎，パスツレラ感染症，ヘモフィルス感染症などがあり，主な消化器病としては子牛の大腸菌症，サルモネラ症，ヨーネ病などがあるが，いずれも重度の胃腸障害をもたらす．脳・神経系ではリステリア症，生殖器系ではブルセラ病とビブリオ病，泌尿器系では腎盂腎炎とレプトスピラ症などがあげられ，それぞれ感染部位に特有の症状を示す．さらに特異的な感染を示す例としてモラクセラ菌による伝染性角結膜炎，壊死桿菌などの感染による肝膿瘍，全身の皮下組織に膠様浸潤とガスを形成し，急性敗血症をまねく気腫疽,全身の筋肉の硬直をまねく破傷風など多くの疾病が知られている．一方，発生頻度は少ないものの炭疽，結核病，ブルセラ症，リステリア症，破傷風などは人畜共通伝染病であることから，これら疾患が発生した場合には，迅速かつ的確な防疫措置を講ずることが必要である．

　c）原虫病　原虫病としてはバベシア病，タイレリア病（小型ピロプラズマ病），トリコモナス病，コクシジウム症などが主な疾病である．バベシア病は現在沖縄県のみに分布しているが，タイレリア病は全国の放牧地で広く発生しており，早急な防除対策が望まれている疾患である．トリコモナスは雌の生殖器に感染することが多く，不受胎や流産の原因になる．コクシジウムはとくに子牛の消化管に感染し，血便を排出するのが特徴である．

　d）寄生虫病　寄生虫病による牛の被害状況は牛の飼養形態，管理様式など牛をとりまく環境の変化に応じて著しく変わる．たとえば，牛の肝蛭症は畦草や稲わらの利用が減少したことや，糞尿の河川への流入防止対策がはかられていることなどの理由から濃厚感染は少なく，病状が明確に認められる牛は少ない．また，乳頭糞線虫の大量寄生に起因する子牛のポックリ病の発生は，当初は温暖な地域に限局していたが，近年は発生がしだいに北上している．これは敷料に用いているおがくずが線虫増殖の培地になっていることが，発生要因となっている．牛の筋肉内にシストを形成する住肉胞子虫はきわめて病原性が強いことが明らかにされており，しかも，人畜共通寄生虫であることから，その動向については十分な注意が必要である．一般に寄生虫がもたらす被害としては，寄生虫が宿主消化器官，脳，脊髄，心臓，筋肉などの組織内に侵入ないしは通過する際の機械的な障害，虫体，分泌物，排泄物などに起因する毒作用，アレルギー反応，大量寄生による宿主からの栄養の奪取，牛の抵抗力低下に伴う日和見感染誘発である．

2) 非感染病

　明らかに病原体によって引き起こされたものでない疾病を非感染病という．この疾病は，飼料や飼養環境のさまざまな条件が重複して発病の原因となっているので，特定の病因をあげることが困難な場合が多い．以下に主な非感染病について述べる．

　a）生産病　生産病は，家畜が経済動物として，できるだけ良質で多量の乳，肉などの生産を求められる結果，極端に集約的な飼養管理や濃厚飼料の多給などが原因で，家畜の代謝機能が限界を越えて異常な生理状態になったものである．生産病は結果として現れた病気の性質でなく，病気の誘因を指す名称なので，代謝障害や栄養障害と厳密に区別することは難しい．

　肉用牛では，育成・肥育時に肥満となるものに多く発生する．主な生産病としてはル

ーメンアシドーシス，第一胃炎・第一胃不全角化症・肝膿瘍症候群，鼓脹症などの消化器病や，脂肪壊死症，尿石症，蹄葉炎などがあげられる．詳細については第Ⅰ編12.1節を参照されたい．

b） 栄養障害　栄養障害とは，摂取した栄養素の過不足や不均衡により，消化，吸収，排泄などが正常に行われなくなったために生ずる異常な状態をいう．具体的には，栄養障害は摂取エネルギーの不足，タンパク質の不足，摂取エネルギーとタンパク質の不均衡，ミネラルとくに微量元素やビタミンの欠乏や過剰などが主な原因で起こる．

エネルギーの主な供給源は，飼料中の炭水化物と脂質である．これらのエネルギーは成長，維持，運動，乳や肉の生産に不可欠である．摂取エネルギーが不足すると元気喪失，被毛粗剛，血糖の低下などのほかに成長の停滞，畜産物の生産低下，繁殖障害等が起こる．

タンパク質は生命の維持ばかりでなく，畜産物の生産のために重要な役割を果たしている．牛では，第一胃内微生物がタンパク質を合成するので，考慮する必要はないとされているが，高能力牛では，体内の合成で必要量に足りない場合には，飼料として外部より補給する必要がある．タンパク質やアミノ酸の欠乏では，成長の阻害や繁殖障害，感染症に対する抵抗性の減退がみられる．

飼料中の粗繊維は第一胃の機能保持のために必須であるが，牛では生産性向上のために濃厚飼料多給になりがちなので注意が必要である．粗繊維の不足は第一胃不全角化症，肝膿瘍，尿石症などの原因となる．

正常な代謝過程にはいくつかの無機物が必要である．これらが欠乏あるいは過剰にな

表2.14　主な無機質の生理機能と欠乏症状

無機質名	生理機能	主な欠乏症状
カルシウム(Ca)	骨格成長，乳汁産生，筋収縮	骨・歯が折れやすい，骨中Ca低下，乳熱
リン(P)	エネルギー代謝，骨格成長，乳汁産生	不規則発情，骨・木・樹皮を食べたがる
マグネシウム(Mg)	筋刺激，酸塩基平衡，酵素の働き	グラステタニー，皮膚攣縮，不安定な歩行
ナトリウム(Na)および塩素(Cl)	酸塩基平衡，神経・筋の活動，水分の保持	元気・食欲減退，乳量低下，異嗜(土・衣類・尿などをなめる)
カリウム(K)	酸塩基平衡，浸透圧，心筋の活動，酵素の働き	元気・食欲減退，心筋・呼吸筋の活動低下
鉄(Fe)	ヘモグロビンの構成成分	鉄欠乏性貧血
亜鉛(Zn)	酵素の働き	歩様硬直，被毛湿潤，踵・膝の腫脹，皮膚肥厚，精巣萎縮，受胎率低下
銅(Cu)	血液中で酵素の運搬，酵素の働き	貧血，死産(若齢牛)，被毛損傷，心筋変性(牛の突然死)，痙攣性呼吸(若齢豚)
ヨウ素(I)	チロキシンの合成	甲状腺機能障害(甲状腺腫，胎盤遺残等)
コバルト(Co)	ビタミンB_{12}の合成(反芻動物)	食欲減退，貧血，削痩，発育不全(子畜)
フッ素(F)	歯や骨の強さ	歯や骨が弱くなる
セレニウム(Se)	筋の活動	白筋症，栄養性筋ジストロフィー，胎盤遺残，肝の壊死(豚)
マンガン(Mn)	成長，酵素の働き	骨の虚弱化(子牛)，運動機能の異常(関節の肥大・硬直，四肢湾曲，等)

ると，牛は表 2.14 に示したように無機物の種類に応じた特有の欠乏や中毒症状を示す．
　ビタミンは生体の代謝に広く関与し，微量で有効に作用することを特徴としている．生体に必要なビタミンの摂取不足や吸収・利用障害，さらに第一胃内のビタミン合成細菌の生育抑制によっても牛は表 2.15 のような特有の欠乏症状を示す．ビタミンの過剰摂取による障害も問題となっているので，肉牛へのビタミン剤投与は血中のビタミン濃度を調べてから行うことが過剰投与を防ぐ意味で望ましい．

表 2.15　主なビタミンの生理機能と欠乏症状

ビタミン名	生理機能	欠乏症状
脂溶性ビタミン		
ビタミン A	眼・消化器・呼吸器・粘膜の成長・分化，骨・歯の発育，繁殖機能	夜盲症，眼球突出，中枢神経症状(脳脊髄圧の上昇)，皮膚・粘膜上皮の角化，四肢関節腫脹，骨の発育障害，繁殖障害
ビタミン E	抗酸化作用，肝・筋の機能維持	栄養性筋ジストロフィー，白筋症，四肢硬直，全身浮腫，肝壊死，心筋の変性，黄脂症
ビタミン D	Ca・P の吸収，骨からの Ca・P の動員	くる病，骨軟症，骨の変形，四肢関節腫脹，成長低下，跛行，消化器障害
水溶性ビタミン		
ビタミン B_1	補酵素，抗神経炎	大脳皮質壊死症(子牛，子羊)，心肥大，徐脈，心筋繊維の壊死
ビタミン B_2	酸化還元，皮膚・角膜・消化器・神経の機能維持	脱毛，皮膚炎，下痢，脂漏症，白内障，繁殖障害，発育遅延
ビタミン B_6	補酵素，ヘモグロビン合成，皮膚の機能維持	低血色素性貧血(豚)，下痢，運動失調
ニコチン酸	糖・脂質代謝，血管の拡張，皮膚・粘膜機能維持	発育低下，嘔吐，下痢，脱毛，貧血，後駆麻痺
葉酸	造血，アミノ酸代謝，成長・妊娠の維持	骨髄形成低下，貧血，舌炎，消化器症状
ビタミン B_{12}	造血	貧血，下痢，便秘，食欲不振，舌炎
ビタミン C	骨芽細胞・繊維芽細胞の増殖，造血，酸化還元	壊血病，皮下出血(ただし，ヒト，サル，モルモット以外では動物体内で合成する)

c) 中毒　中毒の原因としては，有毒植物，細菌毒素，かび，農薬，変質した飼料などがある．しかし，通常は無害であっても給与量が多い場合には中毒を起こすこともある．中毒には急性中毒と慢性中毒があるが，年齢，性，品種などによる感受性の差，温度，湿度，飼養条件などの違いにより病態の程度，発病状況に差が出てくる．

c. 疾病の防除

　疾病の防除は，疾病が発生してから対策を講ずるのではなく，あらかじめ疾病が発生する危険性の大きさや内容を予測しながら，予防対策を講ずることが重要である．この対策が衛生管理であるが，これは家畜の飼養環境や生理状態に応じて実施する．ここでは疾病の原因に応じた衛生管理について述べる．

1) 感染病に対する衛生対策

　感染病の発現は環境における病原体の存在，病原体の家畜体内への侵入および家畜の抵抗力によって左右される．感染病を防ぐ原則として，清浄な畜舎を用意すること，感染動物を入れないこと，家畜害虫，飼料や器物，人などによる畜舎への病原体の侵入を防ぐこと，および病原体が侵入しても疾病の早期発見・処置により被害の拡大と病原体

の汚染を防ぐことがあげられる．以上のためには，発病防止のためのワクチンや薬剤の投与とともに，適切な消毒，計画的な疾病の診断と対応策のプログラム化およびシステム化をはかることが効果を高めることになる．

わが国では発生が認められていないが，海外で流行している伝播力の強い口蹄疫，牛疫などの海外悪性伝染病，牛流行熱，気腫疽，炭疽，破傷風などに対する対策としては，海外からの侵入を防ぐ検疫，保菌動物の淘汰や，感染経路の遮断や発病を防ぐ予防接種が行われている．これら疾病の多くは家畜伝染病予防法で指定された法定伝染病あるいは届出伝染病なので，ただちに家畜保健衛生所に届け出なければならない．

子牛の下痢症，パラインフルエンザやパスツレラによる肺炎など病原性の弱い微生物によって発生する日和見感染症などの対策としては，家畜のSPF（specific pathogen-free，特定の病原菌をもたない）化，混合感染防止のための環境の清浄化などの感染病対策と物理化学的環境の改善が必要である．

a) 消毒　急性伝染病の発生は，ワクチン開発の進展に伴い激減してきたが，一方では，飼養規模の大型化，多頭羽化が進むに従い慢性疾病の発生が増加している．この原因は飼養環境がつねに病原微生物等にさらされ，感染，発病の機会が高まっていることにある．したがって，感染性疾病の発生防除には，消毒による良好な衛生環境の維持が必要である．

消毒の方法は，加熱，光線・放射線等による物理的方法，消毒剤による化学的方法，および消毒剤に熱を加えるなどの物理化学的方法に大別されるが，一般的には消毒剤による方法が普及している．

消毒薬の選択は，対象動物，微生物の種類，被消毒物の種類が異なり，破傷風菌などの芽胞や真菌は抵抗性が強く薬剤によっては効果がない場合もあるので，表2.16に示したような適用消毒薬を使用することが重要である．

b) ワクチン接種　ワクチンは，動物に微生物あるいは微生物から得られた抗原を

表2.16 消毒薬の種類と使用対象（中根，1986）

	種　　　　類	芽胞に対する効果	有機物の影響	使用対象						
				畜舎	器具	踏込み槽	体表	手指	運動場	堆きゅう肥
塩素系	さ　ら　し　粉	有効	++	○	○			○	○	
	次亜塩素酸ナトリウム	有効	++	○	◎			○	○	
	塩素化イソシアヌール酸塩	有効	±	○	○			◎	○	
	クロルヘキシジン	無効	++	○	○		◎	◎		
その他	ヨードホルム	有効	+	○	○		◎	○		
	逆　性　石　け　ん	無効	+++	◎	◎		◎	◎		
	両　性　石　け　ん	無効	++	◎	◎		◎	◎		
	クレゾール石けん	無効	±	○	◎	○				
	クロロクレゾール	無効	+	○	○	◎		○		
	フェノール誘導体	無効	±	○	○	◎				
	オルソジクロロベンゼン	無効	+	○	○	◎				
	生　石　灰	無効	-							◎

注1）　有機物の影響を　+++：かなり受ける，++：受ける，+：やや受ける，±：ほとんど受けない，－：受けない．
　2）　使用対象に◎：最適，○：最適でないが有効．

接種し，その動物の能動免疫に基づいて，感染に対する抵抗力を与えるために使用する．
　ワクチンを接種するにあたっては，牛の元気，食欲，体温等を観察し，異常のないことを確認してから接種する．ワクチンの種類により，接種の時期が異なるので，表2.17に示したような接種計画（ワクチネーションプログラム）をつくってから計画的に実施する．

表2.17 牛のワクチネーションプログラム(家畜衛生必携, 1991)

（ウイルス）

種類	区分	接種方法	プログラム
アカバネ病	生	皮下注射	流行期(8月〜翌3月)前の妊娠牛，種付予定の雌牛　1ml
イバラキ病	生	皮下注射	7月末までに完了（流行期に間に合わせる）2ml
牛流行熱	生(L)	皮下注射	(1) L・K方式　4週　L：2ml　K：3ml
	不活化(K)	筋肉内注射	(2) K・K方式　4週　K：3ml　K：3ml
牛パラインフルエンザ	生	鼻腔内噴霧	両側鼻腔内各0.5mlずつ　計1ml
牛伝染性鼻気管炎	生	筋肉内注射	1ml/1頭
牛ウイルス性下痢・粘膜病	生	皮下注射または筋肉内注射	1ml/1頭

（細菌，混合ワクチン）

種類	区分	接種方法	プログラム
気腫疽	不活化	皮下注射（頸部または背部）	成牛：10ml　幼牛：5ml
炭疽	生	皮下注射（頸部または背部）	成牛：0.2ml　幼牛：0.1ml
K99保有毒素原性大腸菌による子牛下痢症	不活化	筋肉内注射	(1) 妊娠後期　分娩予定3週前　2〜3週　2ml　2ml　(2) 次回の妊娠以降　分娩予定3週前　2ml
気腫疽・悪性水腫	不活化	筋肉内注射（背部）	10ml/1頭　注）妊娠牛には用いない
3種混合 牛パラインフルエンザ 牛伝染性鼻気管炎 牛ウイルス性下痢・粘膜病	生	筋肉内注射	6〜8週齢　離乳時　2ml　2ml

2) 非感染病対策

　非感染病の多くは，不適切な飼料の給与に基づく栄養障害，代謝障害，繁殖障害である．これらの問題解決の一つとして牧草，飼料作物の粗飼料分析とそれを栽培する土地の土壌分析とが各地で実施されている．また飼料給与の良否を動物側から評価する代謝プロファイルテスト（MPT）やボディコンディションスコア（BCS）を求め（第Ⅰ編12.1節参照），これらを参考にして飼料給与法の検討を行うことができる．
　寒冷や暑熱などの環境の変化は食欲の減退，生理機能の変化，乳量の低下など直接作用のほかに，感染病の誘因となるので畜舎の設計や適切な飼養管理を行うことが重要である．

［元井葭子］

2.8 牛肉の品質特性と評価法

a. 品質評価の意義

わが国の牛肉消費量は増加の一途をたどり，1人・1年当たり7.4kg（1993）と10年前に比べ176%と驚異的な伸びを示しており，今後も順調な消費拡大が期待される．牛肉の構成内容は，和牛などの肉用種と乳用種の別，性別，雌では経産・未経産の別，国内牛肉消費量の半分以上を占める輸入肉では米国産・豪州産の別，その中でも穀物肥育・牧草肥育の別，流通形態ではチルド・フローズンの別，そのほかに部分肉の違いなど多種多様の牛肉が流通している．

これらの多岐にわたる牛肉の品質特性を明らかにすることの意義は，客観的な評価により生産，消費の両者の間に立って公正な価格の決定に寄与することである．また消費者にとっては，その特性を生かした調理方法を工夫できることにある．さらに，多様化している消費ニーズとその品質特性との関係を明らかにすることにより，これを生産側にフィードバックさせ，合理的な牛肉の生産システムの構築を可能にすることにある．

b. 牛肉の品質特性解明のための基本
1) 筋肉の組織形態学的アプローチ

食肉の品質特性を評価するうえでもっとも基本的なことは，食肉としての筋肉組織を顕微鏡下で拡大して詳細に観察することにある．食肉は筋肉の中でも横紋筋とよばれる骨格筋からなり，その構造を図2.6に示した．筋肉の細胞単位である筋線維が30〜150本集まり第一次筋束を形成する．その第一次筋束が十数束集まり第二次筋束となり，この集合体が筋肉を形づくる．これらの単位は膜状の結合組織によって取り囲まれており，それぞれの部位によって名前がつけられている．すなわち，筋線維を囲んでいる膜を筋内膜，第一次筋束を包む膜を内筋周膜，第二次筋束を包む膜を外筋周膜，筋肉の表面の結合組織の膜は筋上膜とよばれている．

筋肉の形態学的観察に関する初期の研究は，筋線維の直径や筋束の大きさと筋肉重量や発育との関連に集中していた．一般に，組織容量の増大は，細胞数の増加（hyperplasia）

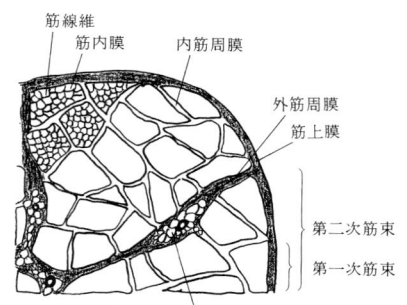

図2.6 横紋筋の構造

と細胞の大きさの増大（hypertrophy）によってもたらされる．牛の場合，筋細胞数は生後はふえず，生後の筋肉の大きさはもっぱら筋細胞の大きさの増加によるものといわれている．結果的に筋細胞の大きさは，大型と小型の品種間で大きな差はなく，これらの観察からは肉量だけでなく品質的意義はあまり見い出せなかった．

　形態学的観察の第2の視点は，肉の硬さとの関連にある．食肉の硬さについては，結合組織の質や量に起因する硬さと筋肉構造タンパク質に由来する硬さに区分される．前者には，筋肉の種類や部位による硬さの違いや年齢の増加に伴う硬さの変化があり，後者には死後硬直から熟成に至る過程での硬さの変化や寒冷収縮による食肉の硬化などがある．筋束を囲む内筋周膜と外筋周膜は主としてコラーゲン線維（膠原線維）からなる結合組織からできている．筋肉の種類や部位によっては，半腱様筋や大腿二頭筋の後枝のようにコラーゲン線維のほかにエラスチン線維（弾性線維）が入り込んで組織を強固にしている像が観察される．形態学的に観察される結合組織は，化学的に定量されるコラーゲン量を反映しており，部分肉の硬さの違いはこれによって説明される．コラーゲンと加齢に伴う食肉の硬さの変化は，コラーゲンを構成しているペプチド分子間に堅固な架橋が加齢とともに増加するためである．

　第3の視点は，脂肪交雑の形成機構を組織形態学的に究明しようとするものである．筋束を覆っている筋周膜とくに外筋周膜は，血管や神経が発達しており，高栄養状態では血管の周辺から脂肪細胞の増殖と肥大を伴いながら，いわゆる脂肪交雑とよばれる筋肉内脂肪組織が形成される．さらに，高栄養状態のもとで飼い続けると，脂肪組織は第一次筋束間でも発達し，あるいは筋束を裂くようなかたちで入り込み，肉眼的には霜降り状に脂肪が沈着する．筋肉内の脂肪組織の増大は，脂肪細胞の増加と脂肪細胞の肥大の両者によってもたらされる．脂肪細胞は脂肪前駆細胞から分化することにより増加する．この分化は肥育中にも起こるとされているが，詳細な分化の時期や品種，系統との関係は不明である．この分化にはさまざまな分化誘導刺激物質や各種ホルモンが関与しているものと考えられている．

　第4の視点は，筋肉の死後変化のメカニズムを詳細に究明することで，光学顕微鏡のほかに透過型・走査型電子顕微鏡による微細構造の観察などが有力な手法となる．これにより屠畜後における牛肉品質の改善をめざす．

　形態学的観察の第5の目的は，筋線維のタイプと牛肉品質の関係究明にある．筋肉を構成している筋線維は，組織化学的には赤色筋線維，白色筋線維および中間型線維の三つのタイプからなり，これらがモザイク状に配置されている．最近，この分野での研究は著しい広がりをみせ，生理学的，生化学的，神経学的等の見地からその詳細が解明されるようになった．それぞれの筋線維型の機能や生理学的活性の違いは，産肉量や品質に何らかの影響を及ぼしているものと考えられる．筋線維型に影響を及ぼす要因としては，品種，系統などの遺伝的要因と月齢，栄養状態，運動量，成長速度等の生後の飼養管理による要因がある．その中でもとくに筋線維型の特徴と脂肪交雑との関係が注目されている．

2）筋肉から食肉への転換と品質制御

　骨格筋の死後変化に関する基本的な知識は，食肉品質の管理や制御を行ううえで欠か

せない.

　筋肉は生きている状態から屠畜されて食に供される過程にさまざまな化学的・物理的変化を受け，それには形態的変化を伴う．牛の場合，屠畜後数時間は筋肉に引張り負荷を加えると伸長し，負荷から解放されたときにゆっくりまたもとに戻る．収縮エネルギー源としての ATP（アデノシン三リン酸）が一定の濃度で存在している間はこの状態が続く．やがて筋肉に一定の力を加えても伸長しない状態になる．これを死後硬直という．硬直は屠畜後 5〜8 時間目から始まり，12 時間後には硬直は完了する．硬直期はその後 12 時間は続き，しだいに解除の方向に向かい，屠畜 2 日目では一応硬直状態は解かれる．これを硬直解除という．しかし，この時点で筋肉を食肉として供するには軟らかさ，味とも十分ではなく，その後熟成とよばれる貯蔵期間をおく必要がある．死後硬直の過程は，物理的な伸縮性によって直接的に確認できるが，その他筋線維の形態的変化や ATP 含量，クレアチンリン酸などの化学的な定量によっても間接的に調べることができる．

　屠畜後における牛筋肉の死後変化は，屠畜前の牛の栄養状態，輸送および繋留所での扱い，屠畜方法，屠畜後の枝肉の処理等多くの要因によって影響される．とくに，屠畜前の牛に対するストレスは，筋肉中グリコーゲンの著しい消耗をもたらし，結果的に牛肉品質に悪影響を及ぼす．屠畜後においては，枝肉の置かれる環境温度による影響がもっとも大きい．死後硬直前の筋肉中に多量の ATP が存在しているときに枝肉を低温環境にさらすと，筋小胞体から一時に多量のカルシウムが漏出し，筋肉の収縮を引き起こし，いわゆる cold shortening（寒冷収縮）という現象がみられる．この現象は赤色筋線維でとくに強く現れるといわれている．寒冷収縮を起こした筋肉は，通常の死後硬直とは異なり，熟成中の筋肉の軟化はみられず，あっても非常に小さい．したがって，軟らかい牛肉を生産するうえでは，この現象を避けることが必要である．寒冷収縮の特色と対策をあげると，①低温ほど収縮が著しく，また収縮がもっとも少ない温度範囲は 15〜20℃ 前後であることから，死後硬直前に，少なくとも筋肉の温度を 10℃ 以下にならないようにする．②枝肉についたままの筋肉は張力が働いており，物理的に筋肉の収縮を食い止めているが，硬直前に部分肉にすると，張力から解放され収縮が著しい．③その場合，枝肉に対し電気刺激によって瞬時に ATP を分解してしまう方法や枝肉を高中温域で処理することにより寒冷収縮を防ぐことができる．電気刺激処理は米国や豪州においては枝肉の生産ラインにすでに組み込まれている．④死後硬直前に凍結すると，解凍時に解凍硬直という同じような現象が起きる．この場合は低温下での緩慢解凍でこの収縮を防ぐことができる．

c．牛肉の品質特性

　牛肉の品質の概念は時代，市場，またそれぞれが置かれた立場によって異なる．流通の場では主に枝肉や部分肉が対象となり，見栄え，鮮度や日持ち，扱いやすさや斉一性，加工適性，赤身肉の収量などの流通適性が流通段階での品質である．枝肉格付がこの判断材料となる．一方，消費者の牛肉品質の尺度は鮮度，うまさ，軟らかさを中心にした消費適性にある．

　消費者の食品に対する安全性についての関心が高まっているが，牛肉については生体

段階では飼料安全法により抗生物質などの添加物の使用規制や有害物質の検査が行われている．また，薬事法により屠畜動物に対して動物用医薬品の使用が規制されている．また，屠畜時には屠畜場法や食品衛生法により衛生検査が実施され，場合に応じて屠畜禁止，廃棄などの処分が行われている．

1) 牛枝肉の格付

牛枝肉の格付は，1988年（昭和63）に改正された牛枝肉取引規格に基づき，全国127カ所の枝肉市場で日本食肉格付協会に所属する専門の格付員により行われている．屠畜頭数に対する格付率は約70％である．枝肉格付は質的な面だけでなく量的評価の側面をもつ．枝肉取引規格は生産者と消費者を結節し，生産者に対しては，合理的な牛肉生産の指標となり，一方では公正かつ円滑な流通を促進するという重要な役割を担っている．

格付は，肉質等級と歩留り等級の2区分の分離評価方式によって行われている．肉質等級は第6〜第7肋骨間で切開されたロース芯で評価される．肉質項目は①脂肪交雑，②肉の色沢，③肉の締まりおよびきめ，④脂肪の色沢と質の4項目についてそれぞれ5段階で格付される．また，枝肉からの部分肉の収量に関しては，回帰式から歩留り基準値を推定し，歩留り等級を決定しており，3段階の等級に格付されている．したがって，肉質等級と歩留り等級の組合わせにより15の区分となり，品種，性ごとに価格が公表されている．これらの格付項目の流通・消費段階での意義については，表2.18に示した．なお，このほかに部分肉の取引規格があるが，これは枝肉の規格をそのまま部分肉に当てはめたものである．

表2.18 格付規格の項目と流通・消費特性との関係

格付規格	流通・消費特性
肉質項目	
脂肪交雑	見栄え，うま味，風味，軟らかさ，多汁性
肉の色沢	見栄え，日持ち
締まりおよびきめ	日持ち，軟らかさ，多汁性，加工性
脂肪の色沢と質	うま味，風味
歩留り基準値	部分肉として売れる収量

2) 消費特性と評価法

食肉の最終的な評価は食べておいしいかどうかにある．おいしさという項目は味覚だけから評価されがちであるが，実際はうま味等の基本味に，こく，香り等が加わって風味が構成される．さらに，これに硬さなどのテキスチュアや霜降り度合，肉色など視覚的要素が加わったものがいわゆる食味である．その他，おいしさが個人個人によってその判定基準が異なり，一般化できない理由は，個人の食習慣の違いや心理的な要素に強く影響されるからである．これらの要素を総合化してはじめておいしさが構成される．牛肉の主要な消費特性である軟らかさ，うま味，鮮度の主要な測定手法を表2.19に示した．

3) 新技術による品質評価

電磁波スペクトルの中でも波長が700〜2,500 nmの領域にある近赤外光を物質に当てると，物質固有の振動バンドからなる吸収スペクトルが得られる．この性質を利用し

表 2.19 牛肉の主要特性と関連測定手法

	軟らかさ	うま味	鮮度
官能的評価	硬い，軟らかい，すじっぽい，ゴムを嚙んだ感じ	うまい，まずい，味が薄い，異臭，異味	肉色の観察，日持ち，変色，水っぽさ，におい
形態学的観察	結合組織の分布・量 脂肪組織の分布・量 筋細線維の小片化 筋線維の収縮状態	脂肪組織の分布 筋線維タイプの分布 グリコーゲンの分布	筋線維の状態 筋節の長さ 微生物の増殖
化学的測定	アクチン，ミオシン量 コラーゲン量 熱可溶性コラーゲン量 エラスチン量 脂肪量 コネクチン	脂肪量 アミノ酸量・組成 ペプチド組成 脂肪酸組成 リン脂質，糖脂質 ATP関連物質 炭水化物 呈味・風味物質の前駆体	トランスミッション値 (構造タンパク質の等電点沈殿) 塩溶性・水溶性タンパク質量 ATP関連物質の相対値 メトミオグロビン還元活性 TBA値(脂質酸化) 腐敗臭(アミン，アンモニア等)
物理的測定	Warner-Bratzler剪断力価 テンシプレッサー法 テキスチュロメーター法	加熱収縮(加熱損失) 保水性 脂肪の融点	色調(明度，赤色度，黄色度など) メト化率 保水性 pH値

て，吸収スペクトルの波長特性から物質の成分を測定でき，すでに食品や飼料の分析に利用されている．最近，この近赤外分光分析法により，非破壊的に筋肉の化学成分とくに脂肪含量を実用可能な高い精度で測定できるようになった．この方法は，迅速にしかも簡便に実施でき，枝肉格付の客観的評価に貢献できるだけでなく，部分肉にも応用できることから，食肉の成分表示にも取り入れられるものと期待される．

生体からロース芯の脂肪交雑を推定する機器として，超音波測定装置が開発されている．脂肪交雑評点のある一定範囲内では脂肪交雑の推定が可能であるが，皮下脂肪が厚くなると超音波の減衰が著しくなり，映像が不鮮明になり推定精度は低下する．また，映像の解読には解剖学的な知識と熟練を必要とする．今後，いっそうの精度の向上と再現性が保持できるような操作マニュアルの作成が望まれる．

核磁気共鳴(NMR)を利用した生体内部構造の詳細な断層像は，医療分野ではすでに病勢診断に活用されている．牛の枝肉ではロース芯の脂肪交雑を正確に写し出すことができる．しかし，生体での判定は技術的には可能であるが，牛用の大型装置の開発にコストがかかりすぎることなど実用化するまでには課題が多い． [小澤　忍]

2.9 肉牛の経営

a．肉牛経営の多様性，複雑性と社会的意義
1) 肉牛経営の多様性，複雑性

日本における肉牛の種類には，肉用種，乳用種，交雑種等がある．肉用種の品種として，黒毛和種が大部分とはいえ，褐毛和種，無角和種，日本短角種もある．それに，少数とはいえヘレフォード種などの外国種もあり，実に多種多様である．

飼養形態も肉用種は，繁殖経営，肥育経営，それに一貫経営があり，乳用種，交雑種でも哺育・育成経営，肥育経営，それに一貫経営等がある．

肉牛飼養の経営形態は大部分が家族経営であるが，その発展としての企業的経営（法人化），雇用労働力に依拠した企業経営（肥育専門が多い）等もふえており，担い手の多極化傾向がみられる．

肉牛飼養における経営組織をみると，肉牛部門のみの単一経営と，稲作や畑作など他作目との結合による複合経営があるが，その大部分は後者である．ただし，飼養頭数の拡大によって，現金収入の主体が肉牛部門という主畜経営は増加している．

肉牛飼養の担い手は，専業農家だけでなく，兼業農家の青年，壮年，熟年，婦人，あるいは酪農からの転換者など多様である．

わが国の肉用牛飼養は，全国各地の山村，農山村，平担地農村などさまざまな土地条件のもとで展開されており，まさに複雑性と多様性をもった存在である．さらに，牛肉輸入の自由化，国際化のなかで，肉牛飼養におけるコスト低減や肉質向上等をめぐる諸矛盾が増幅されており，そうした厳しさの克服が課題である．

2） 肉牛飼養の社会的意義

わが国において肉牛を飼うことの社会的意義は，一義的には，新鮮さと安全性，それに国民の嗜好に合った牛肉を，適正な価格で供給することである．と同時に，次のような，それぞれの地域において，技術合理性に依拠して経済合理性を追求する土地利用型畜産，あるいは資源循環型畜産として，存続，発展させていくことである．

第1は，耕地の畜産的利用である．すなわち，きゅう肥の生産と活用，飼料作物と他作物との輪作による連作障害の回避や地力の維持増強など技術合理性の貫徹である．

第2は，肉牛が反芻家畜であり，稲わらや野草などの資源を有効に活用できることである．すなわち，山村，農山村に立地する耕地，草地，林地等の国土資源，とくに傾斜地などの放牧による活用である．

第3は，肉牛とくに繁殖牛飼養農家が，全国各地の山村，農山村における農業の担い手として存在し，耕地，草地，林地等の生産力と，水，緑などの自然環境を守っていることである．

b． 肉牛経営の事例
1） 肉用種の繁殖経営——黒毛和種

繁殖牛経営における収益性は，図2.7のように，子牛の販売価格と生産費に規定されるので，経営技術として，高く売れる子牛の生産，コスト低減，複合経営など子牛生産部門以外からの所得確保が重要である．ここでは，土地利用型畜産のモデルとして，肉牛・畑作経営（北海道），林間放牧（九州），放牧による低コスト生産（沖縄）の事例について紹介する．

a） 肉牛・畑作経営——北海道・留寿都村の事例 　この事例は，1983（昭和58）年度に坂庭昇氏（58歳）が，「足腰の強い肉牛・畑作複合経営を目指して」という課題で，肉用牛経営発表会で報告されたものである．

（1） 地域と経営の概況： 　留寿都村は羊蹄山麓南部に位置し，大部分が傾斜地で，

2.9 肉牛の経営

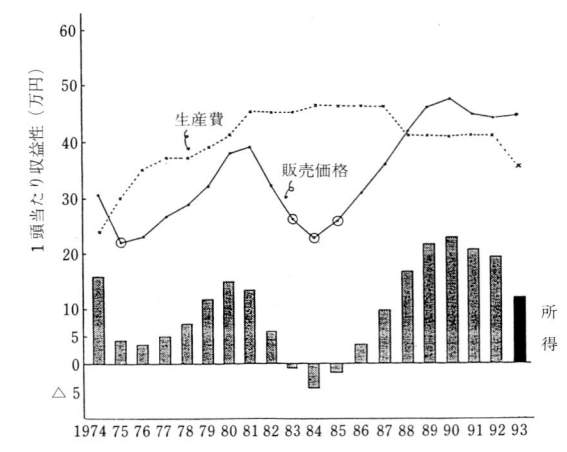

図 2.7 繁殖牛(子牛1頭当たり)の生産費,販売価格,所得の推移(農水省畜産物生産費調査全国平均)

耕土は火山灰土だが,土地改良が進んでいる.

家族労働力は5人(経営主夫婦,長男夫婦,弟),経営耕地は畑880a(ビート180a,バレイショ160a,アスパラガス150a,食用トウモロコシ100a,エンバク50a,ニンジン50a,サイレージ用トウモロコシ240a),採草地450a,放牧地1,500aである.また肉牛は黒毛和種で,種雄牛1頭,成雌牛53頭,育成牛1頭,子牛56頭,肥育牛5頭である.

(2) 肉牛・畑作による大型複合経営展開の特徴:

ア) 肉牛飼養の動機,ねらい:①火山灰土の耕地をきゅう肥施用と輪作で地力を増進する.不可耕地,傾斜地等を牧草地化して活用する.②冬期間労働力の活用と農業所得の増加をはかる.③馬小屋等遊休施設を活用する.

イ) 畑作の展開と肉牛の導入,拡大:①1953年(昭和28)に耕地を16区分し,輪作体系の確立,実施により畑作物生産の向上,安定化をはかってきた.②道貸付牛(黒毛和種)を1972年(昭和47)5頭,73年20頭等を導入し,畑・肉牛複合経営の開始.③飼養規模を拡大するために,南羊蹄山畜産基地建設事業(1978～81年)に参加し,肉牛・畑作複合経営を確立した.④傾斜地が多く,地力的にも劣等地であったが,本格的な大規模有畜農業の展開によって,きゅう肥の土壌還元,化学肥料の効率的単肥配合,輪作等を行い,地力の増強,単収の向上とコスト低減がはかられた.

ウ) 肉牛の飼養管理:①現在の飼養形態は夏山冬里方式で,繁殖母牛と育成子牛は村営牧野に5～10月までの約130日間預託している.ただし,一部は繁殖サイクル(自然交配)や蹄耕法による草地造成のために自家保留している.②冬の舎飼い期における成雌牛1頭1日当たりの飼料給与は,コーンサイレージ17～18kg,牧乾草8kg,ふすま・オオムギ圧扁等1kgである.

(3) 経営成果:

ア) 1982年の経営収支は表2.20のとおりであり,子牛販売価格の暴落,未曽有の旱魃年であったが,畑作部門は高生産性を維持することができたのである.

表 2.20　北海道・坂庭昇氏の経営収支(1982 年度)

	粗収入(千円)	所得率(%)	所得額(千円)	構成比率(%)
肉用牛計	13,255	20.5	2,720	29.2
畑作	10,259	54.2	5,563	59.7
農外	1,035	—	1,035	11.1
計	24,549	38.0	9,318	100.0

イ)　当経営は，北海道の中でも土地条件が厳しく，生産力の低い畑作経営への肉牛導入によって，生産性の高い"大型の肉牛・畑作経営"(有畜経営)を構築された事例である．

b)　林間放牧——大分県・朝地町の事例　この事例は，1983 年度に小野今朝則氏(29 歳)が，「里山を利用した肉用牛経営」という課題で，肉用牛経営発表会で報告されたものである．

(1)　地域と経営の概況：　朝地町の北部に位置する梨原地区は，準高冷地で，起伏の激しい山地で谷間に棚田状となって耕地が点在し，和牛とシイタケの複合経営を主体とした農山村である．

家族労働力は 4 人(経営主夫婦，父母)，ただし経営主の妻(27 歳)は 2 人の子育てが主である．経営耕地は水田 80a(稲作 50a)，畑 255a，計 335a(うち借地 140a)，里山 20ha(クヌギ 10ha，スギなど 10ha)の下草は牧草が 5ha，野草 15ha である．肉牛は黒毛和種で成雌牛 14 頭，子牛 11 頭である．それにシイタケが 8 万個の複合経営である．

(2)　里山利用による林間放牧の展開：

ア)　里山利用による管理の省力化：①自宅周辺に里山があり，1962 年から下草利用(野草)の林間放牧である．②1979~82 年にかけて里山造成事業で，シイタケ原木林の火入れ直播により，5ha の牧草地を造成した．③自己所有の里山 20ha での林間放牧は 5~12 月である．④畜舎から 3km の林野草地の共同牧野 100ha にも妊娠確認牛を放牧しており，省力化，多頭化がはかられている．

イ)　良質粗飼料の確保：①転作田 30a と普通畑 250a を飼料畑にして，夏作にトウモロコシ(サイレージと生草利用)，冬作にイタリアンライグラス(乾草，サイレージ，生草利用)を作付，利用している．②とくに子牛に対しては，年間乾草を給与するために，町の事業でビニールハウス乾草施設を導入し，良質乾草の調製，給与で子牛育成に効果を上げている．

ウ)　繁殖牛の改良：①朝地町の育種改良組合に加入し，計画交配によって，系統牛の造成に取り組んでいる．②最初の登録牛"やすはな号"(77 点)を基礎牛(1964 年に廃牛)として系統繁殖を続け，1977 年に全共に出品した"やすあさ号"が優秀賞など改良の成果を上げている．

エ)　組織活動：①1962 年に梨原 10 頭会を 12 戸で発足させ，共同作業で里山牧場の造成，毎月の定例研究会等により，肉牛とシイタケの複合経営確立に取り組んできた．②10 頭会が所属する温見地域振興会は 1980 年に朝日農業賞を受賞しており，上部組織である朝地町畜産振興会は，町と農協との共同による機関で，指導のきめが細かい．

(3) 経営成果：
ア) 1982年度の成牛は13頭（自家産9頭）で，繁殖成績は，平均産次5.9産，種付回数1.27回，平均分娩間隔11.5カ月である．期間中の子牛販売頭数は13頭で，そのうち雌4頭の平均価格407千円（体重256kg），雄9頭の平均価格278千円（体重274kg）である．
イ) 林間放牧で省力化とコスト低下をはかるとともに，運動日光浴による健康な牛づくり，牛舎周辺の里山利用による発情等の観察で一年一産の達成である．また，シイタケ原木林に放牧することにより，牛の舌刈りでクヌギの生長が早まるなどの相乗効果も評価されている．
ウ) 1982年度経営収支は表2.21のとおりである．この年は子牛価格暴落の時期であったが，比較的高値で販売できたことと，シイタケ部門との複合経営によって，安定した農業所得の確保ができたのである．この事例は，アグロフォレストリーの典型である．

表2.21 大分県・小野今朝則氏の経営収支（1982年度）

種類＼区分	面積・頭数	生産量	粗収入（千円）	所得率（％）	所得額（千円）	構成比率（％）
子　牛	成牛12.9頭	13頭	5,104	57.7	2,944	49.8
米	50 a	35袋	630	60	378	6.4
シイタケ	8万個	600 kg	3,900	60	2,340	39.6
山　林	2,000 a	100 a	500	50	250	4.2
計			10,134	58.3	5,912	100.0

c) **周年放牧で低コスト生産——沖縄県・黒島の事例**　この事例は，1988年度農林水産祭で内閣総理大臣賞を受賞した宮良當成氏（53歳）の肉牛繁殖経営である．
（1）地域と経営の概況：　竹富町黒島は，石垣島の西南17kmで日本最南端の島で，面積が1,000ha，いちばん高いところで海抜8m，島全体が放牧場である．約800haに1,700頭余りが放牧されており，64戸の農家すべてが肉牛の繁殖経営である．
　家族労働力は2人（経営主夫婦），ただし夫人は保育所勤務で，土曜日の午後と日曜日，それに2カ月に1回のせりの日が牛飼いの手伝いである．自己所有の経営土地は14.5haで4カ所に分散している．また，6名の組合員で2カ所の共同放牧地は45haと30ha，うち宮良氏の持ち分は11haと8haで，経営土地面積の合計は33.5haである．肉牛の成雌飼養頭数は約50頭である．
（2）周年放牧による繁殖牛肉経営の展開：
ア) 肉牛の発展経過：①1959年より黒島と石垣島間の定期船の船長を13年間勤め，同時に2～3頭の牛を飼っていたのが始まりである．②船長時代，島を離れた人たちが多く，その農家の土地を譲り受けて，牧場の準備を進めた．③1963年から牧場組合に参加し，組合員とともに牧柵の設置や増頭をはかった．④船長を辞めてから積極的な増頭とともに，個人で草地造成を行った．
イ) 草地造成と輪換放牧：①土壌が珊瑚石灰で，土層が浅く，旱魃被害を受けやすいので，土壌条件によって野草地のまま利用する場所と，人工草地として利用する場所とに区分し，改良草地と良質野草による粗飼料の生産，利用を行っている．②自己所有地

4カ所のうちの1カ所8.4haで，牧草地や野草地の6区分で，徹底した草地管理のもとで，繁殖牛の輪換放牧が行われている．

ウ）粗飼料主体の給与：ここは離島で購入飼料が割高で，生産子牛の価格が安いので，濃厚飼料は子牛のみの給与（離乳後約100日間）とし，良質粗飼料の生産，給与によって，飼料費の低減をはかっている．成雌牛1頭当たり濃厚飼料の使用量は年間153kgである．

エ）集約的な飼養管理：①黒島は大型ピロプラズマ病があるので，自家育成で強い牛群をそろえている．②周年放牧であるが，分娩前の牛の移動，分娩後の初回発情の発見等，家畜個体や牧区の草の観察など"1日10回にわたる"きめ細かい集約的な管理を行っている．③2カ所の共同放牧地も，6名の組合員とともに，放牧管理当番制によって，効率の高い肉牛飼養管理になっている．

（3）経営成果：

ア）生産技術：1987年度の成雌飼養頭数は48頭で，分娩間隔11.8カ月，子牛生産率98％，子牛育成率94％，種付回数1.2回である．ただし，子牛の離乳月齢が7～8カ月でやや遅く，出荷月齢も11.2カ月となっている．

イ）省力的な労務管理：年間の家族労働時間は2,145時間（経営主2,075時間，妻70時間）で，成雌1頭当たり44時間（飼養管理30時間，粗飼料生産7時間，その他7時間）である．しかし，発情の発見，種付，草の状態をみて牛を移動する作業などは合理的に進められている．

ウ）経営の高収益性——販売子牛1頭当たり費用76千円：①販売子牛の実績は43頭で，平均日齢338日，平均体重266kg，平均価格29万9千円である．②当期費用の合計は302万4千円，費用構成は購入飼料費12.7％，自給飼料費1.7％，家族労働費53.2％，減価償却費24％（うち家畜14.7％），その他8.4％である．③経営収支（損益計算書）をみると，肉牛収益は子牛販売収入だけで1,283万7千円，生産費用（第一次販売原価）303万円，販売および一般管理費85万3千円，事業外収益（成牛処分益）65万円，事業外費用（支払利息）37千円，差引き費用合計327万円（成雌1頭当たり69千円，販売子牛1頭当たり76千円）．所得は1,117万6千円，当期純利益は956万7千円である．なお，当牧場における主な機械は，牧場見回り用の50ccのバイク程度であり，子牛1頭76千円というコストはオーストラリアと同程度である．

2）**肉用種の肥育経営——黒毛和種**

増体量の向上による収益性の向上が，肥育経営における経営技術として重要であることは指摘されてきたが，現実的には肥育期間の長期化，濃厚飼料多給として進められ，尿石症や食滞などによって，期待した成果を上げていない場合が少なくない．兵庫県篠山町を対象とした県の地域農業複合化研究で，現地での技術開発試験（1981～83年）として，肥育前期と中期にトウモロコシサイレージ3～5kgを給与する試験が行われた．供試牛23頭の結果は，終了時平均体重633kg，枝肉歩留り59.4％，脂肪交雑4.0，上物率100％であり，サイレージ給与が胃袋をしっかりつくること，仕上がり体重を大きくもっていきやすいこと，生理的な健康保持に効果的であることを示している．

この試験結果を踏まえて，町の多頭飼養農家は，転作田を活用してトウモロコシサイ

レージを生産し，肥育前期8カ月間の給与に取り組んでいる．

3) 肉用種の繁殖・肥育一貫経営

肉用種の繁殖・肥育一貫経営には，個別一貫と市町村などを単位とした地域一貫があり，そのねらいは，農家の飼養形態，品種，地域によってさまざまである．

a) 個別農家の一貫経営 子牛価格が高水準で維持されているときは，肥育農家が繁殖牛を導入して一貫経営，子牛価格が低水準になると繁殖農家が自家産牛の肥育による一貫経営を志向する．事例的には前者が多く一般的であり，後者は資金循環や飼養技術などの制約が厳しくあまり進展はみられないが，次のような事例もある．

① 島根県・大田市の川村千里氏(43歳)： 黒毛和種の繁殖経営から，資本回転率の向上をねらって肥育を取り入れ，和牛子牛が安いときは自家保留して肥育に仕向け，子牛価格が高いときは市場販売をし，かわって収益性の高いF_1などを購入し，"繁殖・肥育一体化経営"を確立している（1991年度農林水産祭・内閣総理大臣賞受賞農家）．

② 新潟県・小国町の安沢光雄氏(53歳)： 過疎化が進行する豪雪地の集落で，出稼ぎや仲間との協業など三十数年間の努力で，離農した農家の土地を購入し，放牧地65ha，山林504haを確保するとともに，肉牛も少しずつふやして，現在黒毛和種の繁殖牛100頭，肥育牛300頭の一貫経営である．そして生産した肥育牛は，牧場内のステーキハウスと，都市の食肉直売店などで販売されている（1993年度畜産経営問題研究会）．

b) 市町村における地域一貫生産 地域一貫は，農協の肉牛部会活動として繁殖と肥育農家との連帯，あるいは農協や市町村などの支援による肥育センターと繁殖農家との連帯などの組織活動として展開されており，肉用種の品種や地域の条件によって，目的や活動形態は多様である．次のような事例もある．

① 北海道・平取町——黒毛和種の地域一貫生産： 1962年に和牛推進協議会（現和牛改良組合）を設立して，繁殖農家と肥育農家，三つの農協，それに町などが一つになって，多面的重層的な組織活動（指定交配，保留助成制度，肉勘制度，個別肥育データの公開，優秀牛の保留，畜産公社が札幌市での和牛直売店等）によって，和牛の生産から消費拡大にまで取り組んだのである．地域一貫の成果は，肥育データが繁殖農家に戻され改良が進んだこと，肉牛農家が減らなかったことである．

② 岩手県・山形村——日本短角種の地域一貫生産： 日本短角種の繁殖牛は，生産組合の牧野利用による夏山冬里方式で子牛生産，肥育牛は農協肥育部会員として粗飼料多給（前期はコーンサイレージ，後期は乾草）で，サシの入らない健康食品として，山形村の中での一貫生産により，東京の大地を守る会に200頭，岩手県生協に100頭が産直出荷されている． ［中村恵一］

3. 豚

3.1 豚の育種資源

　豚の品種は現在約400種存在しており，世界的にみて脂肪用型（ラードタイプ）の品種が減少し，生肉用型（ミートまたはポークタイプ）と加工用型（ベーコンタイプ）のものが増加してきている．世界の豚品種は大きく，ヨーロッパおよびアメリカ原産の欧米系品種と，アジア系品種の二つに分類される．欧米系品種は，古くより近代畜産に向くように，発育，産肉，繁殖能力などが改良されてきたもので，その生産性は高く，世界中で飼われている．アジア系品種は，中国大陸に分布している中国在来種が主なもので，それらは他の地域にも持ち込まれたり，欧米系品種の作出に関与してきたりしている．そのほか東南アジアなどに在来の小型豚が存在し，現在も少頭数ながら飼われている．また，ハイブリッド豚や実験用ミニ豚が開発されており，豚の野生原種のイノシシも世界中に広く分布している．

a．ヨーロッパの豚品種
1）イギリス

　イギリス原産の主要な豚品種として，大ヨークシャー，中ヨークシャー，バークシャー，ウェルシュ，タムワース，ラージブラック，ブリティッシュサドルバック種などがあげられる．イギリスではヨークシャー種をはじめ，古くより数多くの品種が作出されたが，飼養頭数の激減したものも多く，世界的に広く飼われているのは大ヨークシャーである．大ヨークシャーは，イングランドの北部，北海に面するヨークシャーが原産地の大型，白色のベーコンタイプの品種である．わが国でも飼われているバークシャーは，イングランド西部のバークシャーとウィルトシャーの原産で，生肉用に適する良肉質の品種である．

2）ヨーロッパ大陸

　ヨーロッパ大陸原産の主要な品種としては，世界中で広く飼われているランドレースが有名である．ランドレースは，デンマーク原産のベーコンタイプの白色の品種であるが，その後それをもとにして，イギリス系，アメリカ系，オランダ系，スウェーデン系などのランドレース種が作出された．そのほかヨーロッパ大陸原産の品種としては，ドイツ改良種，筋肉質で有名なベルギー原産のピエトレンなどがよく知られている．また，ハンガリー原産のマンガリツァ，スペイン原産のエストラマドラ，ベルギー改良種，スイス改良種なども知られている．

b. アメリカの豚品種

アメリカで作出され，世界的に広く普及している品種としては，デュロックとハンプシャー種があげられる．デュロックは，ニューヨーク州，ニュージャージー州を中心としたアメリカ東部地方が原産で，現在ミートタイプの品種として，三元交配の雄系として広く用いられている．ハンプシャーは，コーンベルト地帯の中心，マサチューセッツ州，ケンタッキー州原産で，背脂肪と皮膚が薄いミートタイプの品種である．アメリカ原産の他の品種としては，ポーランドチャイナ，チェスターホワイト，スポッテッド種などが古くから成立しており，またカナダ原産のものとしてラコム種が知られている．そのほかアメリカでは，ヨーロッパ品種や上記のアメリカ品種を基礎にして，ミネソタ1号・2号などの品種が作出されている．

c. ハイブリッド豚

近年の豚の育種改良の中で，従来の品種の交配による雑種生産方式の問題点を解決するために，欧米などの育種会社によって，斉一性のある種豚の供給とその交雑豚の利用をめざした，豚のハイブリッド化が進められた．育種会社によってセットで販売されている複数の品種をもとに作出された合成系統の雄系と雌系を，コマーシャル豚を含め，便宜上ハイブリッド豚とよんでいる．現在世界的に有名なものとしては，ケンボロー，ハイポー，バブコック，デカルブ，コツワルドなどがある．

d. アジアの豚品種
1) 中国豚

アジア系の豚品種として代表的なものは，中国大陸に分布する中国在来豚であり，現在48品種に分類整理されている．中国豚は，華北型，華中型，華南型，江海型，西南型，高原型などに分類される．中国は，世界の豚の40%以上が飼われている世界一の豚飼養国で，まだ在来種が広い地域で残っており，豚品種資源の宝庫といえる．中国豚の主要な品種として，民豚，黄淮海黒豚，八眉豚，漢江黒豚，華中両頭烏豚，太湖豚，金華豚，両広小花豚，大花白豚，海南島豚，五指山豚，内江豚，烏金豚，滇南小耳豚，蔵豚，香豚，台湾豚などがあげられる．

中国豚の中には，多産性，肉質，粗飼料利用性，環境適応性，強健性などで，注目に値する品種が存在しており，これまでにも欧米の改良種の作出に関与してきた．中国の各地域において，異なった形態，特性を有する豚品種が飼われ，地域の農業と強く結び付いている．しかし近年，欧米から導入した改良品種と在来種の交雑による育成品種の作出が盛んになっており，在来種の飼養頭数は減ってきている．中国豚は一般に脂肪が多く，赤肉が少ないという難点をもっているが，欧米種との間での交雑利用か，多産性などの遺伝形質を導入する目的で，近年太湖豚（Taihu pig）を主体に，フランス，イギリス，アメリカなどの欧米諸国やわが国に導入がはかられている．

2) 東南アジアの豚

タイ，フィリピン，インドネシアなどの東南アジアの山岳地帯や離島などには，在来の小型豚が飼育されてきた．以前はそれらの国々でかなり広く分布していたが，近年欧

米の改良種の導入により養豚の生産性向上がはかられたため,僻地を除いてはほとんどみられない状況となっている.東南アジアの在来種は,中国から導入されたものを除いては,一般に小型で,黒色のものが多い.主なものとしては,タイ北部の国境地帯の在来豚,フィリピンのルソン島イフガオ県の山岳地の在来豚,インドネシアのバタック在来豚,東マレーシア山岳地の在来豚などがあげられる.これら在来豚は,その飼育地帯では,土着の少数民族によって飼われているものが多く,農業生態系や生活の中に溶け込み,現在でも家畜として重要な意義をもっている.

e. その他の豚と野生種
1) ミニ豚

豚は生理・解剖学的にみて,人と多くの類似点をもつので,大型の医学実験用の動物として利用されている.代表的なミニ豚の系統としては,アメリカで開発されたものとして,ミネソタホーメル系,ピッツマンムーア系,ハンフォード系,ラブコ系,ネブラスカ系,ユカタン系,NIH系,ヨーロッパで開発されたものとして,ゲッチンゲン系(ドイツ),コルシカ系(フランス),日本で開発されたものとして,オーミニ系とクラウン系があげられる.このうちミネソタホーメル系は,アメリカなどの野生豚をもとに作出され,その他のいくつかの系統の作出にも用いられている.ユカタン系は糖尿病の研究用,NIH系は特定のMHC(主要組織適合性複合体)のタイプをもつMHC純系ミニ豚として活用されている.ゲッチンゲン系は成豚で40〜50 kgと小さく,世界的に広く利用されている.オーミニ系は中国豚をもとに作出されたものである.今後のミニ豚作出の資源として,中国や東南アジアの小型豚が注目されている.

2) イノシシおよびその近縁種

イノシシ属には,ブタとブタの野生原種のイノシシのほか,東南アジアや南アジアに生息しているヒゲイノシシ(*Sus barbatus*),スンダイボイノシン(*Sus verrucosus*)およびコビトイノシシ(*Sus salvanius*)が存在している.また属を異にする近縁種も存在する.野生原種のイノシシは,世界各地に多くの亜種が分布しており,大きさや形態などで地理的な変異を示している.わが国にも大きく分けて,本州・四国・九州産の日本イノシシ(*Sus scrofa leucomystax*)と,奄美大島,沖縄,石垣島,西表島などに生息する琉球イノシシ(*Sus scrofa riukiuanus*)の2系統が存在している.豚は,野生原種のイノシシからの長い家畜化の歴史を有しているが,今後の豚の育種を考えるとき,イノシシは遺伝資源としても貴重である.また同属の他のイノシシ類や,属の異なる近縁種にも資源としての価値が存在している.

f. わが国の飼養豚品種

わが国の1993年時点での生後8カ月齢以上の豚飼養頭数は約700万頭で,そのうち肥育豚用および交配用雌としての雑種が約550万頭(約80%)を占めている.純粋種としては,雄系のデュロック(1.8%),雌系作出用のランドレース(2.5%),大ヨークシャー(2.3%)が3大品種で,そのほかバークシャー(0.6%)が飼われている.またハイブリッド豚が約10%飼われている.従来わが国では,中ヨークシャー種が広く飼われて

いたが，1960年頃より減り続け，現在はほとんど飼われていない．またハンプシャーも少なくなっている．一方バークシャーは，一時飼養頭数が減ったが，最近その肉質に着目し頭数が増加傾向にある．

最近わが国において，中国豚の多産性，肉質などに着目する傾向があり，太湖豚の中の一内種の梅山豚（Meishan pig）をはじめ，金華豚（Jinhua pig），民豚（Min pig）などが導入されている．梅山豚は多産性，金華豚はハム用など良肉質で注目されている．また近年ミニ豚系統の開発意欲も高まっており，既存の系統の導入のほか，新しい系統の作出の試みもみられる．

［大石孝雄］

3.2 豚 の 育 種

a. これまでの豚の育種

先進国における豚の育種はそれぞれの国の品種登録協会を中心に進められてきた．国を挙げての育種システムとしては，デンマークにおけるランドレース種の育種がよく知られている．デンマークでは，育種目標，品種構成および生産システムなどの変化に対応して，つねに効率のよい素豚生産ための育種が行われてきたことに注目する必要がある．それを可能にしたのは，近代的な能力検定と育種から生産までの組織化であり，これらが生産者自身の手によりなされたことである．

日本の豚の改良は海外からの種豚の導入，能力検定，種豚の登録を柱として進められてきた．組織的施策としての豚の改良は，1900年（明治33）に設立された七塚原種牛牧場にイギリスから種豚が導入されたのが始まりである．その後も，外国からの種豚の導入，増殖，配布が続けられ，体型，繁殖能力を中心に改良が行われてきた．

産肉能力検定は1959年（昭和34）から後代検定方式で始められた．後代検定は，正確度は高いものの，多くの施設と費用を必要とし，結果が得られるまでに長い時間がかかる．その後，生体での背脂肪の厚さの測定が可能となり，1969年（昭和44）に種豚自身の産肉能力を測定する直接検定が開始された．また，1991年（平成3）からは，新たに併用検定と現場直接検定が加えられた．

全国的な種豚登録は1942年（昭和17）に始められ，その後，1948年（昭和23）に社団法人「日本種豚登録協会」が設立されて，登録事業を実施している．豚の登録には種豚登録，繁殖登録，産肉登録があり，種豚登録の補助段階として子豚登記がある．1994年（平成6）4月には能力重視と手続きの簡易化をはかり，登録制度が改正された．

一方，昭和40（1965）年代より，雑種豚の生産が盛んになり，大規模な雑種生産に適した種豚の改良が必要となった．すなわち，単なる品種間の組合わせによる雑種生産ではなく，①結果の予測性，②結果の反復性（安定性），③大量生産性という3点の要件を満たした肉豚を生産するための種豚の改良が必要となった．そこで，1969年，わが国の新しい育種方法として系統造成が開始された．

b. 質的形質の遺伝

豚の質的遺伝形質としては，毛色，先天性異常，血液型などの遺伝様式が明らかにな

1) 毛　色

毛色は，品種の特徴として重要であるが，経済的な価値はほとんどない．ランドレース種，大ヨークシャー種などの白色は，色素の発現を妨げる優性遺伝子（I）によるものであり，すべての有色遺伝子に対して上位に働く．ハンプシャー種の白いベルトは優性の白帯遺伝子（Be）によるものであるが，ベルトの幅の遺伝子支配は明らかでない．イノシシの毛色は優性の野生色遺伝子（A）によるものであり，家畜化された豚では劣性遺伝子（a）をホモでもつと考えられているが，デュロック種など赤色の品種の中には優性遺伝子をもつ個体がいるものと想定されている．

2) 先天性異常

先天性異常は，遺伝的要素，環境的要因およびそれらの間の交互作用によって生じる．致死，半致死の先天性異常としては，無毛，上皮形成不全，脳ヘルニヤ，脳水腫，口蓋裂，裂耳，関節彎曲症，無肢，後躯麻痺，肛門閉塞（鎖肛）などがある．発生頻度の高い異常として，陰嚢・鼠径ヘルニヤと潜在精巣があり，陰嚢ヘルニヤは雄にみられる異常で，発生率は2％程度と高い．

生産性に影響する遺伝性の異常としてブタストレス症候群（PSS）がある．ストレス感受性豚はハロセン麻酔に対する反応で判定され，陽性豚はむれ肉（PSE肉）になりやすい．これは単純劣性の遺伝子により支配されているが，浸透率は品種により異なるといわれている．

3) 血液型とDNA多型

血液型は，狭義には赤血球抗原型を指すが，広義には血清アロタイプ，白血球型，タンパク質の型，酵素の型を含む．血液型は遺伝的マーカーとして，親子鑑別や品種・系統間の遺伝的類縁関係の推定などに用いられる．

赤血球抗原型は抗血清を用いて判定するもので，豚ではA～Oの15システムが確立されている．白血球型では，豚の主要組織適合性複合体（MHC）であるSLAの研究が進んでいる．タンパク質および酵素の型は電気泳動により検出するが，他の動物と同様に多くの型が検出されている．

近年，マイクロサテライト，散在性反復配列など塩基配列レベルの多型が検出できるようになった．これらはDNA多型とよばれ，遺伝的マーカーとして利用されている．

c. 量的形質の遺伝

一日平均増体量や背脂肪の厚さなどのように，連続変異を示す形質を量的形質という．豚の経済的に重要な形質の多くは量的形質であり，次のような形質がある．

　　　繁殖能力：一腹産子数，一腹子豚総体重，育成率
　　　発育形質：一日平均増体量，105kg到達日齢
　　　強健性：抗病性，ストレス抵抗性，肢蹄の強さ
　　　飼料の利用性：飼料要求率，飼料効率
　　　屠体形質：枝肉歩留り，皮下脂肪の厚さ，ロース断面積，赤肉割合，大割肉片の割
　　　　　　　　合，屠体長

肉質形質：肉色，保水性，肉の硬さ，pH

これらの中には数値化が困難な形質もあるが，主要な経済形質の遺伝率は表 3.1 のとおりである．遺伝率推定値は報告により幅があるが，繁殖形質は低く，発育形質は中位で，屠体形質は高い．

表 3.1 主要形質の遺伝率の推定値
(NC-103, 1987)

排卵数	0.39
生時一腹産子数	0.07
離乳時一腹産子数	0.06
21日齢一腹子豚総体重	0.15
一日平均増体量	0.30
飼料要求率	0.22
平均背脂肪の厚さ	0.41
ロース断面積	0.47
枝肉歩留り	0.30
屠体長	0.56
赤肉割合	0.48

表 3.2 主要形質の遺伝相関と表型相関
(NC-103, 1987)

形　質	遺伝相関	表型相関
一日平均増体量		
飼料要求率	−0.70	−0.65
平均背脂肪の厚さ	0.22	0.20
ロース断面積	−0.10	−0.06
枝肉歩留り	0.00	−0.15
屠体長	0.10	0.08
赤肉割合	−0.15	−0.11
飼料要求率		
平均背脂肪の厚さ	0.34	0.25
ロース断面積	−0.35	−0.28
枝肉歩留り	0.00	0.10
屠体長	−0.07	−0.04
赤肉割合	−0.43	−0.25
平均背脂肪の厚さ		
ロース断面積	−0.35	−0.28
枝肉歩留り	0.15	0.20
屠体長	−0.28	−0.21
赤肉割合	−0.85	−0.71
ロース断面積		
枝肉歩留り	0.50	0.32
屠体長	−0.18	−0.12
赤肉割合	0.65	0.62
枝肉歩留り		
屠体長	−0.32	−0.21
赤肉割合	−0.10	0.00
屠体長		
赤肉割合	0.18	0.10

産肉能力にかかわる形質間の遺伝相関，表型相関は表3.2に示した．一日平均増体量と飼料要求率との遺伝相関，また，背脂肪の厚さと赤肉割合との間の遺伝相関はともに高く，測定の容易な形質（一日平均増体量あるいは背脂肪層の厚さ）の選抜により，他方（飼料要求率あるいは赤肉割合）の改良が可能であることがうかがえる．また，飼料要求率と赤肉割合との間には中程度の遺伝相関がある．一日平均増体量と背脂肪層の厚さとの間には正の相関がみられたが，制限給与条件下では負の相関があるとの報告があり，両者の関係は飼養条件などにより変化すると考えられている．

d. 豚の育種方法

現代の豚の育種では，優れた1頭の種豚の作出ではなく，集団全体の遺伝的能力の改良が求められている．集団としては，国全体をカバーする中核集団から農家における種豚集団まで，規模はいろいろあるが，育種の手法は同じである．

集団の改良方法は次の三つの手法に集約することができる．
(1) 導入育種：集団の内外で遺伝的能力に差があるとき，集団外から種豚を導入し，集団内の個体の能力を高める．
(2) 個体の改良：集団内の個体に着目し，個体ごとの能力を改良することにより，集団全体の遺伝的能力を改良する．ここでは，個体の検定と血統の管理が必要であり，統一的な能力検定と登録事業が重要になる．
(3) 閉鎖群育種：基礎集団を確定した後は，集団外から遺伝子を導入しないで，集団平均としての能力の改良と集団内の遺伝的斉一性の向上をはかり，検定，選抜，交配を繰り返して育種する．

ほとんどの育種理論は閉鎖群育種を前提としており，もっとも理論的な育種方法ということができる．この閉鎖群育種理論に基づき，国，都道県，農業団体などでは豚の系統造成事業が実施されている．次に，豚の系統造成の方法と系統豚の利用について紹介する．

1) 育種目標の設定

豚の系統造成の最終目的は，効率のよい雑種生産を行うことである．品種間の交雑による雑種生産システムの利点は，雑種強勢の利用による生産性の向上と補完効果によるバランスのよい肉豚の生産である．品種により，ランドレース種と大ヨークシャー種は繁殖能力が高く発育が速い，デュロック種は肉質がよい，ハンプシャー種は赤肉割合が高い，等の特徴があることから，これらを生かした品種の組合わせと育種目標の設定が必要である．一般に，ランドレース種と大ヨークシャー種の一代交雑豚（F_1）を母豚にし，デュロック種あるいはハンプシャー種をとめ雄とした三元交雑肉豚，また，デュロック種とハンプシャー種のF_1雄豚を用いた四元交雑肉豚の生産が行われている．これは，F_1母豚の雑種強勢効果と雄系品種の産肉性を利用したものである．

三元あるいは四元交雑により肉豚生産を行う場合は，雌系では繁殖性，雄系では産肉性の改良を行う．ただし，繁殖性，産肉性はそれぞれ複数の形質を含み，また，系統の能力に一定のバランスが求められることから，複数の形質を同時に改良する必要がある．たとえば，雄系においても一定の産肉性の改良が求められる．そのバランスの設定にあ

たっては，具体的な改良目標に基づいて設定する方法と，それぞれの形質の経済的な価値に基づき設定する方法がある．

2) 基礎集団の構築

繁殖集団の大きさ，すなわち，次世代に子孫を残す種雄豚と種雌豚の数は，選抜強度，育種目標，選抜世代数などにより異なる．これまで実施されてきた系統造成では，雄は8～12頭，雌は32～60頭の規模であった．系統として(社)日本種豚登録協会の認定を受けるためには，血縁係数が集団平均で20%以上でなければならない．集団の大きさが大きいほど選抜限界が高まるが，一定の血縁係数に達するのに多くの世代数を必要とする．基礎集団の頭数は，事故や繁殖障害などを考慮して，繁殖集団の頭数よりも約20%多くするのが一般的である．

閉鎖群育種では，基礎集団における能力レベルにより到達可能な水準が決定される．また，世代当たりの遺伝的改良量は集団の遺伝的変異の大きさに影響される．したがって，基礎集団の構築では，育種目標で取り上げた形質について遺伝的能力の優れた個体を幅広く収集しなければならない．

3) 選抜と交配

標準的な選抜計画を図3.1に示した．このような選抜と交配を7世代程度繰り返すことによって，遺伝的な能力と斉一性が高まり，系統として認定を受けることができる集団が造成される．

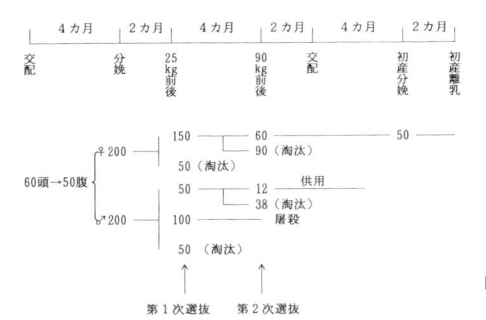

図3.1 系統造成における標準的な選抜計画(阿部ら，1981)

実際の育種事業では，まず，能力を正確に評価しなければならない．そのため，分娩時期をできるだけそろえ，同じ環境と同じ飼養管理のもとで検定する．選抜は，選抜指数値あるいは総合育種価などの総合評価値に基づいて行うが，種豚としての適格性も考慮する必要がある．育種価の推定にはBLUP法（最良線型不偏予測法）が利用されている．交配にあたっては，全半きょうだい交配などの近親交配を避けた無作為交配が一般的であるが，次世代の遺伝分散を大きくするために相似交配を行うこともある．また，遺伝的な改良を早く次世代に伝えるため，1年1世代で集団を更新する．

選抜開始時では，集団の遺伝的パラメーターが不明なことが多く，選抜指数式作成には一般的なパラメーターが利用される．ただし，3世代ほど経過した時点で集団自身のパラメーターを計算し，選抜指数式の見直しなどを行う．また，それまでの改良量が期待値と異なる場合には，育種計画の見直しも行う必要がある．

4) 系統豚の利用

　三元あるいは四元交雑の肉豚生産までの過程には，組合わせ検定による系統の選択，系統の維持，系統豚の増殖，F_1 の生産，肉豚の生産という段階を経る．組合わせ検定では，いくつかの系統間の組合わせについて後代の能力を比較し，好ましい組合わせを明らかにする．系統の維持では，集団の遺伝的構成を変化させないで，近交係数の上昇を抑えるような管理が求められる．F_1 生産のための系統豚は，維持集団から増殖段階を経て供給されるが，維持集団が十分大きい場合は，維持集団から直接供給される．一貫経営農家では，F_1 母豚ととめ雄の交配から肉豚を生産する．

　系統豚を利用した雑種生産により遺伝的な斉一性が高まり，さらにマニュアル化した均質な飼養管理により，組合単位あるいは地域単位で定時，定量，定質の豚肉が生産されるようになる．この特性を生かし，系統の維持，増殖から販売までを体系化した地域一貫による銘柄豚肉の生産が行われている．

e. 豚育種の展望
1) 育種目標

　現在育種目標として注目されている形質に繁殖形質がある．繁殖形質は経済的にも重要であるが，遺伝率が低く，選抜による改良は困難とされていた．近年，新しい育種理論の適用や多産品種の梅山豚の利用などにより，繁殖能力の改良が試みられている．そのほかに，枝肉全体の赤肉割合，肉の食味性，肢蹄の強さ，抗病性などの評価法が研究され，いくつかは育種目標として取り上げられている．

2) 分子育種

　DNA（デオキシリボ核酸）レベルでの遺伝子分析が行われるようになり，遺伝子地図が作成されている．その成果をもとに，量的形質に関与する遺伝子（quantitative trait loci, QTLs）と連鎖するマーカー遺伝子を検出し，それに対する選抜（marker asisted selection, MAS）により，育種の効率化をはかることができる．

　これまで，ハロセン反応を支配しているリアノジン受容体遺伝子が分離され，ストレス感受性豚を DNA レベルで判定できるようになった．また，梅山豚などに存在し，多産性に関与すると考えられるエストロジェン受容体遺伝子の多型が発見されている．この分野の情報は今後さらにふえ，育種に活用されるものと期待される．　　　　［古川　力］

3.3　豚の繁殖

a. 雌豚の性成熟

　春機発動に達する直前に卵巣によるステロイドホルモンの産生が亢進し，子宮重量は幼豚期の 30～60 g から春機発動直前には 150～250 g になる．卵胞の発育に伴って卵巣重量も増加する．卵巣に多数のグラーフ卵胞が現れるのは約 7 週齢であるが，卵胞腔をもつ卵胞がみられるようになるのは約 15 週齢である．春機発動間際には不規則な間隔で発情様徴候（雄を許容せず，排卵も伴わない）を 4～5 回繰り返した後，外陰部の腫脹や粘液の漏出などを伴った真の発情が繰り返されるようになる．初回発情における排卵数は

10～12 個であるが，その後発情を繰り返すことにより排卵数は徐々に増加する．春機発動に到達する日齢は，群飼と単飼，雄豚が近くにいるかいないかなどにより異なってくる（表 3.3）．早いもので 116 日，遅いものでは 250 日以上になる．実用上の繁殖適齢は 8～9 カ月齢である．130～160 日齢の春機発動前の豚でも低単位の PMSG と HCG の混合投与によって，卵胞の成熟，排卵を誘起できる．LH-RH の投与でも排卵誘起が可能である．

表 3.3 雌豚の春機発動到達日齢に及ぼす雄豚との接触の影響
(Kirkwood & Hughes, 1981)

試験区分	雄豚との接触開始から春機発動までの日数	春機発動到達日齢
対照（雄豚との接触なし）	39	203
6.5 カ月齢の雄豚と接触	42	206
11 カ月齢の雄豚と接触	18	182
24 カ月齢の雄豚と接触	18	182

注 平均 164 日齢から毎日 30 分ずつ雄豚に接触させた．

b． 雄豚の性成熟

精巣の重量は 40 日齢から 250 日齢の間，とくに 100 日から 190 日の間で顕著に増加する．末梢血中のテストステロン濃度は成熟に伴って増加し，性成熟が完了する間際には減少する．精巣にはじめて精母細胞が出現するのは約 3 カ月齢で，精娘細胞は 4～5 カ月齢に出現する．6 カ月齢以降になると，造精機能は活発となる．最初の射精は 5～7 カ月齢（体重 120 kg 前後）に認められる．精子数と精液量は 18 カ月齢まで増加する．繁殖供用開始適齢は 10 カ月齢（体重 170 kg 前後）以上である．

c． 発情および排卵

性成熟後の雌豚は，妊娠期および哺乳期を除いて，ほぼ 21 日周期で発情が繰り返される．発情徴候の始まりから終わりまでは発情前期，発情（雄許容）期，発情後期の 3 期に分けられる．

1） 発情の徴候

a） 発情前期　膣前庭が発赤し，外陰部も徐々に赤く腫れ始めて小皺が減じてくる．挙動に落着きがなくなり，陰門から水様乳白色の粘液を漏らすが，雄を近づけても逃げる．前期は 2～4 日続く．

b） 発情（雄許容）期　外陰部の発赤，腫脹は最高潮に達し，粘液は粘性を増すが，膣前庭の発赤は退色していく．雄豚を近づけたり，人が背部を圧迫しても不動の姿勢をとる．発情持続期間は 2～3 日，平均 2.5 日である．

c） 発情後期　雄豚を許容しなくなり，外陰部の発赤腫脹がなくなり，常態に戻るまでの約 1 日である．

2） 排　卵

排卵は発情開始後 26～36 時間に起こり，十数個の排卵に 3～6 時間を要する．発情前

期の遅い時期に HCG 500 IU を投与すると，投与後 40～42 時間後に排卵が起こる．
　排卵数は産歴，年齢，栄養水準，品種などに影響されるが，経産豚で 15～20 個である．初発情時の排卵数は 10～12 個であるが，2～3 回発情を繰り返すと 2～3 個増加してくる．PMSG 750～1,500 IU を性周期の 15 日あるいは 16 日目に投与することにより，平均 24.4～38.5（13～74）個の排卵が期待できる．また，LH-RH アナログ 50 μg を人工授精時に投与することにより，受胎率の向上と産子数の増加が期待できる．

3）離乳後の発情回帰

　哺乳期間中は下垂体の性腺刺激ホルモンの放出抑制により，発情は起こらない．分娩後の子宮収復には 25～35 日間必要であるといわれているが，この期間は通常，哺乳期間に相当する．4～6 週で離乳した場合には，離乳後 3～8 日で発情が回帰する．3 週間哺乳でも，分娩後 8 日以内に 2％ ポピドンヨード液 100 ml を子宮内に注入することにより，離乳後 4～6 日で発情が再帰し，交配により正常な受胎率，分娩率，産子数が得られる．
　離乳後の発情再帰日数は，季節，品種，授乳期間，産歴，栄養，雄豚との接触の有無などに影響される．夏から初秋では他の季節より遅れる傾向がある．初産豚は経産豚よりも 4～5 日遅れる．これは初産豚の体が未成熟であること，授乳期に十分な飼料摂取ができないことなどが原因である．妊娠期および授乳期の栄養状態は発情再帰日数に大きく影響する．妊娠期の母豚自身の増体量を小さく，授乳期の体重減をなくすのがよい方法である．離乳後，雄豚と接触させること，単飼より群飼することにより，発情回帰が早まる．

d. 発情周期

　春機発動後の雌豚は，妊娠および授乳期を除いて，ほぼ 21（19～22）日周期で発情を繰り返す．周期の長さは未経産豚のほうが経産豚より短い傾向がある．また，夏季には周期が長くなったり，発情徴候が微弱となる例がみられる．雄許容時間は 2～3 日，平均 2.5 日で，この間に排卵が起こる．排卵により破裂した卵胞の中心腔には出血が起こり，顆粒細胞および卵胞膜内層細胞が黄体化して黄体が形成される．完全な黄体が形成されるまでに 6～8 日を要する．黄体は鮮紅色から桃色に変化する．妊娠しない場合の黄体は性周期の 14～16 日目に退行し始める．退行は急速で，17～18 日目には白く硬くなり，機能的でなくなる．プロジェステロンのレベルは，発情終了 2 日目頃から徐々に上昇し始め，8～12 日でピークに達し，その後 18 日まで急激に減少する．エストロジェン濃度は，プロジェステロンの減少および消失に伴って上昇し始める．ピークは発情 2 日前に認められ，これは発情前期におけるグラーフ卵胞の急激な発育と成熟を示している．発情直後にエストロジェンは減少し，黄体期では低値である．

e. 性周期の同期化

　1974 年，合成ステロイド剤アルトレノジェスト（AT）が豚の発情調整剤として，フランスで発売された．AT は 17β-hydroxy-17-(2-propenyl)estra-4,9,11-trien-3-one で，商品は液体で飼料と一緒に投与する．通常，15～20 mg を 18 日間投与すると，投与終了後 5～7 日目に発情が回帰する．15 mg 投与では 5～6 日の 2 日間に 8 割以上が回帰

するが，20 mg 投与では 7 割弱であり，投与量が多いと回帰日数の幅が広がる．発情回帰率および受胎率を低下させない最小有効投与量は 10 mg であるが，膿腫様卵胞が数パーセント発生する場合がある．発情持続時間は投与量に関係なく 2～2.5 日，排卵数は未経産で 15～20 である．受胎率および産子数も自然交配と変わらない．

f. 交　配
1) 自然交配
雌豚が雄豚を許容し始めてから 10 時間から 21 時間までの間に，雄を同居させて交配させる．実際には，発情を朝発見した場合にはその日の夕方と翌朝，夕方発見した場合には翌日の朝と夕方に交配すればよいが，発情が長引く場合は再度交配する．

2) 人工授精
人工授精の主要目的は防疫と改良，増殖の促進である．とくに戦後最大の豚の難病といわれるオーエスキー病の農場内への汚染を防ぐ，きわめて有効な技術である．豚の精液の保存には，10～18℃ または 5℃ での液状保存ならびに －196℃ での凍結保存の二つの方法がある．

a) 精液の液状保存　希釈保存液としては表 3.4 および表 3.5 に示すように，種々の液がある．これらの希釈保存液で濃厚部精液を 4～5 倍に希釈して 10～15℃ に保存することにより，3～10 日間使用可能である．たとえば，Modena を用いて 10℃，7～10 日間保存した精液により，受胎率 80% 以上，産子数 10 頭以上の成績が期待できる．また，M-18 は 5℃，7～10 日保存で 80% 以上の受胎率を得ることができる．

表 3.4　各種希釈保存液の組成(1 l 当たり)

	Polyzanon	BTS	Kiev	Zorlesco	Modena	Butschwiler
ブドウ糖	45.0	37.0	60.0	11.5	27.5	35.0 g
クエン酸ナトリウム	—	6.0	3.7	11.65	6.9	6.9
重炭酸ナトリウム	1.2	1.25	1.2	1.75	1.0	1.0
エチレンジアミン四酢酸・二ナトリウム	—	1.25	3.7	2.35	2.35	2.25
クエン酸	—	—	—	4.1	2.9	3.15
トリスヒドロキシメチルアミノメタン	—	—	—	6.5	5.65	5.65
牛血清アルブミン	—	—	—	5.0	—	3.0
システイン	—	—	—	0.07	—	0.054
脱脂粉乳	15.0	—	—	—	—	—
塩化カリウム	—	0.75	—	—	—	—
pH	7.76	7.24	6.51	6.4	7.24	6.92
浸透圧(mOsm)	315	308	419	278	300	373

b) 精液の凍結保存　精液はストロー法またはペレット法により凍結して，液体窒素中に保存することにより，半永久的に利用可能である．精子の凍結に不可欠なグリセリンは牛精子で用いられる 7% 濃度では豚精子の頭帽に悪影響を及ぼし，受胎が成立しない．したがって，豚精子の凍結にはグリセリンの終末濃度を 3% 以下とし，界面活性剤の一種であるオーバスエスペイスト（商品名 EQUEX，宮崎化学）を頭帽の保護剤と

表 3.5　M-18 の組成 (g/l)

成分	量
グルコン酸カルシウム	0.06
メチルヘスペリジン	0.005
グルコース（ブドウ糖）	26.00
フラクトース（果糖）	3.00
イノシトール	2.00
安息香酸ナトリウムカフェイン	0.06
ゼラチン	0.03
第二リン酸ナトリウム	0.10
トリスヒドロキシメチルアミノメタン	0.66
重炭酸ナトリウム	1.60
クエン酸	0.60

注　上記液に脱脂粉乳を 2.5 mg % 加え，70〜75℃（湯煎）で溶解する．冷却後，結晶ペニシリンGカリウム 100 万単位，硫酸ストレプトマイシン 1g を添加する．

して添加する．凍結方法の概要は次のようである．

　濃厚部精液を前処理液で 2〜3 倍に希釈して 15℃ に 3 時間以上放置した後，遠沈により上澄みを除去する．精子を凍結用第 1 液に浮遊させて，5℃ まで徐々に冷却する．1.5〜2 時間後に第 2 液を添加して，ただちに凍結する．

　ストロー法では 6 ml ストローに希釈精液を封入した後，液体窒素面上 3〜5 cm に横置きにして 20 分間放置する．融解は 40℃ の温水中で行い，融解した精液はペレット法で用いられる融解液で 10 倍に希釈して，授精に供する．

　ペレット法では小穴を開けたドライアイス上に希釈精液を 0.1〜0.2 ml ずつ滴下して，錠剤状に凍結する．融解時には，あらかじめ 40℃ に温めた融解液 40〜50 ml を用意し，これに錠剤を約 50 錠投入して，素早く融解する．

　c）授精の適期　人工授精の適期は図 3.2 に示すように，液状精液と凍結精液では適期の範囲に多少の違いがある．凍結精液の授精は，できるだけ排卵に近づけて行ったほうが受胎成績がよくなる．

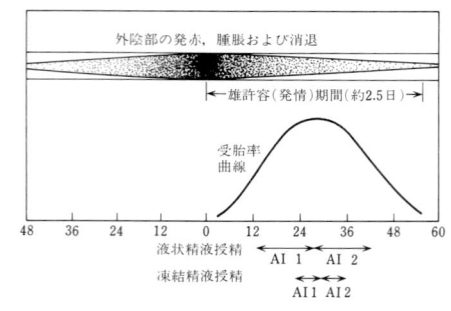

図 3.2　人工授精の時期（概念図）

g. 妊　　娠
1) 胚の発育

豚の卵子は受精後 15～18 時間で前核期，20 時間で 2 細胞，3～4 日で 8～16 細胞，6～7 日で胚盤胞となり，7～8 日目には透明帯から脱出する．初回交配後 2～3 日目に 4 細胞期 (2～8 細胞期の範囲)の状態で子宮に到達する．絨毛膜が急速に伸張する少し前の 8～10 日目頃に胚の両子宮角間移動が起こり，12 日目頃までに胚が両子宮角にほぼ均等に配置される．16 日目頃には心鼓動が出現する．24 日目頃には着床し，30 日齢では体長 2.5cm，体重 1.7g に発育する(表 3.6)．胎子の生存，妊娠の維持には子宮内における個々の胎子の占めるスペースが影響すると考えられている．正常な発育胎子が得られる限界は品種により異なるが，経産豚の片側子宮角で 6～7 頭である．

表 3.6　豚の胎子の日齢別体長と体重

日 齢	体 長(cm)	体 重(g)
30	2.5	1.7
60	11.4	93.6
80	20.3	333.1
90	22.1	680.4
106	24.1	1,134.0
114	27.9	1,389.2

2) 妊娠診断

血中ホルモン測定法，頸管・腟粘液診断法，発情ホルモン注射法，直腸検査法および超音波診断法などのいろいろな方法が試みられたが，実用的に利用できる方法は後 2 者である．

a) 超音波診断法　　簡便で精度の優れた方法であり，ドップラー法，エコー法および超音波断層法がある．

① ドップラー法：　胎子の心拍動をドップラー信号としてとらえる方法で，スピーカーまたはイヤホーンで信号を聴取する．この方法での妊娠診断の的中率は交配後 20～29 日で 40～80％，30～39 日で 60～80％，40 日以降で 90～100％ である．

② エコー法：　プローブから発振した超音波のエコーをオシロスコープにより波形で観察する方法で，妊娠 30～90 日における診断の精度はほぼ 100％ である．

③ 超音波断層法：　プローブを後肢の付け根付近の下腹部に密着させ，体の中心部に向け，エコーを画像としてとらえる．交配後 18～21 日の画像では，内部が胎水の存在によって黒く写し出される胎嚢が観察できる．実用的な診断には，交配後 25 日以降が推奨されている．

b) 直腸検査法　　雌豚の中子宮動脈は空胎期には細く充実感を欠き弱い拍動を呈しているが，妊娠時には日数の経過とともに太く充実してきて拍動も強くなる．この中子宮動脈の特異的な拍動を直腸壁を介して触診する．触診部位は，外腸骨動脈との交差部位から 2～3cm 離れた部位を選ぶ．交配後 18～20 日での正診率は約 60％ と低率であるが，26 日以後では 87％ 以上，36 日以後では 100％ の正診率が得られた．ただし，この方法は直腸内に腕を挿入できない個体には適応しない．

h. 分娩誘起

黄体退行作用のあるプロスタグランジン（$PGF_{2\alpha}$）を投与することにより，容易に分娩を誘起することができる．豚の妊娠期間は平均114日であるが，妊娠111日から113日に $PGF_{2\alpha}$ を5mg投与することにより，大部分のものは36時間以内に分娩を開始する．また，$PGF_{2\alpha}$ アナログ（Sodium cloprostenol）は $PGF_{2\alpha}$ の数百倍強い生理作用があるので，有効投与量は筋肉内投与で184〜138μg，腟前庭粘膜下投与では55〜37μg で十分である．この技術を応用することにより，妊娠111日齢以降のものすべてを処置対象として図3.3に示すような週2回の計画分娩を行うことができる．

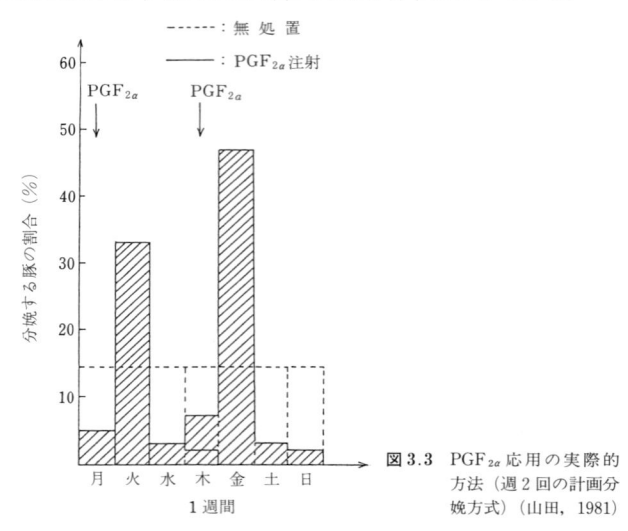

図3.3 $PGF_{2\alpha}$ 応用の実際的方法（週2回の計画分娩方式）（山田，1981）

i. 胚 移 植

多産で妊娠期間の比較的短い豚では胚移植技術の実用価値は少ないと考えられていたが，最近では防疫の面から注目されるようになった．胚移植の技術は過剰排卵誘起，胚の採取，保存，移植および発情の同期化などの技術で構成されている．

1) 過剰排卵誘起

性周期の15〜16日目にPMSG 750〜1,500IUを投与することにより，25〜40個の排卵が誘起される．PMSG投与後3〜4日目の発情発現時にhCG 500IUを注射すると，注射40〜42時間後に排卵期をそろえることができる．

2) 胚 の 採 取

豚の胚は1回目の交配から3日目には子宮内に下降する．したがって，胚の回収は雄許容開始後75時間までは卵管から，76時間以後は子宮から行う．卵管からの胚の回収は，卵管采から子宮に向かって下向性に灌流を行う．発情開始後3〜6日までの間は子宮角の上部を灌流することにより，大部分の胚を回収することができる．

3) 胚 の 移 植
a) 外科的方法　開腹して，子宮角の先端部に鈍針で小孔を開け，そこからピペットで子宮内に胚を注入する．移植胚は4～5日齢のほうが6～8日齢よりも着床率がよい．移植は片側の子宮角のみに行っても支障ない．受胚豚には供胚豚より発情が1～2日遅れて発現したものを選定すると受胎率がよい．

b) 頸管経由法　豚人工授精用カテーテルを用いて，精液の注入と同様に胚を子宮内に注入する．受胎率，産子数ともにまだ外科的方法に及ばない．

4) 胚の培養と保存
回収後移植までの胚の保存にはPBS，タイロード液，TCM-199などに牛胎子血清10～20%を添加した液でよい．

豚胚は低温感作を受けやすく，15℃以下での保存は困難であったが，1989年に-196℃で保存された豚胚から世界初の子豚が農林水産省畜産試験場で誕生した．その後，ガラス化凍結法，細胞内脂質滴除去法，ダイレクト移植法などにより産子が得られているが，確たる方法はない．

j. 体外受精
豚における体外受精の成功例は1978年に報告されたが，体内または，体外成熟卵子による体外受精および凍結精子による体外受精で産子が得られたのは，それから約10年後であった．受精後の発生率はまだきわめて低い．　　　　　　　　　　　　　［桝田博司］

3.4　豚の栄養，飼料

a. 豚 の 栄 養
豚は牛，鹿などと同じ偶蹄目に属するが，その多くが草食であるのに対し，雑食性であり，植物質に限らず，動物質のものも好んで食べる．この食性の幅広さが反芻家畜とは異なる型の肉用家畜として利用されてきたゆえんである．

1) 豚における消化吸収の特徴
摂取された飼料は胃で3～5時間滞留するが，可溶性物質は比較的速く，繊維物質はゆっくり通過する．胃は飼料の一時的貯留器官としての機能をもち，また，タンパク質の部分的消化および細菌類の殺菌が行われる．小腸は長さ15m程度の細い管で，栄養素の大部分はここで消化吸収されるが，内容物の通過時間は3～4時間と比較的短い．

大腸では，セルロースやヘミセルロース等の構造性炭水化物が微生物の作用を受けて，酢酸，プロピオン酸などの揮発性脂肪酸となり，吸収利用される．大腸での滞留時間は30～60時間であるが，飼料中の繊維含量が多く，また飼料摂取量が多いほど短くなる．

2) 消化機能の発達
消化機能は一般に日齢とともに高まる．図3.4に主な消化酵素の消長を示したが，新生豚で活性が高いのは豚乳中に含まれる乳糖，カゼインなどの乳タンパク質および乳脂肪を消化する酵素であり，マルターゼやアミラーゼの発達は遅い．胃酸の分泌も徐々に増加し，酸度が成豚に近づくのは8～10週齢であるとされている．そのため，デンプン

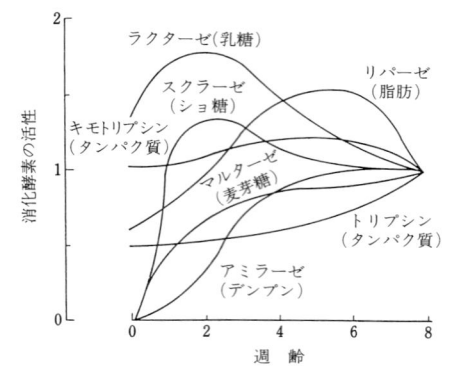

図3.4 豚における主な消化酵素の過齢に伴う変化（8週齢を1とした相対値）(Corring et al., 1978)

やダイズタンパクのような植物性のものは消化されにくい．

豚の消化器系の発達は，生後2～3カ月齢でほぼ終了すると考えてよい．

3) 消化試験法

飼料の栄養価を把握するため，化学分析とともに，消化試験が実施される．飼料成分表に示されているDCP（可消化粗タンパク質），TDN（可消化養分総量），DE（可消化エネルギー）等は消化試験によって求められたものである．

各飼料成分が消化器官で消化吸収される割合を消化率というが，その測定法には全糞採取法と指標物質法がある．指標物質法は消化器官で分解も吸収もされない物質（指標物質）を飼料に少量混合して給与し，この物質と対象とする養分の飼料および糞における比率から消化率を算出する．この方法では，飼料摂取量および排糞量を定量的に把握する必要がない．豚では指標物質として酸化クロムが用いられる．

指標物質法による消化率は飼料中のある成分について次式によって算出する．

$$\text{ある成分の消化率}(\%) = 100 - \frac{\text{飼料中酸化クロム}(\%)}{\text{飼料中成分}(\%)} \times \frac{\text{糞中成分}(\%)}{\text{糞中酸化クロム}(\%)} \times 100$$

成分的な偏り等の理由から単独では供試できない飼料原料では，消化率既知の基礎飼料と配合して消化試験を行い，基礎飼料の消化率は変わらないとの前提で消化率を算出する．なお消化率は豚の日齢（体重），飼料摂取量，飼料中の成分含量等により変動するので，目的に応じて条件を設定する必要がある．詳細については成書[1]を参照されたい．

最近，回腸末端でのアミノ酸消化率が測定されるようになった．糞のかわりに回腸末端の内容物を採取する必要があるので，フィステル装着豚を準備する必要がある．

4) 肉生産および繁殖と栄養

a) 肉生産と肉質の制御　豚の発育過程は，筋肉や骨などの器官が増大する肥育前期と，主として脂肪が増加する肥育後期に分けることができる．図3.5は，体重に伴うタンパク質と脂肪の蓄積量の変化を示しているが，タンパク質は直線的に増加し，脂肪は肥育後半で急激に増加する．ところで，脂肪の蓄積には赤肉と比較して約3.5倍のエネルギーを必要とするから，肥育後期の飼料要求率はきわめて悪くなる．したがって，無駄な脂肪が蓄積されないような飼養管理が必要となる．この点から，制限給餌，性別

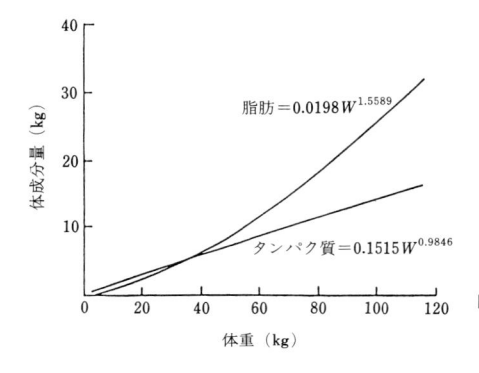

図3.5 豚の発育に伴うタンパク質および脂肪の体成分量の変化（秦ら，1992）

脂肪 $= 0.0198 W^{1.5589}$
タンパク質 $= 0.1515 W^{0.9846}$

飼育などによって厚脂を防ぐ方法がとられている．飼料中のタンパク質含量が不足すると余ったエネルギーは脂肪の蓄積に使われて過肥となるので，要求量に応じた適切なタンパク質給与がとくに重要である．

体脂肪を構成する脂肪酸には，飼料から直接移行するものと，体内で合成されるものとがある．一般に，白くて硬い体脂肪が蓄積される飼料には，オオムギ，イモ類などがあり，これらは脂肪含量が低いため豚本来の脂肪が合成，蓄積される．一方，トウモロコシや魚粉など脂肪が多い飼料を与えるとその影響を受けて体脂肪は軟らかくなり，場合によっては黄味を帯びたり，異臭が生じたりして食肉としての価値を低下させる．豚の脂肪を硬くする目的でカポック粕が一部では使用されている．この理由は，二重結合の多い脂肪は軟らかくなりやすいが，カポック粕に含まれるシクロプロペノイドが二重結合を1個有する脂肪酸であるオレイン酸の体内合成を阻害するからである．

脂肪の蓄積を減らし，赤肉の発達を促す作用をもつ分配剤（repartitioning agent）が注目されている．一つは，成長ホルモンである豚ソマトトロピン（porcine somatotropin）で，現在は遺伝子工学技術により大量に生産できる．このものは消化酵素で分解されるため，投与は注射か移植による．もう一つは，ベータアゴニスト（β-adrenergic agonist）とよばれるもので，シマテロール（cimaterol）やクレンブテロール（clenbuterol）があるが，飼料への添加が可能である．これらの物質の投与により，実験段階であるが，背脂肪が10～20％程度減少し，ロース断面積は同程度増加するという結果が得られている．

b）繁殖と栄養　妊娠豚の食欲は1日に5～6kgとされているが，実際に必要な飼料給与量は2kg程度である．したがって，緑餌等，比較的繊維含量が多く，容積の大きい低エネルギー飼料を積極的に活用することが望ましい．

授乳豚では，乳汁を十分に分泌させるには多量の飼料給与が必要であり，不断給餌も多くみられる．離乳時に母豚の栄養状態が悪いと発情再帰が遅れ，発情があっても排卵数が少ないおそれがあるので，離乳後3日目頃より飼料給与量を1日に3kgぐらいに増量することがある．これをフラッシング（flushing）とよぶ．

b. 飼養標準の活用

家畜が必要とする各種養分の要求量の研究成果を集大成したものが飼養標準である．わが国においては，各家畜について日本飼養標準が設定されている．現行の豚の飼養標準[2]は1993年に改訂された（付表1～5, p.476～478）．外国では米国NRCや英国ARC等の飼養標準がある．

現行飼養標準における養分要求量の求め方を以下に簡単に説明する．これらに基づいて，自らの養豚経営の条件に適合した養分要求量を算出するのが望ましい．

1) エネルギー要求量

エネルギー要求量の表示方法は，豚の場合は主としてDEによるが，TDNも併用されている．TDN 1 kgは4,410 kcalのDEに相当するものとして換算される．

a) 1日当たりエネルギー要求量　子豚，肥育豚の1日当たりのエネルギー要求量は維持のエネルギーにタンパク質と脂肪の蓄積に必要なエネルギーを加算して求める．

$$DE(kcal/日) = 135 W^{0.75} + \frac{P}{0.44} + \frac{F}{0.66}$$

ここで，Wは体重（kg）で，$135 W^{0.75}$は維持のためのDE要求量，PおよびFはそれぞれタンパク質および脂肪としてのエネルギー蓄積量，また，0.44および0.66はそれぞれの蓄積に対するエネルギーの利用効率である．

PおよびFの算出は次の算出式による．

$$P = (149.2 W^{-0.0154}) \times WG \times 5.66$$
$$F = (30.9 W^{0.5589}) \times WG \times 9.46$$

ここで，（　）内の数値は図3.5のタンパク質あるいは脂肪量の式を体重で微分したもので，単位増体当たりのそれぞれの蓄積量を表す．また，WGは増体日量（g），5.66および9.46はそれぞれタンパク質および脂肪のエネルギー含量（kcal/g）である．

また，妊娠豚および授乳豚のいずれについても1日当たりエネルギー要求量の算出式が示されており，付表1および付表2はこれに基づいて算出されている．

b) 飼料中含量としてのエネルギー要求量　エネルギー要求量（飼料中含量）は，付表4に示されている．これは，現在一般に流通している飼料のエネルギー含量に準じて設定された．

c) 環境温度とエネルギー要求量　環境温度が熱的中性圏をはずれた場合には，体温保持のために余分な発熱が必要になる．日本飼養標準では，子豚と肥育豚については寒冷環境でのエネルギー増給量の計算式を示している．また，繁殖豚については，環境温度が臨界温度よりも1℃低下するごとに，代謝体重（kg）当たり1日にDEとして4.8 kcal増加するとしている．暑熱環境下でも体熱発散のために余分のエネルギーを必要とするが，数式によって算出するまでには至っていない．

2) タンパク質（アミノ酸）の要求量

a) アミノ酸要求量　タンパク質は体内でアミノ酸にまで分解されてから利用される．したがって，動物の要求に見合ったアミノ酸パターンをもったタンパク質ほど良質ということになり，飼料への配合量は少なくてすむ．このことから，飼料の配合設計は，従来のCP（粗タンパク質）やDCPのようなタンパク質よりも，アミノ酸を中心に

行うのが一般的になっている．これによって，タンパク質の効率的給与が可能になるとともに，窒素の排泄量低減につながる．そこで，まず，アミノ酸要求量を求め，タンパク質要求量はこれらのアミノ酸要求量を満足するように設定することを原則にしている．主なアミノ酸の要求量は有効性（アミノ酸消化率）を考慮して示されている．

養豚飼料では一般にリジンが第一制限アミノ酸になるため，まず，リジンの要求量を求め，リジン以外の各必須アミノ酸の要求量はARCが提唱するアイディアルプロテイン（ideal protein）[3]におけるアミノ酸パターン（表3.7）に基づいて算出する．

表3.7 アイディアルプロテインにおける必須アミノ酸バランス(ARC, 1981)

必須アミノ酸	リジンに対する比率			豚体組織(体重96～101 kg)
	子豚・肥育豚	妊娠豚	授乳豚	
アルギニン[*1]	—	—	67	
ヒスチジン	33 (2.3)[*2]	30	39	41 (2.8)
イソロイシン	55 (3.8)	86	70	57 (3.9)
ロイシン	100 (7.0)	74	115	103 (7.1)
リジン	100 (7.0)	100	100	100 (6.9)
メチオニン+シスチン	50 (3.5)	67	55	43 (3.0)
フェニルアラニン+チロシン	96 (6.7)	77	115	81 (5.6)
トレオニン	60 (4.2)	84	70	51 (3.5)
トリプトファン	15 (1.0)	16	19	17 (1.2)
バリン	70 (4.9)	107	70	71 (4.9)

注 [*1] 子豚，肥育豚におけるリジンに対するアルギニンの比率は未確定．妊娠豚では要求量を満たすだけのアルギニンを合成できる．
 [*2] （ ）内はタンパク質中の含量（%）．

子豚，肥育豚の1日当たりアミノ酸要求量は，増体1kg当たりの有効（可消化）リジン要求量は発育ステージにかかわらず平均17.3gであるという知見に基づいている．この値に増体日量を乗じると1日の有効リジン要求量が算出される．総量としてのリジン要求量は，有効リジン要求量をリジンの平均的な消化率85%で除して求める．

飼料中含量としてのアミノ酸要求量は，この1日当たりアミノ酸要求量を1日飼料摂取量（1日のDE要求量および飼料のDE含量から算出できる）で除して求める．アミノ酸要求量（飼料中含量）は，豚の発育あるいは赤肉生産量に関連する要因，たとえば，豚の品種・系統，性別，給餌方法（不断か制限か）によって変化し，発育が速いほどアミノ酸要求量は高い（表3.8）．したがって，付表5にはアミノ酸要求量が示されているが，これはあくまでも標準的な数値であって，以上に述べた方法に基づいて養豚経営の実態，すなわち，豚の発育能力，使用する飼料のDEやTDN含量等に合わせて算出するのが望ましい．

表3.8 アミノ酸要求量(飼料中含量)に影響を及ぼす要因

要因	条件	変化の方向
体重（日齢）	小さい（若い）	↗
飼料のエネルギー含量	高い	↗
発育（赤肉の生産性）	速い（高い）	↗
飼料のアミノ酸有効性	優れる	↘
環境温度	寒い	↘

妊娠豚および授乳豚の1日当たりリジン要求量は，それぞれ，10.8および38.9gとしている．有効リジン要求量は，リジン要求量にリジンの平均消化率0.85を乗じて求める．
飼料中含量としてのアミノ酸要求量は，子豚，肥育豚の場合と同様に算出する．

　b)　タンパク質の要求量　　粗タンパク質（CP）の要求量は，飼料原料として何を用いるか，すなわち，飼料中タンパク質のアミノ酸組成によって異なる．そこで，実用的飼料原料（主として，トウモロコシおよびダイズ粕）の使用を前提として，アミノ酸の要求量を満足するように設定している．

3)　無機物およびビタミン類の要求量
豚に必要な無機物およびビタミン類の要求量も表示されている（付表1および付表4）．リンはその形態によって利用率が異なるため，全リンの要求量に加え，利用可能なリンの指標として非フィチンリンの要求量を併記している．

4)　水の要求量
水は自由に飲ませるのが一般的であるが，目安は，飼料の風乾物量の2～5倍である．授乳豚では1日当たり15～20 l が必要とされる．環境温度が高いと多く，飼料中の食塩等が多くても排泄のために飲水量がふえる．水が不足すると採食量が減少し，発育が鈍る．

c.　飼　　料
養豚飼料の原料としてもっとも多く用いられるのはトウモロコシとグレインソルガムで，両者を合わせると80%近くになる．次いで，ダイズ粕，魚粉，ミートボーンミール等のタンパク質飼料で，ぬか・ふすま類やムギ類，糖蜜，油脂類，アルファルファミールなどが用いられる．

1)　濃厚飼料
　a)　穀類，マメ類，イモ類　　穀類は豚のエネルギー飼料原料として最適である．しかし，タンパク質は量的に少ないだけでなく，主要な必須アミノ酸が不足しているため質的に劣る．
マメ類ではダイズが主に用いられる．ダイズには約20%の脂肪が含まれるため，多量に給与すると豚の体脂肪が軟らかくなる．ダイズを炒ってつくるキナ粉は，栄養価値，嗜好性とも高く，子豚用人工乳に使われる．
イモ類ではカンショ，バレイショおよびキャッサバが利用される．これらは脂肪をほとんど含まないため，オオムギと同様，白くて硬い脂肪を生産する．キャッサバの粉状のものはダストが多く，嗜好性が劣るので，糖蜜やタローを添加するなどの工夫が必要である．

　b)　油粕類　　ダイズ粕は，アミノ酸組成も良好であり，豚用のタンパク質源として多用される．ナタネ粕は，最近カナダでカノーラ種という新しい品種が開発され，利用価値が高まった．

　c)　ぬか・ふすま類，製造粕類　　養豚飼料におけるぬか・ふすま類の使用は，高エネルギー飼料の普及に伴って近年著しく減少している．米ぬかは，生のままでは変敗しやすいので，主に脱脂米ぬかとして使用される．ふすまは嗜好性，栄養素のバランスが

よく，良質の脂肪を生産するので利用性が高い．オオムギぬか類は，繊維が多く，エネルギー含量が低いので，繁殖豚に用いられる．

製造粕類はきわめて種類が多いため，成分分析等によって養分の内容を正しく把握して使用することが大切である．糖蜜は嗜好性がよいので，飼料に2～3％程度使用される．5％以上配合するとかび発生の原因となり，また，夏季には変敗しやすい．

焼酎粕やミカン，リンゴのジュース粕なども養豚飼料として利用されている．

　d） **動物質飼料と油脂類**　　魚粉はタンパク質含量が高く，リジンを多く含むため，タンパク質源として利用価値が高い．子豚用に4～5％，肉豚および繁殖豚用に0～3％程度配合され，良質な魚粉は人工乳にも利用できる．ミートボーンミールは養豚飼料のタンパク質およびリンの給源として有用であるが，トリプトファン含量が低い．ブロイラーなどの家禽処理副産物は脂肪の融点が低いため豚肉の脂肪を軟化させる．

動物性油脂としては，タローとイエローグリースが用いられ，肉豚用および授乳豚用飼料へ2～3％添加される．とくに暑熱時のエネルギー補給に有効である．子豚用人工乳には，油脂を4～5％添加するが，この場合には，精製したラード，ファンシータロー，ダイズ油等が使用される．植物油が多いと子豚は下痢を起こしやすくなるので注意が必要である．

　e） **その他の特殊飼料原料**　　飼料用酵母はタンパク質含量が高く，ビタミン類や成長促進因子などを含むため，子豚人工乳に2～3％利用される．飼料用アミノ酸としては，メチオニン，リジン，トリプトファン，トレオニンなどが使用を認められている．

抗生物質と合成抗菌剤の飼料添加が認められているが，添加できるのは子豚人工乳と子豚用飼料である．抗菌性飼料添加物の種類と利用範囲が日本飼養標準に示されている．

2）粗　飼　料

豚は反芻家畜に比較して繊維質の消化能力が劣るため，粗飼料の利用には量的にも限界があり，制限給餌を行う妊娠期，場合によっては肥育の後期で有効に利用される．

豚でもっともよく利用されるマメ科の牧草はラジノクローバで，妊娠期では風乾物の40％程度まで給与が可能とされる．この場合にはエネルギーの不足を動物油脂などの添加で補う．イネ科の牧草ではイタリアンライグラスやオーチャードグラスも利用できる．トウモロコシサイレージも豚でよく利用される．乾物中のTDN含量は，糊熟期以降では70以上にもなることがあり，妊娠期のエネルギー要求量の約半分をまかなえる．

3）養豚用飼料の種類と配合設計

豚が必要とする養分を過不足なく供給するには，養分要求量と飼料原料の養分組成を正しく把握して，飼料設計することが重要である．最近はコンピューターの普及により，線型計画法（LP）を用いれば，目標とする各種養分量を満足し，かつ，価格的にもっとも安い配合割合を短時間に算出することができる（第I編8章参照）．

養豚用飼料の代表的な配合例[4]を表3.9に示してある．

　a） **子豚人工乳**　　前期用と後期用に大別されるが，前者は5～6週齢（体重10～12kg）まで，後者はその後9～10週齢（体重25～30kg）まで給与する．5～6週齢までの子豚は，消化器官の発達は十分でなく，寒さや細菌類などのストレスに対する抵抗力も弱い．そのため，前期用人工乳には，脱脂粉乳，アルファー化した煎りコムギ，エキス

表 3.9 養豚用配合飼料の設計例 (中島, 1994)

	子豚人工乳		配　合　飼　料			
	前期用	後期用	子豚用	肉豚用	妊娠期用	授乳期用
CP (%)	20	19	18	14	13	15
DE (kcal/g)	3.85	3.75	3.38	3.45	3.13	3.30
TDN (%)	87	85	76	78	71	75
トウモロコシ	—	23.8	53.3	60.7	30.4	54.5
グレインソルガム	—	—	20.0	25.0	25.0	20.0
オオムギ	—	—	—	—	10.0	—
ふすま	—	—	4.5	—	15.0	7.0
脱脂米ぬか	—	—	—	—	5.0	—
エキスパンドコーン	28.7	20.0	—	—	—	—
コムギ粉	15.0	20.0	—	—	—	—
脱脂粉乳	20.0	10.0	—	—	—	—
乾燥ホエー	10.0	—	—	—	—	—
ホワイトフィッシュミール	3.0	4.0	—	—	—	—
魚粉 (65%)	—	—	4.0	—	—	3.0
ミートボーンミール	—	—	5.0	7.0	4.0	4.0
ダイズ粕	—	—	12.0	6.5	4.0	7.0
アルファルファミール(デハイ)	—	—	—	—	3.0	3.0
糖　蜜	—	—	—	—	2.0	—
脱皮ダイズ (膨化加工)	9.0	5.0	—	—	—	—
脱皮ダイズ粕	—	6.0	—	—	—	—
トルラ酵母	2.0	2.0	—	—	—	—
ブドウ糖	6.0	5.0	—	—	—	—
砂　糖	2.0	—	—	—	—	—
ファンシータロー	2.0	2.0	—	—	—	—
飼料用リジン	0.1	—	—	—	—	0.06
飼料用メチオニン	0.05	—	—	—	—	—
第三リン酸カルシウム	1.2	1.2	—	—	0.4	0.5
炭酸カルシウム	—	—	0.5	0.3	0.5	0.3
食　塩	0.15	0.2	0.3	0.3	0.3	0.24
微量無機物混合物	0.2	0.2	0.2	0.1	0.2	0.2
ビタミン類混合物	0.2	0.2	0.2	0.1	0.2	0.2
その他の飼料添加物	0.4	0.4	—	—	—	—

パンド処理トウモロコシ，また，糖類としては砂糖，ブドウ糖，乳糖など，消化がよく栄養価の高い原料が使われる．下痢を防ぐため，低タンパク質にしてそのかわり飼料用アミノ酸を添加する場合が多い．このほかに，油脂類，酵母類，抗生物質，抗菌剤，香料（ミルクフレーバーなど）等が添加される．前期用人工乳は通常微粉末状であるが，子豚が食べにくく，飲水器の中で腐敗して下痢の原因になるなどの理由から，最近では顆粒状に加工する方法が開発されている．

　後期用人工乳には，コムギ粉，トウモロコシ，ダイズ粕などの一般的な飼料原料が多用できる．ペレット，あるいはペレットを粗粉砕したクランブルとして給与する．

　b) 子豚用飼料　　体重 30～60, 70 kg までの飼料で，日本飼養標準の区分では肥育の前期に相当する．品種改良が進んだ豚では一日増体量が 800 g を超えることは珍しくないので，高タンパク質，高エネルギーの飼料を与える必要がある．

　c) 肉豚用飼料　　体重 70 kg 程度から肉豚として出荷までの肥育後期に相当する飼

料である．この時期には脂肪の蓄積が高まり，そのエネルギーは飼料摂取量の増加で補うことになるため，飼料中のタンパク質含量は肥育前期に比較して低くてよい．各種副産物や粕類の利用を心がける．この時期には，肉質への配慮も必要である．

d) 繁殖豚用飼料 妊娠豚では，飼料中のエネルギー含量をかなり低くして差し支えないため，各種副産物や粗飼料等の利用を積極的にはかるべきである．タンパク質(アミノ酸)の要求量は，母豚自身の維持に要する部分は少なく，主として胎児の発育に必要であるため，妊娠後期から末期にかけて急激に高まる．したがって，この要求量の変化に合わせて妊娠前期は CP 含量を低めることが，タンパク質の有効利用の面からは望ましい．ただし，初産豚の場合には，妊娠前期においても母豚自身の成長があるためタンパク質の補給が必要である．

授乳期の飼料は，エネルギー，タンパク質とも泌乳量に見合った十分な供給が必要である．飼料中の CP 含量は肥育前期と同じ 15% 程度まで高め，必須アミノ酸ではアルギニンの要求量についても配慮する．

繁殖育成豚では，妊娠期の飼料よりも CP を高めにして，体重 50～60 kg から制限給餌する．この飼料は初産豚の妊娠期を通じて給与でき，また，種雄豚の飼料としても適する．

e) ビタミン類および微量無機物の混合物 ビタミン類の混合物は，通常の配合飼料に 0.1～0.2% 添加する．プレミックスとして市販されているので，成分の内容を確かめたうえでこれを利用するのが便利である．

微量無機物混合物も飼料に 0.1～0.2% 添加するが，これも市販されている．

豚に必要なミネラルのうち，カルシウム，リン，ナトリウムおよび塩素は別途配合する．また，カリウムとマグネシウムは通常の天然原料から十分に供給される．したがって，養豚飼料では鉄，銅および亜鉛の添加が重要である．銅の要求量は 3～6 mg/kg であるが，250 mg/kg 程度の高濃度に添加すると成長促進および飼料効率の改善がみられるとされている．しかし，土壌汚染の原因になるため，わが国では現在行われていない．

[古谷　修]

文　献

1) 農林水産技術会議事務局：日本標準飼料成分表 (1995 年版)，264-268，中央畜産会 (1995)
2) 農林水産技術会議事務局：日本飼養標準・豚 (1993 年版)，中央畜産会 (1993)
3) Agricultural Research Coucil : The Nutrient Requirements of Pigs, Commonwealth Agricultural Bureaux, England (1981)
4) 中島泰治：豚飼養管理マニュアル(I)，248-296，畜産技術協会 (1994)

付表1 1日当たり養分要求量

区分		子豚			肥育豚		繁殖育成豚			妊娠豚*2	授乳豚*2
体重	(kg)	1〜5	5〜10	10〜30	30〜70	70〜110	60〜80	80〜100	100〜120	155	180
期待増体日量	(kg)	0.20	0.25	0.55	0.80	0.85	0.55	0.50	0.45	—	—
風乾飼料量*1	(kg)	0.22	0.38	1.05	2.16	3.07	2.15	2.31	2.45	1.99	5.41
体重に対する比率	(%)	7.3	5.1	5.3	4.3	3.4	3.1	2.6	2.2	1.3	3.0
粗タンパク質(CP)	(g)	53	84	190	324	399	279	300	318	248	812
可消化粗タンパク質(DCP)	(g)	47	76	166	266	327	229	246	261	203	666
可消化エネルギー(DE)	(Mcal)	0.85	1.41	3.58	7.14	10.12	6.62	7.11	7.54	6.11	17.86
	(MJ)	3.6	5.9	15.0	29.9	42.4	27.7	29.7	31.5	25.6	74.7
可消化養分総量(TDN)	(g)	190	320	810	1,620	2,300	1,500	1,610	1,710	1,390	4,050
カルシウム	(g)	2.0	3.1	6.9	11.9	15.3	16.1	17.3	18.4	14.9	40.6
全リン	(g)	1.5	2.3	5.8	9.7	12.3	12.9	13.9	14.7	11.9	32.5
非フィチンリン	(g)	1.2	1.7	3.7	5.4	6.1	9.7	10.4	11.0	8.9	24.4
ナトリウム	(g)	0.22	0.4	1.1	2.2	3.1	3.2	3.5	3.7	3.0	10.8
塩素	(g)	0.18	0.3	0.8	1.7	2.5	2.6	2.8	2.9	2.4	8.7
カリウム	(g)	0.66	1.1	2.7	4.3	5.2	4.3	4.6	4.9	4.0	10.8
マグネシウム	(g)	0.09	0.2	0.4	0.9	1.2	0.9	0.9	1.0	0.8	2.2
鉄	(mg)	22	38	84	108	123	172	185	196	159	433
亜鉛	(mg)	22	38	84	119	153	107	115	122	99	271
マンガン	(mg)	0.9	1.5	3.2	4.3	6.1	21.5	23.1	24.5	19.9	54.1
銅	(mg)	1.3	2.3	5.3	7.6	9.2	10.8	11.5	12.2	9.9	27.1
ヨウ素	(mg)	0.03	0.05	0.15	0.30	0.43	0.30	0.32	0.34	0.28	0.76
セレン	(mg)	0.07	0.12	0.26	0.32	0.31	0.32	0.35	0.37	0.30	0.81
ビタミンA	(IU)	480	840	1,840	2,810	3,990	8,600	9,230	9,790	7,940	10,820
〃 D	(IU)	50	80	210	320	460	430	460	490	400	1,080
〃 E	(IU)	3.5	6.1	11.6	23.8	33.7	47.3	50.8	53.9	43.7	119.1
〃 K	(mg)	0.1	0.2	0.5	1.1	1.5	1.1	1.2	1.2	1.0	2.7
チアミン	(mg)	0.33	0.38	1.05	2.16	3.07	2.15	2.31	2.45	1.99	5.41
リボフラビン	(mg)	0.88	1.34	3.16	4.98	6.14	8.06	8.66	9.18	7.44	20.30
パントテン酸	(mg)	2.6	3.8	9.5	16.2	21.5	25.8	27.7	29.4	23.8	64.9
ナイアシン	(mg)	4.4	5.8	13.2	18.4	21.5	21.5	23.1	24.5	19.8	54.1
ビタミンB6	(mg)	0.44	0.58	1.58	2.16	3.07	2.15	2.31	2.45	1.99	5.41
コリン	(mg)	130	190	420	650	920	2,690	2,890	3,060	2,480	5,410
ビタミンB12	(μg)	4.4	6.7	15.8	16.2	15.3	32.2	34.6	36.7	29.8	81.2
ビオチン	(mg)	0.22	0.26	0.11	0.11	0.15	0.43	0.46	0.49	0.40	1.08
葉酸	(mg)	0.07	0.12	0.32	0.65	0.92	0.64	0.69	0.73	0.60	1.62

注 *1 風乾飼料量は、付表4に示したエネルギー含量の飼料を用いた場合のエネルギー要求量を満たすための量。
  *2 妊娠豚および授乳豚の体重はそれぞれ交配時および分娩後の値。

付表2 繁殖豚の1日当たりエネルギー要求量*1

区分		妊娠豚						授乳豚					
産次		1	2	3	4	5	6	1	2	3	4	5	6
体重	(kg)	120	140	155	170	185	195	150	165	180	195	205	210
風乾飼料量*2	(kg)	1.84	1.87	1.99	2.09	2.08	2.03	4.60	5.31	5.41	5.51	5.58	5.61
可消化エネルギー(DE)	(Mcal)	5.68	5.77	6.11	6.45	6.41	6.25	15.16	17.52	17.86	18.19	18.41	18.52
	(MJ)	23.8	24.1	25.6	27.0	26.8	26.2	63.4	73.3	74.7	76.1	77.0	77.5
可消化養分総量(TDN)	(g)	1,290	1,310	1,390	1,460	1,450	1,420	3,440	3,970	4,050	4,130	4,180	4,200

注 *1 妊娠豚および授乳豚の体重はそれぞれ交配時および分娩後の値。妊娠期間中の母体の増体量は、初産で30 kg、2〜4産で25 kg、5産で20 kg、6産で15 kgとした。また、授乳豚では、哺乳子豚数を10頭とし、泌乳量は初産で6.5 kg、経産豚で7.5 kgを前提としている。
  *2 風乾飼料量は、付表4に示したエネルギー含量の飼料を用いた場合のエネルギー要求量を満たすための量。

3.4 豚の栄養, 飼料

付表3 1日当たり必須アミノ酸要求量 (単位:g)

区分	子豚			肥育豚		繁殖育成豚			妊娠豚	授乳豚
体重 (kg)	1～5	5～10	10～30	30～70	70～110	60～80	80～100	100～120	—	—
粗タンパク質(CP)	53	84	190	324	399	279	300	318	248	812
アルギニン	—	—	—	—	—	—	—	—	—	26.1
ヒスチジン	1.2	1.7	3.7	5.4	5.7	4.2	4.6	4.8	3.2	15.2
イソロイシン	2.0	2.8	6.2	9.0	9.5	6.9	7.6	7.9	9.3	27.2
ロイシン	3.6	5.1	11.2	16.3	17.3	12.6	13.8	14.4	8.0	44.7
リジン	3.6	5.1	11.2	16.3	17.3	12.6	13.8	14.4	10.8	38.9
有効リジン	3.5	4.3	9.5	13.8	14.7	10.7	11.7	12.2	9.2	33.1
メチオニン+シスチン	1.8	2.5	5.6	8.1	8.7	6.3	6.9	7.2	7.2	21.4
有効メチオニン+シスチン	1.7	2.2	4.8	6.9	7.4	5.4	5.9	6.1	6.2	18.2
フェニルアラニン+チロシン	3.5	4.9	10.7	15.6	16.6	12.1	13.2	13.8	8.3	44.7
トレオニン	2.2	3.1	6.7	9.8	10.4	7.6	8.3	8.6	9.1	27.2
有効トレオニン	2.1	2.6	5.7	8.3	8.8	6.4	7.0	7.3	7.7	23.1
トリプトファン	0.6	0.8	1.7	2.4	2.6	1.9	2.1	2.2	1.7	7.4
バリン	2.6	3.6	7.8	11.4	12.1	8.8	9.7	10.1	11.6	27.2

付表4 養分要求量(風乾飼料中含量)

区分		子豚			肥育豚		繁殖育成豚	妊娠豚	授乳豚	種雄豚
体重 (kg)		1～5	5～10	10～30	30～70	70～110	60～120	—	—	—
期待増体日量	(kg)	0.20	0.25	0.55	0.80	0.85	—	—	—	—
風乾飼料量	(kg)	0.22	0.38	1.05	2.16	3.07	—	—	—	—
粗タンパク質(CP)	(%)	24.0	22.0	18.0	15.0	13.0	13.0	12.5	15.0	13.0
可消化粗タンパク質(DCP)	(%)	21.5	20.0	16.0	12.5	10.5	10.5	10.5	12.5	10.5
可消化エネルギー(DE)	(Mcal/kg)	3.88	3.70	3.40	3.30	3.30	3.08	3.08	3.30	3.08
	(MJ/kg)	16.2	15.5	14.2	13.8	13.8	12.9	12.9	13.8	12.9
可消化養分総量(TDN)	(%)	88	84	77	75	75	70	70	75	70
カルシウム	(%)	0.90	0.80	0.65	0.55	0.50	0.75	0.75	0.75	0.75
全リン	(%)	0.70	0.60	0.55	0.45	0.40	0.60	0.60	0.60	0.60
非フィチンリン	(%)	0.55	0.45	0.35	0.25	0.20	0.45	0.45	0.45	0.45
ナトリウム	(%)	0.10	0.10	0.10	0.10	0.10	0.15	0.15	0.20	0.15
塩素	(%)	0.08	0.08	0.08	0.08	0.08	0.12	0.12	0.16	0.12
カリウム	(%)	0.30	0.28	0.26	0.23	0.17	0.20	0.20	0.20	0.20
マグネシウム	(%)	0.04	0.04	0.04	0.04	0.04	0.04	0.04	0.04	0.04
鉄	(mg/kg)	100	100	80	50	40	80	80	80	80
亜鉛	(mg/kg)	100	100	80	55	50	50	50	50	50
マンガン	(mg/kg)	4.0	4.0	3.0	2.0	2.0	10	10	10	10
銅	(mg/kg)	6.0	6.0	5.0	3.5	3.0	5.0	5.0	5.0	5.0
ヨウ素	(mg/kg)	0.14	0.14	0.14	0.14	0.14	0.14	0.14	0.14	0.14
セレン	(mg/kg)	0.30	0.30	0.25	0.15	0.10	0.15	0.15	0.15	0.15
ビタミンA	(IU/kg)	2,200	2,200	1,750	1,300	1,300	4,000	4,000	2,000	4,000
〃 D	(IU/kg)	220	220	200	150	150	200	200	200	200
〃 E	(IU/kg)	16	16	11	11	11	22	22	22	22
〃 K	(mg/kg)	0.5	0.5	0.5	0.5	0.5	0.5	0.5	0.5	0.5
チアミン	(mg/kg)	1.5	1	1	1	1	1	1	1	1
リボフラビン	(mg/kg)	4	3.5	3	2.3	2	3.75	3.75	3.75	3.75
パントテン酸	(mg/kg)	12	10	9	7.5	7	12	12	12	12
ナイアシン	(mg/kg)	20	15	12.5	8.5	7	10	10	10	10

ビタミンB_6	(mg/kg)	2	1.5	1.5	1	1	1	1	1	1
コ リ ン	(mg/kg)	600	500	400	300	300	1,250	1,250	1,000	1,250
ビタミンB_{12}	(μg/kg)	20	17.5	15	7.5	5	15	15	15	15
ビオチン	(mg/kg)	0.08	0.05	0.05	0.05	0.05	0.2	0.2	0.2	0.2
葉　　酸	(mg/kg)	0.3	0.3	0.3	0.3	0.3	0.3	0.3	0.3	0.3

付表5 必須アミノ酸要求量(風乾飼料中含量)　　　　(単位:%)

区　　分	子　　豚			肥　育　豚		繁殖育成豚	妊娠豚*	授乳豚*	雄　豚
体　重　(kg)	1〜5	5〜10	10〜30	30〜70	70〜110	60〜120	—	—	—
粗タンパク質(CP)	24.0	22.0	18.0	15.0	13.0	13.0	12.5	15.0	13.0
アルギニン	—	—	—	—	—	—	—	0.48	0.16
ヒスチジン	0.55	0.44	0.35	0.25	0.19	0.20	0.16	0.28	0.20
イソロイシン	0.92	0.73	0.58	0.41	0.31	0.33	0.47	0.50	0.33
ロイシン	1.66	1.33	1.06	0.75	0.56	0.60	0.40	0.83	0.60
リ ジ ン	1.66	1.33	1.06	0.75	0.56	0.60	0.54	0.72	0.60
有効リジン	1.58	1.13	0.90	0.64	0.48	0.51	0.46	0.61	0.51
メチオニン+シスチン	0.83	0.66	0.53	0.38	0.28	0.30	0.36	0.40	0.30
有効メチオニン+シスチン	0.79	0.56	0.45	0.32	0.24	0.25	0.31	0.34	0.26
フェニルアラニン+チロシン	1.60	1.27	1.02	0.72	0.54	0.57	0.42	0.83	0.58
トレオニン	1.00	0.80	0.64	0.45	0.34	0.36	0.46	0.50	0.36
有効トレオニン	0.95	0.68	0.54	0.38	0.29	0.30	0.39	0.43	0.31
トリプトファン	0.25	0.20	0.16	0.11	0.08	0.09	0.09	0.14	0.09
バ リ ン	1.17	0.93	0.74	0.53	0.39	0.42	0.58	0.50	0.42

注　*妊娠豚および授乳豚の体重が，それぞれ155kg(交配時)および180kg(分娩後)として算出.

3.5 豚 の 管 理

a. 豚の習性と管理形態

　家畜を管理するには，まず，その習性を知る必要がある．豚は人になれやすく，性質は温順であり，比較的，知能の発達した動物である．したがって，訓練によってよく馴致することができる．雑食性であり動物性飼料も摂取するが植物性の飼料を好んで摂取する．

　鼻端はよく発達して力があり，物を持ち上げたり押したりする．また，地下の可食物を探り当てたり，休息場をつくったりする．触覚は優れ，触診を行いながら歩行や採食を行う．嗅覚，聴覚は人よりはるかに優れており味覚も敏感である．視覚はあまり発達していないが，ある色（灰色の濃淡，青色など）に対しては色覚をもっていると考えられる．

　土浴，水浴の習性があるが，これは皮下脂肪が厚く汗腺がきわめて少ないので，体熱を放散するため，および，外寄生虫を払い落とすための行動とみなされている．

　排泄に関しては，水のある場所や低湿地，また，相手がみえるところに排糞尿をする．これは自分たちの居住地を外敵に知られないため，および，テリトリーを宣言するものであろう．壁面は休息の場所として利用し，採食，休息，排泄の場所を区別して生活する．

群をつくる習性があり10頭くらいの小群をつくって行動をともにする．しかし，競争意識は強く序列が決定するまでは激しく闘争するので，豚を群飼育する際には馴致する必要がある[1]．

豚は多産な動物であり，1産に十数頭を出産する．妊娠期間は短く1年間に2産以上の分娩が可能である．一方，産肉能力にも優れ，少ない飼料でよく肥る．

管理形態としては単飼と群飼，および舎飼いと放牧の飼育形態がある．現在，繁殖豚はストールによる単飼，肉豚は群飼の形態をとることが多い．また，土地のあるところでは放牧養豚を行っており，豚の習性からは好ましい管理形態であるが，企業養豚はもちろん，農家養豚においても，ほとんどが舎飼いの形態である．

b. 環境管理

豚を飼育するうえで熱環境の管理はきわめて重要である．子豚は寒さに弱く成豚は暑さに弱い．とくに子豚期から育成期までは適温環境で飼育しないと飼料費がかさみ，事故率が高くなるなど経営に悪影響を及ぼす．また温度，湿度を制御するためには豚舎を断熱構造にすると寒冷時，暑熱時ともに適環境を作出しやすい．一方，換気対策も重要である．たえず清浄な空気の中で飼育するように心がける．

物理的環境としての光は肉豚に対してはあまり問題にならず，かえって薄暗い環境でよいとされているが，繁殖豚に対してはウインドウレス豚舎などにおいて常時，暗い環境で飼育していると繁殖に悪影響を及ぼす[2]．音は放牧豚を集める際の信号音として有効利用できるが，給餌の作業音を聞きつけて騒ぎ，騒音公害を起こすなど，敏感に反応するので注意を要する．飼育密度は，肉豚の群飼管理ではややもすると過密になりがちであるが，少なくとも豚がゆっくり横たわれるだけのスペースが必要である．過密状態では尾かじりなどの異常行動が発生したり，弱小豚は十分に飼料を食べられず発育が不ぞろいになる．

放牧養豚の場合は地貌・土壌環境に留意する．豚は灌木や草の根を好んで食する．その際に土壌中のミネラルの過不足や寄生虫卵の摂取による疾病，シマミミズの摂取による肺虫症などにかかることがある．20度以上の傾斜地ではジグザグに"けもの道"をつくり，同じ道を歩いて移動する．また，風雨の当たらない暖かな斜面を削って寝床をつくったりする[3]．有害動植物による被害から守る配慮も必要であろう．

c. 給餌・給水管理

豚は草類，残飯・厨介などをよく採食するので，利用可能な環境ではこれらを給与するのは望ましいことである．しかし，現在はほとんどが配合飼料による管理形態をとっている．配合飼料はミール状，ペレット状があり，セルフフィーダーによって給与されている．最近はセルフフィーダーに給水器を取り付けて，いわゆるウエットフィーディングを行っているところが多い．乾餌に対し液餌（練餌）は採食しやすく短時間に多量を摂取できるが，厚脂肪になりやすいので出荷時の管理に留意する．

飼料の給与法には自由給餌法と制限給餌法および間欠給餌法がある．自由給餌法は省力管理ができ豚の発育もそろい企業養豚など多頭飼育の管理に適するが，飼料が10～20

％不経済になりやすい．制限給餌法は手数がかかり，また，発育に応じた栄養量を給与しなければならないなど，熟練した管理技術が必要であるが，飼料費は節減できる．間欠給餌法はスキップアデイ法ともよばれ，たとえば4日飼料を与えて後1日は給餌を休む方法である．これによって，食べこぼしを拾わせ，また，厚脂肪になるのを防ぐ．これらの方法をとり混ぜて，朝から午後2時頃までに食べ尽くす量を給与する方法も広く行われている．この方法は数時間は自由採食できるので，群飼育をしていても発育がそろう．

飲水は原則として自由に行わせる．水質は，人間も利用できるような清潔な水であることが望ましい．飲水器には，フロート型，押しべら型，ニップル型などがある．豚は暑熱時などに水をいたずらするので出水を制限したり，糞尿処理に負担をかけないために，こぼし水を受ける装置をつけ，別途に処理，または，再利用しているところもある．

d. 繁殖候補豚の管理

現在は繁殖雌豚のほとんどがストール房で飼育されている．そのため，ストール飼育に耐えうる強健性が要求される．強脚の品種または交雑種を用い，タンパク質，ビタミン，ミネラルなどの給与に留意し，骨格を丈夫に育成する．繁殖豚の骨格は育成期に形成されるので，この時期は過肥にならないように育てる．体重が70kgに達する頃から繁殖候補豚としての管理を行う．種雌豚は一生のほとんどをストール房と分娩房で過ごすことになるので，育成期間は運動場または放牧場の付設された豚房で1房に少頭数を収容し，土や緑草などを食べさせ，空気浴，日光浴をさせ，丈夫な身体をつくるようにする．

また，この時期にワクチンの予防接種，内部および外部寄生虫の駆除を徹底して行う．発情周期の確認やその特徴をあらかじめチェックしておくことも必要である．

e. 種雄豚の管理

種雄豚は育成期に十分な運動をさせ，強健な肢蹄，骨格をつくる．6～7カ月齢頃から乗駕訓練を始め，種雄豚としての乗駕欲，射精能力が発現するように調教する．調教には体重のあまり違わない発情中の経産豚と接触させ，徐々に慣らすとよい．精液性状もチェックしておく．繁殖に供するのは8カ月齢頃からである．運動，歩行訓練を常時行い丈夫な肢蹄を確保し，また，管理者に馴致しておく．飼料は制限給餌とし過肥にならないようにするが，交配の頻度に応じてタンパク質，ビタミンなど栄養の供給に留意する．

種雄豚の多くは外部から導入されるので，導入当初はまず隔離して観察を行い自家の飼育環境に慣らすように管理する．必要な場合には種々の予防注射などを接種する．

寒冷な環境は種雄豚に悪影響を与えないが，暑熱環境は食欲不振による活力の低下，乗駕欲の低下が認められ，30℃以上の高温環境が3～5週間も続くと造精機能にも異常が現れる．雄豚舎は通風をよくし庇陰樹を植えるなど涼しい環境を保つようにする．一方，離乳雌豚の豚房の近くで種雄豚を管理すると雌豚の発情が顕著に現れるので，種雄豚舎，空胎雌豚舎，サービスエリアなどの配置にも考慮する．種雄豚は多くの雌豚と接

触し，また，移動を伴うので，内外寄生虫，皮膚病などをまき散らさないように衛生管理を徹底する．

f. 種雌豚の管理

繁殖管理の基本は，発情の発見，交配，妊娠診断，分娩看護，哺育，離乳などの一連の技術である．さらに，発情回帰の発見，繁殖障害の発見および栄養管理も大切である．

発情の徴候は，外陰部の状況および挙動の変化に現れる．挙動については，鳴き声を発する，食欲が減退する，房内を歩き回る，同居の豚に乗駕する，雄豚を許容する姿勢をみせる，人が豚の背部を両手で押すと静止する（背圧反応）などの変化をみせる．これらの観察から交配の適期を判定する．

交配は自然交配または人工授精による．自然交配の際には雌雄間に相性が認められている（選択交配）．また，性行動には一定のパターンが認められるので，管理者は性急に豚を追い回すことのないように注意する．性行動が活発に行われるのは午前2～8時の早朝である．健康に管理された経産豚は子豚を離乳後，4～7日で発情が回帰するので，この時期を見逃さずに交配する．これを逃すとその後，約21日経ないと発情はこないので，繁殖豚の回転率が低下し，繁殖成績は向上しない．

暑熱環境（おおむね30℃以上）が長く続くと，雌豚は繁殖生理に支障をきたす．防暑対策としては，畜舎周辺への植樹，畜舎の断熱，通風換気などに留意する．ドリップクーリングシステムの導入なども豚の皮膚表面温度を1～3℃下げる効果がある．

妊娠期には他豚との闘争などを起こさないように管理し，栄養と衛生管理に留意する．ストール飼育の場合は1日のうち80%は横臥状態で過ごすので，栄養状態がよすぎると母豚は運動不足になる一方，胎児は過大となり，難産になることがある．分娩予定日の7～10日前には外寄生虫を除去し清潔にした妊娠豚を分娩房へ移動する．放牧飼育した妊娠豚は急激な変化でストレスがかからないように2～3日舎内で単飼の後，分娩房へ移すとよい．

g. 分娩期における母豚の管理

分娩柵のスペースは妊娠豚の体型に合わせて調整し，子豚の給温施設，子豚用人工乳，分娩介護の用具なども用意する．母豚の飼料はしだいに減量し，分娩日には絶食させる．

分娩の徴候は，脇腹がへこみ下腹部が膨大し，乳房が張り，外陰部は発赤，腫脹する．分娩1～2日前には乳頭をしごくと乳汁がにじむようになる．母豚は巣づくりを始めることもある．排泄行動が頻繁になり神経質になる豚もいるので，あまり刺激しないように注意する．

分娩の所要時間は2～3時間が多いが，中には十数時間を要することもある．後産の排出は分娩終了後30～100分くらいである．娩出された子豚は保温箱に収容し，分娩終了後に哺乳するのがふつうであるが，分娩が長引く場合には途中でも哺乳してよい．

無看護分娩の場合はとくに環境温度に注意する．子豚は出生後，犬座姿勢で円運動様の行動をとるなどして臍帯を切り，20～30分で母豚の乳頭にたどり着く．

子豚には"乳つき順位"があり，数日のうちに自分の乳頭を決めてしまうので，弱小

子豚はあらかじめ前部の乳頭につけるように人為的に工夫すると発育がそろう[4]．
　分娩後は徐々に母豚の飼料給与量を増加していき，10日以降は不断給餌するとよい．泌乳能力の高い豚の日採食量は8 kgにも達するが，摂取量の少ない豚もいるので，個体別に適正な量を決めるようにする．
　離乳した母豚は広い放牧場などに出し，運動，日光浴をさせ，足腰を丈夫に保たせる．

h. 哺育期の管理
　新生子豚は免疫抗体をもっていないので母豚の初乳は必ず飲ませる必要がある．多頭飼育の場合には，初乳を搾って冷凍保存しておくと母豚の事故の際には便利である．

1) 切　　歯
　新生子豚の犬歯は母豚の乳頭を傷つけたり子豚どうしによる乳頭の奪合いで相手を負傷させることがあるので，ニッパーなどで切除する．

2) 里 子 哺 育
　出生子豚数が母豚の乳頭数より多い場合などには子豚を里子に出すが，その際は体重が大きく活力のある子豚を出す．あらかじめ，里親のにおい（胎盤，糞，尿など）を里子に出す子豚につけておくとよい．

3) 圧 死 防 止
　授乳母豚による子豚の圧死は生産性を大きく阻害するので極力防ぐ必要がある．このために種々の分娩柵が考案されている．子豚は暖をとるために母豚に接して休息するので，それよりも暖かな場所を母豚から離れた場所に設置するとよい．または，母豚が横臥する際に送風できる装置を付設することもよいとされている．

4) 去　　勢
　雄子豚を肉豚として管理する際には精巣摘出の去勢を行う．哺乳期間中の体重の小さいときに行うほうが保定が楽であり手術の傷口も小さくてすむ．

5) 人工乳の給与
　人工乳は生後10日齢頃から給与する．子豚用給餌器に入れておくと自然に食べるようになる．早く慣れさせるには，口のまわりに人工乳をつけてやるか，練餌にして投与するとよい．また，人工哺育器も考案されている．

6) 温湿度管理
　成豚の適温は15～20℃であるが新生子豚に必要な温度は30～35℃であり，哺育中の温度管理は難しい．子豚用の保温箱，暖房器具などを設置し，分娩房は4～8房ごとに仕切ってコンパートメントとし，隙間風を防ぐ一方，換気に留意する．離乳期に近づくに従って子豚の環境温度を下げていく．2週齢では26～29℃，3週齢では24～26℃が適温である．なお，湿度にも留意する．分娩房は乾燥しやすく塵埃も多いので呼吸器疾患をまねきやすい．煙霧，細霧装置などによる定期的な加湿と消毒液の散布が望ましい．

i. 子豚期の管理
1) 離　　乳
　離乳は大きい子豚から順次離乳させる方法もあるが，一度に離乳するのが一般的であ

る．母豚は前日から絶食させておく．子豚のストレスを避けるため母豚を分娩房から移動する．母豚のいない分娩房では，いままでより 2～3℃ 温度を高め，2～5 日間かけて徐々に下げ，24℃ くらいに保つ．離乳は 23～28 日齢で行うが，繁殖候補豚はもう少し長く哺育することが望ましい．離乳時の体重は 5 kg でも可能であるが，7 kg を基準にする．

2) 移　　　動

離乳後，数日を経て飼料，飲み水に慣れたら子豚房へ移動する．2～3 腹の子豚を混飼する場合はこのときに行う．小さいほど闘争時間が短く，負傷も少ないからである．その後，成長するに従って体重差，性別等を考慮して群の頭数を少なくしていく．子豚期には 1 頭当たり $0.3 m^2$ 程度でよいが，成長に伴って 1 頭当たり $0.5～1.0 m^2$ の広さが必要になる．この時期は免疫抗体もなくなり生活環境も大きく変化するためストレスがかかり，下痢症，呼吸器病，寄生虫症などに冒されやすいので，衛生管理，環境管理にとくに留意する．群飼育ではあるが，個体の観察を十分に行い 1 頭 1 頭の行動に注意する．もし 1 頭の子豚に異常を認めた場合にはその群全体を対象にした処置をとるように心がける．この時期の飼料給与は自由採食，自由飲水とする．

j.　肥育期の管理

肥育期は前期と後期に分けて管理するとよい．体重では 35～70 kg の間を前期，70～105 kg を後期とする．肥育前期においては，子豚用飼料から徐々に肥育前期用飼料に切り替え，良質タンパク質を含む飼料を与えて，骨格など体構造を充実させる．一群 10～15 頭とし飼料の給与は不断給餌でもよい．最近はウエットフィーディングを行っているところも多い．

環境温度は 20～25℃ を保ち昼夜の温度差も小さいことが望ましい．換気不良は塵埃などによる空気の汚染につながり，呼吸器疾患の原因になるので注意する．大規模養豚では同じ環境で多頭数が飼育されているので，わずかな環境の不備が生産性に大きく影響する．

肥育後期においては，飼料安全法によって飼料添加物が厳しく規制されている．給与する飼料は正しく使用する．この時期は飼料の質や給与量によって肥育の速度を調節できるので，相場の動きや豚房の空き具合によって調節し，経営的に不利にならないように管理する．群の編成替えはなるべく行わないほうがよい．

肥育の終了は，170～190 日齢，体重では 105～110 kg とする．短期肥育は脂肪が多くなりやすい．一方，200 日以上の日齢まで肥育することは，肉質はよくなるが飼料費がかさみ豚舎の回転率にも影響するので，粗飼料や残飯，厨介を利用するなどの場合，または特別の目的以外では得策でない．

環境温度は 15～20℃ でもよい．飼料量，排糞量が多くなり，身体をこするなどして，塵埃も多くなるので換気に注意する．細霧のスプレーは，乾燥や塵埃の防止に効果があるが，豚体や床面を過度に濡らさないように数十秒間とする．肥育期の豚は 1 日の約 80％ を横臥して過ごす．寒冷期においてはコンクリート床から体熱が奪われ，エネルギーを浪費するので，板敷き床，おが粉や敷きわらなどを用いて管理する．

肉豚の移動は，哺育期，子豚期，肥育期，出荷までを一方向（ワンウェイ）に行う．

途中で逆行させると，弱小子豚を細菌などで汚染させる危険を生ずる．また，出荷後の空いた豚房は必ず清掃，消毒を行う．なお，出荷台の消毒も大切である．

k. コンピューターによる養豚管理

最近はコンピューターによる管理システムが開発されている．一つは生体情報に基づくもので，たとえば繁殖豚をいままでのようにストールに閉じ込めて管理するのではなく，広い飼育場や運動場で群飼育しつつ個体ごとに飼料の給与量を制御できるシステムである．また，体重を同時に測定し，これらの情報をその都度，事務所にあるコンピューターに記録し，管理技術を判断するデータとして活用する方法も研究されている．さらに，種雄豚，種雌豚および子豚をファミリーとして管理する方法も考案されている．このような管理法は家畜の福祉が問題になり，ケージやストール飼育に対する批判が高まってきている現状からは望ましい管理技術といえよう．

次は，生産管理の記録と整理に用いる方法である．繁殖台帳，飼料の購入量・消費量の記録，肉豚出荷台帳さらに経営の収支などをコンピューターに記録し整理する方法である．すでに，全農や企業体，飼料会社などから養豚用のソフトが市販されている．この方法によって，従来，管理者の勘に頼っていた技術的数値を，客観的な統計的数値によって明確に示すことができ，さらに経営管理を合理化することができる．

もう一つは，経営診断に用いる方法である．会員制度によって情報を交換し，親会社では会員のデータを分析して，上位事例，下位事例および平均値を各会員に返送して，経営の診断，指導に用いるのである．地域ごとにこれらの組織をつくることによって，たがいの技術が啓蒙され，生産性を向上させ経営を改善することができる．

［吉本　正］

文　　献

1) 吉本　正，谷田　創：養豚ハンドブック（丹羽太左衛門編著），p. 441-479, 養賢堂（1994）
2) 吉本　正：豚病学（第3版）（熊谷哲夫ら編著），p. 699-711, 近代出版（1987）
3) 吉本　正：家畜行動学（三村　耕編著），p. 183-201, 養賢堂（1988）
4) 宮腰　裕，集治善博：日本養豚学会誌，27 (1), 30-35 (1989)

3.6　豚肉の利用と加工

a. 豚肉の利用方法

豚肉は国内でもっとも多く消費されている畜肉で，食肉需給量の39％（農林水産省，平成5年度食肉流通統計，以下同様）を占めている．年間生産量はやや減少傾向がみられるものの，いまのところ安定した生産と消費が続いている．しかし，ウルグアイラウンド合意による牛肉自由化の影響を受け，枝肉価格の低下と国内生産量の減少が懸念されている．

肉の利用形態として特徴的な点は，他の畜肉と比べ，各種の食肉加工品として利用される割合が高いことである．豚肉の消費構成割合では30％が加工仕向けとされ，牛肉の

3.6 豚肉の利用と加工

8%が加工仕向けであることと比べ加工原料としてよく利用されていることがわかる．また，食肉加工品原材料肉の79%を豚肉が占め，大部分の食肉加工品が豚肉を主な原材料としている．

　このように豚肉加工がよく行われている理由は，保存期間の延長といった消極的な目的だけでなく，新たな付加価値を与えるといった積極的な目的による．加工過程で行われる塩漬けで，豚肉には独特のキュアリングフレーバーが生じ，ハム，ソーセージなど特異な風味をもった製品ができ上がる．この風味は単に生肉を調理したときとは異なっており，高い嗜好性をもったまったく別の食品群が作製される．

　豚は生体のほとんどすべてを食用として利用することができ，各部位の特徴を生かした加工製品がつくられている．筋肉を原材料とするものでも，ロースや腿肉など大きな肉塊はハム，ばら肉はベーコン，その他の小肉片はソーセージといった合理的な使分けがなされている．ソーセージのケーシングは小腸などの内臓を利用したものが起源で，使用する部位の異なった各種の製品が存在している．しかし，生体をそのまま利用したケーシングは保存性がよくないため，現在では皮のコラーゲンを再構成した人造ケーシングが多く使われている．

　わが国においては豚肉を用いた加工品の約85%がハム，ソーセージ類である．これらは製造法の違いや原材料の部位によって多くの種類に分けられるが，もっとも生産量の多いものはウインナソーセージで加工品の34%を占めている．フランクフルトソーセージは10%，ロースハムは15%，ボンレスハムは5%，ベーコンは12%で，これらが主な豚肉加工品である．

b. 豚肉加工製品の種類と日本農林規格

　畜肉の加工は世界各地で行われており，製品それぞれに独自の名称が与えられている．これらは原材料，香辛料，製造法等に違いがあり，また，同じ名称の製品間でも製造者により細かな差異が存在する．反対に，同様な製品が別の名称でよばれていることもある．

　わが国では製品の名称と内容を一致させるため1962年（昭和37）日本農林規格（JAS）が制定され，主な食肉製品の規格を制定している．JASは「農林物資の規格化及び品質表示の適正化に関する法律」によって定められており，これに合格した製品にはJASマークをつけることができる．JASは任意規格でこの格付を受けるか否かはメーカーの意志に任されている．しかし，多様な食肉製品の規格を保証するうえでJASの果たしている役割は大きい．また，消費者保護の立場からJAS格付を受けない場合にも製造業者および販売業者が守るべき基準として品質表示基準が定められている．

　JAS規格では適用の範囲，定義，規格，測定の方法等が細かく決められており，表示についても品名，原材料名，内容量，賞味期間等が規定されている．たとえばソーセージの原料肉として家畜，家禽，家兎，魚肉，鯨肉が認められているが，"ポークソーセージ"の表示が許されるものは原料肉として豚肉だけを使用したものに限られている．

　表3.10～3.12に代表的な豚肉加工品の定義を示す．　　　　　　　　　　[千国幸一]

表 3.10　ハム類の日本農林規格

用　語	定　義
骨付きハム	次に掲げるものをいう． 1　豚のももを骨付きのまま整形し，塩漬し，及びくん煙又はくん煙しないで乾燥したもの 2　1を湯煮し，又は蒸煮したもの 3　サイドベーコンのももを切り取り，骨付きのまま整形したもの
ボンレスハム	次に掲げるものをいう． 1　豚のももを整形し，塩漬し，骨を抜き，ケーシング等で包装した後，くん煙し，及び湯煮し，若しくは蒸煮したもの又はくん煙しないで，湯煮し，若しくは蒸煮したもの 3　豚のもも肉を分割して整形し，塩漬し，ケーシング等で包装した後，くん煙し，及び湯煮し，又は蒸煮したもの 3　1または2をブロックに切断し，又は薄切りしたもの
ロースハム	次に掲げるものをいう． 1　豚のロース肉を整形し，塩漬し，ケーシング等で包装した後，くん煙し，及び湯煮し，若しくは蒸煮したもの又はくん煙しないで，湯煮し，若しくは蒸煮したもの 2　1をブロックに切断し，又は薄切りしたもの
ショルダーハム	次に掲げるものをいう． 1　豚の肩肉を整形し，塩漬し，ケーシング等で包装した後，くん煙し，及び湯煮し，又は蒸煮したもの又はくん煙しないで，湯煮し，若しくは蒸煮したもの 2　1をブロックに切断し，又は薄切りしたもの
ベリーハム	次に掲げるものをいう． 1　豚のばら肉を整形し，塩漬し，ケーシング等で包装した後，くん煙し，及び湯煮し，又は蒸煮したもの又はくん煙しないで，湯煮し，若しくは蒸煮したもの 2　1をブロックに切断し，又は薄切りしたもの
ラックスハム	次に掲げるものをいう． 1　豚の肩肉，ロース肉又はもも肉を整形し，塩漬し，ケーシング等で包装した後，低温でくん煙，又はくん煙しないで，乾燥したもの 2　1をブロックに切断し，又は薄切りしたもの

表 3.11　ベーコン類の日本農林規格

用　語	定　義
ベーコン	次に掲げるものをいう． 1　豚のばら肉（骨付きのものを含む）を整形し，塩漬し，及びくん煙したもの 2　ミドルベーコン又はサイドベーコンのばら肉（骨付きのものを含む）を切り取り，整形したもの 3　1又は2をブロックに切断し，又は薄切りしたもの
ロースベーコン	次に掲げるものをいう． 1　豚のロース肉（骨付きのものを含む）を整形し，塩漬し，及びくん煙したもの 2　ミドルベーコン又はサイドベーコンのロース肉（骨付きのものを含む）を切り取り，整形したもの 3　1又は2をブロックに切断し，又は薄切りしたもの
ショルダーベーコン	次に掲げるものをいう． 1　豚の肩肉（骨付きのものを含む）を整形し，塩漬し，及びくん煙したもの 2　サイドベーコンの肩肉（骨付きのものを含む）を切り取り，整形したもの 3　1又は2をブロックに切断し，又は薄切りしたもの
ミドルベーコン	次に掲げるものをいう． 1　豚の胴肉を塩漬し，及びくん煙したもの 2　サイドベーコンの胴肉を切り取り，整形したもの
サイドベーコン	豚の半丸枝肉を塩漬し，及びくん煙したものをいう．

3.6 豚肉の利用と加工

表 3.12 ソーセージの日本農林規格

用 語	定 義
ソーセージ	次に掲げるものをいう． 1　家畜，家きん若しくは家兎の肉を塩漬し又は塩漬しないで，ひき肉にしたもの（以下単に「原料畜肉類」という）に，家畜，家きん若しくは家兎の臓器若しくは可食部分を塩漬し，又は塩漬しないで，ひき肉し又はすりつぶしたもの（以下単に「原料臓器類」という）又は魚肉若しくは鯨肉を塩漬し又は塩漬しないで，ひき肉し又はすりつぶしたもの（魚肉及び鯨肉の製品に占める重量の割合が 15% 未満であるものに限る．以下単に「原料魚肉類」という）を加え又は加えないで，調味料及び香辛料で調味し，結着補強剤，酸化防止剤，保存料等を加え又は加えないで練り合わせたものをケーシング等に充てんした後，くん煙し又はくん煙しないで加熱したもの又は乾燥したもの（原料畜肉中家畜の肉の重量が家畜及び家兎の肉の重量を超え，かつ，原料畜肉類の重量が原料臓器類の重量を超えるものに限る） 2　原料臓器類に，原料畜肉類（その重量が原料臓器類の重量を超えないものに限る）若しくは原料魚肉類を加え又は加えないで，調味料及び香辛料で調味し，結着補強剤，酸化防止剤，保存料等を加え又は加えないで練り合わせたものをケーシング等に充てんした後，くん煙し又はくん煙しないで加熱したもの 3　1 又は 2 に，でん粉，小麦粉，コーンミール，植物性たん白，乳たん白その他の結着材料を加えたものであって，その原材料に占める重量の割合が 15% 以下であるもの 4　1, 2 又は 3 に，グリーンピース，ピーマン，にんじん等の野菜，米，麦等の穀粒，ベーコン，ハム等の肉製品，チーズ等の種ものを加えたものであって，原料畜肉類又は原料臓器類の製品に占める重量の割合が 50% を超えるもの 5　1, 2, 3 又は 4 をブロックに切断し，又は薄切りして包装したもの
クックド ソーセージ	ソーセージのうち，湯煮又は蒸煮により加熱したもの（セミドライソーセージ及び無塩漬ソーセージを除く）をいう．
加圧加熱 ソーセージ	ソーセージのうち，120℃ で 4 分間加圧加熱する方法又はこれと同等以上の効力を有する方法により殺菌（以下「加圧加熱殺菌」という）したもの（無塩漬ソーセージを除く）をいう．
セミドライ ソーセージ	ソーセージ 1 又は 3 のうち，塩漬した原料畜肉類を使用し，かつ，原料臓器類（豚の脂肪層を除く．ドライソーセージにおいて同じ）及び原料魚肉類を加えないものであり，湯煮若しくは蒸煮により加熱し又は加熱しないで，乾燥したものであって水分が 55% 以下のもの（ドライソーセージを除く）をいう．
ドライ ソーセージ	ソーセージ 1 又は 3 のうち，塩漬した原料畜肉類を使用し，かつ，原料臓器類及び原料魚肉類を加えないものであり，加熱しないで，乾燥したものであって水分が 35% 以下のものをいう．
無塩漬 ソーセージ	ソーセージのうち，使用する原料畜肉類，原料臓器類又は原料魚肉類を塩漬していないものをいう．
ボロニア ソーセージ	ソーセージ 1 又は 3 のうち，牛腸を使用したもの又は製品の太さが 36 mm 以上のものをいう．
フランクフルト ソーセージ	ソーセージ 1 又は 3 のうち，豚腸を使用したもの又は製品の太さが 20 mm 以上 36 mm 未満のものをいう．
ウインナー ソーセージ	ソーセージ 1 又は 3 のうち，羊腸を使用したもの又は製品の太さが 20 mm 未満のものをいう．
リオナ ソーセージ	ソーセージ 4 のうち，原料臓器類及び原料魚肉類を加えていないものをいう．
レバー ソーセージ	ソーセージ 1 又は 3 のうち，原料臓器類として家畜，家きん又は家兎の肝臓のみを使用したものであって，その製品に占める重量の割合が 50% 未満のものであり，かつ，原料魚肉類を加えていないものをいう．
レバーペースト	ソーセージ 2 又は 3 のうち，原料臓器類として家畜，家きん又は家兎の肝臓のみを使用したものであって，その製品に占める重量の割合が 50% を超えるものであり，かつ，原料魚肉類を加えていないものをいう．

3.7 豚 の 衛 生

　家畜が疾病にかかると，生産性が低下するばかりでなく，畜産物の安全性にも問題を生じかねない．したがって，衛生管理の目的は，家畜を健康に維持して，その遺伝的生産能力を十分引き出し，かかることのないようにすることにある．近年の養豚は，集約化されているため，各個体の衛生管理よりも，豚群としての健康性を維持することが重要である．

a. 防疫の基本
　防疫というのは，伝染病の発生を予防するとともに，万一発生した場合にはその蔓延を防止することである．伝染病は，病原体，宿主，伝染経路の三つの要素から成り立っていることから，各要素に対する防疫方法がある．
1) 感染源の除去
　防疫においては，病原体をもった感染源（患畜やキャリア）を除去することが重要である．血清学的検査により感染動物を摘発し，これを殺処分する摘発，淘汰（test and slaughter）は，キャリアの数を少なくするのにきわめて有効である．
2) 伝染経路の遮断
　海外から伝染病が侵入するのを防止するため，輸入動物の検疫が実施されている．また国内で伝染病が発生した際には，移動制限の実施や，家畜市場の閉鎖，発生農場への立入り禁止等の行政措置がとられるが，これらはいずれも伝染経路を遮断することによる防疫である．
3) 感染抵抗性の賦与
　特異的な抵抗性を賦与するワクチン接種は，薬剤による治療が不可能なウイルス病の予防にはとくに重要である．豚群の月齢に応じてどのようなワクチンを接種すれば効果的かつ経済的かという計画をワクチネーションプログラムという．これに対し，抗菌剤の投与により細菌感染症に対する抵抗性を増強させることは，離乳や移動の直後に実施されることが多いが，どのような薬剤を，いつ，どのように投与するかという計画を投薬プログラムとよんでいる．

b. 自主防疫
　上記の1）および2）は，行政措置を伴う国家防疫であるが，3）は個人的な対応であり自主防疫とよばれる．以下に述べる衛生対策はすべて自主防疫（自家防疫）であるが，SPF（specific pathogen free，特定病原体不在）豚による集団変換計画は，個人にとどまらず，複数の生産者が組織的に実施している防疫対策の代表的なものとしてあげることができる．
1) 消　毒
　消毒とは，病原微生物を殺し感染を防ぐ菌数以下にすることであり，防疫の基本的な手段であるので日常的に実施すべきものである．

消毒方法により，物理的消毒と化学的消毒に大別されるが，畜産特有の消毒法として，排泄物や敷きわら，おがくずなどの堆積発酵による発酵消毒がある．

a) 物理的消毒法 物理的方法は，加熱，光線，放射線等によるもので，もっとも一般的に使われるのは蒸気であり，高圧高温のスチームクリーナーの利用が多い．焼却法は，伝染病で死亡した動物の死体処理法としてもっとも望ましい．日光消毒は太陽光線中の紫外線の殺菌効果を利用した方法であり，衣類などの消毒に用いる．

b) 化学的消毒法 消毒剤による方法であるが，その効果は消毒薬の濃度，使用温度，処理時間，pH のほか糞等の有機物の共存により影響を受ける．また消毒剤にはそれぞれ特徴がある（表3.13）．

表3.13 主な消毒薬の特徴と使用濃度

種類		形状	特性		使用対象							使用濃度（希釈倍数）
			芽胞	有機物の影響	豚舎	器具	踏込み槽	豚体	手指	飲水運動場	きゅう肥	
塩素系	さらし粉	粉末	有効	++	○	○				○		20倍水溶液か粉末のまま
	次亜塩素酸ナトリウム	液体	有効	++		◎		○		○		100〜200
	塩素化イソシアヌール酸塩	粉末	有効	±	○	◎	○	◎	◎	◎		50〜300
	クロルヘキシジン	液体	無効	++		○		◎	◎			5,000
ヨードホルム		液体	有効	+	○	◎		◎	◎			100〜1,000
逆性石けん		液体	無効	+++	○	◎		○	◎			100〜1,000
両性石けん		液体	無効	++	◎	◎		◎	○			200〜2,000
クレゾール石けん		液体	無効	±	○	○	○					20〜50
クロロクレゾール		液体	無効	+			◎					50〜100
フェノール誘導体		液体	無効	±			◎					50〜4,000
オルソジクロロベンゼン		液体	無効	+			◎				◎	50〜100
生石灰		粉末	無効	−								2

注 +++：大いに受ける，++：かなり受ける，+：やや受ける，±：ほとんど受けない，−：まったく受けない．
◎：最適，○：最適ではないが有効．

消毒剤の使用に際しては，次の事項を考慮する．
（1） 消毒対象とする病原体の種類および消毒対象物に応じて最適の消毒剤を選択する．
（2） 消毒剤は，有機物により効果が低下するので，消毒する前に水洗により糞等の汚れを取り除いておく．
（3） 使用濃度を守り，混用を避ける．
（4） 豚舎の消毒は広い区域を同時に行う．とくにオールインオールアウト方式では，家畜の出荷後，すみやかに除糞し，床，壁，天井，器具類等を水洗する．乾燥後，消毒剤を噴霧あるいは散布して消毒し，十分乾燥させてから次の豚を入れるようにする．
（5） 養豚場周囲や排水溝，汚水溜め等の消毒にはさらし粉等の塩素剤を使用することが多いが，さらし粉が分解して大量の塩素が発生し，塩素中毒を起こすことのないよう注意する．

2) 衛生管理

a) 飼育密度　家畜の伝染病では，発症要因として飼育環境の果たす役割は大きい．とりわけ飼育密度は，病原体の伝播にとって重要である．すなわち，単位面積当たりの収容頭数が多くなるほど排泄される病原菌の種類と数が多くなり，また同時に感受性動物に感染する機会が増大することから，伝播力の強くない病原菌の感染する機会も増大し，その結果罹病率も高くなる．さらに，飼育密度が高くなるにつれ換気不良となりやすく，これに起因するアンモニア，硫化水素，メタンガス等の充満は呼吸器の防御機能の低下をきたす．通常1頭当たり $0.7 \sim 1.0 m^2$ を目安にする．

b) 飼育方式　飼育方式もまた伝染病の発生頻度に大きく影響する．すなわち，オールインオールアウト方式をとっているか否かは，伝染病の発生頻度とそれによる被害に大きな影響を及ぼす．オールインオールアウト方式は，畜舎および付属物の衛生管理が徹底するばかりでなく，群の組替えの回数を減じ，さらに動物が定期的に途切れることにより動物から動物へ病原体が伝達される経路が遮断されることになるので効果はきわめて大きい．オールインオールアウト方式をとらずに平飼い群飼している畜舎では，同様の理由により，間仕切りは，パイプではなくコンクリート壁とするとか感染動物との接触の機会を減らすような方策を講じるべきである．

c) その他　群の組替えは，未感染動物に病気を伝達するだけでなく，新しい群中の序列が定まるまでは"けんか"が絶えず，大きなストレスとなり伝染病の誘因として無視できない．したがって，組替えの回数は，必要最少限度にすべきである．

温湿度は，呼吸器病の発生に密接に関係する．冬場に呼吸器病が多発するのは，低温低湿度により気道粘膜の乾燥をきたし線毛運動が低下して防御機能が損なわれるのが大きな理由である．

このように飼育環境は，伝染病の発病率に大きな影響を及ぼすが，集約的な近代畜産は，可能な限り飼育環境を犠牲にして生産効率を上げようとするものであるから，両者の接点をどこに求めるかが畜産経営のポイントとなる．

c. 伝染病不在豚群への変換

養豚経営が大規模化して豚の飼育が集約的になると，飼育環境が悪化して呼吸器病（豚マイコプラズマ性肺炎，豚萎縮性鼻炎，豚胸膜肺炎など）や消化器病（豚赤痢，大腸菌性下痢など）が多発するようになる．このような疾病に対する予防対策として，衛生管理の徹底をはじめ，ワクチン接種や薬剤投与が行われるが，その予防効果は必ずしも十分でない．

そこでこのような伝染病に罹患していない豚群を作出して汚染豚群と入れ替えることにより，死亡率の減少，育成率の向上，飼料効率の改善，肥育日数の短縮，衛生費の節約など生産性を向上させる試みが種々なされている．伝染病不在豚群の作出は，外科手術によりまず無菌豚を作出し，これをもとにSPF豚とする方式と，哺乳豚を早期に離乳して隔離された農場へ移す方式に大別される．

1) SPF豚による集団変換計画

SPF豚を作出するには，まず妊娠末期の母豚から外科手術によって胎児を無菌的に摘

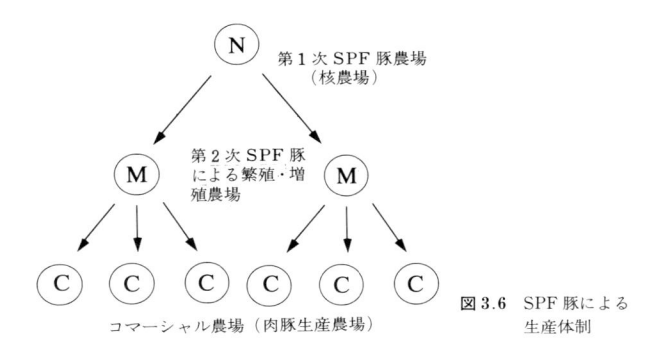

```
         N    第1次SPF豚農場
              （核農場）

      M          M    第2次SPF豚
                      による繁殖・増
                      殖農場

  C  C  C  C  C  C      図3.6 SPF豚による
  コマーシャル農場（肉豚生産農場）    生産体制
```

出し，隔離された清浄な環境の中で人工哺育により育成する．これを第1次SPF豚といい，種豚として利用する．次いで第1次SPF豚の交配により自然分娩，母乳哺育によってその子孫（第2次SPF豚）を計画的に繁殖し飼育する．

SPF豚による養豚経営は，図3.6に示すように，核農場，増殖農場およびコマーシャル農場（養豚農家）から構成される生産ピラミッドを単位として行われる．各農場は以下の役割を担っている．

（1） 核農場：生産ピラミッドの頂点に位置し，外科手術によって作出した第1次SPF豚を種豚として育成し，繁殖させて第2次SPF豚を生産するほか，育種改良，選抜を行う．

（2） 増殖農場：核農場で生産された第2次SPF豚（種豚）を導入し，一定の繁殖プログラムに沿ってコマーシャル農場へ出荷するための繁殖用種豚を生産する．

（3） コマーシャル農場：生産ピラミッドの底辺を構成し，特定の増殖農場から導入した種豚を繁殖させ，肉豚の生産を行う．

一般の養豚場がSPF豚を飼育するコマーシャル農場へ変換する場合は，従来から飼育されていた一般の豚をすべて淘汰し，豚舎の消毒を一定期間かけて行った後に増殖農場からSPF種豚を導入する．このように，一定の計画のもとに従来の一般豚からSPF豚に入れ替えていく事業をSPF豚集団変換計画という．SPF豚へ集団変換したコマーシャル農場においては，疾病の侵入を防止するため一般の養豚場とは隔離し，厳重な衛生管理を実施する．また，豚の移動は核農場から増殖農場へ，さらに特定の増殖農場からコマーシャル農場へとつねに垂直的にのみ行い，コマーシャル農場間の移動は絶対に行ってはならない．さらに，定期的に衛生検査を実施し，特定の疾病が不在であることを確認するとともに，繁殖成績や肥育成績等の生産レコードを記録し，生産管理を円滑に行う．

2） **投薬早期離乳**

新生子豚は母豚から初乳（移行抗体）を介して各種病原体に対する免疫を賦与されるが，しだいに移行抗体は減少し，およそ2カ月後には完全に消失して病原体に対して無防備となる．そこで強い免疫を有しているうちに離乳して母豚からの感染を防ぎ，母豚とは離れた別の農場で哺育，育成して伝染病不在豚群を作出しようというのが本法の原

理である．

　実際の手順としては，妊娠末期（妊娠110日）の母豚を別の分娩農場に移して分娩させ，5日齢で離乳して母豚は再びもとの農場に戻す．離乳した子豚は分娩農場とは別の離乳農場で哺乳し，5～8週後にさらに育成農場あるいは新しい農場に移す(図3.7)．この間，母豚には分娩農場に移す直前から離乳まで，新生子豚には出生直後より投薬する．また豚の移動はオールインオールアウトを原則とする．この方法は，SPF豚の作出ほど初期投資を必要としない．

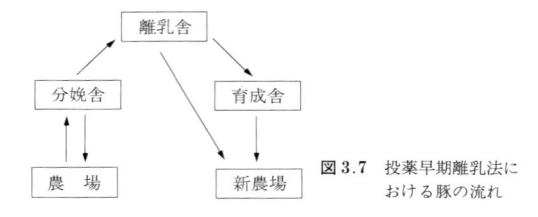

図3.7　投薬早期離乳法における豚の流れ

3）アイソウィーン

　投薬早期離乳では，分娩舎を別の場所に設けている．しかし，投薬早期離乳により清浄化が達成されるのは離乳舎を別の農場として分けることによる効果が大きいことから，低コスト化をはかるため母豚の飼育農場と分娩農場を分けず，また離乳日齢も幅をもたせ清浄化をはかりたい病原体によって5～21日齢とする方式が実施されており，アイソウィーンとよばれている．この場合，離乳舎と肥育舎を分けない方式は，繁殖・哺乳と離乳・肥育の二つの農場で生産することになるのでツーサイトシステム，離乳と肥育を別々の農場で実施する方式をスリーサイトシステムという．さらにスリーサイトシステムの中でも離乳と肥育の農場をそれぞれ複数とした場合をマルチプルサイトシステムという．この方式では，離乳や肥育段階で病原微生物の侵入を受けても，その農場のみオールアウトすることにより容易に清浄化することができる．　　　　　［山本孝史］

3.8　養　豚　経　営

a．養豚経営の類型化

　養豚経営は種々の視点から類型化されるが，経営タイプ（飼養方式）と企業形態の面から分類すれば下記のようになる．

1）養豚の経営タイプ類型

　養豚経営を経営タイプ別に分類すると①繁殖経営(原々種豚・原種豚・種豚経営)，②繁殖肥育一貫経営，③肥育経営に分かれる．

　繁殖経営は種雄豚，種雌豚の改良，増殖機能を担う経営形態であるが，その飼育タイプは種々に細分化される．改良の組織機構からすれば優良な純粋種の改良機能を担う原々種豚経営と原々種豚経営から供給された純粋種豚の増殖，さらには二次的改良機能をもつ原種豚経営に区分される．種豚経営は主として種雌豚の維持増殖機能をもつ経営であるが，改良機能を兼備する経営も多い．

3.8 養豚経営

　繁殖肥育一貫経営（一貫経営）は繁殖雌豚から生産された肥育豚を自家肥育して肉豚を出荷販売する経営形態である．肉豚の自家検定により種豚の選抜淘汰機能をもち，現在の養豚経営の中心は一貫経営である．

　肥育経営は子豚を導入して肉豚を専門に肥育，出荷する経営タイプである．

　なお，1994年（平成6）時点の経営タイプ別戸数と頭数の構成割合をみると，繁殖経営（子取り経営）は31.2%と6.4%，一貫経営は56.7%と85.0%，肥育経営は12.3%と8.6%であり，養豚経営の大宗は一貫経営で占められている．

2) 企業形態別類型

　養豚経営を企業タイプ別に類型化すれば①家族経営，②企業経営(法人経営)，③協業組織・共同経営のようになる．

　家族養豚経営は家族労働力が経営要素の中核をなす経営であり，現状における養豚経営はほとんどが家族養豚経営である．家族養豚経営は，養豚収入が農産物総販売金額の80%以上を占める単一経営，60〜80%を占める準複合経営，60%未満の複合経営に区分される．

　農林水産省「畜産基本調査」から1992年2月時点の経営組織別豚飼養頭数の構成割合をみると，農家は65.8%，協業経営は2.1%，会社は29.4%，その他は2.7%となっており，家族経営の比率がもっとも大きいが，会社経営の割合は増加傾向（1988年2月では22.3%）にある．

　このため，養豚経営の分析事例としては家族経営であっても企業的性格をもつ企業的家族経営を対象として，今後あるべき家族経営の姿について事例分析を織り混ぜて検討してみよう．

b. 21世紀型養豚経営のコスト低減目標

　2000年には養豚の国際環境は厳しくなり，1994年のガットウルグアイラウンドの合意により2000年時点の基準輸入価格は枝肉キロ当たり410円まで引き下げられ，ゲートプライスは393円になる．さらに，関税率は5%から4.3%にまで引き下げられ，日本養豚はこのような国際競争下でドラスチックな経営合理化とコスト低減を実現しなければならないことになる．豚肉輸入はゲートプライスを維持するために低級部位と高級部位とがコンビネーションで輸入され，また基準輸入価格は枝肉"上"以上のものを対象にしていることからすれば，養豚農家のコスト低減目標は枝肉キロ当たり410円以下，格落による価格低下率を5%と想定すれば，390円以下をコスト低減目標にすべきである．現状でも，大規模な企業養豚では枝肉キロ当たり350円をコスト低減目標にして経営戦略を構築している．

　なお，農林水産省畜産局の指導で中央畜産会が実施している全国優良畜産経営管理技術発表会資料から，畜産会組織において指導している企業的家族経営の経営成果を分析すれば，優良事例では現状においても十分国際競争力のある経営を構築している．

　したがって，このような優良経営を点としての存在から面として拡大発展させていくことが，21世紀を展望したときにとくに重要である．このため，ここでは優良経営の事例分析を通して企業的養豚経営としての生き残り戦略と戦術を検討することにしたい．

なお，JA全農では系統畜産事業の再構築をめざして将来展望を発表しているが，畜産物の今後の需給，価格を次のように予測している．

1993年に対する2003年の豚肉国内消費量は95.0%，国内生産量は78.7%に低下し，輸入量は131.1%にまで増大する．したがって，豚肉自給率は68.8%から57%にまで低下する．また，上物枝肉価格は2000年時点で370～410円（平均390円）を見込んでおり，価格下げ率は18%と予想している．さらに，乳雄牛（B3）価格は22%の価格下げ率を予想しており，牛肉価格の下落は豚肉価格の下落を随伴するものであり豚肉価格へも影響することになる．豚肉国内生産量は2割強の減少，豚肉価格は2割弱の下落を見込んでいるが，筆者は養豚農家戸数の激減，海外豚肉競争力の強化等を考慮すれば，JA全農の予想以上の国内生産量の減少による自給率の低下と価格下落を想定している．

c. 優良養豚一貫経営事例の豚飼養状況

前述の中央畜産会が1994年度に実施した全国優良経営管理技術発表会参加事例のうち，養豚一貫経営6事例の平均像についてみれば下記のようになる（表3.14参照）．

種雌豚の飼養頭数は平均91.3頭であり，種雌豚年間1頭当たりの所得目標を10万円とすれば年間の養豚所得は910万円となり，"新政策"で規定する生涯所得を2億5千万円としたときに必要な年間所得800万円を凌駕している．したがって，年間種雌豚100頭規模が今後の家族経営の標準的な規模として想定される．しかし，現状では種雌豚年間1頭当たり10万円の所得水準を確保する経営技術力に欠ける経営が多いためか，種雌豚100頭規模に対応する肥育豚規模である1,000頭階層のシェアは減少しており，2,000頭以上の階層が多くなる傾向にある．肥育豚2,000頭以上階層のシェアは1993年では36.2%，1994年では38.7%になっている．

種雄豚頭数は平均8.9頭，雄豚1頭当たり種雌豚頭数は10.3頭であり，雄と雌は1：10の比率が平均になっている．しかし，事例の中には種雄豚は飼養しているが能力の高いものを要求する場合には人工授精を行っている事例が多いことに留意する必要がある．これは，種雌豚の飼養管理の面からは自然交配により受胎率の向上と省力管理を追求すべきではあるが，現状の養豚界はオーエスキー病その他の浸潤性の高い慢性的疾患が蔓延しており，種雄豚の移動はきわめて困難であり，優良な精液は人工授精により供給される状況にある．

繁殖雌豚候補は12.1頭であり，種雌豚の13.3%にとどまっている．現状の種雌豚の耐用年数が1～2年，3～4産であることからみると，この割合は小さいように考えられるが，繁殖雌候補豚は外部から導入するものと肉豚部門から飼い直されて種雌豚部門に供給されるものとが混在しているためである．

種雄豚候補は2.5頭であり，種雄豚の28%である．種雄豚は自家育成の経営はほとんどないが，これは現在の種雌豚はほとんどが雑種であり，純粋種は外部導入に依存しなければならないことと，肥育豚の改良のためには優良な種雄豚の導入が前提になるためである．したがって，種雄豚の更新率は導入の頻度により左右されることになる．

肉豚出荷頭数は平均1,922.3頭であり，最高は3,033頭となっている．最高事例は，

表3.14 1994年度全国優良畜産経営管理技術発表会参加経営，養豚一貫経営6事例の集計結果

区　分	平　均	最　高	最　低
飼養頭数(頭)			
種雌豚頭数	91.3	145.2	46.5
種雄豚頭数	8.9	13.2	3.6
候補雌頭数	12.1	20	2
候補雄頭数	2.5	6	0.4
肉豚出荷頭数	1,922.3	3,033	938
技術水準			
離乳頭数/雌/年(頭)	22.6	25.4	20.4
分娩回数/雌/年(回)	2.3	2.38	2.22
分娩頭数/産　(頭)	10.4	12.1	9.5
哺乳開始頭数/雌/年(頭)	24.6	27.3	21.4
子豚育成率(%)	92.1	97	86.6
肉豚出荷頭数/雌/年(頭)	21.2	23.7	18.4
1日当たり増体量(g)	620.2	700	517
出荷時日齢(日)	190.8	200	175
出荷時体重(kg)	108.1	111.5	103
生体販売単価/kg(円)	279.7	292	261
枝肉販売単価/kg(円)	424.3	479	401
枝肉規格上以上適合率(%)	52.7	78.3	30
飼料要求率	2.9	3.02	2.75
農場飼料要求率	3.4	3.68	3.18
対常時頭数事故率(%)	7.5	14.8	0.2
借入残高/雌(円)	117,976	307,928	—
種雌豚1頭当たり生産原価(円)			
当期生産費用	548,401	667,073	402,702
生産原価	533,629	655,866	406,524
肉豚生産原価/頭	24,096	28,428	21,488
種雌豚1頭当たり損益(円)			
収入計	662,369	815,848	544,654
経常利益	72,196	168,823	−1,393
経常所得	148,649	207,918	88,686

資料：(社)中央畜産会指導部調査資料を集計したもの．

種雌豚規模145.2頭の経営である．

d. 優良養豚一貫経営の技術水準

　養豚の技術水準は繁殖部門と肥育部門に区分されるが，養豚一貫経営では繁殖・肥育両部門が均衡ある技術展開を遂げているかどうかが重要である．繁殖部門としては種雌豚年間1頭当たり肉豚出荷頭数が計数で把握可能な集約的な技術指標であるが，平均21.2頭であり現状の水準としては高いと考えられる．最高は23.7頭，最低は18.4頭であり，優良経営の中でも経営によるばらつきが大きいことがわかる．

　種雌豚年間1頭当たり肉豚出荷頭数は，1産当たり分娩頭数（10.4頭），子豚育成率（92.1%），分娩回数（2.3回），肉豚事故率（対常時飼養頭数事故率，7.5%），種豚自家補充率等の技術的要因により規制される総合的な技術水準判定指標である．

　分娩頭数は種雌豚の品種，系統，産次，飼養管理（フラッシング）等により影響され

る．分娩回数は年間分娩腹数を常時飼養頭数で除した数値であり，分娩後最初の発情（分娩後1週間前後）で種付，受胎が可能であったかどうかという技術的要因と種雌豚の淘汰率という経営的要因により左右される．子豚育成率は哺育中の圧死，下痢等の事故が多いが，優良事例では種豚の管理を濃密に行い97%という高い育成率を得ている経営がある．

肥育部門の産肉能力は繁殖部門の種豚の能力により規定されるので，肥育部門のみの技術指標とは言いがたいが，枝肉規格"上"以上適合率(52.7%)と農場飼料要求率(3.4)，さらには対当時飼養頭数事故率(7.5%)の3者により肥育部門の技術水準は大きく規制される．1日当たり増体量(620.2g)，出荷時体重(108.1kg)，生体販売単価(279.7円/kg)，枝肉販売単価(424.3円/kg)等の指標も重要ではあるが，これらの数値は出荷時体重を除いて他の指標との関連で数値水準が異なり，また価格指標は市況により大きく影響されるので，ここでは肥育部門の技術水準を判定する副次的な指標とした．出荷時体重は経営者が豚肉市場の要求する枝肉体重，さらには市況を判断して恣意的に決定することが可能であるが，現状では枝肉の体重および品質の斉一性と定時定量出荷が重要な経営技術になっている．

優良事例の枝肉規格"上"以上適合率は平均52.7%であるが，これは標準とするには低水準であり，最高事例は78.3%の適合率を確保していることからすれば，この指標は少なくとも70%以上を目標にすることが必要であろう．このためには，産肉性の高い子豚を自家育成するとともに厚脂，きめ，締まり，肉色等による格落を防止するために，飼料給与と出荷時体重の適正化をはかることが必要である．

e. 優良養豚一貫経営の経済性

経済的な指標は価格水準により大きく左右されるので，固定的に規定することは不可能であるが，ここでは1994年時点の価格を基準にして，2000年時点に確保すべきコスト低減目標と収益水準を検討することにする．

優良事例の種雌豚1頭当たり年間生産原価は平均553,629円であり，肉豚1頭当たり生産原価は24,096円になっている．種豚1頭当たり年間の損益は，収入では662,369円であり，経常利益は72,196円，経常所得では148,649円を確保している．経常所得10万円以上の水準は養豚一貫経営として標準以上の所得であると想定される．したがって，1994年時点では優良経営は高い収益水準を確保していたと考えられる．

なお，養豚部門の財務状態を判断するために種雌豚1頭当たり借入金残高をみると117,976円になっている．種雌豚1頭当たり借入金残高が最大では307,928円の事例があり，優良経営の中でも財務体質の差が大きい．

f. 優良養豚一貫経営のコスト低減戦略

種雌豚年間1頭当たり経常利益あるいは経常所得は下式で表すことができ，優良事例をもとに枝肉販売単価と種雌豚年間1頭当たり経常所得および経常利益との関連性を分析すれば下記のようになる（表3.15参照）．

表 3.15 養豚優良事例の枝肉販売単価と種雌豚年間 1 頭当たり経常利益，所得との関連(円)

枝肉販売単価	経常利益	経常所得
350	−43,793	32,661
360	−28,182	48,272
370	−12,571	63,883
380	3,040	79,494
390	18,651	95,105
400	34,262	110,716
410	49,872	126,326
420	65,483	141,937

注 1) 算出基礎
　　種雌豚 1 頭当たり経常利益(所得)
　　＝662,369×枝肉販売単価÷424.3 円 ＋ 23,820 － 613,993 （＋76,454）
　　(販売収入)　　　　(枝肉単価)　　(営業外収益)　(総生産原価)　(家族労働費)

2) 1994 年度全国畜産優良経営管理技術発表会資料(一貫経営 6 戸の平均)(表 3.14 参照).

種雌豚年間 1 頭当たり経常利益(経常所得)
　　＝枝肉生産量×枝肉販売単価＋営業外収益−総生産原価(＋家族労働費)
ここでは，枝肉生産量(販売重量)は販売収入を実際の枝肉販売単価で除して算出した．総生産原価は生産原価に販売・一般管理費と営業外費用を加算したものである．

　枝肉販売単価と種雌豚年間 1 頭当たり経常利益および経常所得との関連性を求めれば，枝肉単価 370 円までは経常利益はマイナス(赤字)であるが，380 円以上の枝肉単価では黒字になっている．種雌豚年間 1 頭当たり経常所得では枝肉単価 350 円段階でも 3 万円程度の黒字が出ているが，これでは種雌豚 100 頭規模でも年間 300 万円の所得であり，養豚経営を持続しうる所得水準ではない．枝肉単価 380 円では種雌豚年間 1 頭当たり 8 万円弱の経常所得であり，種雌豚 100 頭規模の年間所得は 800 万円段階にある．この水準ならば，企業的家族経営としては若干低位ではあるが，養豚経営を持続しえない所得水準ではない．枝肉 390 円では種雌豚年間 1 頭当たり 9.5 万円の経常所得を確保しており，種雌豚 100 頭規模の年間所得では 950 万円になり，1 戸当たり 1,000 万円の年間所得規模に近づき企業的な家族経営として十分存続しうる所得水準に達している．

　したがって，優良養豚一貫経営の技術水準と現状の養豚環境を前提とすれば，枝肉販売単価 390 円以下でも今後の経営努力を期待すれば，2000 年に向けて国際競争力のある養豚経営を構築することが可能であろう．　　　　　　　　　　　　　［村田富夫］

4. めん羊, 山羊

4.1 めん羊

a. めん羊の特性
1) 環境適応性と人類有用性
　めん羊がもつさまざまな特性は，その祖先である野生羊が，厳しい自然条件に適合してきたことに加え，人類への有用化のための改良によってでき上がったものである．
　その特性は，草地粗飼料の量的季節変化に適合するための季節繁殖，粗飼料の効率利用能力，飼料の枯渇する冬季に備えた体脂肪蓄積能力，寒さをしのぐための産毛能力などである．
　現在めん羊は，標高6,000mにも及ぶ山岳地帯から海岸地帯，あるいは，赤道直下の暑熱地帯から北極圏の極寒の地に至るまで広く分布し[1]，人類にとってきわめて有用な家畜として飼養されている．

2) 繁殖上の特性
　めん羊は季節繁殖であるが，これは日照時間，気温，標高などの要因が関与しており，もっとも密接な関係があるのは日照時間である．
　雌羊は日照時間が短くなると発情を示し，受胎しなければ約17日の周期で10回程度の発情を繰り返して繁殖期を終える．このため，繁殖季節は飼養地域による違いがみられ，日照時間の季節的変化が明瞭な高緯度温帯地域では繁殖期が短日期に限られるが，低緯度地域ではそれが不明瞭となり，赤道をはさむ北緯35度から南緯35度の間では明瞭な繁殖季節はなく，年中繁殖が可能であるといわれる[2]．また，低温下のほうが早く発情を開始し，低地では繁殖期間が長い傾向にある．

3) 飼料の利用性
　めん羊は草地で採食の際，下顎の切歯と上顎の肉歯にはさんで引きちぎるようにして食べる．このため，5～10cm程度の短い草を好んで食べるが，このことは自然に栄養価の高い時期の草を選択利用していることにつながる．
　さらに，めん羊の消化管は「羊腸のごとく」といわれるとおり非常に長く，消化率の点においても他の反芻獣より優れている．

4) その他の特性
　めん羊の発育はきわめて速く，生まれて約2週間後には生時体重の2倍に達する．また，性成熟も雄で5～6カ月，雌で8カ月程度と早い．
　その他，習性上の特性として，めん羊は乾燥した高地を好み，一般に性質は温順であ

る．しかしその反面，警戒心が強く臆病で，群居性がきわめて高い家畜である．

b. めん羊の品種の分類と特徴

めん羊は家畜化されて以来，羊毛，毛皮，肉，乳，脂肪などそれぞれの利用目的に応じた改良が行われてきた．その結果，きわめて多くの品種が作出され，その数は優に1,000種を超えるといわれる．

表4.1 品種の分類と特徴

分類	品種	原産	羊毛タイプ	強健性	成時体重	発育	多産性	羊毛繊維直径(μm)	産毛量(kg)
毛用種	ランブイエメリノ	フランス	細	中	大−	高−	中−	19～23	4.1～6.4
	ブールーラメリノ	オーストラリア	細	中+	小	低	高	20～26	3.6～5.5
毛肉兼用種	コリデール	ニュージーランド	中	中	中	中	中	24～31	4.1～6.4
	テクセル	オランダ	中	中	中	中	中	21～25	1.8～3.6
肉用種	短毛種								
	サフォーク	イギリス	中	低	大+	高+	中+	26～36	1.8～3.6
	サウスダウン	イギリス	中	中−	小	低	中−	24～29	2.3～3.6
	長毛種								
	リンカーン	イギリス	長	中−	大	中	中−	34～41	4.5～6.4
	ロムニーマーシュ	イギリス	長	中−	中	中−	低	32～39	3.6～5.4
	高地種								
	チェビオット	スコットランド	中	中+	小	低	中	27～33	2.3～3.6
	ブラックフェイス	スコットランド	カーペット	高	中	中	中−	28～36	3.6～5.4
毛皮種	カラクール	旧ソビエト	カーペット	高	中	中+	低	24～36	1.8～3.6
	ロマノフ	旧ソビエト	中	低+	小	低	高	28～35	1.4～2.3

注 SID Sheep production handbook より作成．

めん羊の分類には，毛用種，肉用種といった用途による分け方のほか，改良の度合や原産地，土地条件などによる分類法があるが，ここでは，代表的な品種について用途別に分類し，その特徴を述べる．

1) **メリノ**

毛用種の代表格である．スペインで12世紀頃にその原型が誕生したといわれ，その後の改良によって繊細で優美な羊毛を生産するスパニッシュメリノが成立した．

現在ある毛用種は，すべて本種によって改良されたものであり，世界各国で良質の羊毛生産に貢献している．

スパニッシュメリノによって改良された毛用種には，ドイツのサキソニーメリノ，フランスのランブイエメリノ，南アフリカのケープメリノ，オーストラリアンメリノなどがある[3]．

2) **コリデール**

ニュージーランド原産の毛肉兼用種で，メリノにリンカーン，レスター，ロムニーマーシュなどを交配して造成された．非常に温順で環境適応性に優れ，飼いやすい品種である．わが国のめん羊の歴史の中でもっとも多く飼養された品種であるが，化学繊維の発達や羊毛輸入量の増加によって飼養頭数は減少し，現在ではあまり姿がみられなくなった．

3) サフォーク

イギリスが原産で，ノーフォークホーンにサウスダウンを交配してつくられた大型の肉用種である．早熟早肥で産肉性に富み，良質のラム肉を生産する．

世界各国で肉生産用の交配種として広く飼養されており，わが国でも新鮮ラムの生産を目的として 1967 年（昭和 42）から本格的に輸入されるようになり，現在では，飼養品種の約 80% を占めている．

c. 飼養管理
1) 繁殖と哺育

a) 交配の時期と方法 　わが国では一般的に，9 月から 10 月にかけて交配が行われる．しかし，サフォークの場合，8 月末から 2 月はじめ頃までは発情がみられるため，それぞれの事情に応じて交配の時期を決めることが可能である．

交配に供用する年齢は，一般に明け 2 歳から 8 歳程度までである．性成熟の月齢からすれば，当歳での繁殖も可能ではあるが，この時期はまだ発育途上にあるため，発育を阻害するおそれがあり，また繁殖成績についても良好な結果は期待できない．

交配の方法は自然交配が一般的であり，人工授精については，わが国では，一部の研究機関で行われているのみである．

自然交配では，雄 1 頭に対して最大 50 頭の雌羊を一群とし，40〜60 日間自由に交配を行わせることで，90% 程度の受胎率が得られる．

交配に際して雌羊は，陰部周辺の汚毛を刈り取り，栄養状態の改善をはかっておく．

交配前に短期的に栄養改善をはかることをフラッシングといい，排卵数，産子数の増加を目的として行う．

通常，交配の 2 週間前から交配開始 3 週間にかけて，濃厚飼料の給与によって，栄養の摂取量を高めてやるが，栄養状態が良好なものについてはその必要はなく，太っているものについてはむしろ減量すべきである．

なお，自然交配では，交配月日の確認が難しいが，雄にマーキングハーネスを装着しておくとよい．マーキングハーネスとは，乗駕によって雌の臀部にクレヨンで印をつけ

図 4.1 マーキングハーネスを装着した種雄羊（品種はコリデール）

る器具である．

b) 妊娠期の管理　　めん羊の妊娠期間は，おおむね145～150日，平均147日程度であるが，胎児は分娩前に4～6週間で急速に発育し，乳房の発達もこの時期に行われる．したがって，妊娠末期には，妊娠羊の養分要求量の増大に合わせて，必要十分な栄養を与えてやる必要がある．しかし，妊娠前期においては，それほど養分は必要なく，母体の栄養状態を中程度に保つことが望ましい．この時期の太りすぎは，妊娠中毒症や過大胎児による難産の原因となる．

また，適度な運動と日光浴は，妊娠羊にとって欠かせないものであり，妊娠末期においても好天の日の日中は戸外で自由に運動できるようにすべきである．

c) 分娩期の管理　　分娩の約1カ月前には，妊娠羊の陰部と乳房周辺の汚毛を刈り取っておく．これは，飼育者が陰部と乳房の状態から妊娠の経過を観察しやすくすると同時に，清潔な分娩と子羊が乳頭に吸い付きやすくしてやるためである．

交配日から140日目頃には，いつ分娩しても慌てないように舎内の敷き草を交換し，必要な柵類や器具，薬品類を整えておく．

表4.2 分娩に備えて用意するもの

品　名	用　途
剪毛はさみ	汚毛刈り
柵類（長柵・分娩柵・くぐり柵）	分娩用および子羊の管理
懐中電灯	分娩看視
腟脱保持器（圧定帯，リテイナー）	腟脱防止
石けん，潤滑剤，消毒薬，子宮内抗生物質，バケツ，タオル	分娩介助
ヨードチンキ	さい帯の消毒
保温箱，胃チューブ	虚弱子羊の介護
哺乳瓶，人工哺乳器，代用乳	人工哺乳
浣腸器，整腸剤	便秘，下痢の治療
耳標，カラースプレー	個体識別
断尾器，去勢器	断尾，去勢

分娩の2週間ぐらい前になると，妊娠羊の陰部は赤みを帯びてゆるみ，乳房も著しく張ってくるので，後方から観察すれば容易に見分けることができるようになる．

分娩直前には食欲が低下し，落着きなく寝たり起きたりを繰り返す，あるいは前肢で敷き草をかき集めるようなしぐさがみられる．この時点ではすでに一次破水を終えていることが多く，しだいに陣痛が強まり，15～20分後には二次破水が起こり，胎児の娩出へと続く．

正常な分娩では，胎児は前肢2本をそろえ，その上に頭を添えた状態で産道内に進入し，強い陣痛とともに全身が押し出される．

後産は，分娩後1～2時間後に排出される．

胎児の娩出に要する時間は30分程度であるが，それ以上時間がかかるようであれば，助産が必要となる．

無事に分娩を終えた母子羊は，分娩柵内に収容して母羊の乳房と乳汁の状態を確認し，異常がなければ子羊への初乳の吸引を促す．通常子羊は，分娩後30分以内に最初の吸乳に成功するが，母羊の乳頭にたどり着けない場合には，介助してやるか，哺乳瓶に初乳

を搾って，早めに飲ませてやらなければならない．

もし，母乳に異常があれば，他の母羊から初乳をもらうことになるが，この場合，分娩後30分以内に最初の哺乳を行い，8時間以内に体重1kg当たり50ml以上の初乳を給与する必要がある[4]．

図4.2 分娩柵内の母子羊（品種はサフォーク）

d) **哺育期の管理** めん羊は，自分の子ども以外には授乳をしないため，分娩柵内で3～7日間管理し，母子関係を成立させておく必要がある．また，この間に子羊には，耳標や耳刻による識別番号をつけるが，補助的にカラースプレーで背番号を書いておくと便利である．

その後，同時期に分娩した数組の母子羊で小群を編成して群管理への馴致を行い，分娩10日～2週間後には大群管理に移行し，クリープフィーディングを開始する．

クリープフィーディングとは，子羊だけが出入りできるスペースを設けて飼料を給与する方式をいい，配合飼料，良質乾草および水槽を用意する．

配合飼料には子牛用のものを用い，最初は慣らせる程度の量から徐々に量をふやして，日量500g程度とする．

大群の構成は，母羊への適正な飼料給与を行うため，単子と双子の組に分けたほうがよく，また，分娩期間が1カ月以上の長期にわたる場合は，子羊の発育に差が生じるため，前半と後半の組に分けたほうがよい．

離乳は，一般に3～4カ月齢で行われるが，体重が20kg程度で，採食行動も活発であ

図4.3 ポリバケツを利用した人工哺乳器

れば，2カ月齢での離乳も可能である．

e）**人工哺乳** 母乳が不足する場合，あるいはまったくない場合には人工哺乳が必要となる．

母乳の代用としては牛乳，山羊乳，牛用代用乳などを用い，補助的な場合には，日量1,000～1,500ml，完全人工哺乳の場合は 2,000ml 程度を 5～6 回に分け，哺乳瓶や人工哺乳器などで給与する．

哺乳期間は，子羊が配合飼料を食い込めるようになるまでとし，状態をみながら哺乳量を減らしていけばよいが，完全人工哺乳の場合には，最低 1 カ月は行う必要がある．

f）**断尾と去勢** 断尾は，下痢などによる尻の汚れを少なくするために，尾を第 2～第 3 関節間で切断するもので，ゴムリングや挫切はさみを用いて生後 1～2 週齢で行う．

また，肉用の雄は同時期に去勢を行うが，1 年未満で，55～60kg 程度のラムとして出荷する場合にはとくにその必要はない．去勢には，無血去勢器，ゴムリングや挫切はさみによる方法，あるいは陰囊を切開して睾丸を取り出す方法がある．

2）飼料給与

適正な飼料給与を行うためには，飼料計算が必要である．めん羊の飼料計算には，一般に NRC（National Research Council）飼養標準や日本飼養標準が用いられ，主に体重から飼料の給与量が求められるが，雌羊については，交配期，妊娠期，授乳期など，繁殖のステージによって，養分要求量には大きな差がある．

表 4.3 には，雌羊の体重 10kg 当たりに必要な養分量を各ステージごとに示したが，飼料の給与量は，これらに交配時の体重を乗じた数値によって求められる．

給与飼料は，粗飼料を主体とし，不足する養分を濃厚飼料によって補うが，現在のところ，めん羊の配合飼料は市販されていないので，牛用のものを用いてもよい．

なお，塩と水はいつでも摂取できるようにしておくほか，妊娠末期から授乳期にかけては，タンパク，カルシウムの要求量が増大するため，給与飼料の内容によっては，これらのサプリメントも必要となる．

表 4.3 成雌羊の養分給与量

ステージ	体重 10 kg 当たりに必要な養分量(g)			
	DM	TDN	CP	Ca
維　　持	1,900	104	19	0.4
フラッシング期 （交配前 2 週～交配開始 3 週）	2,800	167	26	0.9
妊娠前期 15 週間	2,200	120	20	0.6
妊娠後期 4 週間	2,900	180	30	1.2
授乳前期 6～8 週間				
単子授乳	3,900	256	53	1.5
双子授乳	4,400	286	66	1.7
授乳後期 4～6 週間				
単子授乳	2,800	167	30	1.0
双子授乳	3,900	256	53	1.5

注　NRC 飼養標準(第 6 次改訂版，1985)より作成．ただし，食いこぼし等のロスを見込んでいるため，原表の数値とは一致しない．

3) ラム生産

ラムの生産方式には，スプリングラム，放牧仕上げラム，舎飼い仕上げラムがある．また，舎飼い仕上げは離乳直後から舎内肥育を行う方法と，いったん放牧育成を行った後に，舎内で濃厚飼料によって仕上げを行う方法があり，それぞれの方式によって，出荷時期や肉の状態に違いがある．

一般的な飼養管理では，子羊の生産が一時期に集中するが，これらの生産方式を組み合わせることで，長期にわたるラムの出荷が可能であり，繁殖可能期間を最大限利用して計画的に交配を行えば，周年出荷も無理なことではない．しかし，年間を通じて均質

図 4.4 ラムの生産方式

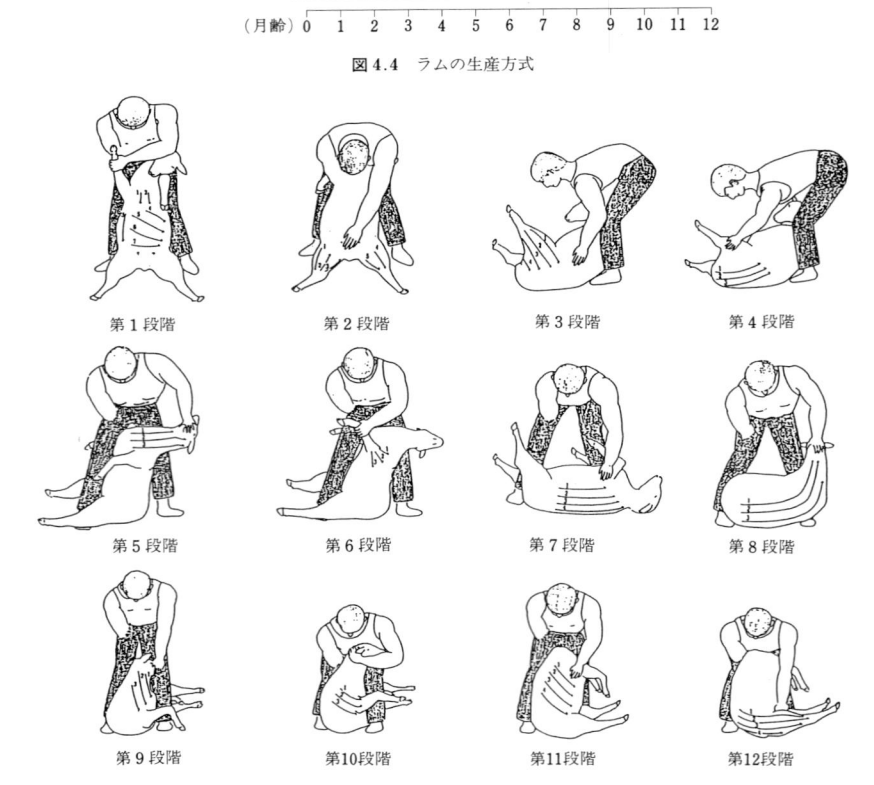

図 4.5 バリカンによる剪毛手順（シープジャパン，No.2，日本緬羊協会 (1992)）

なラムを安定的に生産するためには,周年繁殖の技術が必要となる.
　海外では,ホルモン処置による発情誘起技術が実用化されているが,現在のところ,わが国では試験的に行われているにすぎない.しかし,国内の研究者によって,いくつかの手法が考案され,その有効性も報告されており[5~7],今後の普及が待たれる.

4) 剪　　毛

　剪毛は,一般に春,桜の咲く頃に行われるが,この時期に分娩するものについては分娩後に実施したほうがよい.
　剪毛にははさみで行う方法もあるが,現在は電気バリカンが主流となっているため,ここでは電気バリカンによる剪毛手順を略記する.

第1段階:めん羊を両膝の間に保定し,胸と腹を刈る.
第2段階:内股および陰部の周辺は,生殖器を傷つけないよう,注意して少しずつ刈る.
第3段階:めん羊の左体側を上にして膝にもたせかけ,左腿を刈る.
第4段階:めん羊をやや寝かせて,尻の毛を仙骨を越えるところまで刈る.
第5段階:めん羊の体を右側から保定し,左手で顎を押さえて首の皮膚を緊張させる.はじめにめん羊の右肩と右耳を結ぶ線を刈り,徐々にめん羊の頭をねじるようにして首の下側を刈る.
第6段階:めん羊を少し引き寄せて,左肩を刈る.
第7段階:めん羊の左体側を上にして寝かせ,左体側を刈る.このとき剪毛者は,左足を必ずめん羊の肩の下に入れておくことがポイントとなる.
第8段階:左手で頭を少し起こし,背中から首の上部にかけて背線を越えるところまで刈る.
第9段階:剪毛者はめん羊をまたぐようにして左手で頭を保定し,首の右側を刈る.
第10段階:左手でめん羊の頭を抱えるようにして上体を少し引き起こし,右肩を刈る.
第11段階:さらに上体を起こしてめん羊の首を股の間に保定し,右体側を刈る.
第12段階:剪毛者は徐々に後方に移動して尻と右腿を刈って終了する.

5) 施設と管理器具

　a) 羊舎とパドック　　羊舎は,成羊1頭当たり3.3m²程度の広さとし,換気と採光には十分気を配る必要がある.
　内部の構造は,妊娠期から授乳期にかけて利用状況が変化し,模様替えが必要となるため,柵および飼槽類は簡単に移動できるものがよい.
　また,舎飼い期においてもめん羊が自由に運動できるように,羊舎の約2倍の広さのパドックが必要である.
　b) 放牧施設　　1年のうち,約半年間を放牧によって管理すると考えた場合,成羊10頭当たり,おおむね0.5haの放牧地が必要である.放牧柵は,ネットフェンスや電気牧柵がよい.
　電気牧柵を用いる場合は,前もってめん羊を訓練しておく必要があるが,きわめて集約的な放牧が可能であり,また,野犬対策にも役立つ.

c) **脚浴場**　脚浴場は，蹄病予防のために必要な施設である．
めん羊を誘導する通路に深さ15cm程度の薬液槽を設け，この中を歩かせることで蹄部の消毒を行う．
薬液には，5～10％の硫酸銅溶液が用いられる．

d) **柵および飼槽類**　めん羊の管理に用いられる基本的な柵としては，長柵，分娩柵，くぐり柵がある．長柵は主に舎内の間仕切りに用い，長さは使用する場所に応じて3～3.6mとする．また，分娩柵は，2枚の短い柵をちょうつがいでつないだもので，分娩房をつくるほか，間仕切りのコーナー部分や扉としても用いられ，いずれもぬき板で簡単につくることができる．

くぐり柵は，クリープフィーディングを行うときに用いる子羊だけが出入りできる柵である．出入り口は，子羊の成長に合わせて，幅を15～25cm程度に調節できるよう，引き戸式にしておくとよい．

給餌器具としては成羊用の草架および飼槽，それに子羊専用の飼槽が必要である．

d) **衛生管理**

めん羊は，病気の徴候を発見しにくい家畜である．したがって，ふだんから観察を怠

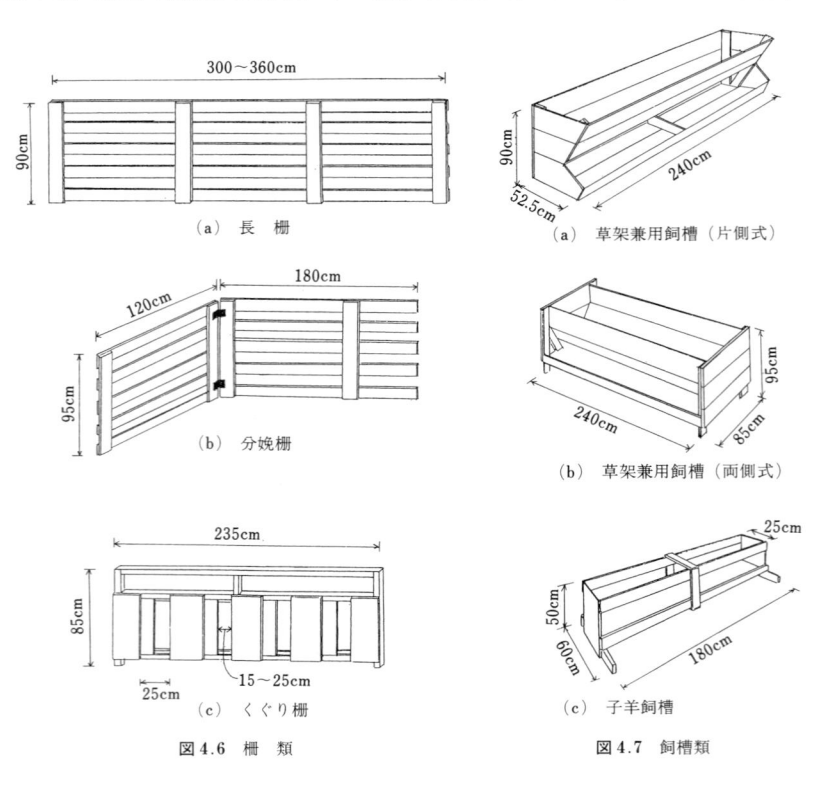

図4.6　柵類

図4.7　飼槽類

らず，適正な飼養管理に心がけることはもちろんであるが，病気にさせないための予防衛生対策が重要である．

表4.4には，季節ごとの衛生管理と注意すべき疾病を示したが，とくに，内部寄生虫駆除，蹄病予防のための剪蹄と脚浴は，めん羊を飼養するうえで欠かすことのできないものであり，定期的に実施しなければならない．

表4.4 衛生管理カレンダー

	9月	10月	11月	12月	1月	2月	3月	4月	5月	6月	7月	8月
飼養管理	放牧			舎飼い						放牧		
	交配					分娩 哺乳・断尾・去勢		剪毛	離乳			
衛生対策		畜舎消毒		敷き草更新・隙間風防止					畜舎消毒			
	脚浴			妊娠羊の運動		さい帯，傷口の消毒		放牧準備・馴致放牧			脚浴 乾乳時乳房検査	
	剪蹄		剪蹄		剪蹄			剪蹄			剪蹄	
寄生虫の予防	蹄病予防			肝てつ駆除				外寄生虫駆除		蹄病予防(脚浴)		
	線虫駆除									線虫駆除		
	条虫駆除									条虫駆除		
	腰麻痺予防										腰麻痺予防	
注意すべき疾病	蹄病			流産・腟脱 ケトーシス		(母羊)難産・産褥熱 後産停滞・乳房炎 (子羊)下痢・便秘 眼けん内はん 破傷風 尿結石			鼓脹症 下痢 植物中毒	乳房炎	蹄病 日射病 熱射病	

注　駆虫薬
・外部寄生虫　　　：ネグホン，ボルホ，エイトール等（薬浴または噴霧消毒）
・線虫類　　　　　：アイボメック，フルモキサール，リベルコールL（年間3～6回実施）
・条虫　　　　　　：ピチン（子羊を中心に年間1～3回実施）
・指状糸状虫(腰麻痺)：アイボメック，スパトニン（蚊の発生時期に合わせて2週間間隔で実施）
・肝てつ　　　　　：ピチン（発生のある地域では11～12月頃に実施）
資料：日本緬羊協会：新政策推進調査研究助成事業報告，42-43(1994)．

e. 生産物とその利用
1) 羊肉

羊肉には大きく分けて，ラム（12カ月齢未満の子羊肉）とマトン（成羊肉）がある．

かつて，わが国では冷凍マトンが大量に輸入され，ジンギスカン料理として消費されていたが，いまだにそのイメージが強く，羊肉が低く評価されていることは誠に遺憾である．

ラムは風味豊かで柔らかく，諸外国では一般に高級な肉とされ，フランス料理ではもちろん最高級の肉料理であるし，イスラム教国やキリスト教国では祝宴のご馳走であり，わが国においても，外国の国賓を招いての宮中晩餐会では，羊肉料理がメインディシュとなる[8]．

ことさら外国の真似をする必要はないが，ラムは，刺身やシャブシャブ，あるいは骨付のままステーキやローストにするなど，幅広い高級食材であり，ジンギスカン料理だけではなく，さまざまな料理にも生かしてほしいものである．

2) 羊　毛

　羊毛はもっとも優れた天然繊維の一つであり，衣類，寝具，装飾品，住宅資材のほか，テニスボールやピアノのハンマークロスなど，その利用範囲はきわめて多岐にわたる．

　わが国で生産される羊毛は，ほとんどが肉利用を目的としたサフォークのものであることから，その利用法には自ずと限界があり，蒲団綿としての販売が中心であった．しかし，数年前から各めん羊飼養地域において，地場産羊毛を利用したニット製品，織物，フェルトなどの製品化による付加価値の向上への取組みがなされ，その品質も決して外国産に劣るものではない．

3) その他の生産物

　その他の生産物としては羊皮，羊乳がある．

　羊皮は，毛付きと抜毛があり，毛付きのものはコートや敷物に用いられ，アフガニスタンや南西アフリカで飼養されるカラクールからは，アストラカンとよばれる最高級の毛皮が生産される．また，抜毛皮もコートやバッグに加工され，そのしなやかな手触りには人気がある．

　羊乳については，わが国ではあまり馴染みはないが，世界的にはかなりの量が利用されており，FAO（国連食料農業機関）の調査によると，トルコ，ギリシャ，中国，アルジェリアなどでは，山羊乳よりも多く生産されている．

　羊乳は主にチーズに加工されるが，ヨーグルトや飲用にも用いられ，最近，北海道の牧場においてもロマノフによる羊乳生産が開始されるようになった．

　これらの生産物のほか，脳や舌，胃，腸，肝臓などの内臓類もよい食材となり，腸はソーセージのケーシングに，血液は血液製剤，骨は肥料や薬品，毛脂は化粧品や薬品となるなど，めん羊は余すところなく利用されている．

　めん羊飼養の歴史が浅く，生産物のほとんどを輸入に頼っているわが国においては，その価値が見過ごされがちである．しかし，めん羊は長い歴史の中で人類の衣食住に大きく貢献してきた家畜であり，科学技術の発達した現在もなお，われわれの生活に密着した重要な家畜であることに変わりはない．　　　　　　　　　　　　　　［河野博英］

文　　献

1) 三村　耕：これからのめん羊飼育，11-12，日本緬羊協会（1980）
2) 福井　豊：めん羊の繁殖技術，19-21，東京農業大学出版会（1989）
3) 正田陽一：めん羊の品種，25-27，日本緬羊協会（1986）
4) 吉本　正監修，出岡謙太郎訳：NRC飼養標準・めん羊（第6次改定版，1985），50-51，日本緬羊研究会（1991）
5) Fukui et al.: Jpn. J. Anim. Reprod., **37**, 231-235, 家畜繁殖学会（1991）
6) 武田　晃ら：日本緬羊研究会誌，**21**，1-4，日本緬羊研究会（1984）
7) 河野博英：畜産技術，**467**，6-10，畜産技術協会（1994）
8) 増井錠治監修：ザ　グッド　クック『ラム肉料理』，タイム　ライフ　ブックス編，5-7，西部タイムス（1983）

4.2 山　　　　羊

a. 山羊の品種とその特徴
1) ムルシアグラナダ種

スペイン南部原産．毛は短く，毛色は黒または赤みがかった褐色．有角または無角．耳は小さく前方に向く．体重雄 70 kg，雌 50 kg，体高雄 80 cm，雌 75 cm，年間乳量 500 kg 程度．

2) ブリティッシュアルパイン種

イギリス原産．毛は短く，毛色は黒，顔と四肢にはトッゲンブルクに似た白い模様がある．有角または無角．耳は立ち，前方に向く．体重雄 70〜80 kg，雌 45〜55 kg，年間乳量 700〜800 kg．

3) ザーネン種

スイス西部のザーネ川流域原産．毛は短く，毛色は白．有角または無角．耳は立ち，前方に向く．体重雄 80〜120 kg，雌 60〜80 kg，体高雄 80〜100 cm，雌 75〜85 cm，年間乳量 800〜1,000 kg．

4) アングロヌビアン種

アフリカのヌビア，エジプト，アビニシア地方原産．毛は短く，毛色は多様．有角または無角．耳は長く，垂れ下がる．体重雄 80〜120 kg，雌 60〜80 kg，体高雄 80〜100 cm，雌 70〜85 cm，年間乳量 600〜800 kg．

5) トッゲンブルク種

スイス北部原産．毛は細く，長い．毛色は薄い黄褐色からくすんだ褐色．頭部と四肢に白い模様がある．有角または無角．耳は立ち，前方に向く．体重雄 65〜80 kg，雌 45〜50 kg，体高雄 75〜85 cm，雌 70〜80 cm，年間乳量 700〜800 kg．

6) ノルディック種

ノルウェー，スウェーデン，フィンランド原産．毛は長く，毛色は白が多いが，ときには青灰色や褐色のものもいる．有角または無角．耳は立ち，前方に向く．体重雄 70〜85 kg，雌 45〜55 kg，体高雄 75〜85 cm，雌 70〜80 cm，年間乳量 500〜600 kg．

7) マンバー種

中近東原産．毛は長く，毛色は黒．角はねじれており，雄で最大 32 cm の長さになる．耳は長く，垂れ下がる．体重雄 60〜70 kg，雌 30〜40 kg，体高雄 85 cm，雌 73 cm，年間乳量 150 kg．

8) バルカン種

ブルガリア，ギリシャ，ユーゴスラビア原産．毛は長く，毛色は黒，褐色，赤，白の組合わせ．角は湾曲しているか，螺旋状．耳は水平か下に垂れる．体重雄 40〜65 kg，雌 30〜45 kg，体高雄 70 cm，雌 65 cm，年間乳量 100〜160 kg．

9) ジャムナパリ種

インドおよび東南アジア原産．毛は短く，毛色は白に黒または褐色の斑紋．有角．耳は非常に長く，垂れ下がる．体重雄 60〜80 kg，雌 40〜50 kg，体高雄 110〜127 cm，雌

100～107cm，年間乳量 250～400kg．

10） ギルジェンタ種
イタリアのシチリア島アグリジェンド地方原産．毛は長く，毛色は白に褐色の斑点．角は螺旋状．耳は短い．体重雄 60kg，雌 40kg，体高雄 70～75cm，雌 65～70cm，年間乳量 150kg．

b. 飼養管理

飼養管理にあたってもっとも大切なことは，山羊を"健康な状態で管理"することである．そのためには山羊個々の健康状態（通常の状態）を把握し，病気の状態（異常な状態）を早く発見して，早く治すことがもっとも大切である．

通常の場合，山羊はよく食べ，よく反芻し，よく排糞する．また，人がくると耳を立て，澄んだ瞳でその人のほうをみる．そういうしぐさをしないで，元気なく頭を垂れている場合はどこか悪い証拠である．その場合は，その原因を早くみつけて治療することが大事である．

1） 成雌山羊の飼養管理

山羊を飼養するにあたっては山羊の特性を知り，その特性を生かすことが大切である．その主な特性は以下のとおりである．
（1） 粗飼料の利用性に優れ，粕類，雑草，稲わら，木の葉等を飼料として利用できる．
（2） 早熟で，生後 12 カ月で子山羊を生産し，乳を生産することができる．
（3） 強健で，環境に対する適応能力に優れている．
（4） 管理が容易で，子どもでも管理することが可能である．
（5） 山羊乳は脂肪球が小さく，良質なタンパク質を多く含んでおり非常に消化がよい．

a） 搾乳期の飼養管理

① 飼料給与： 山羊は反芻家畜であることから繊維質の多い飼料を給与するようにする．繊維質の少ない飼料を給与すると，食滞等の消化器系の疾病を起こしやすいうえ，乳の脂肪率が低下する．飼料としては青草，山野草，木の葉，牧草，野菜くず等を好んで食べるが，クローバ等のマメ科類を給与する場合は，鼓脹症などの注意が必要である．飼料を変える場合は，最初は混合して給与し，急激な変化は避け，少しずつ慣らすようにする．

乳量の多い山羊は，粗飼料のみでは必要な養分量を確保することは困難なので，濃厚飼料を給与して，不足する養分を補うようにする．とくに泌乳最盛期の分娩後 2 カ月ぐらいまでは不足しやすいので，養分含量の高い飼料を給与してやる必要がある．濃厚飼料の種類は，市販の乳用牛の濃厚飼料で差し支えない．

また，乳汁中には多量のミネラル（リン，カルシウム等）が含まれているので，その分のミネラル補充用として，固形のミネラル飼料等を自由になめられる状態にしておくことが必要である．

搾乳している山羊の栄養状態は，被毛に光沢があり，背腰や腰角の骨がはっきり現れ，

表 4.5 山羊飼料給与カレンダー

区 分	ステージ	9月	10月	11月	12月	1月	2月	3月	4月	5月	6月	7月	8月
			搾乳期		~~ 乾乳期 ~~~ 分 娩					搾乳期		
			(交配期)		(乾乳)	(妊娠末期)	(搾乳開始)		(泌乳最盛期)				
搾乳山羊の飼料給与例(kg/日)	濃厚飼料	0.4	0.3	0.3		0.8		1.5	1.3	1.0		0.8	
	乾牧草	1.5	2.0	2.0		2.0		3.0	1.5	1.5		1.5	
	青牧草	3.0	2.0						3.0	5.0		4.0	
搾乳山羊の給与飼料中に含まれる養分量(kg/日)	DM	2.19	2.33	1.94		2.38		3.82	2.97	3.10		2.74	
	CP	0.19	0.17	0.12		0.19		0.33	0.32	0.33		0.27	
	TDN	1.35	1.37	1.11		1.46		2.40	1.98	2.04		1.76	
	山羊乳						1.5	1.7	0.8				
	人工乳						0.01	0.1	0.3	0.35	0.3	0.2	
子雌山羊の飼料給与例(kg/日)	濃厚飼料	0.6	0.62	0.62	0.9				0.05	0.1	0.2	0.4	0.5
	乾牧草	1.0	1.5	2.0	2.5			0.1	0.2	0.3	0.4	0.7	0.8
	青牧草	0.7	0.8							0.2	0.4	0.5	0.7

備考1) 養分含量は，DM，CP，TDN の順に，濃厚飼料 0.865, 0.15, 0.70，乾牧草で 0.842, 0.035, 0.45，青牧草で 0.195, 0.025, 0.13，
 2) 搾乳山羊必要養分量は，維持飼料で体重(60 kg)当たり DM 1.506, CP 0.06, TDN 0.591，生産飼料で乳量(F% 4.0)1 kg 当たり DM 0.515, CP 0.05, TDN 0.281，単位は %.

注1) 飼養標準は乳用山羊の飼養標準（斎藤氏による）を使用した．
 2) 飼料給与量は給与ロス 10〜20 %程度を見込んだ数値である．
 3) DM：飼料中の水分を差し引いた乾物量，CP：飼料中に含まれる粗タンパク質量，TDN：飼料中に含まれる可消化養分総量を示す．

出典：(社)日本緬羊協会：めん羊・山羊のガイドブック．

皮下脂肪があまりない状態がよい．搾乳山羊の必要養分量および飼料給与例については，表4.5を参考にされたい．

② 搾乳管理：　母山羊は分娩とともに乳の生産を開始するが，急激に乳を生産することは代謝障害を起こしやすいので，分娩後2～3日間は完全に搾りきらないで，若干，乳を残すくらいの感じで搾乳する必要がある．それ以後は完全に搾りきらないと，搾り残した分，乳の生産が減るばかりでなく，乳成分の濃い部分を残すこととなるうえ，乳房炎の原因ともなるので注意を要する．また，一方の乳房のみを搾乳して，一方の乳房をよく搾らないと片乳になることがある．

搾乳にあたっては，最初にきれいな布で乳房をよく拭き，次に最初の1～2搾り目の乳をストリップ等で検査し，乳房炎等にかかっていないかどうかを確認したのち搾乳する．完全に搾りきった後はヨード剤等でデッピングし，乳房炎にならないように予防する．

乳の生産量は産次を重ねるごとに多くなるが，農水省家畜改良センター長野牧場における産次別の乳量係数は，初産を100とした場合，2産目は143，3産目は149，4産目がもっとも多く156となっている．

なお，分娩後5日間は初乳期間であり，乳の販売は禁止されているので注意を要する．

b）乾乳期の管理

① 乾乳の方法：　乾乳は，次期の泌乳期に対する体や乳腺細胞の休養，胎児の発育に必要な栄養分の補給等の面から必要で，その期間は60日ぐらいがよい．乾乳を実施すると次期の泌乳期の乳量は，乾乳しないものより多くなる．乾乳を行う際は事前に乳房炎になっていないことを確認してから実施する．実施にあたっては，多汁質飼料や濃厚飼料の給与を中止して，乾草のみを給与する．乾乳を失敗すると，次回分娩後に乳房炎になって乳を生産することができなくなる．心配な場合は乾乳の最終搾乳時に，乾乳用の軟膏を使用するとよい．

② 妊娠末期の管理：　分娩前には適度な追い運動をして，過肥になることを避け，ケトーシスや難産，後産停滞等の疾病を防ぐようにする．また，乳熱になりやすい山羊は，分娩2～3週間前からカルシウム給与を中止することにより予防することができる．

妊娠末期2～3カ月は胎児が急速に成長する時期なので，その分，養分を補充してやる必要がある．目安としては維持飼料の20％程度または乳量1.8kg相当分の養分を増量する．分娩前後の管理はもっとも重要で，この時期には腟脱，ケトーシス，難産，乳熱等の疾病が多発する時期である．それらの疾病により母山羊や産子を損失するだけでなく，この時期の疾病により，それ以後の乳量が増加しないため，搾乳期間全体の乳量が少なくなる．

c）繁殖管理

① 繁殖時期と繁殖月齢：　山羊は通常季節繁殖で，時期としては，9～12月頃がもっとも適している．8月頃を過ぎると発情がくるようになるので，発情発見に注意し，見逃しのないようにする．季節外繁殖を行う場合は，ホルモン剤等を利用して発情を誘起し，繁殖することができる．発情周期は21日ぐらいで3日間程度持続する．交配適期は，発情開始後15～20時間ぐらいである．

子山羊の性成熟期は3～4カ月齢頃なので，この時期になったら雌雄の混飼は避けるよ

うにする．繁殖に供用する月齢は生後7～8カ月齢頃，体重で30kgぐらいを目安とする．

② 産子と間性： 産子数は通常双子が多いが，まれに三つ子や四つ子の場合もある．長野牧場における平均産子数は1.8頭である．また，初産の場合は，産子数が少ない傾向がある．

山羊はまれに繁殖能力のない無精山羊や間性が生まれてくることがある．間性の発生する頻度は無角の山羊どうしをかけ合わせると多いので，できるだけ無角の山羊には有角の個体をかけ合わせることが望ましい．

2) 子山羊の飼養管理

a) 初乳の給与 分娩直後の初乳は，通常の乳と比較して非常に栄養価に富み，脂肪や無脂固形分，タンパク質，ミネラル等の養分が多く含まれている．これらの成分は，分娩後，時間の経過とともに減少していくので，子山羊に対する初乳の給与は，分娩後早めに与えることが大切である．初乳には上記の栄養分が多く含まれているだけでなく，子山羊に対して免疫グロブリンによる免疫抗体の付与，ビタミン類による体内の生理機能の調整，緩下剤作用による胎便の排出等の働きがあるので必ず飲ませるようにする．

b) 哺乳 哺乳の方法は，月齢に応じて徐々に哺乳量をふやしていく方法と，哺乳期間一定量を哺乳する方法がある．哺乳期間は従来方法による70日間程度給与と，40～50日ぐらい給与する早期離乳法がある．哺乳量は生後2～3週間までは体重の25%，それ以降は体重の20%を目安とするが，ふつうは1～2kgの範囲ぐらいで給与する．人工乳や乾草は，生後1週間したら少しずつ給与するようにして，採食量に応じてふやすようにする．

子山羊は体力がないうえ，下痢や風邪等の疾病にかかりやすいので，保温等の措置を行う必要がある．また，哺乳に際しては，哺乳器具類の洗浄や哺乳量，温度，哺乳間隔に十分注意する．

c) 離乳から交配期までの管理 哺乳量を減らすことによって，人工乳や濃厚飼料，乾草等の固形飼料の摂取量がふえることから徐々に固形飼料に慣らし，生後1カ月齢を過ぎる頃になったら哺乳量を減らして，人工乳等の固形飼料をできるだけ多く給与するようにする．山羊等の反芻家畜の第一胃は，それらの固形飼料の摂取により，胃の粘膜が刺激を受けて徐々に発達してくる．生後2カ月齢を過ぎた頃から青草の給与を開始し，3カ月齢を過ぎた頃には馴致放牧も可能である．

この時期に大切なことは，将来の子山羊や乳の生産に耐えうる丈夫な体をつくることや粗飼料等の飼料の利用性の高い健康な胃をつくることである．そのためには，十分な運動と良質な粗飼料を給与して，丈夫な体と胃をつくることが大切である．

c. 山羊の疾病

家畜を管理するにあたって，もっとも大切なことは，「家畜に病気をさせないこと」である．季節別の衛生管理については，山羊の管理カレンダー〔(社)日本緬羊協会刊 めん羊・山羊のガイドブック〕に記載してあるが，以下にはその主な項目の注意事項について記載する．

1) 乳房炎の予防

もっとも乳房炎になりやすい時期は，乾乳を行う時期と泌乳最盛期である．とくに，乾乳時の乳房炎は搾乳山羊として使用することが不可能になることもある．乾乳時は乳房内（乳頭部分）の乳汁が吸収されるまで，多汁質飼料や濃厚飼料は給与しないようにする．

乳房炎の原因としては，乳頭の外傷，残乳，搾乳間隔の不定期，搾乳時に山羊を驚かす，畜舎が汚れている等が考えられる．また，機械搾乳においては過搾乳，ライナーの不良，真空圧の異常，パルセーターの異常，その他ミルカー関係の異常等が考えられる．また，乳房炎を防ぐためには，上記の点に注意するとともに，乳房洗浄器具の消毒，ミルカーの洗浄消毒，乳房炎にかかっている山羊は最後に搾る等の措置が必要である．乳房炎にかかっている山羊の乳は，体細胞や細菌が多いだけでなく，脂肪率や無脂固形分率等の乳成分が低下する．

2) 寄生虫対策

a) 条虫駆除　子山羊は，条虫の寄生により食欲不振，下痢，貧血等で発育が停滞するため，6～10月の期間に1～3回程度駆虫を実施する．成山羊は症状を示すことは少ないが，糞便中に条虫の体節や卵が発見されたら，子山羊への蔓延を防ぐために駆虫を実施する．

なお，駆虫薬のビチオノール製剤の使用にあたっては，下痢を起こしやすいので，体重当たりの投薬量に注意する．

b) 線虫駆除　線虫が寄生すると下痢，貧血の症状を呈し，乳量低下，発育停滞の原因となる．駆虫は最低でも放牧期と舎飼い期への移行期および夏の年3回程度必要である．また，上記の症状を呈し，糞便中に線虫を発見したら適宜実施する．

c) 糸状虫駆除（腰麻痺予防）　腰麻痺は牛に寄生する糸状虫が蚊の媒介により感染し，神経組織を破壊するために起こる症状である．そのため，駆虫は蚊の発生時期に合わせ，15日間隔で実施する．

しかし，搾乳期間中の山羊は，乳の出荷を停止しなければならないことから，一般的には実施していない．

d) 肝てつ駆除　吸虫の一種である肝蛭が肝臓や胆管に寄生する．肝蛭卵は糞便とともに排泄されて孵化し，ヒメモノアラガイなどの中間宿主の体内で成長して再び野外へ出る．肝蛭の生息する水辺の草や河川水の摂取を避ける．新しい稲わらにも子虫が付着している可能性があるので，十分乾燥してから給与する．感染した山羊の治療は駆虫薬を投与するが，肝機能が低下しているので，中毒に対する配慮が必要である．

3) その他の衛生対策

a) 削蹄　削蹄は腐蹄や肢蹄の故障を防ぐ意味から，最低でも年間3～4回程度必要である．肢蹄の故障は疾病の中ではもっとも多く，その故障により供用不能になることが多いので十分な注意が必要である．

b) 下痢対策　母乳の異常，不適切な人工哺乳，濃厚飼料の過食など飼料の消化不良による場合と，ウイルスや細菌などによる場合がある．

下痢の原因と考えられる飼料（品質不良な母乳を含む）の給与を中止し，脱水防止と

栄養補給のために，ブドウ糖液と電解質溶液を補給する．自力で飲めない場合は，チューブを使って経口投与するか，点滴を行う．寒い時期には保温を心がける．細菌感染が疑われるときは抗生物質の投与が必要である．

c) 感冒および肺炎　食欲がなくなり，高熱の症状を呈する．隙間風を防ぎ，乾燥した敷料を敷いて暖かくする．また，生後1カ月以内に予防注射を行うことも効果がある．

畜舎内に生存している寄生虫や病原菌による疾病を防ぐ意味から，年間3～4回程度畜舎消毒を実施する必要がある．時期は放牧期と舎飼い期の移行期および夏の寄生虫の発生時期に合わせて実施することが効果的である．使用する薬品は，生石灰や逆性石けんが一般的である．

d. その他

山羊は反芻家畜であることから，牛，めん羊と相通じることが多く，とくに飼料給与や搾乳管理面では乳用牛，衛生管理面ではめん羊と共通することが多いので，山羊に関する資料がない場合は，それらを参考にするとよい．

e. 生産物とその利用

山羊の生産物は山羊乳と山羊肉が主であるが，その他の生産物としては，敷物，衣料品等として山羊皮，肥料として糞尿が利用されている場合もある．

1) 山羊乳

一般的には，そのまま搾りたてを飲用に用いるほか，加工して用いられる．

a) 生乳　牛乳に比べて濃厚で，脂肪球が小さく消化がよい．ヒトの乳に似ているが，乳糖分が少ないので，砂糖や蜂蜜等を加えると飲みやすくなる．

b) チーズ　山羊乳からつくられるチーズはシェーブルとよばれ，ヨーロッパでは広く生産されており，山羊特有の風味がある．わが国では数カ所の地域で生産，販売されているが，広く流通してはいないので，一般的には馴染みの薄いチーズである．また，シェーブルのほかにカマンベールチーズやゴーダチーズなどもつくられている．

そのほか山羊乳の加工品としては，ヨーグルト，ソフトクリーム，山羊乳チーズサブレ等もつくられ，販売されている．

2) 山羊肉

わが国で山羊肉を食する地域は，トカラ列島以南の琉球列島である．在来種にザーネン種を交配し，大型化した雑種山羊が肉用として広く利用されるとともに，雑種山羊どうしの交配が続けられてきた．これを"沖縄肉用種山羊"という．山羊肉は，国内産だけでは需要が満たされないため，毎年160トン程度ニュージーランドから輸入されている．

製品は基本的には，刺身用，寿司用，スープ用に大別される．スープは，骨付肉，頭部，内臓を一緒にして煮る（血液も一緒にする場合が多い）．これが沖縄の山羊汁料理の典型的な例である．

3) 医学・畜産研究用としての利用

実験用反芻動物として，小型山羊（シバ山羊，トカラ山羊等）の系統造成が行われ，医学・畜産研究等の研究材料として利用されつつある．

［成田行廣］

5. 馬

5.1 馬の進化と家畜化の歴史

a. 馬の進化

体高が 120 cm 以上，四肢の指（趾）がそれぞれ 1 本となった現代の馬の仲間（*Equus*）ができ上がったのは，500 万年ほど昔のことといわれている．

狐くらいの大きさで前肢の指が 4 本，後肢の趾が 3 本の *Eohippus* が地球上に出現したのは，5,000 万年も前のことであり，広い草原で，肉食獣の仲間（犬の祖先）に追い回されながら *Orohippus*, *Epihippus*, *Mesohippus*, *Pliohippus* の時代を経て，*Equus* に進化した．動物分類学上は馬（*E. caballus*）と驢（*E. asinus*）は属が異なり，両者の属間雑種である騾には繁殖能力がない．

b. 家畜化

野生動物を食糧資源として狩猟生活を送っていた人類が定住生活を始め，まわりの土地を耕して食糧を自給するようになるとともに身近に存在する野生の動物をとらえ，飼い馴らして人類の生活に役立たせたのが家畜化の始まりである．ユーラシア大陸で農耕の担い手として馬の仲間が家畜化されたのは，牛に次いで 5,000 年くらい前のことといわれている．

当初は物を曳くこと（輓曳）から始まったが，同時に馬の背に人が乗ること（騎乗）や荷物を積む作業（駄載）にも従事した．牛よりもスピードが速い馬の家畜化によって，人類はパワーとともに機動力を手に入れることができたのである．その結果，権力闘争の具として欠かせない存在となり，農耕作業の担い手から軍事的利用が主流となって人類の歴史とともに歩んできた経過は，史実に明らかなとおりである．

こうした経緯から，馬はいわゆる畜産物を生産する家畜とは一線を画した存在と認識され，時代の移り変わりによって多少の相違はあるが，生産性や経済効率を度外視しても人類のパートナーとしての存在意義をもった家畜として取り扱われているのが国際的感覚である．

5.2 在来馬（未改良馬）

広い草原を生活圏としていた野生馬は，ユーラシア大陸のあちこちで住みやすい場所を選び，それぞれの集団をつくっていた．野生馬は草原タイプ（*E. fellus*），高原タイプ

($E.\ gmelini$), 森林タイプ ($E.\ abeli$) の三つのタイプに分類されていたが 20 世紀半ばには絶滅した[1,2]. 俗に野生馬とよばれているものは, 一度は家畜化されたものが人の管理下を逃れ, 自然な生活様式をとっている個体群を指している.

野生馬が家畜化されて人の管理下に置かれるようになった集団を在来馬(未改良馬)とよび, 世界各地に飼われている. 北欧のフィヨルド地帯に住むフィヨルド馬, フランスの沼沢地帯を生息圏とするカマルグ馬, イランのカスピアン・ポニー, モンゴルの蒙古馬, インドネシアのジャワ・ポニー, 韓国の済洲島馬, 日本の在来馬などであるが, それぞれに集団内部での個体選抜を繰り返し, 最近は一つの品種として取り扱っている国もある.

日本列島からは野生馬の化石は出土しておらず, すべての馬は大陸から移住してきたものと考えられている. 江戸時代まで各地の領主や大名が自国内の産馬改良に努め, 各地で良駿を産したことは歴史に記されている. 戦時中も海外の改良種との交雑を避けてきた集団として維持されてきた日本在来馬は, 1994 年現在, 約 3,400 頭が八つの馬種に区分されている[3,4].

a) 北海道和種馬 北海道の先住民族であるアイヌ民族は馬を飼養していなかったが, 江戸時代に松前藩士が蝦夷地の勤務に赴くたびに, 南部馬を持ち込み使役したのが北海道における馬飼養の始まりである. 本土へ帰藩する藩士が野に放っていった馬たちが, 北海道の原野で自然の生活を送っているうちに獲得した体力, 環境適応力, 抗病性などの利点を増強させたものが北海道和種馬である(図 5.1). 日本在来馬の約 85% を占め, 道内で運搬, 試情(雌馬の発情状態を調べること)など各種の雑役に従事しているほか, 最近はトレッキングホースとしての需要が増加してきた.

図 5.1 北海道和種馬

体高 130 cm 程度のコンパクトな小型馬で持久力があり, 北海道開拓の担い手として活躍した歴史は郷土史を飾ってきた. 毛色は鹿毛, 栗毛, 葦毛, 青毛, 粕毛, 河原毛など変異に富み, 佐目毛もある. 背腰が強く駄載能力にも優れており, 伐採した灌木や雑穀などを背に積んだ数頭の北海道和種馬を縦つなぎにした"だんつけ"は地域文化の伝承行事としていまも展示されている.

b) 木曽馬 木曽義仲が藩内の産馬改良に尽くしたことは歴史に記されているが, 長野県開田高原を中心とした山間地帯の狭い段々畑での農作業や部落間の輸送などに活躍してきた.

体高130 cm 程度のコンパクトな小型馬だが（図5.2），北海道和種馬に比べると体長がやや長く，鹿毛や河原毛で鰻線(まんせん)のあるものが多い．この地域には馬頭観世音などを祭る地域文化に関連した行事があり，木曽馬と地域住民とのかかわりは密接で約120頭が飼われている．

図5.2 木曽馬　　　　図5.3 対州馬

c）　**野間馬**　　愛媛県今治市乃万郷(のまごおり)を中心として約40頭が飼われている．戦前は農作業の働き手として活躍していた体高120 cm 程度の小型馬だが，最近は地元小学校の自然教育や情操教育の教材として活用されている．

d）　**対州馬**　　長崎県対馬には体高120 cm 程度の小型な対州馬が約90頭飼われている（図5.3）．リアス式海岸に囲まれた対馬の島民は半農半漁の生活を主体とし，男は海で，女は山で働くという習慣が定着しており，1頭の対州馬と3頭の対馬牛の飼養が島民生活の標準装備とされていた．農業の機械化と道路整備の進展に伴い，牛馬の活躍する場面が失われ，地域では対州馬の保存に苦慮している．

e）　**御崎馬**　　宮崎県都井岬には約100頭の御崎馬が国の天然記念物として飼われている．体高が120 cm 程度の野生色（鼠色）の個体が多く，"日本の野生馬"としての評判が高く観光資源として定評がある．天然記念物に指定されている反面，"家畜"として取り扱われないという新たな問題を提起している．宮崎大学農学部では御崎馬を対象とした動物行動学的研究が行われている．

f）　**トカラ馬**　　鹿児島県トカラ列島の中之島を中心に体高が110 cm 程度，野生色の小型馬が飼われており島民の生活を支えてきたが，一時中之島には1頭のトカラ馬もい

図5.4 与那国馬

なくなった．開聞山麓自然公園に飼われていたトカラ馬の一部を中之島に里帰りさせる一方では鹿児島大学付属入来(いりき)牧場にも1つの集団が維持され，トカラ馬のDNAに関する研究などが実施されている．

g) **宮古馬**　沖縄県宮古島には約20頭の在来馬が飼われている．往年は表土の浅い島内のサトウキビ栽培や運搬作業に従事していたが，現在は活躍する場面がほとんどなくなった．

h) **与那国馬**　沖縄県与那国島には，約100頭の在来馬が飼われているが(図5.4)，たまに地元の祭などに参加する以外に社会的活動はほとんど行っていない．

5.3　改良と品種の成立

改良や品種成立の定義はどんな家畜でも共通しており，異なる品種（純粋種）の交配によって生産された個体は雑種として取り扱われるのが常識である．馬の場合にはサラブレッド種とアラブ種および両品種の交配によって生産されたアングロ・アラブ種（わが国では俗に50%アラブと称する）に分類し，この3品種を"純血種"とよび，その他の品種間雑種を"半血種"と総称する慣行がある．

馬の世界では，ポニー以外は体格の大小や体型特徴などにかかわらず，いかなる品種の場合にも純血種を改良の原々種として，どこかの段階でその血液を導入するのが通例である．品種の登録や繁殖方法などに関する国際的合意が必要とされているのはサラブレッド種だけであり，その他の品種は各国のブランドとして国際的に評価されているものが250種以上もある．最近は半血化による用途目的別の品種改良が推進され，各国でそれぞれに新しい品種名（セルフランセ，ウェストファーレン，クオーターホースなど）がつけられている．フランスでは必要に応じてサラブレッドとノンサラブレッドに大別する一方では，ペルシュロン種，ブルトン種などフランス原産の品種はブランドとして尊重され，系統繁殖が続けられている．

また従来未改良馬として扱われてきたアイルランドのコネマラポニー，フランスのカマルグ馬，ノルウェーのフィヨルド馬などを品種と認める方向にあり，体格，体型，毛色などの外貌審査のほかに，一定の運動負荷前後の生理値を比較して馬個体の能力を審査する能力検定を実施している品種も多い．

a. サラブレッド種

3頭のアラビア馬の雄馬を始祖として"走る能力"に焦点をしぼり，関係者が300年以上にわたってゆまぬ努力を続けてきた成果としてイギリスで完成されたのがサラブレッド種である．キングオブスポーツといわれ世界的評価を得ている競馬を育種選抜の場と位置づけて，出走馬の血統と競馬成績を克明に記録にとどめてきた．その長年にわたる記録の集積がジェネラル・スタッド・ブック[5]であり，何代にもわたり私財を投げうって伝承してきたウェザビー一族のエネルギーこそが今日のサラブレッドの存在を支えているものといえる．

毎年1回ロンドンで開催される国際血統書委員会（International Studbook Committee, ISBC) には，6地域を代表する国々が参加しており (1988年以降，日本はインドとともにアジア地域の代表となっている)，世界各国におけるサラブレッドの血統登録はこの委員会での合意に従って実施されている．サラブレッドに関しては，人工授精や受精卵移植などの近代繁殖技術の適用は許されず，自然交配を必須条件とすることが国際合意となっている．と同時に，血液型やDNAによる親子鑑定法の国際標準化などについても，ISBCがリーダーシップを発揮している．

体高160～165cm，体重500kg前後（最近はより大型化している），厳しい選抜の結果最高の芸術品といわれるほどスマートな体型の持ち主で，直頭を呈し，鹿毛，栗毛のものが多い．最近葦毛のほかに白毛が加えられ，わが国でも1994年までに6頭が登録されており，とくに白毛の雌雄の交配によって白毛の産駒が生まれたことが世界の注目を集めている．

b. アラブ種

体高145～150cm，体重400kg前後，背は短く腰が強いコンパクトな馬で，鹿毛，栗毛，葦毛が多く，兎頭と大きな鼻孔が特徴である（図5.5）．中東のベドウィン族に飼われているデザート・アラブがオリジナルタイプで体質強健，粗食に耐え，豊かな運動性を誇る．中央ヨーロッパで改良されたものには他品種の血が混入しているものが多く，"半血アラブ"として取り扱われている．

図5.5 アラブ種

アラブ種の系統造成を目的として世界46カ国が参加する世界アラビア馬機構（World Arabian Horse Organization, WAHO）には，日本も1979年から参加しているが，馬政計画によって1906年（明治39）以来輸入されてきたハンガリー・アラブは，WAHOでは半血アラブとして取り扱われている．数年前，農水省家畜改良センター十勝牧場へWAHOの承認する血統書をもったフランス産の純粋アラブ種が導入され，純粋繁殖が開始されている．

c. アングロ・アラブ種

サラブレッドのスピードとアラブの持久力を兼ね備えた優れた乗馬の生産を目標として，フランスで完成されたのがアングロ・アラブ種である．

わが国では，日本軽種馬登録協会がアラブ血量25%以上の馬をアングロ・アラブ種と

5.3 改良と品種の成立

図 5.6 ペルシュロン種

表 5.1 代表的な品種

生産国名	冷 血 種	温 血 種	ポ ニ ー
UK	シャイヤー クライズデール アイルランド・ドラフトホース	サラブレッド ハックニー クリーブランド・ベイ	ダートムーア シェトランド コネマラ
ノルウェー			フィヨルド
ベルギー	ベルジアン		
ドイツ	ラインランド	ホルスタイナー ウェストファーレン	
フランス	ペルシュロン ブルトン	セルフランセ フランス・トロッター	
オーストリア		リピッツァーナー	ハーフリンガー
イタリア	ノリーカー	サレルノ	
ハンガリー		ノニウス ギドラン	
ロ シ ア	リトアニアン ウラジミール	トルクメン ドン アカルテケ オルロフ・トロッター	ゼマイトカ
モロッコ		バルブ	
中東諸国		アラブ	カスピアン
モンゴル			蒙古馬
中　　国			四川馬 果下馬
インドネシア			ジャワ
オーストラリア		ウェーラー	
USA		アメリカン・スタンダードブレッド モルガン クオーターホース アパルーサー パロミノ ピント	
アルゼンチン		クリオジョ	ファラベラ

一括しているが，血統からみてアングロ・アラブ，アラ系，サラ系に区分することが細かく規定されており，アングロ・アラブ以外の馬はアラブ半血として区別している国際慣行とは若干相違している[6]．

d． その他の品種

わが国で完成された馬の品種はなく，戦前に造成された日本釧路種や奏上釧路種も品種としては認められなかった．体高148cm以下の馬をポニー，輓馬タイプの馬を冷血種（図5.6），乗馬タイプの馬を温血種と総称するのが国際的傾向であるが，日本馬事協会登録規程では冷血種に属するものを"輓系馬"，温血種に属するものを"乗系馬"，ポニーを"小格馬"に区分し，品種呼称はそれぞれの国の呼び名を踏襲している[7]．半血化が進んだり，新しい品種が導入された場合の呼称に苦慮しているのが実情である．

世界各国で固定された代表的な品種名を表5.1に一括する．

5.4 馬の生物学的特性

有蹄類，奇蹄目に属する馬は，四肢に1蹄ずつをもつ単胃動物で胆嚢を欠く．季節繁殖の単胎動物で，北半球での繁殖季節は日照時間が長くなる春（3～6月）に限られ，南半球では秋（8～11月）となる．妊娠期間は平均333日，哺乳中は発情しにくいので，生産率は通常50％前後である．母体からの免疫物質の胎内移行がなくすべて初乳から補われるから，十分な哺乳期間をとることが大切である．腸内細菌叢は動物の種類や食性によって相違するが，草食動物では嫌気性ラセン菌が最優勢に出現するのが一般であるが，馬では腸球菌と乳酸桿菌が優勢を示す特徴がある[8]．

わが国における現在の生産率は軽種馬で約70％，農用馬で約60％で世界各国の馬の生産率をはるかに上回っている[3]．牛の生産率85％以上を誇っているわが国の人工授精技術の基礎となっている理論的根拠は，1945年までに行われた馬の繁殖に関する研究業績に負うところが大きい[9]．一方いろいろな馬の品種能力検定に応用されている運動生理学的理論は，1933年に公表された「競走馬の運動生理並びに能力検定に関する研究」を根拠としている[10,11]．1945年以降のわが国における馬に関する研究はやや後れをとってきたが，最近はサラブレッドの親子鑑別など馬のバイオテクノロジー研究分野で世界のトップとくつわを並べた業績が次々と発表されている．馬の伝染病に関する過去の研究と予防実績が世界の注目を集め，ボーダーレスの時代を迎えてわが国も新たな国際協力プロジェクト（JICAのザンビア・プロジェクト，ラプラタ・プロジェクトなど）に参加する趨勢となり，今後の国際貢献が期待されている．

5.5 馬飼養の現状

わが国の馬飼養頭数は1906年の第1次馬政計画の開始以来順調に増加し，戦前は軍馬生産を国是として150万頭を超えていた．敗戦と農作業の機械化，道路整備や交通機関の発達など急激な社会的変革によって目標を見失った馬は，急激に減少の一途をたどっ

5.5 馬飼養の現状

ていったが，競馬の隆盛と最近の乗馬ブームに支えられて図5.7のように1980年(昭和55)の10万頭弱を底にわずかに増加傾向に転じた．

最近数年間の用途別馬飼養頭数の推移は図5.8に示すように，全体的に増加傾向を示

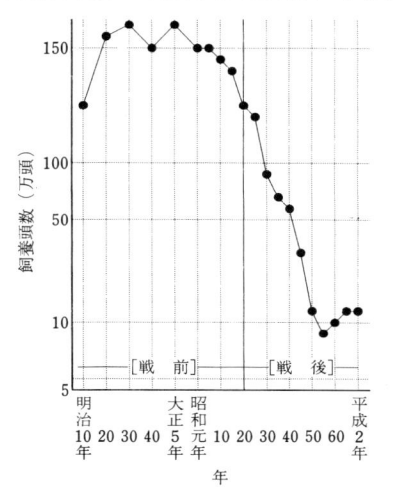

図5.7 わが国における馬飼養頭数の変遷（馬関係資料[3] その他）

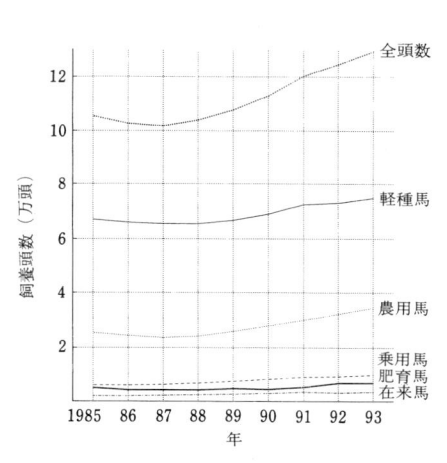

図5.8 用途別飼養頭数の変遷（馬関係資料[3]）

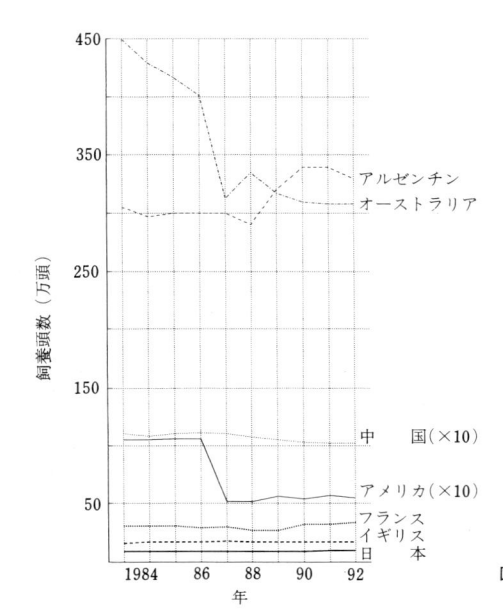

図5.9 世界主要国の馬飼養頭数の変遷（馬関係資料[3]）

しているが，競馬を目的とした軽種馬が約6割を占めている．世界主要国における馬飼養頭数は，国によって若干の増減はあるが，総頭数は約6,000万頭で安定している（図5.9）．そのなかでのサラブレッド生産頭数の推移は，図5.10に示すように，アメリカとオーストラリアでは急激に減少し，ドイツと日本では漸増傾向を示しているが，イギリスとフランスはほぼ安定した経過をたどっていることが目を引く．このようにサラブレッド種を馬の改良の原々種と認識している馬産先進国と，サラブレッド生産を経済行為と認識している国情の違いとみればはなはだ興味深い．ちなみに世界主要国における全馬頭数に対するサラブレッドとアラブの飼養比率をみると，図5.11のようにサラブレッド生産を主要産業と位置づけているアイルランドの42%を凌駕して，日本が世界一高い数値を示している[12,13]．

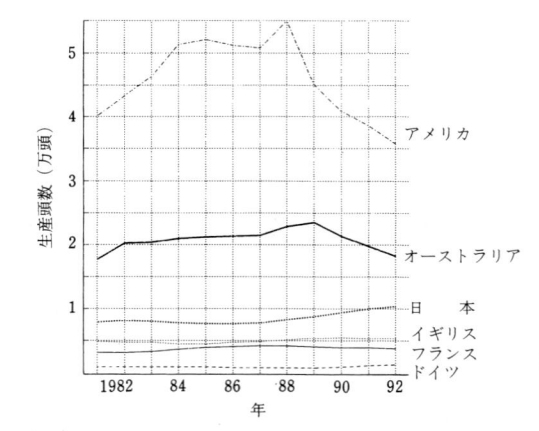

図5.10 主要国におけるサラブレッド生産頭数の変遷（馬関係資料[3]）

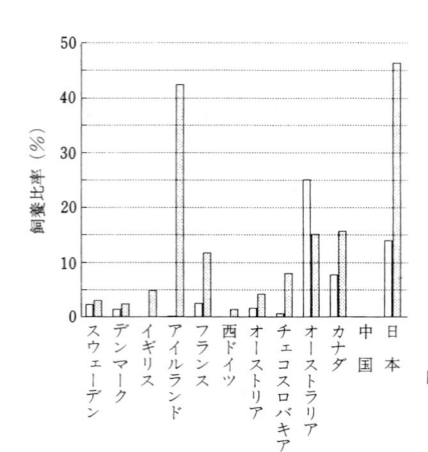

図5.11 サラブレッド（左側，日本だけサラ系）とアラブ（右側，日本だけアラ系）の飼養比率（日本馬事協会[11]）

5.6　馬の社会的役割

　来るべき21世紀における国際社会では，環境問題，青少年の情操教育や自然教育，人間生活と家畜飼養との協調，人間福祉と動物福祉などが検討課題となり，生産性を第一義としてきた従来の畜産の概念では律しきれない課題に直面することが予想される．わが国では競走馬が8割以上を占めているのが現状であるが，馬が担うべき将来の社会的役割としては，人間生活を豊かにする方向へのベクトルが大きくなるのではないだろうか．

a．乗馬人口の急増

　図5.12に示すように，1985年以降における乗馬人口の増加には目を見張るものがあるばかりでなく，貸与馬による広島アジア大会での金メダル獲得など，今後も増加を続ける背景が整っている．しかるに乗馬頭数の増加は人口増加に見合わず，低迷を続けているのが現状である．

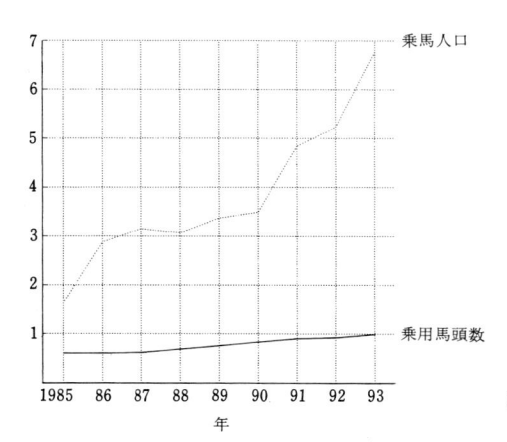

図5.12　乗馬人口と乗用馬頭数の推移（馬関係資料[3]）

　国内での乗馬生産頭数はごくわずかで，大部分は競走馬からの転用馬によってまかなわれている．競走馬資源の活用の面からみればうなずけようが，すべての競走馬が乗馬としての資質を保有しているとは限らない．乗馬や競技用馬は競走馬とは違った考え方で生産育成されるべき馬である．オリンピックや国際馬術大会に出場する日本選手が，ヨーロッパ各地で，調教のできた高価な競技用馬を購買しなければならない理由には，国内では資質の高い馬を選択できるほどの資源に恵まれていないこと，日本には競技用馬のトレーナーもほとんどいないなど，アジア地域ならびにわが国の特殊な事情が背景として存在していることが指摘されよう．

b. 馬肉の食習慣

　図5.13に示されているように，わが国における馬肉需給の推移をみると，輸入量は1979年をピークとして漸減しているが，屠殺頭数と生産量は安定している．すなわちテーブルミートとしての需要には図5.14にみられるような地域性があることを如実に物語っている．毎年生産される数千頭の輓系馬のうち，北海道の輓曳競馬用として売却される頭数はわずかに200頭程度であり，輓馬や農耕用としての需要がほとんどない現在では大部分の輓系馬は肥育用素馬となるのが実態である．しかもその大部分が昔から馬肉の消費地として定評のある熊本，福岡にまわり，他の地域（長野，福島など）では需要に見合った素馬を確保することすら難しくなっている．

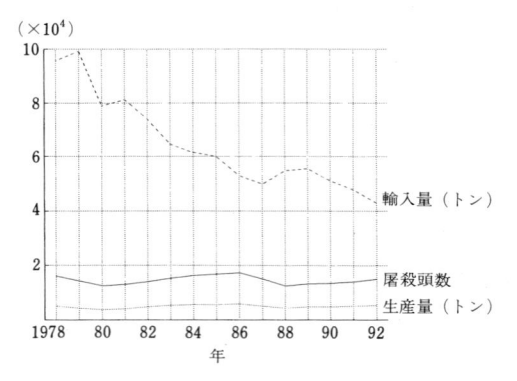

図5.13　馬肉需要の推移（馬関係資料[3]）

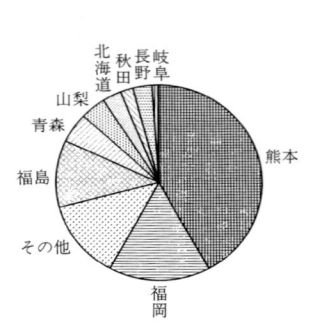

図5.14　1992年度地域別馬肉生産量（馬関係資料[3]）

　地域性を包含すれば馬肉は世界各国で食べられているといっても過言ではなく，国民1人当たりの消費量はベルギー4kg，オランダ2kg，フランス1.7kgでヘルシーミートとして定評がある．フランスではペルシュロンやブルトンの改良目標に産肉性を謳っているが，馬飼養の本来の目的はその行動力の利用であり，馬肉の生産は需要に対する仕向け変更と認識されている．

c. その他の活用

　欧米で出版されている馬の本には，青少年の自然教育や情操教育に馬とのふれあいの場としてポニー・スクールが重要な役割を分担していること，身障者の乗馬がリハビリテーションに効果があること，若い受刑者に馬を飼養させることが社会復帰に役立つことなど，従来の馬の利用とは異なった分野での活用に関する記載が多くなった．
　わが国でも身障者の乗馬や老人ホームでの動物飼育の効果がマスコミの紙面などを賑わしているが，人と動物の相互にメリットのあるコミュニケーションといった視点から，馬（家畜）の存在意義について抜本的に見直すべき問題提起と受け止めるべきではなかろうか[14〜16]．

[澤﨑　坦]

文　献

1) 岡部利雄監修：馬の品種図鑑，日本中央競馬会広報室（1968）
2) 正田陽一監修：馬の百科（万有ガイド・シリーズ 15），小学館（1982）
3) 農林水産省畜産局家畜生産課：馬関係資料（1994）
4) 日本馬事協会：日本の在来馬——その保存と活用——（1984）
5) 日本軽種馬登録協会訳：ジェネラル・スタッド・ブックの歴史，中央競馬ピーアール・センター（1993）
6) 日本軽種馬登録協会：(財)日本軽種馬登録協会登録規程（1971）
7) 日本馬事協会：(社)日本馬事協会登録規程（1976）
8) 光岡知足：腸内細菌の話，岩波書店（1988）
9) Nishikawa, Y.: Studies on Reproduction in Horses, Japan Racing Association (1959)
10) 松葉重雄，島村虎猪：競走馬の運動生理並びにその能力検定に関する研究，帝国競馬協会（1933）
11) 澤﨑　坦：わが国ウマ科学の先駆者たち，*JJES*, **4** (2), 123-135（1994）
12) 日本馬事協会：乗用馬動向（海外馬産事情）調査報告書（1991）
13) 澤﨑　坦：馬をめぐる日本の特殊事情，獣医畜産新報，**47** (8), 634-640（1994）
14) 澤﨑　坦：馬は生きている，文永堂出版（1994）
15) 日本馬事協会：今日の馬と人（馬事資料第 21 輯）（1993）
16) 山口眞知子：英国の障害者乗馬を研修して，畜産技術，467 号（1994）

6. 鶏

6.1 鶏の品種

a. 品種の分類

品種の分類には品種の成立地別によるものと用途別によるものとがある[1,2]が，ここでは用途別に分類する．

1) 野生種

野生種は現在もインドから東南アジアにかけて生息している．赤色野鶏（*Gallus gallus*）はインドからミャンマー，マレー半島，タイにかけて，灰色野鶏（*G. sonneratti*）はインド西南部，セイロン野鶏（*G. lafayetti*）はスリランカ島，そしてアオエリ野鶏（*G. varius*）はインドネシア諸島に，それぞれ分布している．これら4種の野鶏はいずれも鶏との雑種ができるが，赤色野鶏と鶏との雑種が一般に繁殖力をもつことから，赤色野鶏のみが現在の鶏の原種であるとする説が有力となっている[1,2]．

2) 卵用種

a) 白色レグホン（図6.1） 卵用種としてもっとも一般的な品種であり，世界的にもっとも多く飼育されている．イタリア原産で，英米両国で改良され，その後わが国にも輸入された．羽色は白（I/I）で，体重は雄2.7kg，雌2.0kg，年産卵数は240～280個であり，卵重は最近の改良により60～65gと大きくなっている．

b) 褐色レグホン レグホンの内種の一つで，年産卵数はあまり改良されていないため180～200個である．わが国ではあまり飼育されていないが，イギリスでかなり飼育されている．

c) 黒色ミノルカ ミノルカ島からイギリスに輸出され改良されたもので，体重は

図6.1 白色レグホン（雄，雌）　　　図6.2 横斑プリマスロック（雄，雌）

雄4kg，雌3.4kg，年産卵数は130～150個，卵重は65g前後で，卵殻色は白である．

d) カリフォルニアグレイ　米国カリフォルニア州で成立した品種であり，羽色は黒白横斑で，卵殻は白い．産卵性は比較的よく，年産卵数は200～250個である．

e) その他　アンコーナ，スパニッシュ，青色アンダルシャン，ハンバーグ，カンピンなどがある．

3) 卵肉兼用種

a) 横斑プリマスロック（図6.2）　ドミニークと黒色コーチンまたは黒色ジャワの交配からできたと考えられている．伴性横斑遺伝子（B）をもつため羽色は黒白横斑で，雄（B/B）は雄（$B/-$）に比べてやや白っぽくなる．体重は多産系統では雄3.5kg，雌2.8kgとやや小型に改良されている．年産卵数は200～250個，卵重は50～60gで，卵殻は褐色である．体型はややずんぐりしている．

b) ロードアイランドレッド　米国ロードアイランド州で成立したもので，単冠およびバラ冠のものが公認された．羽色は赤褐色で，体重は雄3.9kg，雌2.9kgで，年産卵数は最近の改良されたものでは230～250個，卵重は55～60g，卵殻は褐色である．最近，褐色卵生産用として多用されるようになってきた．性質は温順である．

c) ニューハンプシャー　米国ニューハンプシャー州でロードアイランドレッドを速羽性，早期肥育性に重点を置いて改良し，作出されたものである．外貌はロードアイランドレッドと似ているが，羽色はやや淡い．体重は雄3.9kg，雌2.9kg，年産卵数は150～180個，卵重は58～60gで，卵殻は褐色である．

d) その他　ロードアイランドホワイト，オーストラロープ，デラウエア，ワイアンドット，オーピントン，サセックス，名古屋，三河などがある．

4) 肉用種

a) 白色コーニッシュ　現在のブロイラー生産用の雄系として広く利用されている．体重は雄5.5kg，雌4kg，皮膚は黄色で成長速度が速く，シャモに近い体型をしている．年産卵数は130個前後である．卵重は60g前後で，褐色卵を産む．

b) 白色プリマスロック　横斑プリマスロックの突然変異によってできたものであり，現在のブロイラー生産用の雌系として用いられている．体重は雄5.0kg，雌3.6kg，年産卵数は160～200個，卵重は55～60gで褐色卵を産む．

c) その他　コーチン，ブラーマ，マレー，ジャージーブラックジャイアントなどがある．

5) 愛玩用種

日本鶏の多くの品種は主に愛玩用として飼育されている．また，このほかにバンタム，ゲーム，ポーリッシュ，烏骨鶏などがある．

　　　　　　　　　　　　　　　　　　　　　　　　　　　　　　　　　　　［内藤　充］

文　献

1) 田名部雄一：鶏の改良と繁殖，養賢堂（1971）
2) 田名部雄一：養鶏ハンドブック，p.1-16，養賢堂（1982）

6.2 鶏の育種

わが国における鶏の育種改良は，農林水産省家畜改良センター，都道府県養鶏関係場所，民間種鶏場などにおいて行われており，卵用および肉用のコマーシャル鶏が作出さ

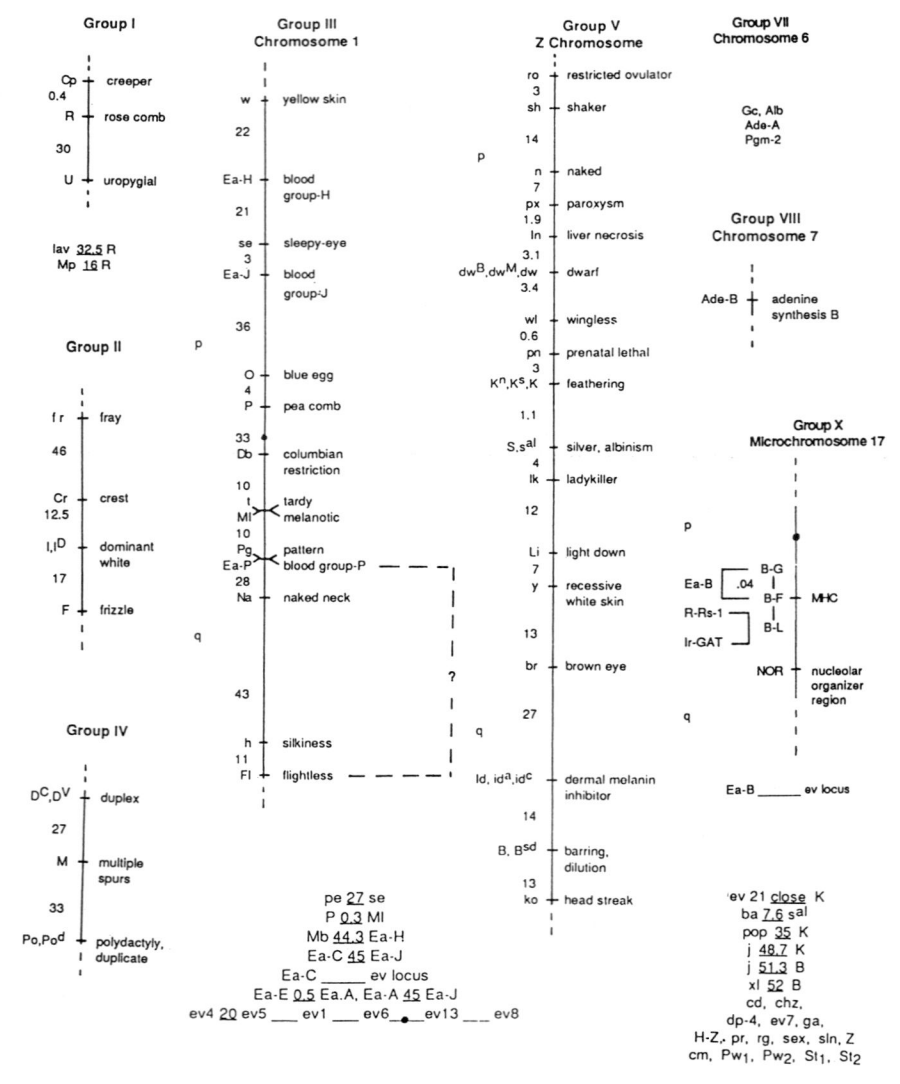

図 6.3 鶏の染色体地図（Bitgood & Somes, 1990）

れている．また，鶏の育種に関する試験研究は，上記のほかに大学，農林水産省畜産試験場などにおいても行われている．

a. 質的形質および量的形質

鶏の染色体は $2n=78$ (39対) であり，このうち性染色体は雄が ZZ，雌が ZW となっている．これら39対の染色体のうち，9対は比較的大きいものであるが，他は小さな粒子状となっている．鶏の染色体地図は図6.3に示すようにいくつかの連鎖群として示されている[1]．現在さらに多くの遺伝子が単離され，染色体上の位置が決定されている．1992年に鶏のゲノム解析プロジェクトが世界的な規模で開始され，質的形質や量的形質を支配する遺伝子座の解明に向けて研究が開始された．鶏の経済形質のほとんどは量的形質であり，これら量的形質を支配する遺伝子座 (quantitative trait loci, QTLs) と経済形質との関係の解明が期待されている．

鶏における質的形質としては，主に次のものが明らかになっている[2]．

① 羽色： 黒色および褐色 (E シリーズ)，白色 (I, c)，銀色 (S)，斑紋 (B, B^{sd}, $Ab, Pg, Sp, mo, Lg, Ml, Co, Db$)，青色 ($Bl$)，ジンジャー ($Gr$)，マホガニー ($Mh$)，シャンペンブロンド ($Cb$)，希釈 ($Di$)，ラベンダー ($lav$)，クリーム色 ($ig$)，ピンク眼 ($pk$)

② 冠型： クルミ冠 ($P\text{-}R\text{-}$)，三枚冠 ($P\text{-}rr$)，バラ冠 ($ppR\text{-}$)，単冠 ($pprr$)，重複冠 (D)，無冠 (bd)，毛冠 (Cr)

③ 羽性： 絹糸羽 (h)，遅羽性 (K)，速羽性 (T)，逆羽 (F)，ほつれ羽 (fr)，無羽域 (Ap)，裸 (n)，裸頸 (Na)，翼羽欠如 (Fl)，雌性羽装 (Hf)

④ 矮性： dw, dw^B, dw^M

⑤ 奇形： 無尾 ($Rp\text{-}1$)，無尾 ($rp\text{-}2$)，多趾 (Po)，多距 (M)，ペローシス (pe)

⑥ 半致死： 半眼 (se)，首ふり (sh)，神経過敏症 (j)，多趾 (psp)

⑦ 致死： 先天性ロッコ (lo)，小眼 (mi)，下顎欠如 (md)，上顎異常 (mx)，粘性胚 (sy)，耳のふさ (Et)，無翼 ($wg\text{-}2$)

一方，量的形質の改良は，これらの形質を支配している遺伝子座 (QTLs) が明らかにされていないため，表現型のデータを統計的に処理する計量遺伝学的手法が現在用いられている．これまでの改良の結果，卵用鶏および肉用鶏の能力には著しい向上がみられている．

b. 卵用鶏の育種

1) 改良目標

1996年に公表された2005年度の卵用鶏の改良増殖目標は表6.1に示すとおりである．卵用鶏の育種においては産卵性の改良が主な目的であるが，飼料要求率を改善するために体重を小さくすることは求められていない．環境ストレスに対する抵抗力を保つためには，ある程度の体重を維持する必要があるためである．

2) 産卵形質の遺伝的パラメーター

産卵形質として重要なものは，産卵率 (ヘンデイ産卵率，ヘンハウス産卵率)，卵重，体重，初産日齢，飼料要求率，卵殻質，内部卵質，受精率，孵化率，育成率，生存率，

表6.1 卵用鶏の能力に関する目標数値 (全国平均)

	産卵率 (%)	卵重量 (g)	日産卵量 (g)	50%産卵 日齢(日)	育成率 (%)	生存率 (%)	体重 (g)	飼料要求率
1994年	78	62~63	48~49	155~160	97	86~60	1,700~1,900	2.2~2.3
目標(2005年)	82	62~63	51~52	155~160	97以上	90以上	1,700~1,900	2.2以下

注 1) 産卵率, 卵重量, 日産卵量および飼料要求率は, それぞれ鶏群の50%産卵日齢に達した日から1年間における数値である.
2) 育成率は, 鶏群の餌つけ羽数に対する150日齢時羽数の比率である.
3) 生存率は, 鶏群の151日齢時羽数に対するその1年後の生存羽数の比率である.
4) 体重は, 10カ月齢時のものである.

抗病性などである. これらのうち主な形質の遺伝率推定値を表6.2に示す. 一般に, 卵重や体重は高い遺伝率を示し, 初産日齢は中程度の値を, また産卵率, 受精率, 孵化率など繁殖性に関係した形質は低い遺伝率を示す.

形質間の遺伝相関の推定値を表6.3に示す. 産卵日量を構成する形質である産卵率と卵重との間には負の遺伝相関があり, 両者を同時に改良することは可能であるが, 改良に時間がかかることが示されている.

表6.2 産卵・産肉形質の遺伝率

形質	遺伝率
卵重	0.3~0.7
体重	0.4~0.6
初産日齢	0.2~0.5
産卵率 (短期)	0.1~0.3
産卵率 (長期)	0.1~0.2
飼料要求率	0.1~0.3
卵殻強度	0.3~0.5
孵化率	0.1~0.2
育成率	0.05~0.1
生存率	0.05~0.1
枝肉量	0.6~0.8
胸角度	0.3~0.6

表6.3 産卵・産肉形質間の遺伝相関

形質	形質	遺伝相関
卵重	-体重	0.2~ 0.5
	-初産日齢	0.1~ 0.5
	-産卵率	-0.6~-0.1
体重	-初産日齢	0.0~ 0.3
	-産卵率	-0.4~ 0.0
初産日齢	-産卵率	-0.3~ 0.0
産卵率(短期)	-産卵率(長期)	0.5~ 0.8
増体量	-飼料要求率	-0.4~-0.6
体重	-胸角度	0.0~ 0.4

3) 系統造成

閉鎖群育種においては, 育種目標に応じた素材を集めることから始める. これを基礎集団として集団内で選抜, 交配を繰り返して育種目標にそった改良を進めることにより, 系統造成を行うことになる. 鶏の改良を実際に行う場合, 単一の形質のみを改良対象とすることはほとんどなく, 通常は複数の形質を同時に改良することになる. この場合, 形質間の相関がすべて改良上望ましい関係であれば大きな問題はないが, 実際には産卵率と卵重のように遺伝的に負の相関を示す形質を対象とすることが多く, このような場合には, 選抜指数法, あるいは選抜指数法と独立淘汰水準法とを組み合わせる方法が用いられる.

選抜指数法には, 相対的経済価値を用いる方法と, 具体的な改良目標を設定する方法とがあるが, わが国では改良目標に基づく選抜指数が一般に用いられている. 実際に選抜指数法を用いて系統造成を行う際に取り上げられている形質と遺伝的パラメーターを

表 6.4 選抜指数式作成に用いた遺伝的パラメーター

形質番号	形質名	略号	単位	標準偏差 (σ_P)	遺伝率 (h^2)	遺伝相関(r_G:左下)と表型相関(r_P:右上)					
						1	2	3	4	5	6
1	卵重(240日齢)	EW	g	4	0.5		0.40	0.20	-0.10	-0.10	-0.30
2	体重(240日齢)	BW	g	180	0.4	0.40		0.20	-0.05	0.10	0.40
3	初産日齢	SM	日	12	0.3	0.30	0.10		-0.40	-0.30	0.20
4	産卵率(181~270日)	EP_{270}	%	10	0.3	-0.10	0	-0.50		0.80	-0.40
5	産卵率(181~500日)	EP_{500}	%	10	0.2	-0.60	0	-0.50	0.85		-0.80
6	飼料要求率	FC		0.2	0.2	-0.40	0.30	-0.20	-0.50	-0.60	

表6.4に示した.例として,改良目標を卵重EW(+1g),初産日齢SM(-3日),産卵率EP_{500}(+6%)とし,選抜指数式に取り上げる形質を卵重EW,体重BW,初産日齢SM,産卵率EP_{270}とすると,得られる選抜指数式は,

$$I = 1.84348 \cdot EW - 0.02313 \cdot BW + 0.83350 \cdot SM + 4.14208 \cdot EP_{270}$$

となる.選抜差が1標準偏差となるように選抜を行った場合,目標達成に要する世代数は3.87世代,すなわち4世代と推定される.その際,相関反応として,産卵率EP_{270}は+10.6%,飼料要求率FCは-0.17改良が進むと予測される.

雌についてはすべてのデータが得られるが,雄は体重以外は得られないため,全きょうだい雌の指数値をもとに選抜を行うことになる.ただし,近交係数の上昇を低く抑えるため,雄については家系を考慮して選抜を行うことが必要である.交配は一般に全きょうだい,半きょうだい交配を避けた無作為交配が行われることが多い.

閉鎖群で選抜を何世代も続けていると,しだいに改良速度が遅くなり,ついにはプラトーに達してしまうことがある.このような場合には,プラトーに達した集団どうしを交雑し,新しい集団として再び閉鎖群育種を行う.また,鶏の産卵は24時間に1個が限界ではなく,1明暗周期に1個の産卵が限界であるため,明暗周期を24時間より短くして,通常の24時間明暗周期下では現れてこない産卵性についての隠された遺伝変異を利用することにより,さらに改良を進めることが可能となる[3].

4) 実用鶏の作出

実用鶏としては,品種間交雑種あるいは同一品種内系統間交雑種が用いられる.また,近交系を作出して近交系間交雑種を実用鶏として用いる場合もある.いずれも交雑種を作出することにより,ヘテローシス効果を利用するものであり,これにより両親平均値以上の能力が得られるとともに,斉一性や雛の生産コストの低減などの効果も得られる.

三元あるいは四元交雑種を実用鶏として用いる場合,まず二元交雑種の能力を調べ,この中のいくつかの優れた組合わせについて,さらに三元あるいは四元交雑種の能力の調査を行う.そして,もっとも優れた組合わせを示す系統を用いて,実用鶏の作出を行う.この場合,雌系には産卵性のとくに優れた系統を用いることが望ましい(図6.4).

ヘテローシス効果を利用する方法として,循環選抜法や相反反復選抜法がある.これは選定した2系統について,片方の系統あるいは両方の系統をたがいによい相性(ニッキング)を示すように改良する方法である.しかし,後代の成績から相性を評価するため時間がかかり,現在ではあまり用いられていない.

一方,ヘテローシスは系統間の遺伝的距離が離れているほどよく現れると考えられる

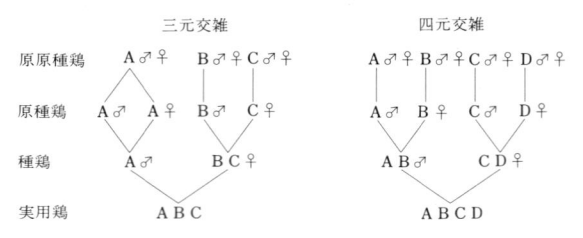

```
              三元交雑                    四元交雑
原原種鶏    A♂♀  B♂♀ C♂♀      A♂♀ B♂♀ C♂♀ D♂♀
             \  /    |   |          \ /     \ /
原種鶏      A♂ A♀  B♂ C♀        A♂ B♀   C♂ D♀
              \__/    \__/           \___/    \___/
種鶏          A♂       BC♀          AB♂      CD♀
                _____/                _____/
実用鶏           ABC                      ABCD
```

図 6.4 三元あるいは四元交雑種を用いた実用鶏の作出

ことから，DNA（デオキシリボ核酸）フィンガープリント法を用いて系統間の遺伝的距離を推定し，ヘテローシス効果を予測する試みが行われているが，実用までには至っていない．

c. 肉用鶏の育種
1) 改良目標

1996年に公表された2005年度の肉用鶏の改良増殖目標は表6.5に示すとおりである．ブロイラーにおいては主に成長に重点を置いて改良が進められているが，最近は腹腔内脂肪を減少させることも重要な改良目標となってきている．一方では，肉質に重点を置いた特産鶏肉の開発，生産が各地域で進められている．

表 6.5 肉用鶏（ブロイラー）の能力に関する目標数値（全国平均）

	体重(g)	育成率(%)	飼料要求率
1994年	2,400	96	2.1
目標（2005年）	2,700	98以上	2.1以下

注1) 体重は，雄雌の51日齢時の平均体重である．
2) 育成率は，鶏群の餌つけ羽数に対する51日齢時における羽数の比率である．
3) 飼料要求率は，51日齢における体重に対する餌つけから51日齢までの期間に消費した飼料重量の比率である．

2) 産肉形質の遺伝的パラメーター

産肉形質として重要なものは，成長速度，飼料要求率，体型，肉付き，受精率，孵化率，育成率，生存率，斉一性，産卵性，抗病性，腹腔内脂肪などである．成長速度，体型，肉付きなどは比較的高い遺伝率を示すが，繁殖形質は低い遺伝率を示す(表6.2，表6.3)．

ブロイラーの育種では上に述べたような量的形質だけでなく，羽色や羽性，皮膚色などの質的形質も重要である．また，雌雄別飼いの必要から，伴性遺伝子［銀色（S），速羽性（k），遅羽性（K），矮性（dw）］の利用も行われている．

3) 系統造成

肉用鶏の育種においては，基本的には卵用鶏の育種と同様に，閉鎖群育種による系統

造成が行われている．しかし，産肉形質についての正確な遺伝的パラメーターが得られていないために選抜指数式の作成が困難であり，選抜は主に独立淘汰水準法により行われている．選抜は通常第1次～第3次と3回に分けて行われる．第1次選抜は49日齢頃に，第2次選抜は180日齢頃に，それぞれ体型，発育をもとに行われ，第3次選抜は240日齢頃に産卵性をもとに行われる．選抜率は，餌つけ羽数に対し雄は1/50，雌は1/5程度となるように行われる．交配については近交係数の上昇を低く抑えることが必要である．

4) 実用鶏の作出

肉用鶏においてもヘテローシス効果を利用するため，系統間交雑種を実用鶏として用いる（図6.4）．肉用種鶏では，父系種には白色コーニッシュが，母系種には白色プラマスロックが用いられることが多い．父系種は主に成長速度が速く体重の大きいものを，母系種には成長速度，体重とともに産卵性のよいものを用いる．雛の生産コストを下げるため，肉用鶏においては産肉性とともに産卵性についても重視する必要がある．そして，これらを交配して実用鶏が作出される．

[内藤　充]

文　献

1) Bitgood, J. J. and Somes, R. G. Jr.: Poultry Breeding and Genetics (Crawfors, R. D. ed.), p. 469-495, Elsevier (1990)
2) 岡田育穂，山田行雄：養鶏ハンドブック（田先威和夫ら編），p.74-124，養賢堂（1982）
3) 内藤　充：日本家禽学会誌，**29**(6)，335-349（1992）

6.3　鶏　の　繁　殖

a．雌の生殖器

鶏の雌の生殖器は卵巣，卵管，排泄腔に区別され，さらに卵管はその構造と機能から，漏斗部，膨大部，峡部，子宮部，腟部に区分される．卵巣および卵管の原基は左右1対現れるが，孵化期に近づくと右側はしだいに退化消失し，左側の卵巣，卵管だけが発達する．

1) 卵　巣

卵巣は腎臓の前端に位置し，産卵期の卵巣は大小無数の卵胞がブドウの房状に腹腔に展開している．髄質と皮質に区分され，卵胞が突出した部分が皮質である．成熟した卵胞は線維膜の破裂口から排卵される．

2) 漏斗部

排卵された卵を受け入れる部分で，ラッパ状に開いている．この部分には精子貯留腺（sperm host gland）があり，排卵時にはここに待機していた精子が出て卵と受精する．

3) 膨大部（卵白分泌部）

卵管中でもっとも長い部分で，ここで卵白が生産される．卵はこの部分を約3時間を要して通過する．

4) 峡　部

ここでは卵殻膜が形成される．

5) 子宮部

峡部から急に太くなった部分で，ここでは卵白の膨潤に続いて，炭酸カルシウムの分泌により卵殻が形成される．卵は子宮部で約20時間を費やす．

6) 腟　部

卵管の後端約9cmほどの部分で，総排泄腔に開いている．子宮との移行部に精子貯留腺が存在し，腟部から上昇した精子はいったんここに貯留されると推察されている．漏斗部の貯留腺との関連は明らかでない．

b．雌の内分泌

鳥類の生殖活動は光刺激によって支配されている．光刺激は眼，松果体を経由する経路と視床下部に直接達する経路が考えられている．日照時間の長さの変化によって視床下部の性腺刺激ホルモン放出ホルモン（LH-RH）の生産量が変化する．LH-RHは下垂体の性腺刺激ホルモン放出パターンを変化させる．

FSH（卵胞刺激ホルモン）とLH（黄体形成ホルモン）は卵胞の成長と卵胞のステロイド生産を促進する．エストロジェンは，カルシウム吸収の促進，卵黄のリポタンパク質の生産，卵管の成長促進，その他多くの働きをしている．プロジェステロンは視床下部，下垂体系の性腺刺激ホルモンの生産に対し正と負のフィードバック効果を発揮する．

排卵の7時間前後にプロジェステロンが急激に増加してLHサージが起こり，血中のLH濃度のピークから約5時間前後に排卵が起こる．排卵後の卵の形成にもエストロジェンやプロジェステロンが重要な役割を果たしている．

c．雄の生殖器

精巣は腎臓の前縁の左右に位置している．活動中の精巣は白色で，重量20～30gで体重の約1%に相当する．換羽期の精巣は黄白色となる．

精巣上体は非常に小さく，哺乳類の精巣網と精巣輸出管にあたる管系と精巣上体管からなる．精巣上体管に続く長い屈曲した精管は，哺乳類の精巣上体の体部と尾部に相当する．精管は脊柱の両側に沿って後走し，終わりは排泄腔に開口する．

陰茎はなく，退化交尾器としての生殖突起が認められる．この突起は雌鶏では孵化後10週も過ぎれば退化消失する．

哺乳類の副生殖腺に相当する腺はない．腹部マッサージ法で精液採取をすると，リンパヒダの部分から透明液が滲み出て精液に加わる．この液は脈管豊多体に由来する．

d．精子と精液

鶏の精子の形態は家畜のそれと異なり，全長約100 μm の紐状で，頭部はわずかに湾曲した直径約0.5 μm の円筒状である．円錐状のアクロソーム内部には穿孔器（刺状突起）がある．尾部は頸部，中片部，主部からなり，中片部にはミトコンドリアがある．鶏精子中にはスーパーオキシドディスムターゼが存在する．

精漿には多量のグルタミン酸が含まれ，精子は代謝基質として利用し，ATP（アデノシン三リン酸）を生産する．しかし，高濃度のグルタミン酸は逆に代謝を抑制し，首曲がり精子の出現を少なくする．過酸化脂質は精子の受精能力に著しい悪影響を及ぼすが，精漿はその形成を抑制するらしい．

e．卵管内における精子の移動と貯留

交尾から受精までの過程は精子の卵管内移動と貯留および卵への侵入の諸現象に分けられる．射出された精子は腟部，子宮部，峡部，膨大部を経て，受精部位である漏斗部まで移動しなければならない．腟部の上昇は精子自体の運動によるもので，子宮部より上部への移動は主として卵管の運動によるものと推察されている．腟部を上昇した精子は子宮腟移行部および漏斗部に存在する精子貯留腺と称される腺腔内に侵入して，長期間にわたり生存している．主な鳥類精子の雌生殖器内における受精能力保持期間は表6.6に示される．

表6.6 主な鳥類精子の受精能力保持期間

種	保持期間（日）
鶏	10〜14（最高 34）
ガチョウ	16
マガモ	17
ニホンウズラ	6
キジ	11〜42
ホロホロ鳥	7
七面鳥	21〜62

f．卵管内における精子の長期生存機構

鶏精子は正常体温付近の40℃では運動を停止するが，30℃に下げると再び活発に運動する．これを温度による可逆的な不動化現象と称し，哺乳類精子にはみられない特異的現象である．

精子が貯留腺内で長期間生存できる要因として，①貯留腺の細胞が精子の生存延長にきわめて有効な物質（分子量1,000以下の分画に含まれる熱安定性の物質）を分泌している，②精子と貯留腺の細胞との接触により，有効物質取込みや老廃物の除去が効果的に行われる，③不動化によりエネルギー消耗が最小限に抑えられている，などがあげられる．

g．精子の受精機構

鶏の体外受精が射精直後の精子でも可能なことから，受精に先立つ"受精能獲得"（capacitation）の過程は鶏精子では必要がないと考えられている．また，精漿中には受精能破壊因子も認められていない．

排卵時の卵は卵黄膜内層に覆われており，漏斗部において外層が形成される．貯留腺から出た精子は形成中の外層を遊走して内層に到達し，アクロソーム反応を起こす．アクロソームから放出される酵素によって内層に直径約9μmの大きさのトンネルが形成

される。精子はこのトンネルを通って卵原形質膜に達する。この内層の通過には精子自体の運動力が必要である。鶏は排卵期に多量の腹腔液を分泌するが、この分泌液中には精漿に含まれる精子の運動促進因子（Ca^+と分子量約200の低分子物質）と同様の物質が含まれており、これが受精を助けていると考えられている。アクロソーム内膜の先端部分と卵原形質膜は融合し、細胞膜を欠いた精子が頭部から尾部まで卵内に侵入する。精子頭部は雄性前核となり、尾部は消失する。受精卵は産卵されるまでには、胚葉形成初期の段階まで発生する。

h. 人工授精

1) 精液の採取と検査

精液は腹部マッサージ法で簡単に採取できる。腹部を軽くマッサージして射精反応をしたら、総排泄腔を親指と人差し指で搾るようにつまみ上げると、射精する。射精量は個体差、品種差が著しいが、白色レグホン種で0.05～0.2mlである。精子濃度は透明液の混入の程度により異なるが、ふつう20～30億/mlである。射出精子の受精能力は30分以上経過するとしだいに低下するので、原精液のまま授精する場合には採取後できるだけ早く行わなければならない。

2) 精液の液状保存法

優れた保存用希釈液はレイク液（表6.7）である。採取精液をレイク液で3～4倍に希釈後、5℃に冷却して保存する。2日以内の保存では80%以上の受精率（授精後1週間）が得られる。

表6.7 レイク液の組成（単位：g/dl）

薬　剤	液状用	凍結用
グルタミン酸ナトリウム	1.92	1.92
フラクトース	0.60	0.80
酢酸マグネシウム	0.08	0.08
酢酸カリウム	―	0.50
クエン酸カリウム	0.128	―
酢酸ナトリウム	0.51	―
ポリビニルピロリドン	―	0.30
グリセリン	―	13.64

3) 精液の凍結保存法

鶏の精子は採取後15分間は寒冷衝撃に対する抵抗性があり、この時間内に凍結操作を完了するとよい結果が得られる。

射出精液を試験管に受け、ただちに氷水中に浸しながら数羽分の精液を同じ試験管に集める。5℃に冷却した凍結用レイク液で4～5倍に希釈し、ただちに、0.5mlストローに封入する。液体窒素面上約5cmにストローを横に並べて凍結する。ストローに封入せずに、ドライアイス上で錠剤状に凍結してもよい。

4) 凍結精液の融解とグリセリンの除去

5℃で融解後、段階的に希釈してグリセリンを除去する。融解した精液をそのまま授精しても、受精卵は得られない。グリセリン除去後、精子濃度を原精液の濃度にする。

5) 授　　精

液状精液，凍結精液のいずれも腟内深部に注入する．1授精当たりの精子数は液状は1億，凍結は4～6億必要である．凍結精子による受精率は30～80%で，同じ精液でも雌によって受精率に差が生ずる．

[桝田博司]

6.4　鶏の生理，生態

a．鶏の生理，生態と環境

鶏の生理，生態には鶏体内における諸生理機能の分野と鶏個体や群の行動，分布の分野が含まれる．この生理機能と行動，分布はいろいろの要因によって影響を受け，さらに相互に作用しながら，鶏の生命活動に影響を及ぼしている．両者の生物学的意義はいろいろの点から検討可能であるが，両者に共通する重要な要因として環境要因が存在する．それゆえ，ここでは，鶏の生理，生態について環境生理の面から述べる．

1)　鶏をとりまく環境の特性

鶏の生理，生態に影響を及ぼす環境要因は，①生物的要因と無生物的要因，あるいは，②物理的要因，化学的要因と生物的要因に分けることができる．生理学では，生体をとりまく周囲の環境を外部環境，生体内部の環境を内部環境と区別している．外部環境の要因には温度，湿度，光，音，圧力，重力，磁力，栄養などが含まれる．内部環境の要因は生体の恒常性を維持し，生命および生産活動を可能にする代謝調節機能であり，具体的には，細胞や臓器内における酵素の活性や代謝基質の濃度，脳幹と末梢部位における各種情報の制御機能を意味する[1～3]．

2)　鶏の生理，生態と環境生理学

環境生理学は動物と環境との関係を研究する学問であり，その内容は内部環境要因と外部環境要因との相互関係を個体，細胞，分子などのいろいろのレベルで解析し，それ

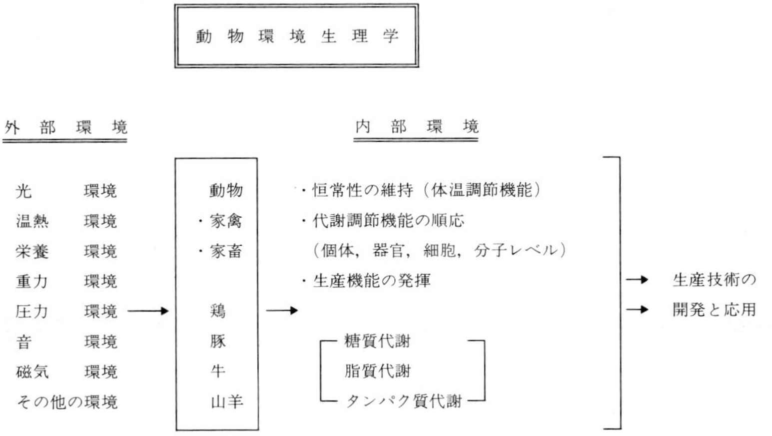

図6.5　動物環境生理学の構成と応用技術の開発（山田，1993）

らの知見を基礎として鶏の生理・生産機能を促進し，さらに拡大する方法を確立することである（図6.5）．鶏の生理・生産機能に影響を及ぼす外部と内部環境要因間の相互作用を検討する場合に最初に注意しなければならないことは，鶏が恒温動物である点である．この体内深部温度の恒常性維持機能（体温調節機能）が正常な生命そのものの維持に必須であり，生体内でのエネルギー代謝と生産機能において重要な役割を果たす．外部環境要因が鶏の代謝や生産機能に及ぼす影響の根底には体温調節機能に対する影響があり，その上に，生産機能や他の生理機能に対する影響が位置する．鶏の環境生理学は，中心に位置する体温調節機能に生産機能を加味した生物機能と外部環境要因との関係を研究する学問ということができる．

b．鶏生産と温熱環境
1) 温熱環境の特性

鶏の生理・生産機能に影響を及ぼす外部環境要因として，温度，湿度，風，放射熱，光，音，圧力，磁力，栄養などがある．これらの要因のうちで温度，湿度，風および放射熱は，深部温度を基準とした体温調節機能に密接に関係する体熱の生産と放散に顕著な影響を与える．この温度，湿度，風，放射熱が造成する熱環境を一般に温熱環境という．温熱環境の中心要因は温度要因であるが，湿度，風，放射熱の作用を受け，温度効果も複雑に変動する．

2) 鶏の生産機能と温熱環境

温熱環境は鶏の生理機能に重要な影響を及ぼし，とくに，温度が熱的中性圏外に変動する程度が大きくなると生産機能も顕著に影響を受ける．温熱環境の生産機能への影響は鶏の種類，生産形質，性や年齢によって異なる．以下において，ブロイラーの産肉機能と産卵鶏の産卵機能に関して，おのおのの生産形質に特異的な生理機能を加味して，温熱環境との関係について述べる．

a) ブロイラーの成長や生理機能と温熱環境
一般に，ブロイラーを飼育するとき初生雛の体温調節機能の発達が不十分なので，はじめの時期には環境温度が34～36℃程度になるように加温を行い，次に日齢の進展に伴って飼育温度を徐々に下げ，約3週齢までに適温域に調整する．その後は，この温度域で7～8週齢に達するまで飼育し，生体重の推移を基本的な判断指標として出荷する．成長に伴って体温調節機能が発達し代謝活動が活発になり高温高湿環境の影響を受けやすくなるので，熱的中性圏の範囲をはずれた温熱環境が生じた場合も含めて，高い生産効率を維持するためには適切な温度環境の制御が重要になる．たとえば，山田（1984）[4]によると，温度条件が，21±1℃，60±5％RHの21℃区で42日齢まで飼育した雄と雌のブロイラーに31℃と34℃の温度処理を行うと，ブロイラーの生存性と成長が高温環境の影響を受け，その影響の程度は31℃区と34℃区では異なっている．つまり，42日齢で34℃の高温処理を行うと最初の2日間に雄の70％，雌の20％が死亡したが，42日齢や55日齢で31℃の高温処理を行っても66日齢までに雄と雌の死亡はまったく認められなかった．高温処理によって飼料摂取量および増体は雄および雌においてともに低下したが，とくに，雄において顕著であった．雄ブロイラーの増体は31℃処理1週間以内に顕著に減少し始め，58日齢時における

31°C区の体重は21°C区の82%であった．このように，31°Cの温度環境でも顕著な成長低下が認められるので，鶏舎内において高温環境の発生を防止する工夫が必要である．高温環境は生体重のみならず，ブロイラーの肝臓や腹腔内脂肪の重量および肝臓酵素の比活性にも影響を及ぼす（表6.8）．高温環境におけるブロイラーの生存性や成長に関しては性差が明らかに認められ，とくに雌ブロイラーの高温耐性が高いので，雄と雌ブロイラーを同一環境で同時に飼養する場合には，雄ブロイラーの生理に基準を合わせた飼養および温度環境の管理が重要である．

b) 鶏の産卵機能と温熱環境 産卵鶏の生理・生産機能に及ぼす温熱環境の影響を検討する場合，産卵鶏の平均直腸温度が41.2〜41.6°Cであり，平均体重が1.3kgから

表6.8 21°C区と31°C区における雄および雌ブロイラーの肝臓におけるリンゴ酸脱炭酸酵素，NADP$^+$-イソクエン酸脱水素酵素およびグルコース6-リン酸脱水素酵素の比活性と総活性の変動（山田，1984）

酵素	性	比活性（国際単位/g 肝臓）		P 値
		21°C	31°C	
リンゴ酸脱炭酸酵素	雄	10.99±1.32	5.82±0.48	<0.05
	雌	15.07±2.02	9.41±1.44	<0.05
NADP$^+$-イソクエン酸脱水素酵素	雄	12.49±1.28	20.75±1.88	<0.05
	雌	12.97±1.46	15.73±2.39	<0.01
グルコース6-リン酸脱水素酵素	雄	0.46±0.07	0.39±0.06	NS
	雌	0.48±0.06	0.42±0.10	NS
		総活性（国際単位/肝臓）		
リンゴ酸脱炭酸酵素	雄	708.5±93.3	271.3±37.7	<0.01
	雌	943.3±93.5	441.1±61.7	<0.01
NADP$^+$-イソクエン酸脱水素酵素	雄	804.9±86.9	960.0±73.4	<0.01
	雌	800.2±57.7	746.6±76.6	NS
グルコース6-リン酸脱水素酵素	雄	29.25±3.58	18.18±3.61	<0.01
	雌	29.92±5.60	19.61±5.15	<0.01

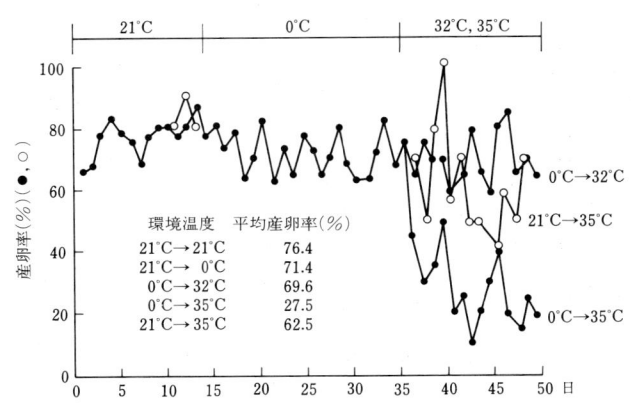

図6.6 鶏の産卵率に及ぼす環境温度の影響（山田，1983）

2.5kgの範囲に入るので，産卵鶏の体全体の熱容量が肉用牛や泌乳牛と比較して非常に小さいことに注意しなければならない．産卵機能は複雑な生理機能が統合された機能であって，①肝臓での卵黄前駆物質の合成と卵巣への輸送，②卵胞の発達と成熟卵胞の排卵，③卵管膨大部における卵白合成と分泌，④卵殻膜の合成，⑤卵殻形成，⑥放卵などの諸機能が巧妙に調節されている．これらのどの機能も産卵にとって必須であるが，環境温度が各機能に与える影響の相対比は明らかでない．図6.6に鶏の産卵率に及ぼす環境温度の影響の例を示す[5]．環境温度を21℃から0℃に急激に変更しても産卵率はあまり変化しなかったし，また，0℃から32℃に変更したときの産卵率は21℃区と0℃区の産卵率とあまり異ならなかった．しかし，環境温度を0℃から35℃に変えると，産卵率は処理第1日目から顕著に減少し始め，35℃処理期間を通じて低く推移し，平均20〜30％であった．他方，環境温度を21℃から35℃に変更したときの産卵率は35℃処理第1日目に低下し，そののち，上昇，低下と変動するが，最終的には0℃から35℃へ変更したときよりも有意に高くなる傾向が認められた．これらの結果から，白色レグホン種産卵鶏の産卵機能は0℃から32℃の範囲では急激な温度変化に対して順応可能であるが，一般的に32℃以上の環境温度への正常な産卵機能の順応は困難であると推察される．通常，21℃などの適温域で高い産卵率を維持している産卵鶏に36〜38℃の高温処理を昼夜連続して行うとほとんどの産卵鶏は死亡し，最終的には5〜15％程度の生存率となる．最近，21℃環境で飼育している産卵鶏に37℃処理を最低10日間連続して行ったのち回復させ，同様に処理した雄鶏との間の後代を得て，第2から第7世代にわたって各世代の37℃耐性および37℃処理後の産卵機能の回復についての研究結果が表6.9のように報告された[6]．この結果は，世代が進むにつれて生存率を指標とした37℃耐性や21℃での産卵の再開始日時が顕著に改善されえたことを示し，高温耐性の高い産卵鶏の選抜育種が予測される．

表6.9 白色レグホン種産卵鶏の選抜世代に特異的な37℃環境での生存率と21℃での産卵再開始時間(Yamada & Tanaka, 1992)

世代	37℃環境での高温処理10日目の生存率(%)	21℃環境での回復期における産卵開始時間(日)
G0	16.23	12.9±10.9
G1	22.41	10.8± 9.8
G3	36.78	8.5± 6.7
G5	49.17	7.8± 6.3
G7	68.87	7.1± 4.9

注1) 数値は平均値±標準偏差．
2) 異符号間に有意差あり（$P<0.05$）．

3) 高温耐性と熱ショックタンパク質の遺伝子機能の発現

細胞，組織，胚あるいは動物個体を生理的温度より高い温度環境で培養あるいは飼養したり，また，ある種の化学的ストレスにさらすと数種類の特異的なタンパク質が合成される．このような応答を熱ショック応答といい，合成されるタンパク質を熱ショックタンパク質（HSP）あるいはストレスタンパク質（SP）という．熱ショック応答はバクテリアから高等動物に至るまでの生物に認められるし，HSPあるいはSPは種間変異の少ないタンパク質であることから，このタンパク質の遺伝子機能の発現は鶏の生体防衛

反応や代謝および生産機能の制御機構に深く関係することが示唆される．事実，ショウジョウバエや鶏胚においてHSPが合成されることが報告されて以来，興味深い知見が数多く報告されている[7,8]．高温処理に伴った高等動物のHSPやSPの動態についての報告は微生物や培養細胞についての報告と比較すると少ないが，産卵鶏などのHSPに関する報告がなされつつある．高温環境が鶏生体に及ぼす影響もHSPやSPの作用を基本とした分子間相互作用を含んだ生理反応として将来理解されるであろう．

c．鶏生産と光環境
1) 光環境の特性

鶏をとりまく外部環境要因のうちで光要因は，地球上に生命が誕生して以来いろいろの鶏の生存や進化に重要な影響を及ぼしている．太陽からの光放射を受けて動物はおのおのの生活環境に適した形態と機能を備えた高性能の光受容器を発達させ，自己の生存や行動に必要な光感覚をもっている．光放射が鶏に及ぼす影響は単に光受容器を通じての視覚などの光感覚にとどまらず，図6.7のように生体内でのいろいろの生理機能や行動までに及ぶので，代謝調節の点からも光要因は重要な環境要因である．温度要因と比較して，光要因は鶏の体温調節機能を直接支配するほどの作用量を与える可能性は小さいが，通常の環境では一連の生理反応における初発反応の引き金として作用するか，あるいは電磁波として紫外や赤外域で特異的な生物作用を示す．光要因によって影響を受

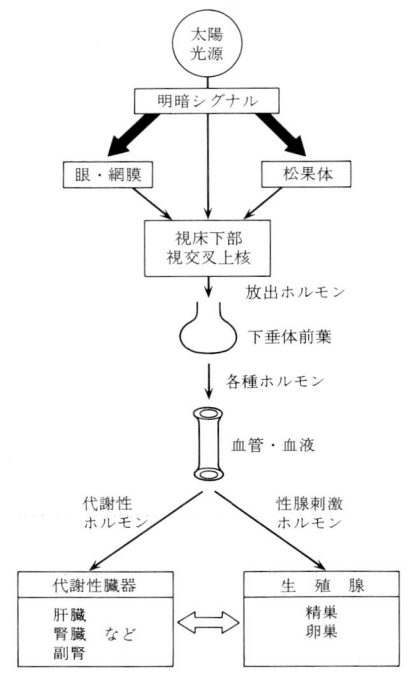

図6.7 高等動物における光受容器と繁殖・代謝機能の概要（山田，1992）

ける代謝機能は組織や器官の種類によって異なるが，おのおのの組織器官が体液を介して関係し合い，生体内の恒常性や生産性の維持に関係している．とくに，鶏が光放射の影響を受けるので，鶏の生産機能を十分に，もし可能ならば最大限に発揮させる光刺激の与え方が重要な課題となる．鶏における光情報の利用と光環境の調節技術の開発による光バイオインダストリーの発展も期待される[9,10]．

2) 鶏の生産機能と光環境

a) **養鶏における照明方法** 養鶏はブロイラー養鶏と採卵養鶏の2種類に大別される．ブロイラー養鶏では出荷までに雛の成長を促進し良質の肉を生産することが重要であるが，採卵養鶏では雛が成長し性成熟に達したのち産卵機能を長期にかつ効率的に継続させることが必要である．鶏肉と鶏卵の生産に関しては成育ステージや生理機能も異なるので，おのおのに適した光放射の利用方法も異なる．

一般的に，家禽の繁殖機能は1日当たりの明期が14〜15時間以上の長日条件で活発になる．産卵機能も一種の繁殖現象であるので，長日条件で維持され短日条件で退行する．それゆえ，採卵鶏に対する従来の照明方法は1日当たり14〜17時間の連続照明で1日1回の明暗周期をもつ方法であり，栄養やその他の環境要因の管理により比較的高い産卵率と安定した産卵持続性が達成されている．しかし，最近は高性能の電子機器の発達および環境制御装置を備えたウインドウレス（無窓）鶏舎の普及に伴い，いろいろの種類の明暗周期を設定することが現実的に可能になり，従来の1日1回の単周期とは異なった照明方法がいろいろ検討されている．実際，日周期の長さと産卵率との関係，また，1日当たりの明暗周期の数と産卵機能との関係では，1日当たりの複数回の多周期照明が光刺激効果の持続性の点で優れていると報告されている．産卵率のみならず産卵鶏の採食活動や卵質に対しても照明が影響を与えるので，いろいろの試みがなされている．その中には，すでに商業的な照明ソフト製品として販売されているものもあるが，どの組合わせが産卵鶏の生理や産卵機能にとって最適あるいは有効であるか不明であるので，今後鋭意検討する余地は大きい[13]．光質も家禽の産卵や卵質に影響を及ぼすが，七面鳥に波長組成の異なった光源で光放射を行うと，赤色光で卵重と卵白重が他の区と比較して有意に異なり，卵殻重が青色光の影響を強く受けると報告された[14,15]．

産卵鶏に対する照明方法と比較して，ブロイラーへの照明方法は照明時間や照明強度の点で異なっている．実際の飼育現場では，5〜20 lx程度の弱光を用いて23時間連続照明が実施されている．ところが，最近，産卵鶏の場合と同様に，ブロイラーに対しても1日当たり多周期の光放射を行うことが単周期処理よりも効果的であると報告されている[16]．増体量はブロイラー成長のよい指標であるが，必ずしも屠体形質のよい指標とはならない．最近のやっかいでかつ重要な問題として，腹腔内脂肪の蓄積がある．腹部脂肪量はある一定の限界を越えると，ブロイラー屠体の品質を下げ，かつ飼料効率の低下をもたらす．さらに，過度の腹部脂肪が蓄積すると高温ストレスに対する耐性が弱くなるので，飼養管理の面からも問題である．この問題については，主に栄養飼料の立場から取り組まれているが，七面鳥の場合のように光放射技術の応用によるブロイラーの生理と生産形質を改変操作する可能性の検討も重要である．照明条件，腹部脂肪量，肝臓酵素の活性，肝臓における脂肪とタンパク質への飼料成分の分配などの関係が実際に検討

されているので，ブロイラーの生産機能を光環境の操作で制御する光応用技術の開発が期待される[17,18].

b) 鶏舎環境の衛生管理と光放射　鶏の生存性と生産性を高水準に維持するには，栄養や温度，光などの環境要因の制御も重要であるが，同時に疾病による損耗や損失を低減することも重要である．最近の疾病については，飼養規模の大型化に伴う飼養環境の悪化や鶏間でのストレスなどが発症の引き金になることが多く，多大の損失をもたらす．損耗や損失防止策として環境浄化や良好な飼育環境の保持が重要であるので，光放射による殺菌作用を利用している．波長254 nmの紫外放射は細菌などのDNA上にピリミジン二量体を形成し，次世代の生存が不可能となるので，現在殺菌作用をもついろいろの紫外線ランプが実用化されている．紫外放射は鶏や人の網膜に悪影響を及ぼすので，その設置位置は直視しない場所にすべきである．

d．鶏生産とその他の環境

温湿度と光要因以外に栄養，音，磁気，圧力，空気組成，重力などが鶏に対する外部環境要因になる．これらの要因のうち，栄養要因は鶏の体構成や生命活動の源として重要であり，音や磁気は脳機能の解明と開発，重力は将来の宇宙や深海での生活と関係するなど，おのおのの環境要因が鶏の生理機能と密接な関係をもっている．これらの環境要因のもつ生理的意義は非常に重要であるので，各要因の機能解明による新分野の発展が期待される． 　　　　　　　　　　　　　　　　　　　　　　　　　　　　　　　［山田眞裕］

文　献

1) Bligh, J. et al.: Environmental physiology of animals, Blackwell Scientific (1976)
2) 山田眞裕：家畜の代謝と生産機能におよぼす温度および光環境の影響（農業生産と環境システム，第4回講演要旨集），pp. 11-28（1988）
3) Bligh, J. and Voigt, K.: Thermoreception and temperature regulation, Springer-Verlag (1990)
4) 山田眞裕：高温環境におけるブロイラーの成長と肝臓機能，畜産試験場年報，**24**, 65-66（1984）
5) 山田眞裕：家禽の産卵機能と環境温度，畜産試験場年報，**23**, 57-58（1983）
6) Yamada, M. and Tanaka, M.: Selection and physiological properties of thermotolerant white leghorn hen, Proc. 19th World's Poultry Congress, Vol. 2, 43-47 (1992)
7) Black, A. R. and Subjeck, J. R.: Mechanisms of stress-induced thermo- and chemotolerance (Stress proteins), pp. 101-117, Springer-Verlag (1990)
8) Morimoto, R. I. et al.: The stress response, funciton of the proteins, and perspectives (Stress proteins in biology and medicine), Cold Spring Harvor Laboratory Press (1990)
9) 山田眞裕：高等動物と光放射（光バイオインダストリー），pp. 43-67，オーム社（1992）
10) 山田眞裕：養鶏・畜産業と光放射（光バイオインダストリー），pp. 302-317，オーム社（1992）
11) 前田章夫：視覚，化学同人（1986）
12) Yoshizawa, T.: Vision in photobiology (Frontiers of photobiology), Excepta Medica, pp. 159-170 (1993)
13) Rowland, K. W.: Intermittent lighting for laying fowls, World's Poultry Sci. J., **41**, 5-19 (1985)
14) Siopes, T. D.: The effect of full-spectrum fluorescent lighting on reproductive traits of caged turkey hen, Poult. Sci., **63**, 1122-1128 (1984)
15) Pyrzak, R. and Siopes, T. D.: Effect of light quality on erratic egg laying of caged turkey hens, Poult. Sci., **65**, 795-800 (1986)

16) Nakaue, H. S.: Effect of type of feeder, feeder space and bird density under intermittent lighting regimens with broilers, *Poult. Sci.*, **60**, 708-712 (1981)
17) 山田眞裕：畜産における高度先端技術，計測と制御，**28**，122-129（1989）
18) Yamada, M. and Tanaka, M.: Effect of photoperiod on growth and liver function of broiler chieken, 11th International Congress of Photobiology, p. 236 (1992)

6.5 鶏 の 栄 養

a．栄　　養

鶏が生命を維持し，成長，産卵，繁殖などを営むため飼料成分を消化，吸収し，代謝する過程は大筋においては他の動物と大差ないものの，その個々の過程についてみると，鶏における特徴がみられる．

鶏ではタンパク質が代謝されて最終産物として排泄される窒素の形態は尿酸であり，哺乳動物が窒素の大部分を尿素として排泄するのと大きく異なっている．しかも尿酸は尿素よりもエネルギー含量が高いので，哺乳動物に比較してタンパク質のエネルギー源としての利用効率は低い．鶏は窒素代謝におけるオルニチン回路をもっていない．

鶏の消化器官は単胃動物でありながら豚などとは大きく異なっており，飼料を摂取してから不消化物を排泄するに4時間程度と豚などに比べ短く，飼料の消化過程に違いがみられる．

b．栄養素の種類とその役割

約40種類の化合物が鶏に必須の栄養素であることが知られている．栄養素は炭水化物，脂肪，タンパク質，ミネラル，ビタミンに分けられ，その働きは図6.8のようにまとめることができる．

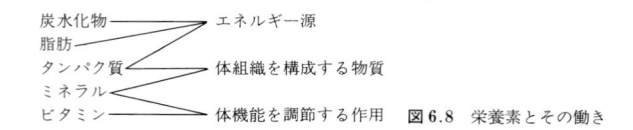

```
炭水化物 ─────→ エネルギー源
脂肪 ─────╲╱
タンパク質 ─────→ 体組織を構成する物質
ミネラル ─────╲╱
ビタミン ─────→ 体機能を調節する作用
```
図6.8　栄養素とその働き

炭水化物，脂肪は主に鶏に必要なエネルギーを供給する栄養素である．炭水化物のエネルギー含量は1g当たり4kcal，脂肪は9kcalである．脂肪はエネルギー含量が高いので，ブロイラー飼料のようにエネルギー含量を高めるために油脂等を利用する．また，脂肪には必須脂肪酸であるリノール酸が含まれ，これが不足すると雛の成長，産卵鶏では産卵率の低下などがみられる．炭水化物の中で糖類およびデンプンはよく利用されるが，セルロースなどの難溶性炭水化物は消化，吸収されず栄養的価値はきわめて低い．

タンパク質は体細胞を構成する主要な成分であるとともに，生体のタンパク質はそれ自体，酵素，ホルモンなどの生理作用をもつものがあり，これら体タンパク質の補充，体組織の新生などに必要なタンパク質を供給するものである．タンパク質は窒素を含み，他の栄養素で代替することはできない．

また，タンパク質は約20種類のアミノ酸より構成され，摂取後消化管においてアミノ

酸に分解され吸収利用される．この20種類のアミノ酸のうち10種類のアミノ酸（アルギニン，リジン，ヒスチジン，ロイシン，イソロイシン，バリン，メチオニン，トレオニン，トリプトファン，フェニルアラニン）は体内で合成できないアミノ酸（必須アミノ酸）であるため，飼料にはタンパク質含量のみでなく，これら必要なアミノ酸がバランスよく含まれている必要がある．

ミネラルは鶏体の骨格組織および器官などに多く存在するとともに，卵殻などに多く含まれる必要な栄養素である．骨，卵殻の主成分であるカルシウムがもっとも多く必要とされ，次いでリン，ナトリウム，カリウム，塩素，マグネシウムなどが主要ミネラルとして必要である．また，微量ミネラルとして鉄，銅，マンガン，ヨウ素，コバルト，亜鉛，モリブデン，セレンがある．

ビタミンは鶏体内での物質代謝が効率よく進むための反応触媒として働く有機化合物である．量的には少なく，しかも体内で合成できないため，体外より摂取しなくてはならない．ビタミンはビタミンA，D，E，Kの脂溶性ビタミンとビタミンB_1，B_2，B_6，B_{12}，ニコチン酸，パントテン酸，ビチオン，葉酸，コリンの水溶性ビタミンに大別される．ビタミンCは鶏体内で合成されるため，摂取する必要はない．高温環境などのストレス下では，ビタミンC要求量が増加するといわれ，飼料にビタミンCを添加することにより飼育成績が向上する[1]．

c．栄養素の消化，吸収
1） 鶏の消化器官の特徴と機能

図6.9に鶏の消化器官の模式図を示す．

鶏の消化器官は，くちばしから総排泄腔までの長さが成鶏で約250cmと短く，家畜間で体長と腸の長さを比較すると，牛1：15〜30，豚1：25に比べ鶏は1：7と短いことが特徴である[2]．次に鶏の消化器官のうちで特徴的な部位での働きを述べる．

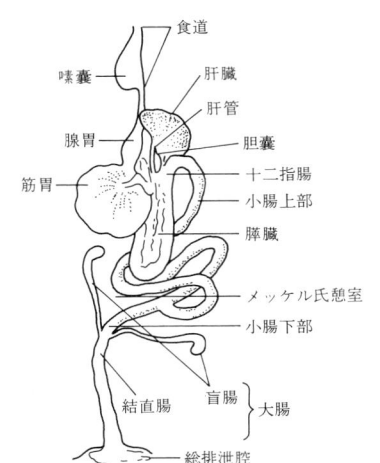

図6.9 家禽の消化器官の模式
（亀高ら，1984）[2]

a) **嗉　囊**　　嗉囊は食道の一部が発達したもので，摂取した飼料を一時この中に貯留して，唾液と混合し，湿潤化したのち少しずつ胃内に送り込む働きをする．
　b) **腺胃と筋胃**　　腺胃は前胃ともよばれ，腺細胞から胃液と塩酸が同時に分泌される．胃液にはペプシノーゲン，塩酸，ムチンなどが含まれる．しかし，腺胃内では消化はほとんど進まない．筋胃は砂嚢ともいわれ，厚い筋層からなり，中には砂粒（グリット）が存在し，筋胃の強力な収縮運動によって飼料を物理的に磨砕するとともに，ペプシンの作用でタンパク質の一次消化が行われる．
　c) **盲　腸**　　鶏の盲腸は哺乳動物と異なり小腸と結直腸の境目に2本の袋状管となっている．組織学的には大腸と同様とみなされ，リンパ腺様の組織が多い．盲腸の機能は明らかではない．消化管のうちで盲腸は腸内微生物のもっとも多く生息しているところである．
　d) **総排泄腔**　　不消化の飼料残渣，消化管壁の剥離したもの，消化酵素，消化管内微生物などは糞となって排泄されるが，糞は尿と一緒に排泄される．糞には尿に由来する尿酸が沈着している．排泄物中には褐色の軟らかい糞がみられ，盲腸を通過した盲腸糞である．

　2) **栄養素の消化，吸収**
　鶏が摂取した飼料中の栄養素を利用するためには消化，吸収しなくてはならない．そのためには，飼料中の炭水化物，脂肪，タンパク質などの高分子化合物が消化管粘膜を通過できるよう簡単な化合物にまで分解されなければならない．消化は筋胃における磨砕による物理的消化と消化管内に分泌される消化液（胃液，膵液，胆汁など）による化学的消化の両者によって行われる．
　a) **炭化化物**　　摂取される炭水化物の主体はデンプンである．デンプンは主として膵液に含まれる α-アミラーゼ，腸液のマルターゼによってほぼ完全にグルコースにまで加水分解され，小腸で吸収される．
　b) **脂　肪**　　摂取された脂肪は膵液に含まれるリパーゼにより，胆汁などの助けを受けて脂肪酸とグリセロールに加水分解されるが，すべて脂肪酸とグリセロールに加水分解されるわけではない．吸収においても脂肪酸，グリセロールのかたちだけでなく，モノアシルグリセロールのかたちで吸収されるものが多い．モノアシルグリセロールと脂肪酸は胆汁中の胆汁酸塩とともに微細なミセルを形成し，これが直接腸粘膜に入り，再度脂肪に合成され，次にリン脂質，コレステロールとそのエステルおよびタンパク質とともにカイロミクロン粒子を形成し，リンパ管内に移行して循環血中に入る．鶏はリンパ系の発達が悪いので，カイロミクロンは門脈系を通って肝臓に運ばれ利用される．
　c) **タンパク質**　　摂取されたタンパク質は腺胃で分泌されたペプシンによって，筋胃における物理的消化が加わって部分加水分解を受け，小腸に移る．小腸では膵液中のトリプシン，キモトリプシン，腸液のカルボキシペプチダーゼなどにより加水分解されてオリゴペプチドやアミノ酸となり，腸粘液を通過して吸収される．吸収されたアミノ酸は肝内脈を経て肝臓に至り利用される．タンパク質の大部分はジ，あるいはトリペプチドといったオリゴペプチドのかたちで吸収されることが明らかになってきた[3]．ペプチドは腸管から吸収され，細胞の表面あるいは細胞内で加水分解を受け，アミノ酸が血

中に放出される．グリシルグリシンなどはそのまま血中に現れるといわれる．

d) ミネラル ミネラルは主として小腸で吸収されるが，とくにナトリウムイオンは活性吸収される．直腸は短いので吸収に大きな役割を果たしていないが，食塩や水分の給与が制限されると，総排泄腔から尿中水分や食塩が再吸収されて，それらの体内平衡を保とうと働く．カルシウムは小腸で吸収されるが，飼料中のカルシウム含量，また，卵殻形成時とそうでないときでは小腸部位（十二指腸，空腸，回腸上・下部）間におけるカルシウムの吸収が違うことが知られている．

e) ビタミン 脂溶性ビタミンは脂肪の吸収と本質的に同じと考えられ，いずれも吸収に先立って複合ミセルの形成が必要である．水溶性ビタミン（ビタミンB群）は拡散により吸収される．主な吸収部位は小腸上部とされている．ビタミンB_{12}は胃粘膜でつくられる内因子との複合体となって吸収される．

d．栄養素の代謝と利用

吸収されて体内に入った栄養素は生体内で化学的な合成あるいは分解過程を経て必要なエネルギー源として，あるいは体組織の形成に利用される．また，卵，肉など生産物の合成に利用される．

1) 炭水化物の代謝

炭水化物は一部グリコーゲンとして貯蔵されるが，主としてグルコースを経て代謝されエネルギーを供給する．グルコースが炭酸ガスと水に分解される過程は大きく分けて2段階があり，第1段階はピルビン酸に至る解糖経路，第2段階がピルビン酸から代謝されて炭酸ガスと水となるトリカルボン酸サイクル（TCAサイクル）とよばれる経路である．

2) 脂肪の代謝

脂肪は，エネルギー源となる場合はまず脂肪酸とグリセロールに加水分解される．グリセロールは解糖経路，脂肪酸はβ酸化とよばれる経路で酸化されてエネルギーを供給する．脂肪酸のうちリノール酸，リノレン酸の多価不飽和脂肪酸は不飽和化，鎖長延長反応によって生理活性物質の生合成に用いられる[4]．

3) タンパク質の代謝

鶏体を構成する体細胞の主成分はタンパク質であり，生命を維持していくのに必要な諸反応をつかさどる酵素，ホルモンなどもタンパク質でできている．これら体タンパク質はつねに新しいものが合成されて更新がなされている．また，鶏の生産物である卵や肉の主成分はタンパク質である．飼料から吸収されたアミノ酸は各組織に運ばれて必要なタンパク質の合成の給源となる．また，体タンパク質はアミノ酸にまで分解され，生成されたアミノ酸の大部分は再び新しいタンパク質の合成に利用される．アミノ酸の一部は代謝されて最終産物の尿酸として排泄される．吸収された飼料成分の代謝の概要を図6.10に示す．

4) エネルギーの利用

鶏における飼料エネルギーの利用について，消化・吸収，代謝の各段階での分配を図6.11に示す．鶏ではガスの排泄は少なくそのエネルギーは無視でき，糞尿とも総排泄口

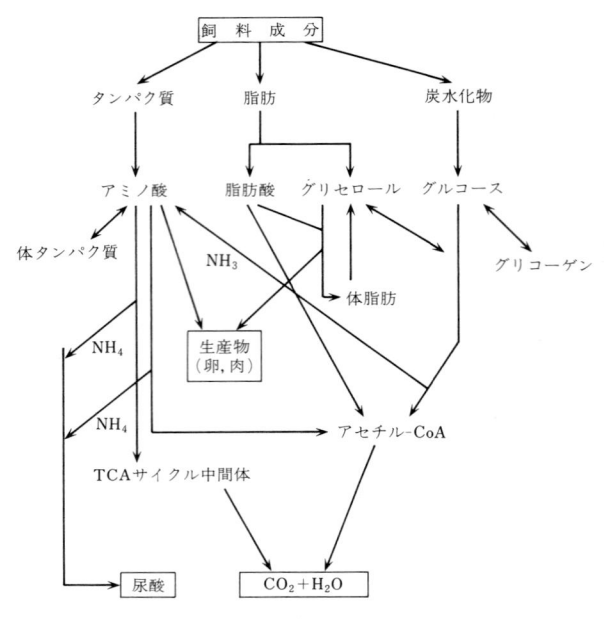

図 6.10 吸収された飼料成分の代謝の概要
(内藤, 野口, 1981 を改図)[8]

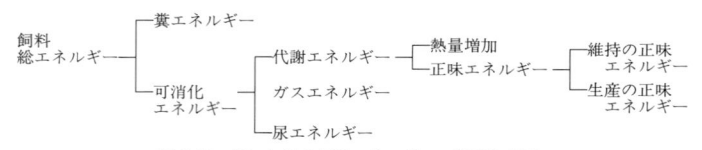

図 6.11 鶏における飼料エネルギーの利用と分配

から排泄されるので、これを採集すればこれと摂取飼料の総エネルギー（GE）より比較的簡単に代謝エネルギー（ME）が測定でき、鶏のエネルギー単位として用いられる.

e. 養分要求量
1) エネルギー要求量

要求量を表示するエネルギー単位は ME が用いられる．これは鶏が有効に利用するエネルギーとして比較的合理的であり，しかも前述のようにその測定が容易なためである．

a) ブロイラーおよび卵用種雛 一般にエネルギー要求量は維持と生産（成長を含む）のエネルギーに分けられる．ブロイラーや卵用種雛は日々成長しており，それに伴ってエネルギー要求量も増加する．雛の各個体について成長のある時点でのエネルギー必要量を求めることはできるが，実際の飼養形態からは意味がない．鶏はエネルギーの必要量を充足するように飼料の摂取量を調節するので，雛がその飼料を摂取できる範囲

で必要なエネルギーが得られるよう，飼料のエネルギー水準を示している．

b) 産卵鶏 産卵鶏の代謝エネルギー要求量は，次式によって求めることができる[5]．

ME 要求量(kcal/羽/日)＝115(kcal)×体重(kg)＋2.2(kcal)×産卵日量(g)

115kacl は体重 1kg 当たりの維持に必要な量，2.2kcal は卵 1g の生産に必要な量である．

エネルギー要求量のうち維持に必要な量は環境温度によって大きな影響を受ける．15～35℃ の範囲では 1℃ 上がるごとに雄鶏で要求量が 2.7% 減少することが知られており，産卵鶏でも大差ない．

2) タンパク質・アミノ酸要求量

飼養標準にはタンパク質要求量が粗タンパク質含量で表示されている．タンパク質はアミノ酸にまで分解されて吸収されるので，タンパク質の要求量というよりはタンパク質に含まれるアミノ酸に対する要求量といえる．鶏では前述のように，必須アミノ酸はアルギニンをはじめとして 10 種類が知られており，そのタンパク質は適当なアミノ酸組成をもったものでなければならない．また，成長の盛んな時期には，グリシン(セリン)およびプロリンの生体内での合成速度ではこれらアミノ酸の必要量を満たしえないため，飼料として供給する必要がある．タンパク質，アミノ酸の要求量は成長速度や産卵量などその生産活動状態によって大きく変わる．

a) ブロイラーおよび卵用種雛 成長に必要なタンパク質は維持および体組織の形成に分けることができる．維持に必要な量は内因性窒素排泄量で体重 kg 当たり 250mg とされているので，タンパク質に換算すると 1.6g に相当する．体組織の形成に必要な量としては増体量の 18% をタンパク質とみなし，羽毛量は発育の初期には体重の 4～7% であり，その 82% をタンパク質とすると要求量は次式によって示すことができる[6]．なお，飼料タンパク質の利用効率は，卵用種雛では 55%，ブロイラーでは 64% 程度とされている．

タンパク質要求量(g/日)
　　＝0.55(体重(g)×0.0016＋増体量(g)×0.18＋羽毛量(g)×0.82)

b) 産卵鶏 産卵鶏ではタンパク質要求量を次式によって求めることができる[5]．

タンパク質要求量(g/日)
　　＝0.52(体重(g)×0.0013＋増体量(g)×0.18＋産卵日量(g)×0.12)

3) ミネラルおよびビタミン要求量

鶏の飼養標準にミネラルおよびビタミンの要求量が示されている．ミネラルのうちカルシウムは成長中の骨格形成および産卵時の卵殻形成にとくに重要であり，しかも量的のみならず飼料中のカルシウムとリンの比率が重要である．また種鶏の場合には孵化率，初生雛の成長の向上をはかるためには，一般に産卵鶏よりミネラルでは鉄，ヨウ素，亜鉛，ビタミンではビタミン E，B_2，B_6，B_{12}，葉酸，パントテン酸などが多く必要である[5]．

4) 飼養標準

鶏の飼養標準は卵，肉の生産など飼養目的に応じて，飼料として給与すべき栄養素の量または飼料中の含量とバランスを示し，さらには飼料給与に際して配慮すべき事項を

表6.10 ブロイラーのタンパク質，エネルギー，ミネラルおよびビタミン要求量[5]

栄養素	区分	ブロイラー前期 (0〜3週齢)	ブロイラー後期 (3週齢以後)
粗タンパク質(CP)	(%)	21.0	17.0
代謝エネルギー(ME)	(kcal/kg)	3,100	3,100
カルシウム	(%)	0.90	0.80
全リン	(〃)	0.65	0.60
非フィチンリン	(〃)	0.45	0.40
カリウム	(〃)	0.30	0.24
ナトリウム	(〃)	0.15	0.15
塩素	(〃)	0.15	0.15
マグネシウム	(〃)	0.06	0.06
銅	(mg/kg)	8.0	8.0
鉄	(〃)	80.0	80.0
ヨウ素	(〃)	0.35	0.35
マンガン	(〃)	55.0	55.0
セレン	(〃)	0.12	0.12
亜鉛	(〃)	40.0	40.0
ビタミンA	(IU/kg)	2,700	2,700
ビタミンD_3	(ICU/kg)	200	200
ビタミンE	(mg/kg)	10.0	10.0
ビタミンK	(〃)	0.5	0.5
チアミン	(〃)	2.0	1.8
リボフラビン	(〃)	5.5	3.6
パントテン酸	(〃)	9.3	6.8
ニコチン酸	(〃)	37.0	7.3
ビタミンB_6	(〃)	3.1	1.7
ビオチン	(〃)	0.15	0.15
コリン	(〃)	1,300	750
葉酸	(〃)	0.55	0.55
ビタミンB_{12}	(〃)	0.009	0.004
リノール酸	(%)	1.0	1.0

示している．鶏を合理的に飼養し，飼料資源を有効かつ経済的に利用して，その生産性の向上をはかる基礎となるものである．日本では日本飼養標準・家禽(1992年版)[5]が刊行されている．表6.10にはブロイラーのタンパク質，エネルギー，ミネラルおよびビタミン要求量を示した．

[山崎昌良]

文献

1) Pardue, S. L. and Thaxton, J. P.: *W. P. S. J.*, **42**, 107 (1986)
2) 亀高正夫，堀口雅昭，石橋 晃，古谷 修：基礎家畜飼養学，養賢堂 (1984)
3) 佐々木清網監修：畜産大辞典，養賢堂 (1964)
4) Kan, C. A: *W. P. S. J.*, **31**, 46 (1975)
5) NRC 1994 Nutrient Requirements of Poultry (9th rev. ed.), NAS.
6) 農林水産技術会議事務局：日本飼養標準・家禽，中央畜産会 (1992)
7) Scott, M. L. *et al.*: Nutrition of the chicken, Humphrey Press Inc. (1983)
8) 内藤 博，野口 忠：栄養化学，養賢堂 (1981)

6.6 鶏の飼料

a. 養鶏用配合飼料

肉または卵の生産を目的として鶏を飼育する場合には，鶏が必要な栄養素はすべて飼料として与える必要がある．しかし，単一の飼料で鶏が必要とするすべての栄養素を過不足なく給与することは困難である．そのために，複数の飼料原料を混合して配合飼料をつくる．鶏の飼料は飼育の目的と発育段階に応じて，産卵鶏用では育成期用の幼雛・中雛・大雛飼料，産卵期用には採卵鶏用・種鶏用の区別があり，ブロイラー用では前期用・後期用の区別がある．また製品の形では粉状のマッシュ，粒状のペレット，ペレットを砕いたクランブルがある．

飼料の配合には目的とする鶏の栄養素要求量と配合に使う原料に含まれる栄養素の量を知る必要があるが，これは家禽の飼養標準と標準飼料成分表などに示されている．もっとも安い経費で必要な栄養素を不足なく与えられる飼料の配合割合は，線型計画法によりパーソナルコンピューターを使って簡単に求めることができる．

産卵鶏用飼料の実例をみると，トウモロコシとグレインソルガム63%，ダイズ粕9%，魚粉9%，ふすまと脱脂米ぬか7%，草粉2%，動物性油脂1%，無機物8%，プレミックス1%からなっている．このようにふつうの養鶏飼料は植物質・動物質・鉱物質飼料の混合物であり，使用する飼料は10種類程度で，植物質成分が約80%を占める．大部分はトウモロコシとダイズ粕でありエネルギーとタンパク質を供給している．ぬかとふすまは草粉とともに微量に必要なビタミンとミネラルの給源である．動物質成分は魚粉が主であり，植物性タンパク質に不足するアミノ酸給源として重要である．動物性油脂はエネルギーを高めるために使われる．鉱物質飼料は多量に必要なカルシウム，リンと食塩を供給する．プレミックスは天然の飼料原料だけでは不足する可能性のある微量に必要なビタミンとミネラルを補うことを主目的としている．

b. 栄養素と飼料
1) 炭水化物と脂肪

この成分はエネルギー源であり，飼料の栄養価値は代謝エネルギー含量で評価される．養鶏飼料のエネルギーの75%は穀類のデンプンから，残りは植物タンパク10%，動物タンパク10%，ぬか・ふすま類5%から供給される．飼料としてトウモロコシ，グレインソルガム，ムギが使われる．鶏はセルロースを消化できないので，粗繊維含量の多い飼料は養鶏飼料としては適さない．

穀類は脂肪含量は少ないが脂肪中には必須脂肪酸のリノール酸が多いので，穀類を60%以上含む飼料の場合は必須脂肪酸要求量はほぼ満たされる．

穀類の代謝エネルギーは1g当たり3kcal程度なのに対して脂肪は8kcal以上あり炭水化物の約2倍のエネルギーを含むので，エネルギーを高める飼料として動物脂肪のタローが使われる．脂肪は飼料のほこりを防ぎ，ペレットの結合力を高めるが，5%以上配合すると袋から滲み出すおそれがある．

2) タンパク質とアミノ酸

タンパク質飼料の栄養価は一般分析では粗タンパク質含量で示すが，粗タンパク質は飼料中のアミノ酸の総量の指標であって，アミノ酸の種類とそれぞれの量を知るためには飼料のアミノ酸分析が必要である．飼料中のアミノ酸のどれだけが鶏に利用されるかを評価するには，摂取した飼料中のアミノ酸が消化吸収された後，鶏の体内にどれだけとどまるかを表すアミノ酸有効率を使う．アミノ酸有効率は主要な養鶏飼料について測定されており，アミノ酸有効率に基づいた飼料の配合はアミノ酸含量に基づいた配合より合理的である．

養鶏飼料のタンパク質源利用の基本的考えは，穀類と植物油粕から供給されるタンパク質のアミノ酸組成を動物性タンパク質に含まれるアミノ酸を使って，鶏が必要とするアミノ酸バランスに調整するというものである．飼料のタンパク質は植物性原料から約65％が供給されるが，植物性タンパク質は一般にリジンと含硫アミノ酸が足りないので，残りはこれらの含量の多い魚粉や肉粉から供給し，必須アミノ酸のバランスを保つようにする．養鶏飼料は必須アミノ酸の要求量を満たすことと，非必須のアミノ酸を全体として供給することが必要である．そのため，鶏の飼養標準には必須アミノ酸要求量とともに粗タンパク質の要求量が示されている．少数の不足する必須アミノ酸を補うために天然の飼料を配合すると必ず過剰のアミノ酸が生ずるが，不足しているアミノ酸だけを単独に添加すれば，それだけで栄養価の高いタンパク質を与えたのと同様の効果が得られる．この目的のために植物性タンパク質に欠乏しやすいL-リジンとDL-メチオニンが飼料用に製造されている．

3) ビタミンと未知成長因子

ビタミンは天然の養鶏飼料中にはたいてい存在するが，鶏にとって必要なすべての種類を必要な量含んでいる単体飼料はない．そこで，ビタミンの多いぬか，ふすま，牧草，醸造副産物，動物質飼料を混合して必要なビタミンの種類と量を供給する．

天然飼料中のビタミンは測定することが困難であり，一般に含量の変動が大きく，さらに飼料の貯蔵，加工の過程で破壊が起こりやすい．またストレスにより鶏のビタミン要求量の変動も考えられる．そのために実用的な飼料では不足する可能性の高いビタミンについて，天然の飼料に頼らなくても，鶏に必要な種類と量を確実に与えられるように純粋なビタミンの混合物を添加する．鶏用のビタミンプレミックスにはビタミンA, D, E, B_1, B_2, B_6, ニコチン酸，パントテン酸，コリン，葉酸を含んだものがある．

既知の栄養素以外にビタミン類似の動物の成長を促進する栄養因子が存在するかもしれないということから，この未確認の物質を未知成長因子（UGF）という．魚粉，フィッシュソリュブル，ジスチラースソリュブル，乾草，肝臓粉末，粉乳，酵母，米ぬかは未知成長因子を含むといわれ2％程度配合することが多い．

4) ミネラル

鶏が必要とするミネラルは，卵殻や骨格の構成分として飼料中の％レベルで多量に必要なカルシウム，リン，食塩から，要求量はppmのレベルでよいがホルモンや酵素成分として生理的に重要な働きをするものまである．

産卵鶏では卵殻成分としてカルシウムの要求量がとくに多い．カルシウム源としては

石灰石粉，カキ殻がありどちらも安価である．これに対しリン源にはリン酸カルシウムが使われるが，これは高価である．魚粉と骨粉もリンが多い．穀類には0.3%程度のリンが含まれるが，これはフィチン態リンのために鶏による利用性が悪い．飼料中のリンのうち家畜が利用できるリンを有効リンといい，鶏では有効リンを表すために非フィチンリンを使う．これは飼料の全リンとフィチン態リンをそれぞれ化学的に測定して，全リンからフィチン態リンを差し引いて求める．

カリウムは植物質飼料には多いので，実用飼料では不足することはない．

飼料の微量ミネラルの含量は変動が大きく，飼料原料のミネラル分析をいちいち行うことは困難なために，配合原料中の微量ミネラルに頼らないでも要求量を満たせるように添加剤が用いられる．鶏用の微量ミネラルプレミックスにはマンガン，鉄，銅，亜鉛，ヨウ素を含んだものがある．

5） 色　　　　素

卵黄の色，ブロイラーの皮膚の色は黄色の濃いものが好まれるので，養鶏飼料ではキサントフィルの多い黄色トウモロコシ，アルファルファミール，コーングルテンミールは色素源として重要である．グレインソルガム，米，ムギ，キャッサバミールにはキサントフィルが少ないので，これらを多く配合する場合にはキサントフィルの多い原料と組み合わせるか天然色素抽出物を添加する．産卵鶏用飼料中には 20 mg/kg 程度のキサントフィルが含まれることが望ましい．

6） 飼料添加物とプレミックス

抗生物質，合成抗菌剤，抗酸化剤は栄養素ではないが，飼料養分の利用率の促進，成長の促進，病気の予防または飼料の品質の保持を目的として飼料に添加される．抗生物質は病気予防のためには 50 ppm 程度添加するのに対して，発育増進のためには 10 ppm 程度を添加する．

抗菌性物質の利用にあたっては，生産物の食品としての安全確保，生産者および家畜に対する健康確保の見地から，薬剤の種類，対象となる家畜，添加量，薬剤の組合わせ，薬剤の給与禁止期間について飼料安全法による規制がある．

ビタミン，微量ミネラル，色素抽出物，薬剤などの純粋な物質は飼料に添加される量が微量であり，そのままでは飼料に均一に混合することは困難である．そのために，あらかじめ微量添加物を脱脂米ぬか，コムギ粉などと混合して希釈したものをつくり，発育の段階，生産の目的に応じて適当な量を飼料に配合する．

c． 主要な養鶏飼料

1） 穀　　　　類

穀類は養鶏用飼料の 50% 以上を占める主成分であり，わが国ではトウモロコシおよびグレインソルガムがもっとも多く使われる．このほかの穀類ではコムギ，オオムギ，米が使われる．どのような種類の穀類を配合に使うかは，原料の価格が栄養成分との比較において有利かどうかによって変化する．

穀類は主にエネルギーを供給する飼料であるが，粗タンパク質を 8～9% 含むので，配合飼料の粗タンパク質の 25～30% を供給することにもなる．穀類は一般にビタミン，カ

ルシウム，ナトリウムが少なく，リンは含まれていても利用性が低く，アミノ酸はバランスがよくない．

黄色トウモロコシは給与量を制限する因子を含んでいないことと，キサントフィルを含むので，養鶏飼料としてもっとも重要な穀物である．

グレインソルガムはトウモロコシよりもやや乾燥した地域に生産される穀物であり，エネルギー含量はトウモロコシと変わらないが，色素を含まないので，キサントフィル給源との組合わせを考慮する必要があること，またタンニンの多いものがあることから，トウモロコシよりも飼料価値は少し低い．

コムギと米は人の食料との競合があるので，過剰生産物，食用に適さない品質のものが飼料として用いられる．

2) **植物油粕**

ダイズ，ラッカセイ，ナタネ，サフラワー，綿実，ゴマなどの種実から油を搾った残りはタンパク質含量が30～50%と高いのでタンパク質源として重要である．油粕はタンパク質中にリジンとメチオニンが少なく，有害成分を含み多量には給与できないものがある．また粗繊維含量の多いものも養鶏飼料としては向かない．

ダイズ粕は養鶏飼料としてもっとも重要なタンパク質源である．しかし，ダイズやラッカセイは有害物質トリプシンインヒビターを含んでいる．これは熱により破壊されるが，熱をかけすぎるとアミノ酸の利用性が損なわれるので，適切な熱処理が大切である．高タンパク質ダイズ粕，タンパク質と脂肪を同時に利用する目的の加熱丸ダイズ，従来とは異なる加熱法を適用したダイズ粕加工品も開発されている．

カノーラミールは成長阻害物質と甲状腺肥大物質の含量が少ないナタネ粕であり，養鶏飼料として使用量が多くなっている．

綿実粕に含まれる有害物質は産卵率低下，孵化率の低下，卵黄や卵白に変色を起こすので養鶏用にはほとんど使われない．

サフラワー粕，ヒマワリ粕，ヤシ粕は繊維質が多く，養鶏飼料としてはあまり使われない．

3) **動物質飼料**

動物性タンパク質は飼料タンパク源としてアミノ酸バランスはよいが高価である．

日本では魚粉が主に用いられており，魚粉はアミノ酸を供給するだけでなくビタミンとミネラルのよい給源でもある．魚粉に含まれる脂肪には高度不飽和脂肪酸が多いので酸化されやすく，脂肪の多いもの，古いものには有害物質が生成されることがある．また製造時に熱を加えすぎた魚粉には，筋胃にびらんと潰瘍を起こす物質が生成されるので，魚粉の品質には注意が必要である．

水産加工場の廃棄物を原料とするフィッシュソリュブルはタンパク質含量が低く，アミノ酸バランスはよくないが，ビタミンを多く含む．フィッシュソリュブルを脱脂米ぬかに吸着した製品が使用される．

食肉加工副産物であるミートミール，ミートボーンミール，食鳥処理副産物もよいタンパク質源である．家禽副産物はアミノ酸組成がよいのに対し，羽毛を蒸気加熱したフェザーミールはアミノ酸バランスがよくない．

4) ぬか類とその他の飼料

米ぬかとふすまはビタミンと微量ミネラルの含量は多いが，エネルギー量は少ない．生米ぬかは脂肪含量が高いのでエネルギーは多いが，脂肪は変敗しやすいので脱脂米ぬかが用いられる．ふすまは製粉歩留りによって一般ふすまとコムギ粉の多い増産ふすまがある．ふすまはエネルギーが低く，かさばるのでブロイラー飼料には使われず，種鶏用飼料などエネルギーの低い飼料に使われる．

トウモロコシデンプン製造の副産物であるコーングルテンミールは，粗タンパク質含量は高くてもアミノ酸バランスはよくない．黄色トウモロコシが原料の場合には色素含量が多いので養鶏飼料にはよく使われる．

草粉はカナダまたはアメリカから輸入したアルファルファミールである．これは牧草を火力乾燥したものであり，ビタミン，ミネラルとキサントフィルの給源として2%程度配合される．

熱帯産のキャッサバいもを細切乾燥した後ペレットにしたキャッサバペレットは穀類と同様にエネルギー源として使われる．これは有毒な配糖体を含み，タンパク質と色素を含まないので，配合量とタンパク源に注意して使用する必要がある．　　　〔小坂清巳〕

6.7 鶏の管理

a. 卵用鶏

1) 育雛・育成期

a) 入雛準備　　育雛方式には電熱育雛(バタリー)，傘型育雛，温風暖房および床面給温等の育雛がある．健康で良質な若雌を育成するには育雛・育成舎および機械器具の水洗，消毒を行う．水洗，消毒の手順は清掃 → 水洗 → 乾燥 → 消毒 → 乾燥 → 再消毒の順に行う．また，育雛舎は入雛5～6時間前より育雛器内の温度を 34～36℃，湿度70%以上になるよう調整しておき，とくに，サーモスタットの作動と温度計の点検が重要である．

表6.11 育成期の必要床面積，給餌および給水面積

(a) ケージ方式の必要床面積および給餌・給水面積

項目 日齢	床面積 1羽当たり	給餌面積 1羽当たり	飼育羽数 坪(3.3 m²)当たり	給水スペース	
				1カップ当たり	樋式1羽当たり
0～30	160 cm²	2.0 cm	200羽	24羽	2.0 cm
31～60	300 〃	5.0 〃	100 〃	16 〃	2.5 〃
61以降	600 〃	*10.0 〃	50 〃	12 〃	3.0 〃

注　*大雛期には制限給餌に必要なスペースを確保する．

(b) 平飼い方式の必要床面積および給餌・給水面積

項目 日齢	床面積 坪(3.3 m²)当たり	給餌面積 1羽当たり	給水面積 樋式1羽当たり	給水器設置 1個当たり飼育羽数
0～30	60羽	2.0 cm	2.0 cm	200羽
31～60	35 〃	5.0 〃	2.5 〃	75 〃
61以降	20 〃	10.0 〃	3.0 〃	75 〃

b) **飼育環境** 季節，日齢等により1羽当たりの床面積，給餌および給水スペースが違ってくる（表6.11）．とくに，給餌器，給水器のスペースは一方的に偏ることなく平等に配置する．餌と水はつねに雛の近くにある状態にしておく．また，温度，湿度は餌つけより1〜2週齢までの管理が大切である（表6.12，表6.13）．換気は保温を重視するあまり換気不良になりやすいので，室温を維持しつつ換気をはかることが重要である．

表6.12 育雛時の温度基準 （単位：℃）

日齢	0〜3	4〜7	8〜14	15〜24	25〜30	45
育雛温度	34	30	27	25	20	14
室内最低希望温度	20	15	15	12	10	10

表6.13 育雛時の湿度基準 （単位：％）

日齢	0〜3	4〜7	8〜15	30	45	60
最適湿度	80	75	75	70	60	50
最低湿度	70	70	60	50	40	40

c) **廃温** 季節により長短があり，夏雛は7〜10日齢，春秋雛では14〜21日齢，晩秋から早春の雛は21〜28日齢で行う．廃温はある日突然に行うのではなく，徐々に環境に慣らして行うことが大事である．

d) **給餌** 餌つけは卵黄が大部分消化された頃がよく，孵化後おおむね48時間前後を経過したときが適期である．餌つけは新聞紙，飼料袋，チックプレート等を用いて，雛の食べやすい練餌（ぱさぱさの状態）を与える．1日の必要量5〜6gを3〜5回に分けて3日間ぐらい給与し，漸次粉餌に切り換える．

e) **給水** 入雛したばかりの雛にとっては餌つけ前に給水すると餌つけがよくなる．また，くちばしを飲水に浸してから育雛器に移すことにより早く飲水器に慣れるようにする．

f) **デビーク（断嘴）** 尻つつき，食羽等の悪癖を防止し，育成率や生存率の改善をはかるため，デビークを行う．時期は雛に与えるストレス，出血度，作業効率，事故等に考慮して5〜7日齢に行うのがよい．デビークの方法は上嘴は鼻孔から2mmを残して切り落とし，下嘴はこれより心もち長めに行う．

g) **光線管理** 0〜3日齢は終夜点灯，4〜14日齢は15時間とし，15日齢以後は開放鶏舎とウインドウレス鶏舎で異なる．開放鶏舎の場合は3〜8月に孵化した雛は自然日長のままで育成し，21週齢頃より毎週15〜30分ずつ増加し，15〜17時間に達したら一定とする．9〜2月雛は性成熟を抑制するため，育成期間中の最高日長時間を算出し，15週齢以降自然日長を含めて最高時間で一定とする．ウインドウレス鶏舎は15日齢以降20週齢まで8〜10時間一定とし，その後，毎週15〜30分ずつ増加して，15〜17時間に達したら一定とする．なお，照度は0〜3日齢は10〜20lx，4〜14日齢は10lx，その後は2〜5lxにしたほうが性成熟の抑制や悪癖の防止に有効である．

h) **体重測定** 雛の発育状態の把握，仕上がりの斉一性，健康診断，飼料の給与量

の決定等体重は多くの情報を得るための重要な形質である．体重測定は60日齢から開始して1カ月ごとに測定する．この場合，鶏群単位の50%ぐらいを抽出し，測定してばらつきをみるとともに，平均体重の±10%以内に70%の雛が入るように管理する．

i) 制限給餌　余分な脂肪がついたり，体重が過重になると，産卵成績に悪影響を及ぼすことになるので，飼料の制限給餌を行う必要がある．制限給餌にはいくつかの方法があるが，一般的に行われているのは，①標準体重（日齢×10+100 g）に合わせて標準給与量を策定して，これにそって給与量を決める．②8〜20週齢の間の給与量を標準給与量の60〜80%に制限した日量を目安とする．③標準体重を上回った場合を1週間に1〜2日絶食させる等の方法がある．

2) 成鶏期

a) 成鶏舎への移動　育成舎から成鶏舎への若雌の移動はストレスを最小限に抑えるため，18週齢ぐらいまでに行うのが望ましい．

b) 鶏舎環境　産卵鶏の最適温度は13〜25℃で，27〜29℃が上限といわれている．鶏舎の換気は疾病対策，とくに，呼吸器関係病対策の面からも重要であるので，日常の管理でも換気に心がけることが大切である．

c) 収容密度　最近，ウインドウレス鶏舎において採卵鶏自動ケージシステムと称して，直立多段式で，1ケージに4〜9羽収容する多羽数ケージもある．一般には2羽飼いのものが多く，系統，銘柄により多少違いはあるが，1羽当たりのケージ面積350〜450 cm^2 が適当である．

d) 飼料と給餌　産卵が5%程度になったときに大雛用飼料から成鶏用飼料に切り換えるとともに，日常の管理では季節に適応した養分の飼料を毎日残さない程度に給与し，飼料の微量成分を十分に有効利用させるために1日1時間は給餌器が空になるようにする．また，1日1〜2回"餌ならし"を行う．

e) 点灯管理　産卵ピークの1週間前の点灯時間は14〜15時間になるように調整し，それ以後は漸増とし，最後は17時間までふやしていき，照度は10 lx程度とする．

f) 衛生対策　鶏病の発生防止をはかるため，オールインオールアウト方式，鶏舎の水洗・消毒の徹底，病鶏の淘汰，雛と成鶏の隔離，外来者の立ち入り禁止およびワクチンプログラムによる各種疾病の予防接種の励行等の合理的な衛生対策を講じる必要がある．以下，肉用鶏，種鶏についても卵用鶏に準じて行う必要がある．

3) 特殊管理（強制管理）

現在，大型養鶏経営では経営内に定着し，卵価に変動なく行われている．一般的な方法は絶食，絶水であるが，光線管理の中止を加えるとより有効である．絶食は季節により7〜21日程度とし，体重の減少が30%ぐらいを目標とする．絶水は開始の2〜3日（酷暑期は絶水しない）とする．絶食後の飼料の再開給与は1日目に20〜30 g/羽程度から開始して，その後10〜20 g/羽増量して，1日90 g/羽になったら自由摂取とする．光線管理はウインドウレス鶏舎の場合，8時間点灯時間に減じ，再開は絶食解除後から1週間1〜2時間ずつ延長して通常の光線管理に戻すこととする．

b．肉用鶏（ブロイラー）
1）育　　雛
　入雛準備は卵用鶏と同じである．育雛は傘型育雛で，チェックガードを使用する場合と断熱構造が整備されている場合はチェックガードを使用せず育雛域のみを給温，点灯し，他の場所は点灯しない方法がある．いずれも温度は傘下で32～35℃，室温20℃前後とし，湿度は70～75％とする．このほかにガス，石油により温風で舎内を温める温風育雛がある．

2）給餌，給水
　餌つけは卵用鶏と同じで孵化後おおむね48時間前後を経過したときに最初の餌つけを行う．自動給餌器は使用できないので，1,000羽当たり8～10枚の給餌板を使用，4日齢頃から自動給餌器と併用し，12日齢頃までに，徐々に自動給餌器に切り換える．自動給餌器のスペースは1羽当たり2.5～3.5cm程度必要である．給水は1,000羽当たり6 l 入り8～10個の給水器を置き，4日齢頃より自動給水器を併用し，12日齢頃までに徐々に自動給水器に切り換える．

3）廃　　温
　1週間の温度の下げ幅は3～4℃を目安とするが，その他は卵用鶏に準じ行う．

4）点　　灯
　餌つけから出荷までは23時間から23時間30分点灯とするが，停電の場合の暗さに慣れさせるため30～60分の消灯を組み込む連続点灯法と，最近は3週齢までは連続点灯法と同じであるが，3週齢以降1～2時間点灯と2～4時間消灯の繰返しを行う間欠点灯法がある．この場合の光量は1～2週齢で3.3m² 当たり7～10W，3週齢以降2.5W程度とする．

c．種　　鶏
1）育雛・育成期
a）飼育環境
　育雛はバタリー，ケージによる場合もあるが，卵用種鶏，肉用種鶏とも平飼いが一般的である．収容密度は卵用種鶏では1m² 当たり0～6週齢で60羽，7～18週齢で35羽，19週齢以降は20羽前後が適当である．肉用種鶏は0～6週齢で45羽，7～24週齢で15羽，25週齢以降10羽前後が適当である．1羽当たり給餌器の長さは，卵用種鶏で0～6週齢は5cm，7～18週齢は7.5cm，19週齢以降は10cm，肉用種鶏は0～6週齢5cm，7週齢以降15cm，給水面積（自動給水器）は卵用種鶏，肉用種鶏とも2.5cm前後必要である．育雛温度・湿度等は実用鶏の管理に準じて行う．

b）デビーク，体重測定および制限給餌
　実用鶏に準じて行う．

c）光線管理
　卵用種鶏と肉用種鶏で若干違いがある．卵用種鶏は実用鶏のところで述べた方法に準じて行うが，肉用種鶏の開放鶏舎の場合は，3日齢までは23時間30分，10週齢までは自然照明，以後10～2月孵化の雛では自然照明，それ以外の孵化群の雛についてはその群が10～18週齢で最大となる日照時間に合わせて一定時間照明となるようにする．ウインドウレス鶏舎の場合は3日齢までは開放鶏舎と同じ，以降17週齢までは8時間照明，18週齢で2時間増加，以後14時間になるまで30分/週増加，成鶏期

には14時間まで続けるが，産卵状況により18時間まで増加してもよい．

2) 成鶏期

a) 種鶏の選抜 選抜は発育の極端に悪いもの，病鶏，瞳孔不整，事故鶏，足の悪いものは淘汰する．とくに，卵用種鶏の雄では20週齢時には雌羽数の8～10%の割合で優れた鶏を残す．また，肉用種鶏は8週齢で体重測定を行い，体重の重い雄から選抜して雌羽数の12%前後を選抜し，さらに，20週齢時に再度チェックを行い，雌羽数に対して9～10%の雄を選抜する．

b) 交配 卵用種鶏，肉用種鶏ともおおむね雄は30～35週齢のものを使用し，雌は卵重で52g以上の種卵が生産できるようになったら配雄する．配雄比率は鶏の体格の大きさにより異なるが，標準的な羽数は雌100羽当たりに対し，小型種は8羽程度，大型種は10～12羽程度が必要となる．

c) 種卵の取扱い 良質の種卵を得るためには衛生的な取扱いに注意する．とくに，ひび卵，破卵，汚卵，卵殻質が極端に悪い卵，巣外卵，奇形卵等は種卵として使用しない．種卵は集卵後，殺菌剤およびホルマリン燻蒸消毒を行う．　　　　　　　　［武田隆夫］

文　献

1) 育雛・育成全書および成鶏全書（鶏研技術選書④および⑦），鶏の研究社（1982）
2) (社)日本種鶏孵卵協会：孵卵技術者資質向上研修会テキスト（1983）
3) (社)畜産技術協会：採卵鶏飼養管理マニュアル（1993）

6.8 鶏 の 衛 生

a．養鶏産業における衛生対策の特徴

現在の養鶏産業における衛生対策は疾病の予防と生産物の食品としての安全性が重視され，病鶏の治療や回復については重点が置かれていない．従来，鶏の衛生対策は病鶏を治療することに始まり，次いで，「鶏を疾病から守ること，疾病の再発を防ぐこと」という考え方に発展した．現在の養鶏産業では「鶏を疾病から守り，発生した場合はその再発を防ぐことに加えて，安全な食品を生産するための対策」とされている．安全な食品を生産するための衛生対策は今後ますます重要度を高めていくと考えられる．

1) 疾病の予防

同じ敷地内に数棟から数十棟の鶏舎が建設され，一つの鶏舎に数千から数万羽の鶏が高い密度で飼育されている現在の養鶏産業においては，いったん疾病が発生すると被害は甚大となり，経営が困難となった事例が数多く経験されている．

病鶏を治療することも可能であるが，治療中に健康な鶏に疾病が伝播する危険が高く，牛や豚と違って単価の安い鶏では治療のための薬剤費や人件費の負担が養鶏経営の収支のバランスを崩し赤字となるため，病鶏の治療は事実上不可能である．また，治療により健康を回復した場合でも，順調な生産を取り戻す鶏は少ない．発病しなかった鶏に比べて生産が劣るので，発病した鶏は淘汰せざるをえない．

疾病予防の主要な手段がワクチンの接種と疾病の感染経路の遮断である．

2) 鶏群の健康保持

飼育羽数が多く，密度も高い現在の養鶏産業では，従前の副業養鶏と比べて疾病の発生する危険は著しく高い．鶏群のすべての個体が健康を保持できる対策が必要である．したがって，同一日齢，同一飼育歴の1鶏群を1個体に相当するものと考える衛生対策がとられている．日齢と飼育歴が同じ鶏群を一つの鶏舎に収容して飼育し，全羽数を同時に淘汰するオールインオールアウト方式はワクチン接種などの衛生対策にも効率的で，オールアウト後の鶏舎消毒も定期的に実施することができ，望ましい飼育方式である．飼育方式については鶏の衛生対策の視点からも重視する必要がある．

3) 安全な食品生産

養鶏産業の最大の目的は人の食料としての卵と肉を生産することである．生産物が病原体を含めた微生物に汚染され，食品としての安全性が疑われるものであってはならない．

鶏が感染することで食品を通して人の健康に被害を生じる危険がある鶏と人との共通病原体の主なものはサルモネラ（$Salmonella$），大腸菌，ブドウ球菌，キャンピロバクター（Campylobacter）などである．サルモネラには多くの血清型があり，雛白痢は特定の血清型のサルモネラの感染によって起こる鶏の疾病である．最近，世界的に発生があり食中毒の起因菌として注目されているサルモネラ・エンテリティデス（$Salmonella\ enteritidis$, SE）も血清型の異なるサルモネラである．鶏がこれらの細菌に感染していても症状が軽く疾病の発生に気づかない場合が多い．とくに，キャンピロバクター感染症の場合は臨床症状から感染を判断できるような顕著な特徴がない．

さらに，病原体に汚染した病鶏は食鳥処理場において屠殺解体される過程で，多数の清浄な屠体を汚染し，食品としての安全性が失われることになる．食鳥肉の消費が多くなるに従って人の食中毒の発生が多くなっていることから，食鳥肉が中毒発生源の一つになっていると推察されている．食鳥肉の安全を期するため1991年に食鳥検査制度が制定され，食鳥処理場に出荷された食鳥の検査が法律に基づいて実施されている．

b. 養鶏産業における疾病発生の特徴

鶏に発生する疾病は数多いが，個々の疾病の解説は他の専門書に譲り，本項では養鶏産業でみられる疾病発生の特徴について記述する．

1) 感染病と生産病

細菌，ウイルス，原虫等が鶏の体内に侵入，定着して増殖を始めることを感染といい，発熱，下痢などの病的症状が現れることを発病という．病原体に感染して起こる疾病が感染病で，このうち伝播性が顕著なものを伝染病とよんでいる．伝染病は伝播する速度が速いだけでなく，伝播が広範囲に及ぶので，いったん発生すれば短時間で甚大な被害を受けることになる．養鶏産業でみられる感染病の多くは伝染病である．現在の養鶏産業では従前の副業養鶏に比べて感染病の発生する危険は著しく高い．感染病の発生を防止する重要な手段はワクチン接種による免疫の付与と感染経路の遮断である．また，いったん発生があった場合は消毒による感染源の撲滅と再発の防止である．

雛白痢，家禽コレラ，ニューカッスル病，家禽ペスト（鶏インフルエンザ）は家畜伝

染病予防法により法定伝染病に，伝染性気管支炎と伝染性喉頭気管炎は届出伝染病に指定されているので，これらの疾病の発生があった場合は最寄りの家畜保健衛生所を通じて農林水産大臣に届出しなければならない．上記の感染病のうち家禽ペストは，わが国では発生が確認されていない．家禽コレラはまれに発生することがあったが，撲滅され常在していない．雛白痢とニューカッスル病はわが国を含めて世界中に常在し流行している．

一方，生産病とは病原体の感染は認められないのに，鶏の健康が阻害され病的症状を呈する場合のことである．排卵された卵黄が輸卵管漏斗部で受け止められず，腹腔内に落ちることがある．卵墜とよばれる現象で，鶏の代表的な生産病である．産卵能力の高い鶏に起こりやすく，卵墜を起こした鶏の以後の産卵は不調となる．

生産病は一般的に，鶏が生産物として体外に出す量が栄養などとして体外から取り込む量を超えた場合に発生しやすい．飼料に含まれるある種の栄養素の量に不足があるため，生産が低下するだけでなく健康にまで害が及んだ状態，栄養素間の量的均衡が崩れているため病的症状を呈する場合などである．ビタミンやミネラルの不足，カルシウムとリンの量的アンバランスなどがその例である．

1920〜30年代の鶏の年間平均産卵数は200未満であった．育種により改良された現在の産卵鶏の産卵数は260〜280に達し，産卵数は60〜80以上増加している．このため，以前の鶏に比べて摂取する栄養量が多くなければ正常な生産を維持できない．また，ケージで飼育している鶏に病原体の感染がないのに歩行困難，起立不能となる症状が生じ，平飼いにすると回復する疾病がある．ケージ疲れ(cage fatigue)などとよばれているが，原因は明らかにされていない．

以上のように，鶏の改良，飼育形態の変遷に伴って生産病の発生頻度も徐々に高くなり，疾病の性格も変化する．生産病の防止対策は飼育管理技術の改善にある．なお，大腸菌症やブドウ球菌症は感染症であるが，飼育管理技術に誤りや手抜きがある場合に発生が多く，その主要な防止対策は生産病の場合と同じで飼育管理技術の改善にある．

2) 疾病の伝播

疾病の伝播には介卵(垂直)感染と水平感染の二つの経路がある．その要点をまとめて図6.12に示す．

a) 介卵(垂直)感染　母鶏が特定の病原体に感染すると，その病原体が種卵内容(卵黄，まれに卵白)に侵入して増殖し，孵化した雛が感染するのを垂直感染という．病原体が種卵を介して雛に伝達される経路は，母鶏から雛への経路ばかりでなく他の経路もある．母鶏に感染がなく卵内容が清浄であっても，汚れたネストに放卵されたり，種卵の取扱いが非衛生的であると卵殻表面の微生物の汚染程度が高まり，微生物が卵殻を通過して卵内容に侵入し，雛に感染を起こす場合がある．卵殻を通過しなくても表面の汚染から孵化した雛が感染する場合もある．垂直感染を含めて種卵の汚染に起因する感染を一括して介卵感染とよんでいる．

介卵感染をした雛は孵卵器内で同時に孵化した健康な雛に疾病を伝播させるので，1羽の病雛のために孵化した雛全体に疾病が広がる．このほかに卵殻にひび割れのある種卵を孵卵すると，ひび割れの箇所から微生物が卵内容に侵入して増殖，卵が爆発(爆発

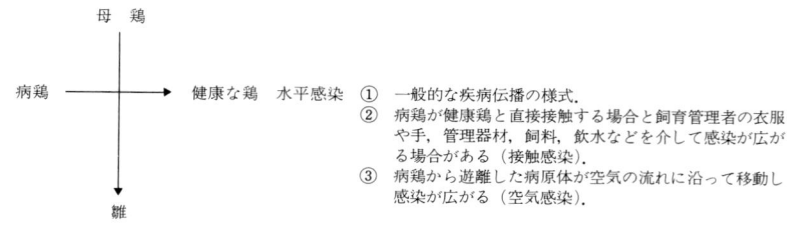

```
        母鶏
         │
         ▼
病鶏 ──→ 健康な鶏   水平感染  ① 一般的な疾病伝播の様式.
         │                    ② 病鶏が健康鶏と直接接触する場合と飼育管理者の衣服
         │                       や手、管理器材、飼料、飲水などを介して感染が広が
         │                       る場合がある（接触感染）.
         ▼                    ③ 病鶏から遊離した病原体が空気の流れに沿って移動し
        雛                       感染が広がる（空気感染）.

       介卵（垂直）感染  ① 母鶏が感染している特定の病原体が種卵を介して伝達され雛が感染.
                        ② 汚れたネストに放卵され、卵殻を汚染した微生物が卵内に侵入、雛に感染.
                        ③ 卵殻を汚染した微生物が孵化した雛に感染.
```

図 6.12 疾病の感染経路

卵などといわれる）して卵内容物が飛散し，孵卵中の種卵や孵化した雛を汚染することがある．

母鶏が感染したために生じる垂直感染は特定の病原体が起こすもので，すべての病原体が起こすものではない．垂直感染する主な病原細菌はサルモネラ，マイコプラズマ・ガリセプチカム（*Mycoplasma gallisepticum*, Mg），マイコプラズマ・シノビエ（*M. synoviae*, Ms），ウイルスでは鶏脳脊髄炎ウイルス，トリ白血病ウイルス，産卵低下症候群 1976（EDS-76）ウイルスなどである．

母鶏の感染のため生じる垂直感染を防ぐのは母鶏の感染防止が最重要な対策である．そのためには種鶏の健康状態の観察を怠らず，血清反応などによる定期的な検査や病鶏の解剖などにより，つねに感染のないことを確認しなければならない．

種卵消毒は卵殻表面に付着した微生物に対してのみ有効であり，卵内容に移行した病原体を消毒することは不可能である．卵殻が汚染される危険が生じた場合はただちに消毒を行うのが原則で，種鶏場では集卵直後，種鶏場から孵化場に運搬した直後および入卵前の消毒は最低限必要とされている．種卵の消毒には燻蒸室 $1m^3$ 当たり $40ml$ のホルマリンからホルムアルデヒドを気化して，20 分間燻蒸することが推奨されている．種卵内に移行したマイコプラズマを抗生物質の溶液に浸漬したり，孵卵温度を一時的に高めて熱により殺滅する技術も開発されているが，この技術の適用は特殊な場合に限られ，一般的な孵卵では応用が困難である．また，種卵が放卵されるネストは清潔に保ち，種卵の取扱いには汚染が進行しないように注意し，ひび割れのある種卵を入卵することがあってはならない．

b) 水平感染　病鶏から健康な鶏に感染が広がることを水平感染といい，疾病伝播の一般的な経路である（図 6.12）．水平感染は接触感染と空気感染に分けられる．病鶏と健康鶏が直接接触して伝播するだけでなく，飼育管理者の衣服や手，管理器材などが病原体に汚染して疾病が広がる場合も接触感染という．空気感染は病鶏より遊離した病原体が微細な塵埃に付着し，空中に浮遊して感染が広がる経路である．

垂直感染をする病原体を含めてすべての病原体は水平感染を起こすから，水平感染による伝播の危険は垂直感染よりも著しく高い．中でも接触感染による伝播がもっとも危

表 6.14 市販されている鶏用の生および不活化ワクチン (1993 年 12 月現在)

生ワクチン		不活化ワクチン	
ワクチンの名称と剤状	ワクチンの投与法と用量	ワクチンの名称と剤状	ワクチンの投与法と用量
鶏痘生ワクチン (乾燥, 液状)	翼膜穿刺 0.01 ml	ニューカッスル病不活化ワクチン (液状)	筋肉内 0.2〜1 ml
ニューカッスル病生ワクチン (B1 株で製造, 乾燥)	点鼻, 点眼, 飲水噴霧	ニューカッスル病 (油性アジュバント加) 不活化ワクチン (液状, 油性)	脚部筋肉内 0.5 ml, 30 日齢以上の鶏に投与
ニューカッスル病組織培養生ワクチン (TCND 株で製造, 乾燥)	筋肉内 0.2 ml, 4 週齢以上の鶏に投与	伝染性ファブリキウス嚢病不活化ワクチン (液状)	筋肉内 0.5 ml
鶏伝染性気管支炎生ワクチン (乾燥)	点鼻, 点眼, 飲水噴霧	産卵低下症候群-1976 (EDS 76) 不活化ワクチン (液状)	皮下, 筋肉内 0.5〜1 ml
鶏伝染性喉頭気管炎生ワクチン (乾燥)	点鼻, 点眼, 飲水	トリレオウイルス感染症不活化ワクチン (液状)	筋肉内 0.5 ml, 60 日齢以上の鶏に投与
鶏伝染性喉頭気管炎凍結生ワクチン (凍結)	初生雛の皮下, 筋肉内 0.2 ml		筋肉内 0.5 ml, 30 日齢以上の鶏に 8 週間以上間隔をあけ 2 回投与
鶏脳脊髄炎生ワクチン (乾燥)	飲水, 鶏群の数%に 0.2 ml 経口投与	鶏伝染性コリーザ (A 型) 不活化ワクチン (液状)	筋肉内 0.25〜1 ml
マレック病乾燥生ワクチン (HVT で製造, 乾燥)	筋肉内 0.2 ml	鶏伝染性コリーザ (C 型) 不活化ワクチン (液状)	筋肉内 0.5〜1 ml, 2 回投与
マレック病凍結生ワクチン (HVT で製造, 凍結)	皮下, 筋肉内, 腹腔内 0.2 ml	鶏伝染性コリーザ (A・C 型) 不活化ワクチン (液状)	筋肉内 0.25〜1 ml
マレック病凍結生ワクチン (MDV で製造, 凍結)	皮下, 筋肉内 0.2 ml	マイコプラズマ・ガリセプチカム感染症不活化ワクチン (液状)	筋肉内 0.5 ml, 5 週齢以上の鶏に約 1 カ月間隔で 2 回投与
マレック病 2 価凍結生ワクチン (HVT と MDV SB-1 株で製造, 凍結)	頸部皮下 0.2 ml	マイコプラズマ・ガリセプチカム感染症不活化ワクチン (油性, 液状)	採卵鶏, 種鶏の頸皮下 0.5 ml
伝染性ファブリキウス嚢病雛用生ワクチン (乾燥)	飲水, 10 週齢以下の鶏に投与		
伝染性ファブリキウス嚢病生ワクチン (乾燥)	2〜4 週齢の鶏群には全羽数に飲水投与 10〜16 週齢の鶏群には 5% の鶏に 0.2 ml 経口投与		

注 文献 2) に基づいて作成.

険である．鶏相互間の直接接触による伝播は範囲が限られるが，飼育管理者や管理器材を媒体とする伝播は広範囲にわたり，伝播を起こす頻度も高い．管理器材などは消毒など防止対策に注意すれば伝播を防ぐことができるが，人の場合は行動範囲も広く，わずかの不注意で媒体となる危険が高い．とくに，衣服と作業靴および人の手は病鶏やその排泄物に触れ病原体に汚染されやすいので，伝播の媒体とならないための注意が必要である．病鶏に触った手で健康鶏をとらえることは誤った行為であると理解していても，実際にはしばしば犯してしまう過ちである．

c. 養鶏産業における疾病の予防対策

感染病の主要な予防対策はワクチンの接種であり，疾病が発生した場合は再発防止のための消毒である．一方，生産病の防止は日常の飼育管理技術の改善が主要な対策である．

1) ワクチンによる予防

a) ワクチンの性質　被害の大きい主要な感染病についてはワクチンが開発されている．ワクチンには生ワクチンと不活化ワクチンがあり，さらに，2ないし3種の異なる疾病を同時に予防する目的で混合ワクチンも製造されている[1]．現在市販されている鶏用ワクチンの名称，投与法と用量を表6.14と表6.15に示す[1,2]．ワクチンには液状のもの，乾燥して粉末状としたもの，液体窒素中で凍結保存されているものがあり，液状のものを除いて使用直前にワクチンに添付されている液に溶解，または凍結から常温に戻して接種する．

生ワクチンは病原性を減弱したウイルスまたは細菌で製造されている．接種により鶏体内で微生物が増殖する．このことは鶏側からみるとワクチンに含まれた微生物に感染

表6.15　市販されている鶏用の混合ワクチン(1993年12月現在)

種類	ワクチンの名称と剤状	ワクチンの投与法と用量
生	ニューカッスル病・鶏伝染性気管支炎混合生ワクチン（乾燥）	点鼻，点眼，噴霧，飲水
不活化	ニューカッスル病・鶏伝染性気管支炎混合不活化ワクチン(液状)	筋肉内 0.3〜1 ml
不活化	ニューカッスル病・鶏伝染性気管支炎(2価)・伝染性ファブリキウス嚢病混合不活化ワクチン(液状，油性)	皮下 0.5 ml
不活化	ニューカッスル病・鶏伝染性コリーザ(A型)混合不活化ワクチン(液状，乾燥)	筋肉内 0.2〜1 ml
不活化	ニューカッスル病・鶏伝染性コリーザ(A・C型)混合不活化ワクチン(液状)	筋肉内 0.5〜1 ml
不活化	ニューカッスル病・鶏伝染性気管支炎・鶏伝染性コリーザ(A・C型)混合不活化ワクチン(液状，乾燥)	脚部筋肉内 0.5〜1 ml，30〜35日齢以上の鶏に投与
不活化	ニューカッスル病・鶏伝染性気管支炎(2価)・鶏伝染性コリーザ(A・C型)混合不活化ワクチン(液状，油性)	皮下 0.5 ml
不活化	伝染性ファブリキウス嚢病・トリレオウイルス感染症混合不活化ワクチン(液状)	筋肉内 0.5 ml

注　文献2)に基づいて作成．

したことである．ワクチン製造に使用された微生物は病原性が減弱されているため，鶏が発病する危険はきわめて少ない．しかし，微生物が鶏体内で増殖するので，健康に異常がある鶏や他の疾病に感染していた鶏に接種すると，一時的に何らかの病的症状（ワクチン接種反応）を呈したり，まれに他病を誘発することがある．健康な鶏は体内で増殖した微生物の抗原刺激に反応して，微生物に対する抗体を産生する．

　不活化ワクチンはワクチンの製造に使用したウイルスまたは細菌を不活化して病原性を完全に除去し，抗原性のみを残したものであり，生ワクチンと比べて安全性が高い．接種により抗原刺激を与え，抗体を産生させるワクチンである．

　生，不活化ともにワクチンを接種された鶏は1～2週後には野外から侵入してくる病原性の強い病原体に対して感染や発病を起こさない免疫を獲得する．しかし，いったん獲得した免疫も日時の経過とともに低下するので，定期的に接種を繰り返し免疫を保持する必要がある．なお，同じ疾病の予防を目的としたワクチンであっても，ワクチンにはそれぞれ特徴があり，投与法，投与間隔などが異なる場合があるので，各ワクチンの使用説明書の記述に従って接種する．

　b）　ワクチネーションプログラム　疾病を的確に予防するために，ワクチン接種の計画を鶏の日齢に従って示したものがワクチネーションプログラムである．図6.13，図6.14は鶏病研究会[2]が作成した採卵鶏用，種鶏用およびブロイラー用の各プログラムを利用しやすいように整理したものである．このプログラムは標準的なもので，このほかいくつかのプログラムが作成されている．地域や年によって流行する疾病が異なるため，疾病の流行の実態に合わせて接種するワクチンが決定されるのが原則である．しかし，鶏痘，ニューカッスル病およびマレック病は全国的に発生の危険が高いため，これらのワクチンは地域や年に関係なく接種しなければならない．なお，マレック病ワクチンの接種は初生雛に1回だけであるから，孵化場で接種をすませた雛が販売されている．飼育期間が短いブロイラーにもワクチン接種は必要である．種鶏の場合は種鶏自身の感染を防ぐのみならず，その種卵から孵化した雛の感染を防ぐため十分な量の移行抗体を付与する目的で，採卵鶏のプログラムに加えて鶏脳脊髄炎，伝染性ファブリキウス嚢病およびトリレオウイルス感染症のワクチンの接種が組み込まれている．

2）　飼育管理における対策

　給餌，給水をはじめとして飼育管理作業が機械化され人件費も節減されている養鶏産業では，日常的に鶏を観察する余裕に乏しいのが実状である．ワクチネーションプログラムに従ってワクチンを接種していても，ワクチンが開発されていない感染病もあるから，飼育管理作業に際しては鶏の健康状態を観察する姿勢が必要である．感染による一般的な異常はまず食欲，鶏糞，呼吸状態に現れる．食欲の低下，緑便や灰白色の下痢便などの排泄，異常な呼吸音，咳，くしゃみなどは異常を知らせる最初の病徴である．

　ストレスが異常に多いことも疾病を誘発する．サルモネラに感染している鶏が暑熱，断餌などのストレスを受けると排菌率が高まり，伝播の危険が高まる．鶏をばたつかせると卵墜を誘発するおそれがある．排卵は午前中に起こることが多いから，ワクチンの接種などストレスの原因となる作業は午後に実施する．夏季の熱射病は鶏体周囲の温度が高く体熱の放散が十分できないために発生するもので，飼育密度の低下，換気量（通

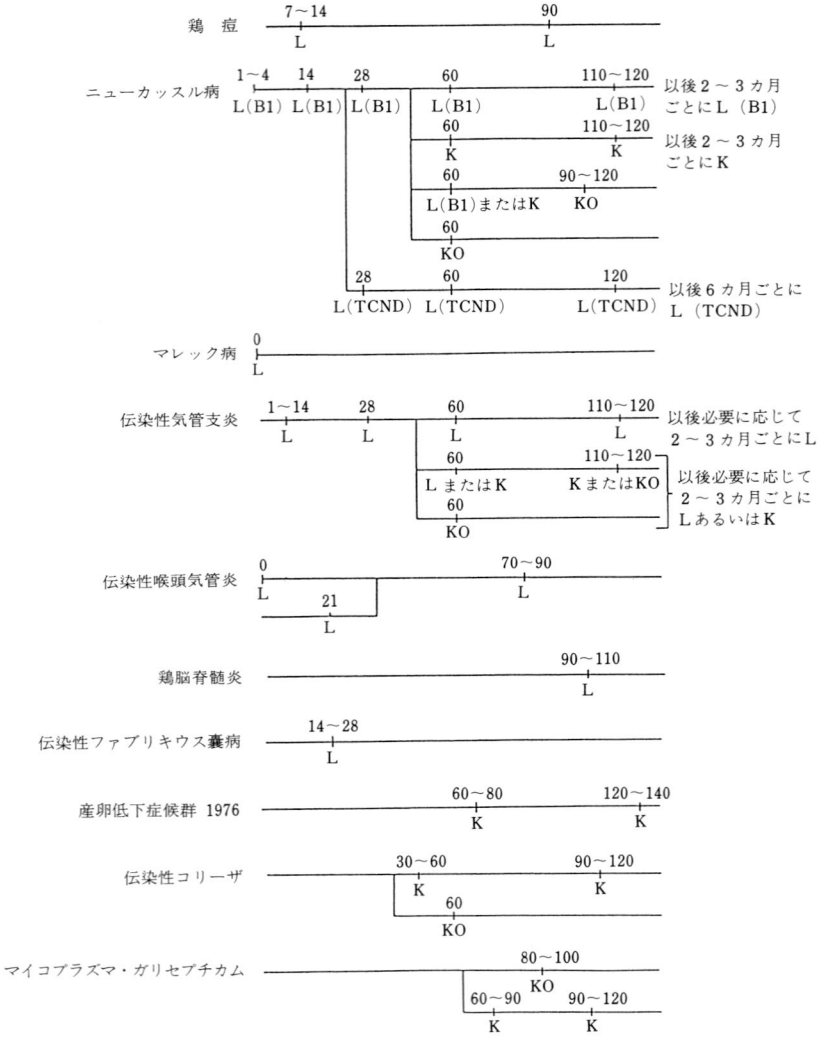

```
                          7〜14              90
           鶏 痘        ├──┤             ├─────────────
                          L                 L

                    1〜4  14   28    60              110〜120       以後2〜3カ月
    ニューカッスル病  ├─┤ ├─┤ ├─┤ ├───────────┤         ごとにL（B1）
                    L(B1) L(B1) L(B1) L(B1)            L(B1)
                                     60              110〜120       以後2〜3カ月
                                     ├───────────┤           ごとにK
                                     K                 K
                                     60              90〜120
                                     ├─────────┤
                                  L(B1)またはK      KO
                                     60
                                     ├
                                     KO
                               28    60              120           以後6カ月ごとに
                               ├─┤ ├───────────┤            L（TCND）
                              L(TCND) L(TCND)          L(TCND)

                        0
    マレック病        ├──────────────────────
                        L

                    1〜14  28   60              110〜120           以後必要に応じて
    伝染性気管支炎    ├──┤ ├─┤ ├───────────┤             2〜3カ月ごとにL
                     L    L   L               L
                                60              110〜120           以後必要に応じて
                                ├───────────┤               2〜3カ月ごとに
                             LまたはK         KまたはKO          LあるいはK
                                60
                                ├
                                KO

                        0                       70〜90
    伝染性喉頭気管炎    ├─────────────┤
                        L                       L
                              21
                              ├
                              L

                                                    90〜110
    鶏脳脊髄炎                                      ├
                                                    L

                          14〜28
    伝染性ファブリキウス嚢病  ├
                              L

                                      60〜80           120〜140
    産卵低下症候群 1976               ├                ├
                                      K                K

                                  30〜60           90〜120
    伝染性コリーザ                 ├                ├
                                    K                K
                                      60
                                      ├
                                      KO

                                            80〜100
    マイコプラズマ・ガリセプチカム          ├
                                            KO
                                    60〜90      90〜120
                                    ├          ├
                                    K           K
```

図6.13 採卵鶏のワクチネーションプログラム

注1) L：生ワクチン，K：不活化アルミニウムゲルアジュバントワクチン，KO：不活化油性アジュバントワクチン，B1：ニューカッスル病ウイルスB1株ワクチン，TCND：ニューカッスル病ウイルスTCND株ワクチン．

2) 図中の数字は鶏の日齢（0：孵化日，1：餌つけ日）を示す．

3) 文献2)に基づいて作成．

種鶏用

```
鶏脳脊髄炎          ────────────── 70～100 ──────────
                                   L
伝染性ファブリキウス嚢病  14～28    70              120～150
                        L     LまたはK              K
                                              120～150
                                              KまたはKO
トリレオウイルス感染症         60～90       120～140
                              K           K
```

ブロイラー用

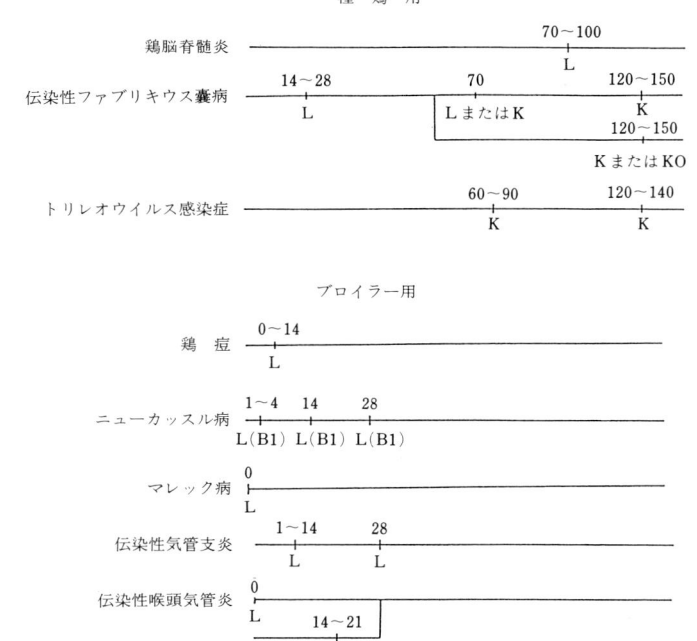

```
鶏痘          0～14
              L
ニューカッスル病  1～4 14 28
              L(B1) L(B1) L(B1)
マレック病      0
              L
伝染性気管支炎   1～14  28
              L      L
伝染性喉頭気管炎  0
              L     14～21
                    L
伝染性ファブリキウス嚢病  14～28
                      L
```

図 6.14 種鶏およびブロイラーのワクチネーションプログラム
注 1) 図の数字，記号は図 6.13 と同じ．
2) 文献 2) に基づいて作成．

風）の増加が防止対策である．

次に，感染経路を遮断し，疾病の侵入を防ぐことも飼育管理における重要な対策である．育雛舎と成鶏舎の管理を分離する．育雛舎の管理を終わってから成鶏舎の管理を行うなどはその基本である．人の手や作業服などはつねに清潔に保つよう注意する．手洗い消毒槽を使う場合でも両手を瞬間的に消毒液に漬けるだけではまったく効果がない．消毒液中で両手をこすり合わせて洗うと効果が得られる．石けんを使って洗うと同等あるいはそれ以上の効果が得られるから，水道の蛇口に石けんを用意し，汚れたらただちに洗う習慣を身につけるのが実際的である．洗濯した衣服は直射日光下で乾燥する．日陰干ししたり，洗濯なしで汚れた衣服を直射日射にさらしても微生物の減少は少ない．また，踏込み消毒槽が経験的に使用されているが，消毒液の作用が瞬間的であるため効果に乏しく，感染経路の遮断は不可能である．遮断を確実にするには養鶏場内あるいは鶏舎内専用の作業靴に履き替えることが大切である．管理器材類も専用として，他の鶏

舎との共通使用は避ける．

鶏の異常に気づけばただちに対応処置をとる．早期に処置がなされないと疾病は広範囲に伝播し，被害が大きくなるばかりでなく，再発の危険も高くなる．

3) 消　　毒

疾病が発生した場合は病原体を殺滅し，疾病の再発生を防ぐために消毒が必要である．また，疾病の発生がなくても，産卵鶏を淘汰した後，ブロイラーの出荷後に実施される消毒は飼育中に生じた汚染を除去するために必要である．

消毒という用語は水洗により汚染を物理的に除去すること，その後で消毒剤を作用させて化学的に除去することの二つを一括して意味している場合が多い．消毒剤を作用させる前に水洗の実施が必須であるとする前提があるためである．養鶏には消毒が必要不可欠な作業であること，十分に水洗がなされないと満足な消毒効果が得られないことは以前から指摘されていた．しかし，養鶏施設における消毒に関する研究は始まって日が浅く，いかにすれば望ましい水洗効果が得られるか，いかに消毒剤を使用すれば確実に疾病の再発を防止できるのかという疑問に正確に答えてくれる技術はいまだ確立されていない．現在実施されている消毒技術は経験に由来したものが多く，研究の発展に伴い改善が必要である．現在までの研究成果や技術開発については総説論文[3]とその引用文献を参照していただくこととし，本項では消毒に関する基本的事項と経験的な技術の誤りを指摘するにとどめる．

養鶏施設のうちで細菌汚染がもっとも高い施設は鶏舎で，とくに鶏糞が付着したり，鶏体が接触する部分の汚染が著しい．鶏舎のコンクリート床面からは $1cm^2$ 当たり 10^6〜10^7 の菌が検出される．初生雛を孵卵器から取り出した後の床面，糞で汚れた輸送籠なども汚染が高い．鶏舎床面を動力噴霧器の水流で洗うと菌数の約 $1/10$ が除去され 10^5〜10^6 程度に減少する．洗う水の量を多くしても，水流の圧を高くしても効果の向上はほとんどない．水流に併せてデッキブラシなどでこすり洗いを行うと効果が高まり 10^4 程度に減少する．この程度が水洗の限界と考えられる．水洗による除去効果は水洗対象物の材質によって強く影響され，除去が容易な材質はプラスチック板，錆のない亜鉛鉄板（トタン板），化粧ベニヤ板などで，困難なものはコンクリート，スレート板，木材，ベニヤ板，錆びた亜鉛鉄板などである．養鶏資材としては除去効果の高いものを選択することが大切である．

消毒液散布による菌数の減少は水洗後の菌数の約 $1/10$ で，散布後にも 10^3〜$10^4/cm^2$ 程度の菌が検出される．消毒液の種類が異なっても効果に目立った差はない．また，散布を反復すると菌数は徐々に減少するが，反復1回目の減少は $1/10$ 未満で，2回目の減少はさらに少ない．反復ごとに消毒液の種類を変えても結果は同じである．ホルマリンによる燻蒸あるいは散布により消毒（使用量は種卵の場合と同じ）すると効果が高く，$10/cm^2$ 以下とすることができる．

以上のように，消毒後にもなお多数の菌が生き残っている．どの程度にまで汚染を低下すれば疾病の再発を防ぎうるかという質問に答えられるまで研究が進んでいない．疾病発生があった鶏舎を経験的な技術で消毒して，汚染の拡大と再発を防いだ例が多々あり，同じような作業手順であっても失敗した例もまた多い．水洗，消毒に際しては可能

な限りていねいに作業を進める態度が重要である．

　消毒剤の効果は長続きするものではない．消毒液を散布した鶏舎では24～48時間後までわずかながら細菌数が減少するが以後の減少はない．再び鶏を収容するとただちに汚染が始まり菌数が増加する．マイコプラズマは消毒しやすい微生物であるが，消毒後の鶏舎に収容した新しい鶏群に再発した例は頻繁にある．消毒技術の不適切が原因である場合はまれで，周辺の鶏舎の鶏から人あるいは器材類を媒体として接触感染が生じたのである．同様に，鶏を飼育した状態で鶏舎を消毒しても効果は望めない．消毒してもきわめて短い時間で汚染がもとに戻るからである．また，水洗あるいは消毒後に1～2週間放置し，乾燥させることも経験的になされるが効果の向上はない．

　消毒剤は微生物を殺滅することを目的とした薬剤である．微生物の生命を奪う性質は人や鶏にはもとより環境にも相応の害作用を及ぼすものである．効力の高い消毒剤であれば他に及ぼす害作用も強いから，人や鶏，環境に悪影響を及ぼさない取扱い，使い方がなされなければならない．

　これに対し，湿熱を利用できる場合は熱湯浸漬による消毒が薦められる．湿熱は効果が高く，人や環境に及ぼす悪影響を防ぎやすい．熱湯が豊富に準備されている食鳥処理場では使用した俎板，包丁などを80℃以上の熱湯に30～60秒以上浸漬することが実用的である．

［古田賢治］

文　　献

1) 動物用生物学的製剤協会：動物用ワクチンの正しい使い方，135章，動物用生物学的製剤協会 (1994)
2) 鶏病研究会：総合ワクチネーションプログラム，鶏病研究会報，**29**，193-199 (1993)
3) 古田賢治：養鶏施設における消毒に関する諸問題，日本家禽学会誌，**30**，325-335 (1993)

6.9　鶏の施設および機器

a．概　　説

　養鶏は目的により，採卵，採肉あるいは雛の生産(種卵取得と孵卵)，育成などに区分されるが，いずれにおいても効率よく経済的に目的を達成することが基本となる．

1)　施設，機器のあり方

　鶏の飼養施設の設計にあたっては，鶏および作業者にとっての快適さと同時に，効率性，安全性，経済性などが求められる．また，設備や機器は，作業を軽減しあるいは代替するといった労働を肩代わりする役割と，コンピューター利用による鶏舎内の温湿度調節や給餌量の計測など人間の労働では困難なことを容易に行う役割とを担う．

　加えて，近年は養鶏地域の混住化が進展しており，周辺住民に悪臭，塵埃，騒音，衛生害虫などの被害を与えないよう配慮することが重要になってきている．

2)　養鶏施設の内容

　最近は，鶏舎の大規模化に伴い，各種の機能が施設内で完結する飼養のシステム化が進行している．外置きの飼料タンクからチェーン，オーガーなどで搬送された飼料を自

動給餌機で給与したり，鶏糞乾燥のため送風装置を備え，あるいは床下は鶏糞置き場を兼ねる高床式鶏舎が現れている．集卵装置と洗卵選別・包装機を結んだ鶏卵自動処理システムは，とくにインライン方式とよばれている．これらの設備，機器はもちろん単独でも機能する．

飲水は，一般に樋・桶式の給水器を用いるが，減圧配水管に止水弁を取り付けたニップル式とし，鶏がつつくと水が流れ落ちる給水装置が普及してきた．この理由として，その構造の改善により水のぼた落ちが少なくなったこと，飲水量が節約され糞の含水率が低下すること，伝染病の伝播が防がれることなどがあげられている．容器内の止水弁を押し込むと水のたまるカップ式といわれる自動給水器は，飼料や汚物が容器内に混入し，また故障の多い欠点がある．

また，飼養施設には通常鶏糞の乾燥あるいは発酵処理施設，焼却炉など病死鶏処理施設が必要とされる．ときには飼料調製のための施設を設ける．

雛の生産を目的とする種鶏場には，種卵貯蔵室を含む孵卵施設が必要である．肉鶏や廃鶏は専門の食鶏処理場に持ち込まれるのが一般的であり，屠殺，解体の機能を有する養鶏経営はまれである．

3) 飼養における環境制御の要素

a) 温度および湿度　　孵化直後の雛は体温の調節がまだ完全でないため給温の必要がある．3～4週齢以後は給温をとくに必要とせず，飲水の凍結防止を最低基準におく．

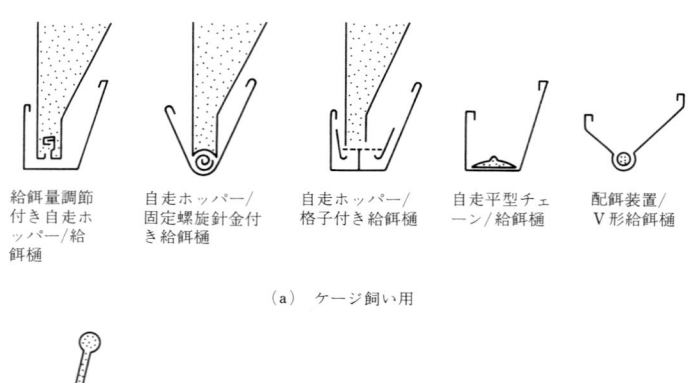

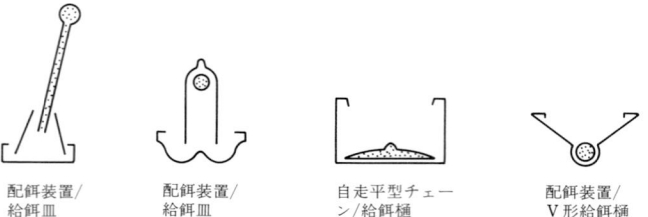

（a）ケージ飼い用

給餌量調節付き自走ホッパー/給餌樋　　自走ホッパー/固定螺旋針金付き給餌樋　　自走ホッパー/格子付き給餌樋　　自走平型チェーン/給餌樋　　配餌装置/V形給餌樋

（b）平飼い用

配餌装置/給餌皿　　配餌装置/給餌皿　　自走平型チェーン/給餌樋　　配餌装置/V形給餌樋

図 6.15　自動給餌システムの例（Elson, 1986）
注　配餌装置にはオーガー（螺旋鋼材の回転による），円盤連結ケーブル（円盤の走行による），チェーンなどがあり，いずれも給餌機能を兼ねる．

むしろ，夏季の高温は問題であり，暑熱により熱死の発生がみられることはまれでない．
　湿度は餌つけから10日間は80～60%に保つ必要があるが，それ以後は一般的に乾燥を心がける．

b) 換　気　　換気は，新鮮空気を供給すると同時に，舎内で温められた空気に外気を適切に混合させることにより環境温度を調節する役割も果たす．
　鶏に直接当たる風の強さは，一般に秒速0.7～1mとし，夏季でも2mを超えないようにし，冬季は0.2m以下にすることが好ましい．

c) 照　明　　光は鶏の活動，性成熟調整および産卵促進のために重要である．産卵には主に光周期が関与し，光の波長とは無関係に一定の照度が与えられればよい．育成鶏には2～5lx，産卵鶏には5～10lxあればよく，明るすぎると鶏の悪癖（カニバリズム）が起こりやすくなる．人工光源には，白熱電球，蛍光灯，ナトリウム灯などが用いられる．

b. 鶏　舎
　鶏舎は，鶏の生理特性と群飼における競合など行動特性を考慮しつつ，発育段階，飼養目的に適応した構造にする必要がある．

1) 鶏の収容形式
　飼養形態からは，鶏を放し飼いする平飼いと，金属の線材や板でつくられたケージに収容するケージ飼いとに大別される．後者は，ケージを垂直に積み重ねた直立方式，あるいは上下のケージが重なり合わないように多段とした雛壇方式（Aラインとよぶこともある）など立体構成が主である．
　また，床面を地上2～3mとして，平飼いであれば鶏の行動範囲をすのこしとし，ケージ飼いではケージ下は開放し，いわゆる2階部分は通路など作業スペースのみを残した鶏舎は高床式といい，通常の鶏舎はこれに対応して低床式とよぶことがある．高床式鶏舎は，鶏によって温められた空気が上昇する際床下から新鮮空気が流入することから，換気が良好で多羽数飼養に適していることと，床下の空間が排泄されたままの鶏糞の堆積

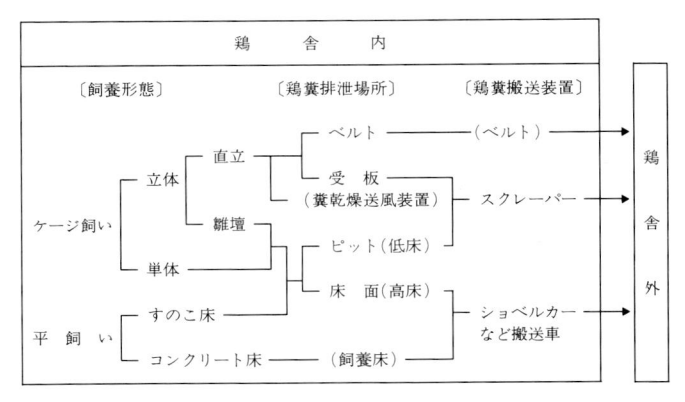

図6.16　鶏糞処理方式による飼養システムの分類

場を兼ねる利点がある．しかし，堆積糞はハエや悪臭発生の温床となりやすい．
鶏糞処理機能は鶏舎設計思想の重要なポイントとなる．

2) ウインドウレス鶏舎

a) 構造と機能　鶏舎への鳥獣の侵入を避けるため周囲に金網を張りめぐらし，その外側に開閉可能なビニール織布などのカーテンや，腰板を設けた通常の開放型鶏舎に対し，ウインドウレス鶏舎はその名のとおり閉鎖型鶏舎で，鶏飼養上の最大の特徴は自然光を鶏舎内に侵入させないことにある．ウインドウレス鶏舎は照度，照明時間などを人工的に調節する自由度が開放型鶏舎に比べはるかに大きい．ブラックアウトシステム鶏舎とよばれ，遮光カーテンを二重にして開放型鶏舎を簡易に閉鎖型とした鶏舎もみられる．

図6.17 チェーン式自動給餌機と集卵ベルトが装備された大規模採卵用ウインドウレス鶏舎の内部

ウインドウレス鶏舎は周囲を断熱資材で覆い，屋根を含む壁面を貫く舎内外の熱の移動を極力遮断し，換気により新鮮空気の供給と汚染空気の排出をはかると同時に舎内気温の調節も行う仕組みをとる．また，専用の送風装置をケージに付設して排泄糞の水分蒸発を促進し，数日以内の短期間で予備乾燥後の鶏糞を搬出するシステムとして，ハエの舎内発生を未然に防止することも可能になる．しかし，塵埃の排出，換気扇の騒音などの問題は残されている．

b) 換気　一般に開放型鶏舎は換気が良好と思われがちであるが，間口が8m以上の大型鶏舎においては中央の空気はよどみがちであり，人工的に換気輪道を調節するウインドウレス鶏舎のほうが多羽数飼養に適し，採卵用の立体飼養では，3.3m²当たり150羽の収容を実現している．これには鶏舎建設にかかる多大の資本投下を多羽数高密度飼養によって吸収しなければならない必然が指摘できるが，これを可能にした換気技術の進歩を見逃すことはできない．

換気方式には，鶏舎内の空気を換気扇で排出させて外気を導入する陰圧式と，外気を強制導入し舎内の空気を排出させる陽圧式とがあり，いずれにおいても鶏舎を輪切りにした面に沿った換気輪道をとらせることにより，それを桁行きと平行させた場合に比べ，一般に舎内全体にむらのない換気ができる．また，鶏の体温で温められた空気が自然に上昇する対流を利用して，床下から新鮮空気を流入させる自然換気方式（オランダ式）

もあるが，夏季には空気の対流が起こりにくくなることから機械換気を取り入れて対応しているのがふつうである．暑熱対策としては，外気を水で濡らした繊維などを通過させて舎内に導くクーリングパッドや細霧装置があげられるが，日本の夏季のような高湿度下では効果は小さい．

鶏舎の上部から給気する陽圧方式は換気輸道を制御しやすく，したがって舎内の均一な換気・温度管理に有利である．そして陰圧式に比べ，ニワトリヌカカや昆虫は舎内に侵入しにくく，舎内の塵埃の排出も少ない利点がある．

大規模ウインドウレス鶏舎の多くには，設定環境温度範囲に調節するため舎内温度の計測と，換気扇の回転数，給気口（鶏舎の桁行き方向に数 cm の開口幅など）の調節とを相互に連動させたコンピューター利用システムが採用されている．

3) 目的に応じた飼養形態

採卵鶏はケージ飼い，種鶏および肉鶏（ブロイラー，肉用特殊鶏）は平飼いとし，種鶏飼養の場合には産卵箱（ネスト）を設置するのがごく一般的な飼養形態である．

しかし，消費者ニーズを反映して採卵鶏を平飼いにしたり，省力管理のため，大型の交配用ケージ内で種鶏を飼養し，またブロイラーにおいてはケージ飼いの欠点である胸だこの発生がないよう床の材質，構造を改良したケージ，あるいは出荷籠となるプラスチック製コンテナなどによる飼養法もみられる．

雛には，電熱やガスなどの温源が一体となった立体育雛バタリーの利用，ケージには上方からのガスパンヒーター，下方から温水管による給温，平飼いにおいてはガス傘型ブルーダーの利用や温水管敷設による床暖房などの措置がとられる． ［山上善久］

6.10 鶏の生産物

a. 鶏肉

1) 種類と肉質

食鶏は，その取引上，生後3カ月未満の"若どり"，3カ月齢以上5カ月齢未満の"肥育鶏"および5カ月齢以上の"親雌"，"親雄"とに分けられるが，これらには成長段階だけでなく鶏の種類の違いも含んでいる．

a) ブロイラー 若どりはブロイラーとよばれる食肉専用種の雛で，大型で成長速度が速く，かつ母方には産卵数も比較的多い特性を有する品種間の交雑種とすることにより，産肉性および雛価格の両面から経済性を高めたものである．代表的なブロイラー種鶏として，雄は白色コーニッシュ，雌は白色プリマスロックがあげられる．ブロイラーはもっとも肥育効率の優れる60日齢頃を目安に，用途に応じた体重の時点で利用をはかり，性差は考慮されない．平均的な出荷体重は2.6 kg 程度である．

ブロイラーの肉は全般に軟らかく，色がうすく，皮膚はなめらかで柔軟，味は淡白で，ローストチキン，ソテー，フライドチキンなどに向く．

b) 地鶏および銘柄鶏 赤みが強く，適度の歯ごたえやこくのある肉質が要求される鍋物，すき焼，刺身などには地鶏が好適とされ，伝統的な郷土料理のある地域に受け継がれてきた比内鶏，薩摩鶏，名古屋などはその代表的なものである．嗜好の多様化が

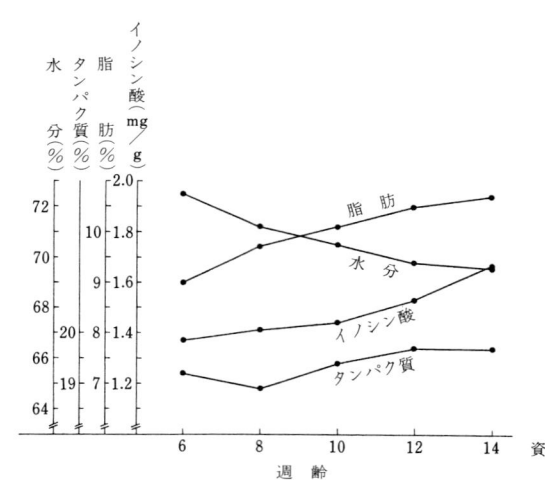

図 6.18 ブロイラーの成長に伴う腿肉成分の変化

資料：日本家禽学会誌，創立25周年記念号（1979）．

進むにつれて，シャモをはじめとする在来鶏の利用を主に，多くの特産鶏が作出されていわゆる銘柄鶏を形成している．銘柄鶏の出荷体重は雌が1.5～3kg，雄が2～4kgと幅広い．

　肥育鶏とは，地鶏とか特産鶏といわれる銘柄鶏や飼育期間を長くしたブロイラーのことである．雛が成長するに従って，肉中のイノシン酸など呈味成分や脂肪の蓄積が進んで美味になる特性を生かすが，同時に硬さも増加する．一般に，成長速度のゆるやかな鶏種は硬さの進行も遅く，また筋線維は細い傾向がみられており，適度の歯ごたえでうま味のある鶏肉の生産にはブロイラーよりも銘柄鶏のほうが適している．

　c）成　鶏　　親雌はほぼ卵用鶏の老廃鶏であり，親雄は雛の発生を目的とする種卵採取に用いられた種鶏で，うま味はあるが皮膚や肉は硬いため，挽き肉，レトルト製品，スープなどの材料に用いられる．

2）鶏肉の特徴

　a）部位の重量構成　　通常，食肉は主に骨格筋を指す．食鶏の解体品で，骨を除去した皮付の胸と腿の肉を正肉という．正肉重量の生体重に占める割合は30～40％ほどで，これにささ身，手羽肉，小肉などを加えた産肉歩留りは45～55％となる．また，心臓，肝臓，筋胃（すなぎも）などの可食内臓は4～5％である．

　正肉歩留りは雛の発育により生体重が増加するにつれて高くなるが，性や鶏種による差は小さい．解体方法にもよるが，胸肉と腿肉の重量比率はおおむね1：1～2：3で，ブロイラーは銘柄鶏に比べ胸肉の割合が大きい．

　b）部位と肉質　　鶏では脂肪は胸肉よりも腿肉に多く存在するが，筋肉中にあまり入り込まないで皮下や腹腔に蓄積されることから，皮の有無により肉の脂肪含量は大きく異なる．

　鶏肉は他の家畜に比べてタンパク質が多く脂肪が少ない特徴があり，ブロイラーのささ身は水分74.5％，タンパク質23.7％，脂質0.5％，灰分1.2％である．

表6.16 ブロイラーの部位と皮の有無による成分の差異(日本食品成分表, 1982)

部 位	状 態	タンパク質(%)	脂 質(%)
胸 肉	皮 付	20.6	12.3
	皮 な し	20.0	2.4
腿 肉	皮 付	17.3	14.6
	皮 な し	18.0	7.4

　脂肪は通常黄色で,不飽和脂肪酸が多く融点が低い.胸肉は白色筋,腿肉は赤色筋からなり,色の違いは基本的にミオグロビンの量によるが,筋肉間に蓄積される脂肪組織は飼料中のキサントフィルにより黄〜赤に変化し,肉色の一部を形成している.一般に腿肉は胸肉よりも美味であるといわれる.これには赤色筋の味が濃厚であることに加えて,脂肪が多いことにもよる.

　飼料は肉色と同じ理由で皮膚色に強く関係し,またタンパク質の給与水準を高めていくと脂肪の蓄積は抑制される.腹腔内の脂肪蓄積量には鶏の種類,加齢,飼料などが影響し,生体重に対し1〜5%の幅で変動する.

b. 鶏　　卵

1) 卵重および部位構成

　卵重は30〜80gほどで,鶏の品種,系統により固有の大きさが遺伝的に決定されるが,いずれも初産時に最小で加齢に伴って増加していき,二年鶏になると一定する.はじめの6カ月は卵重は直線的に増加し,この間,卵黄の卵白に対する比率も高まる.また,卵殻の割合は漸減する.夏季の高温は1〜3g程度卵重を減少させ,卵殻も薄くする.

　卵殻,卵黄,卵白の重量構成比はほぼ1:3:6であるが,採卵専用に改良された卵用鶏は一般に在来鶏よりも卵重が大きく,卵黄の割合は低い.これには,卵重を増大させる改良をはかると,卵黄に比べ卵白の増加量が相対的に多くなることが関係している.

　卵重に対する飼料の影響は比較的小さい.

2) 栄 養 成 分

　鶏卵は卵子であると同時に発生して雛になるものであるから,栄養的にはかなり安定している.すなわち必要な養分を欠いてまで卵は生まれないと考えてよい.

　卵黄は卵白よりもタンパク質を多く含み,卵黄にのみ脂肪は存在する.したがって,卵黄と卵白の重量構成は卵全体の成分組成に関係するはずであるが,全卵液のタンパク質はつねにほぼ12%に保たれている.これは卵白中のタンパク質水準を主に部位間の成分調節がなされることによる.しかし,卵黄/卵白比の大きい卵は全体の脂肪含量を高め,これにより固形分も増大させている.

　鶏卵は,タンパク質は必須アミノ酸の含量が高く,ビタミン類は鶏が生成するビタミンCを除く各種ビタミンを含み,無機質にも富む.また,コレステロールは卵黄に1.3〜2%含まれ,遺伝的に変動し,肉用鶏に比べ卵用鶏は低い傾向がみられる.雛の発生にコレステロールは不可欠であり,卵黄中1.2%は必要とされる.

表6.17 鶏卵の一般成分およびコレステロール含量に対する品種,系統の影響(山上,1993)

鶏	卵重(g)	卵黄の卵重に占める割合(%)	可食部 100g 中					卵黄100g中コレステロール(mg)
			水分(g)	タンパク質(g)	脂質(g)	灰分(g)	コレステロール(mg)	
ハンバーグ	37.4	35.3	72.8	11.5	12.0	1.1	555	1,403
大和シャモ	40.4	33.3	73.7	12.5	11.0	1.1	665	1,792
大シャモ	49.7	31.4	74.7	12.0	10.3	1.0	637	1,813
土佐九斤	50.7	30.9	75.0	11.2	11.0	1.0	631	1,827
名古屋	53.7	32.7	73.4	12.0	11.8	1.1	470	1,278
薩摩	52.3	30.4	73.9	12.1	11.3	0.9	680	2,012
アロウカナ	50.3	30.9	74.7	11.9	10.9	1.0	453	1,329
横斑プリマスロック	65.4	31.0	73.8	11.7	11.3	1.0	533	1,561
デカルブエクセル	64.6	27.0	75.0	12.6	9.3	1.0	393	1,312

注 デカルブエクセルは卵用鶏の銘柄名である.

飼料により影響される卵中成分は,ヨウ素,フッ素,マンガン,亜鉛,セレンなど無機質の一部と含有しているほとんどのビタミン,脂肪酸などに限られる.植物油や魚油の給与は高度不飽和脂肪酸の含量を高めるが,卵脂の飽和脂肪酸と不飽和脂肪酸の比率は3:7でほぼ一定している.なお,卵白のやや緑みを帯びた淡い黄色はリボフラビンによるもので,その投与量は色調を変化させる.

3) 品質の表示

a) 栄養成分　ヨウ素,ビタミンEやD,リノール酸,α-リノレン酸,イコサペンタエン酸,ドコサヘキサエン酸など特定の栄養成分を強化した鶏卵は別として,一般に卵の成分は品質評価の対象にならない.

卵を長期間保存しても,ビタミンB_6(ピリドキシン)やB_{12}など,一部のビタミンの減少が目立つくらいで,これも飼料による含量の変動を考慮するとそれほど大きいことでなく,一般に保存中の卵成分はかなり安定している.

b) 卵殻質　天然の包装材として卵殻には一定の強度が求められる.卵殻の強度試験法には圧縮法,穿孔法,衝撃法など種々の方法が考案されている.固定面に卵を静置し,もう一方の面を一定速度で動かして卵殻が破壊される際の最大荷重を測定する方法が多く採用されており,$3kg/cm^2$以上が良品の目安となり,$2.5kg/cm^2$を下回ると弱い.一定の荷重下での卵殻のひずみ量により非破壊的に強度を測定することもできる.

卵殻の強さには表面性状も関係し,粗雑であったり,小石状の突起の増加によってざらついている部分は割れやすく弱い.ざらつきは採卵開始後10カ月以降の卵に著しくなる.

卵殻の厚みは,一般に鈍端が小で鋭端が大,中央の赤道部はほぼ中間値をとる.鶏舎での破卵発生は0.32mm以上で激減し,0.28mm以下で激増する.

卵重に対する卵殻量の比率は8～13%くらいで,これは全卵の比重との相関が高い.アメリカでは産みたての新鮮卵で比重が1.080(11%の食塩水に沈む)を普通値の下限としている.比重測定法には[卵重/(卵重−水中卵重)]によるアルキメデス法もある.

卵殻は炭酸カルシウムの結晶柱の集合体であり,その柱の隙間は卵1個につき7,000～17,000の気孔を形成し,厚さ10μmほどの糖を含むタンパク質からなるクチク

ラ層が最外層を覆っている．これをたとえるなら，素焼きにうわぐすりをかけたようなもので，クチクラが剥離したり，卵殻構造が粗であると，内部の水分が滲み出してきて卵殻に線や斑紋を生じる．クチクラ層には卵殻色素のプロトポルフィリンが含まれる．鶏の加齢により卵殻の表面性状は劣化し，褐色卵では退色が起こる．

c) 卵白質 卵の品質を表すのにハウユニット（Haugh unit）が用いられることは多い．2オンス（56.7 g）の卵を平面に割卵したときの濃厚卵白高（H：mm）をもとにした単位（HU＝$100 \log H$）で，卵重（W：g）の差異を考慮し，次式が導かれている．

$$\mathrm{HU} = 100 \log \left\{ H - \frac{\sqrt{32.2}(30 W^{0.37} - 100)}{100} + 1.9 \right\}$$
$$= 100 \log (H - 1.7 W^{0.37} + 7.6)$$

割卵時の性状は卵黄よりも卵白のほうがばらつきが大きいことから，アメリカでは格付の基準にハウユニットを採用し，その数値が60（A級下限値）以上のものを家庭用食卓卵の条件としている．

ハウユニットは鶏の種類により異なる遺伝形質で，卵用鶏では1週齢につき0.3程度の低下量を示すが，一般に採卵期間が長くなる（鶏の加齢）につれて低下し個体間のばらつきも大きくなる．また，産卵後に濃厚卵白のゲル構造が崩壊して水様化するに従って低下する．

卵は卵黄を中心に保持して生まれるが，卵黄周囲を取り囲む濃厚卵白が水様化すると，脂肪を含んで比重の軽い卵黄は卵白中を浮き上がる．ハウユニットは卵黄の浮上がりと密接な関係があり，その数値が55～45以下になると卵殻内壁に卵黄が接し，いわゆる粘着卵を形成するようになる．卵白は抗菌性酵素のリゾチームを含み，それ自体も微生物の増殖を防御する性状と化学作用をもつが，卵黄にはこうした働きはない．

卵白の熱凝固性が失われた異常卵は，伝染性気管支炎にかかった鶏にみられるものである．

d) 卵黄質 平面に割卵して測定した卵黄の高さをその直径で除した値を卵黄係数という．卵黄係数は新鮮卵では0.43～0.45の値を示すが，卵黄膜が脆弱になり卵白の水分が浸透していくにつれて偏平となり，0.30以下になると破壊がたやすい．貯卵期間中の卵黄係数は，ハウユニットと同じような変化をたどり，高温環境で低下が速く，鶏の加齢に従い早期に卵黄の強度が失われるようになる．

卵黄色はカロチノイドによるが，鶏はこの色素を合成できないため飼料から移行したものである．種類により色調や卵黄への移行度合は異なる．通常，黄色トウモロコシのゼアキサンチン（橙黄色）を基礎とし，アルファルファのような乾草のルテイン（レモン色）やパプリカのカプサンチン（橙色）で着色強化する方式により，黄～橙の色調に調節することが多い．卵黄色を簡便に測定する方法として，Roche社のヨークカラーファンと対比する方法があげられる．ファン番号8～9が標準的な橙黄色といわれる．なお，カチロンは卵黄にほとんど移行しないで，ビタミンAとして蓄積される．

卵黄色の主体をなすキサントフィルは従来単なる色素とみられていたが，弱いながらもプロビタミンA活性のあるものが認められ，エビやカニの甲殻に存在するアスタキサンチンは，β-カロチンやビタミンEに比べても強い抗酸化作用を有し生体防御に寄与す

ることが示唆されている．

[山上善久]

6.11　鶏　の　経　営

a．養鶏経営の現状と課題

　わが国の養鶏経営数は，1993 年ではすでに 8,450 戸と 1 万戸以下となり，5 万羽以上の 660 戸で 56% の羽数を飼養している．平均羽数規模は 17,523 羽であるが，上位経営は 5 万羽単位としている．

　地域的には関東，東海，近畿の都市近郊型経営と南九州や東北の遠隔地経営に分けられる．前者は比較的小規模で自家販売型経営が多く，後者は比較的大規模で飼料工場や，農協を核とするインテグレーション経営が多い．前者は 1 kg 当たり生産費はやや高いものの直販，自販経営が多く，自ら販売するため，販売地までの輸送費が少なく，比較的高価格で販売することで対応している．

　とはいえ，鶏卵販売価格は 1975 年（昭和 50）の kg 当たり 285 円から 1993 年（平成 5）の 145 円と傾向的に低下しており，ますます低コスト化を要請されている．

　卵価の傾向的低下のもとで，流通費は 1975 年の kg 当たり 82 円より 1993 年の 128 円まで傾向的に上昇している．したがって，農家手取り率は低下しており，1975 年の 77.7 % から，1993 年には 53.1% と低下した．

　"新政策"が唱えるように養鶏経営の法人化が進み，1993 年で経営体のうち"農家以外の経営体"は 15.4% であるが約 60% の羽数を飼養している．そのうち会社経営は 55% と半数以上を占めている．したがって経営体をどう組織化するかが大きな課題である．

　販売仕向けのうち，家庭で購入する割合は順次に減少し，"業務・加工仕向け"が増大し，1993 年に 43% であったが 2000 年には 50% になると予測されている．アメリカでも加工仕向けが増大し，2000 年には半分以上となるとしている．

　こうした加工卵化に対して，付加価値卵を生産する動きが活発で，全国では 148 種以上の銘柄化（銘柄卵）が進められている．

　ブロイラー経営数も，1992 年にすでに 4,451 戸と 5,000 戸を割り込み，東北と南九州の全国シェアが 1993 年で 65.2% に達し，西暦 2000 年にはその割合が 75% となると予測されている．

　他方，ブロイラー肉の輸入が活発化し，1993 年には 39 万トンが輸入され，総供給量の 22% を占めている．

　したがって，わが国のブロイラー供給は近郊産地，遠隔産地，そして海外産地の三つに大別される．

　近郊産地では，比較的小規模ながら，土地，労賃高のほか，公害にも悩まされている．遠隔産地では比較的土地，労賃は安いとしても，後継者難，公害，コスト高の問題を抱えている．海外産地はアメリカ，ブラジル，タイそして中国であるが，いずれの国も飼料穀物を生産する国であり，コストは安い．けれども労賃の安さから，ブロイラー輸出国はタイからしだいに中国へと移行しているといってよい．

　国際化とともにブロイラーのコスト競争は熾烈になったといえよう．そのため，経営

のインテグレーションは，農協型，商社型，個人型と大別されるが，規模拡大，低コスト化，安心安全な食品を製造することが課題である．

ブロイラー肉生産は，わが国では骨なし部分肉であり，他の国のような丸屠体や骨付部分肉生産は少ない．

だが輸入ブロイラーが22%を占め，これらの80%が外食産業に向けられている現在，国内生産はよりきめ細かい消費者対応が求められている．

そのため，各地で銘柄鶏化が進み，現在80種以上と報告されている．

b．生産性と収益性

鶏卵生産費は1992年で1kg当たり178円で，飼料費が57%，労働費は15.1%，成鶏費が19.7%を占め，3費目で91.8%を占める．

鶏卵1kg生産費をアメリカ55～65円，カナダ135円，タイ88円，中国53円と比べるとさらに削減する必要がある．

労働時間は100羽当たり35時間で，1980年以来半減している．飼料調理，給与，給水，採糞よりも，採卵選卵時間は57.4%と半分以上を占めている．これは，鶏舎内の機械化

表6.18 鶏卵の100kg当たり生産費の年次別・羽数別概況

(a) 年次別

年次 内訳　生産費	1980		1987		1992	
	金額(円)	割合(%)	金額(円)	割合(%)	金額(円)	割合(%)
労務費	3,373	13.2	3,102	16.6	2,672	15.1
飼料費	15,951	62.6	9,946	53.1	10,111	57.0
建物，農具	956	3.8	1,136	6.1	916	5.1
成鶏	4,683	18.4	4,049	21.6	3,499	19.7
その他	514	2.0	496	2.6	556	3.1
計	25,477	100.0	18,729	100.0	17,754	100.0
副産物	1,003		892		635	
第一次生産費	24,474		17,837		17,119	
地価，利子	661		638		644	
第二次生産費	25,135		18,475		17,763	

(b) 羽数規模別

規模 内訳　生産費	5,000～9,999羽		10,000～19,999羽		20,000羽以上	
	金額(円)	割合(%)	金額(円)	割合(%)	金額(円)	割合(%)
労務費	4,459	22.3	2,638	14.8	1,909	11.4
飼料費	10,713	53.5	10,306	57.8	9,701	58.1
建物，農具	756	3.8	863	4.8	1,623	6.1
成鶏	3,521	17.6	3,520	19.8	3,473	20.8
その他	566	2.8	491	2.8	601	3.6
計	20,015	100.0	17,818	100.0	16,707	100.0
副産物	799		561		614	
第一次生産費	19,216		17,257		16,093	
地価，利子	649		617		661	
第二次生産費	19,865		17,874		16,754	

注　平成6年畜産物生産費調査より．

表6.19 採卵鶏100羽当たりの飼養労働時間の年次・羽数別変化

	1980	1985	1989	1992	5,000～9,999羽	1万～19,999羽	2万羽以上
飼料調理,給与,給水	28.6	26.8	19.4	15.2	21.6%	15.7%	9.2%
採　糞	20.0	17.0	16.2	13.7	15.8	13.4	14.0
採卵,選卵	40.0	42.3	50.2	57.4	50.9	56.3	56.3
飼育管理	11.4	13.9	14.2	13.7	11.7	14.6	20.5
計	70.0	57.0	40.2	33.5	50.1	35.0	27.2

注 畜産物生産費調査から再計算. 羽数別合計欄は時間を示す.

すなわちインライン化を進めれば, 機械費用は若干多くなるが労働費は節約される. すなわち労働生産性は大いに拡大されるであろう.

鶏の生産性を1羽1日当たり産卵量でみると, 1975年に40.6gから1991年に46.2gと増大したが, さらに向上させる必要があるが, 労働生産性と併せて拡大させる必要がある.

近年の低卵価により収益性は低下している. 生産性を除く利潤は, 1991年の636円から92年には299円の赤字となっている. けれども家族労働報酬は963円から52円と低下した. したがって所得は1,063円から134円となり, 所得率も28.8%から4.9%へ低下している. 1羽当たり1,000円を目標とすれば14万円を得るのに1万羽でよいが, 低卵価期の134円とすれば10万羽が必要になる.

さらに企業的経営では利潤を目的とするため, 羽数拡大か付加価値を上げるための垂直的多角化が必要となってくる.

ブロイラー生産費は1kg当たり176円(1992)であるが, 飼料費が64.4%, 雛費が17.3%, 労働費が6.8%を占め, 上記3費目で88.5%を占める.

この生体1kg当たり生産費はアメリカで68円, タイで125円, 中国で75円で, タイは日本の71%のコストであり, わが国での低コスト化か, 付加価値の高いものを生産することが望まれている. 日本のブロイラー出荷体重は1.96kg(1975)から, 2.57kg(1991)へと大型化し, 輸入ブロイラーの小もの(1.2kg)に対して差別化されている.

表6.20 ブロイラー生産費の年次別変化(10kg当たり)

内訳　　　　　年次 　　　　生産費	1980		1987		1992	
	金額(円)	割合(%)	金額(円)	割合(%)	金額(円)	割合(%)
労　務　費	185	7.1	123	6.7	118	6.8
飼　料　費	1,795	68.7	1,221	67.0	1,119	64.4
建物, 農具	99	3.8	65	3.6	66	3.8
雛　　　費	398	15.2	299	16.4	301	17.3
そ　の　他	136	5.2	115	6.3	133	7.3
計	2,613	100.0	1,823	100.0	1,737	100.0
副　産　物(円)	12		9		2	
第一次生産費(円)	2,601		1,814		1,735	
地価, 利子(円)	36		23		25	
第二次生産費(円)	2,637		1,837		1,760	
販売時体重(kg)	2.18		2.61		2.60	
労働時間(時間)	58.2		57.5		54.9	
販売羽数(羽)	39,040		74,159		97,147	

労働時間は100羽当たり3時間で，飼料の給与，給水に26.7%，防疫，初生雛管理と鶏糞処理に16.7%，飼養管理に40%かかっている．

ブロイラーの生産性を飼料要求率でみると，1975年の2.57から，1991年に2.19に減少している．

表6.21 ブロイラー100羽当たり労働時間の変化(時間)

	1980	1987	1990	同割合(%)
飼料給与，給水	1.4	0.8	0.8	26.7
防疫，初生雛	0.9	0.6	0.5	16.7
鶏糞処理	1.1	0.6	0.5	16.6
飼養管理	2.7	1.7	1.2	40.0
計	6.1	3.7	3.0	100.0

注　表6.18と同じ．

ブロイラー1羽当たり収益性は，1992年に粗収益469円，生産費458円，利潤11円，所得は48円である．1日当たり労働報酬（労働時間3時間）は1万以上となり所得率は10.3%である．

c. 今後の方向

養鶏経営の今後の方向を技術組織と経営組織に分けて述べてみよう．
(1) 技術組織は鶏舎とGPセンター（洗選別包装施設）の関係でワンエイジ方式としてインライン方式（コンプレックス型）とするか，分散方式（サテライト型）にするかである．鶏舎からの集卵費を節約し，可能な土地が得られるならば前者のほうがよい．ただし，鶏病対策，土地が得にくい場合は後者がよい．
(2) そのどちらをとるにしても，数戸の農家の協業経営か，会社組織として法人化することである．統一的意思決定とするため，各農場長などの事業所制とするのでなく，生産部，販売部などの事業部制が効率的である．
(3) 品質向上と銘柄化の推進：低コスト化はもちろん国際競争下大切であるが，品質向上に努め，付加価値卵を生産，消費者需要に対応した商品の生産が重要である．
(4) 付加価値化は，単に品種のみならず，加工，包装をも念頭に置いた垂直的統合化と複合化を進めることが大切である．
(5) ブロイラーの場合も生産・流通結合からみれば，屠殺（S），解体（C），再加工（F），包装（P）のうち，PSのみならず，PSCFの結合が大切となろう．
(6) 消費者需要方向（マーケティングニュース）を知り，生産にフィードバックし，有利な販売ができるように積極的なマネージアルマーケティングが重要となる．

［杉山道雄，胡　定寰］

文　献

1) U, S, D, A, ERS（アメリカ農務省，経済調査局）：Livestock and Poultry, Nov., 29 (1993)
2) 畜産振興事業団：畜産の情報 (1994)

7. その他の家畜など

7.1 毛皮動物（ミンク）

家畜化された毛皮動物は，ミンクをはじめとし銀キツネ，青キツネ，セーブル，チンチラ，ラクーンドッグ，リンクス，ヌートリア，フェレット，ウサギ，パインマーテン，ストーンマーテンなど各種がある．本節ではミンクについて解説する．

食肉目イタチ科ミンク（*Mustela vison*）の特長は，多産かつ環境への高い適応性をもつので養殖に適し，その被毛が短毛，高密度でカラフル，また皮組織が発達し，レットアウト法など高度の縫製加工に耐えうるところから，近代的毛皮としての適性をもち，保温性，保湿性，放湿性に優れた軽い毛皮として養殖毛皮の主流となっている．

a. 養殖ミンクの歴史

1860年代初頭に米国ニューヨーク州北部の T. Phillips らが野生アメリカミンクの飼育化に成功したのをパイオニアとして，北半球各国に種畜が導入され，第二次世界大戦後の経済復興とともに北米を中心として北欧，旧ソ連，日本などに急速に飼育が普及し，ピーク時には年間4千万枚以上を生産した．

表7.1 ミンク主要生産国と生産毛皮数の推移（単位：万枚）

	1980	1985	1990	1994
アメリカ	330	460	270	260
カナダ	100	138	80	75
デンマーク	400	840	1,030	1,096
フィンランド	385	450	170	150
その他北欧	223	260	178	100
旧ソ連/ロシア（輸出）	270	450	300	70
中国	65	250	120	30
日本	60	91	40	5
その他	274	419	422	377
計	2,107	3,358	2,610	2,163

資料：SAGA 統計による．

日本での飼養は，1929年に農林省がカナダから種畜3頭を北海道に輸入したのを嚆矢とし，旧樺太を中心としていた養狐業とほぼ時を同じくしてしだいに拡大したが，第二次大戦による戦時統制で一時中断した．戦後は北海道庁が寒冷地産業として飼育を奨励し1960年前後から外貨獲得の輸出産業として，また1970年代中頃から国内消費が盛んになるにつれ，北海道を中心として飼育が盛んとなった．

b. ミンクの品種

　茶褐色のみのミンク原種の馴化の過程で市場から要求されたより黒色への育種によりスタンダードダーク種さらに漆黒のジェットブラック種（色遺伝子，Jj/JJ）やフィンブラック種（Ff/FF）が作出されたが，野生色に近いワイルド種および異品種間交雑による濃褐色のデミバフ種の需要も根強く，これらが欧米の生産と消費の大半を占めている．

　1930年代から40年代にかけシルバーブルー種（pp），アリューシャン種（aa），パステル種（bb）などが，その後もミューテーション品種が次々と北米各地の飼育場で出現し，これらの30にも及ぶ色遺伝子の組合わせ交配により現在のカラフルな約100種に及ぶ品種が作出された．ミンクの品種名は商品価値としての被毛色により宝石や花などに由来するものが多い．

表7.2 ミンクの主要品種と色遺伝子（米簡易記号）

スタンダードダーク	AA	BB	CC	$BMBM$	$BABA$	$BPBP$	PP	ff	ss	jj
アリューシャン系品種										
アリューシャン	aa									
サファイア	aa						pp			
エリック	aa	bb								
ラベンダー	aa			$bmbm$						
ブルーアイリス	aa						p^sp または p^sp^s			
ホープ	aa				$baba$		pp			
バイオレット	aa			$bmbm$			pp			
トリプルパール	aa					$bpbp$	pp			
ピンク/ブラッシュ	aa			$bmbm$	$baba$		pp			
サファイアクロス	aa						pp		Ss	
非アリューシャン系品種										
ロイヤルパステル		bb								
シルバーブルー							pp			
パロミノ						$bpbp$				
リーガルホワイト		bb	cc							
パール						$bpbp$	pp			
ジェットブラック										Jj または jj
ブラッククロス									Ss	
パステルクロス		bb							Ss	

　アリューシャン因子（aa）をもつ系統は晩成小型のサファイア種（$aa\ pp$），ブルーアイリス種（$aa\ p^sp^s$），ラベンダー種（$aa\ bmbm$），バイオレット種（$aa\ pp\ bmbm$）などの代表的カラー品種があり，ブルータイプとしてとくにアジア，ロシアに需要が多いが，アリューシャン因子にはチャディアック東症候群が随伴しており加齢とともに免疫能が低下し抗病性に劣り，種畜としての飼養期間も短い．

　非アリューシャン系統にパステル種，リーガルホワイト種（$bb\ cc$），パール種（$pp\ bpbp$）などの早成大型品種があり，抗病性に優れ多産である．

　これらの劣性カラー遺伝子に加え，優性カラー遺伝子があり単独であるいは組合わせにより各種クロス種（Ss）のようにミンクに多彩なカラーと背徴のバリエーションを提供している．

c. ミンクの育種

ミンク毛皮の特長である多様な被毛色の作出が既知の約30に及ぶカラー遺伝子を利用して、あるいは未知の遺伝子を探求して行われる。被毛の品質においては短毛化と密度の向上、毛皮の軽量化、さらに体型の大型化と繁殖能力の向上に努力が払われている。

体のサイズや被毛色の遺伝率は比較的高く $h^2=0.4～0.8$ に及ぶが、繁殖や品質の遺伝率は $h^2=0.2～0.4$ と低い。

d. ミンクの繁殖

年1回の季節性多発情動物であり、発情期は2月末から4月上旬までの約5週間であるが、実際の交配作業は3月上旬に開始し3月下旬に終了させる。

雌は初回の交尾はいつでも雄を許容し交尾刺激により約36時間後に排卵し、およそ1週間の間隔で周期を2～3回もつ。多回数交配作業を行い同期複合妊娠、異期重複妊娠を利用し、受精卵数の増加をはかるのが産子数を多くする技術である。

受精卵は遅延着床により、子宮角上部で不定の浮遊期間をもつので妊娠期間は一定せず $47±5$ 日間が大半だが、最短は38日間、最長は76日間に及ぶことも珍しくない。着床後の真の妊娠期間は約38日間であり、妊娠期間は最終の交配が遅いほど短くなる傾向を示し、短いほど分娩率、リターサイズが安定している。4月を妊娠期とし、分娩は4月下旬から始まり5月上旬をピークとし5月下旬に及ぶ。

受精卵数は平均10個だが着床までの死滅受精卵が多く、リターサイズは6子を頂点とした正規分布を示し、平均は7週齢の離乳時に $4.5±0.5$ 子ぐらいである。

5月上旬をピークに誕生する子ミンクの体重は $10±2g$ にすぎないが、生後6～7カ月齢には雄 $3.0±0.5kg$、雌 $1.5±0.3kg$ に成長するとともに性成熟に達し、翌年には繁殖に供することができる。

e. ミンクの生理と生態

野生ミンクはテリトリーをもち独居する。雄は繁殖季節になると彷徨し雌を探し歩き、一夜に数kmを行くといわれる。飼育場では群飼せず、闘争や遊戯により毛皮を傷つけたり汚したりしないように秋口から金網ケージに単飼する。飼料の量を制限するとストレスにより毛食いや尾食いが発生し、毛皮の商品価値が格外品となる。

季節性動物であり、年2回の換毛は、長日作用により冬毛から夏毛に、短日作用により夏毛から冬毛に換毛した直後のプライム（節物）といわれる冬の毛皮のみが収穫採皮される。神経ホルモンであるメラトニンに徐放性をもたせたペレットを皮下に埋没することにより剝皮収穫を6～7週間早める技術が実用化されている。

子ミンクの精巣や卵巣は12月までに完成し性成熟に達するが、性活動は2月下旬から3月にかけて長日作用により発動し、5月上旬をピークとして分娩する。

子ミンクの成長は非常に速く、誕生時の体重約10gが離乳できる6～7週齢では400～600g、25週齢頃には生時体重に比べ雌で約150倍、雄では約300倍に成長する。

f. ミンクの栄養と飼料

　ミンク飼料の特徴は，動物性タンパク質を多く配合することから原料を水産や家畜，家禽の副生物およびテーブルミート類の期限切れなどに求めていること，自家配合の生鮮調理飼料であること，飼養フェーズによる栄養配合の変動が大きいことなどである．
　消化管は体長の約4倍と他の動物に比べ短く，飼料の消化管通過時間は3～5時間である．タンパクや脂肪の消化利用能力が高い反面，炭水化物の利用は低い．
　飼育場の立地条件により魚主体，または家畜・家禽副生物主体の原料配合となる．魚類はカジカ(海)，カレイ，カワハギなどの白身魚が好ましいが，青身魚も一定割合以内であれば抗酸化物を添加しながら使用できる．トリメチルアミン貧血の原因となるタラ類，チアミナーゼ酵素によりビタミンB_1を破壊する主として淡水魚などは使用が制限される．水産加工場からの副生物も使用できるが，鮮度を保持していることの確認が重要である．
　家畜・家禽副生物はくず肉，胃腸や血液，あるいは廃鶏内臓など多岐にわたり利用されている．脂肪分に富み成長期や毛皮期には好適だが，繁殖期の高タンパク低熱量配合には使用を制限する場合もある．乳製品の副生物は生物価も高く重用する．
　穀類は粉砕し加熱アルファー化によりはじめて利用できる．乾物量が多いので経済的でもあり，秋の毛皮期には被毛の密度を高め退色を防止する目的で他の季節より多く配合する．また，ミンチ状の調理飼料の硬さを調整する原料としての役割もある．
　強化添加原料として脂肪強化にラードや脂身，植物油，タンパク強化には魚粉，肉骨粉，血粉，ダイズタンパクなどを使用するが，乾燥原料には被毛の長さを一定にそろえる効果もある．微量添加物としてはビタミン・ミネラルプレミックスを常用するが，とくに飼料特性からビタミンEの強化は欠かせない．ほかにカルシウム，抗生物質また腐敗防止を目的とする酢酸には飼料pH低下による肉食動物に多い結石予防の効果もあるため使用する．野菜は不要だが，粗繊維として乾物中2～3%は必要とする．
　成長が非常に速い動物であるから，良質タンパクの配合はもとより，高熱量の配合が必要で，脂肪は経済的に重要である．アミノ酸要求比は他の動物と大差はないが，被毛の形成に含硫アミノ酸の要求が高く第一制限アミノ酸となることが多い．高タンパク配合に耐える力があるが，経済性の追求には脂肪とデンプン質の利用が重要である．
　以上の飼料原料を肉挽き機で細断，ミキサーで穀類と混合したうえ，適当な硬さになるように水を加え乾物含量25～30%の生鮮飼料として給餌する．
　成長期間の栄養摂取はタンパク質を中心に多く，離乳から剝皮までの摂取乾物量は雌約7kg，雄約12kg，熱量消費は雌約28千kacl，雄約48千kcalである．

表7.3　季節別消費量と栄養組成

	代謝エネルギー (kcal/頭/日)	乾物量 (g/頭/日)	乾物中粗タンパク (%)	乾物中粗脂肪 (%)	乾物中炭水化物 (%)
維持期 (12～3月)	150～200	40～60	33～46	19～23	27～35
繁殖期 (4～5月)	210～270	55～70	45～50	15～18	22～25
成長期 (6～8月)	180～290	40～65	33～46	22～32	22～30
毛皮期 (9～11月)	200～290	45～65	32～38	22～29	31～34

注　大洋ミンク(株)の例．

g. ミンクの飼養管理（大洋ミンク(株)の例）

この例は種畜選定，繁殖から育成，剥皮収穫までを飼育場内ですべて行う自己完結型の飼養形態である．したがって，飼育頭数には季節変動が大きく，12月から翌年4月までの種畜期を1とすれば，子ミンクが誕生する5月から成長を完了し剥皮収穫する11月までの飼育数は約4～5倍となり，飼料消費なども同様に変動する．

繁殖前期の2月には毛皮期からやや肥満状態にあるミンクを，栄養水準を制限することでボディコントロールを行う．

その後，3月にかけてフラッシング（飼増し）を行い栄養強化し，およそ3週間の交配作業に入る．すべての雌畜に満遍なく交尾の機会を与えるシステムにより個々の雌が発情期間中に2周，計3～4回の交尾を行う努力をする（交配開始1日目＋9日目・10日目の3回または交配開始1日目・2日目＋9日目・10日目の4回，それぞれ雌を雄のケージに運び交尾させるのが標準的な交配方法である）．

3月下旬から4月いっぱいにかけてが妊娠期であり，中期に入る4月中旬頃に巣箱に分娩用の寝わら入れを行う．後期の3分の1の期間に30%増ぐらいの栄養強化を行う．

分娩は4月下旬に始まり5月遅くまで続く．出産は産声と胎盤を食べた母雌のタール状便で確認する．3日齢までの初生子ロスが最大であり，産毛がしだいに生えそろうにつれ，4週齢頃から母雌と同じ飼料に嗜好が向き，開眼する1カ月齢になるにつれ生存力が増す．母雌の哺育負担は非常に大きく，泌乳不足や生育不良を早期発見し里子で救済するのは初期育成率を向上させる飼育技術である．

6月は子ミンクを早く離乳し，いかに成長を促進させるかにより商品価値の大きい毛皮サイズが決定される重要な時期である．6週齢を過ぎると離乳し，しだいにきょうだいを分割していく．7月はボツリヌス中毒，ウイルス性腸炎，ジステンパーのワクチン接種を行い，雄雌2頭程度の複数飼育を9月頃まで続ける．8月は年間で飼料消費が最大のときで，給水が暑熱病と結石予防対策にとって重要な飼育作業である．9月には体長はほぼ完成するが，肥満は毛皮品質の低下をまねくので給餌量に注意を要する．

種畜は10月に育種目的にそって自群内から，繁殖能，体長，体重により，被毛色は品種の特有色や明度，純度などにより，また被毛の品質は密度，長さ，均一性などにより系統，個体ごとに選定し，改良方針によっては他群からの導入をはかる．

冬毛の完成する11月中旬からプライム（節物）の到達順に剥皮し，皮下脂肪を除去後，紙を巻いた国際規格の乾燥ボードに張り付け18℃前後で2～3昼夜をかけて乾燥したものがオークションなどの取引の荷姿として出荷される．

表7.4 ミンクの年間飼養フェーズ

	種畜維持 (12～3月)	繁　殖 (4～5月)	成　長 (6～8月)	毛　皮 (9～11月)
飼育動物	種雄1：種雌5～7	種畜	親畜 子畜　4.5±0.5子	親畜，子畜
飼育内容	ボディコントロール(2月) フラッシング(飼増し) 交配(3月)	妊娠管理(4月) 分娩準備(4月) 出産管理(4～5月)	離乳(6月) きょうだい分離(7月) 予防接種(7月)	換毛管理(9～10月) 種畜選定(10月) 剥皮(11～12月) 乾皮製造(12月)

h. ミンクの疾病

　防疫プログラムの主要なものは，ワクチン接種と血液検査によるアリューシャン病陽性ミンクの剝皮淘汰，および自家配合飼料の衛生管理である．抗菌スペクトルに合致した抗生物質の治療効果は高い．

　ボツリヌス中毒は調理飼料を嫌気状態に貯蔵することでクロストリジウム菌が増殖し，産生したトキシンにより採食後12～96時間を潜伏期間とし前後肢の筋肉弛緩による麻痺を特徴とする死亡率の高い疾病である．トキソイドワクチン接種により予防する．

　膿瘍（ボイル）はストレプトコッカスおよび他の化膿菌との混合感染症で，アリューシャン系品種は抗病性が低く，皮膚の創傷から感染し頭部皮下のみでなく内臓とくに肺臓にも病変を起こし，ペニシリン，ストレプトマイシンなどの投与で治療できるが再発しやすく，これによる毛皮の損傷は経済的な損失が大きい．

　サルモネラ感染症は成体では非顕性が多いが，成長中の子ミンクでは下痢，妊娠母畜では流産の原因となる．ミンクの飼料原料は副生物を生鮮状態で使用するので感染の機会が多く，注意を要する．

　肺炎の中でも緑膿症菌はミンクに特異な出血性肺炎の原因となり，発生すると被害は大きいが不活化ワクチン接種により予防，治療ができる．

　アリューシャン病ウイルスを原因とする形質細胞症は慢性伝染病で，ウイルス性抗体複合体の蓄積により症状が進行し，すべての粘膜から血液成分が滲出するので悪性貧血を起こし，末期にはタール便を排泄して死の転帰をとる．蔓延すると繁殖育成，毛皮のすべてに悪影響があり，経済的損失は大きい．治療は困難であり，種畜選定時に抗原抗体法による血液検査CEPの陽性反応個体を収穫期を利用して剝皮淘汰すること以外に駆逐の方法はない．ミンク養殖にとってはいちばんの大敵である．

　ジステンパーは犬，キツネと共通のウイルス性伝染病で，症状は幅広く眼瞼の腫脹，眼や鼻孔からの滲出物，足裏や皮膚の肥厚，末期の神経侵入による神経型などがある．診断は膀胱または気管粘膜の封入体検出により確定するが，治療は困難でワクチン接種により予防する．感染した野生動物の侵入を防除することも大切である．

　ウイルス性腸炎には2種あり，一つは流行性カタール性胃腸炎でロタウイルスを原因とし，別名を三日病ともいい，食欲廃絶，粘膜を伴う黄色，緑色，ピンク色の下痢を起こし，3～4日で回復する．パルボウイルス群を原因とする腸炎は脱水症状が重く数日以内に死亡するか，回復しても予後は不良である．一度発生すると耐性の強いウイルスは長年にわたり常在する．ワクチン接種により予防する．

　オーエスキー病はブタヘルペス1に感染した豚の副生物を飼料原料とすることで感染し，麻痺を主徴とする急性伝染病であり，感染ミンクからの伝染はない．感染すると100％死亡する．

　ほかに，栄養性，代謝性の病気の主要なものは，尿路系結石，黄色脂肪症（ビタミンE欠乏症），授乳過多症（電解質流出），ウエットベリー（失禁症），チャステック腰麻痺（ビタミンB_1欠乏症）などがある．

　遺伝病としては，スクリュウネック（斜頸）やチロシネミア（仮性ジステンパー）などがある．

i. ミンク飼養設備

毛皮生産にとって被毛の汚れ，きずは商品価値を低下させるので，成長の一時期を除き亜鉛めっき線材で組み立てた金網ケージ(幅30～40cm，高さ40～45cm，長さ60～70cm)に単飼する．ケージには内容量が15～20 l，出入り口が直径11～13cmの木製巣箱と500ml の給水カップまたは自動給水ニップルが付属する．

畜舎は木造掘っ立て，トタン屋根が一般的で，中央に作業通路をとりケージを2列に並べた幅3.6m，長さ50～100mの構造が多い．野生動物の侵入とミンクの脱走を防止するために，畜舎全体を囲むフェンスは丈夫な金網を地下に50cm以上埋め込み，上部には返しの金属板を張る構造とする．

飼料設備としては，冷凍原料を貯蔵する用途以外に剝皮毛皮や乾燥毛皮を保管する冷凍冷蔵庫，乾燥原料倉庫またはサイロ，解凍タンク，肉挽き機，ミキサーおよびこれらに付随する荷役運搬具などが必要である．給餌は自動フィーダーを採用すると省力化できる．

j. ミンクの生産物

乾皮は性，サイズ，品質等級，色調別などに区分して，雄は20～30枚，雌は30～50枚にグループ化し，バンドルと称する取引の最小単位に束ねる．取引方法は，国内にあっては札幌，海外では産地ごとのオークションに出荷し販売され，コートなどの原料となる．

ミンクの皮下脂肪からとれるオイルは常温液体で，脂肪酸のうちパルミトレイン酸を15～20%と多く含むのが特徴で，厚生省化粧品基準に記載されている．　　[河野　薫]

7.2　ミ ツ バ チ

a. ミツバチの種類および品種

地球上に生息するミツバチはオオミツバチ (*Apis dorsata*)，セイヨウミツバチ (*Apis mellifera*)，トウヨウミツバチ (*Apis cerana*)，コミツバチ (*Apis florea*) の4種が主な種類である．このうち養蜂経営上の飼育種はセイヨウミツバチで，他の3種は野生的特性が強く家畜化されていない．セイヨウミツバチの飼育品種としてイタリアン (Italian)，カーニオラン (Carniolan)，コーカシアン (Caucasian)，サイプリアン (Cyprian) があげられる．わが国には在来種であるニホンミツバチ (*Apis cerana japonica*) と1877年に米国から導入されたセイヨウミツバチが生息する．現在，わが国で養蜂家が飼育しているミツバチのほとんどがセイヨウミツバチのイタリアン系品種である．最近，ニホンミツバチは遺伝資源の観点から見直されつつある．

b. ミツバチの育種，繁殖

ミツバチは社会性昆虫で，その群れは女王蜂 (qeen)，働き蜂 (worker) および雄蜂 (drone) より構成される．女王蜂と働き蜂は雌で，働き蜂には生殖能力がない．ミツバチの交尾は天空高く (20～50m) 雄蜂が群飛する中へ女王蜂が飛翔して行われるので，

特定の女王蜂に特定の雄蜂を交配させることは容易でない．したがって育種を行うにあたっては，育種しようとするミツバチの品種や系統のみを隔離できる場所（離島など）に移動して飼育するか，あるいは人工授精によらなければならない．現在欧米では性質が温和で集蜜力の高い系統の育種が四元交雑法によって行われている．とくにわが国においてはフソ病が家畜法定伝染病に指定されており，チョーク病も防除が困難であるので，フソ病やチョーク病に対して抗病性の品種や系統を育種することが肝要である．

ミツバチの繁殖は自然界では分蜂（swarm）というかたちで行われるが，飼育では女王蜂を一度に多数養成して自然交配もしくは人工授精によって受精させ，コロニーを分割して行う．

c．ミツバチの生理

ミツバチはコロニーを形成して生活を営む社会性昆虫で，コロニーの維持のために育児を行って構成メンバーを増加させる．この育児における巣内の温度はほぼ一定（32〜35℃）で，外界の温度の影響を受けないように巣内で働き蜂が温度調節を行う．これは多数の働き蜂が翅を振動させて発熱したり，外界から巣内に水滴を取り込んでこれを気化することによって群態内の温度の保持をはかっている．

女王蜂は複数の雄蜂と交尾するが，交尾後受け取った精子は体内の貯精嚢に貯えられ数年にわたって生き続ける．女王蜂は受精卵と不受精卵を産み分けることができ，受精卵の場合は貯えた精子によって受精卵をつくり，不受精卵は文字どおり受精しない卵を産む．受精卵からは雌（女王蜂，働き蜂），不受精卵からは雄（雄蜂）が生まれる．このような不受精卵から生殖が行われる現象を処女生殖（parthenogensis）とよぶ．受精卵から女王蜂と働き蜂が発生するが，この分化は受精卵の孵化後3日目までの幼虫のそれ以後の餌条件によって決定される．すなわち，孵化後3日目までの幼虫に王乳（royal jelly）を給与して飼育すると成虫は女王蜂になり，王乳の量が少なく蜂蜜（honey），花粉（pollen）を主体とした餌で飼育すると成虫は働き蜂になる．このような分化には幼若ホルモンが関与している．

d．ミツバチの生態

ミツバチの一群の構成は，女王蜂が1匹，働き蜂が10,000〜50,000匹で，雄蜂は1,000〜5,000匹ほどである．一群の個体数は季節的に大きく変動し，春から夏にかけて増大し秋から冬には減少する．一群の個体数の大部分は働き蜂で占められ，雄蜂は繁殖期に出現してその個体数が増加するが，越冬期には出現しない．卵から成虫になるまでの成育期間は女王蜂で16日，働き蜂で21日，雄蜂では24日である．成虫の寿命は女王蜂では3〜4年，働き蜂は活動期でおよそ40日，越冬などの休止期で3〜5カ月，雄蜂は2〜3カ月である．女性蜂は繁殖シーズンには1日約1,500個ほどの卵を産み続け，一生涯産卵に専念するので，産卵機械（egg laying machine）とよばれたりする．

e．ミツバチの行動

ミツバチの交尾行動は雄蜂が群飛する空間に女王蜂が飛び込んで交尾が行われる．交

尾を完了した女王蜂の貯精嚢内の精子の量から女王蜂は数匹の雄蜂と交尾すると考えられる。花蜜，花粉等の採餌行動は円舞や八の字ダンスによって花などの蜜源の場所を伝達する。採餌を終えた働き蜂は太陽コンパスを用いた帰巣行動により自分の巣に戻る。温度や風と飛翔との関係は，温度は10℃以上で飛翔し，風は秒速10m以上では飛翔が困難となる。

f. ミツバチの餌料（含む蜜源植物）

ミツバチは花を訪れて花蜜や花粉を採集し，これを食物として集団生活をしている。ミツバチが食物として利用できる花蜜や花粉をもつ花を咲かせる植物を蜜源植物 (honey plants) とよぶ。わが国における蜜源植物の代表的なものはレンゲ，ナタネ，ニセアカシア，トチノキ，シナノキ，ミカン，クローバ等である。養蜂経営にあたってはこのような蜜源植物の存在が不可欠であるが，年間を通しては望めない。そこで蜜源植物が乏しくなる冬季などには花蜜，花粉に代わる餌料を給与しなければならない場合がしばしば起こる。代用花蜜としては砂糖などの糖類液を，代用花粉としてはクロレラ粉末とダイズカゼイン粉末にビタミンとミネラルを加えて砂糖液で練ってペースト状にした餌料や市販の合成餌料等が有用である。

g. ミツバチの病気と外敵

ミツバチをとりまく環境は厳しく，ミツバチは多くの病原体に冒されるだけでなく，ミツバチには多くの捕食者や寄生者が存在する。主な病気はノゼマ病，フソ病，チョーク病，サックブルード病等である。わが国でとくに重要な病気はフソ病とチョーク病で，フソ病は家畜法定伝染病に指定されており，発病した蜂群は焼却処分にしなければならない。フソ病にはアメリカフソ病とヨーロッパフソ病があり，原因菌は細菌で，その学名はそれぞれ *Bacillus larvae, Melissococcus pluton* である。チョーク病は学名が *Ascosphaera apis* とよばれる糸状菌に幼虫が冒される病気で，死亡個体はチョークのようにミイラ化する。外敵の捕食者には大は熊から小は昆虫までをあげることができ，寄生者は主にダニ類である。わが国でとくに問題になるのは熊の被害とオオスズメバチ（*Vespa mandarinia japonica*）による被害である。また，寄生者による被害でもっとも重要なものは外部寄生性のミツバチヘギイタダニ（*Varroa jacobsoni*）で，このダニはミツバチの幼虫，さなぎ，成虫の各態に寄生して大きな被害を与える。寄生を受けた蜂群はひどい場合には群が全滅するし，全滅に至らなくとも翅が縮れたり，体が矮小化した奇形蜂が多数出現して蜂群が弱体化する。

h. 施設および機器

近代養蜂は巣礎，可動式巣枠，蜂蜜を分離する遠心分離機の発明によってもたらされた。巣礎とは蜂が巣をつくるための巣房の底にあたる部分で，薄い蠟板に巣房の大きさの六角形を多数印圧したものである。可動式巣枠は巣礎を張った木枠，あるいは巣礎を完成させた巣房からなる木枠で，ラングストロース式標準巣箱に10枚入り，巣箱からの出し入れなど移動が可能である。遠心分離機は遠心力によって巣房に貯えられた蜂蜜を

分離する機具である．このほか，ミツバチをおとなしくさせるために吹きかける煙をつくる燻煙器，巣箱の蓋を開けるときや巣箱内の巣枠の取出しの際などに使用するハイブツール，ミツバチに刺されないために頭や顔を覆う網状の面布などが養蜂を行ううえでの必需品である．

i. ミツバチの利用

ミツバチは蜂蜜やロイヤルゼリーの生産ばかりでなく，他家受粉を必要とする有用作物の花粉媒介に利用され，有用作物の結実促進や増産がはかられる．また蜂の巣である蜜蠟はロウソク，口紅，靴墨などに，ミツバチが集めた花粉やプロポリスは健康食品に，蜂毒は医療に利用されており，ミツバチは人類に多大の貢献をしている．

j. 養 蜂 経 営

養蜂業を営むにはミツバチと花と人の3要素が必要不可欠である．すなわちミツバチは性質が温和で集蜜能力が高く病気に強い品種，花は年間を通して蜜源植物が豊富であること，人とは労働力と飼育管理技術のことで，これらの条件が満たされれば養蜂の生産性は向上する．しかし，わが国においては国土の開発などにより蜜源植物の減少がみられ，加えて後継者難の現状にあるうえ，外国からは価格の安い蜂蜜が輸入される．このようなことからわが国の養蜂家戸数は年々減少傾向にあり，1994年（平成6）1月の農林水産省の統計では約7,000戸である．わが国の養蜂には，花を求めて日本列島を南から北へと巣箱を移動させて採蜜を行う移動養蜂と，限定された場所に蜂群を置いて採蜜を行う定置養蜂があるが，移動養蜂を営む養蜂家はきわめて少ない．養蜂経営を安定させるためには，蜜源植物の増殖，後継者の育成，経営規模の拡大などが肝要である．

［奥村隆史］

7.3 コンパニオンアニマル

ペットブームといわれて久しいが，社会の変化とともに最近では人間の仲間としての動物という意味で，ひたすら愛情の対象として飼育されるペットに対して，その社会性を認め，人間と対等な交友関係を結び，娯楽やその他の人間生活に共同参加できる動物という意味からコンパニオンアニマル（伴侶動物）という言い方がされてきている．

障害者の自立を助けるために特別に訓練された盲導犬，聴導犬をはじめ，老人ホームや各種施設でコンパニオンアニマルとしての役割を果たす介護犬などはその代表的な例である．

コンパニオンアニマルの種類には，犬，猫，ウサギ，小鳥以外にも種々あるが，いずれもコンパニオンアニマルを飼育することは，子どもの情操教育として，また高齢者のよきパートナーとして生き甲斐となるなど，人間に精神的な充足を与えるものであり，その意義が多くの人々に理解されるようになってきている．

コンパニオンアニマルは，その種類によって，大きさ，性質，手入れの難易，必要な運動量などがかなり異なっている．したがって，飼い主の体力や住まいの環境などをよ

く検討してからコンパニオンアニマルの種類を決めることが重要である．

とくに，犬を飼育する場合には，「狂犬病予防法」により，①登録を受けること，②狂犬病予防注射を受けさせること(毎年1回)，③鑑札と予防注射済票を犬に着けておくことなどが義務づけられている．

また，コンパニオンアニマルの飼育に際しては，「動物の保護及び管理に関する法律」により，①動物をみだりに殺したり傷つけたり，苦しめることのないようにすること，②習性を考慮して適正に取り扱うこと，③犬や猫の繁殖を希望しない飼い主は，不妊手術等を行うように努めること，などが決められており，保護動物を虐待し，または捨てた者は罰せられることになっている．

7.3.1 犬

"人類最良の友"といわれる犬が人間のパートナーとなったのは，いまから1万数千年前とも3万年前ともいわれている．犬はオオカミと同じ祖先をもつ動物といわれ警戒心が強い割には人間に慣れやすい性質があるため，古代の人たちは他の野獣から身を守るための番犬として飼育していた．

日本で発掘された最古の犬の骨は約9,500年前のものであり，群馬県佐波郡で出土された縄文時代の犬の埴輪は，日本犬の特徴である立ち耳，巻き尾がはっきりしたものである．

日本犬としては，秋田犬（大型），北海道犬，紀州犬，四国犬，甲斐犬（中型），柴犬（小型）などがよく知られている．かつては，このほかに津軽犬（青森），高安犬（山形），会津犬（福島），天城犬（関東），越の犬（中部地方），阿波犬（徳島），薩摩犬（鹿児島）などが存在していたが，残念ながらいずれも絶滅している．

犬は，家畜の中でもっとも古い家畜といわれており，世界的にみても，家庭で犬を飼う習慣のない地域はないといってよいほど人間と深いつながりをもっている．

a. 犬　学

犬は，もっとも古く家畜化が成立した動物である．家畜化とは，野生動物が人間の飼養管理下に入り，繁殖し，時とともにその管理が強化されて，人類に有用な進化（遺伝）的変遷をする全過程を指している．

犬の家畜化の成立した年代を確定することは不可能であるが，3万年以上前の人間が狩猟採集の生活を送っていた旧石器時代のこととされている．おそらく当初は，猛獣などの天敵に対する防衛や，狩猟による食料獲得の面で，人間とオオカミの間に，たがいが協力することで双方が利益を得る相利共生が生まれ，家畜化が成立したものと考えられる．

そして，現代では，犬はコンパニオンアニマルの代表として，人間の精神的・肉体的両面で健康に深く影響を与えている．すなわち，家庭犬として人間のストレスの解消をはじめ，情緒不安定児や精神病患者，長期療養を要する高齢者などに対する療養に活用されるなど多方面で効果を上げてきている．

1) 犬の変貌

人間に依存するようになった犬（オオカミ）は，従来のように食物を探す必要もなく，過酷な生活条件を強いられることもないため，新しい環境に順応するため必要な変貌を遂げることになった．すなわち，人間に飼育されるようになった犬は，野生時代につくられた骨格構成，性格，毛質，毛色などを変えていくことになった．

a) 構成上の自然選択　まず頭部から変貌したものと考えられる．獲物をとる必要のなくなった犬は歯牙が短縮し，歯間に生ずる隙間を埋めるために，口吻がだんだん短くなった．しかし骨量そのものは容易に減らないので，減った分が幅になった．オオカミの口吻の長さは頭蓋の長さと等しいが，始祖型の犬では口吻は頭蓋よりやや短く，変貌を証明しているといえる．犬の始祖型（オオカミ型）はスピッツグループによって占められており，オオカミの風貌を維持しながらも吻前胸，尾，毛色，毛質，サイズ，吠え声，性格などが変化していった．

b) 人為的変貌　人間が犬の能力を利用することを知るようになってから，自然的選択や突然変異によって発現したタイプはスピッツ型（始祖型），グレーハウンド型（視覚型），マスチーフ型（巨頭型）であったと考えられる．この3種の型は紀元前の古い記述や彫刻などによって証明されるもので，犬の人為的選択は，この3種を交配することによって急速に多型化したといっても過言ではない．その後，猟犬型が加わり，四つのタイプを基礎に現在へ引き継がれてきたことをうかがい知ることができる．地球上の大部分の犬たちは，人間というブリーダーによって，あらゆる作業場所に適応させようと，いろいろな交配を重ねながら新犬種の造成への努力がなされた結果である．

2) 犬の生態

野生または半野生のものは，数頭の牡，牝からなる群を形成することが多い．群は一定の場所に居を占め，暑いときや出産のときには穴を掘って巣とする．巣穴の周囲には"縄張"を設け，ここへは他の群の犬や他の大型獣が入るのを許さない．そのような動物が縄張に近づくと吠えて仲間に知らせ，協力して追い払う．番犬はこの性質を利用したものである．こうした群棲生活を基礎に発展してきた犬も，今日のような飼育環境では，もはやそうした状況をみることはできない．しかし，古来から培われた遺伝的本能は，現在なお彼らの生態の中で，いくつか当時をしのぶしぐさをとどめるものがある．

3) 犬の本能

犬が生態的な目的を果たすための習性をいい，性本能，母性本能，縄張本能，狩猟本能等があげられる．

a) 性本能　牡の性的行動の徴候が現れるのは，生後7週目ぐらいで交尾に似た状態をみせる．牝は生後おおよそ8カ月から12カ月の間に発情が起こる．発情期間および発情期の前に尿で牡に合図を送る．牡はしばしば排尿し，次いで生殖器を嗅ぎ始め，やがて交尾に移る．

b) 母性本能　牝の母性本能は，分娩と同時に始まり，授乳期間の終わりまで続く．母犬は生まれたばかりの子犬から，尿膜と羊膜を破って取り除き，臍帯を切って胎盤を子犬から離す．また，子犬の体をなめてきれいにし，乳を吸わせ，陰部や肛門をきれいに始末する．ときには，自分の産んだ子犬を出産間もなく食べてしまう母犬をみること

があるが，Lorentz 博士は，子犬を包む尿膜や羊膜を取り除く行動の中で，何らかの支障が起き，決まった行動がとれなくなった場合の異常行為であると述べている．

c）縄張本能　牡の成犬は，自分の縄張と考える境界の重要地点に尿をして印をつけることがきわめて多い．これは自分の勢力範囲への立入り禁止の意味をもつものである．とくに自分の家にいるときは強気で，人だけでなく侵入者に対しては，積極的に防衛および攻撃的態度をとるが，縄張外へ出た場合は，かなり小心的態度に変ることが多い．

d）狩猟本能　犬はもともと捕食獣であるために，獲物を狩り立て追跡する本能をもっている．こうした本能は生後 4～5 週ほどで目覚める．この時期になると，子犬は走り回り，スリッパ，ぼろ布，棒切れなどをくわえて切り刻もうとする．こうした行動は換歯期まで続けられる．

このほか，犬は壁に向かって眠ることは決してなく，まわりを見張れるような場所を決めて寝るのが常である．また，犬小屋の中では入口に頭を向けて寝るのがふつうである．

4）犬の感覚

犬の感覚の中でもっとも発達しているのは嗅覚である．犬の嗅細胞の総数は，人間が 500 万であるのに対して 1 億から 2 億にも達している．犬の嗅覚のすばらしさの限界はまだ十分に解明されていないが，特定のにおいについては分子の領域まで判別できるらしい．この天与の能力は訓練によってさらに向上し，特別なにおいの検出にも大きく貢献している．

犬の聴覚は非常に敏感で，人間の約 4 倍も遠い距離の音を聞くことができる．また，人間には聴けない超音波さえとらえることができる．耳の構造は複雑で，その形も犬種によって多様であるが，立ち耳，半立ち耳，垂れ耳とも，その聴力には差がない．

犬の視覚はあまりよくない．100 m 離れると，犬は幾人かの中に混じっている主人を識別することができないし，300 m 離れると，犬は動かない物体を見ることができない．しかし，犬の目は人間の目よりも明暗の差に対する判別能力に優れているため，暗がりの中では人間よりはるかにものをよく見ることができる．色の識別能力は人間とほぼ同程度である．なお，視野については，犬種によって多少の違いがある．

犬の触覚は，犬の顔にある何本かの毛（ひげや触毛），粘膜（舌や口唇），趾の裏などがきわめて敏感である．したがって触れること，痛み，肌ざわり，温度に対する変化を察知することは速い．

犬の味覚の発達は決してよくない．犬が味によって食物を選り好みすることも確かではあるが，実際に好みを決めるのは味よりにおいである．

このほか，犬には正確に定義づけのできない方向感覚，地震，なだれの予知など，多くの学者たちを当惑させる能力がある．これを，現状では犬の第六感（直感）とよんでいる．

b. 犬の生理
1) 呼　　吸
　成犬の呼吸回数は，大型犬で1分間に平均15回，小型犬では平均25回，幼犬では平均18～20回ぐらいであるが，この回数は，年齢を重ねるに従って減少する．また，犬は体表からほとんど汗を出さないが，これは呼気によって体温を放出しているので，呼吸は体温調節という非常に重要な役割も果たしている．

2) 循環器官
　犬の循環器官は他の脊椎動物と同じで，血管系は，小循環（肺循環）と大循環に分かれる．犬の心臓鼓動の回数は1分間に70～120回で，このリズムは年齢，大きさ，労働条件，気温等によって異なる．血液が体内を一巡するのに必要な時間（循環時間）は約17秒である．

3) 消　　化
　犬の唾液にはデンプン分解酵素が含まれていないので，口内消化は食物を細かく砕くだけにとどまる．これに反して，胃の中では塩酸とペプシンの豊富な胃液により，最初の分解作用が行われる．そして，分解と吸収の主要過程は小腸で行われる．また，犬の消化器官は草食動物に比べて，口がとくに強力で腸が短いという特徴がある．

4) 泌尿器官
　犬の泌尿器官としては，二つの腎臓，膀胱，輸尿管，それに尿を排泄する尿道がある．犬の尿は酸性である．尿の量は犬の体の大きさによって異なり，24時間で40 ml から1,000 ml である．腎臓が正しく活動しているかどうかは，尿および血液の分析により知ることができる．また，尿の分析によりタンパクとか胆汁塩，糖などの異常を知ることができる．

5) 生殖器官
　牡の外部器官は陰茎といい，犬の陰茎の根元にはふくらみ（亀頭球状部）があって，陰茎が勃起する際には血液のために膨張して，陰茎を牝の腟内に入れておく役目を果たす．亀頭，陰茎，陰茎骨，球状部はすべて一つの皮膚による鞘の中に包まれている．また，睾丸の位置が異常であることは，犬では決して珍しいことではない．つまり腹腔内（陰睾丸）にあったり，鼡径輪と陰嚢の間（伏睾丸）にあったりすることで，これを潜在睾丸とよび，多くの場合遺伝する．したがって，この欠陥をもつ犬は繁殖に使用してはならない．

　牝犬の性成熟に達するまでの期間は，小型犬で6～10カ月，大型犬では18～24カ月で犬種により幅がみられる．発情は年に1～4回で年2回が多い．発情期間は7～12日（平均8日）である．なお，出産から発情前期までの期間（発情休止期）は120～130日のものが多い．

c. 犬の登録
　犬を飼育する場合には，「狂犬病予防法」により，犬の所有者は犬を取得した日から30日以内に，その犬の所在地を管轄する都道府県知事に市町村長を経て畜犬登録をすることが義務づけられている．厚生省の調査によると，畜犬登録頭数は逐年増加しており，

表7.5 犬の登録頭数の推移(厚生省統計)

区分	登録頭数	指数
1975年度	3,197,228頭	100
1980年度	3,178,970	99
1985年度	3,430,916	107
1990年度	3,889,612	122
1991年度	3,913,500	122
1992年度	4,016,205	126
1993年度	4,114,874	129
1994年度	4,143,370	130
1995年度	4,223,830	132

表7.6 犬の都道府県別登録頭数(1995年度,厚生省統計)

区分	登録頭数	区分	登録頭数
1. 愛知県	299,142頭	8. 静岡県	170,883頭
2. 神奈川県	283,960	9. 大阪府	149,293
3. 東京都	247,496	10. 福岡県	145,541
4. 埼玉県	237,140	11. 群馬県	126,734
5. 千葉県	185,215	12. 茨城県	124,770
6. 北海道	184,365	13. 長野県	123,432
7. 兵庫県	177,065	14. 宮城県	102,925

注 10万頭以上.

現在400万頭を超えている(表7.5,表7.6).

一方,犬の登録には,純粋種の個体と犬種維持のため繁殖者が自己の繁殖した子犬の両親ならびにその血統をケネルクラブまたは当該犬種登録団体に登録する"犬籍登録"がある.

犬籍登録には,一胎子登録と単犬(単独犬)登録があり,前者は同一の両親から同時に生まれた,いわゆる一胎子を全部一緒に繁殖者が登録することをいい,後者は一胎子登録が何らかの理由によりできなかった犬や輸入犬などを個々に登録する場合をいう.

犬籍登録が完了した犬には,通常"血統証明書"が登録団体から発行されている.血統証明書は,犬籍簿に記録されている犬の3～5代にわたる祖先犬名のコピーで,純粋種の証明でもある.なお,血統証明書のフォームは発行団体により異なっている.

(社)ジャパンケンネルクラブ(JKC)の血統証明書の場合には,①犬種,②犬名(3代祖または5代祖まで),③登録番号(3代祖まで),④生年月日(本犬および父母犬),⑤性別,⑥毛色(本犬および父母犬),⑦繁殖者,⑧所有者,⑨譲渡日,⑩出産頭数,⑪登録頭数,⑫一胎子登録番号,⑬各種賞歴記号が記載されている.

また,血統証明書の必要性と意義については,種々考えられるが,主要な点をあげると次のとおりである.

(1) 純粋犬種の個体と犬種維持(純粋犬種の証明)
(2) 純粋犬種の繁殖普及(優良犬の繁殖)
(3) 純粋犬種の改良(計画的な交配)
(4) 不良遺伝子の排除(近親交配の防止,遺伝病の発生予防)
(5) 繁殖情報の収集(祖先犬の血統,賞歴の把握)
(6) 繁殖者,所有者の特定(逃亡・盗難犬の減少)
(7) 飼育,管理の向上
(8) 展覧会,競技会への出陳(国内・国外,犬質の向上)
(9) 諸外国の登録団体との交流(輸出入の管理,犬籍の移動)
(10) 動物愛護精神の高揚

《参 考》

犬は世界に700種類くらい存在するといわれているが,正確な数字は不明である.
現在,国際畜犬連盟(FCI,加盟国数70)が公認している種類は340犬種である.こ

表7.7 犬種別犬籍登録上位犬種(登録頭数1万頭以上)の頭数(JKC資料)

順位	犬　種　名	登録頭数
1	シー・ズー	54,820
2	ゴールデン・レトリバー	50,133
3	ダックスフンド	34,476
4	ヨークシャー・テリア	25,676
5	ポメラニアン	23,432
6	マルチーズ	21,354
7	ラブラドール・レトリバー	18,741
8	シェトランド・シープドッグ	16,207
9	チワワ	14,459
10	ビーグル	14,231
11	パグ	14,028
12	プードル	12,229
13	柴	11,664
14	パピヨン	10,362

注　登録頭数は1996年1～12月．

のうち，日本で登録されたことのあるのは160犬種程度であるが，近年，犬界の国際化が進展するに伴い，年々犬の種類も増加している．犬種誕生の歴史は世界の民族の生活様式と深い関係があり，たいへん興味のある事項である．

また，登録頭数の多い犬種（人気犬種）は，時代の流れを反映して，大きく変わってきている．(社)ジャパンケンネルクラブの過去の犬籍登録の犬種を年次別にみると次のようになっている．

登録頭数第1位の犬種
① 1955～58年度（4年間）：日本スピッツ
② 1959～66年度（8年間）：アメリカン・コッカー・スパニエル
③ 1967～84年度（18年間）：マルチーズ
④ 1985～89年度（5年間）：シェトランド・シープドッグ
⑤ 1990～92年度（3年間）：シベリアン・ハスキー
⑥ 1993～96年度（4年間）：シー・ズー（表7.7参照）

d. 犬の展覧会

犬の展覧会（ドッグショー）の目的は，純粋犬種の改良発達と繁殖をはかることにある．

ドッグショーは，19世紀中頃，英国で狩猟犬の改良繁殖で世界をリードしていた繁殖者（ブリーダー）たちが，より優秀な犬を育てようと，たがいに犬を持ち寄り，見せ合い，比べ合うようになったのが始まりである．なお日本では1913年に東京・上野で開かれたのが最初である．

また，世界各地にあるケネルクラブは，その犬種ごとに備わっている典型的な特質を標準（スタンダード）として規定し，計画的にドッグショーを開催する中立機関として誕生した．

現在，世界最高のドッグショーは英国ケネルクラブ（KC）主催のクラフトショーおよび米国ウェストミンスターケネルクラブ主催のウェストミンスターショー（図7.1）である．また，日本には，国際畜犬連盟（FCI）からアジアを代表する展覧会として認定され開催されている"FCIアジアインターナショナルドッグショー"（(社)ジャパンケネルクラブ主催）がある（図7.2）．

図7.1 米国ウェストミンスターショー

ドッグショーには，①オールブリードショー（全犬種の展覧会）と，②スペシャリティーショー（単犬種の展覧会）がある．

犬の審査は，犬種，年齢，性別ごとの何段階にもわたるトーナメント方式により，公認審査員により厳正に行われる．

審査内容は，犬種ごとの理想とされる"スタンダード"（犬種標準）をもとに，タイプ，健全性，質，各部のバランス，当日のコンディション，ショーマンシップが比較，チェックされる．具体的には，全体の外観，骨格，歯の状態（咬合，欠歯の有無），動作，性格，毛色，毛質，歩様などがチェックポイントになる．

審査の方法としては，オールブリードショーの場合，英国では公認犬種を用途別に6グループに，米国では7グループに，FCI加盟国（日本を含む70カ国）では10グループに区分し，行っている．

さらに，審査の結果，全出陳犬の中で最良と認定された1頭に"ベストインショー"（BIS）という賞が授与される．

図7.2 FCIアジアインターナショナルドッグショー（JKC本部展覧会）

また，チャンピオンシップショー（CH展）では，各犬種の優勝犬（BOB）に選ばれると，CC（チャレンジサーティフィケート）カードが1枚与えられる．さらにチャピオンの資格を取得するためには，4人の異なる審査員から4枚のCCを取得する必要がある．

e．犬の訓練

犬の訓練は，犬の自我を抑制して，人間の期待する犬の使役能力を誘導，助長するための手順をいう．犬は訓練を受けることにより，価値が高まる．

犬の訓練には，基本訓練と応用訓練がある．基本訓練は服従訓練が基本になっている．服従とは人間の命令に服従して行動することであり，その訓練は，もっとも簡単な停座（座れ）から始まり，脚側行進，招呼，物品持来，前進，伏臥など難しい課目へ順次進行する．応用訓練は高等訓練ともいわれ，使役犬の目的に応じて各種の専門的な特殊訓練が行われる．

犬の訓練を専門的に行う人を訓練士という．日本では各畜犬団体の公認訓練士試験に合格した者が公認訓練士として活躍している．公認訓練士には，畜犬団体により"範士，教士，練士"，"一等，二等，三等"，"師範，1級，2級"など異なる名称の資格の段階がある．

畜犬団体は，毎年，犬の訓練競技会を開催している．(社)ジャパンケンネルクラブは，設立以来，畜犬の飼育指導奨励と訓練の普及向上を重要課題として取り組んでいる．

競技は，アマチュア指導手とプロ指導手（公認訓練士ならびにその助手）に分けて行われている．競技種目は①家庭犬（初等科，中等科，準高等科，高等科，大学科），②服従作業（初等科，中等科），③物品選別，④足跡追及，⑤総合競技（FCI国際訓練試験）に分けて行われている．なお，総合競技の競技課目としては，①足跡追及，②服従作業（休止，紐無脚側行進（銃声確固性テストを含む），行進中の停座，行進中の伏臥および招呼，行進中の立止，速歩行進中の立止および招呼，物品持来，持来を含む生垣障害の往復飛越，持来を含む傾斜板壁往復登攀，前進および伏臥），③防衛作業(パトロール対位禁足と咆哮，逃亡阻止と防御，背後護送，奇襲と防御，勇敢性テスト）が課せられている．

また，各種目において95%以上の得点を得た犬にはポイントが交付され，ポイント数

図7.3 アジリティー競技

が満たされるとチャンピオン登録の資格が与えられる．チャンピオン登録を行うとチャンピオンライセンスが贈られ，血統証明書に訓練チャンピオン（T. CH）の称号がタイプされ，その名誉が永久に記録される．

さらに，わが国でも近年，アジリティー競技会（犬の障害物競走）が盛んになりつつある（図7.3）．

7.3.2 その他のコンパニオンアニマル

犬以外のコンパニオンアニマルの種類には，猫，ウサギ，小鳥のほか種々な動物があげられる．また，コンパニオンアニマルたちとの温かい交流は，人間に限りない潤いと喜びを与えるとともに，この小さな生命を護り育てる使命感は人間の大きな生き甲斐にもつながるものである．

とくに，最近では犬や猫を入院中の患者が触ったり抱いたりすることによって，治療に結び付ける動物療法（アニマルセラピー）が，自閉症やうつ病などの患者に効果があるといわれるようになり，老人ホームなどでは高齢者と動物とのふれあい活動が行われつつある．

一方，コンパニオンアニマルの飼育に際しては，ただ「かわいい」とか「子どもが欲しがった」，「流行」，「見栄」等の安易な理由だけで買い求めるべきではない．そうした場合は結局，面倒を見きれずに動物を捨てたり行政に処分を依頼する事例や，動物の不適正な飼養で近隣に迷惑をかけ動物嫌いの人をふやしている事例が後を絶たないことも事実である．

これらの問題を解決するためには，動物の適正飼養と愛護精神の高揚についてねばり強く普及啓発し，動物と人間社会との調和のとれた共存の気運を醸成していくことが重要である．とりわけ，動物愛護とは，弱者に対する慈しみと生命尊重を主張する社会運動であり，一部の動物愛好家だけではなく，国民的コンセンサスによる必要がある．

そのためには，飼養者一人ひとりが動物を感情的に可愛がるだけではなく，動物の生理，生態を学び，かつ，必要に応じて避妊，去勢を励行しつつ，社会の一員として容認されるように飼育することが重要である．　　　　　　　　　　　　　　［経徳禮文］

文　　献

1) 経徳禮文：畜産コンサルタント，No. 348, p. 53-57（1993）
2) 湯川貞男編：畜犬飼育管理者教本，p. 11-22，（社）ジャパンケンネルクラブ（1994）
3) 武石昌敬編著：犬の繁殖読本，p. 21-28，誠文堂新光社（1992）
4) 大野淳一：犬の用語事典，p. 176-178, 193-196，誠文堂新光社（1986）

7.4　実　験　動　物

科学的な目的をもつ実験，試験，教育，材料採取に使う動物で，飼い慣らされ，需要に応じて生産されるものを実験動物という．実験動物，家畜，野生動物などの実験に用いる動物を実験用動物と総称する．

a. 実験動物の種類

実験動物の主なものを次にあげる.

1) マウス (laboratory mouse, *Mus musculus*)

脊椎動物門哺乳綱齧歯目ネズミ科ハツカネズミ属に属する. 遺伝的なコントロールが行き届いているため実験動物としての質は高く, 使用量は多い. 毛色はアルビノ, 野生色, 黒色などがある. 敏捷に行動する. 生時体重は1g前後, 成熟体重は18～40gで, 性差は小さい.

2) ラット (laboratory rat, *Rattus norvegicus*)

クマネズミ属に属する. 生理学, 栄養学の実験に多用される. 温順で人に慣れる. 生時体重は約5g, 成体重は雌200～400g, 雄300～800gである. ラットには胆嚢がない.

3) モルモット (guinea-pig, *Cavia porcellus*)

テンジクネズミ科テンジクネズミ属に属する. 南米原産で, ワクチンの力価検定, アレルギーに関する実験, 補体採取用に使われる. 疾患モデルとしても重要である. 人間や猿と同じく, ビタミンCを合成できない. 暑さに弱いので, 気温が30℃を越えないように管理するべきである.

4) その他の実験動物

シリアンハムスター, チャイニーズハムスター, スナネズミ, コットンラット, マストミス, ハタネズミ, スンクス, 犬, 猫, フェレット, 猿類, 小鳥類, 両生類, 魚類, 節足動物, 軟体動物, 棘皮動物, 扁形動物, 原生動物などが利用される. また, ウサギ, 山羊, 羊, 牛, 豚, 鶏, ウズラなどの家畜や家禽は, そのままで, または, 少し実験に使いやすく改良して, 主に畜産学の実験に広く活用されている.

b. 実験動物の育種

実験動物の育種とは,「動物に, 目的に合った遺伝的な性質を与えること」である. 育種理論は, 家畜の場合と同一である. ただ, 動物種ごとの特性と育種の対象とする形質の違いにより, 育種手法が異なる.

1) 系統および群

目的にそった育種により, 次にあげるような各種の系統や群がつくられている. 系統 (strain) とは, 計画的な交配で維持されている由来の明らかな群で, 何らかの特徴のあるものとされる.

a) 近交系 (inbred strain)　　全きょうだい交配を20世代以上続けている遺伝的に均一な集団である.

b) リコンビナント近交系 (recombinant inbred strain)　　血縁のない二つの近交系を交雑して得たF_2の雌雄の交配の組を複数つくり, 各組別に全きょうだい交配を20世代以上続けてつくった一群の近交系である. 質的形質の遺伝解析に使われる.

c) セグリゲイティング近交系 (segregating inbred strain)　　特定の遺伝子座だけをヘテロに保ちつつ維持している近交系である. 他のすべての遺伝子を, 一定のものにそろえたときの, 特定の遺伝子の作用を解析するために用いる.

d) コアイソジェニック系 (coisogenic strain)　　一遺伝子だけが異なる二つの近交

系をいう．近交系に生じたポイントミューテーションで得られる．

   e) **コンジェニック系**(congenic strain)　　特定の形質を支配する遺伝子だけが異なり，他の遺伝子は同一である複数の近交系である．遺伝子の機能解析に使う．

   f) **クローズドコロニー**(closed colony)　　長期間，外から遺伝子を導入せずに繁殖を続けている集団である．マウス，ラットでは，5年以上閉鎖した群で，つねに実験に使う動物を生産している群とされる．近交系由来のものとそうでないものとがある．群内に遺伝的変異があることに注意して用いる必要がある．

  2) **疾患モデル動物**

  ヒトを含むある動物種の疾患の病態解明，診断，治療，予防の研究に，他種の疾患モデル動物が果たす役割は大きく，その数は近年，増加しつつある．このモデルには，人為発症モデルと自然発症モデルがある．前者は，正常な動物に種々の実験的処置を加えてヒトなどに似た病態をつくったものである．後者は，自然発症する病態にアナロジーを求めるものであり，これが育種の対象となる．マウス，ラットで遺伝的，先天的に病気をもつ系統が多数つくられている．自然発症高血圧ラット，ヌードマウス，遺伝性貧血マウス，肥満・糖尿病マウス・ラット，先天性酵素またはホルモン欠損動物，脳発育障害モデル動物，筋ジストロフィー症モデル動物，自然発癌動物などがある．家畜や野生動物に自然発症モデルを求めることもある．たとえば，乳牛の糖尿病，尿石症，豚の前胃部潰瘍，鶏のポックリ病，競走馬の心房細動症がある．病因が違えば病態も違うのがふつうであるが，同じ病因が性，年齢，栄養状態，物理的環境条件により違う病態を起こしたり，違う病因が似た病態を起こすこともあることに注意して，疾患モデルを適切に利用する必要がある．

  3) **実験動物育種の将来**

  従来の育種法の効率化による発展とともに，今後，トランスジェニック動物，核移植動物，キメラ動物などの利用が発展すると期待される．複数の遺伝子の影響を受けている量的形質の平均値に特徴をもつ系統の作出には，選抜を基礎とする家畜育種の最新の理論と方法が役立つであろう．新しい動物種の実験動物化も期待される．

c．実験動物繁殖学
  1) **交　　配**

  雌雄同居による自然交配ができないときには，適期を把握して交配することが必要である．マウス，ラット，モルモット，ハムスター，フェレット，犬，猫などでは，発情期の判定に腟垢検査を利用できる．腟垢は主に腟粘膜の剥離細胞からなり，腟垢像は卵巣の機能と強い相関をもって変化するからである．交配の確認は，腟洗浄液中の精子の検出や，齧歯類では腟栓（交尾後，腟内で精液が凝固したもの）の確認で行う．妊娠の推定は発情の停止，腹囲の増大，乳房の発達，行動の変化などにより，確認は胎児の触診，胎児の心音，胎動などによる．目的に合った動物の生産効率を高めるために，人工授精や発情周期の同期化，受精卵の移植による人工妊娠，体外受精，キメラの作出，受精卵の保存が使われている．

2) 分　　娩

　分娩が近づくと，場所を探して巣づくりをする動物もあり，不安で落着きのない行動を示す．分娩時刻には動物種による偏りがみられるが，飼養環境によっても変化する．分娩に要する時間には大きな個体差がある．分娩後，胎盤や胎膜は母が食べることが多い．一般には，母は子をなめて乾燥させ，生活機能を活性化させる．ただし，母豚はこの行動を行わない．主な実験動物の繁殖に関する特性値を表7.8に示した．マウス，ラット，モルモット，ウサギでは，分娩後1日以内に後分娩発情があり，交配すれば引き続き妊娠させられる．

表7.8　主な実験動物の繁殖特性

動物	性成熟日齢	性周期 (日)	妊娠期間 (日)	産子数	哺乳期間 (日)
マウス	40～50	4～5	19～20	5～9	21
ラット	50～80	4～5	21～23	11	21
シリアンハムスター	35～50	4	15～18	1～12	18～24
モルモット	40～70	15～17	60～69	2～3	15～16
豚	90～240	19～21	112～118	6～15	21～35

資料：新実験動物学[1]を一部改変．

3) 育　　成

　母は分娩後短期間，免疫グロブリン，カゼインなどのタンパク質，脂溶性ビタミンなどに富み，乳糖の少ない初乳を分泌する．これは，妊娠末期に乳腺に貯えられていたものである．新生子は，初乳から抗体を得て，種々の病原体から体を守るので，初乳の給与は大切である．育成期には，エネルギーとともに，質の高いタンパク質を十分に与えることが必要である．里子により一腹子数の調節を行うときには，分娩後なるべく早く母子の関係が確立する前に行うことが重要である．

d．実験動物の栄養と飼料
1) 栄　　養

　動物に必要な栄養素は，タンパク質(アミノ酸)，脂質，炭水化物，ミネラル，ビタミンである．これらの栄養素を過不足なく与えれば，動物を健康に長く飼育できる．タンパク質が不足すると皮下脂肪が蓄積しやすくなり，脂肪肝や繁殖成績の低下が起きる．ラットでは脂質が欠乏すると発育遅延，皮膚の荒れ，被毛の粗剛化，尾の壊死などの栄養障害が起きる．ビタミンEの欠乏で繁殖能力が低下し，ビタミンA，B，D，Kの欠乏で各種の障害が生じる．鉄，カリウム，リン，ナトリウム，マグネシウム，ヨウ素，亜鉛の欠乏で血液，骨，繁殖成績に異常がみられる．絶水すると，動物は飼料を食べなくなり，体重が減り，血液が濃縮されて死亡する．

2) 飼　　料

　必要な栄養素をすべて含み成分の安定した固形飼料が使いやすい．特別な実験では粉末飼料や練餌も使うが，一般には，固形飼料が衛生的で，こぼしによる飼料の無駄が少ない．タンパク源としてはフィッシュミール，脱脂粉乳，ビール酵母などを用いる．炭水化物としては穀類，米ぬか，ふすま，アルファー化したデンプンを用い，脂質の添加

には植物油やタローを使う．さらにビタミンとミネラルの不足分を追加する．飼料生産の手順としては，まず，これらの原料を分析して成分を知り，飼料を設計する．次に，原料を混合し，蒸気で加熱，加水して成形し，乾燥，包装する．飼料の保存には高温多湿を避け，防虫に努める．正しく保存すれば，数カ月は成分があまり変化しない．長く保存するには，冷凍または冷蔵する．ふつう，飼料の水分は約8％であるが，気温24℃，湿度60％に保つと，4日で約10％になる．飼料の水分が10％を超えるとかびやすいので，注意が必要である．SPF動物(特定の病原菌をもたない動物)，ノトバイオート，無菌動物の飼育には，飼料や水の消毒または滅菌が必要である．しかし，飼料をオートクレーブで滅菌すると，ビタミンBが壊れ，硬くなり，嗜好性も落ちる．SPF動物や無菌動物用にはガンマー線を照射して滅菌した飼料が市販されている．無菌動物の飲み水は，121℃で90分の高圧滅菌が推奨されている．

e．実験動物の衛生と疾病

安定した実験データを得るには，遺伝的な要因とともに，環境をコントロールして実験動物のよい健康状態を維持する必要がある．

1) 先天的な異常

動物に形態や機能の先天性の異常が起きる原因としては，遺伝的なものと，栄養の過不足，中毒などの母胎内での異常な環境とがある．また，遺伝的要因と環境の効果が複雑に働き合って生じるものもあると考えられる．各種の遺伝的な異常は疾患モデルとして利用され，医学的な研究に大いに役立っている．

2) 無菌動物，ノトバイオート，SPF動物

1945年にラットを無菌的に飼うことがはじめて行われた．無菌動物とは，微生物や寄生虫をいっさい検出できない動物である．無菌動物に，特定の微生物だけを定着させて作出され，もっている微生物や寄生虫のすべてが明らかな動物をノトバイオートとよぶ．無菌動物とノイバイオートはアイソレーターの中で維持され，特定の微生物や寄生虫のいないSPF (specific pathogen free)動物の生産に使われる．SPF動物は，空気，器具，飼料，飲み水の滅菌，滅菌衣服への着替え，手の消毒などで維持，管理されているバリア施設で飼育される．滅菌，消毒には，対象により濾過，熱処理，放射線照射，過酢酸，酸化エチレンガス，ホルマリンによる処理から適切な方法を選択する．病原体による汚染はいつ起きるか予測できないので，定期的な検査により，動物から血清抗体や病原体，病変が検出されないかを監視する必要がある．

3) 実験動物の感染病

a) 細菌による感染病　　ネズミコリネ菌病，ティーザー病，パスツレラ病，マイコプラズマ病，気管支敗血症菌病，マウス腸粘膜肥厚症，緑膿菌病，モルモットの溶血性連鎖球菌病，イヌブルセラ病，エルシニア菌病，*Storeptobacillus moniliformis*病，ウサギスピロヘータ病などがある．

b) ウイルスによる感染病　　センダイウイルス病，マウス肝炎，エクトロメリア(マウス痘)，マウス乳子下痢，マウスレオウイルス病，ラット唾液腺・涙腺炎，ウサギ粘液腫病，マウス白血病などがある．

c) **寄生虫による感染病**　マウスおよびラットのコクシジウム病，ウサギ肝（腸）コクシジウム病がある．
　d) **人畜共通伝染病**　とくに危険なものは，マウスからのリンパ球性脈絡髄膜炎，マストミスからのラッサ熱，ラットからの腎症候性出血熱，猿類のBウイルス病，マールブルク病，赤痢，猫からのトキソプラズマ病，犬からのブルセラ病などである．

f．実験動物の飼育環境と管理
考慮すべき要因としては，次のものがある．
　1) **気候的要因：気温，湿度，換気，風速**
　マウス，ラットでは気温23℃前後で安定した実験結果が得られる．湿度が20%以下になると，ラットの尾に壊死が起きる．湿度が高すぎると空中細菌数やアンモニア濃度が高まる．湿度は気温との複合効果が大きいが，一般には約50%が望ましい．
　2) **物理・化学的要因：粉塵，臭気，騒音，照明**
　動物室の風速は，約10cm/s，換気回数は12回以上/hが望ましい．直径4.0μm以下の粉塵は，直接肺胞に達するが，20μm以上のものは達しない．動物の血清，被毛，ふけ，尿をアレルゲンとする実験動物アレルギーが，最近，実験動物取扱い者に高率に発生しているので，取扱い者の体質も考慮して予防に配慮するべきである．動物室内の臭気の原因としては，アンモニアが重要である．これは糞尿中の尿素に尿素分解菌が働いて発生する．アンモニアは，ラットに気管支炎，鼻炎，中耳炎，マイコプラズマ性肺炎などを起こす．動物室のアンモニア濃度は，20ppm以下が望ましい．やかましく，動物に不快感を与える音を騒音とよぶ．騒音は動物に種々の影響を与える．施設内では60phon以下が望ましい．照明の明るさは，強すぎても弱すぎても繁殖能力に害が出る．飼育室中央の床上85cmで，200lxがよいとされる．齧歯類は赤色光を感じないので，これを暗黒での行動調査に使える．照明時間は性周期に影響し，12時間明12時間暗でラットの発情周期は4日に安定する．ハムスターを正常に繁殖させるには，最短で12.5時間の明期が必要である．
　3) **生物的要因：同種内での社会的順位，縄張，闘争，飼育密度，微生物，人間など他の生物との関係**
　一般に，他の生物との関係については，できる限りストレスを与えないように管理することが基本であるが，単飼は刺激が少なすぎる傾向もあり，いつも最良の飼い方であるとは限らない．
　4) **住居的要因：ケージ，床敷き，給餌器，給水器**
　ケージや檻は，動物が自由に動くことのできる空間があり，動物を乾燥した清潔な状態に保つことのできるものでなければならない．ケージの材質により動物の健康や成長，実験の結果に差が生じることが知られている．床敷きとしては，オートクレーブで滅菌した電気かんなくずが使われる．床敷きは動物の保温と清潔の維持のために役立ち，巣材として利用されることもある．給餌器は動物の習性と飼料の形状とに調和したもので，糞尿に汚染されないものでなければならない．給水器は，漏水や目詰まりのないように注意深く管理しなければならない．

g. 実験手技
1) 保　　定
　動物になるべく不安や恐怖を与えないようにつかまえて，動きを封じ，実験処置を行いやすくする方法である．各動物種に適した手法や器具が工夫されているが，実験者みずからも工夫することが必要である．

2) 個体識別
　毛色が白なら，ピクリン酸をアルコールに飽和させた溶液で一定の部位を染めれば，2～3カ月間，識別できる．有色動物では，特定の部位の毛を刈り取る．この方法では，1カ月ごとに毛を刈らねばならない．耳に切込みまたはパンチを入れる方法は，安定している．耳標や首輪，翼帯，脚帯，適切な位置への入れ墨も使われる．

3) 試料投与
　直接，口から投与する方法では，動物が嫌う味やにおいのものを正確に投与するのは困難である．胃ゾンデやカテーテルを使えば，正確に投与できる．腹腔内投与は，吸収面積が広いので，試料が速く体内に取り込まれるが，腹膜炎を起こすおそれがある．静脈内投与では，血液の浸透圧やpHへの影響を考えて試料の濃度や量を調節することが必要である．マウス，ラットでは尾静脈，モルモットでは後肢の小伏在静脈，ウサギでは耳介辺縁静脈，犬，猫，猿では橈側皮静脈がよく使われる．皮下投与では，ふつう背中の皮下に注射する．皮内投与は，マウス，ラット，ハムスターでは背，尾根，足蹠に，モルモット，ウサギでは耳介に，猿では上眼瞼に行う．筋肉内投与は，大きな筋肉のある臀部や大腿部に行う．

4) 試料採取
　マウス，ラットからの採血は，尾静脈または尾動脈から行う．眼窩静脈からは，0.1 mlを繰り返して採血できるが，動物に与える苦痛を小さくする努力が必要である．大量の尿をとるには代謝ケージを使う．新鮮尿を少量とるには尿道カテーテルを用いる．

5) 麻　　酔
　齧歯類を短時間麻酔するには，エーテル吸入を使う．長時間の麻酔にはペントバルビタールナトリウム（静脈内注射で25 mg/体重kg，腹腔内注射で30 mg/kg）を投与する．局所麻酔には0.5～2.0%の塩酸プロカインを注射する．

6) 安楽死
　使命を果たした動物は，できる限り苦痛を与えずに安楽死させる．頸椎脱臼，エーテル吸入，炭酸ガス吸入，バルビタール注射が使われる．他の人の目に触れないように処置し，死体の処理を規則に従って完全に行う．

h. 動物実験データの処理
1) データの要約
　計量的なデータを得たら，まず横軸に計量値，縦軸にデータの頻度をとって，頻度分布図（ヒストグラム）をつくる．その形からデータの分布の性質を読み取る．次に，データの代表的な値を算術平均を用いて評価する．目的に応じて，中央値，幾何平均，調和平均も代表的な値を表すのに使われる．さらに，データのばらつきの大きさを，分散，

標準偏差，標準誤差，変動係数を用いて客観的に評価する．

2) 検定と推定

複数の標本平均値が得られたときに，それらが同じ母集団からの標本とみなせるか否かを統計的に検定することができる．実験計画法を含めた統計的方法を正しく用いれば，検定に基づいて下した推論が間違いである確率さえも正確に評価できる．

3) 分散分析法

データのばらつきが何により引き起こされているかを，定量的に分析する方法である．実験処置が，データにどのような変動を起こしたかを評価し，それが統計的に有意な変動であるか否かを F 分布を用いて検定する．

4) 相関と回帰

同じ観測対象から複数の特性値が得られるときに，特性値の間の関係を分析するには，相関や回帰を使う．相関は二つの特性値の間の関連の方向と密接さを -1 から $+1$ までの数値で表す尺度である．回帰は，ある特性値（独立変量）が一定量変化したときに，それによって他の特性値（従属変量）が，平均的にどの方向へどれだけ変化するかを推定する方法である．一つの従属変量の変化を正確に予測するのに，一つの独立変量がもつ情報では不十分なときには，複数独立変量を用いることもある．これを，重回帰分析という．

5) 最小二乗法によるデータの分析

不ぞろいなデータがもつ情報を十分に引き出して活用するために，最小二乗法を用いた一連のデータ分析がコンピュータープログラムパッケージ（たとえば，Statistical Analysis System, SAS）を用いてできるようになっている．特別なデータには独特な分析法が必要なこともあるが，一般的な分析には統計的な手法の原理を十分に理解したうえで，このような既存の手段を活用すると便利である．

i. 動物実験の結果の外挿

ある動物による実験データを，目的とする他の動物に当てはめることを外挿という．外挿とは，本来，データが得られた範囲で成り立つ変量の間の関係（回帰分析の結果）を，その範囲を越えた領域に拡大して予測に使おうとするものである．十分な予備知識を蓄積し，慎重な適用をしないと，誤った予測となる可能性がある．実際に得られている変量間の関係が直線的で，外挿の幅が小さいときには，正確に予測できる可能性が高いが，関係が曲線的であったり，外挿の幅が大きいと間違った予測をする危険性が高い．ヒトの研究には，系統発生的にもっともヒトに近い霊長目の動物を用いるのがつねに最善であるとは限らず，ときには猿のデータよりもラットのデータがより正確なヒトへの外挿を可能にすることもある．

j. 動物実験の倫理的立場

動物実験は，それが人間を含めた動物の健康と福祉の発展のために必要不可欠であり，他の実験では代替できないことを十分に確かめたうえで行わなければならない．その際，実験動物は人間と同じく自然界の一構成員であることに配慮して，その尊厳を十分に守

らなければならない．われわれの目的達成のために働いてくれる動物に，つねに感謝の気持ちをもって接し，できる限り快適で，苦痛の少ない状況で管理することが，すべての動物実験の関係者に強く求められている．実験動物の福祉の向上のために，生きた動物のかわりに培養系の細胞，組織，器官を活用するべきである．また高等動物のかわりに下等な動物や微生物を用いるなどの代替法を取り入れることも必要である．適切な品質の動物を，正しい実験計画に基づいて用いれば，最少の頭数で最大の情報を引き出すことができる．

[西田　朗]

文　献

1) 前島一淑ら：新実験動物学，朝倉書店 (1986)
2) 藤原公策ら：実験動物学事典，朝倉書店 (1989)

7.5　鹿

a．養鹿産業の現状と将来

養鹿とは鹿茸（袋角），肉（ベニスン），皮（セーム皮），角，麝香などの生産を目的として経済ベースで飼育することをいう［FAO畜産衛生情報27(1982)］．養鹿は中国で300年前後の歴史があるが，1970年以降イギリス，オランダ，デンマーク，ニュージーランド，オーストラリア，韓国，台湾等で急速に発展してきた産業である．1994（平成6）年度の調査によると，国内の飼養戸数は70戸で，アカシカ等の輸入鹿が年々増加し約6,000頭飼育されている．これらは主に村おこし，鹿肉および鹿茸生産，観光を目的としたものである．

b．鹿の品種

鹿は哺乳綱偶蹄目ウシ亜目シカ科に属する．シカ科の分類は学者によりかなりの相違がみられるが，今泉によるとシカ科は13属41種に分類されている．養鹿用に推奨されているのは，アカシカ，ワピチ，ニホンジカ，ルサジカ，トナカイ，ダマシカ，ジャコウジカの7種類である．主な特徴と大きさを表7.9に示した．

c．鹿の育種

鹿の外部形態は発育状況，健康状態，生産性などと密接に関係している．種鹿の選抜は外貌で評価する方法がとられている．

種雄鹿にはふつう，袋角の成長が質および量的によいもの，体型的に均衡がとれ，胸部が広くて深いもの，また，四肢が健全で左右の精巣の発育が良好なものを選抜する．一方，雌鹿は乳頭の発育が良好で，盲乳頭がなく，泌乳量の多いものを選ぶ．さらに各個体の鹿茸生産記録，繁殖成績を加味する．

d．鹿の繁殖

鹿は季節繁殖動物である．通常生後18カ月齢で性成熟する．ニホンジカは9～11月頃

7.5 鹿

表 7.9 主な鹿の特徴と大きさ（辻井原図）

		アカシカ Red Deer	ニホンジカ Japanese Sika	ルサジカ Rusa	トナカイ Reindeer or Caribou	ダマシカ Fallow Deer	ワピチ Wapiti	サンバー Sambar
肩高		英国 105～140 cm 中国 120～150 cm	♂ 82～92 cm ♀ 68～75 cm	♂ 98～110 cm ♀ 86～98 cm	80～150 cm	♂ 90～95 cm ♀ 80～85 cm	160 cm	120～155 cm
体長		165～250 cm	♂ 149 cm ♀ 134 cm	130～215 cm	130～220 cm	130～170 cm	195～270 cm	170～270 cm
体重		♂ 85 kg ♀ 58 kg 英国 ♂ 300 kg ♀ 200 kg 中国 亜種・地域で異なる	♂ 63 kg ♀ 36～40 kg	40～60 kg	60～315 kg	♂ 70 kg 以上 ♀ 45 kg	188～500 kg	150～350 kg
尾の長さ		12～15 cm	20 cm	10～30 cm	7～20 cm	♂ 33 cm ♀ 15～22 cm	8～21 cm	22～35 cm
体色		夏 赤褐色 冬 灰褐色	夏 赤褐色 冬 暗褐色	褐色	暗褐色	夏 赤褐色 冬 灰褐色	夏 黄褐色 冬 灰褐色	暗褐色
斑点		な し 子鹿は斑点あり（5～6ヵ月）	夏 あ り 冬 な し	な し	な し	あ り	な し	な し
角		ふつう 6尖 130 cm 亜種・地域で異なる	5 尖	111 cm 6 尖	主軸は扁平で, 他は円筒状	扁平 76 cm	5 尖以上 先端は扁平	60～100 cm 3 尖
特徴		中国：馬鹿（バーロー） 尻斑 黄色	尻に白斑, 白斑は黒で縁どられている. 尾の先は白. 中足腺に白い毛あり.	腹部と尾の下面は淡色.	雌雄とも角がある. 寒冷地に生息：ハート型の外耳殻があり, 鼻鏡にも毛があり, 乳をとることができる.	耳が短く, 尾が長い. 小型の白斑があり, 背に黒い線がある.	大きな白斑. 黄褐色.	頭と四肢は細長く, ひづめは大きい, 涙窩が大きい.

611

に交尾期を迎える．鹿の繁殖と角の変化を図7.4に示した．4月中旬頃より角が落ちる．この時期の雄鹿は穏やかで性欲はなく，集団をつくって生活する．落角と同時に袋角が発達し，7月中旬頃より枝分かれ，9月頃骨質の枯骨となる．袋角の皮は，こすり木でこすってとり，角とぎが始まる．この頃から粗剛なたてがみが生える．雄鹿は繁殖季節を迎えると群を離れ単独行動をとり，好んで早朝と夕方泥浴びを行い，またたてがみは黒褐色の毛の房に変色する．鹿は家族に基づく母主制である．雌雄は1年の大部分を別々の群に分かれているが，交尾期を迎えると雄鹿は雌鹿のテリトリー内に入る．雌鹿の発情周期は10～20日，平均12.5日．発情持続時間は約18～36時間．妊娠期間は222～246日，平均237.2日である．鹿の寿命は24～25年．繁殖は10年間ぐらいは可能である．

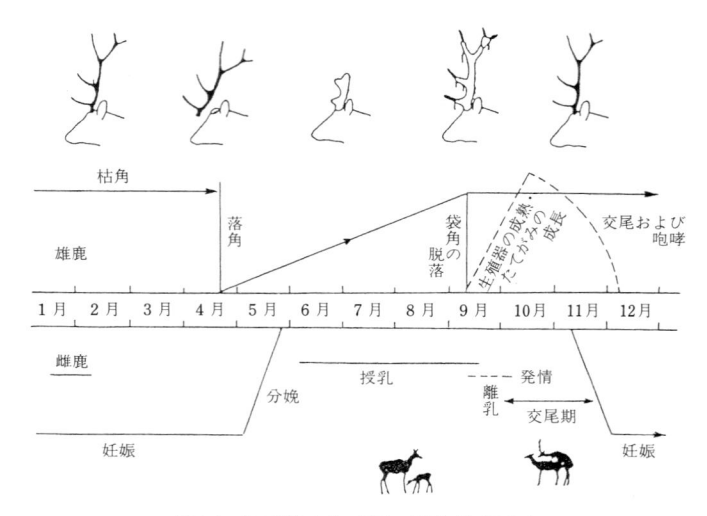

図7.4 鹿の繁殖と角の発達の関係（辻井原図）

e．鹿の生理と生態

鹿はめん羊と比べて唾液腺が大きく，セルロースよりデンプン分解能に優れている．第一胃も小さく，襞および乳頭突起も少ない．小腸も短く，盲腸で発酵分解を行う．したがって，鹿は繊維質の少ない植物を好む．食欲は季節によって変動する．鹿の感覚器官はよく発達し，外界の環境や飼育条件の変化に敏感である．

f．鹿の飼養

ニホンジカおよびアカシカへの飼料給与量は，濃厚飼料1.0～1.5，1.5～2.0kg，牧草3.0，5.0～8.0kg，骨粉，ミネラル30，50g（日量）を基本に1日3回与える．性別，年齢，季節によって変える．雄の鹿茸生産時期と雌の妊娠期は，タンパク質，ミネラル，ビタミンを豊富に与える．交尾期の雄は極度に食欲を減じるので，嗜好性の高い濃厚飼料を多く与える．

g. 鹿の飼料

鹿は野草，樹葉，花，ササ，果実など繊維質の少ないほとんどすべての植物を採食する．田畑のあぜ草，道路や崖などに生えるクズや野草なども利用できる．その他，家畜用の飼料（配合飼料，ペレット），乾草も利用できる．

h. 草地と放牧

草地は傾斜地でもよい．放牧場は小牧区に分け，ローテーションを組んで放牧し，適時牧草の種を播いて補充する必要がある．冬季のみある程度給餌するとして，1ha 当たり 5～10 頭が目安である．

i. 鹿の衛生

鹿の疾病は一般の反芻家畜とほぼ同様で，結核病，ブルセラ病，炭疽など人畜共通伝染病も存在する．飼育者は細菌等の外的誘因の除去に努めなければならない．そのためにも，牧区は密飼とならないよう，また鹿舎は採光，通風，排水をよくし，かびの生えた飼料などは給与しない．人および動物の出入りを制限し，出入り口に消毒槽を設け，定期的に運動場および鹿舎内に生石灰の散布ならびに給水槽に駆虫剤の投与を行う．ふだんから皮毛の光沢，姿勢，便の状態，群れから孤立していないかどうかなどをチェックし，必要あれば隔離する．また，新しく鹿を導入するときは隔離し，ツベルクリン反応その他の健康チェックを行う．

j. 鹿の設備

鹿は神経質な動物で人間との間に安全な距離を保とうとする傾向が強く，跳躍力に優れている．鹿を追い立てると興奮，暴走し，フェンスに激突して，ショック死や自損事故を引き起こす場合があるので，フェンスはなるべく弾力性のある柔らかいものを使用する．高さは 2.5m を必要とするほか，野犬等の侵入を防ぐために，フェンスの下部を

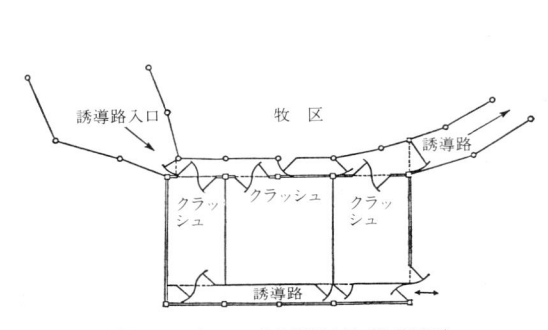

図 7.5 クラッシュ付き管理小屋（辻井原図）

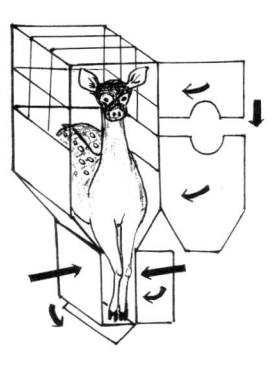

図 7.6 鹿の保定器
（辻井原図）
踏台を下に落として鹿を宙吊りにする．

埋没する必要がある．運動場には餌場と水飲み場を設置し，1頭当たり7〜8m²，1グループ15〜20頭以下がよい．管理小屋は鹿の捕獲すなわち病気治療，日常の放牧ならびに移動，輸送，分娩，離乳などの群分けをするのに必要である（図7.5）．冬季および風雨を避ける避難小屋（シェルター）を兼ね分娩室にも使う．管理小屋は窓のない簡単な板囲いの小屋で，壁や屋根を取り付けたものがよい．板張りの細い誘導路（レース）と連結させ，クラッシュ（扇形または円形にパネルを回転して鹿を振り分ける装置），保定器（鹿を宙吊りの状態で保定する装置）（図7.6），体重計などを備える．

k. 生産物利用と加工

1) ベニスン（鹿肉）

枝肉歩留り60％と産肉性は高い．交尾期前の肉がよい．タンパク質（19.77％）が多く，脂肪（1.92％）が少なく，他の獣肉と比べて淡白で和洋の料理に適する．低コレステロールで消化のよい健康食品で，古来から貧血予防の食物として重用されている．

2) ベルベット（鹿茸）

鹿の袋角で枝角に分岐する前のもので，全身強壮薬．鹿茸のアルコールエキスが過労，神経衰弱，ノイローゼならびに急性熱性病後の虚労症，心筋疲労症，低血圧症等に有効な薬治効果がある．

3) セーム皮（鹿皮）

ハンドバッグ，手袋，しおり，レンズ磨き等に加工，利用される．

4) 枝　　角

日本刀掛け，帽子掛け，ボタン，ナイフ等の柄などに利用される．

5) そ の 他

血液（韓国で滋養），尾，胎児，陰茎，陰嚢などが強精剤として利用される．

l. 鹿の排泄物の処理と加工

鹿の糞は粒状で放牧場では自然に風化する．運動場などの糞は堆肥として利用する．

m. 養 鹿 経 営

設備ならびに鹿導入に多額の資金が必要であるが，許可をとって袋角を加工，販売できればかなりの収益が期待できる．現在は観光牧場的な経営が多い．

n. 鹿に関する法律

鹿は現在家畜として認められていないため，と場法などが適用されない．しかし，他の家畜と共通の伝染病を有することからも，患獣が発生した場合は家畜伝染病予防法に準じた届出・隔離の義務，死体焼却，移動の制限などが必要である．

現在，鹿茸として認められているのはマンシュウアカシカ，シベリアジカおよびマンシュウシカの純粋種のものに限られている．これら3品種の袋角を鹿茸として製造，販売するには薬事法に基づく厚生省の許可が必要である．　　　　　　　　　　［辻井弘忠］

7.6 その他の特用家畜

わが国の畜産は，いまや農業の基幹的な部門に位置づけられているが，これまでの発展経過のなかで，畜種的には，牛，豚，鶏のように飼養頭羽数が大きく伸びたものがある反面，馬，羊，山羊等のように減少の著しい畜種もある．

しかし，こうした減少の著しい畜種にあっても，特定の地域の活性化や，広い意味での畜産物需要の裾野拡大に役立っているものも多い．

このように，特用的に飼育され，食料，衣料，工業原料，さらには実験用，愛玩用，観賞用，作業用と多岐にわたる目的をもつ家畜を"特用家畜"といい，おおむね表7.10のように分類できる．

表7.10 特用家畜の分類

区 分	種　類　等
哺乳類	猪（猪豚を含む），鹿，トナカイ等
家　禽	地鶏，ウズラ，アヒル（アイガモを含む），ガチョウ，七面鳥，ホロホロ鳥，キジ等
昆　虫	ミツバチ（採蜜用，花粉交配用）
毛皮動物	ミンク，キツネ，タヌキ，ウサギ（毛皮用），チンチラ，レッキス，ヌートリア
原皮動物	トナカイ，鹿等
実験動物	マウス，ラット，ハムスター，モルモット，ウサギ，犬，山羊，猪豚等
ペット類	カナリヤ等小鳥類，日本鶏（チャボ等），鳩（愛玩用，伝書鳩），犬（家庭犬）等
その他	犬（警察犬，災害救助犬，盲導犬等の作業犬），展示用動物，ミミズ等

本節では，こうした特用家畜のうち，地域畜産の活性化，振興等に貢献しているウズラ，アヒル，七面鳥，ホロホロ鳥，猪豚およびガチョウを「その他の特用家畜」として一括して記述した．

近年，地域畜産の活性化，地域産業の振興等の観点から特用家畜を利用した生産，加工への取組みがみられる．これは，地域に豊富に賦存する土地資源，草資源，労働力等を活用して，それぞれの地域条件に合った特用家畜の生産，加工への取組みを通じ，高付加価値化による所得確保方策として，また，今後のわが国畜産の一つの方向として評価されつつある．

こうした特用家畜の生産への取組みの利点は，①継承された畜産技術を活用できること，②小面積，小労力で比較的容易に飼育できること，③地域の土地資源，草資源を活

表7.11 特用家畜(家禽)の飼養戸数，飼養頭羽数の推移(毎年2月1日現在)

区分 年	アヒル		七面鳥		ウズラ		ガチョウ		ホロホロ鳥		猪　豚	
	戸数	羽数	戸数	羽数	戸数	羽数	戸数	羽数	戸数	羽数	戸数	頭数
1989	449	143,748	721	12,074	188	7,442,284	57	2,877	54	25,064	79	2,577
1990	520	208,483	646	12,382	173	7,445,244	57	4,624	66	11,863	82	3,157
1991	468	218,836	645	12,610	176	6,948,697	64	9,435	57	22,335	126	3,682
1992	321	173,233	390	10,009	162	6,897,489	66	1,828	51	29,921	102	3,206
1993	355	204,679	400	10,925	167	7,036,390	69	2,030	59	25,072	70	3,068
1994	688	215,970	274	8,233	127	7,185,418	55	1,202	46	27,521	62	2,200

資料：農林水産省畜産局家畜生産課，家畜関係資料．

用できることなどから，自然的・経済的・社会的条件が不利な中山間地域においても，生産可能ということである．また，生産物の処理，加工は，大量生産や作業の機械化が困難な場合が多いため，高齢者や婦人等の地域労働力を生かすことが可能で，関連業種も含め，地域所得の確保，向上の観点からも期待がもたれている．

最近の特用家畜（家禽）の飼養動向を表7.11に示した．主としてフォアグラ仕向け用のガチョウを除き，概して1戸当たり飼養頭羽数は増加傾向にある．とくに，アヒル（アイガモを含む）の飼養戸数の増，ウズラの1戸当たりの飼養規模の拡大が顕著である．

食生活の多様化と今後の展望

近年，食生活や食文化の多様化に伴い，畜産物においても，より自然に近いかたちで生産され，かつ，一般の流通にのりにくい珍しい家畜等からの産品に対するニーズが高まっている．

このような傾向は，今後とも，国民所得の向上といった経済面での変化，食生活における量から質への転換，食の個性化等の推移とも深くかかわりながら，観光地等における位置づけ，ホテル，旅館，民宿等における特色ある食材としての利用など，その需要は拡大が見込まれている．

特用家畜の生産，加工への取組みは，ガットウルグアイラウンドの合意，円高等，わが国畜産をとりまく情勢が厳しいなかにあって，地域活性化の糸口として無視しえない貴重な産業となることが見込まれると同時に，各地に，一村一品的運動の成果たりうるものとしての確立が期待されている．

しかしながら，その生産にあたっては，特用畜産物のもつ品質，特性，風味等について，消費者の理解を得ること，および，つねに価格動向に留意しつつ推進することが望まれている．　　　　　　　　　　　　　　　　　　　　　　　　　　　　　　　　［梶並芳弘］

a．ウズラ

1）沿　　革

ウズラは，日本において家畜化された唯一の動物種で，原種の野生ウズラは日本や中国東部，朝鮮半島，モンゴル，シベリアなどユーラシア大陸に広く生息している．平野から山地の草原に住み，雌はほとんど鳴かず，雄は「クワックルル」とさえずり，「ピッピー，ピッピー」とときに甲高く警戒を発し縄張の主張をしたり，雌を呼ぶ．食性は雑

図7.7　ウズラ
（成鶉雌）

草の種子や昆虫を好み，繁殖期に 7～12 個の卵を産み，孵化日数は 16～17 日である．日本では，中部以北で夏鳥として繁殖し，中部以南で冬鳥として越冬するほか，渡り鳥としても知られている．

わが国では古来より，狩猟鳥としてだけでなく，鳴き声を楽しむ"啼きうずら"として愛玩されてきた．明治末期，この馴化されたウズラを基礎に改良が加えられ，食用を目的に家畜化された．鶏に比較し，①小面積で多羽数飼養が可能，②体重に比較し大卵を産む，③孵化日齢，初産開始日齢が早い，などから資本の回転が速く，都市近郊の農家の副業としても適している．

昭和 40 (1965) 年代に入って飼養羽数が著しく増加し，現在では全国で約 700 万羽が飼養され，愛知県が東三河地方を中心にその 70% を占め，全国への種卵や雛および関連資材の供給元としても養鶉産業の基盤を形成している．

養鶏農家の飼養規模は 3～5 万羽が主流であるが，最近は自動給餌装置などの完備したウインドウレス鶏舎による大規模化も進んでいる．

2) 品　　種

ウズラは，キジ目キジ科に属し，亜種も含め世界に 41 種が分布している．家畜化されたウズラはウズラ属のうち旧世界鶉に含まれ，ニホンウズラ (Japanese quail, *Coturnix japonica*) という亜種に分類されており，家禽中では最小である．まだ育種の歴史が浅く，品種としては成立していないため，鶏に比べて近交退化が著しく，種鶉農場ではよい系統の維持と近親交配を避けるように努めている．

改良されたウズラの外貌は野生のものと変わらず，成鶉の体長は 20 cm, 体は丸みを帯び，尾と足は短い．体重は 110～140 g で雄のほうがやや小さい．羽色は暗褐色で，白と黒の斑紋が前後に並び列をなし，雄は喉から胸にかけ赤褐色で，羽毛の色が濃い．卵殻に黒褐色の斑紋のある 10 g ほどの卵を年間 250 個以上産卵する．

3) 飼養管理

孵化業者から導入された雛は体重約 7 g と小さく，温度や湿度による影響を受けやすいため，孵化後 2 週間，育雛器で 36℃ から徐々に外気温に慣らしていく．発育の速度はきわめて速く，4～5 日で餌つけ時体重の 2 倍，1 カ月で 13 倍 (約 90 g) にもなる．性成熟も早く，35 日齢で育成舎から成鶉舎に移動し，40 日齢ぐらいから産卵を開始し，産卵開始から 2～4 カ月をピークに約 10 カ月で更新する．産卵率を上昇させるため，5 lx の電灯により照明時間を 20～24 時間にする光線管理が行われているが，最近の研究では 18 時間がよいとする報告[1]もある．

飼料は採卵鶏に比較し，粗タンパク質 (CP) の含有率が高く，産卵期には CP 22% 以上が使用されている．飼料要求率は白色レグホンに近い．給餌方法は，水を加えた練餌と粉餌があるが，最近の大型養鶉場では飼養管理と衛生面から後者をとる農場がふえている．

採卵用成鶉舎はバタリー式またはケージ式の採卵箱に 9～22 羽ぐらいを群飼とする．これを 8～9 段に積み重ねるため，飼養密度は 3.3 m^2 当たり 500 羽以上とかなり高密度で飼養されている．

鶏に比べ抗病性は高いが，農家で問題となっている疾病として，サルモネラ病，ウズ

ラ病（潰瘍性腸炎），マレック病，コクシジウム病，かび性肺炎（アスペルギルス病）などがある．ワクチン接種はニューカッスル病，マレック病などが実施されている．

4) 産物と流通

食卵としての生産量は，鶏卵に次ぎ，年間約 2 万トンが生産される．その用途は 70% が水煮等の加工卵として缶詰や袋詰めにされ，30% が生卵で流通する．鶉卵は古来，漢方薬として珍重されてきたが，ビタミン B_2 は鶏卵の 1.5 倍もあり，良質のタンパク質に富んだ優れた食品である．

肉も量は少ないが非常に美味で，採卵後の廃鶉のほかに雄を 70〜80 日齢まで飼養し，"焼き鳥"，"鶉鍋" などに用いられる．

また，最近は飼養管理の容易なことや，繁殖性の優れていることから，医学，生理学，遺伝学などの実験動物やワクチン生産用卵としても世界的に注目されている．

［杉浦　均］

文　献

1) 豊島浩一：愛知県農業総合試験場報告, **26** (1994)

b. アヒル

1) 沿革と品種

一般にアヒルの名で飼育されている家禽はアヒル，バリケン，ドバン（土番）など，世界で約 6 億羽を数える．その分布はアジアが中心で中国が 60%，東南アジアが 25%，その他は欧州やアメリカなどである．

アヒルは，ユーラシア大陸に広く分布する渡り鳥のマガモを家禽化したもので，その歴史は 3,000 年以上になる．中国，東南アジア，欧州等で個別に家禽化が進んだため，世界各地に多くの在来種が存在し，その多くは卵肉兼用種で，中国のカオヤ，ペキン，台湾のツァイヤ，インドネシアのセレボン等がそれである．鶏と同様に改良は卵用と肉用の二つの方向に分かれ，卵用では小型で多産，肉用では早熟で大型となってきている．前者にはマレーシアのインディアンランナー，後者はフランスのルーアン等があるが，産業用としては卵用のカーキーキャンベル，肉用に改良されたペキン等が中心となっている．また，改良の進んだ品種と在来種の交配なども行われており，世界各地の飼養品種は多様である．

バリケンは南米大陸に分布する野バリケンを家禽化したインディオの唯一の家禽で，これがスペインを介して欧州から世界に広まった．家禽としての歴史は 1,000 年程度である．大型で顔の皮膚が赤く，雄には肉阜があってアヒルとは分類上の属を異にしている．フランスで肉用としての改良が進み，雄の体重は 6 kg と大きいため一部はフォアグラの生産にも利用されている．なお，雌の体重は雄の約半分で性差が大きい．

アヒルとバリケンの属間交配を行った一代雑種はドバンとよばれる．ドバンは不稔となるためそれ以後の子孫はとれない．属間交配はバリケンとアヒルの体重差が大きいため人工授精が必要となるが，台湾では肉質が好まれ，肉用アヒルのほとんどを占めている．

日本へのアヒルの伝来は 12～13 世紀に中国から伝えられたと考えられている．豊臣秀吉が飼育を奨励したこともあり，近畿地方を中心に溜池や水田での飼育が行われていた．日本の在来種としてはマガモ様の羽装のナキアヒルや青首アヒル，白色羽装の大阪アヒルや白アヒルがあるが，その飼育はわずかである．現在，産業的には肉の生産を目的とした肉用英国系ペキン種の飼育が大部分を占めている．また近年，マガモとカーキーキャンベルなど小型のアヒルを交配したアイガモを水田に放し飼いして無農薬の水稲栽培をめざす動きもある．

2) 飼養管理

水鳥であるアヒルの飼育は，川や湖沼など水辺を利用した"水飼い"が主で，アジア地域では農家の庭先飼育からより規模の大きいものまで広く行われている．東南アジアでは収穫後の水田を移動しながら落ち穂などを飼料とする飼育も行われている．また，まったく水に触れさせない飼育方法である"陸飼い"も可能で，近年の産業的なアヒルの飼育には経済性の追求と，解体処理の際の脱毛の容易さから，もっぱらこの方法がとられている．

アヒルの孵卵期間は 4 週間で，鶏よりも温度，湿度ともやや高く設定したほうがよい．育成は鶏に準ずるが，一般に成長は速く，育成初期にはタンパク，エネルギーとも鶏よりもやや多く給与する必要がある．肉専用種では 7 週間で 4kg まで肥育が可能であるが，肉が目的でない場合の過肥は脂肪肝をまねきやすいため注意が必要となる．

一般にアヒルは疾病や環境の変化に強い．アメリカではウイルス性の肝炎と腸炎のワクチンが販売されているが，種アヒルを中心として利用されているのみで，通常の飼育では，清掃，消毒を行っていれば特別な疾病対策を必要としない．

アヒルの性成熟は鶏よりも遅く約 7 カ月を要する．産卵性は品種によって大きく異なるが，卵専用種では年間 250 個を超える．マガモは単婚性であるがアヒルは複婚性で，種用として飼育する場合は雄 1 に雌 3～4 が適当とされる．就巣性はほとんどなく，授精率と孵化率は鶏よりも低い傾向がみられる．

3) 生産物と流通

アヒルの肉は近畿地方を中心に冬季の季節商品的に流通していたが，近年の食生活の多様化によってその需要は 4 倍以上にまで大きく増加した．需要の過半を台湾等からの冷凍輸入品が占めており，国産品は生鮮の高級食鳥肉として，従来からアイガモ肉の名で流通している．フランス料理など用途は広がっているものの，鴨鍋などが主体で，いぜんとして季節商品性が強い．

アヒル卵は日本では馴染みが薄いが，中国などアジア地域では鶏卵同様に流通しており，ピータンの材料としても用いられている．羽毛は衣料品や寝具に用いられ，糞は鶏に比して水分含量が高いが，肥料としての利用価値は高い． ［出雲章久］

c. 七 面 鳥
1) 沿　革

七面鳥（ターキー，turkey，*Meleagris gallopavo*）は，アメリカ合衆国南部（アリゾナ，ニューメキシコ，テキサス，フロリダ各州など）およびメキシコ北部，中央部に野生し

ているが，新大陸の発見（1492）以降，欧州各地に輸出され，そこで家禽化，改良された．

欧州で改良されたターキーは16世紀半ば頃イギリスからアメリカに逆輸入され，野生種との交雑を経て19世紀後半までに多数の品種（羽色の異なった品種）が成立した．羽色は，青銅色，黒色，白色，青灰色，赤色，バフ色などさまざまであったが，現在では，主として，アメリカ，イギリスなどの専門育種会社で改良された大型白色種（large white）および小型白色種（small white）が世界中で飼育されている．白色以外の羽色のターキーは鑑賞・愛玩用に一部飼育されているにすぎない．

2) 品　　種

大型白色種の成鳥は，雄では16kg，雌では11kgに達する．小型白色種の成鳥は，雄11kg，雌6kgである．大型種は通常，雄20週齢前後（13kg），雌17週齢前後（9kg）で出荷し，小型種は15週齢前後（雄7kg，雌4kg）で出荷する．飼料要求率は，大型種で2.8，小型種で2.4である．種禽は29週齢頃から種卵生産を開始し，以後7カ月間に種雌1羽当たり約100個の種卵を生産する．平均孵化率は75％である（孵化は入卵後28日を要する）．

ターキーの特色は産肉歩留りの高いことで，中抜き（丸どり）の対生体重歩留りは80％以上であり，胸肉（皮なし）の歩留り（対生体重）は25％に達する．

3) 飼養管理

広大な土地（草地）が利用できる場合は放し飼いとしてもよいが，光線管理，給餌・給水管理の必要上，最近では舎飼いが一般的となっている．この場合，1羽当たり床面積は，12週齢までは0.25 m²，それ以後は0.5 m²を要する．床は乾燥した敷わらを厚く敷き，十分な換気を行う．光線管理は，初生時は80～100 lx 24時間とし，その後7日目までに50 lx 14時間に落とす．以後も出荷まで最低30 lx 14時間とする．給温は，初生時育雛器（ブルーダー内）35℃，室温27℃とし，これを12週齢16℃まで徐々に落とす．ターキーは啄羽癖（カニバリズム）が発生しやすいので，初生時または7～28日齢の間に断嘴（デビーク）を行う．

給餌・給水設備は，2～6週齢育雛用のものを使用し，以後成鳥用に切り替えるが，いずれも十分なスペースを準備する．

図7.8　ターキー（種禽）の放し飼い
（米国オレゴン州）

4) 生産と流通

1992年現在，世界のターキー生産量（骨付肉重量）は約400万トンで，そのうちアメリカ合衆国が230万トン（約57％）を占める．EC（12カ国）は130万トン（約32％）を生産する．このほか，旧ソ連邦と東欧を合わせて約13万トン，ブラジル7万トン，イスラエル6万トンなどである．

世界全体としては，毎年5％前後の割合で生産が増加している．

日本国内でのターキー生産は極端に少なく，年間出荷羽数はわずかに3,000羽にすぎない（1992）．

凍結品の輸入は年間約1,100トン（1993）で，その約8割をアメリカから輸入している．

ターキーは，クリスマスや感謝祭用需要だけでなく，最近では，ターキーハムなどの加工品原料として，また各種調理食品（prepared foods）にも多用されて，その使用は周年化している．ターキーの輸入価格（1993年，CIF，1kg）は240円で，同年の輸入鶏肉の輸入価格（CIF，平均）218円と大差はない．

［駒井　亨］

d．ホロホロ鳥
1) 沿　　革

ホロホロ鳥は，アフリカ西部の原産で，中世の終わり頃，ポルトガル人によってヨーロッパに輸入され，今日みられるような家禽として品種改良された．

わが国に最初に輸入されたのは1800年代の前半である．本格的には1960年代にフランスで育種改良された種鳥が導入され，これが現在，国内で飼養されているホロホロ鳥の大半を占めている．

2) 品　　種

鶏のように明確な品種区分はないが，羽装により"真珠色種"，"白色種"および"蒼色種"（ラベンダー）の3種に分けられている．真珠色種は野生種から家禽化されたもので，体全体が黒色に近い灰色に真珠大の丸く白い斑点が散在しており，顔の一部が裸出し，くちばしの下部に赤い肉垂があり，脚は暗赤色である．

3) 飼養管理

ホロホロ鳥の飼養管理は鶏の飼養経験と知識があれば比較的容易である．育雛は鶏と同一方法であるが，骨細のため脚が弱く事故の発生率が高いのでとくに留意を要する．また，神経質なうえに集団で行動する習性をもっていることから，犬，猫等の外敵，騒

表7.12　ホロホロ鳥の産卵成績

初産日齢	50％産卵到達日齢	産卵率(％)	産卵ピーク(％)	卵重(300日齢)(g)
195	212	55.9	84.7	50.3

注1)　産卵率は産卵開始(195日齢)から産卵中止(389日齢)までのものである．
　2)　産卵ピークは281〜290日齢のものである．
資料：宮城県畜産試験場，平成2年特殊家禽(ホロホロ鳥)の性能調査による．

音，異音および光に過敏な反応を示し，大きな事故に結び付くことが多いので，鳥舎周辺には万全の対策を施す必要がある．なお，開放鳥舎の場合は，すべての窓に金網等を施して逃亡を防止するなどの措置をはかることも重要である．

なお，ホロホロ鳥には専用飼料が開発されていないため，鶏用飼料（幼雛用，大雛用，ブロイラー用等）を利用するのがよい．

また，産卵は自然条件下においては孵卵時期にもよるが，一般的には日長時間が14時間程度（5月頃），気温は15～16℃程度になると開始する．逆に，日長時間，気温がこれ以下（10月初旬）では産卵を中止するので，こうした時期に産卵させる場合はとくに加温が必要となる．ホロホロ鳥の産卵能力は表7.12のとおりである．

4) 生産物と流通

ホロホロ鳥の出荷は生後14～16週齢で体重2kg前後のものが流通している．解体処理は食鳥処理場でブロイラーと同一方法により行われるが，形態は中抜き屠体（頭足付き）が一般的で，冷凍物が主流をなしている．

大規模農場の生産物のほとんどは業務用として直接消費地のレストランやホテル等に供給され，また，村おこし等で飼育されたホロホロ鳥の多くも地場のレストラン，ホテル，旅館での消費が主力となっている．

このようにホロホロ鳥は，今後，新しい食材としての消費増大が期待されるものの，その経営に新たに取り組む場合は販路の確保が重要となるので，十分に検討して行うことが必要である．

[武田隆夫]

文　献

1) 黒田長禮：新版鳥類原色大図説，講談社（1980）
2) 二宮健一：畜産技術「ホロホロ鳥」，No.401，畜産技術連盟（1988）

e．猪　豚

1) 沿　革

わが国の猪豚は，中山間地域における地域の低利用資源，シルバー労働力，伝統的食文化を生かした"村おこし"，"一村一品運動"の一環として飼養されるようになった．また，近年の食生活の多様化，グルメ志向の流れにマッチするものとして，全国的な取組みがみられる．

特殊な事例としては，"いのしし牧場"等観光畜産と組み合わせ活用しているものもみられる．

1994（平成6）年度の農林水産省畜産局の調査によれば，24道府県，62戸，2,200頭が飼養されており，飼養頭数の上位5道府県は，群馬県，三重県，北海道，鹿児島県，栃木県となっている．

2) 品　種

猪豚は，品種として固定化しておらず，猪，猪豚，豚の3種間の交配組合わせにより，繁殖性および産肉性等の面でかなり優劣の差がみられる．

豚（♀）×猪（♂）の交配は，母豚の飼育・哺育能力のばらつきが少なく，雑種強勢がも

っとも期待できる交配である．しかし，交配用雄の安定的な確保が課題となっている．

猪豚(♀)×猪豚(♂)の交配は，子畜の発育等に若干のばらつきが出るものの，猪豚肉の特性も保持でき，雄雌の混飼が可能であることから，普及が見込まれる．

上記以外の交配組合わせは，産子数，飼養管理，哺育能力等の面で，経営的に不利である．

3) 飼養管理

猪豚は，生後約1カ年で体長130〜150cm，体重120〜150kgに発育し，食性および行動は猪に近い．

飼養管理上のポイントとしては，餌つけを生後30日齢頃から行い，この際に腐植土を飼料に混ぜると餌つきがよくなる．離乳は生後50〜60日齢が適当である．体重20kg以後は，DCP（可消化粗タンパク質）10%，TDN（可消化養分総量）72%の飼料を給与し，年間を通じ野草の茎葉，根等を給与すると，健康で濃厚飼料の食込みもよく，肥育期間の短縮が見込まれる．

また，飼育施設には放飼場を設け，新鮮な腐植土をつねに入れておくと発育がよい．

4) 生産物と流通

猪豚の屠畜月齢は，経済的にみて生後8〜9カ月（体重約90kg）が適当である．猪豚肉は締まりがよく，肉色は鮮紅色で，臭気は少ない．脂肪交雑はよく，霜降り状であり，脂肪は乳白色で，脂肪の質は牛脂肪に近い．総じて，猪豚肉は豚肉と比べ低脂肪であり，カルシウム等の無機質およびビタミン B_1，B_2 に富んでいる．

猪豚肉の流通は，これまで生産地の旅館，ドライブイン等を中心とした業務用の地場消費が主体であり，地域内に限定されたものにとどまっていたが，近年，宅配便等を利用した広域的な流通に取り組む事例もみられる．　　　　　　　　　　　　　　　　［関川寛己］

文　　献

1)　中野　栄（農林水産省畜産局家畜生産課監修）：特用畜産ハンドブック，p.122-134，地球社(1978)

f．ガチョウ

ガチョウはガンカモ科のガンを家禽化したもので，ハイイロガンとサカツラガンを先祖とする2系統に分けられる．他の家禽に比べて繁殖性は劣るが，飼料効率が高く，成長も速い．水鳥であるため湿潤な気候にも適応し，耐病性に優れている．

1) 沿　革

ガチョウは古代エジプト人が紀元前に飼っていた世界最古の家禽であり，墳墓に絵画やレリーフが残されている．紀元前8世紀にはホメロスの叙事詩「オデュッセイ」にも登場する．ローマ時代になると大群で飼われるようになり，貴族の食卓にガチョウの肉が出されるようになった．また彼らは強制肥育して肥大した肝臓を賞味している．羽毛は布団やクッションなどの素材に利用され，羽は筆記用の鵞ペンとして使われていた．カピトル丘のガチョウは大きな鳴き声でガリア人の夜襲を知らせ，ローマを救ったといわれている．北米などでは，若齢ガチョウを除草剤の代替として利用し，イチゴや綿花畑などに放している．

2) 品　　種
a) エムデン種　ドイツ原産の大型の肉専用種で，雌，雄それぞれ9kg, 13kgである．羽毛は純白で，目は青い．卵は成鳥で30～40個産み，若鳥はクリスマスなどの祭用の高級肉となる．

b) ツールーズ種　フランス原産で，以前はフォアグラを生産していたが，現在は肉専用種である．ビクトリア王朝期の英国で13kgに達する大型種に改良された．色調は先祖のハイイロガンとおおむね同様である．卵は成鳥で40～60個産むが，エムデン種に比べて有精卵率で劣る．

c) シナガチョウ　先祖はサカツラガンで，長い首と頭部の瘤が特徴である．体重は4～5kgと小型である．褐色種は独特の暗褐色の線が頭，首後側から肩にかけて走っている．白色種は，褐色種から突然変異により得られた．卵は40～85個産む．エムデン種などとよく交雑される．肉は脂肪が少なく，野生種の風味があり好まれる．除草用や羽毛用，愛玩用に飼われる．

d) その他の品種　アフリカ種はシナガチョウとツールーズ種の交雑により作出された肉用種である．ランド種はフランス原産で，フォアグラ生産にもっとも適した約6kgの種である．セバストポール種は体全体が白色の巻き羽毛で被われた美しい種で，旧ソ連や東欧諸国で肉用や愛玩用に飼われている．ローマン種は約5kgの白色の肉用種で，現在欧州で広く飼われている．産卵性も高い．コルモゴルスク種は約9kgの白色の肉用種で，旧ソ連でもっとも人気がある．ボワトゥ種はフランスの代表種の一つで，年に3回羽毛が引き抜かれ，羽毛やその製品は女性の高級化粧用刷毛になる．

3) 管　　理
交配の際，雄1羽に対する雌の数は，シナガチョウなどの小型種では5羽，エムデン種などの大型種では2～3羽が適当である．人工孵卵では，卵に水を散布すると，孵化率が改善される．孵卵期間は約30日である．雌雄鑑別では初生雛の交尾器の部分を反転，露出させ，螺旋状に回転したコルク栓抜き状の陰茎があれば，それを雄とする[1]．病気にかかることはまれであるが，パスツレラ属の細菌などが原因の鶩鳥インフルエンザは致死率が高く，恐れられている．

4) フォアグラ
フォアグラとは肥大した脂肪性の肝臓のことで，超高級料理に欠かせない．淡いロー

図7.9　フォアグラ生産にもっとも適したランド種ガチョウの放牧状況（石川県富来町）

ズ色の充実したフォアグラは高価格で取引される．遺伝的に優れたランド種や農用ツールーズ種からフォアグラがつくられる．石川県羽咋郡富来町ではフランス原産のランド種によるフォアグラづくりが行われている． ［**泉　徳和**］

文　献

1) Canfield, T. H.: Sex Determination of Geese (Bulletin 403, 1952). Agricultural Experiment Station, University of Minnesota, St. Paul, Minnesota.

8. 飼料作物

8.1 寒地型牧草

a. イネ科牧草

1) オーチャードグラス（和名：カモガヤ，学名：*Dactylis glomerata* L.，英名：orchardgrass, cocksfoot）

多年生の上繁草で，出穂期の草丈は 90〜140cm である．若い葉身は葉鞘内に半分に折りたたまれているのが特徴である．耐寒性は優れているが，最強のチモシーやスムーズブロムグラスには劣る．耐暑性や耐乾性は比較的良好であり，北海道から九州の高冷地までの広い地域で栽培される．北海道東部地区や中部山岳地の年平均気温が 6〜7℃ 以下の地帯および年平均 13℃ 以上の地帯では維持年限が短く冬枯れおよび夏枯れにより安定性を欠くので，それらを軽減する栽培管理が必要である．再生力が旺盛で，施肥反応も大きいので，多肥多回刈りで多収を得られる．逆に 2〜3 回の刈取りや放牧頻度が低いと株化して裸地を生じやすく，雑草侵入による草地の荒廃をまねくので注意が必要である．品質は中程度で耐倒伏性は強いが，出穂期以降の品質低下がとくに大きく，刈取適期幅が狭いので，大規模草地では出穂期の異なる品種を組み合わせて適期刈りを行う必要がある．出穂始めはチモシーより早く，北海道では 5 月末〜6 月上旬，北関東では 4 月末〜5 月中旬である．土壌条件に対する適応性は広いが耐湿性は弱いので，排水不良の転換畑等での栽培は避ける．

北海道から中部高標高地向きの国内育成品種としてキタミドリ（早生），ワセミドリ（早

図 8.1 オーチャードグラス
（大久保原図）

生，キタミドリより耐寒性，耐病性に優れる），オカミドリ（中生）とアルファルファとの混播向きで耐寒性の優れたトヨミドリ（極晩生）等がある．東北平坦部から九州高冷地向きの国内育成品種としては，多収で黒さび病抵抗性のアキミドリ（極早生），寒冷地適応性の優れるアオナミ（早生），耐病性と永続性に優れるマキバミドリ（中生）等の品種がある．

2) **チモシー**（和名：オオアワガエリ，学名：*Phleum pratense* L.，英名：timothy）

多年生の上繁草で出穂期の草丈は 90～130 cm である．茎の基部節間が肥大して，球茎となるのが特徴である．耐寒性は極強であるが，耐暑・耐乾性は劣るので栽培は北海道および東北の高標高地が中心で，これらの地域の最重要牧草となっている．再生力が劣るので，適応地帯での年2～3回刈りで多収が得られ，永続性も高い．品質はよく，出穂後の品質低下も比較的小さいが，耐倒伏性は弱いので刈り遅れないよう注意が必要である．秋期の短日下での生育がオーチャードグラスより劣るので，放牧利用には最適ではないが，オーチャードグラスの冬枯れ危険地帯ではこの点に優れる晩生品種を利用する．北海道の出穂始めは極早生品種で6月上～中旬，晩生品種では6月末～7月上旬と品種間差が大きく，オーチャードグラスの早晩熟期の品種に比べて15～20日程度遅い．チモシー内での品種組合わせ，オーチャードグラスの熟期別品種と組み合わせて，栽培利用することで幅広い収穫適期幅が得られる．

品種としては，二・三番草も多収なクンプウ（極早生），センポク（早生），多収で耐病性に優れたノサップ（早生），多収で耐病性に優れたアッケシ（中生の早），多収で混播適性が優れたキリタップ（中生の晩），多収なホクシュウ（晩生）などがある．

3) **トールフェスク**（和名：オニウシノケグサ，学名：*Festuca arundinacea* Schreb.，英名：tall fescue）

多年生の上繁草で，出穂期の草丈は 90～110 cm である．地下茎を有するが，その広がり方は小さい．葉は粗剛で，葉耳に毛茸をもつのが特徴である．耐寒性はオーチャードグラス並みであるが，家畜の嗜好性や品質がやや劣る．しかし，耐暑性が寒地型牧草中では最強なのでオーチャードグラスの長期維持が困難な年平均気温 13°C 以上の地帯で栽培され，とくに九州の標高 300～700 m の地帯での栽培がもっとも多い．早春や晩秋の

図 8.2　トールフェスク
（大久保原図）

低温・短日下での生育が良好で，土壌条件に対する適応性もきわめて広いので放牧草地での重要な草種となっている．

早生で耐暑性，耐病性に優れ，多収のナンリョウ（東北平坦地～九州向き），中生で耐暑性が強いサザンクロス，晩生で耐寒性が強く，嗜好性，消化率の高いホクリョウ（北海道～九州高冷地向き）等の品種がある．

4) **メドウフェスク**（和名：ヒロハノウシノケグサ，学名：*Festuca pratensis* Huds., 英名：meadow fescue）

多年生の上繁草で，出穂期の草丈は 80～100cm である．草姿はトールフェスクに似るが，葉幅はより狭く，茎もより細く，葉耳に毛茸がない点で区別できる．葉はかなり柔らかく，家畜の嗜好性や品質は良好である．耐寒性はチモシーより劣るが，オーチャードグラスやトールフェスクより優れ，また，秋の短日下での生育も優れるので，北海道から中部山岳地帯でチモシー草地の混播草種として放牧利用される．それ以外の地域では耐暑性が劣り，冠さび病にも弱いので適さない．札幌での早生品種および晩生品種の出穂始めはそれぞれ 6 月 10 日頃および 6 月 14 日頃と品種間差は小さい．

品種としては耐寒性，耐雪性，耐病性ともに優れるトモサカエ（早生），季節生産性に優れるファースト（早生），嗜好性，季節生産性に優れるバンディ（晩生）等がある．

5) **イタリアンライグラス**（和名：ネズミムギ，学名：*Lolium multiflorun* Lam., 英名：Italian ryegrass）

一～二年生の上繁草で，出穂期の草丈は 90～130cm である．同属のペレニアルライグラスとは外頴に芒をもつことおよび葉や茎が大型なことが区別点である．耐寒性が弱いので，秋播き栽培は南東北以南に限られる．また，耐雪性（積雪下で発生する病害に対する抵抗性）が弱いので，根雪日数 120 日を超す地帯には適さない．初期生育が速く，早春の低温下での生育は最良なので，短期間に多収をあげうる．耐湿性は強いので，水田裏作や，やや排水不良の転換畑の栽培にも適する．耐倒伏性は弱いので，出穂始めまでに刈り取ることが必要である．早期水稲の前作用から，2～3 年間の短年利用向きまで多様な品種が育成，流通しているが，次の 4 タイプの利用型に群別される．

a) 極短期利用型 冬作イタリアンライグラスを早く切り上げて，早期水稲や早播きトウモロコシと組み合わせる作付体系に適する品種群で，桜の満開期に出穂期に達す

図 8.3 イタリアンライグラス
（大久保原図）

る極早生のミナモアオバ（冠さび病抵抗性），ウヅキアオバ（耐雪性），サクラワセ等がこれに属する．ハルアオバもこれに属するが，出穂期が3〜4日ほど遅いので収量は高くなる．

　b）　短期利用型　　極早生品種より7〜12日程度出穂期の遅い早生品種群で，もっとも栽培需要が多い．夏作（水稲やトウモロコシ）の標準栽培での収量確保とイタリアンライグラスの短期多収の双方を目的とする作付体系用の品種である．ワセアオバ（耐寒性強，北関東平坦部以西向き），ワセユタカ（多収，南関東平坦部以西向き），ナガハヒカリ（多雪地向き，根雪日数120日まで），タチワセ（耐倒伏性）等がこれに属する．

　c）　長期利用型　　高温下での再生力の優れる四倍体の晩生（早生品種より12日くらい出穂が遅い）品種群で，初夏までイタリアンライグラスを刈り取り利用するイタリアンライグラス主体の栽培利用を行う．一般的に耐雪性，冠さび病抵抗性は強い．ヒタチアオバ（南東北から北関東平坦部），ヤマアオバ（南関東平坦部以西向き），マンモスB（春播き適性，耐雪性弱）等がこれに属する．

　d）　極長期利用型　　越夏性が高く，夏期病害の冠さび病抵抗性の強い品種群で，周年あるいは秋播き後翌々年春までイタリアンライグラスの収穫を続ける．年平均気温11°C前後の地帯では2〜3年利用も可能である．一般的に耐雪性は強い．フタハル，アキアオバ，エース等の四倍体品種がこれに属する．

　6）　**ペレニアルライグラス**（和名：ホソムギ，学名：*Lolium perenne* L.，英名：perenial ryegrass）

　多年生で出穂期の草丈は60〜80cmと比較的低い．幼芽が葉鞘の中に4分の1に折りたたまれており，渦巻状のイタリアンライグラスと区別できる．栽培適地はオーチャードグラスと重なるが，耐寒性，耐乾性および耐暑性はより劣るので適地はさらに狭く，年平均気温8〜11°Cくらいの地域となる．これら以外にも北海道北部や東北の日本海側高標高地の極多雪地帯では耐雪性に優れる四倍体品種の放牧利用が可能である．多雪地では春は雪腐病の被害によって萌芽が遅れ，減収するが，これは生産量の平準化につながり，放牧利用では有利性をもつこと，および夏期冷涼な気候では秋までに十分回復するためである．家畜の嗜好性は最良で，再生力が高く，高頻度の放牧利用によってきわめて密な草地を形成する反面，伸ばしすぎると再生不良が激しいので，草地を長期的に維持するためにはスーパー放牧などの集約的な放牧利用が適している．5月上旬〜6月中旬まで，出穂期の品種間差が大きく，早生と中生は採草・放牧兼用利用向き，晩生は放牧専用利用に適している．

　品種としては耐雪性が優れる北海道向きのファントム（中生），トーブ（中生），リベール（中生）およびフレンド（晩生）が，また耐暑性や夏期病害に優れる東北以南向きのキヨサト（早生），ヤツボク（中生），ヤツガネ（晩生）およびヤツナミ（晩生）等がある．

　7）　**リードカナリーグラス**（和名：クサヨシ，学名：*Phalaris arundinacea*，英名：reed canarygrass）

　多年生の上繁草で出穂期の草丈は150〜200cmに達する．葉はヨシに似るが小型で，茎は硬く，耐倒伏性は強い．根は深く，地下茎によって広がる．耐寒性，耐雪性はチモ

シー並みに強く，耐暑性はトールフェスク並みに強いので，北海道から九州の中標高地までの広い範囲で高い永続性を示す．また，耐酸性，耐湿性，冠水耐性および耐乾性などの不良環境適応性にも優れるので，他の牧草の栽培できない不良土壌でも栽培が可能である．発芽，初期生育が遅いので他の牧草より早播きとするのがよく，また，秋播き翌年の一番草は低収なので，イタリアンライグラス等と混播する等の対応が望ましい．定着後はほとんど雑草混入を許さないほど高い競合力を示す．再生が遅いので多回刈りには適さない．

従来流通していたのはコモン（普通種）のみであり，家畜の嗜好性が劣るとされてきた．最近この点が改良された低アルカロイド品種のパラトンやベンチャーが流通しており，嗜好性はオーチャードグラス並みとみてよい．

8) **ケンタッキーブルーグラス**（和名：ナガハグサ，学名：*Poa pretensis* L.，英名：Kentucky bluegrass）

多年生で地下茎で広がり，密度の高い草地を形成する．出穂期の草丈は 30～70cm の典型的な下繁草で，葉の先端がボート状になっているのが特徴である．耐寒性は強いが，耐暑性，耐乾性，夏の病害に対する抵抗性が強くないので，年平均気温 12°C までが適地であり，これ以上の地帯ではレッドトップが下繁草として利用される．単播利用もあるが，通常はオーチャードグラスなどと混播して利用される．

図 8.4 ケンタッキーブルーグラス
（大久保原図）

品種は直立型とほふく型に大別され，前者（品種名：トロイ，ケンブルー）が放牧用に利用され，後者は芝生用に用いられるが，バロン，メリオンといった芝用品種も府県では牧草の奨励品種に採用されている．

9) **レッドトップ**（和名：コヌカグサ，学名：*Agrostis alba* L.，(*A. gigantea* Roth.,) 英名：redtop）

多年生のほふく茎によって広がる下繁草であるが，条件がよいと出穂期の草丈は 90～100cm にも達する．各種土壌条件に対する適応性は広く，耐寒性，耐暑性とも強い．収量は低く，家畜の嗜好性と品質は劣るとされるが，オーチャードグラスと同程度の家畜生産性が得られた放牧試験例もある．オーチャードグラスなどと混播しての放牧利用が主体となる．

10) **スムーズブロムグラス**（和名：コスズメノチャヒキ，学名：*Bromus inermis* Leyss.，英名：smooth bromegrass）

多年生の上繁草で，出穂期の草丈は 80～140cm である．根量は多く，深根性で，地下茎によって広がり密な草地を形成する．耐寒性と耐乾性は最強なので，チモシーの栽培

が不安定な北海道の土壌乾燥地帯での利用が主体である．採草，放牧いずれにも利用可能であるが，再生が遅いので，アカクローバやアルファルファと混播しての採草利用に適する．品質はチモシーより劣り，オーチャードグラスと同程度かやや劣る．わが国で育成された中生品種アイカップが，唯一北海道で奨励品種に採用されており，出穂期はチモシーの極早生品種よりやや早く，オーチャードグラスの中生品種並みである．

b．マメ科牧草
1) **アカクローバ**（和名：アカツメクサ，学名：*Trifolium pratense* L., 英名：red clover）

短年生の上繁草で，開花始めの草丈は 70～80 cm である．頭花は紅色～桃色であるがまれに白色のものもある．冷涼でやや湿潤な地域が適地で，耐寒性はかなり強いが，耐暑性や耐乾性は弱い．北海道から中部高冷地までが栽培適地である．適地でも実用維持年限は 3 年で，マメ科率の維持には追播が必要である．より温暖な地帯でも栽培できるが，維持年限は 2 年と短くなる．微酸性の土壌での生育はよいが，より酸性の強い土壌では石灰等による矯正が必要である．

図 8.5 アカクローバ
（大久保原図）

永年草地でイネ科牧草と混播して，採草利用される．アカクローバの品種は早生の二回刈り種（double cut 種，medium 種）と晩生の一回刈り種（single cut 種，mammoth 種）に大別されるが，わが国各地で奨励品種に採用されている品種はすべて前者に属する．

品種としては北海道～中部高冷地向きにはサッポロ（多収で耐病性に優れる），ハミドリ，ホクセキ（耐寒性，永続性でさらにサッポロより優れる）等が，より温暖な地帯向きには耐暑性が比較的良好なケンランドがある．

2) **シロクローバ**（和名：シロツメクサ，学名：*Trifolium repens* L., 英名：white clover）

地面に接して伸長するほふく茎で広がり，各節から葉と根ならびに頭花あるいは二次分枝（ほふく茎）を生じる．葉は 3 小葉からなり，たいていは白い斑紋がある．典型的な下繁草で，大型なラジノ品種でも葉柄長は 40 cm までである．耐寒性はかなり強いが耐暑性はあまり強くないので，北海道から九州の中標高地が適地である．根は浅根性な

ので旱魃や凍上の被害を受けやすい．

品種はラジノ型（大葉型，葉柄長 30〜40 cm，採草向き），コモン型（中葉型，葉柄長 20〜30 cm，放牧向き），ワイルド型（小葉型，葉柄長 10〜20 cm，放牧向き）に大別される．品種（適地）としては，ラジノ型ではカリフォルニアラジノ（全国），リーガル（全国），エスパンソ（北海道，東北），キタオオハ，ミネオオハ（東北，中部高冷地），ミナミオオハ（南東北以南）が，コモン型ではフィア（全国），ソーニヤ，マキバシロ（北海道，東北）が，ワイルド型ではノースホワイト（東北〜中部高冷地）がある．

図 8.6　シロクローバ
（大久保原図）

3)　**アルファルファ**（和名：ムラサキウマゴヤシ，学名：*Medicago sativa* L.，英名：alfalfa, lucerne）

多年生の上繁草で春の開花時の草丈は 90〜110 cm に達する．やや乾燥した気候に適応し，排水良好で肥沃な中性土壌にもっとも適する．湿潤多雨で土壌酸度が低く，リン酸吸収係数の大きいわが国では，播種前の排水対策および土壌改良が必要である．再生が遅く，雑草との競合に弱い．きわめて深根性なので耐乾性は極強で，耐暑性も強く，沖縄の夏にも耐えよく生育する．耐寒性は強いが，北海道東部での越冬性はやや不十分である．耐倒伏性が弱く，倒伏した場合は再生が著しく不良となるので刈り遅れに注意が必要である．また，イネ科牧草に比べて刈取頻度が高いと減収や維持年限が短くなる．品種や地域によっても刈取期は異なるが，一番草を着蕾期〜開花期に刈り取り，その後は 30〜40 日間隔で，8 月以降は 45〜60 日で刈り取るのが目安である．

図 8.7　アルファルファ
（大久保原図）

国内育成品種としては，北海道〜北東北向きには耐寒性と永続性に優れるキタワカバ，多収でバーティシリウム萎凋病抵抗性のマキワカバ，ヒサワカバが，南東北以南向きには再生力に優れ，多回刈り多収のナツワカバ，耐倒伏性と永続性に優れたタチワカバが

ある. ［杉田紳一］

8.2 暖地型牧草

a. イネ科牧草

1) **バヒアグラス**（学名：*Paspalum notatum* Flügge, 染色体数：$2n=20, 30, 40$, 別名：アメリカスズメノヒエ, 英名：bahia grass）

草高は40～50cm程度であるが, 6～10月にかけて常時出穂し草丈は1mを越える. ほふく茎と地下茎を伸ばして密な草地を形成するため重放牧にも耐える. 暖地型牧草の中では比較的耐寒性に富んでいる. 草地造成のためには秋播きとし, 初霜までに7～8葉期に達する期間が播種適期となっている. 放牧と乾草生産に適している.

ペンサコラ, シンモエ, ナンゴク, ティフハイ9, ナンオウなどの品種があり, ナンオウは出穂茎数が少なくて放牧での採食量が多い.

2) **ローズグラス**（学名：*Chloris gayana* Kunth., 染色体数：$2n=20, 40$, 英名：rhodes grass）

草高は60～70cmであるが, 出穂時は1.5～2mにもなる. ほふく茎を伸ばして繁殖する. 根が比較的浅く旱魃にはあまり強くなく, 耐寒性は乏しい. 耐塩性は強い. 南西諸島, 無霜地帯では永年草地として放牧と乾草生産に利用されるが, 降霜地では夏作一年生の牧草として栽培され乾草生産に利用されている. 乾草生産のためには出穂期に刈り取るが, 四倍体品種の場合には晩秋にならないと出穂しないので草丈が1.2～1.5mのときに刈り取る. 刈り遅れて倒伏すると再生が極端に悪くなる.

二倍体のハツナツ, カタンボラ, フォーズカタンボラ, パイオニアと四倍体のカロイド, マサバ, ボマなどの品種がある.

3) **ギニアグラス**（学名：*Panicum maximum* Jacq., 染色体数：$2n=16, 24, 32, 48$, 英名：guinea grass）

出穂時の草丈は1.5～4m. 初夏に出穂するものから晩秋になっても出穂しないものま

図8.8 ギニアグラス "ナツカゼ"

で変異に富んでいる．耐湿性は弱いが，耐乾性は強く，栽培のための土壌は強酸性以外であれば可能である．種子が小さく初期生育がよくないので，播種前の砕土を細かくして均一な発芽を促進する必要がある．放牧，乾草，サイレージに利用されるが，乾草，サイレージ生産のためには穂ばらみ期～出穂期に刈り取る．

草丈によって大型～中型のタイプと小型のタイプに分類されている．大型のタイプは4m近くにもなるが，採種が困難なため増殖は茎挿しや株分けで行われており，わが国では栽培されていない．わが国では中型のタイプに属するナツカゼ，ナツユタカ，ガットンが栽培されている．ナツカゼは初期生育がよく夏雑草との競合にも優れ，一年生夏作牧草として栽培されている．ナツユタカとガットンは永続性に優れており，南西諸島では永年草地が造成されている．小型のタイプにはサビやマクエニなどの品種があり，細茎を特徴としている．わが国では変種のグリーンパニックグラス（var. *trichoglume* Eyles）のペトリーが沖縄などで栽培されている．

4) **カラードギニアグラス**（学名：*Panicum coloratum* L.，染色体数：$2n=18, 36, 54$，英名：coloured guinea grass）

草姿はギニアグラスに似ているが，最下部の枝梗は輪生せず草丈は1.5m程度と低い．耐湿性に富んでいるため，トウモロコシやギニアグラスの栽培が困難な排水不良田や地下水位の高い転換畑でも栽培ができる．出穂始め～出穂期に収穫すると2～3回刈りが可能であり，夏期には乾草利用，秋期にはサイレージ利用が適している．

代表的な品種にソライがあり，わが国ではタミドリが育成されている．変種としてカブラブラグラス（var. *kabulabula*）とマカリカリグラス（var. *makarikariense*）がある．カブラブラグラスはカラードギニアグラスより大型で，わが国ではタユタカが育成されている．マカリカリグラスは葉や茎の表面が青緑色をしており，カラードギニアグラスよりも耐湿性が強い．ジロ，バンパチ，ポロックなどの品種がある．

5) **パンゴラグラス**（学名：*Digitaria decumbens* Stent.，染色体数：$2n=30$，英名：pangola grass）

草姿と穂はメヒシバに似ており，草丈は1～1.5mになる．種子はほとんど形成されず，茎挿しによって増殖する．暖地型牧草の中でもとくに高温を好み，夏期にほふく茎を伸ばして旺盛な生育をする．南西諸島では永年生草地を造成することができ採草と放牧利用が可能である．耐寒性に乏しいことと栄養繁殖性であることのため降霜地帯では栽培が困難である．

登録品種は見当たらないが，沖縄ではA-24とA-254が台湾から導入されている．

6) **ジャイアントスターグラス**（学名：*Cynodon plectostachyus* (K. Schum.) Pilger.，染色体数：$2n=18, 36$，英名：giant star grass）

バミューダグラス（学名：*Cynodon dactylon* (L.) Pers.，染色体数：$2n=18, 36$，英名：bermuda grass）

ジャイアントスターグラスは地上のほふく茎で広がり，バミューダグラスは地下茎で広がる．ジャイアントスターグラスの草姿はバミューダグラスに似ているが，いっそう大型で草丈は0.5～1mになる．牧草用のバミューダグラスは芝生用よりも大型である．両草種とも種子はできるが，草地造成のためには一般的に栄養茎の移植が行われている．

放牧と採草利用が可能である．

ジャイアントスターグラスには登録品種が見当たらないが，沖縄では台湾から導入したA-46が栽培されている．バミューダグラスは変種との交雑品種が育成されており，コースタル，ミッドランド，スワニー，ティフトン，コーストクロス1などの品種がある．

7) **キクユグラス**（学名：*Pennisetum clandestinum* Hochst. ex Chiov.，染色体数：$2n=36$，英名：kikuyu grass）

草丈は50cm程度．節間の詰まったほふく茎と地下茎を伸ばして生育する．種子で草地造成することもできるが，一般に栄養茎の移植で造成を行う．原産地が東部アフリカの高地であるため冷涼地を好むものの耐寒性には乏しく，高温と乾燥にも弱い．栄養価に富み牛の嗜好性が高い．

オーストラリアで育成されたウィッテットとブレイクウェル，ヌーナンがあるが，わが国での栽培は容易ではない．

8) **ネピアグラス**（学名：*Pennisetum purpureum* Schumach.，染色体数：$2n=28$，56，英名：elephant grass, napier grass）

雑種ペニセタム（学名：*P. americanum* (L.) K. Schumach. x *P. purpureum* Schumach.，染色体数：$2n=20$，21，英名：giant elephant grass, babala napier hybrid）

両草種とも草丈は4m近くにもなる．もっとも多収性を示す牧草とされている．雑種ペニセタムはパールミレットとネピアグラスの種間雑種であり，ジャイアントネピアグラスあるいはバナグラスともよばれる．形態的にはほとんど相違がないが，生育や家畜の嗜好性は雑種ペニセタムが優れる．草地造成は栄養茎の茎挿しで行う．ともに耐寒性は乏しい．草丈が1.6〜1.8m程度のときに青刈あるいはサイレージに利用する．

ネピアグラスにはメルケル，メルケロン，ミネイロなどがあり，わが国では奄美大島や種子島にかつて導入されたネピアグラスが在来種として栽培されている．雑種ペニセタムにはプサジャイアントネピアなどがある．

9) **ダリスグラス**（学名：*Paspalum dilatatum* Poir.，染色体数：$2n=40$，50，和名：シマスズメノヒエ，英名：dallis grass）

草丈は50cm程度であるが，出穂時には1〜1.5mになる．暖地型牧草の中では耐寒性に優れており永年草地を造成することができる．耐湿性と耐乾性にも富み，他草種との競合にも強く，深根性であるため重放牧に耐える．

わが国ではナツグモが育成されているが，麦角病が発生するため種子は流通していない．

10) **オオクサキビ**（学名：*Panicum dichotomiflorum* Michx.，染色体数：$2n=36$，英名：fall panicum）

草丈は1.5〜2mになる．耐湿性に富み，トウモロコシなどが栽培困難な転換畑での栽培に適している．青刈・乾草・サイレージ利用が可能であるが，茎が太いため乾草調製には手間取る．

早生〜晩生までの多くの系統があるが，栽培には大型で晩生の大分系，香川系，防府

系，やや早生で細茎の真岡系などが適している．

b．マメ科牧草

1) **グリーンリーフデスモディウム**（学名：*Desmodium intortum* (Mill.) Urb.，染色体数：$2n=22$，英名：green leaf desmodium）

蔓性で，葉は卵形の3小葉からなり表面は褐〜赤斑点があり，ピンクあるいは紅紫色の多数の花をつける．比較的低温に耐えるが15℃以下では生育が低下する．短期間の冠水には耐えるが，耐乾性は乏しく容易に落葉する．土壌はpH 5がもっとも好ましいが，生育のための土壌はあまり選ばない．根粒菌としてはCB 627がオーストラリアで開発されている．

パンゴラグラス，ダリスグラス，キクユグラス，ギニアグラス，セタリアグラスなど多くのイネ科牧草との混播に適している．グリーンリーフがオーストラリアで育成され，これが草種名となった．

近縁種にシルバーリーフデスモディウム（*D. uncinatum* (Jacq.) DC.）がある．小葉の中肋周辺が白っぽくなっている点でグリーンリーフデスモディウムと区別できる．

2) **スタイロ**（学名：*Stylosanthes guianensis* (Aubl.) Sw.，染色体数：$2n=20$，英名：stylo）

直立性で草丈は1mを越える．短日になると黄〜橙黄色の花をつける．種子は硬実性が強いため播種の際には硬実打破処理が必要である．年間降水量が600〜2,500mmまでの地域でよく生育し，長期間の旱魃にも耐える．また土壌条件への適応性も広い．根粒菌の接種が必要であるが，品種によって菌が異なっている．スコフィールドはカウピータイプであればどの菌でもよいが，オクスレーではCP 82がもっとも効果的である．パンゴラグラス，ローズグラス，セタリアグラス，ギニアグラスなど多くのイネ科牧草との混播に適しているが，耐陰性には乏しいので被陰されないよう注意を要する．牛の嗜好性は個体による差があるようであるが，慣れるとよく食べ，主として放牧で利用される．

早生品種としてオクスレー，クック，中生品種としてエンデバー，晩生品種としてスコフィールドなどがある．オクスレーは他のスタイロよりも茎が細いため，オーストラリアではファインステムスタイロと分類されている．

近縁種にはタウンズビルスタイロ（*S. humilis* H. B. K.）がある．形態的にはスタイロと似ているが，一年生または短年生である．品種にはゴールドン，ローソン，パターソンがある．

3) **サイラトロ**（学名：*Macroptilium atropurpureum* (DC.) Urb.，染色体数：$2n=22$，英名：siratro）

蔓性で節から発根して生育し，花は濃紫色の花弁をしている．日長が16時間以上だと開花しない短日性であり，長日条件と高温条件下では収量が増加する．排水のよい火山灰のような軽土壌では良好な生育をする．比較的乾燥条件でも耐えるが，年間降水量は800〜1,600mmが最適である．根粒菌はカウピータイプが適している．イネ科との混播では，パンゴラグラス，バヒアグラス，ギニアグラス，ローズグラスなどが用いられて

いる.
　オーストラリアで育成されたサイラトロが草種名になった．サイラトロは混合種子となっているため遺伝的変異を含んでいる．

4) グライシン（学名：*Neonotonia wightii* Lackey, *Glycine wightii* Verdc., 染色体数：$2n=22$, 44, 英名：glycine）

　蔓性で花は通常白色の花弁をしている．短日になると総状花序で20～150の花をつけ，種子生産性は高い．比較的低温にも耐えるが，気温が10～15℃以下になると生育が停止する．根が地中深く入り旱魃にはかなり強いが，湿害や冠水には弱い．酸性土壌以外いろいろな土壌にも適するが，初期生育が遅いのと根粒形成が遅いのが難点である．根粒菌はカウピータイプでよい．グリーンパニック，パンゴラグラス，ローズグラスなどの低草高型のイネ科牧草との混播に適しているが，グライシンは初期生育が遅いためイネ科よりも早く播種するのがよい．放牧に用いられるが，乾草生産にも適している．

　早生品種としてクーパー，中生品種としてクラレンス，晩生品種としてティナロー，マラウィがある．

5) カロポ（学名：*Calopogonium mucunoides* Desv., 染色体数：$2n=36$, 英名：calopo）

　蔓性で花は小さく青色の花冠をしている．初期草勢はよく，ローズグラスやパンゴラグラスと混播される．耐乾性は劣る．播種に際しては硬実打破処理が必要である．根粒菌はカウピータイプのCB 756がオーストラリアで開発されている．葉や茎に毛があり牛の嗜好性はよくない．

6) ギンネム（学名：*Leucaena leucocephala* (Lam.) De Wit, 染色体数：$2n=36$, 英名：leucaena）

　樹高は20mにもなる木本性の多年生マメ科．ネムの木に似ており白い花をつける．種子はよく形成されるが硬実性が強い．根が地中深く入るため旱魃に強く，年間降水量が500～5,000mmの地域で生育できるものの耐水性には乏しい．弱酸性～弱アルカリ性土壌でよく生育する．初期生育が遅いのと牛に中毒を起こさせるミモシンを含むのが難点となっている．根粒菌は酸性土壌ではCB 8，アルカリ土壌ではNGR 8を用いるとの報告がある．樹高が0.9～1.5mのときに放牧あるいは採草利用するが，乾燥やサイレージにも適する．沖縄ではギンネムキジラミの多発による被害が発生した．

　カニンガム，ハワイ，ペルー，エルサルバドル，グアテマラなどの在来品種がある．わが国では沖縄在来がある．

［松岡秀道］

文　　献

1) Bogdan, A. V.: Tropical pasture and fodder plant, pp. 475, Longman Inc. (1977)
2) Humphreys, L. R.: A guide to better pastures for the tropics and sub-tropics (4th ed.), pp. 96, Wright Stephenson & Co. (Australia) Pty. Ltd. (1980)
3) 前野休明，名田陽一：熱帯の草地と牧草，pp. 110, 国際農林業協力協会 (1982)

8.3 青刈飼料作物

a. トウモロコシ（学名：*Zea mays* L., 和名：トウキビ, 英名：maize, corn)
1) 原産地, 特性

原産地はメキシコ南部を中心とする中央アメリカあるいは南米（ペルー，エクアドル，ボリビアなど）と考えられる．トウモロコシは元来熱帯作物であるが，変異（分化）が大きく北緯75度から南緯40度まで栽培されている．雄穂抽出後3～6日すると開花が始まる．1本の雄穂の開花期間は5～7日間である．一般に圃場全体ではこれより2～3日間長くなる．開花は午前8～12時の間に行われ，10～11時頃がもっとも盛んである．雌穂の絹糸抽出は雄穂の抽出後4～6日頃，開花後1～2日頃である．絹糸抽出が全体の50%に達したときを絹糸抽出期という．1雌穂の絹糸抽出が完了するのに3～5日を要する．トウモロコシは短日植物であるが，その程度は早晩性により異なり晩生品種ほど感光性は高い．感温性は感光性ほど明瞭ではないが，一般に早生品種が高く晩生品種が低い傾向がある．生育量の大きい作物であるから，生育最盛期には高温とともに十分な水分を必要とする．土壌は肥沃で表土が深く，有機質に富む砂質壌土ないしは壌土が適している．耐湿性，耐乾性はあまり高くないが，初期の低温生長性は高い．深根性で吸肥力は強く，土壌酸度はpH 6.0～6.5がよい．

通常，日平均気温が10°Cに達すれば播種できる．サイレージ用トウモロコシの収穫は総体の乾物率で30%前後が適期である．その時期は子実の表面が硬く，爪がやっと立つ程度（黄熟中～後期）で，雌穂中央部の子実にブラックレイヤー（胚の基部の尖端を除いてみえる黒色になった層）の形成が始まり，ミルクライン（雌穂を中央部付近で折り，背側の子実の黄色い部分と基部の白い部分の間の線）が子実の中央部付近に達する頃である．トウモロコシは乾物生産力，栄養収量が高く，土地利用型畜産経営を支えるうえでのもっとも重要な基幹作物である．また，大型機械の導入と除草剤の利用による省力生産に適し，サイレージとしての調製も容易で，品質，家畜嗜好性がよいなどの特徴がある．

2) 育種

わが国のサイレージ用トウモロコシの栽培面積は現在北海道が37.6千ha（全面積の35%)，都府県が69.2千ha（同65%)の106.8千haである．都府県は東北(24%)，関東・東山(28%)，九州(35%)の3地域で87%を占めている．水田転換畑での作付比率が暖地，温暖地を中心に約18%を占める．

わが国の飼料用トウモロコシの利用形態としてはホールクロップサイレージ用が大部分を占め，青刈用が一部残るが，子実生産目的の栽培はほとんどない．わが国のトウモロコシ育種の中心課題は，日本の気候風土に適し，外国品種にない優れた特性を備えたホールクロップサイレージ用一代雑種（F_1）品種の育成である．栄養収量の多収とともに高度の耐病性（すす紋病，ごま葉枯病，紋枯病，すじ萎縮病など）による高位安定生産を育種目標にしている．また，最近は粗飼料の高品質化が求められており，茎葉の消化性などを考慮した品質育種も進められている．育種は気象条件の異なる十勝農業試験

場，北海道農業試験場，長野県中信農業試験場，草地試験場，九州農業試験場の5場所が担当している．

3) 分類

穀粒の変異，とくに粒質から6系，それにポッド系を加え7系に大別される．デントコーン（馬歯種，dent corn），フリントコーン（硬粒種，flint corn），フラワーコーンまたはソフトコーン（粉質種，flour corn，軟粒種，soft corn），ポップコーン（爆裂種，pop corn），スイートコーン（甘味種，sweet corn），ワキシーコーン（糯種，waxy corn），ポッドコーン（有稃種，pod corn）．このうちサイレージ用トウモロコシとしては，デントコーンとフリントコーンが利用され，わが国やヨーロッパではデント種とフリント種の F_1 が多い．アメリカはデント種の F_1 がふつうである．

4) 品種

現在，都道府県で奨励されている主な外国品種をあげると P 3358, P 3352, NS 68, DK 789, TX 330, P 3160, XL 61, G 4743, P 3732, P 3540, T 1200, PX 77 A, EXP 711, G 4624, G 4614, TX 123 などがある．国産品種にはヒノデワセ，ヘイゲンミノリ，キタユタカ，キタアサヒ，タカネミドリ，サトユタカなどがある．

b. ソルガム（学名：*Sorghum bicolor* (L.) MOENCH, 和名：モロコシ，タカキビ, 英名：sorghum）

1) 原産地, 特性

原産地はエチオピア，スーダン付近の北東アフリカとされている．茎葉はトウモロコシに似ている．短日植物で，世界中の熱帯から温帯にかけて広く栽培され，旱魃や暑熱に対する抵抗性が強い．またスーダン型品種は再生力が優れ，2～3回刈りができる．耐湿性が強く，転換畑での作付が多い．一方，初期生育や低温条件での伸長性は劣り，登熟時の鳥害が甚だしい．土壌は壌土，埴壌土が適し，酸性土壌にはやや弱く，アルカリ性土壌に対しては強い．1m以下の草丈では青酸が含まれるので若刈りの青刈給与は避け，極力サイレージ調製するのがよい．

2) 育種

ソルガムは乾物生産力，繊維含量が高く，畜産経営を支えるうえでトウモロコシとともに重要な基幹作物であり，今後肉用牛飼料としての需要増加が期待される．わが国の栽培面積は現在暖地，温暖地を中心に 42.5 千 ha で，九州が約 50% を占めている．また，水田転換畑での栽培が多いのが特徴で全体の約 55% を占めている．ソルガムの利用形態は，青刈利用，サイレージ利用，ホールクロップサイレージ利用に分けられる．それらに共通する育種目標は高栄養収量，耐倒伏性，耐病虫性および高品質性で，さらに青刈，サイレージでは再生力，ホールクロップサイレージ用では低温発芽性，伸長性および鳥害抵抗性などがある．育種は，長野県畜産試験場と広島県農業技術センターが分担している．

3) 分類

ソルガムはわが国では子実型（短稈のグレインソルガム），兼用型（中稈で茎葉，子実ともに多いのでホールクロップ用に適する），ソルゴー型（長稈，太茎で分げつが少なく，

サイレージ用に適する), スーダン型 (ソルガムとスーダングラスの一代雑種で, 長稈, やや細茎で分げつが多く再生がよいので青刈用に適する) に分けられる. またアメリカではグレインソルガム, ソルゴー, グラスソルガム, ブルームコーンに大別されている. 外国では子実用が多いが, 日本では青刈・サイレージ用の栽培が多い.

4) 品　　種

現在の主な都道府県の奨励品種を用途別にあげると, ①青刈主体：P 988, SS 206, SX 17, SX 11, K-70, ST 6, GW 11, グリーンエース, グリーンホープ, ②サイレージ主体：NK 326, GW 30 F, P 931, FS 401 R, NS 30 F, テンタカ, 風立, ③ホールクロップサイレージ主体：スズホ, NS 30 A, P 956, FS 4, GS 401, グリーンエース, ナツイブキ, ④糖蜜タイプ：KCS 105, FS 902, SG-1 A, Sugar graze, FS 30 A などである. これらの品種のうち, スズホ, リュウジンワセ, テンタカ, 風立, ナツイブキ, グリーンホープおよびグリーンエースは国産品種である.

c. **スーダングラス** (学名：*Sorghum sudanense* (PIPER) STAPF, 英名：sudangrass)

1) 原産地, 特性

原産地はアフリカのスーダン地方の南部と考えられている. ソルガムとは容易に交雑する. そのため青刈・サイレージ用ソルガム品種ではソルガムとスーダングラスの雑種強勢を利用した一代雑種が利用されている. ソルガムと比べると茎が細くて分げつが多く, 再生力が強い. 葉は多くて一般に狭く, 草丈は2~3mに及ぶことがある. 高温でよく生育し耐乾性が強い. 土壌はあまり選ばず, pHに対する適応性も広いが, 冷湿地での生育はあまりよくない. 青刈として3~4回利用でき, 多葉, 細茎なので乾草にもできる. 再生後の若い葉には青酸含量が多い.

2) 品　　種

都府県の奨励品種には, ヘイスーダン, トップスーダン, ハイスーダン, スーダン乾草, ベストスーダン, 乾草スーダンなどがある.

d. **テオシント** (学名：*Zea mexicana* (SCHRADER) O KUNTZE, 英名：*teosinte*)

原産地はメキシコ, グアテマラなどの中央アメリカである. トウモロコシにきわめて近縁な短日植物で, 茎葉もよく似ているが, 分げつが多く, 節間伸長が遅い. 生育には高温が必要で, 20℃以上になると急激に伸長する. 吸肥力が強く, 分げつの発生, 刈取り後の再生力は旺盛で, 茎葉は数回利用できる. また耐倒伏性は強く, 家畜の嗜好性も高い. 一年生から多年生まであるが, わが国で栽培利用されているのは春播き一年生のものだけである. 在来種がいくつかあったが, 現在はほとんどなく, 種子島在来種が残っている程度である.

e. **パールミレット** (学名：*Pennisetum typhoideum* RICH., 和名：トウジンビエ, 英名：*pearl millet*)

原産地はアフリカで, 栽培種は32型 (form) あるが, そのうち21型はエジプトスー

ダン地域に集中しており，この地が栽培の起源地であると推定されている．雄蕊先熟の他家受精作物で，茎葉は細く，草丈は2～3mに達し，多数の分げつを発生する．刈取り後の再生力は強い．穂はガマの穂に似て，耐乾性，耐暑性が優れる．出穂期を過ぎると茎が木化するので出穂前に刈り，青刈用とする．現在都道府県で奨励されている品種はなく，数社で種子を販売している程度である．

f．ヒエ（学名：*Echinochloa utilis* OHWI et YABUNO，英名：barnyard millet, Japanese millet）

1）原産地，特性

日本の栽培ヒエはノビエ（*E. crus-galli*）に，インドの栽培ヒエは*E. colonim*に由来し，両者は異種と考えられる．日本ヒエは中国を原産地とし，朝鮮を経て伝来したと推定されている．アメリカへは，日本から伝わりJapanese milletとよばれている．稈長は2m程度に達し，先端に総状花序の穂をつける．穂は紡錘，短紡錘，長紡錘，円筒，長卵形を呈する．環境適応性が高いため栽培適地は広い．最近は耐冷性，耐湿性に着目され，水田転作の作物として優れた特性を発揮している．さらに耐塩性や土壌酸度に対する適応範囲も広い．再生力はないが生長力が旺盛で，栽培管理は容易である．また，冷害，旱魃などの不順な天候下でも減収が小さく，短期間に高い生草収量が得られるなどの特徴がある．しかし，栄養価は低い．

2）品　種

グリーンミレット，シロビエ，アオバミレット，ワセシロビエなどがある．

g．シコクビエ（学名：*Eleusine coracana* GAERTEN，別名：カラビエ，カモマタビエ，ヤツマタ，英名：finger millet, African millet）

原産地はアフリカである．稈長は1～1.5mで，分げつは旺盛で上位節からも発生する．穂は3～10本の枝梗が輪生し，鳥趾あるいは掌の指形のようにみえる．栽培は容易で発芽，初期生育は良好である．再生力が強く，3～4回刈取りができて収量が多い．耐湿性，耐干性は高く，土壌適応性は広いが，冠水には弱い．水分が多く，茎が多肉質なので乾草利用には不向きで，青刈およびサイレージ用に適する．品種は雪印，祖谷在来，秋山などがある．

h．エンバク（学名：*Avena sative* L.，別名：オートムギ，英名：oats）

1）原産地，特性

原産地は中央アジアまたはアルメニア地域とされている．わが国では，乳牛，耕馬などに好適な自給穀実飼料として栽培されたが，戦後酪農の発展に伴い青刈利用が盛んになり，最近ではホールクロップの利用が主体となってきている．栽培管理が容易で収量安定性があり，飼料としての栄養価も高いうえ，家畜の嗜好性も高く，重要な冬作飼料作物である．栽培は晩夏播き栽培（夏播き種→年内収穫），秋播き栽培（秋播き種→春収穫）に分けられるが，暖地，温暖地では，晩夏播き栽培が多く，北海道では春播き栽培が中心である．冷涼ややや湿った気候に適し，耐乾性はあまり強くない．春播き型と秋

播き型がある．ムギ類の中では耐乾性は劣るが，耐湿性は強いほうである．土壌をあまり選ばず，土壌酸度も pH 4.0～8.0 の範囲で栽培できる．

2) 品　　種

ハヤテ，前進，エンダックス，アーリークイーン，極早生スプリンター，ウエスト，太豊，スピードスワロー，オールマイティ，アキユタカ，アキワセなどがある．アキユタカとアキワセは国産品種である．

i. ライムギ (学名：*Secale cereale* L.，英名：rye)
1) 原産地，特性

原産地は中央アジアが第1次中心地，トランスコーカサスが第2次中心地と推定されている．ヨーロッパでは食料としてコムギよりも重要な時期があった．低温発芽性は非常に高く，生育期の耐寒性もきわめて強い．収穫適期は出穂前後で，刈取りが遅れると茎葉が硬化して家畜の嗜好性が低下する．再生力は優れ，暖地では 2～3 回刈取りができる．土壌は乾燥した砂質壌土に適するが，痩薄な土壌にも栽培可能である．pH 5.4～6.4 が最適である．自家不稔性が著しく強い．秋播き型と春播き型があるが，わが国では秋播き型がだんぜん多い．飼料成分は他のムギ類と大差がないが，家畜の嗜好性はあまりよくない．コムギにライムギを交配してつくられた属間雑種はライコムギ (triticale) とよばれ，ライムギの強健な草性と耐冬性をコムギに導入したものとして注目される．

2) 品　　種

春一番，ペトクーザ，キングライ麦，初春，ハルワセ，サムサシラズ，ハルミドリ，ライダックス，ボンネル，ハヤミドリがある．

j. 青刈オオムギ (学名：*Hordeum sativum* JESS，英名：barley)
1) 原産地，特性

原産地は西南アジアの肥沃な地帯と考えられている．オオムギは六条大麦と二条大麦に大別され，ともに皮麦，裸麦とに分けられるが，わが国では六条皮麦を六条大麦とよび，六条裸麦を単に裸麦とよんでいる．二条大麦は大部分が皮麦なので両者を区別せず，単に二条大麦とよんでいる．耐寒性はコムギより弱いが，エンバクよりは強い．オオムギの中では皮麦は裸麦より寒冷な気候に強く，二条大麦は六条大麦より気候に鋭敏である．芒が硬化すると嗜好性が低下することもあり，無芒の品種がよいが，鳥害が大きいため青刈やホールクロップ用品種には，有芒ではあるが比較的軟らかい二条大麦が多く利用されている．オオムギは欧米ではほとんど飼料用とされ，一部が醸造用である．早生化を主眼に育種されているため早生種が多い．収量性は高く，ホールクロップサイレージは良質である．排水のよい砂壌土ないし壌土が適し，ムギ類の中では酸性に対する抵抗性は小さいほうである．

2) 品　　種

ダイセンゴールド，アズマゴールド，ニシノチカラ，カシマムギ，イシュクシラズなどがある．

k. 青刈コムギ （学名：*Triticum aestivum* L., 英名：wheat）
1) 原産地, 特性
原産地はトルコ南部からイラク北部, イラン西部地域と考えられている. わが国では, コムギの栽培はほとんどが子実用に限られるが, 青刈コムギは緑草の不足する冬季の貴重な自給飼料として他のムギ類と同様に利用できる. 耐乾性, 耐寒性が強いことから晩播が可能である. 耐湿性はオオムギより強く転換畑作物として有効であるが, 排水良好で作土が深く肥沃な植壌土または壌土がもっとも適する. ホールクロップサイレージ利用が主体であるが, 青刈利用も可能である.

2) 品種
品種は青刈コムギとして育成されたものはないが, 現在, 農林61号, あまぎ2条, アサカゼコムギ, オマセコムギ, シラサギコムギが都府県で奨励されている.

l. 飼料カブ （学名：*Brassica rapa* L., 別名：家畜カブ, 英名：turnip）
1) 原産地, 特性
西洋系と東洋系があり, 原産地は, 西洋系は欧州西海岸, 東洋系はアジアである. カブには白色種と黄色種があり, 貯蔵性は後者が高いが, わが国の飼料用カブは大部分が白色種である. 根部の大きさは, 根径が10～12cmで根長との比率が0.9～1.2のものが多い. 霜と寒さには比較的強いが, 耐湿性, 耐乾性は弱い. 土壌に対する適応性は広いが, 腐植の多い土壌により適する. 冷涼な気候を好み, 生長が速い. 根の貯蔵も容易なので冬の多汁質飼料として利用される. また, 粗繊維含量が少なく乾物中のTDN（可消化養分総量）含有率が高く, 産乳性ならびに家畜の嗜好性が優れている. カブは輪作用作物としての役割をもっている. 播種は北海道, 東北地方では7～8月, 九州, 四国の暖地では9月中～下旬に行われ, 11～12月に収穫される.

2) 品種
現在, 下総カブ, ケンシンカブ, 紫カブ, 小岩井カブ, 紫丸カブ, シラユキカブ, セブントップなどがある.

m. ルタバガ （学名：*Brassica napus* L. ssp. *rapifera* METZG. SINK, 別名：スウェーデンカブ, 英名：rutabaga, swede）
1) 原産地, 特性
西洋ナタネの中から根の肥大するものが選抜, 固定されたものと考えられている. 根部の乾物率, 糖度が高くて, 貯蔵性が優れ, 耐寒性, 耐病性が優れている. わが国では北海道, とくに釧路・根室地方など濃霧地域によく適応する. 土壌を選ばず, 新墾地や酸性地でも栽培できる. 飼料価値は飼料用ビートより若干劣る程度で, 家畜の嗜好性はよい.

2) 品種
ウィルヘルムスバーガー, マゼスチック1号, ネムロルタバガが北海道の奨励品種となっている.

n．飼料用ビート（学名：*Beta vulgaris crassa* ALEFELD，英名：fodder beet, mangold, field beet）
1) 原産地, 特性
原産地は地中海から近東の範囲と考えられている．高温と乾燥には弱いが，低温には強い．夏期冷涼な気候を好み，生育期間が根菜類中もっとも長い．根部の充実期には豊富な日照が必要である．土壌酸度は中性がよい．深根性で，多肥作物である．肉質は硬く，貯蔵性に優れる．また，糖分を多く含むので嗜好性がきわめて良好で食欲を増進し，疲労回復や夏ばて防止，泌乳量の向上に効果がある．

2) 品　種
シュガーマンゴールド，モノバール，MGM，ハーフシュガーイエロー，ソランカ，モノバールが奨励品種となっている．

o．カンショ（学名：*Ipomoea batatas* (L.) LAM.，別名：サツマイモ，英名：sweet potato）
1) 原産地, 特性
原産地はメキシコの太平洋岸からメキシコ湾にかけての北緯17～20度地帯と考えられている．関東以西の暖地に適し，栽培が容易で安定性が高く，乾燥したイモは穀粒と同程度の栄養価となり，茎葉は青刈，サイレージ，乾燥に利用できる．砂壌土，乾燥地に適し，湿地には不向きであるが酸性土壌にはよく耐える．吸肥力はきわめて強くてカリの肥効が高い．連作はむしろ品質に好結果をもたらすといわれている．

2) 品　種
シロユタカ，シロサツマ，ツルセンガン，コガネセンガンがあり，ツルセンガンは叢生型のつる利用品種である．

p．その他の青刈飼料作物
青刈用ナタネ(学名：*Brassica napus* L.，別名：レープ，英名：rape)，飼料用カボチャ(学名：*Cucurbita* L.，別名：ポンキン，英名：squash)，青刈ヒマワリ(学名：*Helianthus annus* L.，英名：sunflower)，青刈ダイズ(学名：*Glycine hispida* MAXIM.，英名：soybean)，バレイショ (学名：*Solanum tuberosum* L.，別名：ジャガイモ，英名：potato)，コンフリー(学名：*Vigna sinensis* (STICKMANN) ENDL.，和名：ロシア紫草，英名：comfreg)，飼料用ササゲ (学名：*Symphytum officinale* L.，別名：カウピー，英名：cowpea) などがある． ［門馬榮秀］

8.4　遺伝資源と育種

育種とは「有用な生物の遺伝的素質を改良すること」であり，その主要な部分は既存の遺伝子を組み合わせて目標とする形質を発現させる作業である．突然変異育種を含めて，多様な遺伝子を供給しうる遺伝資源の存在は育種を進めるうえでの不可欠の前提条件であるといえる．

8.4 遺伝資源と育種

地球上に生命が誕生して以来三十数億年にわたる進化の歴史の過程で，生物の種(species)は消長を繰り返してきた．現在地球上には約30万の高等植物の種が存在するといわれている[1]．この中のわずか20の種で人間の食糧の85％がまかなわれている．しかも65％は稲，コムギ，トウモロコシの3種で供給されている．また，これまでに栽培が試みられた植物はわずか数千種類にすぎない[2]．すなわち，人間は地球上の高等植物のごく一部を利用してきたにすぎない．わが国で利用されている牧草飼料作物は，全部で19属26種，主要なものは16種である．

一方，発展途上国の人口増加に伴う開発によって，遺伝資源の供給源である野生の種子植物の20％が今世紀末までには絶滅するかそれに近い状態になるとの推定がある．もっとも極端な場合，このままの速度で開発が進めば，2020年頃までには種子植物の種の半分は地球上から姿を消すという推定さえある[1]．実際にどれだけの種が絶滅の危機に瀕しているかの推定は難しいにしても，地球の歴史上かつてなかった規模と速度で植物の種が失われつつあり，しかも有効な防止策を講じえないのが現状である．

わが国には約5,000の種があり，その中ですでに35種が絶滅したと考えられている．さらに，約900の種が程度の差はあれ危険な状態にあり，保護が必要であるとされている．遺伝資源の問題は単に当面の育種に必要な材料を確保することにとどまらない．生物工学的手法の発達によって，従来の育種法ではできなかったような方法での遺伝子の活用も可能になってきている．潜在遺伝子資源としての野生植物の保護は，この意味でも重要性が増してきている．

遺伝資源の収集，評価，保存を目的とするわが国のジーンバンク研究は，それまでにも実施されてきたが，この分野の試験研究を強化するかたちで1985年に事業が開始された．第1期（1985～93）では，主要作物を中心にした遺伝資源の収集が国内，国外で実施され，保存点数ではこの分野の先進国に肩を並べるまでになった．第2期(1993～2000)では，これらの遺伝資源を有効に活用するための特性の評価を重点的に進めるとともに，さらに広範囲の植物遺伝資源の収集にも力が注がれる．

a. 遺伝資源の収集，評価，保存
1) 農林水産省ジーンバンク事業

農水省のジーンバンクには植物，微生物，動物，林木，水産生物の5部門があり，それぞれにセンターバンクおよびサブバンクが配置されている．植物遺伝資源部門のセンターバンクは農業生物資源研究所に置かれている．この部門は，12の植物種類に区分され，各区分ごとに植物種類別責任者（キュレイター）を置いて運営されている．牧草飼料作物では国立試験研究機関6場所，家畜改良センターの3牧場および種苗管理センターの3農場にサブバンクが置かれている．情報の収集，管理と遺伝資源の配布は主にセンターバンクが実施し，遺伝資源の収集，保存，増殖および特性評価はセンターバンクとサブバンクで分担，協力して行われている．また，1994年にジーンバンク事業の第6の部門としてDNA（デオキシリボ核酸）バンクが設立され，活動を開始した．DNAバンクは日本国内，ヨーロッパ，米国のDNAおよびタンパク質に関する情報をインターネットを通して提供する．当面の活動は情報提供に限られるが，将来はプローブ(DNA断

片）の提供も行われる．

牧草・飼料作物のジーンバンク事業に参画している国の試験場の研究室は16であり，そのほとんどは育種研究室である．また，家畜改良センターの3牧場，種苗管理センターの3農場が主として増殖と特性調査を担当している．このほかに公立試験場に配置されている10の牧草・飼料作物育種指定試験地が，国からの委託によって収集や特性調査を行う場合がある．

このように，牧草・飼料作物のジーンバンク事業に参画している場所，研究室の数は32単位であるが，いずれの単位も育種，検定などの仕事と兼務である．また，取り扱う作物の種類も主なものだけで16にも達し，遺伝資源という性格上その他の多くの牧草・飼料作物の種も調査，再増殖の対象になっている．なお，このほかにいくつかの道県で独自のジーンバンクが設立され，各県の特産物を中心にした遺伝資源の収集，保存が行われている．

2）遺伝資源の収集および保存

1960年代後半に牧草・飼料作物の育種が本格的に始まって以降，育種家はそれぞれ独自に担当作物の遺伝資源の収集に努めていたが，1985年にジーンバンク事業が開始されると，収集は組織的，計画的に実施されるようになった．

わが国で栽培されている牧草・飼料作物のほとんどは外国からの導入種である．オーチャードグラス，チモシー，アカクローバ，シロクローバ，トウモロコシなどは明治初期にアメリカから導入され，北海道で試作が始められた．1960年代後半には，導入以来約1世紀が経過しており，その間に自生化して自然淘汰が繰り返されたり，栽培の中で人為淘汰が繰り返されてきた．したがって，この過程で各地に適応したエコタイプ（在来種，生態型）が成立し，これらは育種の初期には貴重な遺伝資源として，積極的な収集，活用が行われた．1984年から4年間実施された農水省の特別研究「牧草類のエコタイプ利用による環境適応性導入方法の開発」では，これまで個別に実施されてきたエコタイプの収集を集大成するかたちで全国的な収集が行われ，570地点で11草種，1,479点

表8.1 牧草・飼料作物遺伝資源の収集点数（国内）

収集年	寒地型イネ科	寒地型マメ科	暖地型イネ科	トウモロコシ	その他	合計
1984	302	303	5	16		626
1985	53	104				157
1986	71	35				106
1987	51	11			172	234
1989		142				142
1991			76			76
1993	18					18
合計	495	595	81	16	172	1,359

注　寒地型イネ科：オーチャードグラス，チモシー，トールフェスク，メドウフェスク，ケンタッキーブルーグラス，イタリアンライグラス，ペレニアルライグラス．
　　寒地型マメ科：アカクローバ，シロクローバ，アルファルファ，ベッチ類．
　　暖地型イネ科：ギニアグラス，バヒアグラス，ローズグラス，シバ．

の遺伝資源が収集，保存された．1985年以降はジーンバンク事業の年次計画による収集が主体になった（表8.1）．

前述したように，わが国の牧草・飼料作物の種のほとんどは外国から導入されたものであり，導入の歴史は比較的新しい．したがって，多くのエコタイプの優良形質を集積した最初の品種群が育成された後は，さらに品種改良を進めるための遺伝資源は各作物の原産地を中心とする外国に頼らざるをえない．ジーバンク事業では，諸外国との遺伝資源交換を積極的に行うとともに，直接海外に出かけての収集も行われた．牧草・飼料作物の分野でも，ジーンバンク事業発足前にも5回の海外探索が実施され，トウモロコシ，ソルガム，暖地型牧草，ライグラス類，マメ科牧草などの遺伝資源が収集された．ジーンバンク事業発足後は，年次計画による海外探索が進められた．主な牧草・飼料作物については，これまでに原産地を中心とする1次探索が終了している（表8.2）．現在の遺伝資源の保存数を表8.3に示した．総数43,000余りのうち68%は各地のサブバンクに，32%はセンターバンクに保存されている．ちなみに，わが国の植物遺伝資源の総保存点数は約193,000点であり，牧草・飼料作物はその23%を占めていることになる．

IPGRI（国際遺伝資源研究所）は，絶滅の危険性が高い種，開発のために野生種が絶滅する危険性が高い地域を優先的に選んで収集を実施している．遺伝資源の保存数が多い国は米国，ロシアおよびヨーロッパ諸国である．また，ICARDA（国際乾燥農業研究センター），ICRISAT（国際半乾燥熱帯農業研究所）等の国際研究所も多数の遺伝資源を保有している．これらの遺伝資源は，多くの場合研究用の配布は自由に受けられる．現在の植物遺伝資源の保存形態は種子および栄養体であるが，貯蔵スペース，発芽率の低下，病虫害による消失等の問題点を抱えている．さらに，育種における生物工学的手法の利用が増大するとともに，種々の培養体を保存する必要性が生まれてきた．このため，簡便で半永久的な保存方法としての試験管内保存，凍結保存，人工種子化の研究が20年以上にわたって行われ，実用化が進みつつある．

表8.2 牧草・飼料作物遺伝資源の収集点数(海外)

収集年	寒地型イネ科	寒地型マメ科	暖地型イネ科	トウモロコシ	ソルガム	エンバク	その他	合計
1984	53	17						70
1985				123				123
1986	292	100	26			61		479
1987					48			48
1988		130					9	139
1989			155					155
1990		166					33	199
1991	70							70
1992	109	129						238
合計	524	542	181	123	48	61	42	1,521

3) 特性の評価

保存されている遺伝資源が有効に活用されるためには，特性情報をつける必要がある．特性情報をデータベース化し，コンピューターで一元的に管理するためには，統一した基準に基づく調査が必要である．このために，1992年に「植物遺伝資源特性調査マニュ

表8.3 センターバンクおよびサブバンクの遺伝資源保存点数
(1993.3 現在)

草種・作物名	センターバンク	サブバンク	合計
寒地型イネ科牧草	1,207	9,880	11,087
オーチャードグラス	551	4,079	4,630
チモシー	72	43	115
メドウフェスク	41	383	424
トールフェスク	31	3,990	4,021
ケンタッキーブルーグラス	124	84	208
ペレニアルライグラス	195	674	869
イタリアンライグラス	193	627	820
寒地型マメ科牧草	819	2,310	3,129
シロクローバ	64	974	1,038
アカクローバ	70	406	476
アルファルファ	104	718	822
ハギ類	389	177	566
レンゲ	192	35	227
暖地型牧草	598	7,015	7,613
ギニアグラス	285	171	456
パニカム類	61	3,637	3,698
オオクサキビ	125	0	125
バヒアグラス	77	10	87
ローズグラス	50	1,274	1,324
シバ		1,923	1,923
長大型作物等	10,857	3,083	13,940
トウモロコシ	5,780	1,960	7,740
ソルガム	3,956	815	4,771
エンバク	1,121	308	1,429
合計	13,976	29,589	43,565

注 合計には表にない種も含まれている.

アル」(農業生物資源研究所)が作成された．このマニュアルは5分冊からなり，12の植物区分，110の作物またはそのグループについて調査項目，調査方法が記載されている．現在，育種あるいは研究の対象になっていない作物については作成されていないものがあり，今後必要に応じて順次追加される．牧草飼料作物では18草種・作物あるいはそのグループについてのマニュアルが作成されている．

　調査する特性は一次・二次・三次項目に分けられ，さらにそれぞれが必須項目と選択項目に分けられている．一次特性は品種，系統の識別に必要な草丈，葉の長さなどの形態的特性と出穂期である．二次特性は，遺伝資源としての利用上重要な耐病虫性および各種の障害抵抗性である．三次特性は，農業上重要な生産力，品質，成分などである．

　ジーンバンク第1期事業では収集に重点が置かれ，保存点数の急激な増加に特性調査が追いつかなかったのが実状である．第1期末で，保存点数中一次必須項目の半分以上が調査されたのは全植物で20%，牧草・飼料作物では9%にすぎない．特性調査は種子の再増殖と並んで多くの労力と圃場を必要とする仕事であり，他の国々のジーンバンク事業でも事業推進上の隘路となっている．この分野では，従来の表現型による評価に加えて，アイソザイムやDNAマーカーを利用した遺伝子型の識別も試みられている．

4) **遺伝資源の配布と情報管理**

収集された遺伝資源は，植物遺伝資源パスポート，保存管理情報記入表に記入してセンターバンクに提出することによって，はじめてジーンバンクに登録される．これは遺伝資源の戸籍簿ともいえるものであり，整理番号，植物名，品種名，由来等が記録されている．整理番号は個々の遺伝資源に固有のものであり，種子や特性情報の管理はこの整理番号によって行われている．遺伝資源の利用者にとってもっとも重要な特性データベースは，農林水産計算センターのネットワークでの利用が可能になる．したがって，パスポートデータおよび特性データの入力，検索はサブバンクである各試験場の計算センターの端末から可能になり，育種家をはじめとする研究者が非常に利用しやすいシステムが整備される．なお，現在遺伝資源の配布は試験研究用に限定されている．

b. 遺伝資源の活用

前述したように，わが国で，育種の初期に活用された遺伝資源は国内各地のエコタイプであり，1970年までに育成された牧草7品種中6品種はエコタイプだけを育種材料としたものであった．その後はエコタイプと外国品種の併用あるいは外国品種だけを材料とする育種が行われてきた（表8.4）．育種の初期に育成された牧草の品種は，エコタイプから集団選抜などの比較的単純な選抜法によって育成されたが，選抜効果は非常に高く，収量の向上が認められた（表8.5）．エコタイプと外国品種が併用された育種の次の段階では，収量の向上は少なく，品質，耐病性等の改善が特徴になっている（表8.6）．ジーンバンク事業で収集された遺伝資源の育種への本格的な活用はこれからである．

遺伝資源を収集，保存する意義は，直接的には育種に必要な材料の確保であるが，より長期的にみると地球上の種の多様性の維持に多少とも貢献することである．まだわれわれがその特性をほとんど知らない多くの種が存在しており，これらは潜在遺伝子資源として，今後増大する食糧需要を満たすために役立つかもしれない．しかし，実際に遺

表 8.4 育種素材別の国内育成品種の数

草　種	～1970			～1980			～1993			合　計		
	エコ	混	外	エコ	混	外	エコ	混	外	エコ	混	外
イタリアンライグラス	3			1	3	2	1	4	1	5	7	3
オーチャードグラス	2				1	1		3		2	4	1
チモシー	1				2	1		2		1	4	1
トールフェスク				1		1		1	1	1	1	1
ペレニアルライグラス						2		2			2	2
アカクローバ		1			1			2			4	
シロクローバ					1	1		2	1		3	2
アルファルファ						2		3			3	2
トウモロコシ		1		3	5			5	3	3	11	3
ソルガム						2			7			9
エンバク		2			1			1			4	
合　計	6	4		5	14	12	1	25	12	12	43	24

注　エコ，混，外はそれぞれエコタイプ，外国品種およびこれらの両方が育種素材として使われたことを示す．

表8.5 エコタイプから育成された品種の乾物収量

草　種	品　種	登録年	乾物収量（トン/ha/年）
イタリアンライグラス	ワセユタカ*	1972	13.69(108)
	マンモスB		12.68(100)
オーチャードグラス	アオナミ*	1967	9.37(107)
	北海道在来種		8.63(99)
	S 143		8.73(100)
	キタミドリ*	1969	5.71(108)
	フロード		5.31(100)
トールフェスク	ホクリョウ*	1972	8.05(122)
	ヤマナミ	1972	7.19(109)
	ケンタッキー31		6.60(100)
メドウフェスク	トモサカエ*	1988	6.99(109)
	ファースト		6.42(100)
チモシー	センポク*	1969	8.18(108)
	北海道在来種		7.37(97)
	クライマックス		7.59(100)
アカクローバ	サッポロ*	1967	5.78(125)
	ハミドリ*	1967	5.47(119)
	北海道在来種		4.48(97)
	アルタスウェード		4.61(100)
アルファルファ	キタワカバ*	1983	10.86(108)
	ソア		10.06(100)

注1) * エコタイプのみ，あるいはエコタイプを主な育種材料とした品種である．
2) 試験年次，場所が異なるので，収量の草種間の比較は無意味である．

表8.6 最近の国内育成品種の乾物収量および特性

草　種	品　種	登録年	乾物収量（トン/ha/年）	特性
イタリアンライグラス	ナガハヒカリ*	1991	11.4(100)	高消化性
	ワセアオバ	1972	11.4(100)	
オーチャードグラス	ワセミドリ*	1987	7.28(103)	耐病性
	キタミドリ	1969	7.06(100)	
	フロンティア		6.90(98)	
チモシー	キリタップ*	1992	9.16(103)	早晩性
	ホクセン		8.90(100)	
アカクローバ	ホクセキ	1990	8.45(103)	永続性
	サッポロ	1967	8.20(100)	
	レッドヘッド		8.12(99)	
シロクローバ	ミネオオハ*	1989	7.51(113)	永続性
	キタオオハ	1971	6.58(99)	
	カリフォルニア		6.65(100)	

注1) * 外国からの導入材料を主な育種素材とした品種である．
2) 試験の場所，年次が異なるので，収量の草種間の比較は無意味である．

8.4 遺伝資源と育種　　651

伝資源の活用が行われてきたのは，これまではもっぱら現在栽培されている種，あるいはその近縁種の範囲であり，生物工学的手法を含むより広範な潜在遺伝子資源の活用については今後の研究に待つことになる．

c. ジーンバンク事業の展望

　これまでの成果を踏まえて，探索・収集，評価，保存・増殖，情報管理，配布の5部門でより積極的に事業が推進される．

　探索・収集では受入れを含めて植物合計で年間6,000点，8年間で48,000点の増加を目標としている．牧草・飼料作物では8年間で6,000点の増加を目標としている．探索隊の派遣は，年間国内9隊，海外4隊が予定されている．地域的には東アジア，東南アジアを重視して実施される．従来の栽培種に加えて，近縁野生種およびその他の野生植物についても探索・収集の対象とされている．牧草飼料作物では今後8年間で海外3隊，国内5隊の派遣が計画されている．海外探索は中近東におけるエンバク，北欧のペレニアルライグラスおよびアフリカでのソルガムの収集である．また，国内探索ではペレニアルライグラス，ウマゴヤシ類，アカクローバ，シバ，オーチャードグラスの収集が計画されている．各国とも遺伝資源に対する関心が高まっており，今後の海外における収集は，共同探索等各国の遺伝資源事業に協力するかたちでの実施が中心になる．

　特性評価は引き続き重点的に実施される．保存点数のうち一次必須項目の半分以上が調査済みのものは全植物で20%，牧草飼料作物では9%であるが，2000年までにはそれぞれ48，31%にまで引き上げる計画である．また，二次・三次項目の調査も重点的に進められ，これらはデータベース化されて，遺伝資源の利用価値が高められる．保存点数は，全植物では48,000点増加して241,000点に，牧草飼料作物では6,000点増加して49,000点余りに達する計画である．また，種子量の減少，発芽率の低下等のために種子の再増殖を必要とするものは全植物では54,000点，牧草・飼料作物では6,400点が見込まれている．

　ジーンバンク事業では，1985年の開始以来，栽培種を中心にした収集が実施され，植物遺伝資源部門の保存点数は約20万点にも達している．同時に評価，保存，情報管理体制の整備も着実に進められている．しかし，20万点にも及ぶ遺伝資源を，活力を維持して保存し，特性情報を蓄積していくことはたいへんな仕事である．第2期計画以降のジーンバンク事業の推進方策については，植物学の研究者も含めた十分な検討が必要である．

　地球上の種の多様性を維持する観点からすると，人工的な施設での遺伝資源の保存はあくまで緊急避難的なものであり，それぞれの種が適応してきた場所で生存できるような環境を維持することがもっとも大切なことである．

　産業革命以来のわずか2世紀の間に，人間は猛烈な勢いで地球環境の破壊を行ってきた．そして，多くの識者が「もはや地球の耐えうる限界にきている」と警告している．地球上の他の生物種との共存について，真剣に考えるべき時期がきている．

〔松浦正宏〕

文　献

1)　岩槻邦男：科学, **57** (11), 695-701 (1987)
2)　ピーター・H. レーブン：学術月報, **40** (4), 260-264 (1987)

8.5　作付体系と栽培法

a．作付体系

　飼料作物の栽培にあたっては，自然・気象条件，栽培条件，農家の経営形態，利用場面等も踏まえ，最高収量が得られる作付体系を地域ごとに策定する必要がある．

　飼料作物として利用される草種は多種多様であり，各草種の生育期間あるいはその利用形態によって栽培法が異なる．それを作型的に区分すると，①夏作・単年利用の長大型飼料作物（トウモロコシ，ソルガム），②夏作・単年利用の牧草類（栽培ヒエ，オオクサキビ，ローズグラス，ギニアグラス等の暖地型牧草），③冬作・単年利用（イタリアンライグラスやエンバク，ライムギ等のムギ類），④永年利用（オーチャードグラス，アルファルファ，リードカナリーグラス等）に分けられる．また，トウモロコシ，ムギ類など草種によってはいくつかの作型がとれるものもある．これらを組み合わせて，周年作付体系を策定する必要がある．

1)　作付体系策定のための基本条件

a)　経営形態　経営形態に関する要因として，飼養畜種，頭数，専業・複合，土地面積の大小，機械・施設の装備条件等があげられる．一般に中規模以上の経営では，地域を問わず機械，施設が整備され，比較的土地面積も大きいため，作付する作物に省力多収性を求め，夏作としてトウモロコシ（関東以西ではソルガムも），冬作としてイタリアンライグラス，エンバク，ライムギ等がサイレージ利用される．栽培は大型機械の利用を前提とするため，作付面積の大小，区画の大きさ，圃場の分散等が作業効率や生産コストに大きな影響を及ぼす．したがって，土地，機械，施設の効率的な利用を前提に体系を選択することが重要になる．

　一方，小規模な経営では，一般に土地面積が狭く，機械，施設の装備も貧弱なためトウモロコシ，ソルガムとともにローズグラス，ヒエ，ギニアグラス等の暖地型牧草の青刈利用も行われる．このような経営では，転換畑の積極的な利活用による粗飼料の絶対量の確保が急務である．

　生産基盤の拡大には転換畑の活用も推進する必要がある．とくに土地面積が小さいまま多頭化した場合には，糞尿多投に起因する粗飼料の品質低下にとどまらず，糞捨て場圃場の発生による飼料生産の放棄につながりかねないので注意が必要である．

b)　生育期間，他作目との競合回避　作物の生育は主として気温に支配され，各作物の栽培可能期間は地域によって異なる．たとえばトウモロコシは，九州では4～11月にわたって栽培が可能であるが，北海道では5～9月の短期間に狭まる．また，トウモロコシは品種によって生育期間が90日程度から140日程度まで幅広く存在する．作付体系の計画にあたっては，地域に付与された条件とともに草種，品種の特性を十分把握して

組み合わせる必要がある．

　積雪地帯や早期水稲地帯では冬作飼料作物の収穫と水稲の繁忙期が合致し，その他多くの地域では，冬作飼料作物の播種と水稲の収穫作業が競合するので，草種，品種の選定は労働競合を回避するうえで大切な要因である．

　c）　**気象，土壌**　　日照，降水に恵まれる暖地では年間二～三毛作が可能であり，反面，梅雨期の大雨や真夏の旱魃，台風，病虫害等の生産阻害要因も数多い．一方，寒地では年1作が限度であり，冬作物も春播きされる．このように気象条件の違いによって作付体系は大幅に変動し，たとえばトウモロコシは全国でもっとも基幹的に利用されるが，九州では4月と8月の年2回作付ける二期作体系もとれる．また高温を好み，耐乾性の強いソルガムは西日本を中心に作付されている．冬作では，イタリアンライグラスは関東以西で広く用いられ，エンバクは主として九州の秋播き栽培と北海道の春播きで，耐寒性の強いライムギは東北以北で利用される．一方，積雪地帯では融雪時の病害があるため，冬作はイタリアンライグラスに限定される．

　d）　**連作障害の回避**　　脆弱な土地基盤のため自給飼料の生産は多収をねらわざるをえず，勢い高エネルギー型作物の作付が多くなる．府県においてもっとも普遍的な作付体系は，夏作としてトウモロコシおよびソルガム，または両者の混播，冬作として省力，多収なイタリアンライグラスとの組合わせである．このような作付体系の単純化は，一方で連作に伴う収量や品質の低下を引き起こしかねない．同一作物の連作は，病害虫の発生，特定養分の吸収や蓄積による地力の低下などにより生育障害が発生しやすい．回避する方策としては，深耕や，堆きゅう肥のような有機物や土壌改良資材の利用のみならず，同一作物を同一圃場に連年作付しないですむような輪作体系を確立する必要がある．

　e）　**水田転換畑の利用**　　国内には現在80万ha余りの転換畑が発生しており，このうち飼料作物が作付されている面積は全体の2割程度にすぎない．転換畑の活用は粗飼料の絶対量の確保のみならず，土地基盤拡大による生産コストの低減にも有効である．

　転換畑における飼料生産は，主として排水性に規制されており，排水条件が良好ならば普通畑と同様にサイレージや乾草用の飼料作物が栽培できる．排水不良であるなら，その程度に応じた草種，品種の選択も重要である．また，梅雨期や秋雨期の作業を回避する作付計画も必要である．耕種的対応としては，乾土効果と深耕の効果を発揮する高畝栽培も有効である．

　2）　**地域別主要作付体系**
　a）　**寒　地**　　北海道を中心とする寒地の特徴は，気象条件が厳しく，特殊土壌も多いが，比較的土地面積が広く機械化も進んでいることである．経営規模も大きく，乳牛や肉用牛の飼養頭数も多い．作物の生育期間が短いため，夏作のみの作付，あるいは永年生牧草を連年にわたって栽培利用することが多い．利用される代表的な永年生牧草はチモシー，オーチャードグラス，シロクローバ，アカクローバ，アルファルファである．なお，一部の地域ではペレニアルライグラス，メドウフェスク，スムーズブロムグラスなども導入されている．夏作のみの単作では，酪農地帯を中心にトウモロコシの作付が多いが，冷害などの影響を受けやすい．

b) 寒冷地 東北地域の大部分がこの地域に属する．山間地ではオーチャードグラス，チモシー，ペレニアルライグラス，シロクローバ等の永年生牧草の利用もみられるが，多くの地域ではトウモロコシ単作またはトウモロコシとムギ類(ライムギ，オオムギ，エンバク)あるいはトウモロコシとイタリアンライグラスの作付体系が多い．この地域では夏作を主体に栽培することが収量の増大に結び付くので，トウモロコシの早生または中生を早播きし，十分な生育期間を与える．また冬の寒さが厳しいので，冬作を作付する場合には，早生のトウモロコシを使って夏作を早めに切り上げ，冬作物の播種時期を逸しないようにする．なお，近年，兼用型を中心としたソルガムの導入が進みつつある．

現在普及している主要な作付体系は表8.7のとおりである．

表8.7 寒冷地(東北地方)の主要な作付体系

作付体系		暦 月	年間収量 DM(t/10a)
①夏作	トウモロコシ		1.5～1.8
冬作	ライムギ		
②夏作	トウモロコシ		1.9～2.2
冬作	イタリアンライグラス		
③夏作	トウモロコシ		2.0～2.4
冬作	オオムギ		
④夏作	トウモロコシ		2.0～2.2
冬作	エンバク		
⑤夏作	ソルガム		2.0～2.5
冬作	オオムギ		

注 ○………○：播種期, ○―――×：生育期間, ×………×：収穫期, 収量は目安．

表8.8 温暖地の主要な作付体系

作付体系		暦 月	年間収量 DM(t/10a)
①夏作	トウモロコシ		2.8
冬作	イタリアンライグラス		
②夏作	トウモロコシ＋ソルガム		3.0
冬作	イタリアンライグラス		
③夏作	ソルガム		3.2
冬作	イタリアンライグラス		
④夏作	トウモロコシ		2.6
冬作	エンバク(オオムギ)		
⑤夏作	ローズグラス		2.0
冬作	イタリアンライグラス		
⑥夏作	ソルガム		3.4
冬作	ライコムギ		

注 ○………○：播種期, ○―――×：生育期間, ×………×：収穫期, 収量は目安．

c) 温暖地 関東から中国地域までの広い部分がこの地域に属する．二毛作可能地帯であり，飼料畑の作付は夏作がトウモロコシ，ソルガム，冬作がイタリアンライグラス，オオムギ，ライムギ，エンバクである．品種的にはどの草種も早生から晩生まで作付することができ，草種，品種の組合わせも多様である．東日本ではトウモロコシとイタリアンライグラスの組合わせがもっとも多く，西日本ではトウモロコシかソルガムにイタリアンライグラスまたはムギ類を組み合わせる体系が多い．最近，10 a 当たり 3 トン以上の乾物収量が得られる超多収の作付体系として，ソルガム（ソルゴー型ソルガムの長稈・晩生タイプ）とライコムギ（ライムギとコムギの雑種）の体系が実証されている．また，ローズグラス，ギニアグラス等の暖地型牧草の単年利用も有効である．一部山間地ではオーチャードグラス，トールフェスク，シロクローバ等の永年生牧草が利用されているが，寒地型牧草は高標高地以外は夏枯れの危険がある．

この地帯における主要な作付体系は表 8.8 に示すとおりである．

d) 暖地 九州および四国の南部がこの地域に含まれる．暖地型牧草の適地ではあるが，標高の高いところではトールフェスク，オーチャードグラス等の寒地型牧草も栽培されている．夏作としては，トウモロコシ，ソルガムの作付が多く，冬作としてイタリアンライグラス，ムギ類も栽培されている．

気候的に年 2～3 作が可能で，寒地型牧草から暖地型牧草までさまざまな草種が利用できる．夏作はソルガム，トウモロコシ，暖地型牧草，冬作はイタリアンライグラス，エンバクの組合わせが多い．この地域は台風来襲地帯なので，倒伏抵抗性のあるソルガムの作付が比較的多く，ソルガムは 2 回刈り利用される．一部ではトウモロコシの二期作（4 月播～8 月収穫，8 月播～12 月収穫）が広まりつつある．また，エンバクを 8 月下旬から 9 月上旬に播種して 12 月に収穫する栽培法も一部地域で普及している．さらに，早

表 8.9 暖地の主要な作付体系（館野，1991）

作付体系		暦 月	年間収量 DM(t/10a)
①	夏作 トウモロコシ 冬作 イタリアンライグラス		3.0
②	夏作 トウモロコシ 冬作 エンバク		2.4～2.8
③	夏作 トウモロコシ＋トウモロコシ 冬作 イタリアンライグラス（休閑）		3.5
④	夏作 トウモロコシ＋ソルガム 冬作 イタリアンライグラス（休閑）		3.5～3.7
⑤	夏作 トウモロコシ・ソルガム混播 冬作 イタリアンライグラス（エンバク，休閑）		3.5
⑥	夏作 ソルガム 冬作 イタリアンライグラス（エンバク）		3.7
⑦	夏作 ローズグラス 冬作 イタリアンライグラス		2.0～2.4

注 ○………○：播種期，○———×：生育期間，×………×：収穫期，収量は目安．

期水稲跡の利用として，ソルガム，エンバク，イタリアンライグラスなどの年内作がとられている．

現在普及している主要な作付体系は表8.9に示すとおりである．

e） 亜熱帯作付体系 主として暖地型牧草が永年利用されており，トウモロコシ，ソルガムの普及は少ない．沖縄地方は台風常襲地帯なので台風に強い作物の作付が最優先される．主な草種としてはネピアグラス，ローズグラス，パラグラス，ジャイアントスターグラスなどがあり，最近は多収のギニアグラスが普及し始めている．また，放牧や周年採草がもっとも有利な条件の地帯なので，ロールベール体系による乾草やヘイレージの生産技術が適合している．

b． 栽培の基本
1） 播　　種

栽培の第1関門にしてもっとも重要な作業は播種である．播種時期は土壌温度で規定され，草種，地域によって，また作型によって異なる．原則として，夏作・単年利用の草種は春播きする．冬作・単年利用および永年利用の場合は，府県では秋播きであるが，北海道のような寒地では春播きをする．播種法は，散播，条播，点播があるが，前植生の上に直接帯状に耕起して施肥，播種を同時に行う帯条耕起播種もある．播種量は，発芽率，収量性などからみた密度および安全を見込んだ圃場での実発芽率などで決まる．

播種作業上重要なことは，覆土および鎮圧を確実にして，土壌毛管水が種子に到達しやすくすることである．通常，覆土は種子の大きさの2～3倍が適当とされるが，トウモロコシやソルガムのような大粒種子に比較して，暖地型牧草のような極小粒種子は播種深度が出芽を直接左右する場合が多く，できるだけ精密に行う必要がある．播種機は条播，点播ができる1条式の廉価な人力用からハイテクを導入した高精度多条式のトラクター装着型播種機まで，各種の播種機が開発，市販されている．トウモロコシやソルガムの播種にはコーンプランターが用いられ，牧草やムギ類の散播にはブロードキャスターが使用され，高能率作業が可能である．また，ムギ類の条播にはドリルシーダーが用いられる．ロータリー耕耘装置と施肥播種機を組み合わせ，1行程作業で耕耘，施肥，播種，覆土，鎮圧を行う高能率作業機もある．

2） 中間管理——中耕

生育期間中の管理としては中耕がある．土壌の膨軟化を促し根の発育を良好にするとともに，追肥後では肥料を土中に埋没させて吸収を助ける効果がある．また，適期に実施することによって雑草の防除効果も高い．中耕をするには一定の広畝栽培が必要である．中耕機の形式にはカルチベーター，ロータリーホー，ロータリーカルチベーターがある．作業は作物や雑草の種類，生育時期，土壌条件，気象条件等に適した爪を選択する．除草効果を高めるには，雑草の発生初期の晴天時の乾燥土壌条件で行うのがよい．さらに同時に施肥作業が行える機種もある．

3） 雑草防除

飼料作物の雑草防除の基本は，低コストおよび畜産生産物への悪影響の排除といった観点から，できれば無農薬，機械的・生態的防除法をとることが望ましい．しかし，ト

表8.10 牧草および飼料作物の登録除草剤

薬剤名	製品名	牧草	ソルガム	トウモロコシ	ムギ
アシュラム液剤	アージラン	○			
グリホサート液剤	ラウンドアップ	○			
DBN 粒剤	カソロン	○			○
MCPB 液剤	トロポトックス	○			
アトラジン剤	ゲザプリム		○	○	
リニュロン水和剤	ロロックス		○	○	○
ペンディメタリン剤	ゴーゴーサン		○	○	
プロメトリン水和剤	ゲザガード			○	○
CAT 水和剤	シマジン			○	○
アイオキシニル剤	アクチノール				○
アラクロール剤	ラッソー			○	
ジクワット・パラコート	プリグロックスL				○
メトラクロール乳剤	デュアール			○	
アトラジン・メトラクロール	ゲザノンフロアブル			○	
プロメトリン・メトラクロール	コダール			○	

ウモロコシ，ソルガムなどの飼料畑では，除草剤を利用した化学的防除法が一般的にとられる．通常は播種期あるいは生育期の1回処理であり，薬効が発揮されればきわめて省力的な方法である．飼料作物で使用できる除草剤は，表8.10に示すように限られている．

一方，さまざまの耕種的な手法により雑草を制御する生態的防除もとられる．一つは，耕起，整地等の農作業の中で土壌を攪拌して雑草を機械的に防除したり，種子を土中に埋没して発芽不能に至らせる．また，転換畑の栽培のような田畑輪換では，土壌水分の差異が生ずることによって，田および畑の雑草が相互に防除できる．飼料畑と牧草地では発生する雑草相が異なるため，交互に作付することによって雑草を制御することも可能である．栽培法によるものでは，密条播によって雑草への光や水分を制限して抑制することもできる．一方，牧草の再生力を活用した掃除刈りによる方法は，散播したギニアグラスなどの暖地型牧草でとくに有効である．

c. 主要草種の栽培法

1) トウモロコシ

品種を選択することによって北海道から九州まで広く栽培できる．北日本では年1作体系が多いが，西南暖地では，播種期は4～8月，収穫期は8～12月と長期にわたって栽培できる．最近では二期作体系も普及している．府県では播種期が遅い場合は，台風，異常気象などの影響を受けやすいので，早播きを原則とするが，播種期を変えた複合化も危険分散や作業効率から有効である．吸肥力の強い作物なので，十分な有機質肥料の還元と過度な連作を避け，ソルガム，暖地型牧草との輪作が望ましい．

栽培は，一般に機械化が進んでおり，播種はコーンプランター，収穫はコーンハーベスターを使う．栽植様式は畝幅70cmぐらいの条点播で1本立てを原則とする．栽植密度は品種の早晩性によっても異なり，一般に早生品種は密に，晩生品種は疎植にする．

播種にあたっては欠株の防止が重要で，その原因は播種そのものの失敗のほかに，肥料やけ，生糞施用による立枯病，ハリガネムシ，ネキリムシ，タネバエ等の虫害，さらに鳥害などがある．補植がきかないので，それぞれの対策をきちんととる．

2) **ソルガム**

播種適温はトウモロコシよりやや高く，一般に西南暖地では5～6月に播種し，8～11月に収穫する．冬作のイタリアンライグラスやムギ類と組み合わせた周年作付体系が一般的であるが，梅雨後の夏播き栽培，トウモロコシと混播する体系もある．トウモロコシよりは湿害を受けた後の回復力が高いとされ，転換畑にも比較的向く．

根が深く入るのでプラウ耕による深耕が大切である．トウモロコシに比較して種子が小さいため，砕土，整地はていねいに行う必要がある．播種は，雑草防除や追肥，収穫といった管理機械作業のやりやすさから70cmぐらいの条播がよい．雑草防除は播種直後に除草剤の土壌処理をする．栽植密度は，10a当たり5万本ぐらいが多収を示すが，4万本を超えると極端に倒伏抵抗力がなくなるため，実用的には2～3万本が適当と考えられる．

3) **暖地型牧草**

ギニアグラス，ローズグラスなどの暖地型牧草は，種子が小さくて軽いため，圃場の砕土，整地をきめ細かく行う必要があり，播種，覆土，鎮圧をていねいにしなければならない．

播種法は，収量面からは散播，条播いずれでもよいが，散播はむらを生じやすく，また，雑草防除などの管理上からも40～60cmの条播がよい．種子が小さいため，土，肥料などを増量材として混ぜて播種するとよいが，最近はペレット化された種子も市販されている．覆土は1cm以上にしてはならない．また，オオクサキビ，ギニアグラスの種子は休眠している場合があり，休眠打破をする必要がある．

ローズグラスは，施肥反応が敏感で多肥になるほど多収となり，多回刈りにもよく耐える．播種期は，あまり早播きしても気温が低いと雑草との競合が起こり，また6月下旬の播種は生育期間が短くなりすぎて減収する．

ギニアグラスは，平均気温が18℃以上あれば播種できるが，播種量は10a当たり300～500gでよい．育成品種の"ナツカゼ"は初期の草勢はきわめて良好で，伸長期には草丈は1日4cm以上の伸長をする．したがって，刈取りに適する120～140cmには4週間たらずで達することになり，関東以西では通常3～4回刈取りができる．刈取間隔が長くなるほど多収となるが，倒伏をまねきやすくなり，また，出穂すると稈が硬くなり，栄養的にも作業的にも不利になるので注意が必要である．刈取作業では，再生不良を防ぐため，トラクターによる踏圧をできるだけ避け，カッターもフレール型はその後の再生に問題がある．また，栄養価の高い葉部の回収が大切で，乾草に仕立てる場合いたずらに反転せず折損防止をはかる必要がある．

4) **イタリアンライグラス**

発芽適温は20℃前後，生育適温は14～18℃ぐらいである．東北地方から九州地方まで広く栽培され，水田裏作での作付も多い．秋に播種し，翌春3月から7月にかけて収穫する慣行栽培，年内利用をはかる早播き栽培，越夏して2～3年間利用する周年栽培など

多様な方式がとられる．

播種にあたっては，砕土等の整地を入念に行い，発芽をそろえ，生育むらを生じさせないようにする．播種量は，二倍体品種で2〜3kg/10a，四倍体品種で3〜4kg/10aである．圃場条件がよければ，倒伏防止のためにもできるだけ疎植にして分げつを促すようにする．また，水田裏作では不耕起栽培や水稲の立毛中播種が可能であるが，播種量は2〜3割多くする．施肥にあたっては，窒素とカリに対する感応性が高いので半量は堆きゅう肥の利用をはかる．

5) ムギ類（ライムギ，エンバク，オオムギ）

飼料用作物として利用されているムギ類は，オオムギ，エンバク，ライムギの3種類である．ムギ類の栽培には，夏播き年内収穫をする秋作栽培，秋播き翌春利用の標準栽培，春播きの春作栽培の三つの作型がある．

ムギ類の播種にはドリル播きや条播，散播がある．覆土は5〜6cmで，土壌が乾燥している場合は鎮圧をていねいに行う．播種量は8kg/10a前後でよいが，オオムギはやや多く10〜12kg/10aである．条播はやや少なめにしてよい．一方，播種が遅れた場合には3〜5割厚播きする．オオムギは，エンバクなどに比較して酸性，湿潤土壌では発芽不良がみられることがあり，土壌改良と排水対策を十分行う．

6) アルファルファ

土壌づくり，品種選定，根粒菌接種，適期刈取りが栽培のポイントである．排水のよい土地を選び，堆きゅう肥の施用と深耕により肥沃な土壌とする．酸性の土壌では，苦土石灰，ヨウリン（ホウ素欠乏の防止もかねてBM熔リン）の施用によりpH 6.5を目標に土壌改良を行う．北海道等の寒地では耐寒性と耐病性の強い品種を選び，5月に播種する．温暖地では再生力が強く，秋遅くまで生育を続ける品種を選び，秋播きする．最近は根粒菌が接種してある種子（ノーキュライド種子，リゾコート種子）が市販されている．

播種量は，ドリルシーダーによる密条播では1.0〜1.5kg/10a，ブロードキャスターによる散播では2kg/10aが適量である．一般に散播をするが，播種後の覆土，鎮圧はカルチパッカーなどですみやかに行い，覆土深は1.0〜1.5cmぐらいとする．栽培での最大の問題は雑草害であり，適切な刈取りがきわめて重要である．適期としては，倒伏が始まるとき，あるいは雑草の草丈がアルファルファより高くなる直前を目安にするのがよい．北海道では3〜4回，関東〜近畿では4〜5回，西南暖地では5〜7回刈り取る．刈遅れにより雑草に被覆されると枯死株が多くなる．

［清水矩宏］

8.6 施 肥 管 理

a．飼料作物の養分吸収特性と施肥管理の必要性

飼料作物は主に茎葉を利用する牧草タイプから茎葉と子実を利用するホールクロップタイプ，根部を利用する根菜類まで多種にわたる．主な畑地用飼料作物にトウモロコシ類，ソルガム類，暖地型一年生牧草等，パールミレット，イタリアンライグラス，ムギ類，飼料カブなどがある．飼料作物は他の畑作物に比べて，肥料養分（以下，養分と略

す)を多量に吸収する特性を有し，施肥の効果が大きい．トウモロコシを例にとると，10a当たり窒素で14.9kg，リンで2.2kg，カリで12.0kg，カルシウムで3.7kg，マグネシウムで4.5kgの養分が吸収される．収穫期における大まかな養分の存在部位をみると，窒素は葉と子実，カリは茎と葉，リンは子実，カルシウムやマグネシウムは葉に多く存在する．各生育ステージの養分吸収量は，乾物生産量に養分含有率を乗じることによって求めることができる．したがって，飼料畑では窒素，リン，カリ，カルシウム，マグネシウムは作物による収奪量が多いため，化学肥料や家畜糞尿などで補給しないと収量の維持が困難になる．

飼料作物の収量，品質が土壌性状の影響を強く受けることは周知の事実である．最近の飼料作物栽培では過剰施肥が問題となるので，良質の飼料作物を低コストで多量生産するためには，適正な施肥管理が必要なことを改めて強調したい．

b. 飼料畑土壌での養分の動態と飼料作物の施肥法
1) 養分の動態と肥料の利用率

施肥された養分は土壌-作物系でさまざまな動態をとり，その動態は成分によって異なる．窒素は作物による吸収，土壌中への残存，地下への移動，流亡，空気中へ揮散する脱窒の動態をとる．リン，カリ，カルシウム，マグネシウムは作物による吸収，土壌中への残存，地下への移動，流亡の動態をとる．施用した肥料成分に対し作物に吸収された成分の割合を肥料の利用率とよぶが，化学肥料を用いた圃場での利用率は一般に，窒素：20〜60％，リン：10〜20％，カリ：40〜70％とされる．重窒素(^{15}N)で調べた化学肥料由来の窒素の利用率は，一般に日本の北部で高く，南部で低い傾向を示す．これは窒素動態の中で，地下への移動，流亡の割合が雨量の多い南部で高いため利用率が低下するといわれる．

2) 施肥の基本的考え方

飼料作物は家畜に給与，採食され，その生産に寄与してはじめて価値が生まれる．施肥管理の基本は，多収とともに品質の高い飼料作物の生産および農家経営に貢献しなければならないことである．施肥の効果を十分に発揮させるためには，気象，土壌の種類，土壌の肥沃度などの環境条件，飼料作物の種類および栄養要求特性を正確に把握して肥料を選択し，適正な時期に，適正な施肥量を，適正な施肥位置に施用する．また肥料コスト，吸湿性や肥料の組合わせなどの機械作業に対する適性，労働効率なども併せて考える．さらに最近では，環境保全の観点から農耕地からの肥料成分の流出，ガスによる揮散も抑える必要がある．

3) 施肥管理要因

施肥管理上重要な施肥量，施肥時期，施肥位置，肥料の種類について述べる．

a) 施肥量 施肥量は目標収量を生産するのに必要な養分量から，天然供給養分の吸収量を差し引いた量を施肥として補うものであり，肥料の利用率を考慮して次式から決定される．

$$施肥量(kg/10a) = \frac{養分吸収量 - 天然養分吸収量}{肥料の利用率(\%)/100}$$

肥料の利用率は気象や土壌条件，作物の種類や施肥量，肥料の種類などによって異なるので，施肥量は各県ごとに作成されている施肥基準を参考にして決定するとよい．これらの施肥基準は，土壌の塩基含量が適正にバランスよく含まれ，しかも前作の肥料の影響の少ない条件下で作成されている．もし施肥設計する土壌に生産阻害要因があれば，それらを克服した後，施肥基準を適用する．なお，施肥基準はその地域の平均的な収量を目標としたものであり，新品種を導入して多収目標に切り換えた場合には，目標に対応した増肥が必要となる．

全国のトウモロコシの施肥基準について調査した結果によると，①目標収量（4〜8t/10a）に対する窒素施肥量は8〜24kgで，3倍もの差があること，②堆きゅう肥の施用量に大差があり，しかも化学肥料の施肥量に一定の関係がみられないことが報告されている．同時に，①施肥基準の設定の過ち，②堆きゅう肥の肥料効果が十分に評価されていない問題点も指摘されている．実際の施肥設計では，前作の肥料分が残存しておれば残存肥料分を施肥基準量から差し引く．残存肥料分を知るには土壌診断を活用する．

各県で作成された施肥基準をみると，土壌の種類別に施肥量を記載した事例は少ない．土壌の種類が異なれば陽イオン交換容量に差異があり，これが大きいと過剰施肥の作物への影響は軽微ですむが，小さいと作物の品質低下が大きく現れやすい．今後は土壌の種類別の施肥基準の作成など，細分化ときめ細かさも望まれる．

b) 施肥時期 施肥時期は，作物の生育に合わせて必要な養分量を供給するという観点から重要である．作業性からは基肥のみが好ましいが，作物特性や肥料の利用率からは基肥と追肥に分けて施用したほうがよい．トウモロコシを例にとると，窒素は全量基肥施用による濃度障害や流亡による作物要求との不一致を避けるため，分施することが不可欠である．また窒素の基肥と追肥の配分比率は，施肥量にもよるが，窒素全量の約50％を追肥とするのが効率的である．これに比べてリンやカリは基肥のみでも差し支えない．

c) 施肥位置 肥料の利用率を高めるには施肥位置を適正に保つことが重要である．また肥料を作土層全層に混合する方法よりも，土壌中に部分的に入れる局所施用が肥料の利用率を高めるのに役立つ．土壌中での移動がほとんどなく，火山灰土壌では不可給化しやすいリンは作物根に近い位置に作条施肥する．また作物の初期生育を促進するための基肥の施肥位置は，一般には種子直下で種子の約3倍の深さが良好とされる．ただし播種後，乾燥の厳しい地域では窒素やカリによる幼植物の濃度障害を避けるため，種子の斜め下の両側方がよい．

d) 肥料の形態 肥効の発現様式によって，化学肥料（硫安，過燐酸石灰など）のように速効性のものから有機質肥料のように遅効性のものまである．化学肥料の中でも，硫安のように速効性のものだけでなく，緩効性肥料や被覆肥料のような肥効調節型肥料がある．また粒状配合肥料（BB肥料）のように，目的に合わせて粒状肥料を物理的に配合するものもある．これらを作物特性に合わせて使うことが大切である．最近は，同一成分をもつ化成肥料に比べて安価で，しかも土壌診断結果に合わせて肥料成分を調節できるBB肥料の需要が多い．

4) 家畜糞尿の利用

家畜糞尿を利用する場合には，取扱いや土壌還元に伴う作物への障害を回避する意味から堆肥化などの適切な処理を加えることが必要である．このように適切に処理された家畜糞尿を土壌還元することにより，化学肥料の施用量を節約できる．家畜糞尿を土壌還元する場合は，過剰施用にならないようとくに施用量に注意する．家畜糞尿の施用量は，飼料作物の生育に大きな影響を及ぼす窒素をもとにして，毎年施用することを前提に，作物の収量性および品質，土壌および環境への影響などを勘案して決定される．しかし施肥量を家畜糞尿だけでまかなうと弊害が大きいので，化学肥料と併用することが推奨される．最近では飼料畑への家畜糞尿の還元量は施用基準を上回り，化学肥料換算で10a当たり窒素30kgを超える事例も多い．多量還元するほど家畜糞尿の肥料効果をきちんと評価して，その分の化学肥料をひかえるように施肥設計を組むとともに，耕起

表8.11 飼料畑土壌の診断基準(関東・東海地域，1988)

項　　　　目		土　　壌[*1]	
		非火山灰土	火山灰土
pH (H$_2$O)		6.0～6.5	6.0～6.5
pH (KCl)		5.5～6.0	5.5～6.0
陽イオン交換容量 (meq 以上)[*2]		12	20
塩基飽和度 (%)		70～90	60～90
石灰飽和度 (%)		50～70	40～70
交換性塩基 (meq)[*2]	Ca	6～12	15～24
	Mg	1～3	2～6
	K	0.3～0.6	0.3～1.0
同　上　(mg)[*2]	CaO	170～340	420～670
	MgO	20～60	40～120
	K$_2$O	15～30	15～50
Ca/Mg 当量比		4～8	4～8
Mg/K 当量比		2～8	2～8
有効リン酸[*3] (mg)[*2]		10～30	10～30
腐植 (%以上)		3	5
作土の厚さ (cm 以上)		20	20
有効根群域の深さ (cm 以上)		40	40
主要根群域の最大緻密度 (mm 以下)[*4]		20	20
主要根群域の粗孔隙量 (%以上)[*5]		10	20
主要根群域の水分率 (pF1.5～3.0, 容量%以上)		15	20
現地容積重 (乾土 g/100 ml)		80～120	50～70
有効根群域の透水係数 (cm/s 以上)		10^{-4}	10^{-4}
地下水位までの深さ (cm 以上)		80	80

注　[*1] 非火山灰土および火山灰土として，この表においては陽イオン交換容量10～20 および 20～35 meq/100 g 程度を想定して基準値を示してある．
　　これらに属する土壌群は次のとおりである．
　　　非火山灰土：砂丘未熟土，褐色森林土，灰色台地土，グライ台地土，赤色土，
　　　　　　　　　黄色土，暗赤色土，褐色低地土，灰色低地土，グライ土
　　　火山灰土：黒ボク土，多湿黒ボク土，黒ボクグライ土
　[*2] 乾土100g当たりの数値．
　[*3] Truog法(0.002 N H$_2$SO$_4$, pH 3.0, 可溶性 P$_2$O$_5$ 量)．この値が 75 mg(非火山灰土)または100 mg(火山灰土)を超える場合には，さらにリン酸肥料を施用しても肥効が出ないことがあり，作物の栽培上，実益がないことがある．
　[*4] 山中式硬度計の読み．
　[*5] pF1.5の気相率．

深を深くしたり，より多収性の作物を導入するなどの工夫も大切である．

c. 土壌および作物診断の必要性と診断に基づく施肥改善の勧め
1) 施肥過剰が作物に及ぼす影響

適正な施肥は飼料作物の収量，品質の向上に不可欠であるが，過剰施肥は作物体内の特定養分の過剰蓄積や，過剰に吸収された成分による必須成分の吸収抑制をもたらす．これは肥料成分間に拮抗作用と相互作用があり，それぞれ作物の養分吸収に関係するからである．前者の例として窒素の多施用による硝酸態窒素の蓄積が，後者の例としてカリの過剰施用によるカルシウム，マグネシウムの吸収抑制があげられる．これらの事例は主に茎葉を利用する牧草タイプに現れやすいので注意を要する．また，酸性改良を目的とした石灰資材の過剰施用は，土壌pHを上昇させて土壌中の必須微量成分（マンガン，鉄，銅，亜鉛，ホウ素など）の不可給化をまねき，ひいては作物の微量成分の欠乏を引き起こす可能性がある．

2) 土壌および作物の栄養診断の必要性と効果

土壌養分の過不足を判断するための診断基準値が設定されている（表8.11）．土壌診断

表8.12 各種成分の欠乏，過剰による障害症状（トウモロコシを主体として）

成分名	欠 乏 症 状	過 剰 症 状
窒　素	全体的に生育が悪く，葉は小さく淡緑から黄色を呈する．下葉から黄化が始まる．	葉肉が厚くなり，暗緑色となる．全体的に軟弱な生育となる．
リ　ン	全体的に生育が悪く，葉は暗緑色となるほかアントシアンの生成により赤紫色になる．トウモロコシでは欠粒が増加する．	
カ　リ	下葉の葉縁から黄化が始まり，ひどい場合には壊死する．	マグネシウム，カルシウム欠乏が誘発される．
カルシウム	葉縁の枯れが葉先ほど強く現れる．葉先が前に出た葉にくっついて展開する．	
マグネシウム	下葉の葉縁が薄くなり，黄化する．葉脈に沿って淡緑化する．	
硫　黄	葉が淡黄色になる．わが国ではほとんどみられない．	
鉄	葉脈間が淡緑化し，縞模様を呈し，やがて黄白化する．症状は新葉から現れる．	
マンガン	中上葉の葉脈間が淡緑化するが明瞭な黄白化は呈しない．葉は汚色を呈して褐色の壊死部を生じる．	葉脈あるいは葉脈に沿って黒褐色の斑点を生じる．根が黒褐色を呈する．
銅	若い葉が濃緑色で生育が悪く，しだいに黄白化が進む．	新葉が淡緑化するなど鉄欠乏を誘発．根の伸長が極度に阻害される．
亜　鉛	淡黄色の筋が古い葉に現れ，新葉では淡黄または白色を呈する．	新葉が淡緑化するなど鉄欠乏を誘発．
ホウ素	穂先の障害や芯腐れがみられる．上葉の葉脈間が黄白化し，茎葉はもろくなる．	下葉の葉縁から白変が始まり，上葉に広がる．
モリブデン	鞭状葉，脈間黄化，黄斑，コップ状葉を呈する．	下葉から黄変する．下葉は葉脈の緑色を残して葉脈間は黄化する．

資料：草地管理指標——飼料作物生産利用技術編(1993)．

を定期的に行うことにより，診断時の養分の存在量のみならず養分含量の変化の方向が把握できるので，施肥設計の有力な情報となる．また，土壌診断をもとに施肥が改善されれば飼料作物の品質が向上し，ひいては家畜の生産性に結び付いて農家経営に貢献できる．しかし，現状での土壌診断の実施率は全国平均で約50％と低く，今後の向上が望まれる．

一方，生育途中の作物に対する必須の多量・微量成分の吸収状況を迅速に把握することは，施肥の効果を高めるために必要である．そのためには，生育途中に作物が呈する外観上の特徴を活用するとよい（表8.12）．

3) 診断結果に基づく施肥改善

養分過剰の実態が明らかになるとともに，土壌診断結果に基づく施肥対応や施肥改善の効果が報告されている（表8.13，図8.9）．現状ではリン，カリ，マグネシウムを対象としており，基準値以上の場合には，当該養分の過剰程度に応じた減肥量が明示されている．また家畜糞尿を含む有機物については，有機物から供給される当該養分量を化学肥料相当量に換算して，併用する化学肥料で調節するとしている．そこで，土壌診断結果に基づく施肥対応，とくに家畜糞尿施用に伴う化学肥料の減肥を実施するためには，多様な家畜糞尿処理物の肥料評価をきめ細かく整備することが必要不可欠である．減肥

表8.13 土壌診断に基づくサイレージ用トウモロコシの施肥対応例

(a) リン酸施肥

P_2O_5 mg/100 g (トルオーグ法)	基準値以下		基準値	基準値以上	
	0〜4	5〜9	10〜30	31〜60	61〜
施肥標準量に対する施肥率（％）	150	130	100	80	50

注1) 施肥標準量：15〜20 kg/10 a．
 2) 基準値以下の施肥対応は応急的な対応であり，基本的には土壌改良により基準値まで高めること．

(b) カリ施肥

K_2O mg/100 g (交換性)	基準値以下		基準値	基準値以上		
	0〜7	8〜14	15〜30	31〜50	51〜70	71〜
施肥標準量に対する施肥率（％）	150	130	100	60	30	0

注1) 施肥標準量：8〜14 kg/10 a．
 2) 基準値以下の施肥対応は応急的な対応であり，基本的には堆きゅう肥施用などの土壌改良により基準値まで高めること．

(c) マグネシウム施肥

MgO mg/100 g (交換性)	基準値以下		基準値	基準値以上
	0〜10	11〜24	25〜45	46〜
施肥標準量に対する施肥率（％）	150	130	100	0

注1) 施肥標準量：沖積土3 kg/10 a，その他の土壌4〜5 kg/10 a．
 2) マグネシウム/カリ比(Mg/K)は，MgO含量が基準値以下の場合にとくに重視して対応をはかる．
 3) 基準値以下の施肥対応は応急的な対応であり，基本的には土壌改良により基準値まで高めること．

資料：北海道土壌・作物栄養診断技術検討会議(1989)．

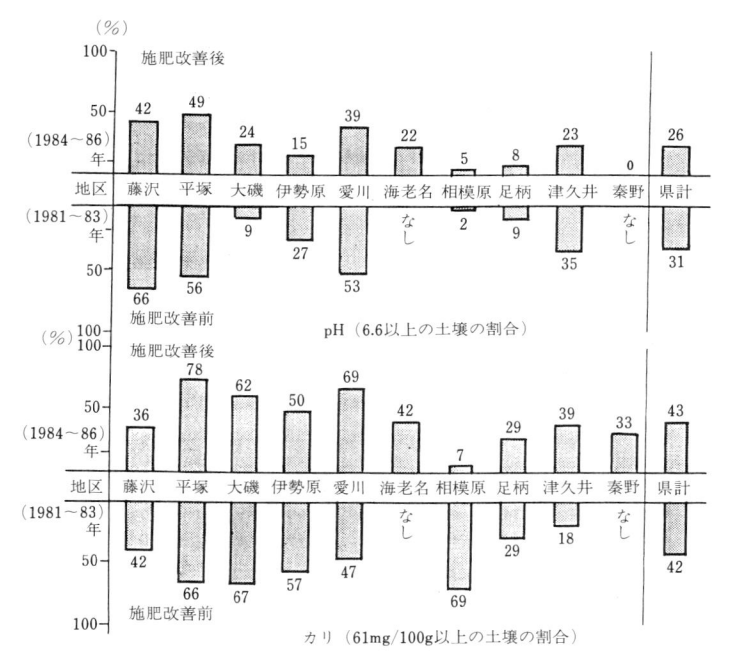

図 8.9 施肥改善運動前後の土壌理化学性の変化の一例
(神奈川県畜産課, 1987)

する場合, 3年に一度ぐらいは必ず土壌診断を受け, 土壌養分の推移を監視する. ところで, 現状では微量成分に対する土壌診断はほとんど行われていない. 飼料畑では家畜糞尿が十分還元されているので, 作物に対する微量成分の欠乏は考えにくい. むしろ家畜糞尿の還元に加えて石灰資材の過剰投入により, 土壌 pH がアルカリ化した土壌こそ, 微量成分の欠乏に十分注意する. ［畠中哲哉］

8.7 牧草, 飼料作物の病虫害

a. 病　害
1) 病気による被害と発生様相
a) 病気による被害　　病害は, 牧草, 飼料作物の収量的な低下をまねくばかりではなく, 有効成分の減少や消化率の低下をまねくほか, 家畜の嗜好性にも影響して採食率を低下させたり, さらに家畜に対する有害物質を産生するものもあり, その質的影響も大きい. 一方, とくに永年草地においては, 永続性や再生力に影響し, いわゆる夏枯れ, 冬枯れ, 衰退現象の大きな原因となっている. このため病害の軽減は, 安全で質のよい飼料を安定的に供給するうえできわめて大切な要素となっている.

b) 発生様相　　病害発生に適したわが国のモンスーン気候と相まって, 牧草・飼料

作物病害の種類はきわめて多く，500種以上に及ぶ．これら病害は，全国的に発生するものから，温暖，冷涼な地域あるいは積雪地域など，地域の気候条件に応じて特徴がみられ（表8.14），発生程度も地域や気象変化による年次で異なる．さらに，種子の多くは海外依存のため，採種地であまり問題にならない病害でも，環境がわが国の環境条件と適合して発生する新病害や異常気象により突然激しく発生する特異発生病害もみられる．

表8.14 主な病害の種類と発生地域および時期

草種 病名	主な発生地域	主な発生時期	草種 病名	主な発生地域	主な発生時期
トウモロコシ			チモシー		
モザイク病	全国	春～初夏	鳥の目病	北海道	夏～晩秋
すじ萎縮病	全国	春～初夏	斑点病	北海道、高冷地	春～晩秋
倒伏細菌病	関東以西	梅雨末期～夏	葉枯病	関東	初春
条斑細菌病	関東以西	梅雨末期～秋	すじ葉枯病	北海道	初夏～初秋
黒穂病	全国	梅雨末期～秋	角斑病	北海道、東北山間部	夏～秋
すす紋病	関東～北海道	夏～晩秋	黒さび病	北海道	夏～秋
ごま葉枯病	東北以南	年間	がまの穂病	北海道	夏～秋
北方斑点病	関東以北	梅雨期～秋	ライグラス類		
紋枯病	全国	梅雨期～秋	かさ枯病	関東以南	春
苗立枯	全国	春～梅雨	冠さび病	全国	夏～夏、秋～初冬
南方さび病	中国以南	夏～晩秋	葉腐病	関東以南	夏～秋
根朽病	九州	梅雨期～秋		東北以北	夏
根腐病	全国	梅雨末期～秋	麦角病	全国	(開花期～登熟期)
黄化萎縮病	東北以南	春～梅雨	斑点病	関東以南	初夏～秋
さび病	全国	夏～晩秋		山間部、東北以北	初夏～秋
ソルガム			網斑病	関東以南	初夏～秋
条斑細菌病	関東以南	梅雨期～秋		東北以北	初夏～秋
麦角病	関東以南	夏～晩秋	雪腐病	北陸、東北以北	冬～初春
すす紋病	中部以北	夏～晩秋	フェスク類		
紫斑点病	関東以南	夏～晩秋	葉腐病	関東以南	夏～秋
紋枯病	関東以南	梅雨期～秋		東北以北	夏、秋
炭疽病	関東以南	梅雨期～秋	網斑病	関東以南	夏、秋
ひょう紋病	関東以南	梅雨期～秋		東北以北	夏
エンバク			バヒアグラス		
かさ枯病	全国	春	葉腐病	関東以南	夏～秋
葉枯病	全国	春	炭そ病	関東以南（暖地）	夏
裸黒穂病	全国	春	アルファルファ		
冠さび病	全国	春	モザイク病	全国	年間
赤かび病	関東以南	春	白絹病	関東以南（暖地）	梅雨末期～秋
シコクビエ			菌核病	全国	融雪後
モザイク病	関東以南	春	いぼ斑点病	全国	(冷涼多湿時)
褐条病	関東以南	梅雨期～秋	そばかす病	全国	春、秋
いもち病	関東以南	梅雨期～秋	茎枯病	全国	春、秋
オーチャードグラス			紫紋羽病	全国	初夏～盛夏
モザイク病	関東以北	年間	葉腐病	東北以北	春～秋
雲形病	北海道、中部高冷地	年間	萎ちょう病	北海道	春～秋
	南関東	春、秋	バーティシリウム萎ちょう病	北海道	春～秋
すじ葉枯病	平坦地	春秋の多湿時	クローバ類		
	冷涼地	夏期	モザイク病	全国	アルファルファモザイクウイルス病：初夏 ホワイトクローバーモザイクウイルス病：春
夏葉枯病	関東～北海道	梅雨末期～秋	菌核病	全国	晩秋～早春
炭そ病	全国	梅雨明け～初秋	いぼ斑点病	全国	春～夏
葉枯病	南関東	年間(秋～初冬)	輪紋病	関東以南	春、秋
	北陸	秋～初冬		北日本	夏期
黒さび病	関東以南	初春～初夏	うどんこ病	全国	春～秋
	北陸	初夏～晩秋	そばかす病	関東以北	晩秋、早春
	北海道	夏～晩秋		関東以南	早春
小さび病	北関東	春～初夏、秋	茎割病	関東以北、高冷地	初夏、秋
	北海道	夏～晩秋	斑点病	関東以南	梅雨期、秋
葉腐病	全国	初夏～初秋	葉腐病	関東以南	夏～秋
うどんこ病	全国	初夏～初秋	白絹病	関東以南	梅雨期～秋
雪腐病	北陸、東北以北	冬～初春			

2) 病害の種類

a) 病害の種類と病原体の特徴

① 種類：病害は病原の寄生によって起こるが，病原には生物とウイルスがあり，病原生物には菌類，細菌，ファイトプラズマなど，病原ウイルスには，ウイルスおよびウイロイドがある．ウイルスは生物とはいえないが，病原微生物あるいは病原体として

取り扱われている．牧草，飼料作物の菌類による病害は約 480 種，細菌およびウイルスによる病害はそれぞれ約 40 種ほどある．その主な病害を表 8.14 に示した．

② 菌類： 菌類は栄養体である菌糸と繁殖体である胞子からなる．植物体の表面に達した胞子あるいは菌糸は適当な温度と水分があると生育し，宿主の表皮，気孔，細根，傷口等から侵入する．侵入の際，宿主表面に付着器や菌座を形成するものもある．多くの菌類は，菌糸を植物の組織内に侵入して細胞を殺して栄養をとって発育する内部寄生菌であるが，組織の外側で発育し，表皮細胞に吸器を刺し込んで栄養をとるものや菌糸が細胞間隙を伸長し，吸器を細胞内に挿入して養分を吸収する純寄生菌もある．

③ 細菌： 菌体は大部分が単胞，桿状で，菌体の外壁に細胞壁，内側に細胞膜に包まれた細胞質がある．一方，ファイトプラズマ（マイコプラズマ様微生物）は細胞壁を欠き多形性である．細菌およびファイトプラズマともに核を有するが，核膜はない．細菌は，菌体そのものが伝染器官としての役割をもつが，自力で宿主体の外皮を破って侵入する力をもたないため，傷口，気孔，水孔など自然開孔部から侵入，あるいは維管束組織に侵入して発病する．またファイトプラズマの多くは昆虫の媒介により伝染する．

④ ウイルス： ウイルス粒子は，DNA（デオキシリボ核酸）か RNA（リボ核酸）がタンパク質殻に囲まれた核タンパク構造物である．その核酸には，DNA および RNA の 2 種があり，それぞれ一および二本鎖の構造をもつものがある．このウイルスは無傷の宿主表皮細胞へ侵入できない．擦り傷，虫による吸汁，あるいは土壌中の菌類や線虫などの助けによって侵入する．宿主体内に侵入したウイルスは，脱外皮し，生細胞に入って宿主の代謝系を利用して増殖し，全身に移行し病害を起こす．生体外では増殖できない．

3） 病害の発生生態
a） 病気の伝染環

① 第一次伝染源： 病原体は，それぞれ固有の生活様式や伝染様式をもっている．そして，それぞれの方法で伝染源から作物に至り，発病させ，さらにその発病した作物から健全作物へと次々に伝染し，広がる．この最初の発生源（第一次伝染源）は被害作物の残渣，病原菌の耐久生存器官，汚染種子・土壌，宿主植物などである．

② 伝染・伝播方法： 第一次伝染源からの病原菌は，種々の方法で宿主植物に至り発病させ，さらに次々と二次伝染して広がる．この伝染方法は病原菌によって異なり，風によって運ばれて宿主植物に付着，侵入して病害を起こす空気（風媒）伝染，土壌中で生存した病原体が地下部あるいは土と接した茎葉から侵入して病害を起こす土壌伝染，種子に付着あるいは侵入した病原体が播種されたとき病害を起こす種子伝染，病原菌が花器から感染する花器伝染，灌漑水などを媒体にして伝染する水媒伝染，昆虫によって伝搬する虫媒伝染などがある．

b） 発生と環境要因
病害の発生は，日照，温度，湿度，風雨，土壌など自然環境や栽培品種，栽培法，施肥など人為的環境に影響され，また病原微生物の生態や宿主の抵抗性もこれら環境に影響される．一般に日照十分な条件下では，作物は健全に育って病原菌に対する抵抗力が増し，侵入，感染は阻害されるが，不足下では病原菌の侵入拡大に対する生理的な抵抗力や機械的防御組織の形成が低下する．温湿度は病原菌の侵入，

感染，増殖ならびに生態と宿主の抵抗性の両者に影響する．一般に，発病には高湿度を必要とするが，高湿度を嫌う菌種もある．雨や風は，病原菌の分散を助けたり植物体に傷を与え病原菌の侵入を容易にするが，適度の風は湿度を低下させ病原菌の侵入，感染を抑える．病害の発生，とくに土壌病害では，そこに生存する土壌微生物や有機物・腐植含量，酸度，湿度など土壌環境の影響も大きい．

4） 病原菌の寄生性分化と病害抵抗性

a） 病原菌の寄生性分化 病原菌は作物の種によって寄生するかしないか明確に分けられる．これを分化型とし，同一作物でも品種によって寄生性が異なるとき，レースあるいは病原型とよんでいる．すなわち，レースは品種に対する病原性の異なる病原菌の系統群である．レースの存在はきわめて重要で，抵抗性品種が新たに出現したレースによって罹病化することは，多くの作物で知られている．罹病化は単一の真性抵抗性遺伝子をもつ品種で主に起こり，他殖性の牧草は異なる抵抗性遺伝子をもった栄養系の混合品種であり，激しく罹病化することは少ない．

b） 抵抗性の反応

① **侵入抵抗**： 病原菌が宿主の組織に侵入する際の宿主が示す抵抗性をいい，作物の角皮のクチクラ層や細胞壁発達程度，厚さ，ケイ質化の程度などが関与する．また，角皮感染する病原菌が侵入を始めると，被侵入細胞の内側にパピラとよばれる突起物が形成されるが，この現象も一種の抵抗反応とみなされている．

② **感染抵抗**： 病原菌の侵入により，宿主側でも種々の生理的変化が起こる．真性抵抗性品種における過敏感反応がその顕著な例で，被侵入細胞の急速な変質壊死，侵入菌糸の崩壊などが起こるが，感受性品種ではほとんど起こらずに菌糸は伸長する．また，感染を受けた宿主では呼吸やペルオキシダーゼ活性などの増大がみられる．とくに抵抗性品種では，これら活性増大が顕著にみられることから抵抗性現象に関与しているものと考えられている．抵抗性機作にかかわる抗菌物質の一つにファイトアレキシンの生成がある．病原の感染を受けた植物でエリシターにより誘起されて生成され，多くの宿主-寄生者相互関係においてその産生機構や化学構造が明らかにされている．病害抵抗性に果たす役割についてはさらに検討する必要があると考えられている．

c） 抵抗性の種類と遺伝様式

① **抵抗性の種類**： 病害抵抗性は真性抵抗性および圃場抵抗性の二つに大別され，前者は少数の主働遺伝子支配による質的な抵抗性あるいは主働遺伝子抵抗性，後者は多数の微働遺伝子支配による量的な抵抗性あるいは微働遺伝子抵抗性と分類されている．しかし，病気によっては主働遺伝子支配の量的抵抗性の例も認められることから，現在では品種抵抗性は表8.15のように提唱された．また，垂直抵抗性と水平抵抗性という用語がある．前者は特異的抵抗性ともいわれ，病原菌のレースによって品種の病害抵抗性

表8.15 品種抵抗性の分類(浅賀，1987)

	主働遺伝子的 (oligogenic)	微働遺伝子的 (polygenic)
質的 (qualitative)	真性抵抗性	—
量的 (quantitative)	高度圃場抵抗性	圃場抵抗性(狭義)

が異なる，すなわちレース特異的な抵抗性である．後者は非特異的な抵抗性ともいわれ，すべてのレースに対して同程度の抵抗性を示す，すなわちレース非特異的な抵抗性である．一方，耐病性という語も使われる．作物が病気にかかった割に作物の受ける影響が少ないことを指しているが，抵抗性と耐病性は区別して使うべきとの指摘もある．

② 抵抗性の遺伝様式： 抵抗性の機構が明らかでなくても，その遺伝様式が明らかになれば，これを抵抗性品種育成に利用することは可能となる．病害抵抗性は，一般に優性の主働遺伝子が関与するケースが多く，また複数もつ場合には抵抗性の強いほうの遺伝子の作用が上位であるといわれている．これは主働遺伝子支配によるものでメンデル遺伝し，抵抗性と病原性はいずれも遺伝子の支配を受け，前者は優性形質，後者は劣性形質として遺伝するという遺伝子対遺伝子説で説明されている．一方，微働遺伝子支配による抵抗性は単純なメンデル遺伝をしないが，罹病性品種との交配後代の抵抗性は優性でしかも相加的効果をもつことから，両親より強い抵抗性を示すものが得られることも知られている．

5) 病害防除

a) 病害防除の考え方 飼料作物，とくに牧草は，年数回の刈取りや放牧による強ストレス下で栽培され，さらに再生茎葉は均一ではなく，萌芽直後の芽ばえから成熟した茎葉が混在しているため，病害の発生生態は非常に複雑なものとなっている．このため，病害防除はそれぞれの病害に応じて，その病原とそれによる伝染をいかに抑えるか，環境をいかに発生しにくい条件にするか，作物の抵抗性をいかに利用するか，の3要素を考えて組み立てることが必要である．

① 病原の除去と伝染防止：
（1） 種子は無病地からの採種が大切になるが，市販種子の使用が多いので信頼度の高い種子を用いる（種子伝染の防止）．
（2） ごく限られた植物が伝染源となるものについては，その病植物や中間宿主をできるだけ圃場周辺から除去し，また被害茎葉も焼却するなど，伝染のつながりを断つ（圃場衛生）．
（3） 病害の発生をみたら早めの刈取りや放牧によって被害を少なくする．これは病害の伝染や多発の防止にもつながる（早期刈取り）．
（4） 永年草地では，年を経るに従って被害が大きくなる病害がある．また，土壌病害のような難防除病害がいったん多発生した圃場の場合には，輪作による回避や永年草地では早めに抵抗性品種や草種を選んで更新する（更新，輪作）．

② 環境改善：
（1） 病害の多くは多湿条件あるいは浸冠水の起こる低湿地帯で発生しやすい．排水条件等の改善は病害の広域防除につながる（基盤整備）．
（2） 病害の広がりやすい厚播きや過繁茂を避け適期に刈り取る．播種期を少しずらしただけで回避できる病害もある．病害防除を考慮した播種期の決定も大切である（適期播種，適期刈取り）．

③ 抵抗性草種・品種の利用：
（1） 病害防除は無農薬，省力，低コストが基本であり，抵抗性品種の利用はもっ

表 8.16 牧草・飼料作物品種の病害抵抗性の程度（目安）

品　種	早晩性（適地）	病害抵抗性の目安 *
トウモロコシ		
交3号	早　生(青森以南)	すす紋病抵抗性：強
シジシラズ	中　生(関東以南)	すじ萎縮病：強
アズマイエロー	早　生(東　　北)	ごま葉枯病：強
ムツミドリ	中　生(東　　北)	すす紋病，ごま葉枯病：強
ワセホマレ	早　生(北 海 道)	さび病，すす紋病，ごま葉枯病：ヘイゲンセ並
タカネワセ	早　生(東北東山)	ごま葉枯病，すす紋病，すじ萎縮病：強
オカホマレ	早　生(東北・東山)	ごま葉枯病，すす紋病：強，黒穂病抵抗性：優る
タカネミドリ	早　生(東北・関東)	ごま葉枯病：極強，すす紋病：強
キタユタカ	中　生(道央・道南)	ごま葉枯病：やや強
ヘイゲンミノリ	早　生(北 海 道)	ごま葉枯病，すす紋病抵抗性：高い
サトユタカ	中晩生(暖　　地)	ごま葉枯病，紋枯病：優れる
ソルガム		
ヒロミドリ	晩　生(関東以西)	すす紋病，すじ萎縮病：強
ススホ	中　生(温 暖 地)	すす紋病，すじ萎縮病：強
テンタカ	極晩生(東北以南)	すす紋病，紋枯病，紫斑点病：FS902並
グリーンエース	中　生(暖地・温暖地)	すす紋病，紋枯病：やや強
風立	極晩生(寒冷地等)	すす紋病，紫斑点病：FS902並
ナツイブキ(系統)		すす紋病，紋枯病，紫斑点病：実用上の抵抗性
オーチャードグラス		
キタミドリ	早　生(北 海 道)	雪腐菌核病：強
オカミドリ	中　生(北 海 道)	すじ葉枯病，雲形病：強
アキミドリ	極早生(東北以南)	黒さび病：各レースに強
マキバミドリ	中　生(東海～東北)	雲形病，うどんこ病，黒さび病：強
ワセミドリ	早　生(北 海 道)	すじ葉枯病，うどんこ病：強
ナツミドリ	早　生(東北以南)	黒さび病：強
トヨミドリ	極晩生(東北以南)	黒さび病，すじ葉枯病，雲形病：やや強，雪腐大粒菌核病：やや強
ドーリーセ	中　生(東北以北)	雲形病：強
フロンティア	中　生(東北以以南)	すじ葉枯病：強
ケイ	中　生(北 海 道)	雪腐大粒及び小粒菌核病：極強
ヘイキングⅡ	極晩生(東北以北)	すじ葉枯病，黒さび病：強
ポトマック	早　生(東北以南)	黒さび病：やや強
マスパーディ	中晩生(北 海 道)	雲形病：強
ER571(系統)		うどんこ病：極強
イタリアンライグラス		
ワセアオバ	早　生(北陸以南)	雪腐病：中～やや強
ヒタチアオバ	晩　生(全　　国)	斑点病，網斑病，かさ枯病，雪腐病：やや強，
ワセユタカ	早　生(関東以西)	斑点病：やや強
ヤマアオバ	晩　生(関東以西)	冠さび病：強，斑点病：やや強
フタハル	極晩生(中　　部)	冠さび病：極強
ハルアオバ	中　生(関東以西)	斑点病：強
ミナミアオバ	極早生(関西以南)	冠さび病：やや強
エース	極晩生(東北以南)	冠さび病：極強，いもち病：強
マンモスB	晩　生(北 海 道)	いもち病：強
ナガハヒカリ	中　生(積雪地帯)	各種雪腐病：強，冠さび病：中～強
アキアオバ	極晩生(関東・東海)	冠さび病：極強
ウツキアオバ	極早生(積雪地帯)	各種雪腐病，冠さび病：やや強
ビリオン	晩　生(北 海 道)	斑点病：強
ミユキアオバ	中　生(積雪地帯)	各種雪腐病：強
バームレトラ	晩　生(関東以西)	冠さび病：かなり強
ティラ	晩　生(関東以西)	冠さび病：強
(ハイブリットライグラス)		
テトリライト	中　生(道南以南)	冠さび病：極強，葉腐病：強
アリキ	早　生(全　　国)	冠さび病：強
マナウ	早　生(全　　国)	冠さび病：強，葉腐病：中
スムーズブロムグラス		
アイカップ	中　生(北 海 道)	褐斑病：強，雲形病：中

8.7 牧草，飼料作物の病虫害

品　種	早晩性（適地）	病害抵抗性の目安 *
ペレニアルライグラス		
キヨサト	早　生（寒高冷地）	冠さび病：強
ヤツカネ	極晩生（寒高冷地）	冠さび病：極強
ヤツボック	中　生（寒高冷地）	冠さび病：強
ヤツナミ	晩　生（高標高地）	冠さび病：強，葉腐病：ヤツカネより強
フレンド	晩　生（北　海　道）	雪腐病：強
リベール	中　生（北　海　道）	冠さび病，葉腐病：やや強
グルマルダ	早　生（関東以南）	冠さび病：やや強
ピートラ	晩　生（寒　冷　地）	冠さび病：極強
タプトー	中晩生（全　　　国）	冠さび病，葉腐病：強
トールフェスク		
ホクリョウ	極晩生（寒冷積雪地）	雪腐病，網斑病：強
ヤマナミ	早　生（全　　　国）	雪腐病，網斑病：弱
ナンリョウ	中　生（東北以南）	冠さび病：強
サザンクロス	中　生（温　暖　地）	冠さび病：強，網斑病：やや強
リロンド	中　生（温　暖　地）	冠さび病：極強
クラリーヌ	晩　生（温　暖　地）	冠さび病：強
メドウフェスク		
トモサカI	早　生（北　海　道）	網斑病：ファーストより強
ファースト	早　生（北　海　道）	網斑病：やや強
チモシー		
センポック	早　生（東北以北）	黒さび病：強，すじ葉枯，斑点病：やや強
ノサップ	早　生（東北以北）	斑点病，黒さび病：強
ホクシュウ	晩　生（北　海　道）	斑点病，黒さび病，すじ葉枯病：強
クンプウ	極早生（東北以北）	斑点病，黒さび病
アッケシ	中　生（北　海　道）	斑点病：ノサップより強
キリタップ	中　生（東北以北）	斑点病：やや強
ケンタッキーブルーグラス		
トロイ	早　生（北　海　道）	さび病：やや強
ケンブルー	早　生（北　海　道）	黒さび病：極強
メリオン	早　生（東北以南）	雪腐小粒菌核病，褐斑病：強
アカクローバ		
サッポロ	早　生（北　海　道）	菌核病，茎割病，さび病：強
ホクセキ	早　生（北海道・東北）	ウイルス病，うどんこ病：サッポロより強，
ハミドリ	早　生（北　海　道）	うどんこ病：強，茎割病：やや強
ハミドリ4n	早　生（北　海　道）	菌核病，うどんこ病：強
タイセツ	早　生（北海道・東北）	ウイルス病，菌核病，茎割病，うどんこ病：サッポロより強
メルビィ	早　生（北　海　道）	うどんこ病，モザイク病：強
エムアールワン	早　生（北　海　道）	うどんこ病：強
ハナヒタ	早　生（北　海　道）	そばかす病，輪紋病，黒葉枯病，菌核病：強
ケンランド	早　生（関東以南）	炭そ病：極強
シロクローバ		
キタオオバ	（東　　　北）	モザイク病，汚斑病：強
マキバシロ	（全　　　国）	各種病害：フィアと比べ欠点無し
ミネオバ	（関東以西）	黄斑モザイク病，そばかす病，斑点病：強
ミルカ	（北　海　道）	菌核病：強
アルファルファ		
ナツワカバ	早　生（関東以西）	茎枯病：比較的抵抗性
タチワカバ	早　生（関東以西）	炭そ病，菌核病：強
キタワカバ	早　生（東北以北）	いぼ斑点病：強
ヒサワカバ		そばかす病：強
サイテーション	早　生（北　海　道）	葉枯病：強
月系1号	早　生（北　海　道）	そばかす病，バーティシリウム萎ちょう病等：強
月系4号	早　生（北　海　道）	そばかす病，バーティシリウム萎ちょう病：強
ユーバー，レージス		
5444，マヤ	早　生（北　海　道）	バーティシリウム萎ちょう病：強

*畜産局自給飼料課編（平3）：飼料作物関係資料，農林水産技術会議編（昭61）：牧草・飼料作物の品種解説，北海道農政部酪農畜産課編（平5）：北海道牧草・飼料作物優良品種一覧表，及び草地飼料作研究成果情報（1-9）における記述を参考にした．

も期待される防除手段である．多くの抵抗性の品種や系統が育成されている（表8.16）のでこれらを積極的に利用する（抵抗性品種の利用）．
(2) 病原体には多くの草種を侵すものと限られた狭い範囲の草種しか侵さないものがあり，さらに草種により発病や被害程度に多少の差がある．この性質を利用した混播による防除法は，特定の病害の蔓延を遅らせたり，総体的に被害を軽減する方法として有効である（混播）．

b) これからの病害防除 拮抗微生物や弱毒ウイルス等の利用による微生物防除，化学物質やエンドファイトなど微生物による誘導抵抗性の利用，有性交雑が困難な種間，属間での細胞融合，組換え体（ウイルス外皮タンパク，キチナーゼ産生，エリシター遊離因子，フィトアレキシン合成酵素等の外来遺伝子の利用）等による抵抗性品種の作出などによる新防除技術に期待が寄せられている．

b．虫　害
1) 害虫の種類
昆虫は地球上の至るところに分布し，種々の場面で人間と接触する機会がある．そして，ある種の昆虫は人間にとって都合の悪い働きをし，あるものはその習性を人間に都合よく利用されたり，またその働きが間接的に役立っている場合があり，前者を害虫，後者を益虫として便宜的に区別している．しかし，実際上では益・害虫を明確に区別することは難しく，時と場合によって使い分けられている．わが国の牧草・飼料作物害虫は，昆虫類で約370種，昆虫以外の小動物で約40種が知られている．昆虫類はバッタ（直翅）目，コウチュウ（鞘翅）目などにみられるそしゃく性害虫，カメムシ（半翅）目など吸収性害虫，アザミウマ（総翅）目やハエ（双翅）目などその中間的な舐食性害虫などがある．また，これら害虫のほかにクモ綱に属するダニ類，線形動物門に属する線虫類，軟体動物門に属するナメクジなど，脊椎動物門に属するネズミなどによる被害がある．これら動物を一括して有害動物とよんでいる．これら主な害虫と有害動物を表8.17に示した．

2) 害虫の加害様式と作物の被害
a) 害虫の食性と加害様式
① 食性： 作物害虫の多くは食植性のグループに属し，食餌植物の利用範囲の広さによって，単食性，寡食性，広食性に分類されている．虫の側からみると加害できる作物の範囲は食性で決まる．そして，害虫の接近，産卵，摂食等の行動を起こす際の寄主は，植物の誘引・忌避・定着因子，産卵刺激・阻害因子，摂食刺激・阻害因子，発育阻害因子など質的因子，色彩など物理的因子，栄養物質など化学的因子がいろいろ組み合わされたかたちで機能し，選択されるという．

② 加害様式： 害虫による加害様式は，害虫と作物の組合わせで異なり，千差万別である．主な摂食方法は，"かむ（そしゃく），すう（吸収），なめる（舐食）"の3通りであるが，産卵時の加害（作物に傷をつけて卵を産み込む）や病気を伝播する加害などもある．

b) **害虫による被害**
① 被害の様相：　害虫の加害によって作物に損傷を与えあるいは病原微生物を媒介して，作物に量的，質的な被害が現れる．この現れ方は，害虫の習性，加害様式，加害量，作物の生育ステージ，気象条件などによって異なる．一般に，作物の致命的な器官が加害された場合の枯死，一部加害，作物の発育不良や早期落葉，巻葉や縮葉など奇形発育，摂食による品質劣化，作物の草勢，再生力，永続性への影響などの被害がみられる．
② 被害量：　食植性害虫のような直接的な加害の場合は，摂食による減少がそのまま減収量となり，加害量と単純な比例関係にある．一方，作物の一部に損傷を与え，その生理に影響し，収量や品質を低下させ，草地の永続性にまで影響を及ぼすような被害は複雑で，さらに作物の間引き効果（補償作用）を評価するとなお複雑となる．

3) **害虫の生態**
a) **害虫の生活史**
① 生活環，変態：　ふつう，昆虫の生活環は卵から次世代の卵をもって完結する．完全変態をする群（チョウ（鱗翅）目，コウチュウ（鞘翅）目，ハエ（双翅目））では，卵で生まれ，幼虫，蛹を経て成虫になるが，不完全変態種（バッタ（直翅）目，カメムシ（半翅）目，アザミウマ（総翅）目）は蛹の段階がない．体の大きさ以外には変化がほとんどない無変態のものもある（トビムシ（粘管目））．生活環の完結には長短があり，年に1回発生の一化性，2回の二化性，3回以上の多化性のものがある．また，気象条件や食物の季節的変化に応じて活動相と休眠相がある．この切換えには，主として光周期や気温が主導的に働いているという．一時的な食物の欠乏，過密条件など生息場所の不適化にも反応して移動が起こるものもある．
② 生息場所：　害虫の生息の場は異質でしかも不連続であり発育段階に応じて異なるが，類縁関係の近いものは生息場所が相似するものが多い．卵～蛹の時代は地中で成虫は地上で過ごすもの（コガネムシ類），両性・単性生殖の複雑な周年経過をたどりこの間に寄主植物を変更（転換）するもの（アブラムシ類）などがある．
③ 繁殖と発育：　繁殖法は，雌雄の交尾による両性生殖がふつうであり，受精卵は体外に排出され（卵生）次世代が発育する．しかし，受精卵（越冬卵）から孵化し，以後の世代は単性生殖で，母体内で孵化して産出（胎生）を繰り返し，秋季に至って雌雄両性の区別を生じ，両性生殖に移って卵を産むものもある（アブラムシ類）．変態は孵化後の後胚子発生時においてみられる．幼虫の時代はもっとも著しい成長を遂げるときで，この間に一定数の脱皮を行い，齢を更新する．このとき孵化直後の幼虫を第一齢幼虫，1回脱皮したものを二齢幼虫とよんでいる．幼虫は脱皮を契機として伸長，体重成長をするが，色彩，斑紋の変化や諸器官の分化発達も伴う．蛹の時代には摂食・排泄行動はないが，諸器官の著しい発達，変革がみられる．蛹は，まゆや土中に蛹室をつくるものなど昆虫の種類によって異なる．この時期の体壁は，卵殻と並んで強靭な構造をもっている．成虫は成長現象がなく，もっぱら生殖作用を営む．これら昆虫類の繁殖，発育には，気象条件や食物の環境要因が影響し，とくに温度が重要な要素と考えられている．

b) **害虫の行動，習性**　　害虫は，それぞれ種の置かれた環境によく適応した様式で

表 8.17 主な飼料作物害虫

分類上の位地	害虫の種類	学名	加害作物
節足動物門			
昆虫綱			
無翅昆虫亜綱			
トビムシ目	キボシマルトビムシ	*Bourletiella hortensis* (Fitch)	R.
（粘管目）	キマルトビムシ	*Sminthurus viridis* (Linnaeus)	L.
有翅昆虫亜綱			
バッタ目	エンマコオロギ	*Teleogryllus emma* (Ohmachi et Matsuura)	L., G.
（直翅目）	トノサマバッタ	*Locusta migratoria* (Linnaeus)	G.
	ツチバッタ	*Mecostethus magister* Rehn	G., L.
	クルマバッタモドキ	*Oedaleus infernalis* de Saussure	L., G.
	コバネイナゴ	*Oxya yezoensis* Shiraki	G., C., S.
	イナゴモドキ	*Parapleurus alliaceus* (Germar)	G.
アザミウマ目	クサキイロアザミウマ	*Anaphothrips obscurus* (Muller)	G., C., S.
（総翅目）	イネクダアザミウマ	*Haplothrips aculeatus* (Fabricius)	G., C., S.
カメムシ目	コンドウヒゲナガアブラムシ	*Acyrthosiphon kondoi* Shinji	L.
（半翅目）	ナガグロメクラガメ	*Adelphocoris suturalis* (Jakovlev)	L.
	ミドリメクラガメ	*Taylorilygus pallidulus* (Blanchard)	L.
	アカスジメクラガメ	*Stenotus rubrovittatus* (Matsumura)	G., L.
	ホシアワフキ	*Aphrophora stictica* Matsumura	G.
	キビクビレアブラムシ	*Rhopalosiphum maidis* (Fitch)	G., C., S.
	ヒエノアブラムシ	*Melanaphis sacchari* (Zehntner)	S.
チョウ目	アワヨトウ	*Pseudaletia separata* (Walker)	G., C., S.
（鱗翅目）	ハスモンヨトウ	*Spodoptera litura* (Fabricius)	L., R.
	ヨトウガ	*Mamestra brassicae* (Linnaeus)	L., G., C., S., R.
	モンキチョウ	*Colias erate poliographus* Motschulsky	L.
	スジキリヨトウ	*Spodoptera depravata* (Butler)	G.
	タマナヤガ	*Agrotis ipsilon* (Hufnagel)	L., G., C., S., R.
	シロモンヤガ	*Xestia c-nigrum* (Linnaeus)	L.
	ツメクサガ	*Heliothis maritima* (Graslin)	L.
	イネヨトウ	*Sesamia inferens* (Walker)	G., C., S,
	キタショウブヨトウ	*Amphipoea fucosa* (Freyer)	G., C.
	ワモンノメイガ	*Nomophila noctuella* Schiffermuller	L., G.
	コブサキバガ	*Dichomeris acuminata* (Staudinger)	L.
	アトウスハマキ	*Archips semistructus* (Meyrick)	L.
	マイマイガ	*Lymantria dispar* (Linnaeus)	L., G.
	アワノメイガ	*Ostrinia furnacalis* (Guenee)	C., S.
コウチュウ目	ウリハムシモドキ	*Atrachya menetriesi* (Faldermann)	L.
（鞘翅目）	ホタルハムシ	*Menolepta dichroa* Harold	L., G.
	ヒメキバネサルハムシ	*Pagria signata* (Motschulsky)	L.
	ムギノミハムシ	*Chaetocnema cylindrica* (Baly)	G.
	アルファルファタコゾウムシ	*Hypera postica* (Gyllenhal)	L.
	サビヒョウタンゾウムシ	*Scepticus griseus* (Roelofs)	L.

8.7 牧草，飼料作物の病虫害

分類上の位地	害虫の種類	学名	加害作物
	ツメクサタコゾウムシ	*Hypera nigrirostris* (Fabricius)	L.
	スジコガネ (幼虫)	*Mimela testaceipes* (Motschulsky)	G., L.
	ツヤコガネ (幼虫)	*Anomala lucens* Ballion	G., L.
	マメコガネ (幼虫)	*Popillia japonica* Newman	G., L.
	ヒメコガネ (幼虫)	*Anomala rufocuprea* Motschulsky	G., L., C., S.
	ナガチャコガネ (幼虫)	*Heptophylla picea* Motschulsky	G., L.
	ダイコンハムシ	*Phaedon brassicae* Baly	R.
	トビイロムナボソコメツキ	*Agriotes ogurae fuscicollis* Miwa	G., C., S.
ハエ目	イネミギワバエ	*Hydrellia griseola* (Fallen)	G.
(双翅目)	シバクキハナバエ	*Atherigona reversura* Villeneuve	G.
	ガガンボの一種		L., G.
	タネバエ	*Delia platura* (Meigen)	G., L., C., S.
	ナモグリバエ	*Chromatomyia horticola* (Goureau)	R.
	イネキモグリバエ	*Chlorops oryzae* Matsumura	G.
	アカザモグリハナバエ	*Pegomya exilis* (Meigen)	R.
クモ綱			
ダニ目	クローバーハダニ	*Bryobia praetiosa* Koch	L., G.
	カンザワハダニ	*Tetranychus kanzawai* Kishida	L.
	ナミハダニ	*Tetranychus urticae* Koch	L.
	ニセナミハダニ	*Tetranychus cinnabarinus* (Boisduval)	L.
	ムギダニ	*Penthaleus major* (Duges)	G., L.
甲殻綱			
等脚目	オカダンゴムシ	*Armadillidium vulgare* Latreille	G., L.
軟体動物門			
腹足綱	ノハラナメクジ	*Deroceras reticulatum* (Muller)	L.
	ウスカワマイマイ	*Acusta despecta sieboldiana* (Pfeiffer)	L.
	オカモノアラガイ	*Succinea lauta* Gould	L.
線形動物門			
線虫綱			
ハリセンチュウ目	キタネコブセンチュウ	*Meloidogyne hapla* Chitwood	L.
	サツマイモネコブセンチュウ	*Meloidogyne incognita* (Kofoid et White)	L., G., C., S.
	キタネグサレセンチュウ	*Pratylenchus penetrans* (Cobb) Filipjev et Schuurmans Stekhoven	G., C., S.
	ミナミネグサレセンチュウ	*Pratylenchus coffeae* (Zimmermann) Filipjev et Schuurmans Stekhoven	G., S.
脊椎動物門			
哺乳綱			
齧歯目	エゾヤチネズミ	*Clethrionomys rufocanus bedfordiae* (Thomas)	G., L.
	ハタネズミ	*Microtus montebelli* Milne-Edwards	G., L.
食虫目	コウベモグラ	*Mogera kobeae* Thomas	G., L.
	アズマモグラ	*Mogera wogura* (Temminck)	G., L.

G. イネ科牧草，　L. マメ科牧草，　C. トウモロコシ，　S. ソルガム，　R. 飼料用根菜類

活動(行動)している．行動の多くは遺伝されるもので，一般に生得的行動(本能的行動)といわれる．生得的行動には，運動の方向性がないキネシス(無定位運動性)，刺激源に対して一定の角度をもった横断定位，タキシス(走性)等があり，刺激の内容によって走光性，走化性などとよばれる．また，昆虫の摂食，歩行，飛翔，交尾などの行動は各種ほぼ一定の型を示し，しかもある条件内では普遍的であるという．この各種の動作でみられる種類的特性を総称して習性とよんでいる．

① 配偶行動: 有性生殖の昆虫には，刺激興奮させて交尾へと進ませる機能，雌雄を距離的，時間的に近づける作用，異種同種，異性同性の識別機能があり，これらの機能は生得的なものであり，適切な信号刺激が与えられないと一連の配偶行動は進行せず，配偶行動時の雌雄間のコミュニケーションには嗅覚，聴覚，視覚，触覚が関与しているといわれている．一方，このコミュニケーションにかかわる化学物質に性フェロモンがある．多くの害虫のその化学的本体が明らかにされつつある．

② 産卵行動: 産卵場所の選択には，二つの段階が考えられ，第1段階が視覚刺激，第2段階がにおいなど化学刺激であることが多いという．この産卵行動において寄主発見のための信号刺激として利用されている寄主由来の化学物質はカイロモンとよばれている．

③ 摂食行動: 害虫が食物を得る方法は，それぞれ種の生息している環境の中で，それぞれに適した採餌戦略がとられ，その行動には，食物のある環境の食物そのものの発見，認知，食物の受容および適合性の段階が関与しているとされている．

④ 防衛: 害虫も捕食者や寄生者に対する防衛行動や子孫維持のためにいろいろな行動をとる．捕食者にみつかりにくい色彩や形態となるカモフラージュ，警戒色や擬態を示して防衛することなどが知られている．また，捕食者の嫌がる忌避的な化学物質(アロモン)を分泌して撃退するものもある．

⑤ 移動，分散: 人為的，気流や風および昆虫自身による移動がある．昆虫自身による移動は多様であるが，移動する条件には生息密度，食物の量，日長などの環境要因とアラタ体活性など昆虫自身の生理状態が関係しており，この移動，分散は単に不適当な環境からの逃避ではなく，新しい利用可能な生息地の開拓への機能行動と考えられている．

c) 発生変動 食葉性の害虫が大発生し，広大な面積の草地が枯損をまねくことがある．この突発的かつ集団的ともいえる発生変動に対し，慢性的ないし恒常的な発生あるいは発生に周期のみられるものもある．個体数の変動に影響を与える要因には，温度や降水量などの気象的要因，食物の量や質，天敵(寄生ハチ，捕食虫，病原微生物)など生物的要因がある．また，個体群の高密度化に伴う種内競争の激化による高死亡率，低密度化と競争の弱化による高生存率という密度依存的な要因が，昆虫の個体数を変動しながらもある一定の範囲内にとどめている主な理由と考えられている．

4) 昆虫以外の有害動物の生活史と行動，習性

a) ダニ目 飼料作物を加害するハダニ類は主として葉裏に生活し，コロニー化することが多い．ダニは単性生殖の現象がみられるが，ハダニ科の単性生殖は雌のみを生ずる場合と，雌雄の交尾による生殖と並行して行われる場合があり，その習性は未知の

ことが多い.
 b) 線虫類　線虫類は単性生殖と両性生殖を行う．また，転性や間性の例も知られ，卵生と胎生の両方を行う種類もあるという．ネコブセンチュウ類では，卵嚢が形成され，卵はこの中で発育し，卵嚢中で適当な条件下が到来するまで休眠状態を続ける．ネグサレセンチュウ類の卵は土壌中または被害残渣中で越年する．シストセンチュウ類では卵嚢が雌成虫の尾端に付随し，卵形成が進むにつれて虫体は卵で満たされ包嚢（シスト）となる．それぞれ卵，卵嚢またはシスト中で孵化し，第1期幼虫がその中で形成される．第2期幼虫から寄生生活に入る．植物寄生性の土壌線虫は植物根から分泌されるある種の化学物質によって誘引され，口針により根の皮層部や維管束，その他柔軟な組織に寄生し，腫瘍やこぶ等を形成する．
 c) ネズミ類　繁殖は栄養条件がよければ年中行われ，妊娠期間は20日内外，1回の産子数は7～8匹，80日程度で性成熟するという．生息密度は秋に高く，春は低い．雑食性で草のほか穀物や昆虫なども摂食する.
 5) 害虫防除
　草地に生息する個々の害虫類は，その種だけ独立に生活しているのではなく，居住場所を同じくする他の多くの昆虫を含む生物と捕食・寄生・共生関係を保ちながら，あるいは侵入してくる他の生物とも複雑な関連をもって生活し，ある調和の保たれた群集を形づくっている．ある害虫を殺虫剤により絶滅しようとした場合，その害虫の減少は天敵を含めてその群集内の他の種類にも影響を与え，その構成に大きな変動が起こり，かえって害虫の大発生をきたすことがよく知られている．このことは，益虫も害虫も作物

入力＼出力	土　壌	作　物	害　虫	天　敵	人　間	
土 壌	土 壌 学	生育場所（保持・栄養供給）	生息場所・かくれが	生息場所・かくれが	農　　地	農生態系の人間への影響
作 物	土壌組成（下層土）の変化・窒素固定	植物の種内・種間関係	食　物・生息場所	生息場所・蜜・花粉などの食物	食　　糧	
害 虫	死体・土壌の物理化学的変化	加　　害	害虫（草食動物）の種内・種間関係	食　物・生息場所	損　害（作物の質・量の低下）	
天 敵	死　　体	損傷防止	寄生・捕食	天敵（肉食動物）の種内・種間関係	損害防止	
人 間	耕耘・水管理・客土	肥培管理・栽培システム・育種	防除技術	保　護・増殖技術	社会・経済生活（利益・費用の最適化）	

農生態系管理技術

図8.10　害虫を中心とした農生態系管理マトリックス（桐谷，中筋，1977）
太線で囲んだ部分が農生態系の構成要素．太陽エネルギー，気象，気候要因は除いてある．

を中心にした農業生態系の必要な構成メンバーであり（図8.10），農生態系の管理の一環として害虫管理を行う必要性を教えてくれるものであろう．牧草，飼料作物，とくに草地における害虫防除は，以下に述べる耕種的防除を主体に考え，天敵の保護，活用を積極的に行うなど，できるだけ自然の制御力を妨げない生態的な方法による害虫制御が望ましい．

a) 草種の選択　草種によって害虫の被害が異なる．とくに問題になる害虫に対しては，更新時に被害の少ない草種を導入する．

b) 混播　単播草地で害虫の多発が起こりやすい．できるだけ単播を避けて混播にする．またこの場合，草種が複雑なほど特定の害虫の多発防止に有利であるとされている．

c) 早期刈取り　害虫の種類によっては，多発したときに牧草を刈り取ることにより効果的に被害を少なく抑えることができる．

d) 施肥管理　一般に，窒素質肥料の多用は害虫の多発をまねく．コガネムシ類の幼虫防除には石灰窒素の施用効果が高いという．

e) 更新，輪作　土壌害虫は，いったん多発すると防除は困難である．更新，輪作は害虫の生息環境の攪乱と一時的な食物の欠乏を起こし，害虫を少なくすることができる．

f) 天敵の保護　草地にはクモ，ハチ，テントウムシなど多くの天敵が生息している．これらは害虫の多発防止に大きな役割を果たしている．不必要に農薬を散布することは避ける．

g) 薬剤防除　播種時の害虫防除や害虫が大発生して周辺に被害拡大のおそれのあるときなどには必要である．

［植松　勉，神田健一］

文　献

1) 梶原敏宏：作物病害虫ハンドブック（梶原敏宏ら編），1-13，養賢堂（1986）
2) 江塚昭典：同書，13-18
3) 斉藤康夫：同書，18-28
4) 山口富雄：同書，38-54
5) 佐藤　徹：同書，175-226
6) 梅谷献二：同書，657-662；733-740
7) 服部伊楚子：同書，662-673
8) 桐谷圭二：同書，673-696
9) 釜野静也：同書，696-706
10) 岩田俊一：同書，706-732
11) 内藤　篤：同書，855-867
12) 君ケ袋尚志，大内義久：粗飼料・草地ハンドブック（高野信雄ら編），517-542，養賢堂（1989）
13) 八重樫博：植物防疫講座（山田昌夫ら編），75-84，日本植物防疫協会（1990）
14) 安松京三ら著：応用昆虫学，1-112，朝倉書店（1972）
15) 平井剛夫：草地管理指標，日本草地協会（1993）
16) 植松　勉ら：同書

8.8 栽培管理・収穫用の機械

就農者の減少や輸入粗飼料が増加するなか，低コストかつ省力的な飼料生産技術が要請され，飼料生産機械は大型化の傾向にある．歩行型機械から輸入機を中心とした大型トラクター用の高性能機械まで多様であるが，個別経営やコントラクターなど飼料生産規模に適合した作業機の選択が重要である．

a．耕耘作業機
1) プラウ

はつ土板プラウは，深耕が可能で反転すき込み性が優れている．リバーシブルプラウは，り体を対称に2組配置し，トラクターの油圧で左右に反転しながら順次往復耕ができるので圃場が均平となり，普通型プラウより20～30%作業能率が高い．とくに，傾斜圃場での作業性が良好である（図8.11）．適正耕深はインチサイズで呼称されている耕幅の1/2～2/3である．

図8.11 砕土・鎮圧ローラー付きリバーシブルプラウ（スガノ）

駆動ディスクプラウは，直径40～60cm，4～10枚取り付けられた円板を強制回転させるので，作業幅の割には牽引抵抗が小さいが，プラウより反転性能は劣る．飼料畑では平面耕ができるワンウェイ方式が適する．

チゼルプラウは，チゼルが約30cm間隔で多連に配置され，地表面を引き裂き浅耕する．不透水層の破砕や石礫の掘起こしなどにも利用できる．

2) ロータリー

わが国でもっとも一般的に用いられている耕耘機械である．攪土耕は，土塊の破砕，均平性が優れる反面，反転性が劣る．逆転ロータリーは，大土塊が下層に埋没し細かい土が表面に分布するので，播種床が1行程で造成されるが，PTO軸所要動力は正転ロータリーに比べ20～40%増加する．

耕深の自動制御機構，ロータリーカバーの内側に特殊ゴムを装着した土の付着防止対策，耕耘爪への草の巻付き防止対策，耕耘爪のゆるみ防止およびワンタッチ着脱方式などが開発されている．

b. 砕土・整地用作業機
1) ハロー

40～60cmの円板を複列に取り付けたディスクハローは，礫土の切断力や破砕力に優れ荒砕土に適するが，細かく砕土することはできず均平効果も劣る．草地の簡易更新や石礫地での簡易耕起にも使用される．

ツースハローは，軽量で歯かんの貫入深さが浅く砕土性能は劣るが，小さな圃場凹凸の整地や散播した後の覆土に用いられる．ばね状の弾性刃を用いたスプリングツースハローは，破砕作用が強く，石礫が多い圃場や硬い土壌の砕土に適する．

駆動型ハローは，もっとも砕土・整地性能が高く，各種土壌に対する適応性も広い．ロータリーと同様の構造で花形爪やL形爪を装着した機種のほかに，砕土爪が水平に回転する方式もある（図 8.12）．爪の作用深さが深すぎると下層土が締まりやすくなったり，膨軟で旱魃の影響を受けるので10cm以内にとどめる．

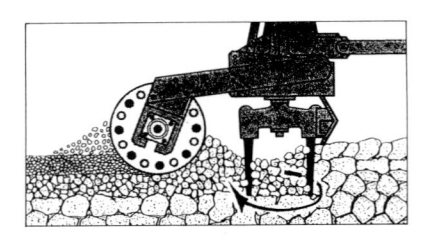

図 8.12 駆動型ハロー (Lely 社)

2) ローラー

播種後の鎮圧は，土壌の過乾燥を防ぎ発芽を斉一にしたり，風食を防止するほか，土壌処理型除草剤の効果を高めたり収穫作業時の機械破損の原因となる石礫を埋没させる．カルチパッカーやK型ローラーは，鎮圧力が強く，水分の保持も良好である．

c. 施肥・播種作業機
1) ライムソーワ，ブロードキャスター

石灰などの粉状および粒状資材を散布するライムソーワは，散布幅が一定しているので散布位置が確認しやすく，落下高さが低いので風による飛散が少ない．

粒状の肥料や牧草種子をホッパーに入れ，全面散布するブロードキャスターは，構造が簡単で取扱いが容易であるので広く利用されている．左右約45度に揺動する筒で散布する筒揺動式は回転羽根式より散布精度はよいが，いずれも遠心力を利用した散布方式のため風の影響を受けたり，不整地圃場では機体の揺れにより散布むらが生じやすい．

2) ドリルシーダー

ドリルシーダーは，牧草類を条間15cm前後に条播する播種機である．牧草専用のグラスシーダーは，仕上げ砕土パッカーと鎮圧パッカーの中間に肥料および種子を落下させる．グレンドリルに細粒種子用の繰出し装置をつけた兼用型は，播種精度は良好であるが高価である．ニューマチックシーダーは空気式の種子均等分配機構を有し，播種量を無段階で調整できるとともに多数の播種条に対応できる．軽量でブロードキャスター

8.8 栽培管理・収穫用の機械

と同様のホッパー形状のため作業性がよい．

3) コーンプランター

コーンプランターは，トウモロコシなどの大粒種子を1粒あるいは数粒ずつ播種する．ロール式，回転目皿式，ベルト式の種子繰出し機構は，ロータリーの後部に装着する廉価なユニット播種機として使用される．

空気式は吸引ファンの真空圧やブロワの圧縮空気を利用して，1粒ずつ取り込み播種する（図8.13）．播種精度が高いので精密播種機ともよばれ，側条施肥も同時に行う．

図8.13 空気圧送式播種機によるトウモロコシ播種（タカキタ）

d. 管理作業機

畦間の中耕除草用のカルチベーターは，除草剤の普及であまり利用されないが，農薬による環境汚染を軽減させる視点から，機械除草が見直される機運にある．中耕，除草爪で土壌表面を削る方式とロータリー中耕部を3～5連に装着したロータリーカルチとよばれる駆動型がある．株間のみ除草剤を散布する組合わせ方式もある．ウイーダーとよばれる除草ハローは，除草効果を上げるには3～6回の作業が必要である．

除草剤の全面散布には，ブームスプレーヤーが用いられる．ノズルの目詰まりを防ぐためにフィルターは必ず使用し，薬液は十分撹拌する．散布作業は風のない日に実施するが，細霧発生の少ない泡状の噴射ノズルもある．

e. 刈取作業機

刈取専用機のレシプロモーアは，軽量かつ所要動力が小さいが，倒伏したり草量が多い場合は作業が困難になる．ロータリーモーアは，レシプロモーアより所要動力は大きいが，高速作業ができ草の詰まりや刈り残しがなく，草の状態を選ばず安定して作業ができる．

刈取りと同時に牧草を圧砕するモーアコンディショナーは，良好な気象条件下で圃場乾燥を促進させる効果がある（図8.14）．溝のついたゴムローラーで茎をつぶしたり折り曲げるローラー型は，葉部の脱落しやすいマメ科牧草に適する．タインが自由にスイングするフレール型およびVやY字形タインがローターに固定されたタイン型は，イネ科牧草向きで，茎のワックス層に摩擦で傷をつけるとともに密度の一様な乾きやすい刈

図 8.14 ローラー型モーア
　　　　コンディショナー
　　　　(Vicon 社)

倒し列をつくり,乾燥を促進させる.
　重量の重いモーアコンディショナーは牽引式が多いが,狭い圃場では,急旋回ができるスイーベルヒッチや倍角ヒッチが適している.牧草の乾燥速度は圧砕強度に比例して速まるが,同時に茎葉の切断による損失も多くなるので注意を要する.

f. 転草・集草作業機

　牧草を転草するテッダーは,ジャイロテッダーともよばれる縦軸回転式テッダーが一般的である.スプリングタインのついたローターが,2軸一組で草を抱え込むように回転して後方に放てきする.拡散性に優れるが,葉が脱落したり,破砕されないよう適正なローター回転速度で作業する.
　集草列をつくるレーキには,サイドレーキ,回転輪式レーキおよびロータリーレーキなどがある.ロータリーレーキは,ジャイロテッダーと同様に6〜10本のアームのついたローターが縦軸回転する.軸の回転角度に応じてタインの角度が変化し,よじれない柔らかな集草列をつくることができる.二軸式には軸間の長さを油圧で変え,集草幅を変えることができる機種もある.
　縦軸回転式のテッダー,レーキの多くの機種はトラクターの走行に追従するフリースイング機構をもち,旋回時にスムーズに作業できる.さらに,圃場周辺では,拡散草が圃場から飛び出さないよう放てき方向を変えることができる.大型では小回りできるようサポートホイールを操舵したり,油圧でローターを折りたたむ機種がある.
　転草・集草兼用型はヘイメーカーともよばれ,専用機に比べ作業能率や精度は低下するが,利便性は高い.

g. 梱包・密封作業機

1) 角形ベーラー

　人力で運べる梱包サイズのタイトベーラーは,ロールベール体系の普及とともに急速に減少している.
　角形ビッグベーラー(図8.15)は,高さ60〜80×幅85〜120×長さ120〜250cm(1.2〜1.6m^3)の梱包サイズで,コンパクトベールの20〜30個に相当する.ロールベールの約1.5倍の梱包密度で,走行しながらベールの結束や排出ができるので作業能率が

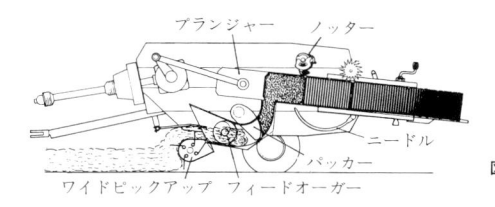

図 8.15 ベーラーの梱包機構（Welger 社）

高いほか，集草列をまたいで作業するインライン方式のため作業しやすい．また，容積当たりの収納量はロールベールの約 2 倍である．機体重量は 5～6 トンに達し，100 馬力以上のトラクターが必要である．

2) ロールベーラー

ピックアップで拾い上げた予乾草を直径 0.5～1.5 m の円柱形に成形し，トワインあるいはネットで梱包する．構造が簡単で作業能率が高く，高水分から乾草まで適応水分幅も広い．ベールチャンバーが一定の定径式（図 8.16）は，ベール中心部の梱包密度が外側に比べて低い．ベールチャンバーの容積が変化する可変径式（図 8.17）はゴムベルトやスラットチェーンなどでベールの芯から成形するので梱包密度は均一となる．

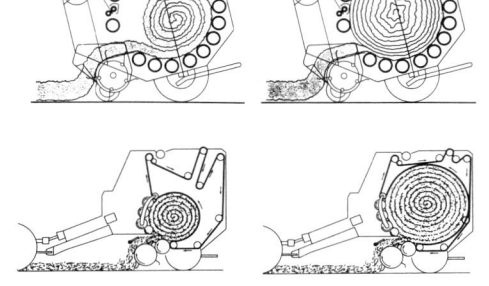

図 8.16 定径式ロールベーラー（Welger 社）

図 8.17 可変径式ロールベーラー（New Holland 社）

10 cm 前後に切断しながら梱包するカッティングロールベーラーは，梱包密度が 10～30％高まり，給与時の解体も容易となるが，切断機構（図 8.18）を有するので，直径 1.2 m のロールベーラーで 100 馬力前後のトラクターが必要となる．水田などの軟弱地に適するゴムクローラー走行部を有する自走式ロールベーラーもある．

3) ベールラッパー

ロールベールを厚さ 25 μm のポリエチレンのストレッチフィルムで密封，サイレージ化する機械である（図 8.19）．

ターンテーブル式は，フィルム繰出し装置が固定されており，ベルト掛けした駆動ローラーを有するターンテーブルにベールをのせ，水平に回転させてラップする．ベールが円柱形に成形されてなかったり，ターンテーブルが傾斜した状態ではベールが動揺し，密封が不完全になる．回転アーム式は，フィルム繰出し装置のついたアームがベールの周囲で水平に回転する．

図 8.18 カッティングロールベーラーの切断機構（タカキタ）

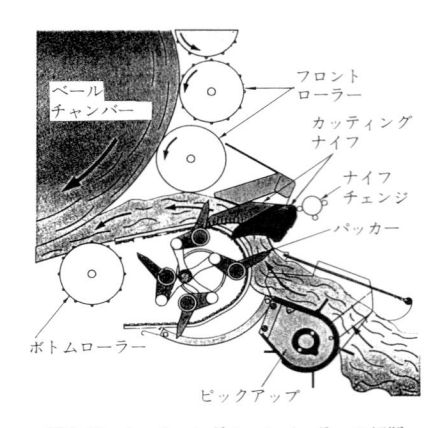

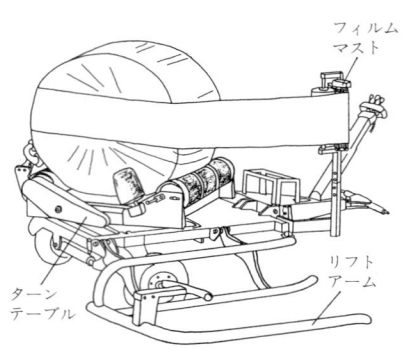

図 8.19 ターンテーブル式ベールラッパー

ほかに，チューブラインとよばれ，フィルム繰出し装置のついたリングをベールの周囲で鉛直に回転させながら連続的にラップする軌道式もある．個々にラップする方式に比べフィルム使用量が 40〜50％ 節約できる．

フィルム被覆は，重複率 50％ の 4 層巻きが標準であるが，調整が悪かったり作業を急ぐと，密封不良やフィルム破損で気密性を損ないやすい．高品質化のためには適切な速度でていねいに作業を行うことが大切である．

h．細切・吹上げ作業機

フレール型フォーレージハーベスターには，水平回転軸に取り付けられたカップ形のフレール刃で牧草を刈り取り，直接吹き上げるダイレクトカット式と，L 字形のフレール刃で刈り取り，オーガーで横送りした後，カッターブロワで吹き上げるダブルカット

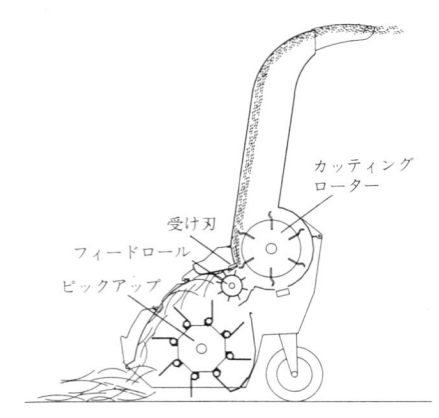

図 8.20 ピックアップユニット型フォーレージハーベスター（Teagle 社）

式がある．前者は切断長が長く不ぞろいであるが，構造が簡単かつ軽量であり，小型のものが多い．後者は切断長が短く，刈り幅も広くなり所要動力は大きくなる．長大作物を収穫することも可能であるが，主に牧草類用である．

ユニット型フォーレージハーベスターは，牧草集草列を拾い上げるピックアップユニット（図8.20）と長大作物を刈り取るロークロップユニットが交換できる．切断長は刃数を変えたりフィードローラーの速度を変えて6～10段階に調整できる．カッター刃が分割されているマルチナイフ方式は万一破損してもシリンダー刃1枚ごと交換する必要がなく，交換時間も短い．

トラクターに直装するサイド＆リバース式のロークロップユニット装着フォーレージハーベスターは，コーンハーベスターとして利用される場合が多い（図8.21）．後装のリバース状態は全面刈りができるので，圃場の中割のほか，枕地刈りもでき，トウモロコシ収穫の省力化に大きく貢献している．3条刈りは100馬力以上のトラクターが必要となるが，倒伏した長大作物への適応性も高い．また，作業機が切り離せるセパレート式はワンマン作業が可能である．

図8.21　3条刈りサイド＆リバース式コーンハーベスター（スター）

自走式フォーレージハーベスター用には2個の大型ドラムが回転して作物を刈り取るロータリーロークロップヘッドもあり，牧草，トウモロコシなど作物の種類や条間隔を選ばず作業できる機種もある（図8.22）．

図8.22　ロータリーロークロップヘッド（Kemper社）

i. 運搬・ハンドリング作業機

1梱包が数百kgになるロールベーラーや角形ビッグベーラーの出現で,人力依存のタイトベール体系から,機械によるハンドリングを前提とした省力的運搬体系に変貌しつつある.水分や梱包密度でベール重量が大きく異なるので,所有トラクターの馬力などを考慮して機種を選定する.運搬にはトレーラーやトラックが用いられるが,専用のロールベールワゴンなども開発されている（図8.23）.

図8.23 ラップサイロも運搬できるロールベールワゴン（ロールクリエート）

図8.24 ハーベスター一体型フォーレージワゴン（Taarup社）

一方,ファームワゴンやフォーレージワゴンとよばれる運搬車は,フォーレージハーベスターで細切された材料を荷受けして運搬する.ファームワゴンは,床部に荷降ろし用のスラット付きチェーンコンベアを有する汎用型の農用運搬車である.排出用のエレベーターアタッチメント,クロスコンベアアタッチメントおよび堆肥散布用のアタッチメントなどが装着できる.フォーレージワゴンは,細切材料専用の運搬車で,大型で前部に定量供給のできるクロスコンベアを有する機種が多いが,ワンマンで集草列の吹上げ,運搬ができるハーベスター一体型は,短時間で後方に迅速に荷降ろしできる（図8.24）.

［糸川信弘］

8.9 調製,貯蔵と品質

a. サイレージ

19世紀中頃に欧州で考案されたサイレージ（silage）は自然界の乳酸菌の働きを利用した保存飼料で,その調製法（ensilage）は古代エジプトの壁画に原点が求められる.

8.9 調製,貯蔵と品質

日本には明治の中頃に導入され,昭和初期の有畜農業の奨励と相まって普及するようになった.近年は,調製技術の向上と導入による種々のメリットおよびわが国の多雨多湿気候からサイレージ調製量が増加し,もっとも重要な粗飼料調製法としての位置を確立している.

1) サイレージ調製過程の変化

材料植物をサイロに詰め込むと,材料自身の作用および材料に付着して取り込まれた各種微生物の作用との複合によってサイレージが調製される.その調製過程(発酵)は埋蔵直後の好気的時期(発酵初期),嫌気条件および乳酸発酵の進行する時期(発酵前期),乳酸発酵が終了してサイレージが安定する時期(発酵中期)およびその後の貯蔵時期(発酵後期)の4段階に分けて考えることができる.

a) 材料植物の反応 サイロに密封された材料植物は間隙に残る空気を利用して呼吸し,糖類を炭酸ガスと水とに分解して発熱する.しかし,水分が除去(予乾)されれば呼吸は弱まり,糖類の消費も少ない.また,植物細胞は嫌気条件下でも自己分解活性によってタンパク質,細胞壁成分,脂質等をアミノ酸,単少糖,脂肪酸等に分解し,それらの一部は並行して各種微生物の増殖の養分(基質)として使われる.したがって,サイレージ調製では材料のもつ栄養価の一部は必ず失われ,これらの損失をいかに少なくするかが重要である.

b) 微生物の反応 サイレージ調製では材料に付着した多種多様の微生物が働き,それらを上手に制御できれば良質品が調製される.関与する微生物群としては乳酸菌,酪酸菌,コリ型細菌等があり,それらの中で乳酸菌とよばれる一群の通性嫌気性細菌がもっとも重要である.

① 乳酸菌: 表8.18に示した4属の球菌あるいは桿菌を総称して乳酸菌とよぶ.植物に付着する乳酸菌数は草種や部位,栽培方法,収穫時期等によって大きく違い,一般的傾向としては,青刈飼料作物>マメ科牧草>イネ科牧草の順に少なくなり,夏~秋に多く,春や晩秋には少ない.おおむね乳酸球菌は新鮮材料植物に $10^2 \sim 10^4$ cfu/g,乳酸桿菌は $0 \sim 10^3$ cfu/g 付着し,これらは材料とともにサイロに取り込まれて短時間に増殖する.この場合,乳酸球菌が最初に増殖してpHを5付近まで低下させ,その後,乳酸桿菌が増殖して最終的にはpH4前後に至る.なお,到達pHは材料植物の緩衝能に左右され,マメ科植物を材料とした場合にはpHの低下は鈍くなる.

乳酸菌は増殖に伴い乳酸を生成(発酵)し,その発酵形式(ホモ型またはヘテロ型)は菌種によって決まっており,基質の種類によって生成物が変わる.ホモ型発酵では1モ

表8.18 乳酸菌とサイレージ発酵に関与する代表的菌株

属 名*	形 状	発酵形式	代表的菌株
Streptococcus	連鎖球菌	ホモ型	*faecium*, *lactis*, *faecalis*
Pediococcus	四連球菌	ホモ型	*acidilactici*
Leuconostoc	連鎖球菌	ヘテロ型	*mesenteroides*
Lactobacillus	桿菌	ホモ型	*plantarum*, *casei*, *acidophilus*
		ヘテロ型	*brevis*

注 * 最新の分類体系では,*Streptococcus* 属は *Streptococcus* 属,*Lactococcus* 属および *Enterococcus* 属に分割された.

ルの六炭糖(グルコースまたはフルクトース)から2モルの乳酸が生成する．また，1モルの五炭糖からはホモ型，ヘテロ型を問わず各1モルの乳酸および酢酸を生成する．一方，ヘテロ型発酵では1モルの六炭糖から各1モルの乳酸およびエタノール，あるいは2モルの六炭糖から各2モルの乳酸，炭酸ガスおよび水素ガスと各1モルの酢酸およびエタノールが生成する．なお，フルクトースからはマンニットが，乳酸からは酢酸と炭酸ガスとが生成する場合もある．いずれにしても，ヘテロ型発酵では炭酸ガスが発生するためにエネルギー収支上は望ましくない．

② 酪酸菌： 耐熱胞子を形成する *Clostridium* 属の細菌で，絶対嫌気性下に増殖して酪酸を生成し，pH 5前後以下では増殖できない．したがって，嫌気条件に達してもpH低下が不十分であれば増殖して糖，乳酸，タンパク質，アミノ酸等を消費してサイレージの悪臭の原因となる酪酸，アンモニア，アミン類を生成する．

酪酸菌は土壌中に生息するため，サイレージの詰込み過程で土壌の混入を極力避けること，および十分なpH低下が達せられれば酪酸菌の増殖は阻止される．また，酪酸菌は乳酸菌と比較して水分含量の少ない材料では増殖しにくい性質があり，予乾等による材料の水分低下も酪酸菌の増殖阻止に効果がある．

③ コリ型細菌： 材料の詰込み直後から嫌気条件に達するまでの発酵初期，またはサイロの密封が不十分な場合には好気性細菌群が増殖する．これらの多くはコリ型細菌とよばれる好気性ないしは通性嫌気性の桿菌で，乳酸菌が利用できる糖類をいち早く利用して増殖する．好気性細菌群は新鮮材料植物には $10^6 \sim 10^8$ cfu/g 付着しており，乳酸菌と比較すると格段に多い．したがって，密封不完全な場合には好気性細菌群が急激に増殖して乳酸菌の増殖およびpHの低下を妨げ，酪酸菌の増殖を助長する．

④ その他の微生物群： 密封や踏圧が不十分な場合には糸状菌(かび)が増殖する．かびの発生は栄養分の消費や嗜好性の低下をまねき，ときにはマイコトキシン(かび毒)が産生する場合もある．また，酵母類はサイレージの好気的変敗の原因となる微生物であるが，その詳細は別項で述べる．

c) **物理的条件の影響**　サイレージ発酵の過程では材料植物自身および各種微生物の作用で種々の生化学的変化が起こり，サイレージの発酵品質が決まる．これらの作用

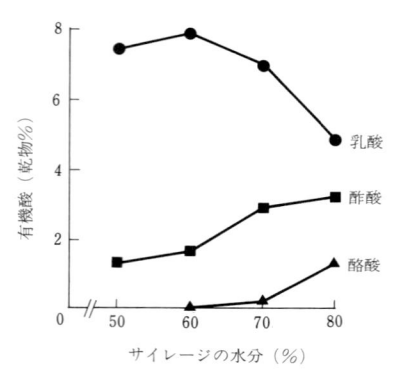

図 8.25　サイレージの水分含量と有機酸含量の関係(上野，1970)

8.9 調製, 貯蔵と品質

は物理的な方法である程度制御することができ, 良質サイレージ調製の原則とされる.

① 水分含量: サイレージの水分含量は微生物の増殖に大きな影響を及ぼし, 低水分では相対的に活性が低下する. その程度は微生物種によって異なり, 酪酸菌は水分含量70%以下では弱まり, 乳酸菌は60〜70%ではそれほど弱まらない. したがって, 乳酸の生成を弱めずに酪酸の生成を抑制するためには, 予乾等によって材料の水分含量を70%以下にすることが重要である (図8.25).

② 糖含量: 植物体は通常グルコース, フルクトース, シュクロース等の水溶性炭水化物 (WSC) とデンプン等の貯蔵性炭水化物を含む. 乳酸菌が直接利用できる糖はWSCであり, サイレージのpHを4付近まで低下させるに必要な乳酸量に見合う基質 (糖) の量は, 植物の呼吸や好気的細菌の増殖を考慮すると, 最低でも新鮮物中2%以上が必要となる.

植物中のWSC含量は草種, 収穫時期, 栽培方法等によって変化 (図8.26) し, 乾物中10%は水分含量70%に換算して3%となり, 必要量の乳酸を生成させる目安量である.

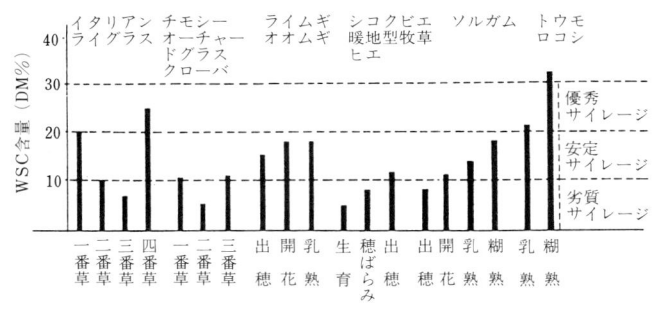

図8.26 作物別・収穫期別WSC含量 (DM%) (高野, 1977)

③ 嫌気条件: サイロを密封して外気を遮断すると, 植物の呼吸および好気的細菌の増殖でサイロ内の酸素は消費されて嫌気条件が達せられる. しかし, 詰込み密度 (十分な踏圧) が低いと材料間隙に空気が残り, 嫌気条件の達成が遅れて栄養分が余分に消

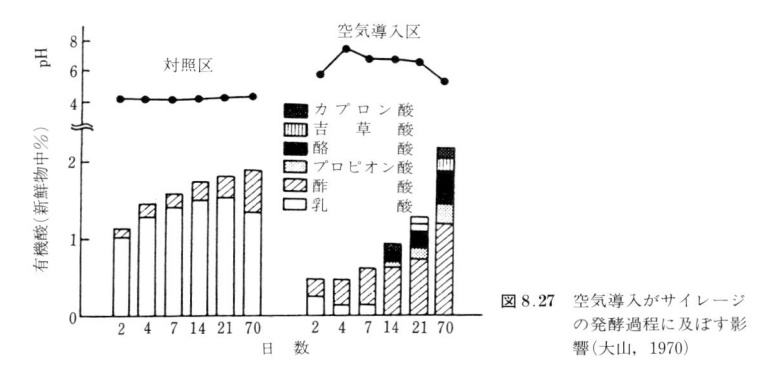

図8.27 空気導入がサイレージの発酵過程に及ぼす影響 (大山, 1970)

費される．

一方，密封が不十分でサイロ詰込み後の数日間にわたって外気が侵入すると，好気性微生物，とくに細菌類が増殖して乳酸菌の増殖を抑制する．その結果，サイレージのpHは低下せずに，酪酸等の揮発性脂肪酸（VFA）が生成して劣悪な品質となる（図8.27）．

④ 埋蔵温度： 詰込み当初は呼吸作用等によってサイロ内温度は15～20℃上昇し，その後は徐々に低下して外気温と平衡になる．しかし，低水分材料を詰め込むと温度上昇は20～30℃に達して焦げ臭くなる．このような状態ではメイラード反応による褐変とタンパク質の熱変成が起こり，飼料価値は低下する．

2) サイレージの養分損失

サイレージの調製過程では種々の養分損失が起こる．また，サイロ開封後には好気的変敗とよばれる腐敗現象が発生して飼料価値および嗜好性が低下する．

a) 調製過程での損失 サイロの密封遅延，高水分材料による排汁，材料植物の呼吸作用，各種微生物の増殖等によって養分の消費や流失が起こる．

① 密封遅延による損失： サイロの密封が遅れると，好気条件が継続して植物の呼吸作用および好気性細菌類の増殖が長引き，主として糖類が分解されて養分が損失する．

② 排汁による損失： 高水分材料を詰め込むと，踏圧（加重）の程度によって排汁が出る．排汁量は水分80%の材料から約200 l/t，70%の材料から約30 l/t程度である．牧草サイレージの排汁は約5%の乾物を含み，その多くは材料植物の細胞質に由来する可消化物である．したがって，予乾等で水分含量を下げるか，ビートパルプや切断わら等を混合して排汁の漏出を避けなければならない．

③ 発酵による損失： サイレージ発酵は自然界の微生物を利用するために，共存微生物によるある程度の発酵損失は避けられない．しかし，その損失程度は発酵の形態によって異なり，ホモ型乳酸発酵が支配的であれば少なく，酪酸発酵が顕著な場合には多くなる．好気的細菌によるWSCの消費，ヘテロ型乳酸発酵，酪酸発酵およびヘテロ型乳酸菌による乳酸の消費ではいずれも炭酸ガスが生成し，その分は養分の損失となる．

b) 好気的変敗による損失 サイロを開封するとサイレージは空気にさらされ，まもなく発熱する．この現象を好気的変敗（aerobic deterioration）と称し，一般的には二次発酵とよばれる．また，サイレージを取り出してから安定に保持できる期間をバンクライフとよび，その長さは環境温度およびサイレージの発酵品質によって違ってくる．

① 発生の機序： 材料に付着して取り込まれた酵母類は，サイロ開封後の好気条件下に乳酸を利用して爆発的に増殖する．その結果，サイレージのpHは上昇し，これが契機となって好気的細菌が増殖し，かび類も増殖する．なお，関与する酵母類は，*Saccharomyces*属，*Hansenula*属，*Pichia*属，*Candida*属等の菌が知られる．

② 養分損失： 酵母によって乳酸が，好気性細菌によってタンパク質が分解，消費され，炭酸ガス，アンモニア，アミン類が生成する．その結果，乾物量や乾物消化率が減少し，嗜好性も低下する．一例によると，乾物損失は約10%，乾物消化率は約15%低下した．

③ 対策： サイレージ調製時に材料の過度な予乾を避け，詰込み密度を高めることによって好気的変敗の発生をある程度は抑制できる．しかし，サイロの開封による空気

の侵入は避けられず，発生を完全に阻止することは困難である．通常，密に詰め込んだサイレージでも表面から20〜30cmは空気が容易に侵入するので，給与のために取り出す量を20〜30cm/日以上にすれば発生を遅らせることができる．

一方，サイレージ調製過程における微生物制御の面から好気的変敗を防止する研究も進んでいる．これは，原因となる野生酵母類の増殖を添加したキラー酵母で阻止，死滅させ，サイロ開封後のバンクライフを延長させる方法で，その確立が期待される．

なお，いったん発生した好気的変敗はプロピオン酸や酪酸を散布し，表面を密封して停止させることができる．これらの酸類は劣質サイレージに含まれるVFAで，酵母やかびの増殖を阻止する作用があり，これらを含む劣質サイレージは好気的変敗を起こさないといわれている．逆に，それらを含まない良質サイレージは好気的変敗が起こりやすいといえる．

3) 良質サイレージ調製用添加物

良質サイレージの調製および品質の安定化を目的とした添加物の開発は近年とくに進歩し，各種の市販品が広く流通している．添加物はその期待する効果からおおむね表8.19に示した4群に分類される．

表8.19 サイレージの発酵品質改善および品質安定化のための添加物

群	添加目的および適用	種類	構成内容
第1群	乳酸発酵の促進 （早期密封不可能時や付着菌数不足時）	乳酸菌生菌剤	乳酸桿菌（*L. plantarum* / *L. casei*）単独，または乳酸球菌（*St. faecium* / *P. acidilactici*）との混合
	（糖不足材料，マメ科牧草）	酵素剤	セルラーゼ（*Trichoderma* 属菌由来または *Acremonium* 属菌由来）
	（糖不足材料，マメ科牧草）	糖類	グルコース，糖蜜
第2群	強制酸性化剤（高水分牧草）	有機酸製剤	ギ酸，ギ酸アンモニウム（ATF）
第3群	好気的変敗の抑制	有機酸製剤	プロピオン酸，プロピオン酸アンモニウム錯塩（ABP）
第4群	かび発生防止・栄養価の付加（稲わら・麦稈）	尿素剤/アンモニア	尿素，アンモニア

a) 乳酸発酵促進を目的とする添加物（第1群）

① 乳酸菌生菌剤： 良質サイレージの調製には乳酸菌による効率的乳酸発酵が必要である．しかし，乳酸菌を自然界に求める以上，必ずしも目的が達せられるとは限らない．とくに，牧草類サイレージの調製では西南暖地を中心に良質発酵はなかなか困難とされる．その原因の一つは，サイレージ発酵の主要な微生物である乳酸桿菌，とくにホモ型発酵菌の不足にある．そのため，確実に乳酸発酵を達成させる目的で詰込み時に乳酸菌を添加するようになった．使われる乳酸桿菌は *Lactobacillus plantarum* あるいは *L. casei*，同球菌は *Streptococcus faecium* や *Pediococcus acidilactici* 等で，これらの凍結乾燥菌体を単独あるいは混合して用いる．添加量は新鮮物材料当たり 10^5 cfu/g で，この濃度はサイレージ調製のための物理的条件が守られればすみやかに乳酸発酵が支配的となる菌数である．なお，高温・高水分適応性，耐低pH（乳酸）性，抗菌物質生産性，ファージ耐性，植物ワックス質分解能等をもつ新規菌株の開発，研究が進んでいる．

② 糖類および酵素剤： 乳酸発酵の基質は材料植物に含まれるWSCであり，その

含量は草種，栽培方法，収穫時期等によって変わる．したがって，WSC含量の少ない材料から調製する場合にはその補給が必要となる．

直接添加されるWSCとしてはグルコースや糖蜜が利用される．他方，材料植物に含まれる多量の繊維成分を分解してグルコース等の還元性糖類を遊離させる酵素（セルラーゼ）も利用される．セルラーゼの利用は1950年代から始まり，*Trichoderma viride* 由来のCEPや *Aspergillus oryzae* 由来の酵素剤の添加（現物当たり0.1～1.0%）で発酵品質の改善，乾物消化率の向上，嗜好性の向上等が報告された．しかし，他方では添加効果を認めない報告も多い．最近，*Acremonium cellulolyticus* 由来のセルラーゼ（AUS）が開発され，その優秀な発酵品質改善効果が報告された．AUSはCEPと比較するとペクチナーゼ，アビセラーゼおよびCMCアーゼ活性が強力で，現物当たり0.01%の添加で3～4倍量の還元糖類を遊離し，明確な発酵品質改善効果を示した．なお，セルラーゼによる還元糖類の遊離は主として易消化性繊維成分からで，難消化性繊維成分はほとんど反応せず，結果的には全繊維成分の消化率の向上は認められない．

b）強制酸性化剤（第2群）　天然の乳酸発酵に代わって人為的に酸を添加してpHを低下させる調製法がある．添加する酸としては塩酸，リン酸，ギ酸等が用いられたが，現在では価格や安全性からギ酸が利用される．材料の0.2～0.5%を全体に散布してサイロを密閉するとpHは4付近に急激に低下し，埋蔵初期の植物の呼吸や好気的細菌類の増殖を抑制して糖類やタンパク質の分解を抑える．また，埋蔵過程で添加したギ酸のほとんどは分解し，その後の選択的な乳酸発酵を可能としてpH4付近を保つ．この方法は予乾不十分な高水分牧草を材料とする場合に発酵品質の劣化を避ける目的で使われる．しかし，ギ酸添加の場合には詰込み初期の短時間に多量の排汁が出るので，排汁対策は必須である．

c）好気的変敗抑制剤（第3群）　好気的変敗を起こしたサイレージの変敗進行を抑制，停止させる目的でプロピオン酸あるいはそのアンモニウム錯塩が用いられる．原物当たり0.5～1.0%を散布し，水蓋等で密閉して4～5日間放冷すると好気的変敗は停止する．

d）かびの発生防止と粗タンパク付加（第4群）　乾燥が不十分な稲わらや麦稈は貯蔵中にかびが発生する．このかび発生を防止するために尿素を添加したサイレージが調製される．通常，水に溶解した尿素を原物当たり4～6%になるように低水分稲わらや麦稈に散布して密閉する．尿素は容易に分解してアンモニアを放出し，強制的に強アルカリ性をつくり出してかびの発生を防止する．また，難分解性繊維成分を柔軟化してその消化率を向上させるとともに，ルーメン内微生物の窒素源としての粗タンパク含量をも向上させる．これらの効果は直接アンモニアで処理しても同様である．ただし，かび発生防止を期待して栄養価の高い若刈り牧草類への適用は，有毒物質の生成等の未解決の問題があり，避けなければならない．

4）サイレージの品質と評価法

サイレージの飼料価値（品質）は材料植物自身の飼料価値と発酵の良否によって決定されるため，基本的には飼料価値の高い材料を用いて調製することが大切である．また，発酵の良否はサイレージの発酵品質として評価され，外観から判断する官能法，化学分

析による有機酸含量から判断するフリーク法（Flieg's score），有機酸含量と揮発性塩基態窒素（VBN）含量とを組み合わせた方法等がある．

a) 官能評価法　サイレージの色，におい，味，感触等によって評価する．この方法はとくに分析器具等を必要としないために簡便な方法であり，公的な判定基準が示されている．しかし，判定に主観が入るために次に述べる化学分析の結果と併用されることが多い．

b) 化学分析による評価法　乳酸およびVFA含量を知ることが化学分析の中心の一つである．良質発酵の指標である乳酸および劣悪発酵の指標である酢酸（プロピオン酸を含む）や酪酸の含量重量比（％）をもとに，乳酸含量75％以上に30点，酢酸含量15％以下に20点，酪酸含量1.5％以下に50点をそれぞれ配し，それらの合計で良否を評価するフリーク法は便利な評価法として広く使われている．ところが，フリーク法では低水分や発酵が抑制されたサイレージが過小評価される傾向にある．

最近，VFAと全窒素に対するVBNの比（VBN/TN）から評価する基準が提案された（表8.20）．この方法は新鮮物中の酢酸＋プロピオン酸含量（X_a），酪酸およびそれ以上のVFA含量（X_b）およびVBN/TN（X_n）にそれぞれ点数を与え，その合計で判定する．X_bおよびX_nはいずれも酪酸菌の増殖に由来する因子で，これらが小さければ乳酸発酵が進行しなくても良質品として評価される特徴をもち，フリーク法の低水分サイレージに対する過小評価を避けることができる．

表8.20　VBN/TNとVFAによる評価基準(柾木ら，1994)

点数配分計算式（新鮮物中％）						
VBN/TN	X_n	≦5	5〜10	10〜20	20<	
点数	Y_n	50	〜40	〜0	0	
式		$Y_n=50$	$Y_n=60-2X_n$	$Y_n=80-4X_n$	$Y_n=0$	
酢酸＋プロピオン酸含量	X_a	≦0.5	0.2〜1.5	1.5<		
点数	Y_a	10	〜0	〜0		
式		$Y_a=10$	$Y_a=(150-100X_a)/13$	$Y_a=0$		
酪酸以上のVFA含量	X_b	0	0〜0.5	0.5<		
点数	Y_b	40	〜0	0		
式			$Y_b=40-80X_b$	$Y_b=0$		

なお，サイレージに含まれる有機酸類では乳酸がもっとも強力な酸（$pK_a=3.86$）で，他のVFA類は弱い酸（$pK_a=4.76〜4.82$）である．したがって，サイレージのpHを知ればおおよその発酵品質を知ることができる．

b. 乾草

乾草はサイレージと並ぶ重要な牧草類の貯蔵法で，古くから利用されてきた．しかし，わが国の気象条件は高品質乾草調製に適さず，1970年以後の国内粗飼料生産に占める乾草調製量は現在までほとんど変わらない（30％弱）．しかし，粗飼料としての重要性に変わりなく，不足分は輸入品に依存している．

1) 調製・貯蔵法

良質乾草を調製するためには良質材料を短時間に乾燥させることが基本である．一般

に，生育期（若刈り）のイネ科牧草はタンパク質，ビタミン，無機質含量に富み，繊維成分は低く，飼料価値および嗜好性に優れる．これらの特徴は植物の生長に伴って逆転し，乾物消化率は穂ばらみ期以降に急激に低下して開花期には生育期のそれの70%前後に落ち込む．一方，乾物収量は開花期以降に向かって増加する．したがって，収量と飼料価値との関係からイネ科牧草では出穂初期が，マメ科牧草では開花初期が収穫適期とされる．乾燥（水分の蒸散）に際しては降雨や葉部脱落を避け，呼吸による養分損失を最小限に抑えながら急速に水分含量を15%以下（安全水分）にする必要がある．その際，刈取りと同時に圧砕したり，反転することによって乾燥速度を速めることができる．

長期間の安全貯蔵には乾草の水分含量，貯蔵場所の温度，湿度，貯蔵密度等が関係する．一般に，乾草の水分含量が高いとかびが発生し，発熱によって乾物率の損耗やタンパク質の消化率低下が起こる．

表8.21 TDNによる乾草の評価基準（小林ら，1994）

イネ科牧草		マメ科牧草	
TDN(DM %)	等級	TDN(DM %)	等級
65以上	特等	61以上	特等
60〜64	1級	56〜60	1級
56〜59	2級	50〜55	2級
50〜55	3級	49以下	3級
49以下	4級		

2) 乾草の品質評価

乾草の品質は官能法と可消化養分総量（TDN）を指標とした評価法で評価される．官能法では緑度や葉部割合が高く，快い芳香と柔らかい手触りが高く評価されるが，硝酸態窒素含量の関係から必ずしも良質とは限らない．一方，流通乾草の等級基準のあいまいさからTDNを指標とした評価法が用いられ（表8.21），この基準に硝酸態窒素含量を考慮した安全係数が提案された．　　　　　　　　　　　　　　　　　　［大桃定洋］

8.10 調製，貯蔵，給与の施設，機械

a．飼料調製用機械
1) 飼料用カッター

飼料の切断は，家畜の嗜好・消化性の向上，ならびに混合精度と取扱い性の改善をはかるために行われる．

a) ホイール型カッター（図8.28）　供給コンベアに投入された材料は上下2個の供給ロール（ロール幅で機械サイズが表示され，ふつうは120〜450 mm）ではさまれて切断部へ送り込まれ，回転切断刃（2〜6枚）と固定受け刃との間（軸側の間隙0.1〜0.2 mm）で切断され，吹き上げられる．切断長は歯車交換によって10〜80 mm程度の範囲で4〜5段に調節できる．毎時処理量 Q（乾物）(kg/h)は，$Q = 5 \times 10^{-5} \times A \cdot N \cdot Z \cdot D \cdot C$（$A$：材料係数，$N$：切断刃回転数(rpm)，$Z$：刃数，$D$：供給ロール有効幅(mm)，$C$：切断長(mm)）で概算され，$A$はトウモロコシで20〜25，稲わらで3.5〜4.5，牧草で

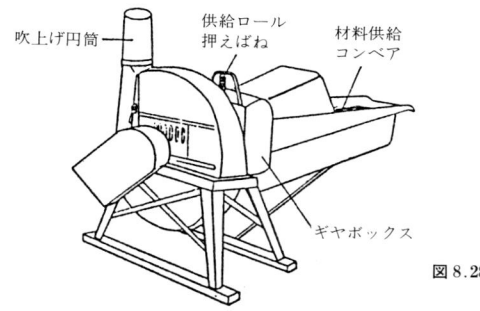

図 8.28 ホイール型カッター

1〜1.5 である.

b) シリンダー型カッター 直線刃あるいは螺旋刃を円筒面状に 1〜4 枚取り付けて回転させ,受け刃との間で材料を切断する.切断後の処理ははね出し式が多いが,送風機吹上げ式の大型もある.切断長をそろえるのにスクリーン付きもあるが,高水分材料では目詰まりしやすい.

2) 飼料粉砕機

粉砕は穀粒等を小粒化して混合しやすくしたり,家畜の採食・消化性を高めるために行われる.粉砕精度の指標となる粉砕粒度は標準ふるい(200 メッシュふるいを基準に,$\sqrt{2}$ 倍ずつ目開きを広くした 18 種のふるい)で試料を分け,各ふるいの累積質量 50% 点をメジアン径,最頻度点をモード径で表される.主な粉砕機には以下のものがある.

a) ハンマーミル 高速回転軸に取り付けたハンマーで材料を衝撃粉砕する.比較的高能率で,粗砕(数十 cm→数 cm),中砕(数 cm→数十 μm),微粉砕(数 mm→数 μm)ができ,いろいろな材料に利用できる.

b) フィードグラインダー 一組の向かい合う螺旋模様の突起付き回転円板と固定円板の間で,圧縮と剪断により粉砕する.材料の種類や粉砕粒度に合わせて円板の交換や間隙の調整,押えばねの調節等を行う.機械サイズはプレート径で示され,ふつう 140〜270 mm で,小型のものは回転数 250〜500 rpm,所要動力 1.5〜3 kW,粉砕能力 150〜350 kg/h である.粉砕粒度はハンマーミルよりも均一であるが,繊維質材料や湿材は粉砕しにくい.

c) ロール粉砕機 回転差を与えた,間隙調整ができる 2 本のローラー間に材料を通過させて圧縮粉砕する.

3) 飼料混合機

飼料の混合は家畜の栄養バランスや嗜好性の改善,選び食いや残食の防止,あるいは製造粕や低質飼料等の有効利用をはかるために行われる.混合材料の投入方法によってバッチ式(回分式)と連続式に分かれる(図 8.29,図 8.30).

a) バッチ式 材料全量を一度に処理するもので,多種多様な材料の混合に適している.スクリュー型は 2〜4 本の水平あるいは垂直スクリューの回転によって材料を攪拌,循環する.スクリューに切断刃をつけたものでは長い牧草やベールも切断しながら混合でき,自走式や牽引式では配餌も行える.攪拌羽根型は攪拌板やリボン状羽根を水

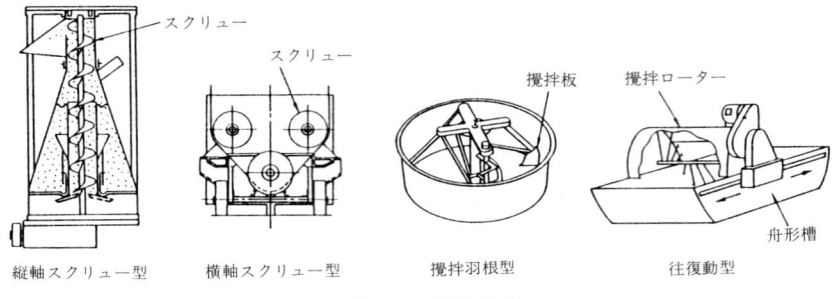

図8.29 バッチ式飼料混合機

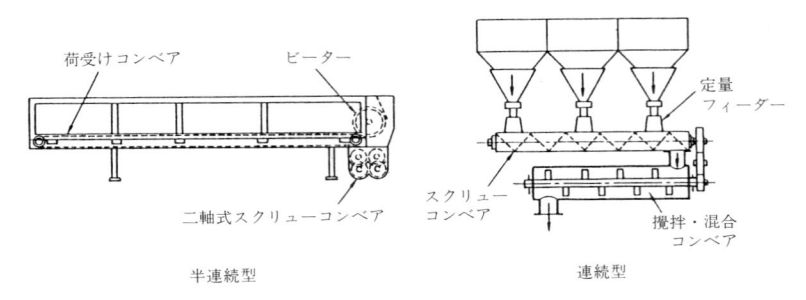

図8.30 連続式飼料混合機

平や垂直方向に回転させて槽内を攪拌する．往復動型は舟形槽に各材料を層状に堆積し，攪拌ローターを往復動して混合する．各型とも計量器付きは混合割合を正確に調整できる．比重，形状，水分等の違いが大きい材料では，材料の投入順位や滞留部位の発生防止に留意する．

　b）**連続式**　　半連続型は槽内下部に荷受けコンベアがあり，混合材料を人力で層状に積み，横搬送しながら排出部のビーターで縦方向に切り崩して混合，排出する．連続型は数種類の濃厚飼料を定量フィーダーから供給してスクリューコンベアで搬送し，攪拌・混合コンベアで混合，排出する．混合割合は各フィーダーの供給量で調節する．混合した濃厚飼料にさらに粗飼料を混合する場合には，半連続型混合機を使って攪拌・混合コンベアに粗飼料を追加供給する．

b．粗飼料調製貯蔵施設，機械
1) サイレージ用サイロ
　a）**種類と特徴**　　サイロは多汁質粗飼料を嫌気状態に保ち，乳酸発酵と貯蔵を合わせて行う容器である．サイロには，①高い気密性，②内壁の耐酸性と低摩擦性，③排汁装置の装備，④雨水や地下水の遮断性，⑤詰込み・取出し作業の簡便性，⑥安価で高い耐久性等が求められる．サイロの種類は多いが，大きくは施設（固定）型，簡易（移動）型に分けられる（表8.22）．施設型は基礎工事を伴う半永久的構造物で，大量のサイレー

8.10 調製，貯蔵，給与の施設，機械

表 8.22 サイロの種類と特徴

サイロの種類と形式	施設（固定）型					簡易（移動）型		
	垂直式				水平式			その他
	塔型サイロ	気密サイロ	角型サイロ	コンテナサイロ	バンカーサイロ	トレンチサイロ	スタックサイロ	ラップサイロ
設置位置	地上 半地下	地上	地下 半地下	地上	地下 地上	地下 半地下	地上 地下	地上
主な材質	スチール FRP コンクリート	スチール FRP	コンクリート ブロック	FRP スチール ビニール ポリエチレン	コンクリート	ビニール ポリエチレン	ビニール ポリエチレン	ポリエチレン ビニール
容量（m³） （t）	15〜1,000 6〜 750	50〜100 30〜500	20〜50 10〜25	0.1〜10 0.02〜3	60〜700 30〜400	適宜	2〜50	0.5〜3 0.1〜1
詰 込 み	フォーレージブロワ カッター コンベア	フォーレージブロワ	ブロワ カッター	カッター コンベア	落込み カッター	落込み カッター	落込み カッター	ロールベーラー ベールラッパー
取 出 し	トップアンローダー コンベア 人力	ボトムアンローダー	人力	人力 ホイスト サイロクレーン	ショベルローダー フロントローダー サイレージカッター	人力 ショベルローダー フロントローダー	人力 ショベルローダー フロントローダー	人力 解体機
耐用年数	20 年〜	30 年〜	20 年〜	20 年〜	15 年〜	1 回	1 回	1 回
特徴（長所）	高密度 密封が容易	再密封が容易で確実 循環利用可能	施工が容易 安価	小規模向き 補助サイロ 流通可能	安価 大型機械利用が可能	安価 省力性	安価 省力性	省力性 高能率 密封性良
（短所）	高価 高水分材料は凍結しやすい	もっとも高価	地下水位が高いところは不適	取出しが多労	気密性やや難	気密性難 変敗しやすい	気密性難	フィルム再利用不可 長大作物調製困難

注　耐久年数は保守管理が適切に行われた場合の推定値．

ジを調製，貯蔵ができる．塔型サイロでは小容量から大容量のものまで規格化が進み，材質も耐酸性処理したスチール，FRP，コンクリートが使われ，詰込み，取出し等の機械化が進んでいる．気密サイロは主に低水分サイレージ調製用として気密性と再密封性に優れるが，建設費が高く取出し用のボトムアンローダー等の保守管理に時間と費用がかかる．角型サイロは地下型や地形を利用した半地下型が多く，材料の詰込みが容易で取出しの機械化も進みつつある．バンカーサイロは水平式で機械作業がしやすく建設費も安いが，サイレージ品質がやや不安定である．一方，簡易型では壕を掘って埋蔵するトレンチサイロや平地に堆積するスタックサイロは，ビニールシートで被覆密封して設置できる簡便さがあるが，一般に気密性に欠けるのでていねいな作業が必要になる．近年，登場したロールベールのラップサイロは，ロールベーラーで成形梱包した予乾草をベールラッパーを用いてストレッチフィルムで密封するもので，作業能率が高く，品質も比較的安定している．しかし，現在のところトウモロコシ等の調製は困難である．

b) サイロ規模の設定　サイロは畜舎と同様に畜産経営の中核施設であり，サイロの選択によって収穫から給与までの作業体系が決まる．立地条件，経営計画，圃場条件，作物条件，労力，機械装備，飼養方式，資金等から最適なものを選定する必要がある．選定に必要なサイロ容量 V (m³) は，$V = F \cdot N \cdot T \times 100 / C(100-L)$ で計算される．ここで，F：給餌量（kg/日・頭），N：飼養頭数（頭），T：給餌日数（日），C：材料平均

密度 (kg/m³)，L：サイレージ損失率（%）である．C はサイロの種類とサイレージ水分によって異なり，塔型サイロで水分 70（50）% のとき，深さ 1，5，10m の位置での密度はそれぞれ約 260（160），680（410），920（560）kg/m³ であるので，これらを参考に C を推定する．L は気密サイロで 5%，塔型で 10～20%，水平式で 30% 程度に見積もる．

c) 使用上の注意
(1) 二次発酵防止のためサイレージ取出し量は，垂直式サイロで 1 日 10～15cm，水平式で 20～30cm 以上にする．
(2) スタックサイロは排水のよい平坦地に設置する．
(3) 気密性の高いサイロ内での作業は酸欠に注意する．
(4) サイロ壁のひび割れ，接合部の気密性，腐食等を点検する．

2) フォーレージブロワ

垂直・大型サイロへ細断牧草等を吹き込むのに使用され，供給部の形式によりコンベア式とホッパー式に分かれる．コンベア式は荷受け部（コンベア長 1,800～3,000mm，幅 500～800mm）が長いのでファームワゴン等から，ホッパー式はフォーレージワゴン（クロスコンベア付き）やダンプ式運搬車等でいったん荷下ろししたアンローディングボックスから材料供給する場合に使われる．動力はトラクター PTO からとり，処理（吹上げ）能力は，連続・定量供給時にはブロワ径 1,500mm，吹上げ高さ 12～18m の場合トウモロコシで 80～100t/h，牧草で 50～60t/h 程度であるが，実作業では定量供給が難しいためにこれらの 40～50% 程度に減少する．

c．給餌施設，機械

1) 飼料の種類と給餌方式

給餌作業は飼料の取出し，運搬，調理（混合），配餌の 4 工程からなり，取り扱う飼料（粗飼料，濃厚飼料，サプリメント等）の中で，粗飼料が重量や容積の点から，また，取扱い性や貯蔵性の面から作業の主要な対象となる．給餌の方法には粗飼料と濃厚飼料の分離給与と混合給与がある．

2) サイロアンローダー

サイロによって取出し機が異なる．気密サイロではボトムアンローダー（毎時取出し量 0.4～2 トン）が用いられ，サイロ底面からサイレージを取り出す．塔型サイロではトップアンローダー（毎時取出し量 1.4～2.7 トン）でサイレージ上面からかき取って，サイロ外に送り出す．角型サイロでは多くがホイストを用いた人力取出しであるが，サイロクレーン（パンタグラフとグラブ機構からなるホイスト懸垂型サイレージ取出し機）が開発され，フォーク状グラブでサイロ幅いっぱいに短冊状にサイレージをつかみ上げて，間欠的に取り出すことができる．バンカーサイロではショベルローダーやフロントローダーが多用されるが，サイレージ上部からブロック状に順次切り出すサイレージカッター（毎時取出し量 4.5～6 トン）や法面を削り切ってブロワでワゴンに吹き込む専用機もある．

8.10 調製，貯蔵，給与の施設，機械

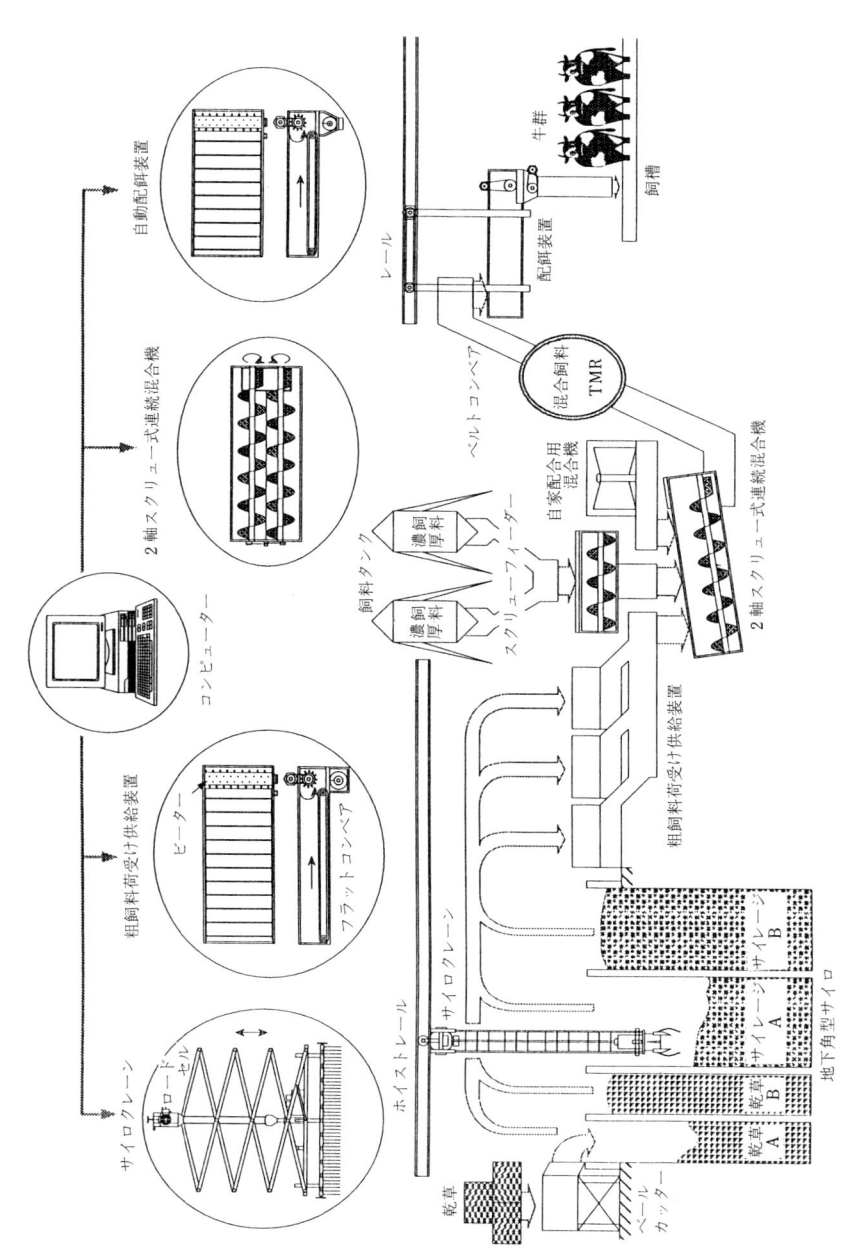

図8.31 角型サイロにおけるサイロクレーンを軸にした全自動連続混合・給餌施設

3) **代表的な省力給餌機械・施設**
　a) **塔型あるいは気密サイロによる給餌機械・施設**　トップアンローダーやボトムアンローダーでサイレージを取り出し，コンベアラインによりバンクフィーダーにつなぎ，直接飼槽に分配する．ラインの途中で濃厚飼料を投入すれば混合給与もできる．このほかには，計量器付きバッチ式混合機でサイレージと濃厚飼料を混合調製してバンクフィーダーで群分けした各ロットに配餌したり，トラクター牽引式混合機で混合・配餌する方式もある．いずれの場合も個体別に対応するのに，個体識別型濃厚飼料自動給餌装置が使われることが多い．分離給与ではサイレージは給餌車で飼槽に運搬，配餌される．
　b) **角型サイロにおけるサイロクレーンを軸とした全自動連続混合・給餌施設**（図8.31）　サイロクレーンで取り出したサイレージ（1回に約150kg）と飼料タンクから供給する数種の配合飼料を連続混合調製して配餌する．全システムがコンピューター管理されており，フリーストールでの牛群別やつなぎ飼いでの個体別に，入力メニュー（給与量，混合割合など）に従って，混合飼料を1日5～6回，無人で自動調製・配餌することができる．
　c) **バンカーサイロにおける給餌機械**　自走式や牽引式ミキサーにバケットローダー等で取り出したサイレージと濃厚飼料を投入して，撹拌，混合したのち飼槽に配餌する．この場合，個体識別型濃厚飼料自動給餌機を配置して，個体別対応をする場合もある．
　d) **ロールベールサイレージ，乾草の給餌システム**　ロールベールを畜舎入口や通路でサイレージカッター等を用い人力で解体して配餌する方法が多いが，ベール解体専用のシュレッダーで細断して配餌する方法もある．舎外では草架利用による自由採食がもっとも省力的であり，ロス発生の少ない傾斜二重柵等の改良草架が使われる．
　e) **個体識別型濃厚飼料自動給餌装置**（図8.32）　つなぎ飼い牛舎でモノレール懸架式の配餌ホッパーから，あらかじめパソコンに入力した給餌量を自動配餌するものや，

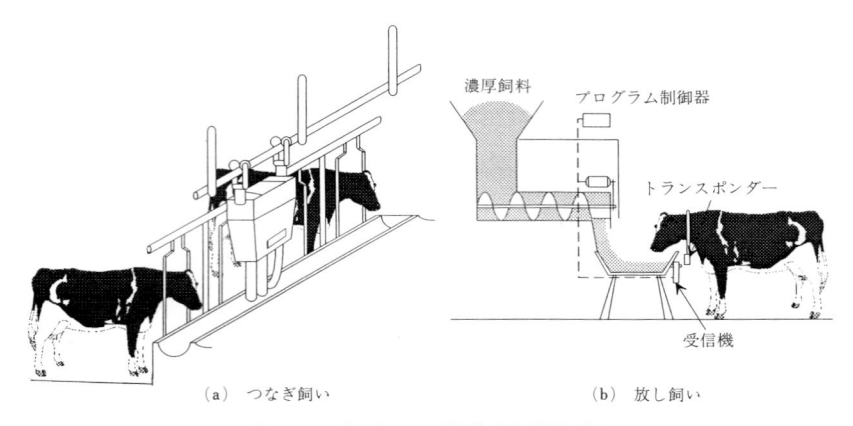

(a) つなぎ飼い　　　　　　　　(b) 放し飼い

図8.32　個体識別による濃厚飼料自動給餌装置

フリーストール牛舎で牛の首に装着したトランスポンダーから発信する個体識別コードを受信して，乳量，乳期，体重に応じて自動給餌するものがある．残飼管理とクリーニングもでき，高泌乳牛の省力個体管理用として利用されている．　　　　　[**佐々木泰弘**]

9. 草　　　地

9.1 草地の開発, 造成

a. わが国の草地開発の経過と現状

　わが国に外来の牧草が入ってきたのは江戸時代であるが，本格的に牧草種子を輸入したのは明治時代になってからとされている．欧米の農法の導入と畜産振興を目的に組織的に輸入が行われたとされている．しかし，北海道の一部を除き，牧草地が広く開発されることはなかった[1]．栽培してまで草資源を確保する必要がなかったのである．第二次大戦後，わが国の畜産は軍馬需要の減少，農業の機械化に伴って急速に馬から乳牛への転換がなされてきた．これに伴って，良質の粗飼料の安定供給が必要とされ，生産性の高い牧草地の開発が求められ，これに対応して昭和30 (1955) 年代後半から40年代に草地造成が盛んに行われた (図9.1)．草地開発の累計面積は，現在では52万6千haに及んでいる．最近では開発事業は年間に3千ha以下と少なくなってきた．しかし，造成後，

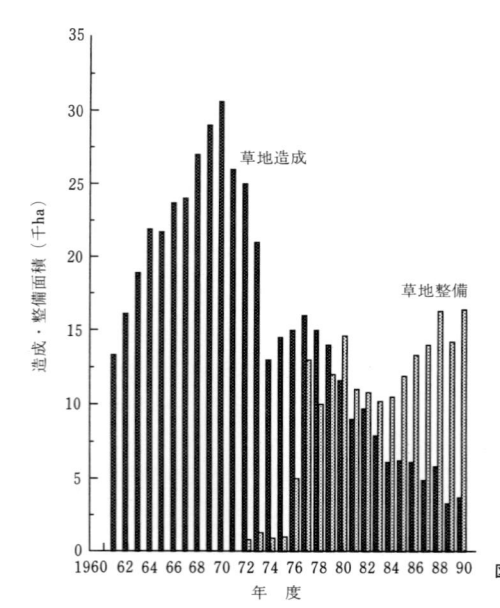

図9.1 草地造成・整備実施面積

古くなって生産性が低下した草地の再開発として,昭和50(1975)年代から草地整備が開始され,最近では年間に1万5千ha程度に増加してきている.累計では1991(平成3)年度までに20万8千haを超えている.草地整備にあたっては大型畜産に対応した基盤整備から,草地のもつ多面的な機能を生かした整備まで,社会のニーズに対応した整備が求められている.第4次土地改良長期計画(1993.4)によれば,1993～2002年に6万8千haの草地造成と18万8千haの草地整備が計画されている.このように,外延的拡大としての草地開発事業は一時の華やかさはなくなったものの,再開発としての草地整備は今後の重要な課題となっている.

草地開発が減少したのは開発可能地が少なくなったからではない.1986年に調べられた草地開発可能地は全国で88万8千haとされている.このうち傾斜度が0～8度の条件のよい可能地は25.6%,22万8千haにも上っている.潜在的にはまだまだ土地資源は残っていると思われる.

b. 草地開発の功罪

わが国の大家畜畜産は飼料用の穀類を海外に依存し,粗飼料を自給するという構造のもとに発展を遂げてきた.乳用牛頭数は1965～1990年までに128万頭から206万頭へ,また肉用牛は189万頭から270万頭へと大幅に増加した.この間,14万haであった牧草地は,65万haに達しようとしている.約50万haの草地造成が行われ,わが国の大家畜畜産の発展に寄与してきたのである.

一方,開発によって生じた問題もある.ここでは3点について指摘しておく.第1は開発工事に伴う問題である.牧草地は牧草群落が成立してしまえば,他の農地に比べて風食や水食にきわめて強い性質をもっている.しかし,山地傾斜地での大規模な草地造成の過程では土壌保全上の問題を生じやすい.裸地の状態で大雨に見舞われれば平坦地でも侵食を受けることはいうまでもない.雨の多いわが国では,造成時の梅雨や台風時に土壌流亡に起こす例が多かった.現在,開発工事に伴い,防災工を施すなどの対策がとられるようになってきているが,裸地の期間を少なくするなど,さらに防災に対する配慮は十分する必要がある.

第2の問題は自然保護上の問題である.近年まとめられた生物種の絶滅に関するレッドデータブックによれば[2],わが国におけるこれまでの自然改変によって,多くの生物種が絶滅の危機に瀕しているといわれている.この中では草地開発によって38種の絶滅の危険にある植物種の産地が失われたと指摘されている.こうした問題を避けるには,開発にあたって,環境アセスメントを行う必要がある.環境アセスメントを行うことによって,よりよい開発をめざすことが肝要である.

第3の問題は近年,顕在化した問題である.かつて,わが国の貴重な飼料資源であった牧野が草地開発によって利用されなくなり,放棄されて牧野景観が失われようとしている.山地草原は景観にも優れ,観光的資源となっているところも多い.牧野は低コスト資源としての畜産的利用が可能な資源でもある.今後,景観の保全と利用を両立させていく可能性を秘めている資源でもある.

c. 草地開発構想

草地開発を行うにあたっては，開発のための基本構想を立てる必要がある．草地開発の目的は，家畜の良質粗飼料の生産であり，このことを通じて地域畜産の発展のために行われるものである．しかし，そのために地域社会の発展方向が阻害されたり，住民の生活環境や居住環境を悪化させることになってはいけない．そのために基本構想をつくって畜産の発展と地域社会の発展，地域環境の保全との整合性をつける必要がある．具体的には概況調査を行い，これに基づいて基本構想を策定する．自然条件や社会的・経済的条件といった基本調査と畜産開発の構想とのすり合わせを行い，より現実的なものに練り上げていく必要がある．このとき，開発担当者，地域の行政担当者，利用農家だけでなく，広く地域社会の構成員の参加も求めていくことが必要である．地元の意向や社会の動向，調査結果と開発の整合性を合わせるよう検討を繰り返すことによって，よりよい基本構想や事業計画に仕上げていく[3]．

地域環境との整合性をつけるには環境アセスメントを行うのがよい．環境アセスメントは，環境影響評価ともよばれ，開発行為が環境に及ぼす影響を事前に予測，評価することである．草地開発もその規模が大きくなれば，事前にその影響を十分に評価する必要がある．青森県で公共牧場設置の基礎調査として行ったアセスメント[4]では，牧場建設の構想（条件設定），建設予定地の現況，周辺地域の概況，気象，地形，地質，土壌，動物，植物，水質，水収支，牧場建設をめぐる社会的環境，総括的所見，建設構想の問題点および改善案といったことが調査され，報告されている．

d. 草地の立地配置と地形

大規模な牧場開発においては，用地内の草地の配置や基地とこれらをつなぐ道路の配置が問題となる．原則的には基地を中心として採草地や飼料畑が配置され，さらに離れて放牧地が配置されることが多い．基地の位置は集落に近い場所か，採草地や飼料畑に近い場所が選ばれる．採草地や飼料畑は機械作業の点からも緩傾斜地でなければならないので，山麓や山頂の平坦面が利用される場合が多い．採草地の立地配置によって基地が山頂の平坦面に位置する場合もある．放牧地は傾斜が急な山腹や基地から遠い山頂草地に配置されることが多い．

斜面方位は草地の維持管理に少なからぬ影響を与えているとされている．南斜面は日射量が多く，乾燥しがちであるために草地が維持しやすく，低コストで永年利用をはかるのには適している．一方，北斜面は土壌水分が多く，潜在地力が高いので飼料畑や集約的な管理で高位生産をめざした採草地にするのがよい[5]．

草地の配置を考えるうえでの重要な要因の一つは表面流去水の制御である．傾斜草地は傾斜がゆるくても集水域が広かったり，斜面長が100mを超えるような長い場合には，浸食防止のために10〜30mの林帯や承水路を設ける必要がある．牧場内の道路はしばしば承水路の役割をして流去水を制御する一方，道路そのものが浸食を受けたり，浸食の原因になる場合もある．道路は舗装し，流れる水を制御して沢に流すのがよい．

e. 牧 野 林

どのような林を，どこに，どの程度残すかということは，草地の配置の裏返しとして，開発計画を立てるうえで基本的な問題である．牧場あるいは草地内の林は牧野林とよばれ，その意義が整理されている．牧野林には水保全林，土壌保全林，家畜庇陰林，避難林，防風林などがある[3,5]．

水・土保全林は水源涵養，土壌浸食防止，土壌崩壊防止機能をもつ．したがって，浸食や崩壊の危険が高い急傾斜地や表面流去水が集中する谷部や斜面長の長い斜面では，

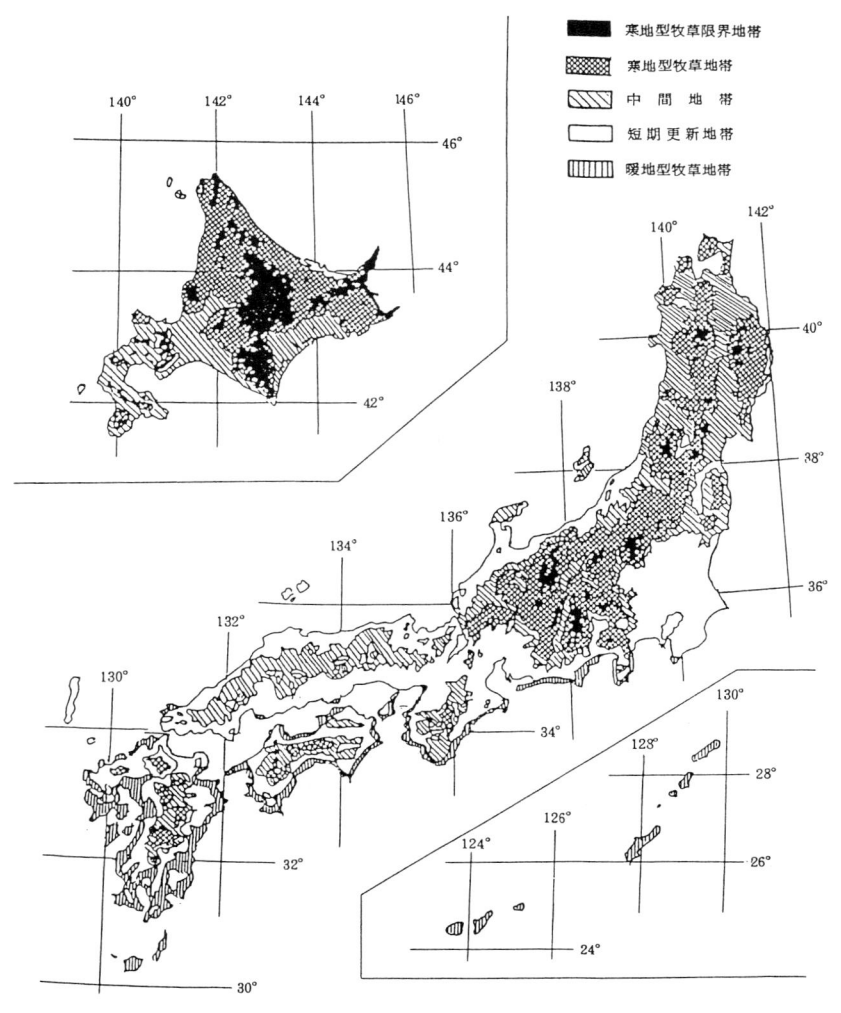

図 9.2 気象地帯区分[3]（北原，1984 を一部改変）

集水を分散させたりコントロールするための林が必要となる．林床に家畜が入るとこうした機能は失われるので，水・土保全林は禁牧する必要がある．

家畜庇陰林は春夏の直射日光の暑熱を避けるための牧野林である．うっぺいした林内の日射量は林外の10％程度になり，気温も2℃程度下がる．稜線などの風通しのよい場所に設置すると効果が高まる．

避難林は林のもつ防風効果や夜間の気温を保つ効果を利用して，早春，初冬の寒さや暴風雪を避けるための牧野林である．東南斜面の下部など地形を利用して設置する．冬期放牧を行うときにもその効果は高いが，おのずから限界もある．

防風林は草地の風食防止だけでなく，家畜や管理者の行動保護，植生の倒伏防止など重要な役割を果たしている．一般に防風林の風上側で樹高の5倍，風下側で20～30倍の距離にわたって風速の低下効果があるとされている．

f．草地の地帯区分と草種の選択

南北に細長いわが国では気象条件，とくに温度条件によって牧草栽培は大きな制約を受ける．北海道，東北地方および高標高の寒地型牧草地帯や中間地帯では，寒地型牧草を主体とする牧草地が比較的容易に造成，維持できる．しかし，これより暖かな地方では夏期の夏枯れによって利用年限が短くなる．九州，四国の南部海岸寄りの地方と南西諸島では暖地型牧草の永年栽培が適する[3]（図9.2）．

牧草の草種はこうした地帯区分を基本とし，さらに利用条件や利用方法によって決める．具体的な草種，品種は各県が奨励品種として決めているので参考にするのがよい．採草地は乾物収量やTDN（可消化養分総量）収量の高い草種を選択することになる．実際には刈取適期の競合を避けるために，出穂期の異なる草種や品種の草地を造成する場合が多い．放牧地は放牧期間の家畜生産が高い草種が選択される．放牧は一般に群飼なので補助飼料による個体の栄養管理が難しい．畜種に合った草種選択とその維持が必要となる．近年，育成牛や搾乳牛用の放牧草種としてペレニアルライグラスが注目されている．

g．草地造成法

牧草地の草地造成には3種類の方法がある．一般に牧草とよばれるものは再生力が強く，肥料に対する反応が高いものが多い．このため，多肥条件下で放牧や刈取りを繰り返すと牧草は生き残るが，野草や雑草はしだいに抑圧されてくる．不耕起造成とよばれる造成法はこうした原理を用いて草地化をはかる方法である．不耕起造成法が牧草の性質を利用した生態的な造成法といえるのに対して，耕起造成法はプラウやディスクを用いて表土を耕起し，播種床をつくる機械的な造成法である．耕土層までの土壌の物理的・化学的改良が可能になる．地形や傾斜などが制限要因となって使用目的に制限ができる場合には，基盤となる地形そのものを土木用機械で修正する基盤造成法を適用する．基盤造成法は地形を変えるので費用もかかるし，環境に与える影響も大きくなるので，その必要性を十分検討する必要がある．それぞれの造成法はさらに手段や程度によって細かく分けられている．各造成法における標準の作業工程を表9.1に示す[3]．それぞれの造

9.1 草地の開発，造成

表 9.1 各造成工法の標準作業工程[3]

造成工法		作業工程	障害物処理		基盤修正			播種床造成					施肥播種		
			前植生処理	障害物除去	切盛り土	土層改良	不陸均し	耕起	砕土	土壌改良資材散布	砕土攪拌	整地鎮圧	施肥	播種	覆土鎮圧
山成工	耕起法	全面耕起法	○	○		△	△	○	○			○	○	○	○
		部分耕起法	○	○			△	○	○			○	○	○	○
		粗耕法	○	○			△	○				△	○	○	○
	不耕起法	蹄耕法	○	○						○			○	○	
		直播法	○	○						○			○	○	△
		即地破砕法	○	○						○			○	○	
改良山成工	耕起法	全面耕起法	△	○	△	○	△	○	○			○	○	○	○
階段工	耕起法	全面耕起法	○	○	○	○	△	○	○			○	○	○	○

注1) ○：ほぼ必要とされる工種，△：場合によっては省略される工種．
2) 改良山成工および階段工は，集約的な採草地の造成を目的としているので，全面耕起法以外の工法との組合わせは特殊な場合を除いてはない．
3) 土層改良には暗渠排水，表土扱い，客土，深耕が含まれる．
4) 蹄耕法の前植生処理には放牧による野草抑圧が含まれる．
5) 不耕起法は，この工程の後に管理放牧が続く．

成法の特徴によって同じ工程でもその内容は少しずつ異なる．

1) 不耕起造成法

不耕起造成法は前植生を処理した後，土壌改良資材や基肥を表面施用し，牧草種子を播種する．播種後は放牧により表面を攪乱して覆土鎮圧に代える．その後，放牧により再生してきた前植生を抑制しつつ牧草地をつくり上げていく．とくに牧草播種後の数年間は，土壌表面に残った野草や雑草の種子が順次発芽してくるし，多年生の野草は生き残っているので，こうした野草の抑圧を主眼とした放牧管理をする必要がある．このような植生管理のための放牧を管理放牧とよぶ．土壌表面を動かさないので土壌流亡も少ない．しかし，よほど地形条件のよいところでない限り大型機械の作業に支障が出ることが多いので，放牧地としての利用がほとんどである．

この方法の利点は，①急傾斜地でも造成できる，②抜根，排根の必要がない，③耕起法に比べて経費がかからない，④収量は耕起法に劣らない，⑤土壌侵食や崩壊はほとんど起こらない，⑥改良する土層が少ないので，土壌改良資材や基肥が少なくてよい，初期生育時の干害がない，⑦野ネズミの害を受けない，などがあげられる[3]．

これまで考え出されてきた不耕起造成法は非常に多い．ほとんどは前植生の処理の方法や手段の違いによるものである．代表的なのは畜力を利用する蹄耕法，火入れや刈払いを行い施肥，播種する直播法，ブッシュカッター，スタンプカッターといった特殊機械を用いて行う即地破砕法などがある．

2) 耕起造成法

耕起造成法は耕起によって土層全体の土壌改良が可能なことと，物理的に前植生の破壊が完了するためすみやかな牧草地化がはかれるため広く行われている．耕起，砕土と

いった播種床造成の工程は，①前植生の根茎の切断，②地表の植生や有機物の土中への混入，③土壌改良資材や基肥の土層への均一混入，④土壌の通気性や透水性など，物理性の改善，⑤表土の薄い地帯での岩などの破砕による土層改良，などが均一に行える[3]．以下作業工程に沿って留意点を述べる．

(1) 土壌改良：土壌改良資材による土壌改良は牧草種子の発芽と幼植物の生長を促進する効果をねらっている．牧草は種子が小さく，一年生作物に比べて初期生育が遅い．このため初期の幼根の発育を促進するためにはリン酸やカルシウムがきわめて高い効果をもたらすとされている．わが国では火山灰土壌が多く，酸性でリン酸欠乏の場合が多い．このために石灰やリン酸質の資材が多く用いられている．

(2) 施肥：造成時の基肥は地域，土壌によって異なる．おおよそ窒素‐リン酸‐カリで 30~60‐40~60‐40~60 kg/ha 程度である．微量要素の欠乏地帯ではその要素も付加する．

(3) 混播組合わせ：牧草地では一般に数種の牧草を混播している．これは上繁草と下繁草といった空間的棲分け，生育時期のずれによる季節的な棲分けを利用した生産量の増加や利用期間の延長，イネ科とマメ科の組合わせによる栄養バランスの改善効果，気候変動に対応した危険分散などの意味がある．しかし，混播のコントロールは難しく，ときにはマイナスの結果になることもある．造成直後の草量確保を期待してイタリアンライグラスを多く播種すると，他の草種を抑圧して失敗することがある．乾草生産ではクローバ類は乾くのが遅いためイネ科だけの採草地を造成するところもある．

(4) 播種量：牧草地の定着密度は 400 個体/m² 程度と考えられる．しかし，発芽率や

表9.2 造成工法の適用範囲[3]

造成方式	造成工法			利用目的			現況傾斜区分			
				採草地	放牧地	飼料畑	0°　Ⅰ級　8°	Ⅱ級　15°	Ⅲ級　25°	Ⅳ級　35°
山成工	耕起法	全面耕起法	反転耕法	○	○	○	○―――6°―――○	―――12°―――		
			破砕耕法	○	○	○	○――――――――――――20°――○			
			攪拌耕法	○	○	○	○――――――――――――20°――○			
		部分耕起法	帯状耕法		○			12°―――	――20°―――	―――30°
			点播法		○			12°―――	――20°―――	―――30°
	粗耕法				○			12°―――	――20°○	
	不耕起法				○			12°―――	――――――	―――30°
改良山成工	褶曲修正型			○		○		12°○		
	傾斜緩和型			○		○			――20°―――	―――30°
階段工					○	○		12°―――	――20°―――	―――30°

注 1) ○―――○ 一般的な適用範囲
　 2) ○……○ 特殊な場合の適用範囲
　 3) 部分耕起法，不耕起法，階段工は草地整備には適用しない．

侵食，雑草の抑制を考えるとその10倍程度は播種するのが望ましい．おおよそ3～6草種の混播で，合計25～40kg/ha程度が基準となろう．
 (5) 播種期：寒地型牧草の播種期は秋がよい．越冬前までに十分な生育ができる時期を逆算して決める．通常は初霜の30～40日前となる．春播きは前植生との競合や雑草の侵入の危険があるので，北海道や寒地以外では避けたほうがよい．
 (6) 鎮圧：播種後は十分な鎮圧をすることが牧草の定着には欠かせない．

　作業機械によって改良可能な傾斜度が決まってくる．表9.2に示すように，耕起の程度によっていくつかの方法に分類されている[3]．

　全面耕起法は草地全面を耕起する方法である．その中の反転耕法はブラッシュブレーカーを用いて全面的に反転耕起する方法である．傾斜度12度ぐらいまでが限界であり，集約的な採草地や飼料畑の造成に向く．破砕耕法はプラウイングハローやディスクハローを用いて行う耕法で，造成経費が反転耕法に比べて安い．傾斜20度程度まで適用できる．区画の入り組んだ波状地形でも斉一な耕起が可能である．撹拌耕法は耕耘爪のついたローターを動力によって駆動し，地表植生および表土を耕耘，撹拌する耕法で，とくに表土の薄い地帯の耕起に適する．ロータリーティラーで15度（最大20度），スタビライザーで8度（12度）が限度である．泥炭地や谷地坊主地帯の草地造成にはロータリーティラーの適用が効果が高い．

　部分耕起法は傾斜地を帯状あるいは点状に耕起，施肥，播種し，野草を放牧利用しながら順次耕起，施肥，播種を繰り返して草地化をはかる方法である．土壌侵食を防ぐには有効であるが，造成が完了するまでに時間がかかる．

　粗耕法は表層を浅く破砕して，施肥，播種して草地化をはかる方法である．造成経費も安く土壌流亡も少ない．不耕起造成法との中間的な造成法である．

3) 基盤造成法

　耕起造成法も不耕起造成法も植生の改良のための牧草播種床の造成法である．したがって地形や傾斜によって，圃場面積や使用目的が制限されることになる．こうした地形や傾斜の制限を改良するには土木的な手法をとる必要がある．改良しない方法も含めて，基盤造成法として分類されている．

　山成工は地形の改変を行わない造成法である．せいぜい，機械利用のために地表面の凸凹を平らにする不陸均しを行う程度である．このため，地形が制限因子となって機械の利用が制約される場合が出てくる．しかし，移動する土量も少ないし，表土が活用されるために，造成経費が安くてすむ．

　改良山成工は複雑な地形の褶曲を土木機械を用いて修正したり，傾斜をゆるやかにする．したがって，造成後は機械利用が可能となる．表土の移動を行うため，雑草の種子がなく，雑草が生えることはない．播種床は心土になることが多いので，土壌改良資材や基肥を十分入れないと牧草の生育が抑制されることになる．表土扱いと称して，もとの表土を集めておいて，地形修正後に戻したり，新たに客土したりする場合もある．大雨に遭うと播種床ごと流されてしまうこともある．褶曲修正型は地表の起伏を切盛りによって修正し，均一で緩勾配の草地基盤を造成する．傾斜緩和型では山の頂部や急斜面を切り崩し，谷部に盛り土をして全体として緩傾斜の勾配に仕上げる．これらは造成後

の機械利用を考えているので12度以下, できれば8度以下にすべきである. 地形の改変を伴うので, 造成工事中および造成直後の土砂流亡対策, 斜面の安定, 地滑り, 不等不沈対策, 表土扱いなど, 防災工が必要となる. このため造成経費は高くなる.

階段工は現地形が急峻なところで, 現況傾斜を階段状に造成する工法である. ほぼ平坦な草地や飼料畑ができ, 機械利用が可能になる. しかし, 切盛りの土量が多いので造成費がかさむこと, 造成面積に比べて草地面積が少ないこと, 法面侵食の危険が大きいこと, 管理利用機械の作業に制限を受ける場合があること等の欠点がある. とくに盛り土部分は力学特性が低下し土壌崩壊の危険が高い.

h. シバ草地の造成法[6]

牧草は放牧や刈取りに適応した植物の中から選び, 育種してきたものである. わが国でも在来のシバは, 寒地型牧草が夏枯れを受け, また, 暖地型牧草が越冬できない短期更新地帯では永続的に利用できる野草として見直されてよいと思われる. わが国の気候風土によく適応し, 放牧条件下で一度定着すれば, いたって省力的な管理で維持することができる. このような観点から, シバ草地の造成法として挿苗法, 撒きシバ法, 種子による造成, 糞による造成, 張りシバ法等が考えられている.

造成の要点はシバ導入後によく放牧することが肝要である. このためシバの播種床は, 裸地よりも競合する雑草や灌木があったほうがよい. これらを飼料に放牧することができる. 裸地の場合はイタリアンライグラスを追播して放牧する場合もある. 基本的に肥料はいらないが, 撒きシバ法や張りシバ法でシバだけにスポット処理できればよい. この場合でも窒素肥料は避けたほうがよい. 導入時期は早春がよいが, 極端な乾燥期でなければいつでもよい. 一般にシバは初期の生育が遅いので3年程度の造成期間がかかる.

[須山哲男]

文献

1) 西村 格：牧草の渡来と牧草群落の形成（矢野悟道編：日本の植生）, 東海大学出版会 (1988)
2) 我が国における保護上重要な植物種及び群落に関する研究委員会 種分科会：我が国における保護上重要な植物種の現状, p. 320, 日本自然保護協会 (1989)
3) 農林水産省畜産局：草地開発事業計画設計基準, 日本草地協会 (1988)
4) 青森県畜産課：青森地区公共育成牧場設置基礎調査報告書——大規模草地開発に伴う環境アセスメント——, p. 230, 青森県畜産課 (1983)
5) 鈴木慎二郎：草地造成法（高野信夫ら監修：粗飼料・草地ハンドブック）, 養賢堂 (1989)
6) 須山哲男ら：シバ草地の造成と利用, p. 81, 日本草地協会 (1994)

9.2 草地の管理, 利用

a. 草地の生産性および植生の管理
1) 草地の生産量
a) 草地生産量の特徴　牧草は年に何回も刈り取られたり, 放牧家畜によって採食され, 何年も利用される. 草地の生産量は生産された全量を生産量とみなすことができ

る一年生作物とは異なり,牧草の再生が可能なように適正な強度および間隔で利用した場合の収穫量あるいは家畜の生産量である.

生産量は,その土地の気温,日射量,降水量等の気象条件や土壌,地形などの自然条件,草地を構成する牧草の種類などによって規制される.また,管理利用によっても異なり,一般に放牧利用における生産量は再生の期間が短いため採草利用の80%程度とされている.

b) 生産量の把握 草地の生産量を気温や日射量などから推定する方法が試みられているが,生産量に関与している要因がきわめて多岐で複雑なため,利用できるまでにはなっていない.通常,年間の生産量は毎回の利用ごとの現存量から求めている.現存量の推定方法には坪刈法および非破壊的方法がある.

坪刈法はもっとも一般的な方法であるが,草地の植生および草生の分布の変動は一般の作物に比べきわめて大きいため,精度高く推定しようとした場合には多数の調査点数を必要とする(表9.3).

表9.3 草地の変動係数と必要刈取点数

草地の種類		変動係数(%)	必要刈取点数 調査面積1 haの場合		
			0.05*	0.10*	0.20*
A	採草地(既耕地)	16.8	46	12	3
	兼用草地	33.7	179	46	12
	放牧草地	46.0	327	84	21
B	採草地	20.0	64	16	4
	放牧草地	49.0	370	97	24
C	放牧草地(放牧前)	35	193	49	13
	放牧草地(放牧後)	50	385	100	25

注1) 刈取面積1 m², 信頼度95%の場合.
 2) * 推定誤差率.
資料:岩崎ら(A), 新田(B), 目黒ら(C)の変動係数をもとに計算.

非破壊的方法としては電気的方法(農電研式草量計,pasture probe等),草冠上のアルミ板の地表面からの高さから推定する方法(rising plate meter),放射線やマイクロ波を利用する方法,牧草群落内の照度から推定する方法等がある.農電研式草量計およびpasture probeでの実草量と測定値の相関はイネ科牧草単播の場合,$r=0.9$以上ときわめて高い.rising plate meterはこれらよりやや劣るが,手軽に利用できる.

2) 季節生産性

a) 季節生産性の特徴 採草や放牧によって利用された牧草は再生を繰り返すが,

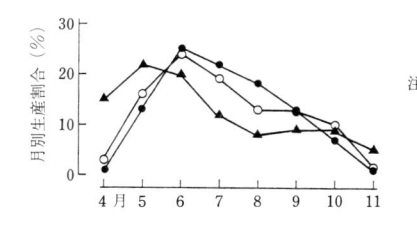

図9.3 代表地域の季節生産性
(梨木ら, 1981)

注1) ●北海道地域(単頂型), ○東北地域(中間型), ▲九州地域(双頂型).
 2) 単頂型:北海道,中部以北の高標高地帯,中間型:東北,中国および四国の中高標高地帯,関東・東山地域の中標高地帯,双頂型:関東の低標高地,東海,近畿,北陸,九州.

牧草の再生力（単位時間当たり再生量）は季節によって異なる．これを一般に季節生産性とよび，草地の利用および維持管理の基本となる重要な特性である．寒地型牧草の季節生産性のパターンは双頂型，単頂型および両者の中間型に分けられる（図9.3）．また，寒地型牧草では出穂期の早い草種や早生品種は季節生産性も大きく，出穂期の遅い草種や晩生品種では季節生産性もやや少ない．しかし，近年はオーチャードグラスの"アキミドリ"のように早生品種でも季節生産性が改善されているものもふえている．暖地型牧草の生育期間は6〜10月であり，生産量が最大となる時期は7〜8月で寒地型牧草に比べて遅い．

利用法との関係では，一般に放牧利用のほうが採草利用より季節生産は小さい．施肥量も季節生産性に影響を及ぼす．

b) 季節生産性の調節　牧草の生産性を効率的に家畜生産に結び付けるためには，利用目的に応じて季節生産性の調節が必要である．季節生産性の調節の必要性は放牧利用でもっとも大きく，次いで採草利用で，兼用利用ではほとんど必要ない．

採草利用ではスプリングフラッシュの積極的な利用が望ましいが，イネ科牧草では出穂始め，マメ科牧草では開花始めを過ぎると栄養価が急激に低下する．採草のための作業期間が長期にわたる場合は，刈取適期幅の拡大が必要となる．そのために，①早期に刈取予定の草地に対する窒素肥料の増肥，②出穂・開花期の異なる草種，品種の草地の準備，③早春の追肥の削減や早春の放牧等の手段をとる．

放牧利用では季節生産性に合わせて放牧利用面積あるいは家畜頭数を調節することが理想であるが，実際には困難である．放牧草地の季節生産性の調節には，①早春施肥の削減と放牧開始の早期化によるスプリングフラッシュの抑圧，②7月以降の施肥や耐暑性の大きい草種による夏期の草量確保，③備蓄牧区等の利用による晩秋の草量確保等がある．

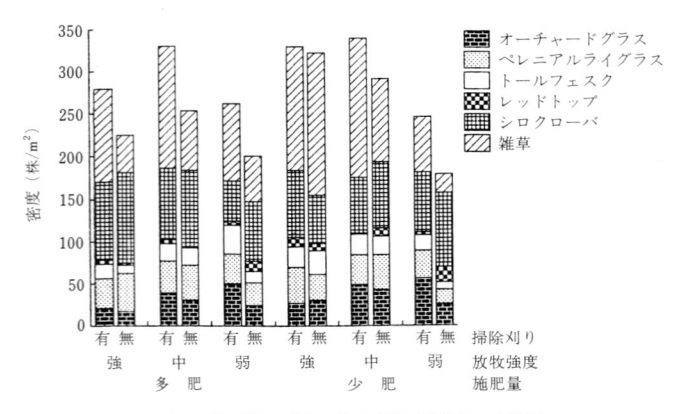

図9.4 掃除刈りの有無と牧草密度（原島ら，未発表）

注1) 放牧強度は，強：利用率60％，中：利用率50％，弱：利用率40％．
2) 施肥料（$N-P_2O_5-K_2O$）は，多肥：15-10-15，少肥：10-7.5-10（kg/ha）．

3) 生産性の維持

造成初期には高い生産性を示した草地も経年化に伴い密度の減少や草種構成の偏りが生じ，生産性が低下する．したがって，草地生産性を永続的に維持するためには優良牧草の密度維持と養水分が適正に供給されるような土壌環境の維持に努める必要がある．

4) 牧草密度の維持

牧草の密度低下の防止対策としてもっとも大切なことは，過繁茂状態をつくらないように利用間隔および利用強度を適正に保つことである．とくに，放牧草地では草高の低い状態で利用し，密度を高く保たなければならない．

施肥量を多くすると牧草生産が旺盛となるが，生育競合が増大するため利用が不十分な場合は密度低下の原因となるので，中低位水準の施肥量のほうが密度を高く維持できる．放牧草地では掃除刈りも密度維持に効果があり，とくに放牧強度が弱く，残草量が乾物2t/ha以上になる場合には密度維持に有効な手段である（図9.4）．

夏枯れ対策としては，まず，温暖地ではトールフェスクなど耐暑性草種の導入が考えられる．管理の面では，梅雨期から盛夏にかけては極端な低刈り，過放牧および頻繁な利用は避けて貯蔵養分の消耗を少なくする．また，高温乾燥時は，必要以上の窒素肥料は施用しない．

冬枯れ対策としては，耐寒性草種であるチモシー，ケンタッキーブルーグラスの導入が考えられる．また，越冬時までに十分な養分貯蔵期間がとれないような時期の利用を避ける．雪腐れ病等の防除は，耐病性の草種，品種の選択を基本とするとともに，秋施肥により越冬前の牧草の健全な生育をはかる．

5) 草種構成

a) 混播の意義 通常わが国においては，草地は数種のイネ科牧草とマメ科牧草の混播草地として造成される．これは，数種の牧草の混在比率を適正に維持することにより，タンパク質の増収，嗜好性の向上，ミネラルバランス等の家畜栄養の均衡やマメ科の窒素固定による窒素施肥の節減をはかることを主眼としている．しかし，多数の草種を混播しても草種構成割合を適正に維持することが困難なため，組み合わせる草種は少ないほうが望ましい．

b) 草種構成の変動要因 寒地型牧草の生育適温は，マメ科牧草のほうがイネ科牧草よりやや高いため，温暖地や夏にはマメ科牧草が，寒地，寒冷地や春にはイネ科牧草が優占しやすい．同じイネ科牧草でもトールフェスクやレッドトップは耐暑性が強いため，暖地では優占しやすい．

土壌条件でみると，湿潤地では耐湿性の強いリードキャナリーグラスが優占しやすい．窒素が多いとイネ科牧草が，少ないとマメ科牧草が優勢となる．しかし，酸性土壌やリン酸，カリ，カルシウムが欠乏するとマメ科率は低下する．同じイネ科牧草でもカリが不足するとケンタッキーブルーグラスが，リン酸が不足するとレッドトップが優占しやすい．

早春の利用は，草丈の低いシロクローバやケンタッキーブルーグラスが優占しやすく，春の利用が遅いとオーチャードグラスやトールフェスクが優占しやすくなる．低刈り，強放牧あるいは利用間隔が短いときには再生力の強いシロクローバ，ペレニアルライグ

ラス，ケンタッキーブルーグラスが増加し，高刈り，軽放牧あるいは再生期間が長い場合はオーチャードグラス，トールフェスク等の長草型草種が優勢となる．

c）**草種構成の維持**　まず，草種選定において，土壌水分の要求度や再生力が著しく相違する草種どうしの組合わせを避ける．たとえば，寒冷地においては，シロクローバの割合を比較的高く保つには，ペレニアルライグラスを基幹とした混播が望ましいなどである．

次に，利用間隔，利用強度および施肥を調節し，優占草種の抑圧と劣勢草種の生育促進をはかる．寒地，寒冷地ではマメ科率の維持のためには早めの利用を行うとともに，早春の窒素施肥の削減，リン酸，カルシウム，マグネシウム等の十分な施肥を行う．温暖地では，マメ科の優占を防ぐために，利用条件をイネ科牧草の生育促進に合わせ，採草地では十分な刈取間隔，放牧地では十分な休牧期間と適正な放牧強度を保ち，窒素施肥を行う．

b．草地の管理と利用

1）草地管理

草地管理は草地の維持管理，草地の利用管理，草地の保護管理の三つの分野に大別される．

草地の維持管理は，草地の永続性と経済性を考慮しながら草地の生産力を維持，増強し，家畜の要求する生産を確保するため，季節生産性の調節，牧草密度，草種構成の維持等の植生管理を行う耕種技術である．草地の施肥管理技術，荒廃草地の生産力回復技術，草地の機械化作業体系，草地の灌排水技術，草地の輪作方法等の栽培管理が含まれる．

2）草地の管理利用計画

草地の管理利用にあたっては，まず自然環境条件および管理条件を勘案して無理のない適正な生産目標を設定する．急傾斜地のように管理が不十分になりやすい草地や放牧頭数が少ない草地では高い生産目標の設定は避ける．次いで，草地マップや管理記録を基礎資料として，採草計画や放牧管理計画，採草・放牧・兼用利用などを組み合わせた牧場全体としての管理利用計画を立てる．同時に草生を維持，回復し，草地基盤を保全するための施肥，掃除刈り，雑草防除，追播，簡易更新等の日常管理についても計画する．

3）草地の利用法と管理

a）採草利用　採草利用は乾草やサイレージなどの貯蔵飼料の生産，あるいは青刈してそのまま家畜に給与するための利用である．採草地はモーア等による機械作業，牧草の運搬や糞尿還元の効率化のために平坦で起伏が少なく，畜舎やサイロの周辺で土地条件のもっともよいところが当てられる．採草地はとくに牧草の生産を高める必要があるので，スプリングフラッシュを積極的に利用して多収穫をめざす必要がある．

刈取時期としては，一番草では生育が進むと収量は増加するが，繊維含量の増加や葉部割合，タンパク質含量の減少によって飼料価値が急速に低下するので，出穂始めから開花始めまでが最適とされる．二番草以降の刈取りでは栄養価に急速な変化はみられな

いので，草地の植生を悪化させず，牧草の再生力が回復し，収量がなるべく多い時期とする．牧草の密度維持を重視する場合は最適葉面積指数の時期，生産量を重視する場合は最大葉面積の時期あるいはそれより少し前の時期となる．なお，年間の刈取回数は一般には，目標収量が生草で 60 t/ha の場合は 3 回以上，80 t/ha の場合は 4 回以上必要とされている．

牧草の適正刈取高さは草種，地域，季節によっても異なるが，再生および収穫量の両面からみて，オーチャードグラス，アカクローバ，イタリアンライグラス等の場合 10 cm ぐらいとされている．ただし，生長速度の速い春にはやや低刈りでもよく，高温期で生長速度の遅い夏期にはやや高刈りが必要である．

b) 採草・放牧兼用利用 放牧・採草兼用利用は採草と放牧の両方に利用するもので，牧草がもっている春の高い生産力を生かし，同時に省力的な利用方法である放牧も加え，併せて糞尿の還元も行うもっとも望ましい草地の利用方法である．兼用利用は土壌肥沃度の維持および植生維持のうえでも優れている．土地条件としては採草地に準じた場所を当てる．兼用草地では牧草の密度が低下すると，放牧利用を行う場合に生産量が低下するので，密度低下を防ぐために採草地より早めの刈取りが必要である．

c) 放牧利用 放牧利用は家畜に直接草を採食させる方式で，経済性，省力性，家畜の健康などきわめて優れた草地の利用方法である．放牧草地は採草地や兼用草地に比べ土地条件の制約が比較的少なく，肉用繁殖牛や育成牛では 30 度程度の傾斜地まで利用が可能である．放牧利用では安定生産，維持年限の延長を第 1 目標として草種の選択や管理を行うとともに，家畜の生産性を向上させるための管理が必要である．そのためには季節生産性の調節が重要となる．

c．草生の回復，更新

1) 草地の植生診断

草地の植生診断は，植生調査を通じて，その草地がどのような遷移系列のどの段階にあり，その草地の環境条件や管理条件はどのような状況にあるのかを読み取り，それに応じた維持管理の対策を立てるために行う．わが国では，植生診断の明確な基準はまだ設けられていないが，指標植物，牧草の収量，牧草密度，草種構成割合，草地型等による方法がある．

2) 草生の回復

牧草の密度が高い場合は，施肥や利用強度の調節等の管理，利用の改善によって草生の回復は可能である．

牧草の密度は低くても，土壌条件の悪化や雑草の侵入が少なければ，追播によって草生の回復をはかることができる．追播には発芽水分の確保と追播草種の初期生育の促進が重要であり，追播時期としては晩夏から初秋が適当である．発芽した幼植物の初期生育を促進するため，掃除刈りまたは管理放牧によって既存の植生を抑圧する必要がある．なお，追播牧草の定着を促進させるために，牧草種子，保水剤，肥料等を混合して造粒したシードペレットについても研究が進められている．オーチャードグラス，ペレニアルライグラス，チモシー等が基幹草種で，多年生雑草の侵入がない草地の場合は自然下

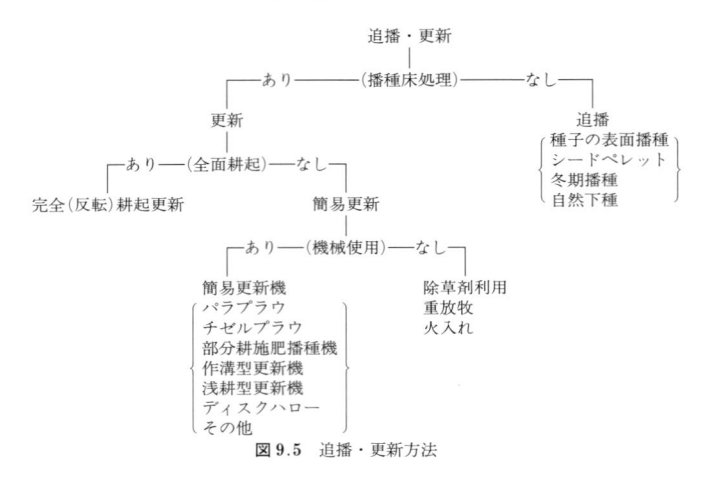

```
                        追播・更新
                 ┌──────────┴──────────┐
              ──あり──    (播種床処理)    ──なし──
         ┌───────┴───────┐                    │
        更新                                  追播
   ┌────┴────┐                          ┌種子の表面播種
──あり──(全面耕起)──なし──                  │シードペレット
   │               │                      │冬期播種
完全(反転)耕起更新   簡易更新                └自然下種
              ┌────┴────┐
           ──あり──(機械使用)──なし──
              │                │
           簡易更新機         除草剤利用
          ┌パラプラウ         重放牧
          │チゼルプラウ        火入れ
          │部分耕施肥播種機
          │作溝型更新機
          │浅耕型更新機
          │ディスクハロー
          └その他
```

図 9.5 追播・更新方法

種法も牧草密度向上に有効とされている．

3) 草 地 更 新

雑草や生産性の低い牧草が優占し，土壌の理化学性が悪化している場合は，そのままでは草生の回復は困難なので更新する必要がある．

更新方法は全面耕起を行うかどうかで，完全（反転）耕起更新と簡易更新に分かれる（図9.5）．完全耕起更新は耕起造成法とほぼ同様の作業工程で，前植生がほぼ完全に抑圧され，蓄積されている有機物の有効化，土壌改良資材等の大量投入ができる等の利点がある．しかし，作業期間が長くなり，利用が中断される，侵食発生の危険が増す，経費がかさむ等の欠点もある．

簡易更新には多くの方法が含まれ，播種床処理の程度もかなり差がある．簡易更新は経費がかからない，作業期間が短く利用の中断が少ない等の利点があるが，前植生を完全には抑圧できない，土壌の理化学性の改善効果が小さい等の欠点も多い．

d．草地の保護管理
1) 雑草，雑灌木の制御

a) 草地の主要雑草および雑灌木　草地において問題となる雑草，雑灌木は，家畜に採食されず，刈取りにも抵抗性があり，繁殖力および生育が旺盛で，牧草を抑圧するような種である．草地における主要な雑草，雑灌木を表9.4，表9.5に示した．エゾノギシギシ，ワラビ，メヒシバ等は全国的に問題とされている．雑草，雑灌木には草地の造成初期に出現する種，経年的な利用に伴って出現する種および原植生の再生によるものがある．草地への雑草の侵入は大部分が種子によるものであり，侵入経路としては牧草の種子，家畜の糞，堆きゅう肥に混入してくるものがもっとも多く，中には風や水によって散布されたり，家畜や鳥によって運ばれてくるものもある．

b) 雑草，雑灌木による被害　雑草は牧草との間に養水分や光に関して競争を生じ，生産量と牧草密度の低下を引き起こす．オーチャードグラス新播草地においてエゾ

9.2 草地の管理, 利用

表 9.4 草地における主な雑草の種類

科名＼地域	北　海　道	東　日　本　東北・関東・中部	西　日　本　近畿・中国・四国・九州
キ　ク　科	アキタブキ, アメリカオニアザミ, セイヨウノコギリソウ, セイヨウタンポポ, ヨモギ, セイヨウトゲアザミ	ヨモギ, ヒメジョオン, セイヨウタンポポ, セイヨウノコギリソウ, アメリカオニアザミ	ヨモギ, ヒメムカシヨモギ, ヒメジョオン, アレチノギク, ノアザミ, ベニバナボロギク, アメリカオニアザミ
オオバコ科	ヘラオオバコ	ヘラオオバコ	ヘラオオバコ
ナ　ス　科	テリハノイヌホオズキ	ワルナスビ	ワルナスビ
セ　リ　科	ノチドメ	ノチドメ, オオチドメ	ノチドメ, オオチドメ
ナデシコ科	ミミナグサ	ハコベ	ミミナグサ, ハコベ
ヤマゴボウ科			ヨウシュヤマゴボウ
ヒ　ユ　科	イヌビユ	イヌビユ, ハリビユ	イヌビユ, ハリビユ
タ　デ　科	エゾノギシギシ, ヒメスイバ, オオイタドリ	エゾノギシギシ, イヌタデ, イタドリ	エゾノギシギシ, イヌタデ
イ　ネ　科	ハルガヤ, シバムギ	エノコログサ, メヒシバ, イヌビエ, チカラシバ	メヒシバ, エノコログサ, チカラシバ, イヌビエ, スズメノカタビラ
ワ　ラ　ビ　科	ワラビ	ワラビ	ワラビ

表 9.5 草地における主な雑灌木の種類

科名＼地域	北　海　道	東　日　本　東北・関東・中部	西　日　本　近畿・中国・四国・九州
スイカズラ科	キンギンボク, エゾニワトコ	タニウツギ, ヒョウタンボク類	タニウツギ, ヒョウタンボク類
ツ　ツ　ジ　科	ヤマツツジ	レンゲツツジ, アセビ	レンゲツツジ, アセビ, ヤマツツジ
ウ　コ　ギ　科	タラノキ	タラノキ, ハリギリ	タラノキ
グ　ミ　科			アキグミ, ナワシログミ
モチノキ科	イヌツゲ	イヌツゲ	イヌツゲ
ミ　カ　ン　科	サンショウ	イヌザンショウ	イヌザンショウ
マ　メ　科	イヌエンジュ	イヌエンジュ	マルバハギ
バ　ラ　科	クマイチゴ, ナワシロイチゴ, ノイバラ	ナワシロイチゴ, モミジイチゴ, ニガイチゴ, ノイバラ, カマツカ	クマイチゴ, ナワシロイチゴ, ナガバノモミジイチゴ, ニガイチゴ, ノイバラ, テリハノイバラ
ユキノシタ科	ガクアジサイ, ノリウツギ	ノリウツギ	ノリウツギ
メ　ギ　科	ヒロハヘビノボラズ	メギ	
ブ　ナ　科	コナラ, カシワ	コナラ	コナラ, クヌギ
カバノキ科	シラカンバ	ダケカンバ, ハンノキ	ハンノキ
ヤ　ナ　ギ　科		キツネヤナギ	
イ　ネ　科	チシマザサ, ミヤコザサ	ミヤコザサ, アズマネザサ	ネザサ

表9.6 メヒシバおよびエゾノギシギシの発生がオーチャードグラスの生産量および密度に及ぼす影響（梨木ら1987, 1988より作成）

	メヒシバ				エゾノギシギシ			
	生産量 (DMg/m²) 1983	密度（個体/m²）			生産量 (DMg/m²)		密度（個体/m²）	
		82.11	83.8	83.11	1986	1987	85.11	86.11	87.10
雑草発生	877	984	686	171	936	301	931	136	38
雑草無発生	988		673	345	1,035	761	1,000	251	186

ノギシギシおよびメヒシバの発生がオーチャードグラスの株数に与える影響を表9.6に示した．オーチャードグラスの株数は，無雑草区に比べエゾノギシギシ発生区で約1/3，メヒシバ発生区で約1/2に減少している．その他，雑草の混入により乾草，サイレージの品質低下をまねいたり，家畜の採食行動や草地管理作業，家畜管理作業の障害となり，有刺植物では家畜を傷つける．

c) 雑草，雑灌木の防除法 雑草，雑灌木の防除法としては，耕種的防除，生物的防除，機械的防除および化学的防除（薬剤防除）等がある．

耕種的防除は牧草の刈取時期・回数，放牧強度，利用後の追肥等により牧草の密度を高く維持して雑草の侵入を防ぐとともに，雑草を被圧して繁茂させない防除法で，生態的防除ともよばれる．たとえば，ワラビは春期には蹄傷に弱いので，放牧圧を高めることによって抑圧が可能である．

生物的防除は動物，昆虫等を利用した防除で，実用上差し支えない程度にまで雑草を抑圧することが可能である．エゾノギシギシの場合は山羊やコガタルリハムシが有効なことが明らかにされている．

機械的防除は，刈払いや掘取りによって雑草，雑灌木を除去するもので，雑草，雑灌木の発生初期や開花期に行うことによって蔓延を防止することができる．

化学的防除は耕種的あるいは機械的防除では抑圧が困難な場合の使用を原則とする．経年草地ではエゾノギシギシに対する全面散布用としてアシュラム液剤，MDBA液剤およびベンスルフロンメチル水和剤が，株処理用としてアシュラム液剤，グリホサート液剤，DBN粒剤等が使用される．新播草地ではアシュラム液剤が，造成・更新時にはアシュラム液剤，グリホサート液剤，グリホサート・トリメシウム塩液剤が使用される．雑灌木の防除には，グリホサート液剤が使用される．

2) 病害虫防除

a) 病害防除 牧草を冒す病害は多数あるが，病原は糸状菌がもっとも多く，その他ウイルス，マイコプラズマ様微生物および細菌がある．病害の発生は生産量の減少をきたすだけでなく，飼料価値の低下や病原菌の発生する毒素による家畜中毒などの被害も大きい．

牧草病害の防除はまず発生を回避し，次いで被害軽減に有効な栽培管理法を総合的に組み合わせることが必要である．そのためには耐病性草種・品種の選択，病害の早期発見と診断および耕種的防除の励行が基本となる．

b) 害虫防除 害虫の多くは昆虫であるが，ハダニ，センチュウ，ナメクジ，ネズミ等の小動物も含まれる．害虫防除では被害の少ない草種の導入，単播草地より混播草地の造成，天敵の保護等によって害虫の発生を未然に防ぐよう心がけ，いったん多発した場合は，害虫の種類を正しく知り，刈取り，更新，薬剤散布等の適切な防除を行う．

［原島徳一］

9.3 草地土壌と施肥管理

a. 草地土壌の種類と特性

わが国の草地土壌では，黒ボク土の存在割合が46%と圧倒的に多く，次いで，褐色森林土の22%である．黒ボク土草地は北海道・東北・関東・九州地域に分布している．また，北海道における泥炭土，中国・沖縄地域における赤黄色土がそれぞれの地域で重要な草地土壌である[1]．

1) 黒ボク土

黒ボク土は火山放出物を母材とし，その母材の風化と平行して有機物が集積したことによる黒い表層をもつ土壌である．陽イオン交換容量は大きいが保持力が弱いので塩基類が流亡しやすい．また，リン酸の固定力が強く有効態リン酸に乏しい土壌である．物理性については，毛管孔隙が多いため保水力が大きくて透水性も良好な土壌であるが，容積重が小さく軽いため乾燥すると細かい粉末となって飛散しやすい．土壌の改良には堆きゅう肥施用などによる良質有機物の付加，石灰質資材による酸性の矯正，リン酸質資材の多量施用などが必要である．

北海道では黒ボク土（火山性土）を粒径，風化の程度，腐植の質と量，リン酸固定力，塩基状態などにより，未熟火山性土，褐色火山性土，黒色火山性土および厚層黒色火山性土などに分類している．

2) 褐色森林土

褐色森林土は山麓地，丘陵地，台地に分布している．A層（表層），B層（次表層），C層（下層）の土壌断面構成をもち土層の分化が進んでおり，表層は黒褐色ないし暗褐色を呈し，次表層はおおむね黄褐色である．土壌の化学性は，比較的酸性が強く下層土は塩基，リン酸含量が少ない．とくに，細粒質土壌には，地表下50cm以内に緻密な粘土層が介在する場合が多い．本土壌の改良には有機物の施用，酸性矯正，塩基やリン酸の補給などを実施する．火山灰地帯では火山灰由来の土壌でも腐植含量の少ない土壌は褐色森林土として分類されている場合があるので，管理には注意が必要である．

3) 泥炭土

泥炭土は北海道の根釧原野やサロベツ原野などの泥炭地帯に分布している．泥炭土の基本的な特徴は，①水分含量が多く保水力も一般に強い，②比重，容積重は著しく小さい，③反応は一般に強酸性を呈する，④腐植含量は20%を超え，窒素供給力は比較的高いが，リン酸，カリは著しく少ないことである．泥炭土では，排水不良，地耐力の過小，無機養分の欠乏ならびに強酸性の改良がきわめて重要であり，鉱質土の客土，多量の石灰およびリン酸質資材の施用が必要とされる．

4) 赤黄色土

赤黄色土は台地，丘陵地に分布し，表層の腐植含量は少なくB層（次表層）が鮮やかな赤色または黄色を呈するのが特徴である．本土壌は褐色森林土に比べて風化が進んでおり，塩基類が溶脱して強酸性を示し，腐植含量が少ないなど地力的にはきわめて劣っている．そのため良質の有機物の補給と石灰質資材などの施用による改良が必要である．

b. 草地の土壌特性と経年変化

造成直後の草地は播種時の耕起によって土壌の通気性，透水性など物理性も良好であり，また，石灰やリン酸質資材によって土壌が十分に改良されているため，イネ科およびマメ科牧草とも良好に生育し高い生産力を発揮する．しかし，草地は耕起されずに利用が継続されるため，生産力は2～3年をピークにそれ以降減少していく傾向にある．

草地では大型作業機械の走行や放牧家畜の蹄圧により土壌は圧縮され，年次の経過に伴って土壌の緻密化が進行する．緻密化は固相率，土壌硬度の増加および粗孔隙，通気性，透水性などの減少をもたらすとともに下層への根の伸長を妨げる．これらは表層施肥と相まって牧草根の表層依存性を強め，茎葉の生育も不良になってくる．また，耕起されないため牧草の茎葉や枯死した根が表層に集積し，経年的に未分解の有機物が増加していく．このような草地では微生物活性が低下して窒素供給力が減ってしまう．さらに，採草地では養分の収奪が大きく多量の化学肥料が施肥されるが，施肥後に残存する酸基が石灰や苦土等を溶脱しpH低下の原因となる．pHの低下はとくにマメ科牧草の生育に不利な条件を生じさせてマメ科牧草を衰退させる．混播草地におけるマメ科率の低下は根粒菌による固定窒素量の減少をまねき，窒素施肥に依存する割合をさらに高めるという悪循環を引き起こす．一方，放牧地では家畜糞尿によって大部分の養分が還元されるので，経年化による土壌養分の低下は採草地と比べて小さく，カリのような肥効率の高い成分では採草地と同様の施肥を行うと，過剰になる場合がある．しかし，放牧地における糞尿還元は均等でなく土壌養分が偏在するため，均一な牧草の生育には土壌診断に基づく適正な施肥が必要である．

このように年次の経過とともに草地土壌は緻密化，根群の表層集積，土壌の酸性化などを生じ，土壌条件が悪化してくる．

c. 土壌診断と対策

草地の経年化に伴う土壌の変化は牧草の収量に大きな影響を及ぼすため，土壌診断を定期的に実施し早期にその変化を把握して対処法を策定する必要がある．土壌診断では土壌調査や分析で得られたデータを診断基準に照らし合わせて，草地土壌の問題点を明らかにするとともに，土壌改良や施肥法の処方箋が作成される．また，土壌診断は植生診断と併用して草地更新のための指標の作成にも利用できる．

土壌の理化学性については，診断基準値が設定されている．この基準値は地域，土壌などにより若干異なるが，標準的な土壌管理が実行されていれば，一般的にはこの基準値を満たすことができ，牧草の正常な生育が保証されることを前提としている．

ここでは北海道の草地土壌の維持・管理段階における診断基準値[2]を表9.7に示し，

表 9.7 北海道の草地土壌の維持・管理段階における診断基準

区 分	診断項目	診断基準 基準値			留意事項	備 考
		火山性土	非火山性鉱質土	泥炭土		
物 理 性	有効根域の緻密度	24 mm 以下	24 mm 以下	—		山中式硬度計の読み
	有効根域の粗孔隙	10% 以上	10% 以上	10% 以上		pF 1.5 の気相率
	地 下 水 位	60 cm 以下	60 cm 以下	50〜70 cm		常時地下水位
化 学 性 (0〜5 cm を対象)	pH (H$_2$O)	5.5〜6.5	5.5〜6.5	5.5〜6.5	適正 pH を維持するためには下限値に達する以前に対策を講じる	
	有効態リン酸 (P$_2$O$_5$) (mg/100 g)	未熟：30〜60 黒色：20〜50 厚層黒色：10〜30	20〜50	30 以上		ブレイ No.2 法，振とう時間1分，土：液＝1：20，液温 30℃
	交換性石灰(CaO) (mg/100 g)	未熟：150〜300 黒色：200〜400 厚層黒色：300〜500	200 以上	400〜800	pH を優先させて対策を講じる	基準値の対象となる土壌の CEC 火山性土は，未熟：5〜10 me/100 g，黒色：10〜20 me/100 g，厚層黒色：20〜30 me/100 g，非火山性鉱質土：20 me/100 g，泥炭土：50 me/100 g
	交換性苦土(MgO) (mg/100 g)	未熟：15〜25 黒色：20〜30 厚層黒色：25〜35	10〜20	30〜50	蛇紋岩母材の土壌で作土全体の Mg が 30 mg/100 g 以上のものは含苦土資材の施用は不要	
	交換性カリ(K$_2$O) (mg/100 g)	未熟：15〜25 黒色：20〜30 厚層黒色：25〜35	15〜20	30〜50		
	石灰/苦土比 (Ca/Mg)	5〜10	5〜10	5〜10	塩基含量の状態を優先して対策を講じる	当 量 比
	苦土/カリ比 (Mg/K)	2 以上	2 以上	2 以上		

注　褐色火山性土は黒色火山性土の値を適用する．

土壌診断に基づく対策について説明する．

1) 有効根域の緻密度と粗孔隙

多くの作物の場合，緻密度が 24〜25 mm（山中式硬度計の読み）になると根群の分布は急激に減少することが知られている．また，土壌の粗孔隙は作物の生育に必要な土壌の通気性，透水性を維持するために重要な役割を果たしているが，粗孔隙量が容積割合で 10% 以下になると根群の分布は急激に減少する．

基準値を満たさない草地については心土破砕やパラプラウの励行による根圏の膨軟化対策を実施する．土壌が湿潤な条件で施工すると，作業機による草地の損傷などが生じて逆効果になる場合があるので注意を要する．

2) 地下水位

地下水は土粒子の間隙を完全に満たし，地下水位が高すぎると根域土壌の空気量が少なくなり，逆に低すぎると表層の水分が不足して牧草の生育を阻害する．

地下水位が高い場合には心土破砕や浅暗渠による土層の透水性の改良により地下水位を下げる．

3) pH

pHの変化によって土壌中の養分の有効化は大きな影響を受ける．pHが5以下の強い酸性では石灰や苦土の欠乏，リン酸の不可給態化，アルミニウムの過剰害などにより牧草の生育が阻害される．また，7.5以上のアルカリ性の土壌では，微量要素の不可給態化による牧草の生育障害，リン酸の可給性の低下による生育遅延が発生するので，pHは5.5～6.5に維持する必要がある．適正なpHに戻すために必要な石灰質資材の量は，当該土壌のpH緩衝曲線を作成して決定する．炭カルの施用は草地の表層のpHと交換性石灰量を高めるが，次層以下の酸性改良効果はきわめて小さい．したがって，表層のpHが5.5以下に下がらないうちに処置を行う．

4) 交換性陽イオン含量とそのバランス

土壌中の交換性石灰，苦土およびカリなどの陽イオンは作物が吸収，利用できる形態の養分であり，一定量以上の濃度で土壌中に含まれている必要がある．また，これらの要素は牧草に吸収されるとき，相互に拮抗作用を現すので，要素間の量的バランスも考慮しなければならない．そこで，Ca，MgおよびKの当量比が決められており，Ca/Mgでは5～10，Mg/Kでは2以上が用いられる．

表9.8 土壌診断に基づく土壌養分の施肥標準量に対する施肥率(%)

土壌養分	診断基準値以下	診断基準値の範囲内	診断基準値以上
交換性苦土	125～150	100	50
交換性カリ[*1]	110～125	100	50～75
有効態リン酸[*2]	150	100	50

注 [*1] 未熟火山性土：71 mg/100 g以上，黒色火山性土：91 mg/100 g以上，厚層黒色火山性土：101 mg/100 g以上，非火山性鉱質土：51 mg/100 g以上，泥炭土(客土)：71 mg/100 g以上の場合はカリ肥料は無施用．
[*2] 非火山性鉱質土：71 mg/100 g以上の場合はリン酸肥料は無施用．

pHを高めるために石灰質資材が使用されるが，それに伴い交換性石灰も増加する．したがって，交換性石灰を基準値に戻す場合にはまずpHの調整を優先させた後に処置を行う．交換性苦土およびカリの分析値が診断基準値の範囲内にある場合には施肥標準(苦土では年間4kg/10a)に準じて施肥を継続すればよい．(北海道では窒素，リン酸，カリの標準施肥量は地帯区分，土壌の種類，基幹草種，目標収量別に詳細に設定されている[4]．)分析値が低い場合には増肥し，高い場合には一定期間減肥もしくは施肥を中止する．施肥標準量に対する増肥率および減肥率[3]は表9.8に示した．

5) 有効態リン酸含量

黒ボク土は活性アルミニウムやアロフェンを含むためリン酸の固定力は強く，また，他の土壌でも土壌反応が酸性になると固定が助長され，有効態リン酸量が減少する．そのため，黒ボク土や酸性土の多いわが国の草地ではリン酸が欠乏しやすいので，有効態

リン酸が一定量以上の濃度で維持されるように管理する必要がある．

有効態リン酸の分析値が診断基準値の範囲内にある草地に対しては，施肥標準に基づいて施肥を行う．分析値が低い場合にはリン酸肥料を増肥し，高い場合には一定期間減肥または施肥を中止する．施肥標準量に対する増肥率および減肥率[3]を表9.8に示す．

d．標準施肥

牧草に対する施肥は気象条件，土壌条件，草地の利用形態，経過年数，目標収量等により施肥量や施肥配分等が異なるので，都道府県の公立農業試験場および畜産試験場が標準施肥量を設定しているのでそれを参考にする．

表9.9 東日本における混播採草地の年間標準施肥量

土壌	目標生草収量 (t/10a)	混播採草地 (kg/10a)			イネ科優占草地 (kg/10a)		
		窒素	リン酸	カリ	窒素	リン酸	カリ
黒ボク土	4～5	10	8	10	15	8	12
	5～6	12	10	12	20	10	15
	6～7	15	12	15	25	12	18
	7～8	20	15	20	30	15	22
褐色森林土	4～5	8	6	8	12	6	10
	5～6	10	8	10	15	8	12
	6～7	12	10	12	20	10	15
	7～8	15	12	15	25	12	20

ここでは，実例として東日本における混播採草地の年間標準施肥量[5]を表9.9に示した．黒ボク土採草地の年間標準施肥量は，目標収量を10a当たり5～6トンとした場合では，窒素12kg，リン酸10kg，カリ12kgである．利用回数を3回刈りとした場合の施肥配分は，年間施肥量を100としたとき，早春50，一番刈り後25，二番刈り後25の割合である．放牧草地では放牧家畜の糞尿還元があるため，肥料養分，とくにカリの施肥量は採草地に比べて少なく施用する必要がある．

各地域によって標準施肥量は異なってはいるが，牧草を持続的に生産するためには草地土壌を良好な状態に維持することが必要であり，土壌診断に基づいた土壌改良と適正施肥がその基本となる．

［山本克巳］

文　献

1) 高橋達治：土壌肥料関係専門別検討会議資料，603-604（1979）
2) 北海道農業試験研究推進会議編：土壌および作物栄養診断基準，17（1989）
3) 北海道土壌・作物栄養診断技術検討会議編：土壌診断に基づく施肥対応，13-14（1989）
4) 北海道農政部：北海道施肥標準，37-45（1989）
5) 日本草地協会編：草地管理指標——草地の土壌管理及び施肥——，1-102（1995）

9.4　草地の放牧利用

a．放牧利用の特徴

放牧は家畜自身に草を採食させる草地利用の本来的な姿であり，土-草-家畜の相互関

係が密接に作用する．そのため，刈取利用にはない放牧家畜による選択採食性，草生密度や草高，蹄傷や糞尿による汚染など放牧特有の問題が生じる．

放牧は機械を利用する採草地と異なり，急傾斜地や複雑地形においても可能であり，わが国での利用可能面積は採草地より広がりをもっている．従来から入会地での放牧慣行が存在したが，野草地での粗放的な放牧が主体であった．合理的な放牧管理技術への取組みは，戦後の牧草地放牧に始まり，全国的な公共牧場の設置等によって普及した．

放牧における土地生産性や家畜生産性は，刈取草地よりも劣る場合が多い．しかし，近年は単位面積当たりの生産性を向上させる集約的な放牧技術が進展しつつある．また，労働生産性は牛に自ら草を採食させるため，集約度によって差はあるものの，刈取給与に比べて省力的である．さらに，放牧牛の健全性や耐用年数の長さ，草地の多面的な機能も注目されている．

b． 放牧方式の種類と特徴
1） 牧区数と滞牧日数による分類
a） 連続放牧　　固定放牧，定置放牧ともいう．広い放牧地に外柵だけを設け，長期間にわたって同じ草地に放牧する方式である．管理労力や経費は少なくてすむが，斉一な採食が困難なため，高い利用率は望めない．野草地や林内草地などで行われることが多い．

b） 輪換放牧　　草地をいくつかの牧区に区分し，順次輪換しながら放牧していく方式で，わが国の牧草地では一般的に行われている．放牧家畜と草地の両生産性に配慮した合理的な方式であり，集約的な草地利用が可能である．

c） 帯状放牧（ストリップ放牧）　　輪換放牧をさらに集約化した方式で，移動牧柵を利用し，半日から1日程度の短期間に牧区を移動していく方式である．この方式は管理労力を多く要するが，踏倒しや糞尿汚染が少ないため，採食利用率や1頭当たりの採食量を高く保つことができ，育成牛や搾乳牛に用いることが多い．電気牧柵を使用すると，牧区移動作業が容易である．

2） 放牧季節や時間帯などによる分類
a） 季節放牧と周年放牧　　わが国では夏季は放牧し，冬季は舎飼いする夏山冬里方式とよばれる季節放牧が一般的である．暑熱や吸血昆虫の多い夏季を避け，春季と秋季だけ放牧する場合もある．それに対し西南暖地では，秋季に禁牧した草地に備蓄した牧草によって肉用牛の冬季放牧を実施し，周年屋外飼養することで低コスト子牛生産が可能となる技術が開発されている．

b） 全日放牧と半日放牧　　昼夜連続して放牧する全日放牧（昼夜放牧）が一般的である．しかし，放牧馴致中や疾病による要観察牛などでは昼間に限って放牧したり，夏季の暑熱を避けるために夜間放牧を実施する場合もある．

c） 時間制限放牧　　放牧家畜は放牧開始直後に食欲が旺盛で，採食後は反芻や休息行動に移る．放牧時間が長いほど踏倒しや糞尿汚染が増加するため草地の利用率が低下する．これを避けるため，1回当たりの放牧時間を1～3時間に限定し，それ以外の時間はパドックや畜舎に追い出す方式である．管理労力はふえるが草地の利用率は高まる．

3) その他の放牧

a) 先行・後追い放牧　同一牧区に養分要求内容の異なる家畜を前後して放牧する方式である．先行放牧では高栄養の飼草を必要とする若齢牛群や搾乳牛群によって葉先部分を採食させ，その移牧後に選択採食性や養分要求量の低い乾乳牛や肉用繁殖牛を後追い放牧する．この方式は，不食残草や雑草を少なくし，採食利用率を高めるなど，草地の維持管理にも有効である．

b) 混合放牧　肉用牛と羊のように選択採食性の異なる畜種を放牧し，雑草や不食過繁地の発生を抑制し，草地の利用効率の向上をめざす方式である．異なる畜種を同時に放牧する場合と，先行・後追い放牧で行う場合がある．

c) 繋牧　綱や鎖によって家畜を草地内に係留し，飼草を採食させる方式で，牧柵費は不要であるが労力を多く要し，多頭飼育には適さない．

c. 放牧家畜の栄養

1) 放牧家畜の採食草量

放牧家畜の採食草量は，家畜の体重や生理状態，草量，草質，放牧強度，滞牧日数，補助飼料の有無，気象条件などによって影響される．一般に，生草では体重の13～15%，乾物では2.0～2.5%程度とされ，成熟サイズに近づくにつれてその割合は減少する．草質が良好なほど採食草量は多く，泌乳中の家畜も採食量は増加する．一方，草量が乾物で150g/m^2以下と少ない場合や放牧強度が高い場合，補助飼料が給与されている場合などは採食草量が低下する．わが国では，夏季の高温時に草質が低下するとともに，家畜の食欲も低下するため，育成牛の増体や搾乳牛の乳量，乳質の低下が問題となる．

2) 採食草量の推定

放牧家畜の採食量は，栄養管理上きわめて重要であるが，家畜や草地のさまざまな要因によって影響されるため，正確な推定は困難である．以下にいくつかの推定法を示すが，それぞれの方法には一長一短があり，単独あるいは併用して用いられる．

a) 刈取前後差法　放牧前後の草量差から推定する方法で，草生の均一な牧草地に適している．通常は1m^2のコドラートにより放牧前後に10カ所前後の坪刈りを行うが，必必要な刈取点数は草生によって異なる．そして，滞牧日数が短い場合はその差を採食量とするが，滞牧日数が長くなるとプロテクトケージを用いて滞牧中の草の生長量を補正する．

b) 体重差法　放牧前後の体重差で採食量を推定する方法で，個体別に採食量が測定できる利点がある．しかし，排糞尿による補正は測定が難しく，エネルギー消費量も加味されないので，放牧時間が短い時間制限放牧に適している．

c) 指標物質法　飼草中の指標物質を用いて乾物消化率を求め，経口投与した別の指標物質で糞からの乾物排泄量を算出し，次式から乾物採食量を計算する．この方法は比較的推定精度は高いが，多くの労力を要する．

$$乾物採食量 = \frac{排糞乾物量}{100 - 消化率} \times 100$$

飼草中の指標物質としてはクロモーゲンやリグニンが，経口投与する指標物質として

は酸化クロム（Cr_2O_3）が一般に用いられる．酸化クロムの溶出量が一定でルーメン内に長期に滞留できる製品も開発されている．

全糞採取する場合は排泄量の推定は不要である．また，飼草の乾物消化率は人工消化率を用いることもある．なお，植物のワックスに含まれるアルカンと投与した合成アルカンを指標物質とする推定法も検討されている．

3） 放牧家畜のエネルギー消費量

放牧時には，舎飼い時に比べてエネルギー消費量が増加する．その主要な要因は採食と歩行であるが，暑熱や寒冷，刺咬性昆虫からの忌避行動などもエネルギー消費量を増加させる．維持エネルギーの増加割合は，通常の放牧条件では15〜50％程度とされるが，放牧開始直後や厳しい環境下ではさらに増加する．したがって，放牧家畜が目的の増体や乳量を得るには，その増加分に見合う養分量の摂取が必要である．日本飼養標準には，放牧牛の養分要求量の具体的な数値が記載されている．

d. 放牧計画とその実施

放牧計画について述べる前に二，三の放牧関連用語の解説を行う．

1） 牧養力（grazing capacity）

放牧利用下での家畜を介した草地生産力，すなわち，適正利用されている草地における放牧可能家畜単位等で示す．実用的に用いられるカウデイ（cow-day, CD）は，体重500 kgの成牛を1家畜単位とし，草地で家畜何頭が何日飼養できるかを示す．また，草地生産単位（grassland production unit, GPU）は，放牧頭数とともに増体や産乳などの家畜生産量を加味した表示法である．

2） 放牧密度（stocking density）

草量にかかわりなく単位面積当たりの放牧家畜単位で表示される．同義語としてstocking rateが用いられるが，これは放牧強度の意味を含む場合もある．

3） 放牧強度（grazing intensity）

一定の草地に対する放牧の強さを示す指標である．その一つは放牧圧（grazing pressure）で，一定の草量に対する500 kgに換算した家畜の放牧頭数で示される．また，採食利用率は，牧草の現存量に対する採食させた草量の割合で示す．

放牧強度を高めると，採食量が確保できなくなり1頭当たりの生産量はしだいに減少する．一方，単位面積当たりの家畜生産量はあるレベルまでは増加するが，それ以上では減少し始める．したがって，両者ともに高い水準を保つ適正な放牧強度に調節することが重要である．

4） 輪換放牧計画

輪換放牧計画は，時期別生産草量，牧区面積，牧区数，1群頭数などを基準に作成される．

a） 放牧頭数 放牧季節ごとの放牧頭数は，次式によって概算する．

$$放牧頭数 = \frac{単位面積当たり産草量 \times 草地面積 \times 採食利用率}{1日1頭当たり採食量 \times 放牧日数}$$

b） 季節生産性の調節 牧草地を放牧利用する場合，牧草の季節生産性への配慮が

重要である．わが国の主要な放牧用草種は寒地型牧草であり，春季は旺盛に伸長するが，夏季には生育が停滞し，秋季には再び伸長し始める．放牧頭数を牧草の季節生産性に合わせて増減することは困難な場合が多く，草地側からの調整が必要である．刈取りが可能な草地を含む場合は，春季の余剰草として草地の一部を1～2回刈り取り乾草などに調製すれば，草地の利用性は著しく向上する．それができない場合は，放牧開始時期を早めたり春季の施肥を抑制するなどの対策が必要である．

c） 輪換間隔と滞牧日数　輪換間隔は，牧草の伸長速度に合わせて，春季は7～10日，夏季は20～30日，秋季は20日程度とする．また，1牧区当たりの滞牧日数は春季は3日，夏季は7日程度以下が望ましい．そのためには，牧区数は5～10区程度必要である．

d） 放牧強度の調節　入牧時の牧草の草丈を15～25cmに低く保つと，家畜の嗜好性や栄養価が高く，踏倒しも少なくなる．牧草地の放牧回次ごとの適正な放牧強度は季節によって異なり，牧草の伸長の著しい春季は採食利用率を60～70％とし，夏季の生育停滞期は牧草が弱っているためできるだけ軽い利用を心がける．秋季は再び生長が旺盛になるためやや強めの放牧ができ，晩秋から初冬では90％程度の強い放牧が可能である．

5） 放牧期間の延長

放牧期間が延長できれば，貯蔵飼料や舎飼い労力の節減がはかれる．放牧期間を延長するには，春の放牧開始時期を早期化する方法と，秋の終牧を遅らせる方法がある．早春は前年秋の新播草地や低標高地，南面などから放牧を開始する．この時期は草の嗜好性が高く，生長速度も速いため早い放牧開始が理にかなっており，スプリングフラッシュの抑制効果もある．晩秋に放牧利用するため晩夏から初秋にかけて牧草地の一部を禁牧し，牧草を立毛状態で備蓄する草地をASP (autumn saved pasture) とよぶ．低温生長性の高いトールフェスクなどが適草種である．夏季にはバヒアグラスなど暖地型牧草を併用するのも一方法である．

e． 放牧家畜の管理

1） 増体目標

乳用雌牛は7～8カ月齢，180～200kg以上で入牧し，初産時の月齢は24カ月で体重500kgが目標とされる．そのためには，入牧から交配までのDG (daily gain, 一日増体量) を0.7kg以上，交配から分娩までのDGを0.5kg以上に保つ必要がある．

肉用繁殖牛では，24カ月齢，体重420～430kgで初産分娩を目標とする．そのためには，交配開始時まではDG 0.6kg以上，妊娠期間は0.4kg，平均では0.5kg以上を目標に育成する．肉用去勢牛は体重300kg前後で市場出荷されるため，少なくともDG 0.6kgを確保し，それ以上を目標とすれば補助飼料の給与が必要となる．

2） 育成牛の管理

育成牛は成長が旺盛で，タンパク質やエネルギーなどの養分要求量が高い．したがって，草地条件の良好な牧区に優先的に放牧し，必要な増体を得るよう配慮する．草だけで目標が達成できない場合は，補助飼料を給与する．

3) 繁殖雌牛の管理

維持期の肉用繁殖雌牛は養分要求量が比較的低く，放牧による増加分を含めなければ，必要TDN量（可消化養分総量）は体重500kgの場合で日量3.2kgである．過剰な養分摂取は過肥につながり，繁殖性や泌乳性に悪影響を及ぼす．しかし，妊娠末期ではTDN 0.9kgが，哺乳中では乳量1kgに対しTDN 0.36kgが余分に必要である．したがって，雌牛の繁殖ステージに適合した牧区の選定や放牧法の工夫が重要である．

4) 子牛の別飼い

放牧子牛では，運動や厳しい環境，栄養摂取量の不足などから発育が舎飼いに比較して一般に劣る．そこで，別飼い飼料の給与や高栄養草地での放牧，運動の制限などによって発育の改善をはかる．

クリープフィーディングは子牛専用の給餌施設を設けて，体重の0.5～1.0%程度の別飼い飼料を給与する方式をいう．また，子牛専用の高栄養草地をクリープ草地として，発育の改善をはかる方法もある．さらに，親子分離放牧は子牛を畜舎や草地内の施設に閉じ込め母牛だけ放牧し，母牛が随時戻ってきて柵越し哺乳する方式をいう．子牛の過剰な運動が制限されるとともに，制限哺乳によって母牛の発情回帰が早まるなどの効果がある．

5) 搾乳牛の管理

搾乳牛は育成牛と同様に，養分要求量が高い．集約的な輪換放牧で，高栄養の牧草が安定して採食できるような管理が要求される．集約的な草地管理を実施しても，牧草成分の季節変動は避けられないため，とくに高泌乳牛では時期や泌乳ステージごとに不足養分をきめ細かに補給する必要がある．また，搾乳牛は朝夕の搾乳のために移動しなければならず，管理が容易な牧区配置が重要である．なお，山間地の傾斜地に造成したシバ草地を利用した山地酪農も一部で行われている．

6) 放牧前の管理

家畜を放牧環境に円滑に移行させるために馴致を行う．放牧環境には，気象，飼料，採食，群行動などがあり，これらにあらかじめ慣らしておくと，入牧直後のストレスが軽減され，体重の減少や疾病予防に効果が大きい．気象環境への馴致は，畜舎周辺に放牧のおよそ1カ月前から昼間だけ放牧する．飼料を乾草から青草に切り替える場合，ルーメンの微生物が適応するには，2～4週間程度が必要とされるため，あらかじめ濃厚飼料を減らし，生草を徐々に増加させる．

7) 放牧初期の管理

公共牧場などでは入牧時に，受付，衛生検査，疾病予防処置，個体標識，体重測定などが実施される．

家畜群は，月齢による勢力差をなくし，均一な発育を確保するとともに管理作業の能率化をはかることを目的に構成する．通常は，低月齢群，授精対象群，妊娠群，保護群等に分けると都合がよい．

入牧初期は飼養環境の急変に伴い家畜は大きなストレスを受け，体重の急減や脱柵や事故，疾病が発生しやすい．したがって，放牧馴致の徹底ときめ細かな看視が要求される．

8) 繁殖管理

放牧時の人工授精では，発情の発見がポイントとなる．繁殖管理記録の徹底や朝夕2回の監視，発情検知用具の併用などで発情の発見に努めるとともに，捕獲施設を合理的に配置し，省力化に努める必要がある．

まき牛は，種雄牛を雌牛群と同時に放牧し自然交配する方式で，種雄牛1頭で雌牛50〜60頭，種雄牛が若い場合は30頭程度で群構成される．省力的で受胎率も高いが，1頭が授精できる雌牛の頭数が少ないこと，血統の優良な雄牛の確保が困難なことなどが問題点である．また，子牛登記する場合は一定の飼養管理方式が要求される．

9) 放牧牛の疾病

放牧家畜に特有ないくつかの疾病を解説する．発生に季節性のあるものが多く，例年の実情を把握し予防措置を講じるとともに，早期発見，早期治療が重要である．

a) 小型ピロプラズマ病　放牧牛でもっとも重要な疾病の一つである．小型ピロプラズマ原虫の主要な媒介者はフタトゲチマダニであり，原虫は赤血球に寄生する．そのため，発熱や貧血症状を呈し，重篤な場合は死亡する．放牧未経験牛が入牧3週間後頃から発症することが多く，一度感染した牛は免疫を獲得する．十分な馴致を行い抗病性を増強するとともに，牧野のダニの撲滅や薬浴やプアオン法による殺傷も効果がある．ワクチンの実用化も検討されている．

b) 消化器病　哺乳子牛や放牧初期の子牛が罹病しやすく，感染性のものと非感染性のものがある．症状が重くなるにつれて水様便となり，食欲や元気がなくなり脱水症状を呈する．予防には十分な初乳の給与が基本であるが，感染性のものでは入牧前のワクチン接種が有効な種類もある．

c) 呼吸器病　入牧直後に発生しやすく，若齢家畜ほど重症例が多い．種々の病原体の感染や環境の急変が原因と考えられている．鼻汁，咳，発熱，食欲減退等の症状を呈する．馴致を徹底するとともに，厳しい環境の牧場では若齢牛用の避難舎の設置が推奨される．

d) その他の疾病　有毒植物や硝酸塩による中毒，ミネラルの過不足，鼓脹症，熱射病などがある．

［大槻和夫］

9.5　放牧家畜の行動と管理

a．はじめに

放牧は，牛の"群れる"という性質と"動く"という移動能力を活用して，少ない人数で多くの牛を管理しながら，刈取りが困難な急傾斜地の草資源も有効に利用していくという飼い方である．そのため，放牧家畜の管理にあたっては，牛の行動習性を巧みに利用するという観点からの工夫も必要になる．ここでは，そのような観点から放牧家畜の行動を述べることにする．

b. 食草行動と管理

1) 食草行動の日周性

図 9.6[1] にみるように，いずれの季節においても日の出前後の早朝と日没前後の夕方には，放牧牛は活発な食草をしている．極端な草量不足の場合[2,3]を除けば，早朝と夕方に主要な食草期があることは，多くの調査で観察されており，牛本来の食草習性であると考えられる．

時間制限放牧では，放牧時間を短く限るだけに，いかに牛の食草習性に合わせた時間帯に放牧するかが重要になる．そのため，日の出や日没の食草期に合わせて放牧を開始したり，転牧したりするための装置として，照度スイッチを利用した自動扉[4]やタイマーを内蔵した電牧式のポータブル型門扉[5]などがみられる．また，輪換放牧では，牧区から次の牧区へと牛を移動させることになる．このときの移牧時刻を 9 時区と 17 時区に分けて食草行動を比較すると，9 時区の場合は，早朝の食草期が乱れ，食草時間が 17 時区よりも短くなっている[6]．牛本来の食草習性を維持させるという観点から判断すると，移牧時刻は 17 時のほうがよいことになる．

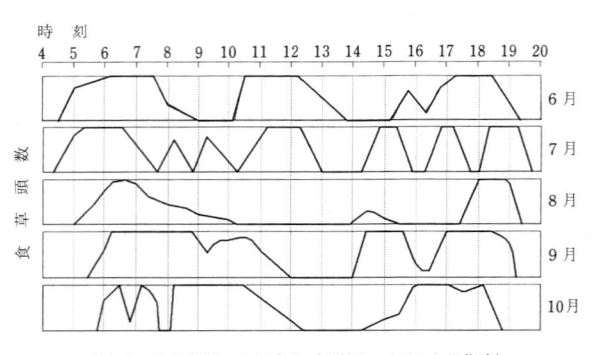

図 9.6 食草行動の日周変化（黒崎ら，1956 より作成）

2) 食草行動の季節変化

1 日の食草時間は，6〜11 時間の範囲にある場合が多く[7]，季節的には秋＞春＞夏と変化し，夏にもっとも短い場合が多い[8]．夏における日射や吸血昆虫の害が軽減できれば，牛は落ち着いて採食ができるのではないかとの発想から，アルミコーティングした吸湿性の不織布の衣服を日除けと防虫のために牛に装着する方法で，食草行動の促進と虫追い払い行動の軽減がはかられている[9]．

秋になって気温が低下してくると，草の生長が停滞し草の量も全体的に少なくなるので，牛は木の葉も含めいろいろな種類の草を食べるようになる．この時期には，牛は谷や川沿いに残っている草まで食べようとするため，崖からの転落事故が起きやすくなる[10]．そのため，山岳地の自然草地では事故防止の面からも下牧時期の見極めがたいへん重要なポイントになる．

3) 食草場所の偏り

広い牧区に牛を放牧すると，ある場所はよく採食するが，ある場所はほとんど採食し

ないというように，牛が牧区内を均一に利用しないという問題が生じることがある．外国の調査[11]では，飲水施設から離れた場所ほど牛による食草利用率が低下するという問題が指摘されている．このような食草場所の偏りに対する対策として，食草利用率の低い場所に塩[12]や食塩混和飼料[13]の給与施設を分散配置して牛の行動域を広げる方法で，食草利用率の偏りの是正がはかられている．

集約的な放牧地では，牛の排糞場所に生じる不食過繁地が草地管理上問題になるが，スカトール粉末を牛の鼻鏡部に接着剤で塗り付けて牛の糞臭選択能力を低下させる方法によって，不食過繁地の採食が促進されている[14]．

c. 休息行動と管理

1) 休息姿勢

牛の休息時の姿勢をみると，立っての休息（佇立休息）と座っての休息（横臥休息）がある．夜間の休息は横臥休息が中心となるが，日中の休息では，そのときの環境条件によって休息姿勢が変化する．表9.10に整理したように，一般に環境条件が悪いほど佇立休息が多くなっている[8,15~18]．また，エネルギー消耗[19,20]，増体量[15]の面からも横臥休息が望ましい．すなわち，休むときの姿勢は牛が快適な休息をしているかどうかの指標になると考えられるので，牛が座って休めるかどうかという観点から飼養環境の改善をはかることも大切なことである．

表9.10 休息姿勢と環境条件

休息姿勢	佇立休息	横臥休息
季節[15]	夏（暑熱，吸血昆虫）	春，秋
天気[16~18]	雨天	晴天
放牧地[8]	粗放的な放牧地	集約的な放牧地
頭数密度[18]	大	小
熱発生量[19,20]	大	小
増体量[15]	不良	良

2) 休息場所の環境

暑い日中には牛は木陰で休息することが多いが，このときによく利用される林とそうでない林とがある．よく利用される林は平均風速が毎秒1から2.4mと風通しがよく，湿度も72から74％と低いのに対して，利用されない林は平均風速が0から0.3mとほとんど風が入らず，湿度も82から92％とまわりの放牧地よりも高いことが認められている[21]．後者のような林については，間伐によって，風通しをよくし湿度を下げるなどの対策が必要である．

一方，季節によっては，風の当たらない場所も必要である．気温別に放牧牛の休息場所をみると，放牧牛は気温が20℃以下の場合は風の当たらない場所を，気温が21℃以上の場合は風の当たる場所を休息場所に選んでいる[22]．また，地形的にみると，平坦地[16,23,24]が休息地になることが多く，傾斜が20度を超える斜面は休息地になることはほとんどない[24]．すなわち，牛がどのような場所を休息地として選択するかは気温，風速，地形などの条件によって決まるので，放牧地には休息地として好適な条件を有する林や地形も取

り込む配慮が必要である．

d. 社会行動と管理
1) 集合性
　集合性は各個体がたがいに集まろうとする性質であり，放牧家畜には欠くことのできない性質である．もし，各個体がばらばらな行動をとるならば，限られた人数で多くの牛を管理することができないからである．

　集合性の強さは，放牧地の植生，地形，吸血昆虫などの環境条件によっても異なる[25]が，これらの環境条件を変えることは事実上不可能に近い．一方，畜種，品種，系統，飼養前歴によって集合性の強さが異なること[25]も知られており，同品種，同系統，同性，同年齢，親子，群飼育を経験したものは，それぞれそうでないものよりも集合性が強いとされている[25,26]．したがって，これらの条件を少しでも多く満たすように群を構成することが集合性を強くし，管理を容易にすることにつながる．

2) 順位性
　牛群構成の直後には，身体の接触を伴う牛どうしの物理的闘争が一時的にふえるが，およそ4日くらいで強弱の順位が決まり，その後は，強い牛の威嚇，弱い牛の回避などによって群の中の秩序が維持されるようになる[27]．このような社会体制が順位性とよばれるものである．

　順位性のもとでは，上位のものは採食，休息などすべての面で下位のものより優位に振舞う．放牧地においても，補助飼料の飼槽の間口や間隔，庇陰施設の面積などが狭い場合には，下位の牛は食いはぐれや強い日射下での休息など，不利な条件を強いられる．下位の牛は，一般に弱小で体力の弱い個体であることが多く，本来もっとも手厚い保護を必要とする個体であるにもかかわらず，そのような不利な条件を強いられる．下位牛も含めてすべての個体に濃厚飼料を摂取させるためには，家畜数と同数またはそれ以上の飼槽が必要であり，かつその間隔を3m以上にする必要があるとされている[28]．

e. 学習行動と管理
　学習行動を放牧牛の管理に利用した試みは，現在のところいずれも濃厚飼料と条件づけした音響，つまり食餌性条件反応によって牛群を音響誘導しようとするものである[29~33]．このための学習は比較的容易であり，音源に牛を追い集めて濃厚飼料を与える

図9.7　スピーカー（右横）の音で誘導中の牛

ことを数回繰り返すだけで誘導できるようになる（図9.7）．学習の記憶期間は6カ月まで確認されている．この記憶期間から考えると，粗放的な山林牧野に数カ月にわたって一度も集められることなく飼養されている牛でも，前もって学習さえさせておけば，閉牧・下山時に音響誘導を適用して省力的に集めることが可能と考えられる．誘導の効率は草量が豊富で草質が良好な場合に低下する傾向がある[34,35]．この原因は，草生が良好になればなるほど牛の牧草摂取量が増加し，誘導の報酬としてもらう濃厚飼料に対する牛の関心が弱まるためである．これが濃厚飼料を報酬とした音響誘導の特徴[36]，言い換えれば問題点である．したがって，音響誘導法をより安定した技術に改善していくためには，牧草の摂取量で牛の関心が弱まらない報酬を探していくことが必要である．誘導時の移動では，社会的順位の高い牛が先頭集団を占め，社会的順位の低い牛や傷病牛が末尾集団に位置することが多い[37]．

[圓通茂喜]

文　献

1) 黒崎順二ら：東北大農研彙報，**8**，53-64（1956）
2) 早川康夫：北農試研報，**105**，61-73（1973）
3) 井村　毅ら：東北農試研究速報，**19**，29-36（1975）
4) 圓通茂喜ら：草地試研報，**14**，165-178（1979）
5) 薬師堂謙一ら：草地飼料作研究成果最新情報，**5**，127-128（1990）
6) 鈴木慎二郎ら：日草誌，**18**，320-328（1972）
7) 鈴木省三：日畜会報，**42**，363-370（1971）
8) 三村　耕ら：家畜の管理，**9**，37-48（1974）
9) 桜井茂作ら：草地飼料作研究成果最新情報，**4**，107-108（1989）
10) 山本忠四郎ら：佐渡の放牧，39-51，大佐渡林間放牧場組合（1958）
11) Valentine, K. A.：*J. For.*，**45**，749-754（1947）
12) Martin, S. C. and Ward, D. E.：*J. Range Manage.*，**26**，94-97（1973）
13) Ares, F. N.：*J. Range Manage.*，**6**，341-345（1953）
14) 高野信雄ら：北農試彙報，**97**，53-56（1970）
15) 伊藤　厳：日草誌，**17**，133-140（1971）
16) 大野脇弥ら：日草誌，**11**，138-143（1965）
17) 春本　直ら：島根大農学部研報，**1**，43-48（1967）
18) 鈴木慎二郎ら：日草誌，**18**，103-113（1972）
19) 加藤正信ら：京都大学農学部畜産学研究室創設25年記念論文集，39-46（1961）
20) 安藤　哲ら：北海道農試研報，**158**，13-20（1993）
21) 照井信一ら：家衛試研報，**75**，42-49（1977）
22) 黒崎順二ら：東北大農研彙報，**8**，65-72（1956）
23) 安江　健ら：家畜管理会誌，**29**，61-68（1993）
24) 白附憲之ら：広大生物学誌，**8**，28-39（1958）
25) 黒崎順二：畜産の研究，**25**，1385-1389（1971）
26) 佐藤衆介ら：日草誌，**22**，307-312（1976）
27) 近藤誠司：北海道家畜管理会報，**19**，1-10（1984）
28) 黒崎順二ら：中国農試研報，**B 12**，43-48（1964）
29) 上原　毅ら：農電研報告，**69026**，1-20（1969）
30) 圓通茂喜ら：草地試研報，**16**，128-142（1980）
31) 野田昌伸ら：肉用牛研究会報，**56**，41-42（1993）
32) 矢野　寛ら：関東草飼研誌，**17**，24-28（1993）
33) 三成淳夫ら：日本産業動物獣医学会講要，平成5年度，107（1994）

34) 渡辺昭三ら:中国農研報, **B 19**, 1-38 (1972)
35) 圓通茂喜:家畜管理会誌, **29**, 47-54 (1993)
36) 圓通茂喜ら:日畜会報, **64**, 1031-1037 (1993)
37) 圓通茂喜ら:草地試研報, **21**, 88-99 (1982)

9.6 草地の管理機械と施設

a. 草地更新用機械

草地の更新機は,簡易更新機と完全更新機に大別される.前者は下層土の膨軟化,牧

表 9.11 簡易更新機における作溝機構の種類

種類			方法	構造概要	溝の形状
駆動型	駆動円板式		円板を駆動して作溝		
	駆動ホイール式		突起付きホイールで草地を削るように作溝		
	ロータリー式		特殊形状の爪などをもつロータリーで作溝		
非駆動型	コールター式	ディスクコールター式	シングルディスク	シングルディスクで作溝		
		ダブルディスク	ダブルディスクで作溝		
		トリプルディスク	トリプルディスクで作溝		
	スキムコールター式		スキムコールターが主体となって作溝		
	シューコールター式		シューコールターが主体となって作溝		
	突起付きローラー式		カッティングナイフ,スパイク等を取り付けたローラーで作溝		

資料:農機研究成績, **58**(5), 1984.

草根の切断，追肥，追播などの表層処理によって再生をはかるために，また，後者は，経年草地を反転し，新たに播種床を造成して生産力の向上をはかるために使用する．表9.11に簡易更新機における作溝機構の種類を示した．

1) 簡易更新機

a) ディスクハロー　播種床造成の際にディスクで表土を切断し，攪乱するために用いられる．ギャングの組合わせによってタンデム，オフセット，シングルに分類され，前のギャングが外側へ動かした土は後のギャングでもとの位置に戻す作用をしながら表土を攪乱する．

b) パスチャーハロー　放牧地の糞を拡散し，不食過繁草をなくし，牧草の再生を促進する目的で使用される．

c) カッティングローラー　ナイフと円筒状のスパイクを取り付けたディスクを交互に配列し，これを回転させることによって草地を断続的に切断し，深さ5～15cm程度の穴をあける．

d) パスチャーリノベーター　構造は肥料・種子ホッパー，作溝部，覆土部，駆動輪からなり，作溝部の形状によりホー型とシングルディスク型に分けられる．

e) ロータリー部分耕型更新機　ロータリーの耕耘軸に20～40cm間隔に直刃，L刃，なた爪などの耕耘爪を取り付け，耕耘後に施肥，播種，鎮圧する．

2) 完全更新機

a) マニュアスプレッダー　ビーター型とチェーンフレール型に分けられるが，チェーンフレール型は，流動性のある堆きゅう肥に適応性が高い．作業能率は，毎時0.2～0.4haである．

スラリースプレッダーは，ポンプによってスラリーを圧送し，ジェットノズルまたは衝突板に衝突させて散布するものである．また，土中注入のできるものがスラリーインジェクターである．

b) 耕起・播種・鎮圧作業機　完全更新における耕起作業にははつ土板のひねりの大きい草地用プラウが用いられ，土壌改良資材の散布にはブロードキャスターやライムソアが使用される．一般的な砕土・整地用には，ディスクハロー，ツースハロー，ロータリーハローなどがあり，播種機には，施肥，播種，鎮圧までを1行程で行うドリルシーダーおよびパッカーシーダーが使用される．鎮圧機には，V字型と平滑円筒型があり，同じ構造のものにカルチパッカーやケンブリッジローラーがあるが，どちらも砕土・均平・鎮圧効果に優れ草地更新用に適したローラーである．

b. 草地の維持管理機械

肥料散布機として，ブロードキャスターなどが用いられる．また，傾斜草地にも適用できるものとして，粒状肥料を用いて20～50m幅を散布できる施肥機が開発されている．とくに地勢の悪い山岳地や広い草地の作業にはヘリコプターも利用される．

掃除刈りとは，放牧草地に侵入する雑灌木や，雑草，残食草を刈り払い，その後の家畜の採食に適する草生を保つために行う作業で，牧草の株化防止，密度維持，再生にも役立つ．掃除刈り作業には，モーア，フォーレージハーベスター，ロータリーカッター，

背負い式刈払い機などが使われる[1].

c. 採草用機械
1) 乾草調製機械
a) モーア 刈取機はモーアとよばれるが,刈取部の構造により往復運動をするものと,回転運動をするものに大別される.前者をレシプロモーアとよぶ.後者には種々の構造のものがあり,縦軸型のロータリーモーア,ロータリーカッター,横軸型のフレールモーアなどがある.

レシプロモーアは,カッターバーの往復運動によって刈取りを行い,刈り刃の切断速度はトラクター走行速度に対して1.5~2倍の速さにする.これを切断速度比とよび,レシプロモーアはこの比率を規準にして各速度を決める.

$$切断速度比 = \frac{ナイフセクションの平均切断速度(m/s)}{トラクターの走行速度(m/s)}$$

$$76\,mm のナイフセクションの平均切断速度(m/s) = \frac{76 \times クランク軸(rpm) \times 2}{60 \times 1,000}$$

走行速度1.5m/sのときのクランク軸の回転速度は,切断速度比1.8の場合,約1,000rpmである[2].

レシプロモーアの刈取所要動力は各種モーアの中でもっとも小さく,刈り跡は斉一であるが,草の性状によっては,カッターバーに草詰まりを生じやすい欠点がある.ロータリーモーアにはドラム式とディスク式がある.いずれも円筒ないし円盤が内方向に回転して刈取りを行う.ロータリーモーアの刃先回転速度は毎秒50~70mと高速なので,走行速度が毎秒3mを超えてもあまり高刈りとはならない.また,旋回時に刈取部を持ち上げることなく連続刈取りができ,倒伏作物に対する適応性も高い.しかし,刈取所要動力はレシプロモーアの3~5倍と大きいので,トラクターは40~50馬力以上が必要である.フレールモーアは,横軸に多数の刃をぶら下げ,これを回転して刈取りを行う.刃は,30m/s前後の切断速度をもつので,刈取動力は各種モーアの中ではもっとも大きくなる.また,適正な切断速度で作業しないと切断長が短くなりやすい.

b) ヘイコンディショナー モーアで刈り倒した牧草を2本のローラーの間を通して圧砕したり亀裂を入れて乾燥を促進させる作業機である.ロールの形状により,ゴムなどの2本のロール間で茎を圧砕させるクラッシャー型と,歯車状の溝で屈折し,裂け目を入れるクリンパー型に大別されるが,乾燥促進効果に大差はない.

c) ヘイテッダー,ヘイレーキ ヘイテッダーは,折り重なった草の層をときほぐし,通気のよい状態にするために牧草を反転するために用いられる.クランク式,回転式,チェーン式など各種のものがある.ヘイテッダーとしてもっとも利用されるのは回転式であるが,マメ科牧草の多い場合は,落葉損失が増大する傾向があるので注意を要する.また,ヘイレーキは乾草を集草して列をつくり拾上げ作業を効率よく行うためのものである.テッダーとの兼用機はテッダーレーキとよばれる.

d) ベーラー 乾草を拾い上げ一定の大きさに圧縮,梱包し,運搬や貯蔵を容易にするとともに,給与を容易にするために用いられる.十分に乾燥した後,梱包すると外

気からの吸湿による変質を防ぐことができる．ベーラーの種類にはルースベーラー，タイトベーラー，ロールベーラー（後述）がある．タイトベーラーは梱包密度を m^3 当たり 70～220 kg に調節できるが，貯蔵には 150 kg/m^3 程度の密度で，梱包重が1個15 kg 以下がよく，それ以上になると人力による持運び作業がだんだん困難となる．流通には，高密度のヘイプレスを使い，1個30 kg 程度の大きさとする自動梱包機も利用される．ロールベーラーは梱包密度が，m^3 当たり中大型で 120～190 kg とタイトベーラーと変わらないが，梱包の重さは中型で 250～300 kg となる．能率は毎時4～6トンで，タイトベーラーの1.5倍程度である．ロールベーラーの取扱いはトラクターのフロントローダーなどの機械作業となるため，タイトベーラーの1/10程度に省力化できる．

2) ラップサイレージ調製用機械

a) モーアコンディショナー　モーアコンディショナーは，刈取りと圧砕作業を結合した作業機で，刈取部の構造は，レシプロ式とロータリー式に分けられる．ロータリー式の場合，刈り刃の回転運動で牧草を刈り取るため牧草の詰まりは少なく，刈り取った牧草をコンディショナー部へ容易に送り込むことができる．また，作業速度は，ロータリー式のほうが高いが，所要動力より制限されて，ふつうは 10 km/h 前後になる．刈り幅も 1.5～3.7 m 前後まで多くの種類があるが，トラクター牽引式が多い．

b) ロールベーラー　ロールベーラーは，牧草類を円柱状に成形し，麻ひもやネットで梱包する機械で，ビッグベーラーやラウンドベーラーともよばれる．ベールの成形

ローラー式　　　　　　　　　　　　　　　ベルト式

分割ベルト式　　　　　　　　　　　　ローラー＋バー付きチェーンコンベア

バー付きチェーンコンベア式　　　　　　　　　ベルト式
(a) 定径式　　　　　　　　　　　　　(b) 可変径式

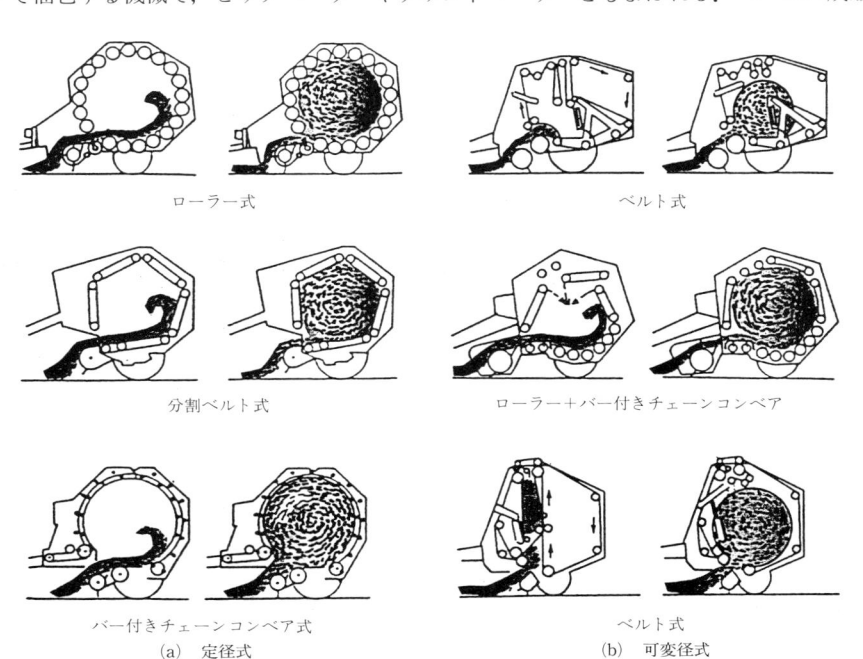

図 9.8　ロールベーラーの成形方式（Power Farming, 1985.2）

方式から，成形室の容積が一定の定径式と，成形室の容積が内部の草量の増加につれて変化する可変径式の2種類に分けられる．定径式はベールの径が一定で，ベールの中心部の梱包密度が外側より若干低くなる傾向がある．しかし，ベールの大きさや成形方式の種類が多く，構造が比較的簡単であるという特徴がある．可変径式はベール中心部と外側の梱包密度がほぼ同じで，ベールの径を変えることができる．また，一般に定径式よりベールの密度が高くなる．

成形室の形式は，平ベルトで構成されるベルト式，チェーンと金属棒で構成されるバー付きチェーンコンベア式，多数のローラーで構成されるローラー式，数組のベルト群で構成される分割ベルト式などがある．また，ローラーとバー付きチェーンコンベアとを組み合わせた成形室をもつものもある（図9.8）．

近年，高い密度のベールをつくるために，予乾草を10cm前後に細断して梱包する切断型ロールベーラーがみられる．この形式は牧草を切断して梱包しているので，従来型に比較してベールの密度が十数%高まり，良質発酵が促進されるとともに，ほぐれやすく解体が容易である特徴がある．

ロールベーラーの所要動力は，ベールが大きくなるほど増加する傾向にあるが，成形方式による差は小さいようである．切断型ロールベーラーの場合は，切断機構を有しているため，従来型より所要動力が高くなっているので適用トラクターの馬力は大きくなる[3]．

c) ラッピングマシン ラップサイレージ調製において，作業の省力化と気密性を保持するために，伸縮性のフィルムをロールベールに重ね合わせるように間隙なく巻き付け，ロールベールを密封する作業機である．

d) ハンドリング機械 ラップサイロを扱うためのアタッチメントには，2本のローラーで両側からすくい上げるもの，二つのグラブでつかみ上げるものがあり，どちらもフィルムの損傷を抑えるように工夫されている．ラップサイロの運搬は，フロントローダーでトラックなどに積み込んで運搬するのが一般的であるが，最近，国内でもラップサイロを損傷せず，簡単に運搬できるワゴンが開発されている．

d. 放牧施設
1) 牧柵

牧柵（隔障物）は放牧家畜を管理保護し，放牧地外への逸脱を防止するほか，草地の維持管理，放牧地における群の移動，捕獲を容易にするために設置するもので，その目的により分類される．

a) 外柵 家畜の放牧地外への逸脱を防止するために設置される十分な強度をもった施設である．

b) 内柵 外柵で囲まれた放牧草地をいくつかの牧区に分けるための柵で，家畜の管理と草地の利用を効率的にするためのもので，外柵ほど強度は必要としない．また，電気牧柵も利用される．

c) 誘導柵 牧区間や追込み柵へ家畜を移動するための誘導路として設置する．

d) 追込み柵 家畜の選別，捕獲を容易にするために設置するもので，十分な強度

が必要である．

牧柵の材料としては，柵柱では鋼材，木材，コンクリート材があり，横材には有刺鉄線，高張力鋼線，鋼材，鋼線入り樹脂パイプなどがある．

2) 給水施設

飲水施設は，牧柵と同様に重要な放牧施設である．水源に渓流水を含む河川水を利用する場合が多いが，貯水池，湖沼，地下水なども利用する．家畜の管理上，飲水行動をうまく利用する方法として，牧区の接点に飲水施設を設置すれば省力的な管理ができる．

[田中孝一]

文　献

1) 農林水産省畜産局：草地管理指標，p. 231-289, 日本草地協会 (1981)
2) 農業機械学会編：改訂農業機械ハンドブック, p. 747, コロナ社 (1972)
3) ロールベールラップサイレージ Q & A, p. 8-15, 日本草地協会 (1994)

9.7　野草地，林地の利用

a. 野草地の利用
1) 野草地の種類

わが国の野草地は，湿潤な気象条件下にあるために自然的に成立することはまれであって，伐採，放牧，採草，火入れなどが加えられることにより形成される．このような人手のかけ方の違いによって植物組成を異にした植生が形成され，さらに気象・地形・土壌条件などの影響も加わってその地域に適応した野草地が成立する．

野草地の種類は，どのような野草が優占しているかによって，シバ型，ススキ型，ササ型，チガヤ型，ワラビ型，灌木型などに分類される．しかし，優占野草に付随して多数の植物が混在し，同じ植生型でもその組成や生産量は場所によって異なるのが通常である．畜産的利用の立場からすると，各種野草地の中で，シバ型，ススキ型，ササ型などが有用な野草地といえる．

なお，野草地に関する用語として草原や半自然草地（草原）が用いられる場合がある．草原は草本植物が優占する群落 (grassland) を表す植物学的用語で，野草地もその一種である．半自然草地（草原）は，海外の乾燥・半乾燥気候で自然的に成立する自然草地に対して，先に述べたように伐採，放牧などの人手が加わることによって成立する草地のことをいい，野草地と同義語である．

2) 野草地利用の意義

野草地の利用法としては，長年にわたって計画的に利用する場合と一時的に活用する場合とがある．また，放牧利用と採草利用があるが，採草利用は近年では減少し，特定の地域に限られている．野草地利用の今日的意義は，以下に示すように，粗飼料の低コスト生産の一環として野草資源の有効利用をはかるとともに，そのことによって草地景観の維持や環境保全などの公益的機能の向上に貢献することにある．

（1）野草地は牧草地より生産力は低いが，播種や施肥，雑草防除などの草地管理を

必要としないため，低コストの粗飼料を収穫，利用することができる．
（2） 牧草地の生産が減退する夏期に野草地と組み合わせて放牧利用することにより，放牧草量の季節的な平準化が可能になり，放牧牛の生産性向上が期待される．
（3） 野草地は多様な植物から構成されているため，飼料組成に富んだ粗飼料を放牧家畜に供給し，牧草放牧地における栄養的な偏りを補完することができる．
（4） 放牧・採草利用により，草原景観を維持するとともに，草原固有の動植物の保全に寄与する．
（5） 放牧利用により未利用な土地資源を低コストで有効に活用することができ，環境保全にも貢献できる．

3) 野草地の利用特性と牧養力

a) シバ型草地　シバは北海道南部から九州まで広域に適応し，茎葉密度が高く草丈の低い植生を形成する．放牧家畜はシバの葉部を主に採食し地上部の植物体の70%程度は草地に食い残すので，シバはその後急速に再生長し，家畜の採食，踏圧に対する抵抗性がきわめて強い．

シバは春から生育を開始し，暖地では4月から10月下旬，寒地では5月下旬から10月初旬まで連続的な放牧利用が可能である．放牧法としては輪換放牧でも定置放牧でもよい．

シバの栄養価は，他の野草とは異なって季節的な変化が少なく，TDN（可消化養分総量）52%程度，粗タンパク含量9〜12%が平均的である．これらは肉用繁殖牛の維持に必要とされる養分含量をほぼ満たしており，シバ型草地は繁殖牛の放牧にもっとも適した草地といえる．泌乳牛や育成牛の放牧では補助飼料給与が必要になる．

シバ型草地の牧養力は，その来歴や地形・土壌条件で大きく変わるが，寒地では年間 ha 当たり100カウデイ（1カウデイは体重500kgの牛が体重を減少させないで1日放牧できる量），暖地では200〜300カウデイ程度と推定される．なお，シバ型草地を人工的に造成して少量の施肥管理を行い，低コストな乳・肉用牛放牧草地として利用する方式があるが，この場合の牧養力は暖地では400カウデイ以上の牧草地に劣らない成績を得ている．

シバ型草地の維持は，放牧圧が適当であれば，半永久的に可能である．放牧圧が弱いとシバよりも大型のススキなどの草本や灌木の生育が旺盛になってシバを圧倒し，陽光を好むシバの生長が衰え，密度が低下する．

b) ススキ型草地　ススキは，種子の風散布で山地，耕作放棄畑などの裸地状態になった場所に容易に侵入する草丈の高い永年生イネ科草で，北海道南部から沖縄まで広く分布する．

春になって平均気温が約10℃に上昇すると冬期間休眠していた分げつが伸長して葉を展開し，北海道では7月下旬頃，九州では8月下旬頃に出穂を開始する．

ススキ草地は，古くから主として採草利用されてきたが，放牧利用も可能である．採草では，長期間植生を維持するため，現存量がもっとも多くなる出穂期以降に刈り取り，年1回利用するのが一般的である．放牧利用は，5月下旬から10月頃まで可能であるが，出穂期以降では栄養価が悪くなり，採食率も低下する．また，ススキは採食後の再生力

がシバよりも弱いので，伸長期に頻繁な強度の放牧を行うと生産量は数年のうちに急激に低下し，この傾向は寒地の草地ほど大きい．したがって，放牧回数は暖地においても年間2〜3回程度とし，現存する草量の30〜50%程度の利用率に抑える．

茎と葉を込みにしたススキの栄養価は，伸長期でTDN 55%程度，粗タンパク含量6〜10%と比較的良好であるが，生育が進むと悪化して開花期ではTDN 36%，粗タンパク含量5%程度にまで低下する．

ススキ型草地の刈取乾物収量は暖地ほど高く，東北地域で4〜7t/ha，西南暖地で6〜10t/haとされる．放牧での牧養力は，短年間の利用では200カウデイ程度が期待できるが，長年にわたる利用では60〜100カウデイ程度である．

ススキ型草地を長期間維持するには，採草利用では，8月以前の刈取りは避け，出穂期以降に刈り取ることが必要である．放牧利用の場合は，6〜8月期には前述のように軽度の放牧が不可欠であり，場合によっては1〜2年休牧して植生回復をはかることも必要になる．出穂・開花期以降の放牧では長期維持が可能である．さらに，採草・放牧利用ともに，灌木の侵入防止に早春の火入れが有効である．

c) ササ型草地 ササ類には多数の種があり，それぞれ，生育特性や分布域を異にする．これらの中で畜産的利用からみて主要なササ類は，ササ属に分類され，寒さに強く太平洋側の少雪地帯を中心に分布しているミヤコザサ，日本海側の多雪地帯に分布するチシマザサ，クマイザサ，およびメダケ属で温帯の関東地域を中心に分布するアズマネザサと中部地方以南に多いネザサである．

これらのササ類は，分枝の発生や茎葉の寿命などの諸特性がそれぞれ異なるが，いずれも地下茎で広がり，春から夏にかけて栄養生長し，秋季に貯蔵養分を稈や地下部に蓄積して越冬し，春の伸長に備える．

ササ類の利用法としては，放牧利用が主体になる．放牧家畜は葉部を好んで採食するので，新葉を展開する晩春から緑葉を保持している冬季まで現存葉量に応じて放牧できる．ササ型草地は冬季に緑葉を保持し放牧可能な唯一の草地といえる．しかし，ササ属のミヤコザサ，クマイザサなどは再生力が弱く，とくに晩春から初秋にかけて放牧すると翌年の生育が低下して植生が短年間で衰退する．したがって，翌年の再生長への影響の少ない晩秋から冬季に放牧するか，6〜9月期の放牧では葉部の採食利用率を30〜50%に抑える必要がある．一方，メダケ属のネザサやアズマネザサは，放牧圧に比較的強く，とくにネザサはシバと同様に晩春から10月頃まで連続的な放牧が可能である．

ササ類の可食部である葉の栄養価は，ササの種類や生育時期で変化するが，平均的にはTDN 40%前後，粗タンパク含量9〜15%と推定される．これらの栄養価に見合った放牧畜種の選択が重要である．

ササ型草地の牧養力は，放牧圧に弱いミヤコザサ，クマイザサなどでは50〜100カウデイ，放牧圧に強いネザサやアズマネザサでは100〜200カウデイが平均的な範囲である．

ササ型草地の植生を長期間維持するには，上に述べた放牧方法を順守することが重要であるが，ササ属の植生に衰退傾向が認められる場合には，隔年利用とするか，2〜3年休牧するのがよい．一方，放牧耐性の強いネザサ型草地などでは春〜夏のササ伸長期の

強放牧を避ける．

b．林地の利用
1） 林地利用の形態

　幼齢林や立木密度の低い林地では，その中に家畜を放牧して林床に生育している野草や灌木を利用することができる．このような森林の放牧利用を林内放牧というが，行政関係では林間放牧とよぶことがある．また，林内放牧には，林床野草などを一時的に利用する場合と計画的に長期にわたって利用する場合とがある．今日の林内放牧は，長期にわたって木材生産と家畜生産とを合わせ行う計画的な林畜複合経営技術として位置づけられる．このような林内放牧方式を混牧林といい，その基本類型を表9.12に示す．

表9.12 混牧林施業の基本類型（岩波，1990）

林　　種	人　　工　　林		天　　然　　林	
類型区分	幼齢林型	長伐期型	チップ材型	牧野林型
生産材の種類	構造用材	構造用材	シイタケ原木，パルプ材	各種用材
樹　　種	スギ，ヒノキ等	スギ，ヒノキ等	ナラ，クヌギ，カンバ等	ナラ，ブナ等
更新様式	植　　栽	植　　栽	萌芽更新	天然下種更新
植栽密度	普　　通	普通〜疎植	—	—
保育方法	枝打ち，除・間伐	枝打ち，除・間伐	放　　置	放置（除・間伐）
伐期齢（年）	50〜100	50〜100	20〜40	80〜150
林床植生	野　　草	牧草（野草）	野草（牧草）	野草（牧草）
主な放牧可能林齢	十数年生まで	全期間	全期間	25年生以降
林地利用の規模	小規模	小規模	中規模	大規模
主な林地所有形態	私有林	私有林	公有林，私有林	国有林，公有林
主な放牧利用者	個人	個人	共同	共同

　なお，牧野林という用語があるが，これは草地とその周辺の水・土保全および放牧家畜や草生の保護を目的として牧場内に部分的に設置された林分のことである．

2） 混牧林利用の意義

　林畜複合生産をねらいとした混牧林には，林業・畜産両サイドから，一般的に次のような利点がある．

（1） 混牧林地から低コストな粗飼料を省力的に収穫することができ，中山間地域における粗飼料生産基盤の拡充と肉用牛生産の拡大，強化をはかることができる．

（2） 有用樹種の天然更新は，自然のままでは困難な場合が多いが，放牧による下草利用とひづめの作用により種子発芽と稚樹の生長が助長され天然下種更新が促進される．

（3） 間伐材収入を期待することが困難な近年の林業経営においては，混牧林からの家畜生産による副収入を毎年期待することができる．

（4） 混牧林施業により林床管理と適切な除・間伐作業が実施されるため，林地の水・土保全機能が維持され，火災防止効果が高まる．

3） 放牧による林木被害

　放牧家畜による林木被害は，樹高が1.5m以下の幼齢林に多くみられ，家畜の採食と踏みつけなどが主因である．採食による被害程度は樹種により異なり，ブナ，ミズナラ

などは嗜好性が低く，針葉樹は通常ほとんど採食されない．踏みつけ被害は樹高60～120 cmの林木で多く認められる．このような林木被害の結果としてもっとも大きな問題となるのは，傷害木の多少ではなく，枯死木の発生程度である．これを許容範囲に納めるには強放牧を避け，ha当たり年間100～150カウデイ以下にとどめる必要がある．傷害木は，一時的な生長停滞があっても，その後急速に生長が回復するので大きな問題とはならない．

4) 混牧林の利用法と牧養力

a) 幼齢林利用 林床に光が十分に当たる幼齢林の利用としては，表9.12に示したように，スギ，ヒノキなどを中心とした人工林幼齢林型，シイタケ原木としてのクヌギ生産をねらいとした天然林チップ材型などがある．放牧可能年限は植栽後10年前後であるが，放牧による下草刈り作業の省力効果は大きい．林床植生としては，放牧利用年限が比較的短いため既存野草が主体になるが，クヌギ混牧林では草生改良を行った牧草型も有効である．植栽あるいは萌芽後数年間は放牧被害がみられるので，枯死木が増加しないよう軽度の放牧とする．

幼齢林型混牧林の牧養力は樹種，林床の明るさと植生などに大きく左右されるが，林野庁の実験結果によると牧草を導入した牧草型(145カウデイ)がもっとも大きく，ススキ型(67)，ササ型(55)，灌木型(42)の順となっている．これら下草の栄養価は，前項で述べた野草類の飼料成分を参考に推定する．

b) 壮齢～老齢林利用 この種の利用には，ブナ，ナラなど広葉樹林を対象とした天然林牧野林型混牧林や長伐期施業によるスギ，ヒノキなどの人工林長伐期型混牧林などがある．林床植生としては既存のササ類が主な対象となるが，放牧利用年限が長期に及ぶので，林床に牧草を不耕起で導入し，低施肥管理を行って牧養力を高める方法も有効である．また，林床植生の長期維持をはかるため，混牧林地を数牧区に分けて輪換放牧方式とし，強放牧にならないよう留意する．ブナ林などの天然林牧野林型混牧林では林木保育作業はとくに必要ないが，針葉樹の人工林長伐期型混牧林では，林床に光が入り下草が十分に生育するような立木密度状態にしなければならない．すなわち，林分の疎密状態を表す指標としての収量比数（平均樹高と立木密度から林分密度管理図により読み取る）がほぼ0.5以下の疎林状態になるように除・間伐，枝打ちを計画的に実施する必要がある．

このような施業を行った場合の牧養力は，立地・土壌条件や樹種などによる変動が大きいが，カラマツ混牧林(林床牧草)での試算によると，50年間利用で年平均ha当たり21～29カウデイとされ，また，30～80年生カラマツ混牧林では，林床野草の場合25カウデイ，牧草を導入して林床植生を改良すると73カウデイに高まると推定している．

［岡本恭二］

索　　引

ア

アイガモ　619
アイガモ肉　619
アイスクリーム　169, 180
アイスミルク　180
アイソウィーン　492
IPGRI　647
亜鉛　147
青刈オオムギ　642
青刈コムギ　643
青刈飼料作物　249
青首アヒル　619
アカクローバ　631
アカシカ　611
秋播き性　256
悪臭の発生　260
悪臭物質　261
悪臭防止法　261
アクチン　186, 229
悪癖（鶏の）　573
亜酸化窒素　246
アシドーシス　77
アジリティ競技会　602
アストラカン　508
アセチルコリン　84
圧死　482
アデノシン三リン酸　70
後産　501
アドレナリン　88
アニマルセラピー　602
アニマルモデル　33, 349, 404
アニマルモデル法　352
アヒル　615
アヒル卵　221, 231
油粕類　155
アフラトキシン　297
アフリカ種　624
アポミクシス　252
アミノ酸　136, 371, 372, 547, 554
アミノ酸バランス　139
アミノ酸有効率　554

アミノ酸要求量　470
アメニティー　243
荒煮　182
アラブ種　520
アリューシャン因子　585
REML 法　33
RNA　69
RFLP　30
アルカロイド中毒　296
アルカン　726
α-アミラーゼ　75
アルファルファ　632, 659
アルファルファミール　557
アロフェン　722
アンギオテンシン変換酵素　233
アンギオテンシン交換酵素阻害作用　233
アングロアラブ種　520
アングロヌビアン種　509
安全性（畜舎の）　123
安定下位価格　331
安定基準価格　331
安定指標価格　334
アンモニア処理　165
アンモニア態窒素含有量　165
アンモニア中毒　78
安楽死　608
アンローダー　698

イ

ES 細胞　40, 360
硫黄化合物　276
育種　253
育種価　31, 32, 403
育種価評価　353
育種目標　34
育種理論　30
育雛器　557
育成　605
育成牛率　303
イコサペンタエン酸　578
EG 細胞　41

イタリアンライグラス　628
一次破水　501
一年一産　411
一貫経営　492
遺伝子型　648
遺伝子型値　31
遺伝資源　644, 646, 649
遺伝子座　531
遺伝子操作　360
遺伝子導入家畜　62
遺伝相関　31, 458
遺伝的改良量　35
遺伝的パラメーター　532
遺伝病　29, 42
遺伝率　31, 457, 532
遺伝連鎖マーカー　30
移動養蜂　593
犬
　──の感覚　596
　──の訓練競技会　601
　──の展覧会　599
　──の登録　597
イネ科　244, 249
イネ科牧草　626
イノシシ　454
イノシシ肉　220
猪豚　615, 622
猪豚肉　623
易分解性有機成分　261
易分解性有機物　280
医薬品　344
医薬部外品　344
医療用具　344
インシュリン　88, 370, 377
インシュリン様成長因子　85
飲水器　480
飲水行動　106
飲水施設　739
インスタント脱脂粉乳　183
インヒビン　49
飲用乳　170
飲用乳価格　305

ウ

ウイスキー粕　158
ウイルス　667
　　──による感染病　606
ウイルス性腸炎　589
ウイルス病　435
ウインドウレス鶏舎　558, 574
ウインドウレス畜舎　127
ウエットブルー　213
ウエットホワイト　213
ウォーターカップ　129
ウォームバーン　126
烏骨鶏　529
ウサギ類　215
牛の繋留方法　117
ウズラ　615, 616
ウズラ肉　221, 618
ウズラ病　618
ウズラ卵　221, 231, 618
馬皮　212
馬の社会的役割　525
ウルグアイラウンド農業合意　18

エ

ASP　727
衛生管理　438
衛生指導要領（液卵の）　207
衛生対策　121
ADF　369
ATP　69
永年草地　244
栄養　605
　　──と繁殖機能　66
栄養価　468
栄養機能（食品の）　222
栄養障害　437
栄養成分　225, 228, 231
栄養特性　224, 227, 230
栄養膜　60
液状乳　168
エキストルーダー処理　166
液卵　198, 199, 205, 207
　　──の充填　201
　　──の貯蔵条件　208
エコタイプ　646, 649
エージング　173, 174
SRY　47
SNF率　394
エストロジェン　49, 536
SPF動物　606

SPF豚　291, 490
SPF豚集団変換計画　291
SPF豚生産ピラミッド　292
SPF豚農場認定制度　294
枝肉　186
枝肉格付　443
越夏性　257
HACCP方式　194
H-H型肥育　419
H-L型肥育　422
HTST殺菌　172
越冬性　257
NRC飼養標準　503
NEFA　371
NDF　151
エネルギー消費量　726
エネルギー代謝率　114
エネルギー要求量　470
エバミルク　181
F_1品種　253
FSH　49, 536
FCI　598
F_1去勢牛肥育　425
F_1雌一度取り肥育　426
MOET　38
エムデン種　624
エラスチン　212, 213
LH　49, 372, 536
LH-RH　536
L-H型肥育　420
L-L型肥育　421
L-リジン　554
遠隔地経営　580
円心分離機　592
塩蔵皮　213
エンドファイト　672
エンバク　641

オ

追込み式牛舎　427
黄体　49
黄体形成ホルモン　372, 536
王乳　591
欧米系品種　452
横紋筋　187, 441
オオクサキビ　635
大阪アヒル　619
オオスズメバチ　592
オオムギ　153
オキシトシン　53, 358
オクラトキシン　298
OCW　151

汚水浄化処理　272
雄蜂　590
オーチャードグラス　626
オーバーラン　180
オピオイドペプチド　233
オープンリッジバーン　127
親子関係　108
親子分離放牧　433
オリゴ糖　134, 234
オールインオールアウト　559
オール混合飼料　386
音響誘導　733
温血種　522
温室効果ガス　246
温湿度指数　98
温熱環境　540

カ

海外探索　647
解硬　187
外呼吸　71
段階工　710
害虫　672
害虫防除　719
外的因子　434
解糖　58
解糖系　136
解糖経路　549
開発可能地　241, 703
開放型育種　37
開放型鶏舎　558, 574
開放型畜舎　117, 126
飼増し　588
潰瘍性腸炎　618
外来種　22
介卵感染　563
改良山成工　709
改良種　22
改良速度　407
改良目標　404
カウトレーナー　91
加塩（液卵への）　201
加害様式　672
化学的酸素要求量　261
価格の動向（畜産物の）　4
カーキーキャンベル　618
夏季不妊症　57
家禽コレラ　562
家禽ペスト　562
核移植　360
角型サイロ　700
学習　108

索　引　　　747

学習行動　732
家系選抜　34
加工原料乳価格　305
加工原料乳生産者補給金等暫定
　　措置法　333
加工乳　171
加工卵　198
加脂工程　217
可消化エネルギー　152
可消化乾物　152
可消化粗タンパク質　138
可消化有機物　152
可消化養分総量　148, 152, 694
過剰施肥　663
過剰排卵誘起　466
下垂体　48
下垂体前葉　87
ガス交換　71
ガストリン　75
カゼイン　224
家畜
　　――の運搬　119
　　――の改良増殖　14
　　――の管理作業能率　111
　　――の健康状態　121
　　――の収容法　116
　　――の捕獲　119
家畜化　27
　　馬の――　516
家畜改良増殖目標　329
家畜管理技術　95
家畜管理作業　110
家畜管理作業体系　110
家畜市場　337
家畜受精卵移植　330
家畜商　338
家畜商法　338
家畜人工授精　330
家畜人工授精師　330
家畜体外受精卵移植　330
家畜体内受精卵移植　330
家畜伝染病　340
家畜伝染病予防法　340
家畜登録事業　331
家畜取引法　337
家畜尿汚水の特徴　265
家畜糞尿　662, 664
　　――の臭気　265
　　――の排出量　263
家畜糞尿処理　11
家畜法定伝染病　592
ガチョウ　615, 623

――の羽毛　623
鶯鳥インフルエンザ　624
褐色森林土　719
活性汚泥微生物　274
活性汚泥法　273
活性期　216
割卵機　200
加糖（液卵への）　201
可動式巣枠　592
加糖粉乳　184
加糖練乳　181
家兎肉　220
カニバリズム　573
加熱食肉製品　191
カノーラミール　156, 556
カーバメート剤　299
カプサンチン　579
カーフスターター　363, 417
カーフハッチ　361
壁　124
過放牧　242
鴨肉　220
カラクール　508
カラクールラム　215
殻付卵　197, 205
カラードギニアグラス　634
刈取回数　715
刈取時期　714
カルシウム　146, 226, 232
カルチパッカー　680
カルチベーター　681
カロポ　637
簡易更新機　735
感覚機能（食品の）　223
換気　103, 558, 607
換起　429
換気扇　101
環境　434
　　――の制御　97, 100
環境アセスメント　703
環境影響評価　704
環境汚染の遠因　260
環境汚染問題件数　260
環境温度　542
環境管理　479
環境保全機能　243
環境要因　97, 539
緩効性肥料　661
カンショ　644
間性　48
間接検定　404
感染病　434

完全変態　673
完全密閉系　278
乾草　693
肝臓酵素　541
乾燥施設　271
乾燥食肉製品　192
乾燥ホエー　160
寒地型牧草　249, 255, 626
患畜　340
乾土効果　653
乾乳　374
　　――の方法　512
官能評価法　693
肝膿瘍　287
旱魃　258
乾皮　213
乾物消化率　152
乾物摂取量　381, 385
管理技術の変遷　95
管理システム　484
寒冷　98
寒冷収縮　443
寒冷対策　100, 102

キ

気温　607
機械化（作業の）　96
機械換気　103
機械体系　116
企業養豚　317
キクユグラス　635
ギ酸　692
キサントフィル　555, 579
疑似患畜　340
キジ肉　221
寄主植物　673
基準取引価格　334
規制汚濁物質　275
寄生虫による感染病　607
寄生虫病　436
季節生産性　711, 712
季節繁殖　498, 522
偽装乳製品　302
木曽馬　517
狐　215
ギニアグラス　633
揮発性脂肪酸　77, 135, 363, 690
気泡性　202
規模拡大（経営の）　96
基本計画（畜舎の）　123
基本図（畜舎の）　125
逆効性の液肥　267

索引

脚浴　507
脚浴場　506
キャンピロバクター　562
牛枝肉取引規格　444
牛群検定　350, 352
給餌　479
休止期　216
給餌器　607
給水器　607
給水具　118
給水槽　118, 129
給水装置　129
休息　106
QTL　38, 460
牛道　247
牛肉　190, 228
牛乳　170, 171, 218, 224, 225
牛乳タンパク質　224
牛皮　211
休眠　253
キュレイター　645
供給純食料　3
供給熱量　3
競合の緩和　428
極相　238
居住性　122
去勢　122, 418, 503
去勢牛若齢肥育　424
去勢牛理想肥育　424
魚粉　160
魚粉中毒　299
キラー酵母　691
キロミクロン　76
筋胃　548, 576
近縁野生種　651
筋原線維　186
筋原線維タンパク質　229
近交系　603
近交係数　32
近交退化　37
菌糸　667
均質化　170
近赤外分光分析法　445
筋腺維　441
　──のタイプ　442
菌体　667
菌体タンパク質　367
筋肉組織　441
ギンネム　637
銀面　211

ク

空気
　──の清浄化対策　100, 104
空気感染　564
偶蹄類　215
駆歩馬　22
グライシン　637
クーラーステーション　15
クラッシュ　614
クラリファイアー　170
グリコーゲン　135, 229
グリセリン　538
クリープフィーディング　502, 728
クリーム　168, 172
クリームパウダー　184
クリーム分離機　173
クリンプ　210
グリーンリーフデスモディウム　636
グルカゴン　89
グルココルチコイド　87
グルコサン　256
グルコシノレート　156
グルコース　133, 370, 372
グレインソルガム　555
クロアカ　76
クローズドコロニー　604
黒ボク土　719
クロモーゲン　725
クローン　360
クローン家畜　61
クローン家畜生産技術　14
群　603
　──の構成　427
燻煙器　593
訓練士　601

ケ

経営形態　652
計画交配　405
景観　245
結合組織　441
経済性　123
形質細胞症　589
形質転換動物　360
系統　441
系統豚　460
鶏肉　190, 228
鶏糞ボイラー　281
繋牧　725

鶏用ワクチン　566
鶏卵　197, 231
鶏卵一次加工品　203
鶏卵自動処理システム　572
鶏卵生産費　581
計量遺伝学的手法　531
毛皮　215
毛皮用種　22
毛食い　586
ケージ　607
ケージ飼い　575
ケージ飼育　117
ケージ疲れ　563
血液検査　121
血縁係数　32
結核病　613
血小板　72
齧歯類　215
血統証明書　598
　──の必要性と意義　598
血統登録　28
結露　99
ケトーシス　286, 372, 376
ケトン血症　286
ケトン体　370
ケトン尿症　286
ゲノム解析　29
ケラチン　209, 212, 213, 216
原核細胞　69
健康検査　121
原産地　638
絹糸抽出　638
犬籍登録　598
現存量（草地の）　711
ケンタッキーブルーグラス　630
原虫病　436
検定と推定　609
限度数量　334
ケーントップ　159
現場後代検定　405
ケンプ　209
兼用種　22
原料乳の安定基準価格　331

コ

コアイソジェニック系　603
交感神経系　82
交換性陽イオン　722
耕起造成　244, 707
構起造成　706
好気的条件　275

索　引

好気的変敗　690
好気微生物　268
公共牧場　239, 704
膠原線維　212
膠原線維束　211
光合成　254
工作図　126
交雑種　533
抗酸化剤　555
子牛
　　――の初期発育　411
　　――の別飼い　411
耕種的防除　678, 718
抗腫瘍効果　236, 237
高消化性繊維　151
恒常性維持機能　540
甲状腺刺激ホルモン　86
甲状腺肥大物質　556
甲状腺ホルモン　87
合成抗菌剤　555
抗生物質　555
光線管理　97, 559
後代検定　351
硬直解除　443
行動　105
　　――の制御　109
行動様式　105
高度集約牧野造成事業　240
購入飼料　398
交配　604
交配期　513
交配法　37
高泌乳牛　379
抗変異原性　236
合理化目標価格　335, 336
固液分離機　267
固液分離処理　271
小型ピロプラズマ病　729
呼吸　58, 71
呼吸器病　490
国際血統書委員会　519
国際畜犬連盟　598
穀類　153
ゴシポール　156
腰麻痺予防　514
凝集剤　275
個体行動　105
個体識別　418, 608
個体選抜　34
個体標識　409
ゴーダチーズ　179
骨格筋　186, 187

国境措置　19
骨粗鬆症　232
コーヒー用クリーム　173
子豚人工乳　473
子豚用飼料　474
コマーシャル農場　292
米ぬか　157
コラーゲン　212, 216
コリ型細胞　687
コリ型細菌　688
コリデール　499
ゴルジ体　69, 70
コールドバーン　126
コルモゴルスク種　624
コレシストキニン　75
コレステロール　142, 373, 577
コーングルテンミール　158, 557
根菜　644
コンジェニック系　604
コーンジャームミール　158
コンパニオンアニマル　593
コーンハーベスター　657, 685
混播　708
混播草地　713
コーンプランター　657, 681
コンプリートフィード　378
混牧林　742
根粒菌　256

サ

細菌　367
　　――による感染病　606
細菌病　435
最高泌乳量　415
最小二乗法によるデータの分析　609
採食行動　106
採食草量　725
採草放牧兼用利用　715
採肉鶏（ブロイラー）経営　321
栽培種　651
細胞　68
細胞増殖性ペプチド　234
細胞膜　68
在来種　22
在来馬　516
サイラトロ　636
採卵鶏経営　10, 321
採卵鶏自動ケージシステム　559

サイレージ　164, 686
　　――の摂取量　165
サイレージ調製　687
サイレージ発酵　688
サイロ　687, 696
サイロキシン　86
サイロクレーン　698
サカツラガン　623
作業
　　――の構成　113
　　――の質　113
　　――の種類　113
　　――の流れ　114, 115
　　――の場　112
作業改善　116
作業強度　112, 114
作業許容範囲　114
作業区分　113
作業時間　110, 112, 113
作業手段　112
作業性（畜舎の）　123
作業体系　113
作業対象物　112
作業手順　112
作業動作　112, 114
作業動線　112, 113
作業能率　111
作業量　113
酢酸　77, 135, 369, 688
作付体系　652, 654
削蹄　122
搾乳　384
搾乳ロボット　388
ササ型草地　238, 741
ササ属　741
雑灌木　716
殺菌　172, 201, 206, 207
殺菌条件（液卵の）　208
雑種生産　455
雑草　716
雑草防除　656
ザーネン種　509
砂漠化　246
サフォーク　500
サフラワー粕　157
サラブレッド種　519
サルモネラ　201, 204, 205, 562
サルモネラエンテリテイデス　562
サルモネラ汚染（鶏卵への）　204
サルモネラ感染症　589

サルモネラ対策　203
産業動物　116
産子と間性　512
酸性データーシェント繊維　369
山地酪農　728
産肉形質　534
産肉能力　402
産肉能力検定　455
産肉歩留り　576
サンバー　611
産卵機　591
産卵機能　542
産卵形質　531
産卵行動　676
産卵率　531

シ

仕上げ　217
仕上げ工程　214
GnRH　372
飼育動物　342, 343
飼育密度　490, 607
GGP農場　292
GPセンター　119, 198
GP農場　292
JAS　485
シェルター　614
紫外放射　545
鹿肉　220
鹿の衛生　613
時間制限放牧　724
時間制限哺乳　433
子宮頸管粘液検査法　414
ジクワット　299
資源循環型畜産　446
始原生殖細胞　41
資源リサイクル　275
シコクビエ　641
死後硬直　187, 443
脂質　230
　　食肉の――　229
視床下部　48, 80, 81, 86
糸状虫駆除　514
自殖性　252
C_3植物　249
C_4植物　250
雌穂　638
自然下種法　715
自然交配　109
自然飼料　241
自然草地　739

自然保護　703
餌槽の型　428
仕立て　213
雌畜の繁殖障害　64
七面鳥　615, 619
七面鳥肉　221
疾患モデル動物　604
実験手技　608
実験動物　602
　　――の育種　603
　　――の衛生と疾病　606
　　――の栄養と飼料　605
　　――の感染病　606
　　――の飼育環境と管理　607
　　――の種類　603
質的形質　30
湿度　607
実用鶏　533
指定検疫物　341
指定食肉　331
　　――の安定上位価格　331
　　――の売渡し　332
　　――の買入れ　332
指定生乳生産者団体　333, 334
指定乳製品　331, 334
　　――の安定上位価格　331
シーディング　183
自動給餌機　571
地鶏　575
シナガチョウ　624
シナプス　82
市乳　301
シバ型草地　238, 710, 740
芝草　245
脂肪　139, 152
脂肪壊死症　288
脂肪肝症　284
脂肪交雑　442, 444
脂肪細胞　442
脂肪酸　140
脂肪酸カルシウム　161
脂肪前駆細胞　442
脂肪組織　370
脂肪の色沢　444
ジャイアントスターグラス　634
社会行動　732
社会性（畜舎の）　123
社会的順位　91, 607, 733
舎飼い方式　309
若齢肥育　307
麝香　610

遮風　104
獣医師　342, 343
獣医師国家試験　342
獣医師国家試験予備試験　342
獣医事審議会　342, 343
獣医師の免許　342
獣医師法　342
臭気　607
　　――の捕集　275
集送乳路線　15
習得的行動　90, 108
集乳　170
周年放牧　449
周年放牧方式　309
集約酪農地域　328
獣医療法　343
種牛能力　402
宿主　434
宿主植物　667
熟成　179, 188
手搾乳　119
受精　59
受精能獲得　57, 59
受精能力保持期間　537
受精卵移植　354, 360, 400
種畜　330
受動輸送　76
種豚登録　455
種の多様性　649
順位制　732
循環利用方式　282
春機発動　460
純血種　519
馴致　427
女王蜂　590
消化管ホルモン　75
消化器官　547
消化器病　490
消化吸収　467
乗駕行動　107, 356
消化率　468
施用基準　280
条件反射　732
硝酸塩中毒　295
蒸散作用　245
硝酸態窒素　663
硝酸中毒　279
蒸煮・爆砕処理　166
脂溶性ビタミン　142, 547
消毒　105, 439, 488, 570
消毒薬　439
正肉　576

索引　751

小脳　82
上繁草　626
飼養標準　149, 409, 470, 551
小胞体　69, 70
正味エネルギー　152
照明　607
乗用馬　22
省力化　96
奨励品種　631
初回発情　409
除角　409
食塩混合飼料　731
食塩中毒　300
食餌植物　672
食性　672
植生診断　715
食草行動　730
食草習性　730
食鳥検定制度　562
食鳥処理　186
食肉　186, 190, 219, 227, 228
食肉衛生　189
食品衛生法　189
食肉製品　190
食肉類　215
食品機能　222
食品
　　――の三次機能　223, 232
　　――の二次機能　223
食味　444
食欲　109
食卵　230
助産の目安　410
処女生殖　591
除塵　104
除角　418
ショ糖　133
所得率　583
初乳　361, 393, 501
　　――の給与　513
暑熱　97
暑熱環境　481
暑熱対策　100
徐波睡眠　106
除糞装置　130
自律神経系　82
飼料　339, 605
　　――の安全性の確保及び品質
　　の改善に関する法律　339
　　――の需給　11
飼料安全法　555
飼料栄養価（エネルギー）の表

現方法　152
飼料汚染微生物　300
飼料カブ　643
飼料木　250
飼料給与　510
飼料構造　312
飼料効率　98, 150
飼料穀物の輸入状況　12
飼料混合機　695
試料採取　608
飼料作物　248
飼料作物生産　11, 13
飼料自給率　13
飼料需給安定法　338
飼料需給計画　338
飼料成分表　150
飼料設計　473
飼料貯蔵施設　128
飼料添加物　163, 339
試料投与　608
飼料用カッター　694
飼料要求率　150, 534
飼料用ビート　644
白アヒル　619
シロクローバ　631
真核細胞　69
人工授精　350, 463
人工受精技術　349
人工草地　244
人工乳　363
人工哺乳　109, 418, 503
浸酸　217
真珠色種　621
新生児豚　482
診断基準　663
人畜共通伝染病　607, 613
浸透蒸散処理　267
心土破砕　720
ジーンバンク　645
ジーンバンク事業　651
真皮　211, 216

ス

水牛乳　218
水質汚濁防止　264
水質汚濁防止法　261
水質環境の劣化防止　264
水素添加　78, 368
水田転換畑　241
水田酪農　302, 396
睡眠　107
水溶性炭水化物　689

水溶性ビタミン　142, 547
スキン　211
スクリーニング　158
ススキ型草地　238, 740
巣礎　592
スタイロ　636
スターター　177
スタックサイロ　697
スーダン型　255, 639
スーダングラス　640
スタンディング発情　356
スタンプカッター　707
ステリグマトシスチン　298
ステロール　140
ストリップ放牧　724
ストール飼育　117
ストレスタンパク質　542
ストレッチフィルム　683
ストロー法　464
すぬぎも　576
すのこ式の牛床　429
スパニッシュメリノ　499
スプリングフラシュ　721
specific pathogen free　291
スムーズブロムグラス　630
スラリーインジェクター　272
スラリー曝気処理　266
刷込み　90

セ

ゼアキサンチン　579
ゼアラレノン　298
生育期間（作物の）　652
生育阻害物質　280
精液　55
製革工程　213
制限給餌　118, 559
制限哺乳　411
生産環境限界　97
生産者補給金　334
生産者補給交付金　333, 334,
　　335, 336
生産性の向上　96
生産病　283, 436
精子　54
精子貯留腺　535
清浄化　170
正常発育曲線　415
生殖系列キメラ　40
生殖結節　47
生殖周期　48
生殖様式　252

性成熟　48, 355, 364, 409, 460
性腺刺激ホルモン　357
性腺刺激ホルモン放出ホルモン　372, 536
性染色体　47
製造物責任法　194
生体調節機能（食品の）　223
性中枢　48
整腸作用（発酵乳の）　235
成長速度　534
成長ホルモン　85, 370
成長ホルモン放出因子　85
成長ホルモン抑制因子　85
性的探索行動　107
生得的行動　90, 108
生乳　171
生物的防除　718
性分化　47
性誘引物質　356
セイヨウミツバチ　590
世界アラビア馬機構　520
赤黄色土　720
赤色野鶏　528
石油化法　282
セグリゲイティング近交系　603
セクレチン　75
世代当たりの遺伝的改良量　407
世代間隔　407
石灰漬け　214
設計図　125
赤血球　72
接種計画　440
接触感染　564
摂食調節　80
切断長　165
設備図　126
セバストホール種　624
施肥位置　661
施肥管理　659
施肥基準　661
施肥時期　661
施肥設計　661
施肥法　660
施肥量　660
セーブル　215
セーム皮　610
ゼラチン　212
セルラーゼ　692
セルロース　134
セレン　147

腺胃　548
繊維長　209
専業養豚　314
線形計画法　553
先行・後追い放牧　725
前後差法　725
潜在遺伝子資源　645, 649
染色体　69
染色体地図　531
先体反応　59
選択採食性　724
線虫　677
剪蹄　507
先天性異常　456, 606
繊度　209
選抜　32, 459
　　──の正確度　407
選抜指数　32
選抜指数法　36, 532
全粉乳　183, 184
剪毛　505
洗卵　199, 200
全リン　555

ソ
総エネルギー　550
騒音　607
相関と回帰　609
早期種付　419
臓器肉　195
早期胚死滅　62
早期離乳　363, 418, 491
草原　238
相似交配　37
草種構成　713
蒼色種　621
草食動物　239
造成　702
総繊維　151
草地
　　──の生産量　710
　　──の生産量　711
草地開発　702, 704
草地管理　714
草地景観　239
草地更新　716, 734
草地整備　703
草地造成　240, 706
草地土壌　719
総排泄腔　76, 548
早晩性　255, 638
早流産　63

草量計　711
壮齢肥育　307
属間雑種　642
粗孔隙　720
そしゃく時間　382
粗飼料　248
粗飼料因子　363
ソーセージ　192, 193
祖先種　23
粗タンパク質　138, 554
嗉嚢　76, 548
ソフトアイスクリーム　181
ソマトトロピン軸　85
粗毛　209
梳毛糸　210
ソルガム　255, 639, 658
ソルゴー型　256, 639

タ
第一胃　76
第一胃炎　287
第一胃内発酵　366
第一胃不全角化症　287
第一次筋束　441
体温調節　80
体温調節機能　540
体温調節中枢　92
体外受精　61, 360
体外受精卵移植　14
耐寒性　250, 257
耐乾性　258
大規模草地改良事業　240
退行期　216
体細胞数　395
第三胃　76
耐湿性　257
体脂肪の動員　376
代謝エネルギー　148, 152, 550
代謝エネルギー要求量　551
代謝障害　283, 376
代謝体重　363
代謝プロファイルテスト　289
体重計　119
体重差法　725
対州馬　518
帯条耕起播種　656
代償成長　420
耐暑性　250
ダイズ　154
ダイズ粕　154, 556
大腸菌　562
体調調節機能（食品の）　232

753

耐倒伏性　252
タイトベーラー　682
第二胃　76
第二次筋束　441
体熱放散　94
大脳辺縁系　81
胎盤　51
堆肥化過程　270
堆肥化装置　268
堆肥の腐熟度　270
滞牧日数　727
代用乳　362
第四胃　76
第四胃変位　286, 375
ダイレクトカットサイレージ　165
第1次SPF豚　291
第2次SPF豚　291
ダウナー牛症候群　286
ターキーハム　619
ダクト送風　102
他殖性　252
多精子受精　60
多胎妊娠　64
脱脂粉乳　160, 184
脱臭資材　278
脱臭施設　276
脱臭処理　278
脱毛工程　211
建物の基本構造　124
ダニ　676
駄馬　22
卵製品　198, 230
ダマシカ　611
多面的機能　239
ダリスグラス　635
単位作業　113
断嘴　122, 558
炭水化物　133, 151
炭疽　613
短草型草地　245
単体飼料　554
暖地型牧草　162, 249, 255, 633, 658
断熱　101, 103
タンパク質　136, 151, 230
　　食肉の——　229
タンパク質要求量　551
タンパク質要求量　149
タンパク質量（1日当たり）　3
断尾　503
単房式牛舎　426

チ

チアミナーゼ酵素　587
チアミン　144
地域一貫生産　451
遅延着床　586
地下水位　721
地下水の硝酸汚染　263
地球環境　246
畜産改良増殖法　329
畜産環境問題　11
畜産経営の動向　8
畜産新技術の開発普及　14
畜産振興事業団　19, 333, 335
畜産振興審議会　328, 331, 334, 336
畜産副生物　195
畜産物
　　——の価格安定等に関する法律　331
　　——の加工　15
　　——の需要　4
　　——の流通　15
畜産物価格の推移　7
畜舎
　　——の基本計画　123
　　——の基本設計　124
　　——の実施設計　124
　　——の種類　126
　　——の消毒　105
　　——の暖房　104
　　——の配置　100
畜体
　　——の手入れ　122
　　——への送風　101
チーズ　178, 219
チゼル　679
地帯区分　706
窒素固定　256
窒素代謝　546
窒素放出率　281
チモシー　627
着床　51
チャーニング　174
中央薬事審議会　344, 345
中耕　656
中国豚　453
中枢神経系　79
中性脂肪　139, 370
中性デタージェント繊維　151
中毒　294, 438
超音波測定装置　445

調製粉乳　183, 184, 302
調乳　170
直接検定　404
直腸検査　358, 414
貯蔵性炭水化物　689
貯蔵養分　256
直下型換気扇　430
佇立休息　731
鎮圧　709
チンチラ　215

ツ

追播時期　715
通過速度　366
通気組織　257
通風の促進　101
ツースハロー　680
つなぎ飼い　385
つなぎ式牛舎　426
ツベルクリン反応　613
積込み台　119
ツールーズ種　624

テ

DE　468
DNA　29, 69, 354
DNA診断　43
DNAマーカー　648
TMR　378, 381, 386
TMR方式　118
DMD　152
DL-メチオニン　554
低温長時間殺菌　172
低温手搾　253
低カルシウム血症　285
低級脂肪酸　89, 265
抵抗性（宿主の）　668
低コスト肉牛生産　412
TCAサイクル　549
DCP　468
蹄傷　724
低消化性繊維　151
ディスクハロー　680
泥炭土　719
D 値　206
定置養蜂　593
TDN　468
蹄葉炎　289
デオキシリボ核酸　69, 354
テオシント　640
適応　93
テストステロン　49

データの要約　608
鉄　147
テッダー　682
デビーク　558
添加物　691
転換畑　652
電気抵抗測定法　414
デントコーン　639
デンプン　134, 153

ト

銅　147
動機づけ　90
凍結保存法　538
凍結卵　198, 199
動作の分析　115
糖質　232
糖新生　85, 89
闘争　607
動素作業　113
淘汰　646
豆腐粕　155
動物愛護　602
動物実験
　　──の結果の外挿　609
　　──の倫理的立場　609
動物実験データの処理　608
動物の保護及び管理に関する法律　594
動物療法　602
糖蜜　159
トウモロコシ　153, 255, 555, 638
特殊飼料原料　473
特性評価　651
特定加熱食肉製品　191
特用家畜　615
独立淘汰水準法　535
ドコサヘキサエン酸　578
都市近郊型経営　580
土壌
　　──の化学性　281
　　──の緻密化　720
土壌改良　708
土壌還元　662
土壌診断　663, 664, 720
屠体　196
屠畜　185
と畜場法　189
屠畜副生物　195
土壌微生物　279
土地利用型畜産　446

トッゲンブルク種　509
突然変異　42
トナカイ　611
ドバン　618
ドバン（土番）　618
トカラ馬　518
トラクター　679
トランスジェニック家畜　39
トランスジェニック動物　360
トランスポンダー　701
トリカルボン酸　372
トリカルボン酸サイクル　549
トリグリセリド　370
トリコテセン系マイコトキシン　298
トリハロメタン先駆物質　262
トリプシン　75
トリメチルアミン　587
ドリルシーダー　680
ドリンクヨーグルト　175
トールフェスク　627
ドレッシング　217
トレンチサイロ　697
豚商　314

ナ

ナイアシン　144
内因性窒素排泄量　551
内呼吸　71
内的因子　434
内部寄生虫駆除　507
内部細胞塊　60
内分泌調節　80
ナキアヒル　619
ナタネ粕　156
ナチュラルチーズ　169, 178
夏山冬里方式　447
生ワクチン　567
なめし　217
なめし工程　214
なめし剤　214
縄張　595, 607

ニ

肉
　　──の硬さ　442
　　──のきめ　444
　　──の色沢　444
　　──の締まり　444
肉質等級　444
肉製品　227, 228
肉専用種　402

肉畜の出荷　119
肉豚用飼料　474
肉用牛経営　9
肉用子牛生産安定等特別措置法　335
肉用子牛生産者補給金　335
肉用子牛等対策費　336
肉用種　22
肉用種の繁殖経営　446
ニコチン酸　144
二酸化炭素（CO_2）　246
二次破水　501
二次発酵　698
日常的管理作業　427
日射熱　100, 103
ニホンウズラ　617
日本SPF豚協会　293
日本犬　594
ニホンジカ　611
日本飼養標準　409, 503
日本飼養標準・家禽　552
日本農林規格　192
ニホンミツバチ　590
二毛作　655
乳飲料　171
乳化性　203
乳酸　688
乳酸菌　177, 235, 236, 687, 691
乳酸菌飲料　169, 176, 177
乳酸発酵　687
乳飼比　398
乳脂肪　224, 368
乳脂（肪）率　368, 391, 394, 398
乳製品　168, 224, 225
乳成分　368
乳腺　371, 374
乳タンパク質　368
乳タンパク質率　368, 395
乳糖　226, 368
乳等省令　168, 171, 176, 178, 180, 182, 184
乳肉複合経営　302
乳熱　285
乳廃肥育　303
乳房炎の予防　513
乳用種　22
乳用雄子牛肥育　307
ニューカッスル病　562
ニューハンプシャー　529
ニューロン　83
尿汚水の浄化処理　277

索　引　755

尿酸　546
尿石症　288
尿素　692
尿素中毒　299
庭先養鶏　96
鶏インフルエンザ　562
人気犬種　599
妊娠　51, 465
妊娠期間　612
妊娠診断　413, 465
妊娠中毒症　501
妊娠認識　63

ヌ

ヌートリア　215

ネ

ネズミ　677
熱凝固性　203
熱ショックタンパク質　542
熱的中性圏　540
熱分解法　281
ネピアグラス　635

ノ

脳幹　79
農業産出額の推移　4
農業資材審議会　339
濃厚飼料　248, 472
農場副産物　249
農畜産業振興事業　333
農畜産業振興事業団　332, 333, 335
農畜産業振興事業団法　332
能動輸送　76
農乳　301
農薬中毒　299
農用動物　116
軒下豚舎　314
ノトバイオート　606
野間馬　518
ノルアドレナリン　84, 88
ノーンリターン法　413

ハ

胚　60
胚移植　61, 466
胚移植技術　414
ハイイロガン　623
バイオテクノロジー　253
発芽　254
配偶行動　676
配合飼料　164, 553
配合飼料価格の動向　12
排汁　690
胚性幹細胞　360
排泄量　120
ハイド　211
配糖体中毒　296
バイパスタンパク質　78, 367
胚盤胞　60
ハイプツール　593
パイプラインミルカー搾乳　119
ハイブリッド豚　453
配雄比率　561
排卵　49, 354
ハウユニット　579
バガス　159
曝気処理　272
白色コーニッシュ　529
白色種　621
白色プリマスロック　529
白色レグホン　528
バケットミルカー搾乳　119
播種　656
播種期　709
播種量　708
パスポートデータ　649
バター　173
バターオイル　175
畑酪農　396
バターミルクパウダー　184
働き蜂　590
パタリー　560
蜂蜜　221
発芽率　656
白血球　72
発酵乳　168, 175, 235, 236
はっ酵乳　176
発酵熱　270
発酵バター　174
発情　354
発情牛の発見　413
発情回帰　462
発情行動　50
発情持続時間　612
発情周期　49, 462
発情同期比　432
発情発見率の向上　432
ハードアイスクリーム　181
放し飼い飼育　116
馬肉　220
　──の食習慣　526
バヒアグラス　633
ハム　192, 193
バラエティーミート　195
パラコート　299
パーラー搾乳　119
腹絞り　303
バリケン　618
春播き性　256
パルミトレイン酸　590
パールミレット　640
ハロー　680
バンカーサイロ　697
バンクフィーダー　700
半血種　519
バンゴラグラス　634
繁殖管理　729
繁殖季節　612
繁殖供用開始　409
繁殖経営　308, 492
繁殖サイクル　412
繁殖障害　414
繁殖障害の診断　66
繁殖障害の治療　67
繁殖ステージ　408
繁殖適齢　461
繁殖能力　408
繁殖・肥育一貫経営　308, 451
繁殖豚用飼料　475
繁殖雄牛　728
反芻　382
鞍馬　22
ハンマーミル　695

ヒ

BLUP法　32, 36, 349, 352, 404
肥育経営　308, 492
肥育度指数　422
肥育様式　422
庇陰　101
庇陰林　705
ヒエ　641
PL法　194
皮革　211
皮革製造　211
非加熱食肉製品　191
光呼吸　255
光受容器　543
光放射　543
非感染病　436
非感染病対策　440
非構造性炭水化物　367, 372
微生物菌体　282

微生物タンパク質　78, 379
微生物の作用　268
ビタミン　152, 226, 230, 232, 438
ビタミンE　143
ビタミンA　143
ビタミンD　143
ビタミンB_{12}　144
ビタミンB_1　144
ビタミンB_2　144
ビタミンプレミックス　554
ビタミン類　475
ピータン　619
非タンパク態窒素　137, 369
備蓄牧区　712
ビッグベーラー　686, 737
ピックル皮　213
羊　215
羊草　249
必須アミノ酸　137, 547
必須脂肪酸　546
必須主要ミネラル　145
必須微量成分　663
必須微量ミネラル　145
泌乳の開始　53
泌乳量の推定法　415
ビートパルプ　159
ヒートマウントディテクター　432
比内鶏　575
雛白痢　563
避難小屋　614
非必須アミノ酸　137
ビフィズス菌　177, 235
皮膚組織　216
beef breed　22
非分解性タンパク質　78, 139, 151, 367, 379
肥満症候群　284
病因　434
氷菓　180
病害　665
病害防除　669, 718
病原ウイルス　666
表現型値　31
病原菌　668
病原微生物の感染　66
標準飼料成分表　553
標準施肥料　723
標準選抜差　35
表皮　211
表面流去水　244, 704

食品の一次機能　223
平飼い　560, 575
平飼い飼育　116
平床　429
肥料成分　266
微量成分　664
微量ミネラル　547
微量ミネラルプレミックス　555
微量無機物　475
ビール粕　158
疲労　114
品質管理　194
品質評価　441
品質保持期間　190
品種　21

フ

プアオン法　729
ファームワゴン　686
VFA　77, 135, 363
VFA含量　693
フィーダー　696
フィチン　154
フィチン態リン　555
フィチンリン　154
フィッシュソリュブル　160
フィードグラインダー　695
フィトクローム　254
フィードステーション方式　118
フィードロット鼓脹症　288
フィラメント（筋原線維の）　187
風速　607
風味（食肉の）　188
フェザーミール　161, 556
フェレット　215
フェロモン　50, 676
フォアグラ　221, 624
フォレージハーベスター　684
フォレージブロワ　698
不活化ワクチン　567
不完全変態種　673
伏臥休息　731
副業養豚　314
副交感神経系　82
副資材　268
副腎髄質　88
副腎皮質刺激ホルモン　87
副腎皮質ホルモン　52, 87
複製　360

副生物　195
腹部マッサージ法　538
袋角　610
不耕起造成　244, 706, 707
節物　586
不食過繁地　731
ふすま　157
フソ病　592
豚皮　212
フタトゲチマダニ　729
豚肉　190, 227, 228
豚肉加工　485
豚の系統造成　458
不断給餌　118
普通肥育　307
腹腔内脂肪　541
プッシュカッター　707
ブドウ球菌　562
歩留り等級　444
腐敗臭　276
腐敗性有機物　268
部分耕起　709
不飽和脂肪酸　141
浮遊・懸濁物質　274
冬作物　256
プライム　586
プラウ　679
フラクトサン　256
ブラックレイヤー　638
フラッシング　500, 588
不陸均し　709
フリーク法　693
フリース　209
フリーストール　17, 386
フリッカー値　114
ブリティッシュアルパイン種　509
フリーマーチン　48
フリントコーン　639
フルクタン　257
ブルセラ病　613
ブルーダー　130
ふれあい機能　240
フレッシング　213
フレッシング工程　211
フレーメン行動　356
プレーンヨーグルト　175
ブロイラー　575
ブロイラー経営　10
ブロイラー生産費　582
ブロイラー養鶏　8
プロジェステロン　49, 358,

359, 536
プロスタグランジン F_{2a} 433
プロスタグランジン F_{2a} 50
フローズンヨーグルト 175
プロセスチーズ 178, 179
ブロードキャスター 680
プロトゾア 364, 368
プロピオン酸 77, 135, 369, 692
プローブ 646
プロポリス 593
分解性タンパク質 139, 151
分散分析法 609
分子遺伝学 29
粉塵 607
粉乳 169, 183
糞尿を搬出する方法 120
糞尿還元 723
糞尿処理 400
糞尿処理施設 128
分娩 52, 410, 605
糞便検査 121
分娩後の生殖機能の回復 53
分娩柵 481
分娩性低カルシウム血症 375
分娩予知法 410
分蜂 591
噴霧乾燥 183

ヘ

ヘイコンディショナー 736
閉鎖型畜舎 117, 126
閉鎖群育種 37, 158
β-エンドルフィン 358
β 酸化 549
ヘイテッダー 736
ヘイメーカー 682
ヘイレーキ 736
ヘイレージ 165
ペキン 618
ベーコン 192, 193
ベストインショー 600
ベーチング 214
別飼い 416, 417
別飼い施設 428, 429
ヘテローシス 253
ヘテローシス効果 37, 533
ペニスン 610, 614
pH 722
ペプシン 75, 76
ヘミセルロース 134
ヘモグロビン 71
ベーラー 736

ヘルパー制度 306
ベルベット 614
ベールラッパー 683
ペレット 658
ペレット法 464
ペレニアルライグラス 629
変態 673
変敗 190

ホ

哺育・育成経営 308
哺育・育成・肥育一貫経営 308
哺育能力 408
ホイップ用クリーム 173
放血 186
胞子 667
房飼育 117
包装 193
法定伝染病 340, 563
放牧 723
放牧育成 416
放牧期間 727
放牧強度 713, 726, 727
放牧飼育 116
放牧方式 309, 724
放牧密度 726
放牧養豚 479
放牧利用 430, 715
紡毛糸 210
飽和脂肪酸 141, 368
ホエイパウダー 184
ホエータンパク質 224
保温装置 130
牧柵 738
北方系イネ科牧草 162
牧野林 705, 742
牧養力 726
保証価格 334
保証基準価格 335
ホスホグリセリン酸（PGA） 254
北海道和種馬 517
ボツリヌス中毒 589
保定 608
ボディコンディション 359, 372, 374, 380, 384
ボディコンディションスコア 289, 440
ボディコントロール 588
ボトムアンローダー 697
ポニー 522

哺乳量 415
ホメオスタシス 79, 92
ホメオレセス 85
ホモジナイザー 170
ポリジーン 31
ホールクロップサイレージ 161, 252
ホルマリン 570
ホルマリン燻蒸消毒 561
ホロホロ鳥 615, 621
ホロホロ鳥肉 221
ホワイトフィッシュミール 160
ボワトゥ種 624
ポンキン 644

マ

マイクロサテライト 30
マイコトキシン中毒 297
マイコプラズマ 571
マイコプラズマ様微生物 667
マウンティング 356
マーカーアシスト選抜法 38
巻牛交配 431
マーキングハーネス 500
マグネシウム 146
マクロフィブリル 210
増し飼い 410
麻酔 608
末梢神経系 78
mutton breed 22
マニュアスプレッダー 735
マメ科 244, 249
マメ科牧草 163, 631, 636
マレック病ワクチン 567

ミ

ミオグロビン 188, 577
ミオシン 186, 229
未改良種 22
御崎馬 518
水漬け 217
未知成長因子 554
ミックス
　アイスクリームの—— 180
　発酵乳の—— 177
蜜源植物 592
ミツバチヘギイタダニ 592
密封遅延 690
ミトコンドリア 69
ミートボーンミール 160, 556
ミニ豚 454

ミ

ミネラル　145, 152
ミネラルコルチコイド　87
宮古馬　519
ミューテーション品種　585
ミルキングパーラー（方式）　17, 387
ミルクライン　638
ミンク　215

ム

無機質　226, 229, 232
無機物　437
ムギ類　659
無菌化包装　193
無菌充塡　172
無菌動物　606
無脂固形分率　369
無窓（ウインドウレス）畜舎　117
無糖練乳　183
群管理　389
群行動　105
群飼育　385

メ

明暗周期　544
銘柄鶏　576
雌牛普通肥育　422
雌牛理想肥育　422
雌鹿の発情　612
メダケ属　741
メタン　77, 246
メタン発酵法　282
メドウフェスク　628
メラトニン　586
メリノ　499
免疫抗体　393
免疫賦活化作用　237
免疫賦活ペプチド　234
綿実　161
綿実粕　156
めん羊肉　219, 228
めん羊乳　218, 219
めん羊乳チーズ　219
Mendelの法則　28

モ

モーア　736
モーアコンディショナー　681, 737
毛周期　216
毛小皮　209, 210
毛皮　214
毛皮質　209
毛皮製造　216
毛皮ドレッシング　217
毛包　216
毛用種　22

ヤ

山羊皮　212
山羊肉　220, 515
山羊乳　218, 219, 515
山羊乳チーズ　219
薬事法　343
役用種　22
ヤシ粕　156
野生酵母　691
野草地　239, 240, 739
屋根　124
山成工　709

ユ

UHT法　172
有害植物中毒　296
有害動物　672
有害物の蓄積　99
有機塩素剤　299
有機質肥料　270
有機フッ素剤　299
有機リン剤　299
有効態リン酸　722
有効リン　555
雄穂　638
雄性不稔　253
有袋類　215
有畜農家創設特別措置法　301
雄畜の繁殖障害　65
誘導柵　738
誘導路　614
優劣順位　108
床　125
床敷料　607
輸出入検疫　341
輸入自由化　424

ヨ

幼若ホルモン　591
要素作業　113
養豚一貫経営　316
養豚経営　9
養分損失　690
養分の動態　660
養分要求量　148
羊毛　209
　——の紡績　210
予乾サイレージ　165
ヨークカラーファン　579
ヨーグルト　176, 235
汚れ　301
余剰汚泥　274
予測育種価　405
与那国馬　519
予防注射　122

ラ

ライグラスストロー　249
ライコムギ　642
ライムギ　642
ライムソーワ　680
酪酸　77, 369
酪酸菌　687, 688
ラクトアイス　180
ラクトフェリン　232
酪農及び肉用牛生産の振興に関する法律　327
酪農経営　9, 396
酪農振興法　9, 301
ラクーンドッグ　215
ラッピングマシン　738
ラップサイロ　697
卵黄　198, 577
卵殻　197
卵殻質　578
卵割期　61
ラングストロース式標準巣箱　592
卵子の形成　59
卵巣機能の回復　411
卵巣周期　50
卵墜　563
ランド種　624
卵白　198, 577
卵胞　48
卵胞刺激ホルモン　536
卵用種　22

リ

リグニン　162
リコンビナント近交系　603
リソソーム　69
ソゾチーム　579
リードカナリーグラス　629
立地条件　238
立地配置　704
リード飼養法　365, 378

離乳　482, 513
リノール酸　549
リノレン酸　549
リパーゼ　76
リボ核酸　69
リボソーム　70
リボフラビン　144
量的形質　30
リラキシン　53
リン　146
輪換放牧　724, 726
林間放牧　742
輪作体系　653
リン脂質　140, 224, 230
林地放牧　448
林内放牧　241, 742
リンパ管　73
林分密度管理図　743

ル

累進交配　37
ルサジカ　611
ルーズバーン方式　427
ルタバガ　643
ルーメン　76
ルーメンアシドーシス　287

ルーメン発酵　77
ルーメン微生物　138, 364
ルーメン非分解性タンパク質　377

レ

レイク液　538
冷血種　522
冷風送風　102
レーキ　682
レクリエーション　245
レシプロモーア　681
レース　614, 668
劣性カラー遺伝子　585
レッドトップ　630
レトルト殺菌包装　194
レトロウイルス　40
レープ　644
REM 睡眠　106
連作障害　653
連続式バター製造法　175
連続点灯法　560
練乳　169, 181, 182
レンネット　179

ロ

労働生産性　400
労働報酬　583
鹿茸　610
ローズグラス　633
ロータリー　679
ロータリーモーア　681
ロードアイラントレッド　529
ロマノフ　508
ローマン種　624
ローラー　680
ロールベーラー　683, 686, 737
ロールベール　682, 700
ロールベールワゴン　686
ロングライフミルク　172

ワ

和牛　402
ワーキング　174
ワクチネーション　122
ワクチネーションプログラム　440, 567
ワクチン接種　439, 562
ワピチ　611
ワラビ中毒　297

畜産総合事典（普及版）

1997年10月1日　初　版第1刷
2009年7月20日　普及版第1刷

編　者	小宮山　鐵　朗
	鈴　木　愼　二　郎
	菱　沼　　　毅
	森　地　敏　樹
発行者	朝　倉　邦　造
発行所	株式会社　朝　倉　書　店

東京都新宿区新小川町6-29
郵便番号　162-8707
電　話　03(3260)0141
FAX　03(3260)0180
http://www.asakura.co.jp

〈検印省略〉

© 1997〈無断複写・転載を禁ず〉　　中央印刷・渡辺製本

ISBN 978-4-254-45024-8　C 3561　　Printed in Japan